煤矿电工手册

（第 3 版）

主　编　顾永辉

第二分册　矿井供电（中）

本册主编

顾永辉　　李国财

编写人员

（按姓氏笔画为序）

马　刚　　马家骅　　王业平　　王　维
朱乃鹏　　孙惠民　　赵凤山　　祝　坚
顾永辉　　高义标　　薛德强

煤炭工业出版社

·北　京·

图书在版编目（CIP）数据

煤矿电工手册．第二分册，矿井供电．中/顾永辉主编．
--3版．--北京：煤炭工业出版社，2018（2022.12重印）
ISBN 978-7-5020-6898-1

Ⅰ.①煤…　Ⅱ.①顾…　Ⅲ.①煤矿—矿山电工—技术手册 ②矿井供电—技术手册　Ⅳ.①TD6-62

中国版本图书馆CIP数据核字（2018）第219227号

煤矿电工手册　第3版——第二分册　矿井供电（中）

主　　编　顾永辉
责任编辑　姜庆乐　史　杰　徐　武　成联君
编　　辑　杨晓艳　赵金园　杜　秋　尹燕华
责任校对　孔青青　尤　爽
封面设计　王　滨

出版发行　煤炭工业出版社（北京市朝阳区芍药居35号　100029）
电　　话　010-84657898（总编室）　010-84657880（读者服务部）
网　　址　www.cciph.com.cn
印　　刷　三河市中晟雅豪印务有限公司
经　　销　全国新华书店

开　　本　787mm×1092mm $^{1}/_{16}$　**印张**　$59^{3}/_{4}$　**插页**　3　**字数**　1471千字
版　　次　2019年1月第3版　2022年12月第2次印刷
社内编号　20180020　　　　**定价**　380.00元

版权所有　违者必究

本书如有缺页、倒页、脱页等质量问题，本社负责调换，电话：010-84657880

前　言

《煤矿电工手册》(以下简称《手册》) 自1979年第1版和1995年第2版出版以来，深受广大读者的欢迎。近10余年来，煤炭生产飞速发展，煤矿电工技术日新月异，为满足广大读者的需求，对《手册》进行第2次修订。修订版的《手册》仍分为4个分册，保持原《手册》的编写特点，力求准确实用，比较全面反映煤矿电工领域的新成就。《手册》在编写、修订过程中，见证了煤矿电工技术的发展。

第一分册《电工基础与电机电器》的主要内容包括电工基础、电工材料、高低压电动机、高低压开关等。主要修订、增加的内容有：3300 V大功率机组电动机、开关磁阻电动机、Y2系列高效煤矿用电动机、变频电动机、SF_6高压开关的技术性能及其检修方法等。运用通俗易懂的叙述方式，介绍抽象的电工技术的基本知识及其应用，以便从事煤矿电工电子技术的青年读者自学。

第二分册《矿井供电》的主要内容包括矿井供电系统、矿井地面变（配）电所、井下供电系统及其电气设备等。主要修订、增加的内容有：工矿企业10 kV、660 V供电及其成套电气设备，采区3300 V供电及进一步提高供电电压的展望；110 kV屋内配电装置（气体绝缘金属封闭开关）、架空线路导线的力学计算、通信干扰、SVG（静止无功发生器）等无功补偿及微机型继电保护自动装置、电子式互感器等；高产高效工作面（年产千万吨）供电系统、组合式大容量成套设备、煤矿用电力电缆等。

第三分册《煤矿固定设备电力拖动》的主要内容包括提升机、通风机、水泵、空压机等固定设备的电力拖动控制系统。随着电力电子器件（IGBT）及PWM（脉宽调制）等变频技术的发展，笼型感应电动机变频调速技术的成功推广应用，以及大容量同步电动机变频调速技术的发展，将代替传统的直流电动机和绕线电动机的调速方式。《手册》删减了上述两种拖动方式的内容，增加了同步机和笼型电动机变频调速技术、TDC（力矩直接控制）以及对绕线型电动机的变频调速改造等内容。

第四分册《采掘运机械的电气控制及通信和监控系统》的主要内容包括采煤机、掘进机、输送机的拖动控制系统，矿井通信和监控系统等。《手册》

删除了已不实用的矿井通信及监控技术等内容，增加了年产千万吨大型机组工作面拖动控制系统和以计算机、通信网络为中心的新技术、新设备等内容。

《手册》在编写和审稿过程中，得到了中国煤炭工业协会煤炭工业技术委员会、山东煤矿安全监察局、兖州矿业集团、中国平煤神马集团、中国煤炭科工集团北京华宇工程有限公司等单位以及有关院校很多专家的大力支持和协助，在此表示衷心的感谢。

本版《手册》涉及面很广，几乎包括煤矿电工技术全部范围，限于编者的水平难免有不当之处，恳切希望广大读者批评指正。

顾永辉

前　　言

（第 1 版）

为高速度发展煤炭工业，加快煤矿机械化、现代化的步伐，进一步满足广大煤矿电气工作人员查阅使用方便，特组织编写这部《煤矿电工手册》。

在《手册》编写过程中，我们曾多次召开专业性技术座谈会，认真调查研究，广泛搜集资料，并尽量吸取广大煤矿职工在生产和科学实验中的好经验。内容力求做到准确、实用，文字简练，通俗易懂，采用的公式、图表及测试方法等附有计算实例，便于读者掌握运用。

本《手册》是由部生产司、教育司、设计管理局、科技局、制造局和科技情报所共同负责组织的。共有三十五个单位，七十多位同志参加编写。

本《手册》共分四个分册十二个专集，先按专集出版单行本，而后合订成册。

第一分册《电机与电器》由辽宁省煤炭工业局组织，抚顺矿务局、中国矿业学院为主编单位；

第二分册《矿井供电》由山东省煤炭工业局组织，新汶矿务局、山东矿业学院、中国矿业学院为主编单位；

第三分册《煤矿固定设备电力拖动》由安徽省煤炭工业局组织，淮南矿务局、淮南煤炭学院为主编单位；

第四分册《采掘运机械的电气控制及通信》由江苏、山西省煤炭工业局组织，徐州、阳泉矿务局为主编单位。

《手册》编写工作，曾得到有关单位，特别是一机、冶金、水电和国防部门的大力支持，并提供了许多宝贵意见和资料，谨此表示衷心感谢。

本《手册》编写工作涉及的面广，专业性强，但由于我们经验不足，水平有限，难免有不足之处，希望广大读者提出批评、建议，便于在修订时改正。

编　者

前 言

编 者

前　　言

（第 2 版）

《煤矿电工手册》自 1979 年出版以来，曾多次重印，是一本深受广大读者欢迎的大型工具书。近十余年来，随着采矿工业的发展，煤矿电工领域日新月异，为了在《手册》中反映这方面的新设备、新标准、新工艺和新技术，以适应煤矿电气工作人员的需要，我们对《手册》进行了全面修订。

修订后的《手册》仍分电机与电器、矿井供电、煤矿固定设备电力拖动、采掘运机械的电气控制及通信四个分册出版。其特点是公式、数据图表化，语言简练，便于查阅，具有较强的实用性。与第一版《手册》相比，修订后的《手册》除按新标准、新设备、新工艺进行了相应修改外，同时按各分册排序分别增加了以下主要内容：

Y 系列及其派生的各种煤矿用电动机、高低压真空开关在煤矿中的应用及其技术性能、用计算机和 MVA 法计算短路电流、地面工矿企业 660 V 供电、10 kV 直接下井供电、井下 1140 V 供电、电网中性点各种接地方式的分析、高低压系统的选择性漏电保护、电动机综合保护、快速断电和旁路接地保护、煤矿固定设备变频等调速技术的应用，提升机等设备的微机控制、电网谐波分析及其防治、高压矿用橡套屏蔽软电缆及其连接方法、大功率采掘运机械的电气控制、矿井环境气体及通风参数控制、粉尘控制、矿压监测、火源监测、激光指向、坑道透视、微机控制的各种煤矿监控系统、微波、光纤通信、静电、杂散电流及其防治等。

《手册》修订工作，除有个别人员调整外，基本上仍由原版编写人员编写。在编写过程中，曾得到很多单位和专家们的支持和帮助，在此向他们表示衷心感谢。

由于我们水平所限，修订后的《手册》中难免有不当之处，欢迎广大读者批评指正。

编　者

前　言

（第2版）

编　者

《煤矿电工手册》各分册名称及内容

分 册 名 称	内 容
第一分册 电工基础与电机电器	电工基础，煤矿常用电工仪表使用方法，电气设备的防爆，电工材料，高低压、交直流电动机，变压器，高、低压开关，特殊电机
第二分册 矿井供电	矿区供电系统与变电所，短路电流计算，地面高低压供电设备及其选择，继电保护与自动装置，变电所二次回路及操作电源，架空线路，防雷保护、接地及接零，变（配）电所的管理与电气设备的运行、维护及预防性试验，井下供电系统，井下供电设备，电缆及电缆线路，井下过流保护，井下保护接地，井下低压电网漏电保护，工矿企业 10 kV、660 V 供电，矿井照明，电气安全与触电急救，节约用电及用电管理，静电及其防治
第三分册 煤矿固定设备电力拖动	提升机电力拖动概述，提升机的交、直流电力拖动，电网谐波及其控制，通风机、空气压缩机、水泵、大型带式输送机的电力拖动
第四分册 采掘运机械的电气控制及通信和监控系统	采煤机械及掘进工作面的电气设备及其控制，采区运输及辅助运输设备的电气控制，电机车选型计算，牵引变流所，牵引网路，窄轨电机车电气设备及电气控制，矿区及矿井通信，煤矿用仪器仪表及小型电子电器，煤矿生产、安全监控系统

目　录

本章编写人：高义标

第八章　防雷保护、接地及接零

第一节　煤矿企业建筑物及构筑物的防雷保护

一、对雷电活动的认识

（一）雷电活动的一般规律

（1）热而潮湿的地区比冷而干燥的地区雷电活动多。

（2）雷电活动与地理纬度有关，赤道地区雷电活动最多，由赤道分别向北、南逐渐递减。在我国递减顺序大致是：华南、西南、长江流域、华北、东北、西北。

（3）山区雷电活动多于平原，陆地多于湖海。

（4）雷电活动多发生在7—8月份，活动的时间大多在14—22时。各地区雷暴的极大值和极小值，多出现在同一年份。

（二）雷电活动的选择性

（1）土壤电阻率相对值小，有利于电荷很快积聚的地方易受雷击。

A. 大片土壤电阻率较大，局部较小的地方；

B. 土壤电阻率突变的地方，如岩石和土壤、山坡和稻田交界的地方；

C. 岩石山或土壤电阻率较大的山坡，雷击点多发生在山脚，山腰次之；

D. 土山或土壤电阻率较小的山坡，雷击点多发生在山顶，山腰次之；

E. 地下埋有导电矿藏（金属矿、盐矿）的地区；

F. 地下水位高、矿泉、小河沟、地下水出口处。

（2）有利于雷云的形成和相遇的地形易受雷击。

A. 山的东、南坡受雷击机会大于山的西、北坡；

B. 山中的局部平地受雷击机会大于狭谷；

C. 湖边、海滨受雷击机会较少，但海滨如有山丘，则靠海的一面山坡受雷击的机会较多；

D. 雷暴走廊与风向一致，风口和顺风口的河谷。

（3）有利于雷云与大地建立良好放电通道的地方易受雷击。

A. 空旷地中的孤立建筑物或建筑物群中的高耸建筑物；

B. 排出导电灰尘的厂房及废气管道；

C. 屋顶为金属结构、地下埋有大量金属管道、室内安装大型金属设备的厂房；

D. 建筑群中个别特别潮湿的建筑物，如牛马棚、冰库等；

E. 尖屋顶及高耸建、构筑物，如井架、水塔、烟囱、天窗、旗杆、消防梯等；

F. 屋旁大树、天线、山区送电线路。

（三）建筑物易受雷击的部位

根据模拟试验得出，建筑物由于屋面坡度不同易受雷击的部位亦有所不同。屋角与檐角的雷击率最高。屋面的坡度越大，屋脊雷击率越高。当屋面坡度大于1/2时，屋檐一般不再受雷击。建筑物易受雷击的部位如图8-1-1所示。

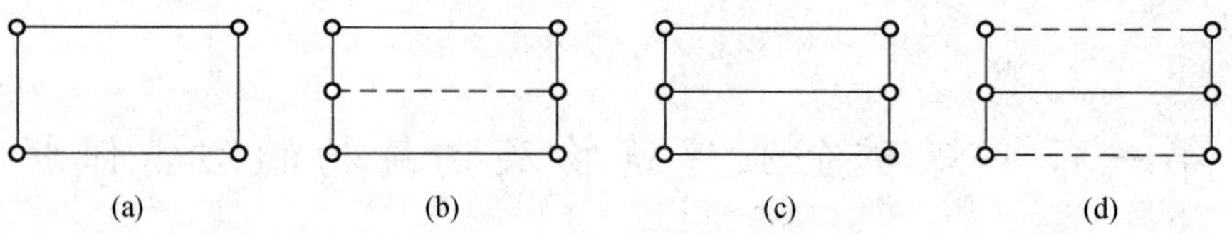

—— 易受雷击部位；－－－ 不易受雷击部位；○ 雷击率最高部位

图8-1-1 建筑物易受雷击的部位示意图

（1）平屋面或坡度不大于1/10的屋面——檐角、女儿墙、屋檐（图8-1-1a、图8-1-1b）；

（2）坡度大于1/10，小于1/2的屋面——屋角、屋脊、檐角、屋檐（图8-1-1c）；

（3）坡度大于1/2的屋面——屋角、屋脊、檐角（图8-1-1d）。

二、建、构筑物防雷分类及防雷措施

根据建筑物、构筑物（以下简称建、构筑物）的性质及雷击率和雷击后果，按《建筑物防雷设计规范》（GB 50057—2010）中将工业建、构筑物的防雷分为三类的原则，结合煤矿企业各建、构筑物的特点，并依其类别的不同而采取相应的防雷措施。

（一）建、构筑物防雷分类

1. 第一类

（1）凡制造、使用或贮存火炸药及其制品的危险建筑物，因电火花而引起爆炸、爆轰，会造成巨大破坏和人身伤亡者。

（2）具有0区或20区爆炸危险场所的建筑物。

（3）具有1区或21区爆炸危险场所的建筑物，因电火花而引起爆炸，会造成巨大破坏和人身伤亡者。

2. 第二类

（1）制造、使用或贮存火炸药及其制品的危险建筑物，且电火花不易引起爆炸或不致造成巨大破坏和人身伤亡者。

（2）具有1区或21区爆炸危险场所的建筑物，且电火花不易引起爆炸或不致造成巨大破坏和人身伤亡者。

（3）具有2区或22区爆炸危险场所的建筑物。

（4）有爆炸危险的露天钢质封闭气罐。

（5）预计雷击次数大于0.25次/a的一般性工业建筑物。

3. 第三类

（1）预计雷击次数大于或等于0.05次/a，且小于或等于0.25次/a的一般性工业建筑物。

（2）在平均雷暴日大于15 d/a的地区，高度在15 m及以上的烟囱、水塔等孤立的高耸建筑物；在平均雷暴日小于或等于15 d/a的地区，高度在20 m及以上的烟囱、水塔等孤立的高耸建筑物。

建、构筑物年计算雷击次数的经验公式：

$$N=0.015\cdot n\cdot k(L+5h)(b+5h)10^{-6} \tag{8-1-1}$$

式中　N——年计算雷击次数，当$N\geqslant0.01$时，建、构筑物应划为工业第三类或民用第二类；

n——年平均雷暴日，根据当地气象台、站资料确定；

L——建、构筑物长度，m；

b——建、构筑物宽度，m；

h——建、构筑物高度，m；

k——校正系数，在一般情况下取1；当在下列情况时取1.5～2：位于旷野的孤立建、构筑物或金属屋面的砖木结构建筑物取1.6；建筑物群中高于25 m，旷野中高于20 m的建、构筑物取1.7；位于河边、湖边、山坡下或山地中土壤电阻率较小处、地下水露头处、土山顶部、山谷风口等处的建、构筑物以及特别潮湿的建、构筑物取1.8；地下有导电矿时取2.0。

表8－1－1数据作为第三类建、构筑物是否需要防雷的参考。

表8－1－1　雷暴日和建、构筑物高度防雷参考指标

分　区	年平均雷暴日 n/d	建、构筑物高度 h/m	备　注
轻雷区 中雷区 重雷区	$n<30$ $75>n>35$ $n>80$	$h>24$ 平原　$h>20$　山区　$h>15$ 平原　$h>16$　山区　$h>12$	防直击雷

（二）建、构筑物防雷措施

1. 第一类

对第一类建、构筑物必须采取全面的防雷措施，以防止直击雷、雷电感应、防雷电反击和雷电波侵入等引起的破坏性后果。

1）防直击雷

（1）装设独立避雷针或架空避雷线，使被保护的建、构筑物及突出屋面的物体（如风帽、放散管等），均处于避雷针或架空避雷线的保护范围内。对排放有爆炸危险的气体、蒸汽或粉尘的管道，其管口外的下列空间应处于接闪器的保护范围内（其排放物达不到爆炸浓度、长期点火燃烧、一排放就点火燃烧，以及发生事故时排放物才达到爆炸浓度的，接闪器的保护范围可只保护到管帽，无管帽时保护到管口）：

A. 当有管帽时应按表 8-1-2 的规定确定。

B. 当无管帽时，应为管口上方半径 5 m 的半球体。

C. 接闪器与雷闪的接触点应设在上面两条所规定的空间之外。

表 8-1-2 有管帽的管口外处于接闪器保护范围内的空间

装置内的压力与周围空气压力的压力差/kPa	排放物对比于空气	管帽以上的垂直距离/m	距管口处的水平距离/m
<5	重于空气	1	2
5~25	重于空气	2.5	5
≤25	轻于空气	2.5	5
>25	重或轻于空气	5	5

注：相对密度小于或等于 0.75 的爆炸性气体规定为轻于空气的气体；相对密度大于 0.75 的爆炸性气体规定为重于空气的气体。

（2）独立接闪杆的杆塔、架空接闪线的端部和架空接闪网的每根支柱处应至少设一根引下线。对用金属制成或有焊接、绑扎连接钢筋网的杆塔、支柱，宜利用金属杆塔或钢筋网作为引下线。

（3）独立接闪杆和架空接闪线或网的支柱及其接地装置与被保护建筑物及与其有联系的管道、电缆等金属物之间的间隔距离（图 8-1-2），应按下列公式计算，且不得小于 3 m：

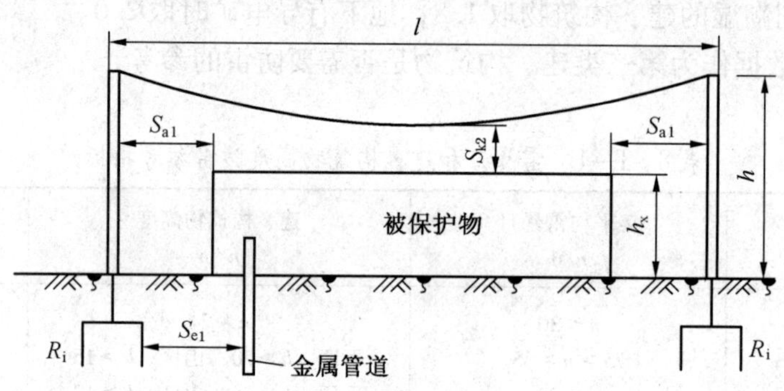

图 8-1-2 防雷装置至被保护物的间隔距离

① 地上部分：

当 $h_x < 5R_i$ 时： $S_{a1} \geqslant 0.4(R_i + 0.1h_x)$ （8-1-2）

当 $h_x \geqslant 5R_i$ 时： $S_{a1} \geqslant 0.1(R_i + h_x)$ （8-1-3）

② 地下部分：

$$S_{e1} \geqslant 0.4R_i \quad (8-1-4)$$

式中 S_{a1}——空气中的间隔距离，m；

S_{e1}——地中的间隔距离，m；

R_i——独立接闪杆、架空接闪线或网支柱处接地装置的冲击接地电阻，Ω；

h_x——被保护建筑物或计算点的高度，m。

（4）架空接闪线至屋面和各种突出屋面的风帽、放散管等物体之间的间隔距离（图

8-1-2)，应按下列公式计算，且不应小于3 m：

① 当$\left(h+\frac{l}{2}\right)<5R_i$时：

$$S_{a2}\geqslant 0.2R_i+0.03\left(h+\frac{l}{2}\right) \tag{8-1-5}$$

② 当$\left(h+\frac{l}{2}\right)\geqslant 5R_i$时：

$$S_{a2}\geqslant 0.05R_i+0.06\left(h+\frac{l}{2}\right) \tag{8-1-6}$$

式中　S_{a2}——接闪线至被保护物在空气中的间隔距离，m；

h——接闪线的支柱高度，m；

l——接闪线的水平长度，m。

(5) 架空接闪网至屋面和各种突出屋面的风帽、放散管等物体之间的间隔距离，应按下列公式计算，且不应小于3 m：

① 当$(h+l_1)<5R_i$时：

$$S_{a2}\geqslant \frac{1}{n}[0.4R_i+0.06(h+l_1)] \tag{8-1-7}$$

② 当$(h+l_1)\geqslant 5R_i$时：

$$S_{a2}\geqslant \frac{1}{n}[0.1R_i+0.12(h+l_1)] \tag{8-1-8}$$

式中　S_{a2}——接闪网至被保护物在空气中的间隔距离，m；

l_1——从接闪网中间最低点沿导体至最近支柱的距离，m；

n——从接闪网中间最低点沿导体至最近不同支柱并有同一距离l_1的个数。

(6) 独立接闪杆、架空接闪线或架空接闪网应设独立的接地装置，每一引下线的冲击接地电阻不宜大于10 Ω。在土壤电阻率高的地区，可适当增大冲击接地电阻。但在3000 m以下的地区，冲击接地电阻不应大于30 Ω。

2) 防雷电感应

(1) 为防止静电感应产生火花，建、构筑物内的金属物（如设备、管道、构架、电缆外皮、钢屋架、钢窗等较大金属构件）和突出屋面的金属物（如放散管、风管等），均应接到防雷电感应的接地装置上。

金属屋面周边每隔18~24 m应采用引下线接地一次。

现场浇制的或由预制构件组成的钢筋混凝土屋面，其钢筋宜绑扎或焊接成电气闭合回路，并应每隔18~24 m用引下线接地一次。

(2) 为防止电磁感应产生火花，长金属管道两端应接地。平行敷设的长金属物，如管道、构架和电缆外皮等，其净距小于100 mm时，应每隔20~30 m用金属线跨接；交叉净距小于100 mm时，其交叉处也应跨接。

当管道连接处，如弯头、阀门、法兰盘等，不能保持良好的金属接触时，在连接处应用金属线跨接。用丝扣紧密连接的$\phi 25$及以上的管接头和法兰盘，在非腐蚀环境下，可不跨接。

(3) 防雷电感应的接地装置，其接地电阻不应大于10 Ω，并应和电气设备接地装置共用。此接地装置与独立避雷针或架空避雷线的接地装置之间的距离应符合第1）条中第

(2)、(3) 款的要求。

(4) 防雷电感应的接地装置一般在建筑物周围环形敷设。屋内接地干线与防雷电感应接地装置的连接，不应少于两处。有特殊要求的电力、电子设备的接地装置，能否和防雷电感应的接地装置共用，应按有关专用规定执行。

3) 防雷电反击

(1) 在电源引入的总配电箱处应装设 1 级试验的电涌保护器。电涌保护器的电压保护水平值应小于或等于 2.5 kV。每一保护模式的冲击电流值，当无法确定时，冲击电流应取等于或大于 12 kA。

(2) 电源总配电箱处所装设的电涌保护器，其每一保护模式的冲击电流值，当电源线路无屏蔽层时宜按式（8－1－9）计算，当有屏蔽层时宜按式（8－1－10）计算：

$$I_{imp}=\frac{0.5I}{nm} \tag{8-1-9}$$

$$I_{imp}=\frac{0.5IR_s}{n(mR_s+R_c)} \tag{8-1-10}$$

式中　I——雷电流（kA），取 200 kA；

n——地下和架空引入的外来金属管道和线路的总和；

m——需要确定的那一回线路内导体芯线的总数；

R_s——屏蔽层或钢管每千米的电阻（Ω/km）；

R_c——芯线每千米的电阻（Ω/km）。

(3) 当电子系统的室外线路采用金属线时，在其引入的终端箱处应安装 D1 类高能量试验类型的电涌保护器，其短路电流当无屏蔽层时，宜按式（8－1－9）计算，当有屏蔽层时宜按式（8－1－10）计算；当无法确定时应选用 2 kA。

(4) 当电子系统的室外线路采用光缆时，在其引入的终端箱处的电气线路侧，当无金属线路引出本建筑物至其他有自己接地装置的设备时，可安装 B2 类慢上升率试验类型的电涌保护器，其短路电流宜选用 100 A。

(5) 输送火灾爆炸危险物质的埋地金属管道，当其从室外进入户内处设有绝缘段时，应在绝缘段处跨接符合下列要求的电压开关型电涌保护器或隔离放电间隙：

A. 选用Ⅰ级试验的密封型电涌保护器。

B. 电涌保护器能承受的冲击电流按式（8－1－9）计算，取 $m=1$。

C. 电涌保护器的电压保护水平应小于绝缘段的耐冲击电压水平，无法确定时，应取其等于或大于 1.5 kV 和等于或小于 2.5 kV。具有阴极保护的埋地金属管道，电涌保护器的电压保护水平应大于阴极保护电源的最大端电压。

D. 输送火灾爆炸危险物质的埋地金属管道在进入建筑物处的防雷等电位连接，应在绝缘段之后管道进入室内处进行，可将电涌保护器的上端头接到等电位连接带。

(6) 具有阴极保护的埋地金属管道，在其从室外进入户内处宜设绝缘段，应在绝缘段处跨接符合下列要求的电压开关型电涌保护器或隔离放电间隙：

A. 选用Ⅰ级试验的密封型电涌保护器。

B. 电涌保护器能承受的冲击电流按式（8－1－9）计算，取 $m=1$。

C. 电涌保护器的电压保护水平应小于绝缘段的耐冲击电压水平，并应大于阴极保护电源的最大端电压。

D. 输送火灾爆炸危险物质的埋地金属管道在进入建筑物处的防雷等电位连接，应在绝缘段之后管道进入室内处进行，可将电涌保护器的上端头接到等电位连接带。

4）防雷电波侵入

（1）为避免雷电波沿电力线传入，最好不要把电气设备设在室内（如火药库照明等）。

（2）室外低压配电线路应全线采用电缆直接埋地敷设，在入户处应将电缆的金属外皮、钢管接到等电位连接带或防闪电感应的接地装置上。

（3）当全线采用电缆有困难时，应采用钢筋混凝土杆和铁横担的架空线，并应使用一段金属铠装电缆或护套电缆穿钢管直接埋地引入。架空线与建筑物的距离不应小于 15 m。

（4）在电缆与架空线连接处，尚应装设户外型电涌保护器。电涌保护器与电缆金属外皮、钢管和绝缘子铁脚、金具等应连在一起接地，其冲击接地电阻不应大于 30 Ω。所装设的电涌保护器应选用 I 级试验产品。若无户外型电涌保护器，应选用户内型电涌保护器，其使用温度应满足安装处的环境温度，并应安装在防护等级 IP54 的箱内。

（5）当架空线转换成一段金属铠装电缆或护套电缆穿钢管直接埋地引入时，其埋地长度可按下式计算：

$$l \geqslant 2\sqrt{\rho} \quad (8-1-11)$$

式中　l——电缆铠装或穿电缆的钢管埋地直接与土壤接触的长度，m；

ρ——埋电缆处的土壤电阻率，Ω · m。

（6）电子系统的室外金属导体线路宜全线采用有屏蔽层的电缆埋地或架空敷设，其两端的屏蔽层、加强钢线、钢管等应等电位连接到人户处的终端箱体上。

（7）通信线路架空敷设时，应采用钢筋混凝杆，通信线路引入处理方法可参考架空电力线路的引入。

（8）架空金属管道，在进出建筑物处，应与防雷电感应的接地装置相连。距离建筑物 100 m 内的管道，宜每隔 25 m 接地一次，其冲击接地电阻不应大于 30 Ω，并应利用金属支架或钢筋混凝土支架的焊接、绑扎钢筋作为引下线，其钢筋混凝土基础宜作为接地装置。

（9）埋地或地沟内的金属管道，在进出建筑物处应等电位连接到等电位连接带或防雷电感应的接地装置上。

5）高耸建、构筑物防雷

当难以装设独立的外部防雷装置时，可将接闪杆或网格不大于 5 m × 5 m 或 6 m × 4 m 的接闪网或由其混合组成的接闪器直接装在建筑物上；当建筑物高度超过 30 m 时，首先应沿屋顶周边敷设接闪带，接闪带应设在外墙外表面或屋檐边垂直面上，也可设在外墙外表面或屋檐边垂直面外，并应符合下列要求：

（1）接闪器之间应互相连接。

（2）引下线不应少于 2 根，并应沿建筑物四周和内庭院四周均匀或对称布置，其间距沿周长计算不应大于 12 m。

（3）排放爆炸危险气体、蒸气或粉尘的管道的防护与装设独立的外部防雷装置时的要求相同。

（4）建筑物应装设等电位连接环，环间垂直距离不应大于 12 m，所有引下线、建筑物的金属结构和金属设备均应连到环上。等电位连接环可利用电气设备的等电位连接干线环路。

（5）外部防雷的接地装置应围绕建筑物敷设成环形接地体，每根引下线的冲击接地电阻不应大于 10 Ω，并应与电气和电子系统等接地装置及所有进入建筑物的金属管道相连。此接地装置可兼作防雷电感应接地之用。

（6）当建筑物高于 30 m 时，应采取下列防侧击的措施：

A. 应从 30 m 起每隔不大于 6 m 沿建筑物四周设水平接闪带，并应与引下线相连。

B. 30 m 及以上外墙上的栏杆、门窗等较大的金属物应与防雷装置连接。

6）高大树木下建、构筑物防雷

如树木高于建、构筑物且不在避雷针保护范围以内，为了防止雷击树木时产生反击，建、构筑物距树木的净距不应小于 5 m。

2. 第二类

1）防直击雷

（1）一般采用装设在建筑物上的接闪网、接闪带或接闪杆，也可采用由这些混合而成的接闪器。接闪网、接闪带应沿屋角、屋顶、屋檐和檐角等易受雷击的部位敷设，并应在整个屋面组成不大于 10 m×10 m 或 12 m×8 m 的网格；当建筑物高度超过 45 m 时，首先应沿屋顶周边敷设接闪带，接闪带应设在外墙外表面或屋檐边垂直面上，也可设在外墙外表面或屋檐边垂直面外。接闪器之间应互相连接。

（2）突出屋面的放散管、风管、烟囱等物体，应按下列方式保护：

A. 排放爆炸危险气体、蒸汽或粉尘的管道防护与第一类相同。

B. 排放无爆炸危险气体、蒸汽或粉尘的放散管、烟囱，1 区、21 区、2 区和 22 区爆炸危险场所的自然通风管，0 区和 20 区爆炸危险场所的装有阻火器的放散管、呼吸阀、排风管，以及排放爆炸危险气体、蒸汽或粉尘，但其排放物达不到爆炸浓度、长期点火燃烧、一排放就点火燃烧，以及发生事故时排放物才达到爆炸浓度的管道，其防雷保护应符合下列规定：

a. 金属物体可不装接闪器，但应和屋面防雷装置相连。

b. 在屋面接闪器保护范围之外的非金属物体，当它突出由接闪器形成的平面 0.5 m 以上时，应装接闪器，并应和屋面防雷装置相连。

（3）专设引下线不应少于 2 根，并应沿建筑物四周和内庭院四周均匀对称布置，其间距沿周长计算不应大于 18 m。当建筑物的跨度较大，无法在跨距中间设引下线时，应在跨距两端设引下线并减小其他引下线的间距，专设引下线的平均间距不应大于 18 m。

（4）外部防雷装置的接地应和防雷电感应、内部防雷装置，电气和电子系统等接地共用接地装置，并应与引入的金属管线做等电位连接。外部防雷装置的专设接地装置宜围绕建筑物敷设成环形接地体。

（5）利用建筑物的钢筋作为防雷装置时，应符合下列规定：

A. 建筑物宜利用钢筋混凝土屋顶、梁、柱、基础内的钢筋作为引下线。

B. 当基础采用硅酸盐水泥和周围土壤的含水量不低于 4% 及基础的外表面无防腐层或有沥青质防腐层时，宜利用基础内的钢筋作为接地装置。当基础的外表面有其他类的防腐层且无桩基可利用时，宜在基础防腐层下面的混凝土垫层内敷设人工环形基础接地体。

C. 敷设在混凝土中作为防雷装置的钢筋或圆钢，当仅为一根时，其直径不应小于

10 mm。被利用作为防雷装置的混凝土构件内有箍筋连接的钢筋时，其截面积总和不应小于一根直径 10 mm 钢筋的截面积。

D. 利用基础内钢筋网作为接地体时，在周围地面以下距地面不应小于 0.5 m。

E. 当在建筑物周边的无钢筋的闭合条形混凝土基础内敷设人工基础接地体时，接地体的规格尺寸应按表 8－1－3 的规定确定。

表 8－1－3　第二类防雷建筑物环形人工基础接地体的最小规格尺寸

闭合条形基础的周长/m	扁钢/mm	圆钢，根数×直径/mm
≥60	4×25	2×ϕ10
40～60	4×50	4×ϕ10 或 3×ϕ12
<40	钢材表面积总和≥4.24 m^2	

注：1. 当长度相同、截面积相同时，宜选用扁钢；

2. 采用多根圆钢时，其敷设净距不小于直径的 2 倍；

3. 利用闭合条形基础内的钢筋作接地体时可按本表校验，除主筋外，可计入箍筋的表面积。

F. 共用接地装置的接地电阻应按 50 Hz 电气装置的接地电阻确定，不应大于按人身安全所确定的接地电阻值。

（6）高度超过 45 m 的建筑物，除屋顶的外部防雷装置外，应符合下列规定：

A. 对水平突出外墙的物体，当滚球半径 45 m 球体从屋顶周边接闪带外向地面垂直下降接触到突出外墙的物体时，应采取相应的防雷措施。

B. 高于 60 m 的建筑物，其上部占高度 20% 并超过 60 m 的部位应防侧击雷。

C. 外墙内、外竖直敷设的金属管道及金属物的顶端和底端，应与防雷装置等电位连接。

（7）有爆炸危险的露天钢质封闭气罐，当其高度小于或等于 60 m、罐顶壁厚不小于 4 mm 时，或当其高度大于 60 m，罐顶壁厚和侧壁壁厚均不小于 4 mm 时，可不装设接闪器，但应接地，且接地点不应少于 2 处，两接地点间距离不宜大于 30 m，每处接地点的冲击接地电阻不应大于 30 Ω。

2）防雷电感应

（1）建筑物内的设备、管道、构架等主要金属物，应就近接到防雷装置或共用接地装置上。

（2）除具有 2 区、22 区爆炸危险场所的建筑物外，平行敷设的管道、构架和电缆金属外皮等长金属物应符合第一类的相关规定，但长金属物连接处可不跨接。

（3）建筑物内防雷电感应的接地干线与接地装置的连接，不应少于 2 处。

3）防雷电反击

防止雷电流流经引下线和接地装置时产生的高电位对附近金属物或电气和电子系统线路的反击，应符合下列规定：

A. 在金属框架的建筑物中，或在钢筋连接在一起、电气贯通的钢筋混凝土框架的建筑物中，金属物或线路与引下线之间的间隔距离可无要求；在其他情况下，金属物或线路与引下线之间的间隔距离应按下式计算：

$$S_{a3} \geqslant 0.06 k_c l_x \qquad (8-1-12)$$

式中 S_{a3}——空气中的间隔距离；

l_x——引下线计算点到连接点的长度（m），连接点即金属物或电气和电子系统线路与防雷装置之间直接或通过电涌保护器相连之点。

B. 当金属物或线路与引下线之间有自然或人工接地的钢筋混凝土构件、金属板、金属网等静电屏蔽物隔开时，金属物或线路与引下线之间的间隔距离可无要求。

C. 当金属物或线路与引下线之间有混凝土墙、砖墙隔开时，其击穿强度应为空气击穿强度的1/2。当间隔距离不能满足本条A款的规定时，金属物应与引下线直接相连，带电线路应通过电涌保护器与引下线相连。

D. 在电气接地装置与防雷接地装置共用或相连的情况下，应在低压电源线路引入的总配电箱、配电柜处装设Ⅰ级试验的电涌保护器，电涌保护器的电压保护水平值应小于或等于2.5 kV。每一保护模式的冲击电流值，当无法确定时应取等于或大于12.5 kA。

E. 当Yyn0型或Dynll型接线的配电变压器设在本建筑物内或附设于外墙处时，应在变压器高压侧装设避雷器；在低压侧的配电屏上，当有线路引出本建筑物至其他有独自敷设接地装置的配电装置时，应在母线上装设Ⅰ级试验的电涌保护器，电涌保护器每一保护模式的冲击电流值，当无法确定时冲击电流应取等于或大于12.5 kA；当无线路引出本建筑物时，应在母线上装设Ⅱ级试验的电涌保护器，电涌保护器每一保护模式的标称放电电流值应等于或大于5 kA。电涌保护器的电压保护水平值应小于或等于2.5 kV。

F. 低压电源线路引入的总配电箱、配电柜处装设Ⅰ级试验的电涌保护器，以及配电变压器设在本建筑物内或附设于外墙处，并在低压侧配电屏的母线上装设Ⅰ级试验的电涌保护器时，电涌保护器每一保护模式的冲击电流值，当电源线路无屏蔽层时可按式（8-1-9）计算，当有屏蔽层时可按式（8-1-10）计算，式中的雷电流应取150 kA。

G. 在电子系统的室外线路采用金属线时，其引入的终端箱处应安装D1类高能量试验类型的电涌保护器，其短路电流当无屏蔽层时可根据式（8-1-9）计算；当有屏蔽层时可按式（8-1-10）计算。式中的雷电流应取150 kA，当无法确定时应选用1.5 kA。

H. 在电子系统的室外线路采用光缆时，其引入的终端箱处的电气线路侧，当无金属线路引出本建筑物至其他有自己接地装置的设备时，可安装B2类慢上升率试验类型的电涌保护器，其短路电流宜选用75 A。

I. 输送火灾爆炸危险物质和具有阴极保护的埋地金属管道，当其从室外进入户内处、设有绝缘段时，应在绝缘处跨接电压开关型电涌保护器，并符合第一类的相关规定，按式（8-1-9）计算冲击电流值时，雷电流应取150 kA。

3. 第三类

1）防直击雷

（1）一般采用装设在建筑物上的接闪网、接闪带或接闪杆，也可采用由这些混合而成的接闪器。接闪网、接闪带应沿屋角、屋顶、屋檐和檐角等易受雷击的部位敷设，并应在整个屋面组成不大于20 m×20 m或24 m×16 m的网格；当建筑物高度超过60 m时，首先应沿屋顶周边敷设接闪带，接闪带应设在外墙外表面或屋檐边垂直面上，也可设在外墙外表面或屋檐边垂直面外。接闪器之间应互相连接。

（2）突出屋面物体的保护措施与第二类相同。

（3）专设引下线不应少于2根，并应沿建筑物四周和内庭院四周均匀对称布置。其间距沿周长计算不应大于 25 m。当建筑物的跨度较大，无法在跨距中间设引下线时，应在跨距两端设引下线并减小其他引下线的间距，专设引下线的平均间距不应大于 25 m。

（4）外部防雷装置的接地应和防雷电感应、内部防雷装置，电气和电子系统等接地共用接地装置，并应与引入的金属管线做等电位连接。外部防雷装置的专设接地装置宜围绕建筑物敷设成环形接地体。

（5）建筑物宜利用钢筋混凝土屋面、梁、柱、基础内的钢筋作为引下线和接地装置，当其墙以内的屋顶钢筋网以上的防水和混凝土层允许不保护时，宜利用屋顶钢筋网作为接闪器，以及当建筑物为多层建筑，其女儿墙压顶板内或檐口内有钢筋，周围除保安人员巡逻外通常无人停留时，宜利用墙压顶板内或檐口内的钢筋作为接闪器，并应符合下列规定：

A. 当基础采用硅酸盐水泥和周围土壤的含水量不低于 4% 及基础的外表面无防腐层或有沥青质防腐层时，宜利用基础内的钢筋作为接地装置。当基础的外表面有其他类的防腐层且无桩基可利用时，宜在基础防腐层下面的混凝土垫层内敷设人工环形基础接地体。

B. 敷设在混凝土中作为防雷装置的钢筋或圆钢，当仅为一根时，其直径不应小于 10 mm。被利用作为防雷装置的混凝土构件内有箍筋连接的钢筋时，其截面积总和不应小于一根直径 10 mm 钢筋的截面积。

D. 利用基础内钢筋网作为接地体时，在周围地面以下距地面不应小于 0.5 m。

E. 当在建筑物周边的无钢筋的闭合条形混凝土基础内敷设人工基础接地体时，接地体的规格尺寸应按表 8－1－4 的规定确定。

表 8－1－4　第三类防雷建筑物环形人工基础接地体的最小规格尺寸

<table>
<tr><th>闭合条形基础的周长/m</th><th>扁钢/mm</th><th>圆钢，根数×直径/mm</th></tr>
<tr><td>≥60</td><td rowspan="2">4×20</td><td>1×φ10</td></tr>
<tr><td>40～60</td><td>2×φ8</td></tr>
<tr><td>≤40</td><td colspan="2">钢材表面积总和≥1.89 m²</td></tr>
</table>

注：1. 当长度相同、截面积相同时，宜选用扁钢。
2. 采用多根圆钢时，其敷设净距不小于直径的 2 倍。
3. 利用闭合条形基础内的钢筋作接地体时可按本表校验，除主筋外，可计入箍筋的表面积。

（6）共用接地装置的接地电阻应按 50 Hz 电气装置的接地电阻确定，不应大于按人身安全所确定的接地电阻值。

（7）高度超过 60 m 的建筑物，除屋顶的外部防雷装置外，应符合下列规定：

A. 对水平突出外墙的物体，当滚球半径 60 m 球体从屋顶周边接闪带外向地面垂直下降接触到突出外墙的物体时，应采取相应的防雷措施。

B. 高于 60 m 的建筑物，其上部占高度 20% 并超过 60 m 的部位应防侧击雷。

C. 外墙内、外竖直敷设的金属管道及金属物的顶端和底端，应与防雷装置等电位连接。

（8）砖烟囱、钢筋混凝土烟囱，宜在烟囱上装设接闪杆或接闪环保护。多支接闪杆应连接在闭合环上。当非金属烟囱无法采用单支或双支接闪杆保护时，应在烟囱口装设环形接闪带，并应对称布置三支高出烟囱口不低于 0.5 m 的接闪杆。钢筋混凝土烟囱的钢筋应在其顶部和底部与引下线和贯通连接的金属爬梯相连。当符合上面（5）条的规定时，宜利用钢筋作为引下线和接地装置，可不另设专用引下线。

2）防雷电反击

防止雷电流流经引下线和接地装置时产生的高电位对附近金属物或电气和电子系统线路的反击，应符合下列规定：

A. 除金属物或线路与引下线之间间隔计算公式改为

$$S_{a3} \geqslant 0.04 k_c l_x \qquad (8-1-13)$$

其他同第二类防雷建筑 A～E 的规定。

B. 低压电源线路引入的总配电箱、配电柜处装设Ⅰ级试验的电涌保护器，以及配电变压器设在本建筑物内或附设于外墙处，并在低压侧配电屏的母线上装设Ⅰ级试验的电涌保护器时，电涌保护器每一保护模式的冲击电流值，当电源线路无屏蔽层时可按式（8－1－9）计算，当有屏蔽层时可按式（8－1－10）计算。式中的雷电流应取 100 kA。

C. 在电子系统的室外线路采用金属线时，在其引入的终端箱处应安装 D1 类高能量试验类的电涌保护器，其短路电流当无屏蔽层时按式（8－1－9）计算，当有屏蔽层时按式（8－1－10）计算。式中的雷电流取 100 kA；当无法确定时应选用 1.0 kA。

D. 在电子系统的外线路采用光缆时，其引入的终端箱处的电气线路侧，当无金属线路引出本建筑物至其他有自己接地装置的设备时，可安装 B2 类慢上升率试验类型的电涌保护器，其短路电流宜选用 50 A。

E. 输送火灾爆炸危险物质和具有阴极保护的埋地金属管道，当其从室外进入户内处设有绝缘段时，应在绝缘处跨接电压开关型电涌保护器，并符合第一类的相关规定，按式（8－1－9）计算冲击电流值时，雷电流应取等于 100 kA。

三、避雷针、线保护范围计算

（一）单支避雷针保护范围计算

单支避雷针的保护范围，应按图 8－1－3 所示方法确定。

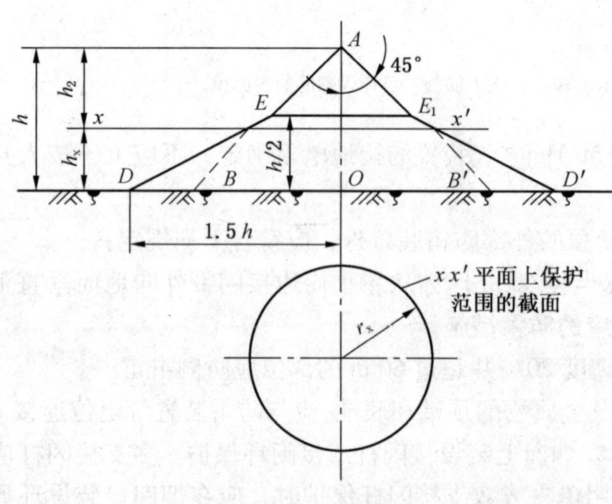

图 8－1－3 单支避雷针的保护范围

图 8－1－3 中，$OA = h$ 为避雷针高度，垂直于地平线 DD'。以顶点 A 向下两侧作 45°斜线和地平线 DD' 交于 B、B' 两点。在地平线 DD' 上方 $h/2$ 处作 DD' 的平行线和斜线 AB 与 AB' 交于 E、E'。在 DD' 线上取 $OD = OD' = 1.5h$，连 DE 和 DE'，则 $AEDD'E'$ 即为所确定的锥形保护范围。

（1）避雷针在地面上的保护半径按下式计算：

$$r = 1.5h \qquad (8-1-14)$$

式中 r——避雷针在地面上的保护半径，m；

h——避雷针的高度，m。

（2）避雷针在 h_x 高度的 xx'平面上的保护半径，按下式计算：

A. 当 $h_x \geqslant \frac{h}{2}$时：

$$r_x = h_a = h - h_x \quad (8-1-15)$$

式中　r_x——避雷针在 h_x 高度的 xx'平面上的保护半径，m；

h_a——避雷针的有效高度，m；

h_x——被保护物的高度，m。

B. 当 $h_x < \frac{h}{2}$时：

$$r_x = 1.5h - 2h_x \quad (8-1-16)$$

C. 当 $30 < h \leqslant 120$ m 时，应将式（8－1－14）、式（8－1－15）、式（8－1－16）求得的结果乘以系数 p，该系数按下式计算：

$$p = \frac{5.5}{\sqrt{h}} \quad (8-1-17)$$

式中　p——高度影响系数。

换言之，当 $h \leqslant 30$ m 时，可视高度影响系数 $p = 1$。

（3）单支避雷针在被保护高度 h_x 平面上的保护半径 r_x 按表 8－1－5 选择。

表 8－1－5　单支避雷针在被保护高度 h_x 水平面上保护半径 r_x　m

p	h	被保护物高度 h_x/m																			
		5	6	7	7.3	8	9	10	11	12	13	14	15	16	17	18	19	20	21	22	23
	10	5	4	3	2.7																
	11	6.5	5	4	3.7																
	12	8	6	5	4.7	4															
	13	9.5	7.5	6	5.7	5	4														
	14	11	9	7	6.7	6	5	4													
	15	12.5	10.5	8.5	7.9	7	6	5	4												
	16	14	12	10	9.4	8	7	6	5	4											
	17	15.5	13.5	11.5	10.9	9.5	8	7	6	5	4										
	18	17	15	13	12.4	11	9	8	7	6	5	4									
	19	18.5	16.5	14.5	13.9	12.5	10.5	9	8	7	6	5	4								
1	20	20	18	16	15.4	14	12	10	9	8	7	6	5	4							
	21	21.5	19.5	17.5	16.9	15.5	13.5	11.5	10	9	8	7	6	5	4						
	22	23	21	19	18.4	17	15	13	11	10	9	8	7	6	5	4					
	23	24.5	22.5	20.5	19.9	18.5	16.5	14.5	12.5	11	10	9	8	7	6	5	4				
	24	26	24	22	21.4	20	18	16	14	12	11	10	9	8	7	6	5	4			
	25	27.5	25.5	23.5	22.9	21.5	19.5	17.5	15.5	13.5	12	11	10	9	8	7	6	5	4		
	26	29	27	25	24.4	23	21	19	17	15	13	12	11	10	9	8	7	6	5	4	
	27	30	28.5	26.5	25.9	24.5	22.5	20.5	18.5	16.5	14.5	13	12	11	10	9	8	7	6	5	4
	28	32	30	28	27.4	26	24	22	20	18	16	14	13	12	11	10	9	8	7	6	5
	29	33.5	31.5	29.5	28.9	27.5	25.5	23.5	21.5	19.5	17.5	15.5	14	13	12	11	10	9	8	7	6
	30	35	33	31	30.4	29	27	25	23	21	19	17	15	14	13	12	11	10	9	8	7

表8-1-5（续） m

p	h	被保护物高度 h_x/m																			
		5	6	7	7.3	8	9	10	11	12	13	14	15	16	17	18	19	20	21	22	23
0.987	31	36.1	34.1	32.1	31.5	30.1	28.1	26.2	24.2	22.2	20.2	18.3	16.3	14.8	13.8	12.8	11.8	10.7	9.9	8.9	7.9
0.972	32	36.9	35	33	32.5	31.1	39.2	27.3	25.2	23.3	21.4	19.4	17.5	15.6	14.6	13.6	12.6	11.7	10.7	9.7	8.7
0.958	33	37.8	35.9	34	33.4	32.1	30.2	28.3	26.3	34.4	22.5	20.6	18.7	16.8	15.3	14.4	13.4	12.5	11.5	10.5	9.6
0.943	34	38.7	36.8	34.9	34.3	33	31.1	29.2	27.3	25.5	23.6	21.7	19.8	17.9	16	15.1	14.2	13.2	12.3	11.3	10.4
0.929	35	39.5	37.6	35.8	34.9	33.9	32.1	30.2	28.3	26.5	24.6	22.8	20.9	19	17.2	15.8	14.9	13.9	13	12.1	11.2
0.917	36	40.3	38.5	36.7	36.1	34.6	33	31.2	29.3	27.5	25.7	23.8	22	20.2	18.3	16.5	15.6	14.7	13.8	12.8	11.9
0.902	37	41	39.2	37.4	36.9	35.6	33.8	32	30.2	28.4	26.6	24.8	23	21.2	19.4	17.6	16.2	15.3	14.4	13.5	12.6
0.892	38	41.9	40.1	38.4	37.8	36.6	34.8	33	31.2	29.4	27.7	25.9	24.1	22.3	20.5	18.7	17	16.1	15.2	14.3	13.4
0.881	39	42.7	41	39.2	38.7	37.4	35.7	33.9	32.2	30.4	28.6	26.9	25.1	23.3	21.6	19.8	18	16.7	15.9	15	14.1
0.870	40	43.5	41.8	40.2	39.5	38.3	36.5	34.8	33.1	31.3	29.6	27.8	26.1	24.3	22.6	20.9	19.1	17.4	16.5	15.7	14.8

注：粗折线下部适用于 $h_x<\frac{h}{2}$，折线上部适用于 $h_x\geq\frac{h}{2}$。

（4）单支避雷针按“全国通用电气装置标准图集”《独立避雷针》[D565（一）、D565（二）]选用。

A. 单支环形杆避雷针选用见表8-1-6。

表8-1-6 单支环形杆避雷针选用表

总高度/m	基本风压/Pa	地基土容许承载力/（kN·m^{-2}）	照明台	针号	总高度/m	基本风压/Pa	地基土容许承载力/（kN·m^{-2}）	照明台	针号
11	400	100	无	H1	17	400	100	无	H21
		150	无	H2				单	H22
	700	100	无	H3				双	H23
		150	无	H4			150	无	H24
13	400	100	无	H5				单	H25
		150	无	H6				双	H26
	700	100	无	H7		700	100	无	H27
		150	无	H8				单	H28
15	400	100	无	H9				双	H29
			单	H10			150	无	H30
			双	H11				单	H31
		150	无	H12				双	H32
			单	H13	19	400	100	无	H33
			双	H14				双	H34
	700	100	无	H15			150	无	H35
			单	H16				双	H36
			双	H17		700	100	无	H37
		150	无	H18				双	H38
			单	H19			150	无	H39
			双	H20				双	H40

注：总高度指设计地面至针尖的高度。

a. 针号 H1 ~ H8 单支环形杆避雷针安装图选择见表 8 - 1 - 7。

表 8 - 1 - 7　H1 ~ H8 单支环形杆避雷针安装图选择表

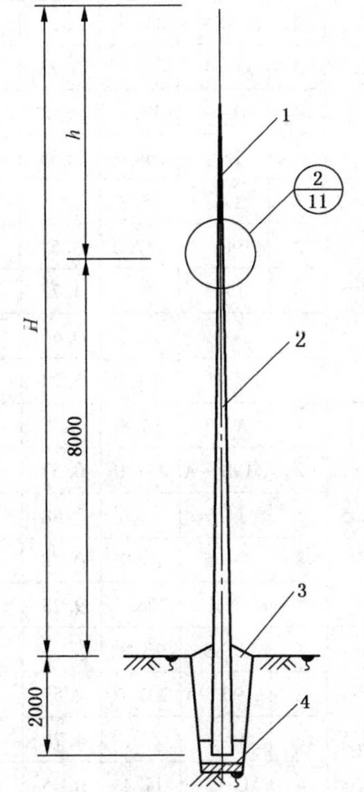

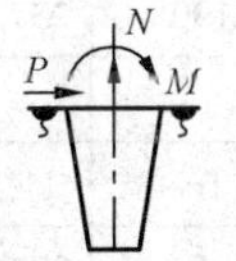

针号	H/m	h/m	编号	构件号	钢材重量/kg	混凝土体积/m^3	备注
H1	11	3	1	A - 1	13.4		
			2	ϕ150 - C	119.5	0.26	
			3	J - 2		2.83	
			4	D - 2	8.9	0.33	
				合计	141.8	3.42	
H2 H4	11	3	1	A - 1	13.4		
			2	ϕ150 - C	119.5	0.26	
			3	J - 1		1.93	
			4	D - 1	7.0	0.22	
				合计	139.9	2.41	
H3	11	3	1	A - 1	13.4		
			2	ϕ150 - C	119.5	0.26	
			3	J - 2		2.83	
			4	D - 2	8.9	0.33	
				合计	141.8	3.42	
H5	13	3	1	A - 2	32.4		
			2	ϕ170 - E	155.8	0.29	
			3	J - 2		2.83	
			4	D - 2	8.9	0.33	
				合计	197.1	3.45	
H6 H8	13	3	1	A - 2	32.4		
			2	ϕ170 - E	155.8	0.29	
			3	J - 1		1.93	
			4	D - 1	7.0	0.22	
				合计	195.2	2.44	
H7	13	3	1	A - 2	32.4		
			2	ϕ170 - E	155.8	0.29	
			3	J - 2		2.83	
			4	D - 2	8.9	0.33	
				合计	197.1	3.45	

基础标准荷载

荷载 \ 针号	H1, H5	H2, H6	H3, H7	H4, H8
N/N	5990	5990	5990	5990
P/N	430	430	750	750
M/(N·m)	2540	2540	4640	4640

b. 针号 H9、H12、H15、H18、H21、H24、H27、H30 单支环形杆避雷针安装图选择见表 8 - 1 - 8。

表 8-1-8 H9、H12、H15、H18、H21、H24、H27、H30 单支环形杆避雷针安装图选择表

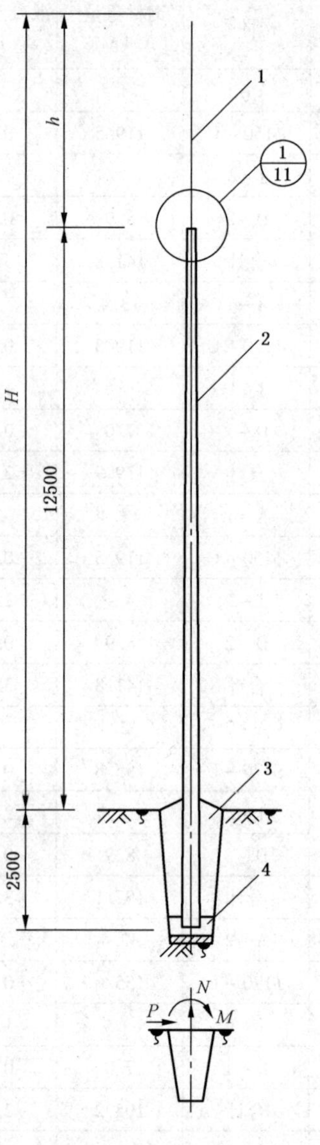

1
$\frac{1}{11}$
2
h
H
12500
3
2500
4
N
P
M

针号	H/m	h/m	编号	构件号	钢材重量/kg	混凝土体积/m^3	备注
H9	15	2.5	1	A-3	13.8		
			2	ϕ190-A	237.0	0.57	
			3	J-4		6.23	
			4	D-4	13.4	0.58	
				合计	264.2	7.38	
H12	15	2.5	1	A-3	13.8		
			2	ϕ190-A	237.0	0.57	
			3	J-3		4.72	
			4	D-3	11.1	0.45	
				合计	261.9	5.74	
H15	15	2.5	1	A-3	13.8		
			2	ϕ190-A	237.0	0.57	
			3	J-5		7.88	
			4	D-5	15.9	0.78	
				合计	266.7	9.23	
H18	15	2.5	1	A-3	13.8		
			2	ϕ190-A	237.0	0.57	
			3	J-3		4.72	
			4	D-3	11.1	0.45	
				合计	261.9	5.74	
H21 H24	17	4.5	1	A-4	23.9		
			2	ϕ190-A	237.0	0.57	
			3	J-3		4.72	
			4	D-3	11.1	0.45	
				合计	272.0	5.74	
H27	17	4.5	1	A-4	23.9		
			2	ϕ190-A	237.0	0.57	
			3	J-5		7.88	
			4	D-5	15.9	0.78	
				合计	277.8	9.23	
H30	17	4.5	1	A-4	23.9		
			2	ϕ190-A	237.0	0.57	
			3	J-4		6.23	
			4	D-4	13.4	0.58	
				合计	274.2	7.38	

基础标准荷载

荷载 \ 针号	H9	H12	H15	H18	H21	H24	H27	H30
N/N	11590	11590	11590	11590	11820	11820	11820	11820
P/N	930	930	1630	1630	1000	1000	1750	1750
M/(N·m)	6360	6360	10000	10000	7350	7350	12900	12900

c. 针号 H10、H13、H16、H19、H22、H25、H28、H31 单支环形杆避雷针安装图选择见表 8－1－9。

表 8－1－9　H10、H13、H16、H19、H22、H25、H28、H31 单支环形杆避雷针安装图选择表

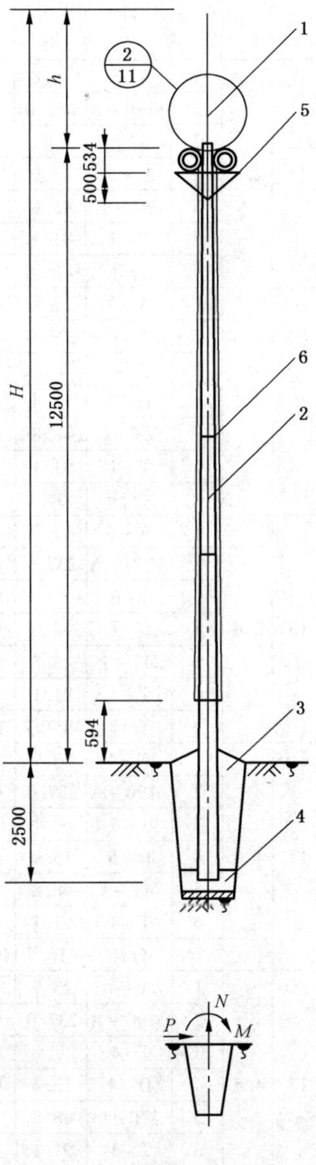

针号	H/m	h/m	编号	构件号	钢材重量/kg	混凝土体积/m^3	备注
H10 H19	15	2.5	1	A－3	13.8		
			2	ϕ190－A	237.0	0.57	
			3	J－4		6.23	
			4	D－4	13.4	0.58	
			5	MT－1	24.0		
			6	T－1	97.6		
				合计	385.8	7.38	
H13	15	2.5	1	A－3	13.8		
			2	ϕ190－A	237.0	0.57	
			3	J－3		4.72	
			4	D－3	11.1	0.45	
			5	MT－1	24.0		
			6	T－3	97.6		
				合计	383.5	5.74	
H16	15	2.5	1	A－3	13.8		
			2	ϕ190－A	237.0	0.57	
			3	J－5		7.88	
			4	D－5	15.9	0.78	
			5	MT－1	24.0		
			6	T－3	97.6		
				合计	388.3	9.23	
H22 H31	17	4.5	1	A－4	23.9		
			2	ϕ190－A	237.0	0.57	
			3	J－4		6.23	
			4	D－4	13.4	0.58	
			5	MT－1	24.0		
			6	T－3	97.6		
				合计	395.9	7.38	
H25	17	4.5	1	A－4	23.9		
			2	ϕ190－A	237.0	0.57	
			3	J－3		4.72	
			4	D－3	11.1	0.45	
			5	MT－1	24.0		
			6	T－3	97.6		
				合计	393.6	5.74	
H28	17	4.5	1	A－4	23.9		
			2	ϕ190－A	237.0	0.57	
			3	J－6		9.76	
			4	D－6	18.6	0.96	
			5	MT－1	24.0		
			6	T－3	97.6		
				合计	401.1	11.29	

基础标准荷载

荷载＼针号	H10	H13	H16	H19	H22	H25	H28	H31
N/N	11700	11700	11700	11700	11660	11660	11660	11660
P/N	1360	1360	2370	2370	1430	1430	2510	2510
M/(N·m)	10980	10980	19200	19200	12070	12070	21100	21100

注：每个灯的直径不大于 540 mm。

d. 针号 H11、H14、H17、H20、H23、H26、H29、H32 单支环形杆避雷针安装图选择见表 8－1－10。

表 8－1－10 H11、H14、H17、H20、H23、H26、H29、H32 单支环形杆避雷针安装图选择表

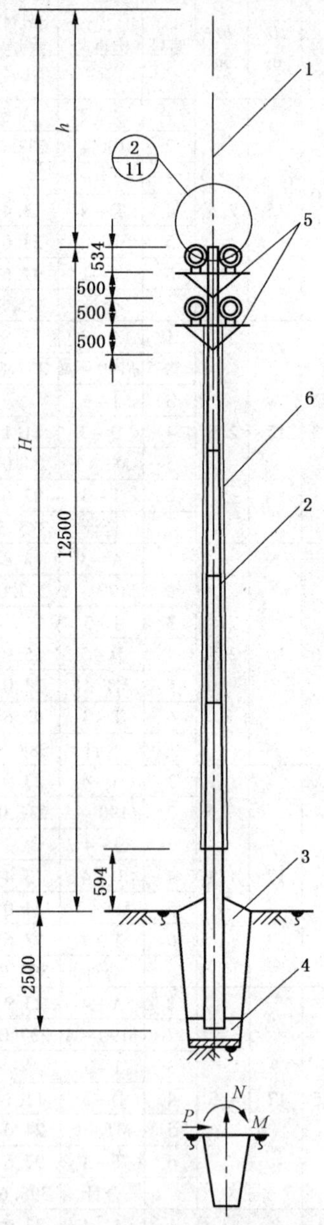

针号	H/m	h/m	编号	构件号	钢材重量/kg	混凝土体积/m^3	备注
H11	15	2.5	1	A－3	13.8		
			2	φ190－A	237.0	0.57	
			3	J－5		7.88	
			4	D－5	15.9	0.78	
			5	MT－1	48.8		二台合计
			6	T－1	91.1		
				合计	406.6	9.23	
H14 H20	15	2.5	1	A－3	13.8		
			2	φ190－A	237.0	0.57	
			3	J－4		6.23	
			4	D－4	13.4	0.58	
			5	MT－1	48.8		
			6	T－1	91.1		
				合计	404.1	7.38	
H17	15	2.5	1	A－3	13.8		
			2	φ190－A	237.0	0.57	
			3	J－6		9.76	
			4	D－6	18.6	0.96	
			5	MT－1	48.8		二台合计
			6	T－1	91.1		
				合计	409.3	11.29	
H23	17	4.5	1	A－4	23.9		
			2	φ190－A	237.0	0.57	
			3	J－5		7.88	
			4	D－5	15.9	0.78	
			5	MT－1	48.8		二台合计
			6	T－1	91.1		
				合计	416.7	9.23	
H26 H32	17	4.5	1	A－4	23.9		
			2	φ190－A	237.0	0.57	
			3	J－4		6.23	
			4	D－4	13.4	0.58	
			5	MT－1	48.8		二台合计
			6	T－1	91.1		
				合计	414.2	7.38	
H29	17	4.5	1	A－4	23.9		
			2	φ190－A	237.0	0.57	
			3	J－6		9.76	
			4	D－6	18.6	0.96	
			5	MT－1	48.8		二台合计
			6	T－1	91.1		
				合计	419.4	11.29	

基础标准荷载

荷载＼针号	H11	H14	H17	H20	H23	H26	H29	H32
N/N	12780	12780	12780	12780	13010	13010	13000	13000
P/N	1800	1800	3150	3150	1860	1860	3250	3250
M/(N·m)	15680	15680	27400	27400	16770	16770	29300	29300

e. 针号 H33、H35、H37、H39 单支环形杆避雷针安装图选择见表 8-1-11。

表 8-1-11　H33、H35、H37、H39 单支环形杆避雷针安装图选择表

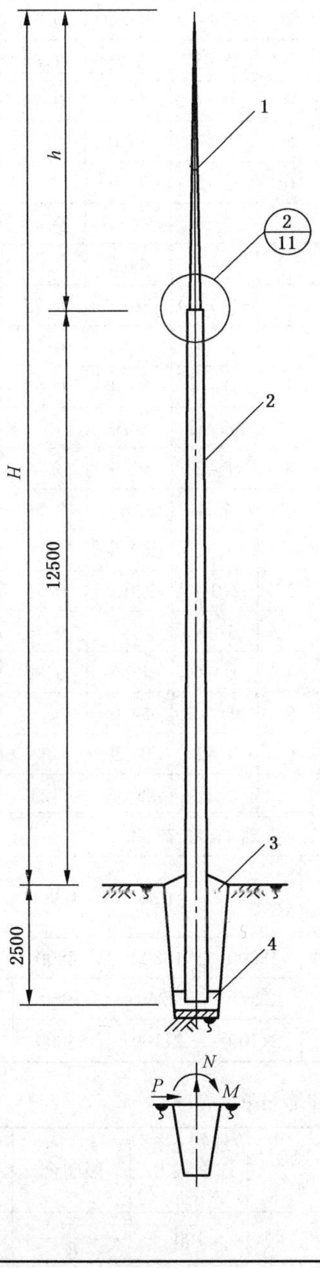

针号	H/m	h/m	编号	构件号	钢材重量/kg	混凝土体积/m^3	备注
H33	19	6.5	1	A-5	49.6		
			2	ϕ270-A	320.2	0.75	
			3	J-5		7.88	
			4	D-5	15.9	0.78	
				合计	385.1	9.41	
H35	19	6.5	1	A-5	49.6		
			2	ϕ270-A	320.2	0.75	
			3	J-3		4.72	
			4	D-3	11.1	0.45	
				合计	380.9	5.92	
H37	19	6.5	1	A-5	49.6		
			2	ϕ270-A	320.2	0.75	
			3	J-6		9.76	
			4	D-6	18.6	0.96	
				合计	388.4	11.47	
H39	19	6.5	1	A-5	49.6		
			2	ϕ270-A	320.2	0.75	
			3	J-4		0.23	
			4	D-4	13.4	0.58	
				合计	383.2	7.65	

基础标准荷载

荷载 \ 针号	H33	H35	H37	H39
N/N	16100	16100	16100	16100
P/N	1380	1380	2410	2410
M/(N·m)	10960	10960	19200	19200

f. 针号 H34、H36、H38、H40 单支环形杆避雷针安装图选择见表 8-1-12。

B. 单支钢筋结构避雷针选用见表 8-1-13。

a. 针塔号 GJT-1~4 单支钢筋结构避雷针安装图选择见表 8-1-14。

表8－1－12 H34、H36、H38、H40单支环形杆避雷针安装图选择表

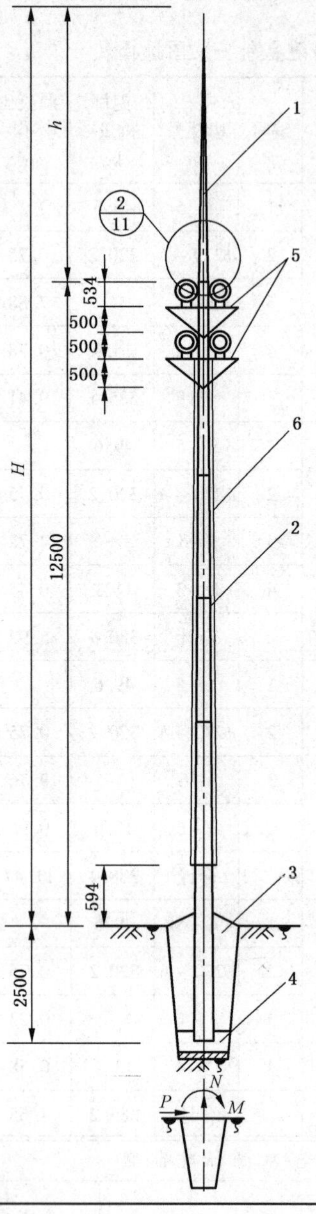

针号	H/m	h/m	编号	构件号	钢材重量/kg	混凝土体积/m^3	备注
H34 H40	19	6.5	1	A－5	49.6		
			2	φ270－A	320.2	0.75	
			3	J－5		7.88	
			4	D－5	15.9	0.78	
			5	MT－2	54.0		二台合计
			6	T－2	93.9		
				合计	533.6	9.41	
H36	19	6.5	1	A－5	49.6		
			2	φ270－A	320.2	0.75	
			3	J－4		6.23	
			4	D－4	13.4	0.58	
			5	MT－2	54.0		二台合计
			6	T－2	93.9		
				合计	531.1	7.56	
H38	19	6.5	1	A－5	49.6		
			2	φ270－A	320.2	0.75	
			3	J－6		9.76	
			4	D－6	18.6	0.96	
			5	MT－2	54.0		二台合计
			6	T－2	93.9		
				合计	536.3	11.47	

基础标准荷载

荷载＼针号	H34	H36	H38	H40
N/N	18800	18800	18800	18800
P/N	2260	2260	3960	3960
M/(N·m)	21100	21100	37000	37000

表8－1－13 单支钢筋结构避雷针选用表

总高度/m	基本风压/Pa	地基土容许承载力/(kN·m^{-2})	照明台	针塔号	总高度/m	基本风压/Pa	地基土容许承载力/(kN·m^{-2})	照明台	针塔号
20	400	100	无	GJT－1	25	400	100	无	GJT－9
			双	GJT－2				双	GJT－10
		150	无	GJT－3			150	无	GJT－11
			双	GJT－4				双	GJT－12
	700	100	无	GJT－5		700	100	无	GJT－13
			双	GJT－6				双	GJT－14
		150	无	GJT－7			150	无	GJT－15
			双	GJT－8				双	GJT－16

表 8-1-13（续）

总高度/m	基本风压/Pa	地基土容许承载力/(kN·m^{-2})	照明台	针塔号	总高度/m	基本风压/Pa	地基土容许承载力/(kN·m^{-2})	照明台	针塔号
30	400	100	无	GJT-17	30	700	100	无	GJT-21
			双	GJT-18				双	GJT-22
		150	无	GJT-19			150	无	GJT-23
			双	GJT-20				双	GJT-24

注：1. 总高度指自设计地面至针尖的高度。
2. 双照明台设置高度见各安装图中的附注。

表 8-1-14　GJT-1~4 单支钢筋结构避雷针安装图选择表

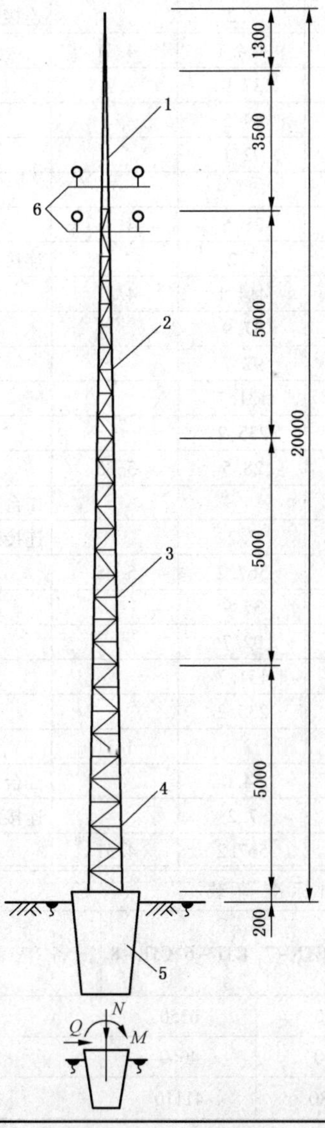

针塔号	编号	构件号	钢材重量/kg	混凝土体积/m^3	备注
GJJ-1	1	GJJ-3	37.9		
	2	GJJ-3	57.9		
	3	GJJ-7	84.3		
	4	GJJ-17	171.3		
	5	J-1	28.5	3.53	
	6	M18×60	7.2		连接螺栓
		合计	387.1	3.53	
GJT-3	1	GJJ-1	37.9		
	2	GJJ-3	57.9		
	3	GJJ-7	84.3		
	4	GJJ-17	171.3		
	5	J-1	28.5	3.53	
	6	M18×60	7.2		连接螺栓
		合计	387.1	3.53	
GJT-2	1	GJJ-1	37.9		
	2	GJJ-5	72.6		
	3	GJJ-9	104.7		
	4	GJJ-19	209.1		
	5	J-2	28.5	4.31	
	6	MT-1	34.0		二台合计
	7	M18×60	7.2		连接螺栓
		合计	494.0	4.31	
GJT-4	1	GJJ-1	37.9		
	2	GJJ-5	72.6		
	3	GJJ-9	104.7		
	4	GJJ-19	209.1		
	5	J-2	28.5	4.31	
	6	MT-1	34.0		二台合计
	7	M18×60	7.2		连接螺栓
		合计	494.0	4.31	

基础标准荷载

荷载＼针塔号	GJT-1、GJT-3	GJT-2、GJT-4	备　注
N/N	3090	5640	
Q/N	1390	2580	
M/(N·m)	12590	28800	

注：1. 本图适用于基本风压为 400 Pa。
2. 照明台应设置在离地面 14.7 m 及 15.7 m 高度处，每台装置最多 2 个灯。
3. 图中编号 6 仅用于有照明的针塔号 GJT-2 及 GJT-4。
4. 安装要求详见设计说明。

b. 针塔号 GJT－5～8 单支钢筋结构避雷针安装图选择见表 8－1－15。

表 8－1－15 GJT－5～8 单支钢筋结构避雷针安装图选择表

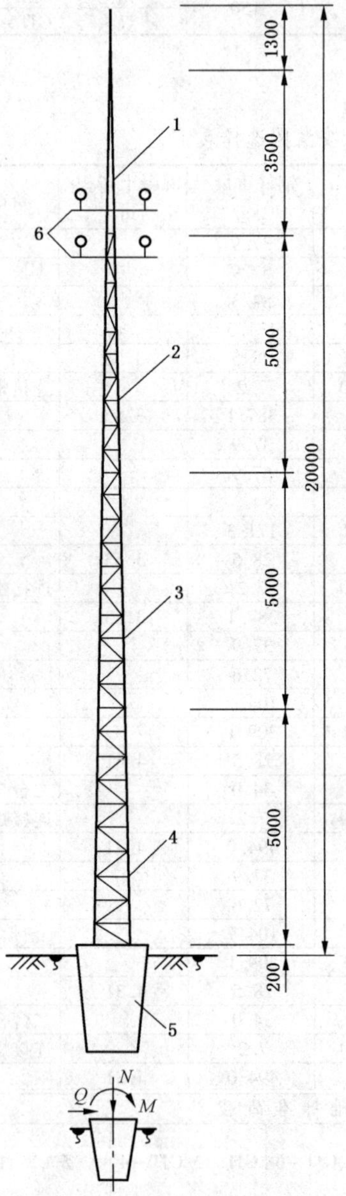

针塔号	编号	构件号	钢材重量/kg	混凝土体积/m^3	备注
GJT－5	1	GJJ－1	37.9		
	2	GJJ－4	64.5		
	3	GJJ－8	92.1		
	4	GJJ－18	183.9		
	5	J－2	28.5	4.31	
	6	M18×60	7.2		连接螺栓
		合计	414.1	4.31	
GJT－7	1	GJJ－1	37.9		
	2	GJJ－4	64.5		
	3	GJJ－8	92.1		
	4	GJJ－18	183.9		
	5	J－2	28.5	4.31	
	6	M18×60	7.2		连接螺栓
		合计	414.1	4.31	
GJT－6	1	GJJ－1	37.9		
	2	GJJ－6	92.7		
	3	GJJ－12	131.7		
	4	GJJ－20	235.2		
	5	J－3	28.5	5.35	
	6	MT－1			二台合计
	7	M18×60	7.2		连接螺栓
		合计	567.2	5.35	
GJT－8	1	GJJ－1	37.9		
	2	GJJ－6	92.7		
	3	GJJ－12	131.7		
	4	GJJ－20	235.2		
	5	J－2	28.5	4.31	
	6	MT－1	34.0		二台合计
	7	M18×60	7.2		连接螺栓
		合计	567.2	4.31	

基础标准荷载

荷载 \ 针塔号	GJT－5、GJT－7	GJT－6、GJT－8	备注
N/N	3590	6350	
Q/N	2620	4060	
M/(N·m)	23380	41110	

注：1. 本图适用于基本风压为 700 Pa。

2. 照明台应设置于离地面 14.7 m 及 15.7 m 高度处，每台装置最多 2 个灯。

3. 图中编号 6 仅用于有照明的针塔号 GJT－6 及 GJT－8。

4. 安装要求详见设计说明。

c. 针塔号 GJT－9～12 单支钢筋结构避雷针安装图选择见表 8－1－16。

表 8－1－16　GJT－9～12 单支钢筋结构避雷针安装图选择表

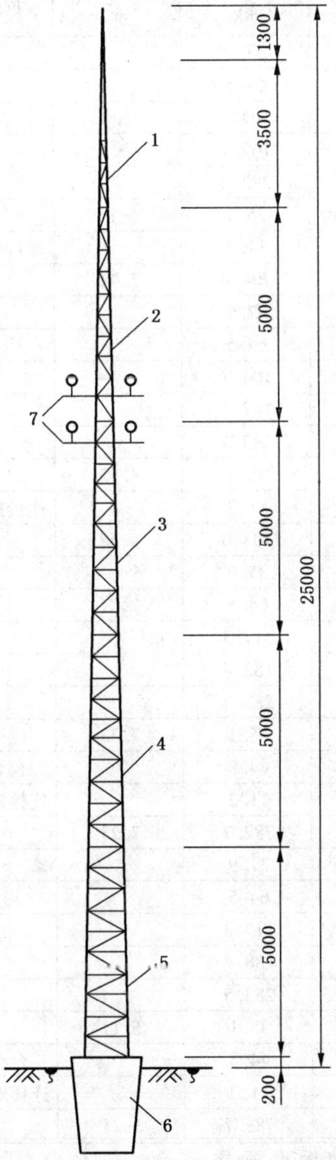

针塔号	编号	构件号	钢材重量/kg	混凝土体积/m³	备注
GJT－9	1	GJJ－1	37.9		
	2	GJJ－3	57.9		
	3	GJJ－7	84.3		
	4	GJJ－13	140.4		
	5	GJJ－23	232.5		
	6	J－4	35.1	4.52	
	7	M20×60	11.2		连接螺栓
		合计	599.3	4.52	
GJT－11	1	GJJ－1	37.9		
	2	GJJ－3	57.9		
	3	GJJ－7	84.3		
	4	GJJ－13	140.4		
	5	GJJ－23	232.5		
	6	J－4	35.1	4.52	
	7	M20×60	11.2		连接螺栓
		合计	599.3	4.52	
GJT－10	1	GJJ－1	37.9		
	2	GJJ－3	57.9		
	3	GJJ－9	104.7		
	4	GJJ－14	152.7		
	5	GJJ－24	254.4		
	6	J－5	35.1	5.11	
	7	MT－2	41.6		二台合计
	8	M20×60	11.2		连接螺栓
		合计	695.5	5.11	
GJT－12	1	GJJ－1	37.9		
	2	GJJ－3	57.9		
	3	GJJ－9	104.7		
	4	GJJ－14	152.7		
	5	GJJ－24	254.4		
	6	J－4	35.1	4.52	
	7	MT－2	41.6		二台合计
	8	M20×60	11.2		连接螺栓
		合计	695.5	4.52	

基础标准荷载

针塔号 / 荷载	GJT－9、GJT－11	GJT－10、GJT－12	备　注
N/N	5230	7490	
Q/N	2420	2460	
M/(N·m)	26140	41040	

注：1. 本图适用于基本风压为 400 Pa。

2. 照明台应设置于离地面 14.7 m 及 15.7 m 高度处，每台装置最多 2 个灯。

3. 图中编号 7 仅用于有照明的针塔号 GJT－10 及 GJT－12。

4. 安装要求详见设计说明。

d. 针塔号 GJT－13～16 单支钢筋结构避雷针安装图选择见表 8－1－17。

表 8－1－17　GJT－13～16 单支钢筋结构避雷针安装图选择表

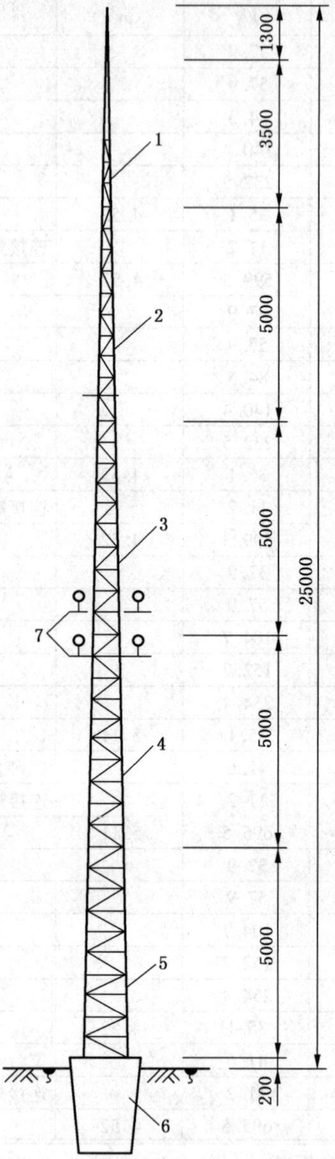

针塔号	编号	构件号	钢材重量/kg	混凝土体积/m^3	备注
GJT－13	1	GJJ－1	37.9		
	2	GJJ－4	64.5		
	3	GJJ－10	104.7		
	4	GJJ－15	167.1		
	5	GJJ－25	283.5		
	6	J－5	35.1	5.11	
	7	M20×60	11.2		连接螺栓
		合计	704.0	5.11	
GJT－15	1	GJJ－1	37.9		
	2	GJJ－4	64.5		
	3	GJJ－10	104.7		
	4	GJJ－15	167.1		
	5	GJJ－25	283.5		
	6	J－4	35.1	4.52	
	7	M20×60	11.2		连接螺栓
		合计	704.0	4.52	
GJT－14	1	GJJ－1	37.9		
	2	GJJ－4	64.5		
	3	GJJ－11	117.3		
	4	GJJ－16	188.4		
	5	GJJ－25	283.5		
	6	J－6	35.1	7.23	
	7	MT－3	44.8		二台合计
	8	M20×60	11.2		连接螺栓
		合计	782.7	7.23	
GJT－16	1	GJJ－1	37.9		
	2	GJJ－4	64.5		
	3	GJJ－11	117.3		
	4	GJJ－16	188.4		
	5	GJJ－25	283.5		
	6	J－5	35.1	5.11	
	7	MT－3	44.8		二台合计
	8	M20×60	11.2		连接螺栓
		合计	782.7	5.11	

基础标准荷载

荷载 \ 针塔号	GJT－13、GJT－15	GJT－14、GJT－16	备　注
N/N	6030	8290	
Q/N	4370	4470	
M/(N·m)	46200	61900	

注：1. 本图适用于基本风压为 700 Pa。

2. 照明台应设置于离地面 9.7 m 及 10.7 m 高度处，每台装置最多 2 个灯。

3. 图中编号 7 仅用于有照明的针塔号 GJT－14 及 GJT－16。

4. 安装要求详见设计说明。

e. 针塔号 GJT－17～20 单支钢筋结构避雷针安装图选择见表 8－1－18。

表 8－1－18　GJT－17～20 单支钢筋结构避雷针安装图选择表

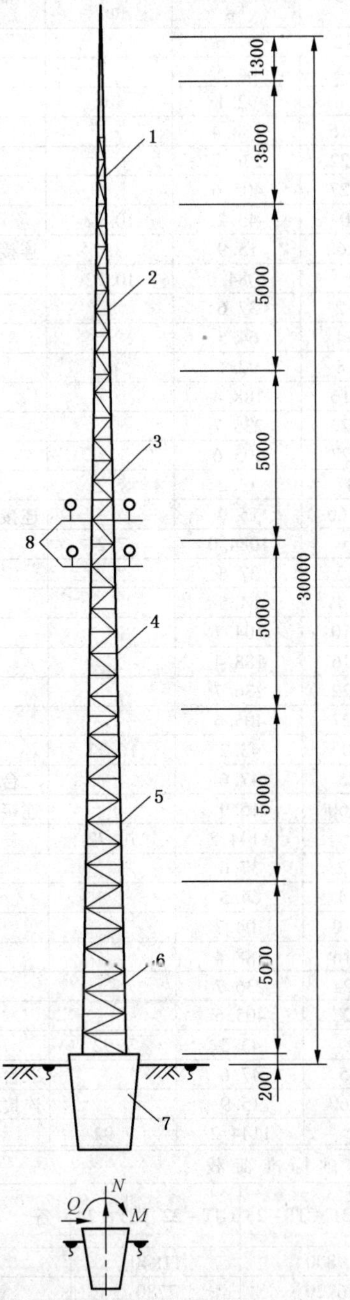

针塔号	编号	构件号	钢材重量/kg	混凝土体积/m^3	备注
GJT－17	1	GJJ－1	37.9		
	2	GJJ－3	57.9		
	3	GJJ－8	92.1		
	4	GJJ－14	152.7		
	5	GJJ－21	201.3		
	6	GJJ－26	376.8		
	7	J－8	43.2	7.2	
	8	M22×60	15.9		连接螺栓
		合计	977.8	7.2	
GJT－19	1	GJJ－1	37.9		
	2	GJJ－3	57.9		
	3	GJJ－8	92.1		
	4	GJJ－14	152.7		
	5	GJJ－21	201.3		
	6	GJJ－26	376.8		
	7	J－7	43.2	6.86	
	8	M22×60	15.9		连接螺栓
		合计	977.8	6.86	
GJT－18	1	GJJ－1	37.9		
	2	GJJ－3	57.9		
	3	GJJ－8	92.1		
	4	GJJ－14	152.7		
	5	GJJ－21	201.3		
	6	GJJ－26	376.8		
	7	J－9	43.2	7.92	
	8	MT－4	44.8		二台合计
	9	M22×60	15.9		连接螺栓
		合计	1022.6	7.92	
GJT－20	1	GJJ－1	37.9		
	2	GJJ－3	57.9		
	3	GJJ－8	92.1		
	4	GJJ－14	152.7		
	5	GJJ－21	201.3		
	6	GJJ－26	376.8		
	7	J－7	43.2	6.86	
	8	MT－4	44.8		二台合计
	9	M22×60	15.9		连接螺栓
		合计	1022.6	6.86	

基础标准荷载

荷载 \ 针塔号	GJT－17、GJT－19	GJT－18、GJT－20	备　注
N/N	8710	10610	
Q/N	3370	4380	
M/(N·m)	44060	59220	

注：1. 本图适用于基本风压为 400 Pa。
2. 照明台应设置于离地面 14.7 m 及 15.7 m 高度处，每台装置最多 2 个灯。
3. 图中编号 8 仅用于有照明的针塔号 GJT－18 及 GJT－20。
4. 安装要求详见设计说明。

f. 针塔号 GJT－21～24 单支钢筋结构避雷针安装图选择见表 8－1－19。

表 8－1－19 GJT－21～24 单支钢筋结构避雷针安装图选择表

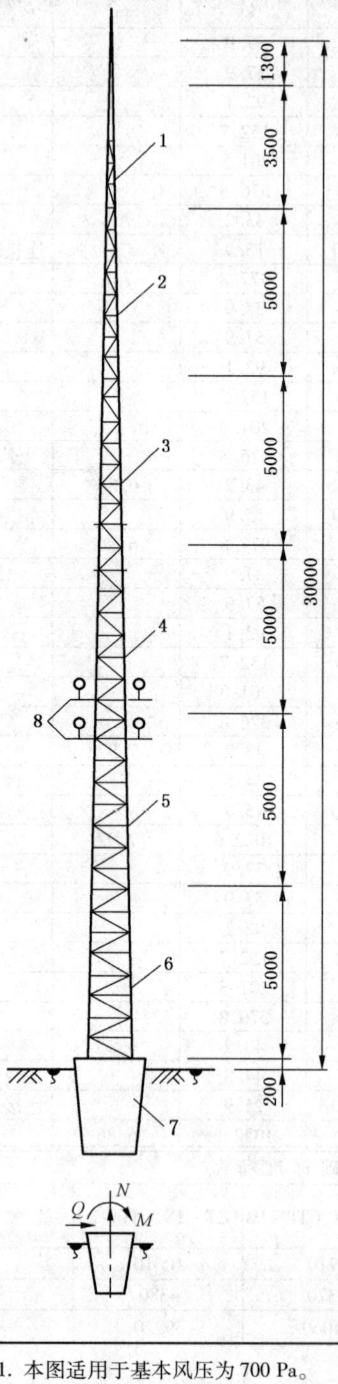

针塔号	编号	构件号	钢材重量/kg	混凝土体积/m^3	备注
GJT－21	1	GJJ－2	37.6		
	2	GJJ－4	64.5		
	3	GJJ－8	92.1		
	4	GJJ－16	188.4		
	5	GJJ－22	236.7		
	6	GJJ－27	405.6		
	7	J－10	43.2	10.72	
	8	M22×60	15.9		连接螺栓
		合计	1084.0	10.72	
GJT－23	1	GJJ－2	37.6		
	2	GJJ－4	64.5		
	3	GJJ－8	92.1		
	4	GJJ－16	188.4		
	5	GJJ－22	236.7		
	6	GJJ－27	405.6		
	7	J－8	43.2	7.2	
	8	M22×60	15.9		连接螺栓
		合计	1084.0	7.2	
GJT－22	1	GJJ－2	37.6		
	2	GJJ－4	64.5		
	3	GJJ－10	104.7		
	4	GJJ－16	188.4		
	5	GJJ－22	236.7		
	6	GJJ－27	405.6		
	7	J－10	43.2	10.72	
	8	MT－5	47.6		二台合计
	9	M22×60	15.9		连接螺栓
		合计	1144.2	10.72	
GJT－24	1	GJJ－2	37.6		
	2	GJJ－4	64.5		
	3	GJJ－10	104.7		
	4	GJJ－16	188.4		
	5	GJJ－22	236.7		
	6	GJJ－27	405.6		
	7	J－9	43.2	7.92	
	8	MT－5	47.6		二台合计
	9	M22×60	15.9		连接螺栓
		合计	1144.2	7.92	

基础标准荷载

荷载＼针塔号	GJT－21、GJT－23	GJT－22、GJT－24	备注
N/N	9800	11840	
Q/N	6720	7780	
M/(N·m)	82440	93570	

注：1. 本图适用于基本风压为 700 Pa。

2. 照明台应设置于离地面 9.7 m 及 10.7 m 高度处，每台装置最多 2 个灯。

3. 图中编号 8 仅用于有照明的针塔号 GJT－22 及 GJT－24。

4. 安装要求详见设计说明。

（二）多支避雷针保护范围计算

1. 双支等高避雷针

两针外侧的保护范围，应按照单支避雷针所规定的方法确定。两针间的保护范围，应通过两针顶点 A、B 及中点 O 的圆弧确定（图 8-1-4）。O 点是两针间保护范围的最低点，其高度应按下式计算：

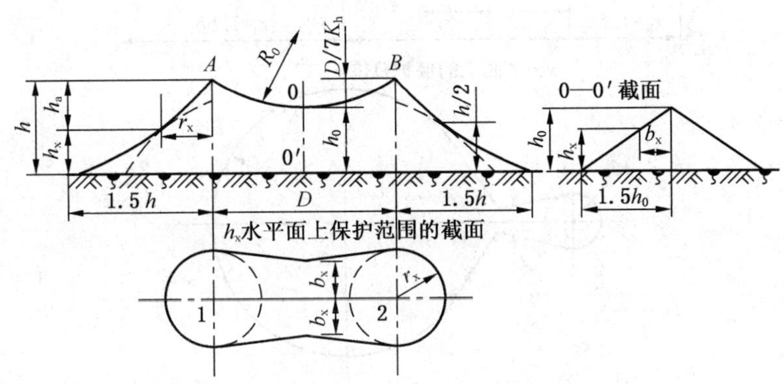

图 8-1-4 两支等高避雷针的保护范围

（1）当 $h \leqslant 30$ m 时：

$$h_0 = h - \frac{D}{7} \tag{8-1-18}$$

式中 h_0——两针间（A、B 两点的连线）保护范围的最低点，m；

D——两针间的距离，m。

（2）当 $h > 30$ m 时：

$$h_0 = h - \frac{D}{7p} \tag{8-1-19}$$

两针间 xx' 平面上中心线每侧的最小保护宽度，应按下式计算：

$$b_x = 1.5(h_0 - h_x) \tag{8-1-20}$$

式中 b_x——两针间在 h_x 高度的 xx' 平面上中心线每侧的最小保护宽度，m。

保护第一类工业建筑物的针间距离与针高之比不宜大于 4。

2. 双支不等高避雷针

双支不等高避雷针的保护范围，按图 8-1-5 方法确定。

（1）两针外侧的保护范围按单支避雷针的方法确定。

（2）两针间的保护范围，先按单支避雷针规定的方法作出较高避雷针的保护范围，然后经过较低避雷针的顶点 B 作水平线与其相交于 C 点，取 C 点作为一支假想避雷针的顶点，BC 之间的保护范围按双支等高避雷针所规定的方法确定。较低避雷针另一侧的保护范围，同样按单支避雷针规定的方法确定。

3. 多支等高避雷针

多支等高避雷针的保护范围，按下列方法确定。

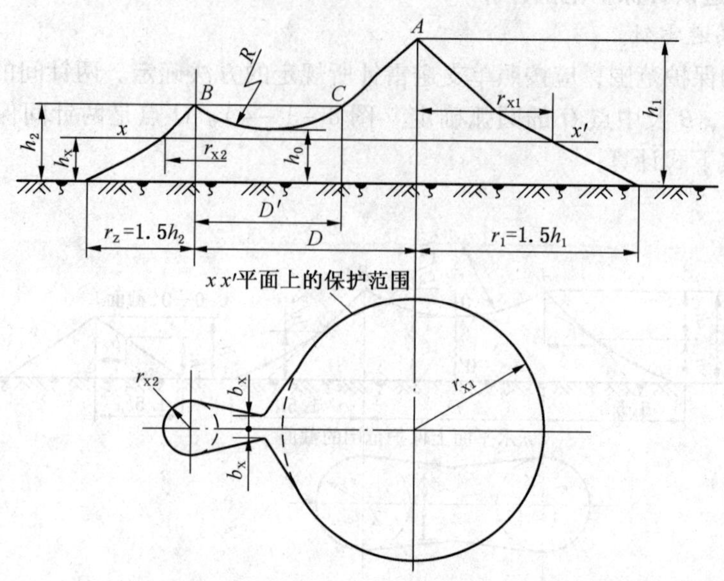

图 8-1-5 双支不等高避雷针的保护范围

（1）三支等高避雷针所形成的三角形 1、2、3（图 8-1-6）的外侧按双支等高避雷针所规定的方法确定。各相邻避雷针间的最小保护宽度 $b_x \geqslant 0$ 时，则在三角形 1、2、3 内被保护物最大高度 h_0 平面上（针间保护范围的最低点）的全部面积都受到保护。

（2）四支及以上等高避雷针所形成的四角形或多角形，可先将其分成两个或几个三角形，然后分别按三支等高避雷针的方法确定其保护范围。若各边保护范围一侧的最小宽度 $b_x \geqslant 0$ 时，则在各避雷针间保护范围最低点的全部面积内都可受到保护。

三支等高避雷针的保护范围和四支等高避雷针的保护范围如图 8-1-6 和图 8-1-7 所示。

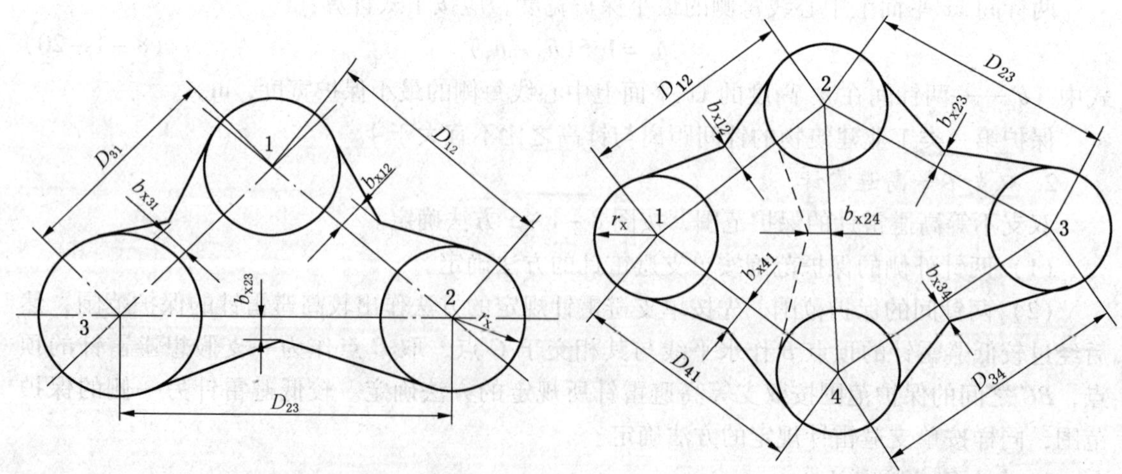

图 8-1-6 三支等高避雷针的保护范围

图 8-1-7 四支等高避雷针的保护范围

4. 多支不等高避雷针

多支不等高避雷针的保护范围，按下列方法确定。

（1）三支不等高避雷针所形成的三角形1、2、3外侧应按双支不等高避雷针所规定的方法确定，当各相邻避雷针间的最小保护宽度 $b_x \geqslant 0$ 时，则全部面积都受到保护。

（2）四支及以上不等高避雷针所形成的四角形或多角形，可先将其分成两个或几个三角形，然后分别按三支不等高避雷针的方法确定其保护范围。若各边保护范围一侧的最小宽度 $b_x \geqslant 0$ 时，则在各避雷针间保护范围最低点的全部面积内都可受到保护。

（三）避雷线保护范围计算

1. 单根避雷线

单根避雷线的保护范围按图8－1－8的方法确定：避雷线的最大弧垂点为 A，在地面上的投影为 O，$AO=h$ 为避雷线最大弧垂点的高度。从 O 点两侧各 $0.7h$ 处的 B、B' 向 A 点作连线，在地平线 BB' 的上方 $h/2$ 处作地平线的平行线和 AB 与 AB' 交于 CC'，再从 O 点两侧各为 $1.2h$ 的 D 和 D' 点分别向 C、C' 作连线，则 $ACDD'C'$ 即为所确定的锥形保护范围。

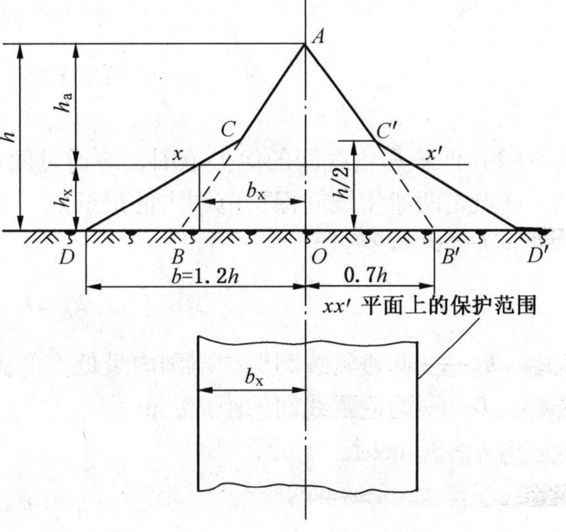

图8－1－8　单根避雷线的保护范围

（1）避雷线在地面上投影线两侧的最小保护宽度按下式计算：

$$b=1.2h \qquad (8-1-21)$$

式中　b——避雷线在地面上投影线两侧的最小保护宽度，m；

h——避雷线最大弧垂点的高度，m。

（2）在 h_x 高度的 xx' 平面上避雷线投影线两侧的最小保护宽度按下式计算：

当 $h_x \geqslant \dfrac{h}{2}$ 时：

$$b_x=0.7(h-h_x) \qquad (8-1-22)$$

式中　b_x——在 h_x 高度的 xx' 平面上避雷线投影线两侧的最小保护宽度，m；

h_x——被保护物的高度，m。

当 $h_x < \dfrac{h}{2}$ 时：

$$b_x=1.2h-1.7h_x \qquad (8-1-23)$$

当 $h>30$ m 时，应将式（8－1－22）、式（8－1－23）求得的结果乘以系数 p［式（8－1－17）］。

2. 两根等高平行避雷线

两根等高平行避雷线的保护范围按图8－1－9的方法确定。

（1）两根避雷线外侧的保护范围，应按单根避雷线所规定的方法确定。

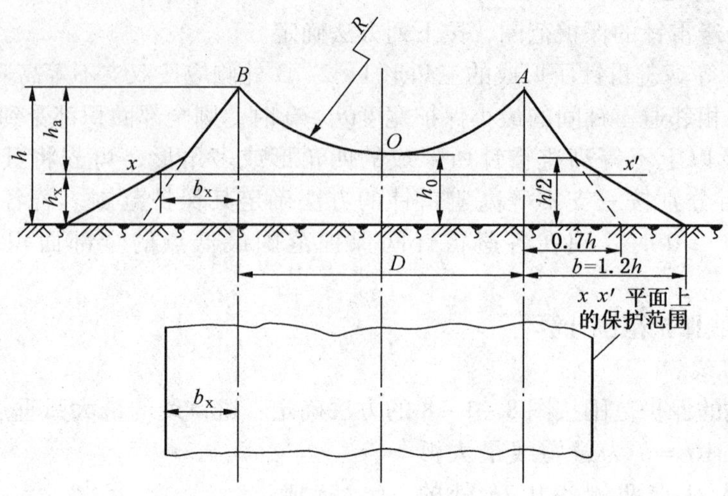

图 8-1-9 两根等高平行避雷线的保护范围

（2）两根避雷线间的保护范围，应通过两避雷线最大弧垂点 A、B 和中点 O 的圆弧确定。O 点是两避雷线间保护范围内的最低点，其高度按下式计算：

当 $h\leqslant30$ m 时：

$$h_0=h-\frac{D}{4} \tag{8-1-24}$$

式中 h_0——两避雷线间保护范围内最低点的高度，m；

D——两避雷线间的距离，m。

当 $h>30$ m 时：

$$h_0=h-\frac{D}{4P} \tag{8-1-25}$$

3. 两根不等高平行避雷线

两根不等高平行避雷线的保护范围，可按照两支不等高避雷针保护范围的计算方法，并按式（8-1-23）和式（8-1-24）进行计算。

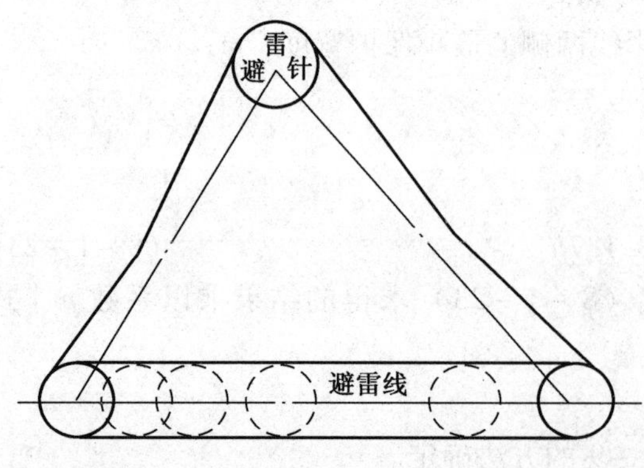

图 8-1-10 避雷针和避雷线的联合保护范围

（四）避雷针和避雷线联合保护范围的计算

在必要时，可设置相互靠近的避雷针和避雷线的联合保护设施。联合保护范围可近似地按图 8-1-10 的方法确定：将避雷线上的任一端点，近似看作一等效避雷针，其等效高度可近似地取该点避雷线高度的 80%，然后分别计算两针保护范围。求出其主要点的保护范围后，即可确定其联合保护范围。

（五）山坡上避雷针或避雷线的保护范围

山坡上避雷针或避雷线的保护范围可按单支避雷针、双支等高避雷针、双支不等高避雷针、多支等高避雷针、多支不等高避雷针和单根避雷线规定的保护范围减少75%，但式（8-1-18）、式（8-1-19）、式（8-1-24）、式（8-1-25）相应修正为下列公式：

$$h_0 = h - \frac{D}{5} \tag{8-1-26}$$

$$h_0 = h - \frac{D}{5P} \tag{8-1-27}$$

$$h_0 = h - \frac{D}{3} \tag{8-1-28}$$

$$h_0 = h - \frac{D}{3P} \tag{8-1-29}$$

独立避雷针或避雷线应尽量靠近被保护的建筑物或构筑物装设，但应符合有关距离要求的规定。利用山势装设的离建筑物和构筑物较远的避雷针或避雷线，不宜作为第一、二类工业和第一类民用建筑物和构筑物的主要防雷保护措施。

【例1】已知两支等高避雷针 $h=27$ m，$h_x=10$ m，$D=70$ m，求两针间 h_x 水平面上保护范围的一侧最小宽度 b_x。

解　（1）因为 $h=27\ \text{m}<30\ \text{m}, h_x=10\ \text{m}<\frac{h}{2}=13.5\ \text{m}$，由表8-1-2查得 $r_x=20.5$ m。

（2）由式（8-1-18）得：

$$h_0 = h - \frac{D}{7} = 27 - \frac{70}{7} = 17\ \text{m}$$

（3）由式（8-1-20）得：

$$b_x = 1.5(h_0 - h_x) = 1.5(17-10) = 10.5\ \text{m}$$

【例2】某35 kV变电所，其配电装置如图8-1-11所示，母线架高5.5 m，进出线门型架高7.3 m，要求确定避雷针的布置、数量及高度。

解　（1）避雷针的布置如图8-1-11所示。确定避雷针的布置时，首先应考虑利用照明灯塔，同时应满足避雷针与配电装置带电部分在地面和空气中应有最小距离要求，即每支避雷针距构架5 m以上，其接地线在地下与设备接地线相距3 m以上。

（2）求最小的 h_a 及相应的 h。

图8-1-11中4支避雷针所形成的多角形，可将其分成2个三角形，每个三角形外侧按双支避雷针的方法计算。当各三角形的相邻各对避雷针的 $b_x>0$ 时，则全部面积均受到保护。

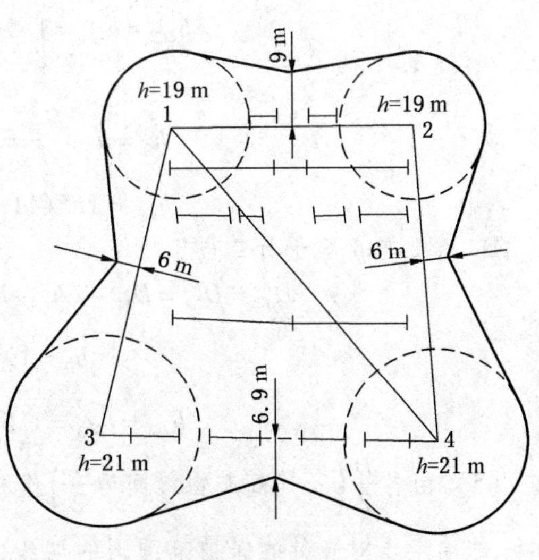

图8-1-11　避雷针布置

由双支避雷针保护范围计算可知，当 $b_x>0$ 时，其条件为 $D\leqslant 7h_a$（图8-1-4），

即当被保护物高度 h_x 等于两针间保护范围上部边缘最低点的高度 h_0 时，$h_a=\frac{D}{7}$。

A. 针 1、2 的距离 $D_{12}=40$ m，$h_a=\frac{D}{7}=\frac{40}{7}=5.7$ m。

针 1、3 的距离等于针 2、4 的距离，即 $D_{13}=D_{24}=56$ m，$h_a=\frac{56}{7}=8$ m。

针 3、4 的距离 $D_{34}=64$ m，$h_a=\frac{64}{7}=9.2$ m。

针 1、4 的距离等于针 2、3 的距离，即 $D_{14}=D_{23}=72$ m，$h_a=\frac{72}{7}=10.3$ m。

B. 由以上计算可知，针 1、2 的高度应为 $7.3+5.7=13$ m，考虑留有一定的裕度，则 $h=19$ m。针 3、4 的高度应为 $7.3+10.3=17.6$ m（取针 1、3，2、4，3、4，1、4，2、3 中 h_a 值最大者，则其余定能满足要求），取 $h=21$ m。

(3) 由式 (8-1-9) 求各针的 r_x。

$$r_{x1}=r_{x2}=(1.5h-2h_x)=1.5\times19-2\times7.3=13.8\text{ m}$$

$$r_{x3}=r_{x4}=1.5\times21-2\times7.3=16.9\text{ m}$$

(4) 求各针间的 b_x。

A. 针 1 与 2：

$h_0=h-\frac{D_{12}}{7}=19-\frac{40}{7}=13.3$ m，由式 (8-1-13) 得

$$b_{x12}=1.5(h_0-h_x)=1.5(13.3-7.3)=9\text{ m}$$

B. 针 1 与 3 等于针 2 与 4：

先按双支不等高避雷针的保护范围，求出其假想避雷针间距（图 8-1-5）。

$$D'_{13}=D'_{24}=D_{13}-(h_3-h_1)=56-(21-19)=54\text{ m}$$

$$h_0=h_1-\frac{D'_{13}}{7}=19-\frac{54}{7}=11.3\text{ m}$$

$$b_{x13}=b_{x24}=1.5(11.3-7.3)=6\text{ m}$$

C. 针 3 与 4：

$$h_0=h-\frac{D_{34}}{7}=21-\frac{64}{7}=11.9\text{ m}$$

$$b_{x34}=1.5(11.9-7.3)=6.9\text{ m}$$

D. 针 1 与 4 等于针 2 与 3：

$$D'_{14}=D'_{23}=D_{14}-(h_4-h_1)=72-(21-19)=70\text{ m}$$

$$h_0=19-\frac{70}{7}=9\text{ m}$$

$$b_{x14}=b_{x23}=1.5(9-7.3)=2.5\text{ m}$$

(5) 由各 $\frac{D}{2}\left(\text{不等高避雷针间为}\frac{D'}{2}\right)$ 作相应两针间连线的垂线，量取各相应的 b_x 值，由 b_x 的端点作对应针的保护范围圆的切线，即得全部保护范围。若变电所所有被保护物都被包括在内，即达到保护要求。

【例 3】已知某矿区总炸药库的土壤为砂质黏土，测得土壤电阻率为 $1\times10^{2}\ \Omega\cdot m$，其库房平面布置及其贮存炸药类别如图 8－1－12 所示，库房屋面为钢筋混凝土结构。库房供电电源用 380 V 架空线送至距⑦号库房 100 m 处，改用电缆引入，再用电缆由⑦号库房转送至⑥号库房内，试设计并安装其防雷保护装置。

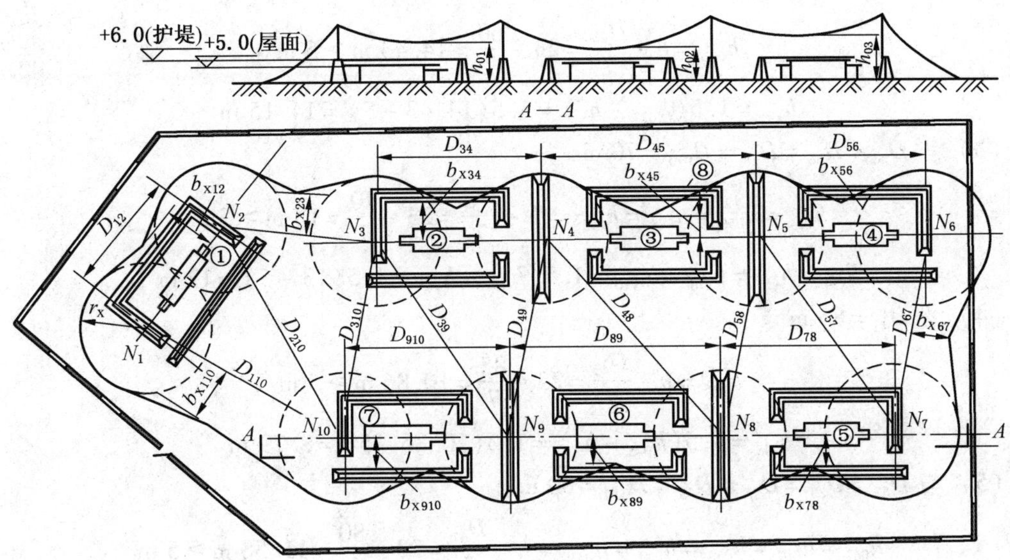

①—20 t 雷管库；②、③、④、⑤—40 t 硝酸铵类炸药库；⑥、⑦—20 t 硝化甘油类炸药库；
⑧—护堤；$N_1\sim N_{10}$—避雷针

图 8－1－12 炸药库防雷保护平断面图

解

(一) 防雷保护

矿区总炸药库房按第一类建筑物保护，根据本节二、(一) 建、构筑物的防雷分类和 (二) 建、构筑物的防雷措施中的有关规定，应考虑防直击雷、防感应雷和防高电位侵入保护措施。

1. 防直击雷

采用避雷针保护，根据库房平面布置及库房高度，在图中共设置 10 根高 17 m 钢筋混凝土环形杆避雷针。

由图中量得：

$$D_{12}=50\ \text{m}\qquad D_{23}=60\ \text{m}\qquad D_{34}=D_{56}=D_{78}=D_{910}=70\ \text{m}\qquad D_{45}=85\ \text{m}$$

$$D_{110}=90\ \text{m}\qquad D_{67}=D_{89}=D_{58}=D_{49}=D_{30}=80\ \text{m}$$

$$D_{57}=D_{48}=D_{39}=D_{210}=100\ \text{m}$$

库房高 5 m，护堤高 6 m，故 10 根避雷针距地面的高度为

$$h=17+6=23\ \text{m}$$

库房高度是 5 m，即被保护物的高度 $h_x=5$ m，查表 8－1－2 得 10 根避雷针的保护半径 $r_x=24.5$ m。

（1）当 $D_{12}=50\text{ m}$

$$h_{012}=h-\frac{D_{12}}{7}=23-\frac{50}{7}=15.86\text{ m}>5\text{ m}$$

$$b_{x12}=1.5(h_{012}-h_x)=1.5(15.86-5)=16.29\text{ m}$$

（2）当 $D_{23}=60\text{ m}$

$$h_{023}=h-\frac{D_{23}}{7}=23-\frac{60}{7}=14.43\text{ m}>5\text{ m}$$

$$b_{x23}=1.5(h_{023}-h_x)=1.5(14.43-5)=14.15\text{ m}$$

（3）当 $D_{34}=D_{56}=D_{78}=D_{910}=70\text{ m}$

$$h_{034}=h_{056}=h_{078}=h_{0910}=h-\frac{D_{34}}{7}=23-\frac{70}{7}=13\text{ m}>5\text{ m}$$

$$b_{x34}=b_{x56}=b_{x78}=b_{x910}=1.5(h_{034}-h_x)=1.5(13-5)=12\text{ m}$$

（4）当 $D_{45}=85\text{ m}$

$$h_{045}=h-\frac{D_{45}}{7}=23-\frac{85}{7}=10.86\text{ m}>5\text{ m}$$

$$b_{x45}=1.5(h_{045}-h_x)=1.5(10.86-5)=8.79\text{ m}$$

（5）当 $D_{67}=D_{89}=D_{58}=D_{49}=D_{310}=80\text{ m}$

$$h_{067}=h_{089}=h_{058}=h_{049}=h_{0310}=h-\frac{D_{67}}{7}=23-\frac{80}{7}=11.58\text{ m}>5\text{ m}$$

$$b_{x67}=b_{x89}=b_{x58}=b_{x49}=b_{x310}=1.5(h_{067}-h_x)=1.5(11.58-5)=9.87\text{ m}$$

（6）当 $D_{57}=D_{48}=D_{39}=D_{210}=100\text{ m}$

$$h_{057}=h_{048}=h_{039}=h_{0210}=h-\frac{D_{57}}{7}=23-\frac{100}{7}=8.72>5\text{ m}$$

$$b_{x57}=b_{x48}=b_{x39}=b_{x210}=1.5(8.72-5)=5.58\text{ m}$$

根据已得各数据画出防直击雷的保护平面和断面如图 8－1－12 所示。各库房均在保护范围之内。

2. 防感应雷

（1）将每栋库房屋面板内的钢筋网绑扎或焊接连成一体后，用截面 12 m×4 m 扁钢在每栋库房两侧各引一条接至屋外防感应雷接地装置上。

（2）将每栋库房的金属窗棂均用一根直径 8 mm 圆钢接至屋外防感应雷接地装置上。

3. 防高电位侵入

在 380 V 架空线与电缆连接处，装设一组避雷器，其接地装置与电缆外皮、绝缘子铁脚共用。接地装置冲击接地电阻不大于 10 Ω。

（二）接地装置

根据本节二、（二）建、构筑物的防雷措施中规定的防直击雷、防感应雷及防高电位侵入的冲击接地电阻均不应大于 10 Ω，对接地装置的接地电阻进行计算，并选择接地装置的敷设方法。

1. 接地电阻计算

防直击雷及防高电位侵入的接地装置均采用钢管垂直埋设，根据表 8－3－12 中的简化公式和式（8－3－2）计算。

$$R=0.3\rho=0.3\psi\rho_0=0.3\times1.5\times10^2=45\ \Omega$$

不考虑钢管间的屏蔽作用，选用直径 50 mm，长 2.5 m 的钢管 5 根，由式（8－3－16）求得其工频接地电阻

$$R_f=\frac{R}{n\eta_e}=\frac{45}{5\times1}=9\ \Omega$$

由式（8－3－18）求得冲击接地电阻

$R_s=\alpha R_f=0.7\times9=6.3\ \Omega<10\ \Omega$（查表 8－3－14，$I_s$ 按 20 kA，取 $\alpha=0.7$）

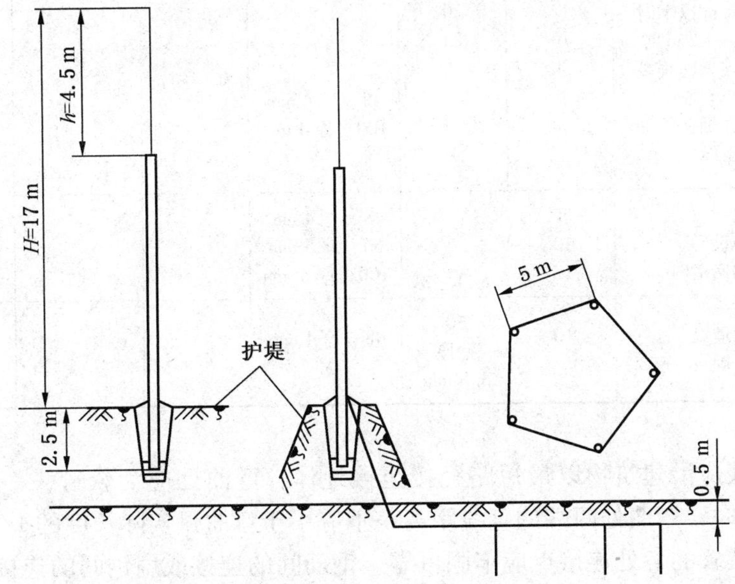

说明：1. 独立避雷针采用国家标准图集 D565；

2. 避雷针埋设在护堤上，埋设时应加固；

3. 接地极间距离为 5 m

图 8－1－13　避雷针及其接地装置安装

防感应雷接地装置选用长 50 m，截面 40 m×4 m 钢带水平埋设，按表 8－3－12 中简化公式计算，其工频接地电阻为

$$R_f=0.03\rho=0.034\rho_0=0.03\times1.5\times10^2=4.5\ \Omega<10\ \Omega$$

2. 接地装置敷设

（1）防直击雷的接地装置与防高电位侵入的接地装置均采用 5 根直径为 50 m、长 2.5 m 的钢管组成的多边形埋入地下，如图 8－1－13 所示。

（2）防感应雷的接地装置采用一根长 50 m、截面为 40 m×4 m 扁钢，埋入在每栋库房两侧距房基 3 m，距地面 0.7 m 处的土内。

（3）防直击雷和防感应雷的接地装置之间的距离，应满足本节二、（二）中的规定。

四、避雷针、线等防雷装置及其要求

1. 一般要求

（1）避雷针由接闪器、引下线和接地体组成，其各种敷设方式和地点所用材料和最小尺寸见表8－1－20。

表8－1－20　避雷针、线等防雷装置的最小尺寸

防雷装置		圆钢直径/mm	钢管直径/mm	扁钢截面/mm^2	角钢厚度/mm	钢绞线截面/mm^2	备注
接闪器	避雷针在1 m以下时	12	20				镀锌或涂漆，在腐蚀性较大的地带应加大一级
	避雷针在1～2 m时	16	25				
	避雷针装在烟囱顶端	20					
	避雷带（网）	8		48、厚4 mm			
	避雷带装在烟囱顶端	12		100、厚4 mm			
	避雷线					35	
引下线	明设	8		48、厚4 mm			镀锌或涂漆，在腐蚀性较大的地带应加大一级
	暗设	10		60、厚5 mm			
	装在烟囱上时	12		100、厚4 mm			
接地体	水平埋设	10		48、厚4 mm			在腐蚀性土壤中应镀锌或加大截面
	垂直埋设		50 壁厚3.5 mm		4		

（2）引下线应沿建筑物以最短路径接至接地体，弯曲处应为软弯，一般应大于90°。如弯曲小于90°时，弯曲处两端的直线距离，不应小于弯曲弧实际长度的1/10。

（3）防雷装置的各处连接点应牢固可靠。钢筋间的连接或扁钢间的连接均应焊接，钢筋的搭接长度不得小于钢筋直径的6倍，扁钢的搭接长度不得小于扁钢宽度的2倍。

（4）在没有特殊要求时，应充分利用建筑物本身的金属构件作为引下线。

（5）采用多根引下线时，为便于测试冲击接地电阻，在距地面1.5 m处应设置断线卡。

（6）在易受机械损伤的地方，引下线在地面以上1.4 m线段需用钢管、角钢等加以保护。

（7）防雷装置的各部铁件均应镀锌处理，如无法取得镀锌件时，应按下列办法处理：

A. 避雷针尖除锈后涂锡，涂锡长度不得小于200 mm；

B. 避雷线、引下线或其他铁件涂刷樟丹油一道，灰色油二道。

（8）接地体垂直埋设时一般采用钢管、角钢或圆钢，水平埋设时采用扁钢、圆钢等。在腐蚀性较大的土壤中，应加大截面。

（9）垂直接地体的长度一般采用2.5 m。接地体埋深不得小于0.5 m。接地体应远离由于高温影响使土壤电阻率增高的地方。为减小相邻接地体的屏蔽效应，垂直接地体间距离和水平接地带间的距离一般采用5 m。

（10）为减少跨步电压，防直击雷的接地体距建筑物出入口处及人行道应大于3 m，

否则应采取下列措施之一：

A. 将接地体局部埋深 1 m 以上；

B. 接地带通过人行道时包以绝缘物（如在接地带上包以 50 ~ 80 mm 厚的沥青层）；

C. 采用沥青碎石地面或在接地体上面敷设 50 ~ 80 mm 沥青层，其宽度应超出接地体 2 m。

D. 采用两条与接地体相连的“帽檐式”或其他形式的均压带。

（11）防直击雷和防感应雷的接地装置之间的距离，应满足本节二、（二）中的规定。

2. 防雷装置使用的材料

防雷装置使用的材料及其应用条件，宜符合表 8 - 1 - 21 的规定。

表 8 - 1 - 21 防雷装置的材料及使用条件

材料	使用于大气中	使用于地中	使用于混凝土中	耐腐蚀情况		
				在下列环境中能耐腐蚀	在下列环境中增加腐蚀	与下列材料接触形成直流电耦合可能受到严重腐蚀
铜	单根导体，绞线	单根导体，有镀层的绞线，铜管	单根导体，有镀层的绞线	在许多环境中良好	硫化物有机材料	
热镀锌钢	单根导体，绞线	单根导体，钢管	单根导体，绞线	敷设于大气、混凝土和无腐蚀性的一般土壤中受到的腐蚀是可接受的	高氯化物含量	铜
电镀铜钢	单根导体	单根导体	单根导体	在许多环境中良好	硫化物	
不锈钢	单根导体，绞线	单根导体，绞线	单根导体，绞线	在许多环境中良好	高氯化物含量	
铝	单根导体，绞线	不适合	不适合	在含有低浓度硫和氯化物的大气中良好	碱性溶液	铜
铅	有镀铅层的单根导体	禁止	不适合	在含有高浓度硫酸化合物的大气中良好		铜不锈钢

注：1. 敷设于黏土或潮湿土壤中的镀锌钢可能受到腐蚀；

2. 在沿海地区，敷设于混凝土中的镀锌钢不宜延伸进入土壤中；

3. 不得在地中采用铅。

3. 接闪器

（1）接闪器的材料、结构和最小截面应符合表 8 - 1 - 22 的规定。

表 8-1-22 接闪线（带）、接闪杆和引下线的材料、结构与最小截面

材 料	结 构	最小截面/mm^2	备 注
铜，镀锡铜	单根扁铜	50	厚度 2 mm
	单根圆铜	50	直径 8 mm
	铜绞线	50	每股线直径 1.7 mm
	单根圆铜	176	直径 15 mm
铝	单根扁铝	70	厚度 3 mm
	单根圆铝	50	直径 8 mm
	铝绞线	50	每股线直径 1.7 mm
铝合金	单根扁形导体	50	厚度 2.5 mm
	单根圆形导体	50	直径 8 mm
	绞线	50	每股线直径 1.7 mm
	单根圆形导体	176	直径 15 mm
	外表面镀铜的单根圆形导体	50	直径 8 mm，径向镀铜厚度至少 70 μm，铜纯度 99.9%
热浸镀锌钢	单根扁钢	50	厚度 2.5 mm
	单根圆钢	50	直径 8 mm
	绞线	50	每股线直径 1.7 mm
	单根圆钢	176	直径 15 mm
不锈钢	单根扁钢	50	厚度 2 mm
	单根圆钢	50	直径 8 mm
	绞线	70	每股线直径 1.7 mm
	单根圆钢	176	直径 15 mm
外表面镀铜的钢	单根圆钢（直径 8 mm）	50	镀铜厚度至少 70 mm 铜纯度 99.9%
	单根扁钢（厚 2.5 mm）		

（2）接闪杆采用热镀锌圆钢或钢管制成时，其直径应符合下列规定：

A. 杆长 1 m 以下时，圆钢不应小于 12 mm，钢管不应小于 20 mm。

B. 杆长 1 ~ 2 m 时，圆钢不应小于 16 mm，钢管不应小于 25 mm。

C. 独立烟囱顶上的杆，圆钢不应小于 20 mm，钢管不应小于 40 mm。

（3）接闪杆的接闪端宜做成半球状，其最小弯曲半径宜为 $d = 8$ mm，最大宜为 12.7 mm。

（4）当独立烟囱上采用热镀锌接闪环时，其圆钢直径不应小于 12 mm；扁钢截面不应小于 100 mm^2，其厚度不应小于 4 mm。

（5）架空接闪线和接闪网宜采用截面不小于 50 mm^2 热镀锌钢绞线或铜绞线。

（6）明敷接闪导体固定支架的间距不宜大于表 8-1-23 的规定。固定支架的高度不宜小于 150 mm。

表8-1-23　明敷接闪导体和引下线固定支架的间距

布置方式	扁形导体和绞线固定支架的间距/mm	单根圆形导体固定支架的间距/mm
安装于水平面上的水平导体	500	1000
安装于垂直面上的水平导体	500	1000
安装于从地面至高20 m垂直面上的垂直导体	1000	1000
安装在高于20 m垂直面上的垂直导体	500	1000

（7）除第一类防雷建筑物外，金属屋面的建筑物宜利用其屋面作为接闪器，并应符合下列规定：

A. 板间的连接应是持久的电气贯通，可采用铜锌合金焊、熔焊、卷边压接、缝接、螺钉或螺栓连接。

B. 金属板下面无易燃物品时，铅板的厚度不应小于2 mm，不锈钢、热镀锌钢、钛和铜板的厚度不应小于0.5 mm，铝板的厚度不应小于0.65 mm，锌板的厚度不应小于0.7 mm。

C. 金属板下面有易燃物品时，不锈钢、热镀锌钢和钛板的厚度不应小于4 mm，铜板的厚度不应小于5 mm，铝板的厚度不应小于7 mm。

D. 金属板应无绝缘被覆层，但薄的油漆保护层或1 mm厚沥青层或0.5 mm厚聚氯乙烯层均不应属于绝缘被覆层。

（8）除第一类防雷建筑物和第二类防雷建筑物中突出屋面的放散管、风管、烟囱等物体外，屋顶上永久性金属物宜作为接闪器，但其各部件之间均应连成电气贯通。

（9）除利用混凝土构件钢筋或在混凝土内专设钢材做接闪器外，钢质接闪器应热镀锌。在腐蚀性较强的场所，尚应采取加大截面或其他防腐措施。

（10）不得利用安装在接收无线电视广播天线杆顶上的接闪器保护建筑物。

（11）专门敷设的接闪器，其布置应符合表8-1-24的规定。布置接闪器时，可单独或任意组合采用接闪杆、接闪带、接闪网。

表8-1-24　接闪器布置

建筑物防雷类别	滚球半径 h_r/m	接闪网网格尺寸/m
第一类防雷建筑物	30	≤5×5 或≤6×4
第二类防雷建筑物	45	≤10×10 或≤12×8
第三类防雷建筑物	60	≤20×20 或≤24×16

4. 引下线

（1）引下线的材料、结构和最小截面应按表8-1-22的规定取值。

（2）明敷引下线固定支架的间距不宜大于表8-1-23的规定。

（3）引下线宜采用热镀锌圆钢或扁钢，宜优先采用圆钢。当独立烟囱上的引下线采用圆钢时，其直径不应小于12 mm；采用扁钢时，其截面不应小于100 mm^2，厚度不应小于4 mm。

（4）专设引下线应沿建筑物外墙外表面明敷，并应经最短路径接地；建筑外观要求较高时可暗敷，但其圆钢直径不应小于 10 mm，扁钢截面不应小于 80 mm^2。

（5）建筑物的钢梁、钢柱、消防梯等金属构件，以及幕墙的金属立柱宜作为引下线，但其各部件之间均应连成电气贯通，可采用铜锌合金焊、熔焊、卷边压接、缝接、螺钉或螺栓连接；其截面应按表 8－1－22 的规定取值；各金属构件可覆有绝缘材料。

（6）采用多根专设引下线时，应在各引下线上距地面 0.3～1.8 m 处装设断接卡。当利用混凝土内钢筋、钢柱作为自然引下线并同时采用基础接地体时，可不设断接卡，但利用钢筋作引下线时应在室内外的适当地点设若干连接板。当仅利用钢筋作引下线并采用埋于土壤中的人工接地体时，应在每根引下线上距地面不低于 0.3 m 处设接地体连接板。采用埋于土壤中的人工接地体时应设断接卡，其上端应与连接板或钢柱焊接。

（7）在易受机械损伤之处，地面上 1.7 m 至地面下 0.3 m 的一段接地线，应采用暗敷或采用镀锌角钢、改性塑料管或橡胶管等加以保护。

（8）第二类防雷建筑物或第三类防雷建筑物为钢结构或钢筋混凝土建筑物时，当其垂直支柱均起到引下线的作用时，可不要求满足专设引下线之间的间距。

5. 接地装置

（1）人工单独敷设接地体的材料、结构和最小尺寸应符合表 8－1－25 的规定。

表 8－1－25 接地体的材料、结构和最小尺寸

<table>
<tr><th rowspan="2">材 料</th><th rowspan="2">结 构</th><th colspan="3">最 小 尺 寸</th><th rowspan="2">备 注</th></tr>
<tr><th>垂直接地体直径/mm</th><th>水平接地体/mm²</th><th>接地板/mm×mm</th></tr>
<tr><td rowspan="6">铜、镀锡铜</td><td>铜绞线</td><td></td><td>50</td><td></td><td>每股直径 1.7 mm</td></tr>
<tr><td>单根圆铜</td><td>15</td><td>50</td><td></td><td></td></tr>
<tr><td>单根扁铜</td><td></td><td>50</td><td></td><td>厚度 2 mm</td></tr>
<tr><td>铜管</td><td>20</td><td></td><td></td><td>壁厚 2 mm</td></tr>
<tr><td>整块铜板</td><td></td><td></td><td>500×500</td><td>厚度 2 mm</td></tr>
<tr><td>网格铜板</td><td></td><td></td><td>600×600</td><td>各网格边截面 25 mm×0.2 mm，网格网边总长度不少于 4.8 m</td></tr>
<tr><td rowspan="6">热镀锌钢</td><td>圆钢</td><td>14</td><td>78</td><td></td><td></td></tr>
<tr><td>钢管</td><td>25</td><td></td><td></td><td>壁厚 2 mm</td></tr>
<tr><td>扁钢</td><td></td><td>90</td><td></td><td>厚度 3 mm</td></tr>
<tr><td>钢板</td><td></td><td></td><td>500×500</td><td>厚度 3 mm</td></tr>
<tr><td>网格钢板</td><td></td><td></td><td>600×600</td><td>各网格边截面 30 mm×0.3 mm，网格网边总长度不少于 4.8 m</td></tr>
<tr><td>型钢</td><td></td><td></td><td></td><td></td></tr>
<tr><td rowspan="3">裸钢</td><td>钢绞线</td><td></td><td>70</td><td></td><td>每股直径 1.7 mm</td></tr>
<tr><td>圆钢</td><td></td><td>78</td><td></td><td></td></tr>
<tr><td>扁钢</td><td></td><td>75</td><td></td><td>厚度 3 mm</td></tr>
</table>

表 8-1-25（续）

材　料	结　构	最小尺寸			备　注
		垂直接地体直径/mm	水平接地体/mm^2	接地板/mm × mm	
外表面镀铜的钢	圆钢	14	50		
	扁钢		90（厚 3 mm）		镀铜厚度至少 250 μm 铜纯度 99.9%
不锈钢	圆形导体	15	78		
	扁形导体		100		厚度 2 mm

（2）埋于土壤中的人工垂直接地体宜采用热镀锌角钢、钢管或圆钢；埋于土壤中的人工水平接地体宜采用热镀锌扁钢或圆钢。接地线应与水平接地体的截面相同。

（3）人工钢质垂直接地体的长度宜为 2.5 m，其间距以及人工水平接地体的间距均宜为 5 m，当受地方限制时可适当减小。

（4）人工接地体在土壤中的埋设深度不应小于 0.5 m，并宜敷设在当地冻土层以下，其距墙或基础不宜小于 1 m。接地体宜远离由于烧窑、烟道等高温影响使土壤电阻率升高的地方。

（5）在敷设于土壤中的接地体连接到混凝土基础内起基础接地体作用的钢筋或钢材的情况下，土壤中的接地体宜采用铜质或镀铜钢或不锈钢导体。

（6）防直击雷的专设引下线距出入口或人行道边沿不宜小于 3 m。

五、消　雷　器

（一）消雷器原理

近十多年来，我国曾先后研制出上百种具有特色的消雷器，消雷效果显著。下面介绍一种有代表性的消雷器，其结构如图 8-1-14 所示。

这种消雷器的外观像多针式的避雷针，实质上是由适当的针数、适当的针长和适当的针尖布置（半球形或锥形等）装在更高的杆塔上而成。当雷云飘近时，消雷器针尖所散发的异性电荷量较多，可以中和掉保护范围内的雷电先导电荷，其消雷原理可如图 8-1-15 所示。

消雷器针长一般为 5 m，针长和针尖的布置好似一个大钝针，这样可以更好地减小附近电场畸变的程度。消雷器针尖散发的电荷一般都是正极性的，移动速度慢，在近针区形成一个空间电荷密集体，等于总的大钝针扩大化，进一步平缓了电场分布，达到既能防止雷击消雷器本身，又能防止雷击保护范围内的被保护物的作用。

（二）SLE-V 型-导体少长针消雷装置

SLE 半导体少长针消雷装置是在避雷针的基础上发展起来的，它的特点在于采用半导体电阻来抑制上行雷的发展，并有效地降低雷击主放电电流幅值和陡度，从而克服了避雷针或其他导体防直击雷设备的不足，即通过半导体材料达到以“限流”为纲的目的，同时采用少长针的形式增大中和电流，即兼有“中和”的作用。这是目前世界上具有先进水平

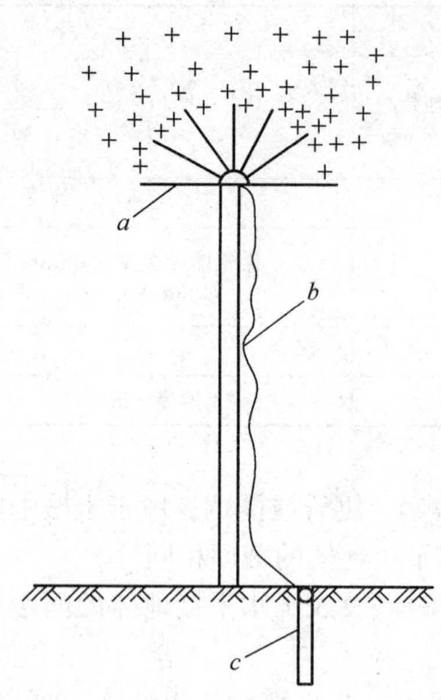

a—多针式避雷针；b—引下线；
c—接地极

图 8-1-14 消雷器的结构

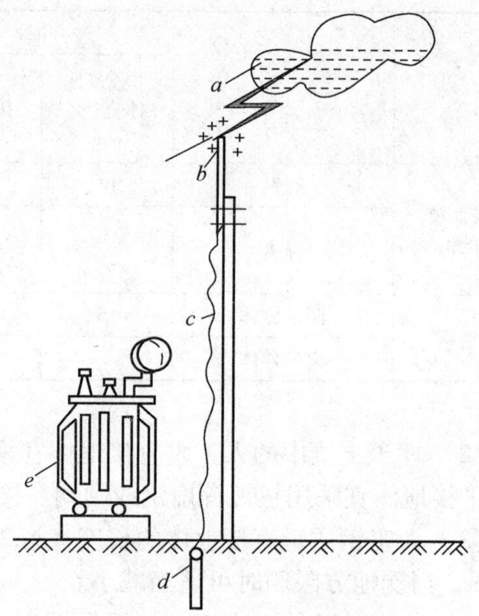

a—雷云；b—多针式避雷针；c—引下线；
d—接地极；e—被保护物

图 8-1-15 消雷器的消雷原理

的防雷装置。其特有的技术性能使过去不可能达到的技术设想成为现实。这些技术性能在理论上经过数学计算、计算机仿真、各种模拟试验以及黄石供电局用磁钢棒测量、华中电管局用 YL0-I 型雷电观测站和日本的火箭引雷试验实测得以证实，并在中国已经历了一万多塔年以上的现场实际运行，其运行结果是满意的，并已通过专家鉴定。

半导体少长针消雷装置（SLE）具备以下优点：

（1）限制上行雷的发展，可以将上行雷的先导电流限制在 100 A 以下，从而使上行先导不可能持续向上发展；

（2）以“限流”为纲的 SLE 在发生下行的对地雷击（下行雷）时，能有效地消减雷电主放电电流；

（3）少长针独特的辐射状设计和合理的夹角，能在雷电流过大时，使多支少长针自动并联，达到联合“限流”的目的；

（4）SLE 内在的“限流”能力，可以延缓雷击放电时间、大幅度消减雷电流的幅值和陡度，使雷击的二次效应大大减弱，使得对雷击二次效应的防护更易实现；

（5）气象条件适宜（如无横向来风）时，在雷云下地面平均电场达到 40 kV/m 时，能产生毫安级的中和电流；天顶有强雷云时，可发出电晕火花，中和电流达安培级，即兼有“中和”作用，可大幅度降低雷击发生的概率；

（6）保护范围大，SLE 安装高度 h 与其保护半径 r 之比为 1∶5，保护角约为 80°；其地面保护范围为同高避雷针的 11 倍；

（7）尖端放电产生的异号电荷中和雷云中的电荷以消减部分下行雷击；

（8）半导体针电阻的限流作用阻碍上行先导的发展以消除向上发展的雷电；

（9）半导体针的电阻特性限制来不及中和的下行雷的雷电流的幅值和陡度，大幅度削弱其危害力；

（10）端头的特殊形状来增强对下行雷的吸引能力，靠尖端放电所产生的空间电荷的屏蔽作用减弱消雷装置附近的地面场强，从而增大了保护范围；

（11）抗风能力强，可抗 50 m/s 的风力；

（12）接地电阻有较高的适应范围，在高土壤电阻率地区可适当放宽，但应小于 30 Ω。

SLE 半导体少长针消雷装置（SLE）典型型号技术参数见表 8－1－26。

表 8－1－26　SLE 半导体少长针消雷装置（SLE）技术参数表

型　　号	针体规格/mm	针数	重量/kg	适 用 范 围
SLE－V－3－2.5/B	2500	3	28	3，5 针用于输电线路直击雷防护 9，13 针用于中层民用建筑直击雷防护 19，25 针用于重要保护设施直击雷防护
SLE－V－5－2.5/B	2500	5	51	
SLE－V－9－2.5/B	2500	9	72	
SLE－V－13－2.5/B	2500	13	92	
SLE－V－19－2.5/B	2500	19	129	
SLE－V－25－2.5/B	2500	25	165	
SLE－V－3－5/B	5000	3	32	
SLE－V－5－5/B	5000	5	58	
SLE－V－9－5/B	5000	9	84	
SLE－V－13－5/B	5000	13	110	
SLE－V－19－5/B	5000	19	154	
SLE－V－25－5/B	5000	25	198	
SLE－V－0/1－2.5/B	2500 水平针	13		60 m 以上铁塔
SLE－V－0/2－2.5/B	2500 水平针	17		

六、防止地面雷电波及井下的措施

为了防止地面雷电波及井下引起瓦斯、煤尘爆炸以及火灾，根据《煤矿安全规程》第 455 条规定，必须符合下述要求：

（1）经由地面架空线路引入井下的供电线路和电机车架线，必须在入井处装设防雷电装置。

（2）由地面直接入井的轨道、金属架构及露天架空引入（出）井的管路，必须在井口附近对金属体设置不少于 2 处的良好的集中接地。直接入井、大巷至采（盘）区的轨道均应至少有 2 处绝缘。

第二节 电气设备的防雷保护

一、变电所的防雷保护

（一）对直击雷的过电压保护

（1）变电所直击雷过电压保护可采用避雷针或避雷线。变电所的下列设施应装设直击雷保护装置。

A. 屋外配电装置，包括组合导线和母线廊道；

B. 油处理室、大型变压器修理室和易燃材料库等建筑物。

变电所的主控制室和35 kV以下的高压屋内配电室，一般不装设直击雷保护装置，也不宜在其独立的房顶上装设避雷针。

位于峡谷地区的变电所宜采用避雷线保护。在相邻高建筑物保护范围内的建筑物或设备，不需另设直击雷保护装置。

屋顶设备的金属外壳、电缆金属外皮和建筑物金属构件均应接地。

（2）独立避雷针和避雷线宜设独立的接地装置。在非高土壤电阻率地区，其接地电阻不应超过10 Ω。当设独立的接地装置有困难时，该接地装置可与主接地网连接，但避雷针与主接地网的地下连接点至35 kV及以下电气设备与主接地网的地下连接点，沿接地体的长度不得小于15 m。

（3）110 kV及以上的配电装置，一般将避雷针装在配电装置的构架或房顶上，但在土壤电阻率大于1000 Ω·m的地区，宜装设独立避雷针。

60 kV的配电装置，允许将避雷针装在配电装置的构架或房顶上，但在土壤电阻率大于500 Ω·m的地区，宜装设独立避雷针。

35 kV及以下高压配电装置构架或房顶上不宜装设避雷针，但采用钢结构或钢筋混凝土结构等有屏蔽作用的建筑物的车间变电所，可不受此限制。

装在构架上的避雷针应与接地网相连，并应在其附近装设集中接地装置。装有避雷针的构架上，接地部分与带电部分间的空气中距离不得小于绝缘子串的长度。

避雷针与主接地网的地下连接点至变压器接地线与主接地网的地下连接点，沿接地体的长度不得小于15 m。

在变压器门型构架上，不可装设避雷针、避雷线。

（4）110 kV及以上的配电装置，可将线路的避雷线引接到出线门型构架上，土壤电阻率大于1000 Ω·m的地区应装设集中接地装置。

35～60 kV配电装置，在土壤电阻率大于500 Ω·m的地区，避雷线应架设到线路终端杆为止。从线路终端杆到配电装置一档的保护，可采用独立避雷针。避雷针可装设在线路终端杆上。

（5）装有避雷针和避雷线的构架上的照明灯线以及独立避雷针和装有照明灯的独立避雷针上的照明灯线，都必须采用金属铠装电缆或导线穿钢管埋地敷设。电缆铠装外皮和穿导线的钢管埋地长度在10 m以上时，不得与35 kV及以下配电装置的接地网及低压配电装置相连接。

（6）独立避雷针和避雷线与配电装置带电部分间的空气中距离，以及独立避雷针或避雷线的接地装置和接地网间的地中距离，应符合下列要求：

A. 独立避雷针或避雷线与配电装置带电部分间的空气中距离，以及与构架、电气设备接地部分间的空气中距离不得小于5 m。独立避雷针的接地装置与配电装置的接地装置间的地下距离不应小于3 m，并应按本章第一节中式（8－1－2）和式（8－1－3）计算S_{k1}、S_{d1}。

B. 避雷线与配电装置带电部分和变电所电力设备接地部分以及构架接地部分间空气中距离S_{k2}，应符合下式要求：

a. 对一端绝缘另一端接地的避雷线：

$$S_{k2}=0.3R_{ch}+0.16(h+\Delta l) \tag{8-2-1}$$

式中　S_{k2}——空气中距离，m；

R_{ch}——避雷线的冲击接地电阻，Ω；

h——避雷线支柱的高度，m；

Δl——避雷线上校验点与接地支柱的距离，m。

b. 对两端接地的避雷线：

$$S_{k2}=\beta'[0.3R_{ch}+0.16(h+\Delta l)] \tag{8-2-2}$$

式中　S_{k2}——空气中距离，m；

β'——避雷线分流系数；

Δl——避雷线上校验点与最近支柱间的距离，m。

避雷线分流系数可按下式计算

$$\beta'=\frac{1+\dfrac{\tau_t R_{ch}}{12.4(l_2+h)}}{1+\dfrac{\Delta l+h}{l_2+h}+\dfrac{\tau_t R_{ch}}{6.2(l_2+h)}}\approx\frac{l_2+h}{l_2+\Delta l+2h} \tag{8-2-3}$$

式中　$l_2=l-\Delta l$——避雷线上校验的雷击点与较远一端支柱间的距离，m；

l——避雷线两支柱间的距离，m；

τ_t——雷电流波头长度，一般取2.6 μs。

C. 避雷线的接地装置与变电所接地网间的地中距离，应符合下式要求：对一端绝缘另一端接地的避雷线应按式（8－1－3）中S_{d1}距离校验。对两端接地的避雷线：

$$S_{d2}\geqslant 0.3\beta' R_{ch} \tag{8-2-4}$$

式中　S_{d2}——地中距离，m。

对60 kV及以下配电装置，包括组合导线和母线廊道等，当条件许可时，应尽量增大独立避雷针或避雷线与配电装置带电部分间的空气中距离，以便降低感应过电压。

独立避雷针不应设在人经常通行的地方。避雷针及其接地装置与通道或出入口等的距离不宜小于3 m，否则应采取均压措施或铺设砾石或沥青地面。另外，还严禁在装有避雷针或避雷线的构筑物上架设通信线、广播线和低压电力线。

（二）对雷电侵入波的过电压保护

（1）为防止或减少近区雷击闪络，在未沿全线架设避雷线的35～110 kV架空送电线路上，应在变电所1～2 km进线段架设避雷线。进线保护段上的避雷线保护角不宜超过

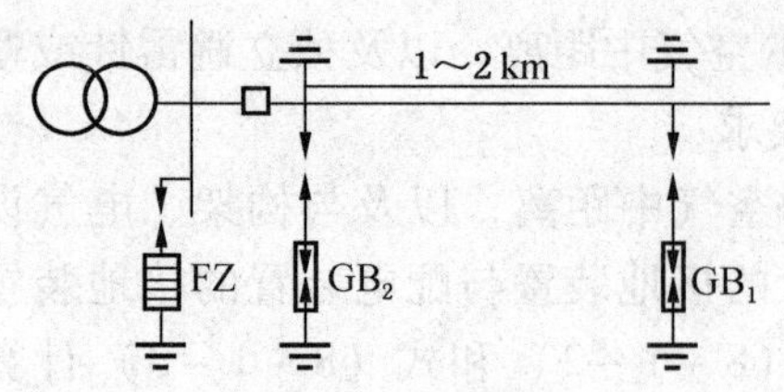

图 8－2－1 35～110 kV 变电所的进线保护接线

20°，最大不超过 30°。

（2）未沿全线架设避雷线的 35～110 kV 线路，其变电所进线段应按图 8－2－1 所示装设管型避雷器。

在木杆或木横担钢筋混凝土杆线路进线段的首端，应装设一组管型避雷器 GB_1，其工频接地电阻不宜超过 10 Ω。铁塔或铁横担、瓷横担的钢筋混凝土杆线路，以及全线有避雷线的线路，其进线段首端一般不装设管型避雷器 GB_1。

在雷季，如变电所 35～110 kV 进线的隔离开关或断路器经常断路运行，同时线路侧又带电，则必须在靠近隔离开关或断路器处设一组管型避雷器 GB_2。GB_2 外间隙值的整定，应使其在断路运行时，能可靠地保护隔离开关或断路器；而在闭路运行时不应动作，并应处于母线阀型避雷器的保护范围内。无 GB_2、整定有困难或无适当参数的管型避雷器时，可用阀型避雷器或保护间隙代替。

（3）变电所的 35 kV 及以上的电缆进线段，在电缆与架空线的连接处应装设阀型避雷器，其接地端应与电缆的金属外皮连接。对三芯电缆末端的金属外皮应直接接地，如图 8－2－2a 所示；对单芯电缆，应经接地器 FJ 或保护间隙 JX 接地，如图 8－2－2b 所示。

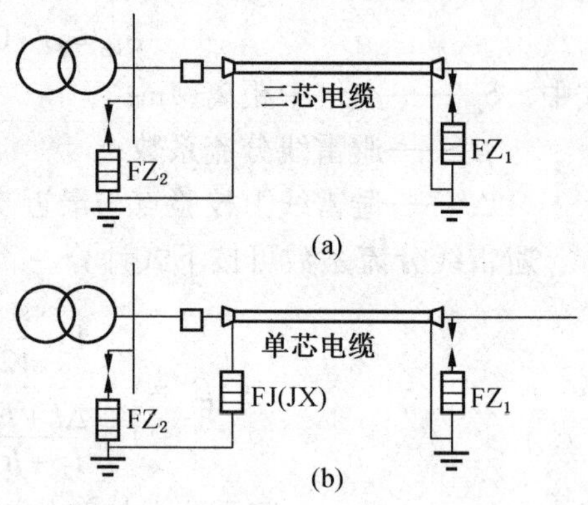

图 8－2－2 具有 35 kV 及以上电缆段的变电所进线保护接线

如电缆长度不超过 50 m，或虽然超过 50 m 但经验算装一组避雷器即能符合保护要求，可只在电缆首端或母线上装设一组阀型避雷器（图 8－2－2 中可只装 FZ_1 或 FZ_2）。

如电缆长度超过 50 m，且断路器在雷季可能经常断路运行，则应在电缆末端装设管型避雷器或保护间隙。此外，与电缆连接的架空线路，在连接点起的 1 km 架空线路段上应架设避雷线。

表 8－2－1 变电所侵入波计算陡度

额定电压/kV	侵入波计算陡度/(kV · m^{-1})	
	1 km 进线段	2 km 进线段或全线有避雷线
35	1.0	0.5
60	1.1	0.6
110	1.5	0.75
154	—	1.0
220	—	1.5
330	—	2.2

（4）变电所的每段母线上，都应装设阀型避雷器。配电所的 35 kV 及以上的电源进线，要根据其重要性和进线回路数等具体条件，在每回进线上或母线上装设阀型避雷器或管型避雷器。在雷季，如进线的隔离开关或断路器可能经常断路运行，同时线路侧又带电，则阀型避雷器或管型避雷器必须装在进线段的隔离开关或断路器附近。变电所内所有避雷器应以最短的接地线与配电装置的主接地网连接，同时应在附近装设集中接地装置。

（5）当确定阀型避雷器与被保护设备间的最大电气距离时，侵入波的幅值应取进线段的绝缘冲击强度，侵入计算陡度应按表 8－2－1 所列数值选取。

如在变电所的 35 kV 侧，确定阀型避雷器与被保护设备间的最大电气距离时，1 km 进线段有避雷线侵入波计算陡度应取 1.0 kV/m；2 km 进线段或全线有避雷线侵入波计算陡度应取 0.5 kV/m。进线段长度在 1～2 km 时，计算陡度可用补插法确定。

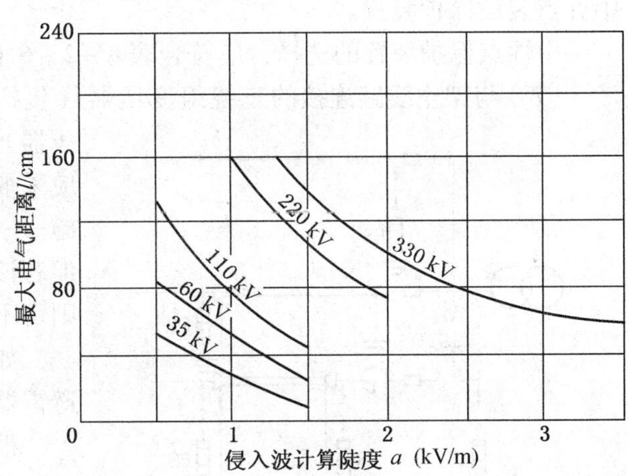

图 8－2－3　一回路进线的变电所中，避雷器与变压器的最大电气距离与侵入波计算陡度的关系曲线

装有标准绝缘水平的设备和标准特性避雷器的变电所，阀型避雷器与主变压器、电压互感器间的最大电气距离，对一回路进线和两回路进线的变电所，可分别按图 8－2－3 和图 8－2－4 确定。与其他电气设备的最大电气距离可相应增大 35%。在图 8－2－3 和图 8－2－4 中，35～220 kV 系按普通阀型避雷器计算，330 kV 级系按磁吹阀型避雷器计算。

在雷季经常运行的变电所进线超过两回路时，阀型避雷器与被保护设备间的最大电气距离可较图 8－2－4 中的数值增大，三回路进线可按图 8－2－4 增加 20%，四回路及以上进线可增大 35%。此外，还应根据变电所可能改变的运行方式进行必要的校验。

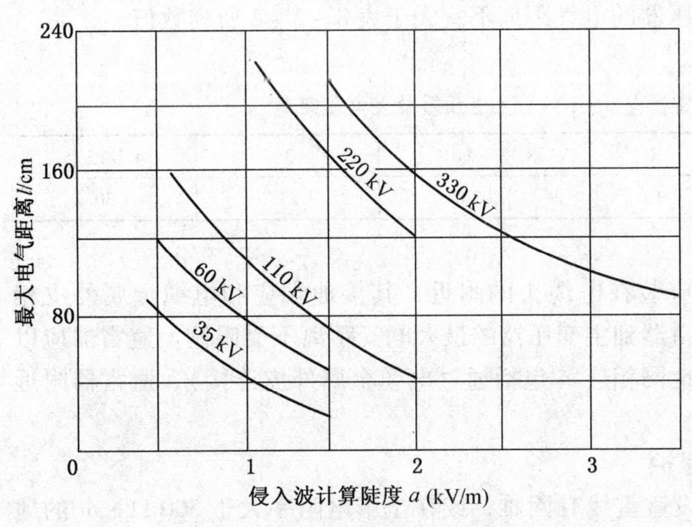

图 8－2－4　两回路进线的变电所中，避雷器与变压器的最大电气距离与侵入波计算陡度的关系曲线

对电气接线比较特殊的变电所，可用计算方法或通过模拟试验确定最大电气距离。

使用双回路杆塔的线路，有同时遭受雷击的可能。确定避雷器与变压器的最大电气距离时，应按一回路考虑，且在雷季中，应尽量避免将其中一回路断开。

阀型避雷器与主变压器及其

他被保护电气设备的电气距离，应尽量缩短。如阀型避雷器与主变压器的电气距离超过允许值时，应在主变压器附近增设一组阀型避雷器。

(6) 大接地短路电流系统中的中性点不接地的电力变压器，如中性点绝缘非按线电压设计，应在中性点装设保护装置；如中性点绝缘按线电压设计，但变电所为单回路进线且为单台变压器运行，也应在中性点装设保护装置。

小接地短路电流系统中的变压器中性点，一般不装设保护装置，但多雷区单回路进线变电所宜装设保护装置；中性点接有消弧线圈的变压器，如有单回路进线的可能，也应在中性点装设保护装置。

中性点保护装置的选择，应符合表 8-2-6 和表 8-2-7 的要求。

(7) 与架空线路连接的三绕组变压器（包括一台变压器与两台电机相连的三绕组变压器）的 3~10 kV 绕组如有开路运行的可能，应采取防止静电感应电压危及该绕组绝缘的措施——在其一相出线上装设一只阀型避雷器。但若该绕组连有 25 m 及以上金属外皮电缆段，则可不装设避雷器。

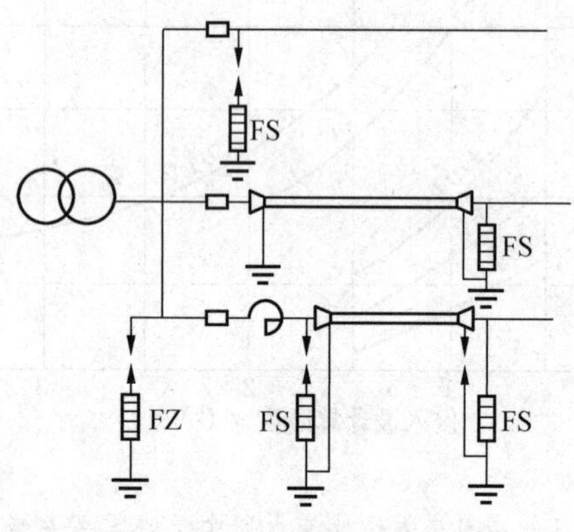

图 8-2-5　3~10 kV 配电装置 FZ、FS 阀型避雷器雷电侵入波的保护接线

如变电所内有绝缘较低的电气设备，阀型避雷器应靠近被保护设备。

根据电力网中性点接地的条件，如允许采用灭弧电压较低的避雷器，可另行选择冲击放电电压和残压都较低的避雷器。

(8) 变电所的 3~10 kV 配电装置（包括电力变压器），应在每组母线和每回路架空线上装设阀型避雷器，并应采用图 8-2-5 的保护接线。3~10 kV 变电所，当无所用电变压器时，可仅在每回路进线上装设阀型避雷器或管型避雷器。母线上避雷器与主变压器的电气距离不宜大于表 8-2-2 所列数值。

表 8-2-2　避雷器与 3~10 kV 主变压器最大电气距离

雷季经常运行的进线路数	1	2	3	4 及以上
最大电气距离/m	15	23	27	30

有电缆段的架空线路，避雷器应装在电缆头的附近，其接地端应和电缆金属外皮相连。如各架空进线均有电缆段，避雷器到主变压器的最大电气距离不受限制。避雷器应以最短的接地线与变、配电所的主接地网相连（包括通过电缆金属外皮连接），避雷器附近应装设集中接地装置。

（三）小容量变电所的过电压保护

(1) 35 kV 变电所的进线若架设避雷线有困难，或在土壤电阻率大于 500 Ω·m 的地区，进线段难以达到所需的耐雷水平时，可在进线的终端杆上装设一组电抗线圈 L'，以代替进线段的避雷线，并可采用图 8-2-6 所示的保护接线。电抗线圈的电感值可采用约

1000 μH，其结构应符合绝缘强度的要求。

（2）容量为 3150～5000 kV·A 的 35 kV 变电所，可根据负荷的重要性及雷电活动的强弱等条件适当简化保护接线。变电所进线段的长度可减少到 500～600 m，但其首端管型避雷器 GB_1 或保护间隙 JX 的接地电阻不应超过 5 Ω，并采用图 8－2－7 所示的保护接线。

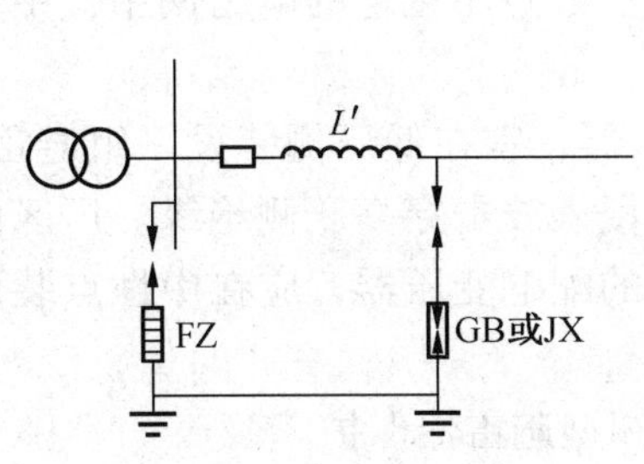

图 8－2－6　用电抗线圈代替进线段避雷线的保护接线

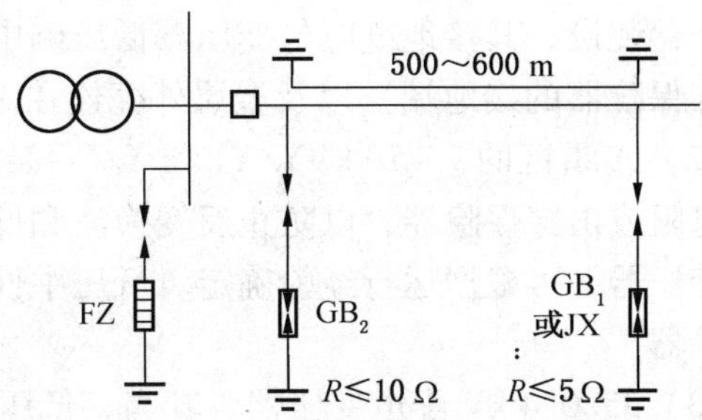

图 8－2－7　3150～5000 kV·A 35 kV 变电所的简化保护接线

（3）容量为 3150 kV·A 以下的 35 kV 供非重要负荷变电所，根据雷电活动的强弱，可采用图 8－2－8a 的保护接线；容量为 1000 kV·A 及以下的变电所，可采用图 8－2－8b 的简化保护接线；容量为 3150 kV·A 以下的 35 kV 供非重要负荷的分支变电所，可采用图 8－2－9a 和图 8－2－9b 的简化保护接线。

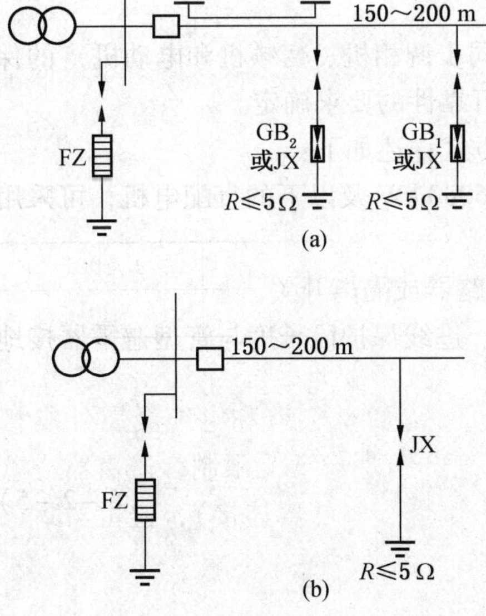

图 8－2－8　容量为 3150 kV·A 以下 35 kV 变电所的简化保护接线

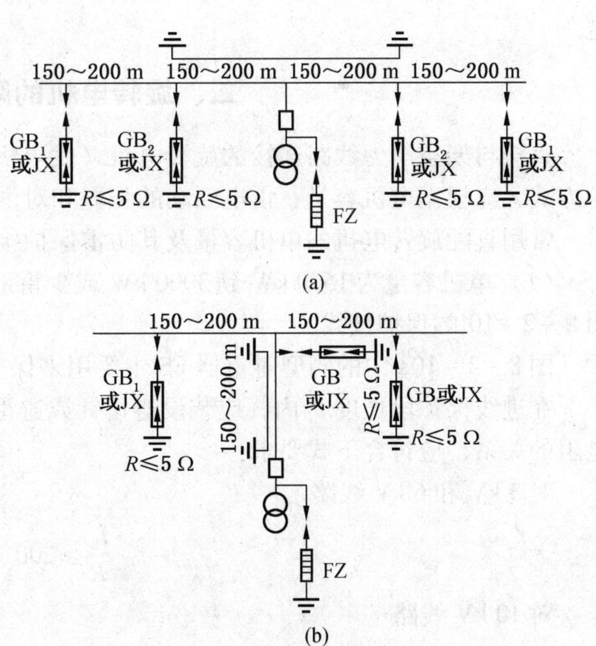

图 8－2－9　容量为 3150 kV·A 以下 35 kV 分支变电所的简化保护接线

保护接线简化的变电所，阀型避雷器到主变压器和互感器的最大电气距离不宜超过 10 m，3 ~ 10 kV 侧配电装置的保护，仍应按本节（二）（8）中有关规定执行。

（四）配电网的过电压保护

（1）3 ~ 10 kV 配电变压器，应用阀型避雷器保护，也可两相用阀型避雷器一相用间隙（同一配电网中，间隙必须在同一相导线上）或三相均用间隙保护。保护装置应尽量靠近变压器装设，其接地线应与变压器低压侧中性点（或中性点不接地的电力网中，中性点的击穿保险器的接地端）以及金属外壳连在一起接地。

（2）多雷区的 3 ~ 10 kVY/Y_0 和 Y/Y 接线配电变压器，宜在低压侧装设一组避雷器、压敏电阻或击穿保险器，以防止反变换波和低压侧雷电侵入波击穿高压侧绝缘。厂区内的低压变压器，可根据运行经验确定。低压中性点不接地的配电变压器，应在中性点装设击穿保险器。

（3）35/0.4 kV 配电变压器，其高、低压侧均应设阀型避雷器保护。

（4）3 ~ 10 kV 柱上断路器和负荷开关，应用阀型避雷器，也可用间隙保护。经常断路运行而又带电的柱上断路器、负荷开关或隔离开关，应在带电侧装设避雷器或保护间隙，其接地线应与柱上断路器等的金属外壳连接，且接地电阻不应超过 10 Ω。

（5）为提高 3 ~ 10 kV 钢筋混凝土电杆配电线路的绝缘水平，可采用瓷横担。如采用铁横担，则宜采用高一级绝缘水平的绝缘子，并应尽量以较短时间切除故障，以减少雷击跳闸和断线等事故。

（6）在多雷区或易受雷击地段，直接与架空线相连的电度表宜装设防雷装置。

（7）3 ~ 10 kV 配电线路应尽量采用自动重合闸装置，工业企业内的线路应按需要确定。

二、旋转电机的防雷保护

直接与架空电力线路连接的旋转电机（发电机、同步调相机、变频机和电动机）的保护方式，应根据电机容量、雷电活动的强弱和对供电可靠性的要求确定。

常用直配旋转电机的单机容量及其防雷保护接线方式详述如下：

（1）单机容量为 1500 kW 到 3000 kW 或少雷地区 6000 kW 及以下的直配电机，可采用图 8 - 2 - 10 的保护接线。

图 8 - 2 - 10a 中的阀型避雷器 FS 主要用来保护断路器或隔离开关。

在进线保护段长度 l_b 内，应装设避雷针或避雷线。进线保护段长度与管型避雷器接地电阻的关系，应符合下式要求：

对 3 kV 和 6 kV 线路

$$\frac{l_b}{R} \geqslant 200 \tag{8-2-5}$$

对 10 kV 线路

$$\frac{l_b}{R} \geqslant 150 \tag{8-2-6}$$

式中 l_b——进线保护段长度，m；

R——接地电阻，Ω。

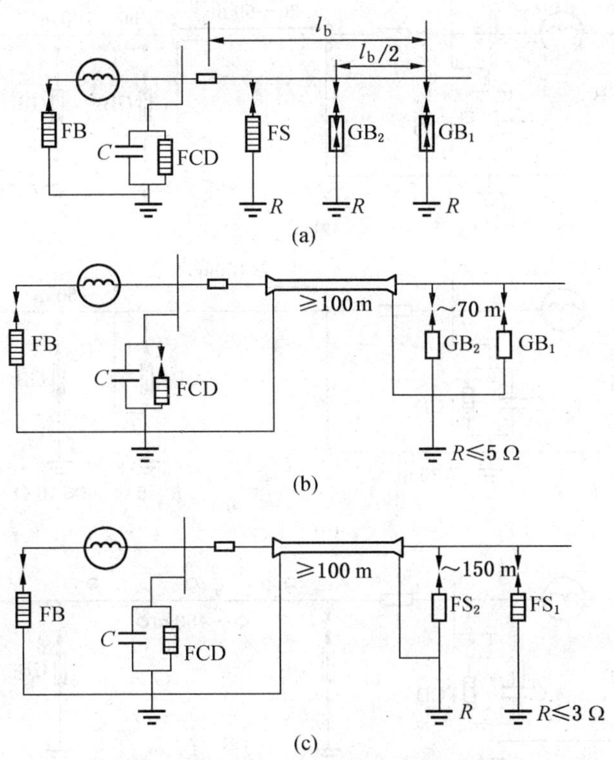

图 8－2－10　1500 kW 到 3000 kW 和少雷地区 6000 kW 及以下直配电机的保护接线

进线保护段长度一般采用 450～600 m。

在进线保护段上如有管型避雷器 GB_2，R 可取两组管型避雷器 GB_1 和 GB_2 接地电阻的并联值。

（2）单机容量为 1500～6000 kW 或列车电站的直配电机，也可采用图 8－2－11 有电抗线圈 L'或限流电抗器 L 的保护接线。

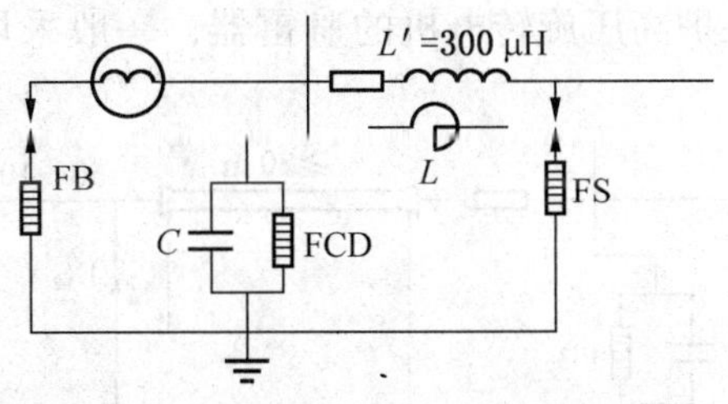

图 8－2－11　1500～6000 kW 直配电机或列车电站直配电机的保护接线

（3）单机容量为 300 kW 以上到 1500 kW 以下的直配电机，可采用图 8－2－12 的保护接线。

（4）单机容量为 300 kW 及以下的直配电机，根据具体情况和运行经验，可采用图 8－2－13a 和图 8－2－13b 的保护接线；也可只在车间线路入户处装设一组避雷器和电容器，并在靠近入户处的电杆上装设保护间隙，或将绝缘子铁脚接地。个别重要电机，也可参照图 8－2－12 的保护接线。

单机容量为 1500 kW 以下的直配电机，采用（3）、（4）规定的保护接线有困难时，也可采用图 8－2－11 的保护接线。

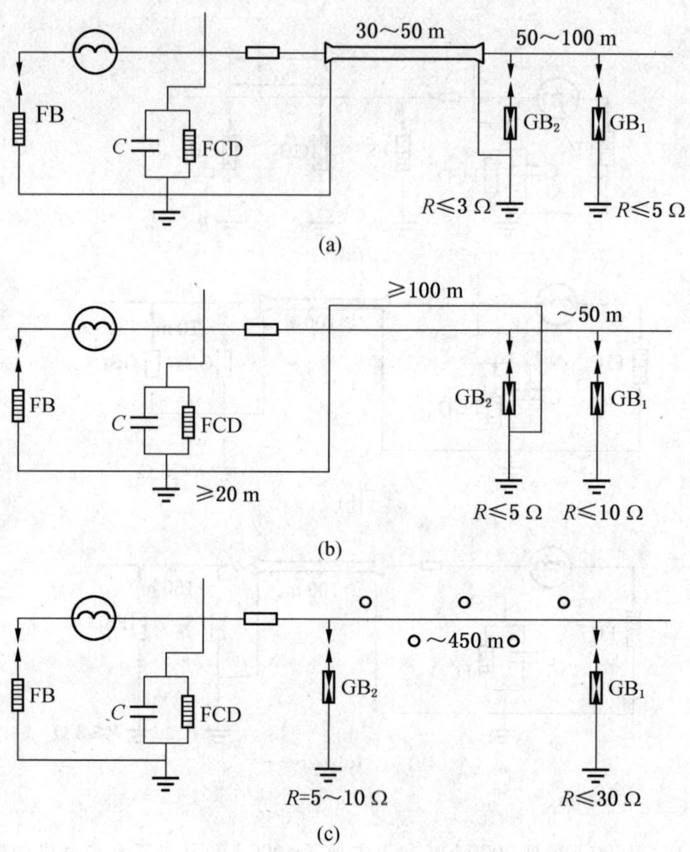

图 8－2－12 300 kW 以上到 1500 kW 以下直配电机的保护接线

保护高压旋转电机的避雷器，一般采用 FCD 型。避雷器应靠近电机装设，在一般情况下，避雷器可装在电机的出线处；如接在每一组母线上的电机不超过两台，或避雷器到 500 kW 及以下电机的电气距离不超过 50 m，避雷器也可装在每一组母线上。

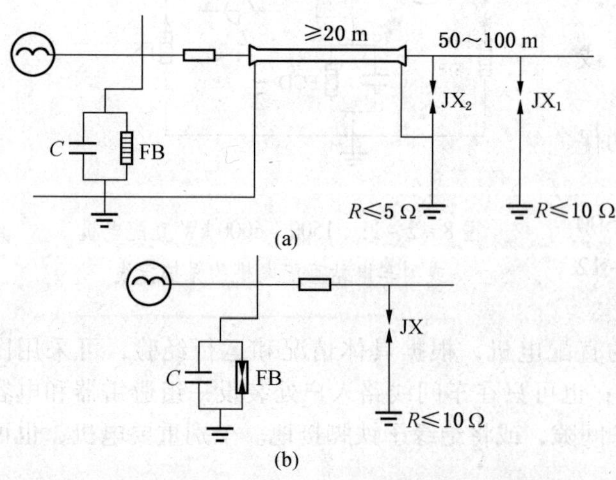

图 8－2－13 300 kW 及以下直配电机的保护接线

装在每相母线上保护直配电机匝间绝缘和防止感应过电压的电容器，其电容值应为 0.25～0.5 μF；对于中性点不能引出或双排非并绕线圈的电机，如图 8－2－10～图 8－2－13 所有保护接线 a 图中每相应为 1.5～2 μF，图 8－2－13b 中每相应为 0.5～1.0 μF。电容器应有短路保护。

三、过电压保护装置

（一）阀型避雷器

1. 主要特点和用途

阀型避雷器主要由间隙串联阀片组成，其阀片特性是当通过高雷电流时电阻很小，而工频电流通过时电阻很大。各种阀型避雷器的主要特点和用途见表 8－2－3。

表 8－2－3　阀型避雷器主要特点和用途

名称及型号		结构特点	主要用途
普通阀型	配电所型 FS	仅有间隙和阀片（碳化硅）	用作配电变压器电缆头，柱上开关等设备的防雷
	变电站型 FZ	同上，但间隙带有均压电阻以改善熄弧能力	用作变电所电气设备的防雷
磁吹阀型	变电站型 FCZ	同上，但间隙加磁吹灭弧元件使熄弧能力大增	用在 330 kV 以上变电所电气设备的防雷或低绝缘设备的防雷
	旋转电机型 FCD	同上，但部分间隙还并联电容器以改善伏秒特性	用作旋转电机的防雷
金属氧化物型	压敏电阻型 MY	采用非线性特性极好的氧化锌阀片，无间隙	用作 380 V 及以下设备的防雷，如配电变压器低压侧，低压电机，电度表等
	压敏型 FY/FY_1	同上	多用于 3～10 kV 设备的防雷，如配电变压器高压侧，高压电机等
	磁（复合）外套型 Y/YH	同上	广泛用于 0.28～220 kV 设备的防雷，如配电、电站、电动机、电容器

2. 阀型避雷器选择

（1）避雷器的额定电压应与系统额定电压相同（但因中性点接地方式不同，所用避雷器电压也有所不同）。

（2）阀型避雷器的灭弧电压，在一般情况下，宜按下列要求确定：

A. 中性点直接接地的电力网中，应取设备最高运行线电压的 80%；

B. 中性点非直接接地的电力网中，不应低于设备最高运行线电压的 100%。

阀型避雷器的技术数据见表 8－2－4。

表 8－2－4　阀型避雷器技术数据

型号	额定电压有效值/kV	最大允许电压有效值/kV	灭弧电压有效值/kV	工频放电电压有效值/kV		预放电时间为 1.5～20 μs 冲击放电电压幅值/kV	波形为 10/20 μs 的冲击电流下残压幅值不大于/kV			泄漏电流或电导电流		重量/kg	主要生产厂
				不小于	不大于		3 kA	5 kA	10 kA	整流电压/kV	电流/μA		
FS－0.22	0.22		0.25	0.6	1.0	2.0	1.3			0.3	0～10	0.31	抚瓷、上瓷
FS－0.38	0.38		0.50	1.1	1.6	2.7	2.6			0.6	0～10	1.3	抚瓷

表 8-2-4（续）

型　号	额定电压有效值/kV	最大允许电压有效值/kV	灭弧电压有效值/kV	工频放电电压有效值/kV		预放电时间为 1.5 ~ 20 μs 冲击放电电压幅值/kV	波形为 10/20 μs 的冲击电流下残压幅值不大于/kV			泄漏电流或电导电流		重量/kg	主要生产厂
				不小于	不大于		3 kA	5 kA	10 kA	整流电压/kV	电流/μA		
FS_1 - 0.5	0.5		0.50	1.15	1.65	3.68	2.5			(0.5)	0 ~ 5	0.3	上瓷
FS - 2	2		2.5	5	7	15		11					
FS - 3	3	3.5	3.8	9	11	21	(16)	17		3(4)	0 ~ 10	7.2	
FS - 6	6	6.9	7.6	16	19	35	(28)	30		6(7)	0 ~ 10	8.3	
FS - 10	10	11.5	12.7	26	31	50	(47)	50		10(11)	0 ~ 10	12.1	
FS_4 - 3GY	3		3.8	9	11	21		17					
FS_4 - 6GY	6		7.6	16	19	35		30					
FS_4 - 10GY	10		12.7	26	31	50		50					
FS_4 - 15GY	15		20.5	42	52	78		67					
FZ - 3	3		3.8	9	11	20		14.5	(16)	4	450 ~ 650	41	西瓷、抚瓷
FZ - 6	6		7.6	16	19	30		27	(30)	6	400 ~ 600	44	西瓷、抚瓷
FZ - 10	10		12.7	26	31	45		45	(50)	10	400 ~ 600	49	西瓷、抚瓷
FZ - 15	15		20.5	42	52	78		67	(74)	16	400 ~ 600	58	西瓷、抚瓷
FZ - 20	20		25	49	60.5	85		80	(88)	20	400 ~ 600	64	西瓷、抚瓷
FZ - 30J	30		25	56	67	110		83	(91)	24	400 ~ 600		
FZ - 30	30		25	56	67	110		83	(91)	24	400 ~ 600		
FZ - 35	35		41	84	104	134		134	(148)	16	400 ~ 600	87	西瓷、抚瓷
FZ - 40	40		50	98	121	154		160	(176)	20	400 ~ 600	112	西瓷、抚瓷
FZ - 60	60		70.5	140	173	220		227	(250)	20	400 ~ 600	168	西瓷、抚瓷
FZ - 110J	110		100	224	268	310		332	(364)	24	400 ~ 600	236	西瓷、抚瓷
FZ - 110	110		126	259	320	340		415	(458)	16	400 ~ 600	281	抚瓷
FCD - 2	2		2.3	4.5	5.7	6	6	6.4		2	50 ~ 100		西瓷、抚瓷

表 8-2-4（续）

型　号	额定电压有效值/kV	最大允许电压有效值/kV	灭弧电压有效值/kV	工频放电电压有效值/kV		预放电时间为 1.5~20 μs 冲击放电电压幅值/kV	波形为 10/20 μs 的冲击电流下残压幅值不大于/kV			泄漏电流或电导电流		重量/kg	主要生产厂
				不小于	不大于		3 kA	5 kA	10 kA	整流电压/kV	电流/μA		
FCD-3	3.15		3.8	7.5	9.5	9.5	9.5	10		4	50~100	48	西瓷、抚瓷
FCD-4	4		4.6	9	11.4	12	12	12.8		4	50~100	48	西瓷、抚瓷
FCD-6	6.3	6.9	7.6	15	18	19	19	20		6	50~100	55	西瓷、抚瓷
FCD-10	10.5	11.5	12.7	25	30	31	31	33		10	50~100	74	西瓷、抚瓷
FCD-13.2	13.2	15.2	16.7	33	39	40	40	43		13.2	50~100	101	西瓷、抚瓷
FCD-15	15	17.3	19	37	44	45	45	49		15	<10	103	西瓷
FCZ_3-35	35		41	70	85	112		108	122	50	250~400		
FCZ_3-35L	35		46	78	90	134		134		50	250~400		
FCZ_3-35GY	35		41	70	85	112		108	122	50	250~400		
FCZ-110J	110		100	170	195	265		265	295	30	1000~2000	762	抚瓷
FCZ_3-110J	110		100	170	195	265		265	295	30	1000~2000	497	西瓷

注：1. FS-3~10 包括 $FS_{1\sim4}$-3~10 系列的改进产品。

2. 型号栏内：F—阀型；S—配电网；Z—电站；C—磁吹；D—旋转电机；字母下脚 1~4—设计顺序；横线后面的数字为额定电压，kV；J—中性点直接接地；GY—高原地区，按 1000~3500 m 海拔高度设置。

3. FZ-30 为组合元件；FZ-15、FZ-20 和 FZ-40 既可用作组合元件，也可用作相应电压等级的标准避雷器；FZ-35 是由 2×（FZ-15）组成，FZ-40 是由 2×（FZ-20）组成；FZ-60 是由 2×（FZ-40）+FZ-15 组成。

4. FZ-3~10 为配电及电缆头用；FZ-3~110 与 FCZ-35~110 为发电厂、变电所用；FCD-2~15 为旋转电机用。

5. 括号中数值为参考值。

【例】如变压器的最高运行线电压，在 35 kV 中性点非直接接地系统为 40.5 kV；110 kV 中性点直接接地系统为 126 kV，故阀型避雷器的灭弧电压：

35 kV 时：$$40.5\times100\%=40.5\approx41\ \text{kV}$$

110 kV 时：$$126\times80\%\approx100\ \text{kV}$$

(3) 电力系统内过电压倍数的确定，应考虑系统构型、系统容量和参数、中性点接地方式、断路器的性能、母线上的出线回路数以及系统运行接线、操作方式等因素。内过电压计算倍数一般取下列数值：

对地绝缘，以设备的最高运行相电压 U_{ϕ} 为基准：

30 ~ 60 kV 及以下（非直接接地） $4.0U_{\phi}$

110 ~ 154 kV（非直接接地） $3.5U_{\phi}$

110 ~ 220 kV（直接接地） $3.0U_{\phi}$

(4) 保护旋转电机中性点绝缘的避雷器型式按表 8 - 2 - 5 选取。

表 8 - 2 - 5 保护旋转电机中性点绝缘的避雷器型式

电机额定电压/kV	3	6	10
避雷器型式	FCD - 2 FZ - 2 FS - 2	FCD - 4 FZ - 4 (FS - 4)	FCD - 6 FZ - 6 FS - 6

(5) 保护变压器中性点绝缘的阀型避雷器的型式应按表 8 - 2 - 6 和表 8 - 2 - 7 选取。

表 8 - 2 - 6 中性点非直接接地系统中保护变压器中性点绝缘的避雷器型式

变压器额定电压/kV	35	60	110	154
避雷器型式	FZ - 35 或 FZ - 30 或 (FZ - 15 + FZ - 10)	FZ - 40	FZ - 110J	FZ - 154J

注：如变压器中性点连接有绝缘较弱的消弧线圈，可采用 FZ - 15 + FZ - 10。

表 8 - 2 - 7 中性点直接接地系统中保护变压器中性点绝缘的避雷器型式

变压器额定电压/kV	110		220	330
变压器中性点绝缘 避雷器型式	全绝缘 FZ - 110J 或 FZ - 60	分级绝缘 —	分级绝缘 FZ - 110J	分级绝缘 FCZ - 154J 或 FZ - 154J

对中性点绝缘的 110 kV 或 60 kV 级的 110 kV 变压器，当使用同期性能良好的断路器时，变压器中性点可安装 FZ - 60 型避雷器。对中性点绝缘的 110 kV 级的 110 kV 变压器当使用同期性能不良的断路器时，为防止避雷器在非全相动作时爆炸，在双侧电源或另一侧有调相机、较大的同步电动机的单侧电源时，变压器中性点可装设 FZ - 110J 型避雷器。

3. 放电记录器

阀型避雷器应装有可靠的放电记录器，以便记下动作次数。现生产的 JS 型记录器，在波形为 10/20 μs 的冲击电流幅值为 150 ~ 5000 A 内均能可靠动作，其接线图、外形尺寸及安装位置如图 8 - 2 - 14 至图 8 - 2 - 16 所示。

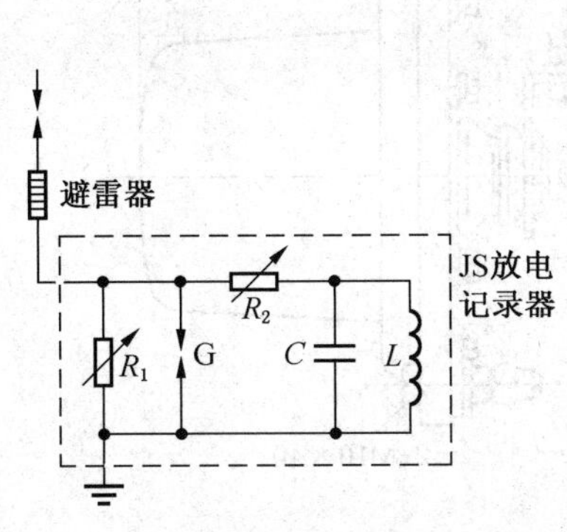

R_1、R_2—非线性电阻片；C—电容器；
L—电感线圈；G—放电间隙

图 8－2－14　JS 型放电记录器内部接线

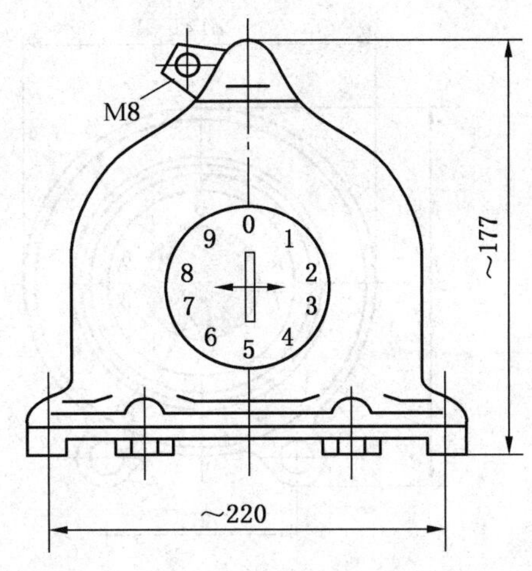

图 8－2－15　JS－4 型放电记录器外形尺寸

JS 型放电记录器与各种避雷器配合使用如下：

JS－1 型及 JS－3 型适用于 15 kV 及以上的 FZ 型避雷器；JS－2 型适用于 FCZ 型避雷器；JS－4 型适用于 35 kV 及以上的 FZ 型避雷器。

应当指出的是 JS 型放电记录器不要用在 FCD 型和 FS 型避雷器上，否则会增加残压，危及设备绝缘。FCD 型和 FS 型避雷器可用 JLG 型感应式放电记录器。

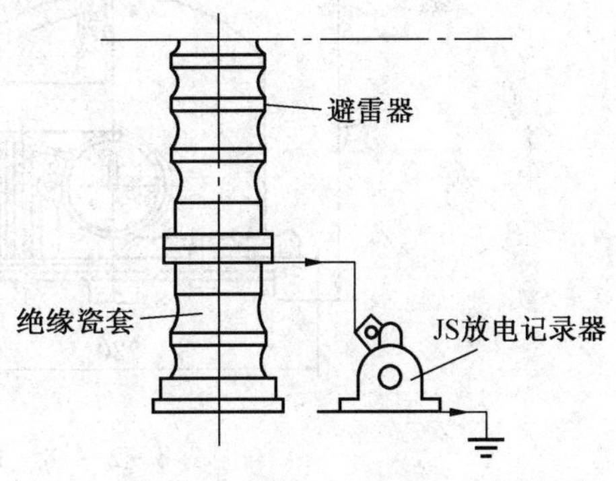

图 8－2－16　JS－4 型放电记录器安装位置

近年来，JS 型放电记录器又有不少新产品问世，如 JS－7、JS－8 型和代号为 6169、6069 等型放电记录器。这些新产品的技术数据见表 8－2－8。其外形尺寸如图 8－2－17 至图 8－2－20 所示。

表 8－2－8　新型放电记录器技术数据

型号或代号	适用电压/kV	性能		重量/kg	生产厂
		在波形 8/20 μs 冲击电流作用下的动作次数	在波形 8/20 μs 冲击电流与相应工频续流联合作用下的动作次数		
JS－8	3～220	幅值 100～5000 A 准确动作 20 次以上	点火用冲击电流幅值 5000 A 准确动作 20 次以上	2.8	西安高压电瓷厂
JS－7	35 kV 及以上	幅值分别为 100 A 和 5000 A 各 20 次，每次均应准确动作			上海电瓷厂
6196 6096	15～220	幅值为 100～5000 A 均能可靠动作			抚顺电瓷厂

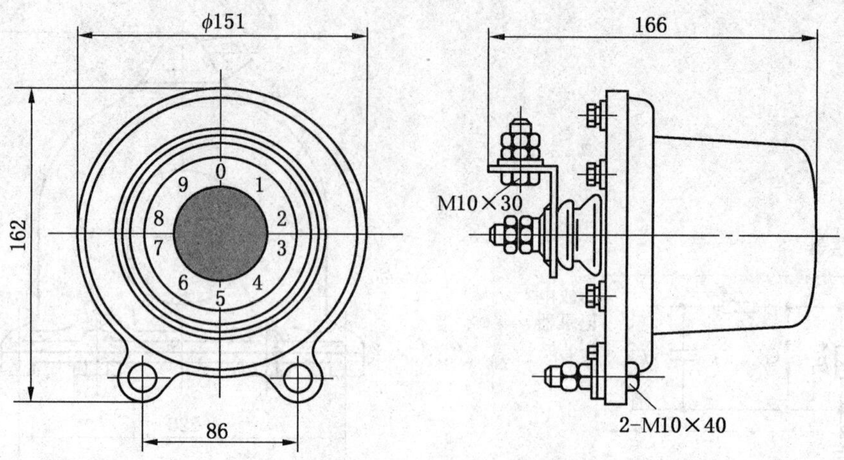

图 8-2-17　JS-8 型放电记录器外形尺寸

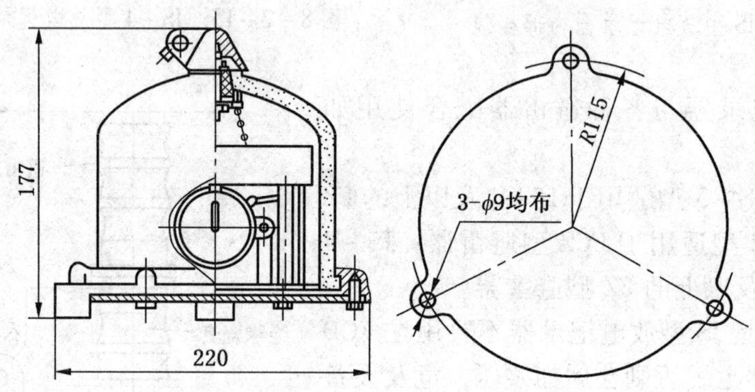

图 8-2-18　JS-7 型放电记录器外形尺寸

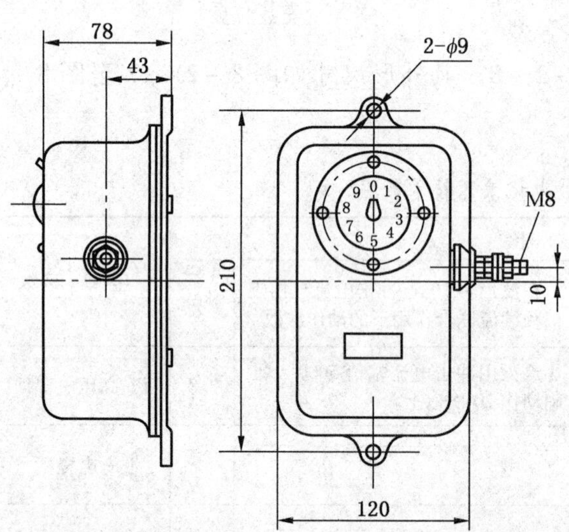

图 8-2-19　代号为 6169 型放电记录器外形尺寸

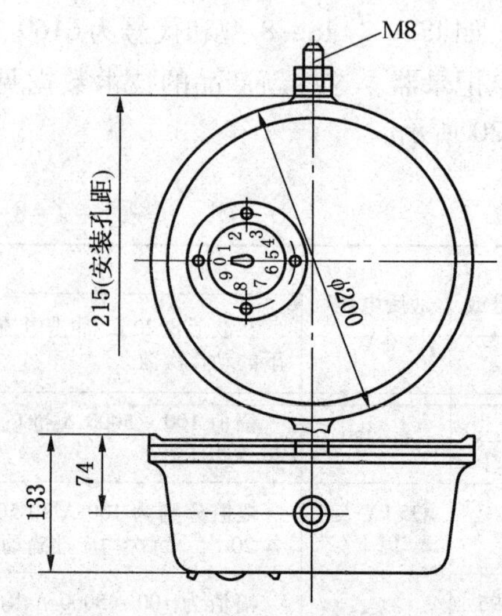

图 8-2-20　代号为 6069 型放电记录器外形尺寸

除对金属氧化物的放电次数进行记录外，近年来又出现了用于氧化锌避雷器、可同时监视避雷器漏电电流并记录放电动作次数的避雷器在线监测仪，又称避雷器漏电流及动作记录器。监测器中的毫安表用于监测运行电压下通过避雷器的漏电流（峰值），根据泄漏电流的变化情况，可及时判断避雷器运行过程中因内部受潮、机械损伤、电阻片老化等造成的异常情况，防止事故的发生，提高电力系统运行的可靠性；污秽表用于监测避雷器瓷套外部的污秽电流的大小（也就是污秽的大小）；动作计数器则记录避雷器的过电压动作次数。JSH 型避雷器在线监测器的技术数据见表 8－2－9。外形尺寸如图 8－2－21 所示。

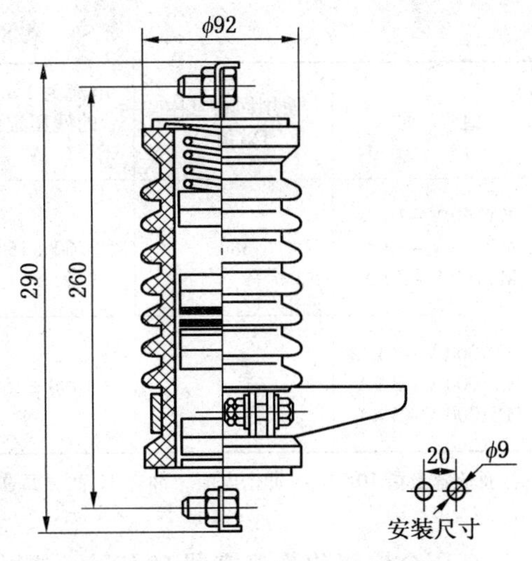

图 8－2－21　JSH－5 型避雷器在线监测器外形尺寸图

表 8－2－9　JSH－5 型避雷器在线监测器的技术数据表

类　型	电压等级/kV	上限动作电流/kA	下限动作电流/A	耐受 2 ms 方波冲击电流/A	雷电冲击标称冲击电流 8/20/kA	雷电冲击标称冲击电流 4/10/kA	监测装置电流监测范围		
							全电流量程/mA	阻性电流量程/mA	计数器最大动作次数
JSH－A	220～1000	20	5	1200	20	100	0～9－30	0～2－4	10^n
JSH－B	110～220	10	5	600	10	65	0～3	0～1	10^n
JSH－C	20～66	5	5	300	5	65	0～0.9	0～0.6	10^n

注：毫安表最大量程 9～30 mA 应根据避雷器标称放电电流确定。若污秽表表面刻度 0～10 时，其实测量程范围表示是 0～1000 μA。

4. 金属氧化物避雷器（压敏避雷器）

金属氧化物避雷器是由氧化锌、氧化铋等金属氧化物烧结或多晶半导体陶瓷非线性元件构成，具有良好的伏安特性，且体积小，容量大，是一种新产品，可广泛用于低压电气设备的防雷，如配电变压器的高低压侧、电抗器和电度表的防雷等。

MY 型低压金属氧化物避雷器的技术数据见表 8－2－10。

表 8－2－10　MY 型压敏避雷器技术数据

型　　号	使用回路电压有效值/V	电流为 1 mA 时的残压幅值/V	通流容量（波形 10/20 μs）幅值/kA	100 A 时残压与 1 mA 时残压比 U_{100A}/U_{1mA}	3 kA 时残压与 1 mA 时残压比 U_{3kA}/U_{1mA}
MY100 V－1 kA		100±15%	1	<2	
MY220 V－1 kA MY220 V－2 kA	110	220±15%	1 2	<1.9	
MY440 V－1 kA MY440 V－3 kA MY440 V－5 kA	220	440±15%	1 3 5	<1.8	<3

表 8-2-10（续）

型 号	使用回路电压有效值/V	电流为 1 mA 时的残压幅值/V	通流容量（波形 10/20 μs）幅值/kA	100 A 时残压与 1 mA 时残压比 U_{100A}/U_{1mA}	3 kA 时残压与 1 mA 时残压比 $U_{3\,kA}/U_{1\,mA}$
MY760 V-1 kA MY760 V-3 kA MY760 V-5 kA	380	760±15%	1 3 5	<1.8	<3
MY1000 V-1 kA MY1000 V-3 kA MY1000 V-5 kA		1000±15%	1 3 5	<1.8	<3

注：通流容量指 10/20 μs 冲击电流，冲击 10 次，每次间隔 5 min。

高压金属氧化物避雷器有 FYS_1、FYZ_1，FY、FY_1 和 Y、YH 等型号，其中 FY 和 FY_1 型金属氧化物避雷器的技术数据见表 8-2-11 和表 8-2-12，Y/YH 型金属氧化物避雷器的技术数据见表 8-2-13、表 8-2-14 和表 8-2-15（南阳金冠科技有限公司产品数据）。

表 8-2-11 FY 型金属氧化物避雷器技术数据

电力系统额定电压/kV（有效值）	3	6	10
长期工作电压/kV（有效值）	$3.8/\sqrt{3}$	$7.6/\sqrt{3}$	$12.7/\sqrt{3}$
短期工作电压/kV（有效值）	3.8	7.6	12.7
5 kA 冲击电流残压/kV（峰值）	≤13.5	≤27	≤45
在 D、C.1 mA 时残压/kV	≥6.5	≥12.9	≥21.5
生产厂及参考价格	上海电瓷厂 FY-10 型 245 元/只		

表 8-2-12 FY_1 型普通氧化锌避雷器技术数据

额定电压 U_H/kV（有效值）	3	6	10
动作电压 U（1 mA）最大值不小于/kV	5.6	11	19
冲击电流残压 U（5 kA）最大值不大于/kV	17	30	50
电导电流不大于/μA	5	5	5
变化率 Δ% 不大于	±5	±5	±5
生产厂	天津市电瓷电器厂		

表 8-2-13 0.22~220 kV 系列金属氧化物避雷器主要电气参数

型号	避雷器额定电压/kV	系统标称电压/kV	避雷器持续运行电压/kV	避雷器直流参考电压不小于/kV	残压不大于 kVp			2 ms 方波通流容量/A	4/10 μs 大电流冲击耐受/kA
					30/60 μs 操作冲击残压	8/20 μs 雷电冲击残压	1/10 μs 陡波冲击残压		
Y(H)10W-192/500	192	220	150	280	426	500	560	800	100
Y(H)10W-200/520	200	220	156	290	442	520	582	800	100
Y(H)10W-100/260	100	110	78	145	221	260	291	800	100
Y(H)5W-102/266	102	110	79.6	148	226	266	297	800	100
Y(H)5W-51/134	51	35	41	73	114	134	154	400	65
Y(H)5W-52.7/134	52.7	35	42	74.5	114	134	154	400	65
Y(H)5WZ-17/45	17	10	13.6	24	38.3	45	51.8	350	65
Y(H)5WS-17/50	17	10	13.6	25	42.5	50	57.5	150	65
Y(H)5W-10/27	10	6	8.0	14.4	23	27	31	300	65
Y(H)5WS-10/30	10	6	8.0	15	25.6	30	34.6	100	65
Y(H)1.5W-0.5	0.50	0.38	0.42	1.2	—	2.6	—	100	25
Y(H)1.5W-0.28	0.28	0.22	0.24	0.6	—	1.3	—	100	25

表 8-2-14 变压器中性点用避雷器主要参数

型号	避雷器额定电压/kV	避雷器持续运行电压/kV	避雷器直流参考电压不小于/kV	残压不大于 kVp			2 ms 方波通流容量/A	4/10 μs 大电流冲击耐受/kA
				30/60 μs 操作冲击残压	8/20 μs 雷电冲击残压	1/10 μs 陡波冲击残压		
Y(H)1.5W-33/85	33	26	50	80	85	—	400	65
Y(H)1.5W-42/102	42	34	60	95	102	—	400	65
Y(H)1.5W-60/144	60	48	85	135	144	—	400	65
Y(H)1.5W-72/186	72	58	103	174	186	—	400	65
Y(H)1.5W-144/320	144	116	205	299	320	—	400	100

表 8-2-15 补偿电容器保护用金属氧化物避雷器主要技术参数

型号	避雷器额定电压/kV	系统标称电压/kV	避雷器持续运行电压/kV	避雷器直流参考电压不小于/kV	残压不大于 kVp			2 ms 方波通流容量/A	4/10 μs 大电流冲击耐受/kA
					30/60 μs 操作冲击残压	8/20 μs 雷电冲击残压	1/10 μs 陡波冲击残压		
YH5WR-10/27	10	6	8.0	14.4	21.0	27	—	400、600、800	65
YH5WR-17/46	17	10	13.6	24	35	46	—	400、600、800	65、100
YH5WR-51/134	51	35	41	73	105	134	—	400、600、800、1000、1500	65、100
YH5WR-54/134	54	35	43	76	105	134	—	400、600、800、1500	65、100
YH10WR-84/221	84	66	67.2	121	176	221	—	600、800	100

其中 FY－10 和 FY_1－10 型金属氧化物避雷器的外形尺寸如图 8－2－22 和图 8－2－23 所示。

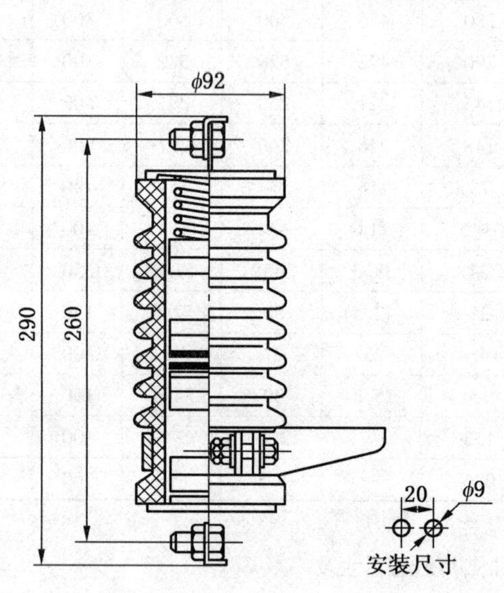

图 8－2－22 FY－10 型金属氧化物避雷器外形尺寸

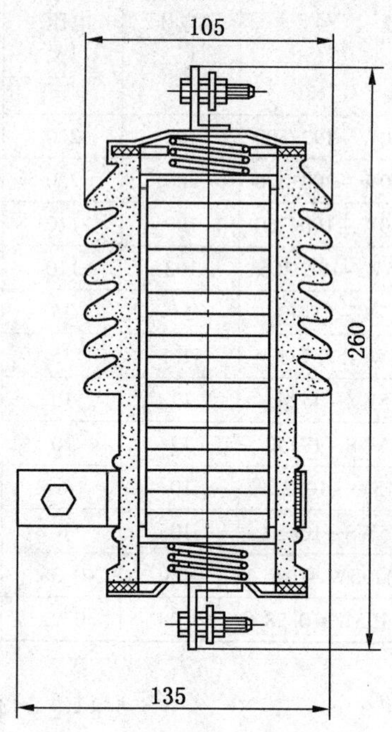

图 8－2－23 FY_1－10 型普通氧化锌避雷器外形尺寸

5. 阀型避雷器的主要尺寸

阀型避雷器的外形尺寸如图 8－2－24 至图 8－2－26 所示。

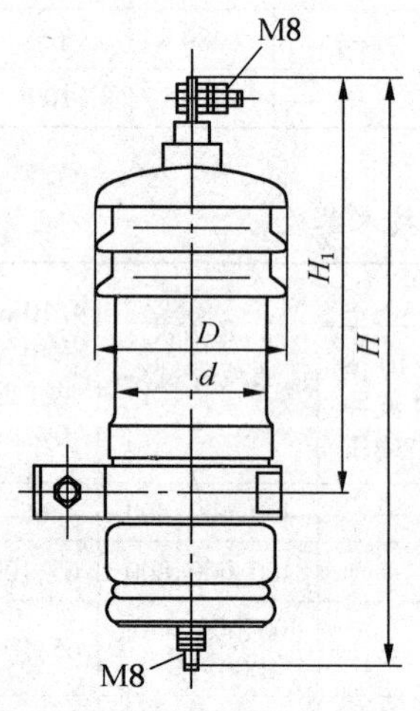

FS_3 型配变电所用阀型避雷器

型号	额定电压/kV	主要尺寸/mm				重量/kg
		H	H_1	D	d	
FS_3－3	3	235	155	110	85	2.65
FS_3－6	6	335	225	110	85	4.22
FS_3－10	10	470	295	110	85	5.97

图 8－2－24 FS_3 型阀型避雷器外形尺寸

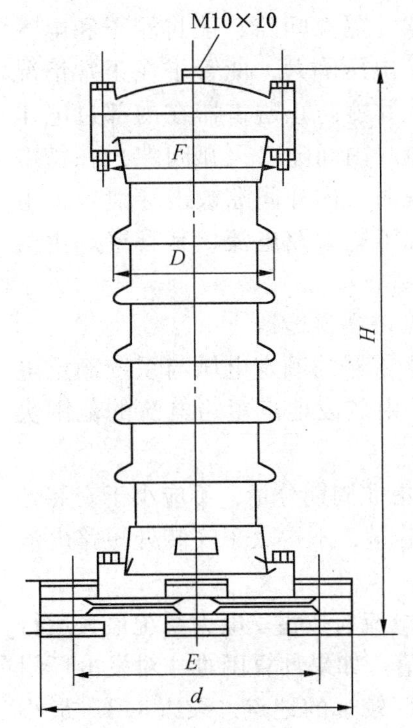

FZ 型电站用阀式避雷器

型号	额定电压/kV	主要尺寸/mm						重量/kg
		H	A	d	E	D	F	
FZ－3	3	380	70	446	352	208	250	38.4
FZ－6	6	464	70	446	352	208	250	42.1
FZ－10	10	581	70	446	352	208	250	48
FZ－15	15	760	70	446	352	208	250	54.8
FZ－20	20	885	70	446	352	208	250	59.9
FZ－30J	30	885	70	446	352	208	250	60.5

图 8－2－25　FZ 型阀型避雷器外形尺寸

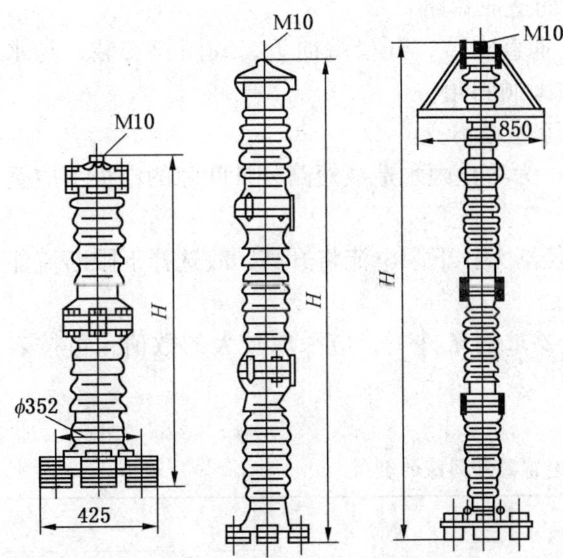

FZ 型电站用阀式避雷器

型号	额定电压/kV	主要尺寸 H/mm	重量/kg
FZ－35	35	1433	99.15
FZ－40	40	1683	110.93
FZ－60	60	2343	156.87
FZ－110J	110	3352	224.36

图 8－2－26　FZ 型阀型避雷器重叠安装外形尺寸

（二）管型避雷器

1. 主要特点和用途

管型避雷器主要由胶木或塑料的灭弧管和内、外间隙组成，其结构如图 8－2－27 所示。

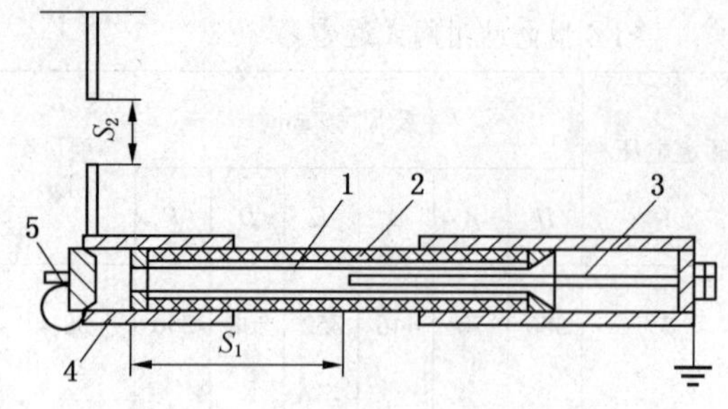

1—产气管；2—胶木管；3—棒形电极；4—环形电极；
5—动作指示器；S_1—内间隙；S_2—外间隙

图 8-2-27 管型避雷器结构

外间隙（隔离间隙）能将管子和电气设备的工作电压隔开，使管子在正常情况下不带电，并能防止避雷器在内部过电压情况下放电。内间隙（灭弧间隙）在雷电过电压出现时，内外间隙被击穿泄掉雷电流，当出现工频短路电流，其管壁产生气体灭弧。

2. 管型避雷器选择

（1）避雷器的额定电压与系统额定电压相同，并由装设地点短路电流的范围决定。

（2）在选择管型避雷器时，额定断流能力的上限，考虑非周期分量，不应小于安装处短路电流最大有效值；额定断流能力的下限，不考虑周期分量，不得大于安装处短路电流的可能最小数值。

（3）如按断流能力的范围选择管型避雷器，最大短路电流应按雷季电力系统最大运行方式计算，并包括非周期分量的第一个半周短路电流有效值。如果计算困难，对发电厂附近，可将周期分量第一个半周的有效值乘以 1.5，距发电厂较远的地点，乘以 1.3。最小短路电流，应按雷季电力系统最小运行方式计算，且不包括非周期分量。

（4）管型避雷器的设备应符合下列要求：

A. 应避免各避雷器排出的电离气体相交而造成短路。

B. 为防止在管型避雷器的内腔积水，宜垂直安装，开口端向下，或倾斜安装，与水平线的夹角不应小于 15°。在污秽地区，应增大倾斜角。

C. 管型避雷器应安装牢固，并保证外间隙稳定不变。

D. 额定电压 10 kV 及以下的管型避雷器，为防止雨水造成短路，外间隙的电极不应垂直布置。

（5）由于避雷器随着动作次数增加使管径渐大，下限电流将升高，故选择下限断流能力时要有裕度。

（6）管型避雷器的外间隙，在符合保护要求的条件下，应采取较大的数值，可按表 8-2-16 选取。

表 8-2-16 管型避雷器外间隙的数值

额定电压/kV	3	6	10	20	35	60	110	
							中性点直接接地	中性点非直接接地
外间隙最小数值/m GB_1 * 外间隙最大数值/m	8 —	10 —	15 —	60 150 ~ 200	100 250 ~ 300	200 350 ~ 400	350 400 ~ 500	400 400 ~ 500

注：表中 GB_1 指用于变电所进线段首端的管型避雷器。

3. 管型避雷器技术数据

GXS$_1$ 型管型避雷器技术数据见表 8－2－17。

表 8－2－17　GXS$_1$ 型管型避雷器技术数据

型　号	额定电压/kV	外部间隙数值/mm	内部间隙数值/mm	灭弧管内径/mm	冲击放电电压（1.5/40 μs）/kV				工频放电电压/kV		额定断流能力/kV		外形尺寸（直径×长）/mm	重量/kg	生产厂
					负极性		正极性		干	湿	下限	上限			
					波前	最小	波前	最小							
GXS$_1$ $\frac{6\sim10}{0.5\sim4}$	6 10	10 30	60 60	7 7	84 134	68.5 82	90.5 136	66 113	43.7 50.4	32.2 35	0.5	4	约 70×430	2.2	
GXS$_1$ $\frac{6\sim10}{2\sim12}$	6 10	10 30	60 60	9 9	84 144	76.5 80	92 133	64 103	40.5 48	27 35	2	12	约 70×430	2.2	牡丹江电业局修造厂 西安高压开关厂
GXS$_1$ $\frac{35}{0.5\sim4}$	35 35	120 200	175 175	7 7	360 410	225 304	363 405	186 240	118.8	104.8	0.5	4			
GXS$_1$ $\frac{35}{2\sim10}$	35	120	150	12	349.5	257	364	259.5	100	80	2	10			

GSW$_2$－10 型无续流管型避雷器技术数据见表 8－2－18，其外形尺寸和安装示意图如图 8－2－28 和图 8－2－29 所示。

表 8－2－18　GSW$_2$－10 型无续流管型避雷器技术数据

额定电压/kV	内间隙距离/mm	外间隙距离/mm	冲击放电电压 1.5/40 μs/kV	工频放电电压干、湿有效值/kV	冲击通流能力 20/40 μs/kV	重量/kg	生产厂
10	63±3	17±1	≯65	≮26	≯20	4	无锡太湖开关厂
	63	17	≯60			4.05	重庆电瓷厂

（三）保护间隙

如管型避雷的灭弧能力不能符合要求，可采用保护间隙，并应尽量与自动重合闸装置配合。保护间隙的主间隙不应小于表 8－2－19 所列数值。

表 8－2－19　保护间隙的主间隙最小值

额定电压/kV	3	6	10	20	35	60	110	
							中性点直接接地	中性点非直接接地
间隙数值/mm	8	15	25	100	210	400	700	750

注：保护加强绝缘变压器用的间隙，在符合绝缘要求的条件下，应尽量采用增大的间隙值。

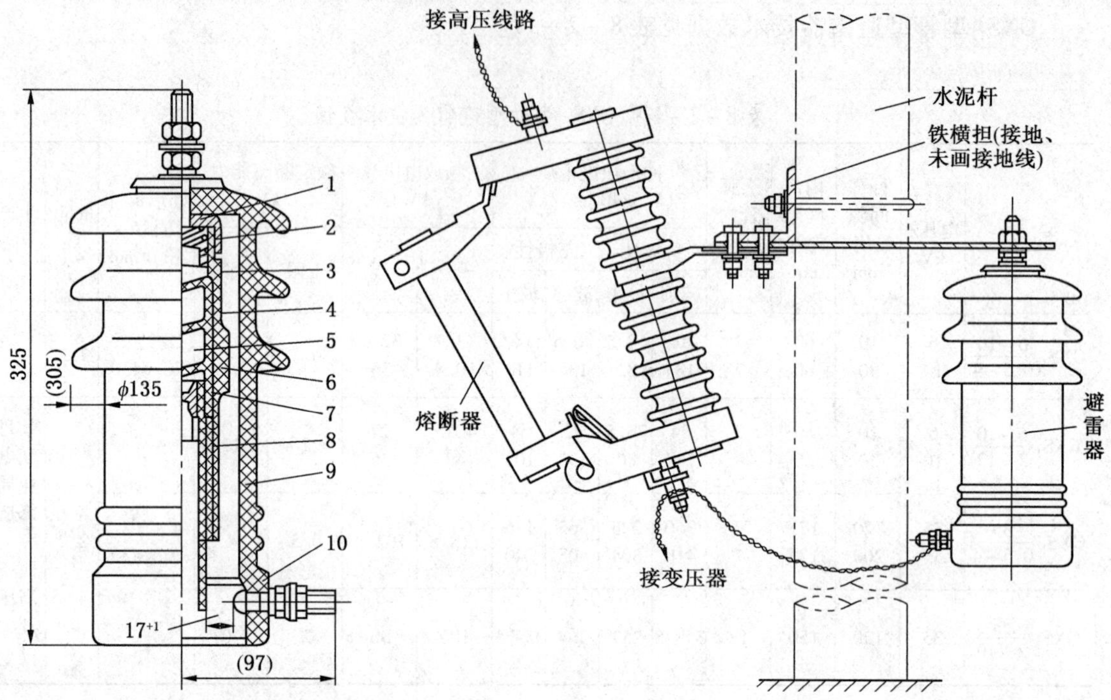

1—压帽;2—弹簧;3—屏蔽套;4—外套;
5—芯棒;6—保护套;7—喷嘴;8—喷口;
9—瓷套;10—外电极

图 8-2-28　GSW_2-10 管型避雷器外形尺寸

图 8-2-29　GSW_2-10 管型避雷器安装示意图

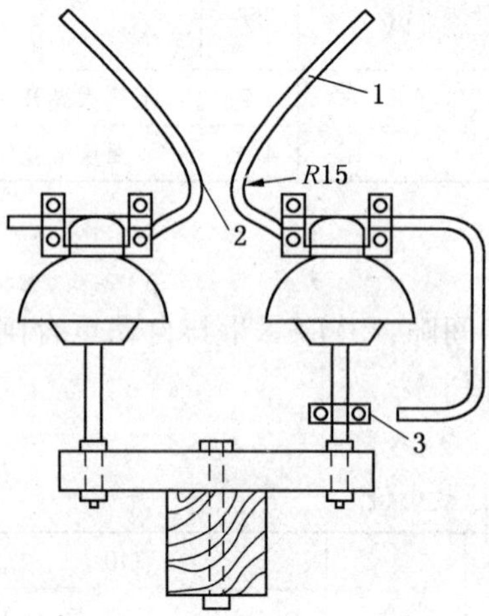

1—ϕ9~12 圆钢;2—主间隙;3—辅助间隙

图 8-2-30　角形双间隙位置

保护间隙的结构应符合下列要求:

(1) 应保证间隙稳定不变。

(2) 应防止间隙动作时电弧跳到其他设备上，与间隙并联的绝缘子受到损坏，电极被烧坏。

(3) 间隙的电极应镀锌。

额定电压为 60~110 kV 的保护间隙，可装设在耐张绝缘子串上。中性点非直接接地的电力网，应使单相间隙动作时有利于灭弧，3~35 kV 级宜采用角形保护间隙。角形保护间隙如图 8-2-30 所示。

3~35 kV 的保护间隙，应在其接地引下线中串联一个辅助间隙，以防止其他外来物件使间隙短路。辅助间隙可采用表 8-2-20 所列数值。

表 8-2-20　辅助间隙的数值

额定电压/kV	3	6~10	20	35
辅助间隙数值/mm	5	10	15	20

第三节　接地与接零

一、接　地

（一）接地的种类

为保证人身和设备的安全，电气设备应接地或接零。电力系统和电气设备的接地或接零，按其不同的作用，分为工作接地、保护接地、重复接地、接零以及防止雷电危害所设的过电压保护接地等。

1. 工作接地

在正常或事故情况下，为保证电气设备的可靠运行，必须在电力系统中某一点进行接地，称为工作接地。此种接地可直接接地或经某种特殊装置接地，如图 8-3-1 所示。

工作接地的作用是保证电气设备可靠地运行；降低人体的接触电压；迅速切断故障设备的电源；降低电气设备或送、配电线路的对地电压，从而也降低了其对地绝缘水平的要求。

2. 保护接地

为防止因绝缘破坏而遭到触电的危险，将电气设备不带电部分的金属外壳或构架同接地体之间作良好的电气连接，称为保护接地，如图 8-3-2 所示。这种接地一般在中性点不接地或非直接接地的电力系统中采用。

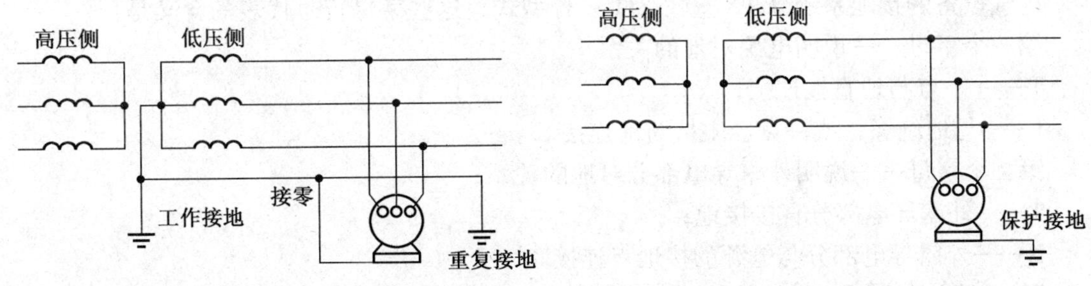

图 8-3-1　工作接地、接零、重复接地示意图　　图 8-3-2　保护接地示意图

保护接地的作用：如设有保护接地装置，当电气设备绝缘破坏，使其金属外壳和构架带电时，人体若触及电气设备的金属外壳和构架，接地短路电流将同时沿着接地装置和人体两条通路流过。流过每一条通路的电流值将与其电阻的大小成反比。通常接地装置的电阻很小，而人体电阻则在 1000 Ω 以上，比接地装置的电阻大几百倍，所以流经人体的电流几乎等于零，从而人体也就避免了触电的危险。设有保护接地装置后，人体触及绝缘损

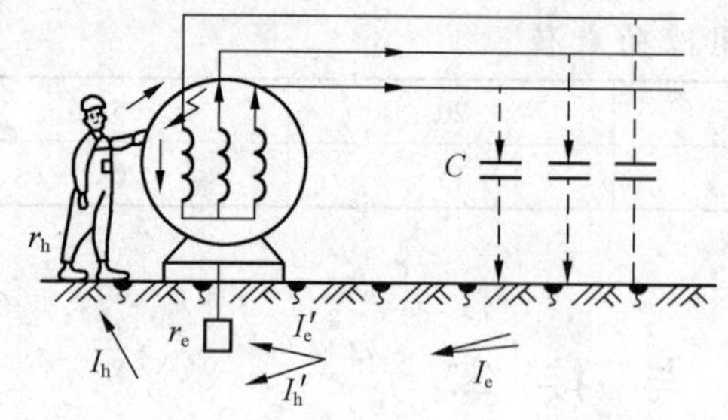

I_e—接地短路电流；I'_e—流经接地装置的短路电流；
I'_h—有接地装置时流经人体的接地短路电流，$I'_h=I_e-I'_e$；
I_h—无接地装置时流经人体的接地短路电流，$I_h=I_e$；
r_h—人体电阻；C—导线对地电容

图8-3-3 设有接地装置后，人体触及绝缘损坏的电机外壳时电流的通路

坏的电机外壳时电流的通路情况如图8-3-3所示。

3. 重复接地

将零线上的一点或多点与大地再次作金属的连接，称为重复接地，如图8-3-1所示。

重复接地的作用：当系统中发生碰壳或接地短路时，可以降低零线的对地电压；当零线断线时，可以使故障的程度减轻。

4. 接零

将电气设备不带电的金属外壳和构架，与中性点直接接地系统中的零线相连接，称为接零，如图8-3-1所示。

接零的作用：当电气设备发生碰壳短路时，即形成单相短路，使保护设备能迅速动作断开故障设备的电源，避免人体触电危险。因此，在中性点直接接地的1 kV以下电力系统中，必须采用接零保护。

5. 过电压保护接地

过电压保护装置或设备的金属结构，为消除过电压危险而作的接地，称为过电压保护接地。

过电压保护接地的作用：对直击雷，避雷装置（包括过电压保护接地装置在内）能促使雷云中的正电荷和地面感应负电荷中和，以防雷击；对静电感应雷，感应产生的正电荷能迅速地被导入地中，以防静电感应过电压；对电磁感应雷，防止感应出非常高的电势，以免产生火花放电而造成燃烧爆炸的危险。

（二）电气设备接地系统的型式

电气设备的接地系统分TN、TT、IT三种型式，这些字母符号代表的含义是：

第一个字母——说明电源对地的关系；

T——一点与地直接连接；

I——与地绝缘，或一点经阻抗与地连接。

第二个字母——说明外露导电部分对地的关系；

T——外露导电部分直接接地；

N——外露导电部分与电源的接地点连接。

TN系统按N线和PE线的使用方式又分为三种型式：

TN—S系统，在全系统内N线和PE线是分开的；

TN—C系统，在全系统内N线和PE线合为一根线；

TN—C—S系统，在全系统内仅在前一部分N线和PE线合为一根线。

各种型式的接地系统如图8-3-4至图8-3-8所示。

（三）保护接地的范围

（1）电气设备的下列金属部分，除另有规定者外，均应接地或接零。

A. 电机、变压器、电器、照明器具、携带式及移动式用电器具等的金属底座和外壳；

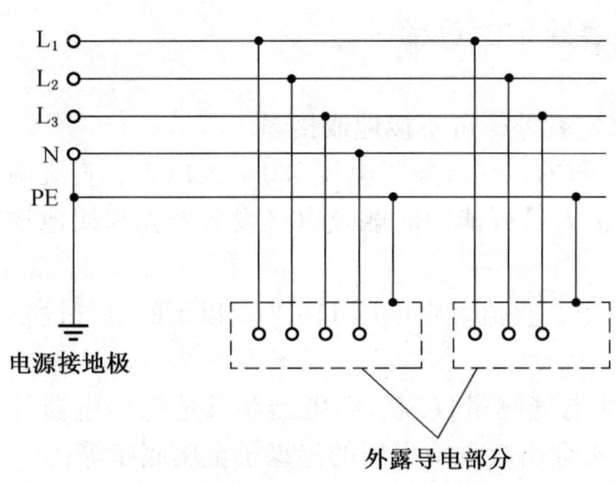

L_1、L_2、L_3—三相电源的三根相线；N—三相电源的工作接地线；PE—用电设备外露导电部分的保护接地线

图 8-3-4　TN—S 全系统内 N 线和 PE 线分开

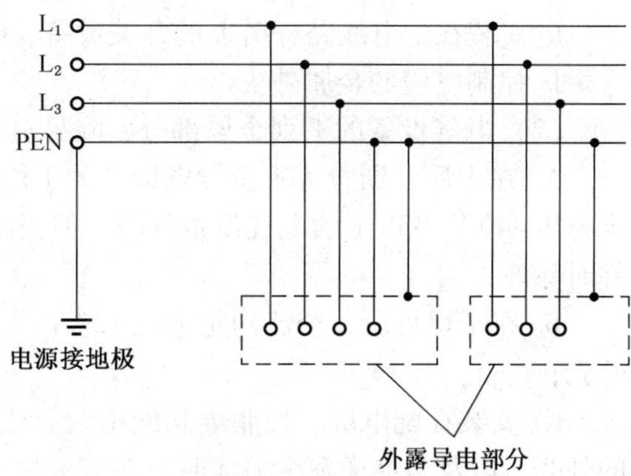

图 8-3-5　TN—C 全系统内 N 线和 PE 线合一

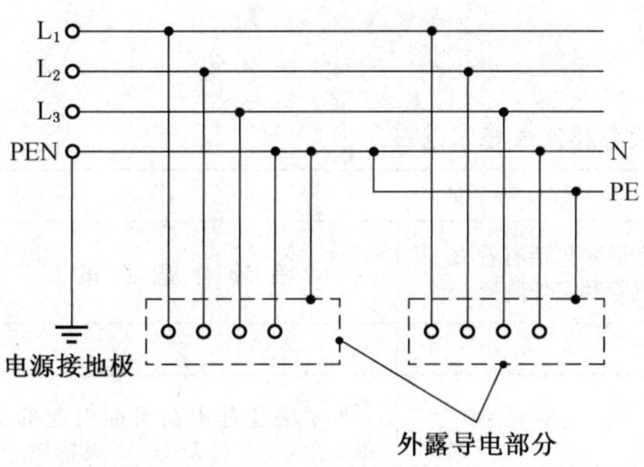

图 8-3-6　TN—C—S 系统中前一部分 N 线和 PE 线合一

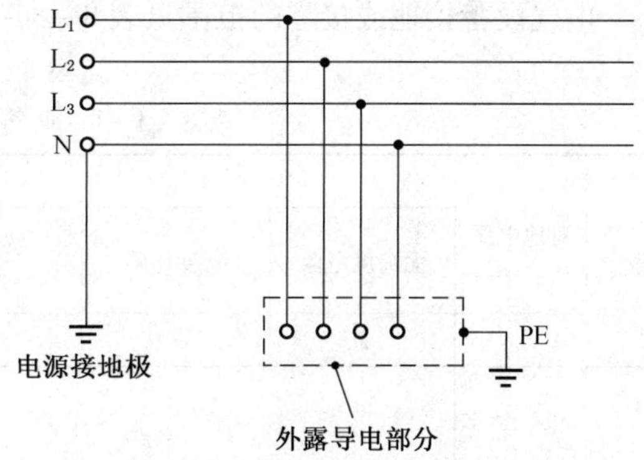

图 8-3-7　TT 系统外露导电部分以单独接地极直接接地

B. 电气设备的传动装置；

C. 互感器的二次绕组；

D. 配电屏与控制屏的框架；

E. 屋内外配电装置的金属构架和钢筋混凝土构架以及靠近带电部分的金属围栏和金属门；

F. 交、直流电力电缆接线盒、终端盒的外壳和电缆金属外皮、穿线的钢管等；

G. 装有避雷线的电力线路杆塔；

H. 在非沥青地面的居民区，无避雷线小接地短路电流架空电力线路的金属杆塔和钢

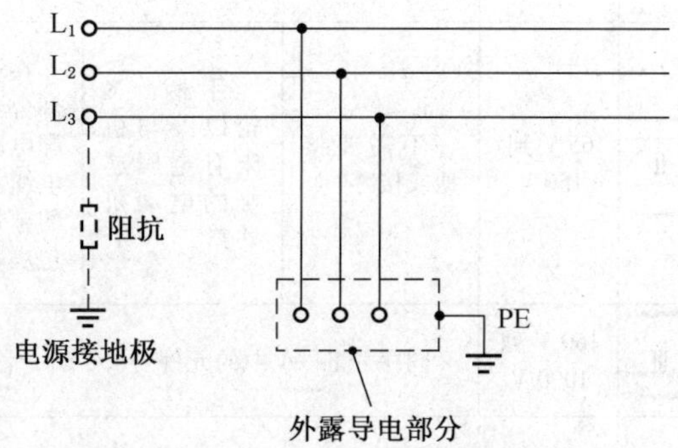

图 8-3-8　IT 系统电源与地绝缘或经阻抗接地

筋混凝土杆塔；

I. 安装在配电线路杆塔上的开关设备、电容器等电气设备；

J. 控制电缆的金属外皮。

（2）电气设备的下列金属部分，除另有规定者外，可不接地或接零。

A. 在木质、沥青等不良导电地面的干燥房间内，交流额定电压380 V及以下、直流额定电压440 V及以下的电气设备外壳，但当维护人员可能同时触及电气设备外壳和接地物件时除外；

B. 在干燥场所，交流额定电压127 V及以下，直流额定电压110 V及以下的电气设备外壳；

C. 安装在配电屏、控制屏和配电装置上的电气测量仪表、继电器和其他低压电器等的外壳，以及当绝缘发生损坏时，在支持物上不会引起危险电压的绝缘子金属底座等；

D. 安装在已接地的金属构架上的设备，如套管等（应保证电气接触良好）；

E. 额定电压220 V及以下的蓄电池室内的支架；

F. 与已接地的机床机座之间有可靠电气接触的电动机和电器的外壳，但爆炸危险场所除外。

电气设备接地或接零的范围见表8－3－1。

表8－3－1 电气设备接地或接零范围

序号	对地电压	房屋特征			
		无高度危险	高度危险	特别危险包括有着火危险及室外装置	有爆炸危险的
	1	2	3	4	5
Ⅰ	65 V以下	不需要接地或接零 （在固定式36 V或12 V低压装置中，常将线路的一相接地作为变压器绝缘击穿和一次电压窜入二次绕组的保护装置）			为了防止静电荷可能引起的火花，在Q—1级及Q—2级房屋中，应将保存易燃体的金属容器（已用沥青及涂松香的黄麻绝缘除外）或含有这些液体器械，运送这些液体的管子，过滤这些液体的过滤器，以及液体流过时与金属包皮摩擦的部分，予以接地
Ⅱ	65 V到150 V	不需要接地或接零	手柄、飞轮以及与机床有金属连接的电动机外壳	在正常情况下，与带电部分绝缘的器械，电机及配电屏的金属外壳及架构，电缆接头盒，中间接线盒的金属外壳，电缆的金属包皮及金属保护管等	同序号Ⅰ—5及Ⅱ—4中的元件
Ⅲ	150 V到1000 V	同序号Ⅱ—4中的元件			同序号Ⅰ—5及Ⅱ—4中的元件
Ⅳ	1000 V以上	在正常情况下，与带电部分绝缘的金属部分，电气设备的支架和围栅结构的所有金属部分，以及房架、平台和可能带电，而人能接触的结构部分			同序号Ⅰ—5、Ⅱ—3及Ⅲ—4中的元件

（四）接地电阻值的要求

电气设备和电力线路的接地电阻值的要求见表8－3－2。

表8－3－2 电气设备和电力线路接地电阻要求值

序号	要求接地名称	接地装置特点	接地电阻/Ω
1	大接地短路电流系统的电力设备	接 $R\leqslant\frac{2000}{I_e}$ 计算时，R 不计入引进线接地的作用，按 $R\leqslant0.5$ 计算时，可计算上述作用	$R\leqslant\frac{2000}{I_e}$④ 当 $I_e>40$ A，可取 $R\leqslant0.5$①
2	小接地短路电流系统的电力设备	仅用于高压电力设备的接地装置	$R\leqslant\frac{250}{I_e}\leqslant10$④
3		高压与低电力设备共用的接地装置	$R\leqslant\frac{120}{I_e}\leqslant10$④
4	中性点直接接地的低压电网	与容量在100 kVA②以上的发电机或变压器相连的接地装置	$R\leqslant4$
5		序号4的重复接地装置	$R\leqslant10$
6		与容量在100 kVA②及以下的发电机或变压器相连的接地装置	$R\leqslant10$
7		序号6的重复接地装置	$R\leqslant30$③
8	高低压电力设备	高低压电力设备联合接地	$R\leqslant4$
9		电流、电压互感器二次线圈	$R\leqslant10$
10		高压线路的保护网或保护线	$R\leqslant10$
11		电弧炉	$R\leqslant4$
12		工业电子设备	$R\leqslant10$
13	高土壤电阻率地区	低压小接地短路电流系统电力设备	$R\leqslant30$
14		发电厂和变电所接地装置	$R\leqslant15$⑤
15		大接地短路电流系统发电厂和变电所接地装置	$R\leqslant5$
16	无避雷线的架空线	小接地短路电流系统钢筋混凝土杆、金属杆	$R\leqslant30$
17		中性点非直接接地低压电力网中的钢筋混凝土杆、金属杆	$R\leqslant50$
18		零线重复接地	$R\leqslant10$
19		低压进户线绝缘子铁脚	$R\leqslant30$

注：① 如采用自然接地体，即使达到接地电阻要求，还必须采用接地电阻不大于1 Ω的人工辅助接地体。

② 指单台或并联运行的总容量而言。

③ 重复接地不应少于3处。

④ 表中 I_e 为接地装置流入地中电流，计算方法如下：

在计算小接地电流系统的接地电阻时，其接地短路电流 I_e 用以下方法确定：

A. 在中性点经消弧线圈接地的电网中，计算电流应采用以下数值：

a. 有消弧线圈时，计算电流等于消弧线圈额定电流125%；

b. 无消弧线圈时，计算电流按当切断系统中最大一台消弧线圈时，在此电网中，用可能发生的剩余接地短路电流来计算，但不得小于30 A。

B. 在中性点不接地的电网中，计算电流采用单相接地电容电流，可按下列近似式计算：

$$I_e=\frac{U(35L_c+L_{oh})}{350} \tag{8-3-1}$$

式中 U——网路线电压，kV；

L_c——电缆线路长度，km；

L_{oh}——架空线路长度，km。

单相接地电容电流 I_e 也可由图8－3－9中近似查出电缆和架空线电容电流后相加。

C. 计算接地短路电流，应按运行中可能发生最大接地短路电流的接线方式确定。

⑤ 要满足第三节中六、（二）的要求。

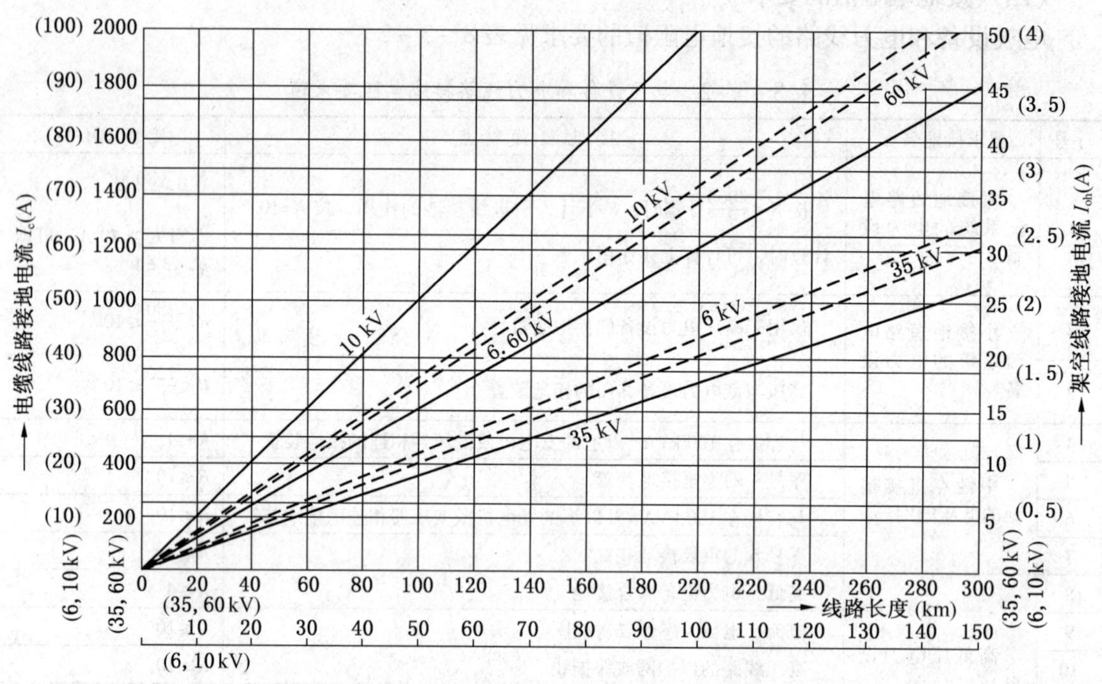

----架空线路；——电缆线路

曲线用法：已知 35 kV 电缆线路为 20 km，架空线路为 80 km，其单相接地电容电流是多少？

查出线电缆电流为 70 A，架空线路为 8 A，两项相加接地电流为 78 A

图 8－3－9　6、10、35、60 kV 电力线路接地电流曲线

建筑物的过电压保护接地电阻值见表 8－3－3。

表 8－3－3　建筑物过电压保护接地电阻值

建筑物类别	防直击雷的冲击接地电阻/Ω	防感应雷的接地电阻/Ω
第一类	10	10
第二类	10	10
第三类	30	—

注：相邻接地装置（接地网）间可用接地线互相连接，连接后的接地装置，其总的接地电阻值不得大于 4 Ω。

低压架空线路接户线的绝缘子铁脚宜接地，接地电阻不宜超过 30 Ω。土壤电阻率在 200 Ω · m 及以下的铁横担钢筋混凝土杆线路，由于连续多杆自然接地作用，可不另设接地装置。屋内有电力设备接地装置的建筑物，在入口处宜将绝缘子铁脚与该接地装置相连，可不另设接地装置。人口密集的公共场所的接户线，以及由木杆或木横担引下的接户线，其绝缘子应接地，并应装设专用的接地装置，但钢筋混凝土的自然接地电阻不超过 30 Ω 的除外。

年平均雷暴日数不超过 30 的地区、低压线被建筑物等屏蔽的地区以及接户线距低压线路接地点不超过 50 m 的地方，接户线绝缘子铁脚都可不接地。

（五）接地电阻计算

1. 土壤和水的电阻率

计算接地体的接地电阻时，应先实测土壤的电阻率。如无实测资料时，可参考表 8－3－4 所列的数值进行计算。

表 8－3－4　土壤和水的电阻率参考数值

类别	名　称	电阻率近似值/（Ω·m）	不同情况下电阻率的变化范围/（Ω·m）		
			较湿时（一般地区、多雨区）	较干时（少雨区、沙漠区）	地下水含盐碱时
土	陶黏土	10	5～20	10～100	3～10
	泥炭、泥灰岩、沼泽地	20	10～30	50～300	3～30
	捣碎的木炭	40	—	—	—
	黑土、园田土、陶土、白垩土 黏土	50 60	30～100	50～300	10～30
	砂质黏土	100	30～300	80～1000	10～30
	黄土	200	100～200	250	30
	含砂黏土、砂土	300	100～1000	1000 以上	30～100
	河滩中的砂	—	300	—	—
	煤	—	350	—	—
	多石土壤	400	—	—	—
	上层红色风化黏土，下层红色页岩	500（30% 湿度）	—	—	—
	表层土夹石，下层砾石	600（15% 湿度）	—	—	—
砂	砂、砂砾	1000	250～1000	1000～2500	—
	砂层深度大于 10 m，地下水较深的草原 地面黏土深度不大于 1.5 m，底层多岩石	1000	—	—	—
岩石	砾石、碎石	5000	—	—	—
	多岩山地	5000	—	—	—
	花岗岩	200000	—	—	—
混凝土	在水中	40～55	—	—	—
	在湿土中	100～200	—	—	—
	在干土中	500～1300	—	—	—
	在干燥的大气中	12000～18000	—	—	—
矿	金属矿石	0.01～1	—	—	—
水	海水	1～5	—	—	—
	湖水、池水	30	—	—	—
	泥水、泥炭中的水	15～20	—	—	—
	泉水	40～50	—	—	—
	地下水	20～70	—	—	—
	溪水	50～100	—	—	—
	河水	30～280	—	—	—
	污秽的水	300	—	—	—
	蒸馏水	1000000	—	—	—

土壤电阻率在一年中是随季节变化的，其计算值为

$$\rho = \psi\rho_0 \tag{8-3-2}$$

式中 ρ——土壤电阻率随季节变化的计算值，Ω·m；

ρ_0——实测土壤电阻率，Ω·m；

ψ——季节系数，见表8-3-5。

表8-3-5 各种土壤的季节系数

土壤性质	深度/m	ψ_1	ψ_2	ψ_3
黏土	0.5~0.8	3	2	1.5
黏土	0.8~3	2	1.5	1.4
陶土	0~2	2.4	1.36	1.2
砂砾盖于陶土	0~2	1.8	1.2	1.1
园地	0~3	—	1.32	1.2
黄沙	0~2	2.4	1.56	1.2
杂以黄沙的砂砾	0~2	1.5	1.3	1.2
泥炭	0~2	1.4	1.1	1.0
石灰石	0~2	2.5	1.51	1.2

注：ψ_1—测量前数天下过较长时间的雨时用之。

ψ_2—测量时土壤具有中等含水量用之。

ψ_3—测量时土壤干燥或测量前降雨不大时用之。

2. 自然接地体

凡是埋于地下的金属管道（易燃液体、易燃气体和易爆炸的气体管道除外），建、构筑的金属结构及电缆金属外皮等，都可以作为自然接地体。通常自然接地体的接地电阻可按下列公式计算。

1）架空避雷线

$n<20$ 时：

$$R_g = \sqrt{Rr}\,\mathrm{cth}\left(\sqrt{\frac{r}{R}} \cdot n\right) \tag{8-3-3}$$

$n \geqslant 20$ 时：

$$R_g = \sqrt{Rr} \tag{8-3-4}$$

式中 R_g——自然接地体的接地电阻，Ω；

R——带避雷线的每基杆塔工频接地电阻，Ω；

n——带避雷线的杆塔数；

r——一挡避雷线的电阻，Ω；

$$r = \rho_g \frac{l}{s} \tag{8-3-5}$$

ρ_g——避雷线的电阻率，钢线 $\rho_g = 150 \times 10^{-3}$ Ω·mm²/m；

l——挡距，m；

s——避雷线截面，mm²。

2）电缆外皮

电缆金属外皮的接地电阻 R_{es} 按下式计算：

$$R_{es}=\sqrt{r_e r_s}\operatorname{cth}\left(\sqrt{\frac{r_s}{r_e}}\cdot L\right)K_s \qquad (8-3-6)$$

式中 r_e——沿电缆直线方向每厘米土壤的电阻（Ω·m），该值一般采用 1.69ρ，ρ 为土壤电阻率，Ω·m；

r_s——沿电缆直线方向每厘米电缆外皮的电阻，Ω/m；

L——电缆长度，m；

K_s——考虑到电缆外皮麻层对接地电阻的影响系数，一般为 1.2～1.8。

如为若干根同样截面的电缆，其总接地电阻为

$$R'=\frac{R}{\sqrt{n}} \qquad (8-3-7)$$

式中 R'——总接地电阻，Ω；

R——单根电缆外皮的接地电阻，Ω；

n——敷设在一处的电缆根数。

当利用 n 条电缆沟内的电缆金属外皮作为自然接地极时，则总接地电阻为各支路接地电阻的并联值，即

$$\frac{1}{R_\Sigma}=\frac{1}{R_1}+\frac{1}{R_2}+\cdots+\frac{1}{R_n} \qquad (8-3-8)$$

为了计算简便，一般采用表 8-3-6 所列的接地电阻乘以表 8-3-7 的修正系数。

表 8-3-6　电缆金属外皮的接地电阻

电压/kV	电缆长度/m	电缆金属外皮的流散电阻 r_s/Ω				
		电缆芯线截面积/mm²				
		240，185，150	120，95	70，50	35，25	16
1	<300	1.15	1.5	1.75	1.9	2.4
	300～700	1.0	1.15	1.4	1.6	1.9
	>700	0.75	0.95	1.1	1.3	1.6
6	<300	0.9	1.2	1.4	1.5	1.9
	300～700	0.8	0.9	1.1	1.2	1.5
	>700	0.6	0.75	0.85	1.0	1.2
10	<300	0.75	1.0	1.2	1.3	1.6
	300～700	0.70	0.75	0.85	1.0	1.3
	>700	0.5	0.65	0.75	0.85	1.0
35	<300	0.194	0.26	0.312	0.338	0.416
	300～700	0.181	0.194	0.221	0.26	0.338
	>700	0.13	0.169	0.194	0.221	0.26

铝包电缆的外皮容易腐蚀，一般不利用其作为接地体。

表 8-3-7 管道和电缆接地电阻修正系数

土壤电阻率/(Ω · cm)	3×10^3	5×10^3	6×10^3	8×10^3	1×10^4	1.2×10^4	1.4×10^4	2×10^4	2.5×10^4	3.0×10^4	4×10^4	5×10^4
修正系数 K	0.54	0.7	0.75	0.89	1	1.12	1.25	1.47	1.65	1.8	2.1	2.35

3）埋地管道

长度为 2 km 及以上管道的接地电阻同样按式（8-3-6）计算。当管道长度在 2 km 以下时，按下式计算：

$$R_p = 0.366\frac{\rho}{l}\lg\frac{l^2}{2rh} \tag{8-3-9}$$

式中 R_p——长度在 2 m 以下时埋地管道的接地电阻，Ω；

ρ——土壤电阻率，Ω · cm；

l——管道长度，cm；

r——管道半径，cm；

h——埋设深度，cm。

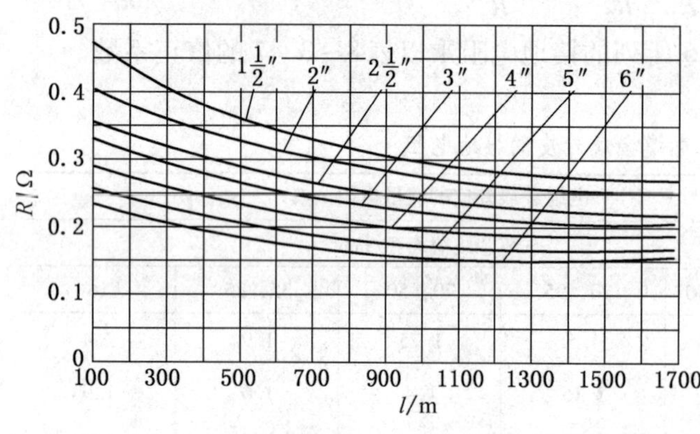

（埋深 0.2 m，$\rho = 1\times10^4$ Ω · cm）

图 8-3-10 埋地金属管道接地电阻曲线

因管道的接地电阻计算很复杂，而且也不易准确，为了简化计算，可查图 8-3-10 曲线。当土壤电阻率为其他数值时，应乘以表 8-3-7 中的修正系数。

4）建、构筑物地下金属结构

若利用建、构筑物基础中的钢筋作为接地体，其电阻值最好经过实测，也可利用下式估算：

$$R_b = \frac{c(\rho_2-\rho_1)}{2bl} + \frac{0.366\rho_1}{l}\lg\frac{2l^2}{bh} \tag{8-3-10}$$

式中 R_b——钢筋混凝土基础的接地电阻，Ω；

c——基础底层钢筋网到基础顶层表面的高度，cm；

b——基础底层钢筋网宽度，cm；

h——基础底层钢筋网距地面深度，cm；

l——基础底层钢筋网的长度，cm；

ρ_1——土壤的电阻率，Ω · cm；

ρ_2——混凝土的电阻率，Ω · cm。ρ_2 值见表 8-3-8。

在电阻率为 $1\times10^4 \sim 2\times10^4$ Ω · cm 的土壤中，利用钢筋混凝土基础作为接地体，可不必经过计算即可采用，并能达到一般接地电阻值的要求。

表8-3-8　钢筋混凝土电阻率 ρ_2

土壤潮湿情况	电阻率范围/(Ω·cm)	备　注
非常潮湿	$0.75 \sim 1.0 \times 10^4$	
中等潮湿	$1.0 \sim 2.0 \times 10^4$	
较干燥	$2.0 \sim 4.0 \times 10^4$	
特别干燥	$\rho_2 = \rho_1$	钢筋混凝土与所在土壤电阻率相同

为了引出接地或接零线，在基础的主筋上焊接出一根直径为8～10 mm的圆钢。如土壤电阻率为 $3 \times 10^4 \sim 5 \times 10^4$ Ω·cm时，则应在每个基础的主筋上焊出一根直径为8～10 mm的圆钢，然后将这些圆钢连接起来，也能达到规定电阻的要求。如土壤电阻率大于 5×10^4 Ω·cm时，需增设人工接地体。

如利用钢筋混凝土基础的钢筋作为防雷保护接地体时，还要校验流经钢筋与混凝土接触面的电流密度。

在干燥土壤中的电流密度极大值 $J_{max} = 0.04\ A/cm^2$；

在潮湿土壤中的电流密度极大值 $J_{max} = 8\ A/cm^2$。

3. 人工接地体工频接地电阻计算

人工接地体，水平敷设的可用圆钢、扁钢，垂直敷设的可用角钢、圆钢、钢管等，接地装置的导体截面应符合热稳定与均压的要求。

当利用了自然接地体后，其接地电阻值仍不能满足规定的数值时，应设置人工接地体。人工接地体的接地电阻按下式计算：

$$R_a = \frac{RR_d}{R - R_d} \qquad (8-3-11)$$

式中　R_a——人工接地体的接地电阻，Ω；

R_d——接地电阻要求值，Ω；

R——自然接地体电阻，Ω。

对于大接地短路电流系统，不论自然接地体的情况如何，仍应装设人工接地体，其接地电阻不大于1 Ω（当自然接地体的接地电阻不大于0.5 Ω时）。

（1）垂直接地体的接地电阻可按下式计算：

$$R_V = \frac{\rho}{2\pi l}\ln\frac{4l}{d} \quad (l \gg d \text{ 时}) \qquad (8-3-12)$$

式中　R_V——垂直接地体的接地电阻，Ω；

l——垂直接地体的长度，m；

ρ——土壤电阻率，Ω·m；

d——垂直接地体用圆钢时，圆钢的直径，m。

l 和 d 可详见图8-3-11。

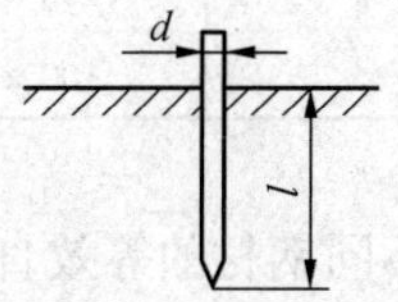

图8-3-11　单根圆钢垂直接地体

接地体和接地线的最小规格应满足表8-3-9的要求。

表 8-3-9 接地体和接地线的最小规格

种类	规格及单位	地上		地下
		屋内	屋外	
圆钢	直径/mm	5	6	8
扁钢	截面/mm^2	24	48	48
	厚度/mm	3	4	4
角钢	厚度/mm	2	2.5	4
钢管	管壁厚度/mm	2.5	2.5	3.5

注：电力线路杆塔的接地体引出线，其截面不应小于 50 mm^2，并应热镀锌。

一般情况下，发电厂、变电所接地网中的垂直接地体，对工频电流散流作用不大，只有当接地体的等效半径与垂直接地体的长度之比不大于数倍时，垂直接地体才能起到应有的散流作用。在非高土壤电阻率地区，防雷接地装置可采用垂直接地体。

当接地体顶端距地面 50 ~ 70 cm，接地体采用 50 mm 直径、长度为 2.5 m 钢管时，各种单根垂直接地体的接地电阻，可按下式利用系数法计算：

$$R_V = K\rho \tag{8-3-13}$$

式中 R_V——各种单根垂直接地体的接地电阻，Ω；

ρ——土壤电阻率，Ω · cm；

K——各种接地体的简化系数，见表 8-3-10。

表 8-3-10 各种接地体的 K 值

接地体形状	规格/mm	计算直径/mm	长度/cm	K 值
管子	$\phi 38$	48	250	34×10^{-4}
	$\phi 38$	48	200	40.7×10^{-4}
	$\phi 50$	60	250	32.6×10^{-4}
	$\phi 50$	60	200	39×10^{-4}
角钢	40×40×4	33.6	250	36.3×10^{-4}
	40×40×4	33.6	200	43.6×10^{-4}
	50×50×5	42	250	34.85×10^{-4}
	50×50×4	42	200	41.8×10^{-4}
槽钢	80×43×5	68	250	31.8×10^{-4}
	80×43×5	68	200	38×10^{-4}
	100×48×5.3	82	250	30.6×10^{-4}
	100×48×5.3	82	200	36.5×10^{-4}

不同钢材的等效直径可按下式换算：

钢管：$d = d'$；

扁钢：$d = \dfrac{b}{2}$；

等边角钢：$d=0.84b$；

不等边角钢：$d=0.71\sqrt[4]{b_1b_2\ (b_1^2+b_2^2)}$。

不同钢材截面尺寸符号如图 8－3－12 所示。

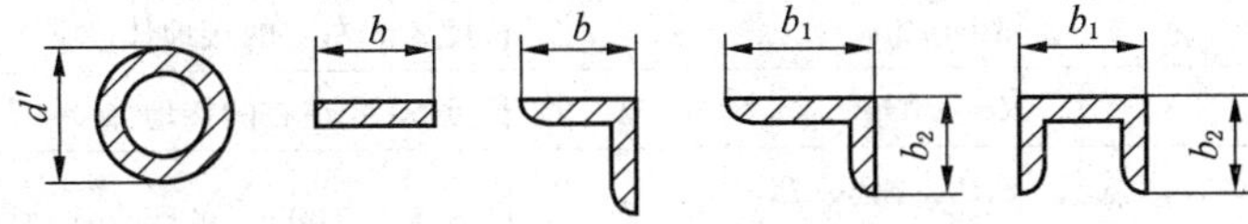

图 8－3－12　不同钢材截面尺寸符号

常用扁钢的接地电阻可由图 8－3－13 查得。

（2）不同形状水平接地体的接地电阻可按下式计算：

$$R_h=\frac{\rho}{2\pi l}\left(\ln\frac{l^2}{hd}+A\right) \qquad (8-3-14)$$

式中　R_h——水平接地体的接地电阻，Ω；

l——水平接地体的总长度，m；

h——水平接地体的埋深，m；

d——水平接地体的直径或等效直径，m；

A——水平接地体的形状系数。见表 8－3－11。

（3）以水平接地体为主，且边缘闭合的复合接地体，其接地电阻 R_c 按下式计算：

$$R_c=\frac{\sqrt{\pi}}{4}\frac{\rho}{\sqrt{s}}+\frac{\rho}{2\pi l}\ln\frac{2l^2}{\pi hd10^4} \qquad (8-3-15)$$

式中　s——接地体的总面积，m^2；

l——接地体的总长度（包括垂直接地体在内），m；

d——水平接地体的直径或等效直径，m；

h——水平接地体的埋深，m。

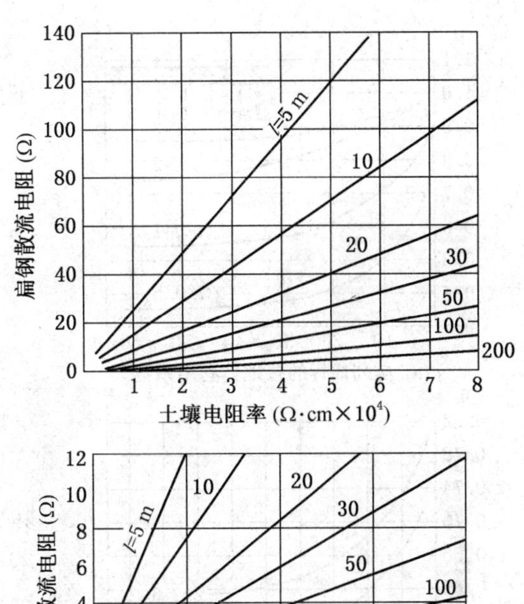

图 8－3－13　埋深为 0.7 m 的 40×4 mm 扁钢接地体的接地电阻

表 8－3－11　水平接地体的形状系数

形　状	—	∟	人	＋	✳ (6)	✳ (8)	□	○
A	0	0.378	0.867	2.140	5.270	8.810	1.690	0.48

（4）人工接地体工频接地电阻可按表 8 – 3 – 12 中所列简易公式计算。

表 8 – 3 – 12 人工接地体工频接地电阻（Ω）简易计算公式

接地体型式	简易计算式	备注
垂直式	$R \approx 0.3\rho$	长度 3 m 左右的接地体
单根水平式	$R \approx 0.03\rho$	长度 60 m 左右的接地体
复合式（接地网）	$R \approx 0.5\dfrac{\rho}{\sqrt{S}} = 0.28\dfrac{\rho}{r}$ 或 $R \approx \dfrac{\sqrt{\pi}}{4}\dfrac{\rho}{\sqrt{S}} + \dfrac{\rho}{l} = \dfrac{\rho}{4r} + \dfrac{\rho}{l}$	1. S 大于 100 m^2 的闭合接地网 2. r 为与接地网面积 S 等值的圆的半径，即等效半径，m

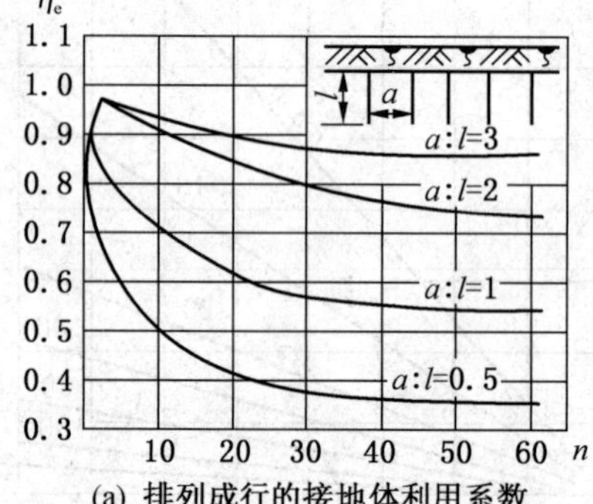

(a) 排列成行的接地体利用系数

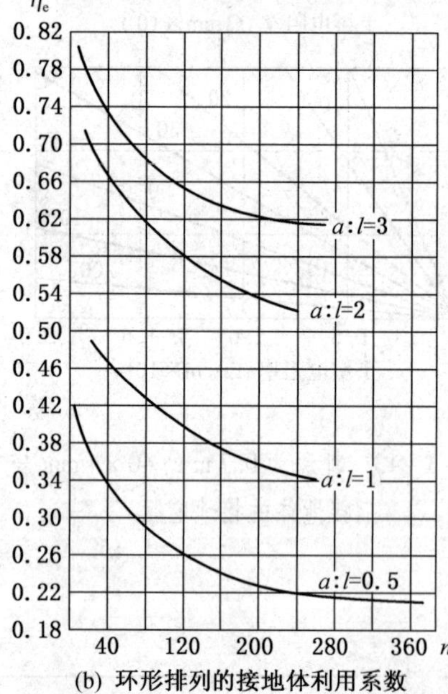

(b) 环形排列的接地体利用系数

a—排列成行的接地体利用系数；
b—环形排列的接地体利用系数

图 8 – 3 – 14 n 根钢管（或钢棒）的总接地体利用系数

（5）n 根垂直接地体的总接地电阻 R_Σ 可按下式计算：

$$R_\Sigma = \frac{R_V}{n\eta_e} \qquad (8-3-16)$$

式中 R_V——单根垂直钢管（或钢棒）的接地电阻，可由式（8 – 3 – 12）求得，Ω；

η_e——接地体利用系数，考虑到多根接地体间的屏蔽作用，其值可由图 8 – 3 – 14 查得。

（6）由接地棒和水平接地体组成的复合接地装置，对以接地棒为主的接地装置，在计算中可不单独计算水平接地体的接地电阻。考虑到水平接地扁钢的作用，垂直接地棒的数量可减少 10% 左右。在已知接地电阻要求值的情况下，所需接地棒的根数，可由下式求得：

$$n = \frac{0.9R_V}{R_d\eta_e} \qquad (8-3-17)$$

式中 R_d——接地电阻的要求值，Ω。

（7）各种型式杆塔接地装置的工频接地电阻可用表 8 – 3 – 13 所列的简易公式计算。

4. 防雷接地冲击电阻计算

防雷接地的电阻计算与一般接地电阻的计算方法基本相同，先按前面方法求出工频接地电阻，再按以下方法求出泄放电流的冲击接地电阻。

（1）单独接地体的冲击接地电阻按下式计算：

$$R_s = \alpha R_f \tag{8-3-18}$$

式中　R_s——单独接地体的冲击接地电阻，Ω；

R_f——单独接地体的工频接地电阻，Ω，按式（8－3－12）至式（8－3－15）计算；

α——单独接地体的冲击系数，见表8－3－14～表8－3－17。

表8－3－13　各种型式杆塔接地装置工频接地电阻（Ω）简易计算公式

接地装置型式	杆塔型式	接地电阻简易计算式
n根水平射线（$n \leqslant 12$；每根长约60 m）	各型杆塔	$R \approx \frac{0.062\rho}{n+1.2}$
沿装配式基础周围敷设的深埋式接地体	铁塔 门型杆塔 V型拉线的门型杆塔	$R \approx 0.07\rho$ $R \approx 0.04\rho$ $R \approx 0.045\rho$
装配式基础的自然接地体	铁塔 门型杆塔 V型拉线的门型杆塔	$R \approx 0.1\rho$ $R \approx 0.06\rho$ $R \approx 0.09\rho$
钢筋混凝土杆的自然接地体	单杆 双杆 拉线单、双杆 一个拉线盘	$R \approx 0.3\rho$ $R \approx 0.2\rho$ $R \approx 0.1\rho$ $R \approx 0.28\rho$
深埋式接地与装配式基础自然接地的综合	铁塔 门型杆塔 V型拉线的门型杆塔	$R \approx 0.05\rho$ $R \approx 0.03\rho$ $R \approx 0.04\rho$

注：表中ρ为土壤电阻率。

表8－3－14　长2～3 m、直径6 cm以下的垂直接地体，冲击电流波头3～6 μs时的冲击系数α

土壤电阻率/（Ω·m）	冲击电流/kA			
	5	10	20	40
100	0.85～0.9	0.75～0.85	0.6～0.75	0.5～0.6
500	0.6～0.7	0.5～0.6	0.35～0.45	0.25～0.3
1000	0.45～0.55	0.35～0.45	0.25～0.3	—

注：表中较大值用于3 m长的接地体，较小值用于2 m长的接地体。

表8-3-15 宽2~4 cm扁钢或直径1~2 cm圆钢水平接地体，由一端引入雷电流，冲击电流波头3~6 μs时的冲击系数α

土壤电阻率/(Ω·m)	长度/m	冲击电流/kA				土壤电阻率/(Ω·m)	长度/m	冲击电流/kA			
		5	10	20	40			5	10	20	40
100	5	0.80	0.75	0.65	0.50	1000	10	0.60	0.55	0.45	0.35
							20	0.80	0.75	0.60	0.50
	10	1.05	1.00	0.90	0.80		40	1.00	0.95	0.85	0.75
	20	1.20	1.15	1.05	0.95		60	1.20	1.15	1.10	0.95
500	5	0.60	0.55	0.45	0.30	2000	20	0.65	0.60	0.50	0.40
	10	0.80	0.75	0.60	0.45		40	0.80	0.75	0.65	0.55
	20	0.95	0.90	0.75	0.60		60	0.95	0.90	0.80	0.75
							80	1.10	1.05	0.95	0.90
	30	1.05	1.00	0.90	0.80		100	1.25	1.20	1.10	1.05

表8-3-16 宽2~4 cm扁钢或直径1~2 cm圆钢水平环形接地体，由环中心引入雷电流，引入式与环有3~4个连线，冲击电流波头3~6 μs时的冲击系数α

土壤电阻率/(Ω·m)	100			500			1000		
冲击电流/kA	20	40	80	20	40	80	20	40	80
环直径4 m	0.60	0.45	0.35	0.50	0.40	0.25	0.35	0.25	0.20
环直径8 m	0.75	0.65	0.55	0.55	0.45	0.30	0.40	0.30	0.25
环直径12 m	0.80	0.70	0.60	0.60	0.50	0.35	0.45	0.40	0.30

注：在计算环形接地装置的冲击接地电阻 R_s 时，其工频接地电阻 R_f 可按稳态公式计算，计算时不考虑连线的对地电导。

表8-3-17 ρ≤300 Ω·m地区，钢筋混凝土电杆，装配式钢筋混凝土基础，冲击电流波头3~6 μs时的冲击系数α

自然接地的型式	冲击电流/kA		
	5	10	20
钢筋混凝土杆，钢筋混凝土桩	0.7	0.5	0.3
装配式钢筋混凝土基础的一个塔脚	0.9	0.6	0.3
拉线盘（带拉线棒）	0.9	0.6	0.3

接地体的冲击系数与单独接地体的形状、尺寸、冲击电流数值以及土壤电阻率有关。各种型式人工接地体和线路自然接地体的冲击系数也可按下式计算：

$$\alpha = \frac{1}{\dfrac{0.9 + a(I_s\rho)^m}{lp}} \tag{8-3-19}$$

式中　α——冲击系数，一般在 0. 2 ~1. 25 范围内；

I_s——通过接地体的雷电冲击电流值，kA；

ρ——土壤电阻率，kΩ · m；

l——垂直接地体的长度、水平带形接地体的长度、水平环形接地体的直径，m；

a、m、p——与接地体形状有关的系数，对垂直接地体 $a=0.9$，$m=0.8$，$p=1.2$；对水平带形和环形接地体 $a=2.2$，$m=0.8$，$p=1.2$。

在 $\rho \leqslant 300\ \Omega \cdot m$ 的地区，对钢筋混凝土电杆、钢筋混凝土桩、装配式钢筋混凝土基础、拉线盘（带拉线棒），上式可简化为

$$\alpha = \frac{1}{0.9 + a' I_s^{1.5}} \tag{8-3-20}$$

式中　a'——系数，钢筋混凝土电杆和基础桩为 0. 035；装配式基础和拉线盘为 0. 025。

（2）由 n 根等长水平放射形接地体组成的接地装置冲击接地电阻可按下式计算：

$$R_s = \frac{R'_s}{n} \cdot \frac{1}{\eta_s} \tag{8-3-21}$$

式中　R_s——冲击接地电阻，Ω；

R'_s——每根水平放射形接地体的冲击接地电阻，可由式（8 -3 -18）确定；

η_s——考虑各接地体间相互影响的冲击利用系数，其值见表 8 -3 -18。

表 8 -3 -18　接地体的冲击利用系数 η_s

接地体型式	接地体的根数	冲击利用系数	备　注
n 根水平射线（每根长 10 ~80 m）	2	0. 83 ~1. 0	较小值用于较短的射线
	3	0. 75 ~0. 90	
	4 ~6	0. 65 ~0. 80	
与水平接地体连接的垂直接地体	2	0. 80 ~0. 85	$\frac{D\text{（垂直接地体间距）}}{l\text{（垂直接地体长度）}}=2\sim3$，较小值用于 $D/l=2$ 时
	3	0. 70 ~0. 80	
	4	0. 70　0. 75	
	6	0. 65 ~0. 70	
沿装配式基础周围敷设的深埋式接地体	一个基础的各接地体之间	0. 7	
	铁塔的各基础间	0. 4	
	门型、拉线门型杆塔的各基础间	0. 8	
自然接地体	拉线棒与拉线盘间	0. 6	
	铁塔的各基础间	0. 4 ~0. 5	
	门型、各种拉线杆塔的各基础间	0. 7	
深埋式接地体与装配式基础间	各型杆塔	0. 75 ~0. 80	
深埋式接地体与射线间	各型杆塔	0. 80 ~0. 85	

如接地装置由很多水平接地体或垂直接地体组成，为减少相邻接地体的屏蔽作用，垂

直接地体的间距不应小于其长度的两倍；水平接地体的间距可根据具体情况确定，但不宜小于5 m。

(3) 由水平接地体连接的 n 根垂直接地体组成的接地装置的冲击接地电阻可按下式计算：

$$R_s = \frac{R_{sv} R_{sh}}{R_{sv} + nR_{sh}} \cdot \frac{1}{\eta_s} \qquad (8-3-22)$$

式中 R_{sv}——按表8-3-14的 α 值求得的每根垂直接地体的冲击接地电阻，Ω；

R_{sh}——按表8-3-15、表8-3-16的 α 值求得的水平接地体的冲击接地电阻，Ω；

η_s——按表8-3-17查得的接地体的冲击利用系数。

5. 接地线的选择

为了节约金属材料，减少施工费用，应尽量利用自然接地体作为接地线。只有当自然接地体在运行中电气连接不可靠或有发生危险的可能，不能满足接地要求时，才考虑采用人工接地线或增设辅助接地线。

建筑物的金属结构，如梁、柱、桁架，生产用的金属结构，如吊车轨道、配电装置的金属外壳、金属走廊及平台、穿线钢管、电缆的金属外皮、各种工业金属管道（可燃及有爆炸危险混合物的管道除外）等，都可以作为自然接地线。

低压电气设备的接地线可利用金属管道，但应符合下列要求：

(1) 保证其全长有完好的通路。

(2) 利用串联的金属构件作为接地线时，金属结构之间应以截面不小于100 mm^2 的钢材焊接。

低压电气设备的铜或铝接地线的截面不应小于表8-3-19所列数值。

表8-3-19 低压电气设备的铜或铝接地线最小截面

种 类	铜/mm^2	铝/mm^2
明设的裸导体	4	6
绝缘导线	1.5	2.5
电缆的接地芯线或与相线包在同一保护外壳内的多芯导线的接地线	1.0	1.5

接地线一般采用钢质的，但移动式电气设备的接地线，三相四线的照明电缆的接地芯线以及采用钢质接地线有困难时除外。

在地下不得利用裸铝导体作为接地体或接地线。

钢接地线的截面，应符合载流量、短路时自动切除故障段以及热稳定的要求，且不应小于表8-3-9的规定。在腐蚀严重场所接地线均应镀锌处理，如不镀锌则应加大接地体截面1~2级。

大接地短路电流系统中接地线的截面，应按接地短路电流进行热稳定校验。钢接地线短路时的温度不应超过400 ℃；铜接地线不应超过450 ℃；铝接地线不应超过300 ℃。

小接地短路电流系统中，与设备和接地体连接的钢、铜、铝接地线的截面，应考虑在系统运行 5～10 年后，保证接地线流过单相接地故障电流时，其稳定温度不超过允许值。敷设在地上的接地线为 150 ℃；敷设在地下的接地线为 100 ℃。

钢管及电线管的电阻值见表 8－3－20。

表 8－3－20　钢管及电线管电阻值　Ω/km

规　格		1/2″	5/8″	3/4″	1″	$1\frac{1''}{4}$	$1\frac{1''}{2}$	2″	$2\frac{1''}{2}$	3″
管子种类	黑铁管	1.24	—	0.995	0.65	0.496	0.405	0.317	0.234	0.185
	电线管	—	3.04	2.54	1.87	1.28	0.733	0.438	0.36	0.264

除了采用型钢及钢管作接地线外，还可以利用电缆的金属外皮（三芯电缆金属外皮的电阻值见表 8－3－6）作接地线，但至少要有两根。如只有一根电缆，且有第四芯线时，则可利用第四芯线作为接地线。如无第四芯线，可与电缆平行敷设一根直径为 8 mm 的圆钢或截面为 4×12 mm^2 的扁钢作为辅助接地线，辅助接地线的两端应与电缆外皮连接。

低压中性点不接地的电气设备，接地线的截面按相线最大允许载流量确定。接地干线的允许载流量不应小于供电网中容量最大线路相线允许载流量的 1/2；单独用电设备其接地线的允许载流量不应小于供电分支线相线允许载流量的 1/3。中性点不接地的低压电气设备接地线的截面一般不应大于下列数值：钢 100 mm^2，铜 25 mm^2，铝 35 mm^2。

中性点直接接地的低压电气设备，为保证及时切除线路故障段，其接地线和零线应在导电部分与被接地部分或零线之间发生短路时，电力网任一点的短路电流不应小于最近处熔断器熔体额定电流的 4 倍，或不应小于自动开关瞬时或短延时动作电流的 1.5 倍。接地线或零线在短路电流作用下不应熔断。爆炸危险场所除外。

为使线路自动切除故障段，接地线和用作接地线的设施的电阻，一般不大于本线路最小相线电阻的一倍；但能符合对短路电流值和热稳定条件要求的，电阻亦可大于相线电阻的一倍。

中性点直接接地的低压电气设备、专用接地线或零线宜与相线一起敷设。钢、铝、铜接地线的等效截面见表 8－3－21。

表 8－3－21　钢、铝、铜接地线的等效截面　mm^2

钢	铝	铜	钢	铝	铜
15×2	—	1.3～2.0	40×4	25	12.5
15×3	6	3	60×5	35	17.5～25
20×4	8	5	80×8	50	35
30×4 或 40×3	16	8	100×8	70	47.5～50

6. 接地线截面的热稳定校验

对于 1 kV 及以下的接地装置，凡根据接地要求装设的接地线，因已考虑到不致产生过大的电流，因此不必检验其热稳定。

对于 1 kV 以上的系统，一般要根据单相短路电流校验其热稳定。根据热稳定条件，接地线的最小截面 S_e 应符合下式要求：

$$S_e \geqslant I_{ke}\frac{\sqrt{t_f}}{C} \tag{8-3-23}$$

式中 I_{ke}——单相短路电流，A；

t_f——短路时的等效持续时间，s；

C——接地线材料的热稳定系数，根据材料的种类、性能及最高允许温度和短路前接地线的初始温度确定。

校验接地线热稳定时，I_{ke}、t_f、C 应采用表 8-3-22 中所列数值。接地线的初始温度一般取 40 ℃。在爆炸危险场所除外。

表 8-3-22 校验接地线热稳定时用的 I_{ke}、t_f、C 值

参数		大接地短路电流系统中的接地线	中性点直接接地的低压电力网的接地线和零线	各种电力网中用的携带式接地线
I_{ke}		单相接地、两相接地短路时，流过接地线的短路电流	导电部分与被接地部分或零线间发生短路时，流过接地线的短路电流	发生各种类型短路时，流过接地线的短路电流
t_f		相当于继电保护主保护动作的等效持续时间	相当于继电保护主保护动作的等效持续时间	相当于继电保护主保护动作的等效持续时间，一般可按电力网中各设备继电保护主保护的最大整定时间确定
C	钢	70	90 (61)	—
	铝	120	155 (100)	—
	铜	210	270 (180)	(250)

注：括号中数值用于架空接地线和零线。

7. 高土壤电阻率的处理

在高土壤电阻率地区，为降低电气设备工作接地和保护接地的接地电阻，一般可采取下列措施：

(1) 充分利用水工建筑物（水塔、水井、水池等）以及其他一些与水接触的金属部分作为自然接地体。此时在水下钢筋混凝土结构物内绑扎钢筋网中，选择一些纵横交叉点加以焊接，并与接地网连接。当水的电阻率 $\rho=(0.1\sim0.5)\times10^4\ \Omega\cdot cm$ 时，位于水下的混凝土每 100 m^2 表面积的接地电阻约为 2～3 Ω。

当利用水工建筑物作为自然接地体不能满足要求，或利用水工建筑物作自然接地体有困难时，可在就近水中（河水、池水）敷设外引接地装置。外引接地装置一般采用 40×4 mm 的扁钢焊成方形或矩形网状，为减少屏蔽作用，扁钢间的距离一般为 10～15 m。网

格的大小根据水的电阻率和接地电阻的要求确定。

水中接地网的接地电阻值可按单一介质近似用下式计算：

$$R=\frac{\rho}{2\pi l}\ln\frac{2l^2}{bh} \tag{8-3-24}$$

式中　R——水中接地网的接地电阻值，Ω；

ρ——水的电阻率，见表8－3－4；

l——接地体总长度，cm；

b——扁钢宽度，cm；

h——接地体埋深，cm。

（2）如在接地体附近有电阻率较低的土壤，如黏土、黑土及砂质黏土等，可将电阻率高的土壤用电阻率低的土壤进行置换。

（3）采用化学处理法，即在接地体周围用煤渣、木炭、炭黑、石灰、食盐等化学物质和土混合后填入夯实，可以降低周围土壤的电阻率。采用哪一种化学物质来改善土壤电阻率，要根据其货源和价格分析比较后决定。常用的是加入食盐的方法来降低土壤的电阻率，货源充足方便，价格也较便宜，效果也比较显著。

（4）用深埋的方法。当地下深处的土壤电阻率较低时，可深埋接地极，这种方法对含沙土壤最为有效。因在含沙土壤中，含沙层一般都在表面层，在地层深处的土壤电阻率较低。这种方法施工困难，需有打井的机械设备，来对地层深处的土壤电阻率进行测定，因此，这一方法仅适用于有机械设备施工条件的场合。

（5）长效化学降阻剂法。1980年底，由电力工业部科学技术委员会等单位对“长效化学接地电阻降阻剂”进行了鉴定，并颁发科技成果鉴定证书。1989年7月，原能源部水力电力科技开发中心下发了“长效化学接地电阻降阻剂应用10年评议会结论”的函。其中主要结论为：

A. 高土壤电阻率地区采用“长效化学接地电阻降阻剂”后效果显著；

B. 使用开始接地电阻值逐年下降，然后趋于平稳；

C. 有效期在15年以上；

D. 使用10年后降阻剂本身物理性能未变；

E. 对环境无污染，不受季节和降雨量的影响，且对金属无腐蚀。

在应用降阻剂前后测得的接地电阻值之比为13∶1。另据多处应用实例说明，在高土壤电阻率地区，应用“长效化学接地电阻降阻剂”后其接地电阻值均能低于有关规定值，这样对人身安全更为有利。

目前，“长效化学接地电阻降阻剂”已有不少厂家供应定型产品，不必用户再自行配制。如大连东方电气工程公司生产的BXXA型长效化学接地电阻降阻剂即为其中之一。该产品为液体状，桶装每桶25 kg，使用10年后降阻效果如初，仍呈胶体树脂状渗透在土壤中，紧固在接地极周围。经鉴定，其有效寿命可达20年，对接地极的腐蚀小于0.1 mm/年，其施工简便，省工省力，无毒无污染，节省投资。

长效化学接地降阻剂的接地极通常采用带状和管状两种，其施工方法如图8－3－15所示。

另外，还可按照国家标准图集《接地装置安装》(86D563）中的方法施工。

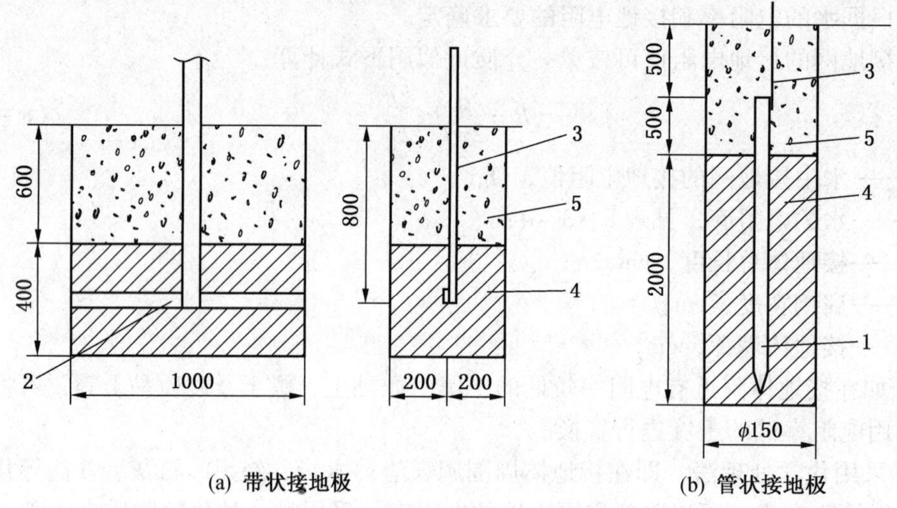

1—接地极；2—接地带；3—接地引线；4—降阻剂；5—回填土

图 8-3-15 长效化学接地电阻降阻剂接地极施工

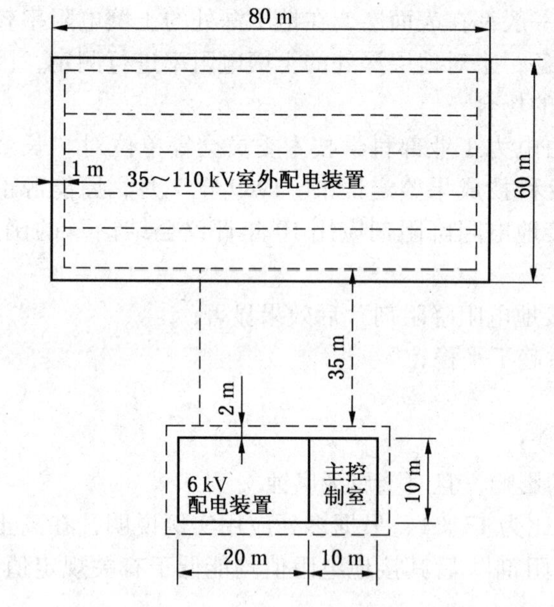

图 8-3-16 接地网平面布置图

【例 1】 有一个 110 kV 变电所，其电压为 110/35/6 kV，110 kV 侧中性点直接接地，35 kV 及 6 kV 为不接地系统，变电所内还装有 380/220 V 的所用变压器一台，380/220 V 的中性点及设备均接地，变电所室内外的布置如图 8-3-16 所示。

此变电所有两回 110 kV 架空进线，其架空避雷线为 2×GJ-70 钢绞线，线路挡距为 250 m，110 kV 侧单相接地短路电流稳定值 $I_{ke}=4$ kA，次暂态值 $I''=6.6$ kA，其油开关切断的等效持续时间 $t_f=0.5$ s。变电所有两回 35 kV 架空出线共 50 km，每回沿线有 12 挡装设架空避雷线，其规格为 2×GJ-50 钢绞线，挡距为 150 m。以上架空避雷线均引至变电所的门型铁架上，每基铁塔的接地电阻最大为 8 Ω，土壤为砂质黏土，8 月份测得土壤电阻率为 $0.8\times10^4\ \Omega\cdot$cm。6 kV 侧电缆直埋部分有 ZQ_2-6000-3×150 型 4 根，长度各为0.5 km，有 6 kV 架空线网 20 km，变电所各级电压的配电装置共用一个接地装置，试设计其接地网，并校验接地母线的热稳定。

解

1. 确定接地电阻值

110 kV 为大接地短路电流系统，根据表 8-3-2 的规定，接地电阻 $R\leqslant0.5\ \Omega$。

35、6 kV 侧中性点均为不接地系统，按式（8－3－1），即 $I_e=\frac{U(35L_c+L_{oh})}{350}$，计算或查图8－3－4得出：

35 kV　$I_e=5$ A，要求接地电阻值 $R\leqslant\frac{120}{5}=24\ \Omega$；

6 kV　$I_e=1.54$ A，要求接地电阻值 $R\leqslant\frac{120}{1.54}=78\ \Omega$。

根据表8－3－2中规定，35 kV、6 kV 侧接地电阻均为 $R\leqslant10\ \Omega$。所用变压器380/220 V 中性点接地要求接地电阻值 $R\leqslant4\ \Omega$，故共用接地装置的接地电阻值应为 $R\leqslant0.5\ \Omega$。

2. 接地装置计算

（1）土壤电阻率 $\rho=\psi\rho_0$，$\rho_0=0.8\times10^4$ 查表8－3－5埋深按0.7 m，取 $\psi=1.5$，则 $\rho=1.5\times0.8\times10^4=1.2\times10^4\ \Omega\cdot\text{cm}$。

（2）自然接地体。

A. 110 kV 架空避雷线、铁塔接地电阻，考虑最大季节系数为1.5，故每基铁塔接地电阻为 $1.5\times8=12\ \Omega$。

$n>20$ 时　$$R_g=\sqrt{Rr}$$

根据式（8－3－5）得：

$$r=\rho_g\frac{l}{S}=\frac{0.15\times250}{2\times70}=0.268\ \Omega$$

$$R_g=\sqrt{12\times0.268}=1.79\ \Omega$$

两回线的接地电阻为 $\frac{1.79}{2}=0.895\ \Omega$。

B. 35 kV 架空避雷线、铁塔接地电阻。

$n<20$ 时　$$R_g=\sqrt{Rr}\,\text{cth}\left(\sqrt{\frac{r}{R}}n\right)$$

$$r=\rho\frac{l}{S}=\frac{0.15\times150}{2\times50}=0.225\ \Omega$$

$$\begin{aligned}R_g&=\sqrt{12\times0.225}\,\text{cth}\left(\sqrt{\frac{0.225}{12}}\times12\right)=\sqrt{2.7}\,\text{cth}(0.52)\\&=1.64\,\text{cth}(0.52)=1.64\times2.1=3.44\ \Omega\end{aligned}$$

两回线的接地电阻为 $\frac{3.44}{2}=1.72\ \Omega$。

C. 6 kV 电缆外皮的接地电阻。

每根电缆　$$R_{CS}=\sqrt{r_e r_S}\,\text{cth}\left(\sqrt{\frac{r_S}{r_e}}l\right)K_S$$

$r_e=1.69\rho=1.69\times1.2\times10^4\times0.89=1.81\times10^4\ \Omega\cdot\text{cm}$，0.89为查表8－3－7中的修正系数；查表8－3－6得：

$$r_S=0.85\ \Omega/500\ \text{m}=1.7\times10^{-5}\Omega/\text{cm}$$

$$L=500\ \text{m}=50000\ \text{cm}$$

电缆外皮影响系数取 $K_S=1.5$。

$$R_{CS}=\sqrt{1.81\times10^{4}\times1.7\times10^{-5}}\mathrm{cth}\left(\sqrt{\frac{1.7\times10^{-5}}{1.81\times10^{4}}}\times50000\right)\times1.5$$

$$=0.548\mathrm{cth}(0.153)\times1.5=0.548\times6.6\times1.5=5.44\ \Omega$$

四根电缆的总接地电阻为$\frac{5.44}{4}=1.36\ \Omega$。

以上三种自然接地体的总接地电阻：

$$R_{\Sigma}=\frac{1}{\frac{1}{0.895}+\frac{1}{1.72}+\frac{1}{1.36}}=\frac{1}{2.435}=0.41\ \Omega$$

(3) 自然与人工接地体并联后接地电阻。

对大接地短路电流系统，即自然接地体的接地电阻值小于0.5 Ω时，人工接地装置的接地电阻值也不应大于1 Ω，故采用$R_a=1\ \Omega$。

$$R_d=\frac{RR_a}{R+R_a}=\frac{1\times0.41}{1+0.41}=\frac{0.41}{1.41}=0.29<0.5\ \Omega$$

满足要求。

(4) 接地电阻R_a为1 Ω的人工接地装置。

由于该接地网等效半径与垂直接地体的长度之比较大，故采用水平接地体。根据图8-3-8查得扁钢接地电阻值为1 Ω时的40×4 mm扁钢约为200 m长，为了该变电所所有电气设备的接地，故沿室内外场地周围敷设人工接地扁钢总长约为600 m。实际人工接地计算电阻按式（8-3-14）计算得：

$$R_h=\frac{\rho}{2\pi l}\left(\ln\frac{l^2}{\frac{hb}{2}}+A\right)=\frac{0.8\times10^2\times1.5}{2\pi600}\left(\ln\frac{2\times600^2}{0.04\times0.7}+1.69\right)$$

$$=0.0318\times13.54=0.435\ \Omega$$

式中　$\frac{b}{2}$(等于d)——扁钢的等效直径；$A=1.69$由表8-3-11查得。

(5) 自然与人工接地体并联后实际计算接地电阻值

$$R=\frac{0.41\times0.435}{0.41+0.435}=0.21\ \Omega<0.5\ \Omega$$

在110 kV配电装置场地内采用20×4 mm扁钢作为均压条。

(6) 接地母线热稳定校验

按式（8-3-23）接地母线及接地线的最小截面积：

$$S_e\geq\frac{I_{ke}}{C}\sqrt{t_f}=\frac{4000}{70}\sqrt{0.5}=40.4\ \mathrm{mm}^2<80\ \mathrm{mm}^2$$

故接地母线及接地线采用大于40.4 mm^2的钢导体均可。由于接地电阻计算中有很多假设条件，故在现场施工完毕后，仍需进行接地电阻值的实测，如仍不满足要求时，则应再增设接地体，直至达到要求为止。

二、接　零

（一）接零的有关要求

(1) 在中性点直接接地的低压电力网中，电气设备的外壳宜采用接零保护。

（2）在中性点直接接地的低压电力网中，零线应在电源处接地。在架空线路的干线和分支线的终端及沿线每 1 km 处，零线应重复接地（但距接地点不超过 50 m 者除外），或在室内将零线与配电屏、控制屏的接地装置相连。

零线的重复接地，应充分利用自然接地体。

直流电力网的零线重复接地，应采用人工接地体，并不得与地下金属管道等连接。

（3）配电线路零线每一重复接地装置的接地电阻不得超过 10 Ω。在电气设备接地装置的接地电阻允许达到 10 Ω 的电力网中，每一重复接地装置的接地电阻不应超过 30 Ω，但重复接地不应少于 3 处。

（4）为防止触电危险，在低压电力网中，严禁利用大地作为相线或零线。

（5）如用电设备较少且分散，采用接零保护有困难，在土壤电阻率较低时，可采用低压接地保护。如用电设备漏电，设备外壳和与其有电气连接的金属部分可能带电时，应采取装设自动切断电源的继电保护装置或使用绝缘垫、安装围栏和采取均压等安全措施。

由同一台发电机、同一台变压器或同一段母线供电的低压线路，不宜采用接零、接地两种保护方式。

（6）在低压电力网中，全部采用接零保护有困难时，也可同时采用两种（接零、接地）保护方式。但不接零的电气设备或线段，应装设能自动切除接地故障段电源的继电保护装置。

在城防、人防等潮湿场所或条件特别恶劣场所的供电网中，电气设备的外壳应采取接零保护。

（7）零线上不应装设开关和熔断器，单相开关应装在相线上。

（8）当发生单相短路时，为保证人身和设备安全，其单相短路电流必须能使最近一组保护装置迅速可靠地动作，即应满足下式要求：

$$I_{ke} \geqslant KI_N \tag{8-3-25}$$

式中　I_{ke}——单相接地短路电流，A；

I_N——熔断器熔体的额定电流，自动开关瞬时或短延时过电流脱扣器的整定电流，A；

K——动作系数，采用熔断器保护时 $K=4$；采用自动开关保护时 $K=1.25$；对防爆车间 $K=1.5$。

（9）在同时符合下列条件时，照明线路的零线可兼作由另一线路供电的电气设备的接地线：

A. 线路均由在同一接地网接地的变压器供电；

B. 零线的电导符合要求；

C. 线路供电时，零线不可能断开。

（二）零线的选择

1. 由变压器中性点引出的接零母线

变压器低压侧出线一般采用放射式及干线式两种。由变压器中性点引出的接零母线也根据低压系统的不同而有所区别。

（1）低压线路采用放射式系统时，从变压器中性点引至低压配电屏上的接零母线应采用第二章有关表中所列材料及规格。

（2）当采用干线式供电系统时，如低压配电线的接零干线采用铝、铜线等有色金属，为了施工方便及避免不同金属连接时的过渡阻抗所产生的不良影响，由变压器中性点引出的接零母线，应采用与低压配电线的接零干线相同材料及截面的导线。

如低压配电线路采用自然接地体作为接零干线，如钢轨、金属结构等，则也应采用第二章有关表中所列材料作为由变压器中性点引出的接零母线。

2. 低压架空配电线路的接零干线

1）干线式配电线路的零线

采用这种配电线路绝大部分是一些较大的车间，且一般都设有吊车轨道或为金属结构，故应尽量采用这些吊车轨道或金属结构作为自然接地体线路的接地干线。但为了避免互感抗过大，作为零线的自然接地体线路的接地干线的导体与最近一根相线间的距离不得大于6 m。

如果没有适当的自然导体作为零线时，一般应采用电导不小于相线1/2，且材质相同的导线作为零线。

如根据计算结果可以降低零线截面时，则可相应地降低。

2）敷设在绝缘子上的户内线路

这种线路的配电方式一般均采用电线穿管和电缆敷设，直接与架空线相接。采用这种线路的车间也有设有吊车钢轨和为金属结构的，这些自然导体均可作为零线。如果没有上述自然导体，也可用电导为相线的1/2，且材质相同的导线作为零线。但这种车间往往较小，经计算通常可以降低零线截面，因此最好进行计算后确定。

3）户外架空线路的零线

户外架空线路无自然导体可以利用，而且线路较长，对于相线截面等于或小于35 mm^2的铝绞线及16 mm^2的铜绞线，因为根据机械强度的要求，其零线截面不能太小，所以选择零线时不用考虑零线截面的要求，仅考虑机械强度就可以满足要求。如大于上述铝、铜导线截面时，零线电导也不应小于相线的1/2。对于较短的线路，根据计算也可以降低零线的截面。

3. 电缆线路的零线

应选择带接地芯线的电缆，利用其芯线和金属包皮作为零线。因芯线截面已考虑到接零的要求，所以不必再进行校核。如电缆不带接地芯线时，为了保证电气连接的可靠性和保证接零的安全，必须采用两根电缆的金属外皮作为零线，同时还要进行校验。若不能满足要求，为保证安全，则最好沿电缆敷设一根20 ×4 mm 扁钢作为辅助接地零线。如仅有一根电缆，也需平行敷设一根20 ×4 mm 扁钢作为辅助接地零线，以保证安全。

4. 穿钢管配电线路的零线

对于这种线路，除有特殊要求者外，如有爆炸危险的车间等，可利用钢管作为零线。

三、接触电压和跨步电压

（一）接触电压、跨步电压及其降低的措施

当接地短路电流流过接地装置时，大地表面形成分布电位，在地面上离电气设备水平距离为0.8 m 处与沿电气设备外壳两点间的电位差和设有电气构架的墙壁离地面垂直距离为1.8 m 处两点间的电位差，称为接触电势。人体接触这两点时所承受的电压，称为接触电压，如图8－3－17所示。

水平距离为0.8 m的两点间的电位差，称为跨步电势，人体两脚接触该两点时所承受的电压，称为跨步电压，如图8－3－17所示。

降低接触电压和跨步电压的措施，是在布置接地网时，使其电压分布均匀，应将接地装置布置成环形，并在环内加设均压带，其间距一般为4～5 m。接地网外缘各角应做成圆弧形，圆弧的半径不宜小于均压带间距离的一半。接地网边缘经常有人出入的走道处，应铺设砾石、沥青路面或地下装设两条与接地网相连的“帽檐式”均压带，如图8－3－18所示。

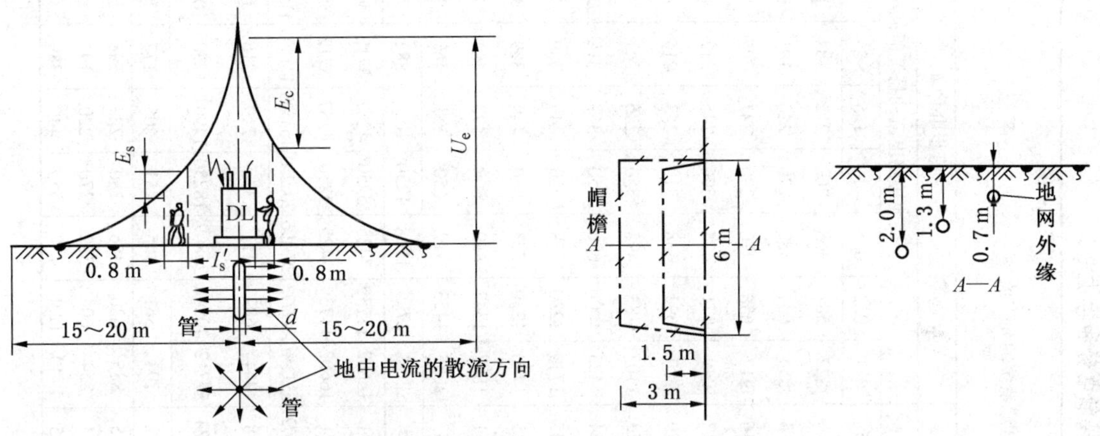

图8－3－17　接触电压和跨步电压　　图8－3－18　“帽檐式”均压带的布置

（二）接触电压、跨步电压的计算方法

在确定发电厂、变电所接地装置的型式和布置时，应考虑尽可能地降低接触电势和跨步电压。

1. 大接地短路电流系统的允许值的计算

接触电势：

$$E_C = \frac{250 + 0.25\rho_S}{\sqrt{t}} \tag{8-3-26}$$

跨步电势：

$$E_S = \frac{250 + \rho_S}{\sqrt{t}} \tag{8-3-27}$$

式中　ρ_S——人脚站立处地表面的土壤电阻率，Ω · m；

t——接地短路电流的持续时间，s。

E_C、E_S值也可由表8－3－23中查出。

2. 小接地短路电流系统的允许值的计算

接触电势：

$$E_C = 50 + 0.05\rho_S \tag{8-3-28}$$

跨步电势：

$$E_S = 50 + 0.2\rho_S \tag{8-3-29}$$

表 8-3-23 接地短路电流系统的接触电势和跨步电势

类别	地表面名称	电阻率近似值 ρ/(Ω·m)	大接地短路电流系统的允许值/V																		小接地短路电流系统的允许值/V	
			接触电势 E_C									跨步电势 E_S									接触电势 E_C	跨步电势 E_S
			接地短路电流的持续时间/s									接地短路电流的持续时间/s										
			0.1	0.2	0.5	1	1.5	2	3	4	5	0.1	0.2	0.5	1	1.5	2	3	4	5		
土	陶黏土	10	798	565	357	253	206	179	146	126	113	822	581	368	260	212	184	150	130	116	50.5	52
土	泥炭、泥灰岩、沼泽地	20	806	570	361	255	208	180	147	128	114	854	604	382	270	220	191	156	135	121	51.0	54
土	捣碎、木炭	40	822	581	368	260	212	184	150	130	116	917	658	410	290	237	205	167	145	130	52.0	58
土	黑土、圆田土、陶土	50	830	587	371	263	214	186	152	131	117	949	671	424	300	245	212	173	150	134	52.5	60
土	黏土	60	838	593	375	265	216	187	153	136	119	980	693	438	310	253	219	179	155	139	53.0	62
土	砂质黏土	100	870	615	389	275	225	194	159	138	123	1107	783	495	350	286	247	202	175	157	55.0	70
土	黄土	200	949	671	424	300	245	212	173	150	134	1423	1006	636	450	367	318	260	225	201	60.0	90
土	含砂黏土、砂土	300	1028	727	460	325	265	230	188	163	145	1740	1230	778	550	449	389	318	275	246	65.0	110
土	河滩中的砂	300	1028	727	460	325	265	230	188	163	145	1740	1230	778	550	449	389	318	275	246	65.0	110
土	煤	350	1067	755	477	338	276	239	195	169	151	1897	1342	849	600	490	424	346	300	268	68.0	120
土	多石土壤	400	1107	783	495	350	286	247	202	175	157	2055	1453	919	650	531	460	375	325	291	70.0	130
砂	砂、砂砾	1000	1581	1118	707	500	408	354	289	250	224	3953	2795	1768	1250	1021	884	722	625	559	100	250
岩石	砾石、碎石	5000	4743	3354	2121	1500	1225	1061	866	750	671	16602	11739	7425	5250	4287	3712	3031	2625	2348	300	1050
岩石	多岩山地	5000	4743	3354	2121	1500	1225	1061	866	750	671	16602	11739	7425	5250	4287	3712	3031	2625	2348	300	1050
岩石	花岗岩	200000	162067	112362	71064	50250	41029	35532	29012	25125	22472	633246	447773	283196	200250	163503	141598	115614	100125	89555	10050	40050
混凝土	在水中	40~50	834	590	373	264	215	186	152	132	118	964	682	431	305	249	216	176	153	136	52.8	61
混凝土	在干燥大气中	12000~18000	15021	10621	6718	4750	3878	3359	2742	2375	2124	57712	40808	25809	18250	14901	12905	10537	9125	8162	950	3650
矿	金属矿石	0.01~1	791	560	354	250	204	177	144	125	112	794	561	355	251	205	177	145	126	112	50.1	50.2
水	湖水、池水	30	814	576	364	258	210	182	149	129	115	885	626	356	280	229	198	162	140	125	51.5	56
水	泥水、泥炭中水	15~20	806	570	361	255	208	180	147	128	114	854	604	382	270	220	191	156	135	121	51	54
水	污秽水	300	1028	727	460	325	265	230	188	163	145	1740	1230	778	550	449	389	318	275	246	65	110

注：混凝土、矿、水等电阻率取较大值计算得表中数值。

E_C、E_S 值也可由表 8－3－23 中查出。

在条件特别恶劣的场所，如矿井井下和水田中，接触电势和跨步电势的允许值应适当降低。

3. 发电厂、变电所接地装置的入地短路电流及电位

（1）在发电厂、变电所内发生接地短路时，流经接地装置的电流按下式计算：

$$I_e = (I_{Km} - I_{nm})(1 - K_g) \quad (8-3-30)$$

（2）在发电厂、变电所外发生接地短路时，流经接地装置的电流按下式计算：

$$I'_e = (1 - K_g) I_{nm} \quad (8-3-31)$$

式中　I_{Km}——接地短路时的最大接地短路电流，A；

I_{nm}——发生最大接地短路电流时，流经发电厂、变电所接地中性点的最大接地短路电流，A；

K_g——避雷线的工频分流系数。

计算时采用入地短路电流 I'_e 时，取式（8－3－29）和式（8－3－30）中数值较大者。

（3）在发生接地故障时接地装置的电位、接触电势和跨步电势的计算。

A. 接地装置的电位按下式计算：

$$E_e = I'_e R \quad (8-3-32)$$

式中　E_e——接地装置的电位，V；

I'_e——计算用入地短路电流，A；

R——接地装置（包括人工接地网及与其连接的所有其他自然接地体）的接地电阻，Ω。

B. 发生接地短路时，接地网地表面的最大接触电势 E_{cm}（即网孔中心对接地网接地体）按下式计算：

$$E_{cm} = K_C E_e \quad (8-3-33)$$

式中　K_C——接触系数。

当接地体埋设深度 $h = 0.6 \sim 0.8$ m 时，K_C 按下式计算：

$$K_C = K_n K_d K_A \quad (8-3-34)$$

式中，K_n、K_d、K_A 三个系数可采用表 8－3－24 中的数值。

表 8－3－24　K_n、K_d、K_A 系数值

系数 ＼ 接地网型式	长孔接地网	方孔接地网	备　注
均压带根数影响系数 K_n	$\frac{0.97}{n}+0.096$	$\frac{1.03}{n}+0.047$	当 $n\leqslant 9$ 时（单方向计算根数 n，按图 8－3－14 选取）
均压带根数影响系数 K_n	$\frac{0.545}{n}+0.137$	$\frac{0.55}{n}+0.105$	当 $n\geqslant 10$ 时（n 的取法同上）
均压带直径影响系数 K_d	1.0①	$1.2-10d$	各种接地体的等效直径 d，m
接地网面积影响系数 K_A	$1.23-0.23\frac{40}{\sqrt{S}}$		当 $\sqrt{S}\geqslant 16$ 时，S 为接地网的面积，m^2

注：① 均压带一般采用直径 20 mm 的圆钢或宽 40 mm 的扁钢；在 $n\leqslant 9$ 的方孔接地网中，可采用较小截面的钢材。

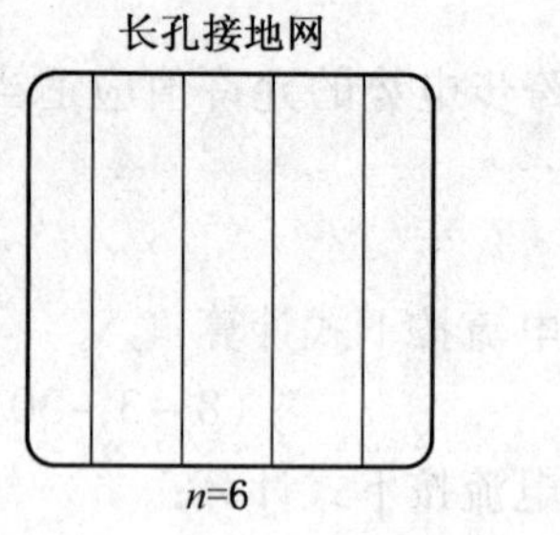

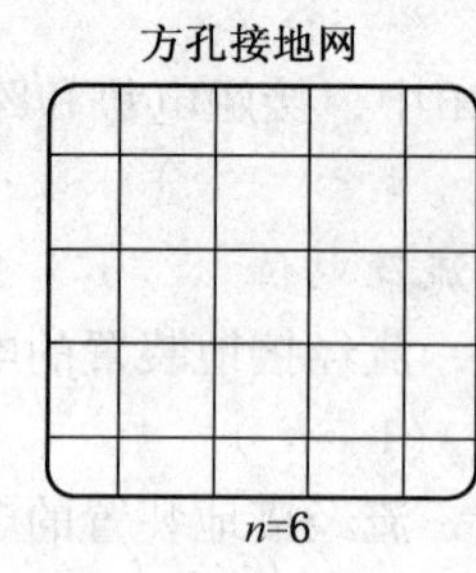

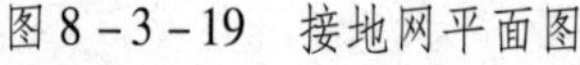

图 8-3-19　接地网平面图

当包括接地网外围4根在内的均压带总根数为18根及以下时，宜采用长孔接地网，如图8-3-19所示。

C. 发生接地短路时，接地网外的地表面最大跨步电势 E_{sm} 按下式计算：

$$E_{sm} = K_S E_e \qquad (8-3-35)$$

式中　K_S——跨步系数。

跨步系数按下式确定或用图8-3-20所示曲线确定。

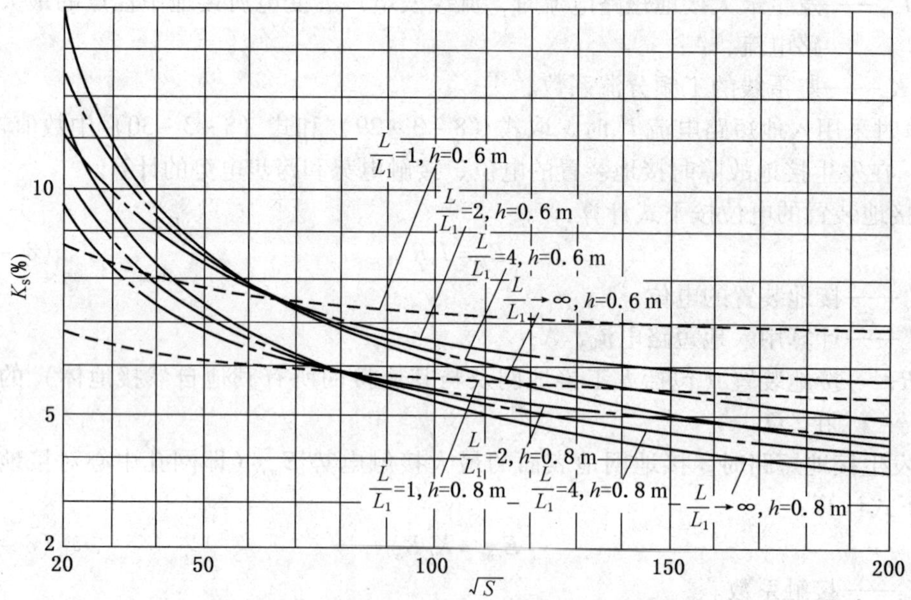

图 8-3-20　计算接地网外地表面最大跨步电势所用跨步系数 K_S 与接地网面积 A 的关系曲线（均压带直径 $d=20$ mm）

$$K_S = 1.28\left\{\frac{L-L_1}{L}\frac{2}{\pi}\left[\tan^{-1}\sqrt{\frac{\sqrt{\frac{S}{\pi}}}{(h-0.4)+\sqrt{h^2+(h-0.4)^2}}} - \tan^{-1}\sqrt{\frac{\sqrt{\frac{S}{\pi}}}{(h+0.4)+\sqrt{h^2+(h+0.4)^2}}}\right] + \frac{L_1}{L}\frac{\ln\sqrt{\frac{h^2+(h+0.4)^2}{h^2+(h-0.4)^2}}}{\ln\frac{16\sqrt{S}}{\sqrt{\pi}d}}\right\} \qquad (8-3-36)$$

当埋深 $h=0.6$ m 时，式（8-3-35）可简化为

$$K_S = 1.28\left(\frac{L-L_1}{L}\frac{0.477}{S^{0.25}} + \frac{L_1}{L}\frac{0.61}{\ln\frac{9.03\sqrt{S}}{d}}\right) \qquad (8-3-37)$$

当埋深 $h=0.8$ m 时，式（8－3－35）可简化为

$$K_S=1.28\left(\frac{L-L_1}{L}\frac{0.41}{S^{0.25}}+\frac{L_1}{L}\frac{0.476}{\ln\frac{0.92\sqrt{S}}{d}}\right) \tag{8－3－38}$$

式中 L——接地网中接地体的总长度，m；

L_1——接地网的外缘边线总长度，m；

S——接地网的面积，m^2；

d——接地网水平均压带的直径，m；用其他钢材时，可按等效直径换算。

【例 2】例 1 中 110 kV 变电所设置了各级电压的配电装置共用的接地装置，校验其接地网的接触电势及跨步电势。

解 该变电所发生单相接地或同点两相接地时，电气设备接地装置的接触电势和跨步电势不得超过式（8－3－25）～式（8－3－28）的计算结果或表 8－3－23 中的数值。

按上式计算结果或查表得 $E_C\approx400$ V，$E_S\approx520$ V。

该变电所实际计算最大接触电势及跨步电势值按式（8－3－31）～式（8－3－34）、式（8－3－37）计算。

$$E_{cm}=K_CE_e=K_nK_dK_AIR=\left(\frac{0.97}{6}+0.096\right)\times1\times\left(1.23-\frac{0.23\times40}{73.5}\right)\times6600\times0.17$$

$$=320<400\ \text{V}$$

$$E_{sm}=K_SE_e=1.28\left(\frac{L-L_1}{L}\frac{0.477}{S^{0.25}}+\frac{L_1}{L}\frac{0.61}{\ln\frac{9.02}{0.01}\sqrt{S}}\right)IR$$

$$=1.28\left(\frac{810-450}{810}\frac{0.477}{5400^{0.25}}+\frac{450}{810}\times\frac{0.61}{\ln\frac{9.02}{0.01}\sqrt{5400}}\right)\times6600\times0.17$$

$$=79<520\ \text{V}$$

经校验变电所最大接触电势及跨步电势均不超过允许值。

第四节 接地装置的敷设

一、变电所接地网

（一）变电所室外接地网

变电所室外接地网平面布置如图 8－4－1 所示。

接地网的布置尽量使所在范围内电位分布均匀，以减少接触电势和跨步电势。当接地网布置成环形时，在环形内加设相互平行的均压带。如均压带扁钢宽度小于 20 mm 时，应改用圆钢。在电气设备周围加装局部接地回路，人员经常通过的出入口处，应加装帽檐式均压带。

（二）变电所室内接地网

变电所室内接地网平面布置如图 8－4－2 所示。

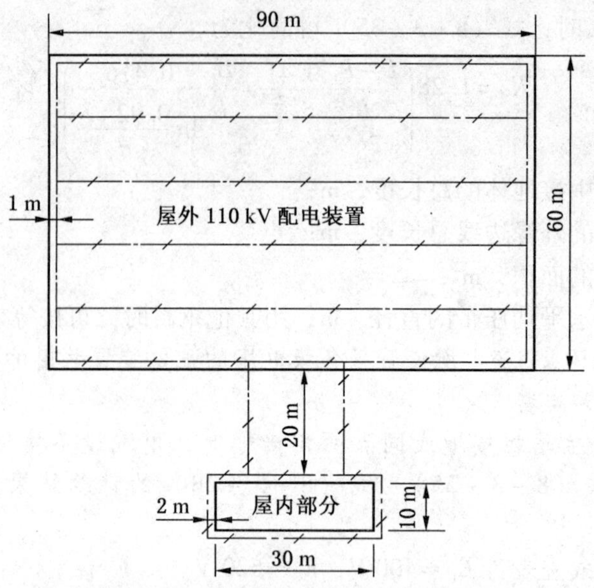

图 8-4-1　变电所室外接地网平面布置图

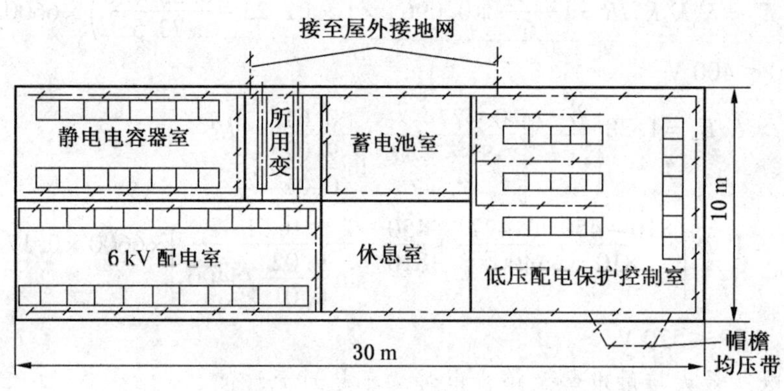

图 8-4-2　变电所室内接地网平面布置图

室内接地干线的敷设，首先应考虑各种电气设备外壳接地方便，易于检修，并尽量利用自然材料当作接地线，如固定配电装置的各种金属底座、衬垫等钢材。室内接地干线一般敷设距地坪 200～250 mm 的墙上为宜。

二、厂房内接地干线敷设

厂房内接地干线敷设如图 8-4-3 所示。

厂房内的接地干线至少应在不同的两点与接地网相连，同样，自然接地至少也应在不同的两点与接地干线相连。电气设备及有可能带电的金属部件，均应单独用支线接于干线上。严禁将数个部件串联接地。接地干线与建筑物墙壁间应有 10～15 mm 的间隙。接地支线应敷设在地坪的槽内，以不突出地坪为宜。

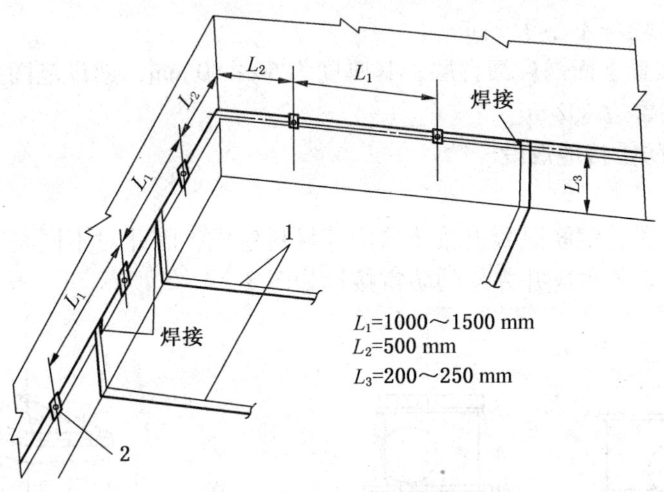

1—电气设备的接地支线；2—支持卡子

图 8－4－3　厂房内接地干线敷设

三、建、构筑物防雷接地敷设

（一）平屋顶建筑物防雷接地敷设

平屋顶建筑物防雷接地敷设如图 8－4－4 所示。

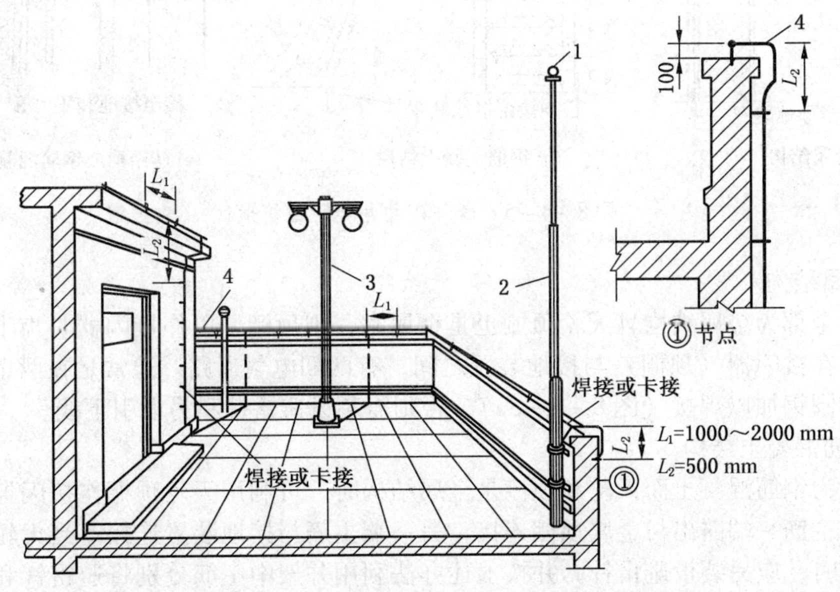

1—镀锌金属球；2—金属旗杆；3—金属灯柱；4—ϕ8 镀锌圆钢

图 8－4－4　平屋顶建筑物防雷接地敷设

一般建筑物的周长在 40 m 及以下时，可设一根引下线。周长超过 40 m 时，引下线应不少于两根，其距离不应大于 30～40 m。为了保证人身安全，引下线及接地装置距人行道也应在 3 m 以上，否则应采取下列措施：

（1）接地装置埋深不小于 1 m。

（2）在接地装置上面铺设沥青层，其厚度为 50 ~ 80 mm，铺设范围为在人经常通行的一侧应超出接地装置边缘 2 m。

（二）构筑物防雷接地敷设

1. 井架

矿井井架分金属、钢筋混凝土及砖结构等材料建成，因此对不同材料的井架，采用不同的防雷接地方式。各种矿井井架的防雷接地如图 8 - 4 - 5 所示。

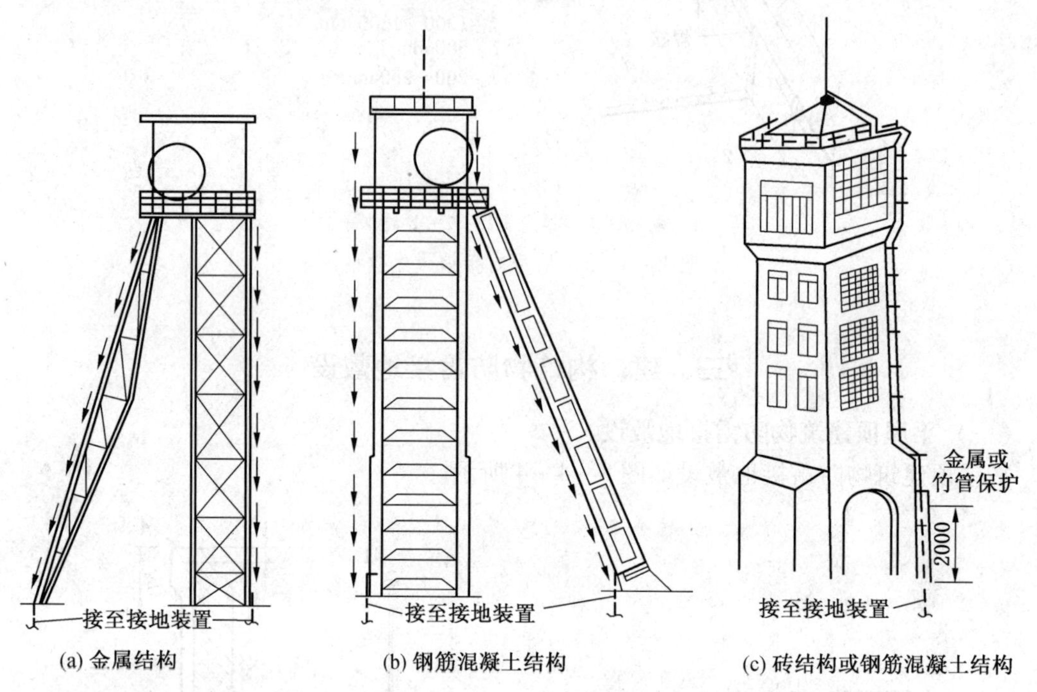

(a) 金属结构　(b) 钢筋混凝土结构　(c) 砖结构或钢筋混凝土结构

图 8 - 4 - 5　各种矿井井架防雷接地

1）金属结构

当井架全部为金属结构且天轮顶棚也是金属时，则顶棚可以作接闪器。为了接地通路的可靠，应在接闪器（顶棚）与接地装置之间，有两回电气通路。通常是在两金属材料缝间以扁钢或圆钢加以焊接（图 8 - 4 - 5a），否则需装设避雷针和另设引下线。

2）钢筋混凝土结构

当井架为钢筋混凝土而天轮和顶棚是金属结构时，可利用天轮顶棚作接闪器。此时需将井架中的主筋一端露出与金属顶棚连接，另一端主筋与接地装置连接。当天轮顶棚为钢筋混凝土板时，应另装设避雷针，并按上述办法利用井架中主筋分别将避雷针和接地装置相连。为了保证接地线的可靠，应使主筋保持与避雷针及接地装置间有四回良好的电气通路，如图 8 - 4 - 5b 所示。否则必须装设避雷针和另设接地引下线。

3）砖结构或钢筋混凝土结构

图 8 - 4 - 5c 为砖结构或钢筋混凝土结构井架的防雷接地，它与一般建筑物的防雷接地基本相同。如设独立避雷针仍不能满足保护范围时，可沿井架顶周围另敷设带型接闪器。当井架高度超过 40 m 时，应敷设两根引下线。若为钢筋混凝土井架，其引下线与 2）

中敷设方法相同。

2. 烟囱

砖砌和钢筋混凝土烟囱，均可在其顶部装设环形避雷带，也可装设避雷针。多于两根避雷针时，各针间应以金属线相连。钢筋混凝土烟囱的钢筋应在烟囱顶部和底部分别与接闪器、引下线相连。主筋间的连接要使其保持良好的电气通路（也可利用金属扶梯作引下线），否则必须另行敷设引下线。高度超过 40 m 时，引下线应不少于两根。金属烟囱可利用其本身作接闪器和引下线，仅在底部用接地线接至接地装置即可，如图 8-4-6 所示。

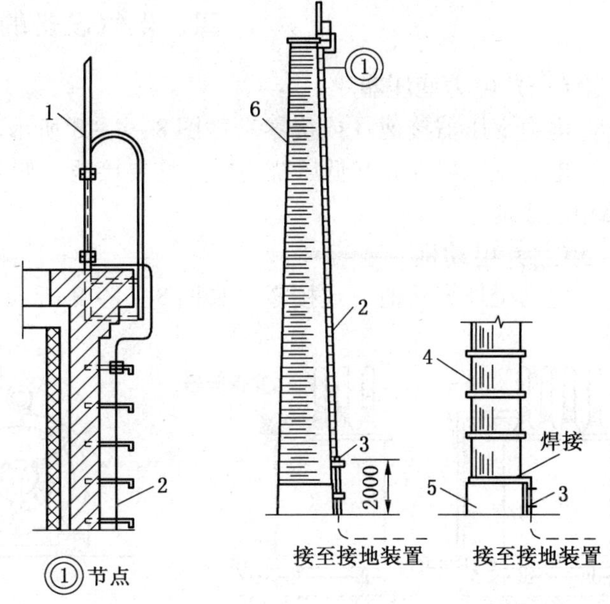

1—避雷针；2—引下线；3—保护管；4—金属烟囱；5—烟囱底座；6—砖砌烟囱

图 8-4-6 烟囱防雷接地

3. 水塔

水塔水箱大部分是钢筋混凝土结构，其防雷保护与烟囱相似。顶部可用环形避雷带或利用周围铁栅栏兼作环形避雷带。水塔中心高出部分只装一支避雷针即可，其铁扶梯可作接地引下线，如图 8-4-7 所示。

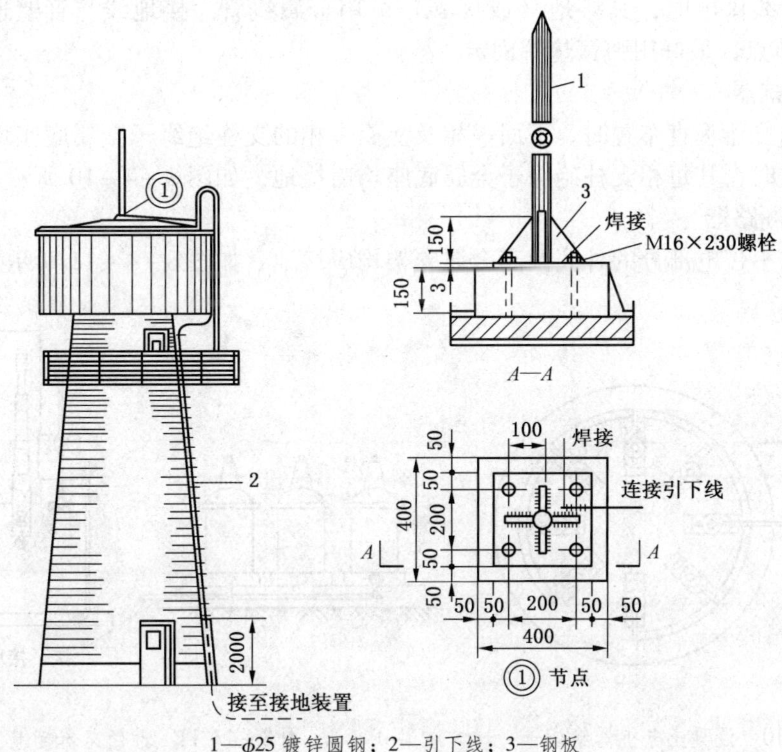

1—ϕ25 镀锌圆钢；2—引下线；3—钢板

图 8-4-7 水塔防雷接地

四、电气设备的接地

（一）电力变压器

电力变压器接地（或接零）如图 8－4－8 所示。

电力变压器外壳和低压绕组零点均要接地，如采用接地系统，高、低压绕组的中点也要相应接地。

（二）电动机

电动机外壳接地（或接零）如图 8－4－9 所示。

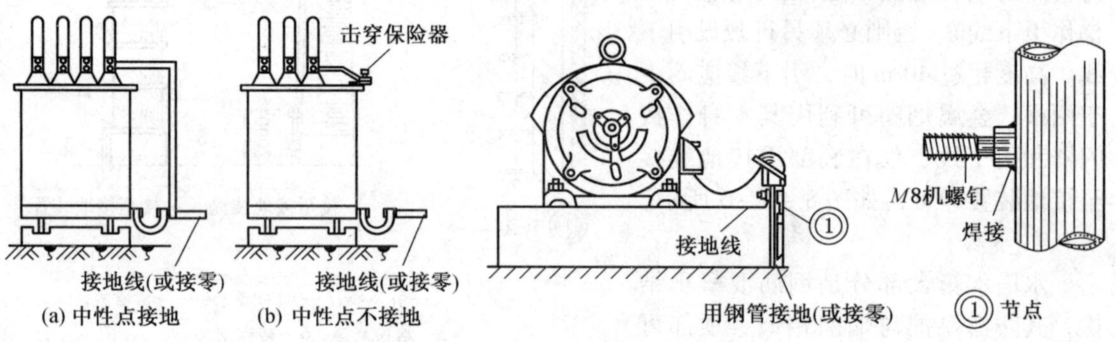

图 8－4－8 电力变压器接地（或接零）

图 8－4－9 电动机外壳接地（或接零）

当用穿管线供电时，其接地（或接零）可用金属线管。接地线与管壁连接如图 8－4－9 中所示节点，最好用弹簧垫圈固定。

（三）电抗器

混凝土电抗器垂直布置时，下面一相及上面一相的支柱绝缘子金属底座均应接地。电抗器水平布置时，其每相支柱绝缘子金属底座均需接地，如图 8－4－10 所示。

（四）油断路器

油断路器不带电部分的外壳及其金属支架均应接地，如图 8－4－11 所示。

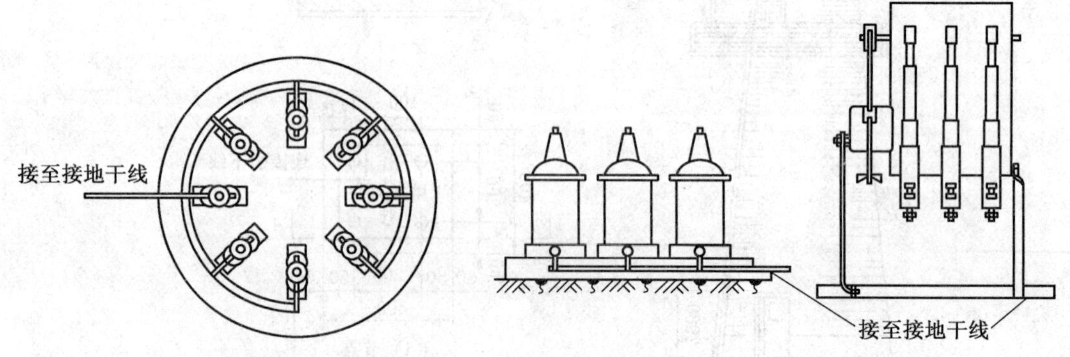

图 8－4－10 混凝土电抗器绝缘子金属底座接地

图 8－4－11 油断路器接地

（五）电缆头及电缆

金属电缆头、接线盒、电缆外皮、铠装以及电缆金属支架等都必须接地。电缆外皮及铠装接地，如图8－4－12所示。

（六）金属门框及栅栏

配电间隔的金属门框及金属栅栏均需接地，如图8－4－13所示。

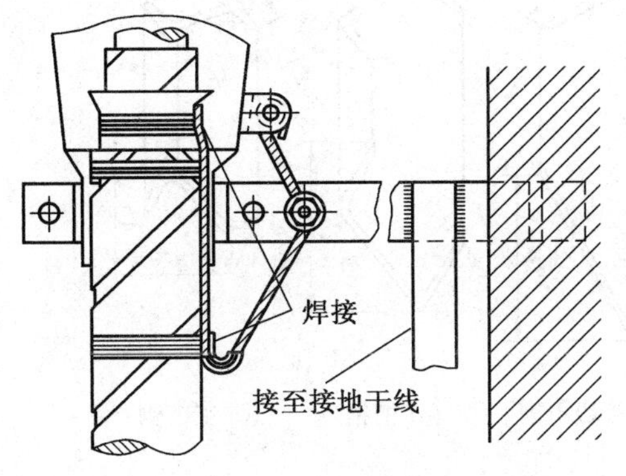

图8－4－12　电缆外皮及铠装接地

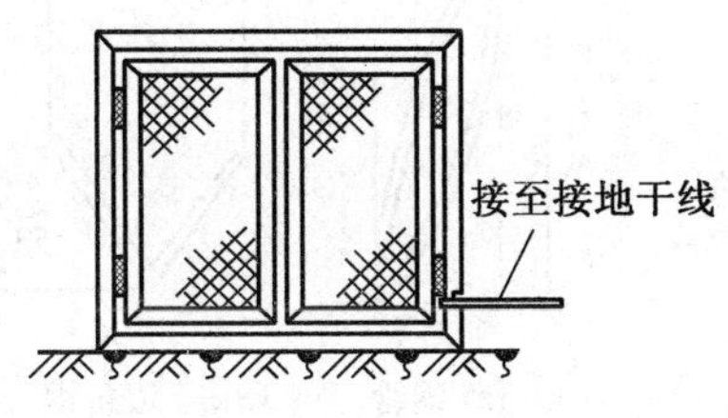

图8－4－13　金属门框及栅栏接地

五、接地部件的安装

（一）接地线（接零）的穿墙

一般是将穿墙的一段接地线（接零）穿在钢管内，钢管根据需要水平或倾斜预先埋入墙内。如穿墙在地坪以上时，按图8－4－14a将钢管两端用沥青封口。如穿墙在地坪以下时，按图8－4－14b处理。如接地线跨过门时，必须将接地线埋入地下，越过门后再按应敷设高度敷设。

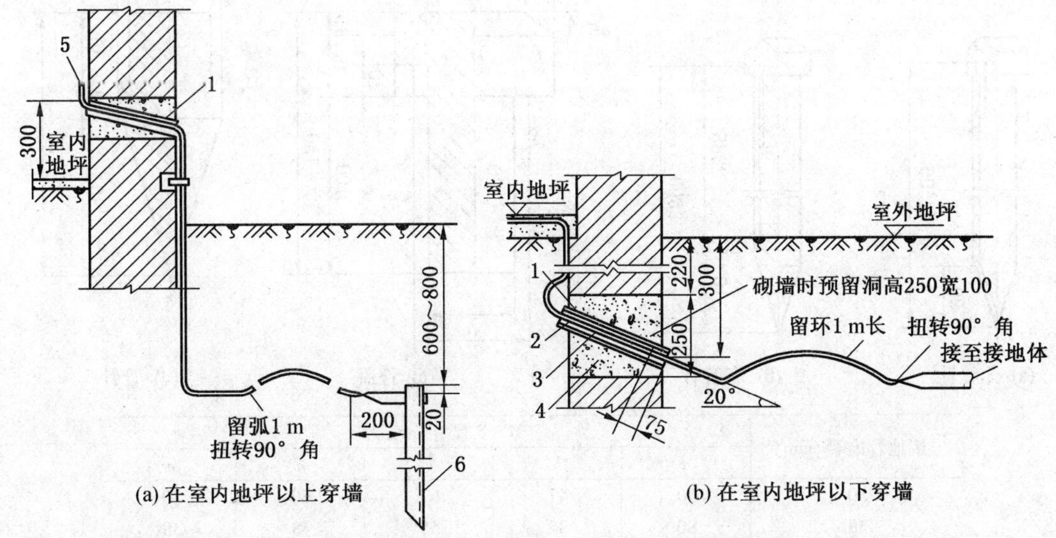

1—G50钢管；2—沥青或沥青棉纱；3—干黄沙；4—水泥；5—接地扁钢；6—角钢接地极

图8－4－14　接地线（接零）穿墙安装

（二）接地体尖端尺寸

人工接地体种类很多，垂直埋设常用的有钢管、圆钢、角钢、槽钢及工字钢等，其尖端的制作可按图 8－4－15 进行。如土壤较松，只需将尖端打扁或削尖即可。

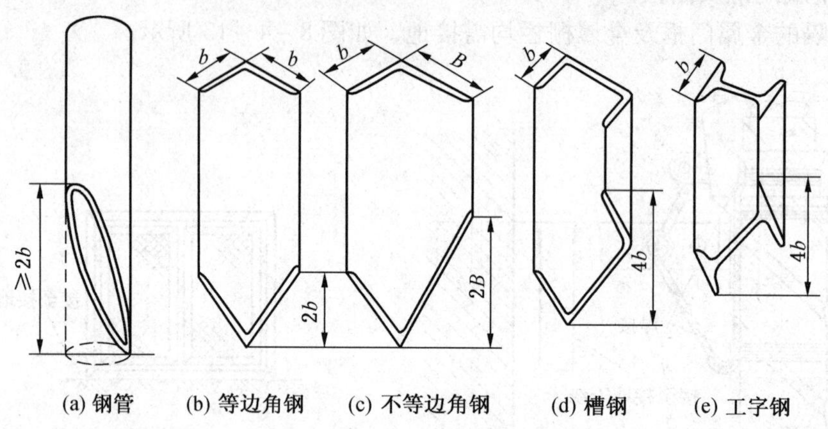

图 8－4－15　各种接地体尖端尺寸

（三）管形接地体的管盖和管针

管形接地体尖端除按图 8－4－15 削尖外，还可仅将尖端打扁，但遇到坚硬土壤时，还必须加装管盖和管针。管盖在打入地下一根管子后还可取下再用，而管针打入地下后就不能再取出，所以管盖和管针所需数量不同。管盖与管针在施工中的使用以及其制造尺寸，如图 8－4－16 所示。

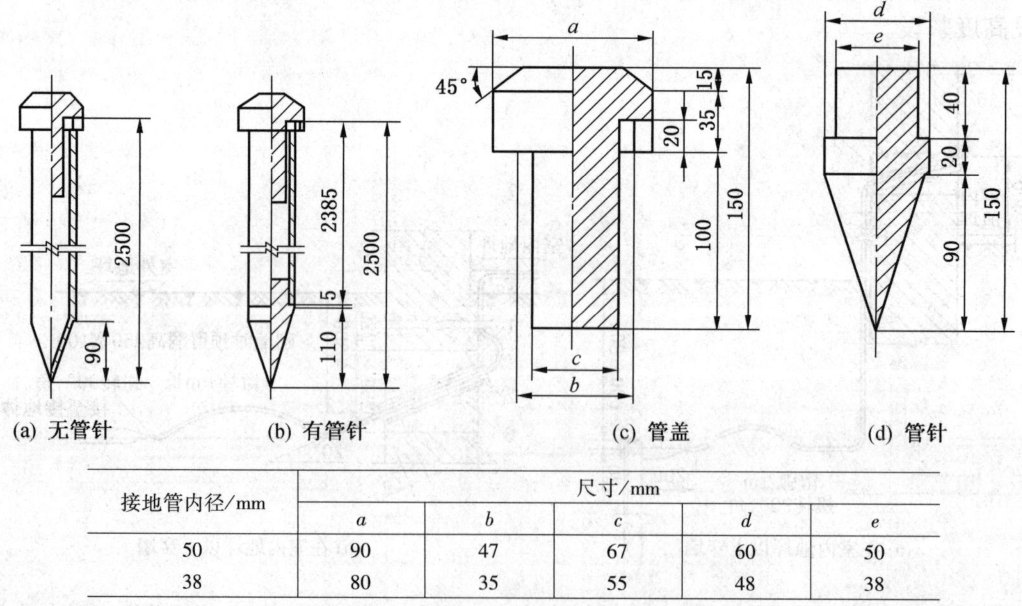

接地管内径/mm	尺寸/mm				
	a	*b*	*c*	*d*	*e*
50	90	47	67	60	50
38	80	35	55	48	38

图 8－4－16　管形接地体的管盖及管针的制造

（四）接地体及接地线的连接和固定

1. 扁钢与接地极的固定

扁钢与接地极的固定如图 8－4－17 所示。

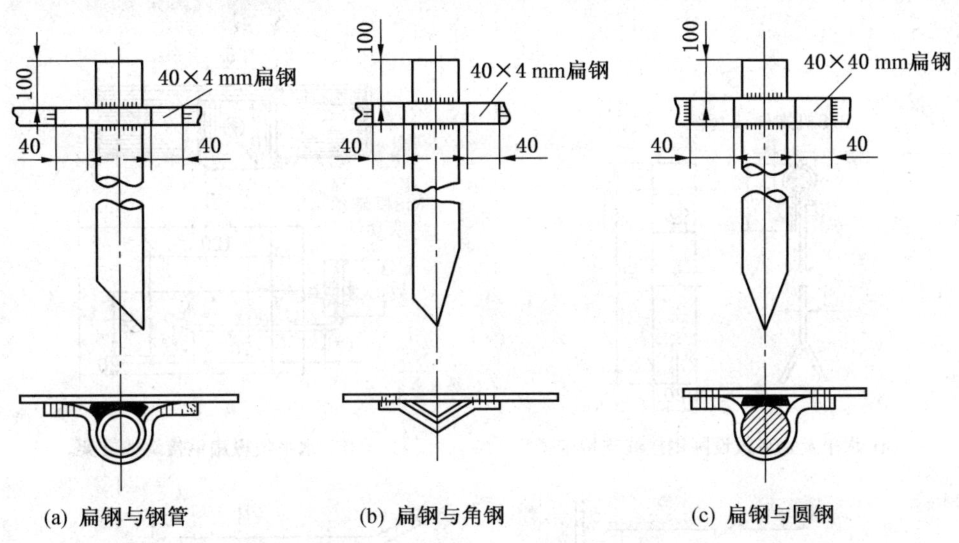

(a) 扁钢与钢管　　(b) 扁钢与角钢　　(c) 扁钢与圆钢

图 8－4－17　扁钢与接地极的固定

2. 接地母线与接地线间的连接

接地母线与接地线间的连接如图 8－4－18 所示。

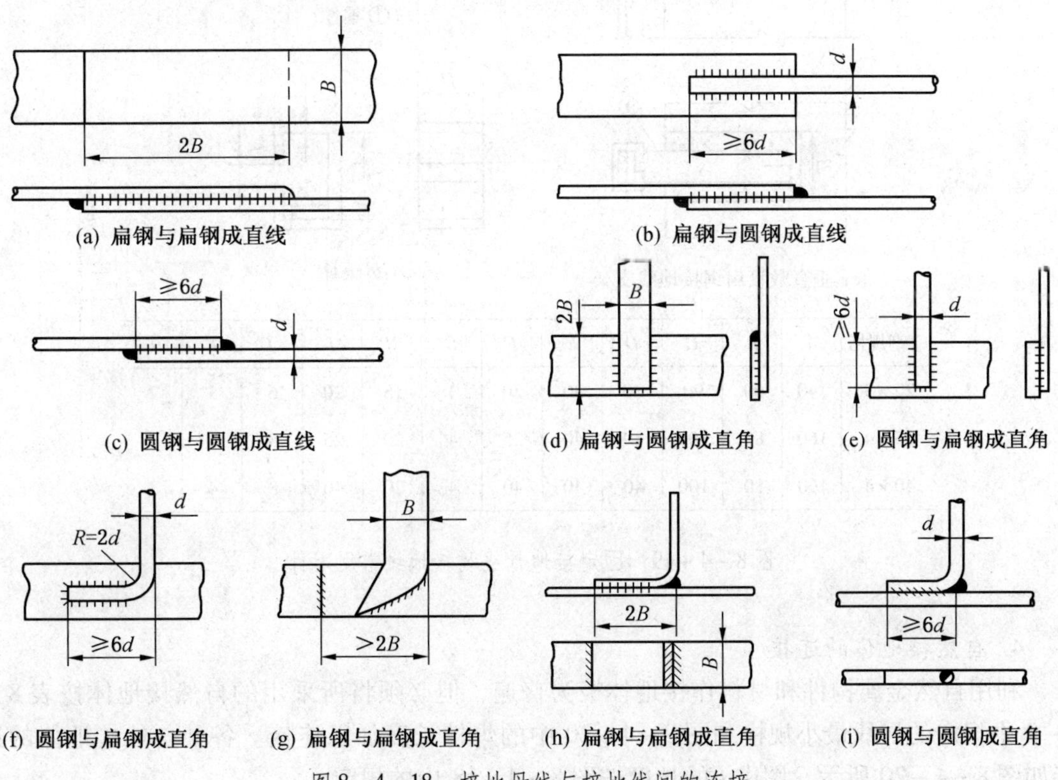

(a) 扁钢与扁钢成直线　　(b) 扁钢与圆钢成直线

(c) 圆钢与圆钢成直线　　(d) 扁钢与圆钢成直角　　(e) 圆钢与扁钢成直角

(f) 圆钢与扁钢成直角　　(g) 扁钢与扁钢成直角　　(h) 扁钢与扁钢成直角　　(i) 圆钢与圆钢成直角

图 8－4－18　接地母线与接地线间的连接

3. 固定接地母线及接地线零件

固定接地母线及接地线零件种类很多，常用的几种固定接地母线和接地线零件如图 8－4－19 所示。

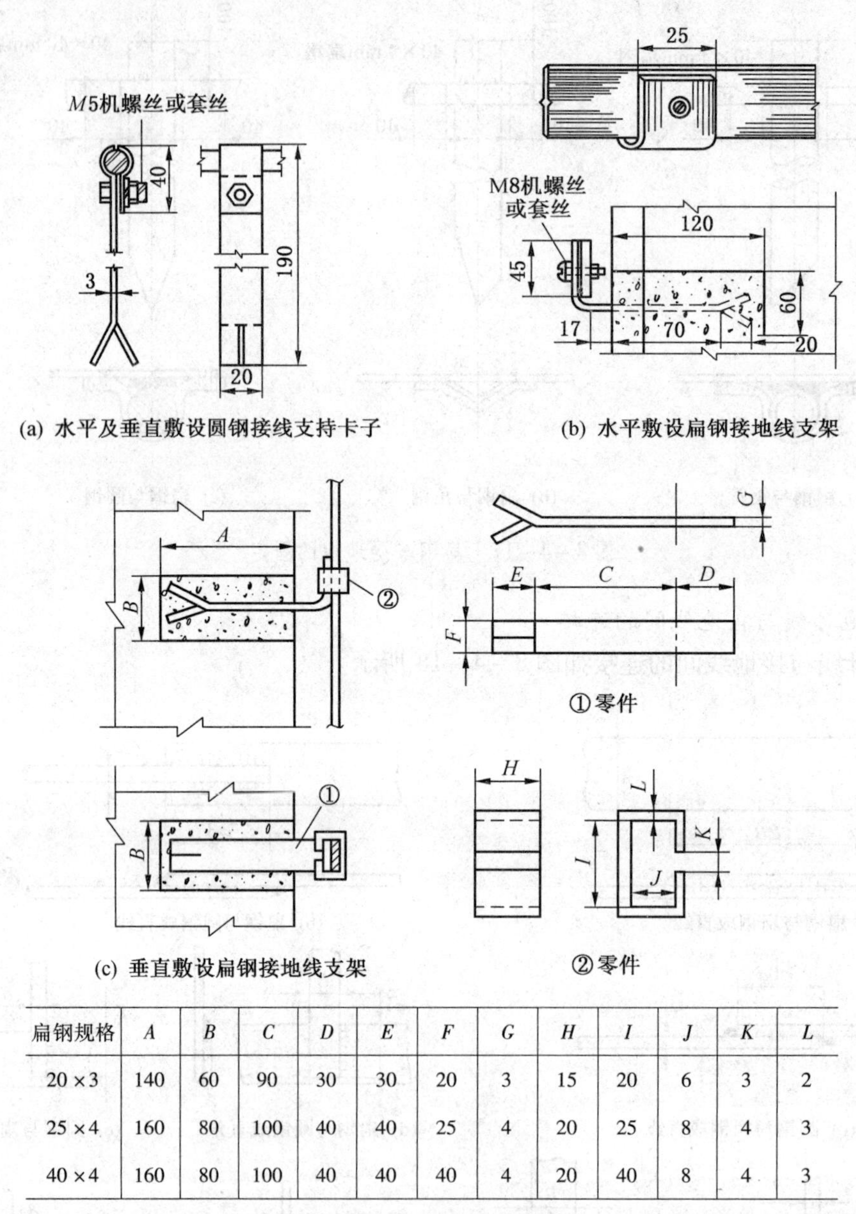

扁钢规格	*A*	*B*	*C*	*D*	*E*	*F*	*G*	*H*	*I*	*J*	*K*	*L*
20×3	140	60	90	30	30	20	3	15	20	6	3	2
25×4	160	80	100	40	40	25	4	20	25	8	4	3
40×4	160	80	100	40	40	40	4	20	40	8	4	3

图 8－4－19　固定接地母线和接地线常用零件

4. 自然接地体的连接

利用自然金属构件和材料作接地体极为普遍，但必须将所采用的自然接地体按表 8－3－9 中规定的导线最小规格和图 8－4－20 中的焊接长度加以连接。各种自然接地体的连接如图 8－4－20 所示。图中 l 的长度按图 8－4－18 中的规定。

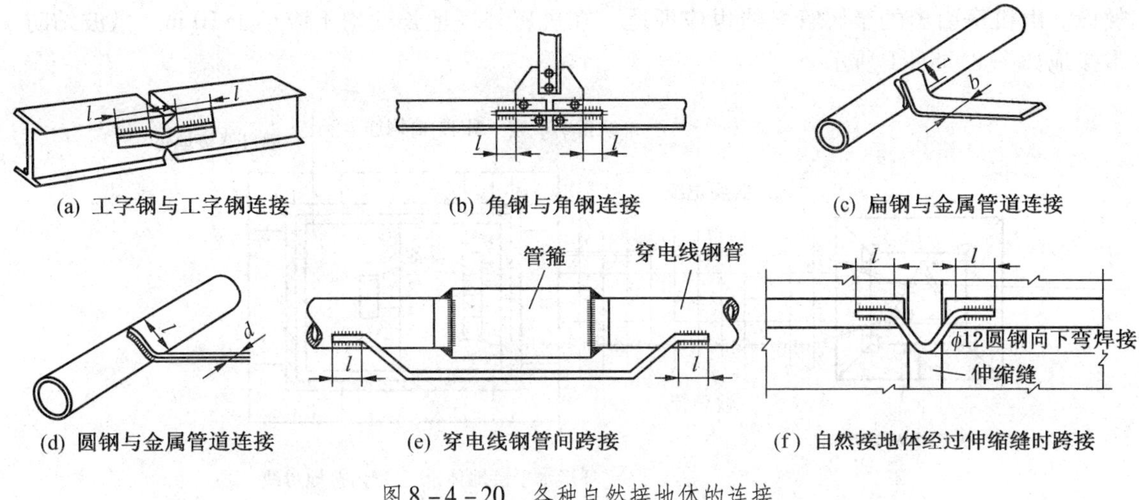

图 8-4-20　各种自然接地体的连接

第五节　特殊建、构筑物的防雷与特殊电气设备的接地

一、特殊建、构筑物的防雷

(一) 微波站、电视台的防雷

1. 天线塔防雷

天线塔防直击雷的避雷针可固定在天线塔上，天线塔的金属结构也可作接闪器和引下线。天线塔的接地电阻不大于 5 Ω，可利用塔基基坑的四角埋设垂直接地体。水平接地体应围绕塔基做成闭合环形，并与垂直接地体相连。

天线塔上的所有金属件（如航空障碍信号灯具，天线的支杆或框架，反射器的安装框架等）都必须和天线塔的金属结构用螺栓连接或焊接。波导管或同轴传输线的金属外皮和敷设电缆的金属管道，都应在天线塔的上下两端及每隔 12 m 处与塔身金属结构连接，在机房内还应与接地网相连。天线塔上的照明灯电源线应采用金属外皮电缆，或将导线穿入金属管。电缆金属外皮或金属管道至少应在上下两端与塔身相连，并应水平埋入地中，埋地长度应在 10 m 以上才允许引入机房（或引至配电装置和配电变压器）。

2. 机房防雷

机房一般位于天线塔避雷针的保护范围内。如不在其保护范围内，则应沿房顶四周敷设闭合环形避雷带，钢筋混凝土屋面板和柱子的钢筋可用作引下线。在机房外地下应围绕机房敷设闭合环形水平接地体。在机房内应沿墙壁敷设环形接地母线（用铜带 120 × 0.35 mm^2）。机房内的各种电缆金属外皮、设备金属外壳和不带电的金属部分、各种金属管道等，均应以最短的距离与环形接地母线相连。室内的环形接地母线与室外的闭合接地带和房顶的环形避雷带间，至少应用 4 个对称布置的连接线互相连接，相邻连接线的间距不应超过 18 m。在多雷区，室内高 1.7 m 处沿墙一周应敷设均压环，并与引下线连接。机房的接地网与塔地的接地网间，至少应有两根水平接地体连接，总接地电阻不应大于 1 Ω。引向机房内的电力线、通信线应有金属外皮或金属屏蔽层或敷设在金属管内，并要求埋地敷设。由机房引出的金属管、线也应埋地，在机房外埋地长度均不应小于 10 m。微波站防雷接地如图 8－5－1 所示。

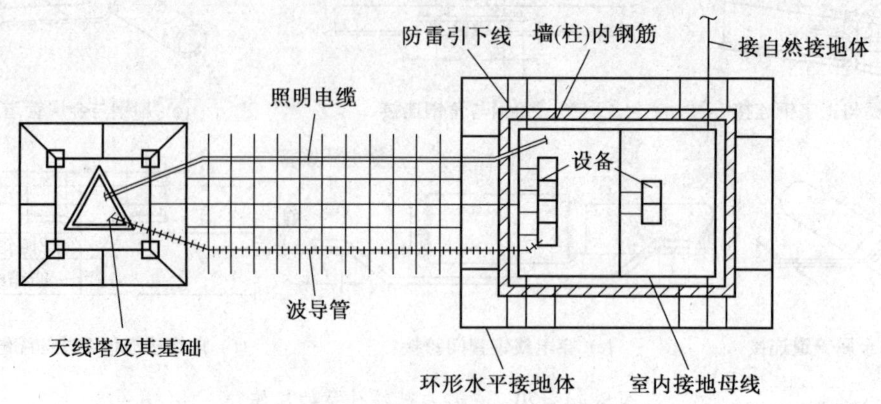

图 8－5－1 微波站防雷接地

（二）卫星地面站的防雷

卫星地面站天线的防雷，可用独立避雷针或在天线反射体抛物面骨架顶端及副面调整器顶端留的安装避雷针处分别安装避雷针。引下线可利用钢筋混凝土构件内的钢筋。防雷接地、电子设备接地、保护接地可共用接地装置。接地体围绕建筑物四周敷设成闭合环形，接地电阻不大于 1 Ω。机房防雷与微波站机房防雷相同。卫星地面站防雷及接地如图 8－5－2 所示。

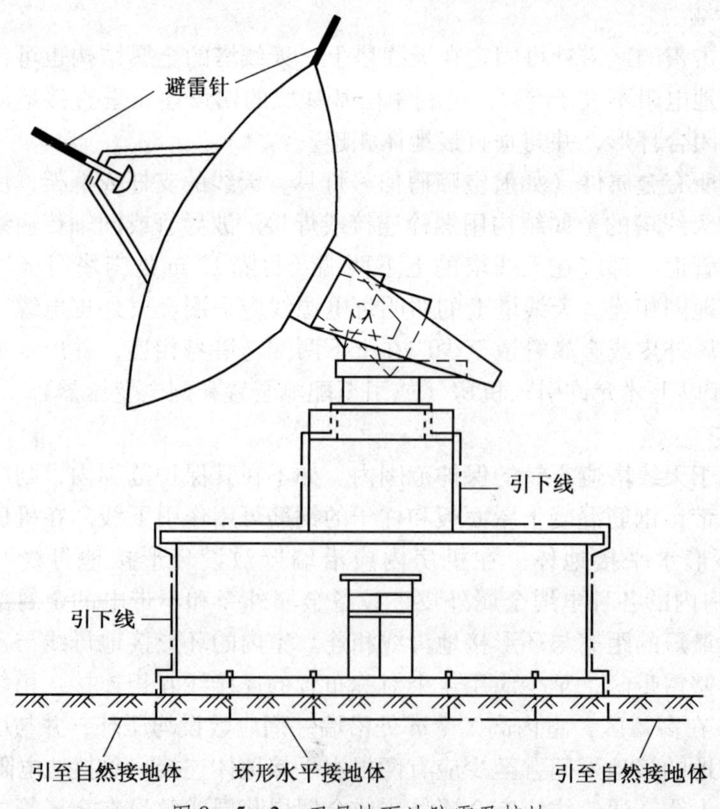

图 8－5－2 卫星地面站防雷及接地

（三）广播发射台的防雷

中波无线电广播电台的天线塔对地是绝缘的，一般在塔基设有球形或针板形间隙。接地装置采用放射形低电阻接地体，接地电阻不大于0.5 Ω，如图8－5－3所示。

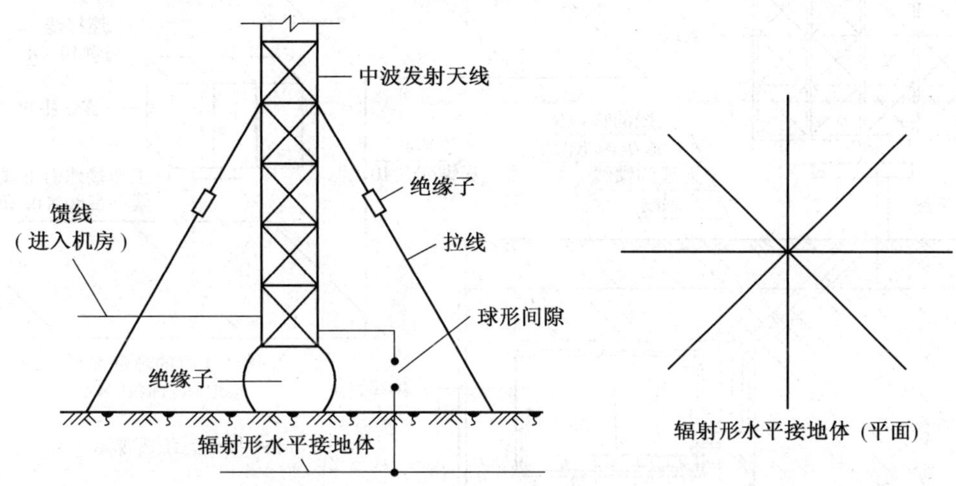

图8－5－3　中波发射塔防雷接地

发射机房采用避雷针或避雷网防直击雷。接地装置采用水平接地体围绕建筑物敷设成闭合环形，接地电阻不大于10 Ω。发射机房内高频、低频工作接地母线采用120×0.35 mm^2 紫铜带，机架用40×4 mm^2 的扁钢接到环形接地体上，如图8－5－4所示。

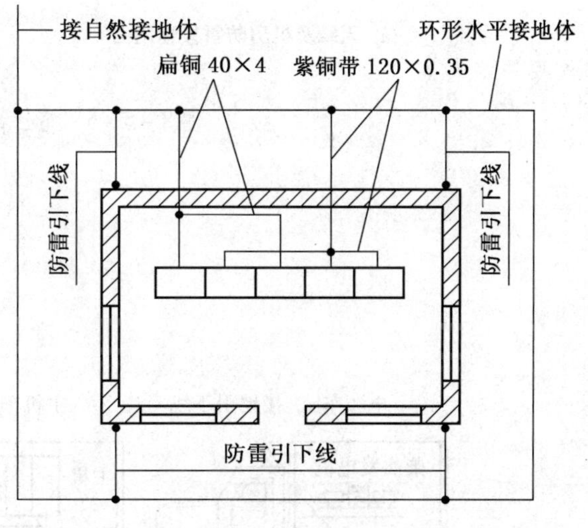

图8－5－4　中波发射机房防雷接地

（四）雷达站的防雷

雷达站的天线本身可作为接闪器。天线与支架直接接地，可与雷达主机工作接地共用接地体。接地体为闭合环形，其接地电阻不大于1 Ω。引入雷达主机的电源线、伺服机构电源线、天线的馈线、控制线均需埋地敷设，如图8－5－5所示。

（五）测试调试场的防雷

雷达试验场中埋设环形水平接地体，接地电阻不大于4 Ω，在地面上应留出接地端子。各种专用车辆的工作接地、保护接地、电源电缆金属外皮及馈线屏蔽层外皮，均用接地线以最短距离与接地端子相连，如图8－5－6所示。

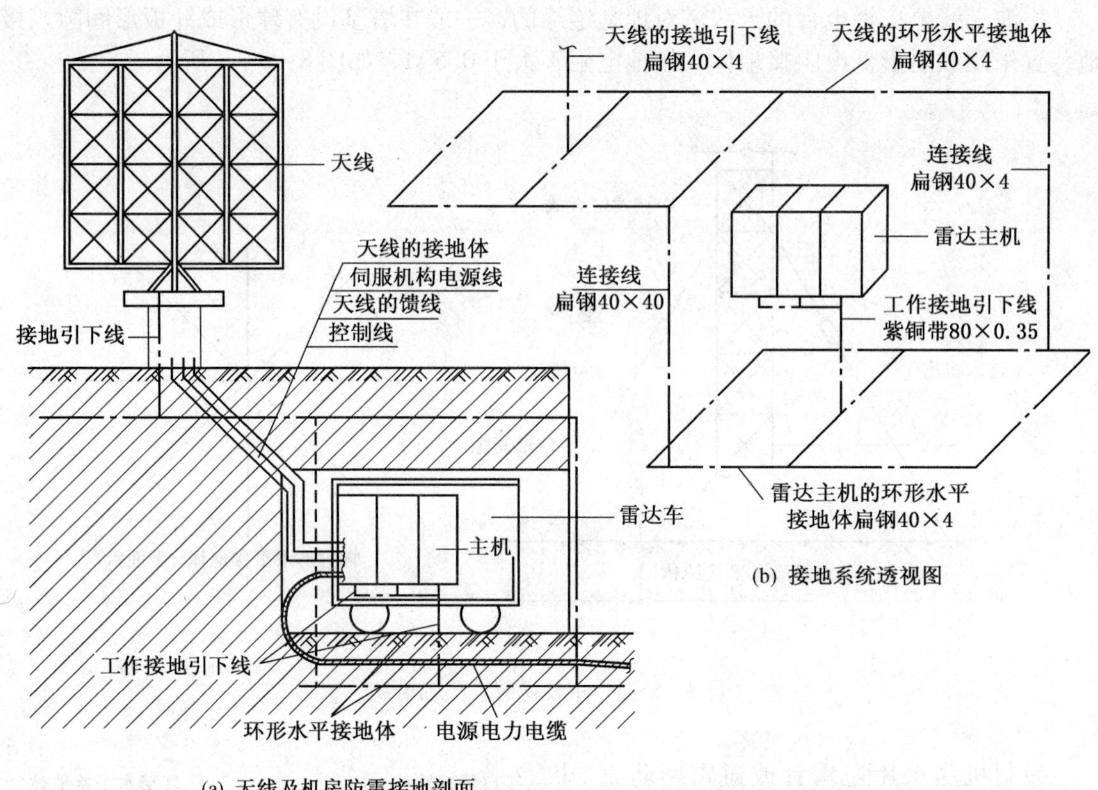

(a) 天线及机房防雷接地剖面　　(b) 接地系统透视图

图 8-5-5　雷达站的防雷接地

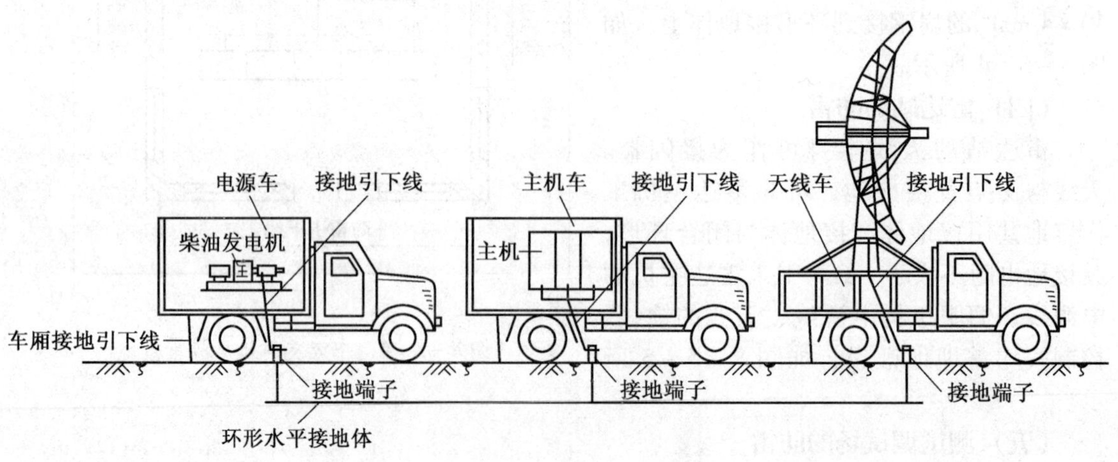

图 8-5-6　测试调试场防雷接地

二、特殊电气设备的接地

(一) 电子计算机接地

1. 电子计算机接地的种类

(1) 逻辑接地。在电子设备的信号回路中，其低电位点要有一个统一的基准电位，把这个点进行接地叫逻辑接地，简称逻辑地。其目的是使计算机电路有一个统一的基准电位，但此基准电位不一定就是大地的零电位，而只是一个等电位面。

(2) 功率接地。电子设备中的大电流电路、非灵敏电路、噪声电路等，如电子计算机机柜上的继电器、风机、指示灯，交、直流电源电路都需接地，这种接地称为功率接地，简称功率地。交、直流电路分开接地时，则分别称为交流功率地和直流功率地。

(3) 安全接地。为了人身和设备安全，把正常运行时的不带电的设备金属外壳如机柜外壳、元件外壳、面板等接地，这种接地称为安全接地，简称安全地。

在做计算机产品设计时，其接地方式就已被确定了。在做计算机接地设计时，可根据产品说明书将机柜上预留的接地端子进行接地。

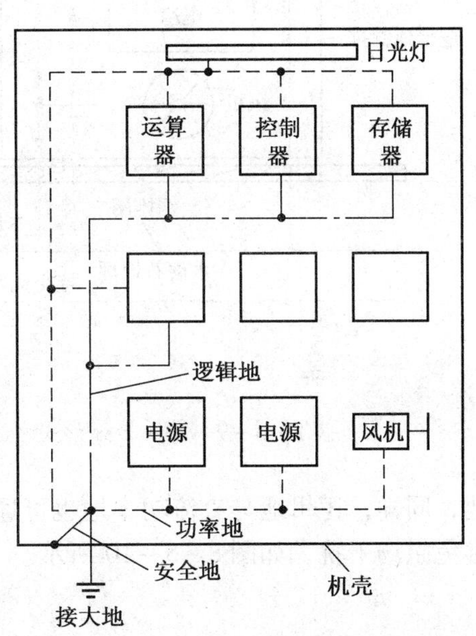

图8-5-7 小型计算机接地系统

2. 计算机接地系统

1) 混合接地系统

小型计算机内部的逻辑地、功率地、安全地，在柜内已接到同一个接地端子上。因此在做机房接地设计时，只要从这个端子上引出接地线接至接地装置即可，如图8-5-7所示。

2) 悬浮接地系统

(1) 在电路设计上，不是以“地电位点”作为各电路统一的基准电位，而是各个悬浮电路分别有各自的基准电位。各个悬浮电路之间，依靠电感线圈（变压器）的磁场耦合来传递信号，所以各悬浮电路之间在电路上是保持严格隔离的，如图8-5-8所示。所以整个设备包括机壳都是与大地绝缘隔离的。在大型电子计算机中，难以满足足够高的绝缘性要求，所以也就难以保证真正的悬浮接地。在悬浮接地系统中，由于故障而出现的高电位存在于悬浮部分和邻近的其他接地点之间，这对计算机会产生干扰。如故障出现在机柜上，此时出现的高电位对人身安全也十分不利。

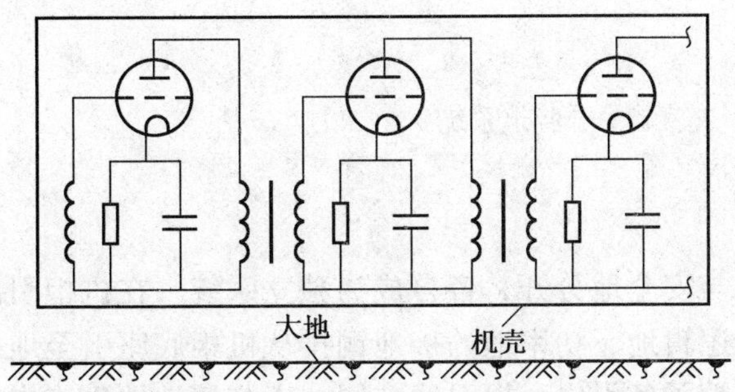

图8-5-8 悬浮接地形式之一

(2) 计算机各机柜内的逻辑地和

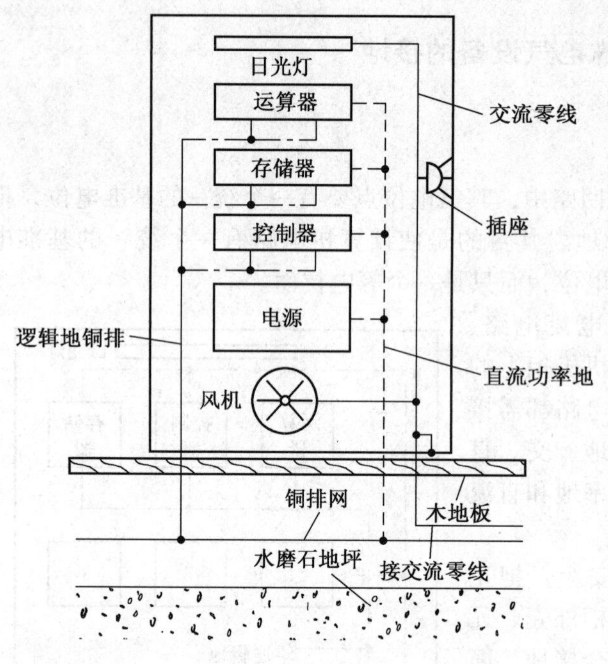

图 8-5-9　悬浮接地形式之二

直流功率地以及安全地都直接接到木地板下与大地绝缘的铜排网上，机柜上的日光灯、风机、插座及中频电源等接零线并与机柜绝缘。这种悬浮接地形式是将机柜固定在木地板上的，当空气干燥时，积聚在机柜上的静电荷对某些低电位点放电而对计算机的运行产生干扰。因此机柜框架应接在交流地上而与直流地、逻辑地分开，如图 8-5-9 所示。这样，如果机柜上有静电荷即可导入地中。而且在集成电路计算机中，直流电压和逻辑电位都不很高，即使与机柜相碰也无危险。

3）交直流分开接地系统

这种系统是逻辑地与直流功率地合接在一起接在接地网上，接地电阻不大于 4 Ω。机柜和交流功率地共同接地，同样，逻辑地与直流功率地也可通过电容器与交流功率地接在一起。这两种做法都可避免磁场干扰，如图 8-5-10 所示。

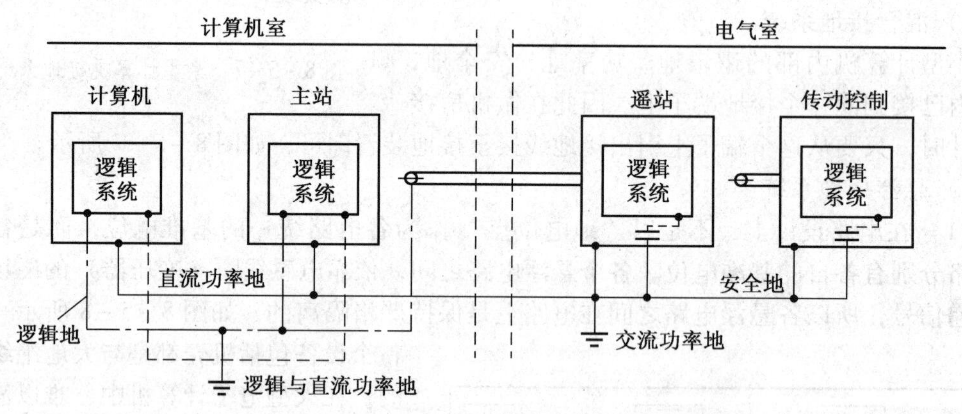

图 8-5-10　交直流分开接地系统

4）一点接地系统

此系统是在机柜中将逻辑地、功率地与安全地分开，各自成为独立系统。在机柜引出三个相互绝缘的接地端子或者铜排，其中逻辑地、功率地的接地铜排从机柜底座引至地板下的铜排网，然后从铜排和机柜其他接地端子各引出一根引线在同一点与接地体相连。接地电阻不大于 4 Ω，如图 8-5-11 所示。此种接地系统的优点是，逻辑地有一个统一的基准电位，减少了相互干扰，保证了安全，而且也泄漏了静电荷。

3. 逻辑地母线计算

在机柜中有若干逻辑门接在逻辑地母线上，成为树干式接地系统，如图 8－5－12 所示。

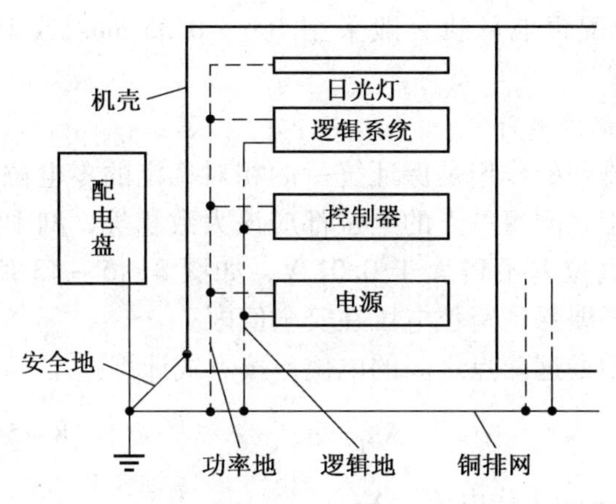

图 8－5－11 一点接地系统

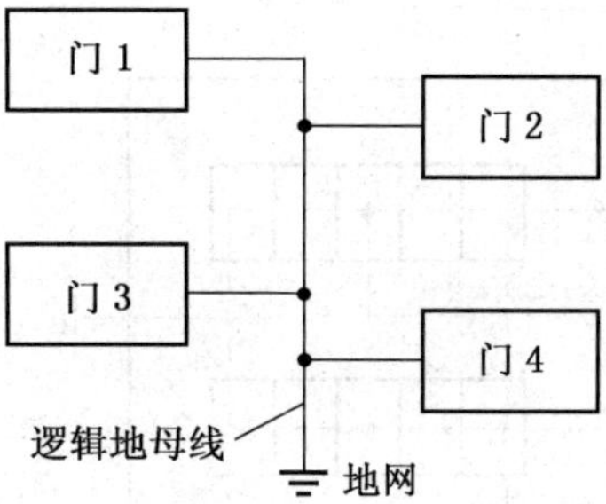

图 8－5－12 树干式接地系统

由于有逻辑地母线公共阻抗存在，一个迅速转换的门，能够在接地通道中产生一个感应电压 Δu，它将对另一个门产生一个寄生的输入信号，使另一个门工作失常。不同计算机的不同门对接地母线的要求也不一样，一般就是要限制 Δu，其计算公式如下：

$$\Delta u = L\frac{\mathrm{d}I}{\mathrm{d}t} < u_{\mathrm{j}} \tag{8-5-1}$$

式中 Δu——接地通道中产生的感应电压，V；

L——逻辑地母线上的电感，H；

$\frac{\mathrm{d}I}{\mathrm{d}t}$——门的变换速率；

$\mathrm{d}I$——脉冲信号电流变化增量，A；

$\mathrm{d}t$——上升时间增量，s；

u_{j}——门要求最小的寄生电压，V。

逻辑地母线电感的计算公式如下：

$$L = L_0 l_{\mathrm{m}} \tag{8-5-2}$$

式中 l_{m}——从地网铜排至机柜最下边一个门的逻辑地母线长度，m；

L_0——逻辑地母线单位长度电感，H/m。

对于圆铜导线
$$L_0 = 2\times10^{-7}\ln\frac{4l_{\mathrm{m}}}{d} \tag{8-5-3}$$

铜排
$$L_0 = 2\times10^{-7}\ln\frac{2\pi l_{\mathrm{m}}}{a+b} \tag{8-5-4}$$

扁钢
$$L_0 = 2\times10^{-7}\left(\ln\frac{4l_{\mathrm{m}}}{b}-1\right) \tag{8-5-5}$$

式中　d、a、b——逻辑地母线的直径（圆铜）、宽度、厚度（铜排、扁钢），m。

因此，铜排截面的尺寸可按下式确定：

$$\ln(a+b)=\ln 2\pi l_{\mathrm{m}}-\frac{5\times10^{6}u_{\mathrm{j}}}{l_{\mathrm{m}}\dfrac{dI}{dt}} \tag{8-5-6}$$

运行经验证明：由机柜接至铜排网的逻辑地母线一般采用 $100\times0.35\ \mathrm{mm}^2$ 或 $100\times0.5\ \mathrm{mm}^2$ 两种铜排是合适的。

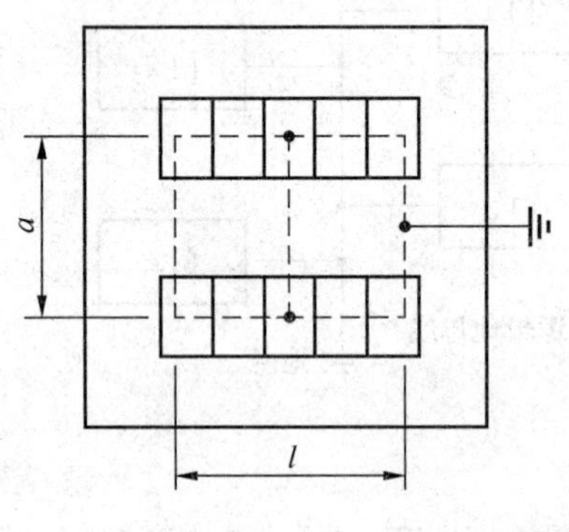

图 8-5-13　铜排网格图

4. 铜排网计算

铜排网的作用是保证统一的相对稳定的零电位。室内各机柜之间每一点的电位都应该大致相等，网中最远两点间电位差不得大于 0.01 V，如图 8-5-13 所示。此外，还要保证跨位电压在安全值内。

网中最远两点之间的电位差按下式计算：

$$\Delta u=I\rho_{\mathrm{t}}\frac{l}{S} \tag{8-5-7}$$

式中　I——工作电流，A；

ρ_{t}——铜排的电阻率，0.0179 $\Omega\cdot\mathrm{mm}^2/\mathrm{m}$；

l——铜排网最远两点间的距离，m；

S——铜排的截面积，mm^2。

例如，某计算机房盘长 50 m、宽 20 m，地网铜排采用 $100\times0.35\ \mathrm{mm}^2$ 的紫铜排，工作时最大信号电流为 100 mA，则最远两点之间的最大电位差为

$$\Delta u=0.1\times0.0175\times\frac{50+20}{100\times0.35}=0.0035\ \mathrm{V}$$

由此可见基本上为零电位。

按短路电流最严重的情况下，短路电流为 60 A 校验跨步电压，计算结果为跨步电位差 0.03 V，对人身没有危险。

在计算机逻辑地中，由于电流的变化在铜排网中有自感电势产生，其自感电势按最远两点之间计算，从防止干扰出发，其自感电势的瞬时值要求不大于 1 V，故一般采用 0.6 m×0.6 m 的网格，也可按机柜布置的位置敷设铜排网。这样可以减少引线的长度，比较容易满足要求。具体做法如图 8-5-14 所示。

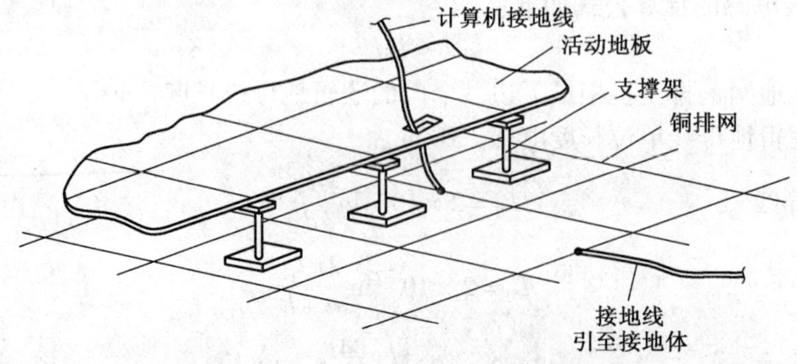

图 8-5-14　计算机铜排网图

（二）电子设备接地

电子设备接地是为了保证设备和人身安全，也就是上述的“安全地”。其次是为了电子设备工作时有一个统一的电位参考点和防止外界电磁场的干扰。

1. 电子设备接地的种类

电子设备接地的种类和电子计算机接地的种类一样，也分逻辑地、功率地和安全地三种。

2. 电子设备接地系统

（1）辐射式接地系统。把电子设备中的信号地、功率地、安全地分开敷设的接地引下线，接至电源室的接地总端子板，在端子板上信号地、功率地和安全地接在一起再引至接地体，如图8－5－15所示。安全地也可直接接零。这种接地系统将三种接地在盘上或仪器中相互分开，能避免电源接地回路的干扰信号回送至信号电路中而引起干扰。这种接地系统叫一点接地，多用在低频回路中。

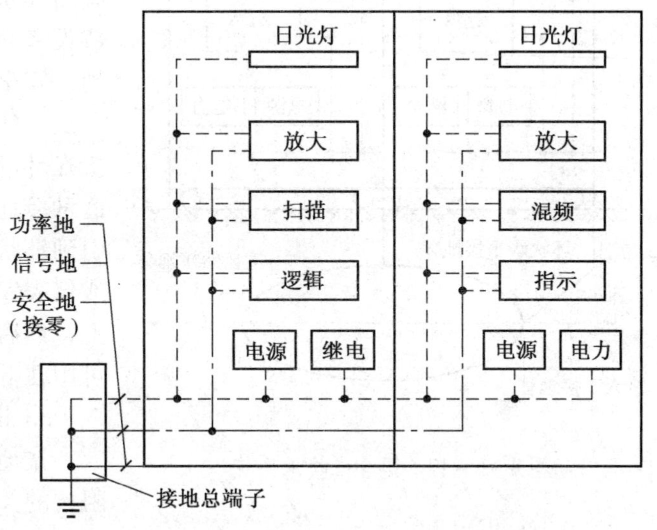

图8－5－15　辐射式接地系统

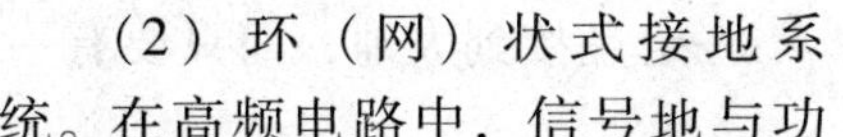

（2）环（网）状式接地系统。在高频电路中，信号地与功率地、安全地无法分开，因为频率高，耦合电容的增加，高频干扰信号在分开的地线中同样可以耦合过去，所以在高频电子设备中，信号地、功率地、安全地都接在一个公用的环状接地母线上，如图8－5－16所示。此种接地系统也叫多点接地，常用在高频回路中。环

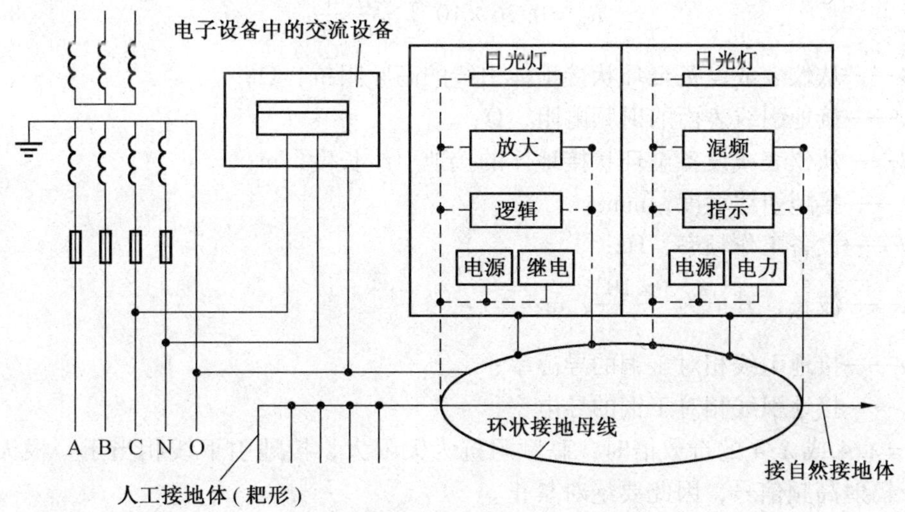

图8－5－16　环状式接地系统

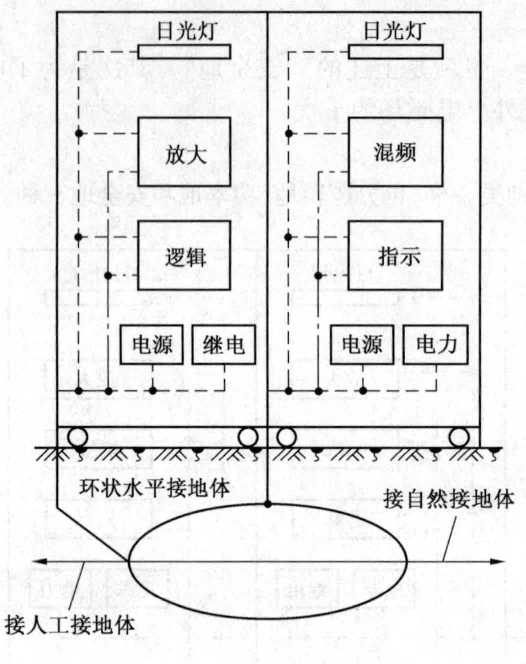

图 8-5-17 混合式接地系统

状接地母线的地点可视具体情况而定，可设置在电源室或地下室以及其他单独房间。有些无线电车间调试室内，为了做试验，也可在实验室内设置环状接地母线。

(3) 混合接地系统。把辐射式接地系统与环状式接地系统相结合，即在电子仪表或设备内用辐射式接线，把信号地、功率地、安全地分开，在机壳或仪表壳上汇接在一点，然后把几个电子仪表或设备的汇接点接在环状接地体上，如图 8-5-17 所示。此种接地系统在盘或机壳上有总接地端子，引到环状接地体上要用短、直扁平线。当盘或仪表安装在楼上时，亦可接在总接地端子上，然后引至地下的环状接地体。此种系统可用在低频与高频之间。

3. 接地系统的选择

接地系统的选择，主要考虑频率和地线阻抗的关系。因为在高频回路中，地线选择不当，就相当于一个接收天线，所以要考虑高频时阻抗的大小，以便把干扰的高频信号引到地中，而且要求接地母线电位差小。电子设备的接地，不一定是接到大地，而只要有一个等电位面，接在机壳、底座、环上均可。

上述三种接地系统的选用可根据下式确定：

$$Z = R_{rf}\sqrt{1 + \left(\tan 2\pi \frac{l}{\lambda}\right)^2} \tag{8-5-8}$$

$$R_{rf} = 0.26 \times 10^{-6}\sqrt{\frac{\mu f}{G}}\frac{l}{b} \tag{8-5-9}$$

式中 Z——从仪表或设备至环状接地体引线的高频阻抗，Ω；

R_{rf}——接地引线表面的射频电阻，Ω；

l——从仪表或设备至环状接地体的接地引线长度，m；

b——接地引线宽度，mm；

f——设备工作频率，Hz；

λ——波长，其值为$\frac{3\times10^3}{f}$，m；

μ——接地引线相对于铜的导磁率；

G——接地引线相对于铜的导电率。

当 $l=\lambda/4$ 或 $\lambda/4$ 的奇数倍时，高频阻抗为无限大，接地引下线相当于一根天线，可以接收或辐射高频信号，因此要绝对禁止。

当 $l<\frac{\lambda}{20}$，$Z\approx R_{rf}$，频率在 1 MHz 以下时，一般采用辐射式接地系统。

当 $l > \frac{\lambda}{20}$，频率在 10 MHz 以上时，一般采用环状式接地系统。

当 $l = \frac{\lambda}{20}$，频率在 1～10 MHz 之间时，采用混合式接地系统。

在实际工作中可根据接地引线长度和电子设备工作频率 f 查图 8－5－18，来选择接地系统的形式。

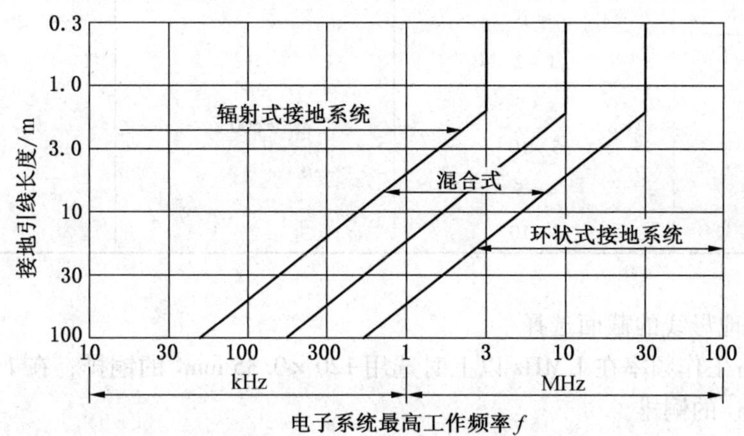

图 8－5－18　接地系统形式选择

4. 接地电阻最大允许值及计算

电子设备接地电阻一般为 4 Ω，如果与防雷接地系统共用接地体时，其接地电阻为 1 Ω。接地引下线的阻值由各种电子设备的灵敏电压所决定，其长度根据波长而定。有关计算如下：

1）信号地接地引下线截面选择

接地引下线宽度为

$$b = \frac{0.26 l R_{l2} u_1 \sqrt{f} \times 10^{-8}}{u_i (R_{g1} + R_{l1})(R_{g2} + R_{l2})} \tag{8-5-10}$$

式中　$l = n\lambda + \Delta l$，Δl 取小于 $\frac{\lambda}{20}$；

n——自然数；

λ——波长，m；

f——设备工作频率，Hz；

u_1——电子设备的额定直流电压，V；

u_i——电子设备要求的灵敏电压（灵敏度），V；

R_{g1}、R_{l1}——接地线连接的大电流低阻抗电路的电子设备中的信号源阻抗和负载阻抗，Ω；

R_{g2}、R_{l2}——接地线连接的高阻抗电路的电子设备中的信号源阻抗和负载阻抗，Ω。

式（8－5－10）适用于接地引下线为铜母线$\left(\text{采用钢母线需乘以}\sqrt{\frac{\mu}{G}}\text{系数}\right)$。同时取

$l = n\lambda + \Delta l$，而 Δl 小于$\frac{\lambda}{20}$时此时才成立。

信号地接地引下线铜母线宽度具体选择时见表 8－5－1。

表 8－5－1　信号地接地引下线铜母线宽度选择表（厚度为 0.35～0.5 mm）

电子设备灵敏度/μV	接地引下线长度/m	适用设备工作频率/kHz	铜母线宽度/mm
1	<1	>500	120
1	1～2		200
10～100	1～5		100
10～100	5～10		240
100～1000	1～5		80
100～1000	5～10		160

2）环状接地母线的截面选择

当电子设备工作频率在 1 MHz 以上时选用 $120 \times 0.35\ \text{mm}^2$ 的铜排，在 1 MHz 以下时选用 $80 \times 0.35\ \text{mm}^2$ 的铜排。

3）接地体形式的选择及波阻抗的计算

电子设备的人工接地体，当与防雷接地体分开时，一般是采用环状接地体及耙形接地体，主要原因是利用导线和地之间的电容，形成低的波阻抗。耙形或星形接地体波阻抗的计算公式如下：

$$z = \frac{R_g X_c \sqrt{R_g^2 + X_c^2}}{R_g^2 + X_c^2} \tag{8-5-11}$$

耙形或星形接地体的接地电阻和对地容抗为

$$R_g = \frac{\rho}{2\pi l} \ln \frac{6700 l^2}{hd} \tag{8-5-12}$$

$$X_c = \frac{1.43 \times 10^9}{f \varepsilon_r l} \ln \frac{4h}{d} \tag{8-5-13}$$

式中　z——耙形或星形接地体的接地阻抗，Ω；

R_g——耙形或星形接地体的接地电阻，Ω；

X_c——耙形或星形接地体的接地容抗，Ω；

ρ——土壤电阻率，Ω · m；

ε_r——土壤相对介电常数，$\varepsilon_r = 50\sigma^{1/5} = 50\left(\frac{1}{\rho}\right)^{1/5}$，一般为 1～80；

f——电子设备工作频率，Hz；

l——耙形或星形接地体总长度，$l = n_z l_z$，m；

n_z——支线数量；

l_z——支线长度；

d——接地体直径或等效直径，m；

h——接地体埋设深度，m。

在实际工作中接地波阻抗可由图 8－5－19 中的曲线查得。

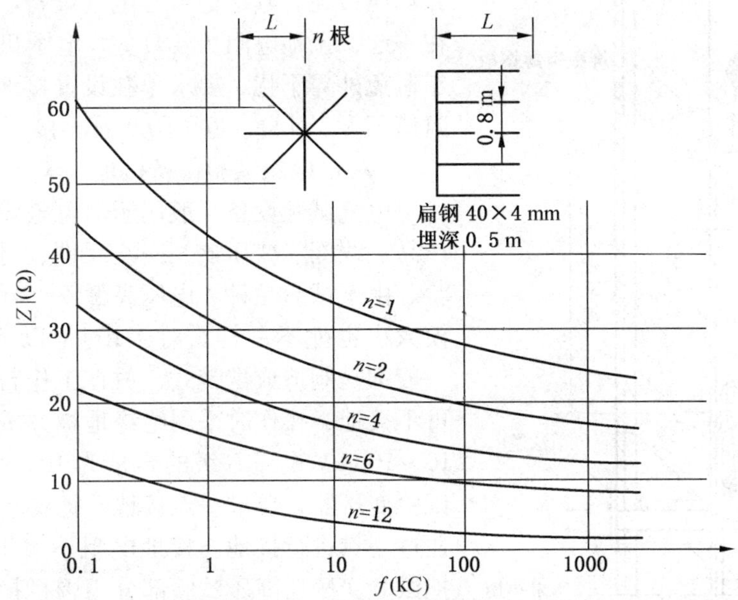

图 8－5－19　接地体波阻抗与电子设备工作频率的关系曲线

电子设备的接地体与防雷引下线相连时，可采用图 8－5－20 所示的环状接地系统。

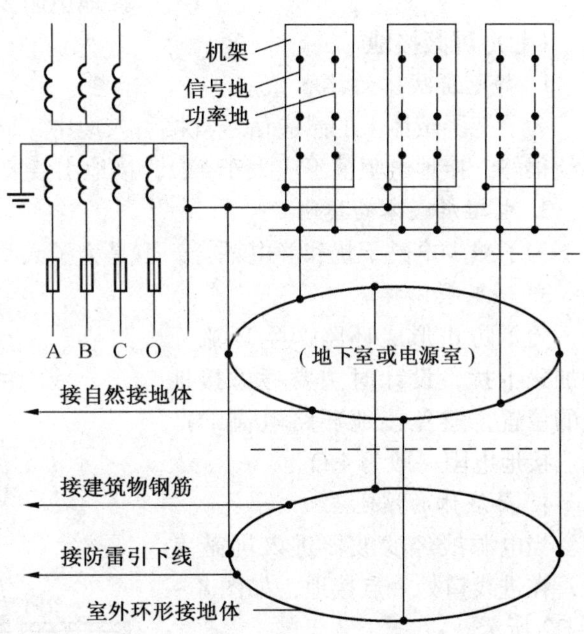

图 8－5－20　电子设备与防雷引下线共用接地体时的环状接地系统

(三) 高频电热设备接地

高频电炉一般在 30 kW 以上就要安装在屏蔽室内，电源进线入屏蔽室就要装设电源滤波器。在装电源滤波器处应进行一点接地，接地电阻不大于 4 Ω，接地形式如图 8－5－21 所示。

对于 30 kW 以下的高频电炉是否需要屏蔽室，应根据厂内测试仪器设置和民航局的要求而定。当不设屏蔽室，高频电炉应接零。

(四) 一般电子仪表接地

一般工业电子电路实验用的电子仪表，应采用接零，但交流与直流的接地要分开，以防焊接时烧毁晶体管。

(五) 电子医疗设备接地

电子医疗设备如 X 光机、心电图机、脑电图机等内都有电子元件，电子电路接地都是接在机壳上，保证有统一的基准电位，然后从机壳上接地。X 光机各部件之铁皮、操作

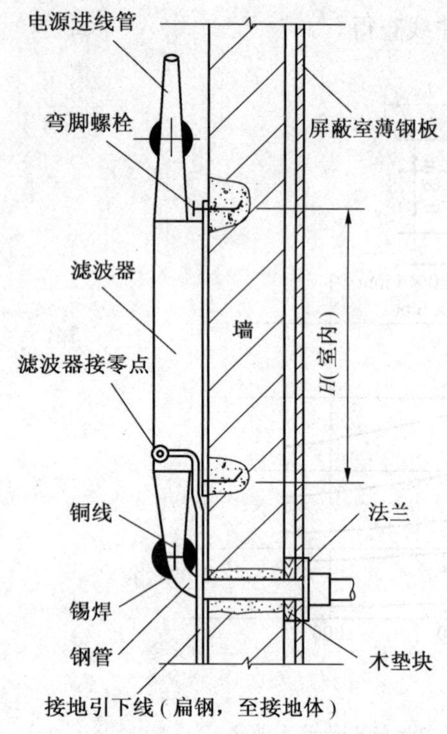

图 8-5-21 高频电热设备接地

台、高压电缆金属护套、电动床、管式立柱等的铁壳均应接地，其接地可与电气设备、管道接地连接在一起，接地电阻为 4 Ω。心电图机和脑电图机为了避免外界干扰，要求单独设置接地装置，接地电阻值不大于 4 Ω，也可与水管相接。

（六）电气试验设备接地

电气试验设备一般用于对电气设备、电子电气产品、线圈、变压器及一些元件、材料进行耐压试验。由于试验品种、电压高低不一样，实验室的规模大小也就不一样。对于10 kV 以下的高压试验，一般都是制造成携带式，放在工作台上，这种设备可不接地，操作时采用绝缘地板并戴绝缘手套。对 10～100 kV 电压等级的容量为 10 kVA 以下的高压试验变压器，要求一点接地，把要求接地的部位都通过一点进行接地，接地电阻不大于 4 Ω。此时要把试验变压器高压试验部分用围栏拦起来，并用门开关和脚踏零位开关进行连锁，操作人员在围栏外边进行操作。对于 100 kV 以上大型高压试验设备，接地电阻要求较严，而且要求采取均压措施。

（七）屏蔽接地

1. 静电屏蔽体的接地

为了把屏蔽体上的感应信号直接引入地中，同时减少分布电容的寄生耦合，此时接地必须很好，接地电阻值不应大于 4 Ω，接地引线要短、直、宽。

2. 电磁屏蔽体的接地

为了减少电磁干扰和静电耦合，也是为了人身安全，接地电阻值一般为 4 Ω。

3. 磁屏蔽体接地

为了防止形成环路产生环流而增加磁干扰，设计时主要考虑接地点的位置，避免接地环路电流的产生。接地电阻一般为 4 Ω。

4. 屏蔽体的接地点

当电源线经滤波器进入屏蔽室时，在进线口处一点接地，如图 8-5-22 所示。

5. 电缆屏蔽层的接地

屏蔽电缆在屏蔽体入口处的屏蔽层应接地。若用屏蔽线和屏蔽电缆接仪器时，则屏蔽层应有一点接地和多点接地。屏蔽的双绞线、同

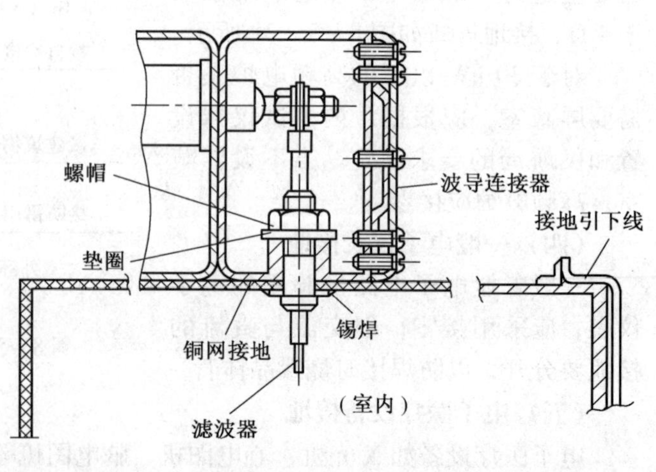

图 8-5-22 屏蔽接地

轴电缆在工作频率小于 1 MHz 时，屏蔽层采用单端接地，防止磁场干扰，如图 8 - 5 - 23 所示。

当频率大于 1 MHz 时，屏蔽的双绞线、同轴电缆的屏蔽层应两端接地，如图 8 - 5 - 24 所示。

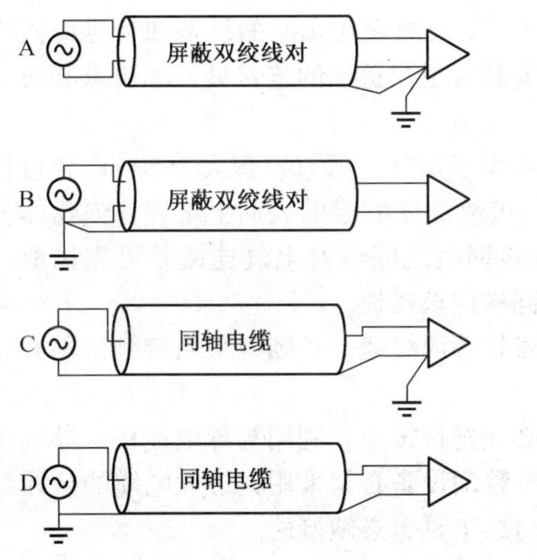

图 8 - 5 - 23　频率在 1 MHz 以下电缆的接地点

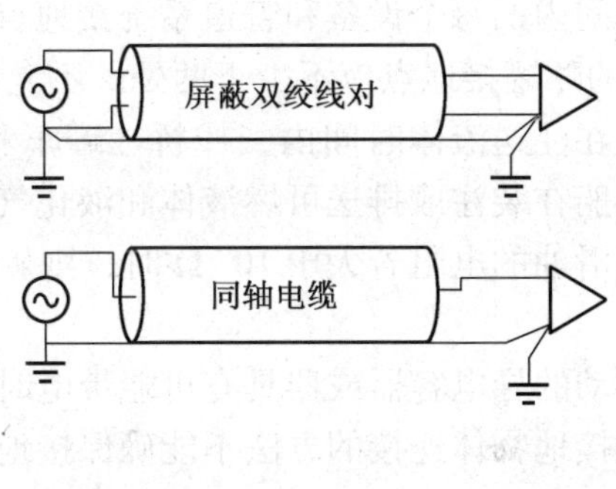

图 8 - 5 - 24　频率大于 1 MHz 时电缆的接地点

（八）防静电接地

1. 静电产生的原因及危害

静电是由于两种物质相互摩擦而产生的。静电电压的大小与接触表面的电介质性质、状态、表面间相互贴近的压力、表面间相互摩擦的速度和它周围介质的湿度、温度有关。静电放电的火花能够引起爆炸和火灾，也是生产人员工伤的原因之一。

2. 消除静电危险的方法

凡使用和制造体电阻系数大于 10^6 Ω · cm 的物质，且属 Q—1、Q—2、G—2 级的爆炸危险和火灾危险的生产场所，应有消除静电的措施。在其他情况下，仅由于静电的影响而对生产操作人员有危险、对工艺过程或产品质量有不良影响时，应采取静电防护措施。其方法有：

（1）设备、线路管道和容器要接地，并保证人体与地经常的接触。

（2）提高空气相对湿度，或掺入抗静电物质来增加设备、容器表面和体积的导电性。

（3）在设备、容器等内部使空气或介质电离。

另外，还要在使用制造过程中防止物质在空气中出现爆炸危险浓度，限制液体流动速度等。

3. 接地

通常，当设备由导电材料制成时（对静电来说不论是固体还是液体，在恶劣的条件下如空气较干燥，其电阻率不超过 10^6 Ω · cm 时均视为导体），采用接地是达到消除静电危险的主要方法。加工材料的体电阻系数，如果是液体不大于 10^{10} Ω · cm 和固体不大于 10^{6} Ω · cm 时，将设备导电部分接地对消除静电危险特别有效。但是在许多情况下，金属器具、贮罐和管道的表面或内壁出现沉淀的非导电物质（胶质物、薄膜、沉渣），接地不但失去效果，反而会使人们错误地产生静电已消除和安全可靠的感觉。使用搪瓷或其他绝缘层的设备时，接地不会消除其危险性。

所有户外装置的管道（在栈桥或地沟中），以及敷设在车间的设备和管道应该连成连续的电路并接到接地装置上。法兰连接的设备和管道与盖顶的连接处，不要求装设分流跨接条，仅在防止雷击时，才装设分流跨接条。

车间内的每个设备和管道系统接地点应不少于两处。所有容积大于 50 m^3 和直径大于 2.5 m 的贮罐接地点应不少于两处。不允许在可燃液体贮罐的表面上熔焊任何物体。铁路油罐车在注送液体时间内，栈桥、罐车和铁路钢轨之间应有电气连接并可靠接地。油罐车、油船在装注或排送可燃液体和液化气时同样应该接地。

润滑油的电阻若大于 10^{6} Ω 时，则旋转部分必须接地，否则应采用接触电刷或导电润滑剂。

移动的导电容器或器具有可能带电时，必须进行接地。利用与导电地板、导电工作台和其他接地物体连接的方法不能确保接地时，移动设备必须采用铜芯软电缆的接地芯线接地。利用工具操作或修理有带电危险的设备时，工具也必须接地。

地面应采用具有一定导电率的材料，例如混凝土、木质板（锯屑和氧化镁水泥制成）、导电橡胶和导电合成树脂等制成，但应注意避免油污染地面。安装在地面下的电极和大地之间的电阻在 10^{6} Ω 以下时，上述地面可以防止带静电，统称导电地板。

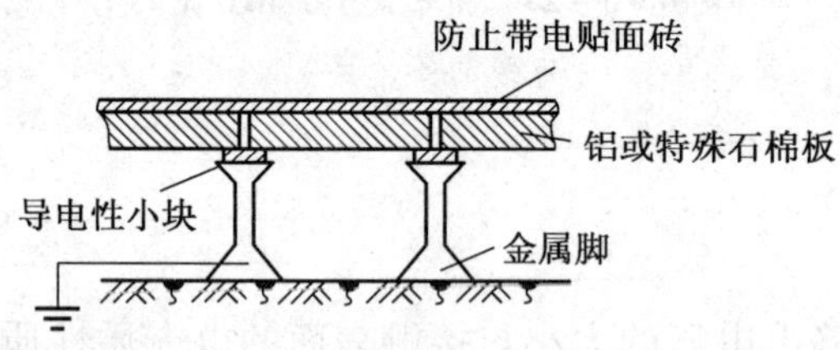

图 8－5－25　防静电导电地板接地

超洁净室、电子计算机室、医院手术室为了消除静电，一般采用导电地板，其接地方式如图 8－5－25 所示。

对静电来说，人即是导体，为消除操作人员所带静电，在危险建筑物内应穿导电靴（例如皮底或导电橡胶底靴）。靴里安装的电极和外部电极之间的电阻小于 10^{6} Ω，大于 10^{4} Ω。

在特殊场合应避免穿丝绸或某些合成纤维（尼龙和贝纶纤维）衣服，并在手腕带接地环，确保接地。从事带电作业的人员及汽油、橡胶溶液的操作人员等不能戴戒指和手镯。在建筑物内，门的把手和门栓必须接地。

4. 接地电阻值

如果在不利条件下，某种物体任何一点的漏电电阻不超过 10^{6} Ω，就认为该物体是静电接地了。接地电阻值一般为 100 Ω，但有的还为了防止电气设备的漏电或雷击的危险，一起加以考虑时，其接地电阻值应在 4 ~ 10 Ω 之间。

5. 接地线

由于静电接地电阻值较大，漏电流又是以微安为单位，所以接地线或连接线，主要从机械强度上考虑，其最小截面为 6 ~ 8 mm^2，一般用绝缘线，对移动设备采用橡皮绝缘软电缆。

接地线的连接，对固定装置采用锡焊、火、电焊或适当的连接零件。对移动装置用钩接型插销或插座，使用颚型夹紧器和磁铁型夹紧器等，接地线的连接严紧松动和断线。若用软橡皮管输送油时，在软橡皮管前端上装有金属的筒口，油从筒口流出，此时必须在筒口处设置盛油用的金属槽，并且金属筒口与金属槽必须进行电气连接。从一个金属容器往另一个金属容器移注油类时，事先要把两个容器进行电气连接并接地。

油罐车在车上用金属链子从车体起直接垂到路面上。

本章编写人：孙惠民　王　维　王业平　薛德强

第九章　矿井地面变(配)电所的管理与电气设备的运行、维护和预防性绝缘试验

第一节　矿井地面变(配)电所的运行管理

一、变（配）电所必须配备的安全绝缘用具和安全设施

（一）必须配备的安全绝缘用具

各种安全绝缘用具必须根据不同的电压等级配备，且经过试验合格后才能使用。通常有如下几种：

（1）绝缘靴、绝缘手套和绝缘台（垫）。

（2）与本变电所电压等级相符的高、低压验电器。

（3）绝缘拉杆。

（4）放电棒及相当数量的接地棒。接地棒若超过两副以上时应编号。

（二）必须配备的安全设施

1. 具有足够数量的消防器材

（1）每个动力变压器室或消弧线圈室、电抗器室、电容器室应配备干粉灭火器 1～2 只。

（2）高压配电室一般可按馈电开关柜数的 10%～20% 配备干粉灭火器，但至少不少于 2 只，且配电室长度超过 10 m 时，应在两端分别设置；小于 10 m 时可在一端设置。

（3）除以上地点外，在总值班室或其附近还应有 4～6 只备用的干粉灭火器。

（4）应配备撒砂器具，且存有干燥黄砂的砂箱或砂袋。存砂量可在 0.5 m^3 左右，若用砂袋每只存砂量为 1～2 kg。设置地点可参考灭火器的设置，但应不少于 2 处。

2. 有可靠的通信设备

变（配）电所与集团公司电力调度室，以及上一级变电所应有专用录音电话，若该变电所还兼作井口变电所，则还应与主通风机房、井下中央变电所有直通电话，与矿生产调度室有直通录音电话。

3. 有相当数量的各类标志牌

各变（配）电所内及与之相连接的输配电线路，要经常进行各种电气检修、试验等工作，为保证这些工作能安全顺利地进行，必须配备各类标志牌。标志牌的具体要求见表 9－1－1。

表9-1-1　变（配）电所常用标志牌的规格要求

名　称	内　容	使用范围或悬挂位置	基本式样		
			尺寸/（mm×mm）	底板颜色	字　样
警告牌	禁止合闸，有人工作	停电后一经合闸即可送电到施工设备的断路器或刀闸的操作把手上	250×150	白底	红色仿宋体字
	止步，高压危险	1. 在施工地点或正常运行的设备上，防止人员接近带电设备的防护遮栏上 2. 在高压试验的作业区和有带电设备而禁止通行的过道上	250×155	白底	黑色仿宋体字，有红色电力符号
配电盘标志牌和责任牌	配出线路（用户）名称、配电盘编号、断路器额定电流、CT比、维修负责人	各配电盘操作机构上方	120×50	白底	红色仿宋体字
35 kV以上主变压器标志牌	变压器运行编号、容量、变压器油号、电压调节开关运行位置	变压器外壳，靠近铭牌处	250×125	白底	红色仿宋体字
35 kV以上断路器	断路器运行编号、CT运行变比	断路器机架，靠近铭牌处	250×125	白底	红色仿宋体字
对牌送电命令牌	可送电（牌子上要有编号）	适用于不执行电气工作票的情况下，作为工作结束许可送电的凭证，挂在停电检修的馈出柜上	220×80	黄底	红字

4. 有防止小动物进入的设施

（1）新建的变（配）电室在投运前，必须对电缆沟口及其他孔、洞进行封堵处理，防止小动物窜入。通向变电所外部开启的窗及自然通风、机械通风孔洞，也包括架空线路、电缆进出口线路的穿墙透孔和保护管都应用金属网或建筑材料封闭。

（2）变（配）电室门窗应采用非燃材料，保持完好，关闭严密，门应向外开启，并加设防鼠板。

（3）因施工需要在变（配）电室墙开孔、洞和进行开关柜试验、检修作业时，要及时采取防小动物进入的临时措施，施工结束所开孔、洞应及时封堵。

（4）高压电气设备的间隔、护网、门应保持完好。

二、变（配）电所应建立的各种规章制度

（一）变（配）电运行人员的岗位责任制

（1）必须通晓和严格执行本岗位的各项规章制度。认真填写好各种记录，严禁在班上做与本职工作无关的事。

（2）熟悉本岗位设备的主要性能和各种安全装置、安全用具的使用方法。熟悉变电所的供电系统情况及运行方式。

(3) 爱护设备，保证一切设备、仪表等处于完好状态，切实做好运行管理工作。

(4) 保持好材料、工具、备品、配件的齐全，认真做好环境的整洁工作。

(5) 提供检修项目，参加设备检查、检修和验收工作。

(二) 交接班制度

(1) 接班人员应提前15 min到达工作地点，在现场办理交接班手续，交班人员发现接班人员醉酒和精神不正常，或不是规定的接班人员时，应拒绝交班，并向领导汇报。

(2) 在交接班过程中发生事故或异常情况时，应由交班人员负责处理，接班人员可协助处理，当事故处理告一段落时，再进行交接班。

(3) 交班人员应向接班人员交代如下情况：

① 系统的运行方式，当班期间设备的继电保护、自动装置的运行、检修情况，以及发生、发现的一切问题，采取的措施等。

② 各种记录和有关技术资料的填写情况、齐全程度。

③ 各种用具、工具、备品、配件、材料、钥匙等的使用和变动情况。

④ 设备状态、环境卫生、通信设施及其他有关事项等。

(4) 接班人员应对如下情况进行检验：

① 核对模拟盘或微机监控系统图是否与设备的实际位置相符。要对上一班操作过的设备进行现场检查。

② 了解继电保护的运行和变更情况，了解对信号及自动装置按照规定进行试验的情况。

③ 了解设备的检修工作情况，检查设备上的临时安全措施是否符合规定。

④ 审查各种记录及工具、仪表、备品、配件的在籍情况。

⑤ 检查直流系统的运行情况及设备、环境的卫生情况。

(5) 以上各种交接项目完毕后，填写好交接班记录，并经双方共同签字后交接才算完毕，交班人员方可离开工作岗位。

(三) 巡回检查制度

对电气设备巡回检查的目的是：为了掌握设备的运行情况，监视设备的薄弱环节，及时发现或消除设备的隐患，保证设备安全运行，所以运行人员应认真执行巡回检查制度。

各变（配）电所应根据本所的具体情况，绘制巡回检查图，在图中标明检查路线。巡检人员严格按图巡检。

1. 巡回检查时应遵守的规定

(1) 巡检时，人体与带电体的间距应大于最小安全距离，禁止触摸带电高压设备的绝缘部分，禁止越过安全遮栏巡检。

(2) 巡检人员在巡检开始或终了时，均应通知当班人员。

(3) 巡检时可一人进行，但只能做巡检工作。

(4) 巡检中所发现的缺陷，尤其是威胁设备安全运行的情况应立即向有关负责人或单位汇报。

2. 巡检周期和方法

(1) 凡有人值班的变（配）电所每班至少巡检一次。如负荷有异常变化，天气变坏、运行方式变更、设备有薄弱环节等特殊情况，可有针对性地适当增加巡检次数。

（2）巡检中应精力集中、认真、细致，主要依靠听、看、摸（指摸的外壳已接地，且人身与带电体的安全距离符合规定）等方法来发现设备、保护装置等存在的缺陷和异常情况。

3. 巡检内容

1）综合检查项目

（1）所有电气设备的瓷质绝缘部分应清洁、无裂纹、无放电痕迹及机械损伤。

（2）充油设备应不漏油、不渗油，油标清晰、油面正常，油质合格，油色正常。

（3）导线应无松股、断股、弛度过紧过松等异常现象，隔离开关和电气接头无发热现象，温度不超过 70 ℃。

（4）配电盘二次线的仪表、继电器、自动装置及音响信号运行应正常，直流系统绝缘良好。

（5）设备运行声音正常，不应有异常杂音。

（6）接地部分应紧固无松动。

2）特殊检查项目

（1）冬季重点检查门窗是否严密，防止小动物进入室内的措施是否可靠。

（2）严寒季节应重点检查充油设备有无油面过低、导线过紧、接头熔雪、瓷头结冰的现象。检查保温取暖装置是否正常。

（3）春季应重点检查架构有无鸟窝。

（4）高温季节应重点检查充油设备有无油面过高、导线过松现象，检查通风降温设备是否正常。

（5）刮风季节应重点检查变电所院内设备附近有无容易刮起的杂物，检查导线摆度是否有过大情况等异常现象。

（6）雨季时应重点检查房屋有无漏雨、基础有无倾斜下沉、排水沟眼水流是否畅通、排水设备是否良好。

（7）雷雨后应重点检查避雷器的动作情况。

（8）大雾、霜冻季节和污秽地区应重点检查设备瓷质绝缘部分的污秽程度，检查设备的瓷质绝缘有无打火、放电、电晕等异常情况。

（9）高峰负荷期间应重点检查各路负荷电流是否超过最小载流元件的允许电流，检查较小载流元件有无发热现象。

（10）事故发生后应重点检查信号和继电器的动作情况，检查拉合指示是否与实际相符；检查事故范围内的设备情况，如导线有无烧伤、断股，设备的油位、油色、油质是否正常，有无喷油现象，瓷瓶有无烧闪、断裂等情况。

（11）在 35 kV 和 6.3 kV 小接地电流系统中，当发生单相接地时，应检查各支持瓷瓶、套管、电缆头等有无闪络、烧伤和击穿现象，各带电部分与地之间有无杂物连接，各导线接头有无松动现象。

3）具体电气设备的检查项目

（1）变压器。

① 一般检查项目：

a. 检查变压器油枕内和充油套管内的油色（如充油套管构造适于检查时），油面的高度和有无漏油。检查变压器上层油温（一般不高于85 ℃）。

b. 检查变压器套管是否清洁，有无破损裂纹、放电痕迹及其他现象。

c. 检查变压器嗡嗡声的性质，响声是否加大，有无异响发生等。

d. 检查冷却装置的运行是否正常，各散热器的阀门应全部开启。

e. 检查电缆和母线有无异常情况。

f. 检查变压器呼吸器内的硅胶是否吸潮至饱和状态。

g. 如变压器装在室内，则应检查门、窗、门闩是否完整，房屋是否漏雨，照明和空气温度是否适宜。

h. 检查防爆管的隔膜是否完整，玻璃上面是否有油。

i. 检查瓦斯继电器的油面和连接油门是否打开。

根据变压器构造特点须补充检查的项目，应在现场规程中规定。

② 电气部门的运行负责人应检查下列各项：

a. 变压器外壳的接地状况。

b. 击穿保险器的状态。

c. 油的再生装置和过滤器的工作状况。

d. 油枕的集泥器内有无水和不洁物，若有则应除去。

e. 室内变压器的通风状况。

f. 利用控制油门检查油面计是否有堵塞现象。

g. 呼吸器内干燥剂是否已吸潮至饱和状态。

h. 各种指示牌和相色的漆是否清楚鲜明。

③ 对于强迫油循环水冷式变压器，应检查下列各项：

a. 油冷却器中油压应比水压高（通常应高0.098~0.147 MPa）。

b. 油冷却器的出水口中不应有油，若有油即说明油冷却器有漏油现象。

c. 泵和电动机的轴承必须良好。

④ 对于加压使水循环而使油冷却的变压器应检查下列各项：

a. 保持必要的水压，但不得超过0.196 MPa。

b. 冷却系统不得有冰冻现象，因此在冬季停用的变压器应将冷却系统中尤其是蛇形管中的水全部放出。

（2）仪用互感器。

① 瓷质应清洁无裂纹、无破损及放电现象。

② 充油互感器的油面应适当，油色应正常，无严重渗油、漏油现象。

③ 当线路接地时，应检查供接地监视的电压互感器声音是否正常，有无异味。

（3）断路器。

① 断路器的拉合指示器、指示灯指示应正确，内部无声响，绝缘套管应完整无损。

② 室外操作箱关闭严密，不应进水、进雨。

③ 操作机构各部件的螺钉应无松动，销子无脱落，传动拉杆不弯曲和无脱节等。

④ 少油断路器导电杆和软连接应牢固无损伤，各部分触点无过热现象。

⑤ 油断路器无漏油、渗油现象，油位指示应正常。真空断路器真空度应符合规定。

（4）母线。

① 室内母线无断股，线夹无锈蚀、发热现象，螺钉齐全不松动。支持母线用的绝缘子应清洁、完整、无破损现象。

② 室内母线应清洁无尘土，各接头处螺钉齐全、无松动、无发热现象。支持母线用的绝缘子应清洁、完整、无破损现象。

（5）隔离开关。

① 传动机构无锈蚀、弯曲、变形、脱销现象。

② 刀口接触应良好，无发热现象。

（6）电力电容器。

① 电容器箱体无变形、鼓肚、喷油、漏油等现象。

② 电容器无过热现象，套管的瓷质部分无松动，与母线连接处无发热现象。

③ 接地线应牢固、可靠。

④ 检查电容器的放电用电压互感器指示灯是否良好。

⑤ 检查电容器的保护熔断器是否良好。

（7）限流电抗器。

① 电抗器各接头应接触良好，无发热现象。

② 电抗器的支持瓷瓶应清洁并安装牢固。

③ 垂直布置的电抗器应无倾斜。

④ 电抗器室内应清洁无杂物，门窗应严密，以防止小动物进入。

（8）电力电缆。

① 接头应牢固，电缆头无渗油、放电现象，外皮接地应牢固。

② 电缆不应过负荷运行，监视电缆的允许运行温度。当油浸纸绝缘电缆的额定电压为 35 kV 时，温度不得超过 50 ℃；当额定电压为 6. 3 kV 时，温度不得超过 65 ℃。

（9）直流系统。

① 直流屏上各指示仪表指示正常，各信号显示准确。

② 蓄电池。

a. 蓄电池的液面应在标示线范围内（即高于极板 10 ~ 15 mm），极板颜色正常，无断裂、歪曲，有效物质无严重脱落及短路现象。

b. 蓄电池各连接头应紧密，无腐蚀现象并应涂凡士林油。

c. 电池外壳及极板等附件应完整无损。

③ 充电设备。

a. 硅整流设备的充电电流应正常，整流元件的温度不应超过厂家规定（一般不超过 60 ℃）。

b. 电容储能装置和镉镍电池的浮充系统应在充电位置，并且运行正常。

（10）防雷设施。

① 避雷器的瓷套保持清洁无破损，接地线连接牢固。动作记录器运行可靠。

② 注意避雷针有无倾斜、锈蚀，接地引下线连接是否牢固。

（11）微机保护。

① 投运后注意检查电流、电压、有功功率、无功功率、功率因数显示与实际情况是否一致。

② 检查电压、电流相位是否正确。

③ 检查开关、刀闸状态与实际状态是否一致。

④ 检查装置指示灯是否正常。

⑤ 检查运行灯、跳合闸指示灯、电源灯、通信指示灯是否正常。

⑥ 当运行灯变红色时，检查事件类型，一方面在液晶菜单上显示了事件类型，另一方面可进入事件记录中查看记录。

⑦ 检查液晶显示量值是否正确。

（四）设备缺陷管理制度

（1）设备缺陷管理的范围有：变电所的一次回路设备，二次回路设备（如仪表、继电器、控制系统、信号系统、直流系统等），防雷设施，通信设备及与供电有关的其他辅助设备，配电装置的构架及房屋建筑。

（2）值班人员发现缺陷后，无论消除与否均应做好记录，并向有关领导汇报，在交接班时交代清楚。

（3）对于在检修试验工作中发现的缺陷，未处理的也应做好记录。

（4）电气管理人员对设备缺陷应定期与有关人员共同分析研究，以便找出产生缺陷的原因，提出处理方案，制定防范措施，以提高运行管理水平。

（五）停送电制度和操作规程

1. 对运行操作人员的规定

凡运行操作人员，必须要持有经过专门培训并经考试合格的司机证，否则不准进行操作。

2. 变（配）电所高压设备的倒闸操作

1）正常情况下的倒闸操作

（1）有两名以上专职值班员的变（配）电所，必须执行倒闸操作票制度，其中对设备和系统熟习者作监护人，另一人执行倒闸操作。操作过程中要精力集中，不得做与操作无关的交谈或工作。

（2）有两名兼职或一名专责、另一名兼职值班员的机房配电所（专门向压风机或通风机等馈电的配电所），对本机房内的高压设备进行停送电操作时，应执行本机房内的操作规程，可不按倒闸操作票执行，但必须正确进行倒闸操作。对该配电所内的电源进线、联络开关和馈出电源的操作仍须按操作票执行。

（3）单人值班的变（配）电所的倒闸操作，只能对有断路器的开关柜进行单一操作。当对变（配）电设备或供电线路进行检修时，可由值班员操作，检修负责人监护。

（4）无人值班的变（配）电所在变（配）电设备或供电线路进行检修时，可由检修负责人安排熟悉该供电系统的专人操作，工作负责人监护。

2）特殊情况下的倒闸操作

特殊情况下按科（区）电气负责人或大班长的口头或电话命令及公司电力调度的电话命令执行。受令人即当班值班员复诵无误后，将发令人所说的操作任务、项目、发令时间记入值班记录簿后再执行操作。

3）事故情况下的倒闸操作

在处理事故时可不执行操作票，但执行操作时必须服从总指挥的命令。

3. 操作时的安全规定

操作时必须佩戴绝缘安全用具，操作人员与带电体间的最小安全距离应符合《煤矿安全规程》规定。

用绝缘拉杆拉合刀闸或经传动机构拉合刀闸、断路器时，均应戴绝缘手套；中、小雨天操作室外高压设备时，绝缘拉杆应有防雨罩，还应穿绝缘靴。大雨、雷雨天气时不得进行室外倒闸操作。

4. 操作顺序

在停电操作时，必须按照断路器、负荷侧刀闸、母线侧刀闸顺序依次操作，送电合闸的顺序与此相反。严禁带负荷拉刀闸。

5. 操作前的准备

操作前应根据倒闸操作票所列的顺序先在模拟图板上进行核对性操作，实际操作前必须先核对设备名称、编号，检查断路器、隔离开关的原来位置是否与工作票所写的相符；操作中应认真执行复诵监护制。

6. 操作中应注意的事项

操作中如发现异常现象时，必须立即暂停操作，立即向科（区）电气负责人报告，弄清楚后再进行操作。

（六）事故处理规程

1. 处理事故的要求

（1）发生事故时，值班员必须沉着、迅速、准确地进行处理，不应慌乱匆忙或未经慎重考虑即进行处理，以免事故扩大。

（2）尽力限制事故的发展，找出事故的根源，并消除对人身及设备安全的威胁。

（3）用一切可能的办法保持设备继续安全运行，对重要负荷应保证不停电，对已停电的用户应迅速恢复供电，且首先恢复重要用户的供电。

（4）改变运行方式，使供电尽快恢复正常。

2. 对事故现场人员的要求

在处理事故时，除有关领导和有关人员外，其他外来或无关人员应退出事故现场。

3. 处理事故的组织领导

发生事故时，值班人员应将事故情况简单明了、准确地汇报给有关领导或电力调度员，听从他们的指挥。

4. 事故处理过程中的分工

在事故处理过程中，值班人员既要积极处理，又要明确分工，并将事故发生的原因及处理过程做好详细记录。如在交接班时发生事故，应由交班人员处理，接班人员可作助手。

（七）变电所应保存的规程

（1）国家电网公司电力安全工作规程（变电部分）。

（2）电力变压器运行规程。

（3）电力电缆运行规程。

（4）继电保护及安全自动装置运行管理规程。

（5）电气测量仪表运行规程。

（6）变电所运行规程。

（7）电气事故处理规程。

（8）动力系统调度管理规程。

（9）蓄电池运行规程。

（10）电气设备预防性试验规程。

三、变（配）电所应具备的各种技术资料、图纸及记录

（一）技术资料

（1）变（配）电所的设计资料，包括施工图、设计说明书等。

（2）6 kV 以上主要设备的技术资料。

① 设备的使用说明书。

② 出厂试验记录。

③ 安装交接中的有关资料、记录等。

④ 设备改造、大修、中修、小修施工记录及竣工报告。

⑤ 每年预防性绝缘保安试验报告。

⑥ 设备发生严重缺陷及处理情况记录。

（3）各种继电保护的整定资料。

（4）历年重大事故记录及分析处理资料。

（二）各种图纸及图表

（1）6 kV 以上的一次系统接线图和模拟图板。

（2）变（配）电所平面布置图。

（3）继电保护原理及展开图。

（4）巡回检查图表。

（5）紧急拉闸顺序表。

（6）有权签发工作票人员名单。

（7）本变（配）电所的继电保护二次原理图和接线图。

（三）各种记录

1. 变（配）电所运行日志

主要记录本变（配）电所及各主要馈出线的用电负荷、用电量、运行电压、运行方式及倒闸操作情况，设备的投运、停运和检修情况，继电保护及自动装置运行情况，事故处理情况。

2. 交接班记录

根据交接班制度所规定的主要内容填写。

3. 设备缺陷记录簿

记录设备缺陷的内容、时间及消除的时间和处理方法等。

4. 设备检修、试验记录簿

记录设备检修或试验的内容、日期、发现的问题及处理经过、试验结果等。

5. 蓄电池调整及充放电记录

记录充放电时间、电压、电流、温度、电解液比重及核对蓄电池的容量、运行状况及

充电设备的情况。

6. 继电保护整定记录

记录调试工作项目简要内容、整定值及改变定值情况，试验中发现的异常及处理情况，整组模拟试验情况。

7. 事故记录

记录事故发生的时间、经过、设备和继电保护的动作情况、设备的损坏程度或损失情况。

8. 要害场所登记簿

凡非本岗位的工作人员进入变电所的都要登记。主要记录来往人员的姓名、工作单位、职务、进入和离开时间，来此的工作任务等。

9. 干部上岗登记簿

登记本工区或本矿业务或行政领导上岗情况。记录领导的姓名、职务、上岗日期、上岗检查发现的问题及处理意见。

10. 安全活动记录

记录安全活动的日期、参加人员姓名、活动内容。

四、对变（配）电所的环境管理及值班人员的要求

（一）环境管理

（1）室内外环境清洁卫生、无杂物，门窗明亮无损坏。

（2）各种设备整洁，无积尘、无油垢、无滴漏油，各种工具及消防器材等设施存放整齐、不缺件。

（3）室内外有充足的照明，巡视路线保持畅通无阻。

（4）房屋不滴雨，高压室、主控室无孔洞。室外构架、铁件无严重锈蚀。定期进行防腐处理，基础牢固。

（5）电缆防腐良好，各连接头无渗漏油，电缆沟内干净、无积水，盖板齐全，放置平整。

（6）各种规程、图表悬挂整齐，各种记录簿整洁齐全、无缺页，字迹清楚，无涂改乱划。记录簿存放整齐，各种资料有专柜存放。

（二）对值班人员的要求

（1）值班人员应具有初中毕业以上文化程度，并经过专业培训，考试合格后才能正式持证上岗值班。

（2）值班人员应具有相当的业务技术水平，并定期进行专业技术培训，使他们达到“三熟三能”的程度。

① 三熟：

a. 熟悉设备、系统和基本原理。

b. 熟悉操作和事故处理。

c. 熟悉本岗位的规章制度。

② 三能：

a. 能掌握运行情况。

b. 能及时发现故障和排除故障。

c. 能掌握一般的维护技能。

第二节　矿井地面变(配)电所电气设备的运行和维护

一、变压器的运行和维护

(一) 变压器的运行标准

1. 变压器正常运行时的容许温度

一般油浸式变压器的绝缘等级属于A级绝缘，A级绝缘材料的耐热温度为105 ℃。通常用电阻法测出变压器线圈的平均温升，不是线圈局部的最高温升。变压器在温升限值运行时，不应使其线圈的最热点温度超过绝缘材料的耐热允许温度。

变压器在运行中，能被运行人员直接监视的温度是上层油温。一般上层油温较中、下层油温高，上层油温不超过限值，中、下层油温也不会超过，实际上是通过监视上层油温来控制线圈最热点温度的。当规定上层油温为95 ℃时，则线圈的最高允许温度应为105 ℃(周围气温最大值40 ℃加上油对空气的平均温升40 ℃，再加上线圈对油的温升25 ℃)。监视上层油温不超过95 ℃，相当于监视线圈的温度不超过105 ℃。因此油浸式变压器上层油温最高可达到表9-2-1规定的数值（用温度计测量)。

表9-2-1　油浸式变压器最高上层油温　℃

冷却方法	冷却介质最高温度	最高上层油温
自然循环、自冷、风冷	40	95
强迫油循环风冷	40	85
强迫油循环水冷	30	70

变压器运行中，为防止变压器油劣化过速，上层油温不宜经常超过85 ℃。

对于强迫油循环变压器的上层油温，不能完全反映线圈的温度，这类变压器的上层油温数值不能作为变压器在运行中带负荷的主要依据，仅可作为分析变压器是否正常运行的一种参考。

用水冷却器的强迫油循环变压器，可监视冷却器的进口油温来控制线圈温度，因为这种变压器在设计时是考虑了线圈温度与冷却器出、入口温度关系的。设计时的参考数据是：冷却水温为25 ℃，线圈对冷却水的温升为65 ℃，水冷却器的进口油温为70 ℃，出口油温为60 ℃。根据这些数据，运行时最好控制水冷却器进口油温（以近似的上层油温代替）不超过70 ℃，否则，线圈温升将超过65 ℃。

2. 变压器的正常过负荷

变压器是可以过负荷的。额定容量是变压器在经济合理的效率下，在整个正常使用期限内所能经常连续不断输出的容量。而变压器的过负荷能力是指仅在所认定的相当短的间隔时间内所能输出的容量，这个容量的数值是由变压器在该时间内的运行条件决定的，是由是否损害其正常使用寿命及是否增加绝缘的自然损坏程度决定的。

（1）正常过负荷的前提条件是：不损害变压器的正常使用寿命。

变压器的寿命是由绝缘材料的老化程度决定的。而绝缘材料的老化程度，主要取决于温度、氧气、含潮率（绝缘材料中的水分）。温度是引起绝缘材料老化的主要因素，在变压器的寿命问题上，运行时的温度起着决定性作用。

在讨论变压器的寿命问题时，假定变压器绝缘材料的工作温度经常维持在 98 ℃，仅在很少的时间内达到 A 级绝缘材料的最高允许温度 105 ℃。运行过程中，若满足这个条件，可以保证变压器有适当的、合理的寿命，一般为 20 年左右。

从变压器发热的角度来看，在其运行的任何时间里，只要绝缘材料的温度不超过 98 ℃，变压器可以带任何负荷。

变压器的“过负荷能力”是指在用电曲线和冷却介质决定的运行条件下，变压器能够经常维持本身的正常寿命而不致损坏的最大负荷。

变压器因季节或用电负荷变化的关系，每年能有较长时间线圈的最高运行温度达不到 98 ℃（天气冷时带额定负荷运行或天气热时带轻负荷运行），这样，绝缘老化速度较正常速度慢，使变压器使用寿命延长。因此，当工作需要时，变压器可以带比它额定值还大的负荷运行一段时间，并能保持变压器的寿命不致缩短。这种过负荷运行情况称为变压器的正常过负荷运行。

（2）油浸式变压器正常过负荷运行可参照下述规定：

① 全天满负荷运行的变压器不宜过负荷运行。

② 变压器在低负荷期间，负荷系数小于 1 时，则在高峰负荷期间变压器允许的过负荷系数和持续时间，按照年等值环境温度、变压器的冷却方式和容量，由图 9－2－1 至图 9－2－9的曲线来分别确定。当最高环境温度超过 35 ℃时，应按照图 9－2－10 至图 9－2－12的曲线来确定。

③ 在夏季，根据变压器的典型负荷曲线，其最高负荷低于变压器的额定容量时，则每低 1% 可允许在冬季过负荷 1%，但以 15% 为限。

④ 以上②、③两项过负荷可以相加，但总过负荷值对油浸自冷和油浸风冷变压器不应超过变压器额定容量的 30%，强迫油循环风冷和强迫油循环水冷的变压器不应超 20%。

⑤ 变压器在过负荷运行前，应投入全部工作冷却器，必要时应投入备用冷却器。

（3）根据变压器运行规程，计算油浸式变压器正常过负荷能力。

① 变压器正常过负荷能力。变压器正常过负荷能力是根据全天的负荷曲线、冷却介质温度，以及过负荷前变压器所带的负荷等来确定的。

变压器在运行中的负荷是经常变化的，即负荷曲线有高峰和低谷，在高峰时可能过负荷。当变压器过负荷运行时，绝缘寿命损失将增加，而轻负荷运行时绝缘寿命损失将减小，因此可以相互补偿。不增加变压器寿命损失的过负荷称为正常过负荷。图 9－2－1 至图 9－2－12 的过负荷曲线即为正常过负荷，是每天都可以使用的，并不因此缩短变压器的正常使用寿命。

变压器在运行中冷却介质的温度也是变化的，在夏季油温升高，变压器带额定负荷时的绝缘寿命损失将增加；而在冬季油温降低，带额定负荷时的绝缘寿命损失将减小。因此，

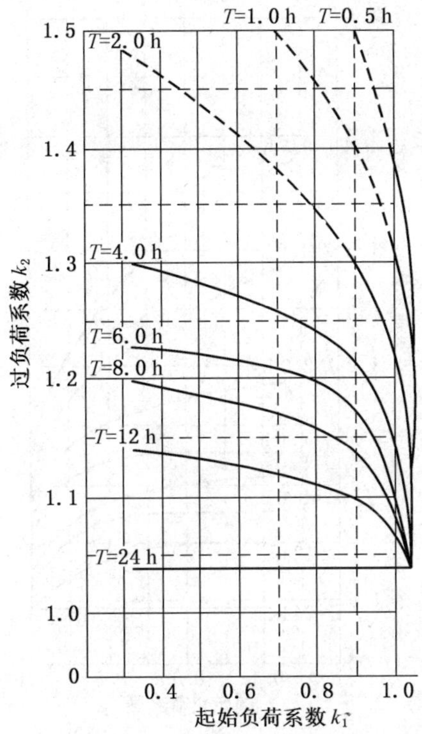

图9-2-1 油自然循环变压器正常负荷曲线（年等值环境温度15℃）

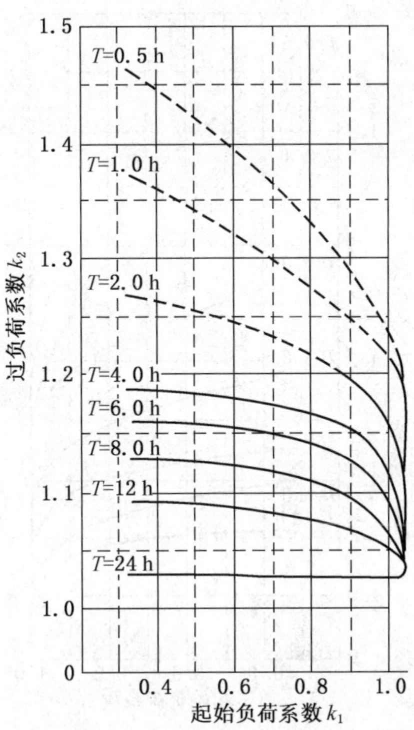

图9-2-2 12万kV·A以下强迫油循环变压器正常负荷曲线（年等值环境温度15℃）

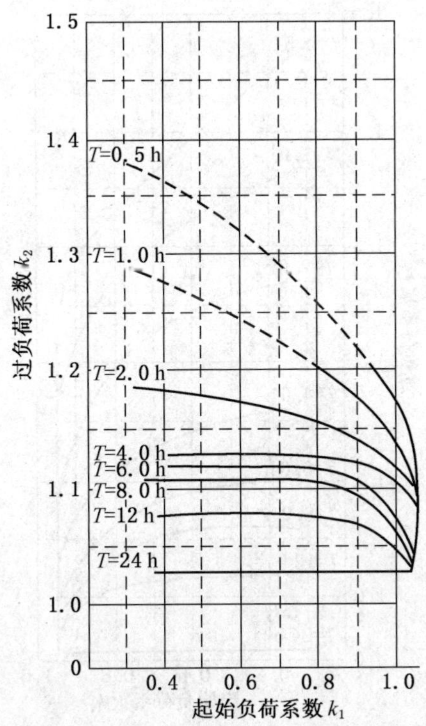

图9-2-3 12万kV·A及以上强迫油循环变压器正常过负荷曲线（年等值环境温度15℃）

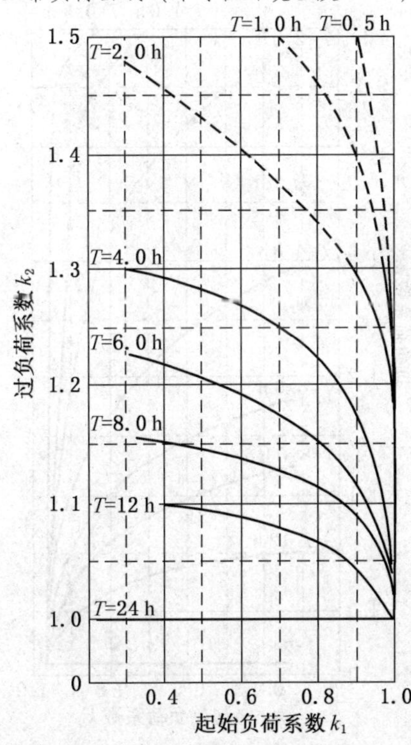

图9-2-4 油自然循环变压器正常过负荷曲线（年等值环境温度20℃）

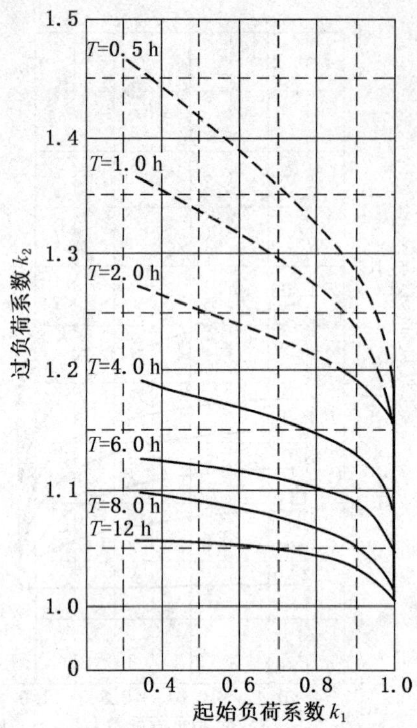

图 9-2-5 12 万 kV·A 以下强迫油循环变压器正常过负荷曲线（年等值环境温度 20 ℃）

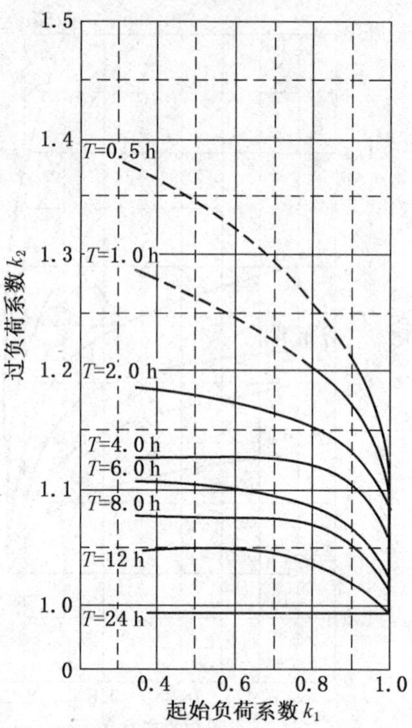

图 9-2-6 12 万 kV·A 以上强迫油循环变压器正常过负荷曲线（年等值环境温度 20 ℃）

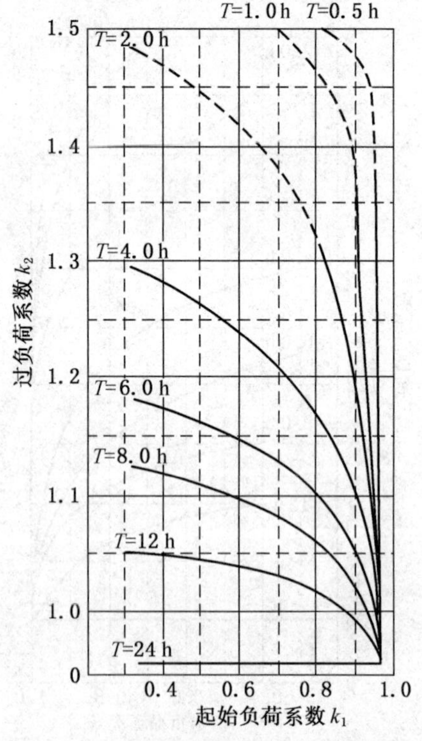

图 9-2-7 油自然循环变压器正常过负荷曲线（年等值环境温度 25 ℃）

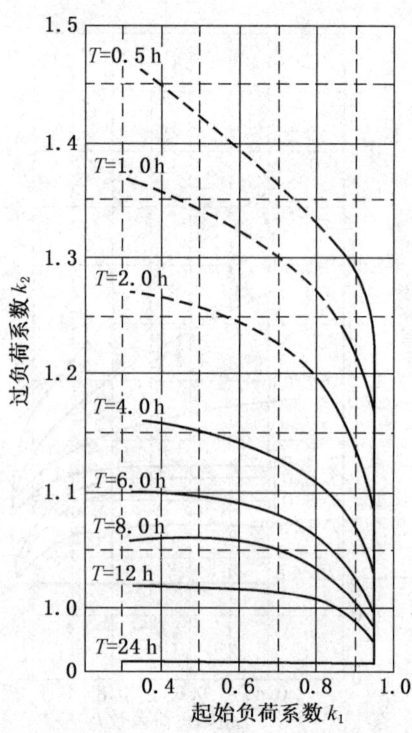

图 9-2-8 12 万 kV·A 以下强迫油循环变压器正常过负荷曲线（年等值环境温度 25 ℃）

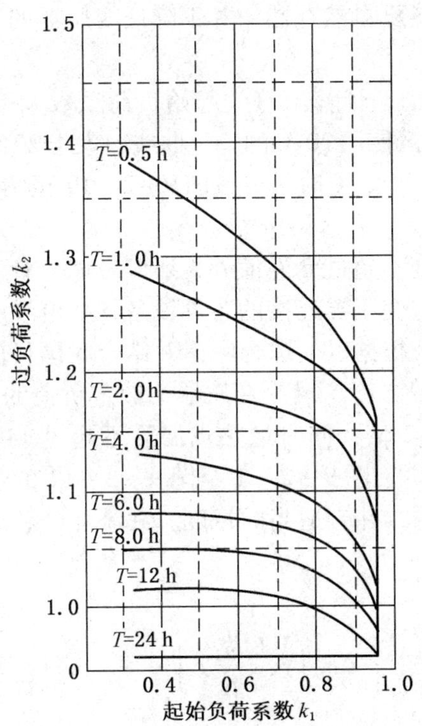

图 9-2-9　12 万 kV·A 及以上强迫油循环变压器正常过负荷曲线（年等值环境温度 25 ℃）

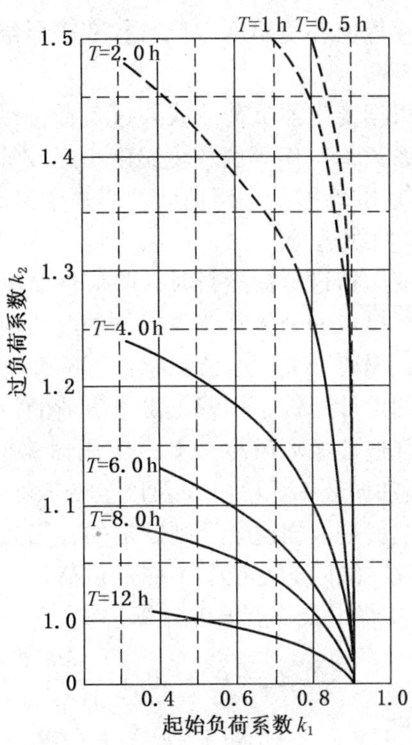

图 9-2-10　环境最高温度超过 35 ℃，油自然循环变压器正常过负荷曲线

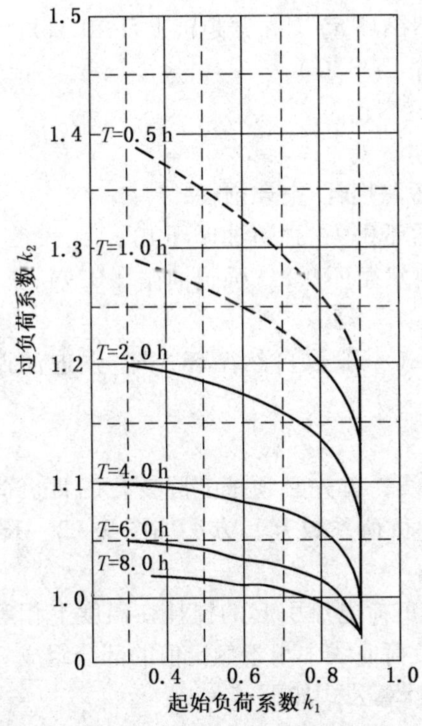

图 9-2-11　环境最高温度超过 35 ℃时，12 万 kV·A 以下强迫油循环变压器正常过负荷曲线

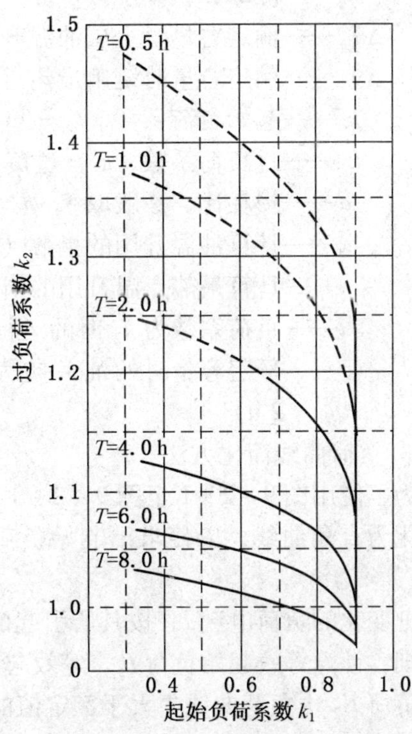

图 9-2-12　环境最高温度超过 35 ℃时，12 万 kV·A 及以上强迫油循环变压器正常过负荷曲线

当按年等值环境温度运行时，变压器绝缘寿命损失冬夏自然补偿，并不降低变压器的正常使用寿命。

根据变压器负荷曲线或过负荷前变压器的负荷值，计算出等效起始负荷系数 k_1 和过负荷系数 k_2。年等值环境温度小于或等于 15 ℃的地区使用 20 ℃的一组曲线，大于 20 ℃的地区使用 25 ℃的一组曲线。当夏季最高环境温度大于 35 ℃时，应按图 9－2－10 至图 9－2－12 曲线运行。

变压器过负荷运行时，除应注意绕组最热点温度不超过允许值外，还应考虑套管、引线、焊接点和分接开关等组件的过负荷能力，以及与变压器连接的各种设备，如电缆、断路器、隔离开关、电流互感器等的允许过电流能力。根据以上综合考虑并结合我国目前变压器的设计结构，推荐正常过负荷的最大值为：油浸自冷、风冷变压器为额定负荷的 1.3 倍，强迫油循环风冷、水冷变压器为额定负荷的 1.2 倍；同时最热点温度不超过 140 ℃（强迫油循环 125 kV · A 及以上变压器不超过 135 ℃）。图 9－2－1 至图 9－2－12 的过负荷曲线就是根据这个原则制定的，因此使用是安全的，并有适当的裕度。载流部分和冷却系统存在缺陷的变压器不应过负荷运行。

② 绕组最热点温度计算公式：

$$\theta_{ct} = \theta_a + \Delta\theta_{br}\left(\frac{1+dk_1^2}{1+d}\right) + \left[\Delta\theta_{br}\left(\frac{1+dk_2^2}{1+d}\right)^x - \Delta\theta_{br}\left(\frac{1+dk_1^2}{1+d}\right)^x\right] \times (1-e^{-ti}) + (\Delta\theta_{cr} - \Delta\theta_{br}) \times k_2^{2y} \tag{9-2-1}$$

式中 θ_{ct}——变压器负荷系数为 k_2、运行 t h 后的绕组最热点温度；

θ_a——冷却介质温度；

$\Delta\theta_{br}$——额定容量时上层油温升（一般取自然循环 55 ℃，强迫油循环 40 ℃）；

$\Delta\theta_{cr}$——额定容量时绕组最热点温升（假定等于 78 ℃）；

k_1——起始负荷系数，k_1＝起始负荷值/额定容量；

k_2——过负荷系数，k_2＝过负荷值/额定容量；

d——损耗比，一般取 5，d＝额定容量时短路损耗/空载损耗；

x——计算油温升用的指数（一般取自然循环 0.9，强迫油循环 1）；

y——计算最热点温升用的指数（一般取自然循环 0.8，强迫油循环 0.9）；

t——负荷系数为 k_2 时的运行时间，h；

i——额定容量时的油－空气热时间常数（一般取自然循环 3 h，强迫油循环 2 h）。

③ 负荷曲线简化方法。

为了使用图 9－2－1 至图 9－2－12 的过负荷曲线，首先必须把实际变化的日负荷曲线简化为直角曲线，以便求出起始负荷系数 k_1 和过负荷系数 k_2，方法如图 9－2－13 所示。

把变化的负荷电流 I，按其所引起的损耗与不变负荷电流引起的损耗在温度上相等效的原则，计算等效起始负荷 I'_1。等效起始负荷 I'_1 由负荷曲线中小于额定值的部分组成。等效过负荷 I'_2 由负荷曲线中大于额定值的部分组成。计算公式如下：

$$I' = \sqrt{\frac{a_1^2 t_1 + a_2^2 t_2 + \cdots + a_n^2 t_n}{t_1 + t_2 + \cdots + t_n}} \tag{9-2-2}$$

式中　I'——等效负荷；

a_1、a_2、…、a_n——各段电流平均值（标么值）；

t_1、t_2、…、t_n——各对应段负荷电流的时间间隔，h。

式（9－2－2）适用于计算等效起始负荷 I_1' 和等效过负荷 I_2'。时间间隔 t，在计算起始负荷时可取 1 h，过负荷时应为小于或等于 0.5 h。

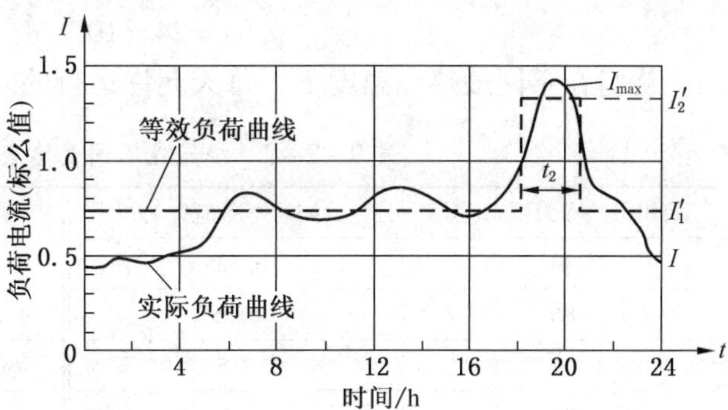

I—实际负荷电流(标么值)；I_1'—等效起始负荷(过负荷曲线中的 k_1 值)；I_2'—等效过负荷（过负荷曲线中的 k_2 值）；I_{max}—过负荷最大值

图 9－2－13　日负荷曲线图

等效起始负荷 I_1' 也可根据过负荷前 12 h 的负荷，每小时取 1 个值的简化公式来计算：

$$I_2' = 0.29\sqrt{a_1^2 + a_2^2 + a_3^2 + \cdots + a_{12}^2} \qquad (9-2-3)$$

式中　a_1、a_2、a_3、…、a_{12}——时间间隔为 1 h 的平均负荷（标么值）。

如果负荷曲线包括几个过负荷高峰,则计算等效过负荷 I_2' 应该用 $\sum a_i^2 t$。对于较小的过负荷值,也可以归算到起始负荷 I_1' 中去。

如果计算出的 $I_2' > 0.9I_{max}$（I_{max}取 0.5 h 的平均值），则 $k_2 = I_2'$；如果 $I_2' < 0.9I_{max}$，则 $k_2 = 0.9I_{max}$，此时等效过负荷时间 t_2' 按下式计算：

$$t_2' = \frac{(I_2')^2 t_2}{(0.9I_{max})^2} \qquad (9-2-4)$$

式中　t_2'——等效过负荷时间，h；

t_2——过负荷时间，h。

④ 过负荷时变压器的寿命损失。变压器在过负荷时，其各部分的温度将比额定负荷时高。绝缘老化程度与温度有关，现在国际上认为，变压器绕组在 80～140 ℃范围内，温度每升高 6 ℃，其绝缘寿命损失增加一倍，简称为六度法则。

国际电工委员会规定：变压器在额定负荷下运行，绕组平均温升为 65 ℃。通常最热点温升比平均温升高 13～78 ℃。如果变压器在额定负荷和冷却介质温度为 20 ℃条件下连续运行，则绕组最热点温度为 98 ℃，其绝缘老化寿命为 20 年，在这个条件下运行，称为正常老化，其每天的寿命损失为正常日寿命损失。

绕组最热点温度 θ_c 与变压器寿命的关系可用相对寿命损失来衡量。所谓相对寿命损失即绕组最热点的温度为 θ_c 时的寿命损失率与 98 ℃时的正常寿命损失率之比，用 V 表示：

$$V = 10^{(\theta_c - 98)}/19.93 \qquad (9-2-5)$$

绕组在不同最热点温度下相对寿命损失见表 9－2－2。

若变压器在 24 h 周期内，在某恒定温度下运行 t h，其余时间均处于寿命损失可忽略不计的低温下(当热点温度低于 80 ℃时，实际寿命损失可忽略不计),则日寿命损失为 tv h；若在 t h 内温度是变化的 $\theta_c = f(t)$，则日寿命损失为 $\int_0^t v\mathrm{d}t$ h。当绕组最热点温度为 θ_c 时,要使其日寿命损失等于正常日寿命损失,其允许运行时间 t 按下式计算：

$$t = 24 \times 10^{(98-\theta_c)}/19.93 \tag{9-2-6}$$

绕组在不同最热点温度下，每天允许运行的时间见表 9-2-3。

表 9-2-2 绕组在不同最热点温度下相对寿命损失

绕组最热点温度 θ_c/℃	相对寿命损失 V	绕组最热点温度 θ_c/℃	相对寿命损失 V
80	0.125	116	8.0
86	0.25	122	16.0
92	0.5	128	32.0
98	1.0	134	64.0
104	2.0	140	128.0
110	4.0		

表 9-2-3 绕组在不同最热点温度下每天允许运行的时间

绕组最热点温度 θ_c/℃	每天允许运行时间/h	绕组最热点温度 θ_c/℃	每天允许运行时间/h
98	24	116	3
101.5	16	119.5	2
104	12	122	1.5
107.5	8	125.5	1.0
110	6	128	0.75
113.5	4	131.5	0.5

⑤ 年等值冷却介质温度计算。变压器在额定负载下运行时，由于冷却介质温度一年四季随着环境温度的变化而变化，因此绕组温度也随着变化。因为绝缘的寿命损失与温度不是线性关系，而是指数函数关系，因此环境温度的平均值不能代表绝缘的损坏程度，而应采用等值温度。等值温度高于平均温度。年等值环境温度计算公式如下：

$$\theta'_a = 20\lg\left(\frac{1}{12}\sum_{1}^{12} 10^{\theta_a/20}\right) \tag{9-2-7}$$

式中 θ'_a——年等值环境温度；

θ_a——月等值环境温度或月平均环境温度。

⑥ 举例。

【例 1】 一台容量为 90000 kV·A 的变压器，典型负荷曲线中的起始负荷是 60%，在上午和上半夜有高峰负荷 5 h，年等值环境温度为 15 ℃，求自然循环和强迫油循环变压器允许过负荷为多少？

解 查图 9-2-1 的过负荷曲线，从横坐标 k_1 = 0.6 处向上至 4 h 和 6 h 两曲线之间，查得 k_2 = 1.24，即自然循环变压器允许过负荷 24%，运行 5 h。

查图 9-2-2 的过负荷曲线，查得 k_2 = 1.17，即强迫油循环变压器允许过负荷 17%，运行 5 h。

【例 2】 一台强迫油循环风冷变压器，其起始负荷是 80%，过负荷是 10%，运行 4 h，当环境温度为 30 ℃时，求绕组最热点温度和运行一天寿命损失是多少？

解 根据式（9-2-1）求绕组最热点温度：

$$\theta_{ct}=30+40\times\frac{1+5\times0.8^2}{6}+\left(40\times\frac{1+5\times1.1^2}{6}-40\times\frac{1+5\times0.8^2}{6}\right)\times(1-e^{-4/2})+(78-40)\times1.1^{1.8}=119.5\ ℃$$

绕组最热点温度为 119.5 ℃。

根据式(9－2－5)和$\int_0^t v\mathrm{d}t$算出运行一天的总寿命损失为33 h,也就是1.4个正常日寿命损失。

【例3】某地区全年月平均环境温度为 30 ℃时 2 个月，20 ℃时 4 个月，10 ℃时 4 个月，0 ℃时 2 个月，试计算全年平均温度和等值温度是多少?

解　年平均温度 $\theta_a=\frac{2\times30+4\times20+4\times10+2\times0}{12}=15\ ℃$

年等值温度 $\theta'_a=20\lg\left[\frac{1}{12}(2\times10^{30/20}+4\times10^{20/20}+4\times10^{10/20}+2\times10^{0/20})\right]=19.8\ ℃$

3. 机械冷却的变压器的允许运行方式

1）油浸风冷变压器

（1）该型变压器在风扇停止工作时允许的负荷，应遵守制造厂的规定。当上层油温不超过 55 ℃时，则可不开风扇在额定负荷下运行。

（2）当冷却系统发生故障，切除全部风扇时，变压器允许带额定负荷运行的时间应遵守制造厂的规定，如制造厂无规定时，可参照表 9－2－4 的规定。

表9－2－4　扇风机允许运行时间

空气温度/℃	－10	0	10	20	30	40
允许运行时间/h	35	15	8	4	2	1

2）强迫油循环冷却的变压器

对强迫油循环风冷和强迫油循环水冷的变压器，一般是不允许不开动冷却装置就带负荷运行的，即使是空载，也不允许不开动冷却装置就投入运行。其原因是这种变压器的外壳是平滑的，冷却面积很小，甚至不能将变压器无载损耗所产生的热量散出去。例如有一台 31500 kV·A 的变压器，其无载损耗为 110 kW，外壳冷却面积为 45 m^2，因而热负荷为 2450 W/m^2，这是完全不允许的，因为平滑外壳的最大允许热负荷不应超过 550 W/m^2。因此，强迫油循环的变压器完全停用冷却系统而运行是很危险的。

当冷却系统发生故障，切除冷却系统时（对于强迫油循环风冷变压器，系指停止油泵及风扇；强迫油循环水冷变压器系指停止油泵及循环水），在额定负荷下允许的运行时间为 20 min。运行后如果油面温度尚未达到 75 ℃时，则允许上升到 75 ℃，但切除冷却器后的最长运行时间不得超过 1 h。

3）干式电力变压器

（1）正常运行方式下运行电压不高于该运行分接额定电压的 105%。在不同负载状态，不超过绝缘热老化允许限值原则下运行时,绝缘老化的允许限值由绝缘系统的温度等级、外部空气温度、超铭牌前起始负载电流、超铭牌负载电流及超铭牌运行时间等因素决定。

(2) 干式电力变压器允许在平均相对老化率等于1的情况下，周期性超铭牌运行（即干式电力变压器在额定使用条件下，全年可按额定电流运行。在周期性负载中某段时间环境温度较高或超过额定电流，但可由其他时间内环境温度较低或低于额定电流所补偿)。此时热老化与设计采用的环境温度下施加额定负载是等效的。

当干式电力变压器处于短时间较大幅度超自冷铭牌电流运行时，绕组热点不应超过最高允许值，且尽量压缩超载，减少时间。合适的负荷曲线，参照《干式电力变压器负载导则》的规定：在给定寿命损失的前提下，用简化负载图确定变压器的超铭牌额定值负载(负载值或负载时间)，负载图包括 K_1 和 K_2 两个负载电流（图9-2-14)。假设24 h内的环境温度不变。

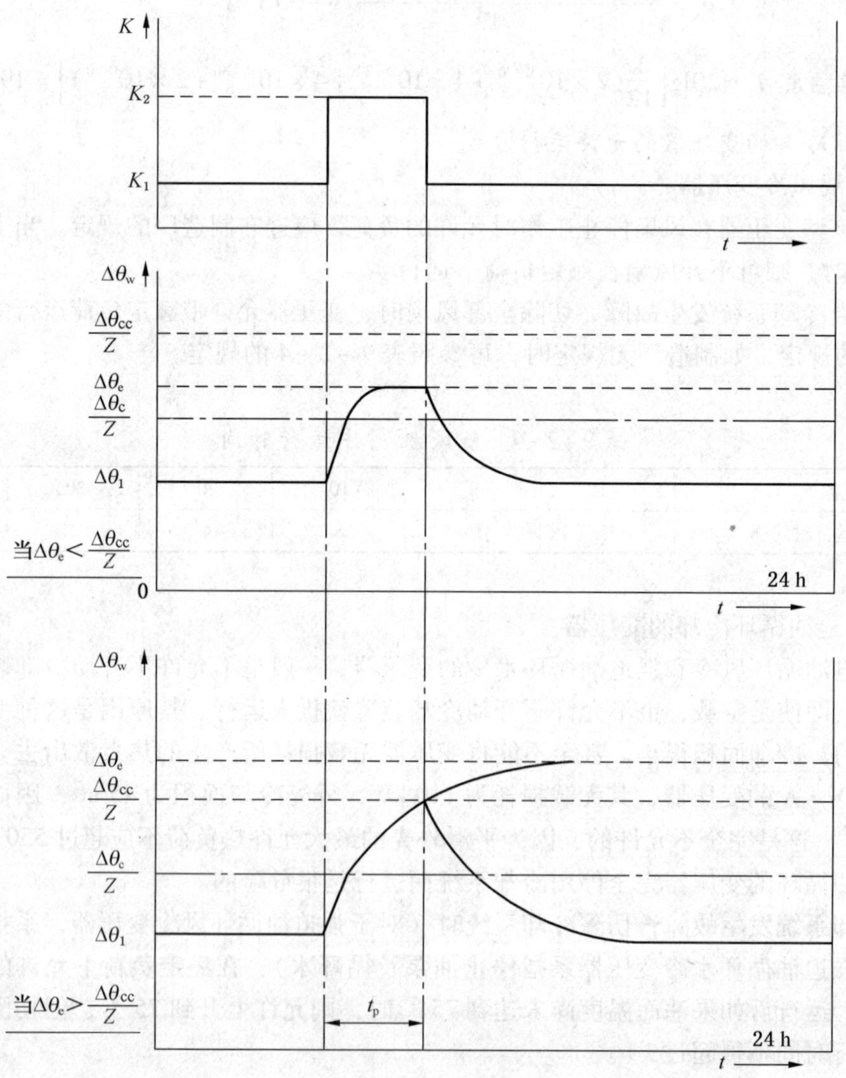

K—额定电流倍数的负载电流；Δθ—温升，K；w—绕组的下标符号；cc—按本标准许可的绕组最高热点的下标符号；Z—热点温升与绕组平均温升的比值；e—任一负载电流下，关于绕组平均温度稳态值的下标符号；t—各负载条件下的持续时间，h

图9-2-14 简化负载图（用于日周期性负载及相应的绕组平均温升）

4. 变压器的事故过负荷

变压器在事故过负荷时，允许的过负荷系数和允许的持续时间是假定在事故发生前，变压器带额定负荷连续运行，并按照不同的冷却方式和环境温度，可参照表9－2－5、表9－2－6的规定运行（此时应投入备用冷却器）。

表9－2－5　油浸自然循环冷却变压器事故过负荷允许运行时间

过负荷系数	环境温度/℃				
	0	10	20	30	40
1.1	24 h	24 h	24 h	19 h	7 h
1.2	24 h	24 h	13 h	5 h50 min	2 h45 min
1.3	23 h	10 h	5 h30 min	3 h	1 h30 min
1.4	8 h30 min	5 h10 min	3 h10 min	1 h45 min	55 min
1.5	4 h45 min	3 h10 min	2 h	1 h10 min	35 min
1.6	3 h	2 h5 min	1 h20 min	45 min	18 min
1.7	2 h5 min	1 h25 min	55 min	25 min	9 min
1.8	1 h30 min	1 h	30 min	13 min	6 min
1.9	1 h	35 min	18 min	9 min	5 min
2.0	40 min	22 min	11 min	6 min	+

表9－2－6　油浸强迫油循环冷却变压器事故过负荷允许运行时间

过负荷系数	环境温度/℃				
	0	10	20	30	40
1.1	24 h	24 h	24 h	14 h30 min	5 h10 min
1.2	24 h	21 h	8 h	3 h30 min	1 h35 min
1.3	11 h	5 h10 min	2 h45 min	1 h30 min	45 min
1.4	3 h40 min	2 h10 min	1 h20 min	45 min	15 min
1.5	1 h50 min	1 h10 min	40 min	16 min	7 min
1.6	1 h	35 min	16 min	8 min	5 min
1.7	30 min	15 min	9 min	5 min	+

5. 允许电压变动

加于变压器端子上的电压高于额定值时，对变压器的运行是有不良影响的。当外加电压增大时，铁芯的饱和程度增加，使电压和磁通的波形发生严重畸变，且使变压器的空载电流大增。铁芯饱和后，电压波形中的高次谐波值增加。例如磁通密度为1T，三次谐波等于基波的21.4%；若为1.4T，则等于基波的27.5%；若为2T，则达到基波的69.2%。电压波形畸变有如下危害：

（1）引起用户电压波形畸变，增加电机和线路上的附加损耗。

（2）可能在系统中造成谐波共振，导致过电压使绝缘损坏。

（3）线路中电流的高次谐波会影响电信线路，干扰电信设备的正常工作。

变压器外加一次电压一般不得超过额定值的105%。如果所加一次电压不超过其相应额定值的105%，则变压器的二次侧可带额定电流运行。

电网电压越高，网络延伸越广，则电压中出现高次谐波越危险。

6. 允许的短路电流和不平衡电流

变压器运行规程规定：

（1）变压器的短路电流不得超过额定电流的25倍，当超过25倍时应采取限制短路电流的措施。短路电流的持续时间不得超过表9-2-7的规定，当短路电流达到额定电流的25倍时，损耗将达到额定电流时的几百倍。由于短路的时间很短，可以认为热量没有散发，全用来升高线圈的温度，若继电保护不及时动作切断电源，变压器就有可能被烧毁。

表9-2-7　短路电流允许持续时间

短路电流倍数	20以上	20~15	15以下
持续时间/s	2	3	4

一般都给变压器线圈规定一个突然短路情况下的最高允许温度，在继电保护跳闸的一段时间内，变压器线圈的温度不应超过最高允许温度。

电力变压器标准规定：油浸式A级绝缘变压器的最高允许温度对于铜线圈的为250℃，铝线圈的为200℃。假设在短路以前的线圈温度为90℃，且在短路时所发出的热量来不及散至外面，则按近似方法计算。铝线圈温度达到200℃时所需时间t_{200}为

$$t_{200} \approx 1.75\left(\frac{u_k\%}{J}\right)^2 \tag{9-2-8}$$

铜线圈温度达到250℃时所需时间t_{250}为

$$t_{250} \approx 2.5\left(\frac{u_k\%}{J}\right)^2 \tag{9-2-9}$$

式中　t_{200}——铝线圈温度达到200℃时所需时间，s；

t_{250}——铜线圈温度达到250℃时所需时间，s；

J——在额定负荷时线圈的电流密度，A/mm²；

$u_k\%$——短路电压的百分值。

当考虑变压器速断保护整定值时，应使保护装置的动作时间小于变压器线圈温度达到200℃或250℃所需时间，这样，当变压器线圈遭受短路冲击时才有可能使变压器的线圈不致损坏。

（2）变压器三相负荷不平衡时，应监视最大电流相的负荷。接线组为Y/Y_0-12和Y/Y_0-11的变压器，中性线电流的允许值分别为变压器额定电流的25%和40%。制造厂另有规定的应遵守制造厂的规定。

7. 对变压器绝缘电阻的监视

变压器在安装和大修后，在投入运行前（通常在干燥后）以及长期停用后，均应测量线圈的绝缘电阻。测得的数值和测量时的油温均应记入变压器履历卡片内。

变压器线圈绝缘电阻的测量方法和绝缘电阻的标准参见本章第四节。

(二) 变压器的运行和维护

1. 新装或大修后变压器的验收和试运行

新装的变压器或大修以后投入运行的变压器在投入运行前，应进行交接验收，交接验收的项目包括：

(1) 变压器本体无缺陷，外表整洁，无严重渗油、漏油和油漆脱落现象。

(2) 变压器绝缘试验合格，无遗漏试验项目。

(3) 各部油位应正常，各截门的开闭位置应正确。油的简化试验和绝缘强度试验应合格。

(4) 变压器外壳应有良好的接地装置，接地电阻应合格。

(5) 各侧分接开关位置应符合电网运行要求，操作应正常，指标指示应和实际位置相符。

(6) 基础牢固稳定，轱辘应有可靠的止动装置。

(7) 保护测量信号及控制回路的接线正确，各种保护均应进行实际传动试验，动作应正确，定值应符合电网运行要求，保护压板应在投入运行位置。

(8) 冷却风扇通电试运行良好，风扇自起动装置定值应正确，并进行实际传动。

(9) 呼吸器应有合格的干燥剂，应无堵塞现象。

(10) 主变引线对地和相间距离符合要求，各部导线接头应紧固良好。

(11) 变压器的防雷保护应符合规程要求。

(12) 防爆管内部无存油，玻璃应完整，其呼吸小孔螺钉位置应正确。

(13) 变压器的坡度应符合要求。

(14) 变压器的相位和接线组别应能满足电网运行要求。若变压器的二、三侧有可能和其他电源并列运行时，应进行核相工作，相位漆应标示正确、明显。

(15) 温度表及测温回路应完整良好。

(16) 套管油封的放油小截门和瓦斯放气截门应无堵塞现象。

(17) 变压器上应无遗留物，附近的临时性设施应拆除，永久性设施应清扫。

新装或大修后的变压器在正式投入运行前要做冲击试验，因为当拉合空载变压器时，有可能产生操作过电压，在电力系统中性点不接地或经消弧线圈接地时，过电压幅值可达4~4.5倍相电压。中性点直接接地系统过电压幅值可达3倍相电压。一方面，为了检查变压器的绝缘强度能否承受操作过电压需做冲击试验；另一方面，带电投入空载变压器时，会产生励磁涌流，其值可达6~8倍额定电流。励磁电流开始衰减较快，一般0.5~1 s后即可减到0.25~0.5倍额定电流值，但全部衰减时间较长，大容量变压器可达几十秒。由于励磁电流会产生很大的电动力，为了考核变压器的机械强度，同时考核励磁涌流衰减初期能否造成继电保护装置误动，也需做冲击试验。新产品投入，做5次冲击试验；大修后投入运行，做3次冲击试验。每次冲击试验后，要检查变压器有无异常现象。

变压器大修和事故检修，以及换油以后可无须等待消除油中的气泡，即可进行充电和加负荷（做耐压试验除外）。装有油枕的变压器在运行以前应放掉外壳和散热器上部残存的空气。

2. 对变压器的运行监视

安装在变电所内的变压器，应根据控制盘上的仪表监视变压器的运行情况，并每小时抄表一次。如变压器在过负荷情况下运行，则至少每半小时抄表一次。

安装在变压器上的温度计，在巡视变压器时记录其数值。

3. 变压器的合闸、拉闸操作

值班人员在闭合变压器的断路器以前，须仔细检查变压器，以确认变压器是在完好状态；检查所有临时接地线、指示牌、遮栏等是否已经拆除。检修后闭合断路器时，还要检查工作票是否已经交出。然后测量绝缘电阻（经常拉合或经常使用的变压器可不必每次都测量；电缆如果无隔离开关分开时，则变压器线圈的绝缘电阻可和电缆一起测量）。测量时必须将电压互感器断开。

若变压器的绝缘电阻低于规定值,应立即报告上级领导,以便决定是否可以投入运行。

变电所中所有的备用变压器,均应随时可投入运行,长期停用的备用变压器应定期充电。

强迫油循环水冷式变压器在投入运行前，应先起动油泵，然后起动水泵。停用时操作顺序相反。水冷却器冬季停电后应将水全部放尽。

变压器的合闸和拉闸操作应遵守下列规定：

（1）变压器的充电应在装有保护装置的电源侧进行，当变压器有故障时可由保护装置将其切断。

（2）如装有断路器时，必须使用断路器进行投入和切断。

（3）如没有断路器时，可用隔离开关拉合空载电流不超过 2 A 的变压器。

切断电压为 20 kV 以上的变压器的空载电流时，必须用带有消弧角和机械传动装置并装在室外的三联隔离开关。如果三联隔离开关装在室内，则应在各相间安装不易燃烧的绝缘物，使其互相隔离，以免一相弧光延至邻相而发生短路。

4. 变压器变换分接头

1）变换分接头

变压器装有无载调压分接头变换器时，它不能在带负荷状态下调整电压，在变换分接头前，应把变压器的所有供电电源切断，使其与电力网分开。变换分接头时，须注意分接头位置的正确性。变压器分接头变换的情况，应记入值班操作记录簿内。变压器分接头的位置应有专门的记录，以便能随时查核。

（1）有载调压装置及其自动化控制装置，应经常保持在良好的运行状态。因故障停用，应立即汇报，同时通知检修单位检修。

（2）有载调压装置的分接变换操作，由运行人员按照调度部门确定的电压曲线或调度命令，在电压允许偏差范围内进行。为保证用户受电端的电压质量和降低线损，220 kV 及以下电网电压的调整宜采用逆调压方式。

（3）电力系统各级变压器运行分接位置应按照保证发电厂和变电所及各用户受电端的电压偏差不超过允许值，并在充分发挥无功补偿设备的经济效益和降低线耗的原则下，优化确定。

（4）正常情况下，一般使用远方电气控制。当检修、调试、远方电气控制回路故障和必要时，可就地使用电气控制或手摇操作。当分接开关处在极限位置又必须手摇操作时，必须确认操作方向无误后方可进行。就地操作按钮应有防误操作措施。

（5）分接变换操作必须在一个分接变换完成后方可进行第二次分接变换。操作时应同时观察电压表和电流表的指示，不允许出现回零、突跳、无变化等异常情况，分接位置指示器及动作计数器的指示等都应有相应的变动。

（6）每次分接变换操作都应将操作时间、分接位置、电压变化情况及累计动作次数记录在有载分接开关分接变换记录表上，每次投停、试验、维修、缺陷和故障处理，都应做好记录。

（7）分接开关每天分接变换次数可按检修周期分接变换次数、检修周期与运行经验兼顾考虑。一般情况下，平均每天分接变换次数为：35 kV 电压等级为 30 次，60 ~ 110 kV 电压等级为 20 次，220 kV 电压等级为 10 次，330 kV 及以上不做规定。

（8）当变动分接开关操作电源后，在未确证电源相序是否正确前，禁止在极限位置进行电气控制操作。

（9）由 3 台单相变压器构成的有载调压变压器组，在进行分接变换操作时，应采用三相同步远方或就地电气控制操作并必须具备失步保护，只有在不带负荷的情况下，充电后的试验操作或在控制室远方控制回路故障而又急需操作时，方可在分相电动机机箱内操作，同时应注意下列事项：

① 只有在三相分接开关依次完成一个分接变换后，方可进行第二次分接变换，不得在一相连续进行 2 次分接变换。

② 分接变换操作时，应与控制室保持联系，密切注意电压表与电流表的变动情况。

③ 操作结束后，应检查各相分接开关的分接位置指示是否一致。

（10）2 台有载调压变压器并联运行时，允许在 85% 变压器额定负荷电流及以下情况下进行分接变换操作，不得在单相变压器上连续进行 2 个分接变换操作，必须一台变压器的分接变换完成后，再进行另一台变压器的分接变换操作。每进行一次分接变换后，都要检查电压和电流的变换情况，防止误操作和过负荷。升压操作时，应先操作负荷电流相对较小的一台，以防止过大的环流。降压操作时与此相反。操作完毕，应再次检查并联的 2 台变压器的电流大小与分配情况。

2）测量线圈的直流电阻

因为分接开关的接触部分在运行中可能被烧伤，未用分头长期暴露在油中可能产生氧化膜等因素，会造成倒换分头后接触不良，所以无载调压的变压器倒换分头后，必须用电桥测量线圈的直流电阻，以检查回路的完整性和三相电阻的均一性。对大容量的变压器，更应认真做好这项工作。

一般容量的变压器可用惠斯通电桥测量，容量大的变压器绕组直流电阻较小，应使用开尔文电桥测量，以保证测量的准确性。

（1）测量方法。采用电桥法测量变压器的直流电阻时，由于线圈电感较大，需等电流稳定后（约几分钟），再接入检流计。闭合检流计前估计被测物的电阻值，并选好倍率，将调整电阻调到近似值的位置，按照指针偏转方向调整电阻值，得出实测电阻值，即实测数值 = 实际读取数值 × 倍率。

（2）测量时的注意事项：

① 测量前将变压器各侧的引线和地线拆除。

② 测试导线截面应选大些，接触必须良好。用惠斯通电桥测试时，应减去测试线的电阻。

③ 测完后先断开检流计，再断电池开关，以防烧损电桥。拆除测试线时，必须将变压器线圈放电，以防触电。

④ 所测出的电阻与温度有很大的关系，因此要记录测试时的上层油温并进行换算。换算公式如下（通常换算为 20 ℃数值）：

$$R_{20}=\frac{T+20}{T+t}R \tag{9-2-10}$$

式中 t——测量时变压器的上层油温；

R——在温度为 t℃时测得的电阻值；

T——系数（铜为 235，铝为 225）；

R_{20}——换算为 20 ℃时的电阻值。

⑤ 测量时使用的仪表，其准确度应不低于 0.5 级，大型变压器可用 0.05 级的 QJ－5 型电桥测量。

（3）测量结果的判断。测量的三相电阻应平衡，所测数据应参考历次测试数据，几次所测直流电阻的差值百分数应满足下式要求：

$$\frac{R_{max}-R_{min}}{R_{av}}\times 100\%<2\% \tag{9-2-11}$$

式中 R_{max}——几次测量过程中，所测得的最大电阻值；

R_{min}——几次测量过程中，所测得的最小电阻值；

R_{av}——几次测量过程中，所测得的平均电阻值。

5. 变压器的并列运行条件

（1）线圈接线组别相同。

（2）变压比相等。

（3）短路电压相等。

短路电压不同的变压器并列运行时，应适当提高短路电压大的变压器的二次电压，以使并列运行的变压器的容量均能充分利用。

所有奇数接线组的三相变压器，只要调换外部接线头，即可并列运行。

所有偶数接线组的三相变压器，如果相差 120°或 240°亦可调换外部接线头并列运行，但相差 60°、180°或 300°时，必须调换内部接线以后，才可并列运行。

奇数接线组与偶数接线组的变压器不能并列运行。

表 9－2－8 为奇数接线组的三相变压器改变外部接线并列的一些例子。

表 9－2－8 奇数接线组的三相变压器改变相别符号并列表

接 线 组	高压侧相别符号	低压侧相别符号
Y/△－11	A B C	a b c
Y/△－1	B A C A C B C B A	b a c a c b c b a
Y/△－5	B A C A C B	a c b c b a

变压器在安装后以及在进行过有可能使相位变动的工作后（如拆过出线等），必须经过定相以后才允许并列运行。

6. 瓦斯继电保护装置的运行

1）交接班时的检查

为保证瓦斯保护装置的正确运行，值班人员在交接班时应对瓦斯继电保护装置进行详细检查，检查项目如下：

（1）变压器油枕的油位应在当时气温相应的位置，任何情况下，运行中变压器的油位均应高于瓦斯继电器的顶端。

（2）瓦斯继电器的玻璃窗不应有裂纹，内部不应有空气泡存在。

（3）瓦斯继电器各处接缝应严密，不应有漏油现象。

2）瓦斯继电保护装置的运行

瓦斯继电保护装置的作用是当变压器内部故障时，能够迅速地切除变压器的电源，避免事故继续扩大。它是变压器运行中的主要保护。当变压器投入运行时，轻瓦斯一般应动作于信号，重瓦斯一般应动作于断路器跳闸。

当变压器由运行改为备用时，瓦斯继电保护装置应照常与信号线圈连接，其作用在于及时发现未运行变压器的油面下降，以便能及时加油。

变压器检修时，应将瓦斯继电器的操作电源切断。对运行中的变压器进行滤油或加油时，应将瓦斯继电保护装置改接至信号线圈，以防止变压器发生误跳闸事故。此时变压器的其他继电保护装置（如差动保护、电流切断装置等），仍应接至跳闸线圈。

变压器加油或滤油后，在变压器完全停止排出空气气泡时，才可将瓦斯继电保护装置重新投入运行。

当油位计上指示的油面有异常升高，油路系统出现异常现象时，为查明原因，需要打开各个放气或放油塞子、阀门，检查吸湿器或进行其他工作时，必须先将重瓦斯改接信号，然后才能开始工作，以防止瓦斯保护误动作跳闸。

（三）变压器的不正常运行和事故处理

1. 变压器在运行中的局部过热故障

变压器在运行中最常见的故障是局部过热，产生局部过热的原因通常有以下几种：

（1）分接开关接触不良。根据对某电力系统的调查发现，变压器的分接开关接触不良造成局部过热是目前比较普遍的问题。发热的主要原因是由于接触不良，接触电阻增大，同时引起损耗增大而造成发热的。在倒换分头和变压器过负荷运行时，特别可能发生这种情况。接触不良的原因可能是：

① 接触点压力不够。

② 开关接触处有油泥堆积，使动、静触点间有一层油泥膜。

③ 接触面小使触点烧伤。

④ 定位指示与开关的接触位置不太对应（定位点已指示正确而开关紧密接触点反而已移开）。

⑤ DW 型鼓形分接开关的几个接触环与接触柱不同时接触。

电力系统的调查结果表明，单相分接开关（如 DW 型）接触不良的现象比较普遍。

分接开关的局部过热已危及变压器的安全运行，有的造成变压器烧毁事故，有的引起油质迅速劣化，被迫停止运行检修。

在运行中判断分接开关是否接触不良时，首先要注意，这种故障在大修后或切换分头后最易发生，穿越性故障后也可能烧伤接触面。在运行中，特别要注意轻瓦斯动作情况。往往这种故障也可从轻瓦斯频繁动作察觉。然后取油样化验，其明显的特征是分接开关过热使油的闪点迅速下降，另外还要做色谱分析。最后，可以停运变压器，测三相分接头的直流电阻来确定分接开关的接触情况。当分接开关接触不良的情况严重到断相程度时，从表计指示就能发现。

(2) 线圈匝间短路。据统计，因线圈匝间短路而损坏变压器的事故占变压器损坏事故的77% ~80%，因此，应对线圈匝间短路引起足够的重视。造成匝间短路的原因很多，例如：

① 在制造线圈时因敲打、弯头、压紧等工艺过程造成绝缘的机械损伤，或某些铜刺、铁刺刺伤绝缘留下隐患。

② 运行日久、绝缘老化、变松脆，使导线短接。

③ 运行中局部高温使绝缘迅速老化（这些局部高温如油流的“死角”、油道堵塞等）。

④ 穿越性短路时，在电动力作用下使某些线匝发生轴向或辐向位移，将绝缘磨损。

⑤ 变压器油面下降，使线圈露出无法冷却。

⑥ 长期过负荷运行，温度控制又不科学，使线圈温度过高，绝缘很快变脆，等等。

不严重的匝间短路较难被发现，甚至做常规的绝缘试验都难以发现。但较严重的匝间短路，在运行中能被发现。因发热厉害，油温上升，且电源侧电流有某种程度增加，轻瓦斯可能动作。特别应该注意的是，匝间短路处出现高热时，油像沸腾似的，在变压器旁能听见“咕噜咕噜”的声音。当发展到重瓦斯动作之前，取油样化验，油质一定变坏，取气体继电器的气体进行分析也会发现问题。

停运行的变压器有时可从变比及直流电阻试验发现匝间短路。

(3) 铁芯硅钢片间存在短路。铁芯是由相互绝缘的硅钢片叠成的。由于外力损伤或绝缘老化等原因使硅钢片间漆皮绝缘损坏，会增大涡流，造成局部过热，严重时还会熔伤，这就是所谓的“铁芯起火”。另外，穿心螺杆绝缘损坏也是造成环流的原因之一。穿心螺杆一般用绝缘套筒与硅钢片绝缘，两端还有绝缘垫圈使其与夹件绝缘。有时会因拧紧螺帽时损伤绝缘或因螺杆本身涡流发热使绝缘经常处于高温下变脆等原因，常使上述的绝缘损坏。如果有几根螺杆的绝缘损坏，就会在螺杆和铁芯间形成短路，流过环流，使铁芯局部过热而损坏。

类似上述的短路，若变压器铁芯钢片的接地装得不正确（如人为的有数个接地点，或因某种原因造成铁芯数点接地），也可能发生局部过热而导致严重事故。

根据运行经验，在运行中出现轻微的铁芯局部过热时，观察不出变压器油温上升，保护也不会动作，因为此时由油分解而生成的气体已溶解于其他未分解的油里。较严重的铁芯局部过热，会使油温上升，轻瓦斯频繁动作，放出可燃性气体，油的闪点下降（这是变压器油内有裂化过程存在的特有征象），油色变深，并可能有焦煳气味，更严重时，重瓦斯会动作。

铁芯中的短路现象，可以从色谱分析发现。变压器停运后，也可以通过测空载损耗（有短路存在时空载损耗会比原来的增加），绝缘电阻（如穿芯螺杆对铁芯）等初步发现，然后吊芯找出故障点。

总之，使变压器出现过热的部位及原因都很多。其共同的特点是过热后油裂化，使气体继电器动作或油温上升。对于运行人员来说，直接判断哪个部位故障比较困难，只能根据该变压器的运行历史及当时的运行现状综合分析。

2. 变压器运行过程中出现异音情况

根据运行经验，产生异音的原因较多，发生的部位也不同，只能不断地积累经验，才能做出合乎实际的判断。下面举例说明：

（1）过电压（如中性点不接地系统单相接地、铁磁共振等）引起异音。

（2）过电流（如过负荷、大动力负荷起动、穿越性短路等）引起异音。

（3）夹紧铁芯的螺钉松动引起异音。这种原因造成的声响能呈现“锤击”和“刮大风”的声音，但指示仪表均正常，油色、油位、油温也正常。

（4）因变压器外壳与其他物体撞击引起异音。这是因为变压器内部铁芯的振动引起其他部件的振动，使接触处相互撞击。例如变压器上装控制线的软管与外壳或散热器撞击，呈现“沙沙沙”的声音，变压器各部件不会出现异常现象。这时可寻找声源，在最响的一侧用手或木棒按住再听声音有无变化，以判别异音。

（5）外界气候影响造成的放电声。例如大雾天、雪天造成套管处电晕放电或辉光放电，出现“嘶嘶”“嗤嗤”的声音，夜间可见蓝色小火花。

（6）铁芯故障引起异音。例如铁芯接地线断开会产生如放电的劈裂声，“铁芯着火”造成异常响声。

（7）匝间短路引起异音。因短路处严重局部过热，使油局部沸腾发出“咕噜咕噜”的声音，对这种声音要特别注意。

（8）分接开关故障引起异音。因分接开关接触不良，局部过热也会引起像线圈匝间短路所引起的那些声音。

（1）和（2）两种情况所引起的声音只是比原来大，但仍是“嗡嗡”声，无杂音，但也可能随负荷的急剧变化，出现突出的间歇响声。出现此声音时，变压器的指示仪表（电流表、电压表）的指针立即能指示出，易辨别。

3. 变压器套管故障

套管表面脏污容易发生闪络现象。套管是一种固体绝缘物，其周围的空气是气体绝缘物，空气的抗电强度（耐压强度）不如套管。因此，当电压达到一定数值时，套管尚未被击穿，而套管表面先发生放电现象。这种放电开始在电场最强的地方出现微光，继而可看见许多平行的细光线，最后个别光线迅速增长，逐渐形成树枝状刷形放电，这种现象叫作闪络，或者叫作沿面放电。发生闪络的最低电压称为闪络电压，或叫作沿面放电电压。

运行实践和试验表明，套管表面潮湿时，闪络电压较低。如果潮湿的表面再加上脏污，如带有烟灰、油烟、盐分、铁末等时，则闪络电压会非常低，为干燥时的40%～80%，也更加容易引起闪络。

虽然闪络不是整个绝缘物被击穿，但当闪络电压过低时，若线路中有一定数值的过电压侵入，即引起闪络而发生跳闸现象。表面放电也对套管表面有损坏，这将成为未来绝缘击穿的一个重要因素。

表面脏污物的另外一点危害是：脏污物吸收水分后，导电性提高，不仅易引起表面放电，还可能因泄漏电流增加，使绝缘套管发热，有可能使套管里面产生裂缝而最后导致击穿。

脏污物的性质不同对闪络电压影响也不同，化学工厂的脏污物危害最大，发电厂和钢铁厂的脏污物的影响也不小。

套管出现裂纹会使抗电强度降低，易于引起放电，损坏绝缘。另处，若裂缝中进入水分，结冰时也可能将套管胀裂。

套管损伤原因不一，有的是制造中已有隐伤，有的是在运输、安装或检修中被碰伤，也有的是由于温度骤然变化因瓷釉黏合剂和金属的膨胀系数不同引起应力而产生裂缝。

由上述分析可知，套管脏污和发生裂纹对变压器的安全运行有威胁。因此，运行人员应利用停电机会清扫变压器，擦拭套管。大修后或气候变化时，巡回检查套管有无裂纹或其他损伤。

4. 从变压器油所含的气体成分判断变压器内部故障

在正常情况下变压器油里也含有气体，未运行的新油，大概含氧气 30%、氮气 70%、二氧化碳 0.3%。已运行的变压器油，因油和绝缘材料的分解和氧化，会生成少量的二氧化碳和一氧化碳，以及微量的烃类气体。

当变压器内部发生故障时,就会在变压器油里产生较多种类的气体,改变了油中的气体组成成分。因此,分析油中的气体成分,是早期查出变压器内部潜伏性故障的有效办法。

变压器过热和局部放电都会使油分解，使电缆纸、木质、胶木管等分解和炭化而产生气体。对判断变压器内部故障有意义的气体主要有氢气、氧气、氮气、一氧化碳、二氧化碳、甲烷、乙烷、乙烯、乙炔等几种，后 4 种碳氢化合物即为前面所讲的烃类气体。这些气体在正常变压器油中也或多或少地存在，而在变压器内部故障的情况下，各种气体占总气体的比例则会发生变化，而且不同的故障会显示出不同的组成成分。据分析，变压器油中气体的分解情况和温度有很大关系。一般绝缘油在 300 ~ 800 ℃热分解时产生大量的甲烷、乙烯等烃类气体，在放电时会产生氢气、乙炔和少量的甲烷、乙烯。

绝缘纸等固体绝缘物在 120 ~ 150 ℃长期加热的情况下主要产生二氧化碳，在 300 ~ 800 ℃热分解时，除产生二氧化碳和一氧化碳以外，还产生氢气和烃类气体。

使用气体继电器及气相色谱法检测变压器油中气体成分是发现变压器潜伏性故障的两种方法。

1）从气体继电器积聚的气体判断变压器内部故障

当气体继电器出现气体，而使轻瓦斯频繁动作时，必须对气体进行分析。对气体继电器积存的气体的数量、可燃性、颜色和化学成分进行鉴别，可以分析出动作原因和内部故障性质，根据气体量可以判断损伤的情形是否严重。

在变压器运行规程中，列出了油内气体颜色和故障性质的关系（表 9－2－9）。

表 9－2－9 油内气体颜色和故障性质的关系

气体颜色	故障性质	气体颜色	故障性质
黄色不易燃的	木质故障	灰色和黑色易燃的	油故障（放电造成分解）
淡灰色带强烈臭味可燃的	纸或纸板故障		

所谓可燃气体包括氢气、一氧化碳及烃类气体。气体内可燃气体成分达10% ~15%及以上时，才能燃烧。

根据对多台变压器的调查发现，在很多情况下，在变压器发生故障的初期，特别是在初始阶段，气体是不燃烧的。例如铁芯或分接开关接点处的损坏，在初始阶段分解出来的气体，从气体继电器中取出是不可燃的，这是因为通过热油的气体与溶解在油中的空气相混合改变了它们的成分（油能吸收和溶解相当量的气体，而且吸收能力与该气体的吸附系数有关。当故障处的气体通过油层时，则这些气体能依照其吸附系数互相排挤）。因此聚集在气体继电器中的气体，其成分和故障处的气体成分并不一致。另外，故障时取得的气体常是无颜色的。因此，单是以气体有无颜色或可燃不可燃，来断定变压器故障的性质并不是永远可靠的，必须取气体鉴别其成分，才能做出比较准确的判断。

通过试验发现，放电使油分解产生的气体较多，如经过10次连续放电，在气体继电器中积存的气体就达350 cm^3，而在绝缘炭化的情况下，气体的积存速度就慢。

2）利用气相色谱法检测变压器内部故障

气相色谱法是一种物理分析法。它是利用某一物质对其他不同物质的吸附能力的不同，而使其他不同物质分别分离出来的原理，将被分离的各组物质（如各种气体）的含量，用鉴定器转换为电信号，经放大后，由自动电子电位差计记录，根据信号出现的时间和信号的大小进行定性定量分析。对变压器油的分析，就是从运行的变压器或其他充油电气设备中取出油样，用脱气装置脱出溶于油中的气体，由气相色谱仪分析从油中脱出气体的组成成分和含量，借此判断变压器内有无故障及故障性质。

根据多台变压器对气体进行的气相色谱法分析，对变压器油中溶解气体的组成成分与变压器内部故障性质及状态的关系得出如下结论：

（1）氢气和烃类气体的总含量在0.1%以下，一氧化碳和二氧化碳含量正常，则可认为变压器是正常的。

（2）氢气和烃类气体的总含量在0.1% ~0.5%之间的变压器，包括下述几种情况：

① 氢气和烃类气体的总含量在0.1%左右，一氧化碳、二氧化碳含量正常，无乙炔，属正常。

② 氢气和烃类气体的总含量大于0.1%，其中乙炔含量较大，表明变压器内部有放电缺陷。

③ 氢气和烃类气体的总含量大于0.1%，一氧化碳、二氧化碳含量正常，可能是变压器内部裸金属部分（导线和铁芯等）有轻度过热缺陷。

④ 氢气和烃类气体的总含量大于0.1%，一氧化碳、二氧化碳含量较正常值大，这说明变压器可能有严重的局部过热，可能是过载运行引起绝缘过热或该变压器运行年久绝缘老化。

（3）氢气和烃类气体的总含量大于0.5%，在大多数情况下表明变压器内部存在缺陷。例如二氧化碳和一氧化碳的含量较大，则表明变压器内部固体绝缘过热。对于这种变压器，应全面分析（包括进行绝缘试验等）并采取措施。

把上述各条列成表得到油中溶解气体成分和变压器内部故障性质的关系（表9-2-10）。

表 9-2-10　油中溶解气体成分和变压器内部故障性质的关系

氢气和烃类气体的总含量/%	变压器状态
0.1 左右及 0.1 以下	正常
0.2 左右～0.4 左右	轻度故障或大面积较低温度过热
0.5 左右及 0.5 以上	有故障

一般情况下，烃类气体是变压器内部裸金属过热引起油分解的特征气体，因为正常的变压器中含烃类气体很少或没有。一氧化碳和二氧化碳则是变压器内绝缘材料在高温时离解而产生的主要气体，当然在绝缘老化的情况下，也会使一氧化碳和二氧化碳含量升高。至于氮气，那是变压器内部发生各种不同性质故障时都可能产生的。

用气相色谱法检测变压器过热、放电等潜伏性故障，是行之有效的方法，但对变压器的突发性绝缘击穿等故障用这个方法还不能解决问题。因此，气体分析还要与其他化学、电气试验结果相结合综合分析。

5. 变压器运行中的不正常现象

变压器有下列情形之一的，应立即停止运行，进行修理，并换用备用变压器：

(1) 变压器内部音响很大，很不均匀，有爆裂声。

(2) 在正常冷却条件下，变压器温度不正常并不断上升。

(3) 油枕喷油或防爆管喷油。

(4) 漏油，致使油面低于油位指示计上的限度。

(5) 油色变化过大，油内出现炭质等。

(6) 套管有严重的破损和放电现象。

6. 变压器不容许的过负荷和不正常的温升、油面

当变压器的油温升高超过许可限度时，应判明原因，采取措施使油温降低，因此，必须进行下列工作：

(1) 检查变压器的负荷和冷却介质的温度，并与在这种负荷和冷却温度下应有的油温核对。

(2) 核对温度表。

(3) 检查变压器机械冷却装置或变压器室的通风情况。

若温度升高的原因是由于冷却系统的故障并需停电检修时，应立即将变压器停下修理；若不停电可修理时（如风扇故障等），则值班人员应采取措施暂时调整变压器的负荷至相当于变压器在机械冷却装置停用时的容量运行。

若发现变压器的油面较当时油温应有的油位有显著降低时，应立即加油。

如果因大量漏油而使油位迅速下降时，禁止将瓦斯继电器改为只动作于信号，而必须迅速采取防止漏油的措施并立即加油。

变压器在运行中补油时，应注意下列事项：

(1) 注意防止混油，新补入的油应是试验合格的。

(2) 补油前应将重瓦斯保护改接信号位置，防止误动作跳闸，变压器的其他继电保护装置（如差动保护、电流切断保护等），仍应接至跳闸线圈。

(3) 补油后，要注意检查瓦斯继电器，及时放出气体，24 h 无问题后再将重瓦斯接入跳闸位置。

(4) 补油量要适宜，油位与变压器当时的油温相适应。

(5) 禁止从变压器下部截门补油，以防将变压器底部沉淀物冲起进入线圈内，影响变压器的绝缘和散热。

油位因温度上升而逐渐升高时，若最高油温时的油位高出油位指示计时，则应放油，使油位降至适当高度，以免溢油。

运行中的变压器可能由于油标管堵塞、呼吸器堵塞、防爆管通气孔堵塞等原因，造成油位计内的油面位置与变压器箱壳内的实际油面位置不在同一水平上，造成油位计所指示的油面成为假油面。

变压器在运行中如果出现假油面时，应及时处理，处理时，应将变压器的重瓦斯改接至信号位置。

7. 瓦斯继电保护装置动作时的处理

瓦斯继电保护装置的信号动作时，值班人员应立即停止音响信号，并检查变压器（如果有备用变压器，必要时可先换用备用变压器），查明瓦斯继电器信号动作的原因。如果检查变压器的外部不能查出不正常运行的征象，则须鉴定继电器内积聚的气体的性质。如果气体是无色无臭不可燃的，则变压器仍可继续运行；如果气体是可燃的，则不论有无备用变压器，必须停运变压器，以便更仔细地研究动作的原因。

检查气体是否可燃时，须特别小心，不要将火靠近继电器的顶端，而要在其上面 5 ~ 6 cm 处。

如果瓦斯继电器动作的原因,不是由于空气侵入变压器所引起的,则应检查油的闪点,若闪点较过去记录降低 5 ℃以上,则说明变压器内部已有故障,必须停止运行变压器。

若瓦斯继电保护装置的信号因油内剩余空气分出而动作时，值班人员应放出瓦斯继电器内积聚的空气，并注意这次信号与下次信号动作的间隔时间。若信号动作的间隔时间逐次缩短，就表示油断路器即将跳闸，此时应使瓦斯继电器只与信号连接，并报告上级领导。但如果有备用变压器时，则应换用备用变压器，而不准使运行中变压器的瓦斯继电器只与信号连接。

如果变压器因瓦斯继电器动作而跳闸，并经检查证明是因可燃性气体而使保护装置动作时，则变压器在未经检查及试验合格前，不许再投入运行。

瓦斯继电器保护装置的动作，根据故障性质的不同，一般有两种：一种是信号动作而不跳闸，另一种是两者同时动作。

信号动作而不跳闸的，通常有下列几个原因：

(1) 滤油、加油或冷却系统不严密，以致空气进入变压器。

(2) 因温度下降或漏油致使油面缓缓降低。

(3) 因变压器故障而产生少量气体。

(4) 由于发生穿越性短路而引起。

信号和油断路器同时动作或仅油断路器动作时，可能是由于变压器内部发生严重故障、油面下降太快或保护装置二次回路有故障等。在某些情况下，如在修理后，油中空气分离太快，也可能使油断路器跳闸。

瓦斯继电保护装置动作的原因和故障的性质，可由继电器内积聚的气体量、颜色和化学成分等来鉴别。

根据气体的多少，可估计故障的大小，如果积聚的气体是无色无臭而不可燃的，则瓦斯继电器的动作是油中分离出来的空气所致。如果气体是可燃的，则瓦斯继电器的动作是变压器内部故障所致。

气体颜色鉴别必须迅速进行，否则经过一定时间颜色即会消失（有色物质沉淀）。

8. 变压器的自动跳闸

变压器自动跳闸时，如果有备用变压器，值班人员应迅速将其投入运行，然后立即检查变压器跳闸的原因；如果无备用变压器，则须根据吊牌指示，查明何种保护装置动作，及在变压器跳闸时有何种外部现象，如外部短路、变压器过负荷及其他等。如果检查结果证明，变压器跳闸不是由于内部故障所引起的，而是由于过负荷、外部短路或保护装置二次回路的故障所造成的，则变压器可不经外部检查，重新投入运行；否则须进行外部检查，查明有无内部故障的征象并测量线圈的绝缘电阻，以查明变压器跳闸的原因。

若变压器有内部故障的征象时，应进行内部检查。

9. 变压器着火

变压器着火时，首先应将其所有断路器和隔离开关拉开，并将备用变压器投入运行。若变压器的油溢在变压器顶盖上着火，则应打开变压器下部的油门放油，使油面低于着火处。灭火时须遵守《电力设备典型消防规程》的有关规定。

（四）绝缘油的运行

变压器内的绝缘油，一方面作为绝缘介质，使绕组与绕组之间以及绕组与接地的铁芯和箱壳之间有良好的绝缘；另一方面它又作为散热的媒介，将运行中变压器的铁芯和绕组等散发出来的热量传递给冷却装置。由于绝缘油的绝缘作用，根据变压器电压等级的不同，绝缘油在运行中必须具有一定水平的电气绝缘强度，并要求其始终处于合格状态。但是由于变压器油在运行中有可能与空气相接触，而安装在户外的变压器，在不正常的情况下，更有可能与雨水相接触；此外变压器在运行中有较高的温度，上层油温可能会高达95 ℃左右，因此在上述各种因素的作用下，变压器油的质量可能会渐渐变差，即它的电气绝缘强度会逐渐降低，油质会逐渐老化。为确保变压器能安全可靠地运行，除应积极地采取保护措施以防止运行中的变压器油过早老化以外，还应定期取油样试验，以了解油质在运行中的状态，做到心中有数。对新安装的变压器，也应在投入运行前取油样试验。

1. 定期取油样试验

油样的物理和化学试验项目及其标准见表9－2－11。

表9－2－11 变压器油的标准

序号	物理－化学性质的项目	标准	
		新油	运行中的油
1	在20/40 ℃时密度不超过/(kg · m^{-3})	895	—
2	在50 ℃时黏度（恩格勒）不超过/EV	1.8	—
3	闪点不低于/℃	135	不比新油降低5 ℃以上

表9－2－11（续）

序号	物理－化学性质的项目	标准	
		新油	运行中的油
4	凝固点不高于/℃	－25①	—
5	机械混合物	无	无
6	游离碳	无	无
7	灰分不超过/%	0.005	0.01
8	活性硫	无	无
9	酸价不超过/($mgKOH\cdot g^{-1}$)	0.05	0.4
10	钠试验的等级	2	—
11	安定性： （1）氧化后的酸价不大于/($mgKOH\cdot g^{-1}$) （2）氧化后沉淀物含量/%	 0.35 0.1	 — —
12	电气绝缘强度（标准间隙间的击穿电压）不低于/kV： （1）用于35 kV及以上的变压器 （2）用于6～35 kV的变压器 （3）用于6 kV以下的变压器	 40 30 25	 35 25 20
13	溶解于水的酸或碱	无	无
14	水分	无	无
15	在5 ℃时的透明度（盛于试管内）	透明	透明
16	$\tan\delta$和体积电阻（如果浸油后的变压器$\tan\delta$和C_2/C_{50}值升高则应进行测量） $\tan\delta$不超过②/% 在20 ℃时 在70 ℃时 体积电阻	 1 4 	 2 7 无规定值但应与最初值进行比较

注：① 在月平均最低气温不低于－10 ℃的地区，如无凝固点为－25 ℃的绝缘油时，允许使用凝固点为－10 ℃的油。
② 表中所列新油$\tan\delta$的标准，只作为分析油质时的参考，暂不作为验收新油的标准。

一般情况下，定期取油样试验时，可不做全部试验项目，而仅做简化试验，简化试验包括下列项目：①闪点；②机械混合物；③游离碳；④酸价；⑤电气绝缘强度；⑥溶解于水的酸或碱；⑦水分。以上项目即表9－2－11中的3、5、6、9、12、13、14，共7项，其他各项只在验收新油或油经过再生后，以及新安装的变压器对其油质有怀疑时，才做全部试验项目。

运行中的变压器油，对电压在35 kV及以上的变压器，每年至少取油样做一次简化试验；对电压在35 kV以下的变压器，则每两年至少取油样做一次简化试验，但变压器每次大修后，应取油样做简化试验。

对电气绝缘强度试验，则在每两次简化试验之间，至少应再做一次试验。对充油量较少的小型变压器和充油套管，可以用调换合格油的办法来代替做简化试验。

在上述定期取油样试验时，运行中的油或新油，其质量应符合表9－2－11中所规定的标准，如不符合标准时，必须针对存在问题进行处理。例如当电气绝缘强度试验不合格时，需进行过滤；如某些化学性能不合格时，需进行再生处理等。

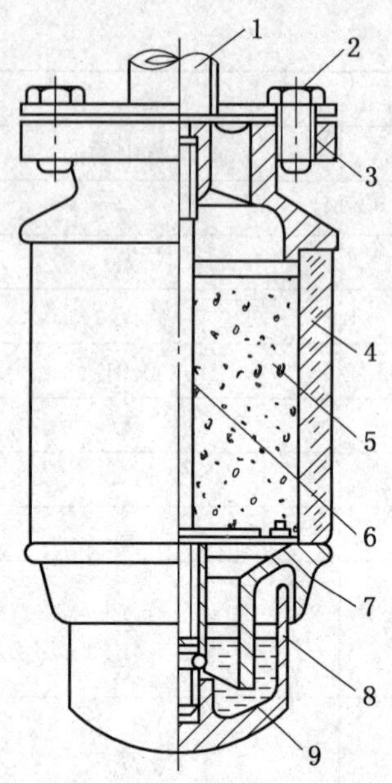

1—连接管；2—螺栓；3—法兰盘；4—玻璃管；5—硅胶；6—螺杆；7—底座；8—底罩；9—变压器油

图 9-2-15 空气过滤器的构造

每次取油样试验的结果，应与上一次及历年取油样试验的结果做比较，以掌握油质性能变化的趋势。

2. 运行中油的保护

变压器油在运行中，由于受到空气、阳光、温度和湿度等影响而逐渐老化，因此需要采取积极措施，使其尽量保持在良好状态，以延长其使用寿命。关于这方面的措施，目前在实际生产中采用的，大致有以下几种。

1）空气过滤器的使用

容量在 1000 kV · A 及以上，电压等级在 10 kV 及以上的变压器，为防止潮气或酸性气体进入变压器油中，可采用空气过滤器。其构造如图 9-2-15 所示。在空气过滤器中，一般采用硅胶或掺有氧化钙的硅胶作为干燥剂。空气过滤器应安装在距地面 1 ~ 1.5 m 处。

为监视干燥剂的吸潮情况，可配制少量指示剂，放置在过滤器的观察孔处，其他部位仍填满未浸氯化钴的干燥剂。当大部分指示剂变为粉红色时，表明干燥剂已经失效，应立即更换。

指示剂的配制成分如下：

硅胶	100 分
氯化钙（工业用）	40 分
氯化钴	3 分

在化工厂、冶金工厂和火力发电厂附近，当空气中含有酸性物质时，过滤器中应全部采用硅胶，而不用掺有氯化钙的硅胶。

干燥剂的回收方法：吸潮后的干燥剂，可在 115 ~ 120 ℃温度下，加热 15 ~ 20 h，待全部指示剂呈现天蓝色时，则可再次利用。

2）充氮保护

为防止变压器油在运行中与空气相接触而使油的性能变坏，可采用在油枕的上部空间充氮的方法（图 9-2-16），将变压器油与化学性能比较稳定的氮气相接触。图 9-2-16 中，在变压器旁边放置一只气袋保护柜 2，气柜内的氮气袋 1 与油枕的上部空间相连通，使油枕的上部空间充满氮气。气袋具有一定的压力，一般为 4.9 ~ 9.8 kPa，因此当油枕内油面涨落时，气袋内的压力在一定范围内变化。根据长期充氮的变压器的运行经验可知，它的油质能保

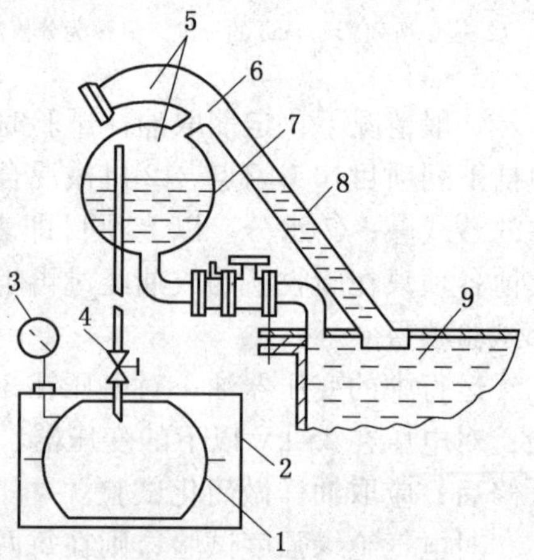

1—氮气袋；2—气袋保护柜；3—气压表；4—截止阀；5—充氮空间；6—连通管；7—油枕；8—防爆管；9—变压器

图 9-2-16 变压器充氮示意图

护得较好，油的使用寿命也较长。

3）抗氧化剂的使用

（1）抗氧化剂的使用范围。抗氧化剂（匹拉米酮和安替比林）适用于一般特别的新油、稳定的再生油和在运行中酸价不超过0.08 mgKOH/g 的旧油。一般在变压器和充油套管等油质易于劣化的设备中添加抗氧化剂。

（2）抗氧化剂的添加方法。在添加抗氧化剂前，应将油中的酸性产物、油泥和金属氧化物等杂质处理干净，待油质充分净化并呈中性反应后，才能添加抗氧化剂。添加量为设备注油量总质量的0.03%。先将变压器中的油量放出1/3～1/2，作为溶解抗氧化剂之用。放油时，为防止线圈绝缘受潮，不能使线圈外露。如需添加补充油，可用补充的油溶解抗氧化剂。使用匹拉米酮时，浓溶液的浓度约为1%；使用安替比林时，浓度约为0.5%。最好通过抗氧化剂溶解度试验，确定最适宜的浓溶液的浓度和所需的油量。溶解抗氧化剂时，要先将油加热至70～80 ℃，再将抗氧化剂加入，并需搅拌20～30 min，使抗氧化剂完全溶解，经过压滤机过滤2～3个循环后，即可投入使用。

抗氧化剂在运行中逐渐被消耗，故应定期补加。根据使用经验，约每3个月添加一次，每次的补加量为原添加量的20%。

（3）添加抗氧化剂后对油质的监督。对于油中添加抗氧化剂的设备，在投入运行后72 h内，应取样进行分析和电气击穿强度试验，试验结果应与以前添加抗氧化剂小型试验的数据接近。

在投入运行后最初的3个月中，每月做一次简化试验和介质损失角正切（tanδ）试验，以后每3个月做一次简化试验和安定度试验，一年后，按照正常规定取样试验。

4）热虹吸过滤器的运行和维护

变压器油在运行中会逐渐脏污和被氧化，为延长油的使用期限，使变压器在较好的条件下运行，保持油质的良好是很重要的。

保持或恢复油质的方法是将油进行净化处理。一般被各种机械混杂物、不溶性油泥和炭末所脏污而没有本质变化的油，可以用机械方法净化。由于老化发生较大变化的油，生成一般机械净化法不能除去的酸和渣滓时，则需要采用化学净化法（或者叫作油的再生）。再生的任务是从油中除去妨碍油继续使用的少量的氧化产物。

使用热虹吸过滤器（再生器）过滤变压器油是再生方法中的一种，叫“连续自动再生”。这种方法可使变压器油在运行中常保持品质良好而不致剧烈老化，这样，油可多年处于运行中不需专门放出来再生。

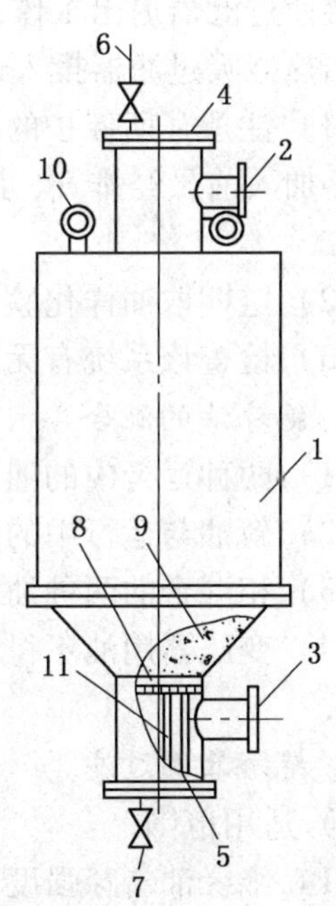

1—本体；2—进口；3—出口；4—上盖；5—底盖；6、7—截门；8—滤网；9—吸附剂；10—吊攀；11—支撑架

图9-2-17 热虹吸过滤器的结构

热虹吸过滤器是一个小圆筒，其结构如图9-2-17所示，里面装满了吸附剂硅胶或活性氧化铝。对一般油浸风冷的变压器，热虹吸过滤器用短管接到变压器油箱的上部和下部。变压器中的热油进入热虹吸过滤器的上部，经过

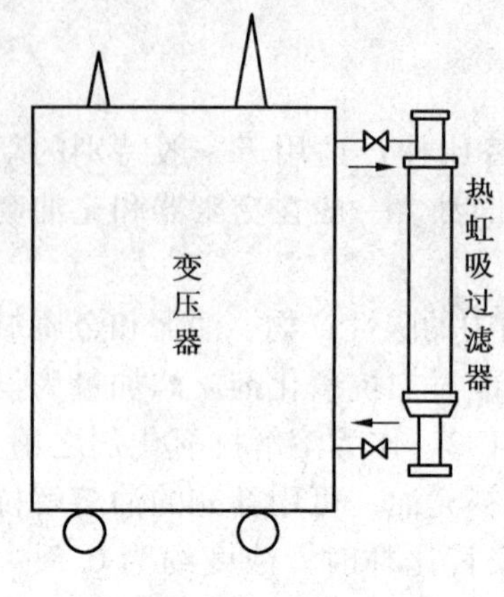

图9-2-18 热虹吸过滤器的运行示意图

滤器过滤冷却后进入变压器的下部，油就这样自动不断地循环、过滤并不断地清除水、酸和沉渣。其运行示意如图9-2-18所示。

热虹吸过滤器中用硅胶时，其质量约为变压器油质量的1%。一般用粗粒（直径为0.5~3.5 mm）的硅胶。

吸附剂硅胶再生油是利用硅胶的吸附现象，即这种多孔性的物体能从油中吸出表面活性的物质，并把它们保持在自己的表面上。硅胶从油内吸出树脂的能力很好，吸出酸的能力较差（氧化铝则吸出酸的能力好，吸出树脂的能力差）。温度对吸附过程有很大的影响。温度升高，油的黏度降低，溶解于油内的树脂和酸易于扩散，故必然促进吸附作用。但温度升高使分子活动能力增强，又不易被吸附剂吸住。因此每种吸附剂有一个最合适的温度。对于硅胶，最合适的温度是20 ℃。

热虹吸过滤器不需要全年接在变压器上工作。一般情况下，夏季热虹吸过滤器接到变压器上工作1~2个月，冬季工作3~5个月即可。接通时间的长短，取决于油的状态、吸附剂的活度和过滤器的阻力。若热虹吸过滤器连通变压器的时间太长，不但没有意义，反而有害，因为这将使油过度净化可能减少油内天然的抗氧化剂，并使氧化以后的酸值增加。

要使过滤器退出工作，只需关闭它与变压器之间的截门即可。

当热虹吸过滤器投入运行后，运行人员应注意以下情况：

（1）注意瓦斯保护的动作情况（重瓦斯是否接在信号位置需根据现场情况决定）。因过滤器加入前虽经排气、注油，但仍可能有残余空气，它加入循环使瓦斯继电器动作是可能的。

（2）定期取油样化验（从变压器内取），检查再生过程。

（3）检查该系统有无漏油。

3. 绝缘油的混合

（1）两种运行中的油混合时，混合油的质量不应低于其中稳定性较差的一种油。

（2）新油与运行中的油混合时，混合油的质量不应低于运行中的油的质量。

（3）相混合的两种油应具有同样的凝固点。

（4）变压器用油不得与油断路器用油相混合，以免油断路器所用油的炭分混入变压器内。

4. 绝缘油的过滤

1）适用范围

（1）绝缘油击穿强度下降或油中有机械混合物和水分。

（2）绝缘油在注入设备前。

（3）注油设备的定期检修时。

2）滤油工艺

（1）滤油前应将全部滤油设备（压滤机、管道、油罐）冲洗干净，滤纸应为中性，使用前应放在80 ℃烘箱内干燥24 h。

（2）滤油前应按照油中杂质确定净化处理的加热温度，具体参见表 9－2－12 的要求。

表 9－2－12　绝缘油净化处理的加热温度

油中杂质成分	炭粒	水分	炭粒＋水分	水分＋不溶性油泥	炭粒＋不溶性油泥	炭粒＋水分＋油泥	可溶性油泥（低温时不沉淀）
净化处理设备入口的油温/℃	50～60	20～35	20～35	20～35	50～60	20～35	20～35

（3）在压滤机的铸铁框间，一般放置 2～3 张滤油纸，其中一张是松软的，用于吸收油中潮气；其余为密实的，用于过滤炭粒和油泥。平均约每小时更换一次滤纸，每次仅换去湿油入口侧的一张滤纸，而将新纸置于出油侧。滤纸消耗定额约为 1 t 油需用 1 kg 滤纸。

（4）压滤机工作压力为 0.392～0.49 MPa。滤纸良好时，油即能连续滤出。当压力超过 0.608 MPa 时，应检查滤油装置是否堵塞或滤纸是否已经饱和。

（5）滤油工作必须在晴天或相对湿度不大（60% 以下）的室内进行。

（6）在滤油过程中应每小时取样进行击穿强度试验，直至合格为止。

5. 带电滤油和注油

1）带电滤油

当变压器油在运行中其电气绝缘强度渐渐地降低至标准数值以下时，如果其不是由于进水而引起的，且其化学性能试验仍符合标准规定，变压器又没有条件停电滤油或调换合格的备用油，则此时对电压为 10 kV 及以下的变压器，允许在带电状态下进行滤油。带电滤油的方法如图 9－2－19 所示。

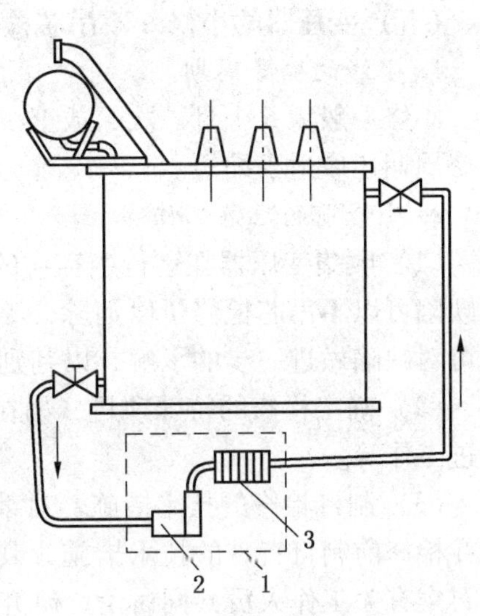

1—压力滤油机；2—油泵；3—过滤器

图 9－2－19　变压器带电滤油示意图

在变压器箱壳上、下两个法兰接口处（应取变压器箱壳对角线的两个顶端的法兰接口）接压力滤油机 1，将变压器油从下面的法兰接口处抽出，经过压力滤油机过滤后，再由上面的法兰接口处将油送回变压器。这样，经过一段时间的多次循环过滤以后，油中所含的水分便会渐渐地被滤出，油的绝缘强度便会渐渐地提高，一直过滤到油的电气绝缘强度符合标准值时为止。

这个简单的带电滤油方法，在电压高于 35 kV 及以上时不宜使用，因为在过滤时，通过压力滤油机送回变压器的油中，含有较多的气泡，这些气泡在较高的电压作用下会产生游离现象，从而使油的绝缘性能变坏，在严重的情况下，还会导致变压器的内部放电，所以只宜在较低的电压下进行带电滤油，一般在 10 kV 及以下的变压器中采用。但如果采取一些特殊措施，如将送回变压器的油经过脱气、抽真空等后，则对较高电压的变压器也能采用带电滤油。

在带电滤油时，经过压力滤油机送回变压器的油中，由于含有较多的气泡，当这些气泡从油中释放出来后，会沿着箱盖跑到瓦斯继电器内，当气体积聚到一定数量时，会使瓦斯继电器的触点闭合将油断路器切断而使变压器停电。为了防止出现这种情况，变压器在带电滤油期间，应将瓦斯继电器的触点暂时停用。

带电滤油时，油管和滤油机应可靠地接地，以保护工作人员的人身安全。

2）带电注油

当变压器在冬季轻负荷运行或不带负荷在备用状态时，其油位有时会过分地降低，以致出现从油位计上看不到的现象，这时必须向油枕内加油。为了尽量使变压器不停止供电，可在变压器带电的情况下，向油枕内注入少量合格的备用油。因为注入的油的数量不多，所以只需借助小型手摇泵将备用油送入油枕顶部的注油孔即可，其方法如图 9－2－20 所示。在打开油枕顶部的注油孔及拆装输油管时，必须注意与变压器的带电部分保持绝对的安全距离，以防止发生人身触电事故，并应遵守《电业安全工作规程》中的其他有关规定。

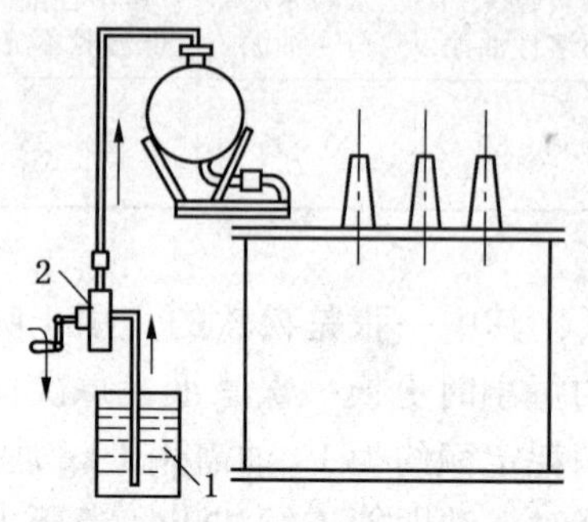

1—合格的备用油；2—手摇的齿轮泵

图 9－2－20　变压器带电注油示意图

（五）变压器的小修（不吊芯检修）

1. 小修的检修周期

小修一般为 6 个月一次，或至少每年进行一次，但对安装在特别污秽地区的变压器，小修周期还应适当缩短。

2. 小修前的准备工作

（1）收集变压器在运行中存在的已被发现的缺陷项目，并对缺陷进行分析，以确定哪些缺陷可以不吊芯检修予以消除，哪些缺陷在不吊芯检修时是无法消除的。在停电期间，还可对缺陷做进一步的了解，以判别其损坏程度是否会影响安全运行。

（2）确定检修的特殊项目，如在不吊芯检修时，为确保运行安全需要进行哪些较小的改进工作等。

（3）制订检修的技术措施。对某些检修项目，为了保证能顺利地达到预定的目的，必须在检修前制订特殊的技术措施，其中包括安全措施、特殊的检修工艺、特殊的工具等，并召集有关工作人员共同讨论、研究此项技术措施实行的可能性。

（4）在检修前，对检修项目中所需要的设备及耗用的器材，都应在开工前准备妥当，放到现场，并检查其数量、规格、质量是否符合要求。

3. 小修的检修项目

（1）检查导电排的紧固螺栓有无松动现象，导电排的接头处有无过热的现象，贴有示温蜡片的，应检查其有无熔化或即将熔化的现象。

（2）清扫变压器的箱壳，并检查有无渗漏油的地方，如有应设法予以消除。

（3）清扫套管和瓷瓶，检查瓷瓶及套管外表有无放过电的痕迹，表面有无碎裂和破损现象。

（4）检查防爆管的隔膜是否完好。

（5）检查全部冷却系统的设备是否完好。对自冷式变压器，应清扫散热器表面的灰尘，检查焊缝处有无渗油、漏油的地方；对风冷式变压器，除检查与自冷式变压器相同的项目以外，还应检查冷却风扇的工作情况是否正常；而对强迫油循环风冷式变压器还应检查潜油泵的工作情况是否正常；对强迫油循环水冷式变压器，则应检查潜油泵及冷却水泵的工作情况是否正常，冷油器的外表有无渗油、漏油和渗油、漏水的现象。

（6）检查油枕的油位是否正常。油位计的表面应擦得清晰透明，以方便观察，油枕底部集污盒内的污油应放掉，同时要检查呼吸器的吸潮剂是否失效。

（7）检查瓦斯继电器有无渗油、漏油的现象，阀门的开闭是否灵活，动作是否正确可靠，控制电缆和继电器触点的绝缘电阻是否良好。

（8）对变压器的各部位，如本体、热虹吸过滤器、充油套管等处，均应取油样做电气绝缘强度试验和化学简化试验。

（9）测量上层油温的温度计应拆下进行校验，并检查测温管内是否充满了变压器油。

（10）做变压器绝缘预防性试验。

二、互感器的运行和维护

（一）电压互感器的运行和维护

（1）运行中的电压互感器其绝缘电阻应合格。

（2）电压互感器二次侧线圈的接地点应可靠接地，防止绝缘损坏时由于高电压窜入低压侧线圈而使继电保护工作人员或运行人员发生触电危险。

（3）运行中的电压互感器的一次侧及二次侧保险和限流电阻应完好，二次回路无短路现象。一次侧和二次侧所选用的熔体应合适。

电压互感器一次侧（高压侧）装熔断器的作用是防止高压系统（即电压互感器所接的电压等级的系统）受电压互感器本身或其引线上的影响和作为电压互感器本身的保护。但装高压熔断器不能防止电压互感器二次侧过流故障。

装于室内配电装置的高压熔断器，是装有石英填料的，它具有截断 1000 MV · A 的短路功率。

在 35 kV 的屋外配电装置中，电压互感器的高压熔断器常采用羊角形熔断器，还配有相应的限流电阻。限流电阻的作用是限制电压回路短路时的电流，使羊角熔断器可靠地切断电弧，此外也可起维持母线电压的作用。羊角熔断器本身的断流容量很小，仅能切断 12 ~ 15 A 的电流。

为了防止电压互感器二次回路短路所引起的持续过电流，在电压互感器的二次侧还得装低压熔断器。

电压互感器的二次侧熔断器应根据下列原则进行选择：

① 熔体的熔断时间必须保证在二次回路发生短路时，小于保护装置动作时间。

② 熔断器的熔体额定电流应大于最大负荷电流，且取可靠系数为 1.5。

一般屋内配电装置的电压互感器二次侧可选用 250 V、10/4 A 的熔断器，屋外配电装置的电压互感器二次侧可选用 250 V、15/6 A 的熔断器。

（4）运行中的电压互感器二次侧不得短路，如遭受短路，应立即退出运行，进行检查与试验。

（5）在 35 kV 或 6.3 kV 小电流接地系统中发生单相接地故障时，应对电压互感器加强监视，并注意检查发热情况，有无绝缘烧焦气味，音响有无显著增大或产生异音等不正常现象。

监视交流系统各相对地绝缘时，应采用三相五柱式电压互感器。小电流接地系统中，发生单相接地故障时，若为完全接地，则接地相电压表的指示应为零，不接地两相，电压表的指示为线电压。若为不完全接地，则接地相电压表的指示应大于零但小于相电压，不接地的两相，电压表的指示应大于相电压，小于线电压。当一相完全接地时，电压互感器二次开口三角形线圈端子间的电压应为 100 V。

（6）变电所使用的电压互感器一般接有阻抗保护（距离保护）、方向保护、低周波减载和低电压减载、低电压闭锁、自投装置、同期重合闸等保护装置，因此在停用电压互感器时应注意下列事项：

① 停用电压互感器时，应先考虑该电压互感器所带的保护及自动装置，为防止误动作，可将有关保护及自动装置停用。

② 如果电压互感器装有自动切换装置或手动切换装置，其所带保护和自动装置可不停用。

③ 当电压互感器停用时，根据需要可将二次保险取下，防止反充电。

（7）电压互感器投入运行后，应立即检查有关表计的指示情况和本身有无异状。

（8）油浸式电压互感器的油面，距箱盖一般应不大于 15 mm。对 JDJ 型如大于 30 mm 或 JSJW 型大于 60 mm，则器身与引线已露出油面，此时应检查绝缘是否受潮。

（二）电流互感器的运行和维护

（1）运行中的电流互感器绝缘电阻应合格。

（2）电流互感器在最高气温为 35 ℃时，允许在电流超过其额定电流 10% 的线路中长期运行。当最高气温高于 35 ℃，但不高于 50 ℃时，长期允许的工作电流最大值按下式计算：

$$I_t = I_{35}\sqrt{\frac{80-t}{45}} \tag{9-2-12}$$

式中 I_t——最高气温为 t ℃时电流互感器所允许的工作电流最大值，A；

I_{35}——最高气温为 35 ℃时电流互感器所允许的工作电流最大值，A；

t——环境的实际气温，℃。

（3）电流互感器的二次线圈不能开路，如果一旦开路必须立即退出运行，并检查二次线圈的主绝缘或匝间绝缘状况。此时，铁芯必须进行退磁处理，铁芯的退磁常采用大负载退磁法。

大负载退磁法是在被退磁铁芯的二次线圈上接以相当于额定负载（以欧姆计）10～20 倍的可变电阻，在电流互感器的初级线圈通入工频电流，其值由零增加到约一次线圈额定电流值的 1.2 倍，然后均匀地降回到零（时间不少于 10 s）。可变电阻负载也与此同时降至最低值（或短路），如此重复 2～3 次。

所采用的可变电阻在其最低值时，应不超过该二次线圈额定负载（以欧姆计）的 1/5。当对多次级的电流互感器的一个铁芯进行退磁时，其余铁芯的二次线圈应短接。

当电流互感器所在线路发生短路或出现操作过电压，使一次线圈内有非周期分量的过电流通过后，铁芯中也将产生高频剩磁，此时铁芯也应进行退磁处理。

（4）电缆型的零序电流互感器用于小电流接地系统的出线保护时，电缆头外皮的接地线必须穿过零序电流互感器的铁芯后接地。这样接地有以下优点：

① 可消除在电缆外皮流过的电流对保护装置的影响。

② 当电缆头上发生闪络时，保护装置也能动作。

(5) 更换运行中的电流互感器一组中损坏的一个时，需选择变比相同、极性相同、使用电压等级相符、伏安特性相近、经过试验合格的同型号的电流互感器。更换电流互感器时须停电进行。

如果由于容量或变比不能满足需要更换的电流互感器时，除应注意以上几项外，还应注意保护的定值和仪表的倍率。

(6) 电流互感器二次回路的接地点，应可靠接地。

(三) 电压互感器常见故障发生的原因及处理方法

(1) 63 kV、35 kV 系统的电压互感器高压侧熔断器熔断是运行中常遇到的故障。高压熔断器熔断一般有以下原因：

① 系统发生单相间歇电弧接地。由于这时会出现过电压，其值可达正常相电压的 3 ~ 3.5 倍，可能使电压互感器的铁芯饱和，激磁电流急剧增加，引起高压侧熔断器熔断。

② 铁磁谐振。当系统产生铁磁谐振时，也会产生过电压，有可能使电压互感器的激磁电流增加十几倍，这也会引起高压侧熔断器熔断。

③ 电压互感器本身内部有单相接地或相间短路故障。

④ 二次侧发生短路而二次侧熔断器未熔断时，也可能造成高压侧熔断器熔断。

(2) 电压互感器回路断线时，会发出预告信号，光字牌、低电压继电器动作，周波指示灯熄灭，表计指示不正常，同期鉴定继电器可能有响声。

处理时，先考虑电压互感器所带保护及自动装置，防止误动作。检查一、二次回路的熔断器，看是否熔断。若一次侧熔断器熔断时，须对电压互感器进行外部检查，查明原因后进行更换。若二次侧熔断器熔断时应立即更换，若再次熔断时，则应查明原因，且不可将熔体容量增大。如果熔断器完好时，可检查电压互感器回路中接头有无松动、断头现象，切换回路有无接触不良现象。在检查时，应做好安全措施，保证人身安全，防止保护误动作。

(3) 电压互感器内部发生故障时，常会起火和冒烟而引起严重事故。电压互感器产生内部故障时有如下特征：

① 高压侧的熔断器连续熔断二三次。

② 电压互感器的温度急剧升高，发生严重过热现象。

③ 电压互感器内部有火花放电声响及噪声。

④ 引线出口处有漏油现象。

⑤ 器身发出臭味或冒烟。

⑥ 线圈与引线之间或线圈与外壳之间，出现火花放电情况。

电压互感器发生上述故障时，应立即停用。

(4) 切除有故障的电压互感器时，必须使用油断路器进行。禁止使用隔离开关或摘下熔断器等办法，拉开有故障的电压互感器，避免因操作时引起电弧造成事故扩大。

(5) 当充油式或充胶式电压互感器中的油或胶着火时，应立即切断电源，并用砂或干式灭火器灭火。

(6) 电压互感器的损坏，一般多由于绝缘受潮、击穿或者匝间短路、烧毁，以及套管损坏等原因造成。

(四) 电流互感器常见故障发生的原因和处理方法

1. 电流互感器二次线圈开路故障

电流互感器一次电流大小与二次负载的电流大小无关。电流互感器正常工作时，由于二次线圈回路阻抗很小，接近于短路状态，一次电流所产生的磁化力，大部分被二次电流所补偿，总磁通密度不大，二次线圈电势也不大。当电流互感器二次线圈开路时，二次线圈阻抗无限增大 ($z_2=\infty$)，二次线圈电流为零，因此电流互感器的二次线圈磁化力为零，总磁化力等于一次绕组的磁化力。一方面一次线圈中的电流完全变成了激磁电流，在二次线圈中产生了很高的电势，其峰值可达几千伏，威胁人身安全及造成仪表、保护装置、互感器二次绝缘损坏；另一方面一次线圈磁化使铁芯磁通密度过度增大，可能造成铁芯的强烈过热而损坏。

电流互感器二次线圈开路时，所产生的电势大小与一次电流大小有关。在处理电流互感器开路故障时，应将一次负荷电流减小或使负荷为零，然后应穿绝缘靴用绝缘工具在该电流互感器二次回路的端子上将其短路（此时应停用相应的保护装置），如不可能时，则应将该电流互感器停止使用。

2. 电流互感器二次线圈的短路故障

电流互感器出现器身严重发热、冒烟、漏油、电流表或功率表指示不正确、指示值有明显降低等情况时，可能是电流互感器的二次线圈发生短路故障所致。发现这类故障时，应立即停止该设备的运行，对其进行检修或更换新的电流互感器。

3. 电流互感器在运行中出现异常现象时的判断处理

电流互感器可能出现开路、发热、冒烟、线圈螺钉松动、声响异常和严重漏油、油面过低等异常现象。处理时应根据出现的异常情况，判断故障的性质，采取相应措施进行处理。例如用试温蜡片检查电流互感器的发热程度，从声响和表计指示情况来辨别电流互感器的二次线圈是否开路等。

三、隔离开关、断路器和母线的运行和维护

(一) 隔离开关、断路器的运行和维护

1. 隔离开关的用途和允许操作范围

隔离开关的作用主要是产生可以看得见的空气绝缘间隙，与带电部分有明显的断开点，以便在检修设备和线路停电时，隔离电路，保证安全。另外也可以用隔离开关与油断路器相配合，来改变运行接线方式，达到安全运行的目的。

应用隔离开关可以进行下列各项操作：

(1) 拉、合闭合状态断路器的旁路电流。

(2) 拉、合变压器中性点的接地线，但当中性点上接有消弧线圈时，只有在系统无接地故障时，方可操作。

(3) 拉、合电压互感器和避雷器。

(4) 拉、合母线及直接连接在母线上的设备的电容电流。

(5) 用室外 35 kV 带消弧角的三联隔离开关，可以拉、合励磁电流不超过 2 A 的空载

变压器。

(6) 拉、合电容电流不超过 5 A 的空载线路，但在 20 kV 及以下者，应使用三联隔离开关。

(7) 用屋外三联隔离开关，可以拉、合电压在 10 kV 以下，电流在 15 A 以下的负荷。

(8) 拉、合 10 kV 及以下、70 A 以下的环路均衡电流（或称为转移电流），但所有室内的三联隔离开关，严禁拉、合系统环路电流。

(9) 几种隔离开关对变压器、线路、电缆的操作范围，其试验和经验数值列于表 9－2－13 及表 9－2－14 中。

表 9－2－13　35～110 kV 隔离开关拉、合空载变压器容量和拉、合线路长度

名　称	110 kV 带消弧角三联隔离开关	35 kV 带消弧角三联隔离开关	35 kV 室外单极隔离开关	35 kV 室内单极隔离开关
拉、合空载变压器	20000 kV · A	5600 kV · A		不能拉、合
拉、合充电线路		32 km	12 km	5 km
拉、合人工接地后无负荷接地线路		20 km	12 km	5 km

表 9－2－14　10 kV 隔离开关拉、合空载电缆线路长度

名　称	截面/(mm × mm)							
	3 × 35	3 × 50	3 × 70	3 × 95	3 × 120	3 × 150	3 × 185	3 × 240
	长度/m							
室外单极隔离开关	4400	3900	3400	3000	2800	2500	2500	1900
室内三联隔离开关	1500	1500	1200	1200	1000	1000	800	

对于表中没有列出的其他形式隔离开关的操作范围，应以厂家规定为准。

2. 隔离开关的操作要领

1) 隔离开关合闸时的操作要领

(1) 用手动传动装置或绝缘操作杆操作时，均必须迅速而果断，但在合闸终了时用力不可过猛。

(2) 隔离开关操作完毕后，应检查是否已经合上。合好后应使刀闸完全进入固定触头，并检查接触的严密性。

2) 隔离开关拉闸时的操作要领

(1) 开始操作时应慢而谨慎，当刀片刚离开固定触头时应迅速，特别是切断变压器的空载电流、架空线路及电缆的充电电流、架空线路的小负荷电流，以及切断环路电流时，拉隔离开关更应迅速而果断，以便能迅速消弧。

(2) 隔离开关拉闸操作完毕后，应检查刀闸每相是否已在断开位置，并应使刀片尽量拉到头。

3) 单相隔离开关的操作要领

(1) 单相隔离开关在合闸时应先合两边的两相，后合中间的一相。

(2) 单相隔离开关在拉闸时应先拉开中间的一相，后拉两边的两相。

3. 隔离开关在运行过程中常见的故障及处理方法

1) 操作过程中错合、错拉隔离开关

(1) 当误合隔离开关时（如把隔离开关接向短路的回路或者把不同期的系统用隔离开关连接时)，在任何情况下（不管是合上了一相、两相还是三相)，均不允许把已合上的隔离开关再拉开。只有用断路器将这一回路断开以后，或者用断路器将该隔离开关跨接以后，才允许将误合隔离开关拉开。

(2) 当误拉隔离开关时，如用绝缘拉杆或杠杆式传动装置拉开隔离开关时，因为这种传动装置所需拉力很大，通常应把最初的操作一直继续到操作完成。

如果是单相的隔离开关，应将该相完全断开，但对其他两相则不应继续操作。

2) 运行中的隔离开关出现接触部分过热、瓷瓶外伤、瓷瓶闪络、放电、击穿、接地等故障时的处理

运行中的隔离开关可能出现如下故障：

(1) 接触部分过热。由于接合处紧固部件松动、刀口合得不严而造成过热或刀口熔焊。

(2) 瓷瓶外伤、硬伤。

(3) 针式瓷瓶胶合部因质量不良和自然老化而造成瓷瓶掉盖。

(4) 在污秽严重时或过电压情况下，产生闪络、放电、击穿、接地等故障引起瓷瓶表面烧伤，严重时发生短路、瓷瓶爆炸、断路器跳闸等。

发生上述故障时应分别做如下处理：

(1) 当隔离开关的接触部分过热时，须立即设法减少其负荷。如果该隔离开关系与母线连接，则应尽可能停止使用；只有在不得已的情况下，如停用该隔离开关会引起停电时，才允许暂时继续使用，但此时应该设法减少其发热，并对该隔离开关进行监视（如每隔半小时监视一次或连续监视)。如果该隔离开关的温度急剧上升，应以适当的断路器将其切断；如系线路隔离开关，则可减少负荷，继续运行，但仍需加强监视。

(2) 出现不严重的放电痕迹、表面龟裂、掉釉等时，应采取措施加强监视，可暂不停电，待经过正式申请停电手续被批准后，再进行停电处理。

(3) 出现瓷瓶外伤严重、对地击穿、瓷瓶爆炸、刀口熔焊等严重威胁人身安全及设备安全情况时，应立即采取措施，停电处理。

4. 断路器运行时应具备的条件

(1) 断路器采用电动合闸方式时，其直流母线电压允许变动的范围为额定电压的 ±10%。电压过高时，对长期带电的继电器、指示灯等易造成过热损坏；电压过低时，可能造成断路器、保护的动作不可靠。

(2) 用 500 V 或 1000 V 摇表测量操作回路和信号回路的绝缘电阻值，应不低于 1 MΩ。

(3) 断路器套管的绝缘电阻值测量应使用 2500 V 摇表进行，其测量结果与已往测量结果相比较，其数值不应有明显降低。

用有机物制成的绝缘拉杆的绝缘电阻值应满足下述要求；额定电压为 3 ~ 15 kV 的断路器，其绝缘电阻应不低于 300 MΩ；额定电压为 20 ~ 220 kV 的断路器，其绝缘电阻应不低于 1000 MΩ。

(4) 油断路器中的绝缘油应符合表9-2-15的标准。

(5) 电动操作机构低电压掉、合闸应符合标准。

运行中的高压断路器，在正常的直流电压下，当在正常把手操作、自动重合闸、继电保护动作掉闸等情况时，均应保证可靠掉、合。

当变电所的直流电源容量降低较多或电缆截面选择不当、电阻过大时，或多路开关同时合、掉闸时，由于直流压降损失太大，掉、合闸线圈、接触器线圈不能正确动作。另外在直流系统绝缘不良、两点高阻接地的情况下，在掉闸线圈或接触器线圈两端，可能引入一个数值不大的直流电压，当线圈动作电压过低时，就会误动作，造成断路器误动作掉闸或使合闸线圈烧毁。

因此要试验低压掉、合闸动作情况，并对电磁操作机构中的掉、合线圈和接触器线圈规定一个最高动作电压和最低动作电压。其数值见表9-2-16。

断路器的低电压试验，是一个比较重要的考核项目，一般在每次检修后进行（合闸线圈除外）。

表9-2-15 油断路器中的绝缘油的耐压标准

断路器的额定电压/kV	试验电压击穿值不低于/kV	
	新 油	运行中的油
15	25	20
20~35	35	30
44~220	40	35

表9-2-16 低电压试验标准 %

名 称	动作电压/额定电压	
	不得低于	不得高于
掉闸线圈	30	65
接触器线圈	30	65
合闸线圈	80	—

(6) 断路器自由脱扣应合格。油断路器自由脱扣的作用是当油断路器在合闸过程中时，如被接通的回路存在短路故障时，继电保护动作接通掉闸回路，能可靠、迅速断开油断路器，避免扩大事故范围。

CD_2-40操作机构自由脱扣的检查方法：用合闸手把将油断路器合在某一位置。用手托动掉闸顶杆，此时若能跳闸，说明自由脱扣无问题，否则应查找原因，进行处理。

(7) 备用状态下的断路器，应定期进行检查和试验，确保断路器经常处于完好状态，保证在任何情况下都可以投入运行。

(8) 真空断路器灭弧室无放电、无异音、无破损、无变色，绝缘拉杆完好、无裂纹，各连杆、转轴、拐臂无变形、无裂纹，轴销齐全，引线连接部位接触良好，无发热变色现象，位置指示器与运行方式相符，端子箱电源开关完好、名称标注齐全、封堵良好、箱门关闭严密。

(9) SF6断路器外观无变形、无锈蚀、连接无松动：传动元件的轴、销齐全无脱落、无卡涩；箱门关闭严密；无异常声音、气味；气室压力在正常范围内，闭锁完好、齐全；位置指示器与实际运行方式相符；套管完好、无裂纹、无损伤、无放电现象；带电显示器指示正确，防爆装置防护罩无异样，其释放出口无障碍物，防爆膜无破裂，接地线、接地螺栓表面无锈蚀，压接牢固。

5. 断路器两侧装有隔离开关的高压配电装置的操作顺序

合闸送电操作应由电源侧送电至负荷侧，拉闸停电操作则由负荷侧依次停到电源侧。

在合闸送电操作时，应先合母线侧隔离开关，再合负荷侧隔离开关，最后合断路器。在停电操作过程中，断路器断开后，应先拉负荷侧隔离开关，后拉母线侧隔离开关。

注意：每次拉、合隔离开关前，均应检查确认断路器是否在断开位置。

送电时先合母线侧隔离开关，停电时先停负荷侧隔离开关，都是为了当发生错误操作时，缩小事故范围，避免事故扩大。

（1）在送电时，如果断路器误在合闸位置，便去合隔离开关，此时如先合线路侧隔离开关，后合母线隔离开关，等于用母线侧隔离开关带负荷送线路，一旦发生弧光短路，便会造成母线故障，人为地扩大了事故范围。如果先合母线侧隔离开关，后合线路侧隔离开关，等于用线路侧隔离开关带负荷送线路，一旦发生弧光短路，断路器保护动作，可以跳闸，切除故障，缩小事故范围。

（2）在停电时，可能出现的错误操作有：断路器尚未断开电源，先拉隔离开关，造成带负荷拉隔离开关；断路器虽已断开，但当操作隔离开关时，因走错间隔而错拉不应停电的设备。

当断路器尚未断开电源时，误拉隔离开关，如先拉母线侧隔离开关，弧光短路点在断路器内，将造成母线短路；但如果先拉线路侧隔离开关，则弧光短路点在断路器外，断路器保护动作跳闸，能切断故障，缩小事故范围。

6. 断路器在操作过程中应注意的事项

对任何电气设备执行操作任务时，均应事前对该设备进行详细检查，确认该设备处在正常良好状态。

检修后的设备，必须经过验收合格，收回工作票，拆除相应的临时短路线、接地线、围栏、指示牌等。设备上应无遗留工具、杂物。

新装的设备应严格执行交接验收制度。验收合格后，办理好手续才能进行操作。

1）断路器合闸操作时的注意事项

（1）检查断路器油位，应在油位计标准线左右，油色应正常。

（2）本体应清洁，套管应完整清洁，不破损、不漏油。接地线紧固，“分、合”指示器应在“分”的位置。

（3）断路器经检修后，应在两侧隔离开关断开的情况下，对断路器进行跳、合闸试验。操作回路检修时，应利用继电保护装置做一次跳闸试验。试验完毕后，应对断路器进行详细检查。

（4）手动操作机构应清洁，销子、连杆应完整、无断裂。

（5）电动操作机构应正常，直流电压应达到额定值。

（6）操作前、后应察看信号指示灯是否正常，如不正常应查明原因，进行处理。

（7）断路器电动合闸时，操作把手必须旋到终点位置，监视电流表，当红灯亮后将把手返回。操作把手返回过早可能造成合不上闸。

（8）断路器合上以后，直流电流表应返回，如不返回应立即切断该断路器的合闸操作电源，防止接触器保持，烧毁合闸线圈。加装合闸监视装置时，能便于运行人员及时发现合闸时出现的故障，以便处理。

（9）断路器合上后应检查“分、合”指示器是否在“合闸”位置，传动杆、支持瓷瓶等应正常，断路器内部应无异常声响。

(10) 凡电动合闸的油断路器，一般不应用手动合闸，但对配有 CD_2 型操作机构的油断路器，当油断路器跳闸后，因失去合闸电源或控制回路失灵时，为了迅速处理事故，可采取手动合闸，但操作保险必须完好，油断路器实际断路容量合格，以保证合闸出现故障时，能迅速跳闸。操作时，应迅速果断。在操作过程中应始终把住压把，防止压把脱出伤人，操作完后应及时取下压把。

(11) 严禁使用“千斤”慢合闸，因为用“千斤”合闸速度缓慢，在高电压的作用下，动触头慢慢地接近静触头，到达一定的距离时，就会将油击穿放电，造成触头严重烧伤，特别是在线路有故障的情况下，就更为严重。如遇自由脱扣失灵和油断路器的掉闸辅助触点未接通，将导致油断路器起火爆炸。因此不允许油断路器在带电的情况下用“千斤”慢合闸。

2) 断路器拉闸操作时的注意事项

(1) 操作前，应检查油断路器的油面，油位计上应能看到油面。

(2) 表计的指示应正常，无骤增现象。

(3) 操作前、后应查看信号灯的指示是否正常，如不正常应查明原因。

(4) 操作后，应检查油断路器“分、合”指示器是否指在“分”的位置。

7. 断路器在运行过程中应注意检查的项目

(1) 机械指示器的位置应正确。

(2) 操作箱关闭严密，不应进水、进雨。

(3) 油面应在标准线左右，油色不应发黑，三相油色应一致，多油或断路器油位不应有显著增高（与前次检查比较）现象。

(4) 各触点不应过热变色，贫油断路器的导电杆和软连接应牢固，无损伤。

(5) 操作机构各部件应完好，无螺钉松动、销子脱落、传动拉杆弯曲和脱节等现象。

(6) 断路器不漏油、不渗油。

(7) 瓷套管应清洁、不漏油、无破损、无裂纹及放电痕迹。套管法兰不应有裂开现象。

8. 拆、接断路器套管引线时应注意的事项

(1) 拆引线前，应将断路器合上，先松开螺钉上的顶丝，以免损坏铜杠丝扣。

(2) 拆引线时，应扳住套管帽子，防止丝杆转动。

(3) 接引线时，应注意相位，防止接错。

(4) 接引线前，接触处应打磨干净，螺钉应上紧，并上好保险螺帽。

(5) 铜铝接头应采取防腐蚀措施。

9. 断路器检修时，须断开二次回路电源

断路器检修时，二次回路如果有电，会危及人身和设备安全，可能造成人身触电、烧伤、挤伤和打伤等事故；还可能造成二次回路接地、短路，甚至造成继电保护装置误动和拒动，引起系统事故。

应断开的电源包括：控制回路电源、主合闸电源、信号回路电源、重合闸回路电源、遥控操作电源、自投装置回路电源、保护闭锁回路电源、指示灯回路电源、周波保护回路电源、电热装置电源等。

10. 断路器大修后的重点检查验收项目

根据检修前提出的检修要求，向检修人员了解检修情况和处理结果。了解发现和解决了哪些缺陷，检修后尚遗留哪些问题，了解检修和试验人员对设备分析的结果，设备能否投入运行等。

重点验收的项目包括：

(1) 检修与试验的各项数据是否符合规程要求（既要了解，又要进行分析比较）。

(2) 检查各个密封处防潮处理情况。

(3) 升降器灵活，钢丝绳不锈蚀、无断股。

(4) 导线松紧程度和距离合格，相位正确。各部螺钉紧固，设备上无临时短路线、接地线及遗留物。

(5) 瓷质清洁、无破损，套管铁帽应涂相位漆，且与实际相符。

(6) 油箱及套管油色、油位正常，外壳及油标清洁，无渗油、漏油现象。

(7) 外壳应去锈喷漆，并应接地良好。

(8) 机构箱内清洁，开口销子完整并应劈开，箱门应严密，开、关应灵活。

(9) “拉、合”指示器字迹清晰，指示正确。

(10) 二次接线紧固、正确，绝缘良好，接触器动作灵活，触点接触良好，消弧罩齐全。

(11) 手动慢合闸不卡，电动拉合动作正确，信号灯指示正常。

11. 油断路器的故障跳闸次数和检修周期

高压断路器连续遮断系统短路故障的能力和允许的次数，限于各种因素和条件都比较复杂，目前尚无具体的统一规定，表9-2-17所列断路器的故障检修周期仅供参考。表9-2-17中大于60%额定短路开断电流的累计开断次数中，可包含一次不成功重合闸。一次不成功重合闸按开断二次短路计算。

表9-2-17 断路器故障跳闸检修周期

变电所母线短路容量为断路器实际遮断容量的百分数/%	故障跳闸次数/次	变电所母线短路容量为断路器实际遮断容量的百分数/%	故障跳闸次数/次
85~100	3~5	30~50	8~10
50~85	5~8	30以下	10~20

断路器的故障检修周期，可根据下述情况酌情增减：

(1) 断路器故障分闸时若有异常情况，如严重喷油、喷火、油面过分降低、油面看不见、油箱变形、触头熔焊等，应提前检修。

(2) 当断路器的分合速度不能达到铭牌规定或者断路器的操作电压降低偏大时，将影响合闸功率，断路器的实际遮断容量将受到限制，允许遮断故障的次数应减少。

(3) 断路器所带负荷性质不同时，虽然故障跳闸机会少，但操作次数频繁，也应及时进行检修（如用来操作电力电容器的断路器）。

12. 有下列情况发生时，重合闸装置应退出运行

(1) 当断路器实际遮断容量小于母线短路容量时。由于电弧能量大放出热量多，电弧

温度很高，在电流过零熄弧后，介质温度还会很高，此时如触头严重烧伤，将产生大量金属蒸气，降低了介质游离温度。油分解时所产生的游离碳也能降低介质绝缘。这些因素使断路器的熄弧条件严重恶化，尤其是当断路器重合在永久故障上，再次断弧时，情况就更为严重。此时，介质尚有余温，金属蒸气和粉末仍积聚在弧道周围，断弧时使介质温度更高，热游离温度更低，消弧能力也就更差，很容易引起断路器不能断弧发生爆炸。

(2) 断路器切断故障电流的次数超过运行规程中规定的数值或虽未超过但断路器有严重喷油、冒烟现象和其他严重问题时（如断路器支持瓷瓶断裂等)。

当断路器遮断次数过多时，绝缘油中就会混进大量的金属粉末，在电弧的高温作用下，变成金属蒸气，而降低介质热游离的温度，使消弧能力降低。

(3) 断路器因漏油引起缺油时，其熄弧能力将显著降低，缺油严重时，能使断路器完全失去熄弧能力。

(二) 预防断路器事故的措施

1. 防止断路器油箱进水

断路器油箱进水后，油和其他部分的绝缘能力降低，特别是多油式断路器会短路和出现接地故障。另外水积存在油箱筒底后，冬季将冻裂油箱截门，造成大量漏油，使断路器不能继续运行。

若发现断路器油箱内进水，应进行放油检查，检查油中是否有水分。遇到大雨后，应对进水的断路器立即进行放油检查。冬季时，在冰冻前应将水放净。对容易进水的断路器还应及时采取防止油箱进水的措施。

2. 提高断路器遮断能力

(1) 当系统短路容量较大时，断路器在跳闸过程中容易发生喷油、冒烟等现象，可能导致相间或相对地放电造成事故。相间加装绝缘隔板，可以防止这类事故的发生。有条件时，应尽量采取这种办法以提高断路器的遮断能力。

(2) 高压断路器的铜触头，在切断故障电流时，触头被电弧严重烧伤，产生金属蒸气和粉末，充斥在灭弧室内，降低介质绝缘强度，影响断路器的遮断能力。更换铜钨触头以后，触头本身耐高温，不易被烧毁，可增加触头的耐弧能力，提高断路器的遮断容量（一般可提高 20% 左右)。

3. 预防 CD_2 型操作机构事故的措施

(1) 切换器的掉闸辅助触点应并联双触点（在同一切换器上)，以便跳闸回路具有双触点控制，使跳闸更为可靠。

(2) 加装跳闸铁芯托板，防止铁芯多次操作后脱出。

(3) 机构三连板（梯形板）应翻转 180°，防止连板的铆销碰角铁，CD_2 型操作机构三连板如图 9-2-21 所示。

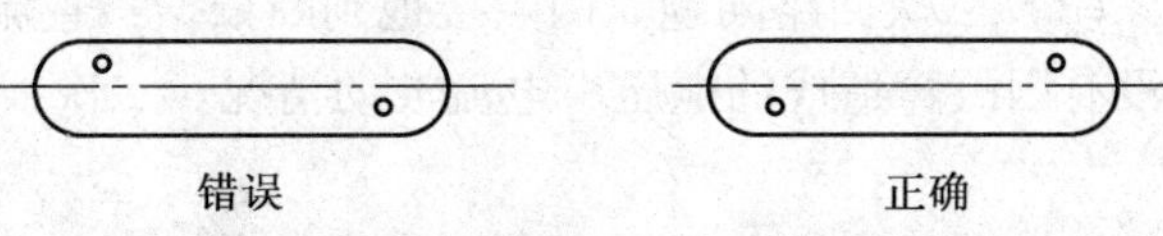

图 9-2-21 CD_2 型操作机构三连板

(4) 跳闸铁芯有残磁的应换成铜顶杆。

(5) 跳闸三连板定位螺钉的直径为 6 mm 的，应换成直径为 8 mm 的，或换成小角铁，以提高其机械强度。

(6) CD_2 型操作机构用于室外时，可用二硫化钼作润滑剂，以适应室外温度变化的需要。

(7) 单级接触器线圈返回电压较低，固定触头可改为炭精触头，防止粘连。

4. 预防 DW_1-35 型油断路器事故的措施

(1) 消弧室和动触头应抹角，防止卡住。

(2) A 相应加装定位，防止强度不够。

(3) 三相传动机械连板之间加管，防止连板位移。

(4) 油箱必须找正，防止内部距离不够而放电。

(5) 应注意检查消弧室绝缘围屏的锡箔纸，有断裂的应做处理。

(6) 同相断口间应加装隔弧板。

5. 更换接触器线圈或跳闸线圈时的注意事项

(1) 摇测线圈绝缘电阻应合格，低电压试验应符合标准。

(2) 测量线圈极性，注意串、并联关系，接线应正确。

(3) 应根据运行直流电压值选择接触器线圈的额定电压和跳闸线圈的额定电流。

(4) 注意控制回路的配合问题。

① 接触器线圈电阻值应与重合闸继电器电流线圈和重合闸信号继电器线圈的动作电流相配合。接入绿灯监视回路时，还应和绿灯及附加电阻配合，使接触器线圈上的分压降小于 75%，保证可靠返回。

② 跳闸线圈动作电流应与保护出口信号继电器动作电流相配合，装有防跳跃闭锁继电器时，还应和该继电器电流线圈动作电流配合。当跳闸线圈接入红灯监视回路时，其正常流过跳闸线圈的电流值，以及当红灯或其附加电阻任一短路时的电流值，均不应使跳闸线圈误动作。

(5) 无机械卡住现象。

(三) 断路器的故障原因及判断处理

1. 断路器误跳闸的原因及判断处理

1) 断路器误跳闸的原因和判断原则

(1) 断路器机构误动作。判断依据：保护不动作，电网没有因故障造成的电压、电流波动情况。

(2) 继电保护误动作。一般整定值不正确，保护接线错误，由电流互感器、电压互感器回路故障等原因造成。

(3) 二次回路问题。两点接地判断依据：直流系统绝缘监视装置动作，直流接地，电网没有因故障造成的电压、电流波动情况。二次线接错判断依据：查明确有二次线错接现象。

(4) 直流电源问题。在电网中有故障或进行操作时，硅整流直流电源有时会出现电压波动，干扰脉冲等现象，使晶体管保护误动作。

2) 断路器误跳闸的处理原则

(1) 查明误跳闸原因。

(2) 设法临时去除造成误跳闸的因素，恢复断路器运行。

(3) 处理造成误跳闸的因素。

2. 断路器合闸失灵的原因及查找故障方法

断路器合闸失灵通常是由电气回路故障和机械部分故障造成的。

1）电气回路故障

（1）直流电压过低，电池或硅整流容量不够。

（2）合闸保险及回路元件（如操作把手、断路器辅助触点、跳跃闭锁继电器触点等）接触不良或断线。

（3）接触器线圈断线，极性接反或低电压不合格。

（4）合闸线圈层间短路。

2）机械部分故障

（1）断路器本体和接触器卡住（如 SN_1-10 导向管脱出，DW_2-35 提升杆销子过长，DW_1-35 充胶电容套管丝杠旋转等）。

（2）大轴窜动或销子脱落。

3）操作机构部分

（1）合闸托子油泥过多而卡住。

（2）托板坡度大、不正。

（3）三连板三点过高，分闸锁钩啮合不牢。

（4）机械卡住，未复归到预备合闸位置。

（5）合闸铁芯超越行程小。

（6）合闸缓冲间隙小。

4）查找方法

（1）当电动合闸失灵时，应先判断是电气回路故障还是机械部分故障。如果接触器不动作，则是控制回路故障。如果接触器动作，合闸铁芯不动，则是主合闸回路故障。如果主合闸铁芯动作，但出现卡住或机构挂不牢固及脱落现象，一般是机械故障（但有时也与电气回路有关，如跳跃闭锁及辅助触点打开过早，使断路器失灵，则是机械部分与电气回路两部分引起的）。

（2）根据上述分析初步判断，逐步缩小查找故障范围，直至找到故障部分，并及时进行处理。

3. 断路器跳闸失灵的原因及查找故障方法

断路器跳闸失灵原因由电气回路故障和机械部分故障引起。

1）电气回路故障

（1）直流电压过低。

（2）操作保险及跳闸回路元件（如操作把手、跳跃闭锁继电器线圈等）接触不良或断线。

（3）跳闸线圈断线。

（4）断路器低电压不合格。

（5）小车式断路器连锁触点接触不良。

2）机械部分故障

（1）三连板三点过低，分闸锁钩或合闸支架接触太大。

（2）跳闸顶杆卡住或脱落。

(3) 合闸缓冲偏移，滚轮及缓冲杆卡住。

3) 查找方法

电动跳闸失灵时，应先判断是电气回路故障还是机械部分故障。当跳闸顶杆不动，则说明是电气跳闸回路故障，否则是机械部分故障。然后再进一步找出原因。当发现断路器跳闸部分失灵时，处理时应以手动托开。

4. 接触器保持的原因和处理方法

接触器保持使主合闸线圈长时间带电，很快就能烧毁主合闸线圈。因此当发现接触器保持时，应迅速断开操作保险或合闸电源（不应直接用手断开主合闸保险，防止弧光伤人），然后再查找原因。

接触器保持的原因较多，主要有以下几种：

(1) 接触器本身卡住或触点粘连。

(2) 断路器合闸触点断不开。

(3) 遥控拉闸时，重合闸辅助起动。

(4) 防跳跃闭锁继电器失灵。

(5) 跳闸回路电源断不开。

(6) 接触器回路电源断不开等。

当发现合闸线圈冒烟，不应再次进行操作，待温度下降后，测量线圈是否合格，若不合格则不能继续使用。

5. SN－10 型断路器合闸后，支持瓷瓶断裂故障的处理

SN－10 型断路器合闸后，当发现支持瓷瓶断裂时，应立即解除重合闸，防止断路器跳闸后再次重合，并应尽快将本回路负荷倒出。倒负荷后，拉切故障断路器前，应先拉两侧隔离开关，再拉故障断路器，防止故障断路器接地。

若发生故障断路器所带的负荷无法倒出时，也不能用故障断路器切除本身所带的负荷，此时应用上一级的断路器将故障的断路器切除。

6. 油断路器的油面过高或过低时容易出现的故障

油面过高会使断路器油桶内的缓冲空间相应地减少（一般缓冲空间为断路器油桶体积的 7%）。当遮断故障电流时，所产生的弧光将周围的绝缘油汽化，从而产生强大的压力，如果缓冲空间过小，就会出现喷油、桶皮变形现象，甚至有爆炸的危险。

严重缺油会引起油面过低，在遮断故障电流时，弧光可能冲出油面，游离气体混入空气中，发生燃烧爆炸。另外绝缘暴露在空气中容易受潮。运行中油断路器大量漏油，油面急速下降，看不见油时，为防止产生上述严重后果，此断路器不应用来切断负荷电流，需采取措施，将断路器退出运行。

7. 断路器的自动跳闸

对于自动跳闸的断路器，必须查明跳闸的原因，查明是由于继电保护装置误动作还是由于各种误动作（如运行人员的误操作，继电器的误操作，操作回路有故障，操作机构有故障等）造成的。

如果断路器已经重合，则禁止对断路器的操作机构、操作回路和继电保护装置进行检查。

8. 油断路器在运行中出现不正常情况时的处理

1）当发现油断路器缺油时

发现油断路器缺油时，则应认为该油断路器已经不能安全地断开回路，此时应立即采取下列措施：

(1) 立即断开油断路器的操作电源，在手动操作把手上悬挂“不准拉闸”的警告牌。

(2) 若有条件改变运行方式，将油断路器所带的负荷移到其他断路器上，并设法对缺油断路器加油。

(3) 若因条件限制，不能将缺油断路器的负荷改接时，则应将该油断路器停止使用。在停用时应首先用其他断路器切断缺油断路器所带线路上的负荷，而使缺油断路器仅切断该线路的充电电流，或调整系统中的负荷，使通过缺油断路器的电流接近于零，然后将缺油断路器拉开。缺油断路器所能断开的充电电流和环路电流可参照隔离开关允许断开电流的规定。

2）有下列故障时应立即切断油断路器

(1) 套管爆裂。

(2) 箱顶着火，但油位计仍能看到油面；若看不到油面，应拉开上一级油断路器。

(3) 套管端子熔化或熔断。

3）当发现下列故障时应向领导汇报设法停电检查

(1) 油断路器的接头不正常得发热。

(2) 油断路器内有放电声。

(3) 外壳或截门漏油严重。

(4) 套管有裂纹。

9. 真空断路器常见故障及处理方法

1）真空泡真空度降低

(1) 故障现象：真空断路器在真空泡内开断电流并进行灭弧，而真空断路器本身没有定性、定量监测真空度特性的装置，因此真空度降低故障为隐性故障，其危险程度远远大于显性故障。

(2) 原因分析：真空度降低的主要原因有以下几点：

① 真空泡的材质或制作工艺存在问题，真空泡本身存在微小漏点。

② 真空泡内波形管的材质或制作工艺存在问题，多次操作后出现漏点。

③ 分体式真空断路器，如使用电磁式操作机构的真空断路器，在操作时，由于操作连杆的距离比较大，直接影响开关的同期、弹跳、超行程等特性，使真空度降低的速度加快。

(3) 故障危害：真空度降低将严重影响真空断路器开断过电流的能力，并使断路器的使用寿命急剧下降，严重时会引起开关爆炸。

(4) 处理方法：

① 在进行断路器定期停电检修时，必须使用真空测试仪对真空泡进行真空度的定性测试，确保真空泡具有一定的真空度。

② 当真空度降低时，必须更换真空泡，并做好行程、同期、弹跳等特性试验。

(5) 预防措施：

① 选用真空断路器时，必须选用信誉良好的厂家所生产的成熟产品。

② 选用本体与操作机构一体的真空断路器。

③ 运行人员巡视时，应注意断路器真空泡外部是否有放电现象，如果存在放电现象，则真空泡的真空度测试结果基本上为不合格，应及时停电更换。

④ 检修人员进行停电检修工作时，必须进行同期、弹跳、行程、超行程等特性测试，以确保断路器处于良好的工作状态。

2）弹簧操作机构合闸储能回路故障

（1）故障现象：

① 合闸后无法实现分闸操作。

② 储能电机运转不停止，甚至导致电机线圈过热损坏。

（2）原因分析：

① 行程开关安装位置偏下，致使合闸弹簧尚未储能完毕，行程开关触点已经转换完毕，切断了电机电源，弹簧所储能量不够分闸操作。

② 行程开关安装位置偏上，致使合闸弹簧储能完毕后，行程开关触点还没有得到转换，储能电机仍处于工作状态。

③ 行程开关损坏，储能电机不能停止运转。

（3）故障危害：在合闸储能不到位的情况下，若线路发生事故，而断路器拒分闸，将会导致事故越级，扩大事故范围；如果储能电机损坏，则真空开关无法实现分合闸。

（4）处理方法：

① 调整行程开关位置，实现电机准确断电。

② 如果行程开关损坏，应及时更换。

（5）预防措施：运行人员在倒闸操作时，应注意观察合闸储能指示灯，以判断合闸储能情况；检修人员在检修工作结束后，应就地进行 2 次分合闸操作，以确定断路器处于良好状态。

3）分合闸不同期、弹跳数值大

（1）故障现象：此故障为隐性故障，必须通过特性测试仪的测量才能得出有关数据。

（2）原因分析：

① 断路器本体机械性能较差，多次操作后，由于机械原因导致不同期、弹跳数值偏大。

② 分体式断路器由于操作杆距离较大，分闸力传到触头时，各相之间存在偏差，导致分合闸不同期、弹跳数值偏大。

（3）故障危害：如果分合闸不同期或弹跳数值大，都会严重影响真空断路器开断过电流的能力，影响断路器的寿命，严重时能引起断路器爆炸。由于此故障为隐性故障，因此危险程度更大。

（4）处理方法：

① 在保证行程、超行程的前提下，通过调整三相绝缘拉杆的长度使同期、弹跳测试数据在合格的范围内。

② 如果通过调整无法实现，则必须更换数据不合格相的真空泡，并重新调整到数据合格。

（5）预防措施：由于分体式真空断路器存在诸多故障隐患，在更换断路器时应使用一体式真空断路器；定期检修工作时必须使用特性测试仪进行有关特性测试，及时发现问题解决问题。

10. SF6 断路器常见故障及处理方法

1）液压机构压力异常处理

（1）当压力不能保持，油泵起动频繁时，应检查液压机构有无漏油等缺陷。

（2）压力低于启泵值，但油泵不起动，应检查油泵及电源系统是否正常，并报缺陷。

（3）"打压超时"，应检查液压部分有无漏油，油泵是否有机械故障，压力是否升高超出规定值等。若液压异常升高，应立即切断油泵电源，并报缺陷。

2）液压机构突然失压处理

（1）立即断开油泵电机电源，严禁人工打压。

（2）立即取下开关的控制保险，严禁操作。

（3）汇报调度，根据命令，采取措施将故障开关隔离。

3）SF6 断路器本体严重漏气处理

（1）立即断开该开关的操作电源，在手动操作把手上挂禁止操作的标示牌。

（2）汇报调度，根据命令，采取措施将故障开关隔离。

（3）在接近设备时要谨慎，尽量选择从"上风"接近设备，必要时要戴防毒面具、穿防护服。

（4）室内 SF6 气体开关泄漏时，除应采取紧急措施处理外，还应开启风机通风 15 min 后方可进入室内。

（四）母线的运行维护

1. 各种常用母线的安全载流量

各种型式及规格的常用母线，其安全载流量详见第三章。

2. 对母线的一般技术要求

1）伸缩接头

因硬母线热胀冷缩，对母线瓷瓶可能产生危险的应力。为减少这种应力，应加装母线补偿器（即伸缩接头）。补偿器可用 0.2 ~ 0.5 mm 厚的铜片或铝片（对铝母线用）制成，其总截面不得小于原母线截面。补偿器的数量及母线长度见表 9－2－18。

表 9－2－18 不同母线材料时母线长度和补偿器的安装数量

母线材质	母线长度/m		
	一个补偿器	二个补偿器	三个补偿器
铜	30 ~ 50	50 ~ 80	80 ~ 100
铝	20 ~ 30	30 ~ 50	50 ~ 75
钢	35 ~ 60	60 ~ 85	

2）瓷瓶夹板螺钉

当母线工作电流大于 1500 A 时，每相母线的支持铁构件及母线支持夹板的零件（双头螺钉、压板、垫板等）应不使其成为闭合磁路。因此在瓷瓶上的夹板螺钉采用一个铜的、一个铁的或采用铝压板及开口卡子，这些都是防止闭合磁路的措施。

3）铜铝接头

两种活性不同的金属表面接触后，长久在空气中搁置，遇到空气中的水和二氧化碳，就会发生锈蚀而损坏。金属的锈蚀，不论是化学锈蚀还是电化锈蚀其本质都是一样的，都是氧化—还原反应。铜铝搭接时，由于铝金属较铜活泼，是容易失去电子的金属，遇到空气中的水、二氧化碳等物质，就会锈蚀而成为负极，较难失去电子的铜金属受到保护成为正极，这样就形成了原电池，产生电化腐蚀。因为锈蚀程度不同，两金属间的电位差也不同。所以在不同的金属搭接处发生锈蚀时，需要及时处理。否则接触电阻不断增加，最后导致恶劣的后果。铝母线在常温下迅速氧化（几分之一秒），生成一层氧化铝薄膜，它的电阻很大，而且不容易清除。因此在电气设备上，铜和铝搭接后，在空气中搁置发生氧化反应，使铝金属锈蚀，接触电阻增大，运行中造成温度过高，高温下更加锈蚀氧化，使其恶性循环，接触点温升很高，甚至发生发热、冒烟、烧坏等事故。

采用先进的超声波搪锡工艺，可以解决铜铝母线接触处电化氧化的问题。超声波搪锡主要利用超声波发生器在熔化的锡液中产生震动，清除铝母线表面的氧化铝，同时使锡牢固地附着在铝母线表面，这样铜铝搭接处主要是铜锡接触。铜与锡连接在一起，两者间电位差较铜铝搭接时的电位差小，防止了电化氧化的问题。

有的采用高频闪光焊过渡铜铝接头的办法，也同样解决了电化氧化问题。另外，常用的办法是将铝母线接触面加以平整、打磨，消除氧化膜，随即涂以中性凡士林油加以保护，再与不同金属进行连接。此方法仅在负荷电流比较小的情况下使用，但不是彻底解决电氧化的办法。

4）室外软母线的弛度

室外配电装置等线（包括组合导线）的弧垂与跨度之比一般为 1/15 ~ 1/30。气象条件按最高和最低气温、最大风速，有冰有风及安装、检修等条件计算，变电所母线的允许弧垂见表 9 – 2 – 19。

表 9 – 2 – 19 变电所母线、进线允许弧垂

电压/kV	母线允许弧垂/m	进线允许弧垂/m
35	1.0	0.7
110	0.9 ~ 1.1	0.9 ~ 1.1

5）导线接头的接触电阻和允许运行温度

硬母线的接头应使用塞尺检查其接头接触紧密程度，如有怀疑时应做温升试验，或使用直流电源检查触点的电阻或触点的电压降。对于软母线的接头，仅测量触点的电压降。触点的电阻值应不大于相同长度母线电阻值的 1.2 倍。

母线运行时，母线及各引线接头不应有发热现象，母线的最高允许运行温度为 70 ℃其发热情况应用变色漆或试温蜡片测试。

3. 母线的定相

1）用单相电压互感器直接在高压侧定相

在有电的连接系统中（指中性点同时接地系统）或无电的连接系统中（指中性点均不接地系统），由于两端网络很大，因而对地有较大的电容时，可以用电压互感器在高压侧直接测定相位。将 0.5 级交流电压表接于低压侧读数。

在有电的连接系统中，测定母线相位时其接线如图9-2-22所示。测量时，应依次测量AA′、AB′、AC′、BA′、BB′、BC′、CA′、CB′、CC′9个数值。若测量结果AA′、BB′、CC′电压为零而AB′、AC′、BA′、BC′、CA′、CB′均为线电压时，则AA′同相，BB′同相，CC′同相。

在没有电的直接连接的两个系统中测定母线相位时，其接线如图9-2-23所示。为避免因被测设备对地电容很小而与互感器发生串联谐振造成事故，测量时应先将某一对应端连接，如AA′连接（如为Y接线，将两个系统的中性点同时接地，效果相同），再测取BB′、CC′、BC′、CB′4个读数。若BB′、CC′电压为零，而BC′、CB′为线电压时，则AA′同相，BB′同相，CC′同相。

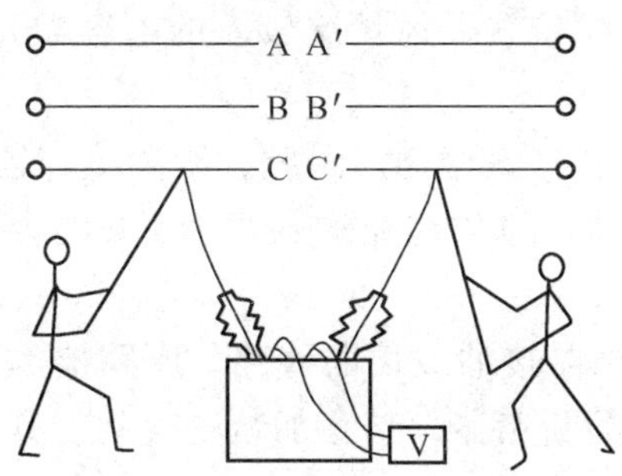

图9-2-22　在有电的连接系统中，母线定相示意图

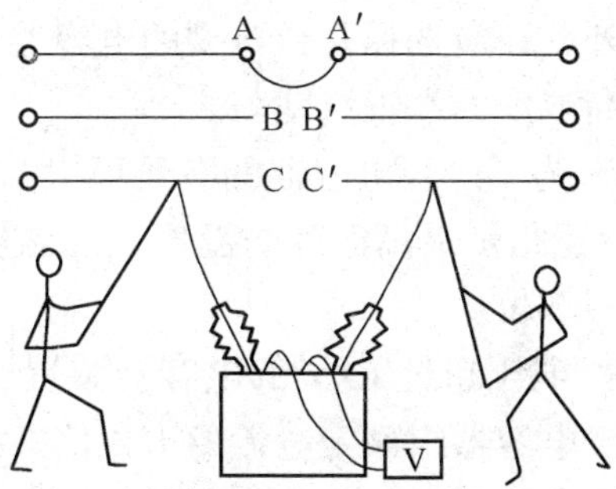

图9-2-23　在没有电的连接系统中，母线定相示意图

无论是在有电的连接系统中还是在没有电的连接系统中，测定母线相位时所选用的电压互感器，均应能够承受两倍线电压。

2）定相时的注意事项

(1) 人身与带电设备的距离应不小于规程规定的安全距离。

(2) 操作杆应按照安全工具的规定使用，并按带电作业工具标准进行试验。

(3) 外壳及二次侧要有良好的接地。

(4) 用单相电压互感器（或配电变压器）直接在高压侧定相时，为防止发生谐振现象，应先用导线将两系统某一对应端连通，但必须是两个系统确无电的联系，以免因为错接线引起短路。

四、电力电容器的运行和维护

（一）一般技术要求

(1) 电容器室应由非木质的耐燃结构建成，并应设有必要的消防设施。室内电容器架下面，应采用水泥地面，也可铺黄砂层。室外电容器下面，应铺设卵石层。装有较多电容器的新电容器室，应设分组隔墙。

电压超过1 kV的单相电容器，为便于维护和更换可以分3层设置，每层不应超过两排，装在用角钢制成的特种结构架上。在架子上电容器的布置应使标牌向外，便于工作人员检查。

相邻电容器壁间的距离，不得小于 50 mm。电容器底部与房屋地面间的距离不应小于 100 mm，层与层之间不允许有水平隔板，以免阻碍通风。

（2）为减少电容器因运行中温度过高而损坏，电容器室的最高环境温度最好不超过 35 ℃。

（3）常用电容器的使用环境温度为 -40 ~ 55 ℃。海拔不超过 1000 m。

（4）电容器组三相均应装设电流表（或装设一个带有切换开关的电流表），以利于监视三相电流的对称情况。电流表的表面上应有上限额红线。其他仪表（如电压表等）应根据需要装设。

（5）为了监视电容器的温度，在每台电容器的外壳上部，应贴 50 ℃及 55 ℃的示温蜡片。此外，还应选择几台典型的电容器（如装在中间位置通风情况较差的电容器），装设指示最高温度的水银温度表。

（6）为了监视电容器的有效环境温度，应在电容器室中通风最差，距离电容器 0.5 ~ 1 m 处设置指示最高温度的温度表。温度表的感温球，应放在充油容积为 1 L 的金属制油杯的中心部位。

（7）电压超过 1 kV 的电容器装置，应采用断路器接通或切断线路。断路器的额定电流应大于电容器组额定电流的 1.3 倍。控制电容器的断路器，禁止加装重合闸。其中每一单独的电容器前必须加装熔断器。

保护 1 kV 以上电容器的熔断器熔体，应按电容器的额定电流来选择，具体见表 9 - 2 - 20。不宜过大，以防止电容器油箱爆炸。

表 9 - 2 - 20 高压熔断器熔体的选择表

电容器型号	电压/kV	相数	熔体额定电流/A	熔体的直径/mm
BW3.15 - 12 - 1	3.15	1	3	1 根 0.15
BW10.15 - 12 - 1	10.5	1	2	1 根 0.10
BWF6.3 - 14 - 1	6.3	1	2	1 根 0.10
BWF10.5 - 14 - 1	10.5	1	2	1 根 0.10
BWF3.15 - 25 - 1	3.15	1	7.5	2 根 0.20
BWF6.3 - 25 - 1	6.3	1	5	2 根 0.15
BW10.5 - 25 - 1	10.5	1	3	1 根 0.15
BWF6.3 - 50 - 1	6.3	1	15	3 根 0.25
BWF10.5 - 50 - 1	10.5	1	10	2 根 0.20

（8）电容器的支架、外壳的遮栏，应按照规定装设保护接地装置。

（9）每相由两组以上电容器串联组合的电容器组，其绝缘支架应按串联组数分为几段，互相隔开。各串联电容器（或电容器组）实测电容值的不平衡度应不超过 5%，以保证各串联电容器（或电容器组）分布电压均匀。

（10）电容器的外壳或支架上应有编号，标明组别、相别及号码等，在电容器组的小母线上，应按相涂色。

(11) 为了保证电容器组的自动放电，应设置经常与电容器并联的专用放电元件（一般采用电压互感器)。放电元件与电容器要直接连接，中间不经过隔离开关或熔断器等元件。

(12) 为了做好电容器的运行工作，应建立电容器技术档案，其内容如下：

① 制造厂说明书及出厂试验资料。

② 交接、大修和历次预防性试验记录。

③ 电容器损坏及异常运行的原始技术记录及故障调查资料。

④ 电容器的运行统计资料，包括：操作次数、停运时间、运行小时、熔体熔断次数、断路器跳闸次数，以及损坏台数等。

（二）电容器的运行、操作、维护和检查

1. 新装电容器运行前的检查

新装电容器在运行前应做好如下检查：

(1) 电容器应完好，试验应合格。

(2) 电容器组的布线正确，安装合格，三相电容之间的差值应不超过一组总电容的5%。

(3) 各部连接严密可靠，不与地绝缘的每个电容器外壳和架构均应有可靠的接地。

(4) 放电变压器的容量应符合设计要求，各部件完好并试验合格。

(5) 电容器的各部件及电缆试验合格。

(6) 电容器组的保护与监视回路应完整并投入运行。

(7) 电容器的油断路器应符合要求，投入前应在断开位置，装有接地刀闸的，接地刀闸应在断开位置。

2. 运行条件

(1) 电容器的最高允许运行电压，应不超过电容器额定电压的1.1倍（3.15 kV电容器为3.5 kV，6.3 kV电容器为6.9 kV，10.5 kV电容器为11.6 kV)，但应避免最高电压与最高环境温度同时出现。

(2) 工作电压超过额定电压或含有高次谐波时，流过电容器的电流有效值会超过其额定电流。电容器的最大允许电流，应不超过电容器额定电流的1.3倍，但应设法消除长时间出现过电压或高次谐波的情况。

(3) 对于YL、YLW型氯化联苯电容器，根据制造厂家的规定其运行温度为-25~40 ℃之间，接通回路时的最低温度为-25 ℃。若低于此温度，电容器浸渍介质可能发生凝固。凝固情况下接入电网，因元件中心温度升高得快，体积骤然膨胀，介质可能发生开裂；相反在严寒天气断开电容器，介质外部很快凝固，使内部体积小产生真空。在电场中，两种介质的电场强度与其介质的介电系数成反比。氯化联苯的介电系数通常为5，真空的介电系数为1，故真空点承受的电场强度将是氯化联苯的5倍，它首先击穿，进而造成电容器的击穿。

此外，氯化联苯在低温的情况下，介质损失角增加，介电系数下降，从而使电容器的电容量下降，凝固后电容量将比额定电容量下降25%。因此在低温情况下，应尽可能不使电容器退出运行，防止凝固。

YL、YLW、YL-TH、YLW-TH 型电容器是以氯化联苯浸渍液为介质的电容器。氯化联苯是有毒的化学物质，其规律是含氯越高，毒性越大。目前国产的氯化联苯电容器的浸渍液中，三氯联苯的比重大约为90%，其余的多是氯联苯混合物。氯化联苯是属于慢性中毒性的，其毒性与扩散在空气中的浓度有关。在生产过程中氯化联苯扩散浓度不得超过 1 mg/m^2。因此在接触这类电容器时（特别是渗漏严重的电容器），工作人员必须戴防毒口罩和橡胶手套，工作时应注意避免氯化联苯液沾污衣服，皮肤破口处要绝对防止沾染，工作完毕应洗手。安装于室内的电容器必须有良好的通风，进入电容器室前应先开动通风装置。此外，氯化联苯不易燃，燃烧后有浓烟产生，对空气有污染。因此清擦检修所用过的棉纱及拆下渗漏严重的电容器等物，不应随意放置或烧掉，也不能深埋，或装在封口的塑料袋内。氯化联苯的处理应在专用的焚烧炉中进行，使其在高温 1200 ℃以上燃烧分解成氯化氢和二氧化碳。

因这种电容器有毒，妨碍工作人员的身体健康，因此，不宜选用这种型式的电容器。

3. 电容器投入运行

电容器初次投入运行前必须进行下列检查：检查所有接触连接处，用摇表测定放电电路是否完整，检查熔体是否良好，用摇表测定绝缘电阻，如在安装过程中未测定电容值，应补做并做好记录。

按照规定进行耐压试验，耐压试验后的电容值与以前的记录不应有所差别。试验合格后，可在额定电压下试通电 3 次，每次通电数分钟，检查每相电流，彼此相差不得超过 ±5%，否则应检查故障。如果未发现任何故障，可连续通电 24 h，检查有无噪声或膨胀现象，测定三相电流。但在通电 12 h 以后，还应检查周围空气温度，以观察自然通风效果。连续通电 24 h 后，将电容器组切断，检查熔体有无熔断，再一次测定电容器的电容值。

4. 对运行中的电容器的监视

接上电容器后，将引起电压的升高，特别是在负荷较轻时，应将部分电容器或全部电容器从网络断开。

在运行中应注意电容器组电压表和电流表的读数，并做好记录。当电压超过额定值的 10% 时，应停止运行。三相电流不平衡时应找出故障原因。

每天应对电容器做外部检查，并应定期检查放电回路是否完好，熔体有无熔断现象，进行外部清扫，还应按照规定周期进行电容测定和耐压试验。

禁止在电容器中取油样或向电容器中加油。

电容器组禁止带电荷合闸，每次重新合闸必须在电容器组断路 3 min 后再进行。

若发现箱壳有漏油现象，应立即用锡铅焊料慢慢地钎焊在白铁制的电容器箱上。当套管下面漏油，可拧紧螺帽消除。

5. 对电容器的维护检查

对电容器的维护检查每天不得少于一次，对运行的电容器的外观检查应通过网墙来对电容器进行观察（不可进入网墙以内）。检查过程中应注意电容器箱体有无鼓肚、喷油、漏油、渗油等现象，电容器是否过热（贴有试温蜡片的应注意试温蜡片是否熔化），套管的瓷质部分有无松动和发热，接地线是否牢固，放电变压器或放电电压互感器是否完好，三相指示灯是否熄灭（放电变压器的二次信号灯）。如果电容器安装于室内，还应检查室温，冬季应不低于 -25 ℃，夏季不得超过 35 ℃。装有通风装置的，还应检查通风装置各部分是否完好。

检查保护继电器的设定值和运行情况。如果电容器组的不平衡保护装置已跳闸，应对所有单元进行电容量的测量并更换出故障的单元。当替换时，故障电容器与更换电容器之间电容值的偏差不超过±1级，详见出厂试验报告或电容器单元上的铭牌。在重新连接后，应检查不平衡电流，不平衡电流应不超过保护运行值的20%。如果电容器组没有配备不平衡保护装置，所有电容器单元的电容值应每年进行测量。带有不平衡保护装置的电容器组，其电容器单元的电容值测量不包括在定期的检查项中。但是，为了保证其正常运行，如果保护装置显示有故障或电容器组断开，应测量电容值。建议应对所有电容器组里的单元进行定期电容值的测量，保证其有效性是至关重要的，至少每3年一次，每年一相。使用电桥测量电容值工作简单易行。不需要打开电容器组连线即可以进行测量。如果测量值的偏差超过试验报告值的10%，单元应予更换。

6. 电容器的定期维修

除每天对电容器进行维护检查外，每6个月至少应进行一次维修。其维修内容如下：

（1）清扫套管、外壳及架构等。

（2）检查所有接线并紧固连接螺钉，检查地线的完整性。

（3）检查熔体的接触和完整性，并抽查熔体管及熔体元件的状态。

（4）按照运行时提供的缺陷记录消除缺陷。

（三）电容器的不正常运行和事故处理

（1）当母线电压超过电容器额定电压的1.1倍，电流超过额定电流的1.3倍时，应将电容器退出运行并进行检查。

当三相电流不平衡度超过限额时，应将电容器退出运行，经检查、分析原因（如对熔体和三相电压进行检查）、处理后再投入运行。

（2）当电容器组周围环境温度达到35℃时，应立即采取加强通风降温的措施（如起动机械通风、临时加装风扇等），使环境温度不超过35℃，并应加强对电容器的监视。

（3）在巡视电容器组时，如发现部分电容器有下列不正常情况之一时，应立即将电容器切除并进行检查。

① 出现电容器外壳膨胀、漏油、喷油、起火、爆炸等情况时。

② 电容器外壳温度达到55℃时。

③ 接头严重过热或熔化时。

④ 套管发生严重放电闪络时。

⑤ 电容器有不正常的响声或火花发生时。

将有故障的电容器拆除后，应用备品补充或做好电容器相及分支间的电容平衡工作，然后重新投入运行。

（4）当电容器的单独熔体烧断但断路器未跳闸时，应立即停下断路器，以便对熔断的熔体及相应的电容器进行检查。如果查明是熔体本身故障，可将熔体更换后重新投入运行；如系相应的电容器故障而其他电容器无不正常现象时，应将有故障的电容器拆除并用备品补充或做好电容器相及分支间的平衡工作，然后重新投入运行。

（5）当电容器的断路器跳闸后，应查明继电保护的动作情况并对电容器进行外部检查，分析跳闸原因并进行处理；如查明无内部故障征象并测得各相电容器端子对地的绝缘电阻正常，则应检查继电保护装置是否正常，如检查后未发现不正常情况，可将电容器重新试送一次。如果发现部分熔体熔断而其他电容器无不正常现象时，若系熔体本身故障，可将熔体更换后重新投入运行，如系相应的电容器故障时，则应将故障的电容器拆除并用备品补充或做好电容器相及分支间的平衡工作，然后重新投入运行。如果电容器发生严重爆炸或短路并影响到其他电容器时，则对所有电容器都应进行内部检查并按照电容器规定的试验项目进行试验。在故障的原因未经查明及处理前，不许将电容器再投入运行。

(6) 当变电所全部停电后，必须将控制电容器的断路器拉开；有电后，待各路馈出线送出后，再根据母线电压及系统无功情况投入电容器。全所无电后，一般情况下应将所有馈出线断路器切断；而有电后，母线负荷为零，电压较高，如不事先切开电容器，在较高电压下突然充电，有可能造成电容器严重喷油或鼓肚。同时因为母线没有负荷，电容器充电后，大量无功向系统倒送，致使母线电压更高。即使将各路负荷送出，负荷恢复到停电前还需一段时间，母线仍可能维持在较高的电压水平上，超过了电容器允许连续运行的电压值。此外，当空载变压器投入运行时，其充电电流在大多数情况下以三次谐波电流为主，这时，如果电容器电路和电源侧的阻抗接近于共振条件时，其电流可达电容器额定电流的 2 ~5 倍，持续时间为 1 ~30 s，可能引起过流保护动作。

(7) 处理故障电容器时应切开电容器断路器，拉开断路器两侧的隔离开关，电容器组经放电电阻放电后仍应做一次验电、放电并接地。因为电容器组经放电电阻（放电变压器或放电电压互感器）放电以后，由于部分残存电荷一时放不尽，再进行一次人工放电是很必要的。放电时先将接地端固定好，再用接地棒多次对电容器放电，直至无火花及放电声为止，最后将接地卡子固定好。由于故障电容器可能出现引线接触不良、内部断线或保险熔断等现象，因此有部分电荷可能未放出来，所以检修人员在接触故障电容器以前，应戴上绝缘手套，用短路线将故障电容器两端短接，然后方可动手拆卸。对于双星形接线的中性线上以及多个电容器的串接线上，还应单独进行放电。

(8) 当电容器发生爆炸起火时，应立即将电容器的电源隔离，并按照《电力设备典型消防规程》的有关规定进行灭火。

(9) 有关电容器异常运行及故障的原始技术资料，如电容器温度、电压、三相电流、电容器室温度、故障台数及损坏情况、熔体及油断路器的动作情况等，运行值班人员应随时做好记录，归入有关电容器的技术档案内。

(四) MSVC 自动跟踪动态无功补偿装置

1. 运行前的检查

(1) 清理现场和基础，保证柜体可靠接地，拧紧所有螺母，不许构架有松动。拧紧电容器套管螺线时，扭力要适当，以防损坏套管。

(2) 记录每台电容器的电容量，把电容器分为三相，任两相之间电容量的差别应不大于 2%。

(3) 检查出线端和绝缘子，应清洁、无破损。

(4) 检查母线、熔断器等连接是否正确，保证带电部分至接地部分、带电体间的距离符合要求。

(5) 检查保护继电器的整定值是否符合要求。

(6) 拆除检修接地线，合上隔离开关。

(7) 将柜门关好，并上锁，防止误入带电间隔。

2. 操作顺序

1) 通电操作顺序

先投磁控电抗器和电容器组，再接通控制柜电源。

(1) 合磁控进线的隔离开关，关好柜门。

(2) 合电容器组的隔离开关，关好柜门后，确保控制器的工作电源处于关闭状态后，合开关柜断路器（断路器合闸必须一次到位）。电容器组投入运行，控制柜中的白色指示灯亮。

(3) 打开控制柜总电源开关，电源指示灯亮，二次电源正常，打开控制器工作电源开关，查看各项整定值是否正常（具体操作详见控制器说明书）后，再打开 24 V 脉冲电源，转换到自动位置，此时控制器自动工作，主菜单页面上可以看到系统有功、无功、功率因数、晶闸管导通角、三相磁控电抗器电流等参数。

2) 断电操作顺序

先关控制器电源，再切除电容器组和磁控电抗器。

(1) 关闭控制电源：先把控制器转换到手动位置，关掉 24 V 脉冲电源后，再关掉控制器工作电源，最后分开二次控制电源开关。

(2) 切除电容器组：分开开关柜断路器（断路器分闸必须一次到位），待放电 5 min 后，用验电棒确认放电完毕，分开隔离开关。

由于磁控电抗器不工作时相当于一台空载变压器，平时可以一直并接在母线上，不需频繁分断与接通高压电，只需控制控制器的工作电源即可。若需检修时，必须先分开断路器和隔离开关后，确保隔离开关处于分闸位置。

3. 安全运行规程

(1) 投运前必须把检修接地线拆除，关好柜门并上锁，禁止将运行中电容器组的围栏打开。

(2) 放电线圈必须直接并接于电容器组的两端，其间不得有任何别的隔离器件。

(3) 在人员接触电容器之前，必须将电容器的端子短路接地。

(4) 围栏、电抗器、隔离开关、放电线圈、避雷器等的接地点均要可靠接地。

(5) 电容器外壳可靠接地。

(6) 检修时，必须停电 5 min 后，方可进入柜内，分开隔离开关，用带绝缘的接地金属杆短接电容器两端后，挂上检修接地线，才可进行检修。

(7) 检修人员进入柜内后应挂上检修接地线，并在装置投入运行前拆除。

(8) 开关柜断路器的重合闸最短时间间隔不得小于 300 s。

4. 运行维护和检修

(1) 装置运行时应经常进行巡视检查，每天不得少于一次，值班人员应做好运行情况的详细记录。在开始运行后的 24 h 内，要经常注意观察母线的电压和磁控电抗器的三相电流。

(2) 通过柜门上观察窗，观察装置各部件的运行情况，建议每天进行。至少每 3 个月清扫一次各套管表面和各电器外壳、构架，以防止发生意外事故。经常检查各部件是否连接良好，发现问题及时处理。

(3) 利用电容表和电流表，检查电容器容量，通过继电器和指示灯观察保护的动作情况，在保护动作跳闸未找出原因，并正确处理前，不得重新合闸。

（4）保护装置动作后，不允许强行试送，应根据保护动作情况进行分析，仔细检查电容器有无熔丝熔断、鼓肚、过热、爆裂或套管放电痕迹。电容器无明显故障，还应对配套设备进行检查，查明原因并排除故障后，方可再投入运行；原因不明时，电容器应经试验后才能投入运行。

（5）若电容器损坏，用新电容器更换，必须保证型号、参数相同。

（6）处理故障时，电容器组虽经放电线圈放电，但为了人身安全仍要对电容器端子短路接地进行人工放电后，才允许接触电容器。

（7）应对电容器的保护熔断器进行定期检查、更换，以确保动作可靠。

（8）对装置各主要部件进行预防性检查和试验。例如电容器的容值，串联电抗器的绝缘电阻，磁控电抗器的油面、油耐压等，均要定期按其使用说明书进行检查和试验。

（9）在温度高的季节特别是在夏天，应每天对装置的主要部件，如电容器外壳、隔离开关静触头、串联电抗器线圈、磁控电抗器油温等进行温度测试，并记录，及时发现温度异常，及时处理。

五、避雷器的运行和维护

由于受潮或雷电流的冲击等原因，避雷器在使用一段时间后，它的特性会变差，如绝缘电阻降低、工频放电电压下降或升高、泄漏电流值降低或升高等。这样的避雷器已不合格，不能继续运行。实际上许多出现以上现象的避雷器是可以在现场经过检修以后恢复使用的。在现场修理时除冲击电流试验因受条件限制不能进行外，对于避雷器火花间隙和并联电阻存在的缺陷是能够检查出来并加以处理的，因此，有些避雷器经过检修以后，可以恢复使用。

以下介绍一些避雷器检修方面的知识，供现场维修人员参考。

（一）管型避雷器的维修

1. 管型避雷器的结构和电气性能

管型避雷器的结构如图 9-2-24 所示，其电气性能见表 9-2-21。

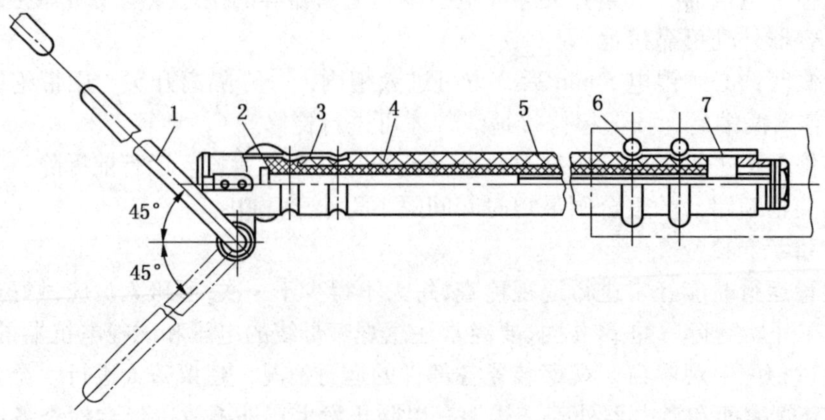

1—外电极；2—下套箍；3—板电极；4—灭弧管；5—棒电极；6—卡箍；7—上套箍

图 9-2-24 管型避雷器结构

表 9－2－21　管型避雷器主要电气性能

规　格	额定电压/kV	灭弧管内间隙/mm	隔离间隙/mm	冲击放电 1.2/50/kV				工频耐受电压/kV		额定断流能力/kA		质量/kg
				负极性		正极性						
				波前	最小	波前	最小	干	湿	上限	下限	
$GX_2\frac{35}{0.6-5}$	35	150	$\frac{100}{120}$	$\frac{269}{269}$	$\frac{204}{210}$	$\frac{259}{275}$	$\frac{190}{200}$	92.4	84	5	0.6	1.5
$GX_2\frac{35}{2-10}$	35	150	$\frac{100}{120}$	$\frac{298}{316}$	$\frac{213}{245}$	$\frac{234}{284}$	$\frac{194}{194}$	92.4	84	10	2	1.5
$GX_2\frac{35}{1-5}$	35	175	150	260	180	200	160	94	70	5	1	2.5
$GX_2\frac{35}{0.7-3}$	35	175	150	260	180	200	160	94	70	3	0.7	2.5
$GX_2\frac{10}{2-7}$	10	130	20	76	60	77	75	33	27	7	2	1.0
$GX_2\frac{10}{0.8-4}$	10	130	20	74	60	77	75	33	27	4	0.8	1.0
$GX_2\frac{6}{2-8}$	6	130	15	60	55	59	44	20	16	8	2	1.0
$GX_2\frac{6}{0.5-3}$	6	130	15	60	55	59	44	20	16	3	0.5	1.0

2. 管型避雷器的检查

1）表面状况检查

管型避雷器表面所涂的绝缘漆是防止受潮的，若发现漆膜脱落或严重开裂则应重新进行涂漆。在涂漆前除去漆层的过程中，如果因部分胶木脱落而使管的外径比原来外径减少10% 以上时，应报废该避雷器。

2）避雷器纤维管内壁的检查

避雷器的纤维管内壁在每次动作后均被电弧燃烧剥落，当内径变化太大时，会对避雷器的消弧特性产生影响，因此必须注意检查管的内径。检查时可用一套特制的量隙规。图 9－2－25 为钢制棒型量隙规的示意图，钢棒的直径为 6 mm，长度约为 400 mm。钢棒的两端为金属板，金属板的厚度为 1.5 mm、长 20 mm，宽度则根据需要确定。

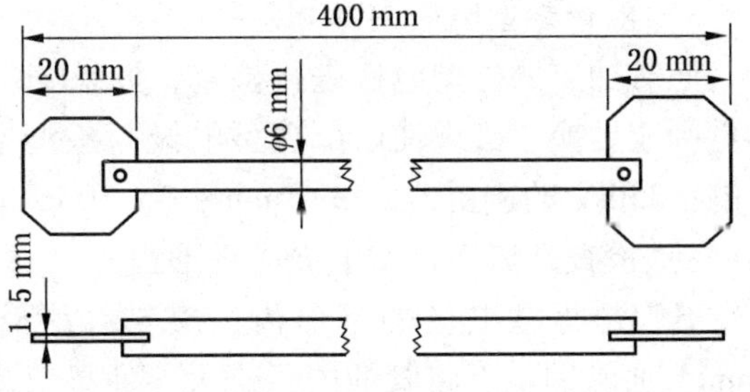

图 9－2－25　测量管型避雷器内径用的量隙规

在这些金属板上面应刻上宽度的毫米数。可在每个量隙规两端刻上两个尺寸，如第一个为 8 mm 和 9 mm，第二个为 10 mm 和 11 mm 等。这样，可以减少量隙规的数目。

电弧对纤维管的燃烧通常是不均匀的，在排气孔附近烧得较大。另外纤维边缘可能被排出的气体剥掉。因此，应在距纤维管开口端的下列距离处测量其内径：110 kV 的避雷器，150 mm；20 ~ 35 kV 的避雷器，70 mm；3 ~ 10 kV 的避雷器，30 mm。

根据测得的内径数值，按照表 9－2－22 确定其遮断续流的数据。

表9-2-22　消弧管内径增加时，GX型管型避雷器的遮断续流上下限

避雷器型式	避雷器的最初内径/mm	量出的避雷器内径/mm	避雷器在新的内径下其遮断续流上下限/kA	
			纤维完全良好	纤维略有分层
$GX_2\frac{35}{0.6-5}$	10	10~12	0.6~5	0.6~5
		13~14	1.2~6	1.0~5
$GX_2\frac{35}{2-10}$	10	10~12	2~10	2~7
		13~14	3.5~11	3.5~8
$GX_2\frac{35}{1-5}$	10	10~12	1~5	1~4
		13~14	2~6	1.8~5
$GX_2\frac{35}{0.7-3}$	10	10~12	0.7~3	0.7~3
		13~14	1.4~5	1.2~3
$GX_2\frac{10}{2-7}$	10	10~15	2~7	2~6
$GX_2\frac{10}{0.8-4}$	10	10~15	0.8~4	0.8~3
$GX_2\frac{6}{2-8}$	10	10~15	2~8	2~8
$GX_2\frac{6}{0.5-3}$	10	10~15	0.5~3	0.5~3

抽出棒型电极后，在明亮的地方用小于内径1.5~2 mm的圆棒（棒端必须光滑）插入。当内部纤维没有分层和膨胀时，圆棒就不会被堵塞，也不会碰到管壁。当内部有破坏时，就不能继续使用。把消弧管朝着明亮的地方用眼睛窥视，一般也能发现内部纤维有无分层和膨胀的情况。

3）检查棒型电极内部间隙

应对抽出的棒型电极进行检查，如果烧伤的痕迹不严重，可以用锉修理；如果烧得较严重则应更换，必须使内部棒型电极与板型电极的距离符合表9-2-21的要求。其误差范围：35 kV的避雷器，±15 mm；3~10 kV的避雷器，±3 mm。

4）检查开口端板型电极的星形齿

开口端板型电极的星形齿，应与纤维管的内孔刚好对正或只能比管的内孔小1~2 mm。通常因电弧将管的内径烧大，使星形齿孔比管孔小很多时，应用圆锉锉掉。如果星形齿口太大，则避雷器动作时的气体可能把纤维管推出，这时应将星形齿焊接。

3. 管型避雷器的涂漆

由纤维胶木制成的管型避雷器，由于纤维本身容易吸潮，故主要依靠在管壁上涂漆来防止潮气渗入。漆膜的质量越好，管型避雷器在运行中越可靠，拆下管型避雷器时，必须注意检查，如果发现漆膜脱落或严重开裂，就应该重新涂漆。因为涂漆质量的好坏直接影响运行的可靠性，所以必须仔细进行。涂漆的房间应该干燥、明亮和灰尘极少，涂漆时的室温应在10 ℃以上。涂漆时的工作步骤如下：

（1）刮去旧漆层。可用破瓷片的尖锐边或车床刮去旧漆。刮漆时必须注意不要将胶木管局部损坏或把纸层掀起，同时不能有旧漆层残留。靠近管的表面的漆层要用0号或00

号砂布或砂纸磨光，然后用没有绒毛的干净抹布擦净，再用蘸有汽油或酒精的抹布擦拭干净。

（2）干燥管体。把刮净旧漆层后的管体放在干燥箱内干燥，开始的温度为 30 ~ 40 ℃，以后在 4 ~ 6 h 内，慢慢增加至 80 ~ 90 ℃。在这个温度下烘 10 ~ 12 h，然后在 2 ~ 3 h 内将温度降低到 40 ~ 50 ℃，便可将避雷器从烘箱中拿出，在室温下慢慢冷却。

（3）擦净。干燥后再用 00 号砂纸和干净的抹布擦干净，以后便需注意不要用手碰到管体部分，而只拿住金属的终端头。

（4）涂漆。应使用 1154 号绝缘漆和 4C 号清漆。以下简述涂这两种漆的方法。

在涂漆前应将漆液调到适宜的浓度。1154 号和 4C 号两种漆都可用工业二甲苯稀释，一般情况下 4C 号清漆不需要稀释。涂漆可用喷漆和刷漆等方法进行。若用喷漆法，当喷出的漆液散开呈雾状时，就可以开始正式喷漆。

漆膜的厚度可以用喷的次数来控制，一般情况下喷 3 ~ 4 层即可，漆膜的总厚度为 0.1 mm 左右。喷第一层漆膜后，应该在空气中干燥 2 h。为了使第一层漆膜紧密地黏附在消弧管壁上，还应在 25 ~ 30 ℃下进行干燥 24 h。其后的每层漆膜在空气中进行自然干燥，喷完最后一层后还要在 50 ~ 60 ℃下干燥 6 h。

用毛刷刷漆时，也必须先将漆液调整到适宜的浓度，然后用较软的毛刷在其他物上进行试涂，若涂出的漆膜平坦均匀就可以开始正式涂漆。为了保证漆膜的质量，须在漆液中的泡沫全部消失以后才能开始涂漆。涂漆时应注意多蘸快涂，一次涂到适宜的厚度（约 0.1 mm）。因为在涂漆的过程中，漆内的溶剂逐渐挥发，时间太长就不容易获得均匀的漆膜。同时，用毛刷涂第二层漆时，漆液中的溶剂还会使第一层的漆膜溶解，造成严重的缺陷，影响漆膜的质量。用涂漆的方法涂出的漆层较厚，因此干燥时的温度也应较喷漆时高，时间也应增加，在 70 ~ 80 ℃下干燥 24 h，就可以获得比较满意的漆膜。在所有的干燥过程中，注意切勿使消弧管与烘箱壁碰触。

两种涂漆方法中，喷漆法的漆层比较均匀，而且漆膜的厚度也容易控制，故应尽可能采用喷漆法。

（二）阀型避雷器的维修

1. 阀型避雷器的构造与特性

1）FS 型避雷器

目前，我国在 3 kV、6 kV、10 kV 配电网络中，普遍采用国产 FS 型避雷器，其结构如图 9 - 2 - 26 所示。

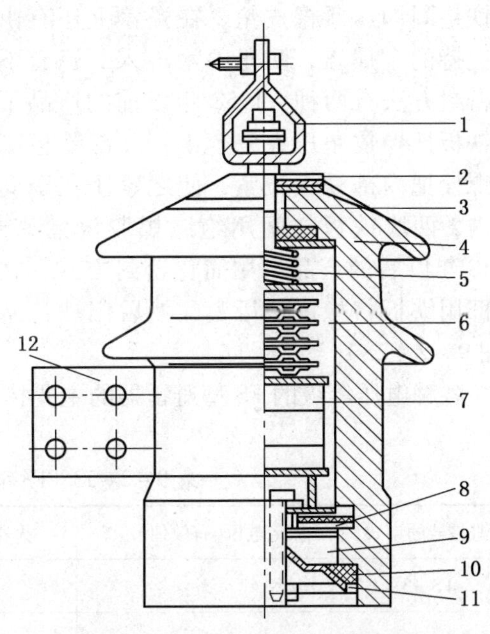

1—悬挂耳孔；2—罩盖；3、9—沥青填充；4—瓷套；5—弹簧；6—间隙；7—电阻盘；8—内部隔膜；10—密封橡皮；11—外部隔膜；12—抱箍

图 9 - 2 - 26 FS 型避雷器结构

FS 型避雷器主要由绝缘瓷套、火花间隙组、电阻盘以及压紧弹簧等部件组装而成，其端部还用橡皮密封。

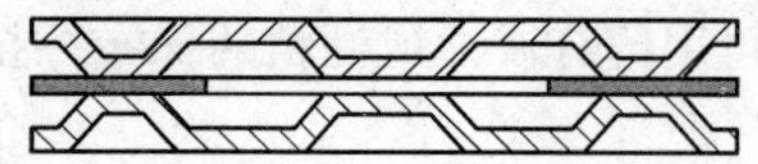

图 9-2-27 阀型避雷器的火花间隙

火花间隙的电极是黄铜板冲压成的，两个波纹状圆板之间用云母板隔开。阀型避雷器的火花间隙如图 9-2-27 所示。

每个火花间隙的放电电压为 2.5 ~ 3.2 kV（有效值），各种不同电压等级避雷器的间隙数见表 9-2-23。火花间隙的作用是在正常时使避雷器的阀型电阻盘与电力系统隔开，而在有雷电压波作用时发生放电，使雷电流进入大地以降低雷电压波幅值，并在半个周波之内（0.01 s）将雷电压波放电而产生的工频续流遮断，恢复正常状态。

阀型电阻盘是用电工金刚砂(碳化硅颗粒)加陶料黏合剂压成扁圆柱体,高度为 30 mm，直径为 75 mm。为了方便组装，制造时把 2 ~ 3 个阀型电阻盘粘在一起进行装配。阀型电阻盘的作用是：在雷电流通过时，电阻变小，使阀型电阻盘上的电压降避雷器残压不超过被保护设备的绝缘水平。当雷电流进入大地以后，阀型电阻盘电阻变大，将工频续流限制在 80 A（峰值）以下，以保证火花间隙可靠地熄灭电弧，使避雷器恢复正常的状态。

瓷套是作为上述火花间隙组与电阻盘密封用的绝缘容器，用于防止火花间隙组与阀型电阻盘受潮后改变特性。在瓷套的圆形盖上有悬挂螺杆，此螺杆在瓷套内套有铁垫圈及橡皮垫圈。当瓷套外螺帽旋紧后，瓷套内的铁垫圈即压紧橡皮垫。在瓷盖上还有由螺杆支持的金属盖，防止雨水淋入。瓷套下部的密封方法有两种：1958 年以前的产品下部有铁板把橡皮垫压在瓷套上，外部铁板则通过螺栓把内部铁板拉紧，使之紧压在瓷套沟槽内，两块铁板之间用绝缘黑胶浇灌密封；1958 年以后的产品采用简化密封方式，在其下部用铁板将橡皮垫压紧，然后用铁片塞紧(图 9-2-28)。

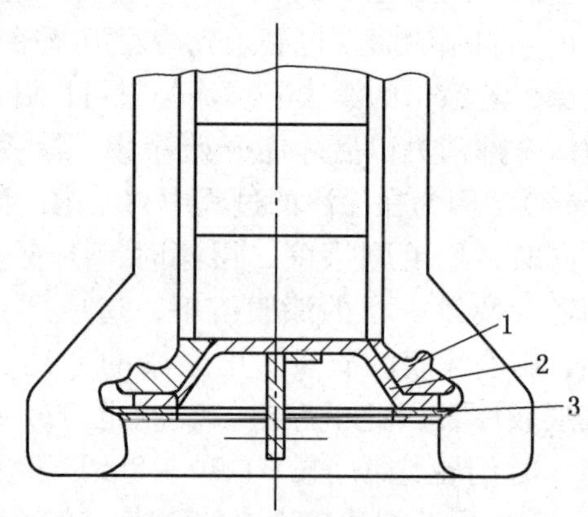

1—橡皮垫；2—钢板；3—垫片

图 9-2-28 FS 型避雷器简化的密封方式

各种电压等级的 FS 型避雷器的主要技术特性见表 9-2-23。

表 9-2-23 FS 型避雷器的主要技术特性

避雷器的型式	额定电压(有效值)/kV	火花间隙数/个	阀型电阻盘数/个	质量/kg
FS-3	3	4	2 ~ 3	2.5 ~ 3.9
FS-6	6	7	4 ~ 5	3.9 ~ 5.3
FS-10	10	11	7 ~ 8	4.2 ~ 7.5

各种电压等级的 FS 型避雷器的主要电气特性见表 9-2-24。

表9-2-24　FS型避雷器的主要电气特性　kV

避雷器型式	额定电压(有效值)	避雷器最大允许工作电压(有效值)	避雷器击穿电压		5000 A下残压不大于(峰值)
			工频下(有效值)	冲击不大于(峰值)	
FS-3	3	3.8	9~11	21	17
FS-6	6	7.6	16~19	35	30
FS-10	10	12.8	26~31	50	50

2）FZ型避雷器

FZ型避雷器的结构与FS型避雷器的结构基本相同，与FS型避雷器的主要不同之处是这种避雷器在每组火花间隙中都并联有非线性电阻，在外形尺寸上与FS型避雷器也稍有不同。它可以根据被保护设备的具体条件，可以用这些元件组成各种额定电压等级的、保护户内或户外电气设备用的避雷器。

FZ型避雷器标准组合的主要元件特性见表9-2-25，其电气特性见表9-2-26。

表9-2-25　FZ型避雷器标准组合的主要元件特性

避雷器型式	系统额定电压(有效值)/kV	避雷器最大容许电压(有效值)/kV	避雷器元件数目及其型式	避雷器火花间隙数/个	避雷器电阻盘数/个	避雷器高度/mm	避雷器质量/kg
FZ-3	3	3.8	1个×FZ-3	4	2~3		38
FZ-6	6	7.6	1个×FZ-6	6	4~5		41
FZ-10	10	12.7	1个×FZ-10	10	7~8		46
FZ-15	15	20.5	1个×FZ-15	16	10~13		52
FZ-20	20	25	1个×FZ-20	20	12~14		60
FZ-30	—	25	—	24	12~14		85
FZ-35	35	41	2个×FZ-15	32	20~26		90
FZ-60	60	70.5	2个×FZ-20+ 1个×FZ-15	56	34~41		125

表9-2-26　FZ型避雷器的电气特性

避雷器型式	系统额定电压(有效值)/kV	避雷器最大容许电压(有效值)/kV	在工频电压下的击穿值(有效值)/kV	残压（最大值)/kV		泄漏电流/μA
				5 kA	10 kA	
FZ-3	3	3.8	9~11	13.5	14.8	400~600
FZ-6	6	7.6	16~19	27	30	
FZ-10	10	12.7	26~31	45	50	
FZ-15	15	20.5	41~49	67	74	
FZ-20	20	25	51~61	81.5	90	
FZ-30	—	25	56~67	81.5	90	
FZ-35	35	41	82~98	134	148	
FZ-60	60	70.5	153~183	244		

3）FCD 型磁吹避雷器

FCD 型磁吹避雷器的结构基本上与 FZ 型避雷器的结构相同。它与 FZ 型避雷器的不同处主要是这种避雷器的下部增加了磁吹间隙，提高了灭弧性能，其间隙部分的结构如图 9-2-29 所示。

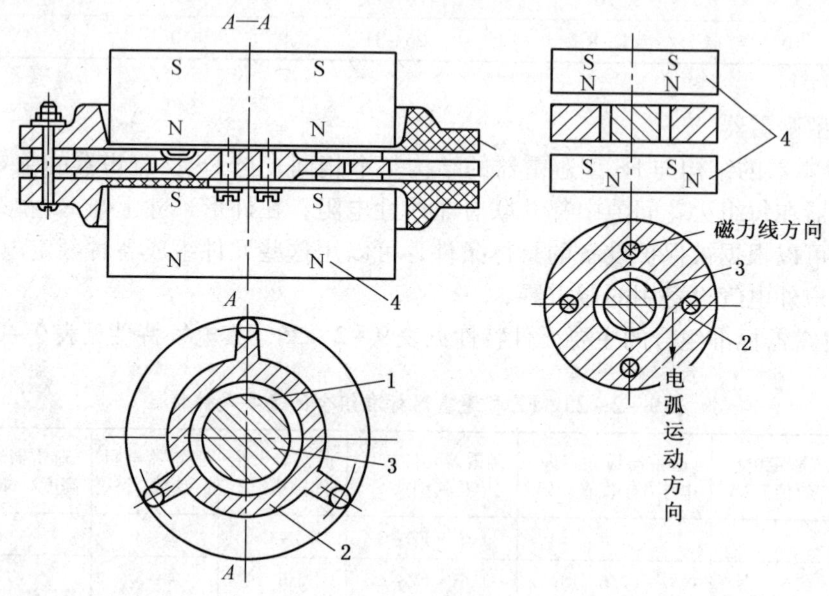

1—间隙；2—外电极；3—内电极；4—磁铁

图 9-2-29 FCD 型磁吹避雷器间隙部分结构

FCD 型磁吹避雷器的电气特性见表 9-2-27。

表 9-2-27 FCD 型磁吹避雷器的电气特性（旋转电机用）

型 号	额定电压（有效值）/kV	灭弧电压（有效值）/kV	工频放电电压（有效值）/kV		预放电时间 1.5~20 μs 的冲击放电电压（最大值）/kV	3 kA 冲击电流（波形 10/20 μs）下的残压（最大值）/kV	泄漏电流/μA
FCD-2	2	2.3	≥4.5	≤5.7	≤6	≤6.4	50~100
FCD-3	3	3.8	≥7.5	≤9.5	≤9.5	≤10	
FCD-4	4	4.6	≥9	≤11.4	≤12	≤12.8	
FCD-6	6	7.6	≥15	≤18	≤19	≤20	
FCD-10	10	12.7	≥25	≤30	≤31	≤33	
FCD-13.2	13.2	16.7	≥33	≤39	≤40	≤43	
FCD-15	15	19	≥37	≤44	≤45	≤49	

2. 阀型避雷器的修理

1）避雷器的拆开

(1) FZ 型避雷器的拆开：

① 仔细擦净避雷器的瓷套及其他各部分。

② 将避雷器顺次放在工作场地或支架上，在拆开的顶盖上及法兰盘上画上记号，以便重新组装时对正。

③ 用扳手拧开压紧顶盖的螺栓，在接近打开时必须用手按住顶盖，以免在弹簧力的作用下圆盘跳出伤人或打坏附近设备。

④ 拆下顶盖。

⑤ 将直径为 3 ~4 mm 的铁丝弯成钩状，将各组火花间隙钩出，并按顺序编号。

⑥ 将开口端向下倾斜，慢慢倒出电阻盘，这时必须用手托住，避免电阻盘跌落打碎。

(2) FS 型避雷器的拆开。这种避雷器底部的密封，在 1958 年以前是用沥青类的绝缘化合物密封的，在 1958 年以后都是由底部铁盖直接压在橡皮垫圈上密封的，故拆开的方法也略有不同。其步骤如下：

① 擦净避雷器。

② 将避雷器倒放在工作台或支架上。

③ 用沥青密封的避雷器，应小心地用喷灯逐渐加热使沥青熔化，然后打开下面的螺帽。直接压紧的避雷器，则首先把底下铁盖压紧，然后把旁边固定的半环形铁片取下（用改锥或其他工具钩下），然后慢慢取下底盖。

④ 将内部元件取出的方法与 FZ 型避雷器相同。

(3) 其他类型的避雷器，其密封方法也是以上几种，可参照上述方法打开。

注意：从避雷器内部取出的火花间隙组和电阻盘，不可随便更换，即使在同一元件内取出的各组火花间隙，亦不可随便更换。所有火花间隙及电阻盘均应放在干燥和没有灰尘的工作台上。如放置的时间超过 3 h，则应保存在于燥箱内。

2) 火花间隙的修理

FZ 型火花间隙组经常发生并联电阻断裂，这时必须进行更换。制造厂在组装并联电阻时是成对组合的，因此当单个半环形电阻损坏时，不能随便用其他单个半环形电阻更换，必须成对更换。过去生产的 FS 型避雷器常遇到的问题是间隙与云母垫圈的黏合处松脱，使间隙位置移动而改变放电特性，出现这种情况必须重新黏合。黏合剂可用普诵漆片加酒精溶成溶液。胶合时可先在云母垫圈的几点上涂漆液，然后粘上铜电极，并注意对准中心，黏合后在 40 ~60 ℃的烘箱中干燥 8 h。

火花间隙内电极腐蚀产生的残留物、电极表面的烧伤都可能使火花间隙的放电电压降低，严重时，甚至会使火花间隙短路。这时可用细砂布打磨平，然后再用布轮抛光，使其恢复原有的粗糙度，最后用纱布蘸上酒精擦除间隙上的油污，并且不能在上面留下纤维。

火花间隙在检修完毕后，均应测量其击穿电压。国产避雷器的单个火花间隙的击穿电压为 2.7 ~3.2 kV（有效值），但每个火花间隙绝缘垫厚度和击穿电压一定要均匀。最后，组成避雷器后的工频放电电压必须符合技术要求。

3) 电阻盘及其他部分的修理

取出电阻盘后，应进行仔细检查，若发现其表面有黑色炭化的小孔及旁边的釉质有局部或全部的闪络痕迹时，即确认该电阻盘已损坏，必须进行更换。避雷器内部的所有元件必须在电烘箱内进行干燥，不能使用蒸汽或煤气干燥器。所需温度和时间为：

电阻盘	120 ~ 150 ℃	6 h
橡皮垫圈及其他小件	30 ~ 40 ℃	2 ~ 3 h

在整个过程中，切忌与油类或带有油污的物件放在一起，尤其是电阻盘，更应特别注意，因为电阻盘粘上油以后，其放电电容量将会显著降低。

拆开避雷器后，若发现橡皮垫圈有很大的变形或损坏时，亦须更换。应尽量选用质量较好的橡胶，并在其上涂一层绝缘清漆。

4）避雷器的重新装配

（1）FZ 型、FCD 型避雷器的装配：

① 先粘好瓷套的下部密封连接口，在瓷套底下的一端放上涂漆后的橡皮垫，然后盖上铁盖拧紧螺栓。

② 将干燥好准备组装的各元件，按取出时原样放入瓷套内。放电阻盘时，应将瓷套倾斜，慢慢放入防止撞击。在装入瓷套前，应将火花间隙组的上下两端花纸盘向不同方向拧紧，使并联电阻两端间距最大。最后装入弹簧时，应将弹簧较大的一端放在间隙上面。

③ 将内部所有元件放好后，就可以进行瓷套上面的密封，其方法与下部密封相同。密封好后应进行绝缘电阻、电导电流试验，然后放于露天经 1 ~ 2 周后重新试验。若结果无显著变化，即可投入运行，否则应重新检修。

（2）FS 型避雷器的装配：

① 先进行顶部密封，在瓷套的上部小孔中，插入有焊接垫圈和密封的螺栓，然后从内部支持着，再在外部加上密封并拧紧顶盖和螺母。

② 将电阻盘、火花间隙按顺序放好，再在顶上放上弹簧，叠成圆柱形，然后小心地把瓷套套上。

③ 将瓷套倒放，压上下部铁板和密封的橡皮垫圈。在新的密封结构下只需插入卡死的垫片即可。旧的密封结构则放入制止弹簧，在螺栓周围放上纸衬垫，然后注入绝缘混合物，再放入有橡皮密封的外部铁片并用螺帽拧紧，最后在铁片的凹下部分和铁片与瓷套之间的缝隙中注上混合物。密封好以后要做绝缘电阻、电导电流和工频放电电压试验。

3. 阀型避雷器检修过程中的试验

1）单个和组合后火花间隙工频放电试验

单个和组合（不带并联电阻）后火花间隙工频放电试验，其所用设备的试验接线和试验方法，与不带分路电阻阀型避雷器工频放电试验相同。

测量时，应保证单个火花间隙上的压力基本相同，并应逐个测量工频放电电压和其差值，不符合要求的应调整。每个火花间隙一般要测量三次，取后两次平均值作为间隙的放电电压。为防止放电时烧损间隙，需在放电回路内串联保护电阻，使放电电流限制在 15 mA 左右。

单个火花间隙调整到符合工频放电电压要求后，即可进行火花间隙的组合。组合中各个火花间隙所用的云母垫片最好选用同类型产品，否则由于云母垫片材料的差异将引起火花间隙电压分布不均匀。组合后火花间隙工频放电一般需做三次，最后两次平均值作为工频放电电压。

2）分路电阻特性试验

(1) 测量分路上的电压降。测量时调整单个分路电阻的电导电流使其在 350 ~ 600 μA 之间，新的分路电阻取 600 μA，旧的分路电阻取 350 μA。在通过上述电导电流时，测定分路电阻上的电压降，其压降应在 1500 ~ 2500 V 范围内，大于 2500 V 或小于 1500 V 的分路电阻应更换。

(2) 测定单个分路电阻的非线性系数。在单个分路电阻上施加直流电压 2000 V 和 1000 V，分别测定在这两个电压下的电导电流 I_1 和 I_2，则非线性系数可按下式计算：

$$a=\frac{\lg\frac{2000}{1000}}{\lg\frac{I_1}{I_2}}=\frac{\lg 2}{\lg\frac{I_1}{I_2}}=\frac{0.301}{\lg\frac{I_1}{I_2}}$$

非线性系数 a 一般在 0.3 ~ 0.45 之间。

3) 密封检查

阀型避雷器经解体大修组装后，必须检查其密封性能，以防因密封不良引起避雷器的电气性能发生变化。

一般检查避雷器密封的方法有以下两种：

(1) 抽气法：抽气法密封试验示意如图 9-2-30 所示。试验时，首先检查真空泵胶管接头等元件是否漏气。其方法是将密封检查小孔焊开，将抽气嘴 5 对正被检查避雷器 4 的密封小孔，压紧并用真空泵封泥封好，打开抽气阀 2 关闭进气阀 3，起动真空泵 1 进行抽气，待水银柱升高到 380 ~ 400 mm 水银柱时，持续时间 5 min，若真空度下降不大于1 mm 水银柱时，即认为不漏气，然后打开进气阀 3 使进入约 101.325 kPa 大气压的干燥空气后，再将密封小孔焊牢。抽真空若发现不合格的要详细检查，处理后再复试。

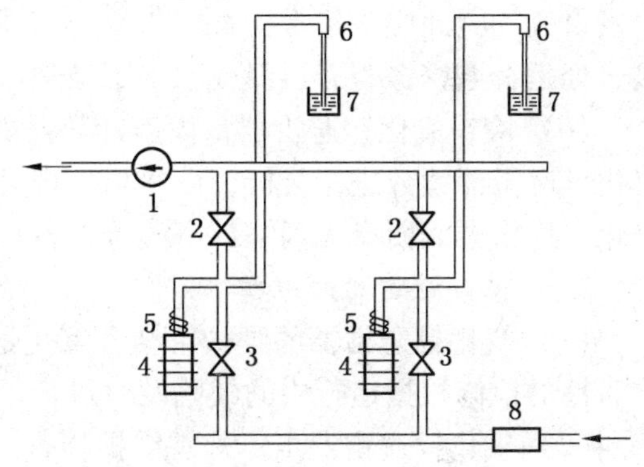

1—真空泵；2—抽气阀；3—进气阀；
4—试品；5—抽气嘴；6—水银柱；
7—水银瓶；8—干燥过滤

图 9-2-30　抽气法密封试验示意图

抽气法中所有连接管采用橡皮管连接。橡皮管的管壁以较厚者为宜，以免抽气后橡皮管压扁。

(2) 打气法：将被检查避雷器的密封孔接至空气压缩机或自行车打气筒的气嘴上进行打气，当避雷器内的气压达到 0.196 MPa 时，将试品浸在水中，维持 30 s，水平面上无气泡出现认为合格；若有漏气，则水中即可发现气泡，并可明显地看出漏气部位，这是抽气法所不易见到的。打气法的缺点是浸泡在水中时，如漏气则水易浸入避雷器空腔内。

(三) 氧化锌避雷器的运行和维护

1. 氧化锌避雷器运行中的巡视与检查

(1) 检查设备外观是否完整无损，外绝缘表面是否清洁。因为当表面受到严重污染时，将使电压分布很不均匀，在有并联分路电阻的避雷器中，当其中一个元件的电压分布增大时，通过其并联电阻中的电流将显著增大，则可能烧坏并联电阻而引起故障。此外，也有可能会影响避雷器的灭弧功能，降低其保护特性，因此若发现外绝缘表面有严重污迹时，应及时安排停电清扫。

(2) 检查氧化锌避雷器有无异常振动、异常音响及异味。若有此现象，应及时将其停运，进行详细的检查试验，以免发生事故。

(3) 检查氧化锌避雷器接地引线是否良好，有无烧伤痕迹和断股现象以及计数器是否完好无损。通过这方面的检查，很容易发现氧化锌避雷器的隐患。因为在正常运行的条件下，氧化锌避雷器动作以后，通过接地引下线和计数器中的是雷电流很小、时间很短的工频续流，所以除了放电计数器的指示数字变动以外，一般不会产生烧损的痕迹。当氧化锌避雷器内部金属阀片存在缺陷或不能灭弧时，则通过的工频续流的辐值和时间都会增大，因此在接地引下线的连接点上会产生烧伤的痕迹，或使放电计数器内部烧黑或烧坏。当发生上述情况时，应立即将避雷器停止运行，并进行详细的电气试验，以免发生事故。

(4) 检查氧化锌避雷器引线端子是否过热，或出现火花，接头螺栓有无松动现象。若有此现象易引起线路和氧化锌避雷器故障，严重的还会使氧化锌避雷器发生爆炸。

(5) 检查氧化锌避雷器的密封是否良好。密封不好容易进水使氧化锌避雷器受潮从而引发事故，因此应该经常检查氧化锌避雷器上引线处防水罩是否完好，外绝缘表面与法兰接合处是否严密，若有裂缝或防水罩破裂应进行更换。

(6) 检查氧化锌避雷器雷雨后计数器的动作情况，并做好记录。对装有在线监测仪的氧化锌避雷器读数进行分析，以尽早发现设备缺陷，把事故消灭在萌芽状态。同时应检查氧化锌避雷器表面有无闪络放电痕迹，各部引线有无松动。

2. 氧化锌避雷器的维护

(1) 氧化锌避雷器的维护可结合氧化锌避雷器预防性试验进行，每年的雷雨季节前，临时性的检修根据运行中的缺陷及时进行。

(2) 氧化锌避雷器本体外观维护检查。清除外绝缘表面积污，注意不得用利器刮伤外绝缘表面，外绝缘表面应清洁无积污。

(3) 定期检查氧化锌避雷器的泄漏电流，工频放电电压大于或小于标准值时，应进行检修和试验；放电记录器动作次数过多时，应进行检修；瓷外套或复合外套表面有裂纹、法兰盘和橡皮垫有脱落时，应进行更换。

(4) 氧化锌避雷器的绝缘电阻应定期进行检查。测量时应用 2500 V 绝缘摇表，测得数值与前一次的结果比较，无明显变化时可继续投入运行。绝缘电阻显著下降时，一般是由密封不良而受潮或火花间隙短路所引起的，当低于合格值时，应做特性试验；绝缘电阻显著升高时，一般是由于内部并联电阻接触不良断裂、弹簧松弛和内部元件分离等造成的。

(5) 为了能够及时发现氧化锌避雷器内部缺陷，一般应安排在每年雷雨季节之前进行一次预防性试验，对泄漏电流、工频放电电压大于或小于标准值及其他电气试验不合乎要求的，应查找原因并进行检修。

(6) 预防性试验时，测量 U_{1mA} 和 $0.75U_{1mA}$ 下的泄漏电流，并与初始值比较，U_{1mA} 变化量不应超过 6%，预防性试验可以鉴定氧化锌避雷器工作情况保护性能、老化或受潮情况。

U_{1mA} 为当无间隙金属氧化物避雷器中通过 1 mA 直流电流时，被试品两端的电压。避雷器生产厂家称其为直流 1 mA 参考电压。

$0.75U_{1mA}$为读完 U_{1mA}后，将电压逐渐降低到$0.75U_{1mA}$时的电压，在$0.75U_{1mA}$下读取通过避雷器的电流值，为0.75倍直流参考电压下的泄漏电流。

六、直流系统的运行和维护

变电所内的信号、继电保护和自动装置、事故照明及断路器的远距离操作等，均要求有专门的供电电源，统称为操作电源。操作电源一般采用直流电。目前直流操作电源有蓄电池、镉镍电池、硅整流电容储能型直流电源、复式整流直流电源等。

（一）变电所直流电源常用的蓄电池

变电所常用的蓄电池一般采用固定式铅酸蓄电池。目前国产的固定式铅酸蓄电池主要有两种，即GF固定型防酸式铅酸蓄电池及GM固定型密闭式铅酸蓄电池。它们的特点如下：

（1）能防止酸雾逸出电池外部，电池本身没有爆炸危险，即具有防酸隔爆的特性。

（2）能量高、寿命长，安装方便，维护工作量少。

（3）蓄电池室耐酸等级可降低，其建筑造价因之也可降低，因此应优先采用。

作为合闸、控制、保护及信号用的蓄电池组电压宜采用220 V，以减小电缆截面，节省有色金属。仅作为控制、保护及信号用的蓄电池组电压，按负荷的大小以及断路器跳闸线圈的电压数值，可以采用110 V或48 V。变电所用的蓄电池通常采用一组，并接浮充电方式运行。

GF固定型防酸式铅酸蓄电池的技术数据见表9-2-28。

表9-2-28 GF固定型防酸式铅酸蓄电池的技术数据

序号	产品型号	额定电压/V	10 h放电率放电终止电压1.8 V		1 h放电率放电终止电压1.75 V		0.5 h放电率放电终止电压1.65 V		最大外形尺寸(mm×mm×mm×mm)	质量/kg	
			电流/A	容量/Ah	电流/A	容量/Ah	电流/A	容量/Ah	长×宽×槽高×总高	无液	带液
1	GF-30	2	3	30	13.5	13.5	21	10.5	100×125×185×225	3.5	4.5
2	GF-50	2	5	50	22.5	22.5	35	17.5	138×125×185×225	4.5	6
3	GF-100	2	10	100	45	45	70	35	124×125×185×225	7.7	11
4	GF-150	2	15	150	67.5	67.5	105	52.5	163×160×310×370	11.5	14.5
5	GF-200	2	20	200	90	90	140	70	202×160×310×370	15	20
6	GF-250	2	25	250	112.5	112.5	175	87.5	168×210×475×545	20	30
7	GF-300	2	30	300	135	135	210	105	168×210×475×545	23	33
8	GF-350	2	35	350	157.5	157.5	245	122.5	206×210×475×545	26	38
9	GF-400	2	40	400	180	225	280	140	206×210×475×545	29	41
10	GF-450	2	45	450	202.5	270	315	157.5	243×210×475×545	33	45
11	GF-500	2	50	500	225	315	350	175	243×210×475×545	36	49

GM固定型密闭式铅酸蓄电池的技术数据见表9-2-29。

表9-2-29 GM固定型密闭式铅酸蓄电池的技术数据

序号	产品型号	额定电压/V	10 h放电率放电终止电压1.8 V		1 h放电率放电终止电压1.75 V		0.5 h放电率放电终止电压1.65 V		最大外形尺寸/(mm×mm×mm×mm)	质量/kg	
			电流/A	容量/Ah	电流/A	容量/Ah	电流/A	容量/Ah	长×宽×槽高×总高	无液	带液
1	GM-50	2	5	50	25	25	35	17.5	138×125×185×225	4.1	7.5
2	GM-75	2	7.5	75	37.5	37.5	52.5	26.25	124×160×310×370	5.5	8.7
3	GM-100	2	10	100	50	50	70	35	124×160×310×370	6.7	9.5
4	GM-150	2	15	150	75	75	105	52.5	163×160×310×370	13	22.6
5	GM-200	2	20	200	100	100	140	70	202×160×310×370	15.7	25
6	GM-250	2	25	250	125	125	175	87.5	168×210×475×545	18.5	27.4
7	GM-300	2	30	300	150	150	210	105	168×210×475×545	21	29.6
8	GM-350	2	35	350	175	175	245	122.5	206×210×475×545	24	37
9	GM-400	2	40	400	200	200	280	140	206×210×475×545	27	40
10	GM-450	2	45	450	225	225	315	157.5	243×210×475×545	29.5	43
11	GM-500	2	50	500	250	250	350	175	243×210×475×545	36	53.9

1. 蓄电池电解液标准

蓄电池电解液标准见表9-2-30。

表9-2-30 蓄电池电解液标准

指标名称	浓硫酸	新鲜稀酸(注入用)	从使用的蓄电池中取出的酸液	蒸馏水
外观	透明	透明	透明无沉淀	无色透明
色度测定	需标准醋酸铅溶液2 mL	溶液着色0.6 mL	1 mL	—
20 ℃的密度	1.83~1.833	根据制造厂规定	根据制造厂规定	1.00
硫酸(H_2SO_4)/%	92	29~29.6	29~31	
含量/%				
不挥发物含量/%	<0.05	—	—	—
锰(Mn)含量/%	<0.0001	<0.0001	<0.0001	
铁(Fe)含量/%	<0.012	<0.004	<0.008	<0.0004
砷(As)含量/%	<0.0001	<0.0001	<0.0001	—
氯(Cl)含量/%	<0.001	<0.001	<0.001	<0.0008
氮的氧化物(N_2O_2)	0.0001	0.0001	0.0001	0.0001
含量/%				
有机物含量/%	—	—	—	<0.003
硫化氢组重金属(除去铁铅)	需经试验			
高锰酸钾还原物($KMnO_4$)	需要标准的溶液			
	8 mL	3 mL	6 mL	

2. 蓄电池充放电

1）蓄电池初充电

初出厂的蓄电池，阴阳极板上还未形成电化作用的工作物质，需要在安装后进行初充电。初充电良好与否，对蓄电池的使用寿命有直接影响。通过初充电，在阳极板上形成过氧化铅层，在阴极板上的填充物变成铅棉，这样蓄电池才能正常工作。

2）初充电的准备工作

初充电应严格按照制造厂的规定进行。如无制造厂的规定，可参照下面的规定进行。

（1）材料工具的准备：

① 配制电解液的浓硫酸（或已稀释过的）及蒸馏水应经化验合格。

② 准备好洁净的耐酸容器和搅拌棒。

③ 比重计 2～3 只，量程 1000～1300 mg/cm^3。

④ 温度计 3～4 只，量程 0～100 ℃。

⑤ 直流电压表（0～3 V）一块。

⑥ 吸液器（橡皮囊）等。

（2）电解液的配制：

① 先将蒸馏水倒入耐酸容器中，然后徐徐注入浓硫酸，并且不断地均匀搅拌。配制中保持混合溶液的温度在 85 ℃以下。

禁止将蒸馏水倒入浓硫酸中，也不要将浓硫酸突然全倒入蒸馏水中，这样会使溶液沸腾，溅出伤人。

电解液中浓硫酸（密度为 1.83 g/cm^3 时）与蒸馏水的体积比约为 1∶4，质量比约为 1∶2.2。

② 配制好的电解液冷却至接近室温时，测量其密度，15 ℃时应为 1.215 g/cm^3，如室温不是 15 ℃，则按下式进行校正：

$$S_{15} = S_t + 0.0007(t - 15)$$

式中 S_{15}——电解液在 15 ℃时的密度；

S_t——电解液在 t℃时实测的密度；

t——实测的温度，℃。

③ 往蓄电池内灌注电解液，它的温度不应超过 30 ℃。电解液的液面，应高出隔板顶部 10～20 mm。

（3）检查直流充电机及直流盘上各电器及线路，均应处于良好状态，并将电流继电器的极性倒换，使之在充电方向不动作。

3）初充电的条件

（1）当电解液注入蓄电池后，应静置 3～4 h，以便酸液渗透到极板上起电化作用的物质上。

（2）当电瓶内电解液温度低于 30 ℃时即可开始充电。但自电解液注入蓄电池内至开始充电之间的放置时间，应不超过 12 h。

（3）检查各电瓶有无短路情况。

（4）用同样的电解液增补不够高度的蓄电池液面。

（5）通风装置运行良好。

4）初充电的方法

（1）初充电电流一般为 10 h 放电电流的 62.5%。

（2）初充电期间，必须保持充电电流不致中断，并至少在初充电开始后 25 h 内保持连续充电不得中断。

（3）初充电开始后，应每隔 0.5～1 h 测量每个蓄电池的电解液密度、电压、温度（抽查）及充电电流，并记入专用表格中。充电正常后，则每隔 1～2 h 进行一次上述的测量。

（4）在充电中，电解液温度不应超过 40 ℃。否则应减少充电电流或停止充电，但暂时停止充电时间不宜超过 4 h。

（5）全部充电时间为 60～80 h。充电容量为标准容量的 5～10 倍。

5）充电完成的条件

（1）阴阳极板已出现大量气泡，电解液呈乳白色，断电 2 h 后，重新合闸时电解液很快沸腾。

（2）每个电池的电压已上升到 2.5～2.75 V（在 10 h 放电率的充电电流下），且稳定 3 h 不变。

（3）电解液的密度已达到 1.215 g/cm^3（15 ℃），且稳定 3 h 不变。

（4）停止充电后，蓄电池的稳定电压为 2.05～2.1 V。

6）充电中应注意的问题

（1）充电完成前，电解液密度不符合规定时应将其调整适当，且各蓄电池的液面应调整为规定水平，然后再充电 0.5～1 h，使电解液混合均匀。

（2）电解液的密度不符合规定时的调整方法：

① 密度高于规定时，加蒸馏水。

② 密度低于规定时，一般补加密度为 1.18～1.40 g/cm^3 的硫酸溶液。

③ 密度合适而液面不够时，补加同样密度的稀硫酸溶液。

（3）充电完毕后，极板不应有弯曲、变形或涂料严重剥落等现象，否则应进行处理。

（4）如遇极板质量不好（如硫化时正极板出现淡褐色带有白色粗粒的硫酸铅，负极板变为灰白色沙粒状，体积增大，硫化后容量降低，电解液密度下降。充电时电压高，放电时电压低，充电时电解液温度上升快，应进行专门充电处理。例如采用过充电办法以恢复活性物质，以小电流反复充电，调整电解液的密度等方法进行处理。

（5）逆电流继电器应在充电机组突然停电时（此时闸刀开关未切断）起作用，值班人员应注意此情况。

（6）测量电压时，不能用测量的总电压来计算各个蓄电池的电压。

（7）如果硫酸飞沫落到脸、手上时，应用 5% 的碳酸钠溶液清洗，然后再用清水冲洗。

7）蓄电池放电和再充电

（1）初充电完成后，接着进行第一次放电，放出容量应达到额定容量的 85% 以上，放电电流按 10 h 放电率的电流（即正常充电电流）进行。

（2）放电终了时，每个蓄电池的最终电压及电解液密度，应符合制造厂的规定，如无制造厂的规定时，则不应低于表9－2－31的规定，并禁止在低于表中规定的电压值下放电。

表9－2－31 放电终止电压及密度

放电率/h	最终放电电压/V	密度/($g\cdot cm^{-3}$)
1	1.75	1.18
3	1.80	1.165
5	1.80	1.158
10	1.80	1.15

(3) 放电时，如发现个别电瓶的电压与密度过低，应停止放电进行处理。处理方法是：将它们单独进行小电流补充充电。

(4) 放电完毕后，应随即进行再充电，间隔最长时间不得超过3 h，以防蓄电池硫化。

(5) 再充电时应按制造厂的规定，一般为10 h放电率的电流值。

(6) 初充电后最初5～6次再充电中，宜充入放出容量的150%。以后一般正常充电中，所充入的安时数应为上次放电安时数的120%～130%。

(7) 第一次再充电后，一般可以使用，但往往由于断路器合闸负荷很大，并在断路器试验阶段，投入次数较多，故应开动充电机组与蓄电池并列运行。不允许过放电，并应根据使用情况，及时对蓄电池再充电。

(8) 充放电完毕后，极板不得有弯曲、变形或涂料严重剥落等现象，并将直流盘各部分恢复正常，将逆流继电器按正常工作方向接入和整定。

(9) 最后清扫电瓶上面的脏物，保持端子和接线部分干净，然后测定绝缘电阻。

对于110 V蓄电池组，其绝缘电阻值不应小于100 kΩ。

对于220 V蓄电池组，其绝缘电阻值不应小于200 kΩ。

8) 放电方法

蓄电池的放电，一般多采用反馈法，此法既经济又简单方便。

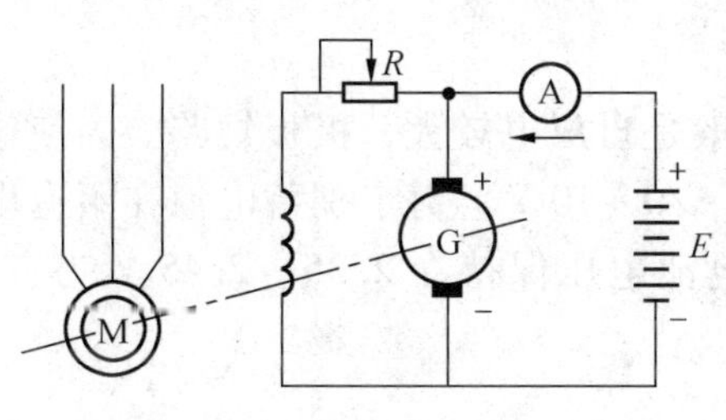

图9－2－31 反馈法放电示意图

反馈法就是将蓄电池放出的能量反馈至交流电网中，原来的直流发电机以电动机状态运转，原来的驱动电动机以发电状态运转，并向电网输出频率为50 Hz的交流电。反馈法放电示意如图9－2－31所示。

具体操作方法：调整发电机的磁场电阻R，使发电机电压与蓄电池的总电压相等，然后合上开关并车，此时电流表的指示应为零。再逐渐减少发电机的励磁。使蓄电池的放电电流逐渐增大，直至达到要求值时为止。

9) 蓄电池的浮充电

充电后的蓄电池，由于电解液及极板中有杂质存在，会在极板上形成局部放电，这种现象叫作蓄电池的自放电，它会随电池的老化程度而加剧。

为使蓄电池能在足够的容量下处于备用状态，电池常采用与充电机并联接于直流母线上，充电机除负担经常的直流负荷外，还给蓄电池一适当的充电电流，以补充蓄电池的自放电，这种运行方式叫作浮充电。

蓄电池使用寿命的长短，与蓄电池质量的优劣和初充电是否适当有很大关系。对运行维护来说，能否管理好浮充电是决定蓄电池寿命的关键问题。

浮充电流大，会使蓄电池过充电，反之将造成欠充电，这对蓄电池都是不利的。

判断浮充电电流大小的方法很多，其中最主要的是蓄电池的电压，对铅酸蓄电池应该在2.1～2.2 V之间。电池的电压比上述数值高是过充电，反之就是欠充电。

目前，硅整流器已在系统中普遍应用，这种设备随一次系统电压的变化，其输出也变化，这就影响了浮充电流，应该设法使浮充电流随系统电压的波动变化最小。

10）蓄电池的定期充放电

定期充放电也叫演习性充放电，或叫核对性充放电。例如浮充电运行的蓄电池，经过一定时间要对其极板的物质进行一次彻底的充放电反应，以检查蓄电池容量，并发现电池有无问题以便及时维护处理，保证蓄电池的正常运行。

定期充放电周期一般是一年不少于一次。具体方法是：对铅酸蓄电池先用10 h放电率电流进行放电，当蓄电池电压降为1.8 V，电解液比重降到1.18 g/cm^3 或放出容量达到额定值的50%～60%时即进行充电。充电的电流先以10 h放电率电流进行，待蓄电池电压升至2.45 V后，即将电流降为额定值的2/3，以后随蓄电池电压的上升以及蓄电池内气泡的大量出现，可将电流降为1/2或1/3。原则是蓄电池的气泡不能很大（沸腾）。若3 h以上比重不变化，比重的绝对值不低于放电前的水平，充进的容量不少于放出容量的120%，表示蓄电池已经充足电。

11）均衡充电

以浮充电方式运行的蓄电池，在长期的运行中，由于每个蓄电池的自放电不是相等的，但浮充电流是一致的，结果就会出现部分蓄电池处于欠充电状态。为使蓄电池能在正常水平下工作，每月须对蓄电池进行一次均衡充电。具体方法是将浮充电流增大，使蓄电池电压保持在2.35 V（铅酸蓄电池），持续一定时间（不少于5 h），待比重较低的铅酸蓄电池电压上升后，即恢复正常浮充方式运行。

12）个别蓄电池补充电

运行中的蓄电池会出现个别电池落后，其原因一般是自放电较大，极板短路。为使这种蓄电池能尽早恢复正常，要以低电压的整流器（20 A/0～10 V）对个别蓄电池在不退出运行的情况下进行过充电处理。选用的电流以使蓄电池电压保持在2.35～2.45 V为宜，待蓄电池恢复正常时为止。

3. 蓄电池的运行维护

1）蓄电池室应具备的仪表、用具、材料

（1）仪表：

直流电压表（0～3 V）	1块
温度计（0～100 ℃）	3～4只
比重计	2～3只

（2）用具：加电解液用的玻璃缸、漏斗；抽电解液用的软胶管、吸液器（橡皮囊）、搅拌棒等。

（3）材料：配制电解液的浓硫酸（或已稀释过的）、蒸馏水、碳酸钠。

（4）劳保用具：眼镜、耐酸工作服、耐酸手套等。

2）蓄电池的正常巡视检查项目

（1）直流母线电压应正常，浮充电流应适当，无过充电或欠充电情况。

(2) 测量代表电池电压、比重及液温。

(3) 检查极板颜色是否正常，有无断裂、弯曲、短路、生盐和有效物脱落等现象。

(4) 木隔板、铅卡子应完整、无松脱现象。

(5) 液面应高于极板 10 ~ 20 mm。

(6) 电池缸应完整无倾斜，表面应清洁。

(7) 各接头连接应紧固，无腐蚀现象，并涂有凡士林。

(8) 室内无强烈气味，通风及其他附属设备应完好。

(9) 浮充电设备运行正常。

(10) 直流系统绝缘良好。

3) 蓄电池维护、工作时应注意的安全事项

(1) 蓄电池的玻璃盖除因工作需要外不应挪开，以免杂物落入电解液内，特别要注意金属物不要落入蓄电池内。

(2) 在调配电解液时，应将硫酸徐徐注入蒸馏水内，同时用玻璃棒不断搅拌，以便混合均匀，散热迅速。

(3) 定期清扫蓄电池和电池室，清扫工作中严禁将水洒入蓄电池内。

(4) 维护人员要戴防护眼镜，避免硫酸溅入眼内。

(5) 为使维护人员身体不被电解液烧伤，应采取防护措施，工作时应穿耐酸工作服及戴橡胶手套。

(6) 如果溶液落到皮肤上或衣服上，应立即用 5% 苏打水擦洗，再用清水清洗。

(7) 蓄电池室应严禁烟火，尤其在充电状态下，不得将任何火焰或有火花发生的器械带入室内。

(8) 注意蓄电池室内门窗应严密，防止尘土入内，要保持清洁、干燥、通风良好、光线充足，但不要使日光直射蓄电池。

(9) 维护蓄电池时，要防止触电、电池短路或断路，清扫时要使用绝缘工具。

(10) 在直流接地情况下，在蓄电池上工作应注意下列事项：

① 为防止触电，维护人员应穿绝缘耐酸靴和戴绝缘耐酸手套，并使用绝缘工具。

② 工作时要严加注意，防止另一极再接地，必要时，要停止工作，查明接地原因，处理后再进行。

4. 蓄电池的不正常充电和常见故障的处理

1) 蓄电池的过充电和欠充电

在铅酸蓄电池中过充电会造成正极板提前损坏，欠充电将使负极板硫化、容量降低。

蓄电池过充电的现象是：正负极板的颜色比较鲜艳，蓄电池室的酸味较大，蓄电池的气泡较多，蓄电池的电压高于 2.2 V，电池的脱落物大部分是正极的。

蓄电池的欠充电现象是：正负极板的颜色不鲜明，蓄电池室内的酸味不明显，蓄电池的气泡极少，蓄电池的电压低于 2.1 V，电池的脱落物大部分是负极的。

2) 蓄电池电解液的密度过低时的处理

蓄电池电解液密度过低的原因及处理方法见表 9 - 2 - 32。

3) 蓄电池常见的故障、原因和处理方法

蓄电池常见的故障、原因和处理方法见表 9 - 2 - 33。

表9-2-32 蓄电池电解液密度过低的原因及处理方法

密度过低的原因	处理方法
注水过多，使液面溢出	首先抽出1/4，再加注密度为1.18～1.40 g/cm³的稀硫酸，调至规定密度为止，然后再做均衡充电，一直充到冒泡为止
开始安装时密度就低	首先抽出1/4，再加注密度为1.18～1.40 g/cm³的稀硫酸，调至规定密度为止，然后再做均衡充电，一直充到冒泡为止
极板硫化	进行过充电处理
有效物质脱落造成极板短路	用非金属物将短路物质消除，然后进行个别过充电
极板弯曲造成极耳搭接	用绝缘耐酸物将短路的极耳隔开，然后进行个别过充电

表9-2-33 蓄电池常见的故障、原因和处理方法

现象	故障特征	发生原因	处理方法
极板短路	1. 充电或放电时电压比较低（有时为零） 2. 充电过程中，电解液的密度不能升高 3. 充电时冒气泡少，而且气泡发生得晚	1. 极板上活性物质脱落卡在极板间 2. 沉淀物过多，将极板下部短路 3. 极板弯曲致使隔离板损坏	1. 更换隔离板隔离棍 2. 清除沉淀物 3. 处理后应个别充电
极板硫化	1. 充电时冒气泡过早或开始充电即冒气泡 2. 充电时电压过高（2.8～3.0 V或更高），放电时电压降落很快而且电解液密度低于正常值	1. 经常充电不足 2. 充放电电流过大 3. 放电后未及时充电 4. 电解液不纯 5. 电解液密度过高 6. 电解液液面降低以致极板硫化	1. 采用过充电以恢复活性物质 2. 调整电解液密度 3. 以小电流反复充电
极板弯曲	1. 极板弯曲 2. 极板龟裂 3. 阴极板铅棉肿起并成苔状瘤子	1. 充放电电流超过极限值 2. 长期过放电 3. 长期过充电 4. 充电温度过高 5. 电解液不纯	1. 更换电解液 2. 用木板插入校正极板 3. 更换极板
沉淀物过多	1. 电瓶下部有大量沉淀物 2. 电瓶容量降低，充放电时电压低 3. 极板有短路现象	1. 充放电电流过大 2. 电解液不纯 3. 充电时电解液温度过高	1. 用硝酸银对电解液进行定性检查是否有氯离子 2. 注意掌握充放电电流 3. 清扫沉淀物
容器破损	1. 电解液漏出 2. 绝缘电阻低 3. 电压降低	1. 安装不正确 2. 容器质量不良 3. 局部发热	1. 短接故障电池 2. 更换容器
绝缘能力降低	1. 局部放电 2. 绝缘能力低	1. 支架潮湿 2. 绝缘子上积有导电性灰尘	进行清扫

（二）镉镍碱性蓄电池的维修与运行

镉镍碱性蓄电池具有无腐蚀、体积小、寿命长、高倍率放电特性好、可靠性高等优点，因此不需要专用的蓄电池室及其附属设施。整套直流电源是集中安装在2～3台屏内，其中有镉镍电池、浮充机、充电电源、直流馈出回路绝缘监视、电压监视、闪光回路及直

流系统的控制、故障监测回路等，可直接安装在变电所控制室内。

1. 镉镍电池的结构及工作原理

根据蓄电池不同使用条件、要求，将不同规格的正负极板中间隔以尼龙布等隔膜，组成极板组，装入塑料电池壳内，加盖胶封，并灌入密度为1.20 g/cm³或1.25 g/cm³的氢氧化钾水溶液作为电解液。蓄电池正极以红色塑料垫圈作标记，负极以蓝色塑料垫圈作标记。正负极活性物质分别为氢氧化亚镍和氢氧化镉，依靠它们电化学反应的可逆性，充电时将电能转变成化学能而储存，放电时将化学能转变成电能而输出，其反应如下：

正极反应：
$$2Ni(OH)_2 + 2OH^- \underset{放}{\overset{充}{\rightleftharpoons}} 2NiOOH + 2H_2O + 2e^-$$

负极反应：
$$Cd(OH)_2 + 2e^- \underset{放}{\overset{充}{\rightleftharpoons}} Cd + 2OH^-$$

电池反应：
$$2Ni(OH)_2 + Cd(OH)_2 \underset{放}{\overset{充}{\rightleftharpoons}} 2NiOOH + Cd + 2H_2O$$

由上式可知，蓄电池充放电中不消耗电解液，但电极可吸收或释放水，充电时释放出水使电解液液面升高，放电时吸收水使电解液液面下降。4 h制充放电曲线如图9-2-32所示。由图9-2-32可以看出，充电电压升到1.70 V左右时，即已充足，若再充电，电池将处于过充状态，电能主要消耗于电解水，放出氧气和氢气。放电时，电压在1.2 V左右较为稳定，后期电压下降较快。

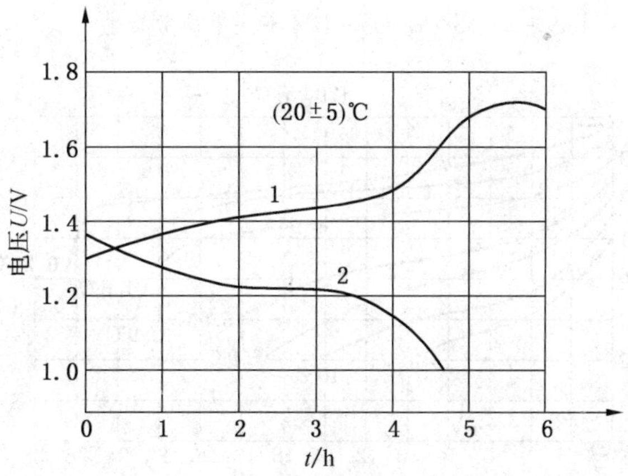

1—充电曲线；2—放电曲线

图9-2-32　4 h制充放电曲线

2. 主要技术数据及电气性能

1）额定技术参数

外形尺寸、质量及主要技术参数额定值见表9-2-34。

表9-2-34　镉镍电池主要技术数据及外形尺寸、质量

电池型号	额定电压/V	额定容量/Ah	外形尺寸/mm			最大质量/g		电池结构
			长	宽	高	不带电解液	带电解液	
GNG5-(2)	1.20	5	55.4	24	123	265	295	半烧
GNG10-(2)	1.20	10	80	24	155	520	580	半烧
GNG10-(5)	1.20	10	80	24	167	560	620	全烧
GNG20-(4)	1.20	20	81	32.5	242	960	1060	半烧
GNG20-(5)	1.20	20	80	26.8	224	900	980	全烧
GNG20-(6)	1.20	20	81	32.5	242	960	1060	全烧
GNG35-(2)	1.20	35	81	42	263	1430	1560	半烧
GNG40-(5)	1.20	40	81	42	263	1650	1780	全烧

2）电气性能

这种蓄电池一般用于高倍率放电，瞬时放电最大倍数可达12倍以上。不同倍率的放

电曲线如图9-2-33至图9-2-39所示。其一般电气性能见表9-2-35。若作断路器合闸及事故用，其电池的性能见表9-2-36。

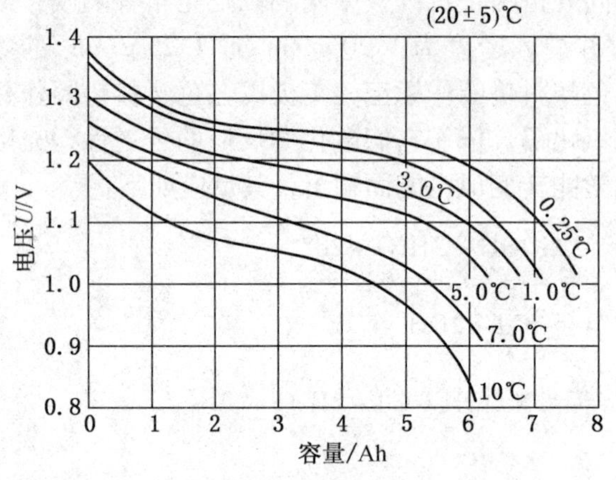

图9-2-33 GNG5-(2)不同倍率放电曲线

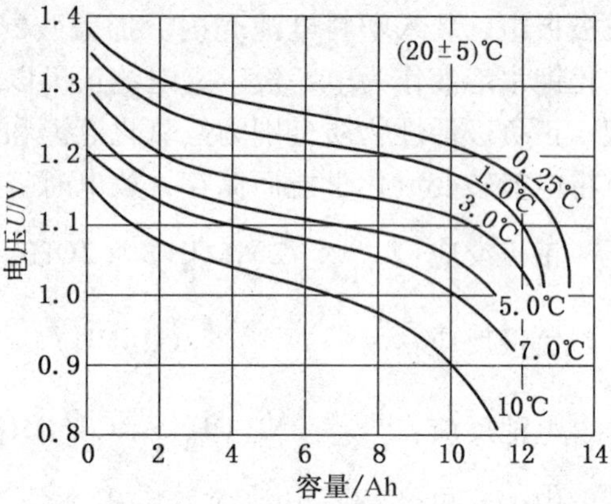

图9-2-34 GNG10-(2)不同倍率放电曲线

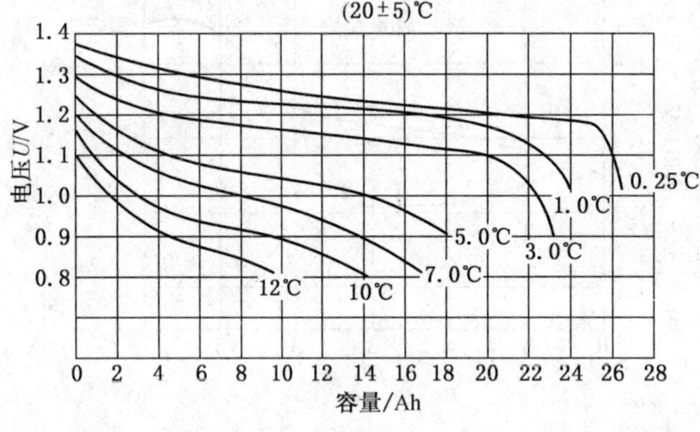

图9-2-35 GNG20-(4)不同倍率放电曲线

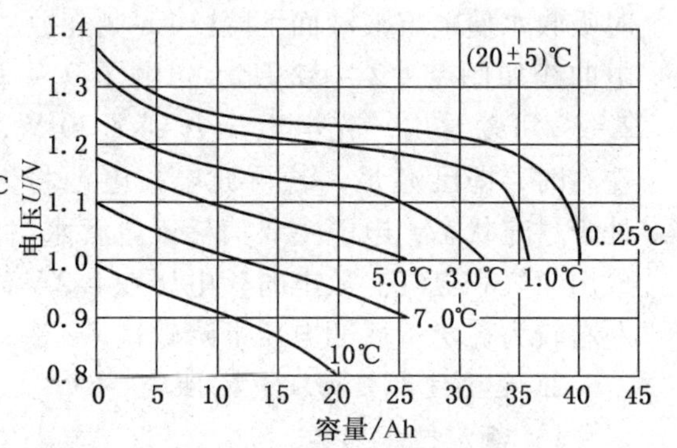

图9-2-36 GNG35-(2)不同倍率放电曲线

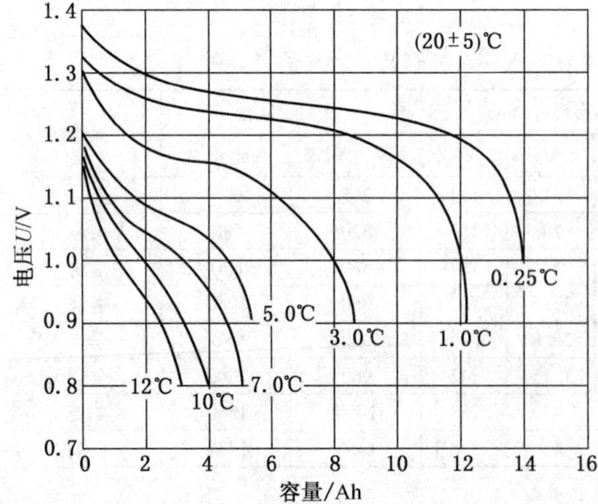

图9-2-37 GNG10-(5)不同倍率放电曲线

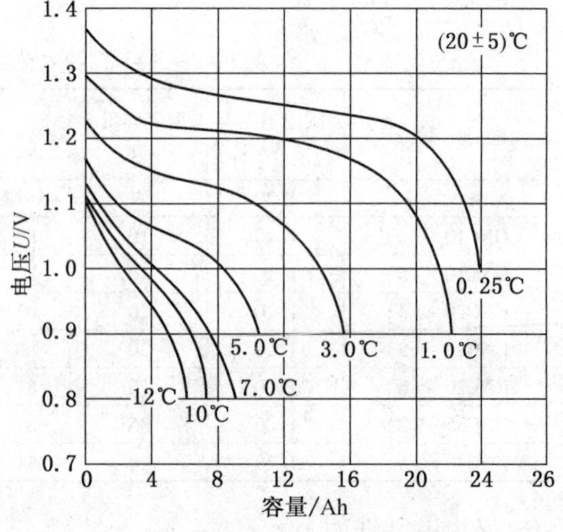

图9-2-38 GNG20-(5)不同倍率放电曲线

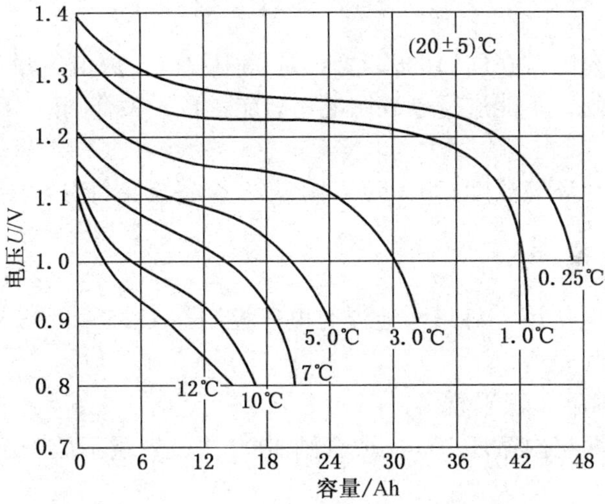

图9-2-39　GNG40-(5)不同倍率放电曲线

表9-2-35　镉镍电池一般电气性能

电池型号	正常充电制		4 h放电制			1 h放电制		
	电流/A	时间/h	电流/A	时间/h	终压/V	电流/A	时间/min	终压/V
GNG5-(2)	1.25	7	1.25	≥4	1.0	5	≥60	0.9
GNG10-(2)	2.5	7	2.5	≥4	1.0	10	≥60	0.9
GNG10-(4)	2.5	7	2.5	≥4	1.0	10	≥60	0.9
GNG20-(4)	5	6	5	≥4	1.0	20	≥60	0.9
GNG20-(5)	5	6	5	≥4	1.0	20	≥60	0.9
GNG20-(6)	5	6	5	≥4	1.0	20	≥60	0.9
GNG35-(2)	9	6	9	≥4	1.0	35	≥60	0.9
GNG40-(5)	10	6	10	≥4	1.0	40	≥60	0.9

表9-2-36　镉镍电池作断路器合闸及事故用时的电气性能

电池型号	事故放电		合闸电流/A
	最大电流/A	时间/min	
GNG5-(2)	5	30	60
GNG10-(2)	10	30	120
GNG10-(5)	10	30	120
GNG20-(4)	20	30	120
			240
GNG20-(5)	20	30	120
			240
GNG20-(6)	20	30	120
			240
GNG35-(2)	25	30	240
GNG40-(5)	40	20	240
			480

3）低温性能

蓄电池在室温下充电，在(−18 ±2)℃的环境中放电，放电容量可为额定容量的75%以上，在此温度下合闸，不能进行事故用电，只能一台开关合闸。

4）自放电

蓄电池充电后，在环境温度(20 ±5)℃搁置28个昼夜，每只蓄电池的剩余容量应大于额定容量的75%。

5）浮充电性能

蓄电池能作浮充电使用，每只电池浮充电压控制在1.35 ~1.38 V，电流1 ~2 mA/Ah（环境温度为(20 ±5)℃）。

6）蓄电池使用寿命（积累数据）

新电池启用后，两年内循环200次或合闸4000次，容量不低于额定容量的80%。

7）保存期

蓄电池（湿法）保存寿命3年，经恢复容量性能应符合以上性能要求。

3. 运行、使用与维护

1）电解液的配制和保管

（1）电解液的成分：氢氧化钾30 g/L带一个结晶水氢氧化锂（$LiOH \cdot H_2O$）。

（2）电解液的密度及配比见表9 −2 −37。

表9 −2 −37 电解液的密度及配比

使用环境温度/℃	电解液密度/（$g \cdot cm^{-3}$）	配制质量比（氢氧化钾：水）
−5 ~40	1.20 ±0.01	1：3
−20 ~25	1.25 ±0.01	1：2

（3）电解液的保管：配制好的电解液及其所用材料，应用玻璃、瓷器、搪瓷等耐碱容器密封保存。使用时根据各地区的环境温度选择合适的电解液密度。

2）配制电解液的注意事项

（1）氢氧化钾和氢氧化锂采用三级品（即化学纯），配制用水采用蒸馏水或离子交换水（去离子水）。

（2）加氢氧化锂时，可先用少量纯电解液，将所需氢氧化锂全部溶解，再加入主体电解液中搅匀即可。

（3）配制电解液时，应用玻璃、瓷器、搪瓷、塑料等耐碱容器。电解液在调好后，需静置沉淀4 h，取其澄清溶液或过滤使用。

（4）配制电解液时，要戴眼镜及橡胶手套，以防被碱烧伤。如皮肤沾有碱时，应立即用3%的硼酸水或清水冲洗。

3）蓄电池使用前的准备

使用湿态出厂的新电池或长期放电态存放的电池时，首先将电池洗净擦干，打开气塞，灌入电解液至液面标记线，再拧紧气塞，将电池清理干净，用连接板组合好，在螺母极柱及连接板处涂上凡士林，进行使用前的活化（即充放电），用正常充电制电流（表9 −2 −35），充电6 h或7 h，用4 h放电制电流放电至总电压到180 V时停止放电，然后再以正常充电制电流充电6 h或7 h即可使用。

4）充电

蓄电池正极接充电电源正极，负极接充电电源负极，每只蓄电池所需充电电源电压按

1.9～2 V 计。蓄电池充电结束时，充电电压一般为 1.68～1.75 V。

（1）正常充电：按表 9－2－35 规定的充电制充电。

（2）快速充电：放电态电池急需要用时，允许按表 9－2－38 规定充电。

表 9－2－38　快速充电

电池型号	第一阶段充电		第二阶段充电	
	电流/A	时间/h	电流/A	时间/h
GNG5－(2)	3	2	1.5	2
GNG10－(2)/GNG10－(5)	6	2	3	2
GNG20－(4)/GNG20－(5)/GNG20－(6)	10	2	5	2
GNG35－(2)	18	2	9	2
GNG40－(5)	20	2	10	2

（3）补充电法：充电态电池搁置 15 天以上，不超过一个月时，用表 9－2－39 规定的电流补充电后，即可使用。

注意：由于气塞结构进行了改进，充放电时不必打开气塞，但在补加蒸馏水或电解液时必须打开气塞。

表 9－2－39　补充充电

电池型号	补充充电电流/A	充电时间/h	电池型号	补充充电电流/A	充电时间/h
GNG5－(2)	1.5	2	GNG35－(2)	9	2
GNG10－(2)/GNG10－(5)	3	2	GNG40－(5)	10	2
GNG20－(4)/GNG20－(5)/GNG20－(6)	5	2			

（4）浮充电法：蓄电池可与电源并联浮充电使用，浮充电时每只电池充电电压控制在 1.35～1.38 V 之间（浮充电流为 1～2 mA/Ah）。电池浮充电时，电流极小，产生气体很少，如果产生大量气体必须检查浮充电压是否过大。浮充电的目的是使电池保持一定充电状态，补偿自放电损失，确保电池随时可用。在浮充电时有个别电池电压在 1.33～1.40 V 范围内是允许的。

5）放电

不同放电制的放电电流、终止电压及时间见表 9－2－40。

表 9－2－40　不同放电制的放电电流、终止电压及时间

放电制度	放电电流/A	放电终止电压/V	放电时间	备注
4 h 制	$\frac{1}{4}$额定容量的数值，用 0.25C 表示	≥1.0	约 4 h	
1 h 制	额定容量的数值，用 1C 表示	≥0.9	约 1 h	

表 9-2-40（续）

放电制度	放电电流/A	放电终止电压/V	放电时间	备 注
3 倍率	3 倍额定容量的数值，用 3C 表示	≥0.9	约 15 min	
5 倍率	5 倍额定容量的数值，用 5C 表示	≥0.9	约 6 min	作起动用
7 倍率	7 倍额定容量的数值，用 7C 表示	≥0.8	约 3 min	作起动用
10 倍率	10 倍额定容量的数值，用 10C 表示	≥0.8	约 2 min	作起动用
12 倍率	12 倍额定容量的数值，用 12C 表示	≥0.8	约 1 min	作起动用

6）电解液液面的控制、检查及电解液的更换

蓄电池外壳上有两条红色液面标记线，上面一条为最高电解液液面标记线，下面一条为最低电解液液面标记线。蓄电池在使用前必须将电解液加至上面一条红色标记线，充电时因电解液液面上升并有气体产生，只要电解液不溢出来，不控制液面，如有电解液溢出来，必须吸掉。放电时只要电解液不低于下面标记线（即最低液面线），不需补加电解液，低于下面标记线时，必须补加电解液，补加电解液时最高不超过上面标记线。蓄电池浮充运行时，电解液控制方法同上，最低不低于下面标记线，以保证正常运行。在平时使用中，每月检查一次电解液液面，不足时补加蒸馏水，并注意拧紧气塞。在使用过程中，蓄电池内的电解液容易吸收空气中的二氧化碳，增加碳酸盐的含量。当碳酸盐的含量超过 50 g/L 时，对电池容量有影响，因此，一般使用 3 年左右或 50～100 次循环后，应更换一次新电解液。更换时，在不拆电池的情况下，可在蓄电池充电状态下，用吸液器将电池内电解液吸出，然后及时注入新电解液。在拆电池的情况下，可用手摇动蓄电池，将电解液倒出后再注入新电解液。

7）蓄电池的充电温度

蓄电池适宜在(20±5)℃下充电。若蓄电池的电解液温度高于 45 ℃，会降低蓄电池的充电效率，因此最好采用降温充电，否则应减小电流或暂时停止充电，待电池内温度降低后再充电（注意测量电池内电解液的温度，特别是组合电池中间的电池电解液温度），并注意在组合时不要将电池挤得太紧，组合壳不应太高，必须使电池有 2/3 露在组合壳外面。另外，蓄电池不适于在低温下充电，当环境温度低于 5 ℃时，也会降低蓄电池的充电效率，因此最好在常温下充足电后，再在低温下使用。

8）容量恢复（通称活化）

蓄电池长期浮充电容量会不均或不足，这是由活性物质发生较大电化学变化而引起的，绝不是寿命终止。为保证蓄电池可靠工作，延长电池寿命，了解电池容量情况，最少每年恢复容量一次。其方法是：以 4 h 制电流放电至每只电压为 1.0 V，如 180 只电池一组，放电至总电压到 180 V，然后以同样电流充放循环一次，重新充电即可使用。

9）蓄电池的组合及寿命终止的判断

（1）蓄电池组合时，可先测量一下电压，将电压高的电池组合到一起使用。蓄电池组在使用一个时期后，若发现有电压低的及没有电压的电池，应挑出更换，否则将影响整个蓄电池组的使用效果。

（2）蓄电池在充放电过程中，如发现充电电压太低，温度升高，需检查电池是否短

路。如电池确实短路，需更换新电池，电池短路时，两极开路电压为零。

(3) 恢复检查容量时，如发现有的电池容量低于额定容量的80%，则认为电池寿命终止。

10) 蓄电池的存放与保管

(1) 准备长期保存的蓄电池,最好在放电状态下保存,要放在干燥通风的室内,温度不高于35 ℃的环境中。存放中严禁短路、潮湿、生锈,并定期清除灰尘,保持清洁,每半年开箱检查一次电解液液面,如太干应补蒸馏水,以保持极板湿润状态,然后封箱保存。

(2) 使用中或长期保存的蓄电池，严禁任何金属器具与正负两极同时接触，以防短路烧坏电池；严禁与任何酸性物质同时存放或相接触；拧上气塞，清理干净，在螺母、极柱、跨接板上涂上凡士林，不要使水进入电池内和存在电池盖上。

11) 运动中蓄电池的维护

(1) 应有专人负责维护,特别是在充电时应保证充电电流的准确性和足够的充电时间。

(2) 每月应检查一次电解液液面，不足时应补加蒸馏水，一般使用三年或50~100次循环，更换新电解液。

(3) 蓄电池长期浮充电后，容量会不足或不均，因此每半年或一年应对电池进行一次充放电循环，以恢复容量延长电池寿命。

(4) 定期检查单只电池电压，发现电压过低或没有电压的电池应更换，否则将影响整个电池组的使用效果。备用电池要预先充电活化后再投入使用。更换电池时应采用故障电池更换器。

(5) 电池表面要保持清洁，如有尘埃、溢物要及时清除，每年要定期全部清洗一次，以防腐蚀电极，缩短使用寿命。

(6) 电池箱防护罩要随时盖好，以防误放工具或落入金属杂物造成短路。

(三) 硅整流电容储能直流电源的维护

硅整流电容储能直流电源一般有两台硅整流器，其中一台供合闸用并兼向操作回路供电，另一台仅用于操作和控制回路。两组硅整流器之间用电阻及逆止元件隔开。当断开控制硅整流器而由合闸硅整流器兼供操作回路时，则应经常检查其电阻有无发热情况。在正常情况下，硅整流元件的温度应不超过厂家的规定（一般不超过60 ℃），输出电流应不超过额定值。如果超过时应加强通风或减小负荷或停用，并进行检查。整流器应经常保持清洁，每季进行一次清扫，避免水或油落在整流元件上。

正常运行的电容储能装置的电容器开关，应打在充电位置，每天用电容器检查装置检查电容器组运行是否正常。

第三节　绝缘试验方法

一、电气试验工作中的注意事项

煤矿电气试验工作，应遵守《煤矿电气设备预防性试验规程》和《煤矿安全规程》中的有关规定。

电气设备的试验工作能鉴定电气设备的绝缘状态，测试分析设备的技术性能，为机电设备安全运行提供技术依据。因此电气试验人员要认真负责，以科学的态度对待电气试验工作，消除侥幸、麻痹心理，重视图纸和技术资料的查对工作，并要根据客观实际情况，安排好试验。电气试验工作至少应有两人参加，操作时要集中精力，以确保安全。

电气试验人员必须具有全面的安全技术知识、良好的安全自我保护意识，严格遵守《电力安全工作规程》《煤矿安全规程》中的规定；电气试验前要填写现场确认记录、有书面的安全措施和全体试验人员签字。高压试验项目均须填写试验卡片，其中应包括：试验任务、项目、标准、安全措施和注意事项。试验现场应装设遮栏或围栏，并悬挂“止步、高压危险”的标示牌。如被试设备不在同一地点，另一端应派人看守。加压试验前必须认真检查试验接线，确定正确无误后，无关人员离开被试设备，主试人员取得试验负责人许可方可加压操作。

试验工作开始前要办理好电气工作票，然后试验人员应根据试验项目，了解试验用电源的接线方式、组别、相序、电压等级及电压对称性等情况。试验电源的开关，须使用有明显断开的刀闸开关，并在负载侧接上适当的熔断体，且放在靠近试验人员的位置，以便操作。试验用调节装置或开关，在开始试验前，应放在起始位置。

拆卸二次回路导线时，应注意原来的位置，防止导线拆断或碰及其他导体等情况发生造成事故。对没有标志牌的线端须扎上临时标志，以便识别。标志牌不许使用金属物质。在拆卸过程中，如发生油断路器跳闸及其他异常现象时，应立即停止工作，在未判明原因前，不得进行工作。

因试验需要断开设备接头时，拆前应做好标记，接后应进行检查。试验装置的金属外壳应可靠接地；高压引线应尽量缩短，必要时用绝缘物（绝缘带）支持固定。

在进行试验时，应由一人负责电源开关的拉闸与合闸。拉合闸应使用“拉开”“合上”“不许合闸”等明显口令，并须做到一呼一应，不得用手势联系。试验中发生异常现象或者与预期结果不符时，应立即停止工作，并分析原因。

试验结束后，拉开试验电源，将试验部位接地放电。在井下做试验时，凡有可能积聚瓦斯的地方，只有当瓦斯浓度在1%以下时，才准放电。

试验工作结束后，应检查试验记录，如试验项目及数据无误，方可拆线，将被试设备恢复原状态。工作结束后，先由试验的安全监护人检查现场，然后由工作负责人将工作票交给现场负责人，共同进行检查，详细交代工作前后的设备变动情况及试验结果，并将试验原始记录抄在变电所或机械房的试验登记簿上，经现场负责人填写工作票的验收意见认为无误后，方可离开现场。

试验工作中使用的仪表设备，要按照其本身附带的操作注意事项执行，如果没有这方面的资料，则可以按照专业规程进行操作，以免损坏仪表设备。

为了保证试验质量，试验用仪器仪表必须在有效检验周期内和有检验封印。

试验用仪器仪表必须符合精密等级规定，以免因仪表误差而引起测试的错误。在有瓦斯的矿井内做试验时，必须采用矿用隔爆型或矿用本质安全型仪表。普通型携带式电气测量仪表，只准在瓦斯浓度小于1%的地点使用。

在同时测量电源电压时，应根据具体情况来选择适当的仪表接线方式，以获得较准确的测量结果。要正确读表，在未测量前，应该首先将仪表调零，读表时应在指针和镜里的影子重合时读取。如用大电流发生器时，因被试设备与电源波形有关，则应事先用示波器测量，证明互感器二次电流波形为正弦波时方可使用。

试验用的仪表互感器，在二次侧及规定的接地点均应妥善接地，以免被击穿时窜过高压，影响人身安全。对于一次侧通过电流的电流互感器二次回路，不准开路。电流互感器的二次侧短接时，须用干净、没有氧化的多股铜线，以免二次回路断开。禁止用铝丝或铝线短接。

试验用设备和仪器仪表，在搬运及存放现场时，要妥善保管，防止灰尘、潮气侵入。仪表的放置位置和墙壁之间要留出 0.5 m 的通道。

试验用导线截面，在电压回路或不大于 5 A 的电流回路中，应使用截面面积不小于 1.5 ~ 2.5 mm^2 的绝缘软线，其绝缘电阻应符合要求，并有足够的机械强度。高压引线周围要加遮栏，防止触碰危险。试验用的临时接地线，应按电流大小确定最小截面面积，一般用不小于 1.5 mm^2 的整根铜线。

在遵守上述电气试验工作注意事项的同时，煤矿远程控制变配电所电气试验还应注意下列事项：

（1）试验过程中，需要对有远动控制的开关柜进行高压及继电保护传动试验的，由被检单位现场操作人员依据电气工作票或现场安全负责人命令并填写操作票后进行就地操作。

（2）就地操作程序：现场操作人员停、送电操作前必须告知自动化控制室工作人员操作项目及工作内容。双方记录操作时间、联系人、工作内容。现场操作人员将操作装置打至“近控”进行操作。

（3）远控操作程序：现场操作人员进行送电前应先告知自动化控制室工作人员，再进行送电操作。送电后现场操作人员将操作装置打至“远控”并告知综合自动化控制室工作人员操作完毕。

（4）自动化控制室工作人员参照视频监控系统，对所操作的监控界面任务进行确定，然后立即进行远控操作试验。试验无误后通知现场操作人员进行现场巡检，核对数据是否一致。

（5）试验完毕，试验负责人安排现场操作人员检查完毕后进行恢复操作，即进行远控操作。

二、绝缘电阻和吸收比测定

（一）绝缘电阻测定的作用

任何绝缘体都不是绝对绝缘的，总有一部分联系很弱的带电质点沿电场方向运动而形成电流。当直流电压加在绝缘体上，通过绝缘体的电流实际上由两部分组成，即随时间衰减的电流（吸收电流和充电电流）和不随时间衰减的稳定电流（电导电流），它们的合成电流就是泄漏电流。

绝缘体的作用是将导体与其他导体（机壳或大地）隔离开，因此总是构成一个电容，当加上直流电压时，必然有一部分随时间衰减的充电电流，这个电流很快就降为零。绝缘体的吸收电流是由于绝缘体内部发生了空间电荷的积累，使电场重新分布而引起的。除了绝缘体的极化现象外，主要是使用了复合绝缘材料，如电机中的云母与黏合材料，电力变压器的矿物油浸渍的低绝缘等，这些绝缘体的介电系数与电阻系数成正比分配，因此在两

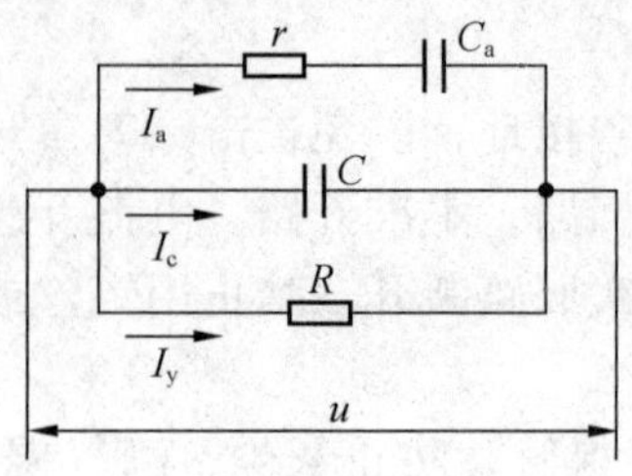

图 9-3-1 绝缘电阻试验时的等值电路图

种介质表面有自由电荷的积聚与流动造成了吸收现象，这种现象有时可长达几分钟。

电气设备的绝缘，如果有部分或全部受潮、表面脏污或者有贯穿性缺陷时，泄漏电流增加，绝缘电阻会显著降低。这时的吸收电流虽然也增加了，但是因为泄漏电流的增加，总的吸收现象反而减少了。绝缘电阻的测量，就是根据泄漏电流的大小及吸收电流变化的情况，来判断绝缘状态，发现绝缘的缺陷。绝缘电阻试验时的等值电路如图 9-3-1 所示。电流随时间的变化曲线如图 9-3-2 所示。

曲线 1 反映了绝缘体中总电流的变化过程，由于介质的吸收作用，绝缘电阻一开始较低，随着时间的增加而逐渐升高，最后稳定到某一数值。

图 9-3-3 为良好和不良绝缘体中电流和绝缘电阻随加压时间的变化关系。

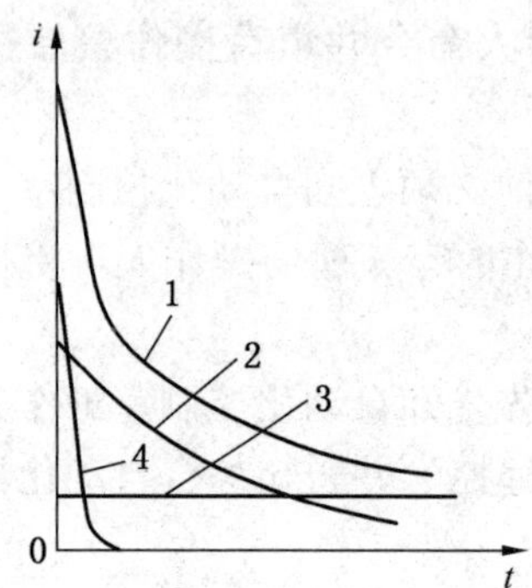

1—全电流（即泄漏电流）；2—吸收电流；3—通过绝缘体的电导电流；4—电容充电电流

图 9-3-2 电流随时间变化曲线

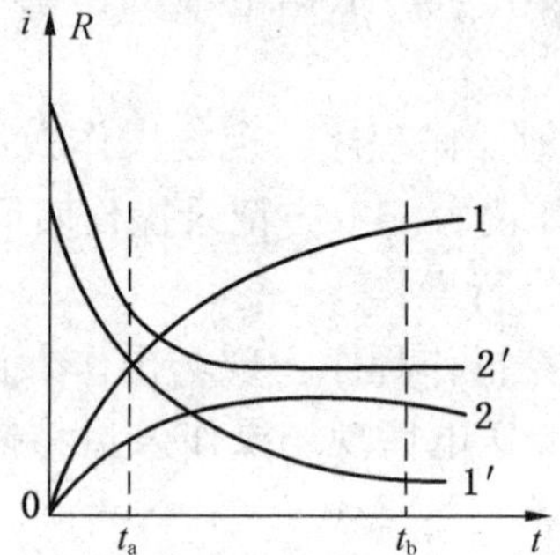

1、1′—良好绝缘的绝缘电阻和电流变化曲线；2、2′—绝缘有缺陷的绝缘电阻和电流变化曲线；t_a—起始值；t_b—稳定值

图 9-3-3 吸收特性曲线

根据绝缘体的吸收电流随时间而衰减的关系，利用不同时间所测得的绝缘电阻的比值，作为判断绝缘状态的一项指标，称为吸收比。通常取 60 s 和 15 s 的绝缘电阻的比值，即

$$\frac{R_{60}}{R_{15}} = K$$

式中 K——吸收比；

R_{60}——60 s 时的绝缘电阻值；

R_{15}——15 s 时的绝缘电阻值。

由于吸收比是两个不同时间的绝缘电阻的比值，在一定程度上可以抵消被试物绝缘体积的影响，更有利于用同一标准来衡量被试物的绝缘状态。

吸收比 K 通常能比较灵敏地反映出被试物的绝缘状态。绝缘体所含的杂质越多，特别是绝缘体越潮，吸收比就越小。反之，绝缘体越干燥，吸收比就越大。

（二）试验方法和注意事项

绝缘电阻通常用兆欧表测量。兆欧表外壳上的接线端钮，一个是“线路”端钮用“L”表示，与发电机负极连接，供测量时接被试物的被测量部位；另一个是“接地”端钮用“E”表示，与发电机的正极连接，供测量时接地之用。兆欧表还设有保护环“G”，它应接到被试物需要屏蔽的部位。

测量绝缘电阻时，因为在“L”和“E”端子间有高达几百伏甚至几千伏的直流电压，所以“L”“E”之间的表面会有泄漏电流 i_1。此外在绝缘物上还有表面泄漏电流 i_2，如果这些电流引入兆欧表测量机构，将会带来很大误差。无保护环引起漏电示意如图9－3－4所示。

为了消除这种影响，将保护环“G”接到被试物需要屏蔽的部位，这样可使表面泄漏电流直接从屏蔽端子流回电源负极，而不流过测量机构，防止了表面泄漏电流给测量结果带来误差。有保护环消除漏电示意如图9－3－5所示。

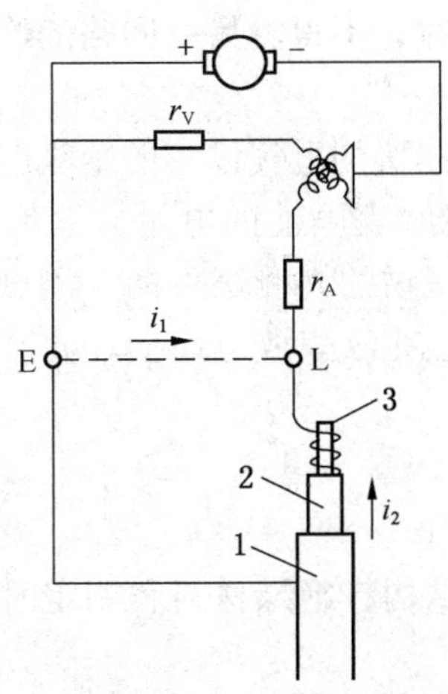

i_1—“E”“L”接线柱间的漏电流；
i_2—测量绝缘表面所引起的漏电流；
1—电缆金属外壳；2—绝缘物；3—电缆芯

图9－3－4 无保护环引起漏电示意图

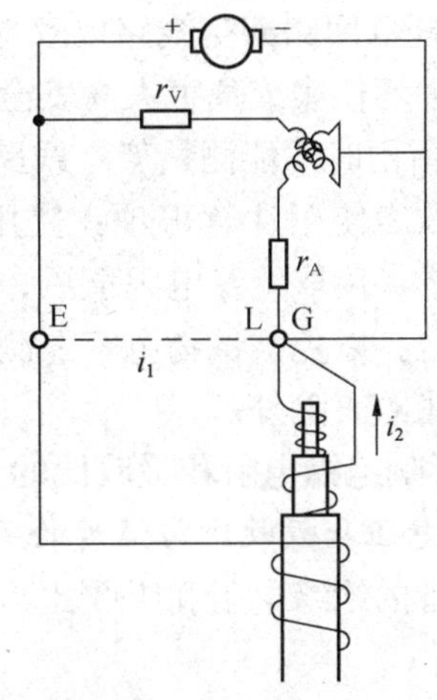

i_1—“E”“L”接线柱漏电流；
i_2—测量绝缘表面所引起的漏电流；G—保护环

图9－3－5 有保护环消除漏电示意图

煤矿井下湿度较大，往往由于表面泄漏电流影响测定的准确性，因此必须使用保护环以消除表面泄漏电流的影响。在接线时要注意：保护环接到被试物上的引线，要接近加压的火线，远离接地部分，这样可以减少保护环对地的表面泄漏电流，以免造成兆欧表内发电机过载及兆欧表的电压降低，影响测量准确度。目前，适用于煤矿井下使用的兆欧表有ZC－7型和ZC－12型等。

试验时，先将被试物短路接地放电。电容量较大的设备（如大型变压器及长电缆等）放电时间要长些。然后用干燥清洁的棉纱擦去被试物表面的污垢。做完了第一次测定后也要进行放电，以免受残余电荷的影响，引起测量误差。测量时，要将兆欧表放置平稳，附有水平仪的应将水平仪调整到水平位置。摇动手柄到额定转速，此时指针应指“∞”；再降低转速，用导线短接“线路”与“接地”端钮，指针应指零。然后把试验用导线接好，空载摇至额定转速，当指针指“∞”，再开始测定。摇动发电机至额定转速后，再将被试物接到兆欧表的“线路”端钮上，同时记录时间并读取 15 s 与 60 s 的绝缘电阻值。

测定过程中，发电机的转速应保持平稳，以减少误差。在测量电容量较大的被试物时，为了防止反充电损坏兆欧表，在测定结束时必须先将被试物脱离“线路”端钮后，方可停止摇动。

测定完毕后，在短路放电时，观察放电火花的大小，听其声音的强弱也是衡量设备绝缘状态的一种简便方法。

如果兆欧表出线端子标号不明时，可将已知极性的电压表接在兆欧表的端子上。慢慢摇动手柄，如果指针向右转，则电压表正端的端子为“L”，负端的端子为“E”；如果电压表指针向左偏，则相反。

在下列情况下禁止进行测量：

(1) 同杆双回路架空线路或双母线，当一路带电时，不得测另一回路的绝缘电阻，以防感应高压损坏仪表或危害人身安全。

(2) 有雷雨时不能测量架空线路或与架空线路相连接的电气设备的绝缘电阻。

电动兆欧表使用注意事项：使用前，应先检查兆欧表电池的电量，以保证输出电压值。测试完毕，读取绝缘电阻值后，应先断开接至被试物的（测试手柄）测试线，然后再将兆欧表停电，以免被试物电容在测量时所充的电荷经兆欧表放电而损坏兆欧表。有自动放电功能的兆欧表除外。

(三) 影响绝缘电阻和吸收比的几种因素

1. 绝缘电阻和吸收比与温度的关系

电气设备的绝缘电阻和吸收比与电气设备的绝缘结构、绝缘材料和测定时的温度有关系。

一般绝缘材料的绝缘电阻是随温度成指数规律变化的。在不同温度下测得的绝缘电阻值，可换算到同一温度下进行比较。但不同程度的潮湿和劣化，其绝缘电阻也有显著差别，故换算后的绝缘电阻值只作参考。

对于由不同绝缘材料制成的电气设备，其绝缘电阻与温度的换算关系详见本章第四节。

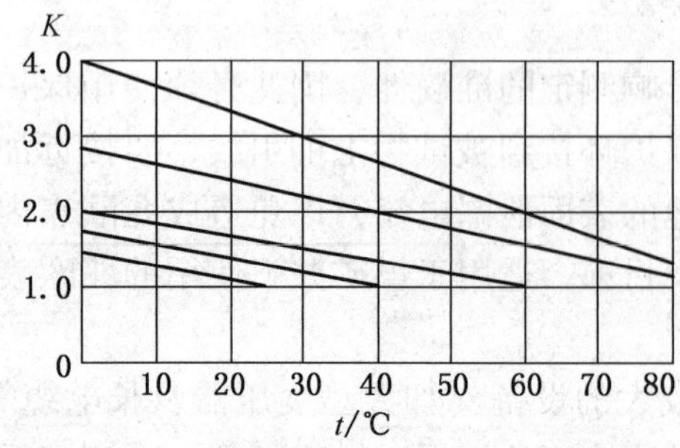

图 9-3-6　吸收比与温度的关系曲线

吸收比常随温度的升高而减少，通常按 20～40 ℃时测得的数值来判断。对其他温度下测得的数值，判断绝缘状态时，应考虑温度关系。图 9-3-6 为吸收比与温度的关系曲线。

2. 绝缘电阻和吸收比与湿度的关系

电气设备绝缘受潮，其绝缘电阻和吸收比都有显著变化。绝缘体中含有水分越高，绝缘电阻下降的越快，吸收比越小；反之，绝缘体越干燥，绝缘电阻越高，吸收比越大。

三、泄漏电流及直流耐压试验

泄漏电流测定在本质上与绝缘电阻测定相同，是在绝缘体上加一个试验电压，观察绝缘体中泄漏电流的变化情况。与绝缘电阻测定所不同的是泄漏电流测定时，电压值是逐渐升高的，而且最终试验电压比较高，因此能够发现绝缘电阻测定过程中所不能发现的绝缘缺陷，尤其是局部缺陷。

在泄漏电流测定时，可以用不同电压下泄漏电流值的大小来判断绝缘状态。

用不同电压下泄漏电流的大小判断绝缘状态时，可以作泄漏电流随电压变化的曲线。电压上升时，泄漏电流大致与电压成正比上升，因为良好绝缘在一定的电压范围内，绝缘电阻值是不随电压变动的；有缺陷的绝缘，尤其是有局部缺陷的绝缘，到了临界电压，就有绝缘电阻下降，其泄漏电流随电压不成比例地迅速上升的现象。根据这种现象，就可以判断绝缘状态。

进行泄漏电流测定时，吸收现象与绝缘电阻测定是一样的，良好绝缘的吸收现象十分显著，泄漏电流将随时间的延长而下降。如果泄漏电流在一定的电压下，没有吸收现象，反而随着作用时间的加长而上升，则表明绝缘有缺陷，而且缺陷在发展，此时应延长试验时间，提高试验电压，找出绝缘缺陷。

测定电气设备绝缘的泄漏电流时，在试验电压达到某一数值后，也常出现电流摆动的情况，这表明被试绝缘或试具中有放电现象，应仔细检查，设法找出缺陷。

直流耐压试验与泄漏电流测定，在方法上是一致的，但从试验的作用来看有所不同：前者是试验绝缘抗电强度，其试验电压较高；后者是检查绝缘状况，其试验电压较低。它们都能反映设备受潮、劣化和局部缺陷等方面的问题，而直流耐压对于发现局部缺陷更有特殊意义。

（一）试验接线

泄漏电流试验用的高压电源，用半导体硅堆或电子管组成半波整流电路获得直流高电压。试验时，一般将电源的负极接在被试物的应试部位上，而其余部分均应短路接地。其泄漏电流值可在回路中串接微安表读取。

接线时，微安表可接在高电位回路中，也可接在低电位回路中。

1. *微安表接在低电位端*

（1）用整流管作整流电源，微安表接在低电位端，泄漏电流试验原理接线如图9-3-7所示。

（2）用硅柱作整流电源，微安表接在低电位端，泄漏电流试验原理接线如图9-3-8所示。

上述两种接线方式基本上是一样的，其不同点主要是整流电源所选用的元件不同，一个用整流管，一个用硅堆。这两种接线方式的优点是微安表处于低电位侧，不需要什么特殊的绝缘而且读表安全。但是这种接线方式的高压试验变压器，应该有两个对外壳绝缘的出线端子，才可以防止高压试验变压器与稳压电容器所产生的泄漏电流流过微安表，而对被试物的表面泄漏与引线电晕电流所产生的测量误差无法消除。采用这种接线方式时，试验变压器的泄漏电流、被试物的表面泄漏及引线的电晕电流都流过微安表，造成测量的误差较大。

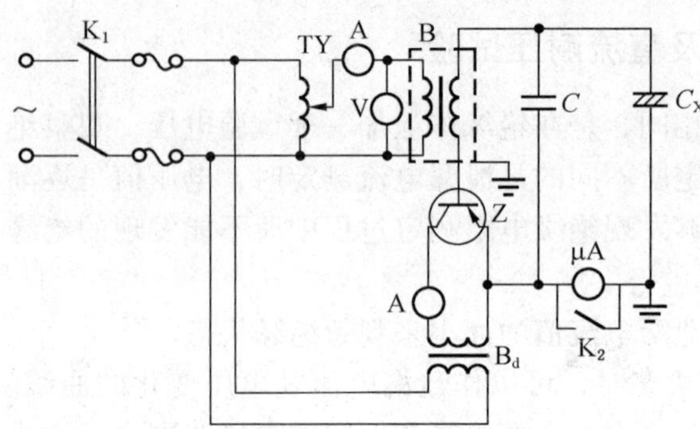

TY—调压器；B—试验变压器；K_1—电源开关；
B_d—灯丝变压器；Z—高压整流管；A—电流表；
V—电压表；μA—微安表；K_2—微安表短路开关；
C_x—被试物；C—滤波电容器

图9-3-7 用整流管作整流电源，微安表接在低电位端，泄漏电流试验原理接线图

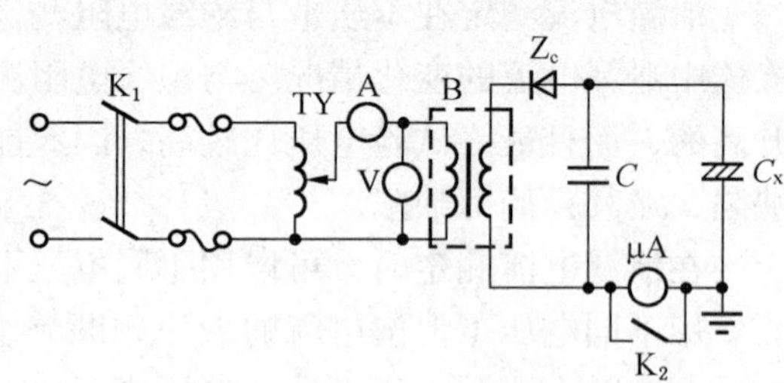

TY—调压器；B—试验变压器；K_1—电源开关；
Z_C—高硅堆；A—电流表；V—电压表；
μA—微安表；K_2—微安表短路开关；
C_x—被试物；C—滤波电容器

图9-3-8 用硅堆作整流电源，微安表接在低电位端，泄漏电流试验原理接线图

2. 微安表接在高电位端

(1) 用整流管作整流电源，微安表接在高电位端，泄漏电流试验原理接线如图9-3-9所示。

(2) 用硅柱作整流电源，微安表接在高电位端，泄漏电流试验原理接线如图9-3-10所示。

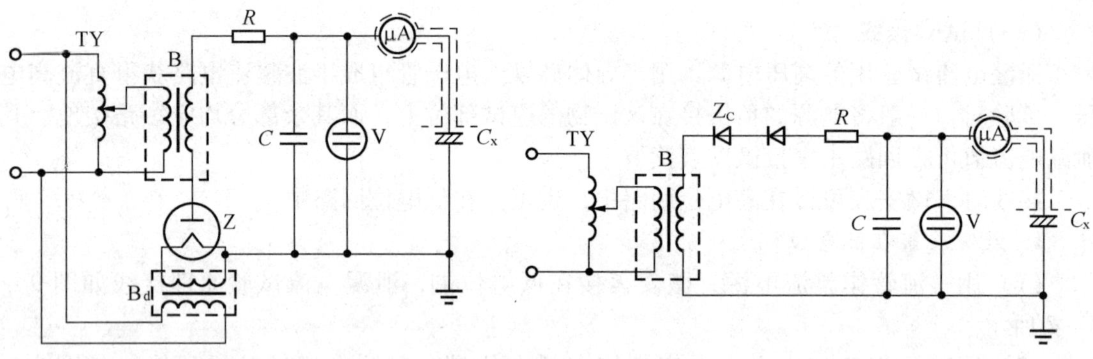

TY—调压器；B—试验变压器；B_d—灯丝变压器；
Z—整流管；μA—微安表；C_x—被试物；
C—稳压电容器；R—保护电阻；V—静电电压表

图9-3-9 用整流管作整流电源，微安表接在高电位端，泄漏电流试验原理接线图

TY—调压器；B—试验变压器；Z_C—高压硅柱；
μA—微安表；C_x—被试物；C—稳压电容器；
R—保护电阻；V—静电电压表

图9-3-10 用硅柱作整流电源，微安表接在高电位端，泄漏电流试验原理接线图

这种形式的接线，微安表处在高电位端，所测得的泄漏电流较为准确，因为试验变压器本身的泄漏电流不通过微安表，但被试物的表面泄漏电流与微安表至被试物之间连线的

电晕电流，仍然通过微安表，影响测量的准确性，所以应该用屏蔽线连接微安表与被试物，并把屏蔽层接至微安表前端及被试物的遮蔽环上。这种试验接线的微安表对地需有良好绝缘，试验过程中调整微安表的量程时，应使用绝缘棒，读表时要有一定的安全距离和必要的安全措施。

近年来，由于高压硅柱代替整流管整流，使高压直流发生装置具有体积小、质量轻、结构简单、机械强度高、稳定可靠等优点。对高压试验变压器的绝缘型式（指全绝缘或分级绝缘），只要能承受最高试验电压的都可使用。

3. 高压直流发生装置的接线图

供泄漏电流及直流耐压试验用的60 kV、1000 μA 直流发生装置的接线如图9－3－11所示。

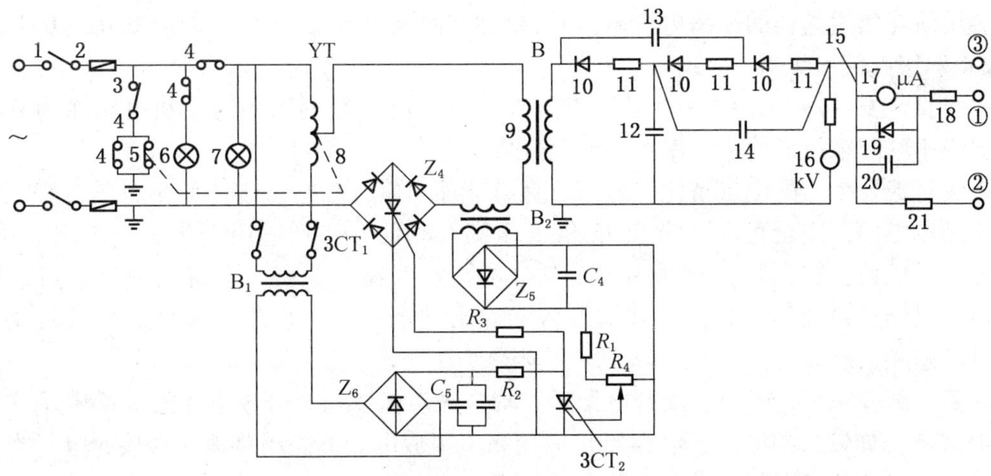

1—电源开关；2—熔体；3—手握开关；4—接地继电器（220 V）和其触点；5—调压器零位触点；6—绿信号灯；7—红信号灯；8—调压器（220 V、200 V·A）；9—升压试验变压器（50000/100 V，200 VA）；10—硅堆（40 kV、100 mA）；11—限流电阻（200 kΩ）；12—电容器（25 kV、15000 PF）；13—电容器（50 kV、5000 PF）；14—电容器（50 kV、750PF）；15—调压电阻（400 MΩ）；16—电压表；17—微安表（50 μA）；18、21—电阻（100 Ω）；19—硅稳压管（$2CW_{12}$）；20—电容器（15 V、30 μF）；Z_4—400 V/5 A×4；Z_5—$2CP_{19}$×4；Z_6—2CP1E×4；$3CT_1$、$3CT_2$—可控硅（5 A、500 V）；R_1—限流电阻（68 Ω）；R_2—阻流电阻（13 Ω）；R_3—限流电阻（70 Ω）；R_4—电位器（4.7 kΩ、2 W）；C_4—电容器（20 V、10 μF）；C_5—电容器（15 V、50 μE）

图9－3－11 60 kV、1000 μA 直流发生装置的接线图

当接通电源开关后，绿信号灯（6）亮，接地继电器动作，则绿信号灯灭，红信号灯（7）亮。接地继电器是保证人身安全的重要措施，若外壳不接地，则接地继电器不动作，整流回路不接通。

当被试物接在高压端子“①”上，短路片连接“②”“③”端子时，量程为50 μA。短路片连接“①”“②”时，量程是1000 μA。

电流测量回路由微安表（17）、电容器（20）、电阻（18、21）及稳压管（19）组成，微安表满刻度为50 μA。当与分流电阻（21）并联时，可将量程扩大20倍，即满量程为1000 μA。稳压管（19）是微安表的过流保护。微安表并联电容器（20）起滤波作用。为了测量主回路的直流电压，16 是用微安表的刻度盘表示电压刻度“kV”。

过流保护采用可控硅装置。正常时 $3CT_1$ 导通，$3CT_2$ 截止，整流电路导通。当被试物击穿时，$3CT_2$ 导通，$3CT_1$ 截止，整流电路断开。

上述线路可以制作，但因需要不同也可改变高压整流管数，以降低或提高整流电压，也可把微安表部分改接到低电位处，应根据实际需要自行选择。

4. 常用的直流高压试验仪

1）直流高压由交流高压经半波整流后获得

电路主要由交流试验变压器、高压硅堆、滤波电容和保护电阻构成，是应用最广泛的产生直流高压的方法。

此类仪器常用于旋转电机、电力变压器、电抗器、电缆的直流耐压试验。试验时，因被试物本身的电容量较大，不需要加装滤波电容。而用于阀式避雷器的电导电流试验和无间隙金属氧化物避雷器的泄漏电流试验时，要加装滤波电容，其容量一般取 0.01 ~0.1 μF。

2）串级直流发生器

串级直流发生器（又称为 ZGF 型直流高压发生器）是利用倍压整流电路作为基本单元，多级串联起来组成的一台串级直流高压发生器。

串级直流发生器的优点是比较轻巧，且直流输出电压高。由于体积小、质量轻，便于携带，操作方便，安全可靠，带 0.75 倍电压锁存功能，特别适用于现场直流耐压试验。其缺点是升压速度特别慢，有时为了升到试验电压，需要花费几分钟的时间；过载能力差，由于仪器接地线不牢靠，或被试设备多次出现击穿放电现象，容易造成试验仪器损坏，且维修较为麻烦。

注意：试验完毕，降压、断开电源后，均应先对被试物充分放电才能更换电源，对大容量被试物（如较长的电缆、电容器）应用高电阻放电，不能用接地线直接放电。当用高电阻放电棒对接在高压侧的微安表放电时，要观察微安表指针到零或接近零时，才能用接地线直接放电，以免过大的放电电流损坏微安表（尤其是数字式微安表）。

（二）泄漏试验的操作

（1）根据现有的试验设备和被试设备的条件，选择合适的试验设备、接线图及试验地点。

（2）按选择好的接线图进行现场布置、接线。

（3）试验通电前，必须经第二人检查，查看接线和使用表计是否正确，表计的规范是否合适，调压变压器位置是否在零位，所用试验电源电压是否合乎试验设备规范。

（4）送上试验电源，给整流管灯丝电流，灯丝预热 1 min，然后合上升压回路刀闸，调节高压试验变压器电压，使其逐步升高到所需要的试验电压值。

（5）对被试设备试验前，必须先测量被试设备和接线的泄漏电流，并记录下来。确定被试设备与接线无异状后，才能将被试设备接入试验回路进行试验。最后测得的泄漏电流总值，必须减去试验设备和接线本身的泄漏电流，方为被试设备的实际值。

（6）对被试设备进行试验的过程中，电压应逐段上升，并相应地读取泄漏电流，每点停留 1 min，以减少充电电流的影响。

（7）试验过程中，若有击穿、闪络、微安表大幅度摆动或电流突变等异常情况发生时，应马上降压，断开电源，并查明原因处理后再作试验。

(8) 试验完毕后，降压到零，切断调压器电源，再断开灯丝电源，最后切断总电源。

(9) 每次试验完毕，必须将被试物经电阻对地充分放电。根据被试物放电火花的大小，可以大概了解被试物绝缘情况。放电时应利用绝缘棒。除此以外，还应注意附近设备有无感应静电电压的可能，必要时也应放电或预先接地。

(10) 再试验时，必须检查接地线是否已从被试物上移开。

(三) 注意事项

(1) 接线中的试验变压器和调压器，由于负载电流很小，一般只有微安到毫安量，因而所需的容量仅为几百伏安，选用比较方便。接线中限流电阻 R 的选择原则：被试物击穿时，电阻能将短路电流限制在整流管容许屏流之内，但又应使过流继电器能可靠动作，并在正常时电阻上的压降不应过大（约为试验电压的1%以下）。

(2) 接线中的整流管。是泄漏试验中的重要设备，价格昂贵，并且容易损坏，必须根据试验要求和整流管的参数正确选择。例如：在半波整流接线中，整流管的最高使用电压不得超过整流管额定反峰电压值的50%，而所加交流电压有效值只能是整流管额定反峰电压值的$\frac{1}{2\sqrt{2}}$倍（使用高压硅柱要求相同），否则可能造成整流管两极间闪络，甚至烧坏。如常用的2DL35/0.1高压硅柱，其最高使用电压为17.5 kV，加在硅柱上的交流电压有效值应不超过12.4 kV。

(3) 对电容较大的电气设备作泄漏电流试验时（如发电机、变压器），微安表的指针在电源电压波动、整流管老化、被试物击穿的情况下，均会发生摆动和冲击性摆动现象，特别是整流管老化和被试物击穿，如不能很好地区别并找出原因，容易做出误判断。

(4) 当采用硅柱进行整流时必须注意：产品目录中的额定参数，都是指电阻性负载时的参数。当试验电容性负载时，额定平均整流电流取电阻或电感性负载的80%。使用时应水平放置，如欲竖直放置，则最大整流电流应降低30%。如浸在油中使用，整流电流可增加一倍。

(5) 微安表接于高电位端时，则支持微安表的绝缘支柱应牢固可靠，以免操作时发生摇摆及倒塌情况。微安表屏蔽应良好，否则容易造成误差。

(6) 微安表应加装放电保护，避免被试设备击穿时损坏微安表。

(7) 连接到被试设备上的高压导线，应短而绝缘良好，并应使其接地及与其他接地部分有足够的距离，以减少杂散电流的干扰。

(8) 对于能分相试验的设备必须分相试验，当试验一相或一相线圈时，其他相或线圈应短路接地。

(9) 试验小电容的被试物时，如避雷器、互感器等，为了使电压波形平稳，应加装稳压电容器，使试验数值真实正确。

(10) 在现场实际试验中，可能遇到一些异常情况，必须引起充分注意。

① 在微安表上反映出来的情况：

a) 指针抖动。这可能是由微安表有交流分量通过引起的，若影响读表数值，则应检查微安表保护回路及整流管是否良好。

b) 指针周期性摆动。这可能是由回路存在反充电或被试物绝缘不良产生周期性放电引起的，应查明原因，分别加以解决。

c）指针突然冲击。若向小的一边冲击，可能是由电源回路引起的；向大的一边冲击，可能是由试验回路或被试物出现闪络或内部断续性放电引起的。

d）表针指示数值过大。应先检查试验回路各设备状况和屏蔽是否良好，在排除了外因之后，才能对被试物做出正确判断。

e）指示数过小。应检查线路接线是否正确；微安表保护部分有无分流和断脱情况；灯丝电流是否符合要求；整流管是否老化等。

② 整流管的某些异常情况：

a）由于灯丝电流不够，引起灯丝管射量减少，内阻增加，显著影响了泄漏电流值，试验时应注意灯丝亮度是否适中。

b）整流管在加高压的过程中，外部产生蓝色闪光，可能是表面脏污或电位梯度过大引起的，特别对油浸绝缘的整流管在空气中使用时，更应防止这种情况的发生，应采取必要措施加以消除。

c）板极发红。这是板流过大，超出板极容许损耗功率。若继续使用则有可能烧坏灯丝，必须检查板流的连续值、间断值或脉冲值是否超出管子容许值，并采取适当措施加以限制；也有因灯丝电压低、逸出电子动能过大，引起板极发红，甚至逆弧损坏。

（四）影响因素

1. 温度的影响

温度对泄漏电流的影响，与兆欧表试验时一样，对其试验结果所产生的影响极为显著，一般是随温度的升高泄漏电流按指数规律上升，但因设备绝缘结构不同，泄漏电流随温度变化的情况也不一样。对于不同设备、不同绝缘结构，其泄漏电流值受温度变化的影响情况，详见本章第四节。

泄漏电流试验最好在被试物温度为 30 ~ 80 ℃时进行，因为在这样的温度范围内，泄漏电流的变化较为明显。在低温时变化较小，因此，当在低温（尤其是在 0 ℃以下）条件下试验时，是得不到正确结果的。

2. 表面泄漏的影响

流过被试物的泄漏电流分为两种，即体积泄漏电流和表面泄漏电流。表面泄漏电流的大小主要决定于被试物的表面情况，如表面受潮、脏污等。若绝缘没有缺陷，仅表面受潮，实际上并不会降低其电气绝缘强度。在泄漏电流试验中所要测量的是体积泄漏电流。在恶劣的条件下，表面泄漏电流比体积泄漏电流大，因而影响试验结果，应采用加屏蔽环的办法加以消除。尤其在井下作泄漏电流试验时，由于湿度较大，试验时更应特别注意。

3. 高压连接导线对地泄漏电流的影响

由于连接被试物的高压导线通常暴露在空气中，在电场强度高于 20 kV/cm 时（决定于导线直径、形状等），沿导线表面的空气发生游离，对地有一定的泄漏电流，从而影响测量结果的准确性。如果加大高压导线的直径、减少尖端及增加对地距离和缩短连接导线，就可减少这类影响。

4. 残余电荷和其他连接设备的影响

同绝缘电阻试验一样，被试物绝缘中的残余电荷是否放净会影响泄漏电流数值。因此在试验之前，被试物必须没有残余电荷，故有时在试验前要将被试物接地保持 1 h 之久。此外在试验时，应尽可能地将连接的其他设备拆开或加以屏蔽，以免影响被试物的试验数值。

（五）微安表保护

由于试验回路采用半波整流接线，被试物因为绝缘程度不同要放泄电荷，因而，微安表将有一定的交流分量通过，致使微安表摆动；在试验的过程中，由于被试物绝缘不良，出现放电以致击穿，有不能允许的脉冲电流或击穿电流流经微安表。另外在对被试物试验后进行放电时，有较陡的电压波和大电流，如不注意放电方式，有可能会通过微安表。以上情况会引起微安表无法读数，使微安表撞针直至烧坏，因此有必要对微安表加装保护。

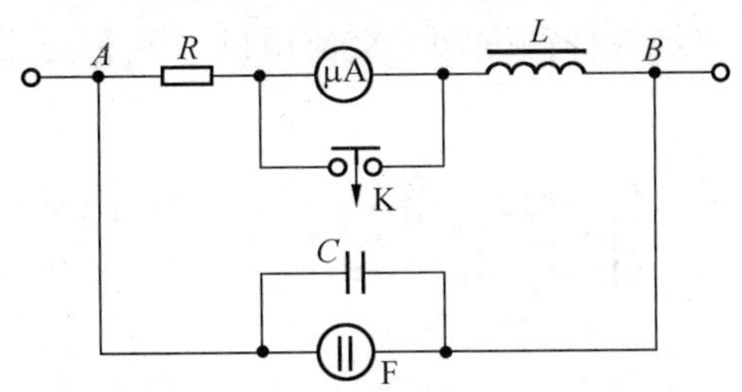

F—放电管；C—电容器（约 0.5 ~ 5 μF、300 V）；
L—电感线圈（约 1 H）；R—碳膜电阻；K—短路开关

图 9 - 3 - 12 微安表保护原理接线图

1. 微安表保护原理

微安表保护原理接线如图 9 - 3 - 12 所示。

在微安表回路中串联一个电阻 R，当有电流通过回路时，就在 A、B 两点间产生一个电压降，电压降的大小为通过 R 的电流和电阻值的乘积。电阻的阻值必须这样选择：当通过电流 I 的大小到达微安表的满刻度值的 120% 时，AB 两点间的电压降要等于放电管 F 的放电电压值。这样当通过回路的电流还不足以使微安表损坏时，放电管就放电，将表针短路了，微安表得到了保护。

图 9 - 3 - 12 中电感 L，主要是在被试物击穿瞬间增强微安表回路对击穿电流的阻尼作用，防止微安表在受到冲击后，放电管放电。

电容器 C 的作用有以下两个方面：

（1）能滤去泄漏电流中的交流分量和通过微安表的交流电流，从而减小了试验中微安表针剧烈摆动，便于读数。

（2）补偿电感的不足，保证在任何情况下使保护装置正确动作。

图 9 - 3 - 12 中电阻 R 的大小可用下式计算：

$$R = \frac{U_N}{I_U}K$$

式中 U_N——放电管的放电电压，V；

I_U——被保护微安表的满刻度电流，μA；

K——系数，考虑到碳膜电阻有误差，微安表不至于在刚到满刻度时放电管放电，其值一般取 1.2。

2. 微安表保护及扩大量程的实际接线

图 9 - 3 - 13 是一种微安表保护及扩大量程的实际接线图。

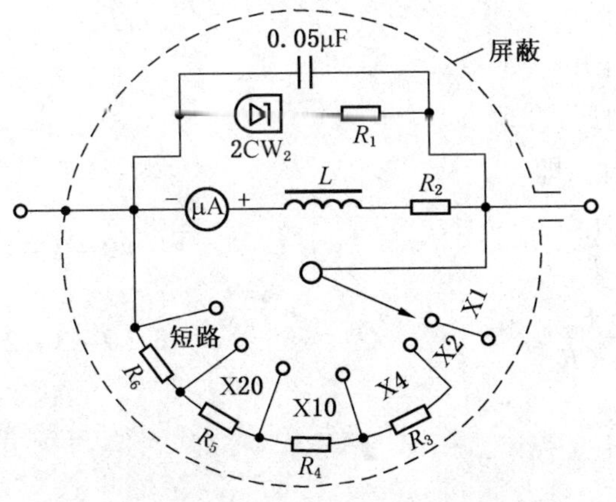

μA—指示仪表（0 ~ 50 μA 表头，内阻为 2 ~ 3 kΩ）；
R_1—电阻（约 5 kΩ）；R_2—电阻（约 97 kΩ）；
R_3、R_4、R_5、R_6—分流电阻；L—电感线圈（约 1 H）；$2CW_2$—稳压管

图 9 - 3 - 13 微安表保护及扩大量程的实际接线图

四、介质损失角正切值测定

（一）介质损失角正切值测定的作用

在绝缘体两端加上交流电压，就有交流电流通过。这个电流是电容性的，一部分是无功（电容）电流，另一部分是有功电流，绝缘体中的有功电流使介质发热。消耗在介质中的热能称为介质损失。电气设备中的介质损失的大小，与绝缘体受潮、老化、杂质等状态有明显的关系，因此可以通过对介质损失角的测量，判断绝缘状况。

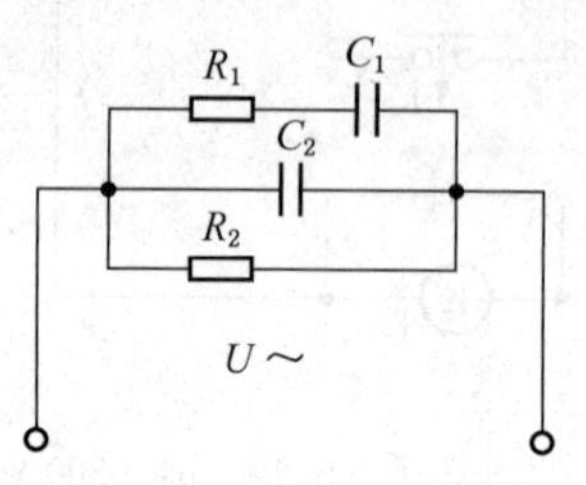

(a) 等值电路图

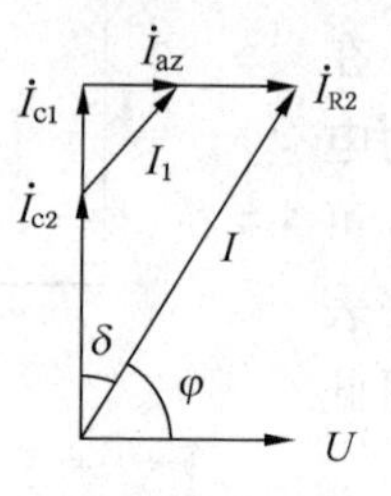

(b) 向量图

R_1—相当于吸收现象而引起的介质损失的等值电阻；C_1—相当于吸收现象而引起的介质损失的等值电容；C_2—介质的几何电容；R_2—介质的绝缘电阻；U—外加电压；I_{C2}—通过电容 C_2 的电流；I_1—通过 R_1、C_1 的吸收电流；I_{C1}—I_1 的无功分量；I_{a1}—I_1 的有功分量；I_{R2}—通过 R_2 的电导电流；I—通过电介质的全电流

图 9-3-14 电介质并联等值电路图及向量图

在交流电路中，电介质通过的电流，可分为电导电流 $\dot{I}_{R2}$、电容电流 $\dot{I}_{C2}$ 和吸收电流 $\dot{I}_1$。而吸收电流 $\dot{I}_1$ 又可分为有功分量 $\dot{I}_{a2}$ 和无功分量 $\dot{I}_{c2}$，其等值电路和向量如图 9-3-14 所示。

电介质通过的总有功电流 I_R 为

$$\dot{I}_R = \dot{I}_{a1} + \dot{I}_{R2}$$

总无功电流 $\dot{I}_C$ 为

$$\dot{I}_C = \dot{I}_{C1} + \dot{I}_{C2}$$

通过电介质的全电流 I 为

$$\dot{I} = \dot{I}_R + \dot{I}_C$$

故等值电路和向量可简化为图 9-3-15 的形式。

而 I_R 和 I_C 之比，称为介质损失角的正切值，即

$$\tan\delta = \frac{I_R}{I_C} \tag{9-3-1}$$

或

$$\tan\delta = \frac{1}{\omega CR} \tag{9-3-2}$$

式中 ω——角频率。

电介质中的有功损失

$$P = IU\cos\varphi = I_R U$$

$$P = I_C U \tan\delta$$

因此

$$P = U^2 \omega C \tan\delta \tag{9-3-3}$$

也可以把有损失的介质视为一个电阻和一个电容串联，其等值电路及向量如图 9-3-16所示。

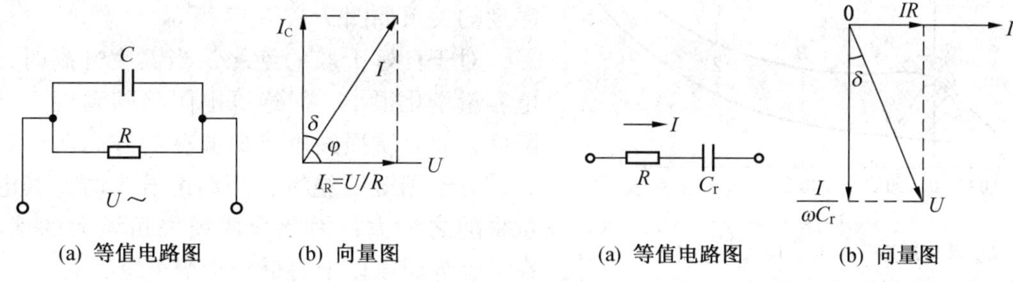

(a) 等值电路图 (b) 向量图

图 9-3-15 串联介质损失等值电路和向量图

(a) 等值电路图 (b) 向量图

图 9-3-16 简化的等值电路及向量图

串联电路介质损失角正切值为

$$\tan\delta=\frac{IR}{\frac{1}{\omega C_r}I}=\omega C_r R \tag{9-3-4}$$

因为

$$I=U\omega C_r\cos\delta$$

所以

$$P=I^2R=U^2\omega C_r\tan\delta\cos^2\delta=\frac{U^2\omega C_r\tan\delta}{1+\tan^2\delta} \tag{9-3-5}$$

当电压、电流及 $\tan\delta$ 相同时，比较式（9-3-3）、式（9-3-5）可以得出

$$\frac{U^2\omega C_r\tan\delta\cos^2\delta}{U^2\omega C\tan\delta}=1$$

即

$$\frac{C_r}{C}=\frac{1}{\cos^2\delta}=1+\tan^2\delta$$

从上式可以看出，只有当 $\tan\delta$ 的数值较小时，$\tan^2\delta\approx 0$，$C_r\approx C$。一般介质中的 $\tan\delta$ 值都很小，因此不论并联和串联的等值电路介质损失都可以用式（9-3-3）表示。

由式（9-3-3）可以看出，当外加电压及频率与介质本身的几何尺寸一定时，损耗的大小就由 $\tan\delta$ 来决定。由于 $\tan\delta$ 一般都很小，因此 $\tan\delta=\sin\delta=\delta$。

在交流电压作用下，有损失的介质产生介质损失角正切值的全电流总比理想介质的全电流滞后一个角度 δ，δ 称为介质损失角。

介质损失角正切值试验，可以判断设备绝缘整体劣化程度。如果电气设备中有局部缺陷，$\tan\delta$ 就很不灵敏，$\tan\delta$ 值变化不大。因此对不合格的可以拆卸为部件的设备（如高压油断路器），大多数进行分解试验，分别判断缺陷部位。

（二）介质损失角与温度、电压的关系

1. 介质损失角与温度的关系

介质损失角的大小与温度有关系，当在某临界温度以上时，介质损失角随温度上升而增加，但在低于临界温度时，介质损失角也常有上升的趋势。由于介质结构复杂，对各种介质来说，临界温度并不固定，同时也很难找出一个统一的介质损失角与温度的换算公式。

某些常用的设备绝缘体，其介质损失角与温度的关系如图9－3－17所示。

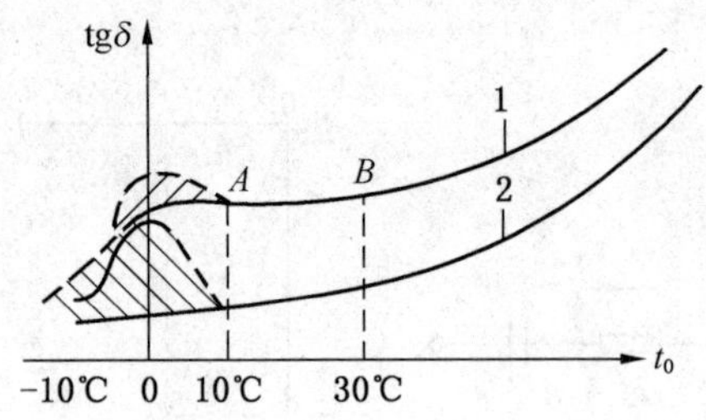

A～B—稳定测量区；－10～10 ℃—不稳定测量区；
1—潮湿绝缘；2—干燥绝缘

图9－3－17 介质损失角与温度的关系曲线

对于良好干燥的绝缘，当温度升高时，其电容量变化很小，但绝缘电阻将随温度上升而降低，故介质损失角将随温度的升高而迅速增大；对于潮湿的绝缘，当温度升高时，其电容量将随之增大，因此介质损失角增大的速率，在某临界温度以上时低于干燥绝缘。

当温度低于临界温度时，有些绝缘材料的介质损失角将由于温度降低而上升，而在潮湿材料中，在温度低于0 ℃时绝缘中的水分有可能冻结，使介质损失角下降。因此介质损失角正切值应在5 ℃以上测量。

2. 介质损失角与电压的关系

介质损失角正切值与电压的关系，常能明显地反映出绝缘受潮情况及气体游离状态。

在低于临界电压时，良好绝缘的绝缘电阻 R_X 及电容 C_X 在不同电压下基本保持不变，故介质损失角正切值与电压无关。当电压升高到某一数值后，因绝缘电阻 R_X 随电压升高而下降，故介质损失角将随电压升高而略有增大的趋势。良好绝缘的介质损失角正切值与电压关系曲线如图9－3－18所示。

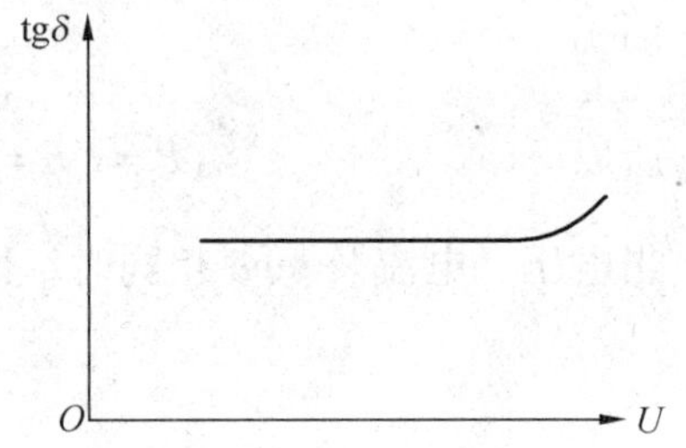

图9－3－18 良好绝缘的介质损失角正切值和电压关系曲线

当绝缘老化（分层）时，电压上升到某一较高阶段，绝缘中的气体开始游离，介质损失将随电压增大而急剧增大。若电压继续增加，空气层完全被电离，因空气层短路，电容增大，所以介质损失角正切值反向下降（图9－3－19曲线1）。如果电压在 $\tan\delta$ 达到最大值时，不再升高，并使电压返回，则会发现 $\tan\delta = f(U)$ 曲线呈闭合环状，这是因为气体游离停止，介质损失角正切值曲线又重合（图9－3－19曲线2）。

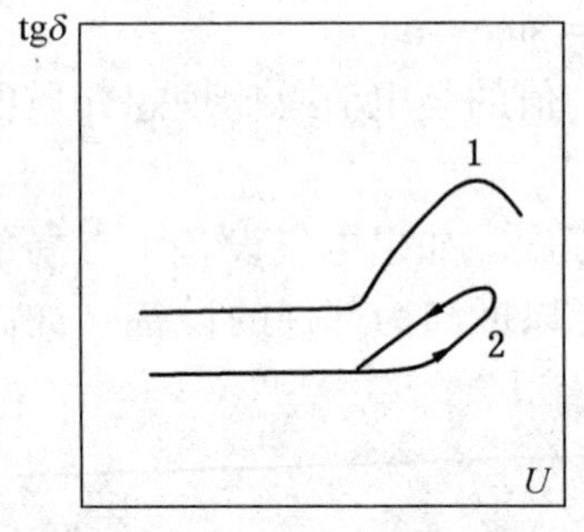

曲线1—电压一直上升时；
曲线2—电压上升及下降时

图9－3－19 含有气体的绝缘的介质损失角正切值与电压关系曲线

绝缘潮湿时，电压上升，绝缘电阻 R_X 下降，介质损失角正切值随电压升高而增加，如果使电压下降，$\tan\delta$ 值将在上升时的曲线上面形成开口环。这说明当电压上升时受潮的绝缘由于介质损失增大而使介质发热，故电压上升或下降时，$\tan\delta$ 曲线不重合（图9－3－20）。

从以上介质损失角正切值与电压的关系可以看出，良好绝缘、潮湿绝缘与有气体游离的绝缘，对电压变动的曲线是不相同的，这样就可以通过 $\tan\delta = f(U)$ 曲线来分析判断绝缘情况。对易于分层开裂的绝缘如电容式套管等，用 $\tan\delta$ 与电压的变化，检查有无气体游离现象是十分有效的。

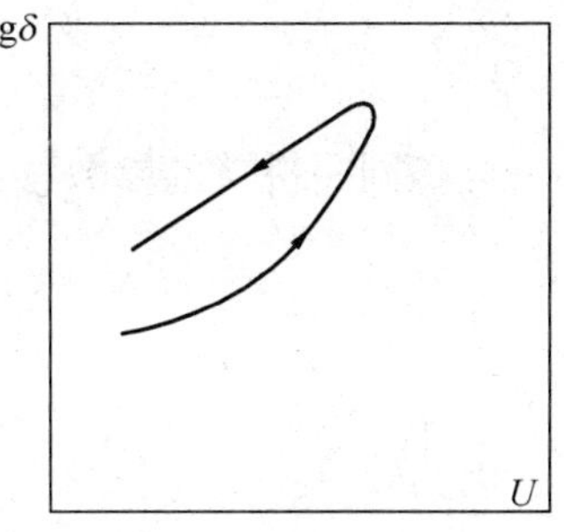

图 9-3-20　潮湿绝缘的介质损失角正切值与电压关系

（三）用 QS_1 型交流电桥测量电气设备的介质损失角正切值

QS_1 型交流电桥是一种平衡电桥，具有体积小、携带方便、测量灵敏准确等特点，是测量高压电气设备绝缘的介质损失角正切值和电容量的专用设备，是现场测量 tanδ 普遍使用的仪器。

1. 基本原理

QS_1 型交流电桥原理接线如图 9-3-21 所示。

电桥 AC 臂接被试物，被试物可视为 C_X、R_X 并联（或 C_X、R_X 串联）。BC 臂接无损标准空气电容器 C_N。BD 臂接入固定的无感电阻 R_4 以及与之并联的可变电容器 C_4。AD 臂接可变无感电阻 R_3。CD 对角间加试验电压。AB 对角接入振动式检流计 G。

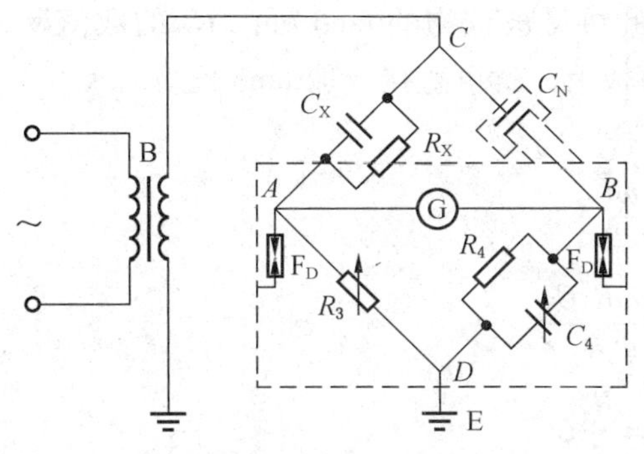

B—试验变压器；R_X—被试物的绝缘电阻；C_X—被试物的电容；G—检流计；R_3—电阻箱；E—屏蔽；C_4—电容箱；C_N—高压标准电容器；R_4—固定电阻；F_D—放电器

图 9-3-21　QS_1 型交流电桥原理接线图

当电桥平衡时，即检流计中无电流通过，光带最窄，此时：

$$U_{AC}=U_{BC}\qquad U_{AD}=U_{BD}$$

故各臂的阻抗关系为

$$\frac{Z_X}{Z_3}=\frac{Z_N}{Z_4}$$

即

$$Z_X\cdot Z_4=Z_N\cdot Z_3 \tag{9-3-6}$$

而

$$Z_X=\frac{1}{\frac{1}{R_X}+j\omega C_X}\qquad Z_4=\frac{1}{\frac{1}{R_4}+j\omega C_4}$$

$$Z_N=\frac{1}{j\omega C_N}\qquad Z_3=R_3$$

将上式代入平衡时的关系式（9-3-6）中得

$$\frac{1}{\frac{1}{R_X}+j\omega C_X}\cdot\frac{1}{\frac{1}{R_4}+j\omega C_4}=\frac{1}{j\omega C_N}R_3$$

$$\frac{1}{R_XR_4}+j\omega C_4\frac{1}{R_X}+j\omega C_X\frac{1}{R_4}-\omega^2C_4C_X=j\frac{\omega C_N}{R_3}$$

$$\frac{1}{R_XR_4}-\omega^2C_4C_X+j\omega\left(C_4\frac{1}{R_X}+C_X\frac{1}{R_4}-C_N\frac{1}{R_3}\right)=0$$

即

$$\left(\frac{1}{R_X}+j\omega C_X\right)\cdot\left(\frac{1}{R_4}+j\omega C_4\right)=j\frac{\omega C_N}{R_3} \tag{9-3-7}$$

式（9-3-7）为复数方程，实数部分与虚数部分应分别相等，取实数部分等于0。

即

$$\frac{1}{R_XR_4}-\omega^2C_XC_4=0$$

或
$$\frac{1}{R_X R_4} = \omega^2 C_X C_4$$

再将同一桥臂的参数移到等号同一侧，变为
$$\frac{1}{\omega R_X C_X} = \omega R_4 C_4$$

因为
$$\tan\delta = \frac{I_{RX}}{IC_X} = \frac{\frac{U}{R_X}}{U\omega C_X} = \frac{1}{\omega R_X C_X}$$

所以
$$\tan\delta = \omega R_4 C_4 \qquad (9-3-8)$$

$$R_4 = \frac{10000}{\pi} = 3183\Omega，\text{而 } \omega = 2\pi f = 100\pi = 314$$

代入式（9－3－8）得
$$\tan\delta = \frac{10000}{\pi} \times 100\pi C_4 = 10^6 C_4$$

如果 C_4 以 μF 为单位计算，则 $\tan\delta = C_4$，由此可见被试物的 $\tan\delta$ 可由 C_4 的数值反映出来。将 C_4 的数值用百分数表示，标在电桥的面板上，就可直接读取 $\tan\delta$ 值。

式（9－3－7）中虚数部分相等得
$$\frac{\omega C_4}{R_X} + \frac{\omega C_X}{R_4} = \frac{\omega C_N}{R_3}$$

整理后得
$$\frac{\omega C_4 R_4}{R_X} + \omega C_X = \frac{\omega R_4 C_N}{R_3}$$

变换得
$$\frac{\omega C_4 R_4}{\omega R_X C_X} C_X + C_X = \frac{R_4}{R_3} C_N$$

因为
$$\omega C_4 R_4 = \frac{1}{\omega C_X R_X} = \tan\delta$$

故
$$(\tan^2\delta + 1) C_X = \frac{R_4}{R_3} \times C_N$$

所以
$$C_X = \frac{1}{\tan^2\delta + 1} \times \frac{R_4}{R_3} \times C_N$$

一般 $\tan\delta$ 很小，故 $\tan^2\delta$ 忽略不计，上式可变为
$$C_X = \frac{R_4}{R_3} \times C_N \qquad (9-3-9)$$

R_4、C_N 都是固定值，因此从 R_3 的数值，可以反映出 C_X 的大小。

综上所述，要使电桥平衡，只要调节 C_4 和 R_3 即可。调节 R_3 是使对应的桥臂电压幅值相等，调节 C_4 是使电压的相角相等。

2. 试验接线

1）正接线方式

在被试物的两极对地都绝缘时，采用正接线。正接线时，电桥处于低压，操作比较安全，外界干扰的影响较小，有条件时应尽量采用这种接线。QS－1 电桥正接线如图 9－3－22 所示。

电桥的屏蔽导线 C_X 应接在被试物低电位的电极上，如接在瓷瓶的法兰盘上；导线 C_N 接至标准电容器的“低压”端钮，导线“E”接到标准电容器 E 端钮并接地。

如导线 C_X 太短，可用屏蔽导线连接长些，连接时应将线芯及屏蔽导线都连接好，被接长的导线长度小于 1～1.5 m 时，允许用无屏蔽导线。当被试物电容量大于 10000 pF 时，加长的导线不用屏蔽线。

2）反接线方式

以一固定接地的被试物，必须采用反接线。这种接线，测量部件 R_3、R_4 及检流计均处于高电位（图 9－3－21 及图 9－3－23）。

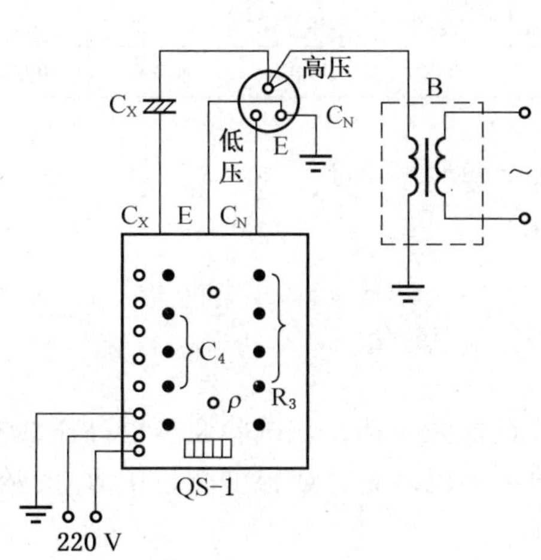

B—试验变压器；C_N—标准电容器；

QS－1—电桥；C_X—被试物

图 9－3－22　QS－1 型电桥正接线图

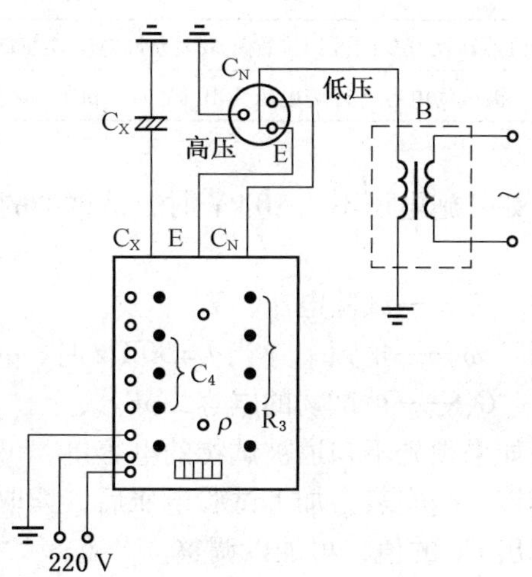

图 9－3－23　QS－1 型电桥反接线图

接线中应注意的事项：电桥的屏蔽导线 C_X 应接到被试物的不接地电极上，电桥的屏蔽导线 C_N 应接在标准电容器“低压”端上，并注意电容器的外壳与地之间应有良好的绝缘；电桥导线 E 应接标准电容器 E 的端子，用导线将试验变压器的高压线接到标准电容器 E 端上。上述连接用的导线对地应保持良好的绝缘。

3）低压测量接线

利用电桥测量被试物的电容值时，可采用低压测量接线，其具体接线如图 9－3－24 所示。

QS－1 型交流电桥不仅可用于高压测量，还可用于低压测量电容量。此时标准电容器 C_N 由 0.001 μF 及 0.01 μF 两只云母电容器所代替。根据被试物容量的大小，利用双掷开关选择其中的一个，其接线原理与电桥的正接线法相同。试验电压由电源变压器供给，为 100 V。被试物接至电桥专备的两个接线柱上，其接线如图 9－3－24 所示。

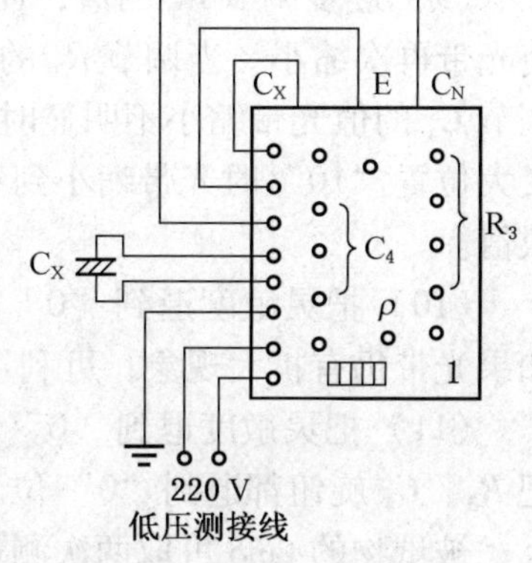

图 9－3－24　QS－1 型电桥低压测量接线

3. 试验时的操作方法

电桥的操作步骤，无论在哪种接线方式下都大致相同。

(1) 根据被试设备不同，选用正接线（图 9-3-22）或反接线（图 9-3-23）的接线方式，并接好线。

(2) 将 R_3、C_d(tanδ) 及检流计灵敏度等旋钮均放在零位，极性切换开关放在 + tanδ 的中间断开位置，调谐旋钮可在任一位置。

(3) 根据被试物电容电流的大小，按表 9-3-1 适当选择分流器的位置。

表 9-3-1 被试物电容与分流器转换开关旋钮位置的关系

分流器转换开关的旋钮位置（最大允许电流）/A	0.01	0.025	0.06	0.15	1.25
被试物电容（外施电压为 10 kV 时）/pF	3000	8000	19400	48000	400000

如外施电压不为 10 kV 时，被试物的电容电流可按下式计算：

$$I_C = \omega C_X U \times 10^{-12}$$

式中 U——试验电压，V；

ω——角频率（当 $f=50$ Hz 时，$\omega=314$ rad/s），rad/s；

C_X——被试物的电容，pF。

如果预先不知道被试物的电容量，可把旋钮放在最大一挡，在试验变压器高压线圈接地端接一毫安表，加上试验电压后，读取电流数值再加以调整，或根据测量中 R_3 的数值，计算出 C_X 的值，再加以调整。

(4) 合上电桥光照电源开关，刻度板上应出现一窄光带，调节零位旋钮使光带处于中间零位。

(5) 确认接线无误后，合上调压器电源开关，增加试验电压到所需值。

(6) 把极性开关扳至 + tanδ 的“接通”位置。

(7) 调整检流计灵敏度旋钮，使光带扩大到满刻度的 1/3 ~ 1/2 时为止。

(8) 旋转检流计周率调谐旋钮，使光带达到最大宽度。应注意当光带扩大到刻度边界时，要适当降低灵敏度。

(9) 逐步调节 R_3 的值，使光带缩小到最小亮度。然后提高灵敏度继续调节 R_3 的值，使光带再次缩小。当调节 R_3 的值光带缩小不明显时，可调节 C_4 的值，使光带缩小。而当调节 C_4 的值光带缩小不明显时，再重新调节 R_3 的值。这样反复调节，最后达到灵敏度在最大位置“10”时光带缩小到和在“0”时一样，方可认为电桥已平衡。记下 R_3 和 C_4 的数值。

(10) 把灵敏度退到“0”位，切换极性开关转至“接通 2”。将检流计灵敏度增大，如果光带仍有扩大现象，可利用 R_3 及 C_4 的值再重新调整到最小，记下 R_3 和 C_4 的数值。

(11) 把灵敏度退到“0”位，断开极性开关，降低试验电压到零，拉开电源开关，把 R_3、C_4 旋钮都退到“0”位。

被试物的 tanδ 可取两次测量的平均值。C_X 值按下式计算

$$C_X = C_N R_4 \frac{100 + R_3}{N(R_3 + \rho)} \tag{9-3-10}$$

上式中，N 值可从表 9－3－2 中查出。ρ 为滑线电阻工作部分的电阻，是 R_3 的微调部分，读数为整数值以后的小数部分。

表 9－3－2

分流器位置	0.01	0.025	0.06	0.15	1.25
N	$100+R_3$	60	25	10	4

显然，分流器在 0.01 位置时

$$C_X = C_N \frac{R_4}{R_3+\rho}$$

4. 注意事项

（1）无论采用何种接线方式，电桥本体必须良好接地。

（2）反接线时，三根引线都处于高压，必须悬空，对周围接地体应保持足够的绝缘距离。

（3）反接线时，标准电容器外壳带高电压，因此应放在平坦的地面上，不应有接地的物体与外壳相碰。

（4）为防止检流计损坏，应在检流计灵敏度最低时，接通或断开电源。在灵敏度较高时调节 R_3 和 C_4 的值，要避免数值的急剧改变。

（四）电场的干扰及消除

1. 电场干扰的形成

在 35 kV 以上的变电所中，部分停电进行 $\tan\delta$ 测量时，存在电场干扰影响，因为被试物与附近带电体之间存在空气介质，它们之间形成局部电容，由于这些局部电容的耦合作用，使作用在被试物上的电压除试验电压以外，还有干扰电压。干扰电压形成的干扰电流通过被试物和各桥臂，对测量结果产生影响。在一般被试物电容量不太大的情况下，被试物 C_X 的阻抗约为数兆欧，标准空气电容器 C_N 的阻抗为 63.6 MΩ（$C_N = 50\ \mu F$），而桥臂 Z_3、Z_4 和试验变压器的阻抗约为 1 MΩ，因此大部分干扰电流经 Z_3、Z_4 和试验变压器高压线圈流入地中，此干扰电流给测量带来误差，甚至会得出令人难以相信的数值。在作介质损失角试验时，受电场干扰的情况如图 9－3－25 所示。

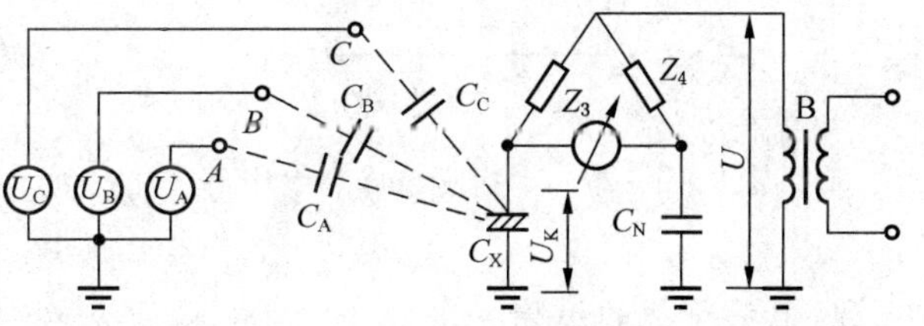

U_A、U_B、U_C—带电设备的工作电压；C_A、C_B、C_C—带电体与被试物之间的局部电容；U_K—干扰电压；U—试验电压

图 9－3－25　电场干扰对测量介质损失角正切值的影响

干扰电流的大小，与被试物离带电体的距离、被试物的阻抗及带电体对地工作电压高低有关。被试物离带电体越近，电容量越小（即阻抗越大），工作电压越高，干扰的影响就越大。

2. 电场干扰对测量结果的影响

在没有外电场干扰的情况下，当电桥平衡后，流过 Z_3 臂上的电流只有试验电压 U 产生的电流 I_X，其向量关系如图 9－3－26 所示。

而当存在电场干扰时，根据干扰电流 I_g 的方向、大小不同，可能出现如下 4 种情况：

（1）测量值 $\tan\delta_1$ 大于实际值 $\tan\delta$（图 9－3－27）。

（2）测量值 $\tan\delta_1$ 小于实际值 $\tan\delta$（图 9－3－28）。

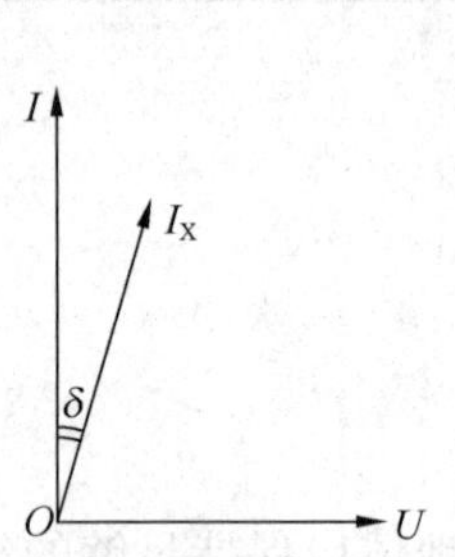

图 9－3－26 无干扰时

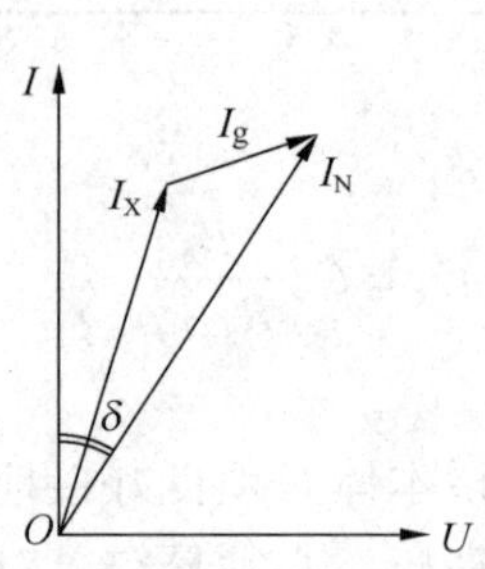

图 9－3－27 干扰使 $\tan\delta$ 偏大

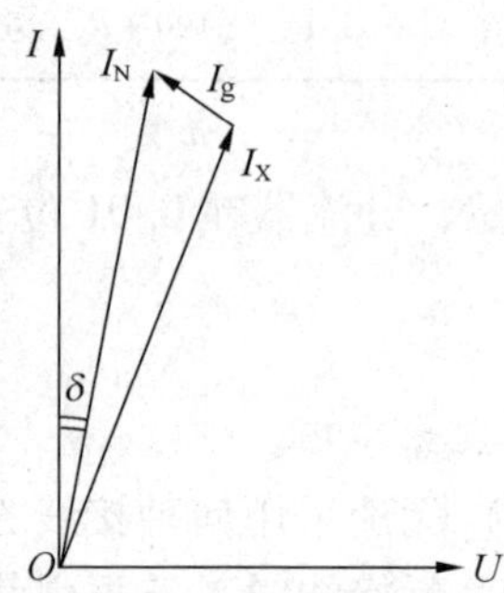

图 9－3－28 干扰使 $\tan\delta$ 偏小

（3）测量值 $\tan\delta_1$ 小于 0（即为负值）（图 9－3－29）。

（4）测量值 $\tan\delta_1$ 等于实际值 $\tan\delta$（图 9－3－30）。

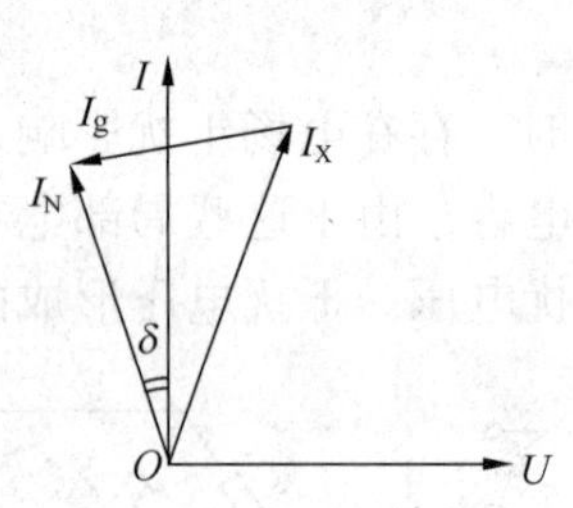

图 9－3－29 干扰使 $\tan\delta$ 小于 0

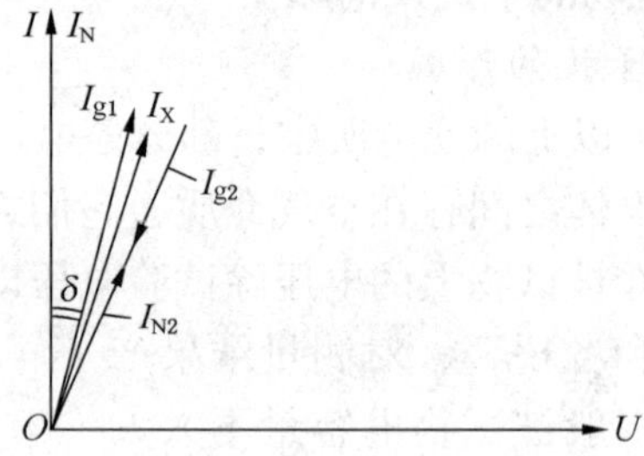

图 9－3－30 干扰使 $\tan\delta$ 不变

3. 电场干扰的消除

通常情况下，消除外电场的干扰有如下几种方法：

（1）在条件许可时，停掉产生干扰的电源或使被试设备远离干扰电源。

（2）在被试设备上加屏蔽罩。当被试设备体积较小，如套管、互感器等，可在被试设备上加屏蔽罩，使干扰电流经屏蔽接地，而不经电桥测量元件。其接线如图 9－3－31 所示。

屏蔽罩可用薄铁皮或铜网（网孔越小越好）制成，形状可做成圆的或方的，大小视被试设备而定。屏蔽罩与带电部分要有足够的绝缘距离。

外加屏蔽罩后，将改变被试设备的电场分布，使对地电容增加，给测量带来误差，但一般只要屏蔽罩做得大些，测量误差并不显著。

（3）采用移相法消除干扰。

① 基本原理：由图 9－2－30 可以看出，当被试设备电流和干扰电流同相或相位差 180°时，tanδ 的测量值和实际值相等，只是电容值 C_X 改变。试验过程中，干扰电流是固定不变的，通过改变被试设备电流的相位使之与干扰电流同相或相差 180°，来达到消除电场干扰的目的。

② 移相试验设备：移相试验设备应满足两个要求：一是能在 0°～360°范围内均匀地改变电压的相位；二是有足够的容量。一般可用手摇转动式移相器，也可用自耦调压器组成的简单的移相器。

用自耦调压器移相的原理如图 9－3－32 所示。

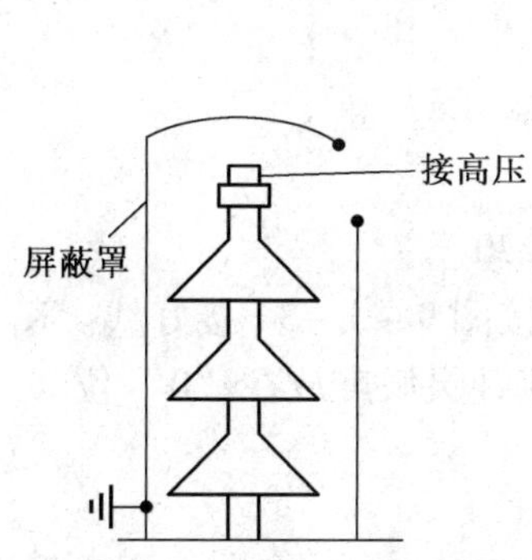

图 9－3－31　加屏蔽罩消除干扰

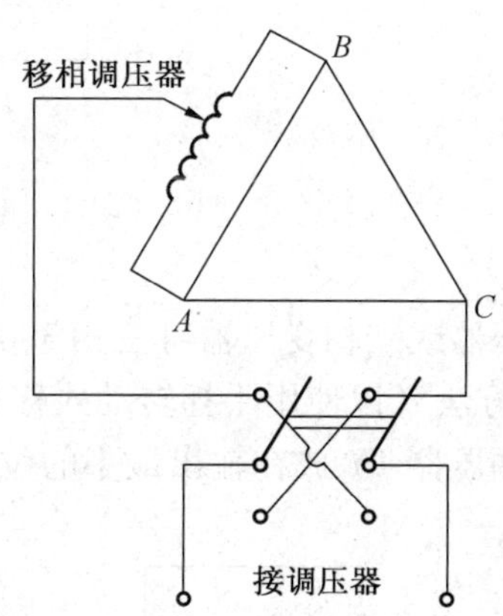

图 9－3－32　用自耦调压器移相的原理图

表 9－3－3　开关操作步骤

移相范围/(°)	转换开关位置	移相调压器 (箭头表示操作方向)	反相开关位置
0～60	Ⅰ	$B\rightarrow C$	正
60～120	Ⅱ	$B\leftarrow A$	反
120～180	Ⅲ	$C\rightarrow A$	正
180～240	Ⅰ	$B\rightarrow C$	反
240～300	Ⅱ	$B\leftarrow A$	正
300～360	Ⅲ	$C\rightarrow A$	反

将移相用的自耦调压器轮换地接到三相电源上，并利用反相开关，将试验电源的相位在 0°～360°之间每隔 60°改变一次。若由自耦调压器的移动点输出电压，将其自一端移动到另一端，就能均匀地自 0°～360°内改变相位。使用时接线如图 9－3－33 所示，并按表 9－3－3的步骤进行操作就能得到互相连续的相位变化。其中 K_1 为采用三刀三掷的转换开关；K_2 为采用双刀双掷的转向开关，作倒相用。

移相器需要三相电源，而自耦调压器输入多为 220 V，故需三相 220 V 电源。在现场

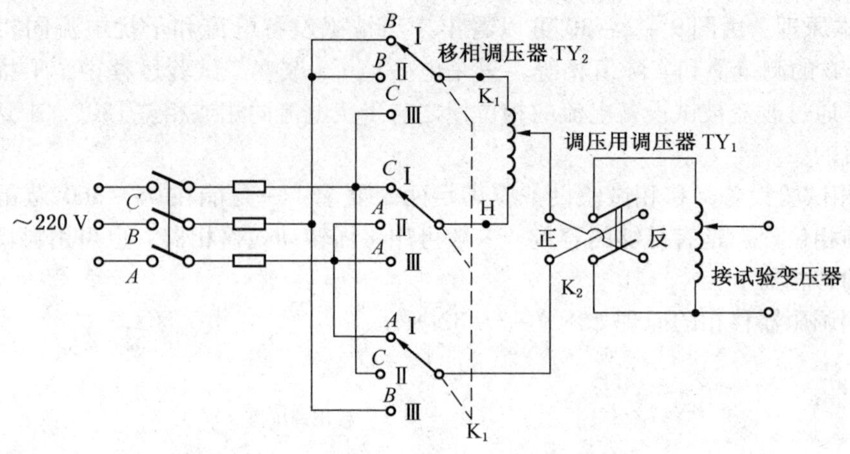

图 9-3-33　用自耦调压器移相的接线图

可用三相调压器或三相变压器将三相 380 V 降到三相 220 V。

③ 操作方法（以使用手摇转动式移相器为例）：按图 9-3-34 接好线。K_1、K_2 处于断开位置，调压器 TY 放在输出最小的位置，电桥检流计灵敏度放在“0”位。

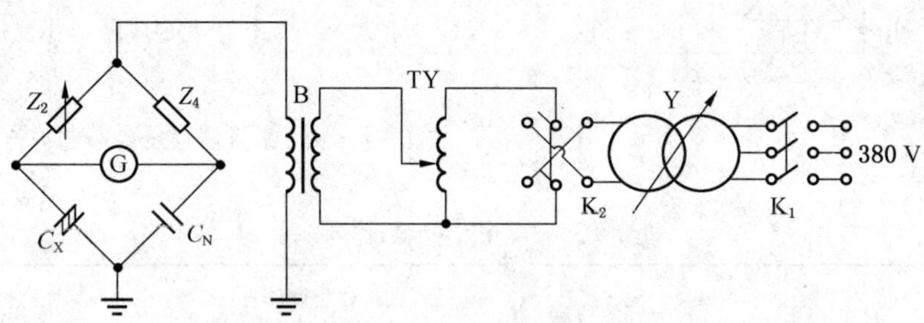

TY—自耦调压器；B—试验变压器；Y—移相器；K_1—三相刀闸；K_2—单相刀闸

图 9-3-34　用移相法消除干扰接线图

先将 Z_4 短路，即用导线将标准电容器上“E”和“低压”端子短接。电阻 Z_3 放在最大位置。因检流计内阻很小，几乎全部干扰电流 I_g 均流过检流计。分别合上电源刀闸 K_1 和 K_2，逐步提高检流计的灵敏度，光带增大，再慢慢调节自耦调压器 TY，加上一个较小的试验变压器，产生的电流为 I_N，调节移相器使检流计光带缩小。提高灵敏度，再调节移相器和调压器。这样反复调节数次，最后达到灵敏度最大时，光带缩小到最小，这时可认为 I_N 和 I_g 的大小相等方向相反。移相器位置保持不变，检流计灵敏度退到“0”位，拉开 K_1、K_2 刀闸，取下 Z_4 短路线，将 Z_3 退至零，按正常电桥反接线法进行测量。

为了尽量消除干扰引起的测量误差，还可利用 K_2 将移好相的电源倒相，在正相和反相两种情况下，测得两次 $\tan\delta$ 值。如果两次结果相同，说明测量准确，如果不同可取两次测量的平均值作为试验结果。

当上述两次测量结果相差较大时，取平均值作为试验结果，还不能接近实际值时，可以利用渐近法进一步试验，以便得到更准确的结果。该方法是把上述 tanδ 的两次平均值放在电桥 C_4（即 tanδ）上，调节 R_3，若发光带不能缩到最小，则可稍微调节移相器，使光带缩到最小，然后再进行反相和同相两次测量，并取其平均值，若反相前后所测值相差仍很大，可以重复上述步骤，进行多次渐近法测量。一般只要按渐近法操作一次即能得到较准确的数值。

④ 注意事项：

a）移相时所加的试验电压通常很低，此电压随被试物电容和干扰程度等具体情况而变化，目的在于使试验电流与干扰电流在数值上大小相等，调压速度应缓慢。为了便于调节，可按图 9-3-35 采用两只调压器 TY_1 和 TY_2。TY_1 升高一个较小的电压，TY_2 就可在比较大的范围内调节。

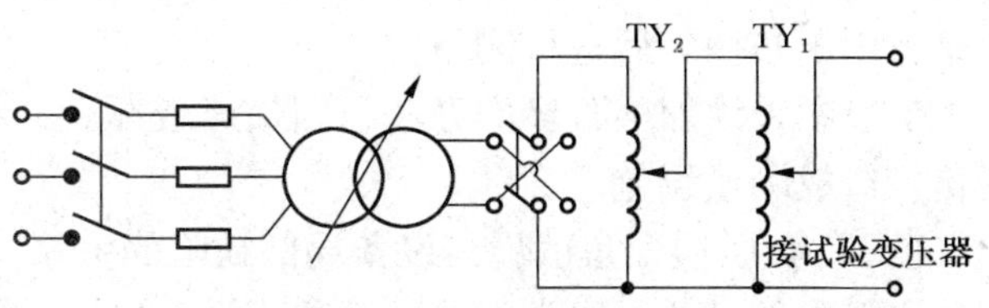

图 9-3-35　使用两只调压器移相消除干扰接线图

b）试验电压应稳定，若电源容量较小，在负荷变动时（如使用电焊机等），将引起电压波动，影响三相电压间的相角，从而对测量结果产生显著影响，甚至使测量无法进行。

c）移相要准确，这可以从测得的 tanδ 值来判断。当正、反两次测量的数值相差很大，甚至出现一个负值，则表示电源相位未移准。

（五）磁场的干扰及消除

当电桥距离带有强电流的设备很近时，强电流的磁场与电桥各环路交链，而感应出电势，由感应电势形成的电流通过电桥测量元件，给测量结果带来误差，或干扰磁场直接作用于检流计而使测量不准。但这种影响与电场干扰相比还是次要的。在电桥回路中，面积最大的是 C_X 环路，但一般被试物的阻抗很大，感应电势形成的干扰电流就很小，对测量的影响与电场干扰时相同，因此可用消除电场干扰的方法来处理。C_N 环路面积较小，而 C_N 阻抗更大，干扰电流可以忽略不计。电桥本体在设计和制造中，已加了良好的屏蔽，磁场的影响可以不考虑。

在现场，产生磁场干扰较大的设备主要是运行中的发电机、变压器及母线电抗器、阻波器等，当电桥本体和电桥电路距这些设备越近时，干扰就越大。

对测量产生的误差，主要还是干扰磁场直接作用于电桥检流计引起的。试验中可将检流计极性转换开关放在中间断开位置，看光带是否展宽，若光带展宽表示有干扰，可移动电桥位置，远离干扰源，或利用极性转换开关在两种不同位置测量两个结果，取其平均值。

（六）分布电容对测量的影响

在测量 tanδ 时，被试物两端施加试验电压，被试物就构成了一个电容器。如果在被试物周围堆放一些物体，或设备检修中搭的脚手架未拆除，就会在被试物周围构成分布电容，影响原来电场分布而改变了被试物的电容，使测量产生误差，特别对小电容的被试物影响较显著。

因分布电容是无法估计的，故在测量时被试物周围应尽量处理干净。

(七) 湿度对测量的影响

在高压电流互感器、电压互感器及高压套管等设备中，大部分是以瓷套作外绝缘的。当空气中相对湿度增加时，附着在表面的潮气形成水的薄膜，分布于整个瓷套上，使表面电导损耗增加，从而造成测量的 $\tan\delta$ 增加，对电容较小的设备影响尤其显著。

为了消除湿度对测量的影响，要求被试物外表面应干燥清洁，测量最好在晴天、相对湿度不大于 75% 时进行。如果因特殊需要，必须在潮湿天气进行测量时，可在试品表面涂石蜡，用干布擦匀后进行测量。

一般不采用加屏蔽环的办法，因加屏蔽环后，将改变被试物的电场分布，导致相角的变化，造成测量误差。

(八) 介质损失角试验与设备局部缺陷的关系

实际中的设备绝缘常常是由几种不同的绝缘材料组成的。如电容型套管是由瓷套、绝缘油及绝缘纸筒等不同特性的材料构成的。而对于一台设备又往往是由不同部件组成的，如高压油断路器是由套管、消弧室、提升杆及油箱等部件组成的。因此必须把设备绝缘看成是由许多串并联等值回路组成的,所测得的 $\tan\delta$ 值是串并联后的综合值。当绝缘中的某一部分 $\tan\delta$ 值增大时,不能由测得的综合值反映出来,因为综合的 $\tan\delta$ 值总是小于其最大的 $\tan\delta$,而大于其中最小的 $\tan\delta$,这就给 $\tan\delta$ 的测量带来了局限性。对绝缘老化、受潮等整体缺陷,从测得的 $\tan\delta$ 数值能灵敏地反映出来,而对于局部性缺陷往往就不容易反映出来。

如果被试物体积不大，产生劣化、存在缺陷部分占很大的比例，可将被试部分分成若干部分来进行测量，则局部缺陷也能从 $\tan\delta$ 的测量中发现出来。

在实际试验过程中，特别对高压油断路器，当整体试验时的 $\tan\delta$ 值过大，应对各主要易于受潮的部件做分解试验。实践证明：经过分解试验后，对测得的各个部件的 $\tan\delta$ 值进行比较，可有效地确定设备某部分存在绝缘缺陷。

五、交流耐压试验

(一) 交流耐压试验的作用

绝缘电阻和吸收比测定、直流耐压和泄漏电流测定以及介质损失角试验，虽然能发现很多绝缘缺陷，但因其试验电压常低于被试物的工作电压，往往不能找出一些绝缘缺陷，这对于保证安全运行是不够的。为了进一步暴露设备缺陷，检查设备绝缘水平和确定能否投入运行，有必要进行交流耐压试验。交流耐压试验也是鉴定电气设备绝缘强度的最有效和最直接的方法，它对判断电气设备能否继续运行具有决定性的意义，也是保证设备绝缘水平，避免发生绝缘事故的重要手段。

电气设备绝缘不良状况一般常有以下两种情况：

(1) 普遍性劣化：电气设备在长期的运行中，绝缘受到高温、电场、振动等因素作用，而使绝缘逐渐陈旧和老化，或因受潮而使绝缘水平普遍降低。

(2) 局部性缺陷：电气设备的绝缘存在有局部性缺陷，如高压油断路器中的绝缘拉杆受潮、消弧装置的遮蔽罩受潮等，往往这种局部缺陷要比普遍性劣化发展的速度快，因此有很大的危险性。

对于上述两种缺陷，若进行交流耐压试验就能有效地查出，尤其对局部性缺陷的发现更为有效。这是由于交流耐压试验所用的电压远比运行的电压高，是在比运行状态更为严重的条件下来检验设备的绝缘水平。它对不良绝缘来讲是一种破坏性试验，因此在进行交流耐压试验之前，必须对被试物先进行绝缘电阻、吸收比、泄漏电流及介质损失角等项目的试验，初步鉴定设备的绝缘状况，若已发现设备的绝缘状况不良（如受潮和局部缺陷等），则可避免在进行耐压试验过程中，造成不应有的绝缘击穿而延长检修时间或影响设备投入运行，应先对其进行处理后，再做耐压试验。

在交流电压作用下，分层介质的电压分布与其电容量成反比，这和在直流电压作用下，与电阻成正比分布不同。因此，交流耐压试验时，更符合设备在运行中承受过电压的情况，往往能比直流耐压更有效地发现绝缘缺陷。

在交流耐压试验中，试验电压数值应按规程规定进行。试验时应对电源的频率(50 Hz/s)、波形（正弦波）、加压时间（一般为 1 min）和被试物的温度等给予足够的重视，否则，可能对试验结果产生直接的影响。

（二）试验接线

1. 原理接线

交流耐压试验时的接线，应按被试设备的要求（电压、容量等），并根据现有试验设备的条件来选择。通常试验变压器都是成套的设备（有控制及调压设备），但现场有的单位只有试验变压器而没有控制箱，因此必须根据现有条件选择线路。现介绍一种常用的交流耐压试验接线图（包括控制回路），接线如图 9－3－36 所示。

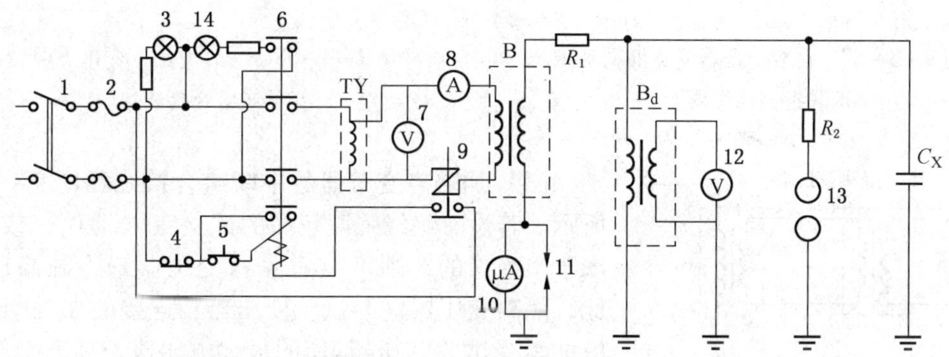

1—双极刀闸；2—熔体；3—绿色指示灯；4—常闭分闸按钮；5—常开分闸按钮；6—电磁开关；7—低压侧电压表；8—电流表；9—过流继电器；10—毫安表；11—放电间隙；12—电压表；13—球隙；14—红色指示灯；TY—调压器；B—试验变压器；R_1、R_2—限流电阻；C_X—被试物；B_d—电压互感器

图 9－3－36　交流耐压试验接线图

2. 利用试验变压器组合以得到较高的试验电压或较大的设备容量

如果试验时需要较高的电压、较大的电流，而无适当的高压试验变压器时，可将电力变压器或互感器组合使用，以得到所需的试验电压和电流。目前，常用的组合线路有如下几种：

1）串联组合

这种组合是为了提高试验回路电压，以满足被试物的要求，一般大多是由两台试验变压器或两台电压互感器组合而成的，连接的方式是：高压侧串联，低压侧并联。使用时，首先要正确判断变压器的极性，然后将高压侧串联。否则，由于极性连接不对，加于被试物上的电压相互抵消或等于零。低压侧可并联亦可串联，低压侧并联的方式可分为如下几种：

（1）当变压器的变比相同时，两个变压器的低压线圈可并联于同一调压器调压（图 9-3-37）。同时供给两个试验变压器激磁，调压器容量要较大。处于高电位的试验变压器，高压线圈必须是全绝缘的。

（2）若两个变压器的变比不一致时，两个试验变压器的激磁，分别由两个调压器供给（图 9-3-38）。应注意的是将高压侧电压较高的变压器接于被试物上。

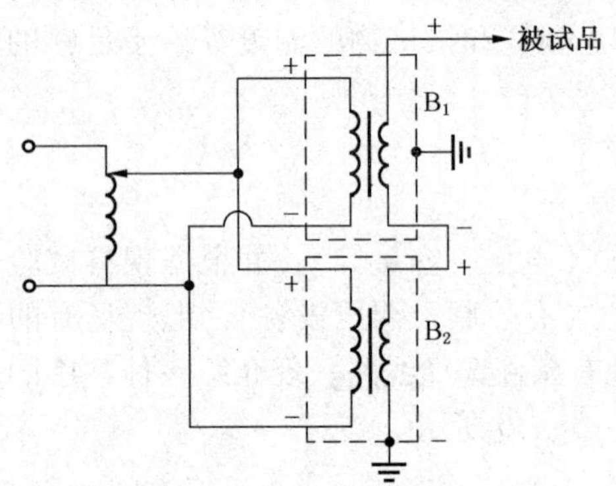

图 9-3-37 两台变压器变比相同时串联组合接线图

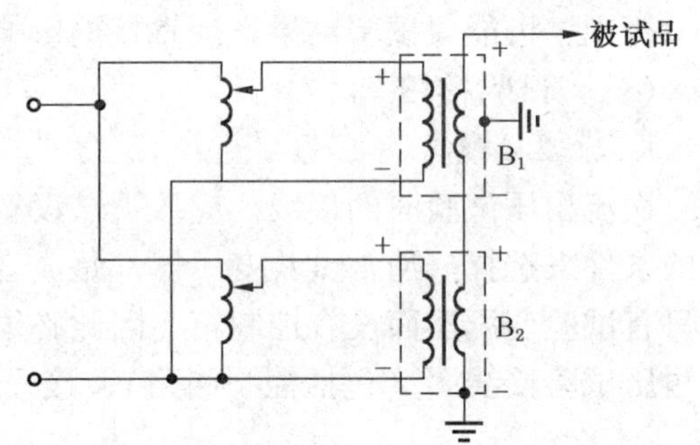

图 9-3-38 两台变压器变比不同时串联组合接线图

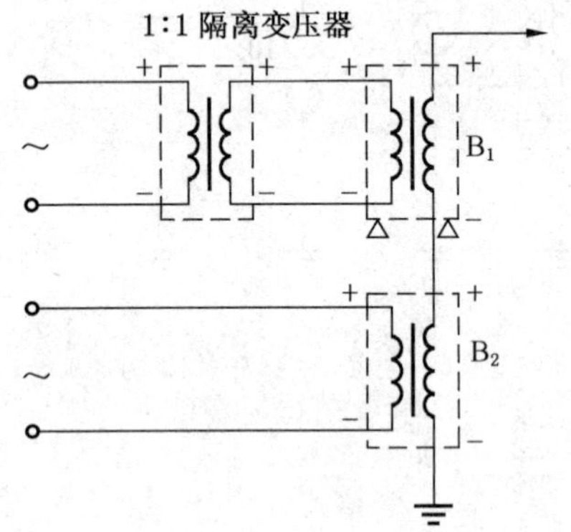

图 9-3-39 加隔离变压器的串联组合接线图

（3）加隔离变压器的串联组合接线如图 9-3-39 所示。若没有绝缘强度较高的试验变压器 B_1，或 B_2 是属于半绝缘的，则可以靠隔离变压器来隔开高压。因此，隔离变压器（与试验变压器相连接的那一个线圈）应能承受试验变压器 B_2 的最大电压值，隔离变压器的匝数比，最好应是 1∶1。变压器 B_1 对地应保持相适当的绝缘（放在绝缘台上），其高压侧末端，低压侧的任一端及铁芯、外壳等均应连成等电位。

（4）被试物不接地时，一般采用如图 9-3-40 所示的接线方式。这种接线可避免其中一台变压器处于过高的电压，只要将两台变压器串联的连接点接地即可。

2）并联组合

为了提高试验变压器的容量，一般可采用图 9-3-41 的接线方式。现场用电压互感器作试验变压器时，常采用这种接线方式。为充分发挥每个试验变压器的作用，要求两个并联的试验变压器的容量和短路阻抗应基本相同，而它们的变比则需完全一致。组合时要注意把极性相同的端子连在一起，使用时，应密切监视电流分配的情况。

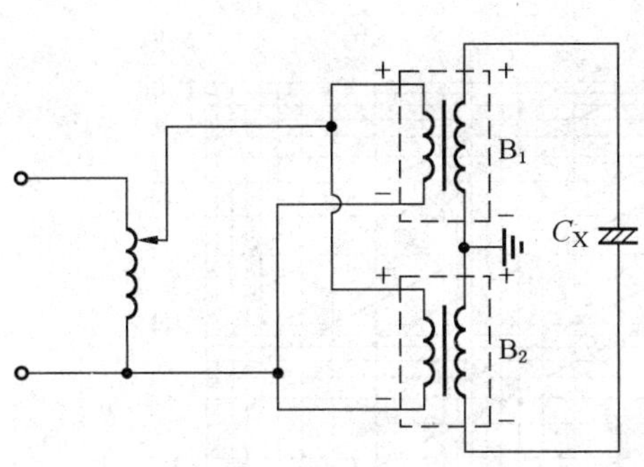

图 9-3-40 被试物两极不接地时串联组合接线图

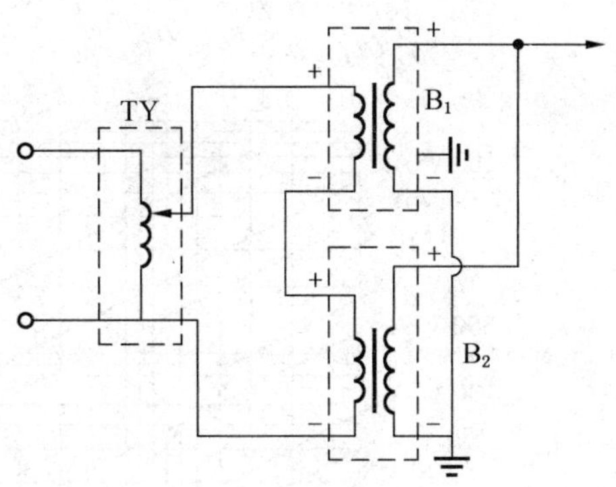

图 9-3-41 并联组合接线图

（三）试验设备

1. 高压试验变压器

试验变压器的容量，应根据被试物的电容来计算。在实际选择时，考虑到试验变压器的安全及波形畸变或谐振等异常现象，变压器的容量应有足够的裕度，通常应取计算值的 1.2～1.5 倍。

$$S \geqslant (1.2 \sim 1.5)\omega C_X U^2 \times 10^{-9}$$

式中 U——试验电压，kV；

C_X——被试物的电容，C_X 值可根据介质损失角的测定计算得出，pF；

ω——角频率。

用 QS_1 型电桥测量时，其电容 C_X 的计算：当分流器转换开关旋钮的位置为 0.01 A 时

$$C_X = C_N \frac{R_4}{R_3 + \rho}$$

当分流器转换开关的旋钮位置为 0.025 A、0.06 A、0.15 A、1.25 A 时

$$C_X = C_N R_4 \frac{100 + R_3}{N(R_3 + \rho)}$$

式中 ρ——滑线电阻工作部分的电阻，是 R_3 的微调部分，读数为整数值以后的小数部分；

N——系数，可由表 9-3-2 中查得；

R_3——QS_1 型电桥电阻箱可变电阻，Ω；

R_4——QS_1 型电桥的固定电阻（$R_4 = 3183\ \Omega$）；

C_N——标准电容器电容（$C_N = 50$ pF）。

也可由被试物的电容 C_X，计算出试验变压器的最大电容电流，以求出所需容量：

$$I = \omega C_X U \times 10^{-3}$$

也可以参考图 9-3-42 查出试验用变压器的容量。

图 9-3-42 中实线表示试验变压器容量 $P_{UC.T}$ 和被试物电容 C_X 与试验电压 U 的关系。虚线表示试验的电容电流 I_C 和被试物电容 C_X 与试验电压 U 的关系。

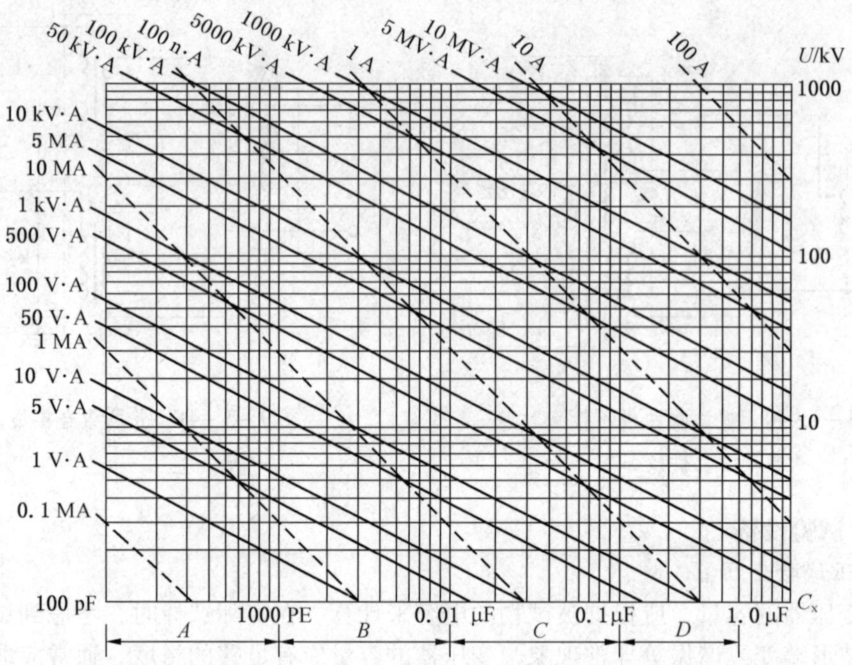

A—开关套管、互感器、小马达、小变压器；B—20 MV · A 及以下电力变压器；

C—20 MV · A 变压器、电力电容器、15 MW 及以下发电机、50 ~ 500 m 电缆；

D—50 MW 及以下发电机、2 km 及以下电缆；U—试验变压器电压（kV）；

C_X—被试物电容；I_C—试验变压器电流（mA）；

$P_{UC\cdot T}$—试验变压器容量（kV · A）

图 9－3－42　试验变压器容量计算图

有时在现场的实际试验工作中，由于电源和试验变压器容量不足，影响试验工作进行，可以采用单一铁芯柱电抗器与被试物并联，以补偿其电容电流，减少试验用电源容量或试验变压器容量。

【例】有一台 31500 kV · A 两绕组变压器，其高压绕组为 35 kV，现对高压绕组进行耐压试验，被试绕组的电容经测定为 13440 pF，试验电压为 72 kV，求试验变压器容量。

解　试验变压器容量：

$$S \geqslant 1.2(\omega C_X U^2 \times 10^{-9})$$

$$S \approx 1.2(314 \times 13440 \times 72^2 \times 10^{-9})$$

$$S \approx 1.2 \times 21.8$$

$$S \approx 26(\text{kV} \cdot \text{A})$$

也可通过计算试验变压器高压侧的电容电流，确定试验变压器的容量：

$$I = \omega C_X U \times 10^{-6}$$

$$I = 314 \times 13440 \times 72 \times 10^{-6} = 304(\text{mA})$$

则试验变压器的容量为

$$S \geqslant 1.2 \times 72 \times 0.304 \approx 26(\text{kV} \cdot \text{A})$$

根据现场的实际情况，只有一台试验变压器，其容量为 25 kV · A，电压为 150000/220 V，电流为 0.167/113.6 A。

现场只有三相电源，其电压为 380 V，容量为 50 kV · A，其额定电流为

$$I=\frac{50000}{\sqrt{3}\times380}=76(\mathrm{A})$$

显然试验变压器容量和试验电源容量都不够，于是采用了单一铁芯柱的电抗器和被试物并联到电源上，以提供部分感性电流与容性电流相补偿，减少电源容量。其原理如图 9-3-43 所示。

如果不考虑回路电阻的影响，则补偿后电路的向量如图 9-3-44 所示。

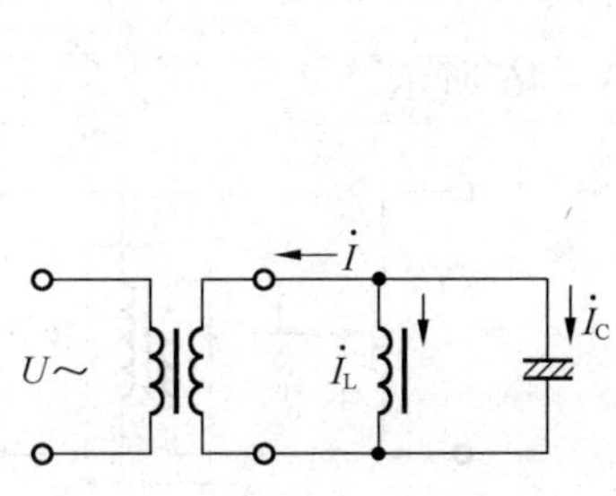

$\dot{I}$—回路总电流；$\dot{I}_L$—感性电流；$\dot{I}_C$—容性电流

图 9-3-43 补偿电抗器原理图

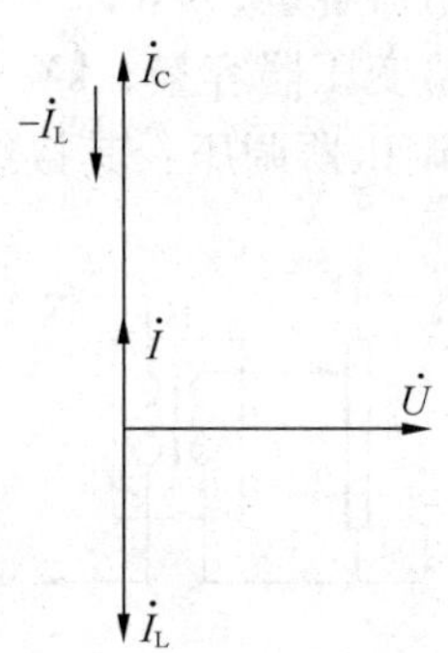

图 9-3-44 用补偿电抗器补偿后的电流向量图

实际试验中补偿后测得的各支路电流为：

试验变压器中电流 $I=122.5\ \mathrm{mA}$

电抗器中电流 $I_L=187.5\ \mathrm{mA}$

被试物中电流 $I_C=300\ \mathrm{mA}$

可见 $I_C-I_L=I$

或 $I_C=I+I_L$

即 $187.5+122.5\approx310\ \mathrm{mA}$

可见试验变压器电流和电抗器电流之和近似等于被试物上通过的电流。

单一铁芯柱电抗器的特点是磁通经铁芯柱构成回路，伏安特性保持了直线性，又减轻了铁芯质量。但在使用这种方法时，应注意防止发生铁磁谐振现象。

从上述例子可以看出，利用单一铁芯柱电抗器的补偿作用，解决了电源和试验变压器容量不足两方面的问题。

2. 调压设备

1）对工频试验变压器调压的基本要求

（1）电压可自零到最大值范围内作均匀和连续的调节。

（2）保持电源电压波形不发生畸变。

(3) 调压器本身的阻抗小、损耗小。调压设备体积小、质量轻。

2) 调压设备种类

目前，常用的调压设备有可变电阻箱、自耦调压器和移圈调压器。

(1) 用变阻器调压：该方法简单，但功率损耗大，电阻中损耗发热限制了这种调压方式，只适用2～3 kV·A以下的容量。另外试验变压器激磁电流中的高次谐波电流，在电阻中的压降使试验电压波形畸变，故一般不采取这种方式。电阻调压器的接线如图9－3－45所示。

调压器的容量可按下式选用：

$$S_0 > 0.4S$$

式中　S_0——变阻器容量，kW；

S——试验变压器容量，kV·A。

(2) 用自耦调压器调压：其接线如图9－3－46所示。

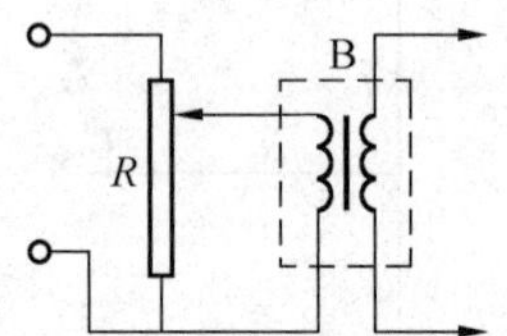

图9－3－45　电阻调压器接线图

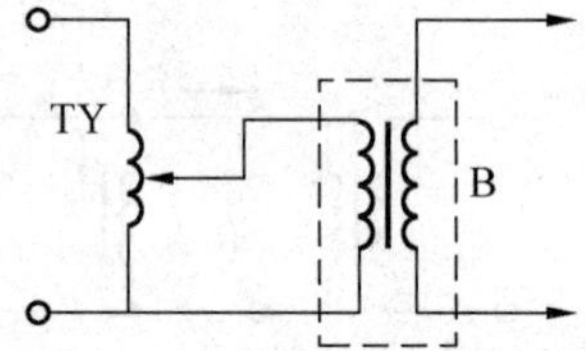

图9－3－46　用自耦调压器调压接线图

该方法调压范围广，可以进行平滑的调节。由于自耦调压器的波形畸变小，功率损耗小，而且可能得到比电源电压高的输出电压，其电压与转盘的移动有线性关系，因此可保证电压均匀上升。调压器的容量可按下式选用：

$$S_0 = (0.75 \sim 1)S$$

式中　S_0——自耦调压器容量，kV·A；

S——试验变压器容量，kV·A。

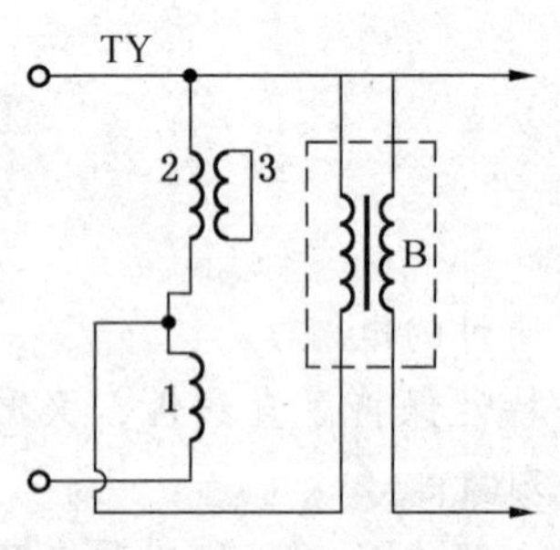

图9－3－47　用移圈调压器调压接线图

(3) 移圈调压器调压：其接线如图9－3－47所示。移圈调压器的结构是在铁芯上放置两个线圈（1、2），彼此相对连接。在线圈2上接高压试验变压器。当铁芯上的短接线圈3位于铁芯上面的线圈2的位置时，线圈2中磁通很少，感应电势不大，故试验变压器的输出电压接近于零，此时电源电压几乎全部加于线圈1上。如果线圈3移到铁芯下面的线圈1的位置时，则线圈1中的磁通减弱，电源电压加于线圈2上，而试验变压器的输出电压达到最大值。移圈调压器调压均匀，功率损耗小，故容量可达到很大。因本身的感抗较大，波形稍有畸变，但仍然是当前大容量试验变压器的主要调压设备。如果试验时对波形要求较严，应加装滤波装置。移圈调压器的容量，在调压器处于良好状态时，可超负荷125%使用。

3. 保护电阻

为防止试验变压器在被试物突然击穿或放电时，受到短路和过电压的损害，试验变压器的输出端应接有保护电阻。它有两个作用：

（1）限制短路电流，减小试验变压器绕组的过电流及短路电动应力的作用。

（2）限制冲击电压的幅值。当被试物闪络击穿时，高压侧电压突然降低，类似于异极性的冲击电压波头加在变压器的高压绕组上，有可能将高压绕组绝缘击穿。当加装限流电阻后，限制了冲击电压幅值。限流电阻一般取每伏 0.1～0.5 Ω，并要有足够的容量。

4. 低压回路的保护

试验变压器高压线圈与低压线圈之间具有电容耦合作用，当被试物闪络或击穿时，高压侧电压突变的冲击电压分量，经过高低压线圈的电容 C_1，传到低压线圈、调压器和电源导线上，可能造成对地或对外壳击穿，低压工频续流将故障点扩大。低压回路加装保护示意如图 9－3－48 所示。

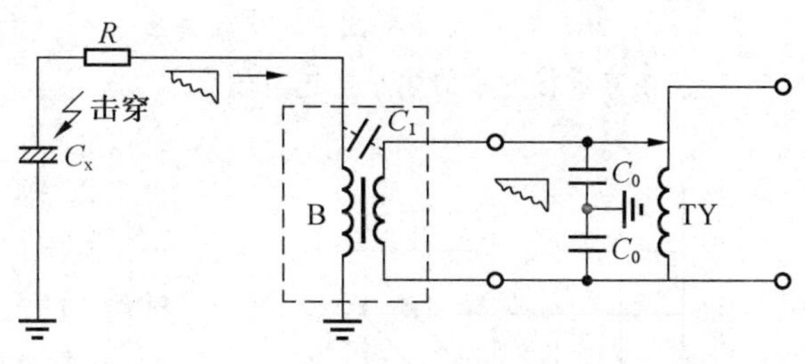

图 9－3－48　低压回路加装保护示意图

在高压侧串入限流电阻后，作用于高压线圈和传入低压线圈的冲击电压均显著减小，且波头也拉长，低压回路绝缘就不易发生击穿故障。

为了保护低压线圈及电源回路，在低压回路靠近调压器输出处，加装电容器，降低低压回路冲击电压分量。此电容器可用 0.1～0.5 μF、1000 V 直流工作电压的油浸电容器。

图 9－3－48 中，低压回路导线各经一电容 C_0 接地，还有防止无线电干扰的作用。高压试验变压器进行火花放电试验、交流耐压试验时，被试物表面局部放电或闪络以及电晕放电等所产生的高频干扰，均会传入低压电源回路，使附近地区的收音机及通信设备受到干扰。装设电容后，即将高频干扰短路。

（四）电压测量

试验变压器由于电容性负载或电压谐振等原因，容易引起高压侧电压升高，为了准确控制试验电压值，对电容量较大的被试物，如大型变压器、电机等，必须在高压侧测量电压；对于电容量较小的被试物，如绝缘子等可采用低压测量，也可采用下面几种测量方法。

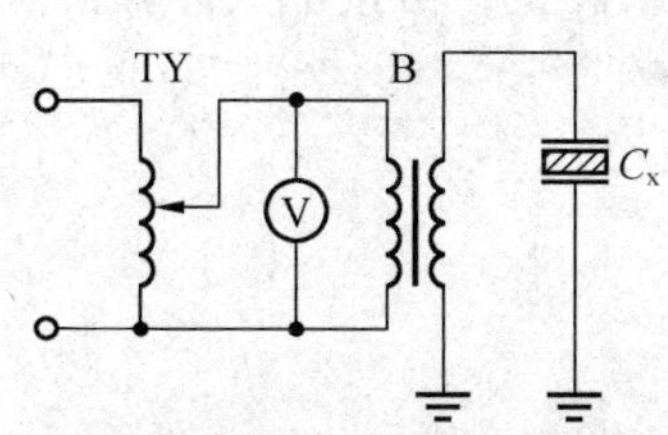

TY—调压器；B—试验变压器；
V—电压表；C_X—被试物

图 9－3－49　电压表直接接在试验变压器低压侧进行测量

1. 电压互感器法

当试验变压器容量和电压裕度较大，且试验变压器的电压变动率较小时，高压输出电压的波形是正弦波，在这种情况下，可以在试验变压器低压侧接电压表，按电压比进行换算（图 9－3－49）。如果试验变压器高压绕组靠近接地端，有专供测量用的端子，则可直接接电压表进行测量（图 9－3－50）。也可将电压互感器接在高压侧进行测量（图 9－3－51）。应该注意的是电压互感器不可接在限流电阻的前端，否则测得的电压将是被试物的试验电压和限流电阻电压降的向量和。

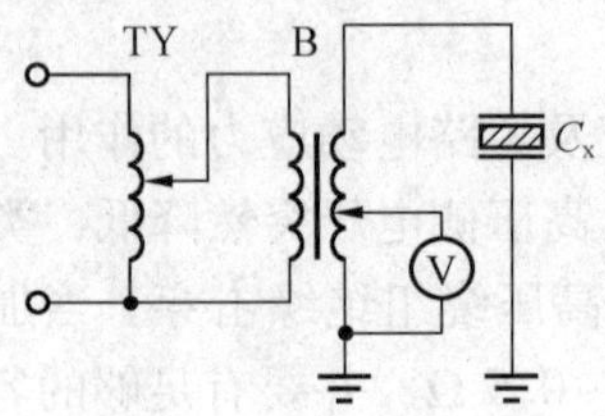

TY—调压器；B—试验变压器；
V—电压表；C_x—被试物

图9-3-50 电压表接在试验变压器高压绕组靠近接地端的端子上进行测量

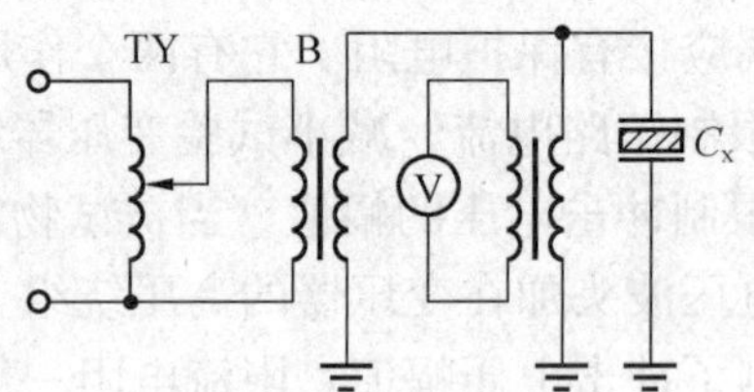

TY—调压器；B—试验变压器；
V—电压表；C_x—被试物

图9-3-51 电压表接在电压互感器的低压侧进行测量

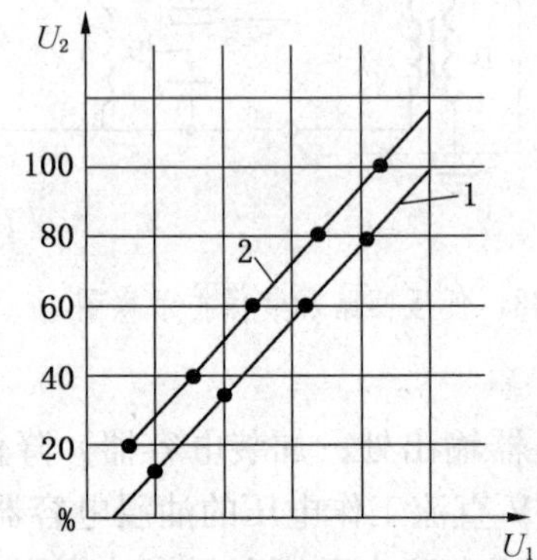

U_1—试验变压器低压侧读数；U_2—试验变压器高压侧电压百分数

图9-3-52 球隙法测量电压曲线图

2. 球隙法

球隙主要用作测量电压和保护之用。试验时将球隙与被试物并联，球隙本身串有1 Ω/V的保护电阻。试验时先将球隙本身电压值进行校对，即在空载时（不接被试物）将球隙调整在60%、80%、100%试验电压下，读取低压侧电压表的读数，绘出空载曲线（图9-3-52曲线1）。然后断开试验电源，将被试物接上，规定在60%、70%、80%试验电压值下，低压侧电压表读数，以此三点作一直线（图9-3-52曲线2），并延长至所需的试验电压值，求得其对应的低压侧读数。最后将球隙调整在比试验电压高10%～15%的位置上，作为耐压试验的过电压保护。

在现场作耐压试验，用球隙法测量电压时，为简便起见也可以首先在空载情况下，根据低压侧电压表指示值的换算，调整在额定试验电压下的球间隙放电值。然后再接上被试物，在负载情况下加电压，记录球间隙放电时低压侧电压表的指示值。最后再把球间隙调到试验电压的110%～115%，根据负载下低压侧电压表指示值，加试验电压。

使用球隙时，应以试验时的气温与气压下的修正系数δ来修正，可按下式计算：

$$U_2 = \delta U_2'$$

$$\delta = \frac{0.386P}{273 + t}$$

式中 δ——相对空气密度；

P——试验时气压，Pa；

t——试验时气温，℃；

U_2——试验状态下电压，V或kV；

U_2'——标准状态下电压，亦即为放电曲线中所求得的电压。

上述公式没有考虑空气绝对湿度对试验电压的影响。

在使用球隙时，要注意在球的周围的物体应该放置在不小于圆球直径 5 倍的距离处，球的表面应该光滑、清洁。

在采用非标准铜球测量电压时，其球间隙放电电压，亦可在试验变压器空载时，由变压器低压侧电压表指示数求得。

放电电压见表 9－3－4。

表 9－3－4 1 个大气压力、周围气温 20 ℃、1 球接地时，球隙的工频放电电压（有效值）

球隙/cm	球径/cm						
	2	5	6.25	10	12.5	15	25
0.05	1.9 kV						
0.1	3.1 kV						
0.15	4.5 kV						
0.2	5.8 kV	5.7 kV					
0.3	8.1 kV						
0.4	10.5 kV	10.1 kV	10 kV				
0.5	12.7 kV			11.9 kV	11.8 kV	11.7 kV	
0.6	14.8 kV	14.4 kV	14.3 kV				
0.7	16.9 kV						
0.8	18.8 kV	18.6 kV	18.5 kV				
0.9	20.5 kV						
1.0	22.1 kV	22.6 kV	22.6 kV	22.3 kV	22.3 kV	22.1 kV	21.9 kV
1.2	(24.8 kV)	26.6 kV	26.5 kV				
1.4	(27.2 kV)	30.4 kV	30.4 kV				
1.5	(28.3 kV)			32.2 kV	32.2 kV	32.2 kV	31.8 kV
1.6	(29.3 kV)	34 kV	34.2 kV				
1.8	(31.1 kV)	37.5 kV	37.9 kV				
2	(32.7 kV)	40.6 kV	41.2 kV	41.8 kV	41.9 kV	41.9 kV	41.7 kV
2.2		43.5 kV	44.6 kV				
2.4		46.2 kV	47.7 kV				
2.5							
2.6		47.5 kV	49.2 kV	50.9 kV	50.9 kV	51.3 kV	50.9 kV
3		(53.3 kV)	55.9 kV	59.5 kV	60.2 kV	60.5 kV	60.8 kV
3.5		(58.3 kV)	(61.9 kV)	67.3 kV	68.7 kV	69.4 kV	
4		(62.5 kV)	(67 kV)	74.2 kV	77.1 kV	77.8 kV	79.2 kV
4.5		(66.1 kV)	(71.4 kV)	81.3 kV	84.1 kV	86.3 kV	
5		(69.3 kV)	(75.7 kV)	87 kV	91.2 kV	93.3 kV	96.9 kV
5.5			(79.2 kV)	(92.6 kV)	(97.6 kV)	(101.1 kV)	
6			(82 kV)	(97.6 kV)	103.2 kV	107.5 kV	113.8 kV

表 9-3-4 (续)

球隙/cm	球径/cm						
	2	5	6.25	10	12.5	15	25
6.5				(101.8 kV)	(108.9 kV)	113.8 kV	
7				(106.1 kV)	(114.5 kV)	119.5 kV	130.1 kV
7.5				(109.6 kV)	(118.8 kV)	125.2 kV	
8				(113.1 kV)	(123 kV)	(130.8 kV)	145 kV
9				(119.5 kV)	(131.5 kV)	(140 kV)	159.1 kV
10				(125.2 kV)	(138.6 kV)	(147.8 kV)	171.8 kV
11					(144.2 kV)	(154.8 kV)	183.9 kV
12					(149.9 kV)	(161.9 kV)	194.5 kV
13						(168.3 kV)	(204.4 kV)
14						(173.2 kV)	(213.5 kV)
15						(178.2 kV)	(222 kV)
16							(229.5 kV)
18							(244 kV)
20							(256.7 kV)
22							(267.8 kV)
24							(276.5 kV)
25							(280 kV)

注：括号内数字准确度较低。

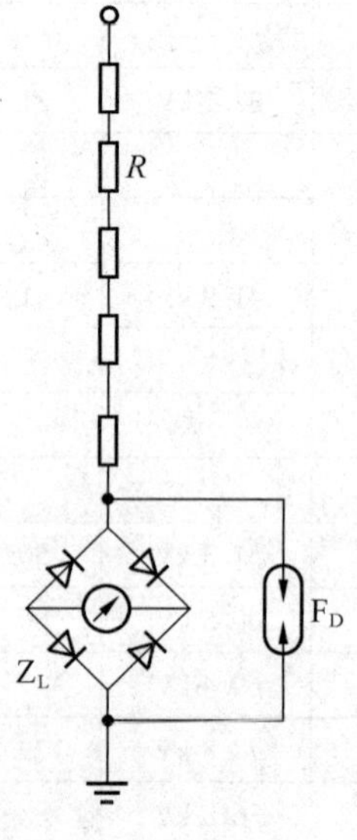

Z_L—整流式仪表；F_D—放电管；R—碳膜电阻

图 9-3-53 电阻分压器原理图

3. 高电阻测压器

高电阻测压器是用高电阻和整流式微安表头组成的直读式分压器，可用适当数量的金属膜电阻串联组成高电阻，电阻数值可根据电压要求，取 2 MΩ/kV。这种装置在使用前必须进行校核。使用时将测压器接到空载试验变压器的高压侧，在低压侧读表并按变比换算到高压侧。当加到所需要的试验电压时，记录微安表指示数，作为接上被试物后加试验电压的依据。其原理如图 9-3-53 所示。

4. 电容分压器法

在高电压测量中，通常采用电容分压的方法，将全部电压降到电容上，然后再进行分压测量。这种方法在交流测量时被广泛应用。其测量原理如图 9-3-54 所示。

R_1 是限流电阻，防止由于放电或击穿时引起过大的电流而烧毁试验变压器。R_2 是阻尼电阻，防止由于球隙放电而引起的电压振荡，也可保护球极使其不致因放电电流过大而烧毁。Q 是球间隙，它可防止过电压，在试验时，一般调整在 110% ~115% 的试验电压。C_1 是高压标准电容器，起降压作用，几乎全部试验电压都降到 C_1 上。C_2 是分压电容器，它与静电电压表 V（或电子管电压表）配合进行分压测量。r 是 C_2 的泄放电阻。r 与 C_2 并联，其目的是在试验中或试验后，电压急剧下降时，消除 C_2 上的残余电荷，使分压器有良好的性能。

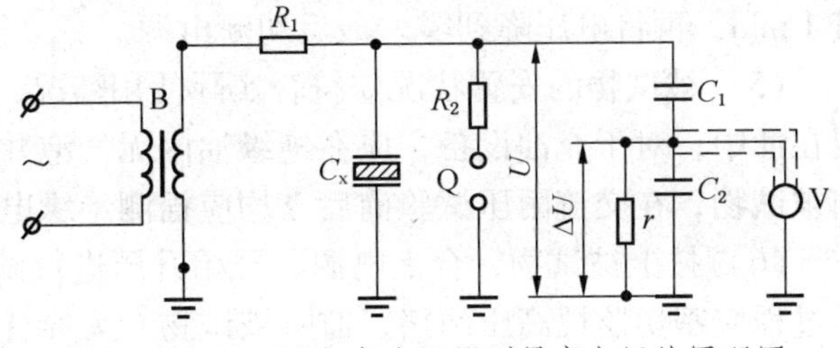

图 9-3-54 用电容分压器测量高电压的原理图

一般取时间常数 $t=rC_2=1\sim2$ s。

电容电压比可按下式进行计算：

C_1 与 C_2 的串联电容

$$C=\frac{C_1C_2}{C_1+C_2}$$

设流经分压电容器的电流为 I，则回路总电压降为

$$U=IX_C=I\frac{1}{\omega C}=I\frac{C_1+C_2}{\omega(C_1C_2)}$$

分压电容上的电压降

$$\Delta U=IX_{C2}=I\frac{1}{\omega C_2}$$

$$\frac{\Delta U}{U}=\frac{I\dfrac{1}{\omega C_2}}{I\dfrac{C_1+C_2}{\omega(C_1C_2)}}=\frac{C_1}{C_1+C_2}$$

因此
$$\Delta U=\frac{C_1}{C_1+C_2}U$$

由于
$$C_2\gg C_1$$

故
$$\Delta U\approx\frac{C_1}{C_2}U$$

已知 C_1 和 C_2 的电容值，测得 ΔU 的数值，故可求出试验电压值 U。

（五）操作

（1）首先应查明其他各项试验是否合格，都合格后才能进行交流耐压试验。若认为设备存在问题，应查明原因，并加以消除，否则不应轻率地进行交流耐压试验，以防不必要的设备损坏。

（2）根据现有的试验设备和被试设备的条件，选择合适的试验设备、接线图及试验地点。

（3）按拟定好的接线图进行现场布置、接线。高压部分需保持足够的安全距离，被试物和试验设备应接地，高压引线应采用裸线，并应有足够的机械强度，所有支撑或牵引的绝缘物，也应有足够的绝缘和机械强度。通电前应作全面检查。

（4）正式试验前，先拆去由高压试验变压器引向被试物的连线，检查调压器是否在零位。合上电源刀闸，慢慢升压，试看试验回路接线是否正确，仪表、试验设备是否完好。然后调整保护间隙，使其放电电压为试验电压的 1.1 ~1.15 倍，然后升到试验电压值，持

续 1 min，再将电压降到零。最后切断电源。

(5) 被试物的安置状况应符合实际使用情况，如进行油断路器套管试验时，其下部应浸在油中；对于充油设备，应在绝缘油内无气泡并处于静止状态时，才能加压试验。对任何被试物，在交流耐压试验前后，均应摇测绝缘电阻。

(6) 接上被试物，合上电源，开始升压进行试验。升、降压过程应监视有关仪表；加压过程应密切监视高压回路，监听被试物有无异音。当电压升至试验电压时，开始计算时间和读取试验电压及电容电流。达到预定时间后，迅速均匀地降压到零，切断电源。

(7) 升压速度，对于瓷绝缘、断路器类设备，可以不予规定；对变压器、发电机等重要设备，在试验电压加到 40% 以前，可以是任意的，其后的升压速度必须是均匀的，均为每秒增加 3% 试验电压。

(8) 在升压和耐压试验过程中，如发现电压表指针摆动很大，毫安表的指示值急剧增加，调压器往上升方向调节，电流上升，电压基本不变，甚至有下降趋势，发觉绝缘出现烧焦或冒烟现象，被试物发生不正常的响声等情况时，应立即降压断开电源，并挂上地线再检查原因。

(9) 试验时间，一般为 1 min。绝缘棒、带电作业工具及单独存放的有机绝缘材料应为 5 min。断开电源后，必须立刻触摸被试部分，检查有无发热现象。

(六) 交流耐压试验过程中应注意的事项

1. 谐振及电压升高问题

1) 电压谐振（串联谐振）

进行交流耐压试验时，被试物一般均属电容性的。试验变压器在电容性负载下，由于电容电流在线圈上会产生漏感抗压降，使变压器高压侧电压发生升高现象，即高于按变比换算的电压，而且低压侧与高压侧之间的电压要发生相角差，如果被试物的容抗一旦与试验变压器的漏抗相等即发生串联电压谐振，则电压升高的现象更为显著。电压谐振的原理可作如下简述。

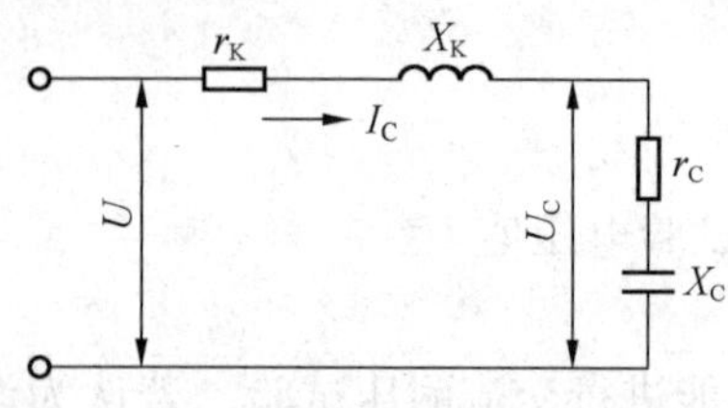

图 9-3-55　变压器在耐压试验时的简化等值电路

试验变压器的等值电路，在忽略激磁回路后可简化为图 9-3-55 的等值电路。

图 9-3-55 中变压器电阻 r_K 及漏感抗 X_K、被试物容抗 X_C 及电阻 r_C 相串联，其电流为

$$I_C = \frac{U}{\sqrt{(r_K + r_C)^2 + (X_K - X_C)^2}}$$

当 X_K 与 X_C 接近相等，即感抗与容抗接近互相抵消时，则在等值回路中仅剩 r_K、r_C，此时电流 $I_C = \dfrac{U}{r_K + r_C}$，将显著增大。此电流 I_C 将在容抗和漏抗上产生很大压降，它们在向量图中互相抵消。因此当输入电压 U 很小时，在试验变压器高压侧及被试物端已达到较高电压 U_C，且 U 与 U_C 之间发生相角差，电压升高及相角差的程度随被试物容抗 X_C 与试验变压器漏抗 X_K 的比值（X_C/X_K）的减小而增大。当 X_C 与 X_K 接近相等时（接近谐振），则高压侧被试物电压可升至 3~4 倍或更高。

电压谐振与试验变压器的短路阻抗压降 U_K 有直接关系。若采用 U_K 大的试验变压器来

试验大容量的被试物，则容易发生电压谐振。为了避免发生电压谐振，应尽量采用漏抗小的自耦调压器，因为自耦调压器的漏抗是一个常数，即使发生谐振，高压侧电压的升高是均匀上升的。试验时应尽量避免使用电抗器式或感应式的调压器。一般现场的 100 ~ 150 kV 的高压试验变压器所属的调压设备，大都是采用移圈式调压器。试验变压器本身阻抗约占调压设备总阻抗的6% ~8%，但移圈调压的漏抗却很大，并且随着移动线圈的位置不同而发生非线性的变化。当接近谐振时，高压侧电压会突然上升，使试验人员难以控制，这是应注意的。

若要使高压侧电压升高不超过20%，则应考虑使 X_K 与 C_X 满足下式条件

$$C_X < \frac{530}{X_K}$$

式中　C_X——被试物的电容，μF；

X_K——试验变压器的漏抗，Ω。

此值应归算到高压侧，它可以从短路阻抗压降 U_K 中近似求得

$$X_K = \frac{U_N}{I_N} U_K\%$$

式中，I_N 和 U_N 为试验变压器高压侧的额定电流和额定电压；$U_K\%$ 为试验变压器的短路电压百分数。

被试物端部电压升高的数值，可按下式粗略计算（略去电阻影响）：

$$\Delta U = I_C X_C$$

由于

$$I_C = \omega U_S C_X \quad 和 \quad X_K = \frac{U_N}{I_N} U_K\%$$

因此

$$\Delta U = \omega U_S C_X \frac{U_N}{I_N} U_K\%$$

式中　ΔU——被试物端部电压的升高值；

I_C——在试验电压下通过被试物的电容电流；

X_K——试验变压器的短路阻抗；

$U_K\%$——试验变压器短路阻抗压降百分数；

C_X——被试物电容；

U_S——加于被试物端部的电压；

ω——角频率，当 $f = 50$ Hz 时，$\omega = 314$ rad/s。

对于重要的及电容量较大的设备，在进行交流耐压试验时，必须在高压侧测量电压。若利用低压侧电压按变比 K 换算到高压侧电压加到被试物上时，很可能发生危险的高电压，甚至使设备击穿。

试验时的等值回路及向量关系如图9－3－56所示。

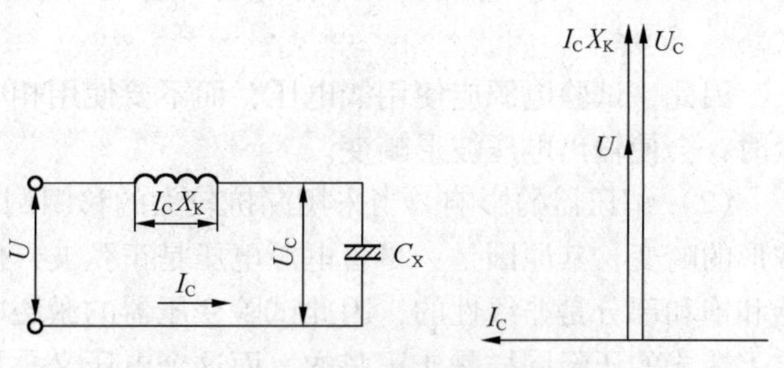

图9－3－56　交流耐压试验时等值电路和向量关系图

2）电流谐振（并联谐振）

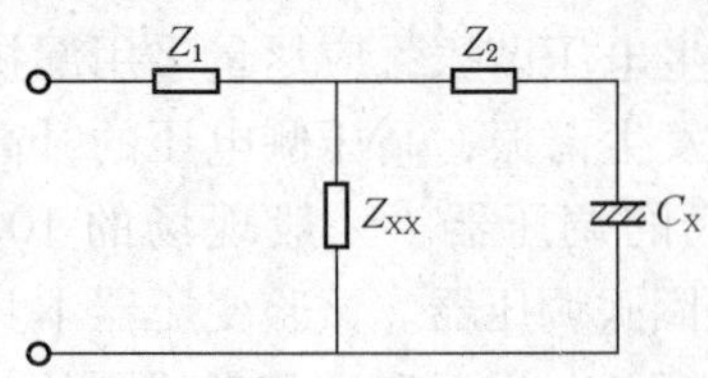

Z_1—试验变压器一次侧电抗；Z_2—试验变压器二次侧电抗；Z_{XX}—试验变压器空载阻抗；C_X—被试物电容

图 9-3-57　交流耐压试验时的等值电路图

电流谐振是由于试验变压器的激磁电流与被试物的电容电流起了并联谐振。如果试验变压器工作于饱和区域，而初级的调压部分具有颇大的电阻值，那么在升压过程中会使电源供给的电流急剧减小而被试物的电压急剧升高（电流的铁磁谐振）。若使用自耦调压器调压时，电流的减小不会使回路中电压有多大的改变，因此此时电流谐振并不危险。如用变阻器调压，则电流的减小，就会减小变阻器上的压降，而使试验变压器上的端电压增高，当然也使得加于被试物上的电压升得很高，这就要危及绝缘。电流谐振决定于负载的电容和空载时变压器的电抗，试验时的等值回路如图 9-3-57 所示。

一般变压器的参数如遵守下列条件之一者，可避免发生电流的铁磁谐振：

$$C_X > 1.3\frac{S_N}{U_N^2}\times 10^{-6}$$

$$C_X < 0.08\frac{S_N}{U_N^2}\times 10^{-6}$$

式中，S_N、U_N 为试验变压器的额定容量和额定电压。

上述两个条件，如用试验变压器容量表示时，则分别为

$$Q > 0.4S_N$$

$$Q < 0.03S_N$$

式中，Q 为被试物的电容负荷（电容电流×试验电压）。

因此，在使用电阻调压时，被试物的电容负荷不应小于试验变压器容量的 40%。

2. 电压波形问题

试验电压波形的畸变，是试验过程中应当注意的一个问题。因为大多数电压表所测得的是电压的有效值，而当电压不是正弦波时，最大值和有效值之比将不是$\sqrt{2}$，非正弦波中的高次谐波（主要是三次谐波）与基波相重叠，使最大值增大，这就有可能造成不应有的绝缘击穿（因绝缘的击穿与电压的最大值有关），这是不允许的。

1）造成试验电压波形畸变的主要原因

（1）电源电压的影响。当电网供给的电源电压中，含有高次谐波时，则无论采用何种调压设备，试验电压波形都有畸变，甚至产生三次谐波谐振，使三次谐波分量显著增大。

因此，试验电源应使用线电压，而不要使用相电压，因相电压波形中存在三次谐波分量时，会使输出电压波形畸变。

（2）调压器的影响。当采用漏抗较大的移圈调压器、感应调压器时，则往往引起电压波形的畸变，其原因是：尽管电源电压是正弦波，但由于试验变压器铁芯的磁化曲线在起始和饱和部分是非线性的，因此试验变压器的激磁电流是非正弦的，这一电流在调压器漏抗上造成的压降同样是非正弦的，而这个电压又叠加在试验变压器的输入电压上，使原来正弦电压波形产生了畸变，从而造成输出电压波形的畸变。

因此，试验变压器的铁芯越饱和（电压越接近额定值），调压器的漏抗越大，波形畸变就越严重。激磁电流和负载电流相比，前者占的比例越大，畸变越甚。一般要求负载电流至少应大于激磁电流的 3 ~4 倍以上，输出电压波形方能近似于正弦波。

2）为避免试验电压波形发生畸变可采取的措施

（1）电源电压采用线电压，而不要采用相电压，必要时可用阴极示波器观察一下波形，看是否有波形畸变。

（2）调压设备尽量采用自耦调压器或阻抗小的调压装置。如因采用移圈调压器、感应调压器而造成了电压波形畸变，可在试验变压器原边上并上适当数量的电容器，使高次谐波电流有一个低阻抗的分路，相当于减少了调压器的漏抗（有的工频试验设备用 $L—C$ 串联，然后并在试验变压器的输入端来改善波形，其原理是一样的）。

（3）试验变压器应使用在铁芯不饱和部分，一般应在规定的额定电压范围内使用，这样不致由于铁芯饱和而使电压波形畸变。

3. 升高电压速度问题

绝对禁止用冲击合闸的办法给设备加电压，而应缓慢地升到所需的试验电压值，并在耐压的持续时间内保持电压稳定。对于升压的速度，对不同的被试物有不同的规定。若无规定，则一般可考虑当试验电压由零升到 1/3 试验值后，再到满值时，应历时 10 ~15 s。试验完毕，降低电压的操作同上。

对于充油变压器，应注意在其注油静置一定时间（视经验而定）后才能加压进行试验，一般大容量变压器需静置 12 ~20 h；3 ~10 kV 的变压器需静置 5 ~6 h。

现场交流耐压试验一般采用 YD、TDM 轻型高压试验变压器如干式、充气式。对大容量、高电压的电力设备的交流耐压试验一般采用串联谐振试验仪。型号有 CHT –180/90 或 SDW –XZ。其被试物谐振电压：5 ~1000 kV；频率调节范围：1 ~500 Hz。

串联谐振耐压试验是利用电抗器的电感与被试物电容实现串联谐振，采用串联谐振的方法作电缆交流耐压试验，可大幅度地减小试验电源容量，如作 2 km 长的 110 kV 电缆交流耐压试验，至少需要 1500 kV · A 以上容量的试验变压器和调压器，而采用变频串联谐振的方法，仅需要 30 kV · A 试验电源。因此串联谐振耐压试验适用于 10 kV、35 kV、110 kV、220 kV、500 kV 聚乙烯电力电缆交流耐压试验，适用于 60 kV、220 kV，500 kVGIS 交流耐压试验，适用于大型变压器、发电机组交流耐压试验。串联谐振耐压试验原理如图 9 –3 –58所示。

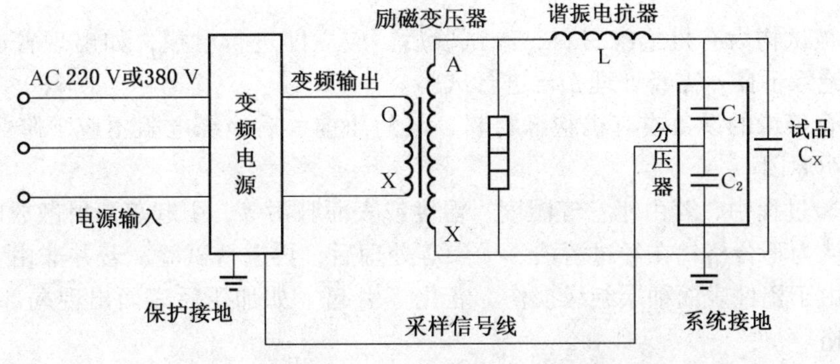

图 9 –3 –58　串联谐振耐压试验原理

注意事项：

（1）控制箱要单独接地。

（2）在试验前检查参数是否正确。

（3）电缆试验时一般不用接电容器，试电动机等小容量设备时作补偿。

（4）用于10 kV电缆的耐压装置，励磁变压器一般接低端。

（5）用于10 kV和35 kV电缆的耐压装置，10 kV电缆的耐压励磁变压器一般接低端，35 kV电缆的耐压励磁变压器一般接高端。

（6）对于短电缆，无论电压高低，一般将至少两节电抗器串联，以确保回路可以谐振。

（7）对电容性被试物，根据其电容量及试验电压估算试验电流大小，判断试验变压器容量是否足够。防止高压试验变压器及电源过载损坏。

（七）试验结果分析

（1）被试物一般经交流耐压试验，在持续的时间内，不击穿为合格，反之为不合格。被试物是否击穿可按下述各种情况进行判断。

① 根据试验时接入的表计进行分析。一般情况下，若电流表突然上升则表明被试物击穿，但当被试物的容抗 X_C 与试验变压器的漏抗 X_L 之比等于或小于2时，虽然被试物被击穿，电流表指示也不会发生明显变化，有时还可能出现电流表指示反而下降的情况。如果试验大容量的被试物或试验变压器的漏抗较大时，就有可能出现这种现象。

在高压侧测量被试物的试验电压时，被试物若击穿，其电压表指示要突然下降，而在低压侧测量的电压表也会表现出来，但有时很不明显。

② 根据试验控制回路的状况进行分析。若过流继电器整定值适当，而被试物击穿时，过流继电器要动作，电磁开关跟着就跳闸；若整定值过小，可能在升压过程并非被试物击穿，而是由于被试物电容电流较大，造成电磁开关跳闸；若整定值过大，即使被试物放电或小电流击穿，电磁开关也可能不跳闸。

③ 根据被试物状况进行分析。试验过程中，如被试物出现击穿响声、发出继续放电声响、冒烟、焦臭、跳火及燃烧等现象，一般都是不容许的，应查明原因。当查明这种情况确实来自被试物绝缘部分时，则认为被试物存在问题，或已确认被击穿。

除此之外，若试验过程中出现局部放电，则应按各种不同的被试物的有关规定，进行判断或处理。

（2）如被试物为有机绝缘材料，经试验后，应立即进行触摸，如出现普遍或局部发热，则认为绝缘不良，需经处理，再进行试验。

（3）综合绝缘的设备或有机绝缘材料，其耐压前、后绝缘电阻不应下降30%，如下降，必须查明原因。

（4）试验过程中，若由于空气湿度、温度或表面脏污等，引起表面滑散放电或空气放电，则不应认为不合格，在经过清洁、干燥等处理后，再进行试验。若并非由于外界因素影响，而是由于瓷件表面釉层绝缘损伤、老化等引起（如加压后表面出现局部红火）；则应认为不合格。

第四节　矿井地面变(配)电所主要电气设备的预防性绝缘试验

一、电力变压器试验（包括消弧线圈及油浸电抗器试验）

（一）试验项目与试验周期

电力变压器的试验项目与试验周期见表9-4-1。

表9-4-1　电力变压器的试验项目与试验周期

试验项目	试验周期	备注
绝缘电阻和吸收比测定	1. 新装和大修后 2. 运行中一年一次	
泄漏电流测定	1. 新装和大修后 2. 运行中一年一次	容量在320 kV·A及以下者不做此项试验
测量线圈连同套管一起的tanδ值	1. 新装和大修后 2. 运行中一年一次	容量在500 kV·A及以下者不做此项试验，但电压在10 kV以上者不受容量限制
测量非纯瓷套管的介质损失角的tanδ值	1. 新装和大修后 2. 运行中一两年一次	新装和运行中有条件时进行
交流耐压试验	1. 新装和大修后 2. 运行中按需要进行	
油中溶解气体色谱分析	1. 电压为35 kV及以上的变压器一年一次 2. 35 kV及以下的变压器根据具体条件进行	1. 对绝缘状况有疑问的变压器应缩短其试验周期 2. 新装及大修后的变压器投入运行前应做一次检测，投入运行后在短期内应多次检测，以判断绝缘是否正常
绕组直流电阻	1. 新装和大修后 2. 运行中一年一次	
绕组所有分接的电压比	1. 新装和大修后 2. 必要时	
校核三相变压器的组别或单相变压器的极性	1. 新装和大修后 2. 必要时	

（二）绝缘电阻和吸收比试验

1. 使用仪器

测定变压器的绝缘电阻时，变压器的额定电压为1000 V以下的用1000 V兆欧表，额定电压为1000 V以上的用2500 V兆欧表，其量程应不低于10000 MΩ。测量额定电压为3000 V以上的变压器时，也可使用5000 V兆欧表。

2. 测试内容和试验时的接线

1）温度测量

测量变压器的绝缘电阻时需测量温度，一般多用普通的水银或酒精温度计进行测量，最好使用半导体点温计测量。周围环境温度的测量应以背阴处为准，不要在阳光直接照射下测量。测量变压器的温度应以上层油温为准，测量时把温度计插入变压器顶盖上测量孔中即可。

在不同温度下测得的变压器的绝缘电阻值，应换算到同一温度下进行比较，其换算系数可从表9－4－2中查得。当温度由高温向低温换算时应将绝缘电阻乘以表中系数，由低温向高温换算时应将绝缘电阻值除以表中系数。也可以把变压器在不同温度下测得的绝缘电阻值换算到20 ℃时进行比较，其换算公式如下：

$$R_{20} = R_t \times 10^{\alpha(t-20)}$$

式中 R_{20}——温度为20℃时的绝缘电阻值，MΩ；

R_t——温度为t℃时测得的绝缘电阻值，MΩ；

t——测量时变压器的温度，℃；

α——系数，取0.01728。

表9－4－2 油浸式电力变压器绝缘电阻的温度换算系数

温度差/℃	5	10	15	20	25	30	35	40	45	50	55	60
换算系数	1.2	1.5	1.8	2.3	2.8	3.4	4.1	5.1	6.2	7.5	9.2	11.2

2）测量变压器绝缘电阻时的接线方式和注意事项

测量变压器绕组的绝缘电阻时，应测定绕组与外壳间及绕组与绕组间的绝缘电阻。测定时的接线方法目前多数单位是将空闲绕组接地。测量变压器绝缘电阻时的接线方式见表9－4－3。

表9－4－3 测量变压器绝缘电阻时的接线方式

双绕组变压器		三绕组变压器	
测量绕组	接地	测量绕组	接地
高压	外壳和低压	高压	外壳、中压、低压
低压	外壳和高压	中压	外壳、高压、低压
高压和低压	外壳	低压	外壳、高压、中压
—	—	高压、中压、低压	外壳

采用空闲绕组接地的试验方式优点是：可以测出被试部分对地及不同绕组间的绝缘状态，并且可以避免各绕组中剩余电荷造成的测量误差。使用此种方法测量绝缘电阻，如发现有异常现象时，还需做分解试验，就是测量绕组对地和绕组间的绝缘电阻以判断故障的部位。但也有在测量每一绕组对外壳及绕组间的绝缘电阻时，分别将空闲绕组空

闲起来。

为避免变压器绕组上的残余电荷导致测量误差偏大，试验前应将被试绕组与外壳接地。

对于刚停止运行的变压器，为使油温与绕组温度趋于相等，应在变压器自电网断开一定的时间后，再进行绝缘电阻的测定，并以变压器上层油温作为绝缘温度。

对于新投入或大修后的变压器，应在注油后静止一定时间使各部分绝缘得以充分浸渍，再做试验。

通常取 60 s 的绝缘电阻值 R_{60} 和 15 s 的绝缘电阻值 R_{15} 的比值作为吸收比，它能灵敏地判断变压器的绝缘状态。不同类型的变压器或同类型的变压器，当其油和纸绝缘的状态不同时，则 R_{60}/R_{15} 值也不完全相同。而且当绝缘的温度改变时，吸收比的数值也将发生变化，它有随温度增高而减小的特性，也有可能增大。

当绝缘受潮，表面附着油泥或绝缘油的电阻因老化而下降时，传导电流将显著增大，此时吸收比 R_{60}/R_{15} 将下降并趋近于 1。反之，对于绝缘干燥的变压器，吸收比值将较大，其具体数值又将因与结构和干燥程度有关的时间常数的不同而不同。

当绝缘有局部缺陷时，吸收电流也将很快地衰减，所测得的吸收比值较小。

3. 绝缘电阻和吸收比标准

由于变压器结构及尺寸和使用的绝缘材料不同，绝缘电阻的测定数值分散性很大，因此没有绝对的判断标准。主要根据同类型变压器，同一变压器历次试验结果，大修前后及出厂试验结果等来分析绝缘状态。

表 9-4-4 列出了油浸式电力变压器的绝缘电阻参数值，供分析变压器的绝缘状况时参考。

表 9-4-4　油浸式电力变压器的绝缘电阻参考值

试验性质	高压线圈电压等级/kV	温度/℃							
		10	20	30	40	50	60	70	80
新　装	3~10	450 MΩ	300 MΩ	200 MΩ	130 MΩ	90 MΩ	60 MΩ	40 MΩ	25 MΩ
	20~35	600 MΩ	400 MΩ	270 MΩ	180 MΩ	120 MΩ	80 MΩ	50 MΩ	35 MΩ
	60~220	1200 MΩ	800 MΩ	540 MΩ	360 MΩ	240 MΩ	160 MΩ	100 MΩ	70 MΩ
大　修	3~10	400 MΩ	270 MΩ	180 MΩ	110 MΩ	80 MΩ	55 MΩ	35 MΩ	22 MΩ
	20~35	540 MΩ	360 MΩ	240 MΩ	160 MΩ	110 MΩ	72 MΩ	45 MΩ	30 MΩ
	60~220	1080 MΩ	720 MΩ	480 MΩ	320 MΩ	210 MΩ	140 MΩ	90 MΩ	60 MΩ
运行中	3~10	360 MΩ	240 MΩ	150 MΩ	100 MΩ	70 MΩ	50 MΩ	30 MΩ	20 MΩ
	20~35	480 MΩ	320 MΩ	210 MΩ	140 MΩ	110 MΩ	65 MΩ	40 MΩ	28 MΩ
	60~220	960 MΩ	640 MΩ	430 MΩ	290 MΩ	190 MΩ	120 MΩ	80 MΩ	55 MΩ

对于额定电压为 13.8 kV 或 15.7 kV 的变压器，按 3~10 kV 标准。额定电压为 18 kV 和 44 kV 的变压器，按 20~35 kV 标准。

电压在 35 kV 及 35 kV 以下、容量为 500 kV·A 及以上的变压器，应测量吸收比

R_{60}/R_{15}，当温度在 10 ~ 30 ℃的范围内，R_{60}/R_{15}的比值应不低于 1.3。电压为 35 kV 以上的变压器，R_{60}/R_{15}的比值应不低于 1.5。

（三）测量线圈连同套管一起的泄漏电流

测量变压器的泄漏电流时，通常依次测量各绕组对外壳和绕组间的泄漏电流值。除被试绕组外，其他绕组均应短路并与外壳同时接地。试验时的接线方式与测试变压器线圈绝缘电阻时的接线方式一样，可参考表 9 - 4 - 3 的要求进行接线。当绝缘受潮或绝缘有缺陷时，泄漏电流将显著增加。

变压器的泄漏电流，随温度变化而变化。为了便于在不同温度下对泄漏电流值进行比较，应将测试结果换算成 20 ℃时的数值，以便与标准比较。换算公式如下：

$$I_{20} = I_t e^{0.05(20-t)} = KI_t$$

式中　t——试验时的温度,℃；

I_t——温度为 t ℃时测得的泄漏电流值；

I_{20}——换算成 20 ℃时的泄漏电流值；

K——换算系数，可由表 9 - 4 - 5 中查得。

表 9 - 4 - 5　变压器泄漏电流温度换算系数

试验时的温度/℃	1	2	3	4	5	6	7	8	9	10
K 值	2.59	2.46	2.34	2.23	2.12	2.02	1.92	1.82	1.73	1.65
试验时的温度/℃	11	12	13	14	15	16	17	18	19	20
K 值	1.57	1.49	1.42	1.35	1.28	1.22	1.16	1.11	1.05	1.00
试验时的温度/℃	21	22	23	24	25	26	27	28	29	30
K 值	0.95	0.90	0.86	0.82	0.78	0.74	0.70	0.67	0.64	0.61
试验时的温度/℃	31	32	33	34	35	36	37	38	39	40
K 值	0.58	0.55	0.52	0.49	0.47	0.44	0.43	0.41	0.39	0.37
试验时的温度/℃	41	42	43	44	45	46	47	48	49	50
K 值	0.35	0.33	0.315	0.30	0.285	0.27	0.26	0.25	0.235	0.223
试验时的温度/℃	51	52	53	54	55	56	57	58	59	60
K 值	0.212	0.202	0.192	0.183	0.174	0.165	0.157	0.150	0.142	0.135
试验时的温度/℃	61	62	63	64	65	66	67	68	69	70
K 值	0.129	0.123	0.117	0.111	0.105	0.100	0.095	0.091	0.086	0.082
试验时的温度/℃	71	72	73	74	75	76	77	78	79	80
K 值	0.078	0.074	0.071	0.067	0.063	0.061	0.058	0.055	0.052	0.050

测定变压器连同套管一起的泄漏电流时，应读取加压 1 min 的泄漏电流值。由于变压器结构不同，泄漏电流值的分散性很大，无具体判断标准，应根据同类型设备或同一设备历年试验结果分析比较进行判断。表 9 - 4 - 6 中所列数值可供参考。

表 9－4－6　变压器泄漏电流试验时试验电压标准及泄漏电流参考值

额定电压/kV	试验电压/kV	不同温度下的泄漏电流值/μA					
		10 ℃	20 ℃	30 ℃	40 ℃	50 ℃	60 ℃
1.2～3	5	25	46	65	100	160	260
6～15	10	45	72	114	180	300	468
20～35	20	72	108	180	290	432	700
35 kV 以上	40	80	120	200	300	500	800

测量未注油变压器的泄漏电流时，其外施试验电压应为表 9－4－6 中规定的试验电压的 50%。

（四）介质损失角正切值的测定

介质损失角正切值的测定，对变压器的整体受潮、油质劣化、绕组上附着油泥等现象的检查，有较高的灵敏度。

一般用变压器绕组的介质损失角正切值 $\tan\delta$ 来判断变压器的绝缘受潮程度。

1. 试验仪器

使用 QS－1 型交流电桥测量变压器的介质损失角正切值时，由于变压器的外壳都直接接地，因此在测量绕组对地的介质损失角正切值和电容值时，多采用反接线方式。在测量变压器绕组之间的介质损失角正切值和电容量时，可用正接线方式。

为了使试验电压不致太高，又保证有较高的灵敏度，对于 6 kV 以上的变压器绕组采用交流电压 10 kV 进行试验，对于额定电压为 2～3 kV 的变压器绕组可采用 5 kV 电压进行试验。

2. 温度换算

在试验变压器时，最好能在与以前试验时的温度相接近的情况下进行，以便于比较。有时为了比较不同温度下的测量结果，可以利用温度换算系数计算 $\tan\delta$ 值，$\tan\delta$ 的温度换算系数见表 9－4－7。换算后的 $\tan\delta$ 值仅供参考。

表 9－4－7　$\tan\delta$ 的温度换算系数

温度差 t_2-t_1/℃	5	10	15	20	25	30	35	40	45	50	55	60
$\tan\delta$ 的温度换算系数 K_1	1.15	1.3	1.5	1.7	1.9	2.2	2.5	3.0	3.5	4.0	4.6	5.3

注：由高温向低温换算时所测得 $\tan\delta$ 值应除以表中所列系数，由低温向高温换算时所测得 $\tan\delta$ 值应乘以表中所列系数。

3. 试验时的接线方式

测量双绕组及三绕组变压器的介质损失角正切值和电容量时，其接线部位见表 9－4－8。其接线如图 9－4－1 及图 9－4－2 所示。

4. 介质损失角正切值的分析

根据表 9－4－8 所规定的接线方式，来测定变压器的介质损失角正切值和电容量时，测量的结果，不是每个线圈对地或线圈与线圈之间的介质损失角正切值和电容量，而是其并联值，规程中所规定的数值也是并联值。因此，所测得的数值可直接与规程对照来判断

表 9-4-8 用 QS-1 型电桥测量变压器 tanδ 的接线部位

双绕组变压器			三绕组变压器		
试验序号	加压	接地	试验序号	加压	接地
1	高压	低压、外壳	1	高压	中压、低压、外壳
			2	中压	高压、低压、外壳
2	低压	高压、外壳	3	低压	高压、中压、外壳
			4	高压、低压	中压、外壳
3	高、低压	外壳	5	高压、中压	低压、外壳
			6	低压、中压	高压、外壳
			7	高压、低压、中压	外壳

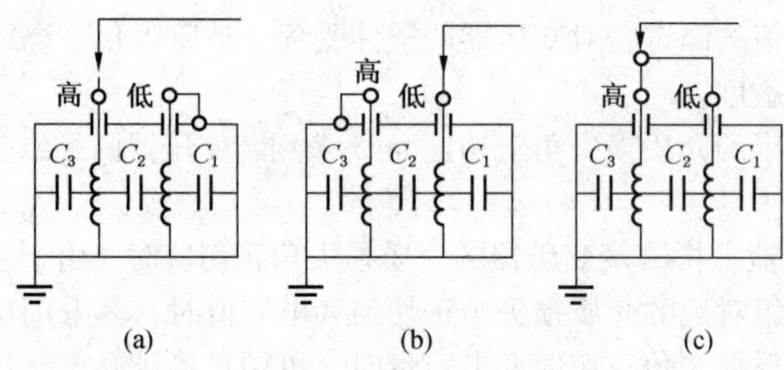

图 9-4-1 用 QS-1 型电桥测量双绕组变压器介质损失角正切值和电容量的示意图

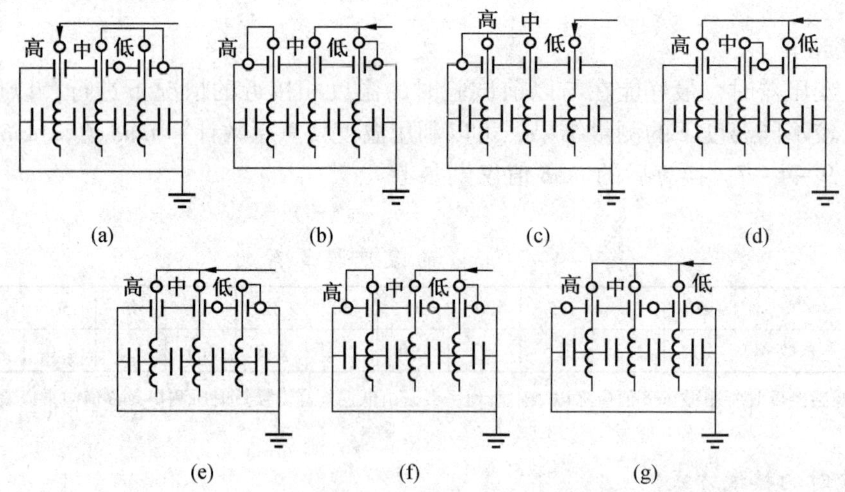

图 9-4-2 用 QS-1 型电桥测量三绕组变压器介质损失角正切值和电容量的示意图

变压器整体的绝缘状况。当测出的介质损失角正切值超出规程规定时，为了正确判断具体是哪一部分存在缺陷，可以通过测量出来的介质损失角正切值和电容量计算出每个线圈对地、线圈与线圈之间的介质损失角正切值和电容值，借以分析变压器各线圈之间以及各线圈对地的绝缘状况。现以双绕组变压器为例进行分析。

当按图 9－4－1a 接线方式进行测量时，测得的数值为

$$C_h = C_2 + C_3 \tag{9-4-1}$$

$$\tan\delta_b = \frac{C_2\tan\delta_2 + C_3\tan\delta_3}{C_b} \tag{9-4-2}$$

式中　C_h——高压绕组加压时的电容；

$\tan\delta_b$——高压绕组加压时的介质损失角正切值；

C_2、C_3——回路中各部主绝缘的等值电容；

$\tan\delta_2$、$\tan\delta_3$——各部主绝缘的介质损失角正切值。

当按图 9－4－1b 接线方式进行测量时，测得的数值为

$$C_L = C_1 + C_2 \tag{9-4-3}$$

$$\tan\delta_L = \frac{C_1\tan\delta_1 + C_2\tan\delta_2}{C_L} \tag{9-4-4}$$

式中　C_L——低压绕组加压时的电容；

$\tan\delta_L$——低压绕组加压时的介质损失角正切值；

C_1、C_2——回路中各部主绝缘的等值电容；

$\tan\delta_1$、$\tan\delta_2$——各部主绝缘的介质损失角正切值。

当按图 9－4－1c 接线方式进行测量时，测得的数值为

$$C_{h-L} = C_1 + C_3 \tag{9-4-5}$$

$$\tan\delta_{h-L} = \frac{C_1\tan\delta_1 + C_3\tan\delta_3}{C_{h-L}} \tag{9-4-6}$$

式中　C_{h-L}——高压和低压绕组加压时的电容及介质损失角正切值；

$\tan\delta_{h-L}$——高压和低压绕组加压时的介质损失角正切值。

将式（9－4－1）、式（9－4－3）、式（9－4－5）联立，求得各部电容：

$$C_h = C_L - C_1 + C_{h-L} - C_1 = C_L + C_{h-L} - 2C_1$$

得

$$C_1 = \frac{C_L + C_{h-L} - C_h}{2} \tag{9-4-7}$$

$$C_2 = C_L - C_1 \tag{9-4-8}$$

$$C_3 = C_h - C_2 \tag{9-4-9}$$

将式（9－4－2）、式（9－4－4）、式（9－4－6）联立，求得各部分 $\tan\delta$ 值

$$\tan\delta_1 = \frac{C_L\tan\delta_L - C_h\tan\delta_n - C_{h-L}\tan\delta_{h-L}}{2C_1} \tag{9-4-10}$$

$$\tan\delta_2 = \frac{C_L\tan\delta_L - C_1\tan\delta_1}{C_2} \tag{9-4-11}$$

$$\tan\delta_3 = \frac{C_h\tan\delta_h - C_2\tan\delta_2}{C_3} \tag{9-4-12}$$

因此，按图 9－4－1 接线方式测得的数值代入式（9－4－7）至式（9－4－12）中即

可求得高压—地、低压—地及高压—低压之间的介质损失角正切值及电容值。

5. 介质损失角正切值的试验标准

新装变压器的介质损失角正切值应不大于表9-4-9中的规定标准。

表9-4-9 新装变压器的介质损失角正切值标准

高压线圈电压等级	温度/℃						
	10	20	30	40	50	60	70
35 kV 及以下	1.5	2.0	3.0	4.0	6.0	8.0	11.0
35 kV 以上	1.0	1.5	2.0	3.0	4.0	6.0	8.0

大修后和运行中的变压器，其介质损失角正切值应不大于表9-4-10的规定标准。

表9-4-10 大修后和运行中的变压器介质损失角正切值标准

额定电压	试验性质	温度/℃							
		5	10	20	30	40	50	60	70
20 kV 及以下	大修后	2.5	3	4.2	6.2	10	14	20	26
	运行中	3.3	4	5.5	8	13	18	26	34
20～35 kV	大修后	2	2.5	3.5	5.5	8	11	15	20
	运行中	2.5	3.4	4.5	7.0	10.5	14.5	20	26
60～110 kV	大修后	1.5	2	2.5	4	6	8	11	18
	运行中	2	2.5	3.5	5.2	8	10.5	14.5	23
110 kV 及以上	大修后	—	1	1.5	2	3	4	6	8
	运行中	—	2	2.5	4	6	8	11	18

（五）交流耐压试验

变压器交流耐压试验是检查变压器绝缘强度的有效方法，特别对发现主绝缘局部缺陷和集中性绝缘弱点效果更好。

新注油的变压器，由于油中可能混入气泡，打耐压时会引起放电，造成判断上的困难，严重时可能造成绝缘击穿，故在大型高压变压器注油20 h后才能进行交流耐压试验（真空注油除外）。对于6～10 kV的变压器注油后，静置5～6 h即可进行交流耐压试验。

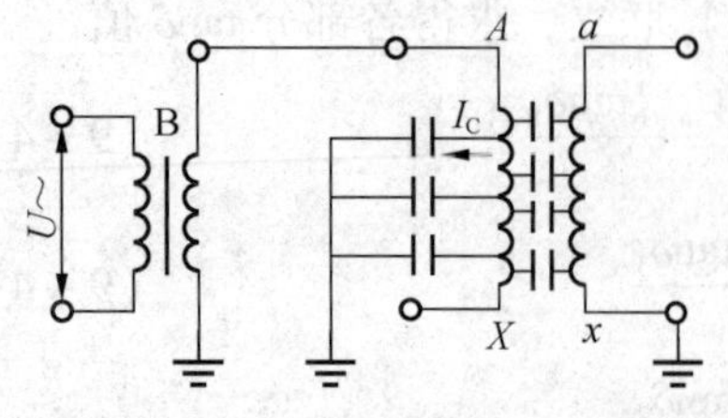

B—试验变压器；AX—高压绕组；ax—低压绕组

图9-4-3 耐压试验不正确接线示意图

1. 试验时的接线方法

试验时，如果将被试绕组和非被试绕组的接线各自开路（图9-4-3），各绕组对地将有电流 I_C 流过，而且沿整个被试绕组的电流分布不均，越靠近 A 端电流越大，因而沿着所有线匝间均存在电位差。

从图9-4-3可以看出，被试物相当于一个电容 C，试验变压器的电抗是一个电感。在这种电感电容串联的电路中，如果忽略电阻则电源电压 $\dot{U}$ 等于 $\dot{U}_L$ 和 $\dot{U}_C$ 的向量和(图9-4-4)。

即

$$\dot{U}=\dot{U}_C-\dot{U}_L$$

$$\dot{U}_C=\dot{U}_L+\dot{U}$$

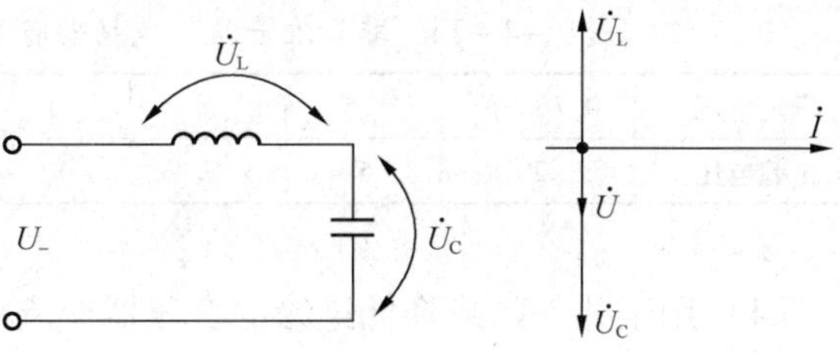

图9-4-4　电感电容串联电路图和向量图

可见试验电路中电容 C 越大，$\dot{U}_C$ 也就比电源电压 $\dot{U}$ 高得越多。因此当被试绕组处于开路状态，X 端电位比所加电压高时，这种试验接线方式是不允许采用的。

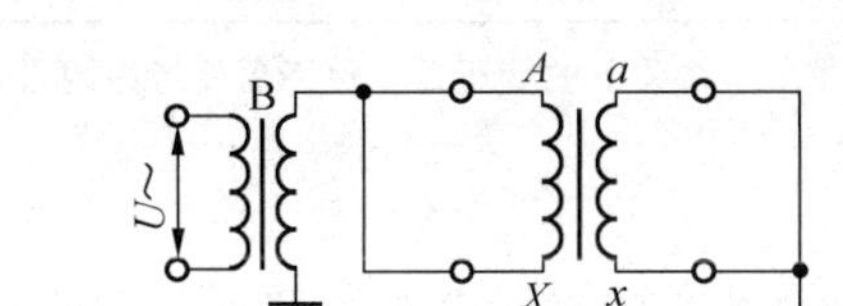

B—试验变压器；AX、ax—被试变压器高、低压侧绕组

图9-4-5　耐压试验正确接线示意图

正确的接线方式如图9-4-5所示。将被试绕组首末端短路，非被试绕组短接接地，再加试验电压。这样整个绕组对地电位相等，而且低压对地电位等于零。

2. 试验标准

(1) 符合国家标准产品的变压器交流耐压试验标准见表9-4-11。

(2) 非标准产品（包括老旧变压器）新装和大修后交流耐压试验标准如下：

表9-4-11　符合国家标准产品的变压器交流耐压试验标准　kV

试验电压	额定电压											
	0.7 以下	1.5	2	3	6	10	15	20	35	44	60	110
出厂试验	5			18	25	35	45	55	85	95	140	200
新装和大修后	4	10	10	15	21	30	38	47	72	81	120	170
运行中	3	7	8	13	19	26	34	41	64	71	105	150

注：1965 年以前产品，0.7 kV 以下电力变压器新装和大修后试验电压为 2 kV。

① 无出厂试验电压，且未全部更换绕组的变压器交流耐压试验标准见表9-4-12。

表9-4-12　无出厂试验电压，且未全部更换绕组的变压器交流耐压试验标准　kV

额定电压	0.7 以下	1.5	2	3	6	10	15	20	35	44	60	110
试验电压	2	7	8	13	19	26	34	41	64	71	105	150

② 有出厂试验电压，且未全部更换绕组的变压器，其交流耐压试验电压应按出厂试验电压的 0.85 倍试验，但除干式变压器外均不得低于表9-4-12 的规定标准。

(3) 非标准产品（包括老旧变压器）运行中交流耐压试验标准见表9-4-13。

表9-4-13 非标准产品（包括老旧变压器）运行中交流耐压试验标准 kV

额定电压	0.7 以下	1.5	2	3	6	10	15	20	35
试验电压	2	5	7	12	17	24	31	38	59

（4）用于井下的或降低绝缘的变压器交流耐压试验标准见表9-4-14。

表9-4-14 用于井下的或降低绝缘的变压器交流耐压试验标准 kV

额定电压	0.7 以下	2	3	6	10
试验电压	2	7	10	16	24

注：“降低绝缘”变压器是指使用在不需要考虑耐雷水平条件下的变压器，用在井下的变压器，也不需要考虑耐雷水平问题，因此也可以按这一标准进行耐压试验。

（5）变压器全部更换线圈绝缘后，应按国家标准产品出厂试验电压标准进行，符合国家标准产品的变压器，局部更换线圈绝缘的，应按国家标准产品大修试验标准进行。

（6）搬运或移设后的变压器需要进行耐压试验时，按运行标准进行。

（六）直流电阻试验

1. 直流电阻试验的作用

变压器绕组直流电阻的测量是变压器试验中一个重要的试验项目。直流电阻试验可以检查出绕组内部导线的焊接质量，引线与绕组的焊接质量是否紧固，绕组所用导线的规格是否符合设计要求，分接开关、引线与套管等载流部分的接触是否良好，绕组有无匝间短路等。直流电阻试验的现场实测中，可以发现诸如变压器接头松动，分接开关接触不良、挡位错误等许多缺陷，对保证变压器安全运行起到了重要作用。

2. 测量方法

根据直流电阻数值的大小，可以分别采用单臂电桥、双臂电桥或专门测量变压器及电动机的直流电阻测量仪进行测量。

用电桥法测量时，被测电阻为10 Ω以上时，采用单臂电桥；被测电阻为10 Ω以下时，采用双臂电桥。

3. 试验设备

用电桥法测量，当变压器容量较大时，测量时充电时间很长，现在一般采用专门测量变压器及电动机的直流电阻测量仪，型号有RV85、SDW-10 A。测试电流为0.1 A、1 A、5 A、10 A、20 A、40 A。测量范围：0.1 mΩ~2000 Ω。分辨率：1 μΩ。准确度：0.2级。

与传统的单、双臂电桥相比，其优点如下：

（1）测量接线简单，无须压接测试线，用两个测试钳夹在被测线圈两侧即可。

（2）测量速度快，充电时间短。无须调试，自动显示并储存测量结果。

（3）无须更换电池，防震。

（4）测量完毕自动放电。

4. 注意事项

（1）测试仪表的准确度应不低于0.5级。

(2) 导线与仪表及测试绕组端子的连接必须良好。

(3) 准确记录被试绕组的温度。

(4) 测试大型高压变压器绕组的直流电阻时,测试绕组及其他非测的各电压等级的绕组应与其他设备断开,不能接地并禁止有人工作,非被测绕组接地会导致产生较大的测量误差。

(5) 测量前，一定要对被测量设备进行充分放电，否则易损坏测试仪器。

5.《电力设备预防性试验规程》

《电力设备预防性试验规程》要求如下：

(1) 1.6 MV · A 以上变压器，各相绕组电阻相互之间的差别不应大于三相平均值的 2%，无中性点引出的绕组，线间差别不应大于三相平均值的 1%。

(2) 1.6 MV · A 及以下变压器，各相绕组电阻相互之间的差别不应大于三相平均值的 4%，线间差别不应大于三相平均值的 2%。

(3) 与以前相同部位测得值比较，其变化不应大于 2%。

(4) 电抗器参照规定执行。

(七) 变比试验

变压器的电压比（以下简称变比）是变压器空载时高压绕组电压 U_1 与低压绕组电压 U_2 的比值，即变比 = U_1/U_2。

允许偏差计算式为

$$\Delta K=(K-K_N)/K_N\times100\%$$

式中 ΔK——变比允许偏差或变比误差；

K——实测变比；

K_N——额定变比，即变压器铭牌上各绕组额定电压的比值。

1. 试验目的

变压器的变比试验是验证变压器能否达到规定的电压变换效果，变比是否符合变压器技术条件或铭牌所规定的一项试验。其目的是检查各绕组的匝数、引线装配、分接开关指示位置是否符合要求；提供变压器能否与其他变压器并列运行的依据。

2. 测量变比的常用方法及试验设备

测量变比的常用方法有双电压表法及变比电桥法。现在一般采用专门测量变压器的 BB-1 或 SDW-BZ 全自动变比组别测试仪。变比测量范围：1~2000；组别测量范围：1~12；测量精度：0.2 级。

3. 注意事项

使用全自动变比组别测试仪测量时应注意高压侧和低压侧的测试线不能接反，否则易损坏测试仪器。

变压器变比的测量应在各相所有分接位置进行，对于有载调压变压器，应用电动装置调节分接头位置。

现场发现，变比不合格主要是由分接开关引线错焊、分接开关的指示位置与内部引线位置不符、绕组匝间或层间短路等原因造成的。

(八) 变压器的极性和组别试验

1. 试验目的

检查变压器的极性和联结组标号是否符合铭牌标志规定。

2. 试验方法

用交流法和直流法测试变压器极性。

1）检查单相变压器的极性

测量变压器绕组极性的方法有直流法和交流法，这里介绍简单适用的直流法：用一节干电池接在变压器的高压端子上，在变压器的二次侧接上一个毫安表或微安表，试验时观察当电池开关合上时表针的摆动方向，即可确定极性。

将干电池的正极接在变压器一次侧 A 端子上，负极接到 X 上，电流表的正端接在二次侧 a 端子上，负极接到 x 上，当合上电源的瞬间，若电流表的指针向零刻度的右方摆动，而拉开的瞬间指针向左方摆动，说明变压器是减极性的。

若同样按照以上方法接线，但当电源合上或拉开的瞬间，电流表的指针的摆动方向与述内容相反，则说明变压器是加极性的。

现在一般采用极性变比测试仪。

2）变压器的组别试验

变压器的组别试验方法主要有直流法、相位表法、变比电桥法 3 种。

目前试验广泛采用的是变比电桥法。仪器有 BB－1 或 SDW－BZ 型全自动变比组别测试仪等。在试验变压器变比的同时，测量联结组标号。实现了单相电源输入，内部产生三相电源输出，解决了普通单相电源输出式仪器容易误判组别的问题。变比测量范围：1～2000；组别测量范围：1～12；测试精度：±0.2%。

3. 《电力设备预防性试验规程》

《电力设备预防性试验规程》要求如下：

（1）各相应接头的电压比与铭牌值相比，不应有显著差别，且符合规律。

（2）额定电压为 35 kV 以下，电压比小于 3 的变压器电压比允许偏差为 ±1%；其他所有变压器额定分接电压比允许偏差为 ±0.5%；其他分接的电压比应在变压器阻抗电压值的 10% 以内，但不得超过 ±1%。

二、油断路器试验

（一）试验项目和试验周期

油断路器的试验项目和试验周期见表 9－4－15。

表 9－4－15 油断路器的试验项目和试验周期

试验项目	试验周期	备注
绝缘电阻测定	1. 新装和大修后 2. 运行中室外和井下一年一次，地面室内二年一次	
泄漏电流测定	1. 新装和大修后 2. 运行中一年一次	20 kV 以下的油断路器不做此项试验
介质损失角正切值测定	1. 新装和大修后 2. 运行中一年一次	20 kV 以下的油断路器不做此项试验
交流耐压试验	1. 新装和大修后 2. 运行中，10 kV 及以下的油断路器两年一次	运行中，20 kV 及以上的油断路器根据需要进行

(二) 绝缘电阻测定

1. 测定方法

绝缘电阻测定的主要目的是检查断路器套管、支持用瓷质部件、活动拉杆、绝缘油受潮、沿面附着脏污物、部件龟裂和绝缘劣化等绝缘缺陷。该测定方法对有机材料制成的活动拉杆绝缘受潮或沿面由于炭粒附着而脏污，以及贯穿性的裂缝缺陷，是一种非常有效的检验方法。测定油断路器的绝缘电阻时，应使用2500 V兆欧表进行测量。

对三相装在一个油箱内的多油断路器测定绝缘电阻时，在合闸状态下，要在一相加压另两相接地的情况下分别测定3次，必要时应分闸进行测量。这样不仅检查了3套管、活动拉杆、瓷瓶以及其他部位瓷件，而且也检查了拉杆相间绝缘和消弧结构部分的绝缘。

对少油断路器绝缘电阻的测定，一般可进行两次，即活动部件对固定部件和地以及固定部件对地。如发现绝缘不良时，应分相进行查找试验，检查瓷套和传动杆的绝缘电阻。对油箱不能升降的高压大容量断路器拉杆的试验，可采用间接方法进行，即在合闸和分闸状态下，分别测定绝缘电阻。此时计算活动拉杆绝缘电阻值，应认为合闸时所测绝缘电阻值为两套管与活动拉杆绝缘电阻的并联值。

则
$$R_g = \frac{R_h R_f}{R_f - R_h}$$

式中　R_g——活动拉杆的绝缘电阻；

R_f——分闸时两套管的绝缘电阻；

R_h——合闸时的绝缘电阻。

影响断路器的绝缘电阻的因素较多，但主要是活动拉杆受潮、绝缘油劣化、密封不良、瓷套开裂以及外力的伤害等。变劣的绝缘油将引起套管屏障和覆盖绝缘受潮或变质，密封不良，温度的突然变化使套管内部芯棒等受潮；电场的作用使受潮的绝缘物增加了介质损耗；机械的冲击力使套管出现裂纹、混合物和导电杆脱离，等等。

2. 试验标准

油断路器整体油箱和单个油箱的绝缘电阻标准见表9－4－16。

有机物制成的绝缘拉杆绝缘电阻标准见表9－4－17。

表9－4－16　油断路器整体油箱及单个油箱的绝缘电阻标准

额定电压/kV	绝缘电阻/MΩ			
	新装及大修后		运　行　中	
	开闸	合闸	开闸	合闸
2～15	2500	1000	2000	300
20～110	5000	2500	2500	1000

表9－4－17　有机物制成的绝缘拉杆绝缘电阻标准

额定电压/kV	绝缘电阻/MΩ	
	交接和大修后	运行中
2～15	1000	300
20～110	2500	1000

(三) 泄漏电流测定

油断路器泄漏电流试验程序与绝缘电阻测定基本相同，一般应在分、合闸状态下分别进行试验，以确定缺陷存在的部位。在合闸状态下试验可反映消弧室、支持瓷瓶、油等缺陷；在合闸状态下试验，着重反映活动拉杆的缺陷。

一般绝缘良好的断路器泄漏电流值是很小的，试验时须注意外界条件的影响。为此，试验前必须将瓷套等擦拭清洁，表面不能潮湿和脏污；试验用导线绝缘应良好，不宜过长，其对地及与其他接地部分应有足够距离，以减少杂散电流的干扰；接线应尽量使整流设备和微安表接在高压侧；以瓷套为支持绝缘的断路器进行试验时，高压端要并以适当电容器，以平稳电压波形，并应尽量在高压侧直接读取所加电压值。

多油断路器的泄漏电流试验标准见表 9－4－18 及表 9－4－19。

表 9－4－18 多油断路器可动部分和单只套管的泄漏电流试验标准

额定电压/kV	20～35	40～60
试验电压/kV	20	30
泄漏电流/μA	10	10

表 9－4－19 35 kV 及以上少油断路器的泄漏电流试验标准

额定电压/kV	20～35	35 以上
试验电压/kV	20	40
泄漏电流/μA	10	10

（四）介质损失角正切值测定

测量断路器的介质损失角正切值，主要是检查套管，同时也可检查其他绝缘部件（灭弧室、绝缘围屏、活动拉杆、绝缘油）的绝缘情况。

由于断路器的电容量小，介质损耗的少量变化也会使介质损失角正切值发生显著变化，因此介质损失角正切值的测定，是发现断路器各绝缘部件受潮、脏污、老化等缺陷较灵敏的试验方法。

试验时，在外界引线脱离的状况下，首先测定断路器整体介质损失角正切值，也就是进行合闸状态下的试验。此项试验的目的是配合活动部分的绝缘电阻和泄漏电流测量来确定活动部分绝缘情况，以及初步判定灭弧装置是否受潮和脏污。试验仪器通常使用 QS－1 型电桥，一般采用反接线测量；若用 2500 V 介质试验器时，通过分、合闸试验，可用合闸所测得介质损失角的毫瓦值与分闸时两套管的毫瓦值差的大小，来判断断路器各部绝缘部件的绝缘状况。一般情况下，毫瓦差值为正值时，往往是活动拉杆有缺陷；若为负值，常常是灭弧装置受潮或脏污。

整体测量过程中发现有问题时，应进行分解试验，并按下列步骤进行：

（1）落下油箱使接点下部及灭弧装置露在油外，然后测量介质损失角正切值；若不能落下油箱时，须将油放出。当介质损失角正切值降低时，有可能是油箱绝缘（绝缘油、绝缘围屏等）不良，应取油样试验核实后处理。

（2）若介质损失角正切值仍超出标准，应顺次进行下列工作：

① 仔细擦净油箱内套管的表面。

② 取下消弧装置的遮蔽罩。

③ 取下消弧装置。

在上述工作完毕后，测得的介质损失角正切值如有明显降低，则认为上述有关部分绝缘不良；如消弧装置全部拆除后，介质损失角正切值仍未降低到标准规定值，则可断定是套管本身绝缘不良。这种分解试验的目的，在于逐次缩小缺陷可疑范围，直到找出缺陷为止。

空气和少油断路器的绝缘部件多数都是瓷质，而瓷质部件主要是进行交流耐压试验，一般不做介质损失角正切值试验。但是对于这类开关的灭弧装置，应在开闸状态下进行介质损失角正切值测定。

断路器的介质损失角正切值一般都很小，实际工作中影响因素又较多，对于来自外界的影响，必须采取适当措施加以消除。

介质损失角正切值的大小与温度有关系，当在临界温度以上时，介质损失角正切值随温度上升而增加。

对于油断路器，根据套管型式的不同，其介质损失角正切值的温度换算系数见表9－4－20。

在不同温度下测得的介质损失角正切值,应换算到20 ℃,以便与标准规定值进行比较。

表9－4－20　非纯瓷套管油断路器介质损失角正切值的温度换算系数

断路器套管型式	试验温度/℃												
	1	2	3	4	5	6	7	8	9	10	11	12	13
胶纸电容式	1.21	1.20	1.19	1.17	1.16	1.15	1.14	1.13	1.11	1.10	1.09	1.08	1.07
充胶式	1.25	1.24	1.22	1.21	1.20	1.19	1.17	1.16	1.15	1.14	1.12	1.11	1.10
充油式	1.17	1.16	1.15	1.15	1.14	1.13	1.12	1.11	1.11	1.10	1.09	1.08	1.07
断路器套管型式	试验温度/℃												
	14	15	16	17	18	19	20	21	22	23	24	25	26
胶纸电容式	1.06	1.05	1.04	1.03	1.02	1.01	1	0.99	0.98	0.96	0.95	0.94	0.93
充胶式	1.08	1.07	1.06	1.04	1.03	1.01	1	0.98	0.97	0.95	0.93	0.92	0.90
充油式	1.06	1.05	1.04	1.03	1.02	1.01	1	0.99	0.97	0.96	0.94	0.93	0.91
断路器套管型式	试验温度/℃												
	27	28	29	30	31	32	33	34	35	36	37	38	39
胶纸电容式	0.92	0.91	0.90	0.88	0.87	0.86	0.85	0.83	0.82	0.81	0.79	0.78	0.76
充胶式	0.89	0.87	0.86	0.84	0.83	0.81	0.79	0.77	0.76	0.74	0.72	0.70	0.68
充油式	0.90	0.88	0.87	0.86	0.84	0.83	0.81	0.80	0.78	0.77	0.75	0.74	0.72
断路器套管型式	试验温度/℃												
	40	41	42	43	44	45	46	47	48	49	50	52	54
胶纸电容式	0.75	0.73	0.72	0.70	0.69	0.67	0.66	0.64	0.63	0.61	0.60	0.57	0.54
充胶式	0.67	0.65	0.63	0.61	0.60	0.58	0.56	0.55	0.53	0.52	0.50	0.47	0.44
充油式	0.70	0.68	0.67	0.65	0.63	0.62	0.61	0.60	0.58	0.57	0.56	0.53	0.51
断路器套管型式	试验温度/℃												
	56	58	60	62	64	66	68	70	72	74	76	78	80
胶纸电容式	0.51	0.48	0.45	0.44	0.39	0.37	0.35	0.32	0.30	0.28	0.27	0.26	0.25
充胶式	0.41	0.38	0.36	0.33	0.31	0.28	0.26	0.23	0.21	0.19	0.17	0.16	0.15
充油式	0.49	0.46	0.44	0.42	0.40	0.39	0.37	0.36	0.34	0.33	0.31	0.30	0.29

温度为20 ℃时，非纯瓷套管的tanδ值（%）标准见表9－4－37。

温度为20℃时，非纯瓷套管断路器的tanδ值（%），比表9－4－37中相应的tanδ值

(%) 增加数值见表 9-4-21。

少油断路器的 tanδ(%) 应符合制造厂规定。

表 9-4-21 20 ℃时非纯瓷套管断路器的 tanδ 值 (%) 增加数值

额定电压/kV	110 及以上	110 以下	35 多油断路器
增加数值/%	1	2	3

(五) 交流耐压试验

为了进一步检查断路器的缺陷，要进行交流耐压试验，此项试验对瓷质的断路器是最有效和最直接的方法。

交流耐压试验是一种破坏性试验，一般应在其他试验项目合格后，再做耐压试验，特别是绝缘油应合格。新注入油箱的油在耐压前应静置 2 ~ 3 h。

多油断路器的交流耐压试验，应在合闸状态下进行。三相同在一个油箱内的断路器应在合闸状态下一相加压，非试验的两相接地。

少油断路器应在分闸和合闸状态下各进行一次。分闸耐压时，一侧加压，非加压侧三相短路接地。少油断路器也可在分闸状态下分别对固定和可动部分进行耐压，非加压侧也要三相短路接地。

耐压过程中要认真监视电压值，如有大的摆动和断续放电声及击穿现象，应查明原因进行处理，不能轻易重试。

各种断路器经耐压后要测量绝缘电阻，一般应和耐压前绝缘电阻值近似。

交流耐压所加电压值的测量，最好在高压侧直接测量。如没有测量仪器，也可将试验变压器低压侧表计的读数换算为高压侧电压值。

有关油断路器的交流耐压试验标准见表 9-4-22 至表 9-4-24。

表 9-4-22 符合国家标准产品规定的断路器交流耐压试验标准 kV

额定电压	2	3	6	10	15	20	35	44	60	110
出厂时试验电压	16	24	32	42	55	65	95		155	250
新装、大修、运行中的试验电压	14	22	28	38	50	59	85	105	140	225

表 9-4-23 出厂试验电压不明、老旧设备交流耐压试验标准 kV

额定电压	2	3	6	10	15	20	35	44	60
新装、大修、运行中的试验电压	13	20	27	35	47	55	80	90	130

表 9-4-24 安装在井下的油断路器交流耐压试验标准 kV

额定电压	2	3	6	10
新装、大修、运行中的试验电压	10	13	21	32

三、空气断路器与真空断路器试验

(一) 试验项目与试验周期

空气断路器与真空断路器的试验项目与试验周期见表9-4-25。

表9-4-25　空气断路器与真空断路器的试验项目与试验周期

试验项目	试验周期	备注
测量支持瓷套的绝缘电阻	1. 新装或大修后 2. 运行中1~3年一次	
测量真空断路器的断口和有机物拉杆的绝缘电阻	1. 新装或大修后 2. 运行中1年一次	
测量35 kV及以上的支持瓷套的泄漏电流	新装或大修后	
交流耐压试验	1. 新装或大修后 2. 运行中1~3年一次	
测量真空断路器的导电回路电阻	1. 新装或大修后 2. 运行中1年一次	

(二) 试验标准

1. 绝缘电阻测定

试验时，应使用2500 V兆欧表，其量程应不小于10000 MΩ，测得的绝缘电阻值应不低于5000 MΩ。

真空断路器的断口和有机物拉杆的绝缘电阻应不低于表9-4-26中的数值。

表9-4-26

试验类别	额定电压/kV		
	<24	24~40.5	72.5
大修后	1000 MΩ	2500 MΩ	5000 MΩ
运行中	300 MΩ	1000 MΩ	3000 MΩ

整体绝缘电阻参照制造厂规定或自行规定。一般规定1 MΩ/kV。

2. 泄漏电流测定

测量空气断路器支持瓷套的泄漏电流时，每一元件所加试验电压见表9-4-27。

表9-4-27　测量空气断路器支持瓷套的泄漏电流时每一元件所加试验电压标准　kV

额定电压	35	35以上
直流试验电压	20	40

泄漏电流值无规定标准，可与同类型设备试验数据或本设备的历年试验数据进行比

较，一般不大于 10 μA。

3. 交流耐压试验

空气断路器的交流耐压试验，一般可在分闸状态下分两步进行：首先将静触头接地，对动触头侧导电部分进行耐压，然后再将静触头导电部分对地进行耐压。真空断路器的交流耐压试验标准见表 9－4－28。

表 9－4－28 真空断路器的交流耐压试验标准 kV

额定电压	1 min 工频耐压			
	相对地	相 间	断路器断口	隔离断口
3	25	25	25	27
6	32	32	32	36
10	42	42	42	49
35	95	95	95	118

真空断路器在分闸状态下，真空灭弧室断口间的试验电压应按产品技术条件的规定，试验中不应发生贯穿性放电。

4. 真空断路器的导电回路电阻测定

断路器导电回路的电阻主要取决于断路器的动、静触头间的接触电阻，接触电阻又由收缩电阻和表面电阻两部分组成。

《电力设备预防性试验规程》对真空断路器的导电回路电阻要求如下：

（1）大修后应符合制造厂规定。

（2）运行中自行规定，建议不大于 1.2 倍出厂值。制造厂对额定电压 6～10 kV 真空断路器的导电回路电阻规定为：①额定电流 630 A 的小于或等于 50 μΩ；②额定电流 1250 A 的小于或等于 45 μΩ；③额定电流 1600～2000 A 的小于或等于 35 μΩ；④额定电流 2500 A 及以上的小于或等于 25 μΩ。

空气断路器交流耐压试验电压标准见表 9－4－29。

表 9－4－29 空气断路器交流耐压试验电压标准 kV

试 验 性 质	额 定 电 压								
	3	6	10	15	20	35	44	60	110
出厂试验电压	24	32	42	55	65	95		155	250
新装及大修后试验电压	22	28	38	50	59	85	105	140	225

四、互感器绝缘试验

（一）试验项目和试验周期

互感器的试验项目和试验周期见表 9－4－30。

表9-4-30　互感器的试验项目和试验周期

试验项目	试验周期	备注
绝缘电阻测定	1. 新装和大修后 2. 运行中充油互感器一年一次，干式互感器两年一次	
介质损失角正切值测定	1. 新装和大修后 2. 运行中一年一次	15 kV 及以下的互感器不做此项试验
交流耐压试验	1. 新装和大修后 2. 运行中 10 kV 及以下两年一次	运行中 20 kV 及以上的互感器根据需要进行
电流互感器一次绕组直流电阻	1. 新装和大修后 2. 必要时	
电流互感器极性	1. 新装和大修后 2. 必要时	
电流互感器各分接头的变比检查	1. 新装和大修后 2. 必要时	
电压互感器连接组别和极性	1. 新装和大修后 2. 必要时	
电压互感器电压比	1. 新装和大修后 2. 必要时	

注：电容型电压互感器的试验项目按厂家规定进行。

（二）试验标准

1. 绝缘电阻值测定

高压互感器的一次线圈电压在 500 V 以下的用 500 V 兆欧表，1200 V 及以下用 1000 V 兆欧表，1200 V 以上的用 2500 V 兆欧表，二次线圈用 1000 V 兆欧表，低压互感器二次线圈用 500 V 兆欧表。测量时非被试线圈接地。测量时不仅测量设备高压绕组和低压绕组对地绝缘状态，而且要测量高低压绕组间的绝缘状态。绝缘电阻值无规定标准，一次线圈可参照同级电压断路器合闸标准。二次线圈的绝缘电阻值一般不低于 1 MΩ。

2. 介质损失角正切值测定

做介质损失角正切值试验时，由于互感器的电容量较小，介质损耗的微小变化，即能引起介质损失角正切值显著变化，因此这项试验在检查互感器绝缘受潮、绝缘老化等方面，是一种灵敏度较高的试验方法。20 kV 以上的互感器一般都要进行介质损失角正切值的测量。测量时低压绕组应接地。

当整组试验介质损失角正切值大于规定值时，应首先检查油的介质损失角正切值，如果油良好，再分别检查套管和绕组，以便确定不良部位便于检修。

电压互感器的 tanδ 值（%）应不大于表 9-4-31 规定的标准。

电流互感器的 tanδ 值（%）应不大于表 9-4-32 规定的标准。

表 9－4－31　电压互感器的 tanδ 值（%）标准

温度/℃		5	10	20	30	40	50
35 kV 及以下	新装及大修后	2	2.5	3.5	5.5	8.0	11
	运行中	2.5	3.5	5.0	7.5	10.5	14
35 kV 及以下	新装及大修后	1.5	2.0	2.5	4.0	6.0	8.0
	运行中	2.0	2.5	3.5	5.0	8.0	10.0

表 9－4－32　电流互感器的 tanδ 值（%）标准

电压/kV		20～44	60～220
套管为充油的电流互感器	新装与大修后	3	2
	运行中	6	3
套管为充胶的电流互感器	新装与大修后	2	2
	运行中	4	3
套管为胶纸电容式的电流互感器	新装与大修后	2.5	2
	运行中	6	3

3. 交流耐压试验

符合国家产品标准规定的互感器的交流耐压试验标准见表 9－4－33。

非标准产品、出厂试验电压不明的互感器交流耐压试验标准见表 9－4－34。

表 9－4－33　符合国家产品标准规定的互感器的交流耐压试验标准　　kV

试验性质	额定电压										
	0.75	2	3	6	10	15	20	35	44	60	110
出厂试验电压	2	16	24	32	42	55	65	95		155 (140)	250 (200)
大修、运行中试验电压	2	14	22	28	38	50	59	85	105 (100)	140 (125)	225 (180)

注：括号内为电压互感器耐压标准。

表 9－4－34　非标准产品、出厂试验电压不明的互感器交流耐压试验标准　　kV

试验性质	额定电压									
	0.7 以下	2	3	6	10	15	20	35	44	60
新装、大修、运行中试验电压	1	12	15	21	30	38	47	72	87	120

注：出厂试验电压与该表不同的，其试验电压应按出厂试验电压的 90% 进行，但不得低于表 9－4－35 的规定。

用在井下的互感器，交流耐压试验标准见表 9－4－35。

互感器的二次交流耐压试验，出厂时试验电压为 2 kV，新装及大修后为 1 kV。串级式一端接地的电压互感器不做交流耐压试验，只做感应耐压试验。

表9-4-35 安装在井下的互感器交流耐压试验标准 kV

试验性质	额定电压				
	0.7以下	2	3	6	10
新装、大修、运行中试验电压	1	10	13	21	30

4. 互感器的特性试验

互感器的特性试验方法与电力变压器的基本相同。

互感器的特性试验主要包括以下几个方面。

1）测量互感器的直流电阻

交接、大修时应测量电流互感器一次绕组的直流电阻。测量结果应与初始值或出厂值比较，无明显差别。

2）极性试验

电流互感器和电压互感器的极性很重要，极性判断错误会使计量仪表指示错误，更为严重的是使带有方向的继电保护误动作。互感器一、二次绕组间均为减极性。极性试验方法与变压器的相同，一般采用直流法。

3）变比试验

（1）电流互感器变比的检查采用与标准电流互感器相比较的方法，试验时，将被试电流互感器与标准电流互感器一次侧串联，二次侧各接一只0.5级的电流表，用升流器供给一次侧合适电流，当电流升至互感器的额定电流值时（或在30%～70%额定电流范围内多选几点）同时记录两表的读数，则被试电流互感器的实际变比为

$$K = K_N I_N / I$$

变比误差为

$$\Delta K = (K - K_{XN}) / K_{XN} \times 100\%$$

式中 K_N、I_N——标准电流互感器的变比和二次电流值；

K、I——被试电流互感器的变比和二次电流值；

K_{XN}——被试电流互感器的额定变比。

试验时应注意，应将非被试电流互感器二次绕组短路，严防开路。

（2）电压互感器变比的检查。检查其变比可采用双电压表法或变比电桥测量法，现场一般采用变压器变比测试仪测量。

《电力设备预防性试验规程》对互感器极性和变比的要求：与铭牌和端子标志相符。

五、套管绝缘试验

（一）试验项目与试验周期

套管的试验项目和试验周期见表9-4-36。

（二）试验标准

1. 绝缘电阻测定

测量套管的绝缘电阻时应使用2500 V兆欧表。其绝缘电阻值的参考标准：额定电压为

表9-4-36 套管的试验项目和试验周期

试验项目	试验周期	备注
绝缘电阻测定	1. 新装及大修后 2. 运行中根据需要进行	
介质损失角正切值测定	1. 新装及大修后 2. 运行中根据需要进行	15 kV 及以下的套管不做此项试验
交流耐压试验	新装及大修后	

35 kV 及以下的套管，绝缘电阻值应不低于 2500 MΩ；额定电压为 35 kV 及以上的套管，绝缘电阻值应不低于 5000 MΩ。

2. 非纯瓷套管的介质损失角正切值测量

20 ℃时，非纯瓷套管的 tanδ 值（%）不应大于表 9-4-37 规定的标准。

表9-4-37 20 ℃时非纯瓷套管的 tanδ 值（%）标准

套管型式		额定电压/kV		
		20~44	60~110	154~330
新装及大修后	充油式	3	2	2
	油浸纸电容式	1	1	1
	胶纸式	3	2	—
	充胶式	2	2	—
	胶纸充胶或充油式	2.5	2	1.5
运行中	充油式	4	3	3
	油浸纸电容式	2	1.5	1.5
	胶纸式	4	3	—
	充胶式	3	3	—
	胶纸充胶或充油式	4	3	2.5

3. 交流耐压试验

套管的交流耐压试验电压标准见表 9-4-38。

表9-4-38 套管交流耐压试验电压标准 kV

套管型式	试验性质	额定电压									
		2	3	6	10	15	20	35	44	60	110
		试验电压									
纯瓷和纯瓷充油绝缘套管	出厂试验		25	32	42	57	68	100		165	265
	新装、大修试验	16	25	32	42	57	68	100	125	165	265
固体有机绝缘套管	出厂试验		25	32	42	57	68	100		165	265
	新装、大修试验	14	22	28	38	50	59	90	110	150	240

注：穿墙套管的耐压试验，按绝缘子耐压试验同一标准进行。

(三) 用电领试验法测量套管的介质损失角正切值

在对高压套管进行介质损失角正切值测量时，为了判断绝缘缺陷的部位，对某些与变压器线圈或其他电气设备已固定连接，无法按标准试验方法测量的套管，可根据情况采用电领试验法进行试验。

1. 试验方法

电领试验法是在套管的瓷套上沿各裙间的瓷壁上，用柔软铜绞线或金属带缠绕着称作电领的电极。导电杆作为另一极。电领试验法按加压部位可分为热电领试验法和冷电领试验法。按电领的数目可分为单电领试验法和多电领试验法。

热电领试验法——电领加试验电压，导杆接地。

冷电领试验法——导电杆加试验电压，电领接地。

单电领试验法——仅在套管某两个裙间的瓷壁上缠绕电领作为电极。

多电领试验法——用一个以上的电领互相连接作为电极。

电领试验法可以提高电领附近套管绝缘的电场强度，能够有效地发现这些部位存在的局部缺陷。通常多采用热电领试验法。

1）单热电领试验法

先将电领紧密地缠绕在顶端第一个裙边下的瓷壁上，电领接试验电压，导杆和法兰均接地（图9－4－6）。然后按正常操作步骤进行测量。测出结果后将电领移下一个裙边，依次测出各部分的 tanδ 值，以检查缺陷的部位，或判断绝缘劣化的程度。

2）多热电领试验法

使用多热电领试验法，可以检查套管上部绝缘的整体情况。当套管与变压器线圈不能分开时，可以采用此法。试验接线如图9－4－7所示。除靠近顶帽和中间法兰的两个瓷节外，其余都加电领并互相连接，同样按正常操作测出 tanδ 值。

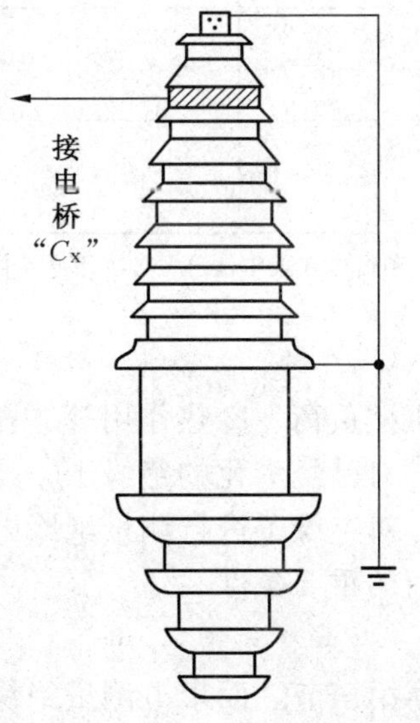

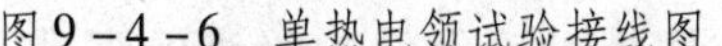

图9－4－6　单热电领试验接线图

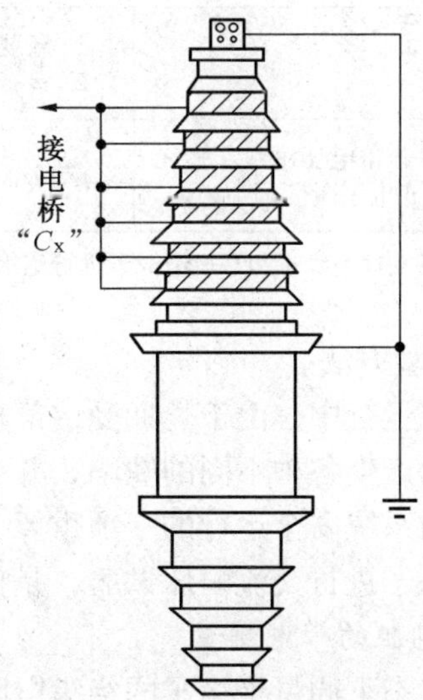

图9－4－7　多热电领试验接线图

2. 试验结果的判断

热电领试验法因加在绝缘上的电场分布发生改变，故不能用正常试验规定的标准来作为判断的依据。同时试验中影响其结果的因素较多，如温度、湿度、脏污等，而在使用不同的电领时，其缠绕方法也很难一致，目前尚没有绝对的标准。因此只能以相对的数值，将同类型套管相互比较来发现问题。

3. 热电领试验的注意事项

(1) 作为电领的金属带，要求柔软，并有足够的机械强度，以便能紧密地接触瓷套，避免电领与瓷面间气隙中的电晕放电造成附加的 $\tan\delta$ 值。

(2) 同一台设备上的每只套管接线方法必须一致，否则难以互相比较。

(3) 套管表面要清洁、干燥，特别是不加电领部分，否则测量的结果只反映套管表面的绝缘情况，而不能反映内部的情况。

(4) 最好在空气相对湿度为 75% 以下进行测量。测量前必须先试验绝缘电阻，证明表面情况良好后，再测 $\tan\delta$ 值。

(5) 为便于相互比较，试验时应记录设备油量、周围气温及气象情况。

六、支柱绝缘子和悬式绝缘子绝缘试验

(一) 试验项目与试验周期

支柱绝缘子和悬式绝缘子的试验项目与试验周期见表 9-4-39。

表 9-4-39 支柱绝缘子和悬式绝缘子的试验项目与试验周期

试验项目	试验周期	备注
绝缘电阻测定	1. 新装 2. 运行中 2~3 年一次	
交流耐压试验	1. 新装 2. 运行中 2~2 年一次	
悬式绝缘子串分布电压测量、多元件支柱绝缘子分布电压测量	运行中 2~3 年一次	

注：运行中多元件支柱绝缘子和悬式绝缘子进行绝缘试验时，其试验项目可在表中任选一项，不必全做。

(二) 试验方法

绝缘子在运行中，由于长期受内部机械应力、机械负荷、冷热作用等，瓷质材料要自然劣化，常会产生各种不同的缺陷，并会逐渐发展。对已经劣化的绝缘子，及时查出和更换是保证电力系统安全运行的一项重要工作。因此，对绝缘子进行测量绝缘电阻和电压分布以及对绝缘子进行交流耐压试验，是保证安全运行的重要条件。

1. 绝缘电阻的带电测量

不带电状态下测量绝缘子的绝缘电阻可参阅本章第三节。而带电测量绝缘电阻适用于多元件的绝缘子，是借高压电阻杆接至绝缘子元件，用处于地电位端的兆欧表进行测量。测得的绝缘电阻值应减去高压电阻杆的电阻，其差值则是该元件的绝缘电阻值，其原理接线如图 9-4-8 所示，图中 R 是高压电阻杆电阻，是按每伏 8~15 kΩ、每厘米长不超过

500 V、每个电阻容量为1～2 W选用的。C_1是接地电容，以使兆欧表处于地电位，应选聚苯乙烯等高压电容。每个电容应能承受3000 V直流电压，电容量可按0.01～0.05 μF选用（测量35 kV支柱绝缘子绝缘电阻，用一根高压电阻杆时，电容C_1可以不用）。整个高压电阻杆在带电或不带电情况下，其电阻值应稳定不变。

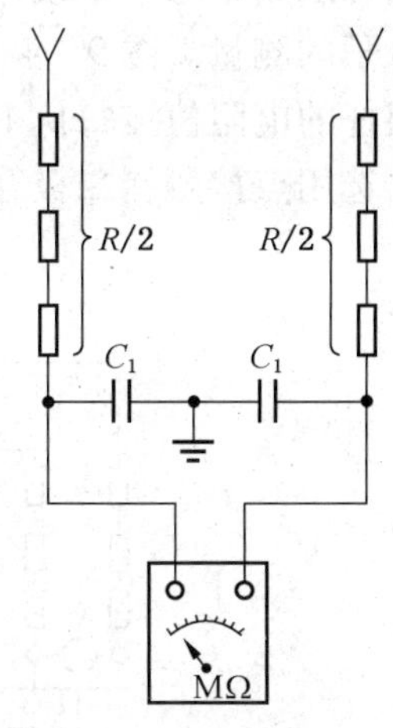

图9－4－8　带电测量绝缘子绝缘电阻示意图

绝缘电阻测量受温度、湿度、表面脏污的影响很大，故绝缘子的优劣可从测量值的相互比较中判断，绝对值作为参考。

但在气候良好、表面清洁的情况下，测得的多元件支柱绝缘子的每一元件或每片悬式绝缘子的绝缘电阻一般应不低于300 MΩ。低于300 MΩ的绝缘子在耐压试验时就有可能击穿。对绝缘低的绝缘子应当慎重比较后决定取舍。

测量时，高压电阻杆的绝缘应良好，符合带电作业的要求，接地线应可靠，操作时要注意安全距离。

2. 交流耐压试验

交流耐压试验是判断绝缘子抗电强度最有效的方法。绝缘子应随设备大修、交接做交流耐压试验。在预防性试验中，可以用交流耐压代替绝缘电阻和电压分布的测量。对于单元件的支柱绝缘子，交流耐压试验是目前最简易和最普遍的试验方法。

试验时的接线与不带电测试绝缘电阻时的接线基本相同，试验变压器的火线接绝缘子的一极，另一极应可靠接地。

试验时应注意引下线要用绝缘漆布带牵制牢固，避免摆动，对设备、人身及对地要保证有足够的安全距离。

3. 测量电压分布

绝缘子串和绝缘子柱，在清洁干燥的情况下，其工作电压与绝缘子各元件的电容量成反比分布。一般绝缘子串或柱中的绝缘子大小、形状、使用材料都是一样的，每个绝缘子的电容量近似相同。但是每个绝缘子承受的工作电压并不相等，这是由于杂散电容影响的缘故。对地电容使靠近导线的绝缘子分担更高的电压，而对导线的电容使远离导线的绝缘子分担较高的电压。对地电容又总是大于对导线的电容，这样就使靠近导线的绝缘子分担的电压最高。在靠近接地端的绝缘子上分担的电压又略趋升高。处于中间的绝缘子分布电压最低。绝缘子串或柱在实际运行中不可避免地会有尘污，受到表面电导的影响，电压分布将更均匀一些。

可见，运行中的绝缘子串或柱中各元件的电位分布，良好的和劣化的电位分布是有明显差别的，因此可根据带电测量电位分布的情况来判断各元件的好坏。

测量电位分布的工具可用电阻分压杆或电容分压杆。

1）电阻分压杆

电阻分压杆的内部结构及接线如图9－4－9所示。图9－4－9a与图9－4－9b是表示测量两点之间的电位差的外部结构及内部接线图。图9－4－9c与图9－4－9d是表示测量某点对地电位的外部结构及内部接线图。图9－4－9a与图9－4－9b适于110 kV及以上变电站和线路绝缘子串或柱的测量；图9-4-9c与图9-4-9d适用于35 kV变电站内支持绝缘子的测量。图9-4-9中的C是滤波电容，一般采用0.1~5 μF（有时也可不用）。电阻杆的电阻值按每伏10~20 kΩ、每厘米0.5~1.5 kV、每个电阻容量1~2 W选用。整流器选用点接触锗二极管。微安表选用50~100 μA量程。

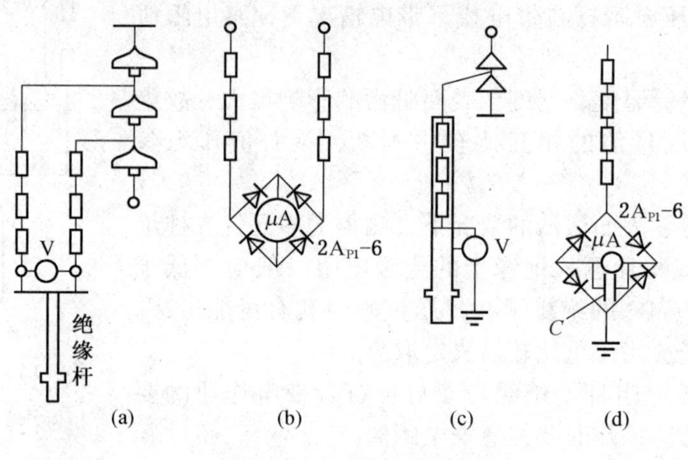

图9-4-9 电阻分压杆

此种测量杆要预先在室内求出端部电压与表头读数的关系，并应经常校正。在强电场附近测量时，应注意外界电场对表头的影响，必要时采取适当的消除干扰措施。用于测量的接地线，连接应牢固可靠，防止在测量过程中脱开，造成危险。

2）电容分压杆

电容分压杆与电阻分压杆相似，只是把电阻换成高压小容量的电容器串联，经整流后用微安表或用静电电压表测量。当电容器的电容量足够小时，被测量的电压都分布在电容器上，因此小量程的电压表就可测量几千到几万伏电压。为了做到指示准确，要求电容器的电容稳定不变。测量时的注意事项与电阻分压杆相同。

（三）试验标准

1. 绝缘电阻试验标准

多元件支柱绝缘子的每一元件和每片悬式绝缘子的绝缘电阻，使用2500 V兆欧表测量，其值应不低于300 MΩ。其他型式绝缘子的绝缘电阻值可参考套管试验标准。

2. 交流耐压试验标准

1）支柱绝缘子的交流耐压试验标准

支柱绝缘子的交流耐压试验标准见表9-4-40。

表9-4-40 支柱绝缘子的交流耐压试验标准 kV

绝缘子的结构	额定电压									
	2	3	6	10	15	20	35	44	60	110
	试验电压									
纯瓷绝缘的绝缘子	16	24	32	42	57	68	100	125	165	265
非纯瓷绝缘的绝缘子	14	22	28	38	50	59	90	110	150	240

对于35 kV的多元件支柱绝缘子，除按表9-4-41规定标准试验外，也可根据实际情况对单个元件进行试验。多元件支持绝缘子是两个元件胶合者每个元件的试验电压取50 kV；三个元件胶合者每个元件的试验电压取34 kV。

2）悬式绝缘子的交流耐压试验标准

悬式绝缘子的交流耐压试验标准见表9-4-41。

表9-4-41　悬式绝缘子的交流耐压试验标准　kV

型　号	X-3、X-3C	X-1-4.5（Ⅱ-4.5）X-4.5（C-105）、X-4.5C（C-5）	X-7（Ⅱ-7）	X-11（Ⅱ-11）	X-16	XF-4.5（ⅡC-2）
交流耐压试验电压	45	56	60	64	70	80

3. 多元件支柱绝缘子和悬式绝缘子串的分布电压标准

1）多元件支柱绝缘子的分布电压标准

多元件支柱绝缘子的分布电压标准见表9-4-42。

表9-4-42　多元件支柱绝缘子的分布电压标准　kV

工作电压		绝缘子型式和个数	绝缘子状态	按由架构数起绝缘子元件顺序的分布电压														
线	相			1	2	3	4	5	6	7	8	9	10	11	12	13	14	15
220	127	5XZPD-1-35	正常的	6	7	7	5	6	6	6	7	9	7	8	10	11	12	18
			有缺陷的	<3	<3	<3	<2	<3	<4	<3	<3	<4	<3	<3	<5	<6	<8	<12
110	65	3XZPD-1-35	正常的	6	4	5	6	6	7	7	8	16	—	—	—	—	—	—
			有缺陷的	<3	<2	<3	<3	<3	<3	<4	<6	<10	—	—	—	—	—	—
110	65	3XZPC-1-35	正常的	7	8	9	11	12	18	—	—	—	—	—	—	—	—	—
			有缺陷的	<3	<4	<5	<6	<8	<11	—	—	—	—	—	—	—	—	—
35	20	1XZPC-1-35	正常的	10	10	—	—	—	—	—	—	—	—	—	—	—	—	—
			有缺陷的	<5	<5	—	—	—	—	—	—	—	—	—	—	—	—	—

2）悬式绝缘子串的分布电压标准

悬式绝缘子串的分布电压标准见表9-4-43。

表9-4-43　悬式绝缘子串的分布电压标准

工作电压/kV		绝缘子型式	个数/个	绝缘子状态	按由横担起绝缘子元件顺序的分布电压/kV													
线	相				1	2	3	4	5	6	7	8	9	10	11	12	13	14
220	127	X-4.5	14	正常的	8	6	6.5	5	5	5	5	6	6.5	7	9	12	16	31
				有缺陷的	<4	<3	<3	<2	<2	<2	<2	<3	<3	<3	<4	<6	<8	<16

表 9-4-43（续）

工作电压/kV		绝缘子型式	个数/个	绝缘子状态	按由横担起绝缘子元件顺序的分布电压/kV													
线	相				1	2	3	4	5	6	7	8	9	10	11	12	13	14
110	65	X-4.5	8	正常的	8	5	5	4.5	6.5	8	10	17	—	—	—	—	—	—
				有缺陷的	<4	<2	<2	<2	<3	<4	<5	<9	—	—	—	—	—	—
		X-4.5	7	正常的	9	6	5	7	8.5	10	18.5	—	—	—	—	—	—	—
				有缺陷的	<4	<3	<2	<3	<4	<5	<9	—	—	—	—	—	—	—
		X-4.5	6	正常的	10	7	8	9	11	19	—	—	—	—	—	—	—	—
				有缺陷的	<5	<3	<4	<4	<5	<9	—	—	—	—	—	—	—	—
35	20	X-4.5	4	正常的	4	3.5	4.8	8	—	—	—	—	—	—	—	—	—	—
				有缺陷的	<2	<2	<2	<4	—	—	—	—	—	—	—	—	—	—
		X-4.5	3	正常的	6	5	9	—	—	—	—	—	—	—	—	—	—	—
				有缺陷的	<3	<3	<5	—	—	—	—	—	—	—	—	—	—	—
		X-4.5	2	正常的	10	10	—	—	—	—	—	—	—	—	—	—	—	—
				有缺陷的	<5	<5	—	—	—	—	—	—	—	—	—	—	—	—

注：1. 某一绝缘子元件上的分布电压低于规定标准，而邻近元件的分布电压升高时，则该元件可能有缺陷。
2. 绝缘子的各串联元件，分布电压接近相等时，则绝缘子串可能过分脏污。
3. 测得的绝缘子各元件分布电压总和与运行电压比较，金属和混凝土杆塔可能相差 20%；木杆可能相差 30%。若测得某元件的分布电压低于标准值，但邻近元件并无电压升高现象时，则可能是测量结果不正确。

七、隔离开关和母线绝缘试验

（一）试验项目和试验周期

隔离开关的试验项目和试验周期见表 9-4-44。

表 9-4-44　隔离开关的试验项目和试验周期

序　号	试　验　项　目	试　验　周　期	备　　注
1	绝缘电阻测定	1. 新装和大修后 2. 运行中 2～4 年一次	
2	交流耐压试验	1. 新装和大修后 2. 运行中 2～4 年一次	
3	检查触头接触情况及弹簧压力	新装和大修后	

母线的试验项目和试验周期见表 9-4-45。

（二）绝缘电阻测定

（1）对瓷支柱绝缘子及可动部分的绝缘电阻，用 2500 V 兆欧表测量，所测结果与同类型设备以及以往记录比较，不应有显著差别。对于有机材料传动拉杆的绝缘电阻不应低于表 9-4-46 的规定值。

表9-4-45　母线的试验项目和试验周期

序　号	试　验　项　目	试　验　周　期	备　　注
1	绝缘电阻测定	1. 新装 2. 运行中2~4年一次	
2	交流耐压试验	1. 新装 2. 运行中2~4年一次	
3	检查连接部分接触情况	1. 新装 2. 运行中根据实际需要	

表9-4-46　有机材料传动拉杆的绝缘电阻试验标准

试　验　性　质	额定电压/kV		
	2~15	20~44	60以上
安装和大修后	1000 MΩ	2500 MΩ	2500 MΩ
运行中	300 MΩ	1000 MΩ	1000 MΩ

(2) 母线绝缘电阻不做具体规定，但各条母线之间以及耐压前后不应有显著差别。

(三) 交流耐压试验

(1) 隔离开关交流耐压试验电压见表9-4-47。

表9-4-47　隔离开关交流耐压试验标准　kV

试　验　性　质	额　定　电　压									
	2	3	6	10	15	20	35	44	60	110
	试　验　电　压									
安装、大修及运行中	16	24	32	42	55	65	95	105	155	250

注：用单个或多个元件支柱绝缘子组成的隔离开关，整体耐压有困难时，可对各胶合元件分别进行试验，试验标准按支柱绝缘子耐压试验标准。

熔断器试验项目和标准可参照表9-4-47。

(2) 母线的耐压试验：

① 额定电压在1 kV及以上的试验参照表9-4-47的标准进行。

② 额定电压在1 kV以下的交流耐压试验电压为2000 V。

八、电力电缆绝缘试验

(一) 试验项目和试验周期

油浸纸绝缘电力电缆的试验项目和试验周期见表9-4-48。

表9-4-48　油浸纸绝缘电力电缆的试验项目和试验周期

试　验　项　目	试　验　周　期	备　　注
绝缘电阻测定	1. 新装和更换接头盒后 2. 运行中一年一次	
泄漏电流和直流耐压试验	1. 新装及更换接头盒后 2. 运行中一年一次	

橡胶绝缘电力电缆的试验项目和试验周期见表 9－4－49。

表 9－4－49 橡胶绝缘电力电缆的试验项目和试验周期

试验项目	试验周期	备注
绝缘电阻测定	1. 新装及热补后 2. 运行中根据需要进行	
泄漏电流和直流耐压试验	1. 新装及热补后 2. 运行中根据需要进行	
交流耐压试验	新装及热补后	

(二) 试验方法

1. 绝缘电阻测定

对 1000 V 及以下电压的电缆用 1000 V 兆欧表测试，对 1000 V 以上电压的电缆用 2500 V 兆欧表测试。

对于不同型式的电缆，可按表 9－4－50 规定的接线方法进行试验。

表 9－4－50 电力电缆的绝缘电阻和泄漏电流试验时的接线方式

电缆型式	缆芯接线方式	电缆型式	缆芯接线方式
单芯	缆芯对铅包接地	三芯	一芯对其他二芯及铅包接地
双芯	一芯对另一芯及铅包接地	多芯分相屏蔽	各芯分别对屏蔽及铅包接地

绝缘电阻测定时，对于运行中的电缆要充分放电并擦去表面污垢后才能进行。试验时在兆欧表达到额定转速后，将线路端接到被试芯线上，同时记录时间，读取 15 s 和 60 s 的绝缘电阻值。在测定的时间内兆欧表的转速要恒定。停止兆欧表转动前先要将电缆的连线断开，以免反充电，测量完毕要进行放电。

因为电缆的绝缘电阻随温度的不同而有差异，为便于与历次试验或其他相同条件下的数值相比较，可参考下式将测量结果换算成 20 ℃时的绝缘电阻值。

$$R_{20}=R_t\cdot K_t$$

式中 R_{20}——温度为 20 ℃时的绝缘电阻值；

R_t——温度为 t ℃时的绝缘电阻值；

K_t——温度系数，可由表 9－4－51 查得。

表 9－4－51 电缆绝缘电阻试验温度换算系数

温度/℃	0	5	10	15	20	25	30	35	40
温度系数	0.48	0.57	0.70	0.85	1.00	1.13	1.41	1.66	1.92

对地下敷设的电缆，其周围温度与气温不同，如停运时间较长，可用电缆周围土壤温度作为电缆温度进行换算，否则应以缆芯温度为准。

2. 泄漏电流和直流耐压试验

电缆的泄漏电流试验，由于接线方法和直流耐压试验完全相同，因此在实际工作中总是在一起进行的。但两种方法的意义是不同的，泄漏电流试验能有效地发现绝缘均匀整体性缺陷，如绝缘老化、受潮等；而直流耐压试验主要是检查电缆的抗电强度。因为在直流电压作用下，电缆绝缘中的电压是按电阻成比例分布的，当电缆中存有发展性的局部缺陷时，大部分电压加在存在缺陷尚未损坏部分的绝缘上，因而直流耐压试验较易于发现，如纸绝缘机械损伤、裂缝、气泡等内部缺陷。

试验时的接线可参照表 9－4－50 进行，但应注意被试电缆的加压芯线一定要和试验电压的负极相接。当泄漏试验器用整流管整流时，它本身的屏极输出端就是负极。但当使用硅二极管整流时，就应注意整流输出端是负极还是正极。当被试电缆芯线与试验电压的正极相接时，若绝缘中有水分存在，水分将会因电渗透性作用而移向铅包，结果使缺陷不易被发现，这时击穿电压也比负极加压时有所提高。

3. 注意事项

（1）进行绝缘电阻和泄漏电流试验时，应将表面擦拭干净，相间对地应有足够的距离，防止因表面脏污以及相间或对地距离不同，增大不对称系数和泄漏电流数值。

（2）进行泄漏电流和直流耐压试验时，升压速度不宜太快，因为电缆如存在缺陷，升压过程中有击穿或闪络可能，必须注意电压表和微安表。一旦出现异常现象应立刻停止加压，防止整流管（硅堆）、微安表等设备损坏。另外在电压上升到规定值时，升压太快容易超过规定的试验电压，试验电压的监视最好在高压侧直接测量。

（3）进行泄漏电流和直流耐压试验时，由于高压线对地电晕电流的影响，增大了通过微安表的电流值，因此，当试验 20～35 kV 高压电缆时，应尽可能采取屏蔽措施。

（4）缆芯与地间是一个很大的电容，试验时不加压的电缆芯与地连接或不连接，其高压端的电压值和波形很不一致。而各种杂散电流与电压关系又非直线，在不接电缆时，杂散电流远小于连接电缆时的杂散电流。因此，在做泄漏电流和直流耐压试验时，用电缆在额定试验电压下的泄漏电流值减去不带电缆时测得的泄漏电流值，作为电缆本身的泄漏电流是不准确的。

（5）升压过程中，应在 0.25、0.50、0.75、1.0 倍试验电压下停留 1 min，待电流稳定后，读取泄漏电流值。当加压到额定试验电压时，应停留 5 min 或 10 min，分别记录 1 min、5 min 或 10 min 的泄漏电流值，以观察电流变化情况。1 min 的泄漏电流与 5 min 或 10 min 的泄漏电流值的比值应大于 1。

（三）试验标准

1. 绝缘电阻试验标准

油浸纸绝缘电力电缆长度为 1 km 时的绝缘电阻参考值见 9－4－52。

表 9－4－52　油浸纸绝缘电力电缆长度为 1 km 时的绝缘电阻参考值（新品）

额定电压/kV	缘缘电阻/MΩ	
	油浸纸绝缘电缆	干绝缘电缆
0.7 以下	10	
1～3	50	100
6～10	100	200

注：不同长度的电缆，可根据绝缘电阻与电缆长度成反比的规律进行换算。

油浸纸绝缘电力电缆的吸收比，R''_{60}/R''_{15} 不应小于 2。各相绝缘电阻的不对称系数：工作电压在 3 kV 及以下者应不大于 2.5；工作电压在 3 kV 以上者应不大于 2。耐压试验前后所测得的绝缘电阻值应无明显差别。

高压橡胶电缆的绝缘电阻值，一般应大于 50 MΩ，低压橡胶电缆的绝缘电阻值一般应大于 2 MΩ。

橡胶绝缘电缆的绝缘电阻测量分为以下几种：

（1）测量电缆主绝缘电阻。0.6/1 kV 电缆用 1000 V 兆欧表；0.6/1 kV 以上电缆用 2500 V 兆欧表（6 ~ 6 kV 及以上电缆也可用 5000 V 兆欧表）。

（2）测量电缆外护套绝缘电阻值和内衬层绝缘电阻值。要求每千米绝缘电阻值不低于 0.5 MΩ，采用 500 V 兆欧表测量外护套和内衬层绝缘电阻值。当绝缘电阻很低时，应用万用表的“正”“负”表笔交换测量铠装层对地或铠装层对铜屏蔽层的绝缘电阻值。若两次测得的绝缘电阻值相差较大时，就可判明外护套和内衬层已经破损进水。外护套破损不一定要立即修理，但内衬层破损进水后，水分直接与电缆芯接触并可能会腐蚀铜屏蔽层，一般应尽快检修。

2. 直流耐压试验电压标准及泄漏电流参考值

油浸纸绝缘电力电缆的直流耐压试验电压标准及泄漏电流参考值见表 9－4－53 及表 9－4－54。

表 9－4－53 油浸纸绝缘电力电缆的直流耐压试验电压标准

电缆种类	额定电压/kV	试验电压	
		新装	运行中
油浸纸绝缘电力电缆	2 ~ 10	6 倍额定电压	5 倍额定电压
	15 ~ 35	5 倍额定电压	4 倍额定电压
	35 ~ 110		3 倍额定电压
	110 以上	按制造厂规定	按制造厂规定
试验时间/min		10	5

表 9－4－54 长度为 250 m 时油浸纸绝缘电力电缆泄漏电流参考值

电缆型式	工作电压/kV	试验电压/kV	泄漏电流值/μA	
			新装	运行中
三芯电缆	35	140	85	
	20	80	80	100
	10	50	50	120
	6	30	30	75
	3	15	20	50
	1	5	20	50
单芯电缆	10	50	70	
	6	30	45	
	3	15	30	60

注：电缆长度超过 250 m 时，其泄漏电流值与电缆长度成正比。

三相泄漏电流的不对称系数：额定电压为 3 kV 以下的电缆应不大于 2.5；额定电压为 3 kV 以上的电缆应不大于 2。最大一相的泄漏电流：10 kV 及以上的电缆应小于 20 μA；6 kV 及以下的电缆应小于 10 μA。不平衡系数可适当放宽。

橡胶电缆的试验电压值有出厂规定的按出厂规定，无出厂规定的可查得，可参照表 9-4-55及表 9-4-56。

表 9-4-55　橡胶绝缘电力电缆直流耐压试验电压标准　kV

电缆额定电压 U_0/U	直流试验电压	电缆额定电压 U_0/U	直流试验电压
1.8/3	11	8.7/10	37
3.6/6	18	21/35	63
6/6	25	26/35	78
6/10	25	64/110	192

注：1. 耐压时间 5 min。
2. 试验时，试验电压分 4 阶段均匀升压，每阶段停留 1 min，并读取泄漏电流。

3. 橡胶电缆的交流耐压试验

橡胶电缆的交流耐压试验标准见表 9-4-56。

表 9-4-56　橡胶电缆的交流耐压试验电压标准

额定电压/kV	交流试验电压/kV	试验时的持续时间/min	
		新装、热补	运行中
3	7.5	5	1
6	15	5	1

注：1. 橡胶电缆做耐压试验时，可做直流耐压试验，亦可做交流耐压试验，可任选其中一项即可。
2. 新安装以前和热补以后应在水中浸 6 h 后，再做耐压试验。
3. 塑料绝缘电缆的耐压试验标准可按制造厂规定标准。

《电气装置安装工程　电气设备交接试验标准》(GB 50150—2006) 规定：18/30 kV 及以下电压等级的橡胶绝缘电缆直流耐压试验电压，应按下式计算：

$$试验电压\ U_t = 4 \times U_0$$

橡胶绝缘电力电缆采用 20～300 Hz 交流耐压试验电压和时间，标准见表 9-4-57。

表 9-4-57　橡胶绝缘电力电缆采用 20～300 Hz 交流耐压试验电压和时间

电缆额定电压 U_0/U/kV	直流试验电压	时间/min	电缆额定电压 U_0/U/kV	直流试验电压	时间/min
18/30 及以下	$2.5U_0$（或 $2U_0$）	5（或 60）	190/330	$1.7U_0$（或 $1.3U_0$）	60
21/35～64/110	$2U_0$	60	290/500	$1.7U_0$（或 $1.1U_0$）	60
127/220	$1.7U_0$（或 $1.4U_0$）	60			

目前广泛采用串联谐振交流耐压试验方法。

串联谐振交流耐压试验是利用电抗器的电感与被试物电容实现串联谐振，这已经成为当前高电压试验新的方向和潮流，在国内外得到了广泛应用，采用串联谐振的方法做电缆交流耐压试验，可以大幅度地减小试验电源容量，如做2 km长的110 kV电缆交流耐压试验，至少需要1500 kV · A以上容量的试验变压器和调压器，而采用变频串联谐振的方法，仅需要30 kV · A的试验电源。

串联谐振对高压交联电缆进行交流耐压试验时，如果电缆的试验电压较高，但长度较短，被试物的电容量不大，试验时可以采用串联谐振的方法。串联谐振等效电路如图9-4-10所示，串联谐振交流耐压试验电压及时间见表9-4-58。

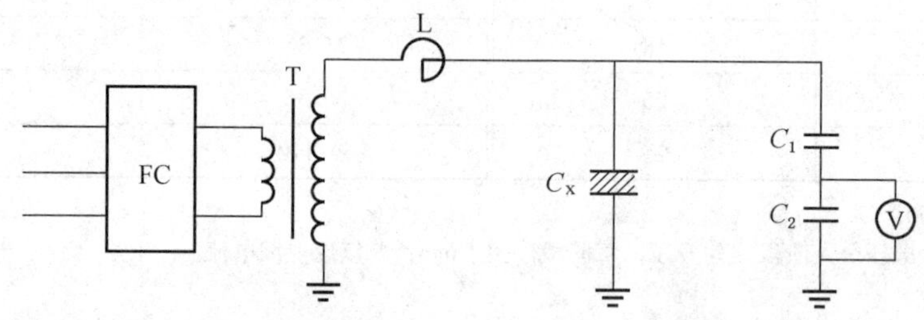

图9-4-10 串联谐振等效电路

表9-4-58 20~300 Hz串联谐振交流耐压试验电压及时间

电缆额定电压 U_0/U/kV	试验电压	时间/min
18/30及以下	$2.5U_0$（或$2U_0$）	5（或60）
21/35~64/110	$2U_0$	60

不具备上述试验条件或有特殊规定时，可采用施加正常系统相对地电压24 h方法代替交流耐压。

4. 直流耐压试验分析

直流耐压试验对发现多数电缆绝缘缺陷十分有效，但对交联聚乙烯绝缘电缆则未必，甚至可能产生副作用。

高电压试验技术的一个通用原则：被试物上所施加的试验电压场强必须模拟高压电器的运行工况。高电压试验得出的通过或不通过的结论要代表高压电器中的薄弱点是否对今后的运行带来危害。这就意味着试验中的故障机理应与电器运行中的机理有相同的物理过程。按照此原则，交联电缆进行直流耐压试验的问题主要表现在以下几个方面：

（1）直流电压下，电场强度是按照电阻率分布的，而交联聚乙烯电缆绝缘层中的材料含有很多成分，其电阻率分布是不均匀的，同时电阻率受温度等因素影响比较大，因此在直流电压下，交联聚乙烯电缆绝缘层中的电场分布是不均匀的，这就可能在直流试验过程中出现绝缘层有的地方电场很强，有的地方电场却比较弱的情况，导致局部绝缘击穿，在运行中引起事故。

（2）电缆在直流电压下会产生“记忆”效应，存储积累单极性残余电荷。一旦有了由于直流耐压试验引起的“记忆性”，需要很长时间才能将这种直流电压释放。如果电缆在直流残余电荷未完全释放之前投入运行，直流电压便会叠加在工频电压峰值上，使得电缆上的电压值远远超过其额定电压，从而有可能导致电缆绝缘击穿。

(3) 交联聚乙烯电缆的直流耐压试验，由于空间电荷的效应，绝缘中的实际电场强度最高可达电缆绝缘工作电场强度的十几倍，因此即使电缆通过了直流耐压试验不发生击穿，也会引起绝缘的严重损伤。

(4) 直流耐压试验所施加的直流电压电场强度分布状况与运行中的交流电压电场强度分布状况不同，直流耐压试验并不能模仿运行状态下电缆承受的过电压，而且也不能有效地发现电缆本身及电缆接头和施工工艺上的缺陷。

(5) 直流耐压试验有一定的积累效应，能加速绝缘老化，且试验时易发生闪络或击穿。

实践也表明，直流耐压试验不能有效地发现交流电压作用下的某些缺陷，如在电缆附件内，绝缘若有机械损伤等缺陷，在交流电压下绝缘最易发生击穿的地点，在直流电压下往往不能击穿。直流电压下绝缘击穿处往往发生在交流工作条件下绝缘平时不发生击穿的地点。

由于交联聚乙烯电缆在进行直流耐压试验时存在以上缺陷，因此目前多数电力部门取消了直流耐压试验，取而代之是交流耐压试验。

(四) 试验时一些现象的分析

测量电缆绝缘程度的好坏，不仅在于所测绝对值的大小，而且还要与以往数值相比较，分析各相间的相互关系和试验中的一些现象。

1. 吸收比的大小

泄漏电流值的变化和加压时间有关。完好的电缆加压时间越长，泄漏电流值越小（近似于真实值)，这是由于绝缘材料的吸收特性所致。对绝缘性能良好的电缆，需要加压较长时间，泄漏电流才能稳定，其稳定后的泄漏电流值要比开始时的数值小；相反绝缘较差的电缆（即绝缘受潮）只需很短时间泄漏电流就可稳定，而稳定后的泄漏电流值和开始时的数值相差不多。有时绝缘存在严重缺陷时，泄漏电流非但不下降，反而升高。如果此时延长加压时间，或升高试验电压，电缆的绝缘可能击穿。

2. 泄漏电流的摆动

进行泄漏电流和直流耐压试验时，有时微安表指针不稳定，来回摆动，得不到准确读数。出现这种现象常有以下两方面的原因：

(1) 电源电压不稳定，其表现特征是泄漏电流值摆动但不规律，忽高忽低。当电源电压较高时，对电缆充电，因此电路内除了电缆的泄漏电流外，还包括充电电流，因此微安表指示大些；当电压下降时，充电就停止，电流减小，微安表指示值减小。这样电压每变化一次，微安表指针摆动一次。要消除这种现象，就要排除间隙性负载，以免影响电源。

(2) 电缆本身存在孔隙性缺陷时，泄漏电流呈周期性摆动。因为当电缆有局部孔隙性缺陷时，在一定的直流电压下，间隙被击穿，此时电流突然增大。但电缆绝缘经击穿的孔隙放电时，电缆上的电压下降到使孔隙绝缘恢复，电流又减小。此后电缆充电电压又升高，于是重复发生上述现象，使微安表指针基本上有规律地来回摆动。

为防止由于电缆头套管表面太脏而引起泄漏电流不稳定，在试验前需将电缆头套管擦拭干净。

3. 泄漏电流不平衡

绝缘良好的电缆，若试验时各相对地有足够的距离，则相与相间的泄漏电流不应相差很大，三相间不对称系数一般不大于2。但当电缆受振动而损伤，受过大的拉力过度弯曲，受强力压、碰，终端头瓷套管破裂以及严重脏污时，都会导致不对称系数增大。

不对称系数在衡量电缆绝缘状态中占有重要位置，但也不是绝对的，如泄漏电流的绝对值很小，则不对称系数可放大一些。

4. *泄漏电流随试验电压急剧上升和加压时间延长而增加*

绝缘状态良好的电缆，试验电压升高时泄漏电流是均匀上升的，不会出现突增现象，而且在耐压时间内泄漏电流值也不会随时间延长而增加。但当电缆绝缘严重受潮、绝缘过度老化和有机械损伤时，不仅出现上述现象，而且泄漏电流的绝对值也较大。此时须查明原因，或采取升高电压、延长时间的方法查找缺陷。

九、避 雷 器 试 验

（一）避雷器的试验项目及试验周期

避雷器的试验项目及试验周期见表9-4-59。金属氧化物避雷器的试验项目、试验周期及要求见表9-4-60。

表9-4-59 避雷器的试验项目及试验周期

试验项目	试验周期	备注
绝缘电阻测定	1. 新装及解体大修后 2. 变电所避雷器每年雨季前 3. 线路避雷器1~3年一次	
测量电导电流及检查串联组合元件的非线性系数差值	1. 新装及解体大修后 2. 运行中每年雨季前	
工频放电电压测量	1. 新装时 2. 运行中装在变电所内的避雷器一年一次 3. 线路用避雷器1~3年一次	

（二）避雷器的绝缘试验方法

避雷器是电气设备进行大气过电压保护的一个主要设备，它与被保护的设备并接在网路上。当出现大气过电压时，它就放电，将过电压限制到一定数值，以保护电气设备；当过电压消失后，避雷器迅速可靠地灭弧，自动将工频续流截断，恢复到正常运行状态。

阀型避雷器（FS型）是由火花间隙与非线性电阻盘（阀片）串联构成的。火花间隙的作用是在正常情况下使避雷器的工作电阻盘与电力系统隔开；而在过电压时，则发生击穿，使雷电流通过阀片泄入大地，以降低过电压幅值。在过电压过去以后，必须在半个周波内（0.01 s）将工频续流截断，恢复正常状态。阀流的作用是：在雷电流通过时，其电阻很小，所产生的电压降（残压）不超过被保护设备的绝缘水平，同时不产生较陡的截波。当雷电流通过后，其电阻变大，将工频续流限制在80 A（峰值）以下，以保证间隙能可靠地灭弧。

对性能要求高的阀型避雷器，火花间隙还要并联分路电阻（如 FZ 型避雷器），其作用是使各火花间隙分布的电压更均匀，有利于熄弧并改善放电性能。

磁吹避雷器（如 FCD 型）主要元件仍是火花间隙、阀片和分路电阻。其工作原理和阀型避雷器相差不大，不同的是采用外加磁场，使电弧旋转或拉长以加速其熄灭。它在性能上比阀型避雷器有更高的要求，而在基本原理方面与阀型避雷器相类似，因此，一般试验项目也就相同。

1. 绝缘电阻测量

为了检查无并联电阻避雷器（如 FS 型）的内部受潮和间隙触碰情况及有并联电阻（如 FZ、FCD 型）的避雷器分路电阻有无松脱断裂等现象，应首先进行绝缘电阻测定。试验证明：测定绝缘电阻是发现受潮和并联电阻断裂或松脱的有效方法。

一般避雷器电压在 1000 V 以上的使用 2500 V 兆欧表测量；电压在 1000 V 以下的使用 1000 V 兆欧表测量。

试验时对于单元件避雷器在接地端接地后，将兆欧表“线路”端接于避雷器导线端，兆欧表“接地”端接地，即可进行测量；对于多元件串联组合的避雷器，要分解成单元件进行。兆欧表起动后速度要均匀，并读取稳定后的指示值。试验时避雷器瓷套表面要清洁，天气应晴朗干燥，温度最低不得低于 5 ℃，最好在 20 ℃左右进行。测量用导线绝缘要良好，防止因表面脏污、潮湿、温度过低等影响试验结果的准确性。

对于不带并联电阻的避雷器，试验中如果发现绝缘电阻值显著降低时，大多数是由于密封不良和内部受潮引起的，个别情况下也可能是火花间隙触碰短路引起的；对于有并联电阻的避雷器，若绝缘电阻值显著增高，往往是并联电阻接触不良、老化变质或断路引起的。因此对测试后的绝缘电阻值要认真审核、正确分析，为下一步各项试验打下基础。

对于金属氧化锌避雷器绝缘电阻的测量，主要检查其内部元件有无受潮情况，检查低压氧化锌内部熔丝是否断裂，35 kV 以上金属氧化锌避雷器用 2500 V 或 5000 V 摇表摇测绝缘电阻不低于 2500 MΩ，35 kV 及以下金属氧化锌避雷器用 2500 V 摇表摇测绝缘电阻不低于 1000 MΩ。

2. 电导电流测量

不带并联电阻的避雷器，一般不做电导电流试验，因为绝缘电阻和电导电流在发现受潮和缺陷上有一致性，绝缘电阻低的电导电流也大。

对于有并联电阻的阀型避雷器要进行电导电流测量，其目的主要在于检查并联电阻的完整性和密封情况。还可通过测量结果，计算并联电阻的非线性系数 α 和同一相两个及两个以上元件电导电流差值的百分数 $\Delta I\%$，以确定多元件组成的避雷器串联使用是否适当。

对有并联电阻的避雷器电导电流的测量，单节的是在接线路端加压，另一端（接地线端）接地。对于两个及两个以上串联组合避雷器应分别试验，在非加压端要用导线可靠接地。测量用的整流设备通常采用具有稳压电容器的半波整流装置，试验接线如图 9－4－11 所示。

接线检查无误后，首先通电空试，记录各试验电压下的泄漏电流值，然后慢慢降低试验电压，断开电源，经放电电阻放电。在检查试验设备一切正常以后，即可对避雷器进行试验，各种电压的避雷器的直流试验电压值见表 9－4－60。

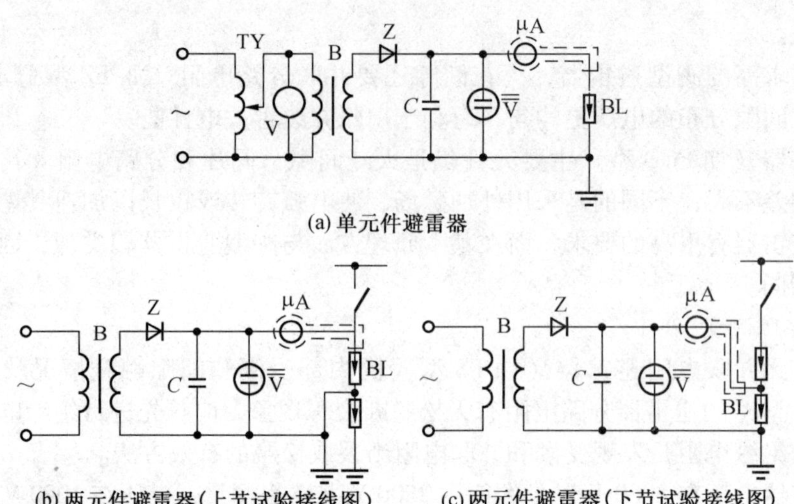

TY—调压器；B—试验变压器；Z—硅堆；C—电容器（0.1 μF）；V—静电电压表；
μA—微安表；BL—避雷器；V—交流电压表

图 9－4－11　电导电流测量接线示意图

表 9－4－60　金属氧化物避雷器的试验项目、试验周期和要求

序号	试验项目	试验周期	要　求	备　注
1	绝缘电阻	1. 发电厂、变电所避雷器每年雷雨季节前 2. 必要时	1. 35 kV 以上，不低于 2500 MΩ 2. 35 kV 及以下，不低于 1000 MΩ	采用 2500 V 及以上兆欧表
2	直流 1 mA 电压（U_{1mA}）及 $0.75U_{1mA}$ 下的泄漏电流	1. 发电厂、变电所避雷器每年雷雨季前 2. 必要时	1. 不得低于 GB 11032 规定值 2. U_{1mA} 实测值与初始值或制造厂规定值相比较，变化不应大于 ±5% 3. $0.75U_{1mA}$ 下的泄漏电流不应大于 50 μA	1. 要记录试验时的环境温度和相对湿度 2. 测量电流的导线应使用屏蔽线 3. 初始值是指交接试验或投产试验时的测量值
3	运行电压下的交流泄漏电流	1. 新投运的 110 kV 及以上者投运 3 个月后测量 1 次；以后每半年 1 次；运行 1 年后，每年雷雨季节前 1 次 2. 必要时	测量运行电压下的全电流、阻性电流或功率损耗，测量值与初始值相比较，有明显变化时应加强监测，当阻性电流增加 1 倍时，应停电检查	应记录测量时的环境温度、相对湿度和运行电压。测量宜在瓷套表面干燥时进行。应注意相间干扰的影响
4	工频参考电流下的工频参考电压	必要时	应符合 GB 11032 或制造厂规定	1. 测量环境温度（20 ± 15）℃ 2. 测量应每节单独进行，整相避雷器有一节不合格，应更换该节避雷器（或整相更换），使该相避雷器合格
5	底座绝缘电阻	1. 发电厂、变电所避雷器每年雷雨季前 2. 必要时	自行规定	采用 2500 V 及以上兆欧表
6	检查放电计数器动作情况	1. 发电厂、变电所避雷器每年雷雨季前 2. 必要时	测试 3～5 次，均应正常动作，测试后计数器指示应调到“0”	

试验时，将直流耐压试验器引出的高压线接在被试避雷器上端，另一端牢固接地。通电后逐步升高电压，测量0.5倍和1.0倍试验电压下电导电流值，然后慢慢降压并断开电源进行放电。

金属氧化锌避雷器的1 mA直流下的电压U_{1mA}及0.75倍该电压下的泄漏电流测量接线与测量避雷器电导电流相同。

测量1 mA直流下的电压时应注意的主要问题：

(1) 根据《交流无间隙金属氧化锌避雷器》的规定，试验用直流电压脉动部分应不超过±1.5%。应选用ZGF系列直流高压发生器（倍压整流型）可满足试验要求。一般都带有直接显示并锁定$0.75U_{1mA}$功能。而不能选用交流试验变压器加半波整流的试验仪。

(2) 准确读取U_{1mA}。因泄漏电流大于200 μA以后，随电压的升高，电流急剧增大，故应仔细升压，当电流达到1 mA时，准确读取相应的U_{1mA}。采用高阻抗器微安表在高压侧测量电压。

(3) 防止表面泄漏电流的影响。测试前应将磁套表面擦拭干净。

(4) 温度和湿度的影响。为了便于换算，应记录测量时的环境温度和相对湿度。

(5) 测试前应带测试线空试试验仪，将试验电压升至大约U_{1mA}、$0.75U_{1mA}$位置，记录下相应的空试泄漏电流，最终的$0.75U_{1mA}$泄漏电流为试验值减去空试值。

为了得到准确的测量结果，试验时应注意以下问题：

(1) 必须在整流回路中，给被试避雷器并联一个稳压电容器，以改善通过半波整流后的电压波形，使之更平稳。电容的数值对带有分路电阻的避雷器应不小于0.1 μF。在现场使用改善功率因数用的余弦电力电容器，电压等级为6~10 kV。测量3~10 kV避雷器时，可用一台，而测量15~30 kV避雷器时，则可将两台串联使用。

(2) 必须在高压侧直接测量施加于被试避雷器上的整流电压。因为在测量分路电阻的避雷器时，分路电阻是非线性的，尽管电压变化不大，但对电流的影响较大。试验证明：试验电压变化2%~4%，其电导电流变化可达10%~15%。如果采取由低压侧测量电压，然后换算到高压侧，这就会给测量带来误差，影响试验结果。因为电流在限流电阻和整流管中都要产生电压降，而使实际作用到被试避雷器上的电压降低。

由高压侧直接测量电压通常采用以下两种方法：

① 利用静电电压表测量。在高压侧直接用静电电压表测量，这是比较简单且准确的方法，有条件时应尽量使用此法。

② 利用线性电阻串联微安表测量。利用线性电阻串联微安表测量电压，是借助于流过微安表中电流与电阻乘积的关系，反映出施加于避雷器上的整流电压。这种方法在现场使用也是很方便的，只要按要求正确使用，同样能达到准确测量的目的。

线性电阻的选择可按下述步骤进行；

首先，选择流过电阻的电流。此电流值在限流电阻和整流管上不应产生显著的附加电压降，并且同时又适合于一般常用表计（微安表或万用表）的量程范围。由于一般正常的FZ型避雷器的电导电流为400~600 μA，流过电阻的电流可取100 μA左右，同时也适用于一般万用表直流250 μA的量程范围。

其次，选择电压量程范围。对于110 V~3 kV的避雷器，其组成元件为FZ-30、FZ-20、FZ-15、FZ-10、FZ-6和FZ-3等6种，直流试验电压依次为24 kV、20 kV、16 kV、

10 kV、6 kV 和 4 kV。一般可按最高电压 24 kV 计算电阻值：

$$总电阻值 = \frac{U}{I} = \frac{24 \times 10^3}{100 \times 10^{-6}} = 240\ \mathrm{M\Omega}$$

为了能在较低电压时使用，以适合表计的量程范围，便于读数，可在适当电阻值上抽出几个抽头。

最后，确定电阻串联元件的个数和容量。在这种小电流高电压的电路中使用的电阻，如果采用无线电用的碳膜电阻，电阻的串联数量和容量，主要不是根据电阻的热容量来确定的，而是根据每个电阻能耐受的电压降来确定的。参照一般制造厂规定：1 W 的碳膜电阻，两端最大工作电压为直流 500 V；0.5 W 的碳膜电阻，两端最大工作电压为直流，为 350 V。尽管流过电阻的电流很小，如果电阻两端的电压明显超过上述规定，在长时间工作时，电阻仍会迅速老化并且损坏，或发生局部放电等现象。因此，电阻的个数首先按电压降来选择。如果用 1 W 的碳膜电阻（每只最大电压降为 500 V），电阻最少串联个数见表 9－4－61。

表 9－4－61 电阻抽头适用范围

避雷器元件	FZ－30	FZ－20	FZ－15	FZ－10	FZ－6	FZ－3
直流试验电压/kV	24	20	16	10	6	4
电阻抽头/MΩ	240		160		60	
碳膜电阻串联元件数/个	48（5 MΩ、1 W）		32（5 MΩ、1 W）		12（5 MΩ、1 W）	
微安表指示值/μA	100	83.4	100	62.5	100	66.7

$$电阻串联个数 = 24/0.5 = 48\ 个$$

而每个电阻元件的电阻值为

$$240/48 = 5\ \mathrm{M\Omega}$$

每个电阻元件的热容量为

$$P = I^2R = (100 \times 10^{-6})^2 \times 5 \times 10^6 = 0.05\ \mathrm{W}$$

故选择 1 W 是足够的。

这种测量方法的准确度与电阻值和微安表的准确度有关。但这么大的电阻值是难以测量准确的，故在实际使用时，对电阻值不做严格要求。采用这种方法制成的电压表，应在静电电压表下校正后使用。

（3）测量电导电流时，要认真测量温度。试验温度在 20 ℃左右为最好。如低于 20 ℃时，则按每降 1 ℃电导电流减小 0.3%，升高 1 ℃电导电流增加 0.3% 进行换算。换算公式如下：

$$I_{20\,℃} = I_t\left(1 + 0.03 \times \frac{20 - t}{10}\right)$$

式中 $I_{20\,℃}$——20 ℃时的电导电流值；

I_t——任一温度时的电导电流值；

t——测量时的温度。

3. 非线性系数 α 和电导电流差值的计算

有并联电阻的阀型避雷器在串联组合使用时，应保证电压分布均匀，以便过电压侵袭后能迅速可靠地灭弧。要使串联组合避雷器的各节电压分布均匀，就必须使非线性系数 α 相同。但运行中的避雷器由于老化变质、损坏重修等原因，往往不能保证原出厂配套元件组合在一起，因此必须测量非线性系数 α，以便考核元件组合是否合理。

非线性系数的试验方法与电导电流的试验方法相同，即将在电导电流测量时的 0.5 倍及 1.0 倍试验电压值（U_2、U_1）及该电压值下取得的电导电流值（I_2、I_1），代入下式进行计算：

$$\alpha=\frac{\lg\frac{U_1}{U_2}}{\lg\frac{I_1}{I_2}}=\frac{0.301}{\lg\frac{I_1}{I_2}}$$

式中　α——非线性系数；

U_1、I_1——1.0 倍试验电压及该电压下的电导电流；

U_2、I_2——0.5 倍试验电压及该电压下的电导电流。

按上式可计算出单个元件的非线性系数 α，其值一般应在 0.3 ~ 0.45 之间。然后将各元件的 α 值进行比较，即两个和两个以上元件组合时，其非线性系数差值不能大于 0.05（$\alpha_1-\alpha_2\leqslant 0.05$）。

为了便于现场使用，α 值还可以根据试验结果从表 9 - 4 - 62 中查得。

为使串联组合元件电压分布均匀，单凭非线性系数 α 差值不大于 0.05 还不够。因为在测量 α 时所加电压的 $\lg\frac{U_1}{U_2}$ 为一常数，在 0.5 倍和 1.0 倍试验电压下，若两节避雷器的 I_1、I_2 对应成规律变化，则 $\Delta\alpha$ 值有可能等于“0”。如上节避雷器 $\frac{I_1}{I_2}=\frac{300}{60}=5$，而下节避雷器 $\frac{I_1}{I_2}=\frac{200}{40}=5$，则核算后 α 差值 $\Delta\alpha=0$，但这两节避雷器电导电流却相差33%，这样两个元件在相同的冲击电流下电压分布必然不等。因此 $\Delta\alpha=0$ 只能说明两个避雷器伏安特性规律一致，而并不表明避雷器的伏安特性相重合。因此要求两个元件以上串联组合使用的避雷器除 $\Delta\alpha\leqslant 0.05$ 以外，同一相内的电导电流 I_1 和最小电导电流 I_2 之差与最大电导电流 I_1 之比的百分数，也不能超过规程规定值。

计算公式如下：

$$\Delta I\%=\frac{I_1-I_2}{I_1}\times 100\%\ (I_1>I_2)$$

如 FZ - 20 型避雷器两节组合使用时，其电导电流如下：

上节：20 kV、300 μA，10 kV、40 μA；

下节：20 kV、440 A，10 kV、76 μA。

求两节的非线性系数差值 $\Delta\alpha$ 和电导电流差值 $\Delta I\%$。

因为电导电流比：上节是 $\frac{300}{40}=7.5$，下节是 $\frac{440}{76}=5.78$。

查表 9 - 4 - 62 得，上节 $\alpha_1=0.344$，下节 $\alpha_2=0.395$，所以 $\Delta\alpha=0.051$。

$$\Delta I\%=\frac{I_1-I_2}{I_1}\times 100\%=\frac{440-300}{440}\times 100\%=31\%$$

表9-4-62 非线性系数α计算表

I_1/I_2	α	I_1/I_2	α	I_1/I_2	α	I_1/I_2	α	I_1/I_2	α	I_1/I_2	α
3.10	0.612	4.04	0.496	4.74	0.446	5.62	0.402	6.94	0.358	9.70	0.305
3.20	0.596	4.06	0.494	4.76	0.444	5.66	0.400	6.98	0.357	9.80	0.304
3.30	0.581	4.08	0.493	4.78	0.443	5.70	0.398	7.02	0.356	9.90	0.302
3.40	0.566	4.10	0.491	4.80	0.442	5.74	0.397	7.06	0.355	10.00	0.301
3.42	0.564	4.12	0.489	4.82	0.441	5.78	0.395	7.10	0.354	10.10	0.299
3.44	0.561	4.14	0.488	4.84	0.439	5.82	0.394	7.14	0.353	10.20	0.298
3.46	0.558	4.16	0.486	4.86	0.438	5.86	0.392	7.18	0.352	10.30	0.297
3.48	0.556	4.18	0.485	4.88	0.437	5.90	0.391	7.22	0.351	10.40	0.296
3.50	0.553	4.20	0.483	4.90	0.436	5.94	0.389	7.26	0.350	10.50	0.295
3.52	0.551	4.22	0.482	4.92	0.435	5.98	0.388	7.30	0.349	10.60	0.294
3.54	0.548	4.24	0.480	4.94	0.434	6.00	0.387	7.34	0.348	10.70	0.292
3.56	0.546	4.26	0.478	4.96	0.433	6.02	0.386	7.38	0.347	10.80	0.291
3.58	0.544	4.28	0.477	4.98	0.432	6.06	0.385	7.40	0.346	10.90	0.290
3.60	0.541	4.30	0.475	5.00	0.431	6.10	0.383	7.50	0.344	11.00	0.289
3.62	0.539	4.32	0.474	5.02	0.430	6.14	0.382	7.60	0.342	11.20	0.287
3.64	0.536	4.34	0.472	5.04	0.428	6.18	0.381	7.70	0.339	11.40	0.285
3.66	0.534	4.36	0.471	5.06	0.427	6.20	0.380	7.80	0.337	11.60	0.283
3.68	0.532	4.38	0.470	5.08	0.426	6.22	0.379	7.90	0.335	11.80	0.281
3.70	0.530	4.40	0.468	5.10	0.425	6.26	0.378	8.00	0.333	12.00	0.279
3.72	0.528	4.42	0.467	5.12	0.424	6.30	0.377	8.10	0.331	12.20	0.277
3.74	0.525	4.44	0.465	5.14	0.423	6.34	0.376	8.20	0.329	12.40	0.275
3.76	0.523	4.46	0.464	5.16	0.422	6.38	0.374	8.30	0.327	12.60	0.274
3.78	0.521	4.48	0.462	5.18	0.421	6.42	0.373	8.40	0.326	12.80	0.272
3.80	0.519	4.50	0.461	5.20	0.420	6.46	0.372	8.50	0.324	13.00	0.270
3.82	0.517	4.52	0.460	5.22	0.419	6.50	0.370	8.60	0.322	13.20	0.268
3.84	0.515	4.54	0.459	5.24	0.418	6.54	0.369	8.70	0.320	13.40	0.267
3.86	0.513	4.56	0.457	5.26	0.417	6.58	0.368	8.80	0.319	13.60	0.265
3.88	0.511	4.58	0.455	5.30	0.416	6.62	0.367	8.90	0.317	13.80	0.264
3.90	0.509	4.60	0.454	5.34	0.414	6.66	0.366	9.00	0.316	14.00	0.263
3.92	0.507	4.62	0.453	5.38	0.412	6.70	0.364	9.10	0.314	14.20	0.261
3.94	0.505	4.64	0.452	5.42	0.410	6.74	0.363	9.20	0.312	14.40	0.260
3.96	0.503	4.66	0.451	5.46	0.408	6.78	0.362	9.30	0.311	14.60	0.259
3.98	0.502	4.68	0.449	5.50	0.407	6.82	0.361	9.40	0.310	14.80	0.257
4.00	0.500	4.70	0.448	5.54	0.405	6.86	0.360	9.50	0.308	15.00	0.256
4.02	0.498	4.72	0.447	5.58	0.403	6.90	0.359	9.60	0.306		

试验证明：电导电流试验是检查运行中有并联电阻的阀型避雷器重要项目之一。避雷器电导电流大于650 μA 的，一般是内部受潮；而小于300 μA 的；一般是并联电阻变质或阀片接触不良，严重的则有断裂缺陷。避雷器内部受潮大部分是由于密封不严或瓷套存在缺陷造成的。避雷器受潮后，引起火花间隙氧化，产生铜绿，放电距离减小；固定间隙用的瓷套或分路电阻受潮以后，电压分布不均匀，容易引起误动作或灭弧能力下降；阀片受潮以后，非线性系数增大，通流能力降低，使续流增加，间隙不能灭弧。同时残压增加使被保护设备绝缘得不到应有的保护，因此避雷器受潮是较严重的缺陷。

运行中带并联电阻的避雷器，若电导电流逐年下降特性不稳定，是由于并联电阻制造工艺和原料等缺陷造成的。电导电流下降到一定限度需解体检修。

4. 工频放电试验

一般只对无并联电阻的阀型避雷器做此项试验，它是检查避雷器性能的主要试验项目。试验时的接线如图 9-4-12 所示。

避雷器工频放电电压有一定的分散性。经工频放电试验后的避雷器必须再次测量绝缘电阻，如与工频放电前有显著差别应查明原因。

测量工频放电电压，最好用静电电压表在高压侧直接测量。如无静电电压表，也可用电压互感器接在高压侧进行测量。用电压互感器直接测量工频放电电压示意如图9-4-13所示。这两种方法都比较准确。

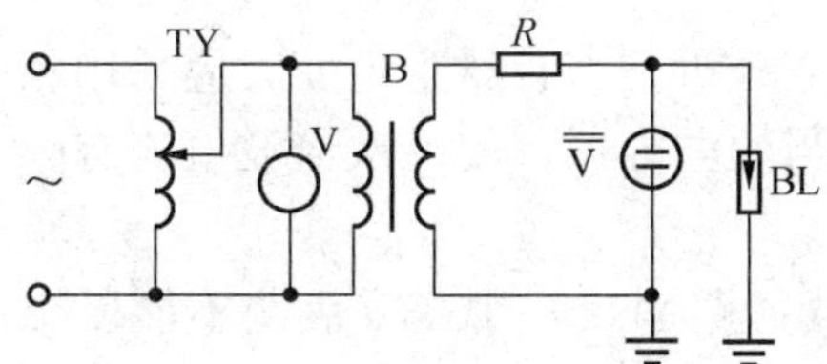

TY—调压器；V—交流电压表；
B—试验变压器；R—保护电阻；
$\overline{\overline{V}}$—静电电压表；BL—避雷器

图 9-4-12　阀型避雷器工频放电线路图

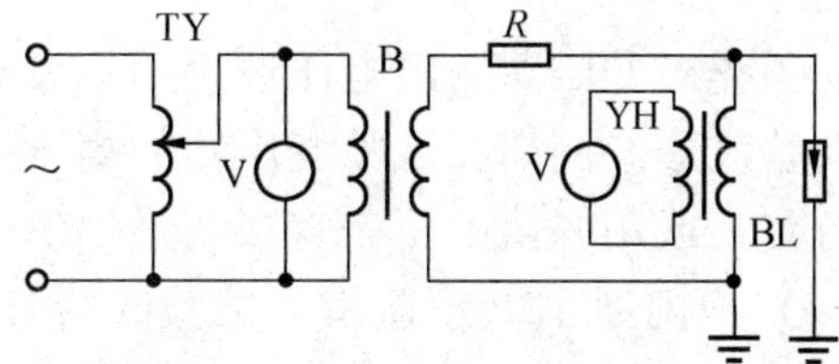

TY—调压器；B—试验变压器；
YH—电压互感器；R—电阻；
BL—避雷器；V—电压表

图 9-4-13　用电压互感器直接测量工频放电电压示意图

若上述条件不具备，也可在试验变压器低压侧用电压表测量出低压侧电压 U_2，然后乘以变压比 K，计算得高压侧电压 U_1，即 $U_1=KU_2$。

这种测量方法不如上述两种方法准确，但只要变压比准确，其误差是完全允许的。因为避雷器电容量很小，放电前变压器近于空载状态，限流电阻压降很小。由于这种测量方法简单，在现场使用时比较受欢迎。

对工频放电电压应做正确分析，工频放电电压值偏高可能由下列缺陷造成：如安装的弹簧压力不够，搬运后间隙位移；黏合的云母垫圈膨胀分层，增大了间隙距离；间隙电极与云母片黏合处松脱，位置不准；固定间隙瓷筒破碎，间隙电极位移等等。如工频放电电压偏低可能由于间隙受潮，电极腐蚀，绝缘垫圈及固定间隙瓷筒绝缘下降，使电压分布不均匀；因多次放电，电极灼伤产生毛刺，组装不当，部分间隙短接；弹簧过长，内部压力加大，间隙距离缩小等原因造成。

有串联间隙的氧化锌避雷器需要做工频放电电压试验。由于存在间隙，直流 1 mA 下的电压 U_{1mA} 及 $0.75U_{1mA}$ 下的电流试验项目是不适合有间隙氧化锌避雷器的。而工频放电试验是检验有间隙避雷器电气性能的一个基本项目。

试验方法、接线与 FS 工频放电试验相同。要注意的是有间隙氧化锌避雷器又分为单只型和组合型。对组合型,不但要测试相对地的工频放电电压,还要测试相间的工频放电电压。试验时要将避雷器所用引线分开规定的距离并悬空与地及周围设备保持最小的安全距离。

做避雷器工频放电试验时应注意以下几点：

(1) 工频放电试验时升压要均匀，其速度要控制在：10 kV 以下的避雷器为 3 ~ 5 kV/s；20 ~ 35 kV 的避雷器为 15 ~ 20 kV/s。工频放电试验要做 3 次，每次之间的时间间隔应大于1 min，以使间隙内部去游离。取 3 次试验的平均值作为试验结果。

(2) 保护电阻要选择适当：如果保护电阻过大，限制了避雷器保护间隙中放电过程的发展，即避雷器开始放电，还不能造成稳定击穿，需要更高的电压才能使击穿稳定，结果测得的放电电压值偏高；如果过小起不到保护作用。

(3) 注意试验变压器输出波形的影响。试验变压器输出电压波形，在接近额定电压时，由于铁芯的饱和或调压器漏抗的增大，有可能发生畸变现象，对试验质量有一定影响。如果使用反映有效值的电压表测量试验电压，而避雷器工频放电却发生在电压幅值，则其间的关系$\frac{U_m}{U}\neq\sqrt{2}$，而往往大得多，如仍依原关系换算，易造成误差。因此，在实际应用中应预先对变压器输出电压波形用示波器进行检查分析，当有严重畸变时应采用相应的措施改善波形。例如在试验变压器的高压侧并上适当的电容器，使高次谐波电流有一个低阻抗分路，或用幅值电压表直接测量幅值电压等。

(4) 户内型 TBP 型避雷器试验时应在对地接线回路串接一个毫安表，不能以交流试验仪中的电流继电器是否动作来判断 TBP 型避雷器的放电数值，而应观察其对地接线回路串接的毫安表的读数是否随着调压器的调高而均匀增大，当毫安表的读数有明显增大时，表明放电间隙放电，要立即将调压器回零，并切断电源，记录此刻的电压值并作为工频放电电压。这样做的目的主要是防止过大和长时间的放电电流损坏避雷器。

(三) 避雷器试验标准

1. 绝缘电阻试验标准

(1) 对带并联电阻的避雷器的绝缘电阻值不做规定,主要检查并联电阻通、断和接触情况。其绝缘电阻值应与本产品前次测量值或同类型产品的测量值进行比较,应无明显差异。

(2) 不带并联电阻的避雷器，其绝缘电阻值：新装时应大于 2500 MΩ；运行中应大于 2000 MΩ。

2. 测量电导电流及串联组合元件非线性系数时的直流试验电压标准

测量电导电流及串联组合元件非线性系数时的直流试验电压标准见表 9 - 4 - 63。

表 9 - 4 - 63 测量电导电流及串联组合元件非线性系数时的直流试验电压标准 kV

元件额定电压		3	6	10	15	20	30	40
试验电压	U_2				8	10	12	16
	U_1	4	6	10	16	20	24	32

3. 电导电流标准

国产 FZ、FCZ 及 FCD 型避雷器电导电流标准见表 9-4-64。

表 9-4-64　国产 FZ、FCZ 及 FCD 型避雷器电导电流标准

<table>
<tr><th>避雷器型号</th><th colspan="8">元件试验电压/kV</th><th>电导电流/μA</th><th>备　注</th></tr>
<tr><td>FZ-2-220</td><td colspan="8"></td><td>400~600</td><td></td></tr>
<tr><td>FZ-3-220</td><td colspan="8"></td><td>450~650</td><td>西安电瓷厂产品</td></tr>
<tr><td>FCZ$_1$-110-220</td><td colspan="8">96</td><td>550~750</td><td>西安电瓷厂产品</td></tr>
<tr><td>FCZ$_2$-110-220</td><td colspan="8">96</td><td>400~600</td><td>抚顺电瓷厂产品</td></tr>
<tr><td>FCZ$_3$-220J</td><td colspan="8">110</td><td>250~450</td><td>西安电瓷厂产品，云母间隙</td></tr>
<tr><td>FCZ-330</td><td colspan="8">160（100）</td><td>550~750
（80~160）</td><td>括号内数字为原规定测试电压及电导电流</td></tr>
<tr><td rowspan="2">FCD-2-15</td><td>额定电压/kV</td><td>2</td><td>3</td><td>4</td><td>6</td><td>10</td><td>13.2</td><td>15</td><td rowspan="2">西安电瓷厂 FCD1.3 < 10
抚顺电瓷厂 FCD$_2$ 及 FCD 为 50~100</td><td rowspan="2">额定电压为 2 kV 及 4 kV 者用于发电机中性点保护</td></tr>
<tr><td>试验电压/kV</td><td>3</td><td>4</td><td>4</td><td>6</td><td>10</td><td>13</td><td>15</td></tr>
</table>

对于国产 FZ、FCZ、FCD 型避雷器（在运行中电导电流小于 400 μA）及 1963 年以前国内生产的仿苏阀型避雷器 PBC 及 PBBM 型，有些电导电流较小可按下列办法处理：

（1）电导电流为 300~400 μA 的避雷器及元件，可以继续使用。但当元件串联使用时，应满足第（3）条要求。

（2）电导电流为 200~300 μA 的避雷器及元件，应解体检查并联电阻是否有断裂或接头松脱现象，若无异状并满足下述第（3）条要求的，可以继续使用。

（3）电导电流为 300~400 μA 的避雷器元件串联使用时，电导电流为 200~300 μA 的元件的各对并联电阻及元件串联使用时，各元件（或元件的各对并联电阻）的非线性系数差值及电导电流差值应满足表 9-4-65 的要求。

表 9-4-65　阀型避雷器非线性系数差值及电导电流差值标准

元件额定电压/kV	3~10	15		20	30
生产时间	1962 年前	1960 年前	1961—1962 年	1962 年前	1962 年前
非线性系数差值	0.05	0.035	0.05	0.05	0.05
电导电流差值/%	30	25	30	25	30

4. 非线性系数差值的要求

同一相内串联组合元件的非线性系数差值：新装及运行中的阀型避雷器均不得大于 0.05。

5. 工频放电电压标准

FS 型避雷器的工频放电电压标准见表 9 – 4 – 66。

1963 年以前出厂的国产 FS 型避雷器如达不到表 9 – 4 – 65 要求的标准时，允许将放电电压上限放宽，但不得超过表 9 – 4 – 67 规定的标准。

表 9 – 4 – 66 FS 型避雷器的工频放电电压标准 kV

额定电压		2	3	6	10
工频放电电压	新装及大修后	5 ~ 7	9 ~ 11	16 ~ 19	26 ~ 31
	运行中	5 ~ 8.5	8 ~ 12	15 ~ 21	23 ~ 33

表 9 – 4 – 67 避雷器（老产品）放宽后的工频放电电压标准 kV

避雷器额定电压	3	6	10
工频放电电压	13	22	33

保护高压电动机常用的 TBP 系列 A、B、C 三型串联间隙氧化锌避雷器工频放电电压范围见表 9 – 4 – 68。

表 9 – 4 – 68 TBP 系列 A、B、C 三型串联间隙氧化锌避雷器工频放电电压范围 kV

工频放电电压测试数值标准	型 号	额定电压		
		3.15	6.3	10.5
	A 型	4.9 ~ 7.2	9.8 ~ 14.4	16.3 ~ 23.7
	B 型	6.6 ~ 9.7	13.2 ~ 19.3	21.9 ~ 32.0
	C 型	7 ~ 10.2	13 ~ 20.1	23.1 ~ 33.6

十、电力电容器绝缘试验

（一）试验项目和试验周期

电力电容器的试验项目和试验周期见表 9 – 4 – 69。

（二）试验方法

表 9 – 4 – 69 电力电容器的试验项目和试验周期

试验项目	试验周期	备注
绝缘电阻测定	新装及大修后	运行中的电容器，对以上 3 项绝缘试验可根据需要自行规定
电容值测量	新装及大修后	
交、直流耐压试验	新装及大修后	

1. 绝缘电阻测量

测量电容器的绝缘电阻，应使用 2500 V 兆欧表。绝缘电阻测量应对极间和两极对地分别测量。测量时为得到稳定的数值，摇动兆欧表速度要均匀，测量极间绝缘电阻时应加限流电阻，否则在停止兆欧表转动前，必须先断开高压引线。测量前后极间和对地都要经过电阻进行充分放电。

绝缘电阻试验，用提高直流试验电压的方法，可提高查出缺陷的灵敏度。但对由多个元件串联组成的高压电容器，有些元件常因受潮而使绝缘电阻降低，按电阻值分布的直流电压将主要施加在没有缺陷的元件上，这样可能导致良好元件击穿，因此试验时要慎重。

同样，用测量绝缘电阻的方法，也不易检查出多个串联元件电容器的个别缺陷。只有当电容器整体受潮时，可与以往记录或同类型电容器相比较并做出初步判断。

2. 电容器电容值测定

测定电容器电容值的目的是检查电容值的变化情况，因为电容器介质受潮、断线和元件短路以及存在严重缺油缺陷时，电容值均有明显变化。

电容值的测定可用 QS_1 型交流电桥进行测量，也可用电流、电压表法进行测量。

用电流、电压表法进行测量时，应使用 0.5 级以上的仪表。试验接线如图 9-4-14 所示。

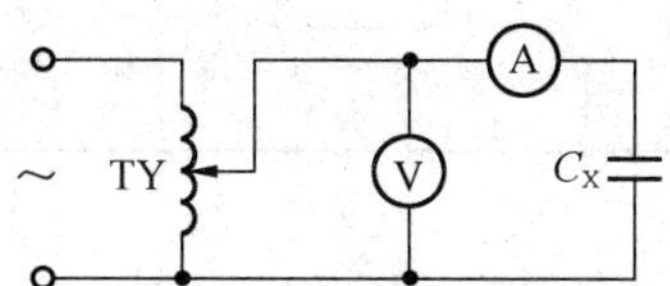

TY—调压器；V—0.5 级以上电压表；A—0.5 级以上电流表；C_X—被测量电容器

图 9-4-14　电流、电压表法测量电容器电容值接线图

测得的电容值可按下式进行计算：

$$C_X = \frac{I_c \times 10^6}{2\pi f U}$$

式中　I_c——电流表电流值；

U——电压表电压值；

f——频率。

对于三角形和星形接线的三相电容器，基本与单相电容器的测量方法相同。

如接线方式为三角形接线时可分别测量 3 次，求出每相电容值。其接线和电容值计算见表 9-4-70。

表 9-4-70　测量三相三角形接线的电容器电容值时的接线方法和计算方法

测量次数	接线方式	短路的接线端子	测量的接线端子	测得的电容值	电容的计算
1		2、3 端子短路	1-2、3	$C_A = C_1 + C_3$	$C_1 = \frac{1}{2}(C_A + C_C - C_B)$
2		1、2 端子短路	3-1、2	$C_B = C_2 + C_3$	$C_2 = \frac{1}{2}(C_B + C_C - C_A)$
3		3、1 端子短路	2-1、3	$C_C = C_1 + C_2$	$C_3 = \frac{1}{2}(C_A + C_B - C_C)$

计算出总的电容值　$C_N = C_1 + C_2 + C_3 = \frac{1}{2}(C_A + C_B + C_C)$

星形接线的三相电容器依单相测量方法计算出每相电容。测量时先测出每两相串联电容值 C_{12}、C_{23} 和 C_{13}，再分别求出每相电容值。其接线和电容值计算见表 9-4-71。

表 9-4-71　测量三相星形接线的电容器电容值时的接线方法和计算方法

测量次数	接线方式	测量接线端子	计算方程式	计算式
1	1 2 3 / C1 C2 C3（星形接线）	1-2	$\frac{1}{C_{12}} = \frac{1}{C_1} + \frac{1}{C_2}$	$C_1 = \frac{2C_{12}C_{31}C_{23}}{C_{31}C_{23} + C_{12}C_{23} - C_{12}C_{31}}$
2		3-1	$\frac{1}{C_{31}} = \frac{1}{C_3} + \frac{1}{C_1}$	$C_2 = \frac{2C_{12}C_{31}C_{23}}{C_{31}C_{23} + C_{12}C_{31} - C_{12}C_{23}}$
3		2-3	$\frac{1}{C_{23}} = \frac{1}{C_2} + \frac{1}{C_3}$	$C_3 = \frac{2C_{12}C_{31}C_{23}}{C_{12}C_{23} + C_{12}C_{31} - C_{31}C_{23}}$

无论单相或三相电容器，在求得总的电容值后，可按照下式计算误差值：

$$\Delta C\% = \frac{C - C_N}{C_N} \times 100\%$$

式中　$\Delta C\%$——电容器的误差的百分值；

C——实测电容值；

C_N——额定电容值。

3. 交、直流耐压试验

交流耐压试验时，试验变压器容量可按下式选择：

$$S = 1.3C_X\left(\frac{U}{U_c}\right)^2 \times 10^{-6}$$

式中　S——试验变压器容量；

C_X——被试变压器电容；

U——试验电压；

U_c——电容器额定电压。

电容器的端子对地耐压或极间交流耐压需要高电压和大容量设备，因而造成了试验上的困难。为了减小耐压设备容量，可根据实际情况在回路中采用并联电感线圈或串联电感线圈的方法来减少试验变压器容量。一般当试验变压器电压高而容量较小时，采用并联电感线圈；试验变压器电压不高而容量较大时，采用串联电感线圈，但采用这种方法时，应注意谐振问题。

电容器的耐压试验，可根据需要做端子对地耐压和极间耐压，其试验接线如图 9-4-15 所示。

电容器端子对地耐压后，应重新做绝缘电阻测定，一般耐压前后不能相差太大。测量极间耐压后，除再做绝缘电阻测定以外，应重测电容值，其值应无大的差异。耐压时间及加压速度要根据相关规定和出厂要求进行。

电容器也可用直流做耐压试验。在直流电压下各部间电压的分布决定于各部分的绝缘

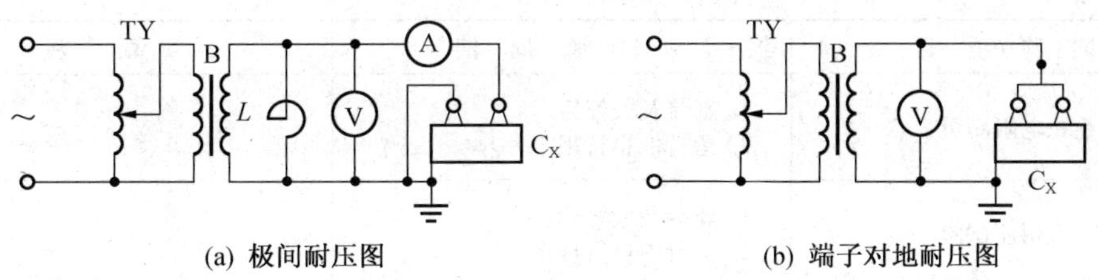

(a) 极间耐压图　　(b) 端子对地耐压图

TY—调压器；B—试验变压器；C_X—被试电容器；L—补偿电感线圈；V—测量用电压表

图 9-4-15　电容器耐压试验示意图

电阻，因某些原因各部间绝缘电阻变化时，电压分布不均匀，绝缘电阻高的分布电压也高，绝缘电阻低的分布电压也低。因此在直流电压作用下，由于油浸纸的比电阻远远大于油的比电阻，使油浸纸分担较高电压；而在交流电压作用下，由于油层中容抗较大，因此油层中分担的电压较高。因此电容器在直流电压作用下，有比交流电压高很多的抗电强度。

(三) 试验标准

1. 绝缘电阻测定

测量电容器的绝缘电阻时应使用 2500 V 兆欧表，电容器的绝缘电阻参考值见表 9-4-72。

2. 电容值的误差

在 15 ~ 25 ℃时测得的电容值，应不超过出厂实测（铭牌）的 ±10%。三相电容器组的各相电容值相差不得超过 ±5%。

表 9-4-72　电力电容器端子对外壳的绝缘电阻参考值

额定电压/kV	2 ~ 3	6 ~ 10
绝缘电阻/MΩ	1000	2000

3. 交流耐压试验标准

电力电容器的交流耐压试验电压标准见表 9-4-73。

表 9-4-73　电力电容器的交流耐压试验电压标准　kV

额定电压	<1	1	3	6	10	15	20	35
出厂试验电压	3	6	18/25	23/30	30/42	40/55	50/65	80/95
交接试验电压	2.25	4.5	18.76	22.5	31.5	41.25	48.75	71.25

注：1. 斜线下的数据为外绝缘的干耐压电压。
2. 当产品出厂试验电压值不符合表中的规定时，交流试验电压应按产品出厂试验电压值的 75% 进行。

十一、干式电抗器绝缘试验

(一) 试验项目和试验周期

干式电抗器做绝缘试验时，试验项目和试验周期见表 9-4-74。

表 9-4-74 干式电抗器的试验项目和试验周期

试验项目	试验周期	备注
绝缘电阻测量	1. 新装及大修后 2. 运行中自行规定	
交流耐压试验	1. 新装及大修后 2. 运行中自行规定	

(二) 试验标准

1. 绝缘电阻测量

测量干式电抗器的绝缘电阻时，应使用 2500 V 兆欧表。测得的绝缘电阻值应不低于下述标准：

线圈对固定螺钉应不低于 1 MΩ；

线圈之间或线圈对地应不低于 500 MΩ。

2. 交流耐压试验

干式电抗器的交流耐压试验电压标准见表 9-4-75。

表 9-4-75 干式电抗器的交流耐压试验电压标准 kV

试验电压		额定电压					
		2	3	6	10	15	20
相间	纯瓷绝缘	14	24	32	42	55	65
	非纯瓷绝缘	5	7	13	23	30	43
对地	纯瓷绝缘	14	24	32	42	55	65
	非纯瓷绝缘	12	22	28	38	45	60

十二、绝缘油试验

绝缘油在运行一定时间后，由于高温、氧化、高电场及阳光的作用，将使绝缘油老化、逐渐生成一些氧化产物、低分子量的有机酸、水分和某些有机物。老化产生的油泥沉积在绕组及介质层表面，造成散热不良，加速固体绝缘老化。绝缘油老化在高压套管中析出大量渣滓，在高压断路器中产生气体和蜡状物质。

绝缘油老化除化学性质有明显的变化外，其电气性质也明显变差，抗电强度降低，介质损失角与绝缘电阻数据也发生变化。绝缘油吸收空气中的水分，使抗电强度显著下降。

除了必须按规定对绝缘油物理化学性能进行全面分析试验与简化试验外，还要经常做抗电强度试验，进行运行中的日常检查。

绝缘油的介质损失角试验,能够比较灵敏地发现油的劣化、水分和脏污程度,尤其是在不同温度下测量值的变化情况,更能灵敏地反映以上现象。因为绝缘油中含有的水分与劣化物,随着温度的升高,介质损失角增大，当含有的水分与劣化物很少时，介质损失角的变化也较小。因此根据介质损失角随温度的变化情况，来判断绝缘油的状态是比较有效的。

（一）绝缘油的电气试验项目和试验周期

1. 绝缘油的电气击穿强度试验

（1）运行中的5600 kV·A以上的变压器、厂用变压器，每半年进行一次油的电气击穿强度试验。其他35 kV及35 kV以上的电气设备，每年至少进行一次油的电气击穿强度试验。

（2）运行中的35 kV以下的电气设备，每两年至少进行一次油的电气击穿强度试验。

（3）设备新装和大修前、后，应进行油的电气击穿强度试验。

（4）油断路器多次故障跳闸后，应取油样试验。

2. 绝缘油的介质损失角正切值试验

（1）运行中的5600 kV·A及以上的变压器，每半年进行一次油的介质损失角正切值试验。

（2）准备注入电气设备的新绝缘油要进行油的介质损失角正切值试验。

（3）充油电气设备在运行中绝缘油显著劣化或介质损失角正切值增大时，要进行油的介质损失角正切值试验。

（二）试验方法

1. 电气击穿强度试验

绝缘油中含有的水分、电解质、纤维等杂质达到一定量时，绝缘油的击穿电压值将急剧下降。为了考核绝缘油的击穿强度，常采用耐压试验的方法进行检查。

绝缘油的电气击穿强度试验用的仪器和用具有升压器、调压器、油杯、电极和0～100℃的温度计等。其电极为黄铜圆形平板电极，直径为25 mm，两极相距2.5 mm，电极表面粗糙度应为 $\overset{0.2}{\bigtriangledown}$。试验前应先用汽油或苯将油杯及电极洗净，如电极不清洁，需用洁净的绢布擦光，并调整电极使其两极平行并相距2.5 mm。

油杯的容积为500 cm^3（不得小于250 cm^3），多用瓷质材料或玻璃制成。电极与油杯壁及油面的距离不小于15 mm。绝缘油击穿试验用的电极及油杯如图9－4－16所示。

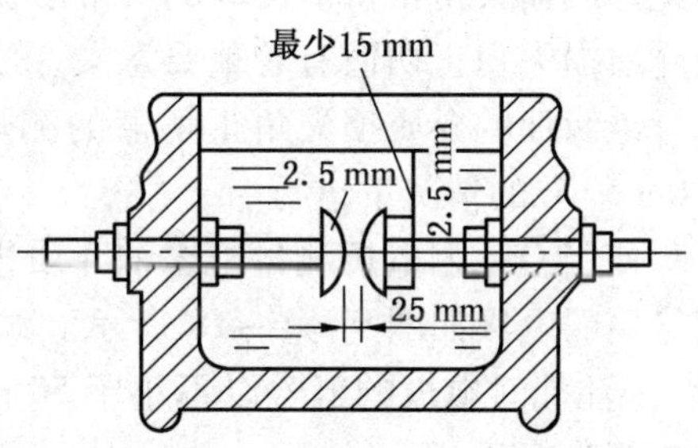

图9－4－16　绝缘油击穿试验用的电极及油杯

试样温度应接近室温。在取样前应将试样瓶颠倒几次，使油均匀混合，但不应使油产生泡沫或气泡。利用被试油冲洗电极和油杯2～3次，然后将被试油样沿油杯壁或沿洁净的玻璃棒注入油杯中，静置10～15 min，使气泡逸出。试验应在室温不低于20 ℃和温度不高的晴天进行。绝缘油击穿试验接线如图9－4－17所示。

试验前应检查试验接线是否正确，升压变压器的调压器是否在零位；将被试油样接入高压电路中；在被试油和试验变压器中间串联一个5～10 MΩ的保护水电阻；试验回路中应装可靠的过电流保护。

试验时，合上电源；起动调压器（升压速度约为每秒3 kV），直至油发生十分明显的火花放电，过流机构跳闸为止。发生击穿以前电压表瞬间指示的最大电压，即为击穿电

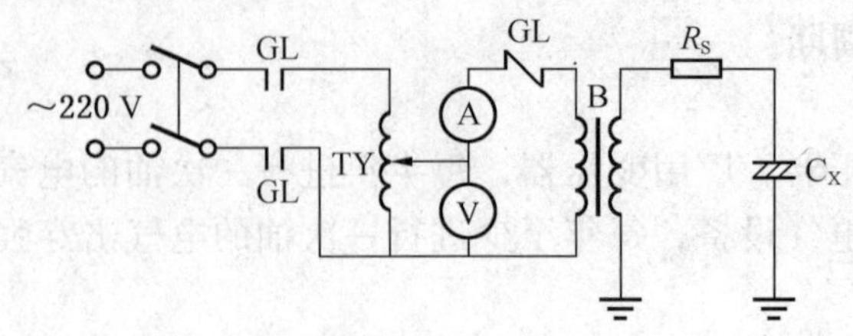

GL—过流继电器；TY—调压器；B—试验变压器；R_S—水电阻（5～15 MΩ）；C_X—被试油样

图 9－4－17　绝缘油击穿试验接线

压。如发生不大的破裂声及电压表指针振动，均不算击穿。

油被击穿后，可用玻璃棒在电极中搅动几次（但不可触动间隙距离），以消除附着的游离碳。静置 5 min 以后，再进行下一次试验，如此试验 5 次。

试验结果取 5 次数值的算术平均值。若 5 次测量值中的任何一次与平均值的差距超过 ±25% 时，则应继续进行试验，直到测得 5 个不超过平均值 25% 的数值为止。

试验过程中应注意下列事项：

（1）试验时在相对湿度不大于 75% 的室内进行，如受条件限制不能在室内进行时，应避免阳光直射而造成击穿电压降低。

（2）为了减少油在击穿时产生的游离碳，在满足一定电压的条件下，尽量采用容量小的试验变压器，并将过流继电器调整到适当数值。

（3）油的击穿电压与作用时间有关，升压时一定要均匀并按每秒 3 kV 左右的速度，否则击穿电压有很大的分散性。

2. 介质损失角正切值测量

一般进行击穿强度试验时，优质油的击穿强度可达 250 kV/cm，含有水分或杂质的劣质油可达 25 kV/cm。优劣油之间的击穿强度在数值上的差别为 10 : 1 。但在测量介质损失角正切值时，优质油的 $\tan\delta = 0.0001$，而劣质油的 $\tan\delta = 0.1$，两者之间差别为 1 : 1000 。因此介质损失角正切值试验的灵敏度比击穿强度试验的灵敏度高 100 倍。因此测量绝缘油的介质损失角正切值有着重要意义。

绝缘油的介质损失角正切值的测量，可使用 QS_1 型电桥进行，并应在（20 ±5）℃和（70 ±5）℃的情况下进行。

使用 QS_1 型电桥测量绝缘油介质损失角正切值时，测量用的电极如图 9－4－18 所示。试验电压为 10000 V。未注油时电极的电容以不小于 50 pF 为宜，充油后的电容为 107 pF。

试验前将电极用汽油冲洗干净并烘干，如电极工作表面呈现暗色则必须擦光，用 70～100 ℃的蒸馏水洗涤后在 115 ℃下烘干。

将空油盒的高压电极接至高压导线，用良好遮蔽导线将测量电极与电桥 C_X 端钮连接，保护电极与屏蔽连接。检验空油盒的 $\tan\delta$ 值与电容值，电容值与过去比较，变化应在 ±1% 以内，$\tan\delta$ 在 20 ℃时应不大于 0.0001。然后将被试油注入盒内，静置 10 min 以上，使油中气泡全部逸出后，再进行测量。

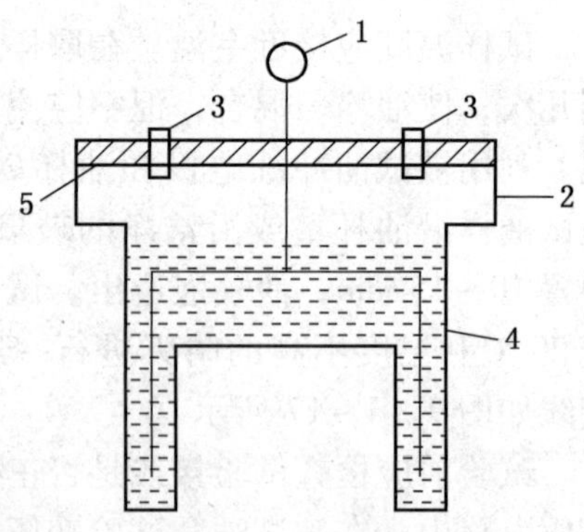

1—高压电极；2—接地极；3—屏蔽极；4—绝缘油；5—有机玻璃

图 9－4－18　测量绝缘油的介质损失角用的油盒示意图

改变检流计的极性，重复测量，取两次测量的平均值作为试验的读数。每一种油样进行两次测量，并取读数的平均值作为正式结果。两次测量结果之差不应大于 10% ± 0.0001，否则应重新测量，直到满足要求为止。

测量另一油样时，应将电极用被试油冲洗两次。测量温度可用水银温度计，并将温度计插入被测量的油样中。

（三）绝缘油电气试验标准

1. 电气击穿强度试验标准

1）用于 15 kV 以下的电气设备

新油和再生油电气击穿强度应在 25 kV 以上；运行中的油电气击穿强度应在 20 kV 以上。

2）用于 20～35 kV 的电气设备

新油和再生油电气击穿强度应在 35 kV 以上；运行中的油电气击穿强度应在 30 kV 以上。

3）用于 44～220 kV 的电气设备

新油和再生油电气击穿强度应在 40 kV 以上；运行中的油电气击穿强度应在 35 kV 以上。

2. 介质损失角正切值（%）标准

（1）新油和再生油的介质损失角正切值当温度为 70 ℃时应不大于 0.5%。

（2）运行中的油的介质损失角正切值当温度为 70 ℃时应不大于 2%。

（3）在常温下测得的介质损失角正切值数值不大于下列数值时，可不进行 70 ℃时的试验。

20 ℃时测得的 $\tan\delta$(%)＝0.04(新油)/0.11(运行油)；

25 ℃时测得的 $\tan\delta$(%)＝0.05(新油)/0.15(运行油)；

30 ℃时测得的 $\tan\delta$(%)＝0.07(新油)/0.20(运行油)；

35 ℃时测得的 $\tan\delta$(%)＝0.09(新油)/0.27(运行油)。

（4）多油断路器用油，根据需要测量 $\tan\delta$ 值。

（四）绝缘油的化学分析试验项目和试验周期

1. 绝缘油进行化学分析（理化特性试验）的作用

绝缘油在电场、高温和其他因素的作用下，不断进行着氧化（又称为老化）反应，油的性能逐渐发生变化。为了及时发现这些变化，要对能体现绝缘油质量特征的指标进行化学分析。若运行中的绝缘油的指标偏离规定标准一定范围后就说明油的质量有了问题，应及时采取措施。为了检查油的质量，应进行全分析试验。当按照要求的特性参数来监督油的质量时，应进行简化试验。

2. 变压器油的试验项目及试验周期

变压器油的试验项目及试验周期见表 9－4－76。

（五）绝缘油的化学分析试验方法

1. 闭口杯法

绝缘油闪点的测量采用闭口杯法。

目前广泛采用闭口闪点全自动测定仪，与传统的闭口闪点仪相比较其优点是采用计算

表 9-4-76 变压器油的试验项目及试验周期

试验项目	试验周期	备注
外观	1. 新装和大修后 2. 运行中一年一次	
水溶性酸	1. 新装和大修后 2. 运行中一年一次	
酸值	1. 新装和大修后 2. 运行中一年一次	
闪点	1. 新装和大修后 2. 运行中一年一次	
水分	1. 新装和大修后 2. 运行中一年一次	
击穿电压	1. 新装和大修后 2. 运行中一年一次	
机械杂质	1. 新装和大修后 2. 运行中一年一次	
游离碳	1. 新装和大修后 2. 运行中一年一次	

机控制，大气压力自动校正，自动送气、点火、报警、冷却，温度超值自动停止检测，自动显示、打印并储存使用结果。

试样在连续搅拌下，用很慢的恒定的速度加热。在规定的温度间隔（2 ℃）同时中断搅拌的情况下，将一小火焰引入杯内，试验火焰引起试样的蒸气闪火时的最低温度为闭口闪点。

2. pH 值法

水溶性酸的测定大多采用 pH 值法。试样在规定的条件下，与等体积的蒸馏水混合摇动，取其水抽出液，加入 pH 指示剂，与标准 pH 缓冲溶液进行比色，以确定 pH 值。

3. 碱兰 6B 法

酸值测定采用碱兰 6B 法。用沸腾的乙醇抽出试样中酸性组分，然后用氢氧化钾乙醇标准溶液进行滴定，以碱兰 6B 作指示剂，根据颜色的突变确定终点。

（六）绝缘油的化学分析试验标准

（1）10 号、25 号新油闪点不小于 140 ℃；45 号新油闪点不小于 135 ℃；运行中油闪点，不应比新油和上次测得值降低 5 ℃。

（2）新油水溶性酸和碱 pH≥5.4；运行中的油水溶性酸和碱 pH≥4.2。

（3）新油酸值小于或等于 0.03 mg(KOH)/g，运行中油酸值小于或等于 0.1 mg(KOH)/g。

（4）目测油质透明，无杂质或悬浮物没有游离碳，发现有游离碳应对油进行过滤。

十三、绝缘保安用具试验

(一) 试验周期

各种绝缘保安用具交流耐压试验周期见表9-4-77。

表9-4-77　各种绝缘保安用具交流耐压试验周期

序　号	试 品 名 称	试品试验性质和试验周期	
		新　品	使用中
1	绝缘手套	使用前	1年1次
2	绝缘胶靴及胶皮绝缘垫	使用前	1年1次
3	绝缘台	使用前	1年1次
4	绝缘拉杆	使用前	1年1次
5	高压验电笔	使用前	1年1次
6	放电棒	使用前	1年1次
7	绝缘类	使用前	1年1次

(二) 试验标准

(1) 绝缘手套、绝缘胶靴及胶皮绝缘垫的试验标准见表9-4-78。

表9-4-78　绝缘手套、绝缘胶靴及胶皮绝缘垫的试验标准

序　号	试 品 名 称	交流耐压试验电压/kV		耐压时间/min
		新　品	使用中	
1	绝缘手套	12	8	5
2	绝缘胶靴及胶皮绝缘垫	20	15	5

(2) 绝缘拉杆、绝缘夹、放电棒、绝缘台和高压验电笔等的试验标准见表9-4-79。

表9-4-79　绝缘拉杆、绝缘夹、放电棒等的试验标准

电压等级/kV	试验电压/kV	试验时间/min
5~10	40	5
20~35	105	5
35及以上	200	5

注：5 kV以下绝缘保安用具试验电压有出厂标准的按出厂标准，无据可查的可根据实际应用情况自行规定。

第五节 矿井地面变(配)电所常用安装式仪表和互感器的检定

本节主要根据《国家计量检定规程汇编》的要求，介绍变（配）电所内常用安装式、正常使用的交流电流表、电压表、功率表和交流电能表（电度表）以及测量用的电流互感器、电压互感器的检定。

一、交流电流表、电压表及功率表的检定

对于使用中的安装式仪表，因在使用过程中易受到剧烈的振动，或由于过载受到冲击，使仪表可动部分的平衡等发生变化，因而需要对仪表的主要技术指标，且易于改变的特性做以下各种项目的定期检定。

（一）检定项目及技术要求

1. 外观检查

主要检查仪表的外壳、刻度盘、指针等有无残缺、变形等。仪表上的各种标志符号是否符合规定。

2. 不通电时的倾斜影响检查

倾斜影响的测定是为了检查仪表可动部分的平衡情况。若仪表的可动部分平衡不好，当将仪表自工作位置向任意方向倾斜时，会有附加力矩作用到仪表的可动部分上，仪表的指示器就会改变位置，因此将产生附加误差。但是仪表在工作时不可能绝对地处于规定的工作位置上，这就要给出对工作位置的倾斜角度的允许值。

通过倾斜检查将能发现，仪表在倾斜时其指示值改变可能超过其允许值。

当仪表自规定的工作位置向任何一方向倾斜，而倾斜的角度不大于表 9－5－1 的规定时，其指示值的改变不应超过表 9－5－2 的规定。指示值改变的表示方法与基本误差表示方法相同。

表 9－5－1 仪表的结构、适用条件及工作位置倾斜的角度

仪表的结构及适用条件	对工作位置倾斜的角度	
耐机械力作用为普通的下列仪表：光指示仪表，可携式张丝式仪表，0.1 级、0.2 级仪表	5°	
可耐受机械力作用为普通的除上述以外的其他仪表	10°	
能耐受机械力作用的仪表	0.5～1.0 级	1.5～5.0 级
可携式	20°	30°
安装式	30°	45°

表 9－5－2 仪表的指示值改变量

仪表的准确度等级	0.1	0.2	0.5	1.0	1.5	2.5	5.0
基本误差/%	±0.1	±0.2	±0.5	±1.0	±1.5	±2.5	±5.0

若仪表上未注明工作位置时，则在垂直与水平两个位置都应符合表9-5-1的要求。

3. 仪表基本误差测定

1）仪表基本误差的规定

在规定的正常条件下，由于仪表内部特性和质量方面的缺陷等所引起的误差叫作基本误差。

仪表的基本误差在标度尺工作部分所有分度线上不应超过允许的基本误差，见表9-5-2。

这里讲的“工作部分所有分度线”既包括工作部分有数字的分度线，也包括没有数字的分度线。为了提高检定工作的速度，在规程中规定只检定工作部分带有数字的分度线，而不检定工作部分不带数字的分度线。

2）基本误差的表示方法

（1）单向标度尺的仪表——以标度尺工作部分上限的百分数表示：

$$\gamma_m = \frac{\Delta}{A_m} \times 100\% = \frac{A - A_o}{A_m} \times 100\% \qquad (9-5-1)$$

式中　γ_m——仪表的基本误差；

Δ——最大绝对误差；

A——仪表指示值；

A_o——仪表的实际值。

（2）双向标度尺的仪表——以标度尺工作部分两个上限绝对值之和的百分数表示：

$$r_m = \frac{\Delta}{|-A_m| + |+A_m|} \times 100\% = \frac{A - A_o}{|-A_m| + |+A_m|} \times 100\% \qquad (9-5-2)$$

式中　$-A_m$——仪表负向上限；

$+A_m$——仪表正向上限。

4. 升降变差及指示器不回零位

1）升降变差

能耐受机械作用的仪表、微型和小型仪表，其摩擦误差、轴隙误差及不平衡误差都较大；而电磁系和铁磁电动系仪表，在直流下检定时，磁滞误差较大，因此这些仪表的升降变差较大。

能耐受机械作用的仪表、微型和小型仪表，用直流进行检定的电磁系和铁磁电动系仪表，其指示值的升降变差不应超过允许的基本误差绝对值的1.5倍；其余仪表指示值的升降变差不应超过基本误差的绝对值。

2）指示器不回零位

当仪表接入被测量以后，若将被测量减至零，仪表指示器对零位的偏离称为指示器不回零位。仪表的不回零位值主要是由游丝（或张丝）的永久变形误差和摩擦误差产生的。

具有机械反作用力矩的仪表，当把指示器自标度尺终点分度线平稳地逐渐减小至零时，指示器不回机械零位值不超过如下规定：

（1）能耐受机械作用的仪表、微型和小型仪表、标度尺角度大于120°的仪表和张丝式表，由式（9-5-3）确定不回机械零位的值。

$$\gamma = 0.01KL \qquad (9-5-3)$$

式中 γ——不回机械零位的值，mm；

K——仪表的准确度等级；

L——标度尺的长度，mm。

(2) 其他仪表为式 (9-5-3) 确定数值的一半。

5. 功率因数影响 (仅对铁磁电动系和三相功率表)

对功率因数影响的测定是为了确定功率表的角误差。在实际应用时功率表接入测量电路中，其功率因数一般在0.5~1之间。因为功率表的角误差在 $\cos\varphi=0$ 时最大，因此测定功率因数影响时，要在两个功率因数即 $\cos\varphi=0$ 及 $\cos\varphi=0.5$ 时测量。对于安装式功率表，一般都工作在感性负载情况下，且不作为标准仪表使用，因此不须在容性负载下测定功率因数的影响。

(二) 检定周期和检定条件

1. 检定周期

安装式仪表的检定周期为每年不少于一次。

2. 检定条件

仪表的检定条件是指在测定仪表的基本误差、升降变差和指示器不回零位时，仪表应处的各种条件。这些条件包括仪表本身条件及一些对仪表表示值有影响的影响量的规定条件。具体条件如下：

(1) 仪表和附件的温度应与周围空气温度相同。这实际上要求仪表在检定的温度下放置一定的时间，以使整个仪表的温度等于检定仪表的规定温度，否则仪表的检定结果是不正确的。

(2) 有调零器的仪表应在预热之前先将仪表的指示器调到零位上，以后不再重新调整零位。这表示仪表指示器的零位和仪表的热状态无关，否则，将不能用仪表进行准确的测量。

(3) 仪表和附件自接入负载后确定其指示值的预热时间，可携式仪表一般不需预热；安装式仪表在额定负载下预热15 min以后检定。这样做是为了与使用条件相一致。

(4) 所有影响仪表示值的影响量应符合表9-5-3的规定。

表9-5-3 影响仪表示值的影响量的规定

影响量	额定值		额定值允许偏差	
	当注明时	当未注明时	0.1级、0.2级仪表	0.5级、1.0级、1.5级、2.5级(4.0)及5.0级仪表
工作位置	规定位置	任何位置	对倾斜1°的±0.2° 对倾斜5°的±1° 对倾斜10°以上的±2°	
温度	规定值或规定范围任一值	+20 ℃	±2 ℃	±5 ℃
电压	规定值或规定范围任一值	—	±2%	

表 9－5－3（续）

影响量		额定值		额定值允许偏差	
		当注明时	当未注明时	0.1级、0.2级仪表	0.5级、1.0级、1.5级、2.5级（4.0）及5.0级仪表
频率		规定值或规定范围任一值	50 Hz	单相无功功率表则为 ±0.5% ±2%	
交流电压或电流波形		正弦的	正弦的	畸变系数≤5%	
直流电流或电压的交流系数		0	0	≤1%	≤3%
与地磁场的方向		N←S	任何方向	±5°	
外磁场		应无外磁场	应无外磁场	仅有地磁场存在	
铁磁物质		规定的钢板	应无铁磁物质	—	
外电场		应无外电场	应无外电场	—	
功率因数	有功功率表	规定值	$\cos\varphi=1$	0.01	
	无功功率表	规定值	$\sin\varphi=1$	0.01	

（5）规定用定值导线或具有一定电阻值的专用导线进行校验的仪表，应采用定值导线或与标明的电阻值相等的专用导线一起进行检定。

（6）三相仪表应在对称电压和平衡负载的条件下检定。即三相对称系统中每一个线电压或相电压与系统中平均值之差不大于1%，每一个相电流与系统中平均值之差不大于1%，每个相电流与相应相电压之间的角度之差不大于2°。

（三）检定的一般规定

1. 检定方法的确定

根据仪表的类别及准确度，按表 9－5－4 的规定选择检定方法。

对于矿井变（配）电所内的常用安装式指示仪表，其检定方法基本采用直接比较法。

表 9－5－4　检定方法的选择

受检项目	仪表的类别	检定方法
直流下的基本误差及升降变差测量	0.1级、0.2级及0.5级直流与交直流两用标准表及工作仪表	直流补偿法数字式电压表方法
额定及扩大频率下的基本误差、升降变差及功率因数影响	0.1级、0.2级及0.5级交直流两用和交流标准仪表及工作仪表	交直流比较法
直流下和交流下的基本误差及升降变差	0.5级、1.0级、1.5级、2.5级及5.0级仪表	直接比较法
功率因数影响测量	修理后仪表及0.5级、1.0级、1.5级、2.5级及5.0级仪表	直接比较法
元件间影响及不平衡负载影响的测量	0.5级、1.0级、1.5级、2.5级及5.0级仪表	直接比较法

2. 对电源稳定度的要求

用直流补偿法、交直流比较法、数字式电压表法和直接比较法检定仪表时，供给被检仪表电路的电流及电压的电源稳定度应满足如下要求：在0.5 min内直流电源的稳定度不应低于$\pm\frac{1}{10}k\%$，交流电源的稳定度不应低于$\pm\frac{1}{5}k\%$（k为被检仪表准确度等级）。

3. 对检定时使用的调节设备的要求

检定装置的调节设备包括电流、电压及相位调节器等。

（1）为了准确地测量仪表的升降变差（主要指由摩擦误差引起的那部分），要求仪表的指针平稳地接近被检表的指示值。例如仪表的指针在被检表示值处摆动或跳动，将测不准仪表的升降变差。因此要求电流、电压调节器在调节电流或电压时，要保证在检定仪表各个量限内，由零值调至被检仪表上限，并能平稳、连续地调至仪表任何一个分度线，其调节的细度要与仪表的读数误差相对应，即不应低于$\frac{1}{10}k\%$。

（2）要求调节相位的调节设备可以从$\cos\varphi=0$调至$\cos\varphi=1$之间的任何功率因数值，其调节细度（以功率因数表示）要小于0.01，因为检定功率表时，功率因数和额定值的允许偏差为0.01。

4. 检定装置的绝缘要求

如果检查装置的绝缘不良，泄漏电流较大，就会影响到检定结果，因此要求由于绝缘不良而产生的泄漏误差应小于被检表允许误差的1/10。为了满足这一要求，如采用提高绝缘水平的方法解决，往往受到材料和环境条件的限制，因此，多采用屏蔽方法来减少泄漏误差。屏蔽后可起到如下作用：①可使被保护元件和屏蔽之间的电位差尽量接近，以减少和消除它们之间的泄漏电流；②可以改变泄漏电流的路径，使之不流过被保护的元件。

5. 仪表基本误差及升降变差的检定方法的规定

测量仪表的升降变差，有些仪表与通过其测量机构的电流方向有关，有些与通过其测量机构的电流方向无关。因此这两类仪表的测量次数不同。仪表的测量次数见表9-5-5。

表9-5-5 仪表的测量次数

仪表类型	电流及测定次数			备注
	电流方向	第一次	第二次	
0.1级、0.2级标准表	正向电流	由小到大（上升）	由大到小（下降）	
	反向电流	由小到大（上升）	由大到小（下降）	
磁电系仪表，0.2级、0.5级以下工作表	正向电流	由小到大（上升）	由大到小（下降）	正、反两向，只测其中一次
	反向电流			

注：如果在仪表标度尺中间数字分度线和上限上不同电流时所测得的实际值，与此相差要小于仪表允许误差的1/4k%时，允许仅在一个电流方向检定两次（上升和下降）。

6. 交流仪表的检定规定

（1）对于有一个额定频率的交流仪表，应在额定频率下检定。

（2）对于有额定频率范围和扩展频率范围的交流仪表，仅在50 Hz下对工作部分每一个带数字的分度线进行检定，而对扩展频率范围上限频率及下限频率（仅对内装互感器的）只检定两个数字分度线（中间数字分度线和上限）。

(3) 在仪表的额定频率范围和扩展频率范围内，可根据使用单位的需要，在某一个或几个频率上按以上两条规定进行检定。

7. 检定多量限仪表误差的规定

检定多量限仪表误差时，可以对全部量限进行检定，也可以用如下方法进行检定。

(1) 凡是用一个标度尺的多量限电压表、电流表及功率表，可以只对其中某一个量限（称为全检量限）工作部分的全部数字分度线进行检定，而其余量限（称为非全检量限）只检定上限和可以判定最大误差的分度线，或者按使用单位需要进行检定。

(2) 检定带有外附专用分流器及附加电阻的仪表，可按多量限仪表的检定方法检定。

8. 检定有定值分流器和定值附加电阻的仪表的规定

对有定值分流器和定值附加电阻的仪表，应将仪表和上述附件分开，只检定仪表。仪表不应超过允许误差。

9. 指示器不回零位的测定规定

测定指示器不回零位值，应在测量基本量限之后进行。测量时将被测量由上限平稳地减至零，然后断开电源线路并在 10 s 内读取指示器不回零位值，此值不应超过上面所述的规定值。

(四) 直接比较检定方法

1. 检定用标准表及标准仪器的选择

应按表 9-5-6 及表 9-5-7 的规定选择标准表及标准仪器。标准表的测量上限与被检表测量上限的比值应为 1～1.25 倍。

表 9-5-6　标准表与标准仪器的选择 (1)

被检表的准确度级别	标准表的准确度级别		与标准表一起使用的互感器级别	
	不考虑更正	考虑更正	不考虑更正	考虑更正
0.2	—	0.1	0.02	0.05
0.5	0.1	0.2	0.05	0.1
1.0	0.2	0.5	0.1	0.2
1.5	0.2	0.5	0.2	—
2.5	0.5	—	0.2	—
5.0	0.5	—	0.2	—

表 9-5-7　标准表与标准仪器的选择 (2)

标准仪表的级别	标度尺长度/mm	标准仪表的级别	标度尺长度/mm
0.1	不小于 300	0.5	不小于 130
0.2	不小于 200①		

注：① 也允许使用大于 150 mm，但有游标刻度的 0.2 级仪表做标准表。

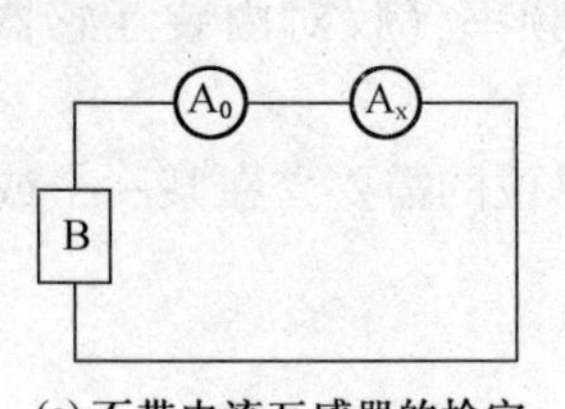

(a) 不带电流互感器的检定电流表的接线图

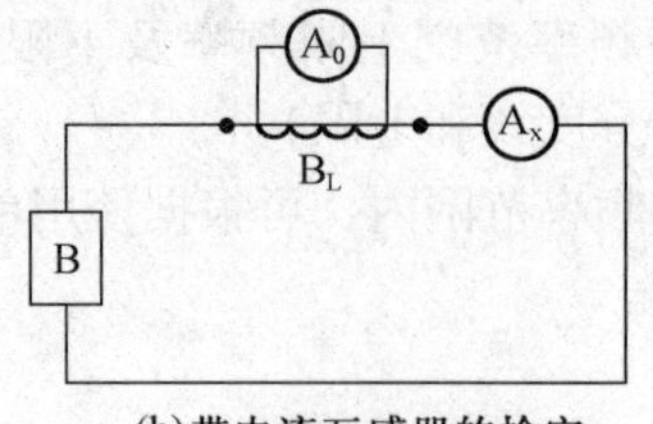

(b) 带电流互感器的检定电流表的接线图

A_x—被检表；A_0—标准表；
B—调节设备及电源；B_L—标准电流互感器

图 9-5-1　检定电流表的接线图

2. 电流表和电压表的检定接线图

1）电流表的检定接线图

检定电流表的接线如图 9-5-1 所示。

按照图 9-5-1a 所示线路检定电流表时，被检电流表示值的实际值 I_0 可以根据标准表的示值，用下式计算：

$$I_0 = I + \Delta_{ci} \quad 或 \quad I_0 = C_i(A + C) \tag{9-5-4}$$

式中　A——标准表的示值，分度；

Δ_{ci}——标准表指示值的修正值，A；

C_i——标准电流表的额定分度值，A/分度；

C——标准表的示值修正值，分度。

如果被检电流表是测量较大电流的交流电流表，而没有量限合适的标准表，可以利用电流互感器，其接线如图 9-5-1b 所示。此时被检电流表示值的实际值 I_0 可按下式计算：

$$I_0 = (I + \Delta_{ci})K_i \quad 或 \quad I_0 = C_i(A + C)K_i \tag{9-5-5}$$

式中　A——标准表的示值，分度；

Δ_{ci}——标准表指示值的修正值，A；

C_i——标准电流表的额定分度值，A/分度；

C——标准表的示值修正值，分度；

k_i——电流互感器的变比系数。

2）电压表的检定接线图

检定电压表的接线如图 9-5-2 所示。

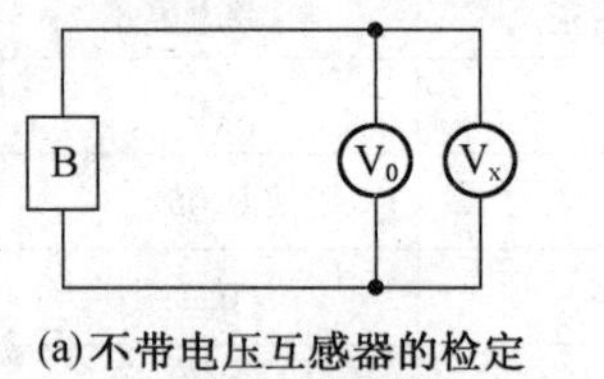

(a) 不带电压互感器的检定电压表接线图

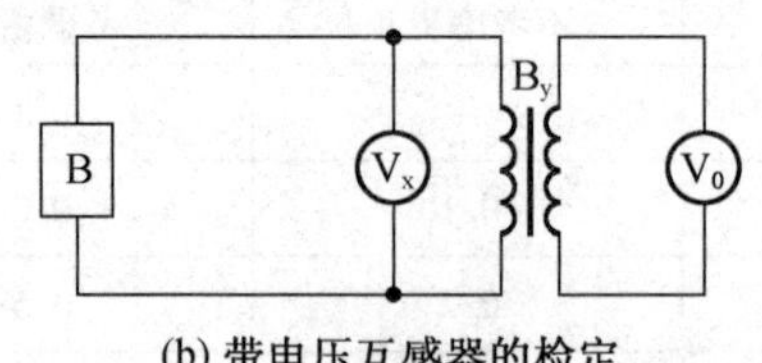

(b) 带电压互感器的检定电压表的接线图

V_0—标准电压表；V_x—被检电压表；B—电源及调节设备；B_y—标准电压互感器

图 9-5-2　检定电压表的接线图

按照图 9-5-2a 所示的接线检定电压表时，被检电压表示值的实际值：

$$U_0 = U + \Delta_{cu} \quad 或 \quad U_0 = C_u(A + C) \tag{9-5-6}$$

式中　Δ_{cu}——标准表示值的修正值，V；

C_u——标准电压表的额定分度值，V/分度。

如果被检定的电压表是测量较高电压的交流电压表，而没有量限合适的标准电压表时，可以借助电压互感器 B_y，其接线如图 9-5-2b 所示。此时被检电压表示值的实际值

U_0 可按下式计算：

$$U_0=(U+\Delta_{cu})k_u \quad 或 \quad U_0=C_u(A+C)k_u \tag{9-5-7}$$

式中 A——标准表的示值，分度；

Δ_{cu}——标准表指示值的修正值，V；

C——标准表的示值修正值，分度；

C_u——标准电压表的额定分度值，V/分度；

k_u——电压互感器的变比系数。

3. 有功功率表的检定

检定功率表时要调节功率因数，因此在功率表的检定线路上必须有相位调节器（移相器）。功率表的指示值和误差与仪表接入线路的极性（用＊号或±号表示同极性关系）及相序有关，因此，在检定功率表时，标准表和被检表各元件的接线的相别及极性应一致。此外，三相功率表的误差与三相电源的对称情况有关，若不对称会产生较大的附加误差，因此用作检定功率表的三相电源应对称。为了便于监视三相电源系统的对称情况，要求在三相电源系统中接3只电流表和3只电压表，且要求做监视用表的准确度级别要比被检表的准确度级别高一级，并且量限应一致。

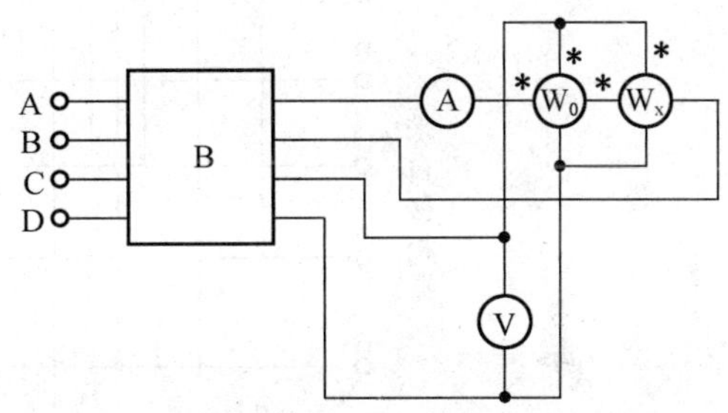

B—三相电源及调节设备；W_0—标准功率表；W_x—被检功率表；A—监视电流表；V—监视电压表

图9－5－3 检定单相有功功率表的接线图

1）单相有功功率表的检定

检定单相有功功率表的接线如图9－5－3所示。

被检表的示值实际值 P_0 按下式计算：

$$P_0=P+\Delta_{cw} \quad 或 \quad P_0=C_w(A+C) \tag{9-5-8}$$

式中 P——标准表的指示值，W；

Δ_{cw}——标准表指示值的修正值，W；

A——标准表的示值，分度；

C——标准表的指示值修正值，分度；

C_w——标准表的额定分度值，W/分度。

2）三相两元件有功功率表的检定

（1）一表法的检定方法。当确认两个元件的有功功率表的两个元件之间的影响所产生的附加误差，相对于该表的允许误差小到可以忽略的程度时，可用一只单相标准表来检定三相二元件功率表。该方法可按单相有功功率表检定法接线（图9－5－3）。将一只二元件的有功功率表的电流线圈串联，电压线圈并联。这时被检功率表示值的实际值 P_0 按式(9－5－9)计算：

$$P_0=2(P+\Delta_{cw}) \quad 或 \quad P_0=2C_w(A+C) \tag{9-5-9}$$

式中 P——标准表的示值，W；

Δ_{cw}——标准表示值的修正值，W；

A——标准表的示值，分度；

C——标准表示值的修正值，分度；

C_w——标准表的额定分度值，W。

（2）二表法的检定方法。用两只单相有功功率表检定二元件三相有功功率表，其检定方法按图 9－5－4 接线。

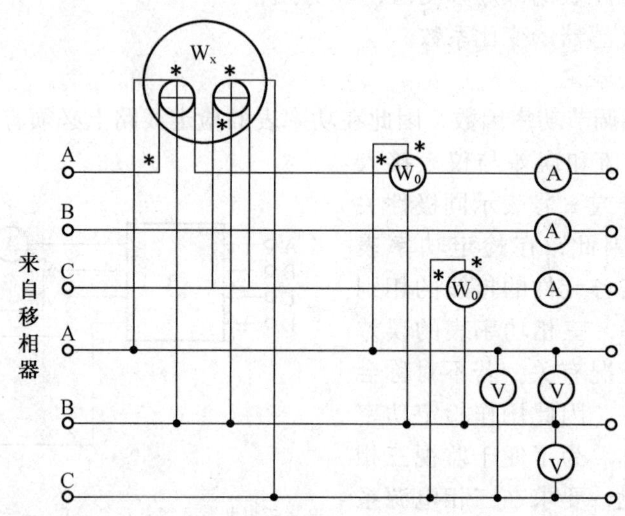

A—监视电流表；V—监视电压表；W_0—标准有功功率表；W_x—被检二元件有功功率表

图 9－5－4　用两只单相标准有功功率表检定二元件有功功率表的接线图

被检二元件有功功率表的实际值 P_0 可以用两个标准功率表指示值来表示：

$$P_0 = P_{01} + P_{02} = (P_1 + \Delta_{cw1}) + (P_2 + \Delta_{cw2}) \qquad (9-5-10)$$

$$P_0 = C_{w1}(A_1 + C_1) + C_{w2}(A_2 + C_2)$$

式中　P_{01}、P_{02}——标准功率表 W_1 和 W_2 的实际值；

P_1、P_2——电流线路接入 A 相、C 相中的功率表 W_1 和 W_2 的指示值，W；

C_{w1}、C_{w2}——接入 A 相、C 相中的功率表额定分度值，W/分度；

A_1、A_2——接入 A 相、C 相中功率表的示值，分度；

C_1、C_2——接入 A 相、C 相中标准功率表示值的修正值，分度；

Δ_{cw1}、Δ_{cw2}——标准表 W_1 和 W_2 指示值的修正值，W。

3）功率因数的调整方法

根据检定规程的规定要在额定功率下检定功率表，常用功率表的额定功率因数都等于 1，即 $\cos\varphi = 1$，因此检定功率表就要知道 $\cos\varphi = 1$ 是如何调整的。

（1）单相有功功率表额定功率因数 $\cos\varphi = 1$ 的调整方法。该方法是把加到仪表的电压和电流调节到等于其额定值后，再调节电压和电流之间的相位差角，使仪表的指示器的偏转角最大，这时仪表就在额定功率因数下工作。

（2）用二表法检定三相两元件有功功率表的额定功率因数的调整方法。由图 9－5－5 可知，在额定电压、额定电流和三相系统完全对称的条件下，向感性方向（滞后方向）调

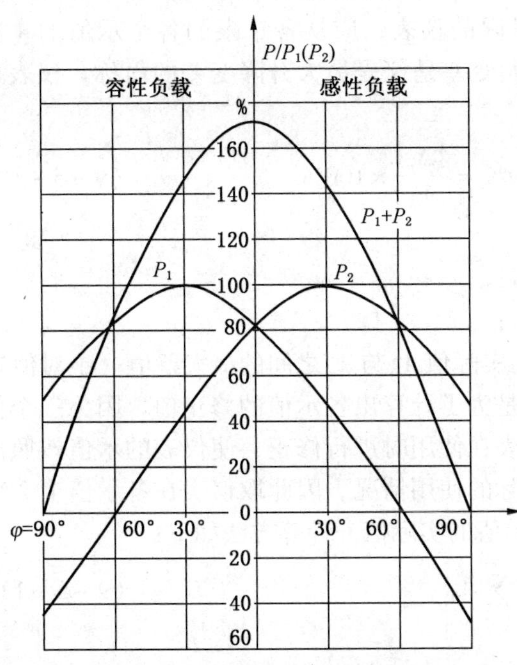

图9-5-5　三相系统对称时功率表读数与φ角之间的关系

节移相器的相位，使两只标准单相有功功率表的指示值相等且为正值，这时三相系统的功率因数 $\cos\varphi=1$。

用两只标准单相有功功率表检定三相两元件有功功率表时，当调整功率因数，且使 φ 角大于60°或小于-60°时，其中有一只功率表的指示器就要反向偏转。这时要转换仪表的极性开关之后才能读数，但读数是负值。在计算被检表示值的实际值时，标准表的指示值要以负值代入。

4）功率因数影响的测量

功率因数影响的测量是指当功率因数从额定值 $\cos\varphi=1$ 变化到 $\cos\varphi=0.5$ 时，仪表指示值的变化。具体检定方法如下：

（1）调节电压和频率使其等于功率表的额定值，然后调节电流使其略低于功率表的额定电流的1/2；再调节移相器，改变加到功率表上的电压与电流之间的相位角，使仪表的指示器指到最大偏移。

（2）调节电流使被检功率表的指示器指在测量上限1/2处的分度线上，然后用标准装置（或仪表）测量被检功率表所指分度线的实际值 P_0'。

（3）把电流调到额定值，向感性方向调节移相器，改变加到功率表上的电压和电流之间的相位角，使被检功率表的指示器仍指在测量上限1/2处的分度线上，也就是使有功功率因数为0.5，然后用标准装置测量被检功率表所指分度线的实际值 P_0''。

（4）功率因数影响引起的误差按下式计算：

$$\gamma_0=\frac{P_0''-P_0'}{P_m}\times100\% \tag{9-5-11}$$

式中　γ_0——功率因数影响引起的误差；

P_m——被检功率表的额定功率。

功率因数影响引起的误差不应超过仪表的允许误差。

4. 检定结果的处理

每台仪表经检定以后，要测得很多检定数据，根据检定数据计算出各个检定项目的检定结果，然后再根据检定结果做出仪表的检定结论。为此必须做好如下工作：

（1）检定用标准仪表的数据应记入检定原始记录中，并要保存一年。

（2）为了便于数据处理，全部检定数据均按分度表示。

（3）计算出仪表的最大基本误差、最大变差和示值的实际值、修正值（或更正值）。

仪表的最大基本误差按式（9-5-1）和式（9-5-2）计算。式（9-5-1）和式（9-5-2）中的最大绝对误差Δ对于单量限的仪表，应从该量限各个示值的4次（或2

次）检定测得的实际值中取最大值；对于多量限的仪表，应从各量限的各个示值的 4 次（或 2 次）检定测得的实际值中找出。仪表最大变差是仪表最大升降变差的简称。仪表最大变差 $\gamma_{\Delta m}$ 的计算方法如下：

$$\gamma_{\Delta m} = \frac{|A''_{oj} - A'_{oj}|}{A_m} \times 100\% = \frac{|\Delta_j|}{A_m} \times 100\% \qquad (9-5-12)$$

式中 $\gamma_{\Delta m}$——仪表的最大变差；

A''_{oj}——仪表各示值上升时测得的实际值；

A'_{oj}——仪表各示值下降时测得的实际值；

Δ_j——仪表各示值的两次检定中测得的实际值 A''_{oj} 与 A'_{oj} 之间的最大差值（绝对值）。

仪表经检定给出各示值的实际值，其目的是为了计算出各示值的修正值，因为一个仪表的检定结果要给出示值的修正值，以便于仪表在使用时进行修正，使仪表的示值按照修正值修正以后比较准确，使之尽可能接近于实际的使用情况。因此取仪表在各示值上 2 次（或 4 次）检定中测得实际值的平均值作为各示值的实际值。计算方法如下：

$$\overline{A}_{oi} = \frac{1}{n}\sum_{i=1}^{n} A_0 \qquad (9-5-13)$$

式中 n——检定次数（$n=2$ 或 $n=4$）；

$\overline{A}_{oi}$——该示值的实际值；

A_0——仪表示值各次检定测得的实际值。

仪表示值 A 的修正值 c_i 为

$$c_i = \overline{A}_{oi} - A \qquad (9-5-14)$$

（4）检定数据的化整。检定中测得的数据都是具有一定误差的近似数。由测量数据的一般处理原则可知，由测量数据计算得出的测量结果的有效数字的位数应与测量误差相对应。因此仪表的检定结果（最大基本误差、最大变差与示值的实际值）的有效数字的位数也应和仪表检定装置的误差相一致。仪表的检定数据经计算后得到的数据的位数一般都较多，与检定装置的误差不一致，因此检定数据要化整，使两者一致。另外仪表的检定结果例如实际值，在使用仪表时，要根据其数值计算出示值的修正值，这就要求给出的实际值或修正值的末位数要与仪表的分辨度（可读出的最小分度的长度）相适应。为了满足这一要求，检定数据也要化整。仪表检定结果经化整，才可以使检定结果一致。计算和化整应按照以下规定进行：

① 计算后的数据的位数应比计算前的位数多保留一位，待化整处理。

② 数据化整的原则：

a）化整后的小数位数及末位数应和被检表的分辨度及检定设备的误差相一致。仪表的标度尺长度满足表 9－5－7 的要求，其分辨度约是仪表允许误差的 1/4。

b）仪表的实际值允许化整的末位数只能有以下 3 种情况之一：

1 的整数倍（即 0～9 之间的任何整数）；

2 的整数倍（即 0～8 之间的任何整数）；

5 的整数倍（即 0 与 5）。

c）计算数值应向最接近（即差值最小）的一个允许化整值化整，且由于化整产生的误差应小于被检表允许误差的 1/8（当仪表的标度尺长度满足表 9－5－7 的要求时）。根据上述规定，对于各个级别被检仪表检定结果的实际值，其允许化整的小数位数及末位数的最大公约数见表9－5－8。

表9－5－8　允许化整的小数位数及末位数的最大公约数

仪表的级别	仪表的标度尺格数									
	10	30	50	60	75	100	120	150	300	450
	小数点后的位数/末位数的最大公约数									
符合表9－5－7要求的0.1级	3/2	3/5	2/1	2/1	2/1	2/2	2/2	2/2	2/5	2/5
符合表9－5－7要求的0.2级	3/5	2/1	2/2	2/2	2/2	2/5	2/5	2/5	1/1	1/1
符合表9－5－7要求的0.5级	2/1	2/2	2/5	2/5	2/5	1/1	1/1	1/1	1/2	1/2

d）当计算数值与上下相邻的两个允许化整值的差值相等时（即位于两个允许数中间），对于允许末位数为1或5的倍数者，则化整后的末位数规定为偶数；对于允许末位数为2的倍数者，则化整后的末位数规定为4的倍数。

为了便于掌握上述原则和规定，下面给出实际值化整的示意图，如图9－5－6所示。图中箭头方向表示应化整的允许末位数，横线上表示小于该数时，应化整的允许末位数，横线下表示等于该数时，应化整的允许末位数。

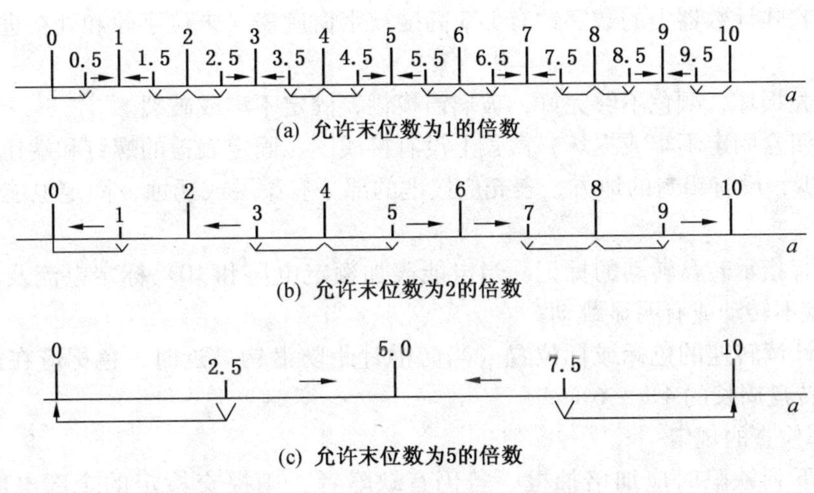

图9－5－6　实际值化整示意图

e）仪表的最大基本误差及最大升降变差（去掉百分号后的小数部分）的数据化整，则是对0.1级和0.2级仪表小数点后保留两位，第三位数四舍五入；对于0.5级仪表小数点后保留一位，第二位数四舍五入。

对于标度尺长度不满足表9－5－7要求的被检表，按照准确度低一级的规定化整。

（5）检定结果的判断。仪表的检定结果只有两种：即合格与不合格。仪表的检定结论要根据检定的全部项目的检定结果做出，如果检定的全部项目的检定结果均符合规定，仪表就合格，否则就不合格。判断合格与否要根据以下规定进行。

① 判断仪表是否超过其允许误差时，应以确定的最大基本误差和最大升降变差化整后的数据为依据。

② 多量限仪表只有各量限经检定其误差均不超过允许误差时，才能认为该表是合格的。

③ 各级仪表经过检定后，要发检定证明，说明仪表是否合格。在检定证明中，要对 0.1 级、0.2 级、0.5 级标准仪表给出仪表的更正值（修正值）、最大基本误差及最大升降变差。其余仪表在检定证明中不给出任何数值，只说明合格与不合格。

④ 使用中的仪表，周期检定其误差是否超过该级仪表的允许误差（指出厂级别），如果能符合规程规定的准确度较低一级仪表的要求时，可允许按低一级的仪表定级使用。

⑤ 仪表经检定后应有封印。

二、感应式交流电能表（电度表）的检定

1. 直观检查

对每只需检定的安装式电能表，应进行外部检查，还应随机抽取一定数量的电能表进行内部检查。一般可抽取需检定的电能表总数的 5% 进行检查。

1）外部检查的规定

经外部检查，若发现有下列缺陷的电能表不予检定：

（1）铭牌明显偏斜，标志不完整，字迹不清楚。

（2）字轮式计数器上的数字约有 1/5 高度被字窗遮盖（末位字轮和处在进位的字轮除外）。

（3）表壳损坏，颜色不够完好，玻璃窗模糊，固定不牢或破裂。

（4）端钮盒固定不牢或损坏，盒盖上没有接线图，固定表盖的螺钉和端钮盒内的螺钉不完好或缺少，没有铅封的地方，表壳应接地的部分有漆层或锈蚀，固定电能表的孔眼损坏等。

（5）没有指示转盘转动的标记。当电能表加额定电压和 10% 标定电流及功率因数为 1.0 时，转盘不转动或有明显跳动。

（6）无计读转速的色标或标位置（当防潜针距防潜钩最近时，色标应在正前方）或长度达不到转盘周长的 4% ~6% 。

2）内部检查的规定

若发现下列缺陷时应加倍抽检，若仍有缺陷者，则提交检定的全部电能表不予检定。

（1）各部紧固螺钉松动或缺少必要的垫圈。

（2）转盘和制动磁铁磁极等处有铁粉或杂物。

（3）导线固定或焊接不牢，导线上的绝缘老化。

（4）目测发现满载、轻载和相位角调整装置及平衡调整装置处在极限位置，没有调整余量；各制动磁铁磁极端面明显与转盘平面不平行，且对转盘中心的距离有显著差别。

（5）转盘不在制动磁极和驱动元件的工作气隙中间。

（6）表盖密封不良，蜗轮与蜗杆不在齿高的 1/2 ~1/3 处啮合。

2. 潜动试验

当电流线路无负载电流而电压线路加 80% ~110% 额定电压（对三相电能表加对称的三相额定电压）时，安装式电能表的转盘转动不得超过 1 转。

3. 起动试验

电能表在额定频率、额定电压和功率因数为 1.0 的条件下，负载电流升到表 9-5-9 的规定值后，转盘应连续转动且在时间 t_Q 内不少于 1 转。时限 t_Q 按式（9-5-15）确定：

$$t_Q = 1.4 \times \frac{60 \times 1000}{cP_Q} \tag{9-5-15}$$

式中 c——电能表常数；

P_Q——起动功率，W。

表 9-5-9 允许起动电流值

分类	被检电能表准确度等级					
	0.1	0.2	0.5	1	2	3
	允许起动电流值					
无止逆器的电能表	$0.002I_b$	$0.0025I_b$	$0.003I_b$	$0.004I_b$	$0.005I_b$	$0.01I_b$
有止逆器的电能表	—	—	$0.008I_b$	$0.009I_b$	$0.01I_b$	$0.015I_b$
周期检定的单相电能表	—	—	—	—	$0.01I_b$	—

对于单相电能表，$P_Q = U_{xg}I_Q$；对于三相四线电能表，$P_Q = 3U_{xg}I_Q$；对于三相三线电能表，$P_Q = \sqrt{3}U_xI_Q$。其中，U_{xg} 为相电压，U_x 为线电压，I_Q 为允许的起动电流。

起动功率的测量误差不超过 ±10%，起动电流的测量误差不超过 ±5%。字轮式计能器同时进值的字轮不多于 2 个。

4. 校验常数

安装式电能表可按下述方法校验常数。

1）计读转速法

电能表在额定电压、额定最大电流和功率因数为 1.0 的条件下，计能器末位（是否是小数位无关）改变 1 个数字时，转盘转速应和式（9-5-16）的计算值相同，即

$$N_1 = 10^{-2}bc \tag{9-5-16}$$

式中 b——计能器倍率，未标注者为 1；

c——电能表常数，若在铭牌上用其他单位标出常数，则按表 9-5-10 换算。

表 9-5-10 电能表常数换算表

铭牌上标注的常数	换算为常数 C[r/kWh(kvar·h)]的公式	铭牌上标注的常数	换算为常数 C[r/kWh(kvar·h)]的公式
1r = x (W·s)	$C = 3600 \times 1000/x$	1W = x (r/s)	$C = 3600 \times 1000x$
1r = x (W·h)	$C = 1000/x$	1 min100 W = x (r)	$C = 600x$
1r = x (kWh)	$C = 1/x$		

注：r—转；x—标注的常数值。

2）恒定负载法

负载功率较稳定时，电能表在额定电压、额定最大电流和功率因数为 1.0 的条件下，记录通电时间（不少于 15 min）和计能器在通电前后的示值。负载功率的平均值与通电时间的乘积，应等于计能器在通电前后的示值之差。

3）走字试验法

检定规格相同的一批电能表，可在测定基本误差后校核常数。为此选用误差较稳定（在试验期间误差的变化应不超过 1/5 基本误差）而常数已知的两次电能表作为参照表。各表的同相电流线路串联而电压线路并联，加额定最大负载。当计能器末位改变不少于 10（对 0.5 ~1 级表）或 5（对 2 ~3 级表）个数字时，参照表与其他表的示数（通电前后示值之差）应符合式（9 –5 –17）的要求：

$$\gamma = \frac{D_i - D_g}{D_0} \times 100 + \gamma_0 \leqslant 1.5 \text{ 倍基本误差} \qquad (9-5-17)$$

式中 D_0——2 只参照表示数的平均值；

γ_0——2 只参照表相对误差的平均值,%；

D_i——第 i 只被检电能表的示数，$i=1$、2、…、n。

5. 测定基本误差

测定基本误差时，当通电预热时间达到电能表检定技术条件规定时，在同一电压电流量程下，对每一负载电流先后以不同功率因数，按负载电流逐次减小的顺序检定，中间过程不再预热。通常应在表 9 –5 –11 至表 9 –5 –13 规定的负载功率下检定电能表。

表 9 –5 –11 检定携带式电能表应调定的负载功率

量程	cosφ（sinφ）	有功电能表准确度等级			无功电能表准确度等级
		0.1	0.2	0.5	0.5
		负载电流			
基本量程	1.0	$(0.2I_b)$、$0.5I_b$、I_b	$0.2I_b$、$0.5I_b$、I_b	$0.1I_b$、$0.5I_b$、I_b	$0.2I_b$、$0.5I_b$、I_b
	0.5（感性）	$(0.2I_b)$、$0.5I_b$、I_b	$0.2I_b$、$0.5I_b$、I_b	$0.2I_b$、$0.5I_b$、I_b	$0.5I_b$、I_b
	0.8（感性）	—	—	—	$0.8I_b$
	0.8（容性）①	$0.8I_b$	$0.8I_b$	$0.8I_b$	—
	0.5（容性）②	$0.5I_b$、I_b	$0.5I_b$、I_b	$0.5I_b$、I_b	—
	0.25（感性或容性）③	$0.5I_b$	$0.5I_b$	$0.5I_b$	$0.5I_b$
其余量程	1.0	$0.5I_b$、I_b	$0.5I_b$、I_b	$0.5I_b$、I_b	$0.5I_b$、I_b
	0.5（感性）	$0.5I_b$	$0.5I_b$	$0.5I_b$	$0.5I_b$

注：① 适用于额定电压为 100 V 和 380 V 的电能表及需测量容性有功电能的有功电能表。

② 适用于测量感性无功电能和容性有功电能的有功电能表。

③ $\cos\varphi=0.25$ 容性适用于测量感性无功电能的有功电能表；$\cos\varphi=0.25$ 感性适用于测量感性有功电能或无功电能的电能表。

表9-5-12　检定安装式单相有功电能表和平衡负载下的三相有功及无功电能表应调定的负载功率

接通方式	分　类	$\cos\varphi=1.0$、$\sin\varphi=1.0$（感性或容性）③	$\cos\varphi=0.5$（感性）、$\sin\varphi=0.5$（感性或容性）③	$\cos\varphi=0.8$（容性）④
		负载电流		
直接接入式的	宽负载电能表①	$0.1I_b$、I_b、I_{max}	$0.2I_b$、I_b	$0.5I_b$、I_{max}
	有功电能表	$0.05I_b$、I_b、$1.5I_b$	$0.2I_b$、I_b	$0.5I_b$
	无功电能表	$0.1I_b$、I_b、$1.5I_b$	$(0.2I_b)$②$0.5I_b$、I_b	—
经互感器或万用互感器接入式的	宽负载电能表①	$0.1I_b$、$0.5I_b$、I_{max}	$0.2I_b$、I_b	$0.5I_b$、I_{max}
	有功电能表	$0.05I_b$、$0.5I_b$、I_b	$0.2I_b$、I_b	$0.5I_b$
	无功电能表	$0.1I_b$、$0.5I_b$、I_b	$(0.2I_b)$②$0.5I_b$、I_b	—

注：① 宽负载单相、三相有功或无功电能表是指其 $I_{max}\geqslant 2I_b$ 的电能表。

② 对无功电能表首次检定时不在 $0.2I_b$ 的负载下检定，周期检定时可不在 $0.5I_b$ 的负载下检定。

③ 无功电能表如用来测量容性无功电能，才需在容性负载下检定，并在铭牌上加注 $\varphi<0$ 的标记。

④ 只适用于0.5级和1级有功电能表。

表9-5-13　对三相有功和无功电能表（包括携带式电能表）分组检定时应调定的负载功率①

每组元件功率因数	三相有功电能表	三相无功电能表②
	负载电流	
$\cos\theta=1.0$	$0.2I_b$ $(0.5I_b)$、I_b (I_{max})③	—
$\cos\theta=0.5$（感性）	I_b	—
$\sin\theta(\cos\theta)=1.0$	—	$0.2I_b$、I_b
$\sin\theta(\cos\theta)=0.5$(感性或容性)	—	I_b

注：① 分组检定时电能表加对称的三相额定电压，先后分组通负载电流。

② 对余弦式无功电能表在感性负载下分组检定时 $\cos\theta=0.5$（容性）；在容性负载下分组检定时 $\cos\theta=0.5$（感性）。$\sin\theta$ 适用于正弦式无功电能表。

③ 括号内额定最大电流 I_{max} 适用于2级宽负载电能表；$0.5I_b$ 适用于0.1级有功电能表。

（一）感应式电能表的检定技术条件

1. 确定基本误差时应遵守的条件

（1）各种影响量及其允许偏差应不超过表9-5-14的规定。

表9-5-14　影响量及其允许偏差

被检电能表准确度等级		0.1	0.2	0.5	1	2	3
影响量	额定值	影响量的允许偏差					
温度	标准温度	±2 ℃	±2 ℃	±2 ℃	±2 ℃	±2 ℃	±2 ℃
电压	额定电压	±0.5%	±0.5%	±0.5%	±1.0%	±0.5%	±0.5%
频率	额定频率	±0.1%	±0.2%	±0.5%	±0.5%	±0.5%	±0.5%

表 9-5-14（续）

被检电能表准确度等级		0.1	0.2	0.5	1	2	3
电压和电流波形	正弦波	波形失真度不大于					
		1%	1%	2%	3%	5%	5%
工作位置	垂直位置	0.5°	0.5°	0.5°	0.5°	1°	1°
		有水平仪或要求底座水平的应调至水平					
$\cos\varphi$ ($\sin\varphi$)	规定值	±0.01			±0.02		

注：标准温度标注在电能表铭牌上，未标注者为 20 ℃。若环境温度超过规定值，在 10～30 ℃范围内，允许用电能表的温度附加误差相对于标准温度修正检定结果。

（2）计能器为字轮式的电能表，只有末位字能转动。

（3）无可觉察到的振动和震动。

（4）外磁场（地磁场除外）和铁磁物质及邻近表计影响而引起电能表误差的变化，应不超过表 9-5-15 的规定。

表 9-5-15 外磁场和铁磁物质及邻近表计影响

影 响 量	电 能 表 准 确 度 等 级					
	0.1	0.2	0.5	1	2	3
	电能表相对误差的变化/%					
外磁场（地磁场除外）	±0.02	±0.04	±0.1	±0.2	±0.3	±0.3
铁磁物质或邻近表计	±0.01	±0.02	±0.05	±0.08	±0.1	±0.1

注：按下述方法确定外磁场影响。

单相电能表加额定电压和通 10% 标定电流，当 $\cos\varphi=1.0$ 时，将电压线路和电流线路反接所测得的相对误差，与正接时所测得的相对误差之差的一半，即得相对误差的变化。当通 20% 标定电流和 $\cos\varphi=0.5$ 时，再进行同样的试验。三相电能表加对称的三相额定电压和通 10% 标定电流，当 $\cos\varphi=1.0$ 时进行 3 次试验，每次都将各相电压、电流相位改变 120°，但不改变相序，如此求得每次相对误差与 3 次相对误差的平均值的差值，即得相对误差的变化。

（5）检定三相电能表时，三相电压、电流相序应符合接线图要求。三相电压、电流系统应基本对称，其对称条件不超过表 9-5-16 规定。

表 9-5-16 三相电压和电流系统的对称条件

被检电能表准确度等级	0.1	0.2	0.5	1	2	3
每一相（线）电压对三相（线）电压平均值相差不超过①/%	±0.5	±0.5	±0.5	±1.0	±1.0	±1.0
每相电流对各相电流的平均值相差不超过①/%	±1.0	±1.0	±1.0	±2.0	±2.0	±2.0

表 9-5-16（续）

被检电能表准确度等级	0.1	0.2	0.5	1	2	3
任一相电流和相应电压间的相位差，与另一相电流和相应电压间的相位差②相差不超过	2°	2°	2°	2°	3°	3°

注：① 按下式确定各电压（或电流）对三相电压（或各相电流）的平均值相差的百分数：

$$r_x = \frac{x_t - x_p}{x_p} \times 100 \leqslant \text{规定值}$$

式中　x_t—任一相（线）电压或电流（$i=1, 2, 3$）；

x_p—各相（线）电压或电流的平均值，即

$$r_p = \frac{x_1 + x_2 + x_3}{3}$$

② 相（线）电压与电流间的相位差：

$\varphi_a = \dot{U}_1, \dot{I}_1$，$\varphi_b = \dot{U}_2, \dot{I}_2$，$\varphi_c = \dot{U}_3, \dot{I}_3$，则 $\varphi_a - \varphi_b \leqslant a$，$\varphi_b - \varphi_c \leqslant a$ 和 $\varphi_c - \varphi_a \leqslant a$，$a = 2°$（或 3°）。当电压超前于电流时相位差为正值，电压滞后于电流时相位差为负值。

（6）在 $\cos\varphi = 1.0$（对有功电能表）或 $\sin\varphi = 1.0$（对无功电能表）的条件下，电压线路加额定电压 1 h，电流线路通标定电流 30 min（对 0.1～1 级电能表）或 15 min（对 2～3 级电能表），按负载电流逐次减小的顺序测定其误差。

根据自热误差试验数据，某一型式电能表的通电预热时间可适当增加或减少（可按电能表通电到使表内达到热平衡时的误差，与未达到热平衡时的误差之差值不超过 1/5 基本误差限的原则，确定通电预热时间）。

标准仪表按其技术要求确定通电预热时间。

2. 检定装置

1）电能表检定装置所用的标准仪表

（1）标准电流电压互感器。

① 检定装置内的标准电流、电压互感器准确度等级和在运行条件下允许的合成误差，应符合表 9-5-17 的要求。

表 9-5-17　标准电流、电压互感器

被检电能表准确度等级			0.1	0.2	0.5	1	2	2、3（无功表）
检定装置准确度等级			0.03	0.05	0.1	0.2	0.3	0.5
标准互感器在运行条件下允许的合成误差/%	互感器准确度等级		0.002	0.005	0.01	0.02	0.05	0.05
	功率因数	1.0	±0.004	±0.01	±0.02	±0.04	±0.1	±0.1
		0.5（感性）	±0.008	±0.02	±0.04	±0.08	±0.2	±0.2
		0.5（容性）	±0.008	±0.02	±0.04	±0.08	±0.2	±0.2

表 9-5-17 中较低一级的标准互感器，若其合成误差合格，也允许使用。这同样也适用于检定装置只有电流互感器的情况。

② 应按下列条件测定标准互感器的合成误差：

a）标准互感器在检定装置内位于组装状态，带实际负载。

b）按检定单相、三相四线和三相三线电能表的要求接线。

c）确定标准互感器各量程的可能组合及每一量程的负载功率范围（负载电流和 cosφ 值）。

d）根据标准互感器特点和电能表检定接线图，考虑互感器初级和次级回路是否接地运行。

在检定装置外部，每台标准互感器带实际负载时测定的比值差和相位差，再经计算求得的合成误差，一般不能作为判断标准互感器在运行条件下的合成误差是否合格的可靠依据。

（2）标准电能表和标准功率表及标准测时器。标准电能表和标准功率表及标准测时器准确度等级，应符合表 9－5－18 的要求。标准仪表在其常用示值范围内调定（校准）的相对误差，不宜超过仪表准确度等级指数的 0.6 倍，使仪表受不同的合格检定装置检定时都能合格。标准电流互感器应有足够的电流量程，使标准表最好能在 0.4～1 倍额定负载功率下运行。

表 9－5－18　标准电能表和标准功率表及标准测时器

检定装置准确度等级	0.03	0.05	0.1	0.2	0.3	0.5
	标准表和测时器准确度等级					
标准电能表	0.02	0.05	0.1	0.2	0.2	0.5
标准功率表	0.02	0.02～0.05	0.05～0.1	0.1	0.1	0.2
标准测时器	0.002	0.002	0.005	0.01	0.05	0.05

使用中的检定装置所用的标准仪表，允许与表 9－5－17 和表 9－5－18 不同，但由试验确定的检定装置测量误差和标准偏差估计值，仍应符合表 9－5－19 和表 9－5－20 的规定。

表 9－5－19　检定装置允许的测量误差

被检电能表准确度等级		0.1	0.2	0.5	1	2	3
检定装置准确度等级		0.03	0.05	0.1	0.2	0.3	0.5
检定装置允许的测量误差/%							
cosφ	1.0	±0.03	±0.05	±0.1	±0.2	±0.3	—
	0.5（感性）	±0.04	±0.07	±0.15	±0.3	±0.45	—
	0.5（容性）	±0.05	±0.1	±0.2	±0.4	±0.6	—
sinφ	1.0（感性或容性）	—	—	—	—	±0.5	±0.5
	0.5（感性或容性）	—	—	—	—	±0.7	±0.7
用户特殊要求时	cosφ = 0.25（感性）	±0.1	±0.2	±0.4	±0.8	±1.0	—
	sinφ = 0.25（感性）	—	—	—	—	±1.0	±1.0

表 9-5-19 (续)

被检电能表准确度等级		0.1	0.2	0.5	1	2	3
检定装置准确度等级		0.03	0.05	0.1	0.2	0.3	0.5
检定装置允许的测量误差/%							
三相电能表分组检定时①	$\cos\theta=1$ 和 0.5(感性)	±0.05	±0.1	±0.25	±0.5	±1.0	—
	$\sin\theta(\cos\theta)=1$ 和 0.5(感性或容性)	—	—	—	—	±1.0	±1.0

注:① $\sin\theta$ 适用于正弦式标准无功电能表,$\cos\theta$ 适用于余弦式标准无功电能表。

表 9-5-20 检定装置允许的标准偏差估计值

类 别	功率因数 $\cos\varphi$ ($\sin\varphi$)	检定装置准确度等级					
		0.03	0.05	0.1	0.2	0.3	0.5
		允许的标准偏差估计值 S/%					
新生产的检定装置	1.0	0.003	0.005	0.01	0.02	0.03	0.05
	0.5 (感性)	0.004	0.008	0.02	0.03	0.05	0.08
使用中的检定装置	1.0	0.004	0.006	0.015	0.03	0.04	0.06
	0.5 (感性)	0.006	0.01	0.02	0.04	0.06	0.1

注:标准偏差估计值 S 按下式确定:

$$S=\sqrt{\frac{1}{n-1}\sum_{i=1}^{n}(\gamma_t-\gamma_p)^2}$$

式中 n—对某一负载测试点,检定装置对电能的重复测量次数($n\geqslant5$),每次测量时都要重新起动调节设备和主要开关;

γ_t—第 i 次测量时检定装置的相对误差,%;

γ_p—各相对误差 γ_t 的平均值,即

$$\gamma_p=\frac{\gamma_1+\gamma_2+\cdots+\gamma_n}{n}$$

2) 对检定装置的技术要求

(1) 受检电能表上的标志应符合国家标准或有关技术条件的规定。

(2) 安装式有功和无功电能表的基本误差不得超过表 9-5-21 和表 9-5-22 的规定。

表 9-5-21 安装式单相电能表和平衡负载时三相电能表的基本误差限

类 别	负载电流	功率因数②	准确度等级			
			0.5	1	2	3
			基本误差限/%			
安装式有功电能表	$0.05I_b$	$\cos\varphi=1.0$	±1.0	±1.5	±2.5	—
	$0.1I_b\sim I_{max}$ ①	$\cos\varphi=1.0$	±0.5	±1.0	±2.0	—
	$0.1I_b$	$\cos\varphi=0.5$ (感性)	±1.3	±1.5	±2.5	—
		$\cos\varphi=0.8$ (容性)	±1.3	±1.5	—	—
	$0.2I_b\sim I_{max}$	$\cos\varphi=0.5$ (感性)	±0.8	±1.0	±2.0	—
		$\cos\varphi=0.8$ (容性)	±0.8	±1.0	—	—
	用户特殊要求时 $0.2I_b\sim I_b$	$\cos\varphi=0.25$ (感性)	±2.5	±3.5	—	—
		$\cos\varphi=0.5$ (容性)	±1.5	±2.5	—	—

表 9-5-21（续）

类 别	负载电流	功 率 因 数②	准确度等级			
			0.5	1	2	3
			基本误差限/%			
安装式无功电能表	$0.1I_b$	$\sin\varphi=1.0$（感性或容性）	—	—	±3.0	±4.0
	$0.2I_b\sim I_{max}$	$\sin\varphi=1.0$（感性或容性）	—	—	±2.0	±3.0
	$0.2I_b$③	$\sin\varphi=0.5$（感性或容性）	—	—	±4.0	±5.0
	$0.5I_b\sim I_{max}$	$\sin\varphi=0.5$（感性或容性）	—	—	±2.0	±3.0
	$0.5I_b\sim I_{max}$③	$\sin\varphi=0.25$（感性或容性）	—	—	±4.0	±6.0

注：① I_b—标定电流，I_{max}—额定最大电流。

② 周期检定时允许将 $\cos\varphi=0.8$ 改成 $\cos\varphi=0.866$，φ 是指相电压与相电流间的相位差。

③ 适用于使用中的无功电能表。

表 9-5-22 不平衡负载①时安装式三相有功和无功电能表的基本误差限

负 载 电 流	每组元件的功率因数 $\cos\theta$②（$\sin\theta$）	有功电能表准确度等级			无功电能表准确度等级	
		0.5	1	2	2	3
		基本误差限/%				
$0.2I_b\sim I_b$	1.0	±1.5	±2.0	±3.0	—	—
$0.5I_b\sim I_b$	0.5（感性）	±1.5	±2.0	—	—	—
I_b	0.5（感性）	—	—	±3.0	—	—
$>I_b\sim I_{max}$	1.0	—	—	±4.0	—	—
$0.2I_b\sim I_b$	1.0	—	—	—	±3.0	±4.0
I_b	0.5（感性或容性）	—	—	—	±3.0	±4.0

注：① 不平衡负载是指在对称的三相额定电压下，电能表任一电流线路有电流，而其余电流线路无电流。

② θ 是指加在同一组元件上的电压与电流间的相位差。$\cos\theta$ 适用于有功电能表和余弦式无功电能表，$\sin\theta$ 适用于正弦式无功电能表。

（3）按照《电能表外形和安装尺寸》（GB/Z 21192—2007）、《交流电测量设备 通用要求、试验和试验条件 第 11 部分：测量设备》（GB/T 17215.211—2006）、《无功电度表》（GB/T 15282—1994）和《外壳防护等级（IP 代码）》（GB 4208—2008）等标准生产的电能表及按周期检定的感应系电能表，均应满足上述标准的技术要求（0.25 级有功电能表按 0.2 级表校准）。

（4）用“瓦秒法”或“标准电能表法”检定电能表时所用的检定装置，其电能的测量误差和评定测量精度（重复性）的标准偏差估计值，均由试验确定，其值不得超过表 9-5-19 和表 9-5-20 的规定。

使用中的检定装置，若其测量误差超过表 9-5-19 的规定值，但未超过规定值的两倍时，必须考虑用标准仪表或检定装置的已定系统误差修正检定结果。

（5）标准表和标准互感器的误差在检定周期内无论怎样变化，均应满足表 9-5-19 和表 9-5-20 的规定。

(6) 监视仪表要有足够的测量范围，其准确度等级应不低于表9-5-23的规定。在常用示值范围的相对误差应符合表9-5-14和表9-5-16的规定。

电压表、电流表及功率表的测量误差，包括电压、电流互感器误差或分压器、分流器误差。

表9-5-23　监视仪表

被检电能表	检定装置	监视仪表①			
		电压表②	电流表	功率表	频率表③
准确度等级					
0.1	0.03	0.5	0.5	0.5	0.1
0.2	0.05	0.5	0.5	0.5	0.2
0.5	0.1	0.5	0.5	0.5	0.2
1	0.2	1	1	0.5	0.5
2	0.3	1.5	1.5	1	0.5
2，3（无功表）	0.5	1.5	1.5	1	0.5

注：① 各监视仪表在其常用示值范围内的相对误差应校准到不超过仪表准确度等级指数。

② 若用监视用电压表监测三相电压对称度，各电压表在同一示值的测量误差相互之差，应不超过仪表准确度等级指数。

③ 当供电频率不能有效地控制或需调节频率时，才使用频率表。

(7) 电压调节器、电流调节器应能平稳地调到监视用功率表（适用于标准电能表法）或标准功率表（适用于瓦秒法）所需示值。在额定负载范围内，调节任何一相电压或电流，其余两相电压或电流的变化应不超过±3%（当检定装置输出电流大于30 A时，允许±5%）。调节电压（或电流）时，调定的电流（或电压）应无明显变化。

调节功率因数值的移相器，要能调到功率表或相位表所需示值，调在任何相位时，引起被调输出电压（或电流）的变化应不超过±1.5%。

(8) 检定装置带额定负载和轻负载时，在同一相电压回路内，标准表同被检电能表两个对应电压端钮间的电位差之和，与被检电能表额定电压的百分比，应不超过检定装置准确度等级的1/5。

(9) 负载功率稳定度应不超过表9-5-24的规定。

表9-5-24　负载功率稳定度

检定装置准确度等级	瓦　秒　法	标准电能表法①
	每次测试期间负载功率稳定度/%	
0.03	0.005	0.2
0.05	0.01	0.2
0.1	0.02	0.5

表 9-5-24（续）

检定装置准确度等级	瓦秒法	标准电能表法①
	每次测试期间负载功率稳定度/%	
0.2	0.05	0.5
0.3	0.05	1.0
0.5	0.05	1.0

注：① 不适用于标准电能表对负载功率稳定度有更高要求的情况。

（10）检定装置的其他技术指标应符合表 9-5-14 至表 9-5-16 的规定。

（二）感应式电能表的检定方法

1. 用瓦秒法检定电能表

用标准功率表测量调定的恒定功率，同时用标准测时器测量电能表在恒定功率下转若干转所需时间。此时间与恒定功率的乘积所得实际电能，与电能表测定的电能相比较，即能确定电能表的相对误差。

（1）当用固定转数而确定测量时间（即定圈测时）的瓦秒法检定时，电能表的相对误差 γ 按式（9-5-18）计算：

$$\gamma=\frac{T-t}{t}\times 100\% +\gamma_{\mathrm{b}} \qquad (9-5-18)$$

$$T=\frac{3600\times 1000N}{CK_{\mathrm{L}}K_{\mathrm{Y}}P}$$

式中 γ_{b}——标准功率表或检定装置的已定系统误差，不需修正时 $\gamma_{\mathrm{b}}=0$，%；

t——实测时间，即电能表在恒定功率下转 n 转时标准测时器测定的时间，s；

T——算定时间，即假定电能表没有误差时在恒定功率下转 n 转应需要的时间，s；

N——选定的电能表转数；

C——电能表常数，r/(kW·h)；

K_{L}、K_{Y}——电能表铭牌上标注的电流、电压互感器的额定变比，未标注者为 1；

P——加在电能表上的实际功率。

手动控制标准测时器时，算定时间 T 应不小于表 9-5-25 的规定，同时电能表在任一负载下的转数 N 不宜小于 2。

表 9-5-25 手动控制标准测时器时算定时间的下限值

被检电能表准确度等级	0.1	0.2	0.5	1	2	3
算定时间 T/s	300		150		50	

若用自动方法控制标准测时器，则算定时间由电能表转一转所需时间来确定。

（2）当用固定时间而计读转数（即定时测圈）的瓦秒法检定携带式电能表时，相对误差 γ 按式（9-5-19）计算：

$$\gamma = \frac{n - n_0}{n_0} \times 100\% + \gamma_b \tag{9-5-19}$$

$$n_0 = \frac{CK_L K_Y Pt}{3600 \times 1000}$$

式中　γ_b——标准功率表或检定装置的已定系统误差，不需修正时 $\gamma_b = 0$，%；

n——实测转数，即在选定时间 t 内电能表在恒定功率下所转的转数；

n_0——算定转数；

C——电能表常数，r/(kW · h)；

K_L、K_Y——电能表铭牌上标注的电流、电压互感器的额定变比，未标注者为 1；

P——加在电能表上的实际功率。

每一负载功率下算定转数 n_0 应不小于 4；若用手动控制标准测时器，选定时间 t 应不小于 150 s。

（3）在每一负载功率下，应至少记录 2 次测定数据而后取平均值（计读转数有明显错误或负载功率急剧波动时的测定数据除外）。如果算得的相对误差等于 80% ~120% 基本误差限，应再进行 2 次测定，取这 2 次和前几次测定数据的平均值计算相对误差。

2. 用标准电能表法检定电能表

标准电能表测定的电能与被检电能表测定的电能相比较，即能确定被检电能表的相对误差。

（1）当用被检电能表转完一定转数而停住标准电能表的方法检定时，被检电能表的相对误差 γ 按式（9-5-20）计算：

$$\gamma = \frac{n_0 - n}{n} \times 100\% + \gamma_b \tag{9-5-20}$$

$$n_0 = \frac{C_0 N}{CK_L K_Y K_I K_U K_J}$$

式中　γ_b——标准电能表或检定装置在运行条件下的已定系统误差，不需修正时 $\gamma_b = 0$，%；

n——实测转数，当用 3 只或 2 只单相标准电能表检定三相电能表时，n 为各只单相标准电能表转数的代数和；

n_0——算定转数，即假定被检电能表没有误差时转 N 转，标准电能表应转的转数；

K_L、K_Y——被检电能表铭牌上标注的电流互感器和电压互感器的额定变比，未标注者为 1；

K_I、K_U——同标准电能表连用的标准电流互感器和标准电压互感器的额定变比；

K_J——接线系数，与标准电能表的接线有关；

C——被检电能表常数，r/(kW · h)；

C_0——标准电能表常数，r/(kW · h)。

① 若用手动或自动方法控制转数，在每一负载功率下，要适当选定被检电能表转数和标准电流互感器量程，使标度盘的分度值为 0.01 转的标准电能表转数 n_0 不小于表 9-5-26 的规定。

表 9－5－26 手动控制转数时算定转数和选定转数的下限值

被检电能表准确度等级		0.5	1	2	3
任一负载功率 $I_b \sim I_{max}$ 和功率因数为 1.0	算定转数	4	3	2	
	选定转数	20	15	10	

② 若用手动方法控制转数，在标定电流至额定最大电流和功率因数为 1.0 的条件下，被检电能表转数 N 不小于表 9－5－26 的规定。当负载功率不大于 50% 额定功率时，可成倍减小转数。

（2）标准电能表和被检电能表都在运行的情况下，当采用测量与标准电能表转数成正比的脉冲数的方法（即光电脉冲法）检定时，被检电能表的相对误差 γ 按式（9－5－21）计算：

$$\gamma=\frac{m_0-m}{m}\times 100+\gamma_b \tag{9-5-21}$$

$$m_0=\frac{C_m N}{CK_L K_Y K_I K_U K_J} \quad 或 \quad m_0=n_0 s$$

式中 γ_b——标准电能表或检定装置在运行条件下的已定系统误差，不需修正时 $\gamma_b=0$,%；

m——实测脉冲数；

m_0——预置脉冲数；

C_m——标准电能表的脉冲常数；

s——标准电能表转一转脉冲显示器应显示的脉冲数；

n_0——算定转数，按式（9－5－20）计算。

在每一负载功率下，要适当选定被检电能表转数和标准电流互感器量程或标准电能表所发脉冲数的倍率开关，使预置脉冲数不少于表 9－5－27 的规定，而标准电能表不得少于一转。

表 9－5－27 预置脉冲数的下限值

被检电能表准确度等级	0.1	0.2	0.5	1	2	3
预置脉冲数 m_0	30000	15000	6000	3000	2000	1500

（3）用标准电能表法检定电能表时，在每一负载功率下，确定重复测定次数的原则，与检定装置技术条件中的“瓦秒法”（3）相同。

3. 检定接线图

图 9－5－7 至图 9－5－15 中的符号含义：

A——电压表；

V——电压表；

BYH——标准电压互感器；

$L_1 \cdot K_1$——标准电流互感器初级、次级绕组的发电端；

W——标准功率表或标准电能表。当用标准电能表法检定时，监视功率因数的功率因数表或相位表，与W的接线图相同（图中没画出来）。

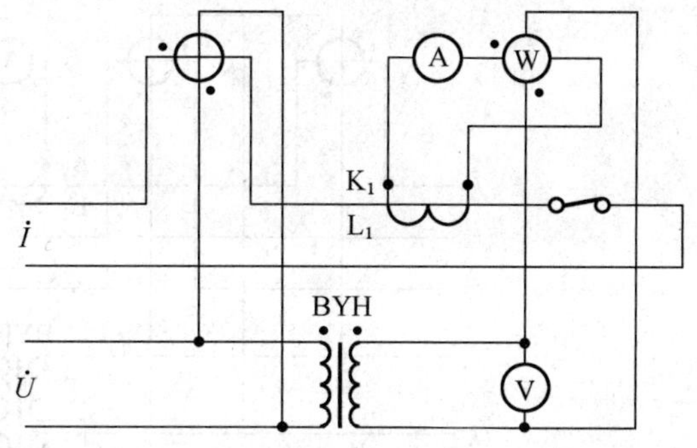

图9-5-7　检定单相有功电能表的接线图

检定有功电能表按图9-5-7至图9-5-10接线，用有功电能表检定余弦式无功电能表按图9-5-11至图9-5-15接线；图9-5-7至图9-5-12的接线系数$K_J=1$。

按图9-5-13检定2级和3级三相三线无功电能表时，两只功率表电压线路的电阻（包括连接线的电阻）R_A和R_C，与附加电阻

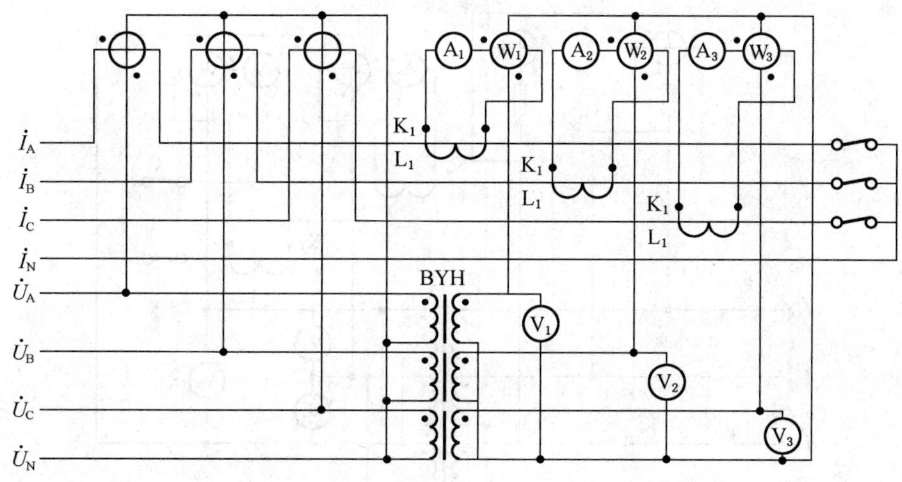

图9-5-8　检定三相四线有功电能表的接线图

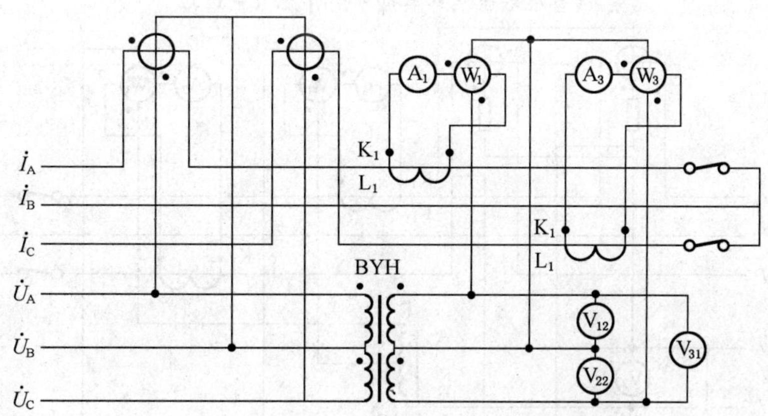

图9-5-9　检定三相三线有功电能表的接线图

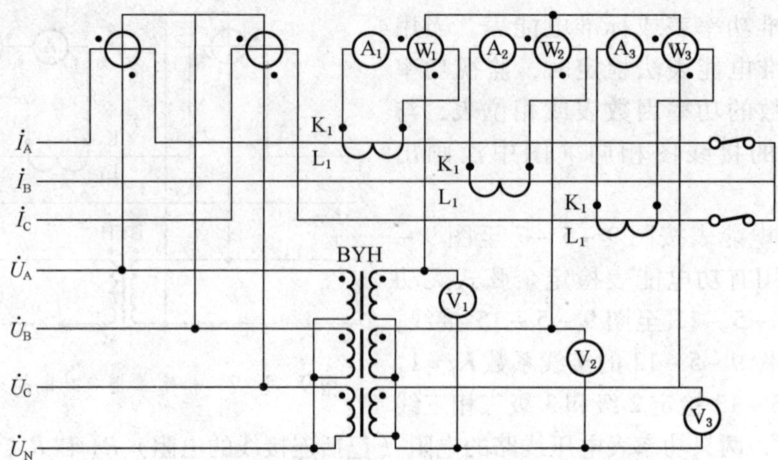

图 9-5-10 用三只单相标准表检定三相三线有功电能表的接线图

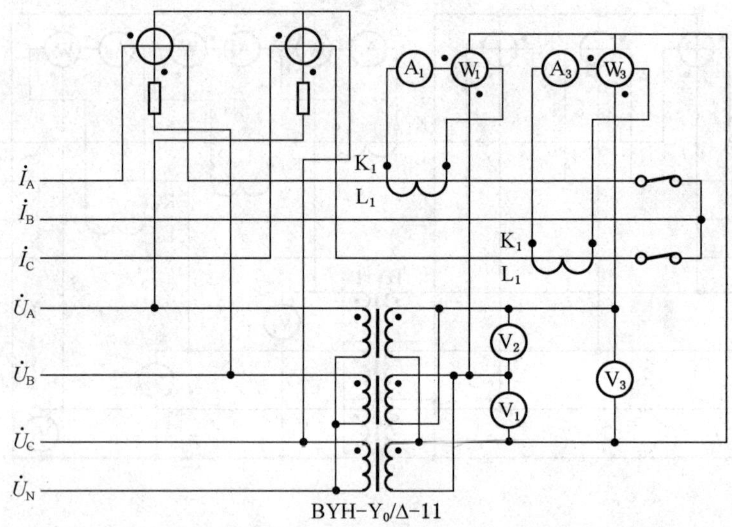

图 9-5-11 检定内相角为 60°的三相三线无功电能表的接线图

(标准电压互感器也可接成△/Y-11)

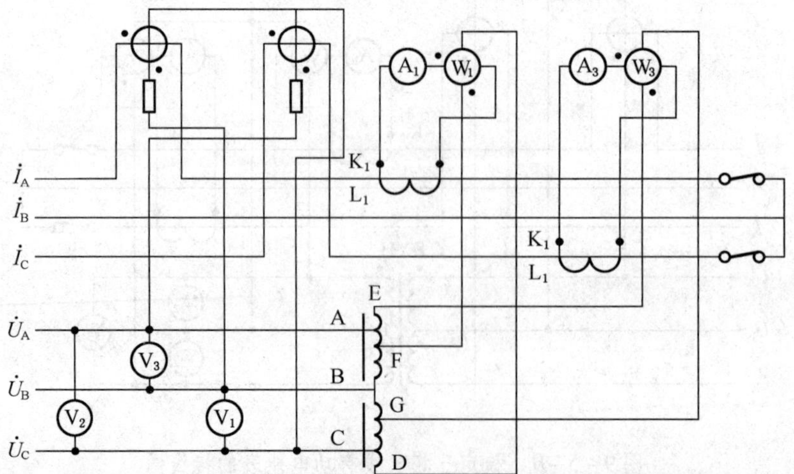

图 9-5-12 采用移相 30°的自耦式标准电压互感器检定内相角为 60°的三相三线无功电能表的接线图

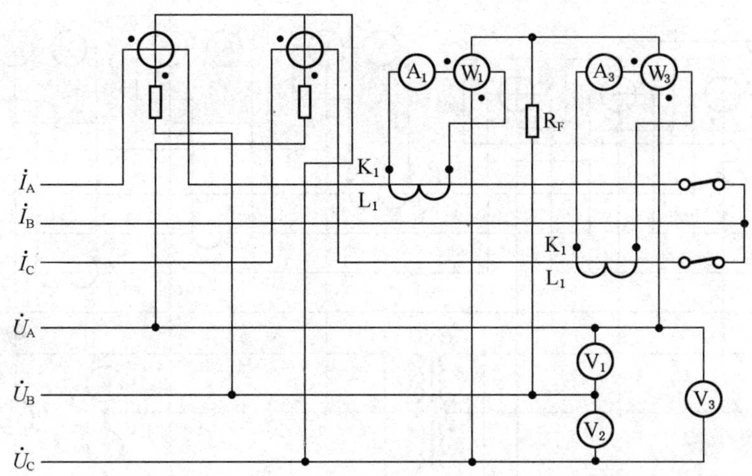

图9-5-13　标准功率表电压线接成有人工中性点时，检定内相角为60°的三相三线无功电能表接线图（$K_J=\sqrt{3}$）

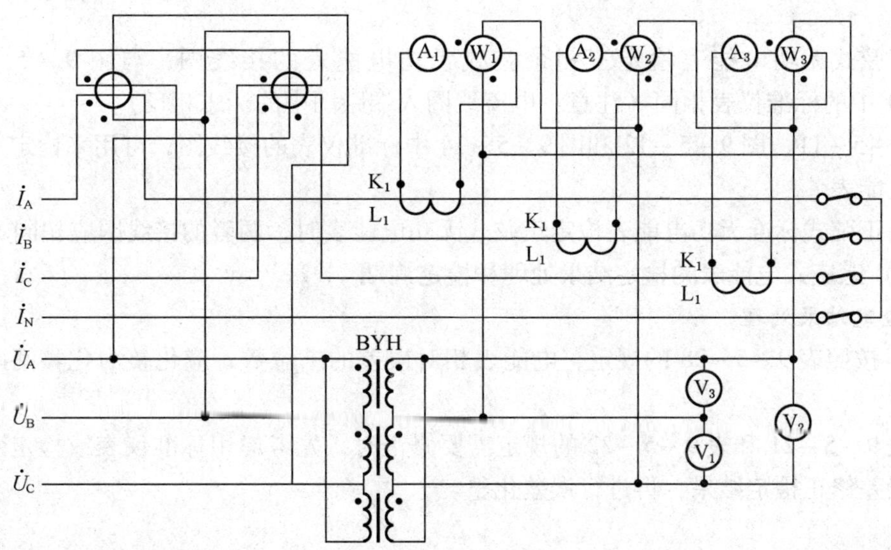

图9-5-14　检定带附加串联绕组的三相四线无功电能表的接线图（接线系数$K_J=1/\sqrt{3}$）

R_F 的电阻值相差应不超过 ±0.2%，由此引起的无功功率测量误差为

$$\gamma_Q=\frac{(R_A-R_F)+(R_C-R_F)+\sqrt{3}(R_A-R_C)\cot\varphi}{6R_F}\times100\%$$

当按下式选配 R_F 的电阻值时可使 $\gamma_Q(\%)$ 为零：

$$R_F=\frac{2R_AR_C}{R_A+R_C-\sqrt{3}(R_A-R_C)\cot\varphi}$$

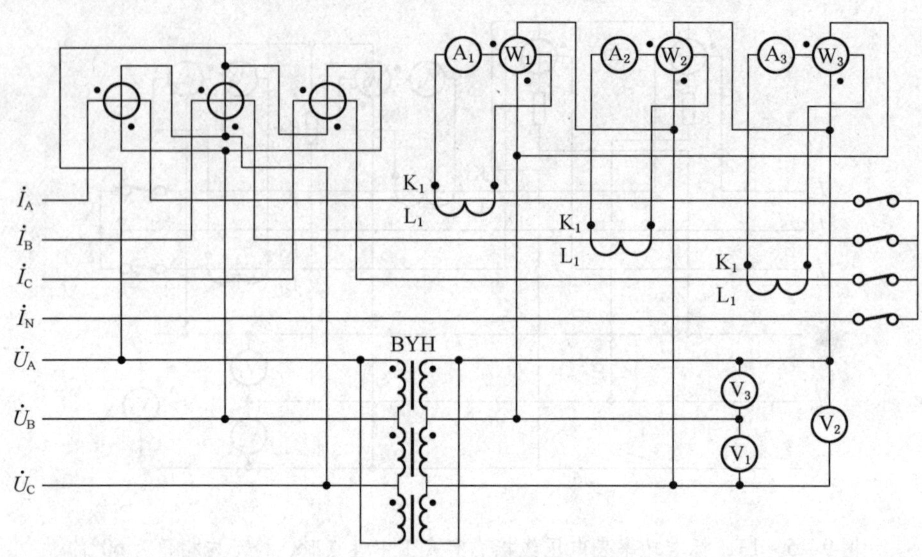

图 9－5－15　检定三元件三相四线无功电能表的接线图（接线系数 $K_J=1/\sqrt{3}$）

用正弦式无功电能表检定三相余弦式无功电能表的接线图，与图 9－5－8 至图 9－5－10 中的标准仪表相同（注意：电流线圈入端跟图中的标志相反）。

图 9－5－11、图 9－5－12 和图 9－5－14 中标准仪表的接线图，可用来检定三相正弦式无功电能表。

利用正弦式标准无功电能表检定正弦式无功电能表时，两者的接线图应相同。

（三）感应式电能表的检定结果处理和检定周期

1. 检定结果处理

（1）按照表 9－5－28 的规定，电能表相对误差的末位数，应化整为化整间距的整数倍。

按表 9－5－21 和表 9－5－22 的规定需要修正时，先考虑用标准仪表或检定装置的已定系统误差修正检定结果，再进行误差化整。

表 9－5－28　相对误差的化整间距

被检电能表准确度等级	0.1 级	0.2 级	0.5 级	1 级	2 级	3 级
化整间距	0.01	0.02	0.05	0.1	0.2	0.2

判断电能表的相对误差是否超过允许值，一律以化整后的结果为准。

（2）凡符合上述各项要求的电能表，可由检定单位加上封印；不合格的电能表不准继续使用。

（3）对电能表进行仲裁检定和对携带式电能表检定时，合格的由公司电磁计量检测单位（站）发给“检定证书”；不合格的发给“检定结果通知书”。

对安装式电能表，首次检定合格的一般发给“检定合格证”；周期检定合格的则在铭牌上加注检定标记。

2. 检定周期

使用中的电能表，其检定（或轮换）周期应遵守表9－5－29的规定。

表9－5－29　使用中电能表的检定（或轮换）周期

安装场所或使用条件		检定（或轮换）周期
发电厂或变电所中月平均电量为50000 kW·h以上的电能表		一般配合设备大修时进行检定，但最长不得超过3年
月平均电量少于50000 kW·h的电能表		不得超过4年
测量生活用电的单相电能表	单宝石轴承	不得超过5年
	双宝石轴承	不得超过10年
携带式电能表	一般使用时①	不得超过1年
	经常使用时	不得超过0.5年

注：① 主要用来检定企业内部不计算电费和不测线损的电能表及每年累积使用时间不足300 h者可认为是一般使用的携带式电能表。

三、电子式交流电能表的检定

电子式交流电能表的检定按照《电子式交流电能表检定规程》(JJG 596—2012）的规定进行。

（一）检定项目

（1）工频耐压和绝缘电阻试验。

（2）直观检查和通电检查。

（3）起动、潜动和停止试验。

（4）校核记度器示数。

（5）确定电能测量基本误差。

（6）确定电能测量标准偏差估计值。

（7）确定电能测量的24 h变差。

（8）确定8 h连续工作误差改变量。

（9）确定需量示值误差。

（10）确定需量周期误差。

（11）确定日计时误差和时段投切误差。

（二）检定方法

1. 工频耐压和绝缘电阻试验

要对新生产和修理后的电能表进行工频耐压和绝缘电阻试验。

（1）试验电压应满足电能表在室温和空气相对湿度不大于80%的条件下，电压端子、电流端子和参比电压大于40 V的辅助线路端子对机壳和机壳外可触及的金属部位间，应能承受频率为50 Hz实际正弦交流电压2 kV（有效值）历时1 min的试验要求。

（2）耐压试验装置额定输出应不少于500 V·A，且能平稳地将试验电压从零升到规定值。试验电压应为实际正弦波。

（3）试验中参比电压不大于 40 V 的辅助线路应接地。2 kV 试验电压的一端加在所有连接在一起的电压端子、电流端子和所有参比电压大于 40 V 的辅助端子上，另一端加在从电能表外面可触及的金属部位和外壳的接地端钮上（如果电能表外壳是绝缘的，则加在外壳置于的导电板上）。

（4）试验电压应在 5 ~ 10 s 内平稳地由零升到规定值并保持 1 min，然后以同样速度降到零。试验结果是绝缘应不被击穿，试验后电能表应能正常工作。

2. 直观检查和通电检查

（1）直观检查应检查下列项目，若有不合格的应停止检定：

① 标志是否完全，字迹是否清楚。

② 开关、旋钮、拨盘等换挡是否正确，外部端钮是否损坏。

③ 安装式电能表有没有防止非授权人输入数据或开表操作的措施。

（2）通电检查应检查下列项目，若有不合格的应停止检定：

① 显示数字是否清楚、正确。

② 显示能否回零，显示时间和内容是否正确、齐全。

③ 基本功能是否正常。

3. 起动、潜动和停止试验

（1）单相标准电能表和安装式电能表，在参比电压、参比频率和功率因数为 1 的条件下，负载电流升到表 9 - 5 - 30 规定值后，安装式电能表应有脉冲输出或代表电能输出的指示灯闪烁。

表 9 - 5 - 30

被检表准确度等级	0.02 级	0.05 级	0.1 级	0.2 级	0.5 级	1.0 级	2.0 级
起动电流值	$0.0002I_b$	$0.0005I_b$	$0.001I_b$	$0.001I_b$	$0.001I_b$	$0.004I_b$ ($0.002I_b$)	$0.005I_b$ ($0.002I_b$)

注：括号内的电流值适用于经电流互感器接通的电能表。

如果电能表用于测量双向电能，则将电流线路反接，重复上述试验。

（2）电压回路加参比电压（对三相电能表加对称的三相参比电压），电流回路中无电流时，安装式电能表在起动电流下产生一个脉冲的 10 倍时间内，输出不得多于一个脉冲。

4. 校核记度器示数

安装式电能表在确定基本误差之后要校核记度器示数。

1）计数脉冲法

安装式电能表在参比电压下，通以额定最大电流，功率因数为 1.0，当显示器改变 0.1 kW · h 时（无小数位时为 1 kW · h），输出脉冲 N 应和下式计算值相同（允许有一个脉冲的误差）。

$$N = bc$$

式中　b——显示器有小数位时 $b=0.1$，无小数位时 $b=1$；

C——电能表常数，P/(kW · h)。若标明的常数单位不同可按表 9 - 5 - 31 换算。

表9-5-31　电能表常数换算表

电能表常数 C^* 或 C_L^*、C_{II}^* 的单位	换算为 C[P/(kW·h)]{或 C_L[P_L/(kW·h)]、C_{II}[P_{II}/(kW·h)]}	电能表常数 C^* 或 C_L^*、C_{II}^* 的单位	换算为 C[P/(kW·h)]{或 C_L[P_L/(kW·h)]、C_{II}[P_{II}/(kW·h)]}
kW·h/P	$C=1/C^*$	P/(kW·s)	$C=3.6\times10^3/C^*$
kW·s/P	$C=3.6\times10^3/C^*$	P/(W·s)	$C=3.6\times10^6/C^*$
W·h/P	$C=1\times10^3/C^*$	P/(W·h)	$C=10^3C^*$
W·s/P	$C=3.6\times10^6/C^*$		

2）走字试验法

周期检定时，对标志完全相同的一批电能表，可在确定基本误差之后一起校核记度器示数。首先选用两只误差较稳定的电能表作为参照表，再将各表的同相电流线路串联，电压线并联，加额定最大负载。当记度器末位改变不少于10个数字时，参照表与其他表的数（通电前后示值之差）应符合下式要求。

$$\gamma=\frac{D_i-D_0}{D_0}\times100+\gamma_0\leqslant1.5$$

式中　D_0——两个参照表示数的平均值；

γ_0——两个参照表相对误差的平均值,%；

D_i——第 i 只被检电能表的示数（$i=1$、2、3、…、n）；

1.5——基本误差限。

3）标准表法

对标志完全相同的一批电能表，可用一台标准电能表校核记度器示数。将各被检表与标准表的同相电流线路串联，电压线路并联，加额定最大负载运行一段时间，停止运行后，按下式计算每个被检表的误差 γ，要求 γ 不超过基本误差限：

$$\gamma=\frac{W'-W}{W}\times100\%+\gamma_0$$

式中　γ_0——标准表的已定系统误差,%；

W'——每个被检表停止运行与运行前示值之差，kW·h；

W——标准电能表显示的电能值，kW·h。

要使标准表与被检表同步运行，运行的时间要足够长，以使得被检表记度器末位一个字（或最小分格）代表的电能值与所记录的 W' 之比不大于被检表等级值的1/10。

若标准电能表显示位数不够多，可用计数器记录标准表的输出脉冲数 n。

若标准表经外配电流、电压互感器接入，则 W 要乘以电流、电压互感器的变比 K_I、K_U。

4）其他方法

对有分时记度（复费率）功能的电能表校核记度器示数时，还要对表中设有的分时计费时段，各选一段运行时间，在此时间内，加上额定最大负载运行，至少记录0.5 kW·h电能量。每个时段运行结束时，时段记度器与总记度器改变量之差应满足下式：

$$|\Delta W-\Delta W_0|\times10^a\leqslant2$$

式中 ΔW——每个时段记度器的示数改变量；

ΔW_0——总记度器示数改变量；

a——总记度器小数位数。

5. 确定电能测量基本误差

达到通电预热时间后（预热时间按生产厂技术要求），按照表 9－5－32、表 9－5－33 规定的负载点进行检定。

表 9－5－32 检定单相和三相（平衡负载）电能表时应调定的负载

量程	cosφ	安装式电能表
		负载电流
基本量程	1.0	$(0.05I_b)$、$0.1I_b$、$0.5I_b$、I_b、I_{max}
	0.5（L）	$(0.1I_b)$、$0.2I_b$、$0.5I_b$、I_b、I_{max}
	0.8（C）	$(0.1I_b)$、$0.2I_b$、$0.5I_b$、I_b、I_{max}
	0.5（C） 0.25（L）	$0.5I_b$、I_b

注：1. I_b 与每一电压值的组合均按基本量程检定。
2. 当 $I_{max} \geqslant 4I_b$ 时，应增加 $1/2(I_{max}-I_b)$ 检定点。
3. 周期检定时，括号内的负载点可按实际需要决定是否检定。
4. $\cos\varphi=0.8$（C）适用于参比电压为 100 V、380 V 的单相标准电能表和需要测量容性电能的电能表；周期检定时允许 $\cos\varphi=0.866$（C）。
5. 当用户要求时，需在 $\cos\varphi=0.5$（C）和 $\cos\varphi=0.25$（L）条件下检定。
6. 周期检定时，其余量程可根据实际需要选择检定点。
7. 对于有多个电压和电流输入端（或电压、电流都是宽量限）的标准电能表，在周期检定时，可根据用户选择电压、电流值进行检定。出厂检定时，所设置的电压和电流的每个组合都要按基本量程的检定点进行检定。

表 9－5－33 检定不平衡负载时三相电能表应调定的负载

cosφ	安装式电能表
	负载电流
1.0	$0.1I_b$、I_b、(I_{max})
0.5L	$0.2I_b$、I_b、(I_{max})

注：括号内的负载点可按实际需要决定是否检定。

在每一负载下，至少做两次测量，取其平均值作为测量结果。如算得的相对误差等于该表基本误差限的 80%～120%，应再做两次测量，取这两次和前几次测量的平均值作为测量结果。

1）用瓦秒法检定电能表

用标准数字功率表测量调定的恒定功率，同时用标准测时器测量被检表累计电能所需的时间，此时间与恒定功率的乘积为实测电能值，再与被检表累计的电能值相比较，以确定被检表的相对误差。

用瓦秒法检定电能表时，标准测时器对时间的测量误差应不大于标准表准确度等级的 1/20。计读时间时，标准测时器应有足够多的读数，以使得由于末位改变一个字的读数误差不超过标准表准确度等级的 1/10。

2）用标准表法检定电能表

将标准表与被检表同时测定的电能值相比较，以确定被检表的相对误差。

检定时，各级标准电能表（包括处于被检地位的标准表）累计数应不少于表

9-5-34 的规定。

表 9-5-34　各级标准电能表累计数

电能表准确度等级	0.02 级	0.05 级	0.1 级	0.2 级
最少累计数	50000	20000	10000	5000

6. 确定电能测量标准偏差估计值

在参比电压 U_n、参比频率 f_n 和电流 I_b 下，对功率因数为 1 和 0.5(L)的两个负载点分别做不少于 5 次的相对误差测量，然后按下式计算标准值偏差估计值 S。

$$S = \sqrt{\frac{1}{n-1}\sum_{i=1}^{n}(\gamma_i - \overline{\gamma})^2}$$

式中　n——对每个负载点进行重复测量的次数，$n \geqslant 5$；

γ_i——第 i 次测量得出的相对误差,%；

$\overline{\gamma}$——各次测量得出的相对误差平均值,%。

$$\overline{\gamma} = \frac{\gamma_1 + \gamma_2 + \cdots + \gamma_n}{n}$$

7. 确定电能测量的 24 h 变差

被检标准电能表在确定基本误差之后关机，在实验室内放置 24 h，再次测量在 U_n、f_n、I_b 条件下，$\cos\varphi = 1$ 和 $\cos\varphi = 0.5$(L)两个负载点的基本误差。测量结果不得超过电能表基本误差限，且应满足标准电能表在 24 h 内的基本误差，该变量的绝对值不得超过基本误差限绝对值的 1/5。

8. 确定 8 h 连续工作误差改变量

标准电能表在预热结束时测量 1 次基本误差，测量点为 U_n、f_n、I_b 条件下，$\cos\varphi = 1$ 和 $\cos\varphi = 0.5$(L)。以后每隔 1 h 测量 1 次基本误差，共测 9 次。9 次测量结果应符合从预热时间结束算起，标准电能表连续工作 8 h，基本误差不得超过基本误差限，且最大差值应不超过表 9-5-35 的规定。

表 9-5-35　标准电能表连续工作 8 h 允许基本误差改变量

被检表准确度等级	0.02 级	0.05 级	0.1 级	0.2 级
允许基本误差改变量的绝对值/%	0.006	0.015	0.03	0.06

9. 确定需量示值误差

具有最大需量计量功能的安装式电能表要确定需量示值误差。

确定需量示值误差的检定要符合检定条件。确定需量示值误差时应选择下列负载点：

$$0.1I_b、I_b、I_{max}、\cos\varphi = 1.0$$

（1）用标准功率表确定需量误差时，在测试期间负载功率稳定度应不低于 0.05%，标准表的准确度级别应不低于 0.1 级。

(2) 用标准电能表法确定需量示值误差。用标准电能表法确定需量示值误差时，在测试期间对负载功率稳定度的要求和对标准电能表准确度级别的要求与用标准电能表法确定电能计量基本误差时相同。

10. 确定需量周期误差

在测量 U_n、f_n、I_b 和 $\cos\varphi = 1.0$ 的条件下，当需量周期开始时起动标准测时器，需量周期结束时停止标准测时器，用下式计算需量周期误差 γ_T（应不大于 1%）。

$$\gamma_T = \frac{t - t_0}{t_0}$$

式中 t——选定的需量周期，s；

t_0——实测的需量周期（标准测时器测得的需量周期），s。

11. 测定日计时误差和时段投切误差

1）测定日计时误差

将晶控时间开关的时基频率检测孔（或端钮）同计时误差等于（或优先）0.05 s/d 的日差测试仪（电子表校表仪）的输入端相连，通电预热 1 h 后开始测量时间，重复测量 10 次，每次测量时间为 1 min，取 10 次测量结果的平均值，即得瞬时日计时误差。

无日差测试仪时，可将晶控时间开关连续运行 72 h。根据电台报时声，每隔 24 h 测量 1 次计时误差，取 3 次计时误差平均值作为日计时误差。还可用标准时钟或频率准确度不低于 2×10^{-7}/s 的电子计数器（数字频率计）确定日计时误差。

2）测定时段投切误差

在预置时段内用标准时钟或电台报时声所得实际时间 t_0，与时段起始（或终止）时间 t 比较，即得时段投切误差：

$$\Delta t = t - t_0$$

测定时段投切误差时至少应检验两个时段。

（三）检定结果处理和检定周期

1. 检定结果处理

(1) 电能测量相对误差 γ 和电能测量标准偏差估计值 S 的末位数，应按照表 9-5-36的规定化整为化整间距的整数倍。

表 9-5-36 安装式电能表 γ(%) 和 S(%) 的化整间距

被检表准确度等级	0.2 级	0.5 级	1 级	2 级
γ(%) 化整间距	0.02	0.05	0.1	0.2
S(%) 化整间距	0.004	0.01	0.02	0.04

① 日计时误差的化整间距为 0.01 s。

② 时间投切误差的化整间距为 1 s。

③ 需量误差的化整间距与基本误差相同。

需要用标准表或检定装置的已定系统误差修正检定结果时，应先修正检定结果，再进行误差化整。

判断电能表的检定结果是否合格，一律以化整后的结果为准。

(2) 检定周期时，若标准电能表有的检定点基本误差值超差，但与上次检定结果比较，其改变量的绝对值没有超过该检定点基本误差限的绝对值，经维修部门调整后，基本误差值合格，允许继续使用。

检定周期时，若标准电能表有的检定点，与上次检定结果比较，其基本误差改变量的绝对值已经超过该检定点基本误差限的绝对值，即应适当降低其准确度等级。

(3) 标准电能表经检定合格，发给“检定证书”，不合格的发给“检定结果通知书”。首次检定不合格的不准出厂。

安装式电能表经检定合格的由检定单位加上封印或检定标记，不合格的加上不合格标记。

2. 检定周期

(1) 使用中的标准电能表检定周期不得超过1年。必要时可随时送检。检定周期时要携带上次检定证书。

(2) 使用中的安装电能表检定周期一般为5年。检定机构可以根据电能表的结构和实际使用情况采用抽样和概率统计办法确定检定周期，但要报经省级以上计量行政部门批准。

四、测量用电流互感器的检定

测量用电流互感器的检定，是指额定频率为50 Hz、使用中和修理后的0.01～1级的测量用电流互感器（以下简称电流互感器）的检定。

（一）技术要求

(1) 允许误差。在额定频率、额定功率因数及二次负荷为额定负荷的100%～25%（额定二次电流为5 A的电流互感器，其下限负荷不得低于2.5 V·A）之间的任一数值时，允许误差不得超过表9－5－37的规定值。

表9－5－37　允许误差的规定值

准确度级别	比值差（±%）					相位差（±′）				
	额定电流的百分值					额定电流的百分值				
	5	10	20	100	120	5	10	20	100	120
0.01级	0.02	0.01	0.01	0.01	0.01	0.6	0.3	0.3	0.3	0.3
0.02级	0.04	0.02	0.02	0.02	0.02	1.2	0.6	0.6	0.6	0.6
0.05级	0.1	0.05	0.05	0.05	0.05	4	2	2	2	2
0.1级	0.4	0.25	0.2	0.1	0.1	15	10	8	5	5
0.2级	0.75	0.5	0.35	0.2	0.2	30	20	15	10	10
0.5级	1.5	1	0.75	0.5	0.5	90	60	45	30	30
1级	3	2	1.5	1	1	180	120	90	60	60

电流互感器的实际误差曲线，不应超过表9－5－37所列允许误差值连线所形成的折

线范围。

(2) 凡被检的电流互感器必须符合本节和相应的技术标准或技术条件所规定的全部技术要求。

(3) 在检定中，当电流互感器的一次绕组中通有电流时，严禁断开二次回路。

(二) 检定条件

1. 检定用主要设备

(1) 标准电流互感器或其他电流比例标准器（以下简称标准器）的准确度级别及技术性能，应满足如下要求：

① 标准器应比被检电流互感器高两个准确度级别；如不具备高两个级别的条件时，也可以选用比被检电流互感器高一个级别的标准器作为标准，但标准器的误差值应更正到被检电流互感器的误差之中。

② 标准器的变差（电流上升和下降时两次所测得的误差值之差）应满足表 9－5－38 的数值。

表9－5－38 标 准 器 的 变 差

<table>
<tr><th rowspan="3">额定电流的百分值/%</th><th rowspan="3">误差类别</th><th colspan="5">准 确 度 级 别</th></tr>
<tr><th>0.01</th><th>0.02</th><th>0.05</th><th>0.1</th><th>0.2</th></tr>
<tr><th colspan="5">允 许 变 差</th></tr>
<tr><td>5</td><td rowspan="3">比值差/%</td><td>0.004</td><td>0.008</td><td>0.02</td><td>0.08</td><td>0.15</td></tr>
<tr><td>10</td><td rowspan="2">0.002</td><td rowspan="2">0.004</td><td rowspan="2">0.01</td><td>0.05</td><td>0.1</td></tr>
<tr><td>20～120</td><td>0.02</td><td>0.04</td></tr>
<tr><td>5</td><td rowspan="3">相位差/(′)</td><td>0.12</td><td>0.24</td><td>0.8</td><td>3</td><td>6</td></tr>
<tr><td>10</td><td rowspan="2">0.06</td><td rowspan="2">0.12</td><td rowspan="2">0.4</td><td>2</td><td>4</td></tr>
<tr><td>20～120</td><td>1</td><td>2</td></tr>
</table>

③ 在检定周期内，标准器的误差变化，不得大于其允许误差的 1/3。

④ 标准器必须具有计量部门或有关主管部门的检定证书。使用时的二次负荷与证书上所标负荷之差，不应超过 ±10%。

(2) 误差测量装置。由误差测量装置所引起的测量误差，不得大于被检电流互感器允许误差的 1/10。其中，装置灵敏度引起的测量误差不大于 1/20，最小分度值引起的测量误差不大于 1/15。

(3) 监测用电流表。为了确定标准器二次回路的工作电流，外接监视用电流表的准确度级别应不低于 1.5 级，而且在所有示值范围内，电流表的内阻抗应保持不变。

(4) 电流负荷箱。在额定频率为 50 Hz 时，电流负荷箱在额定电流 5%～120% 的范围内，其允许误差不得超过表 9－5－39 中的数值。周围温度每变化 10 ℃时，负荷箱的误差变化不应超过 ±2%。

(5) 电源及调节设备。电源及调节设备应保证有足够的容量及调节细度，并应保证电源的频率为 (50 ±0.5) Hz，波形畸变系数不得超过 50%。

表 9-5-39 电流负荷箱的允许误差[(20±5)℃时]

额定电流	允许误差	
	有功部分	无功部分
1 A	$\left(\pm 3+0.02\times\frac{100}{R}\right)\%$	$\left(\pm 3+0.02\times\frac{100}{X}\right)\%$
5 A	$\left(\pm 3+0.03\times\frac{100}{R}\right)\%$	$\left(\pm 3+0.03\times\frac{100}{X}\right)\%$

注：当 $\cos\varphi=1$ 时，残余无功分量不得大于额定负荷值的 ±3%。

2. 环境条件

(1) 周围气温为 10～35 ℃时，相对湿度不大于 80%。

(2) 存在于工作场所周围与检定工作无关的电磁场所引起的测量误差，不应大于被检电流互感器允许误差的 1/20。用于检定工作的升流器、调压器、大电流电缆线等所引起的测量误差，不应大于被检电流互感器允许误差的 1/10。

(三) 检定项目和方法

1. 外观检查

如有下列缺陷之一者，需修复后方可检定。

(1) 没有铭牌或铭牌上缺少必要的标记。

(2) 接线端钮缺少、损坏或无标记；穿心式互感器没有极性标记。

(3) 多变流比电流互感器未标有不同变流比的接线方式。

(4) 严重影响检定工作进行的其他缺陷。

2. 绝缘电阻测定和工频耐压试验

绝缘电阻测定和工频耐压试验参阅本章第四节。

3. 绕组极性检查

(1) 若使用的误差测量装置具有极性指示器，且标准器的极性为已知时，可用比较法进行绕组的极性检查。

(2) 当使用的误差测量装置不具有极性指示器时，可用直流法检查绕组的极性，其试验接线如图 9-5-16 所示。

在开关 K 闭合的瞬间，若电压表指针由零往正方向偏转，则绕组极性的标记是正确的。试验时通入绕组的电流应尽量小一些。

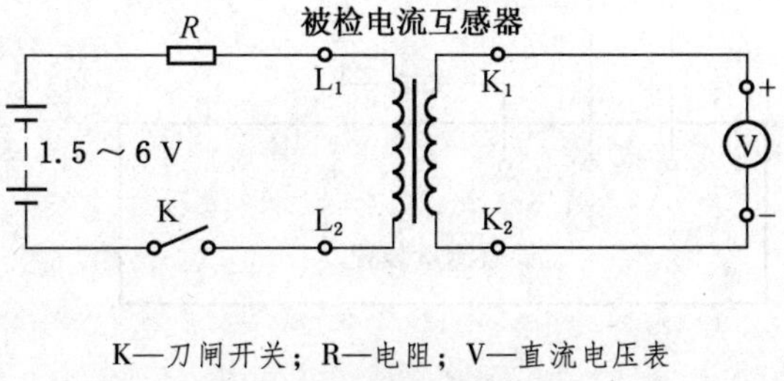

K—刀闸开关；R—电阻；V—直流电压表

图 9-5-16 直流法检查绕组极性的接线

4. 退磁

对于不同结构型式的电流互感器，其退磁的方法和具体要求各不相同。因此，采用制造厂在产品技术文件中所规定的退磁方法为宜。如果制造厂未做规定，可根据具体情况，在下面介绍的方法中选一种合适的方法进行退磁。

1）闭路退磁法

在二次绕组上接一个相当于额定负荷 10～20 倍的电阻，对一次绕组通以工频电流，由零增至 1.2 倍的额定电流，然后均匀缓慢地降至零。

对具有两个或两个以上二次绕组的电流互感器进行退磁时，若所有二次绕组均与同一个铁芯交链，则其中一个二次绕组接退磁电阻，其余的二次绕组应短路。

对 0.2 级以上的电流互感器，用闭路退磁为宜。

2）开路退磁法

在二次（或一次）绕组开路的情况下，给一次（或二次）绕组通以 10% 的额定一次（或二次）电流，然后平稳缓慢地把电流降至零。若在 10% 的额定电流下退磁时，被开路绕组两端所感应的电压峰值超过匝间绝缘强度试验时所规定值的 75%，则应在较小的电流值下进行退磁。

5. 误差的测量

（1）测量误差时，应按被检电流互感器的准确度级别和按上述检定用主要设备的要求，选择合适的标准器及测量设备。而且，无论采用何种测量装置，均应按下面的规定接线：把一次绕组的 L_1 端和二次绕组的 K_1 端定义为相对应的同名测量端；将标准器和被检电流互感器的一次绕组同名测量端连接在一起，并将升流器输出端中的一端接地或通过对称支路（或其他的方法）间接接地；相应二次绕组的同名测量端也连接在一起，并使其等于或接近于地电位，但不能直接接地。

（2）检定接线

① 自检检定法接线如图 9－5－17 所示。当被检电流互感器的额定变流比为 1 时可采用此法。

② 比较检定法接线如图 9－5－18 所示。当标准器和被检电流互感器的额定变流比相同时，可采用此法。

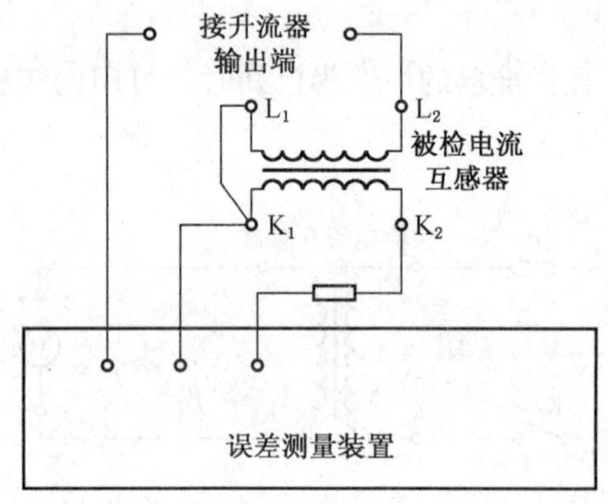

图 9－5－17　自检检定法接线图

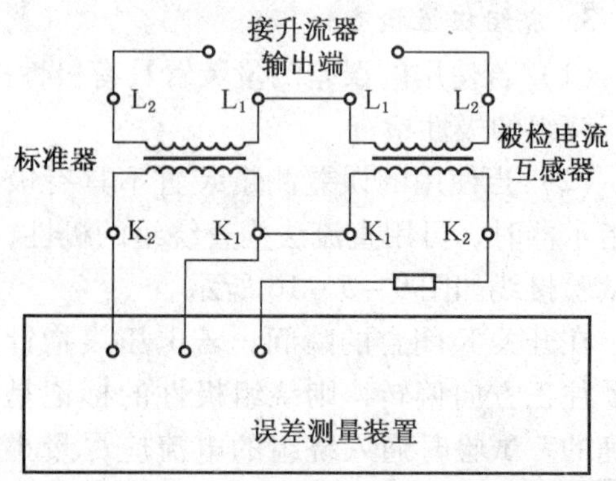

图 9－5－18　比较检定法接线图

③ 对称支路接地的比较检定法接线如图 9－5－19 所示。检定准确度级别为 0.1 级及以上的电流互感器，在较小的额定一次电流（如 1 A 以下）时，一次回路应通过对称支路（或其他方法）间接接地（图 9－5－19）。先将开关 K 置于适当的位置，调节 R 和 C，当

高阻抗毫伏表 D（检流计）的指示最小时，则 L_1 端接近地电位。

④ 在满足上述检定用主要设备要求的前提下，允许采用不同于上述的检定线路来测量电流互感器的误差。

(3) 检定周期时，电流互感器的误差测量按表 9-5-39 所列条件进行。

检定新制造和修理后的电流互感器时，应在额定功率因数下，分别加额定负荷及 1/4 额定负荷（额定二次电流为 5 A 的电流互感器，其下限负荷不得低于 2.5 V·A），测量 50%、10%、20%、100% 和 120% 额定电流时的误差。

当检定大批新制造的同型号电流互感器时，经计量机构或有关主管部门的监督抽检后，在确认符合《测量用电流互感器》(JJG 313—2010) 规定的前提下，可减少误差的测量点。

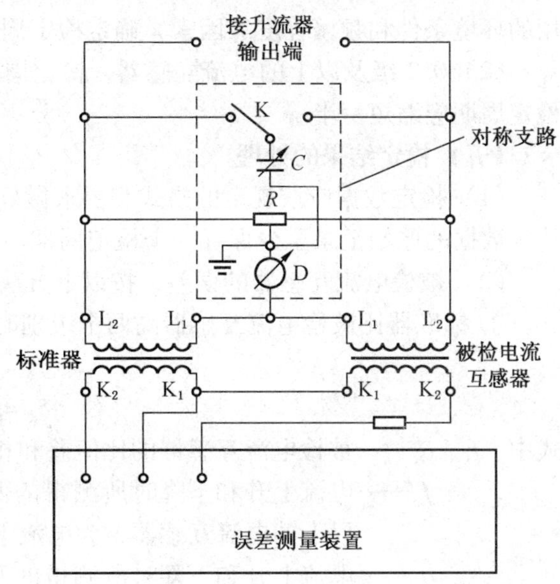

D—检流计；R—可调电阻；C—可调电容器；
K—单刀双掷开关

图 9-5-19　对称支路接地的比较检定法接线图

(4) 多变流比电流互感器需检定所有的变流比。穿心式电流互感器可以在每一额定安匝下只检定一个变流比。

(5) 被检电流互感器每个误差测量点的测量符合以下规定：

① 0.2 级及以上的电流互感器，除额定电流为 120% 测量点仅测电流上升的误差外，其他各测量点均分别测量电流上升和下降的误差。

② 0.5 级及以下的电流互感器，每个测量点需测量电流上升时的误差。电流的上升和下降，均需平稳而缓慢地进行。

电流互感器的电流、负荷及功率因数见表 9-5-40。

表 9-5-40　电流互感器的电流、负荷及功率因数

用　途	准确度级别	额定电流的百分数/%	二次负荷	
			伏安值	功率因数
作标准用	0.01 级、0.02 级、0.05 级、0.1 级、0.2 级	5、10、20、100、200	额定值或实际值	额定值或实际值
一般测量用	0.01 级、0.02 级、0.05 级、0.1 级、0.2 级、0.5 级、1 级	5、10、20、100、200	额定值	额定值
		5、100	$\frac{1}{4}$额定值①	

注：① 额定二次电流 5 A 的电流互感器，其下限负荷不得低于 2.5 V·A。

(四) 检定周期

(1) 作标准用的（包括与其他仪器、仪表等配合作量值传递用的）以及用户有特殊要求的电流互感器，其检定周期为两年。一般测量用电流互感器，可根据其技术性能、使

用的环境条件和频繁程度等因素，确定检定周期，一般为 2 ~4 年。

（2）0.2 级及以上的电流互感器，检定周期内误差变化超过其允许误差的 1/3 时，则检定周期应缩短一半。

（五）检定结果的处理

（1）检定数据应按规定的格式和要求做好原始记录。0.2 级及以上的电流互感器，其检定数据的原始记录至少保存一个检定周期。

（2）被检电流互感器的误差，按以下方法计算。

① 标准器比被检电流互感器高两个级别时，按下式计算：

$$f_x = f_p \tag{9-5-22}$$

$$\delta_x = \delta_p \tag{9-5-23}$$

式中 f_x、δ_x——被检电流互感器的比值差和相位差；

f_p——电流上升和下降时所测得的两次比值差读数的算术平均值。对 0.5 级及以下的电流互感器，为电流上升时所测得的比值差的读数；

δ_p——电流上升和下降时所测得的两次相位差读数的算术平均值。对 0.5 级及以下的电流互感器，为电流上升时所测得的相位差的读数。

② 标准器比被检电流互感器高一个级别时，按下式计算：

$$f_x = f_p + f_N \tag{9-5-24}$$

$$\delta_x = \delta_p + \delta_N \tag{9-5-25}$$

式中 f_N、δ_N——标准器检定证书中给出的比值差和相位差。

（3）判断被检电流互感器的误差是否超过表 9-5-37 中给出的允许误差时，应以化整后的数据为准。误差的化整按表 9-5-41 进行。

表 9-5-41

误差类别	准确度级别						
	0.01 级	0.02 级	0.05 级	0.1 级	0.2 级	0.5 级	1 级
	化整值						
比值差/%	0.001	0.002	0.005	0.01	0.02	0.05	0.1
相位差/(′)	0.02	0.05	0.2	0.5	1	2	3

（4）经检定合格的电流互感器，应由公司电磁计量检测单位（站）发给检定证书或加盖合格印。

① 检定证书上应给出检定时所用各种负荷下的误差数值，作标准用的还应给出最大变差值。

② 使用中和修理后的电流互感器，如果误差超过铭牌所标的准确度级别所允许的误差，应在检定证书上注明所能达到的准确度级别。

（5）经检定不合格的电流互感器，应发给检定结果通知书。

（6）0.2 级及以上的电流互感器，检定后应加封印。

（7）根据规定项目检定不合格的电流互感器不准继续使用。

五、测量用电压互感器的检定

测量用电压互感器的检定，是指额定频率为 50 Hz、使用中和修理后的 0.01 ~ 1 级的测量用电压互感器的检定。

(一) 技术要求

在额定频率、额定功率因数及二次负荷为额定负荷的 25% ~100% 之间的任一数值时，允许误差不得超过表 9 - 5 - 42 的数值。

表 9 - 5 - 42　允许误差规定值

准确度级别	比值差（±%）					相位差（±′）				
	额定电压百分数/%					额定电压百分数/%				
	20	50	80	100	120	20	50	80	100	120
0.01 级	0.02	0.015	0.01	0.01	0.01	0.6	0.45	0.3	0.3	0.3
0.02 级	0.04	0.03	0.02	0.02	0.02	1.2	0.9	0.6	0.6	0.6
0.05 级	0.1	0.075	0.05	0.05	0.05	4	3	2	2	2
0.1* 级	0.2	0.15	0.1	0.1	0.1	10	7.5	5	5	5
0.2* 级	0.4	0.3	0.2	0.2	0.2	20	15	10	10	10
0.5 级	—	—	0.5	0.5	0.5	—	—	20	20	20
1 级	—	—	1	1	1	—	—	40	40	40

注：* 表示使用在电力系统中的 0.1 级和 0.2 级电压互感器，额定电压 20% 和 50% 两点的误差不作规定。

电压互感器的实际误差曲线，不应超过表 9 - 5 - 42 所允许误差值连线所形成的折线范围。

凡被检定的电压互感器，都应执行本节所阐述的技术标准和技术条件的规定。

(二) 检定条件

1. 主要检定设备

(1) 标准电压互感器或其他电压比例标准器（以下简称标准器）的准确度级别及技术性能，应满足如下要求：

① 标准器应比被检电压互感器高两个准确度级别；当不具备高两个级别的标准器时，也可以选用比被检电压互感器高一个级别的标准器，但标准器的误差值应更正到被检电压互感器的误差之中。

② 标准器的变差（电压上升和下降时两次所测得的误差值之差）应不大于表 9 - 5 - 43中的数值。

③ 在检定周期内，标准器的误差变化，不得大于其允许误差的 1/3。

④ 标准器必须具有计量部门或有关主管部门的检定证书。使用时的二次负荷与证书上所标负荷之差，不应超过 ±10%。

(2) 误差测量装置。由误差测量装置所引起的测量误差，不得大于被检电压互感器允

表 9-5-43

额定电压的百分数	误差类别	准确度级别				
		0.01 级	0.02 级	0.05 级	0.1 级	0.2 级
		允许变差				
20%	比值差/%	0.004	0.008	0.02	0.04	0.08
50% ~120%		0.002	0.004	0.01	0.02	0.04
20%	相位差/(′)	0.12	0.24	0.8	2	4
50% ~120%		0.06	0.12	0.4	1	2

许误差的1/10。其中，装置灵敏度引起的测量误差不大于1/20，最小分度值引起的测量误差不大于1/15。

(3) 监视用电压表。为了确定标准器二次回路的工作电压，外接监视用电压表的准确度级别应不低于1.5级，而且在所有示值范围内，电压表的内阻抗应保持不变。

(4) 电压负荷箱。在额定频率为50 Hz时，电压负荷箱在额定电压的20% ~120% 的范围内，周围温度为(20 ±0.5)℃时，其有功部分和无功部分的允许误差均不得超过 ±3% 。当 $\cos\varphi=1$ 时，其残余无功分量不得大于额定负荷值的 ±3% 。周围温度每变化10 ℃时，其误差变化不应超过 ±2% 。

(5) 电源及调节设备。电源及调节设备，应保证具有足够的容量及调节细度，并应保证电源的频率为 (50 ±0.5) Hz，波形畸变系数不得超过5% 。

2. 环境条件

(1) 周围气温为10 ~35 ℃，相对湿度不大于80% 。

(2) 存在于工作场所周围与检定工作无关的电磁场所引起的测量误差，不应大于被检电压互感器允许误差的1/20。用于检定工作的升压器、调压器等所引起的测量误差，不应大于被检电压互感器允许误差的1/10。

(三) 检定项目和方法

1. 外观检查

如有下列缺陷之一者，需修复后方予检定。

(1) 没有铭牌或铭牌中缺少必要的标记。

(2) 接线端钮缺少、损坏或无标记。

(3) 多变压比电压互感器未标有不同变压比的接线方式。

(4) 严重影响检定工作进行的其他缺陷。

2. 工频耐压试验

工频耐压试验参阅本章第四节。

3. 绕组极性的检查

(1) 当使用的误差测量装置具有极性指示器，且标准器的极性已知时，可用比较法进行绕组的极性检查。

(2) 当使用的误差测量装置不具有极性指示器时，可用直流法检查绕组的极性。所用的线路如图 9-5-20 所示。当开关 K 闭合的瞬间，若电压表由零往正方向偏转，则绕组极性的标记是正确的（三相电压互感器的连接组别为12）。试验时通入绕组的电流应尽量小一些。

对于三相电压互感器，在试验中除试验 AB 与 ab 出线端外，还应检查 AC 与 ac 或 BC 与 bc 出线端的极性。

4. 误差的测量

（1）检定接线：

① 用自检法检定的接线圈如图 9－5－21 所示。当被检电压互感器的额定变压比为 1 时，可用此法检定。

② 用比较法检定的接线图如图 9－5－22 所示。当被检电压互感器和标准器的额定变压比相同时，可用此法检定。

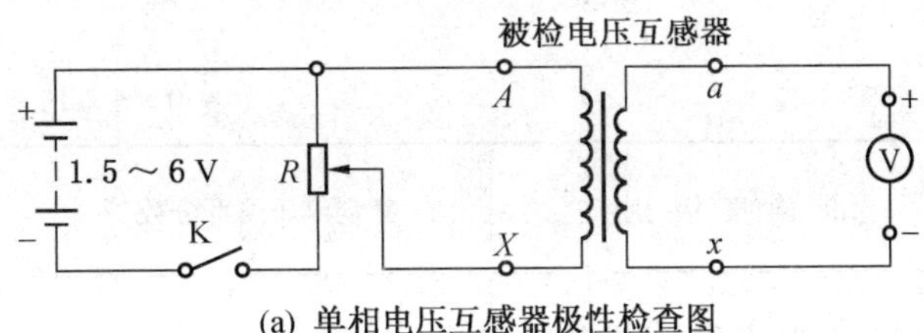

(a) 单相电压互感器极性检查图

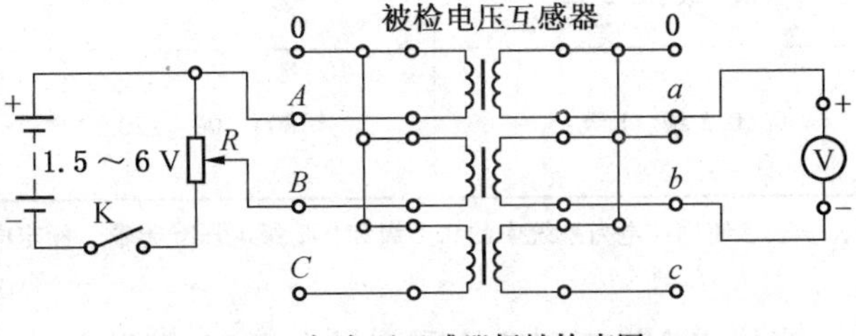

(b) 三相电压互感器极性检查图

K—单刀开关；R—可调电阻；V—直流毫伏表

图 9－5－20　电压互感器绕组极性检查接线图

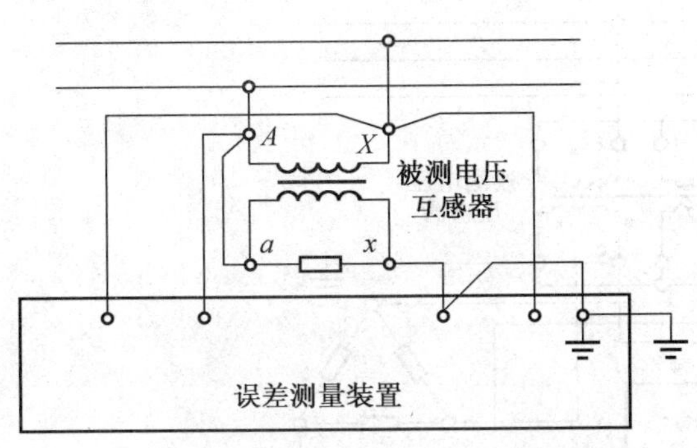

图 9－5－21　用自检法检定的接线图

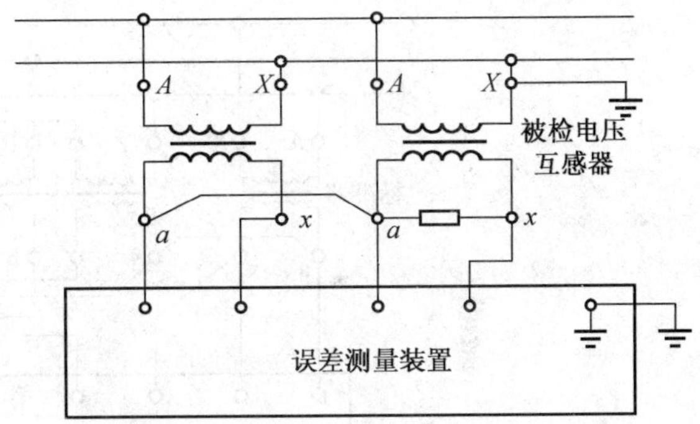

图 9－5－22　用比较法检定的接线图

（2）周期检定时，电压互感器的误差测量按表 9－5－44 所列条件进行。

表 9－5－44

用　途	准确度级别	额定电压的百分数/%	二次负荷	
			伏安值	功率因数
作标准用	0.01 级、0.02 级、0.05 级、0.1 级、0.2 级	20、50、80、100、120	额定值或实际值	额定值或实际值
一般测量用	0.01 级、0.02 级、0.05 级、0.1* 级、0.2* 级	20、50、80*、100、120	额定值	额定值
		20、100	$\frac{1}{4}$额定值	
	0.5 级、1 级	80、100、120	额定值	额定值
		100	$\frac{1}{4}$额定值	

注：* 表示使用在电力系统中的 0.1 级和 0.2 级电压互感器，额定电压 20% 和 50% 两点的误差可不测量。

新制造和修理后的电压互感器，其误差测量按表 9－5－45 所列条件进行。

表 9－5－45

<table>
<tr><th rowspan="2">准确度级别</th><th rowspan="2">额定电压的百分数/%</th><th colspan="2">二次负荷</th></tr>
<tr><th>伏安值</th><th>功率因数</th></tr>
<tr><td rowspan="2">0.01 级、0.02 级、0.05 级、0.1*级、0.2*级</td><td rowspan="2">20、50、80、100、120</td><td>额定值</td><td rowspan="2">额定值</td></tr>
<tr><td>$\frac{1}{4}$额定值</td></tr>
<tr><td rowspan="2">0.5 级、1 级</td><td rowspan="2">80、100、120</td><td>额定值</td><td rowspan="2">额定值</td></tr>
<tr><td>$\frac{1}{4}$额定值</td></tr>
</table>

注：* 表示使用在电力系统中的 0.1 级和 0.2 级电压互感器，额定电压 20% 和 50% 两点的误差可不测量。

当检定大批新制造的同型号电压互感器时，经计量机构或有关主管部门的监督抽检后，在确认符合以上规定时，可以减少误差测量点。

（3）三相电压互感器，应分别测量每一个一次线电压和对应的二次线电压之间的误差。所用测量接线如图 9－5－23 所示。

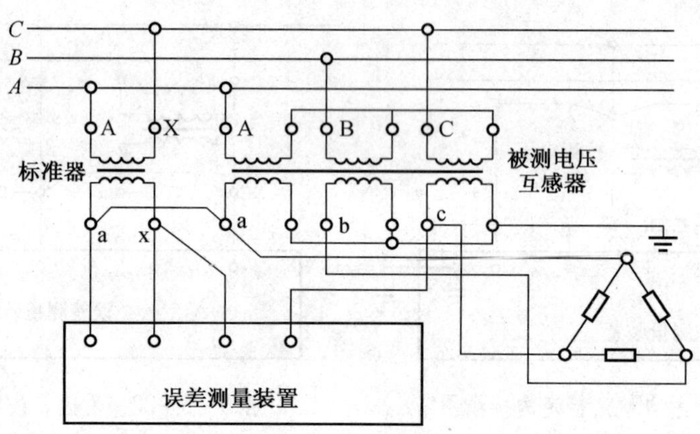

图 9－5－23 三相电压互感器误差检定接线图

误差测量时，应在下列条件下进行：

① 在一次侧加三相对称的平衡电压。

② 电源电压的相序和被检电压互感器的相序应一致。

③ 二次侧负荷按△接线，且各相的负荷应为额定负荷的 1/3。

（4）对附有零序绕组的单相和三相三绕组的电压互感器，测量误差时，零序绕组应开路，并一端接地。

（5）在满足上述检定条件中检定设备要求的条件下，允许用不同于上述的检定线路来测量电压互感器的误差。

（6）被检电压互感器每个误差测量点的测量，应符合以下规定：

① 0.2 级及以上的电压互感器，除额定电压为 120% 测量点仅测电压上升的误差外，其他各测量点均需分别测量电压上升和下降的误差。

② 0.5 级及以下的电压互感器，每个测量点只需测量电压上升的误差。电压的上升和下降，均需平稳而缓慢地进行。

（四）检定周期

（1）作标准用的（包括与其他仪器、仪表等配合作量值传递用的）以及用户有特殊要求的电压互感器，其检定周期为两年。一般测量用电压互感器，可根据其技术性能、使用的环境条件和频繁程度等因素，确定其检定周期，一般为 2 ~4 年。

（2）0.2 级及以上的电压互感器，检定周期内误差变化超过其允许误差的 1/3 时，则检定周期应缩短一半。

（五）检定结果的处理

（1）检定数据应按规定的格式和要求做好原始记录。0.2 级及以上的电压互感器，其检定数据的原始记录，至少保存一个检定周期。

（2）在本节中未列入的标准级别的电压互感器，如符合本节各条的要求，则可按本节所列标准级别相近的低级别定级。

（3）被检电压互感器的误差按以下方法计算。

① 标准器比被检电压互感器高两个级别时，按下式计算：

$$f_x = f_p \tag{9-5-26}$$

$$\delta_x = \delta_p \tag{9-5-27}$$

式中　f_x、δ_x——被检电压互感器的比值差和相位差；

f_p——电压上升和下降时所测得的两次比值差读数的算术平均值。对 0.5 级及以下的电压互感器，为电压上升时所测得的比值差的读数；

δ_p——电压上升和下降时所测得的两次相位差读数的算术平均值。对 0.5 级及以下的电压互感器，为电压上升时所测得的相位差的读数。

② 标准器比被检电压互感器高一个级别时，按下式计算：

$$f_x = f_p + f_N \tag{9-5-28}$$

$$\delta_x = \delta_p + \delta_N \tag{9-5-29}$$

式中　f_N、δ_N——标准器检定证书中给出的比值差和相位差。

（4）判断被检电压互感器的误差是否超过表 9-5-43 中的允许误差，应以化整后的数据为准。误差化整按表 9-5-46 进行。

表 9-5-46

误差类别	准确度级别						
	0.01 级	0.02 级	0.05 级	0.1 级	0.2 级	0.5 级	1 级
	化整值						
比值差/%	0.001	0.002	0.005	0.01	0.02	0.05	0.1
相位差/(′)	0.02	0.05	0.2	0.5	1	2	5

（5）经检定合格的电压互感器，应由公司电磁计量检测仪单位（站）发给检定证书

或加盖合格印。

① 在检定证书上应给出检定时所用的各种负荷下的误差值，作标准用的还应给出最大变差值。

② 使用中和修理后的电压互感器，如果误差超过铭牌所标的准确度级别所允许的误差，应在检定证书上注明所能达到的准确度级别。

(6) 经检定不合格的电压互感器，应发给“检定结果通知书”。

(7) 0.2 级及以上的电压互感器，检定后应加封印。

(8) 根据规定检定后不合格的电压互感器，不准继续使用。

六、仪表检定中有关参数计算方法和各种记录、证书表格参考型式

(一) 功率表示值和实际功率的计算公式

检定装置中的标准互感器，在检定电能表时，带实际负载测定比值差和相位差，同时要注意互感器接地情况对测定结果的影响。

由试验测得的检定装置的整体误差（不含标准表误差）γ_D，可代替表 9-5-47 中间一栏括号内的互感器误差。

表 9-5-47 实际功率的计算公式

被检电能表类别	检定接线图号	由功率表的示值和修正值及互感器误差计算实际功率/W	互感器的相位差引起的误差/%
单相有功电能表	9-5-7	$P=P_0=C_w(a+\Delta)\left(1-\frac{\varepsilon_C+\varepsilon_p+\gamma}{400}\right)K_IK_U$	$N=0.0291(\delta_c-\delta_p)\tan\varphi$
三相四线有功电能表	9-5-8	$P=(P_{01}+P_{02}+P_{03})K_IK_U$ $P_{01}=C_W(a_1+\Delta_1)\left(1-\frac{\varepsilon_{c1}+\varepsilon_{p1}+\gamma_1}{100}\right)$ $P_{02}=C_W(a_2+\Delta_2)\left(1-\frac{\varepsilon_{c2}+\varepsilon_{p2}+\gamma_2}{100}\right)$ $P_{03}=C_W(a_3+\Delta_3)\left(1-\frac{\varepsilon_{c3}+\varepsilon_{p3}+\gamma_3}{100}\right)$	$\gamma_1=0.0291(\delta_{c1}-\delta_{p1})\tan\varphi$ $\gamma_2=0.0291(\delta_{c2}-\delta_{p2})\tan\varphi$ $\gamma_3=0.0291(\delta_{c3}-\delta_{p3})\tan\varphi$
三相三线有功电能表	9-5-10		
	9-5-9	$P=(P_{01}+P_{03})K_IK_U$ $P_{01}=C_W(a_1+\Delta_1)\left(1-\frac{\varepsilon_c+\varepsilon_{p2}+\gamma}{100}\right)$ $P_{03}=C_W(a_3+\Delta_3)\left(1-\frac{\varepsilon_{c3}+\varepsilon_{p32}+\gamma_3}{100}\right)$	$\gamma_1=0.0291(\delta_{c1}-\delta_{p12})\tan(30°+\varphi)$ $\gamma_3=-0.0291(\delta_{c3}-\delta_{p32})\tan(30°-\varphi)$
三相三线无功电能表	9-5-11 9-5-12	$P=(P_{01}+P_{03}K_IK_U)$ $P_{01}=C_W(a_1+\Delta_1)\left(1-\frac{\varepsilon_{c1}+\varepsilon_{p23}+\gamma_1}{100}\right)$ $P_{03}=C_W(a_3+\Delta_3)\left(1-\frac{\varepsilon_{c3}+\varepsilon_{p13}+\gamma_3}{100}\right)$	$\gamma_1=0.0291(\delta_{p23}-\delta_{c1})\tan(60°-\varphi)$ $\gamma_3=0.0291(\delta_{p13}-\delta_{c3})\tan(120°-\varphi)$
三相三线无功电能表	9-5-13	$P=\sqrt{3}(P_{01}+P_{03})K_IK_U$ $P_{01}=C_W(a_1+\Delta_1)\left(1-\frac{\varepsilon_{c1}+2\varepsilon_{p3}+\gamma_1}{100}\right)$ $P_{03}=C_W(a_3+\Delta_3)\left(1-\frac{\varepsilon_{c3}+\varepsilon_{p1}+\gamma_3}{100}\right)$	$\gamma_1=0.0291(\delta_{p1}-\delta_{c1})\tan(60°-\varphi)$ $\gamma_3=0.0291(\delta_{p1}-\delta_{c3})\tan(120°-\varphi)$

表9-5-47(续)

被检电能表类别	检定接线图号	由功率表的示值和修正值及互感器误差计算实际功率/W	互感器的相位差引起的误差/%
三相四线无功电能表	9-5-14 9-5-15	$P=\frac{1}{\sqrt{3}}(P_{01}+P_{02}+P_{03})K_IK_U$ $P_{01}=C_W(a_1+\Delta_1)\left(1-\frac{\varepsilon_{c1}+\varepsilon_{p23}+\gamma_1}{100}\right)$ $P_{02}=C_W(a_2+\Delta_2)\left(1-\frac{\varepsilon_{c2}+\varepsilon_{p31}+\gamma_2}{100}\right)$ $P_{03}=C_W(a_3+\Delta_3)\left(1-\frac{\varepsilon_{c3}+\varepsilon_{p12}+\gamma_3}{100}\right)$	$\gamma_1=0.0291(\delta_{p23}-\delta_{c1})\cot\varphi$ $\gamma_2=0.0291(\delta_{p31}-\delta_{c2})\cot\varphi$ $\gamma_3=0.0291(\delta_{p12}-\delta_{c3})\cot\varphi$

注：表中的符号含义：

K_I、K_U—标准电流、电压互感器使用的额定变比；

ε_c、ε_p—标准电流、电压互感器的比值差,%；

δ_c、δ_p—标准电流、电压互感器的相位差，(′)；

γ_t—标准电流、电压互感器的相位差引起的误差,%；

P_{0i}—接在A、B、C相上的标准功率表指示的实际功率，W；

Δ_i—标准功率表的修正值，格；

a_i—功率表的示值，格；

C_W—功率表分度值，按下式计算：

$$C_W=\frac{U_eI_e}{\alpha_N}\cos\varphi\,(W/格)$$

U_e—功率表的额定电压，V；

I_e—功率表的额定电流，A；

a_N—功率表标度尺上的分度线总数。

根据表9-5-48算得的示值α，允许化整到功率表标度尺上与α值最接近的分度线α_k。以后不是在计算α值的电流下面是在稍有变化的电流值下检定，并以化整的α_k计算实际功率。

表9-5-48　计算功率表示值的公式

被检电能表的类别	检定接线图号	功率表示值（格）（三相电路为正相序）		
		$\cos\varphi=1$、$\sin\varphi=1$（感性）	$\cos\varphi=0.5$ $\sin\varphi=0.5$（感性）	$\cos\varphi$或$\sin\varphi$为任一值
单相有功电能表	9-5-7	$\alpha=\frac{UI}{C_w}$	$\alpha=\frac{0.5UI}{C_w}$	$\alpha=\frac{UI}{C_w}\cos\varphi$
三相四线有功电能表	9-5-8	$\alpha_1=\alpha_2=\alpha_3=\frac{U_{xg}I}{C_W}$	$\alpha_1=\alpha_2=\alpha_3=\frac{0.5U_{xg}I}{C_W}$	$\alpha_1=\alpha_2=\alpha_3=\frac{U_{xg}I}{C_W}\cos\varphi$
三相三线有功电能表	9-5-10、9-5-9	$\alpha_1=\alpha_3=\frac{0.366}{C_W}U_xI$	$\alpha_1=0$ $\alpha_3=\frac{0.866}{C_W}U_xI$	$\alpha_1=\frac{U_xI}{C_W}\cos(30°+\varphi)$ $\alpha_3=\frac{U_xI}{C_W}\cos(30°-\varphi)$

表 9－5－48（续）

被检电能表的类别	检定接线图号	功率表示值（格）（三相电路为正相序）		
		$\cos\varphi=1$、$\sin\varphi=1$（感性）	$\cos\varphi=0.5$、$\sin\varphi=0.5$（感性）	$\cos\varphi$ 或 $\sin\varphi$ 为任一值
三相三线无功电能表	9－5－11	$\alpha_1=\alpha_3=\frac{0.866}{C_W}U_xI$	$\alpha_1=\frac{0.866}{C_W}U_xI$ $\alpha_3=0$	$\alpha_1=\frac{U_xI}{C_W}\sin(30°+\varphi)$ $\alpha_3=\frac{-U_xI}{C_W}\sin(30°-\varphi)$
	9－5－12			
	9－5－13	$\alpha_1=\alpha_3=\frac{0.866}{C_W}U_{xg}I$	$\alpha_1=\frac{0.866}{C_W}U_{xg}I$ $\alpha_3=0$	$\alpha_1=\frac{U_{xz}I}{C_W}\sin(30°+\varphi)$ $\alpha_3=\frac{-U_{xz}I}{C_W}\sin(30°-\varphi)$
三相四线无功电能表	9－5－14	$\alpha_1=\alpha_2=\alpha_3=\frac{U_xI}{C_W}$	$\alpha_1=\alpha_2=\alpha_3=\frac{0.5U_xI}{C_W}$	$\alpha_1=\alpha_2=\alpha_3=\frac{U_xI}{C_W}\sin\varphi$
	9－5－15			

注：表中符号的含义：

U_x、U_{xg}—加在功率表电压线路的线电压、相电压，V；

I—通过功率表电流线路的电流，A。

其他符号的含义同表 9－5－47。

（二）电能表测量数据化整方法

1. 数据修约规则

保留位右边的数字对保留位的数字 1 来说，若大于 0.5，保留位加 1；若小于 0.5，保留位不变；若等于 0.5，保留位是偶数（0，2，4，6，8）时不变，是奇数（1，3，5，7，9）时保留位加 1。

例如，检定 1 级电能表时，在某一负载功率下重复测定 3 次所得的相对误差的平均值，要求按化整间距 0.1 化整，即把相对误差只保留到小数点后第 1 位，多余的位数应按数据修约规则处理。下面箭头左边是未化整前相对误差的平均值，箭头右边是化整后的结果。

$0.7501\longrightarrow0.8$　　$0.4599\longrightarrow0.5$　　$0.0501\longrightarrow0.1$　　$0.6499\longrightarrow0.6$

$0.3286\longrightarrow0.3$　　$0.0499\longrightarrow0.0$　　$0.3500\longrightarrow0.4$　　$1.050\longrightarrow1.0$

2. 测量数据化整的通用方法

将测得的各项相对误差的平均值，除以化整间距数，所得之商按数据修约规则化整，化整后的数字乘以化整间距数，所得乘积即为最终结果。

（1）0.5 级电能表的各次相对误差的平均值，要按化整间距 0.05 化整，即小数点后第 2 位是保留位且为 5 的倍数（0 或 5）。

$$0.525\div5=0.105\longrightarrow0.10\times5=0.50$$
$$0.52501\div5=0.105002\longrightarrow0.11\times5=0.55$$
$$0.5749\div5=0.11493\longrightarrow0.11\times5=0.55$$
$$0.3750\div5=0.0750\longrightarrow0.08\times5=0.40$$
$$0.4749\div5=0.09498\longrightarrow0.09\times5=0.45$$
$$0.1789\div5=0.03578\longrightarrow0.04\times5=0.20$$

故按化整间距数为 5 时的化整方法：保留位与其右边的数之和若小于或等于 25，保留位变为零；若大于25而小于75，保留位变成5；若等于或大于75，保留位为变零而保留位左边那位加1。

（2）2级和3级电能表的各次相对误差的平均值，要求按化整间距0.2化整，即小数点后第1位是保留位且为2的整数倍（0，2，4，6，8）。

$$2.101\div2=1.0505\longrightarrow1.1\times2=2.2$$
$$1.399\div2=0.6995\longrightarrow0.7\times2=1.4$$
$$0.501\div2=0.2505\longrightarrow0.3\times2=0.6$$
$$3.799\div2=1.8995\longrightarrow1.9\times2=3.8$$
$$2.901\div2=1.4505\longrightarrow1.5\times2=3.0$$
$$0.499\div2=0.2495\longrightarrow0.2\times2=0.4$$
$$1.201\div2=0.6005\longrightarrow0.6\times2=1.2$$
$$1.400\div2=0.700\longrightarrow0.7\times2=1.4$$
$$2.100\div2=1.050\longrightarrow1.0\times2=2.0$$
$$1.100\div2=0.550\longrightarrow0.6\times2=1.2$$
$$0.300\div2=0.150\longrightarrow0.2\times2=0.4$$
$$1.300\div2=0.65\longrightarrow0.6\times2=1.2$$
$$0.500\div2=0.250\longrightarrow0.2\times2=0.4$$
$$0.700\div2=0.35\longrightarrow0.4\times2=0.8$$
$$1.700\div2=0.85\longrightarrow0.8\times2=1.6$$
$$0.900\div2=0.45\longrightarrow0.4\times2=0.8$$
$$3.900\div2=1.95\longrightarrow2.0\times2=4.0$$

故按化整间距数为2的化整方法：

若保留位右边不为零，保留位是奇数时加1，保留位是偶数时不变。若保留位右边全为零，则保留位是偶数时不变。当保留位前一位是偶数时，对保留位的奇数（1、5、9）退成相近的偶数，奇数（3、7）则进成相近的偶数；若保留位前一位是奇数时，则1、5、9进成相近的偶数，而3、7退成相近的偶数。

（三）功率稳定度的评定方法

为充分利用标准功率表和监视仪表的准确度，减少电能表在波动负载下运行所产生的附加误差，便于调节、监视电压和电流及功率，改善检定装置测量的重复性，应按式(9-5-30)评定功率稳定度：

$$\gamma_{\Delta p}=\frac{100}{p_{m}}\left[(\bar{p}-p_{0})\pm t_{a}\sqrt{\frac{1}{n-1}\sum_{i=1}^{n}(p_{i}-\bar{p})^{2}}\right]\qquad(9-5-30)$$

式中　p_0——当$\cos\varphi$等于给定值时调定的起始功率；

p_m——当$\cos\varphi=1$时的计算功率；

n——在观测时限T内，重复读取功率的次数；

p_i——第i次功率读数（$i=1、2、\cdots、n$）；

t_a——置信系数，可取$t_a=2.58$；

p——各次功率读数p_i的平均值。

测试过程中可能受某些因素干扰或由于错误的读数和记录，使最大或最小的功率值p_k

出现残差：

$$\delta_k = |p_k - \bar{p}| > t_a \sqrt{\frac{1}{n-1}\sum_{i=1}^{n}(p_i - \bar{p})^2} \tag{9-5-31}$$

则 p_k 中含有粗大误差，应舍去该 p_k 值，用余下的功率值再代入式（9－5－30）和式（9－5－31）验算。

用具有式（9－5－30）和式（9－5－31）功能的专用仪器测定功率稳定度时，可每隔0.5～1 s记录一次功率。若无专用仪器，还可用测量重复性较好，且有5～6位读数的数字功率表测定功率，每隔1～2 s记录一次功率读数。

专用仪器或数字功率表和检定装置，应通电预热足够长时间后才开始测定功率。每次测试时间至少5 min，重复做5～10次试验，取各试验结果中的最大值确定功率稳定度是否符合要求。

（四）仪器仪表检定结果的记录、证书、通知单格式

仪器仪表检定结果的记录、证书、通知单格式见表9－5－49至表9－5－55。

表9－5－49　电能表“检定证书”和“检定结果通知书”背面格式及检定结果表格

检定证书背面格式

级　别＿＿＿＿＿＿＿＿出厂日期＿＿＿＿＿＿＿＿制造标准＿＿＿＿＿＿＿＿

相　线＿＿＿＿＿＿＿＿电　　压＿＿＿＿＿＿＿＿V 电　　流＿＿＿＿＿＿＿＿A

频　率＿＿＿＿＿＿＿＿Hz

检定结果表格

1. 基本量程：＿＿＿＿＿＿V＿＿＿＿＿＿A　常数＿＿＿＿＿＿r/kW · h　温度＿＿＿＿＿＿℃

功率因数	基本误差/%					
	负载电流					
	(I_{max})	I_b	($0.8I_b$)	$0.5I_b$	$0.2I_b$	$0.1I_b$
1						
0.5（感性）						
0.8（容性）①						
0.5（容性）						
0.25（感性或容性）						

注：① 检定周期时，允许功率因数为0.866（容性）。

表9-5-49（续）

2. 其余量程：________V________A　常数________r/kW·h　温度________℃

功率因数	基本误差/%		
	负载电流		
	I_b	$0.5I_b$	$(0.2I_b)$
1			
0.5（感性）			

3. 不平衡负载：________V ________A　温度________℃

每组元件功率因数	A组		B组		C组		
	基本误差/%						
	负载电流						
	I_b	$0.2I_b$	I_b	$0.2I_b$	I_b	$0.2I_b$	
1							
0.5（感性）							

4. 起动电流________mA
5. 潜　动________
6. 工频耐压________kV
7. 最大标准偏差估计值 S_{max}________（%）
备注________

注：1. 检定结果表格适合检定携带式电能表（括号内电流值根据需要选用），检定安装式电能表时由检定单位拟制类似的表格。对携带式电能表的基本量程可有调前和调后两种形式，负载性质（感性或容性）按需要确定。

2. 检定结果通知书背面格式和检定结果表格与检定证书的背面格式和检定结果表格相同。

表 9-5-50　电流互感器检定记录格式

(封　面)

(检定机关名称)

电流互感器检定记录

送检单位＿＿＿＿＿＿	准确度级别＿＿＿＿＿＿
型　　号＿＿＿＿＿＿	额定一次电流＿＿＿＿＿＿A
制造厂名＿＿＿＿＿＿	额定二次电流＿＿＿＿＿＿A
出厂编号＿＿＿＿＿＿	额定负荷＿＿＿＿＿＿V·A
设备编号＿＿＿＿＿＿	额定功率因数＿＿＿＿＿＿
用　　途＿＿＿＿＿＿	额定频率＿＿＿＿＿＿Hz
证书编号＿＿＿＿＿＿	额定电压＿＿＿＿＿＿kV

检定日期　　　年　　月　　日

有效期至　　　年　　月　　日

(封面背后)

共 页 第 页

检定时使用的标准器：

名　　称______________ 出厂编号______________

准确度级别______________ 设备编号______________

检定时的环境条件：

温　　度______________℃ 相对湿度______________%

检定结果：

绝缘电阻______________________________

工频电压试验______________________________

极　　性______________________________

最大变差______________________________

结论及说明：

检定员______________

误差数据表格

共　页　第　页

<table>
<tr><td rowspan="2">量限</td><td colspan="2" rowspan="2">误差
项　目</td><td colspan="5">额定电流的百分数/%</td><td rowspan="2">最大变差</td><td colspan="2">二次负荷</td></tr>
<tr><td>5</td><td>10</td><td>20</td><td>100</td><td>120</td><td>V·A</td><td>cosφ</td></tr>
<tr><td rowspan="8"></td><td rowspan="4">比值差/%</td><td>上升</td><td></td><td></td><td></td><td></td><td></td><td rowspan="8"></td><td rowspan="8"></td><td rowspan="8"></td></tr>
<tr><td>下降</td><td></td><td></td><td></td><td></td><td></td></tr>
<tr><td>平均</td><td></td><td></td><td></td><td></td><td></td></tr>
<tr><td>变差</td><td></td><td></td><td></td><td></td><td></td></tr>
<tr><td rowspan="4">相位差/(′)</td><td>上升</td><td></td><td></td><td></td><td></td><td></td></tr>
<tr><td>下降</td><td></td><td></td><td></td><td></td><td></td></tr>
<tr><td>平均</td><td></td><td></td><td></td><td></td><td></td></tr>
<tr><td>变差</td><td></td><td></td><td></td><td></td><td></td></tr>
<tr><td rowspan="12">项目</td><td colspan="2">比值差/%</td><td></td><td></td><td></td><td></td><td></td><td rowspan="6"></td><td rowspan="10"></td><td rowspan="10"></td></tr>
<tr><td colspan="2">相位差/(′)</td><td></td><td></td><td></td><td></td><td></td></tr>
<tr><td rowspan="4">比值差/%</td><td>上升</td><td></td><td></td><td></td><td></td><td></td></tr>
<tr><td>下降</td><td></td><td></td><td></td><td></td><td></td></tr>
<tr><td>平均</td><td></td><td></td><td></td><td></td><td></td></tr>
<tr><td>变差</td><td></td><td></td><td></td><td></td><td></td></tr>
<tr><td rowspan="4">相位差/(′)</td><td>上升</td><td></td><td></td><td></td><td></td><td></td><td rowspan="4"></td></tr>
<tr><td>下降</td><td></td><td></td><td></td><td></td><td></td></tr>
<tr><td>平均</td><td></td><td></td><td></td><td></td><td></td></tr>
<tr><td>变差</td><td></td><td></td><td></td><td></td><td></td></tr>
<tr><td colspan="2">比值差/%</td><td></td><td></td><td></td><td></td><td></td><td rowspan="2"></td><td rowspan="2"></td><td rowspan="2"></td></tr>
<tr><td colspan="2">相位差/(′)</td><td></td><td></td><td></td><td></td><td></td></tr>
</table>

表 9-5-51 电流互感器检定证书格式

(封 面)

(检定机关名称)

检 定 证 书

__________字 第____________号

计量器具名称______________________________

型　　　　号______________________________

准 确 度 级 别______________________________

制　造　厂______________________________

出 厂 编 号______________________________

送 检 单 位______________________________

检定结果：该计量器具，可作______________________使用

负责人______________________

核验员______________________

检定员______________________

检定日期　　　年　　月　　日

有效期至　　　年　　月　　日

(封面背后)

共 页 第 页

额定一次电流……………………………………………………………… A
额定二次电流……………………………………………………………… A
额定功率因数………………………………………………………………
额 定 负 荷……………………………………………………………… V · A
额 定 电 压……………………………………………………………… kV
额 定 频 率……………………………………………………………… Hz
用 途………………………………………………………………
检定时的环境条件:
温度……………………………… ℃ 相对湿度……………………………… %
检定结果:
绝 缘 电 阻………………………………………………………………
工频电压试验………………………………………………………………
极 性……………………………… 最大变差………………………………
结论及说明:

误 差 数 据

共 页 第 页

量 限	误 差	额定电流的百分数/%					二次负荷
		5	10	20	100	120	
	比值差/%						V·A cosφ－
	相位差/(′)						
	比值差/%						V·A cosφ－
	相位差/(′)						
	比值差/%						V·A cosφ－
	相位差/(′)						
	比值差/%						V·A cosφ－
	相位差/(′)						
	比值差/%						V·A cosφ－
	相位差/(′)						
	比值差/%						V·A cosφ－
	相位差/(′)						
	比值差/%						V·A cosφ－
	相位差/(′)						
	比值差/%						V·A cosφ－
	相位差/(′)						
	比值差/%						V·A cosφ－
	相位差/(′)						
	比值差/%						V·A cosφ－
	相位差/(′)						

表 9-5-52 电流互感器检定结果通知书格式

(封 面)

(检定机关名称)

检定结果通知书

________字 第________号

计量器具名称……………………
型 号……………………
准确度级别……………………
制 造 厂……………………
出厂编号……………………
送检单位……………………
检定结果……………………
……………………

负责人……………………
核验员……………………
检定员……………………
检定日期 年 月 日

(封面背后)

共　页　第　页

额定一次电流____A
额定二次电流____A
额定功率因数____
额 定 负 荷____V · A
额 定 电 压____kV
额 定 频 率____Hz
用　　　途____
检定时的环境条件：
温度________________℃　相对湿度________________%
检定结果：
绝 缘 电 阻____
工频电压试验____
极　性________________　最大变差________________
结论及说明：

误 差 数 据

共 页 第 页

量 限	误 差	额定电流的百分数/%					二次负荷
		5	10	20	100	120	
	比值差/%						V · A cosφ −
	相位差/(′)						
	比值差/%						V · A cosφ −
	相位差/(′)						
	比值差/%						V · A cosφ −
	相位差/(′)						
	比值差/%						V · A cosφ −
	相位差/(′)						
	比值差/%						V · A cosφ −
	相位差/(′)						
	比值差/%						V · A cosφ −
	相位差/(′)						
	比值差/%						V · A cosφ −
	相位差/(′)						
	比值差/%						V · A cosφ −
	相位差/(′)						
	比值差/%						V · A cosφ −
	相位差/(′)						
	比值差/%						V · A cosφ −
	相位差/(′)						

表9-5-53 电压互感器检定记录格式

(封 面)

(检定机关名称)

电压互感器检定记录

送检单位______	准确度级别______
型　　号______	额定一次电压______kV
制造厂名______	额定二次电压______V
出厂编号______	额 定 负 荷______V·A
设备编号______	额定功率因数______
用　　途______	额 定 频 率______Hz
证书编号______	

检定日期　　年　月　日

有效期至　　年　月　日

(封面背后)

共 页 第 页

检定时使用的标准器:

名　　称______________　出厂编号______________

准确度级别______________　设备编号______________

检定时的环境条件:

温　　度______________℃　相对湿度______________%

检定结果:

绝 缘 电 阻______________________________

工频电压试验______________________________

极　　性______________________________

最 大 变 差______________________________

结论及说明:

检定员______________

误差数据表格

共　页　第　页

<table>
<tr><td rowspan="2">量限</td><td colspan="2" rowspan="2">误　差
项　目</td><td colspan="5">额定电压百分数/%</td><td rowspan="2">最大变差</td><td colspan="2">二次负荷</td></tr>
<tr><td>20</td><td>50</td><td>80</td><td>100</td><td>120</td><td>伏安值</td><td>cosφ</td></tr>
<tr><td rowspan="10"></td><td rowspan="4">比值差/%</td><td>上升</td><td></td><td></td><td></td><td></td><td></td><td rowspan="4"></td><td rowspan="8"></td><td rowspan="8"></td></tr>
<tr><td>下降</td><td></td><td></td><td></td><td></td><td></td></tr>
<tr><td>平均</td><td></td><td></td><td></td><td></td><td></td></tr>
<tr><td>变差</td><td></td><td></td><td></td><td></td><td></td></tr>
<tr><td rowspan="4">相位差/(′)</td><td>上升</td><td></td><td></td><td></td><td></td><td></td><td rowspan="4"></td></tr>
<tr><td>下降</td><td></td><td></td><td></td><td></td><td></td></tr>
<tr><td>平均</td><td></td><td></td><td></td><td></td><td></td></tr>
<tr><td>变差</td><td></td><td></td><td></td><td></td><td></td></tr>
<tr><td colspan="2">比值差/%</td><td></td><td></td><td></td><td></td><td></td><td rowspan="2"></td><td rowspan="2"></td><td rowspan="2"></td></tr>
<tr><td colspan="2">相位差/(′)</td><td></td><td></td><td></td><td></td><td></td></tr>
<tr><td rowspan="10"></td><td rowspan="4">比值差/%</td><td>上升</td><td></td><td></td><td></td><td></td><td></td><td rowspan="4"></td><td rowspan="8"></td><td rowspan="8"></td></tr>
<tr><td>下降</td><td></td><td></td><td></td><td></td><td></td></tr>
<tr><td>平均</td><td></td><td></td><td></td><td></td><td></td></tr>
<tr><td>变差</td><td></td><td></td><td></td><td></td><td></td></tr>
<tr><td rowspan="4">相位差/(′)</td><td>上升</td><td></td><td></td><td></td><td></td><td></td><td rowspan="4"></td></tr>
<tr><td>下降</td><td></td><td></td><td></td><td></td><td></td></tr>
<tr><td>平均</td><td></td><td></td><td></td><td></td><td></td></tr>
<tr><td>变差</td><td></td><td></td><td></td><td></td><td></td></tr>
<tr><td colspan="2">比值差/%</td><td></td><td></td><td></td><td></td><td></td><td rowspan="2"></td><td rowspan="2"></td><td rowspan="2"></td></tr>
<tr><td colspan="2">相位差/(′)</td><td></td><td></td><td></td><td></td><td></td></tr>
</table>

表 9-5-54 电压互感器检定证书格式

(封 面)

(检定机关名称)

检 定 证 书

__________字 第______________号

计量器具名称………………………………………………

型 号………………………………………………

准确度级别………………………………………………

制 造 厂………………………………………………

出厂编号………………………………………………

送检单位………………………………………………

检定结果，该计量器具可作…………………………………使用

负责人………………………………………

核验员………………………………………

检定员………………………………………

检定日期 年 月 日

有效期至 年 月 日

(封面背后)

共 页 第 页

额定一次电压________________________________kV

额定二次电压________________________________V

额定功率因数________________________________

额 定 负 荷________________________________V · A

额 定 频 率________________________________Hz

用 途________________________________

检定时的环境条件:

温度________________℃ 相对湿度________________%

检定结果:

绝 缘 电 阻________________________________

工频电压试验________________________________

极 性________________________________

最 大 变 差________________________________

结论及说明:

误 差 数 据

共 页 第 页

量 限	误 差	额定电压百分数/%					二次负荷
		20	50	80	100	120	
	比值差/%						V · A cosφ −
	相位差/(′)						
	比值差/%						V · A cosφ −
	相位差/(′)						
	比值差/%						V · A cosφ −
	相位差/(′)						
	比值差/%						V · A cosφ −
	相位差/(′)						
	比值差/%						V · A cosφ −
	相位差/(′)						
	比值差/%						V · A cosφ −
	相位差/(′)						
	比值差/%						V · A cosφ −
	相位差/(′)						
	比值差/%						V · A cosφ −
	相位差/(′)						
	比值差/%						V · A cosφ −
	相位差/(′)						
	比值差/%						V · A cosφ −
	相位差/(′)						

表9-5-55　电压互感器检定结果通知书格式

(封　面)

(检定机关名称)

检定结果通知书

________字　第____________号

计量器具名称______________________________

型　　　　号______________________________

准确度级别______________________________

制　造　厂______________________________

出厂编号______________________________

送检单位______________________________

检定结果______________________________

____

负责人______________________

核验员______________________

检定员______________________

检定日期　　　　年　　月

（封面背后）

共 页 第 页

额定一次电压________________ kV
额定二次电压________________ V
额定功率因数________________
额 定 负 荷________________ V · A
额 定 频 率________________ Hz
用 途________________
检定时的环境条件：
温度__________℃ 相对湿度__________%
检定结果：
绝 缘 电 阻________________
工频电压试验________________
极 性________________
最 大 变 差________________
结论及说明：

误 差 数 据

共 页 第 页

量 限	误 差	额定电压百分数/%					二次负荷
		20	50	80	100	120	
	比值差/%						V·A cosφ－
	相位差/(′)						
	比值差/%						V·A cosφ－
	相位差/(′)						
	比值差/%						V·A cosφ－
	相位差/(′)						
	比值差/%						V·A cosφ－
	相位差/(′)						
	比值差/%						V·A cosφ－
	相位差/(′)						
	比值差/%						V·A cosφ－
	相位差/(′)						
	比值差/%						V·A cosφ－
	相位差/(′)						
	比值差/%						V·A cosφ－
	相位差/(′)						
	比值差/%						V·A cosφ－
	相位差/(′)						
	比值差/%						V·A cosφ－
	相位差/(′)						

本章编写人：顾永辉

第十章　井　下　供　电

第一节　井下供电的特点及其要求

一、井下电气设备的特殊工作条件

（1）煤矿井下空气中含有瓦斯及煤尘，当其含量达到一定量时，如遇到电气设备或电缆电线产生的电火花、电弧和局部高温时，就会燃烧或爆炸。

（2）电气设备对地的泄漏电流有可能引爆电雷管。

（3）井下硐室、巷道、采掘工作面等需要安装电气设备的地方，空间都比较狭窄，因此电气设备的体积受到一定限制，且使人体接触电气设备、电缆的机会较多，容易发生触电事故。

（4）井下由于岩石和煤层都存在压力，常会发生冒顶和片帮事故，使电气设备（特别是电缆）很容易受到这些外力的砸、碰、挤、压而受到损坏。

（5）井下空气比较潮湿，湿度一般在90%以上，并且机电硐室和巷道经常有滴水和淋水，使电气设备很容易受潮。

（6）井下有些机电硐室和巷道的温度较高，因而使井下电气设备的散热条件较差。

（7）采掘工作面的电气设备移动频繁，且经常起动，使用电设备的负荷变化较大，有时会产生短时过载。

（8）由于井下地质条件发生变化，或在雨季期间井下有发生突然出水事故的可能。其出水量往往为井下正常涌水量的几倍或几十倍，一旦突然出水，要求排水设备迅速开动，以保证矿井安全。此时应有足够大的供电系统，以保证全部排水设备正常工作。

（9）井下如发生全部停电事故，超过一定时间后，可能发生采区或全井被淹的重大事故。同时井下停电停风后，还会造成瓦斯积聚，再次送电时，可能造成瓦斯或煤尘爆炸的危险。

二、电火花引起的瓦斯、煤尘爆炸事故

瓦斯是煤矿井下有害气体的总称，这里主要指沼气。井下发生瓦斯爆炸要同时具备三个条件：一是瓦斯浓度，二是有足以点燃瓦斯的热源，三是具有足够的氧气。井下瓦斯浓度为5%～16%时，遇火就爆炸；在16%以上时遇火即能燃烧。而引燃瓦斯的最小热能量，当瓦斯浓度为8.3%时，为0.28 MJ。

煤尘爆炸必须同时具备两个条件：一是煤尘本身有爆炸性，浮在空气中的煤尘达到一

定浓度；二是有一个能点燃煤尘爆炸的热源。煤尘爆炸浓度与煤的成分、粒度、引火源种类等条件有关。我国的试验结果是：煤尘爆炸的下限浓度为 45 g/m^3，引燃温度为 610 ~ 1050 ℃，一般为 700 ~ 800 ℃。

电火花是引起煤矿井下瓦斯、煤尘爆炸的主要火源之一。这里介绍三组数据，就足以说明这个问题。

第一组数据。据原煤炭工业部生产司对 1970—1983 年的不完全统计，在全国煤矿发生的 261 次重大瓦斯、煤尘爆炸事故中，由于电火花引起的事故就有 116 次，占 44.4%，而死亡人数占总死亡人数的 55%。电火花引起的瓦斯、煤尘爆炸事故的火源种类见表 10 – 1 – 1。

表 10 – 1 – 1　全国煤矿电火花引起的瓦斯、煤尘爆炸事故的火源种类（1970—1983 年）

序号	火　源　类　别	事　故　次　数		死亡人数占比/%
		次数/次	占比/%	
1	电　缆	43	37	31
2	违章带电作业	29	25	25
3	防爆电气设备	21	18	23
4	非防爆电气设备	9	8	8
5	矿　灯	9	8	7
6	架线电机车	5	4	6
7	合　计	116	100	100

同时指出，瓦斯、煤尘爆炸事故主要发生在采区，其中 60% 以上发生在掘进工作面。

第二组数据。据原煤炭工业部安全监察局统计，1983—1986 年国营煤矿发生的 49 起重大瓦斯事故中，由电火花引起的有 24 起，占 49%。电火花引起的瓦斯爆炸事故的火源种类见表 10 – 1 – 2。

表 10 – 1 – 2　全国煤矿电火花引起的瓦斯爆炸事故的火源种类（1983—1986 年）

序号	火　源　类　别	事　故　次　数	
		次数/次	占比/%
1	矿灯	6	25
2	电缆短路或有“鸡爪子”接线	5	20.8
3	开关冒火	4	16.7
4	接线盒失爆或从接线盒抽线	3	12.5
5	放炮母线短路	3	12.5
6	带电检修	2	8.3
7	电机车火花	1	4.2
8	合计	24	100

第三组数据。根据黑龙江省统配煤矿的不完全统计，1949—1979 年共发生瓦斯、煤尘爆炸事故 90 起，其中由电火花引起的就有 45 起，占 50%。在电火花引起的瓦斯、煤尘爆炸事故中，煤电钻供电系统发生电气火花引爆的有 13 起，占爆炸总次数的 28.8%，127 V 信号系统发生火花而引爆的有 4 起，占爆炸总次数的 8.9%。

从上述数据分析可知，煤矿井下使用的矿用电缆，是煤矿井下供电系统中最薄弱的环节。据统计，井下电缆事故占井下电气事故的 60% 以上。电火花是引起瓦斯、煤尘爆炸的主要热源。

三、《煤矿安全规程》(2016) 中有关井下供电的规定

新中国成立初期，全文译自苏联《煤矿和油母页岩矿保安规程》，作为我国的煤矿安全规程。至 1961 年，由煤炭部制订了第一部《煤矿保安暂行规程》。1972 年，燃化部进行了第二次修订，定名为《煤矿安全生产试行规程》。1980 年，煤炭部进行了第三次修订，从此定名为《煤矿安全规程》。随着煤炭生产的发展，《煤矿安全规程》虽经多次修订，但在矿井电源、中性点接地方式、电压等级、电气设备选型、过流保护、接地系统等方面仍留有苏联《煤矿和油母页岩矿保安规程》的痕迹。现行的《煤矿安全规程》井下供电部分是中国和苏联煤矿电气事故教训的总结。从上述事故分析中可知，只要严格按《煤矿安全规程》进行各项生产活动，事故均可避免。

(1) 矿井电源、供配电系统的规定：

第四百三十六条　矿井应当有两回路电源线路（即来自两个不同变电站或者来自不同电源进线的同一变电站的两段母线）。当任一回路发生故障停止供电时，另一回路应当担负矿井全部用电负荷。区域内不具备两回路供电条件的矿井采用单回路供电时，应当报安全生产许可证的发放部门审查。采用单回路供电时，必须有备用电源。备用电源的容量必须满足通风、排水、提升等要求，并保证主要通风机等在 10 min 内可靠启动和运行。备用电源应当有专人负责管理和维护，每 10 天至少进行一次启动和运行试验，试验期间不得影响矿井通风等，试验记录要存档备查。

矿井的两回路电源线路上都不得分接任何负荷。

正常情况下，矿井电源应当采用分列运行方式。若一回路运行，另一回路必须带电备用。带电备用电源的变压器可以热备用；若冷备用，备用电源必须能及时投入，保证主要通风机在 10 min 内启动和运行。

10 kV 及以下的矿井架空电源线路不得共杆架设。

矿井电源线路上严禁装设负荷定量器等各种限电断电装置。

第四百三十七条　矿井供电电能质量应当符合国家有关规定；电力电子设备或者变流设备的电磁兼容性应当符合国家标准、规范要求。

电气设备不应超过额定值运行。

第四百三十八条　对井下各水平中央变（配）电所和采（盘）区变（配）电所、主排水泵房和下山开采的采区排水泵房供电线路，不得少于两回路。当任一回路停止供电时，其余回路应当承担全部用电负荷。向局部通风机供电的井下变（配）电所应当采用分列运行方式。

主要通风机、提升人员的提升机、抽采瓦斯泵、地面安全监控中心等主要设备房，应

当各有两回路直接由变（配）电所馈出的供电线路；受条件限制时，其中的一回路可引自上述设备房的配电装置。

向突出矿井自救系统供风的压风机、井下移动瓦斯抽采泵应当各有两回路直接由变（配）电所馈出的供电线路。

本条上述供电线路应当来自各自的变压器或者母线段，线路上不应分接任何负荷。

本条上述设备的控制回路和辅助设备，必须有与主要设备同等可靠的备用电源。

向采区供电的同一电源线路上，串接的采区变电所数量不得超过 3 个。

第四百三十九条　采区变电所应当设专人值班。无人值班的变电所必须关门加锁，并有巡检人员巡回检查。

实现地面集中监控并有图像监视的变电所可以不设专人值班，硐室必须关门加锁，并有巡检人员巡回检查。

第四百四十条　严禁井下配电变压器中性点直接接地。

严禁由地面中性点直接接地的变压器或者发电机直接向井下供电。

第四百四十五条　井下各级配电电压和各种电气设备的额定电压等级，应当符合下列要求：

（一）高压不超过 10000 V。

（二）低压不超过 1140 V。

（三）照明和手持式电气设备的供电额定电压不超过 127 V。

（四）远距离控制线路的额定电压不超过 36 V。

（五）采掘工作面用电设备电压超过 3300 V 时，必须制定专门的安全措施。

（2）井下设备选型及运行检修的规定：

第四百四十一条　选用井下电气设备必须符合表 10－1－3 的要求。

表 10－1－3　井下电气设备选型

<table>
<tr><th rowspan="3">设备类别</th><th rowspan="3">突出矿井和瓦斯喷出区域</th><th colspan="5">高瓦斯矿井、低瓦斯矿井</th></tr>
<tr><th colspan="2">井底车场、中央变电所、总进风巷和主要进风巷</th><th rowspan="2">翻车机硐室</th><th rowspan="2">采区进风巷</th><th rowspan="2">总回风巷、主要回风巷、采区回风巷、采掘工作面和工作面进、回风巷</th></tr>
<tr><th>低瓦斯矿井</th><th>高瓦斯矿井</th></tr>
<tr><td>1. 高低压电机和电气设备</td><td>矿用防爆型（增安型除外）</td><td>矿用一般型</td><td>矿用一般型</td><td>矿用防爆型</td><td>矿用防爆型</td><td>矿用防爆型（增安型除外）</td></tr>
<tr><td>2. 照明灯具</td><td>矿用防爆型（增安型除外）</td><td>矿用一般型</td><td>矿用防爆型</td><td>矿用防爆型</td><td>矿用防爆型</td><td>矿用防爆型（增安型除外）</td></tr>
<tr><td>3. 通信、自动控制的仪表、仪器</td><td>矿用防爆型（增安型除外）</td><td>矿用一般型</td><td>矿用防爆型</td><td>矿用防爆型</td><td>矿用防爆型</td><td>矿用防爆型（增安型除外）</td></tr>
</table>

注：1. 使用架线电机车运输的巷道中及沿巷道的机电设备硐室内可以采用矿用一般型电气设备（包括照明灯具、通信、自动控制的仪表、仪器）。

2. 突出矿井井底车场的主泵房内，可以使用矿用增安型电动机。

3. 突出矿井应当采用本安型矿灯。

4. 远距离传输的监测监控、通信信号应当采用本安型，动力载波信号除外。

5. 在爆炸性环境中使用的设备应当采用 EPL Ma 保护级别。非煤矿专用的便携式电气测量仪表，必须在甲烷浓度 1.0% 以下的地点使用，并实时监测使用环境的甲烷浓度。

第四百四十二条 井下不得带电检修电气设备。严禁带电搬迁非本安型电气设备、电缆，采用电缆供电的移动式用电设备不受此限。

检修或者搬迁前，必须切断上级电源，检查瓦斯，在其巷道风流中甲烷浓度低于1.0%时，再用与电源电压相适应的验电笔检验；检验无电后，方可进行导体对地放电。开关把手在切断电源时必须闭锁，并悬挂“有人工作，不准送电”字样的警示牌，只有执行这项工作的人员才有权取下此牌送电。

第四百四十三条 操作井下电气设备应当遵守下列规定：

（一）非专职人员或者非值班电气人员不得操作电气设备。

（二）操作高压电气设备主回路时，操作人员必须戴绝缘手套，并穿电工绝缘靴或者站在绝缘台上。

（三）手持式电气设备的操作手柄和工作中必须接触的部分必须有良好绝缘。

第四百四十四条 容易碰到的、裸露的带电体及机械外露的转动和传动部分必须加装护罩或者遮栏等防护设施。

第四百四十六条 井下配电系统同时存在2种或者2种以上电压时，配电设备上应当明显地标出其电压额定值。

第四百四十七条 矿井必须备有井上、下配电系统图，井下电气设备布置示意图和供电线路平面敷设示意图，并随着情况变化定期填绘。图中应当注明：

（一）电动机、变压器、配电设备等装设地点。

（二）设备的型号、容量、电压、电流等主要技术参数及其他技术性能指标。

（三）馈出线的短路、过负荷保护的整定值以及被保护干线和支线最远点两相短路电流值。

（四）线路电缆的用途、型号、电压、截面和长度。

（五）保护接地装置的安设地点。

第四百四十八条 防爆电气设备到矿验收时，应当检查产品合格证、煤矿矿用产品安全标志，并核查与安全标志审核的一致性。入井前，应当进行防爆检查，签发合格证后方准入井。

第四百五十条 井下严禁使用油浸式电气设备。

40 kW及以上的电动机，应当采用真空电磁起动器控制。

（3）电气设备校验和保护：

第四百四十九条 井下电力网的短路电流不得超过其控制用的断路器的开断能力，并校验电缆的热稳定性。

第四百五十一条 井下高压电动机、动力变压器的高压控制设备，应当具有短路、过负荷、接地和欠压释放保护。井下由采区变电所、移动变电站或者配电点引出的馈电线上，必须具有短路、过负荷和漏电保护。低压电动机的控制设备，必须具备短路、过负荷、单相断线、漏电闭锁保护及远程控制功能。

第四百五十二条 井下配电网路（变压器馈出线路、电动机等）必须具有过流、短路保护装置；必须用该配电网路的最大三相短路电流校验开关设备的分断能力和动、热稳定性以及电缆的热稳定性。

必须用最小两相短路电流校验保护装置的可靠动作系数。保护装置必须保证配电网路中最大容量的电气设备或者同时工作成组的电气设备能够起动。

第四百五十三条　矿井 6000 V 及以上高压电网，必须采取措施限制单相接地电容电流，生产矿井不超过 20 A①，新建矿井不超过 10 A。

井上、下变电所的高压馈电线上，必须具备有选择性的单相接地保护；向移动变电站和电动机供电的高压馈电线上，必须具有选择性的动作于跳闸的单相接地保护。

井下低压馈电线上，必须装设检漏保护装置或者有选择性的漏电保护装置，保证自动切断漏电的馈电线路。

每天必须对低压漏电保护进行 1 次跳闸试验。

煤电钻必须使用具有检漏、漏电闭锁、短路、过负荷、断相和远距离控制功能的综合保护装置。每班使用前，必须对煤电钻综合保护装置进行 1 次跳闸试验。

突出矿井禁止使用煤电钻，煤层突出参数测定取样时不受此限。

第四百五十四条　直接向井下供电的馈电线路上，严禁装设自动重合闸。手动合闸时，必须事先同井下联系。

第四百五十五条　井上、下必须装设防雷电装置，并遵守下列规定：

（一）经由地面架空线路引入井下的供电线路和电机车架线，必须在入井处装设防雷电装置。

（二）由地面直接入井的轨道、金属架构及露天架空引入（出）井的管路，必须在井口附近对金属体设置不少于 2 处的良好的集中接地。

（4）井下机电设备硐室：

第四百五十六条　永久性井下中央变电所和井底车场内的其他机电设备硐室，应当采用砌碹或者其他可靠的方式支护，采区变电所应当用不燃性材料支护。

硐室必须装设向外开的防火铁门。铁门全部敞开时，不得妨碍运输。铁门上应当装设便于关严的通风孔。装有铁门时，门内可加设向外开的铁栅栏门，但不得妨碍铁门的开闭。

从硐室出口防火铁门起 5 m 内的巷道，应当砌碹或者用其他不燃性材料支护。硐室内必须设置足够数量的扑灭电气火灾的灭火器材。

井下中央变电所和主要排水泵房的地面标高，应当分别比其出口与井底车场或者大巷连接处的底板标高高出 0.5 m。

硐室不应有滴水。硐室的过道应当保持畅通，严禁存放无关的设备和物件。

第四百五十七条　采掘工作面配电点的位置和空间必须满足设备安装、拆除、检修和运输等要求，并采用不燃性材料支护。

第四百五十八条　变电硐室长度超过 6 m 时，必须在硐室的两端各设 1 个出口。

第四百五十九条　硐室内各种设备与墙壁之间应当留出 0.5 m 以上的通道，各种设备之间留出 0.8 m 以上的通道。对不需从两侧或者后面进行检修的设备，可以不留通道。

第四百六十条　硐室入口处必须悬挂“非工作人员禁止入内”警示牌。硐室内必须悬挂与实际相符的供电系统图。硐室内有高压电气设备时，入口处和硐室内必须醒目悬挂

---

① 按电力系统（规程）规定：单相接地电容电流 10 kV 电网大于 20 A；3 ~ 6 kV 电网大于 30 A 时采用中性点经消弧线圈运行方式。采用 10 A 的根据，希望在（规程）执行说明中加以说明。

"高压危险"警示牌。

硐室内的设备，必须分别编号，标明用途，并有停送电的标志。

(5) 输电线路及电缆：

第四百六十一条　地面固定式架空高压电力线路应当符合下列要求：

（一）在开采沉陷区架设线路时，两回电源线路之间有足够的安全距离，并采取必要的安全措施。

（二）架空线不得跨越易燃、易爆物的仓储区域，与地面、建筑物、树木、道路、河流及其他架空线等间距应当符合国家有关规定。

（三）在多雷区的主要通风机房、地面瓦斯抽采泵站的架空线路应当有全线避雷设施。

（四）架空线路、杆塔或者线杆上应当有线路名称、杆塔编号以及安全警示等标志。

第四百六十二条　在总回风巷、专用回风巷及机械提升的进风倾斜井巷（不包括输送机上、下山）中不应敷设电力电缆。确需在机械提升的进风倾斜井巷（不包括输送机上、下山）中敷设电力电缆时，应当有可靠的保护措施，并经矿总工程师批准。

溜放煤、矸、材料的溜道中严禁敷设电缆。

第四百六十三条　井下电缆的选用应当遵守下列规定：

（一）电缆主线芯的截面应当满足供电线路负荷的要求。电缆应当带有供保护接地用的足够截面的导体。

（二）对固定敷设的高压电缆：

1. 在立井井筒或者倾角为45°及其以上的井巷内，应当采用煤矿用粗钢丝铠装电力电缆。

2. 在水平巷道或者倾角在45°以下的井巷内，应当采用煤矿用钢带或者细钢丝铠装电力电缆。

3. 在进风斜井、井底车场及其附近、中央变电所至采区变电所之间，可以采用铝芯电缆；其他地点必须采用铜芯电缆。

（三）固定敷设的低压电缆，应当采用煤矿用铠装或者非铠装电力电缆或者对应电压等级的煤矿用橡套软电缆。

（四）非固定敷设的高低压电缆，必须采用煤矿用橡套软电缆。移动式和手持式电气设备应当使用专用橡套电缆。

第四百六十四条　电缆的敷设应当符合下列要求：

（一）在水平巷道或者倾角在30°以下的井巷中，电缆应当用吊钩悬挂。

（二）在立井井筒或者倾角在30°及以上的井巷中，电缆应当用夹子、卡箍或者其他夹持装置进行敷设。夹持装置应当能承受电缆重量，并不得损伤电缆。

（三）水平巷道或者倾斜井巷中悬挂的电缆应当有适当的弛度，并能在意外受力时自由坠落。其悬挂高度应当保证电缆在矿车掉道时不受撞击，在电缆坠落时不落在轨道或者输送机上。

（四）电缆悬挂点间距，在水平巷道或者倾斜井巷内不得超过3 m，在立井井筒内不得超过6 m。

（五）沿钻孔敷设的电缆必须绑紧在钢丝绳上，钻孔必须加装套管。

第四百六十五条　电缆不应悬挂在管道上，不得遭受淋水。电缆上严禁悬挂任何物件。电缆与压风管、供水管在巷道同一侧敷设时，必须敷设在管子上方，并保持0.3 m以上的距离。在有瓦斯抽采管路的巷道内，电缆（包括通信电缆）必须与瓦斯抽采管路分挂在巷道两侧。盘圈或者盘“8”字形的电缆不得带电，但给采、掘等移动设备供电电缆及通信、信号电缆不受此限。

井筒和巷道内的通信和信号电缆应当与电力电缆分挂在井巷的两侧，如果受条件所限：在井筒内，应当敷设在距电力电缆0.3 m以外的地方；在巷道内，应当敷设在电力电缆上方0.1 m以上的地方。

高、低压电力电缆敷设在巷道同一侧时，高、低压电缆之间的距离应当大于0.1 m。高压电缆之间、低压电缆之间的距离不得小于50 mm。

井下巷道内的电缆，沿线每隔一定距离、拐弯或者分支点以及连接不同直径电缆的接线盒两端、穿墙电缆的墙的两边都应当设置注有编号、用途、电压和截面的标志牌。

第四百六十六条　立井井筒中敷设的电缆中间不得有接头；因井筒太深需设接头时，应当将接头设在中间水平巷道内。

运行中因故需要增设接头而又无中间水平巷道可以利用时，可以在井筒中设置接线盒。接线盒应当放置在托架上，不应使接头承力。

第四百六十七条　电缆穿过墙壁部分应当用套管保护，并严密封堵管口。

第四百六十八条　电缆的连接应当符合下列要求：

（一）电缆与电气设备连接时，电缆线芯必须使用齿形压线板（卡爪）、线鼻子或者快速连接器与电气设备进行连接。

（二）不同型电缆之间严禁直接连接，必须经过符合要求的接线盒、连接器或者母线盒进行连接。

（三）同型电缆之间直接连接时必须遵守下列规定：

1. 橡套电缆的修补连接（包括绝缘、护套已损坏的橡套电缆的修补）必须采用阻燃材料进行硫化热补或者与热补有同等效能的冷补。在地面热补或者冷补后的橡套电缆，必须经浸水耐压试验，合格后方可下井使用。

2. 塑料电缆连接处的机械强度以及电气、防潮密封、老化等性能，应当符合该型矿用电缆的技术标准。

（6）井下照明和信号：

第四百六十九条　下列地点必须有足够照明：

（一）井底车场及其附近。

（二）机电设备硐室、调度室、机车库、爆炸物品库、候车室、信号站、瓦斯抽采泵站等。

（三）使用机车的主要运输巷道、兼作人行道的集中带式输送机巷道、升降人员的绞车道以及升降物料和人行交替使用的绞车道（照明灯的间距不得大于30 m，无轨胶轮车主要运输巷道两侧安装有反光标识的不受此限）。

（四）主要进风巷的交岔点和采区车场。

（五）从地面到井下的专用人行道。

（六）综合机械化采煤工作面（照明灯间距不得大于15 m）。

地面的通风机房、绞车房、压风机房、变电所、矿调度室等必须设有应急照明设施。

第四百七十条　严禁用电机车架空线作照明电源。

第四百七十一条　矿灯的管理和使用应当遵守下列规定：

（一）矿井完好的矿灯总数，至少应当比经常用灯的总人数多10%。

（二）矿灯应当集中统一管理。每盏矿灯必须编号，经常使用矿灯的人员必须专人专灯。

（三）矿灯应当保持完好，出现亮度不够、电线破损、灯锁失效、灯头密封不严、灯头圈松动、玻璃破裂等情况时，严禁发放。发出的矿灯，最低应当能连续正常使用11 h。

（四）严禁矿灯使用人员拆开、敲打、撞击矿灯。人员出井后（地面领用矿灯人员，在下班后），必须立即将矿灯交还灯房。

（五）在每次换班2 h内，必须把没有还灯人员的名单报告矿调度室。

（六）矿灯应当使用免维护电池，并具有过流和短路保护功能。采用锂离子蓄电池的矿灯还应当具有防过充电、过放电功能。

（七）加装其他功能的矿灯，必须保证矿灯的正常使用要求。

第四百七十二条　矿灯房应当符合下列要求：

（一）用不燃性材料建筑。

（二）取暖用蒸汽或者热水管式设备，禁止采用明火取暖。

（三）有良好的通风装置，灯房和仓库内严禁烟火，并备有灭火器材。

（四）有与矿灯匹配的充电装置。

第四百七十三条　电气信号应当符合下列要求：

（一）矿井中的电气信号，除信号集中闭塞外应当能同时发声和发光。重要信号装置附近，应当标明信号的种类和用途。

（二）升降人员和主要井口绞车的信号装置的直接供电线路上，严禁分接其他负荷。

第四百七十四条　井下照明和信号的配电装置，应当具有短路、过负荷和漏电保护的照明信号综合保护功能。

（7）井下电气设备保护接地：

第四百七十五条　电压在36 V以上和由于绝缘损坏可能带有危险电压的电气设备的金属外壳、构架，铠装电缆的钢带（钢丝）、铅皮（屏蔽护套）等必须有保护接地。

第四百七十六条　任一组主接地极断开时，井下总接地网上任一保护接地点的接地电阻值，不得超过2 Ω。每一移动式和手持式电气设备至局部接地极之间的保护接地用的电缆芯线和接地连接导线的电阻值，不得超过1 Ω。

第四百七十七条　所有电气设备的保护接地装置（包括电缆的铠装、铅皮、接地芯线）和局部接地装置，应当与主接地极连接成1个总接地网。

主接地极应当在主、副水仓中各埋设1块。主接地极应当用耐腐蚀的钢板制成，其面积不得小于0.75 m^2、厚度不得小于5 mm。

在钻孔中敷设的电缆和地面直接分区供电的电缆，不能与井下主接地极连接时，应当单独形成分区总接地网，其接地电阻值不得超过2 Ω。

第四百七十八条　下列地点应当装设局部接地极：

（一）采区变电所（包括移动变电站和移动变压器）。

（二）装有电气设备的硐室和单独装设的高压电气设备。

（三）低压配电点或者装有 3 台以上电气设备的地点。

（四）无低压配电点的采煤工作面的运输巷、回风巷、带式输送机巷以及由变电所单独供电的掘进工作面（至少分别设置 1 个局部接地极）。

（五）连接高压动力电缆的金属连接装置。

局部接地极可以设置于巷道水沟内或者其他就近的潮湿处。

设置在水沟中的局部接地极应当用面积不小于 0.6 m^2、厚度不小于 3 mm 的钢板或者具有同等有效面积的钢管制成，并平放于水沟深处。

设置在其他地点的局部接地极，可以用直径不小于 35 mm、长度不小于 1.5 m 的钢管制成，管上至少钻 20 个直径不小于 5 mm 的透孔，并全部垂直埋入底板；也可用直径不小于 22 mm、长度为 1 m 的 2 根钢管制成，每根管上钻 10 个直径不小于 5 mm 的透孔，2 根钢管相距不得小于 5 m，并联后垂直埋入底板，垂直埋深不得小于 0.75 m。

第四百七十九条 连接主接地极母线，应当采用截面不小于 50 mm^2 的铜线，或者截面不小于 100 mm^2 的耐腐蚀铁线，或者厚度不小于 4 mm、截面不小于 100 mm^2 的耐腐蚀扁钢。

电气设备的外壳与接地母线、辅助接地母线或者局部接地极的连接，电缆连接装置两头的铠装、铅皮的连接，应当采用截面不小于 25 mm^2 的铜线，或者截面不小于 50 mm^2 的耐腐蚀铁线，或者厚度不小于 4 mm、截面不小于 50 mm^2 的耐腐蚀扁钢。

第四百八十条 橡套电缆的接地芯线，除用作监测接地回路外，不得兼作他用。

（8）电气设备、电缆的检查、维护和调整：

第四百八十一条 电气设备的检查、维护和调整，必须由电气维修工进行。高压电气设备和线路的修理和调整工作，应当有工作票和施工措施。

高压停、送电的操作，可以根据书面申请或者其他联系方式，得到批准后，由专责电工执行。

采区电工，在特殊情况下，可对采区变电所内高压电气设备进行停、送电的操作，但不得打开电气设备进行修理。

第四百八十二条 井下防爆电气设备的运行、维护和修理，必须符合防爆性能的各项技术要求。防爆性能遭受破坏的电气设备，必须立即处理或者更换，严禁继续使用。

第四百八十三条 矿井应当按表 10－1－4 的要求对电气设备、电缆进行检查和调整。

表 10－1－4 电气设备、电缆的检查和调整

项 目	检查周期	备 注
使用中的防爆电气设备的防爆性能检查	每月 1 次	每日应当由分片负责电工检查 1 次外部
配电系统继电保护装置检查整定	每 6 个月 1 次	负荷变化时应当及时整定
高压电缆的泄漏和耐压试验	每年 1 次	
主要电气设备绝缘电阻的检查	至少 6 个月 1 次	
固定敷设电缆的绝缘和外部检查	每季 1 次	每周应当由专职电工检查 1 次外部和悬挂情况
移动式电气设备的橡套电缆绝缘检查	每月 1 次	每班由当班司机或者专职电工检查 1 次外皮有无破损
接地电网接地电阻值测定	每季 1 次	
新安装的电气设备绝缘电阻和接地电阻的测定		投入运行以前

检查和调整结果应当记入专用的记录簿内。检查和调整中发现的问题应当指派专人限期处理。

(9) 井下电池电源：

第四百八十四条　井下用电池（包括原电池和蓄电池）应当符合下列要求：

（一）串联或者并联的电池组保持厂家、型号、规格的一致性。

（二）电池或者电池组安装在独立的电池腔内。

（三）电池配置充放电安全保护装置。

第四百八十五条　使用蓄电池的设备充电应当符合下列要求：

（一）充电设备与蓄电池匹配。

（二）充电设备接口具有防反向充电保护措施。

（三）便携式设备在地面充电。

（四）机车等移动设备在专用充电硐室或者地面充电。

（五）监控、通信、避险等设备的备用电源可以就地充电，并有防过充等保护措施。

第四百八十六条　禁止在井下充电硐室以外地点对电池（组）进行更换和维修，本安设备中电池（组）和限流器件通过浇封或者密闭封装构成一个整体替换的组件除外。

(10) 局部通风机使用和供电的规定：

第一百六十四条　安装和使用局部通风机和风筒时，必须遵守下列规定：

（一）局部通风机由指定人员负责管理。

（二）压入式局部通风机和启动装置安装在进风巷道中，距掘进巷道回风口不得小于10 m；全风压供给该处的风量必须大于局部通风机的吸入风量，局部通风机安装地点到回风口间的巷道中的最低风速必须符合本规程第一百三十六条的要求。

（三）高瓦斯、突出矿井的煤巷、半煤岩巷和有瓦斯涌出的岩巷掘进工作面正常工作的局部通风机必须配备安装同等能力的备用局部通风机，并能自动切换。正常工作的局部通风机必须采用三专（专用开关、专用电缆、专用变压器）供电，专用变压器最多可向4个不同掘进工作面的局部通风机供电；备用局部通风机电源必须取自同时带电的另一电源，当正常工作的局部通风机故障时，备用局部通风机能自动启动，保持掘进工作面正常通风。

（四）其他掘进工作面和通风地点正常工作的局部通风机可不配备备用局部通风机，但正常工作的局部通风机必须采用三专供电；或者正常工作的局部通风机配备安装一台同等能力的备用局部通风机，并能自动切换。正常工作的局部通风机和备用局部通风机的电源必须取自同时带电的不同母线段的相互独立的电源，保证正常工作的局部通风机故障时，备用局部通风机能投入正常工作。

（五）采用抗静电、阻燃风筒。风筒口到掘进工作面的距离、正常工作的局部通风机和备用局部通风机自动切换的交叉风筒接头的规格和安设标准，应当在作业规程中明确规定。

（六）正常工作和备用局部通风机均失电停止运转后，当电源恢复时，正常工作的局部通风机和备用局部通风机均不得自行启动，必须人工开启局部通风机。

（七）使用局部通风机供风的地点必须实行风电闭锁和甲烷电闭锁，保证当正常工作的局部通风机停止运转或者停风后能切断停风区内全部非本质安全型电气设备的电源。正常工作的局部通风机故障，切换到备用局部通风机工作时，该局部通风机通风范围内应当停止工作，排除故障；待故障被排除，恢复到正常工作的局部通风后方可恢复工作。使用

2 台局部通风机同时供风的，2 台局部通风机都必须同时实现风电闭锁和甲烷电闭锁。

（八）每 15 天至少进行一次风电闭锁和甲烷电闭锁试验，每天应当进行一次正常工作的局部通风机与备用局部通风机自动切换试验，试验期间不得影响局部通风，试验记录要存档备查。

（九）严禁使用 3 台及以上局部通风机同时向 1 个掘进工作面供风。不得使用 1 台局部通风机同时向 2 个及以上作业的掘进工作面供风。

第一百六十五条 使用局部通风机通风的掘进工作面，不得停风；因检修、停电、故障等原因停风时，必须将人员全部撤至全风压进风流处，切断电源，设置栅栏、警示标志，禁止人员入内。

第一百六十七条 井下充电室必须有独立的通风系统，回风风流应当引入回风巷。

井下充电室，在同一时间内，5 t 及以下的电机车充电电池的数量不超过 3 组、5 t 以上的电机车充电电池的数量不超过 1 组时，可不采用独立通风，但必须在新鲜风流中。

井下充电室风流中以及局部积聚处的氢气浓度，不得超过 0.5%。

第一百六十八条 井下机电设备硐室必须设在进风风流中；采用扩散通风的硐室，其深度不得超过 6 m、入口宽度不得小于 1.5 m，并且无瓦斯涌出。

第二节 井下高压供电系统

决定井下高压供电系统的因素很多，一般应考虑以下条件：

（1）矿井主要电气设备的容量（如提升机、通风机、主排水泵及空压机等）与井上、下电力负荷的分配情况。例如涌水大的矿井，井下负荷比重很大，此时应考虑以井下供电为重点的供电系统。

（2）井田范围、煤层开采方式以及采区距井底车场的距离。

（3）矿井瓦斯等级及通风方式。

（4）矿井的开拓方式及生产水平数。

（5）采掘工作面机械化程度。炮采及一般机采工作面，可采用 660 V 供电；综合机械化采煤工作面，单机容量较大，可采用 1140 V 或 3300 V 供电。

（6）新建矿井配电电压宜采用 10 kV。

（7）矿井生产能力及采区分布情况。

一、井下供电概况

凡是进入矿井井筒（包括平硐）的供电设备及供电电缆所组成的供电网路，均属井下供电系统。井下供电系统一般由下井电缆，井下各水平的中央变（配）电所、分区变电所（配电点）、采区变电所、防爆移动变电站、采区配电点，以及用于相互供配电用的各类电缆等组成，如图 10-2-1 所示。

井下中央变电所一般设在井底车场附近，与井下中央水泵房合建在一个硐室内。由地面变电所馈出的下井电缆进入中央变电所后，再分配给井下其他负荷。一个矿如有几个水平生产，也可在各水平的井底车场附近分别设各水平的井下中央变电所。

分区变电所（配电所）一般供几个采区用电，设在几个采区的适中位置。由井下中央

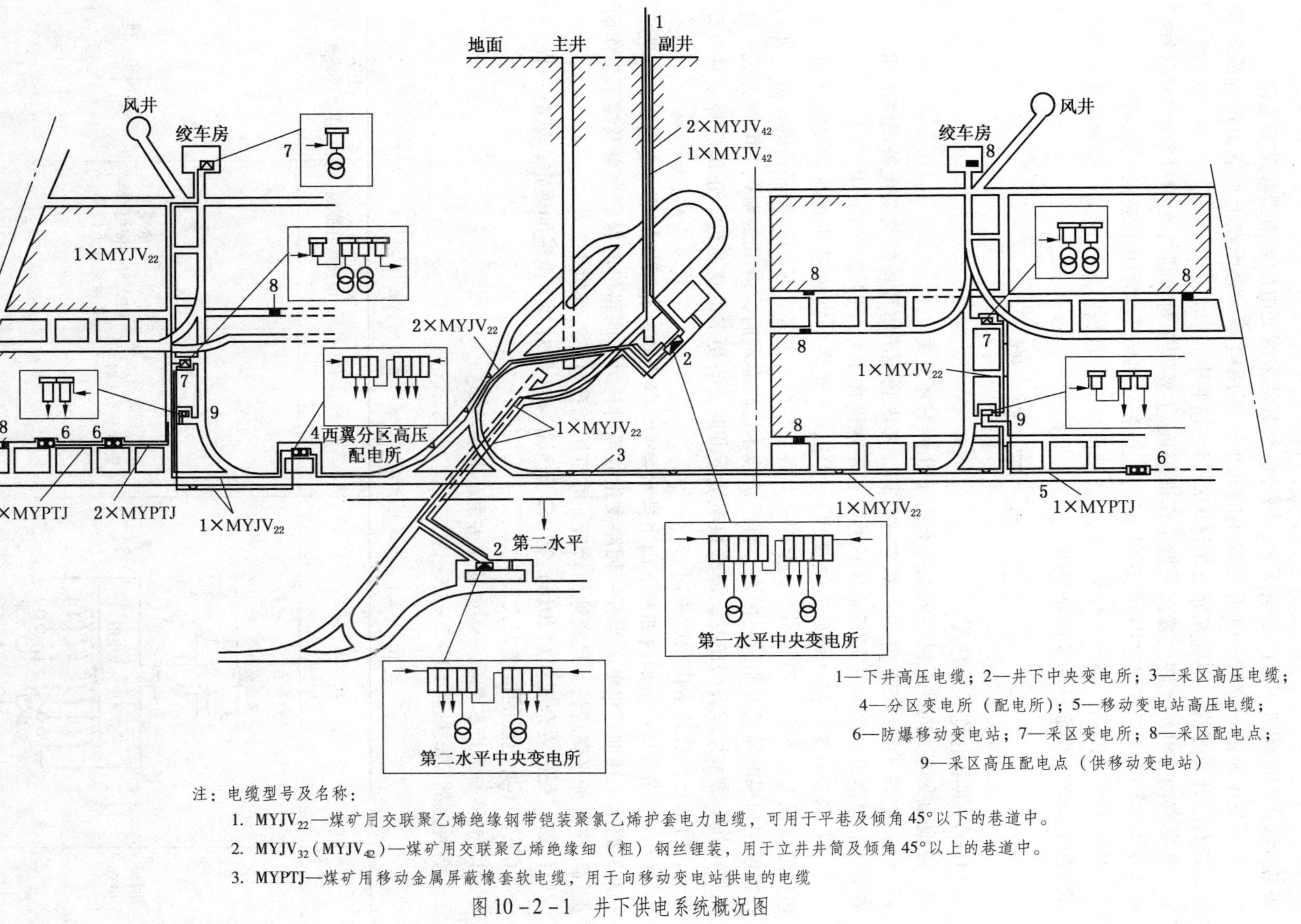

注：电缆型号及名称：

1. MYJV$_{22}$—煤矿用交联聚乙烯绝缘钢带铠装聚氯乙烯护套电力电缆，可用于平巷及倾角45°以下的巷道中。
2. MYJV$_{32}$（MYJV$_{42}$）—煤矿用交联聚乙烯绝缘细（粗）钢丝铠装，用于立井井筒及倾角45°以上的巷道中。
3. MYPTJ—煤矿用移动金属屏蔽橡套软电缆，用于向移动变电站供电的电缆

图10－2－1　井下供电系统概况图

变电所馈出的电缆进入分区变电所后，再分配给其他采区变电所或防爆移动变电站。

采区变电所供一个或用电负荷较小的几个采区用电，一般设在上、下山接近采区附近，如石门开采方式，则设在靠近采区的石门运输巷中。

防爆移动变电站允许放置在采掘工作面附近,主要用于对容量较大的机组电动机供电,使高压电源深入大负荷,以缩短低压供电距离,改善对机组等大容量设备的供电质量。

特大型矿井的高产高效工作面，往往由地面变电所直接向采区供电，经采区变电所或高压配电点向工作面移动变电站供电。

二、井 下 电 缆

（一）供电电缆下井方式

由地面变电所向井下供电的电缆有以下几种下井方式：

（1）立井开拓：如矿井由一对立井开拓，考虑到便于电缆检修与避免被煤块砸坏，一般下井电缆敷设在副井（即罐笼井）井筒，不敷设在主井（即箕斗井）井筒内。

（2）斜井开拓：按《煤矿安全规程》规定，不允许在机械提升的进风倾斜井巷（不包括输送机上、下山）和使用木支架的立井井筒中敷设电缆。采用斜井开拓的矿井，如钻孔深度用一根电缆长度能满足要求，且经济技术比较有利时，应采用钻孔下电缆方式。特别是在井下涌水量较大的矿井，需多根电缆下井时，有更多的优越性。正确选择下井电缆方式，可通过经济技术比较后决定。

（3）平硐开拓：平硐内如有下山主排水泵及供综合机械化采煤的采区变电所，一般应有两回路向上述地点供电。当任一回路发生故障时，另一回路仍能保证水泵及综采工作面正常工作。如平硐较长，且离地面较近，亦可用钻孔电缆下井供电。

（二）《煤矿安全规程》(2016) 第 462 条至第 468 条对井下电缆的规定，见第一节

（三）下井电缆的接线方式

1. 向单一生产水平矿井供电的下井电缆接线方式

各种接线方式见表 10－2－1。

表 10－2－1 单一生产水平矿井下井电缆接线方式

下井电缆根数	接 线 方 式	一般使用条件	电缆选择原则	主要优缺点
两根电缆	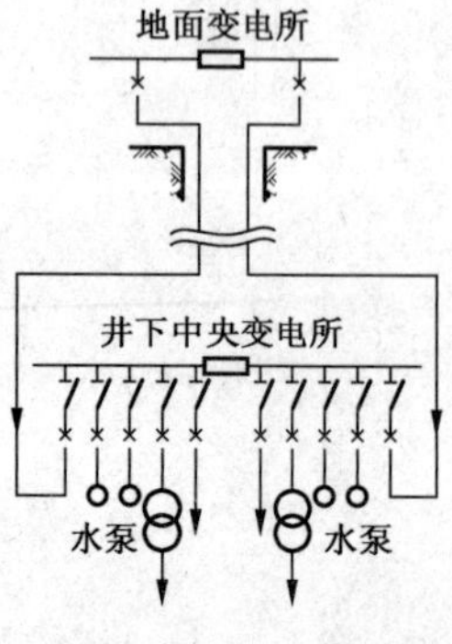 地面变电所 井下中央变电所 水泵 水泵	中小型矿井、井下负荷不太大时	当一根电缆停运时，另一根电缆承担全矿井下负荷	系统简单、可靠

表 10－2－1（续）

下井电缆根数	接线方式	一般使用条件	电缆选择原则	主要优缺点
三根电缆	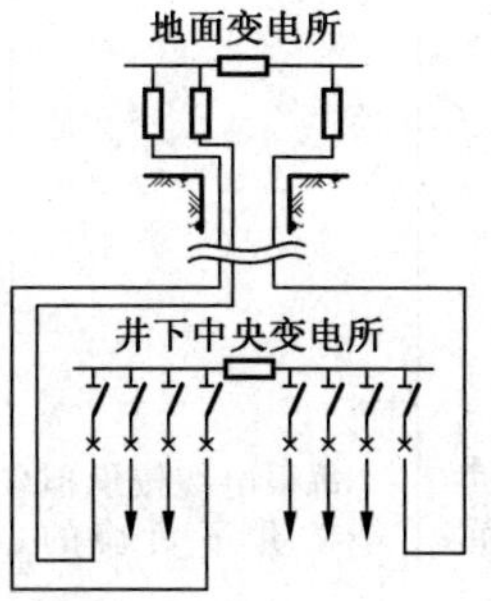 地面变电所 井下中央变电所			优点：不需要增设联络开关 缺点：运行灵活性差
	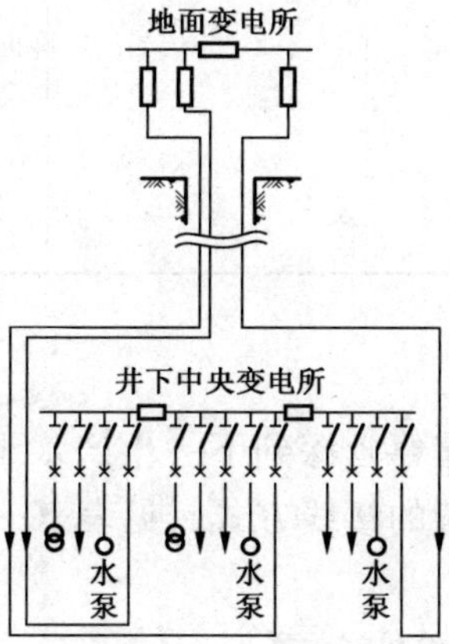 地面变电所 井下中央变电所 水泵　水泵　水泵	1. 对老矿井原来采用两根电缆供电，后因增加负荷，需扩大供电能力时采用 2. 对新矿井，需要与两根电缆的供电方案进行技术经济比较后采用	每根电缆按承担全矿井下负荷的1/2	优点：运行灵活性比上一种好一些 缺点：井下要增设一台联络开关
	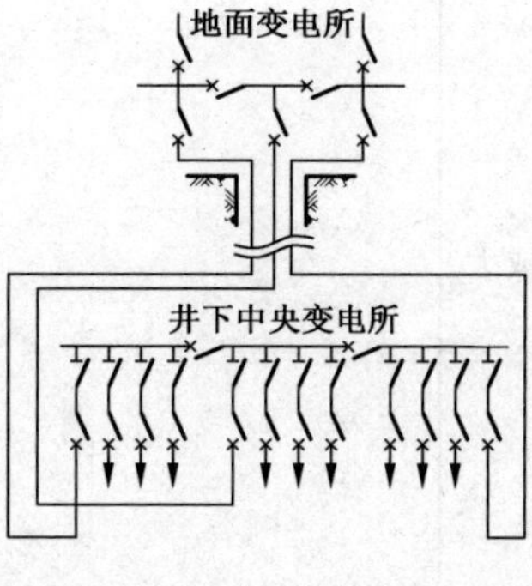 地面变电所 井下中央变电所			优点：运行灵活性最强 缺点：井下及井上各增设一台联络开关

表10-2-1（续）

下井电缆根数	接 线 方 式	一般使用条件	电缆选择原则	主要优缺点
四根电缆	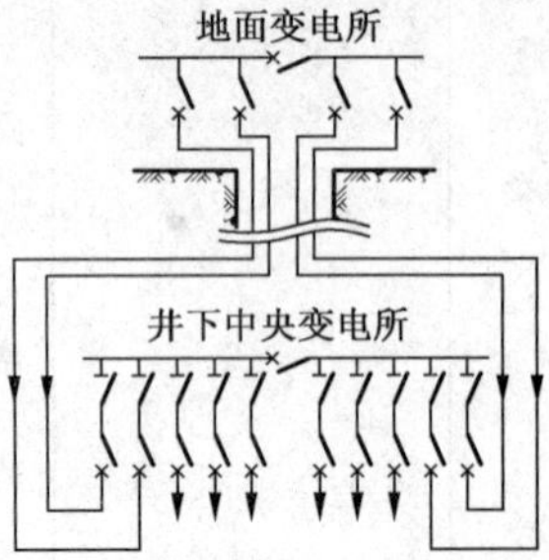 地面变电所 井下中央变电所	适用于大型矿井或井下涌水量大的矿井	每根电缆按承担全矿井下负荷的1/3	优点：系统简单，节省开关 缺点：母线需停电时，运行灵活性差
	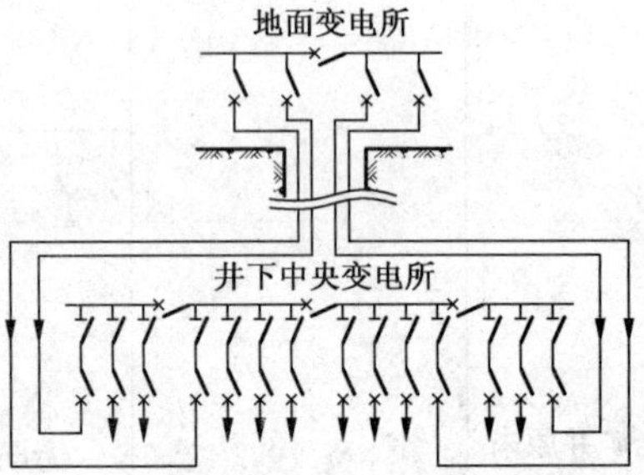 地面变电所 井下中央变电所			优点：运行灵活性好一些 缺点：井下需增设两台联络开关

2. 多水平矿井下井电缆接线方式

多水平一般是由于煤矿生产发展到一定阶段后，需要延深到下一生产水平时，就产生第二水平，甚至第三、第四水平，这种多水平供电系统的接线方式，见表10-2-2。

表10-2-2 多水平矿井下井电缆接线方式

接 线 方 式	适 用 条 件	备 注
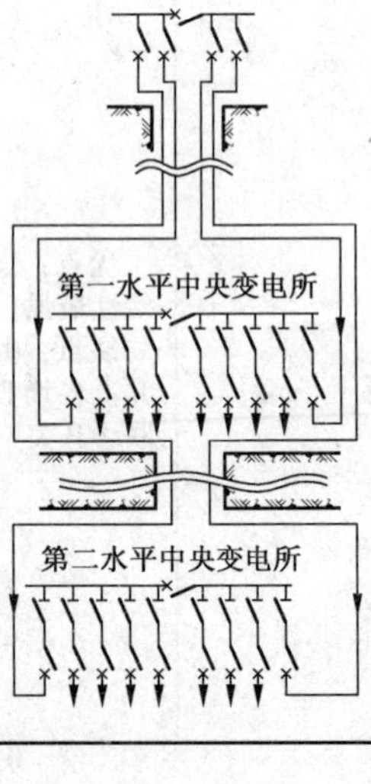 第一水平中央变电所 第二水平中央变电所	二水平用电负荷接近于或大于一水平用电负荷时采用	

表10-2-2（续）

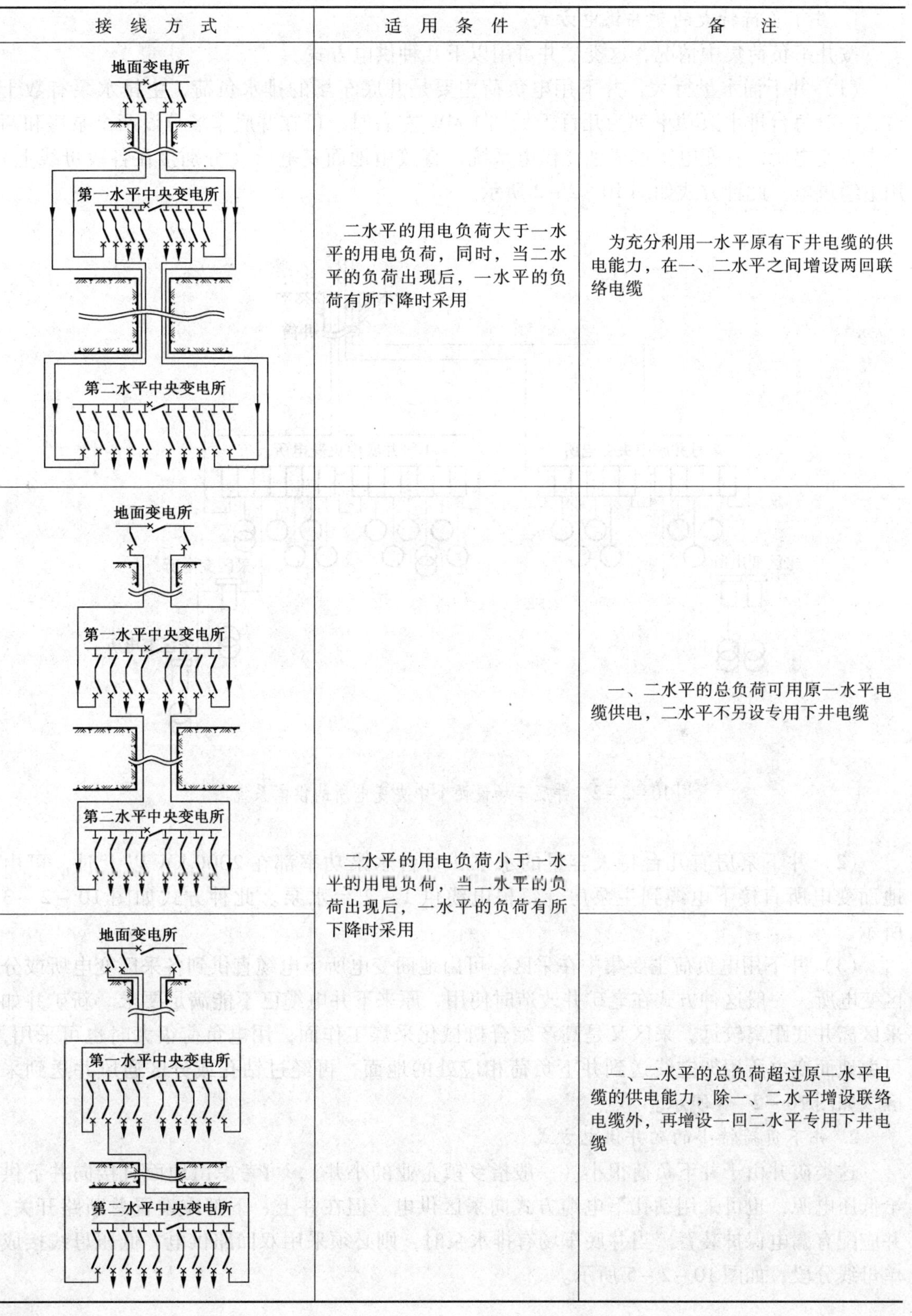

接线方式	适用条件	备注
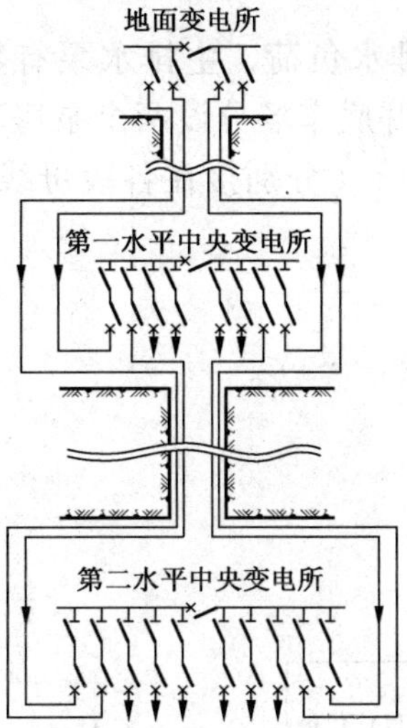	二水平的用电负荷大于一水平的用电负荷，同时，当二水平的负荷出现后，一水平的负荷有所下降时采用	为充分利用一水平原有下井电缆的供电能力，在一、二水平之间增设两回联络电缆
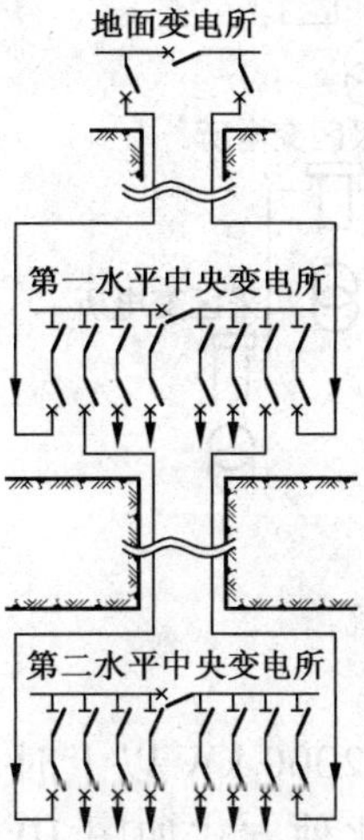	二水平的用电负荷小于一水平的用电负荷，当一水平的负荷出现后，一水平的负荷有所下降时采用	一、二水平的总负荷可用原一水平电缆供电，二水平不另设专用下井电缆
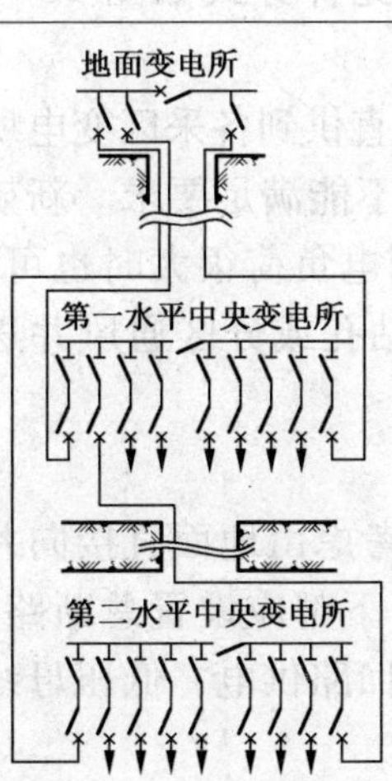		一、二水平的总负荷超过原一水平电缆的供电能力，除一、二水平增设联络电缆外，再增设一回二水平专用下井电缆

（四）下井电缆的特殊供电接线方式

1. 井下负荷特大的矿井供电方式

按井下负荷集中情况，这类矿井可用以下几种供电方式。

（1）井下涌水量特大，井下用电负荷主要是井底车场的排水负荷，主排水泵有数十台，一般每台排水泵功率都为几百千瓦到 1 MW 左右时，可在井底车场分设两个泵房和两个中央变电所，各变电所形成独立供电系统，直接由地面变电所（分别接在各段母线上）用电缆供电。此种方式如图 10－2－2 所示。

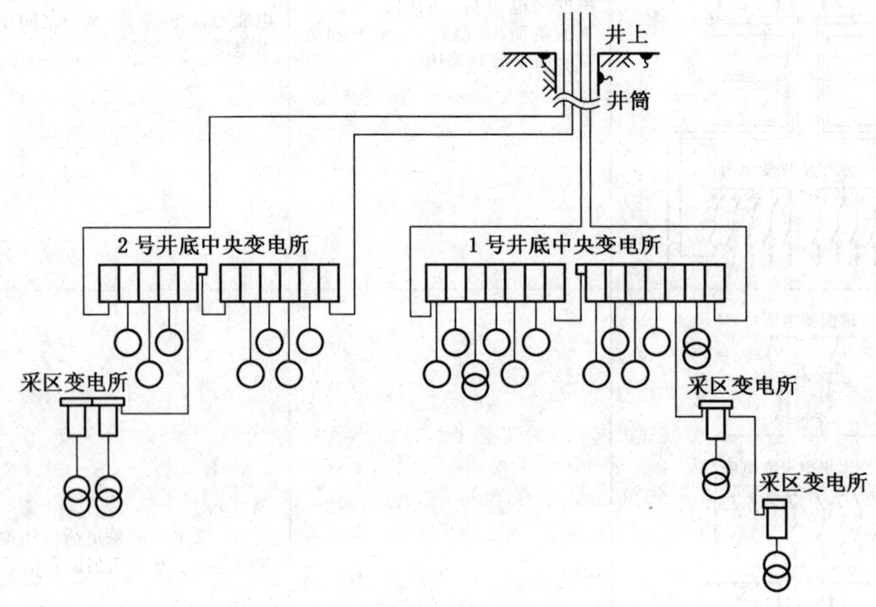

图 10－2－2　井底车场设两个中央变电所的供电系统图

（2）井下泵房有几台特大容量的水泵，每台水泵功率都在 2000 kW 以上时，可由地面变电所直接下电缆到主泵房，每根电缆供 1～2 台水泵。此种方式如图 10－2－3 所示。

（3）井下用电负荷主要集中在采区，可由地面变电所下电缆直供到各采区变电所或分区变电所。一般这种方式在老矿井改造时使用，原来下井电缆已不能满足要求。新矿井如采区离井底距离较远，采区又是高产综合机械化采煤工作面，用电负荷很大时也可采用，可由地面变电所用架空线送到井下负荷相应处的地面，再经过钻孔或分区通风井送到采区，如图 10－2－4 所示。

2. 井下负荷特小的矿井供电方式

这类矿井由于井下负荷很小（一般指乡镇企业的小井），可考虑由地面直接向井下供给低压电源，也可采用钻孔下电缆方式向采区供电。但在井上、下都应设置总断路开关，并应配有漏电保护装置。当井底车场有排水泵时，则必须采用双回路供电，低压母线接成单母线分段，如图 10－2－5 所示。

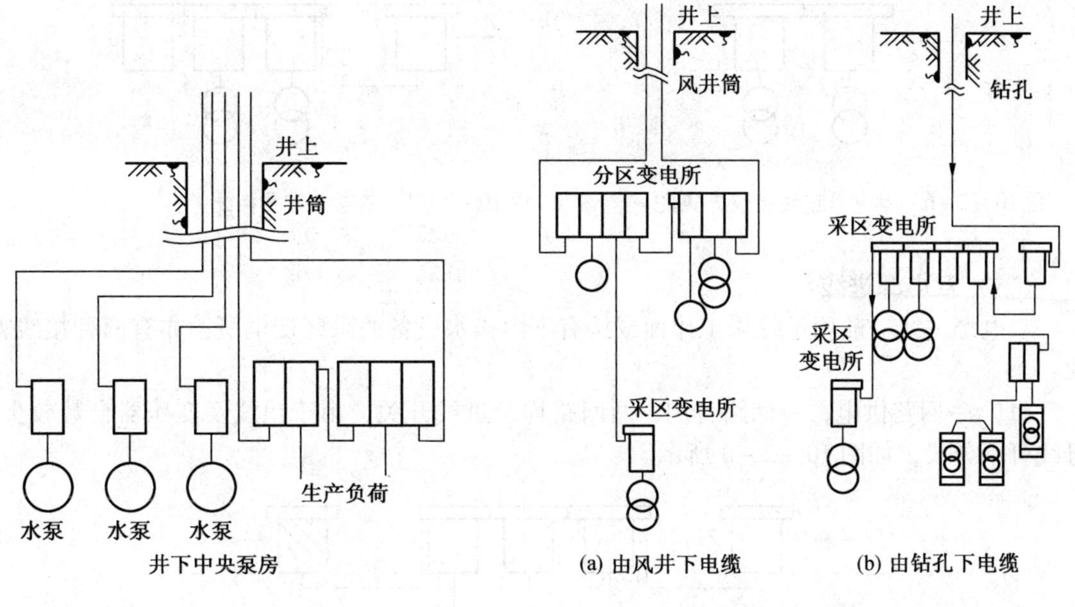

图 10－2－3　高压电缆直接供主泵房的供电系统图

图 10－2－4　采区负荷较大的矿井采区供电系统图

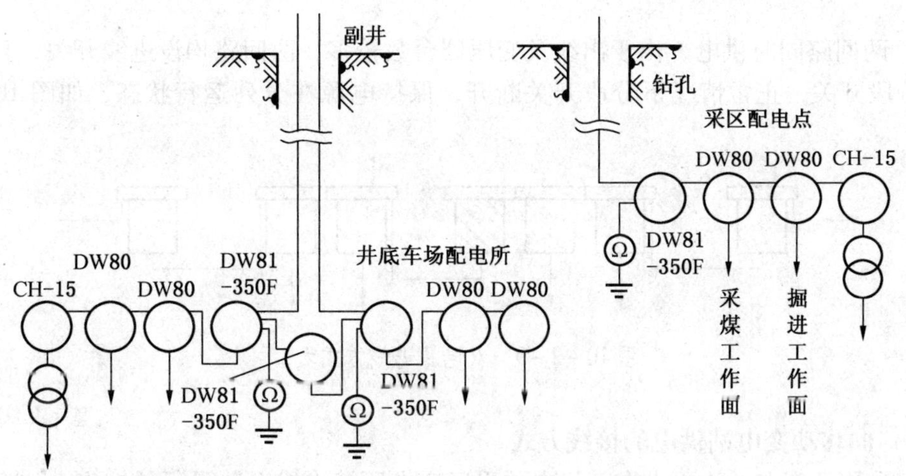

图 10－2－5　井下负荷特小的矿井井下供电方式图

三、采区变电所高压接线方式

（一）单电源进线

单电源进线分两种接线方式：

（1）无高压出线且变压器不超过两台的采区变电所，可不设电源进线开关，如图 10－2－6 所示。

（2）有高压出线的采区变电所，为便于采区操作，一般设进出线开关，如图 10－2－7 所示。

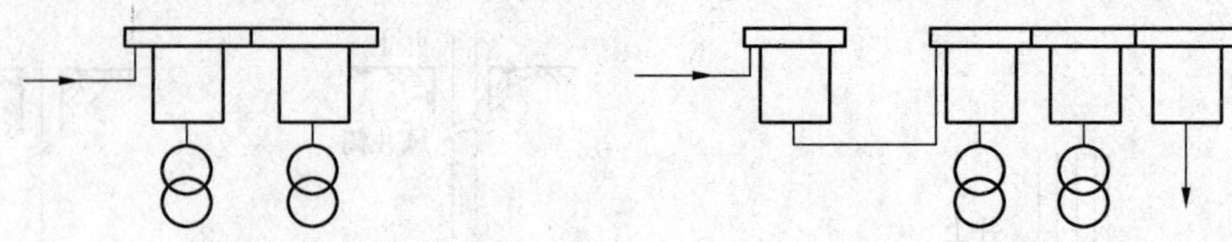

图 10－2－6　单电源进线接线方式之一　　图 10－2－7　单电源进线接线方式之二

（二）双电源进线

双电源进线一般用于综采工作面或接有下山排水设备的采区变电所，亦有两种接线方式：

（1）一回路供电，一回路备用，两回路均设进线开关，由于出线及变压器台数较少，母线可不分段，如图 10－2－8 所示。

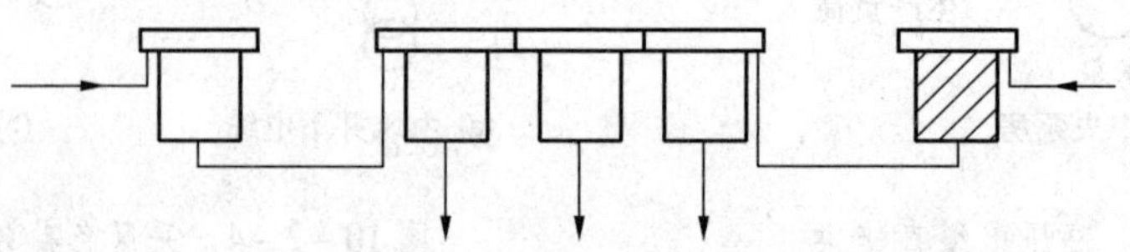

图 10－2－8　双电源进线接线方式之一

（2）两回路同时供电，由于出线及变压器台数较多，两回路均设进线开关，且母线分段，设分段开关，正常情况下分段开关断开，保持电源在分列运行状态，如图 10－2－9 所示。

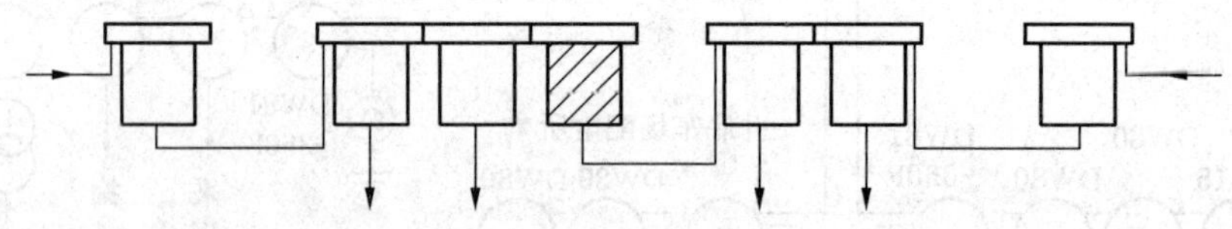

图 10－2－9　双电源进线方式之二

（三）向移动变电站供电的接线方式

大多数移动变电站均要求在其供电的采区变电所馈出线上装设开关馈出，如有一些移动变电站在高压侧只设隔离开关，必要时可操作无电压释放回路切断电源开关；也有一些移动变电站上虽装设高压断路器，由于高压单相接地保护装置的要求，也需要在采区变电所馈出线上装馈出开关。按《煤矿安全规程》规定，向移动变电站供电的馈出线上，必须具有选择性漏电保护装置，自动切断漏电馈电线路。另外，移动变电站经常需要随工作面移动，要较频繁地切断高压电源，因此，向移动变电站供电的馈线上，应装开关馈出，如图 10－2－10 所示。

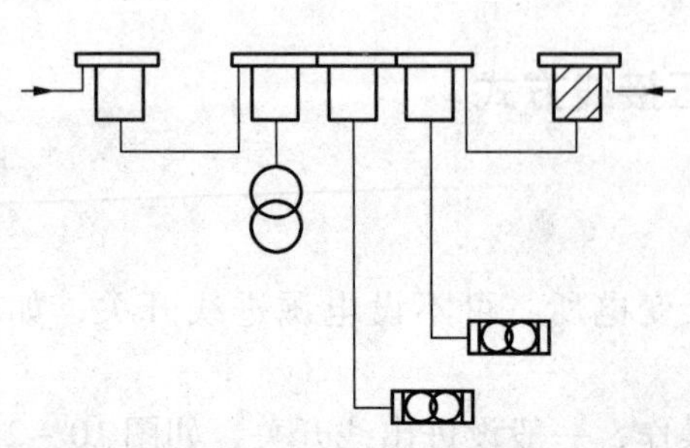

图 10－2－10　向移动变电站供电的接线方式

四、井下主变电所

井下主变电所又称井下中央变电所，井下井底车场或主要生产水平的变、配电中心。单一水平生产的矿井一般设一个井下主变电所，多水平生产的矿井每个水平设一个井下主变电所，少数负荷很大的矿井在一个水平可分设两个井下主变电所。井下负荷很小的矿井，如井下均为低压设备且负荷容量很小，井下也可以只有配电点。

位置选择　(1) 尽量设在负荷中心，一般主排水负荷占井下总负荷的比例很大，通常中央变电所都与主排水泵房建在一起。

(2) 要求通风良好，运输方便，靠近井底，一般中央变电所均设在井底车场附近。通过钻孔供电的变电所要求靠近钻孔。

(3) 要求较好的地质条件，顶、底板的岩层要稳定，尽量少压煤并无淋水等不利因素。

(4) 井下中央变电所不应与空气压缩机站硐室联合或毗连。

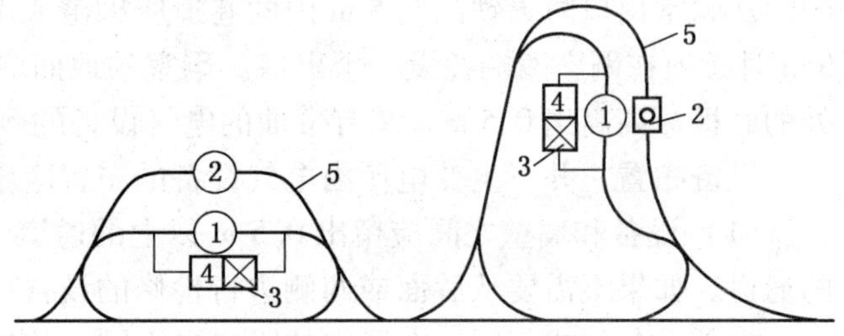

1—副井井筒；2—主井井筒；3—井下中央变电所；4—主水泵房；5—井底车场巷道

图 10-2-11　一般井下中央变电所位置示意图

一般井下中央变电所的位置如图 10-2-11 所示。

设备组成　变电所内的设备有动力变压器、照明变压器、高低压开关柜、低压馈电开关、检漏继电器及照明灯具等。当与整流变电所联合时，还有整流变压器和整流柜。各种设备的选择除满足电压、容量等基本要求外，还须符合有关规定：在煤（岩）与瓦斯突出矿井中，高、低压电气设备及照明灯具须选用矿用防爆型，在瓦斯矿井中，高、低压电气设备选矿用一般型；照明灯具在低瓦斯矿井中选用矿用一般型，在高瓦斯矿井中选用矿用防爆型。

电源路径　电源电缆至少要有两根。负荷大的矿井需有两根以上电缆。电源电缆从地面变电所引来。立井开拓的矿井，电源电缆经副井井筒引入井下主变电所。斜井开拓的矿井，电源电缆经过没有机械提升的斜井井筒引入井下主变电所，但当技术经济比较有利时也可经过钻孔将电缆引入井下。平硐矿井的电源电缆一般经平硐引入，但如平硐较长且离地表较近时也可经钻孔将电缆引入。

对于多水平生产的矿井，各水平井下主变电所的电源电缆可分别引自地面变电所，也可自上一水平的井下主变电所引来，或者一部分电缆直接引自地面变电所而另一部分电缆引自上一水平的井下主变电所。这几种方式的选择视各水平的负荷情况而定。

接线系统　接线系统要求安全可靠、操作方便。高压系统的进线及馈出线均应设断路器。高压母线通常采用单母线分段系统，两段母线间设联络断路器，正常时分列运行，故障时切除故障线路，合上联络断路器。通常每段母线接一根进线，进线多时也可将两根以上进线并接在一段母线上。有两根以上进线时，也可采用多段母线系统，每段母线上接一根进线，各段母线间设联络断路器，正常时各段分列运行。两种系统相比较，单母线分段系统的母线段及联络断路器少，变电所的长度较短，但当进线故障时影响面广，恢复供电时间长，操作较复杂，而多段母线系统的优缺点正与之相反。不论采用何种系统，各类高压负荷应尽可能均匀分配在各段母线上。

变压器低压侧经出线馈电开关接至低压母线。低压馈出线可采用低压开关柜或馈电开关，多台变压器的低压母线各自单独供电或母线间设联络开关分列运行，视情况决定。

硐室构造 井下主变电所硐室应砌碹或用其他可靠的构筑方式支护。硐室必须装设向外开的防火铁门，铁门全部敞开时不得妨碍巷道交通。铁门上应装设便于关严的通风孔，以便必要时隔绝通风。装有铁门时门内可加设向外开的铁栅栏门，但不得妨碍铁门的开闭。从硐室出口防火铁门起 5 m 内的巷道应砌碹或用其他不燃性材料支护。硐室长度超过 6 m 时必须在硐室两端各设一个出口。硐室的地面应比其出口与井底车场（或大巷）连接处的底板标高高出 0. 5 m。装有带油的电气设备的硐室严禁设集油坑。

设备布置 井下主变电所内电气设备的布置应考虑下列各点：

（1）设备和墙壁之间应留出 0. 5 m 以上的通道，各项设备相互之间应留出 0. 8 m 以上的通道。如果不需要从后面或两侧进行检修的设备可不留通道。

由于设备型式不同，布置中的距离也不同，防爆型设备不允许在井下检修，其距离只要便于安装和搬运即可，而矿用一般型高、低压开关柜就需要考虑方便检修维护。两列相对布置的开关设备间，通道的距离要考虑方便设备搬运和操作。

（2）布置设备时应留出一定的备用位置，一般可按所装设高压开关柜数量的 20% 考虑。备用位置应分别留在每段母线的开关柜旁，当有多段母线时，通常在分段开关柜间留有通道，低压开关也留有适当的备用位置。

（3）设备之间的电气连接，除在开关柜内（包括紧邻开关柜的电气连接母线）可用母线连接外，必须用电缆连接。高压电缆一般应设在电缆沟中，低压电缆可以悬挂在墙壁上。

（4）硐室长度随高压母线段数及设备的型式和数量而定。为了缩短硐室长度，一般采用双列布置，只有在设备台数较少，低压开关采用配电盘时，才采用单列布置。

（5）所有电气设备外壳必须接地，接地母线沿硐室内壁敷设，并引至设在主排水泵吸水小井内的井下主接地极。

设备布置如图 10－2－12 所示。

按《煤矿井下供配电设计规范》（GB 50417—2017），井下主变电所的通道尺寸规定，见表 10－2－3。

表 10－2－3 井下主变电所通道尺寸 mm

（一）高压开关柜（箱）通道尺寸				
开关柜（箱）型式	操作走廊（正面）		维护走廊	
	单列布置	双列布置	背面	侧面
固定式	1500	2000	800	800
手车式	1800	2100	800	800
隔爆型	1500	2000	500～800	1000
（二）低压配电柜（箱）通道尺寸				
配电柜（箱）型式	操作走廊（正面）		维护走廊	
	单列布置	双列布置	背面	侧面
固定式	1500	1800	800	800
抽屉式	1800	2000	800	800
隔爆馈电开关	1500	1800	500	1000

表 10－2－3（续）　mm

变压器布置方式	操作走廊（正面）		维护走廊	
	单列布置	双列布置	背面	侧面
（三）变压器通道尺寸				
专用变压器室	1500	—	500	800
变压器与配电装置并排	1500	—	500	1000
变压器与隔爆馈电开关	1500	1800	500	1000

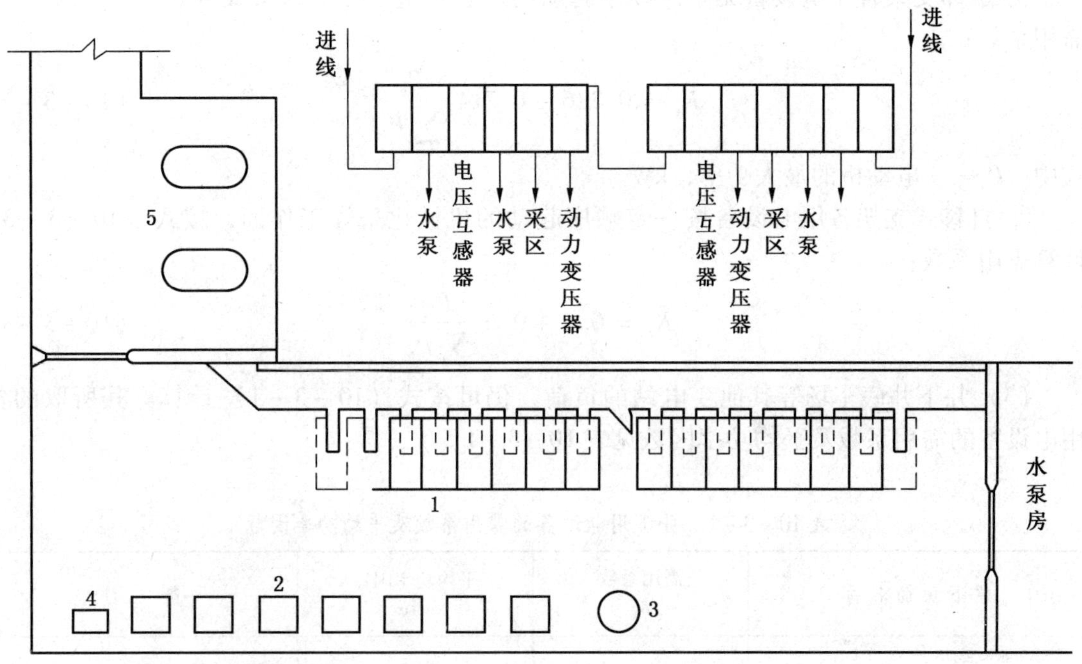

1—高压开关柜；2—低压开关柜；3—照明变压器；4—检漏继电器；5—动力变压器

图 10－2－12　井下主变电所高压系统及设备布置示例图

高、低压配电设备同侧布置时，高、低压配电设备之间的距离应按高压维护走廊尺寸考虑。高、低压配电设备互为对面布置时，其中走廊尺寸应按高压单列操作走廊尺寸考虑。

第三节　井下高压网络设备选择计算

一、井下电力负荷计算

由于井下地质条件、涌水量及工作环境等比较复杂，要准确计算井下电气设备的电力负荷，是一个比较复杂和困难的问题。因此在没有新的较准确的计算方法以前，仍然推荐在设计计算中使用需用系数法来进行井下电力负荷的计算。计算时按以下步骤：

（1）首先根据井下用电设备布置及用电设备的单台容量，可大致确定井下设置的变电站数目（包括固定和移动变电站）。

（2）井下采区变电站的负荷可按式（10－3－1）进行计算：

$$S = \sum P_N \frac{K_r}{\cos\varphi} \tag{10-3-1}$$

式中　S——所计算的电力负荷总的视在功率，kV · A；

$\sum P_N$——参加计算的所有用电设备（不包括备用）额定功率之和，kW；

$\cos\varphi$——参加计算的电力负荷的平均功率因数；

K_r——需用系数，按以下两种情况选取。

① 单体支架各用电设备无一定顺序起动的一般机组工作面，按式（10－3－2）计算需用系数：

$$K_r = 0.286 + 0.714 \frac{P_s}{\sum P_N} \tag{10-3-2}$$

式中　P_s——电动机的最大功率，kW。

② 自移式支架各用电设备按一定顺序起动的机械化采煤工作面，按式（10－3－3）计算需用系数：

$$K_r = 0.4 + 0.6 \frac{P_s}{\sum P_N} \tag{10-3-3}$$

（3）井下井底车场等其他变电站的负荷，仍可按式（10－3－1）计算。其所取的各用电设备的需用系数及平均功率因数见表10－3－1。

表10－3－1　井下用电设备的需用系数及平均功率因数

井下负荷名称	需用系数 K_r	平均功率因数 $\cos\varphi$	备　注
综采工作面		0.7	K_r 值按式（10－3－2）、式（10－3－3）计算
一般机械化工作面		0.6～0.7	
炮采工作面（缓倾斜煤层）	0.4～0.5	0.6	
炮采工作面（急倾斜煤层）	0.5～0.6	0.7	
掘进工作面 不采用掘进机	0.3～0.4	0.6	
掘进工作面 采用掘进机	0.5		
架线电机车	0.45～0.65	0.9	
蓄电池电机车	0.8	0.9	
输送机	0.5	0.7	
井底车场：			
无主排水设备	0.6～0.7	0.7	
有主排水设备			取计算功率

（4）可以较正确地计算出设备的用电功率，如提升机、水泵、空压机、通风机及大型强力带式输送机等的电力负荷，应取其计算负荷。

（5）一个采区变电所供给两个及以上工作面的电力负荷，应按式（10－3－4）计算：

$$S = \sum P_N \frac{K_r}{\cos\varphi} K_s \qquad (10-3-4)$$

式中　K_s——同时系数，当供给两个工作面时取0.95，当供给三个以上工作面时取0.9。

（6）井下总负荷的计算，考虑到负荷变化较大的采区与负荷较稳定的主排水泵等井下固定设备的区别，为更接近实际，采用两个同时系数按式（10－3－5）计算：

$$S_s = \sum SK_{s1} + \frac{\sum P_N}{\cos\varphi} K_{s2} = \dot{S}_1 + \dot{S}_2 \qquad (10-3-5)$$

式中　S_s——井下总负荷的视在功率，kV·A；

$\sum S$——井下各变电所计算负荷的视在功率之和，kV·A；

$\sum P_N$——井下主排水泵及其他大型固定设备计算功率之和，kW；

$\cos\varphi$——井下主排水泵及其他大型固定设备的加权平均功率因数；

K_{s1}——井下各变电所间的同时系数，取0.8～0.9；

K_{s2}——井下主排水泵及其他大型固定设备间的同时系数，只有排水设备时取1，有其他固定设备时取0.9～0.95。

按式（10－3－5）的复数计算，即有功和无功功率分别相加后，经复数运算，可求得井下总负荷及其功率因数。

二、井下高压电缆选择计算

（一）井下高压电缆选型

按《煤矿安全规程》第465条对固定敷设的高压电缆的规定，无论敷设在水平或倾斜巷道，均应采用煤矿用钢带或钢丝铠装电缆。根据煤矿用电缆标准MT 818.11—2009规定，额定电压10 kV及以下固定敷设电力电缆的型号有：MVV、MVV_{22}及MYJV、$MYJV_{22}$、$MYJV_{32}$、$MYJV_{42}$。其中MVV和MVV_{22}型电缆，按MT 818.12—2009规定，MVV系列的额定电压在1.8/3 kV及以下，无6 kV、10 kV等级电压。因此，用在煤矿井下10 kV、6 kV的高压电缆只有MYJV系列电缆，见表10－3－2。

表10－3－2　电缆型号与名称

型　号	名　　称
MYJV	煤矿用交联聚乙烯绝缘聚氯乙烯护套电力电缆
$MYJV_{22}$	煤矿用交联聚乙烯绝缘钢带铠装聚氯乙烯护套电力电缆
$MYJV_{32}$	煤矿用交联聚乙烯绝缘细钢丝铠装聚氯乙烯护套电力电缆
$MYJV_{42}$	煤矿用交联聚乙烯绝缘粗钢丝铠装聚氯乙烯护套电力电缆

按《煤矿安全规程》规定，$MYJV_{42}$型电缆可在立井井筒或者倾角为45°及以上的井巷敷设；$MYJV_{22}$、$MYJV_{32}$型电缆可在水平巷道或者倾角在45°以下的井巷内敷设。MYJV系列电缆规格见表10－3－3。

按MT 818.11—2009规定，MYJV系列电缆导体为铜导体或镀金属层铜导体。

按MT 818.13—2009规定，MYJV系列煤矿用高压电缆的工作条件：

（1）电缆导体的最高额定工作温度为90 ℃。

（2）短路时（最长持续时间不超过5 s）电缆导体的最高温度不超过250 ℃。

（3）敷设电缆时的环境温度不低于0 ℃，最小弯曲半径为电缆直径的15倍。

表10-3-3 电 缆 规 格

型 号	芯 数	额定电压/kV		
		0.6/1	1.8/3	3.6/6、6/6、6/10、8.7/10
		标称截面/mm²		
MYJV	3	1.5~300	10~300	25~300
$MYJV_{22}$	3	2.5~300	10~300	25~300
$MYJV_{32}$	3	16~300	16~300	25~300
$MYJV_{42}$	3	50~300	50~300	50~300
MYJV	3+1	4~300	10~300	—
$MYJV_{22}$	3+1	4~300	10~300	—
MYJV	4	4~185	4~185	—
$MYJV_{22}$	4	4~185	4~185	—

按《煤矿安全规程》规定，煤矿井下用高压电缆只有 MYJV 系列一种类型电缆。只有铜芯电缆，也不存在《煤矿安全规程》第465条规定允许铝芯电缆使用范围。采用交联聚乙烯电缆技术性能好，当然也会增加矿井运行费用。

（二）井下高压电缆的截面选择条件

1. 下井主电缆截面选择条件

（1）在一回下井主电缆停止供电时，其他下井主电缆应满足矿井最大涌水量时的最大负荷需要，此时应按允许持续电流校核电缆截面。

（2）在正常涌水量运行时，全部电缆投入运行，按经济电流密度来校核电缆截面。

（3）在电力系统最大运行方式下，下井电缆首端即地面变电所母线（如下井回路接有电抗器时，应为电抗器的负荷端）发生三相短路时，电缆应满足热稳定要求。

（4）按正常负荷及当一回路电缆发生事故时，分别校验电压损失。

2. 供采区变电所及单台设备电缆截面的选择

（1）按允许持续电流校核。向采区供电的电缆以采区最大持续负荷电流校核；向单台设备供电的电缆可按设备的额定电流校核。

（2）电缆首端（即馈出变电所母线）在系统最大运行方式下发生三相短路时，应满足热稳定要求。

（3）正常负荷及有一根电缆发生事故时，分别校验电压损失。

（三）高压电缆截面选择计算

1. 按持续允许电流选择截面

$$KI_p \geqslant I_a \qquad (10-3-6)$$

式中 I_p——空气温度为25 ℃时，电缆允许载流量，A；

K——环境温度不同时载流量的修正系数；

I_a——通过电缆的最大持续工作电流，A。

2. 按经济电流密度选择电缆截面

$$A = \frac{I_N}{nJ} \qquad (10-3-7)$$

式中 A——电缆截面，mm^2；

I_N——正常负荷时，井下总的持续工作电流，A；

n——不考虑下井电缆损坏时，同时工作电缆的根数；

J——经济电流密度，A/mm^2，见表 10-3-4。

下井主电缆的年运行时间，一般取 3000~5000 h。

表 10-3-4 电力电缆经济电流密度

年最大负荷利用小时/h	经济电流密度/($A \cdot mm^{-2}$)	
	铜芯电缆	铝芯电缆
1000~3000	2.5	1.93
3000~5000	2.25	1.73
5000 以上	2	1.54

3. 按电缆短路时的热稳定校验电缆截面

短路电流通过导体的时间内，导体达到最高温度 Q_k，与电缆最大允许温度 Q_{kmax} 比较，如 $Q_k \leqslant Q_{kmax}$，则认为该电缆在热效应方面是稳定的。

t 时间内短路电流通过导体所产生的热量 Q_k(J)：

$$Q_k = \int_0^t 0.24 I_t^2 r \mathrm{d}t \qquad (10-3-8)$$

式中 I_t——随时间 t 变化的全短路电流，A；

r——短路电流通过导体的电阻，取平均值，Ω。

式（10-3-8）中 I_t 由两部分组成，即

$$I_t^2 = I_{nt}^2(\text{周期分量}) + I_{at}^2(\text{非周期分量})$$

计算短路电流时认为：

（1）周期分量幅值不变，等于稳态电流，$I_{nt} = I_k = I_\infty$。

（2）非周期分量有效值，近似认为等于周期中点的即时值。因此，非周期分量 I_{at} 在一周期内可认为是一定值。式（10-3-8）可改写为

$$Q_k = 0.24r\left(\int_0^t I_k^2 \mathrm{d}t + \int_0^t I_{at}^2 \mathrm{d}t\right) = Q_n + Q_a \qquad (10-3-9)$$

式中 Q_n——短路电流周期分量产生的热量；

Q_a——短路电流非周期分量产生的热量。

随时间变化的短路电流周期分量值，用解析法计算有一定困难，用下述图解法说明短路电路假想时间的含义比较清晰，并由此计算出短路电流周期分量产生的热量。

短路电流作用的假想时间，是指在此时间内，稳态短路电流通过导体产生的热量，等于随时间变化的短路电流在实际时间 t 内所产生的热量。

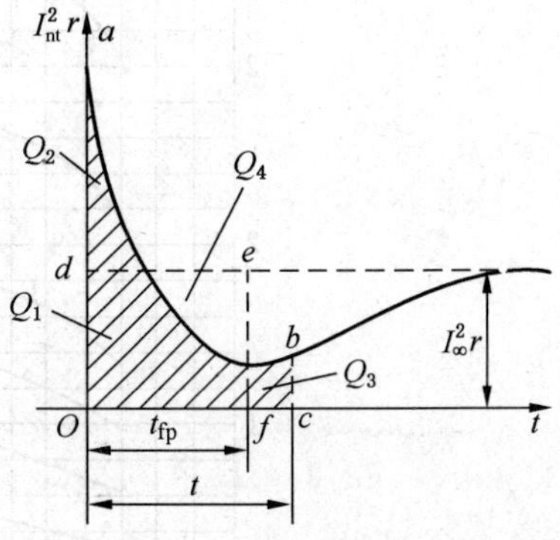

图 10-3-1 用图解法计算周期分量假想时间

图 10-3-1 中 $f(t) = I_{nt}^2 r$ 是有电压调节器发电机的电网发生短路时的电流（周期分量）曲线。在 t 时间内

曲线所包含的面积 $Oabc$，表示在某一尺度下所产生的热量。

按假想时间的含义，短路电流周期分量产生的热量，可用式（10－3－10）表示：

$$Q_n = 0.24\int_0^t I_{nt}^2 r dt = 0.24 I_\infty^2 r t_{fp} \tag{10-3-10}$$

作高为 $I_\infty^2 r$ 的 $Odef$ 矩形，使 $Q_n = Q_1 + Q_2 + Q_3 = Q_1 + Q_4 = 0.24 I_\infty^2 r t_{fp}$。图中的 t_{fp} 值即为有电压调节器电网的短路电流周期分量的假想时间。

在实际计算中周期分量假想时间值由图 10－3－2 的曲线求出，这些曲线表示周期分量假想时间 t_{fp} 与实际时间 t 的关系，即次暂态短路电流有效值 I'' 与稳态电流 I_∞ 的比值，即 $t_{fp} = f(\beta''、t)$

$$\beta'' = \frac{I''}{I_\infty} \tag{10-3-11}$$

作图 10－3－2 曲线时，设暂态过程的连续时间为 5 s。如 $t > 5$ s，认为短路开始后经过 5 s 时间，导体内流着不衰减的稳态短路电流。因此，当 $t > 5$ s 时，应从 $t = 5$ s 的曲线所得的假想时间加上 $t - 5$，即

$$t_{fp} = t_{fp5\,s} + (t - 5) \tag{10-3-12}$$

一般情况下 t 不可能大于 5 s。无调压的电网，$\beta'' = \frac{I''}{I_\infty}$ 大于 1，$t_{fp} > t$。有调压的电网，$\beta'' = \frac{I''}{I_\infty}$ 可能大于或小于 1。

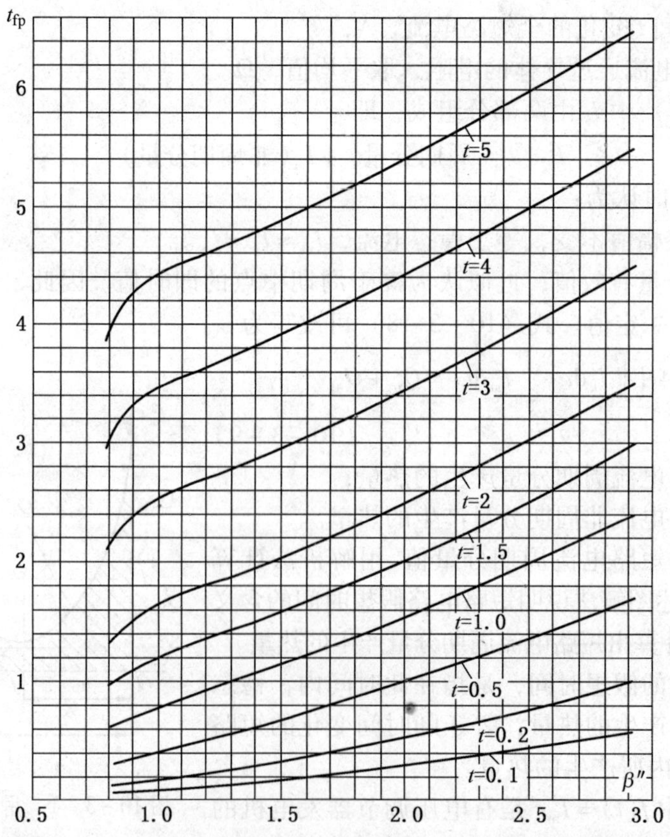

图 10－3－2　有电压调节器时短路电流周期分量的假想时间曲线

用同样方法可以确定全短路电流中的非周期分量产生的热量。非周期分量的假想时间 t_{fa}，是指在此时间内稳态短路电流在导体中产生的热量，等于实际时间 t 内非周期分量产生的热量。

$$Q_a = 0.24\int_0^t i_{at}^2 r\mathrm{d}t = 0.24 I_\infty^2 r t_{fa} \quad (10-3-13)$$

用图解法确定非周期分量假想时间 t_{fa}，如图 10－3－3 所示。

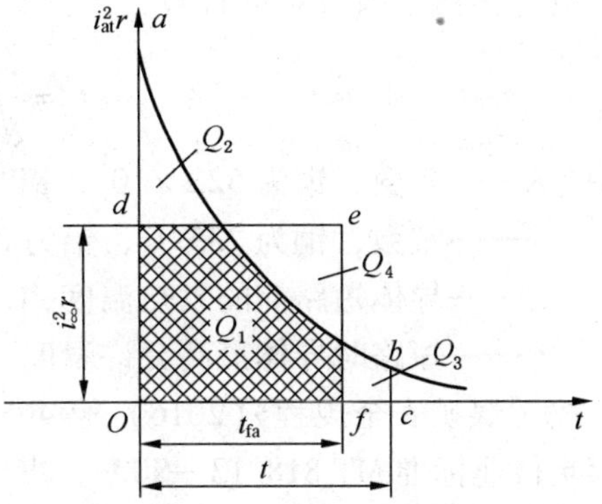

图 10－3－3 是短路电流非周期分量的指数曲线 $f(t)=i_{at}^2 r$。在 t 时间内所产生的热量 Q_a，用曲线包含的面积 $Oabc$ 表示。如作一高为 $I_\infty^2 r$ 的矩形 $Odef$，其面积与 $Oabc$ 相等，则

$$Q_a = Q_1 + Q_2 + Q_3 = Q_1 + Q_4 = 0.24 I_\infty^2 r t_{fa} \quad (10-3-14)$$

图 10－3－3　用图解法确定短路电流非周期分量假想时间 t_{fa}

从图解法中可求得非周期分量假想时间 t_{fa} 值。

非周期分量假想时间 t_{fa} 可用下述计算方法确定其近似值。

短路电流非周期分量是指数曲线方程：

$$i_{at} = \sqrt{2} I'' \mathrm{e}^{-\frac{t}{T_a}} \quad (10-3-15)$$

式（10－3－15）代入式（10－3－13），得

$$Q_a = 0.24\times 2 I''^2 r\int_0^t e^{-\frac{t}{0.5T_a}}\mathrm{d}t \quad (10-3-16)$$

O 到 t 间积分，得

$$Q_a = 0.24 I''^2 r T_a (1-\mathrm{e}^{-\frac{t}{0.5T_a}}) \quad (10-3-17)$$

式（10－3－14）与式（10－3－17）相等

$$0.24 I_\infty^2 r t_{fa} = 0.24 I''^2 r T_a (1-\mathrm{e}^{-\frac{t}{0.5T_a}})$$

$$t_{fa} = T_a \beta''^2 (1-\mathrm{e}^{-\frac{t}{0.3T_a}}) \quad (10-3-18)$$

式中　T_a——非周期分量衰减时间常数，可用式（10－3－19）确定。

$$T_a = \frac{L_k}{r_k} \quad (10-3-19)$$

式中　L_k、r_k——短路回路的电感、电阻。

T_a 在电阻较小的高压线路内，平均值约为 0.05 s。当 $T_a=0.05$ s 和 $t\geqslant 0.1$ s 时，可近似地取 $\mathrm{e}^{-\frac{t}{0.5T_a}}=0$，于是

$$t_{fa} = 0.05\beta''^2 \quad (10-3-20)$$

短路电流非周期分量衰减很快（在 0.2 ~ 0.1 s 内），在计算导体热稳定时，仅在计算时间 $t<1$ s 才考虑。

电缆热稳定校验公式：

$$A_{min} \geqslant I_\infty^{(3)} \frac{\sqrt{t_f}}{C} \quad (10-3-21)$$

$t_f = t_{fp}$(周期分量假想时间) + t_{fa}(非周期分量假想时间)

式中 A_{min}——短路时热稳定要求的最小截面，mm^2；

$I_{\infty}^{(3)}$——三相短路稳态电流，A；

t_f——全短路电流作用的假想时间，s；

C——电缆热稳定系数。

电缆热稳定系数 C 的计算公式：

$$C = \sqrt{K\ln\frac{\tau + t_2}{\tau + t_1} \times 10^{-4}} \qquad (10-3-22)$$

式中 K——常数，铜为 522×10^6，铝为 222×10^6；

τ——常数，铜为 235 ℃，铝为 245 ℃；

t_1——导体短路前的发热温度,℃；

t_2——短路时导体最高允许温度,℃。

按《煤矿安全规程》(2016) 第 465 条规定，煤矿井下电缆均应采用煤矿用电缆。根据煤炭行业标准 MT 818. 13—2009，煤矿用电缆第 13 部分：额定电压 8. 7/10 kV 及以下煤矿用交联聚乙烯绝缘电力电缆中规定：电缆导体最高工作温度为 90 ℃；短路时（最长持续时间不超过 5 s）电缆导体最高温度不超过 250 ℃。煤矿用电缆均为铜芯，不存在铝芯电缆。因此，煤矿用高压电缆热稳定系数 C 值，按式（10－3－22）计算，得 $C=144$。

$$C = \sqrt{K\ln\frac{\tau + t_2}{\tau + t_1} \times 10^{-4}}$$

$K=522\times10^6$，$\tau=235$ ℃，$t_1=90$ ℃，$t_2=250$ ℃，代入上式：

$$C = \sqrt{522\times10^6\ln\frac{235+250}{235+90}\times10^{-4}} = \sqrt{522\times10^2\ln1.49} = 144$$

4. 按电压损失校验电缆截面

煤矿电网属于输电距离短的地方电网，计算时只计算线路的串联电阻和电抗。线路对地电导、电纳都可不计。可以把电压损失视作与电压降的纵向分量相等，由此引起的误差是在允许范围之内的，分以下两种情况计算。

1）无分支电压损失（以下称电压降）计算

图 10－3－4 为无分支负荷电压降计算图。

作电压降三角形 BFA（图 10－3－5），并把电压降有功和无功分量投影到 $U_{\varphi B}$ 轴上，则电压降 $\Delta U_{\varphi} = \overline{BC} + \overline{CD}$，代入投影值得

$$\Delta U_{\varphi} = IR\cos\varphi + IX\sin\varphi = I(R\cos\varphi + X\sin\varphi)$$

电压降线电压：

$$\Delta U = \sqrt{3}I(R\cos\varphi + X\sin\varphi)$$

也可写成

$$\Delta U\% = \frac{\sqrt{3}IL(R_0\cos\varphi + X_0\sin\varphi)}{10U_N} = \frac{PL(R_0 + X_0\tan\varphi)}{10U_N^2} \qquad (10-3-23)$$

式中 $\Delta U\%$——电压降百分率；

I——电缆中的负荷电流，A；

U_N——额定电压（也称为系统标称电压），kV；

R_0、X_0——电缆线路单位长度电阻及电抗，Ω/km；

L——电缆线路长度，km；

$\cos\varphi$、$\sin\varphi$、$\tan\varphi$——功率因数及与其对应的正弦、正切值。

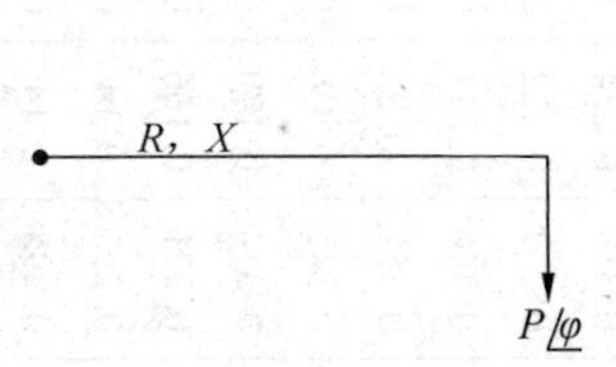

P—有功功率，kW；/φ—功率因素角；
r、x—线路的电阻、电抗

图 10-3-4　无分支负荷电压降计算图

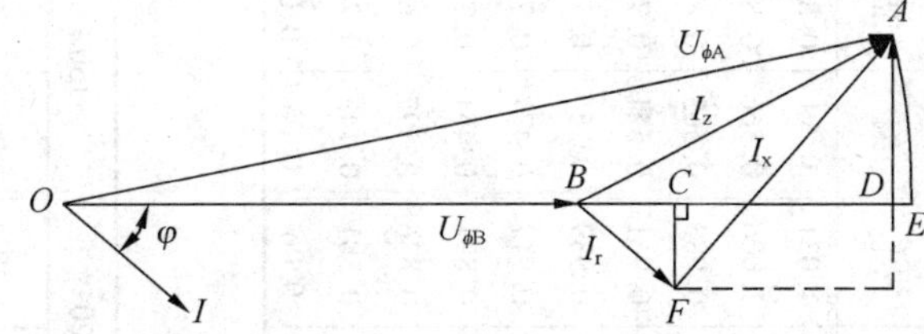

图 10-3-5　电压降计算向量图

高压系统中的电压损失按《全国供用规则》规定，正常情况不超过 7%，故障状态下不超过 10%。电压损失应从地面变电所算起至采区变电所或相应采区配电点止。

把式（10-3-23）中的输送有功功率单位改成 MW，则电压损失百分数可改写成

$$\Delta U\% = \frac{1000}{10U_N^2}PL(R_0 + X_0\tan\varphi) = KPL \qquad (10-3-24)$$

式中　K——计算系数，在 6 kV 时 $K = 2.78(R_0 + X_0\tan\varphi)$；在 10 kV 时，$K = 1 \cdot (R_0 + X_0\tan\varphi)$。不同功率因数及不同电缆截面时的数值，见表（10-3-5）、表（10-3-6）。

P——电缆中输送的有功功率，MW。

由图 10-3-5 可以看出，实际电压损失 $\Delta U_\varphi = \overline{BC} + \overline{CD} + \overline{DE}$，比计算值相差$\overline{DE}$，此值比较小，应在允许误差范围内。

2）有分支电压降计算

有两个负荷 i_1 与 i_2 的供电线路，如图 10-3-6 所示。

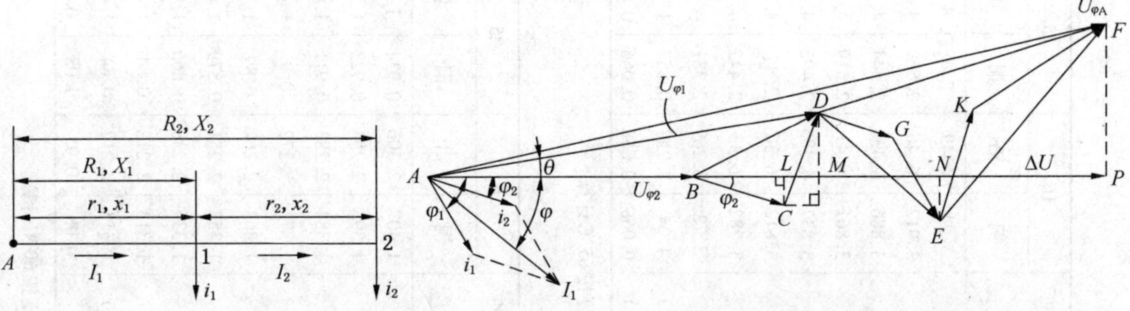

图 10-3-6　有分支电网　　图 10-3-7　有分支电网电压降计算向量图

先作负荷电流 $i_2 = I_2$ 在网络线段 1—2 间的电压降三角形 BCD（图 10-3-7）。网络 A—1 间的线电流 $\dot{I}_1 = \dot{i}_1 + \dot{i}_2$，是两负荷点的电流和。从理论上讲，电流 i_1 应落后点 1 电压

表 10-3-5 6 kV 铠装电缆每兆瓦千米负荷矩的电压损失（%）

截面/mm² / cosφ	16		25		35		50		70		95		120		150		185	
	铜	铝	铜	铝	铜	铝	铜	铝	铜	铝	铜	铝	铜	铝	铜	铝	铜	铝
0.65	3.94	6.49	2.6	4.23	1.91	3.07	1.39	2.498	1.05	1.632	0.822	1.251	0.692	1.031	0.59	0.862	0.516	0.786
0.7	3.912	6.46	2.569	4.203	1.882	3.043	1.368	2.472	1.024	1.606	0.797	1.226	0.667	1.006	0.566	0.838	0.491	0.711
0.75	3.886	6.434	2.544	4.177	1.857	3.019	1.344	2.448	1	1.583	0.775	1.203	0.644	0.983	0.563	0.815	0.468	0.688
0.8	3.861	6.41	2.519	4.153	1.834	2.995	1.321	2.425	0.978	1.559	0.752	1.185	0.662	0.961	0.521	0.793	0.439	0.666
0.85	3.837	6.385	2.495	4.129	1.811	2.972	1.298	2.403	0.956	1.538	0.73	1.16	0.6	0.939	0.5	0.771	0.425	0.645
0.9	3.812	6.36	2.47	4.104	1.787	2.948	1.275	2.379	0.933	1.515	0.708	1.137	0.577	0.917	0.477	0.749	0.402	0.617
0.95	3.782	6.33	2.442	4.075	1.759	2.921	1.248	2.352	0.906	1.489	0.682	1.108	0.551	0.891	0.451	0.723	0.376	0.596
1.00	3.72	6.269	2.381	4.015	1.701	2.863	1.19	2.295	0.851	1.433	0.627	1.056	0.496	0.836	0.397	0.669	0.322	0.542
$R_0/(\Omega \cdot km^{-1})$	1.34	2.257	0.857	1.445	0.612	1.03	0.429	0.826	0.306	0.516	0.226	0.38	0.179	0.301	0.143	0.241	0.118	0.195
$X_0/(\Omega \cdot km^{-1})$	0.068	0.068	0.066	0.066	0.064	0.064	0.063	0.063	0.061	0.061	0.06	0.06	0.06	0.06	0.06	0.06	0.06	0.06

注：电缆线芯温度按 65 ℃计算。

表 10-3-6 10 kV 铠装电缆每兆瓦千米负荷矩的电压损失（%）

截面/mm² / cosφ	16		25		35		50		70		95		120		150		185	
	铜	铝	铜	铝	铜	铝	铜	铝	铜	铝	铜	铝	铜	铝	铜	铝	铜	铝
0.65	1.407	2.306	0.934	1.51	0.694	1.103	0.514	0.903	0.394	0.6	0.315	0.466	0.269	0.389	0.234	0.33	0.208	0.285
0.7	1.395	2.294	0.922	1.498	0.682	1.091	0.502	0.891	0.382	0.588	0.303	0.454	0.257	0.377	0.222	0.318	0.196	0.273
0.75	1.384	2.283	0.911	1.487	0.671	1.08	0.491	0.88	0.371	0.577	0.292	0.443	0.246	0.366	0.211	0.307	0.185	0.262
0.8	1.373	2.272	0.9	1.476	0.66	1.069	0.48	0.869	0.36	0.566	0.281	0.432	0.235	0.355	0.2	0.296	0.174	0.251
0.85	1.363	2.262	0.89	1.466	0.65	1.059	0.47	0.859	0.35	0.556	0.271	0.422	0.225	0.345	0.19	0.286	0.164	0.241
0.9	1.352	2.251	0.879	1.455	0.639	1.048	0.459	0.848	0.339	0.545	0.26	0.411	0.214	0.334	0.179	0.275	0.153	0.23
0.95	1.339	2.238	0.866	1.442	0.626	1.035	0.446	0.835	0.326	0.532	0.247	0.398	0.201	0.321	0.166	0.262	0.141	0.217
1.0	1.313	2.212	0.84	1.416	0.6	1.009	0.42	0.809	0.3	0.506	0.221	0.372	0.175	0.295	0.14	0.236	0.114	0.191
$R_0/(\Omega \cdot km^{-1})$	1.313	2.212	0.84	1.416	0.6	1.009	0.42	0.809	0.3	0.506	0.221	0.372	0.175	0.295	0.14	0.236	0.114	0.191
$X_0/(\Omega \cdot km^{-1})$	0.08	0.08	0.08	0.08	0.08	0.08	0.08	0.08	0.08	0.08	0.08	0.08	0.08	0.08	0.08	0.08	0.08	0.08

注：电缆线芯温度按 60 ℃计算。

$U_{\varphi 1}$一角度$\varphi_1+\theta$。由于地方电网中的电压$\dot{U}_{\varphi 1}$与$\dot{U}_{\varphi 2}$的相位角相差很小，如图10－3－7中的θ角。因此，i_1负荷电流对点1电压$U_{\varphi 1}$而言的相位角φ_1，由于$U_{\varphi 1}$与$U_{\varphi 2}$之间的相角差甚小，相角φ_1与对点2电压$U_{\varphi 2}$的相位角相等。也就是说i_1的相位角φ_1也是对点2电压的相位角。

按上述设定，作网络A—1段线电流$\dot{I}_1$的电压降三角形DEF。把电压降的有功分量和无功分量投影到电压$U_{\varphi 2}$方向轴上，电压降ΔU_φ是各投影线段之和，可写出

$$\Delta U_\varphi=\overline{BP}=\overline{BL}+\overline{LM}+\overline{MN}+\overline{NP} \qquad (10-3-25)$$

把电压降各分量投影值代入式（10－3－25）可得

$$\begin{aligned}\Delta U_\varphi &=I_2r_2\cos\varphi_2+I_2x_2\sin\varphi_2+I_1r_1\cos\varphi+I_1x_1\sin\varphi\\ &=(I_{a2}r_2+I_{a1}r_1)+(I_{r2}x_2+I_{r1}x_1)\end{aligned}$$

式中

$$I_{a2}=I_2\cos\varphi_2 \qquad I_{a1}=I_1\cos\varphi$$
$$I_{r2}=I_2\sin\varphi_2 \qquad I_{r1}=I_1\sin\varphi$$

同理，当一条线路上有n个负荷时，全线中相电压降将是

$$\begin{aligned}\Delta U_\varphi &=[I_{an}r_n+I_{a(n-1)}r_{(n-1)}+\cdots+I_{a2}r_2+I_{a1}r_1]+\\ &\quad [I_{rn}x_n+I_{r(n-1)}x_{(n-1)}+\cdots+I_{r2}x_2+I_{r1}x_1]\\ &=\sum_1^n I_{an}r_n+\sum_1^n I_{rn}x_n\end{aligned}$$

线电压降将是

$$\Delta U=\sqrt{3}\left(\sum_1^n I_{an}r_n+\sum_1^n I_{rn}x_n\right) \qquad (10-3-26)$$

若把线电流I_1的电压降分量（图10－3－7中的$\overline{DE}$及$\overline{EF}$）改写成负荷电流i_1及i_2所产生的各电压降分量相加，此时可得$\overline{DG}=\dot{i}_2r_1$，$\overline{GE}=i_1r_1$，$\overline{EK}=\dot{i}_2x_1$，$\overline{KF}=\dot{i}_1x_1$。把电压降各分量投影到线路末端电压$U_{\varphi 2}$上。已知$\overline{BC}=\dot{i}_2r_2$、$\overline{CD}=\dot{i}_2x_2$，则得负荷电流$i_1$、$i_2$表示的

$$\begin{aligned}\Delta U_\varphi &=i_2r_2\cos\varphi_2+i_2x_2\sin\varphi_2+i_2r_1\cos\varphi_2+i_2x_1\sin\varphi_2+i_1r_1\cos\varphi_1+i_1x_1\sin\varphi_1\\ &=(i_{a2}r_2+i_{a2}r_1+i_{a1}r_1)+(i_{r2}x_2+i_{r2}x_1+i_{r1}x_1)\\ &=[i_{a2}(r_2+r_1)+i_{a1}r_1]+[i_{r2}(x_2+x_1)+i_{r1}x_1]\\ &=(i_{a2}R_2+i_{a1}R_1)+(i_{r2}X_2+i_{r1}X_1)\end{aligned}$$

若线路有n个负荷时，其线电压降将是

$$\Delta U=\sqrt{3}\left(\sum_1^n i_{an}R_n+\sum_1^n i_{rn}X_n\right) \qquad (10-3-27)$$

式（10－3－26）是已知各线段的线电流及其阻抗值计算电压降。而式（10－3－27）是已知各负荷点电流i及供电电源点A至各负荷点间的阻抗值，可求得相同的电压降。

计算地方电网（矿井电网）时，因其允许电压降值很小，为方便计算，可认为电网中各点的电压接近额定电压（或称系统标称电压）。因此，已知负荷功率计算电流时，可以不按该点实际电压，而用其额定电压计算，即

$$\left.\begin{aligned}i_n&=\frac{S_n}{\sqrt{3}U_n}\\ i_{an}&=\frac{S_n\cos\varphi_n}{\sqrt{3}U_n}=\frac{P_n}{\sqrt{3}U_n}\\ i_{rn}&=\frac{S_n\sin\varphi_n}{\sqrt{3}U_n}=\frac{Q_n}{\sqrt{3}U_n}\end{aligned}\right\} \qquad (10-3-28)$$

在远区电网中，线路始端的功率相当于该段负荷及其线路损耗之和。在地方电网中，由于线段功率损耗不大可忽略不计。

将式（10－3－28）代入式（10－3－26），可得已知各线段负荷及阻抗计算电压降公式，见式（10－3－29）。

$$\Delta U=\sqrt{3}\left(\sum_{1}^{n}\frac{P_{n}r_{n}}{\sqrt{3}U_{n}}+\sum_{1}^{n}\frac{Q_{n}x_{n}}{\sqrt{3}U_{n}}\right)=\sum_{1}^{n}\frac{P_{n}r_{n}+Q_{n}x_{n}}{U_{n}} \tag{10-3-29}$$

已知每一线段通过负荷功率 $p\angle\varphi$ 及各线段的阻抗 r、x，可用式（10－3－29）计算，如图 10－3－8 所示。

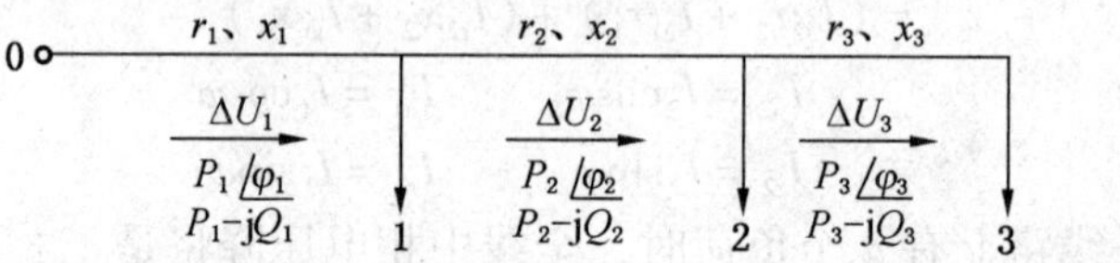

$$\Delta U=\Delta U_1+\Delta U_2+\Delta U_3=\frac{(P_1r_1+P_2r_2+P_3r_3)+(Q_1X_1+Q_2X_2+Q_3X_3)}{U_N}$$

图 10－3－8

将式（10－3－28）代入式（10－3－27），可得已知各负荷点功率及电源至各负荷间的阻抗，计算电压降见式（10－3－30）。

$$\Delta U=\sqrt{3}\left(\sum_{1}^{n}\frac{P_{n}R_{n}}{\sqrt{3}U_{n}}+\sum_{1}^{n}\frac{Q_{n}X_{n}}{\sqrt{3}U_{n}}\right)=\sum_{1}^{n}\frac{P_{n}R_{n}+Q_{n}X_{n}}{U_{n}} \tag{10-3-30}$$

已知各负荷点功率 $P\angle\varphi$ 及各线段阻抗 r、x，可用式（10－3－30）计算，如图 10－3－9 所示。

$$\Delta U=\frac{(P_1R_1+Q_1X_1)+(P_2R_2+Q_2X_2)+(P_3R_3+Q_3X_3)}{U_N}$$

$$=\frac{(P_1R_1+P_2R_2+P_3R_3)+(Q_1X_1+Q_2X_2+Q_3X_3)}{U_N}$$

通过上述设定，地方电网的电压降计算比远区电网简单。煤矿井上、下 10 kV 及以下电压的电网属地方电网，可用上述方法计算电压降。

举例说明上述两种计算方法：

（1）煤矿地面 10 kV 架空线路，如图 10－3－10 所示。A—1 线段用 A—95 导线，1—2 线段用 A—70 导线。导线排列是边长 1.2 m 的等边三角形。线段长度分别为 2 km 及 4 km，试求电网中最大电压降。

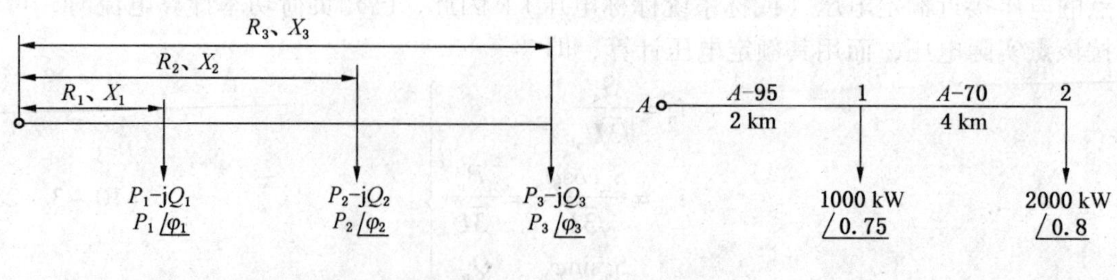

图 10－3－9　　图 10－3－10　电压降计算图例（一）

计算架空线路每千米阻抗

A—95

a）电阻　电阻系数 $\rho = 31.7\ \Omega\text{mm}^2/\text{km}$

$$R_0 = \frac{\rho l}{S} = \frac{31.7 \times 1}{95} = 0.334\ \Omega/\text{km}$$

b）电抗

$$x_0 = 0.345\ \Omega/\text{km}$$

A—70

$$R_0 = 0.453\ \Omega/\text{km} \qquad x_0 = 0.356\ \Omega/\text{km}$$

已知有功功率 P 及功率因数 $\cos\varphi$，可求出 $Q = P\tan\varphi$。

当 $\cos\varphi_1 = 0.75$ 时，$\tan\varphi_1 = 0.882$；当 $\cos\varphi_2 = 0.8$ 时，$\tan\varphi_2 = 0.75$。可用式（10－3－30）计算点 2 的电压降。

点 2 负荷的视在功率为

$$S_2 = P_2 - jQ_2 = 2000 - j0.75 \times 2000 = 2000 - j1500$$

点 1 负荷的视在功率为

$$S_1 = P_1 - jQ_1 = 1000 - j0.882 \times 1000 = 1000 - j882$$

按式（10－3－30）计算点 2 的电压降

$$\begin{aligned}\Delta U &= \sum_1^n \frac{P_n R_n + Q_n X_n}{U_n} \\ &= \frac{P_1R_1 + P_2R_2}{U_n} + \frac{Q_1X_1 + Q_2X_2}{U_n} \\ &= \frac{1000 \times 0.334 \times 2 + 2000 \times (0.334 \times 2 + 0.453 \times 4)}{10} + \\ &\quad \frac{882 \times 0.345 \times 2 + 1500 \times (0.345 \times 2 + 0.356 \times 4)}{10} \\ &= 940\ \text{V}\end{aligned}$$

$$\Delta U\% = \frac{940}{10000} \times 100\% = 9.4\%$$

（2）6 kV 下井电缆的电压降校核，应从地面变电所开始，经井下中央变电所直至最远采区变电所（高压配电点、移动变电站）的电压降。图 10－3－11 是某矿井设计算例。

当一回路电缆发生故障，且在最大涌水量的电压降：

井下中央变电所压降：

$$\Delta U_{1\max} = \frac{2659 \times 0.0858 + 2063 \times 0.036}{6} = \frac{228 + 74}{6} = 50.3$$

$$\Delta U_{1\max}\% = \frac{50.3}{6000} \times 100\% = 0.84\%$$

1→2 间电缆线路压降：

$$\Delta U_2 = \frac{621 \times 1.73 + 726 \times 0.126}{6} = \frac{1074 + 91}{6} = 194\ \text{V}$$

$$\Delta U_2\% = \frac{194}{60} \times 100\% = 3.23\%$$

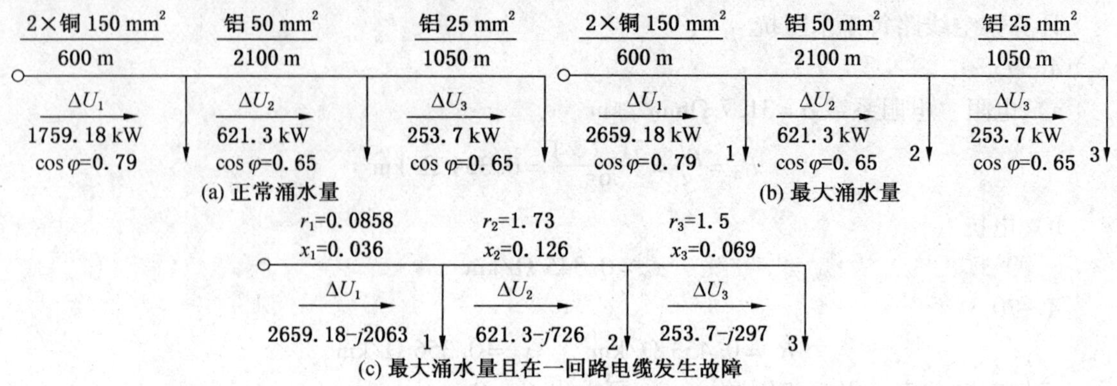

0—地面变电所；1—井下中央变电所；2—1 采区变电所；3—2 采区变电所

图 10-3-11 电压降计算图例（二）

2→3 间电缆线路压降：

$$\Delta U_3 = \frac{254 \times 1.5 + 297 \times 0.069}{6} = \frac{381 + 20}{6} = 67\ \mathrm{V}$$

$$\Delta U_3\% = \frac{67}{60} \times 100\% = 1.1\%$$

当一回路电缆发生故障，且在最大涌水量时，最远的 2 采区变电所的总电压降：

$\Delta U_{max}\% = \Delta U_{1max}\% + \Delta U_2\% + \Delta U_3\% = 0.84\% + 3.23\% + 1.1\% = 5.17\% < 10\%$ 合格

用查表法求电压降。查表 10-3-5 可得

$$U_{1max}\% = 0.529\% \times 2.66 \times 0.6 = 0.844\%$$

同理求出 $\Delta U_2\% = 3.26\%$ 和 $\Delta U_3\% = 1.14\%$

则 $\Delta U_{max}\% = 0.844\% + 3.26\% + 1.14\% = 5.24\% < 10\%$ 合格

上述计算可用查表法求得。

三、井下高压开关选择

（1）井下高压开关按《煤矿安全规程》第 441 条规定选型。

（2）额定电压、额定电流的选择与地面高压开关的选择相同。

（3）《煤矿安全规程》对井下高压开关短路容量要求的变化过程。20 世纪 50 年代，中国的煤矿保安规程规定井下主变电所 6 kV 母线上的短路容量不得超过 50 MV·A，这是参考当时苏联的保安规程，并考虑到油断路器的使用条件所决定的。1980 年《煤矿安全规程》规定“非矿用高压断路器用于井下时，其使用的最大断流容量不应超过额定值的一半”，因为当时井下用的断路器都是油断路器，所以这里指的高压断路器也是油断路器，但显然已不限值在 50 MV·A 以内了。1986 年及 1992 年版《煤矿安全规程》规定“井下电力网的短路电流，不得超过其控制用的断路器的井下使用开断能力，并应检验电缆的热稳定性。非煤矿用高压油断路器用于井下时，其使用的开断电流不应超过额定值的 1/2”，而对真空断路器就没有限值。目前井下矿用一般型高压开关柜的断流容量已达到 150 MV·A，防爆高压开关柜也超过了 100 MV·A。

（4）井下隔爆型高压配电装置应有下列保护和闭锁功能：

① 过电流保护；

② 单相接地保护；

③ 过压、欠压、保护；

④ 风电瓦斯闭锁；

⑤ 电缆绝缘监视。

（一）过电流保护

随着采掘机械化的发展，采掘工作面装机功率增加，多数大型矿井高压深入采区供电，形成多阶段高压供电系统。常规的阶段式过流保护，是否能满足多阶段供电的选择性和灵敏度要求，作以下分析。

煤矿井下高压供电系统属于单侧电源电网。这类供电方式相间短路过电流保护分为无时限电流速断保护、限时电流速断保护、定时限过电流保护，以及把三种保护组合在一起，构成三段式电流保护。

1. 无时限电流速断保护

无论从保护电气设备，还是从系统稳定性来看，应首先考虑装设快速动作的继电保护。反应电流增大而瞬时动作的过电流保护，称为无时限电流速断保护，简称为电流速断保护，也可称为三段式电流保护中第一段电流保护。

1）电流速断保护的工作原理

图 10－3－12 为一单侧电源供电系统，线路 L_1 和 L_2 分别装有电流保护 1 和 2，相应断路器为 QF_1、QF_2。图中绘出线路不同地点短路时，短路电流 I_k 与距离 L 的关系曲线。曲线 1 是在最大运行方式下三相短路电流曲线；曲线 2 是在最小运行方式下两相短路电流曲线。

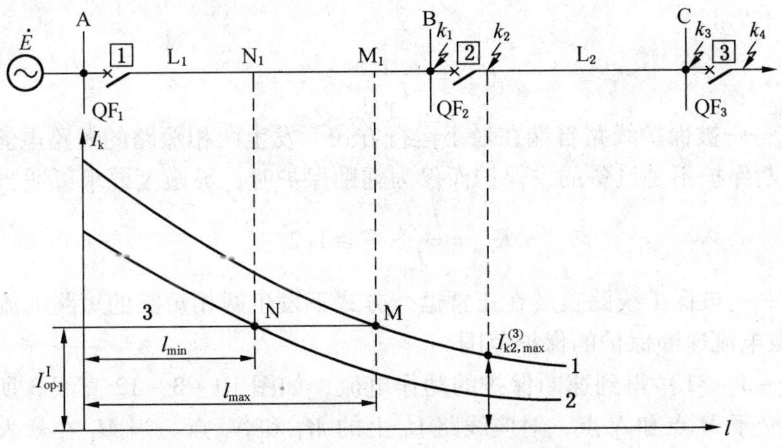

1—最大短路电流曲线；2—最小短路电流曲线

图 10－3－12　无时限电流速断保护的工作原理

例如，线路 L_2 的出口 k_2 点短路时，其最大短路电流为 $I^{(3)}_{k2\cdot max}$。按选择性要求，k_2 点短路时，应由保护 2 动作，保护 1 不应动作，为防止保护 1 误动，则要求保护 1 的动作电流大于 $I^{(3)}_{k2\cdot max}$，即

$$I^{I}_{op\cdot 1} > I^{(3)}_{k2max}$$

为保证相邻线路 L_2 故障时保护 1 不动作，保护 1 电流速断 I 的动作电流应大于 k_2 短

路时流过保护 1 的最大短路电流 $I_{k2 \cdot max}^{(3)}$。

2）整定电流计算

$I_{k2 \cdot max}^{(3)}$与本线路末端 k_1 点短路时流过保护 1 的最大短路电流基本相同，可统一用本线路末端 B 点短路的电流表示，即保护 1 的动作电流可按躲过本线路末端 B 点短路时流过保护 1 的最大短路电流 $I_{k \cdot B \cdot max}^{(3)}$来整定，此为保护的整定原则，即

$$I_{op \cdot 1}^{I} = K_{rel}^{I} I_{k \cdot B \cdot max}^{(3)} \tag{10-3-31}$$

式中 $I_{op \cdot 1}^{I}$——保护装置 1 的动作电流；

K_{rel}^{I}——可靠系数，考虑短路电流计算误差、继电器动作电流误差、短路电流中非周期分量影响和必要的裕度而引入的大于 1 的系数，一般取 1.2～1.3；

$I_{k \cdot B \cdot max}^{(3)}$——系统在最大运行方式下，被保护线路末端三相短路电流。

无时限电流速断保护完全通过提高保护的动作电流来保证相邻元件故障时不误动，故在确定动作时间时，整定原则是：按速动性要求尽可能快地切除故障，即 $t^{I}=0$ s，没有人为延时。

3）灵敏系数校验

灵敏系数校验，应按最不利情况进行。本线路末端在最小运行方式下发生两相短路是电流保护的最不利情况。显然，此短路电流小于保护的动作电流，保护肯定不能动作，故电流速断保护的灵敏系数校验比较特殊，是用其最小保护范围来衡量的。《电力系统规程》规定，最小保护范围不应小于线路全长的 15%～20%。当最大保护范围大于线路全长的 50% 时，可认为保护的灵敏性好。

由于电流保护最小保护范围的计算比较复杂，故也可用下述方法进行灵敏度校验，即要求

$$K_{sen} = \frac{I_{k \cdot A \cdot min}^{(2)}}{I_{op \cdot 1}} \geqslant 2$$

式中 $I_{k \cdot A \cdot min}^{(2)}$——被保护线路首端在最小运行方式下发生两相短路的短路电流。

当电流速断保护不是设备的主保护而仅为辅助保护时，灵敏度要求可适当降低，即

$$K_{sen} = \frac{I_{k \cdot A \cdot nor}^{(2)}}{I_{op \cdot 1}} \geqslant 1.2$$

式中 $I_{k \cdot A \cdot nor}^{(2)}$——被保护线路首端在正常运行方式下发生两相短路的短路电流。

4）无时限电流速断保护的保护范围

按式（10－3－31）得到速断保护的动作电流，如图 10－3－12 直线 3 所示。它与曲线 1 和 2 分别交于 M 点和 N 点，对应线路 L_1 上的 M_1 和 N_1 点。当 M_1 在最大运行方式下发生三相短路时，流过保护 1 的短路电流正好与其动作电流相等，保护刚好能够启动，即最大运行方式下 M_1 左侧任意一点三相短路时，短路电流均大于保护的动作电流，保护能启功；M_1 右侧任一点短路时，短路电流均小于保护 1 的动作电流，保护不能启动。由此可见，在最大运行方式下三相短路时保护 1 的保护范围最大，用 l_{max} 表示。同理可知，系统最小运行方式下两相短路时保护 1 的保护范围最小，用 l_{min} 表示，如图 10－3－12 所示。

设系统在最大运行方式下归算到保护安装处母线的系统等值阻抗为 $X_{S \cdot min}$，按式（10－3－32）可得 M_1 点在最大运行方式下的三相短路电流，它与保护 1 的速断动作电流相等，即

$$I_{op \cdot 1}^{I}=\frac{E_S}{X_{S \cdot min}+X_1 l_{max}}$$

由上式变换可得电流速断保护的最大保护范围 l_{max} 为

$$l_{max}=\frac{1}{X_1}\left(\frac{E_S}{I_{op \cdot 1}^{I}}-X_{S \cdot min}\right) \tag{10-3-32}$$

同样，设系统在最小运行方式下归算到保护安装处母线的系统等值阻抗为 $X_{S \cdot max}$，N_1 点在最小运行方式下两相短路时的短路电流与保护 1 的动作电流相等，即

$$I_{op \cdot 1}^{I}=\frac{\sqrt{3}}{2}\times\frac{E_S}{X_{S \cdot max}+X_1 l_{min}}$$

由上式变换可得电流速断保护的最小保护范围 l_{min} 为

$$l_{min}=\frac{1}{X_1}\left(\frac{\sqrt{3}}{2}\times\frac{E_S}{I_{op \cdot 1}^{I}}-X_{S \cdot max}\right) \tag{10-3-33}$$

式中　$I_{op \cdot 1}^{I}$——速断保护整定电流，A；

$X_{S \cdot min}$、$X_{S \cdot max}$——系统最大运行方式、最小运行方式下归算到保护安装处的系统电抗，Ω；

E_S——系统标称电压，V；

X_1——线路单位电抗，Ω/km；

l_{max}、l_{min}——最大和最小保护距离，km。

5）无时限电流速断保护的单相原理接线

无时限电流速断保护的单相原理接线如图 10－3－13 所示。电流继电器 KA 接于电流互感器 TA 的二次侧，KA 动作之后启动中间继电器 KM，其触点闭合后，经串联信号继电器的线圈接通断路器的跳闸线圈 LT，使断路器跳闸。

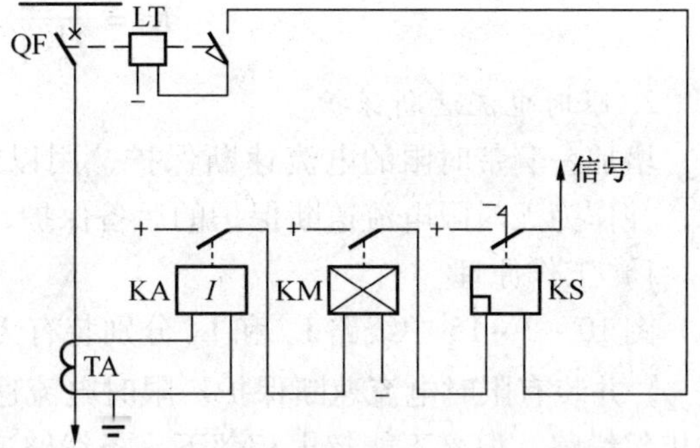

图 10－3－13　无时限电流速断保护的单相原理接线

接线图中所用中间继电器 KM 有两个作用。

（1）利用 KM 的触点接通断路器的跳闸回路,即起增加电流继电器触点容量的作用。

（2）当线路上装有管型避雷器时，利用 KM 来增加保护装置的固有动作时间，以避免当避雷器放电动作时，引起电流速断保护的误动作。因为避雷器放电相当于瞬时发生接地短路，但当放电结束时，线路立即恢复正常工作，因此电流速断保护不应误动作。为此，必须使保护的动作时间躲过避雷器的放电时间。一般放电时间约 10 ms,也可能延长到 20 ~ 30 ms，因此，利用带 0.06 ~ 0.08 s 延时动作的中间继电器即可满足这一要求。

6）无时限电流速断保护的特点

（1）优点：简单可靠，动作迅速。在一些双侧电源的线路上，也能有选择性地动作。

（2）缺点：不能保护线路全长，保护范围受系统运行方式变化的影响。尤其对于短距

离的输电线路，由于线路首端和末端短路时，短路电流数值差别不大，致使它的保护范围可能很小，甚至没有，因而不能采用。

在某些特殊情况下，无时限电流速断保护也可以保护线路全长。例如电网的终端线路上采用线路—变压器组的接线方式时，可以把线路—变压器组看成一个整体，因此速断保护的动作电流可以按躲过变压器低压侧线路出口短路的条件来整定，从而使无时限电流速断保护可以保护线路全长。

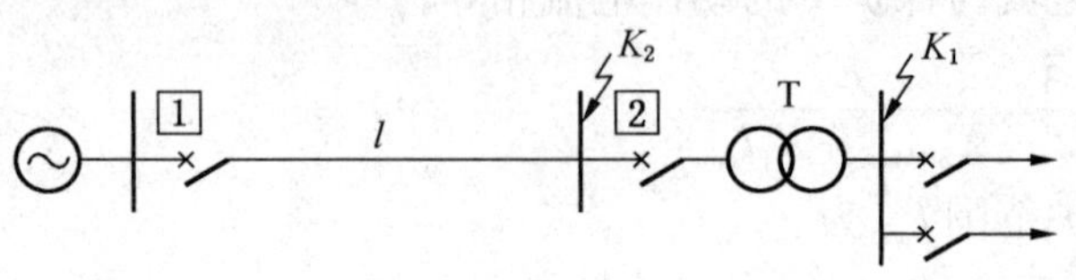

图 10-3-14　线路变压器组保护

煤矿井下高压进入采区向移动变电站供电的系统如图 10-3-14 所示，它是一线路变压器组系统。

可把线路—变压器组看成一个整体，因此速断保护的动作电流可按躲过变压器低压侧出口短路电流来整定。

保护 1　整定电流可按式（10-3-34）计算：

$$I_{\mathrm{op}\cdot 1}^{\mathrm{I}}=K_{\mathrm{rel}}^{\mathrm{I}}I_{\mathrm{k}\cdot 1\max}^{(3)} \tag{10-3-34}$$

式中　$K_{\mathrm{rel}}^{\mathrm{I}}$——可靠系数，一般取 1.3～1.4；

$I_{\mathrm{k}\cdot 1\max}^{(3)}$——变压器二次侧母线三相短路时，折算至一次侧最大运行方式的短路电流。

此时电流速断保护灵敏系数，可按被保护线路末端 K_2 点最小两相短路电流校验。

$$K_{\mathrm{s}}=\frac{I_{\mathrm{k}\cdot 2\min}^{(2)}}{I_{\mathrm{op}\cdot 1}^{\mathrm{I}}}\geqslant 1.3\sim 1.5 \tag{10-3-35}$$

2. 限时电流速断保护

增加一套带时限的电流速断保护，用以切除无时限电流速断保护范围以外的短路故障，并作为无时限电流速断保护的后备保护，也称为三段式电流保护中第二段电流保护。

1）工作原理

图 10-3-15 中线路 L_1 和 L_2 分别装有无时限电流速断保护，动作电流分别为 $I_{\mathrm{op}\cdot 1}^{\mathrm{I}}$ 和 $I_{\mathrm{op}\cdot 2}^{\mathrm{I}}$，并装有限时电流速断保护。限时电流速断保护如要能够保护线路全长，保护范围延伸相邻线路，但又不能超出相邻下一条线路速断保护范围，则其动作时限必须比下一线路速断保护高出一个 Δt 的时间段。第二段保护范围 L_1^{II} 在 MN 线段中间。

2）整定计算

以图 10-3-15 中保护 1 为例，按整定计算原则保护 1 限时电流速断保护范围不应超出线路 L_2 无时限速断保护范围，即

$$I_{\mathrm{op}\cdot 1}^{\mathrm{II}}>I_{\mathrm{op}\cdot 2}^{\mathrm{I}}$$

$$I_{\mathrm{op}\cdot 1}^{\mathrm{II}}=K_{\mathrm{rel}}^{\mathrm{II}}I_{\mathrm{op}\cdot 2}^{\mathrm{I}} \tag{10-3-36}$$

式中　$K_{\mathrm{rel}}^{\mathrm{II}}$——限时速断可靠系数，取 1.1～1.2；

$I_{\mathrm{op}\cdot 1}^{\mathrm{II}}$——保护 1 限时速断保护整定电流；

$I_{\mathrm{op}\cdot 2}^{\mathrm{I}}$——保护 2 无时限速断保护整定电流。

3）动作时限选择

由以上分析可知，限时电流速断保护的动作时限应比下一条线路无时限电流速断保护

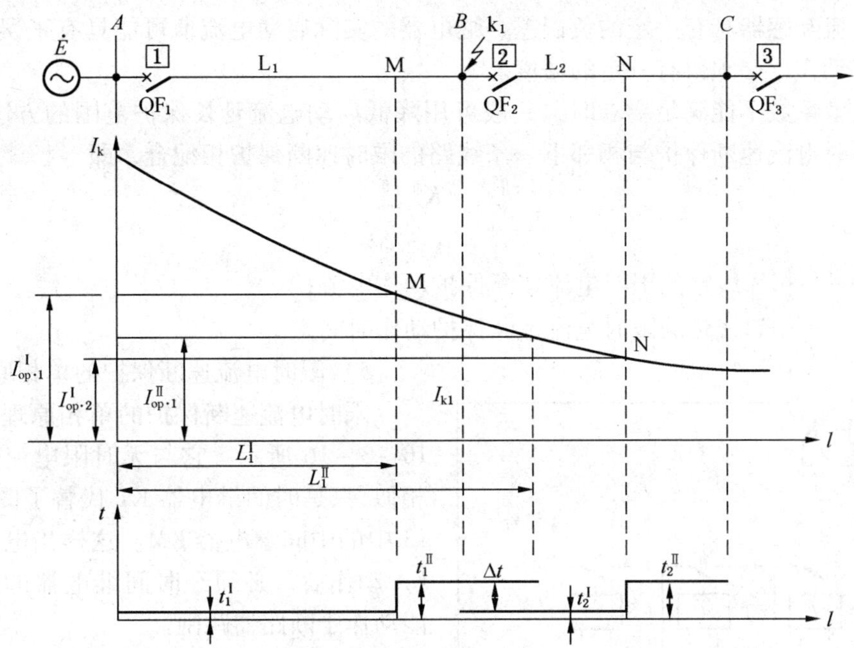

图 10－3－15 限时电流速断保护的工作原理

的动作时间延长一个时限级差 Δt，即

$$t_1^{\mathrm{II}} = t_2^{\mathrm{I}} + \Delta t \tag{10-3-37}$$

时限级差 Δt 大小的确定原则是：在保证保护装置之间动作的选择性的前提下应尽量小，以降低整个电网保护的时限水平。Δt 的大小，取决于所装设断路器及其传动机构的类型以及保护装置动作时间的误差等，一般取 0.5 s。

当故障发生在无时限电流速断保护范围以内时，保护 1 以 t_1^{I} 的时间动作切除故障；而当故障发生在 L_1 无时限速断保护范围以外时，则保护 1 以 t_1^{II} 的时间动作切除故障。由此可见，无时限电流速断保护和限时电流速断保护配合使用，可以使全线路范围内的短路故障都能在 0.5 s 内动作于跳闸，切除故障。所以这两种保护可组合构成线路的主保护。

4）灵敏度校验

为了达到保护线路全长的目的，限时电流速断保护必须在最不利的情况下，即系统在最小运行方式下，线路末端两相短路时（此时流过保护的短路电流最小），具有足够的反应能力，这个能力通常用灵敏系数来衡量。图 10－3－15 中线路 L_1 的限时电流速断保护，其灵敏系数的校验式为

$$K_{\mathrm{sen}} = \frac{I_{\mathrm{KB\cdot min}}^{(2)}}{I_{\mathrm{op}}^{\mathrm{II}}} \geqslant 1.3 \sim 1.5 \tag{10-3-38}$$

式中 $I_{\mathrm{KB\cdot min}}^{(2)}$——被保护线路末端两相短路时，通过保护的最小短路电流；

$I_{\mathrm{op}}^{\mathrm{II}}$——限时电流速断保护的动作电流。

灵敏系数的数值之所以要满足以上要求，是因为考虑到当线路末端短路时，可能会出现一些不利于保护启动的因素，如短路点存在过渡电阻、实际短路电流可能小于计算值、

保护所用电流互感器具有一定的负误差、继电器的实际启动电流值可能具有正误差等。为使保护可靠动作，必须留有一定的裕度。

如果灵敏系数不能满足要求时，一般可用降低启动电流延长保护范围的方法来解决，即本线路限时电流速断保护与相邻下一条线路的限时速断保护相配合，即

$$I_{op \cdot 1}^{\mathrm{II}} = K_{rel}^{\mathrm{II}} I_{op \cdot 2}^{\mathrm{II}}$$

$$t_1^{\mathrm{II}} = t_2^{\mathrm{II}} + \Delta t$$

式中 $I_{op \cdot 2}^{\mathrm{II}}$——相邻线路的限时电流速断保护动作电流；

t_2^{II}——相邻线路的限时电流速断保护动作时间。

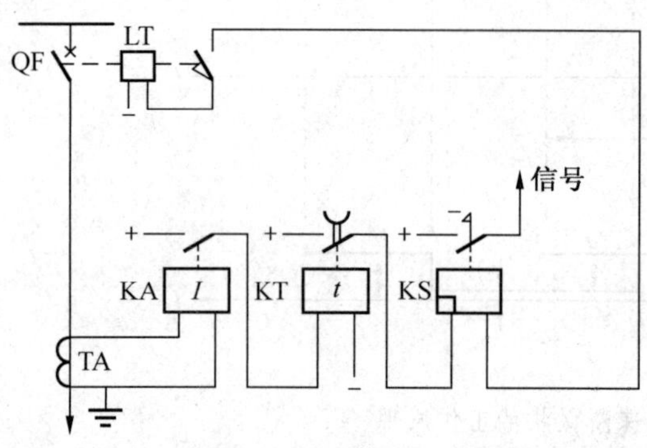

图 10-3-16 限时电流速断保护的单相原理接线

5）限时电流速断保护的单相原理接线

限时电流速断保护的单相原理接线如图 10-3-16 所示。它与无时限电流速断保护相似，只是时间继电器 KT 代替了图 10-3-13 中的中间继电器 KM。这样当电流继电器 KA 动作后，必须经时间继电器的延时，才能动作于断路器跳闸。

3. 定时限过电流保护

无时限电流速断保护可瞬时切除故障线路，但只能保护线路全长的一部分；限时电流速断保护虽然可以用较小的时限切除线路全长上任一点的故障，但不能作相邻线路故障的后备；定时限过电流保护，其动作电流按躲过最大负荷电流整定，一般动作电流较小，灵敏度较高。不仅能保护本线路全长，而且还可作为相邻线路短路故障时的远后备，即其保护范围延伸到相邻线路末端。定时限过电流保护，也称为三段式电流保护中的第三段电流保护。

1）工作原理

图 10-3-17 为一单侧电源辐射形电网，线路 $L_1 \sim L_3$ 均装设定时限过电流保护。其动作电流均考虑按躲过本线路的最大负荷电流来整定。当 k_3 点发生相间短路时，短路电流流过保护 1、2、3。为保证动作的选择性，要求保护 3 的动作时限 t_3 小于保护 1 和保护 2 的动作时限 t_1、t_2。同样，当 k_2 点短路时，要求保护 2 的动作时限 t_2 小于保护 1 的动作时限 t_1。因此，为保证定时限过电流保护的选择性，保护动作时限应满足 $t_1 > t_2 > t_3$，即

$$t_2 = t_3 + \Delta t$$

$$t_1 = t_2 + \Delta t$$

根据以上所述，单侧电源辐射形线路定时限过电流保护的时限特性如图 10-3-17 所示。可见各保护的动作时限是距电源越远动作时限越小，越靠近电源动作时限越长，好像一个阶梯，故称为阶梯时限特性。

2）整定计算

定时限过电流保护的启动电流需按以下两个条件选择。

(1) 为保证正常运行时，过电流保护不动作，启动电流必须大于正常运行时被保护线路上流过的最大负荷电流 $I'_{L \cdot max}$，即

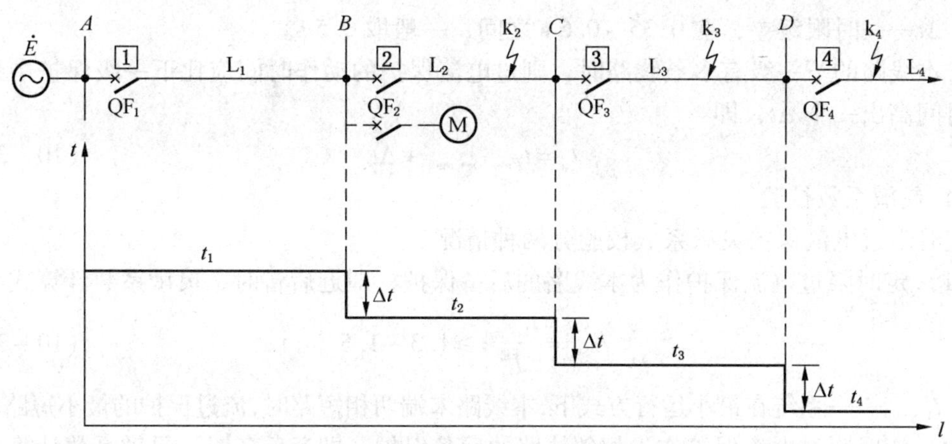

图 10－3－17　过电流保护的工作原理及其时限特性

$$I_{op}^{Ⅲ}>I'_{L\cdot max}$$

（2）为保证在外部故障切除后，保护必须由启动状态可靠返回，其返回电流必须大于外部故障切除后被保护线路上当电动机自启动时可能出现的最大负荷电流，即

$$I_{re}^{Ⅲ}>I'_{L\cdot max}=K_{MS}I_{L\cdot max}$$

式中　K_{MS}——电动机的自启动系数，按电网的具体接线及负荷性质确定，一般取 1.5～3。

当故障发生在保护 1 相邻线路的 k_2 点，保护 1 和保护 2 同时启动，保护 2 动作将故障切除后，在变电所 B 母线电压恢复时，接于该母线上的处于制动状态的电动机要自启动，此时流过保护 1 的电流不是正常时最大负荷电流 $I_{L\cdot max}$，而是考虑电动机自启动时对应的短时最大负荷电流 $I'_{L\cdot max}$，$I'_{L\cdot max}>I_{L\cdot max}$，为此，引入大于 1 的自启动系数 K_{MS}，则 $I'_{L\cdot max}=K_{MS}I_{L\cdot max}$。为保证保护 1 可靠返回，保护 1 的返回电流应大于 $K_{MS}I_{L\cdot 1\cdot max}$，即

$$I_{re\cdot 1}^{Ⅲ}>K_{MS}I_{L\cdot 1\cdot max}$$

同时考虑上述两个条件后，可得保护 1 过电流保护的动作电流为

$$I_{op\cdot 1}^{Ⅲ}=\frac{K_{rel}K_{MS}}{K_{re}}I_{L\cdot 1\cdot max} \tag{10－3－39}$$

式中　K_{rel}——可靠系数，考虑电流继电器误差及负荷电流计算不准确等因素，一般取 1.15～1.25；

K_{re}——电流继电器返回系数，一般取 0.85。

由式（10－3－39）可知，K_{re}越小，$I_{op}^{Ⅲ}$就越大，保护的灵敏度就越低，因此，要求电流继电器的 K_{re}不能过低。

3）动作时间选择

由前面分析可知，为保证选择性，过电流保护的动作时限应比相邻下一线路的过电流保护动作时限大一个 Δt，如图 10－3－17 的时限特性所示，即

$$t_1^{Ⅲ}=t_2^{Ⅲ}+\Delta t \tag{10－3－40}$$

式中　$t_1^{Ⅲ}$——本线路定时限过电流保护的动作时间；

$t_2^{Ⅲ}$——相邻线路定时限过电流保护的动作时间；

Δt——时限级差，在0.35～0.6 s之间，一般取0.5 s。

若本线路的下一级有多条线路时，则过电流保护的动作时间应比下一级保护中最长的动作时间高出一个 Δt，即

$$t_{n}=t_{(n+1)\cdot \max}+\Delta t \tag{10-3-41}$$

4）灵敏系数校验

定时限过电流保护灵敏系数校验分两种情况。

（1）定时限过电流保护作为本线路的后备保护，即近后备时，灵敏系数计算式为

$$K_{sen}=\frac{I_{k\cdot \min}}{I_{op}^{\mathrm{III}}}\geqslant 1.3\sim 1.5 \tag{10-3-42}$$

式中　$I_{k\cdot \min}$——系统在最小运行方式下,本线路末端两相短路时,流过保护的最小短路电流。

（2）定时限过电流保护作为相邻线路的后备保护，即远后备时，灵敏系数计算式为

$$K_{sen}=\frac{I_{k\cdot \min}}{I_{op}^{\mathrm{III}}}\geqslant 1.2 \tag{10-3-43}$$

式中　$I_{k\cdot \min}$——系统在最小运行方式下，相邻线路末端两相短路时，流过保护的最小短路电流。

此外，在各过电流保护之间，还必须要求灵敏系数相互配合，即对同一故障点而言，要求越靠近故障点的保护应具有越高的灵敏系数。例如,在图10－3－17系统中,当 k_2 点短路时,保护2的灵敏系数要大于保护1的灵敏系数。其实,在单侧电源辐射形网络接线中,越靠近电源的保护,其定值自然越大。而发生故障后,流过各保护的短路电流为同一个,所以灵敏系数相互配合的要求一般能够满足。在后备保护之间,只有当灵敏系数和动作时限都相互配合时,才能切实保证动作的选择性,尤其在复杂电网中,应该特别注意这一点。

定时限过电流保护的单相原理接线同限时电流速断保护，此处不再赘述。

4. 阶段式电流保护

1）三段式电流保护的原理接线

无时限电流速断保护动作时间短、速动性好，但其动作电流较大，不能保护线路全长；限时电流速断保护有较短的动作时限，而且能保护线路全长，却不能作为相邻元件的后备保护；定时限过电流保护的动作电流较前两段小，保护范围大，既能保护本线路全长又能作为相邻线路的后备保护，但其动作时间较长，速动性差。因此，为保证迅速而有选择性地切除故障，常常将上述三种保护组合在一起，构成阶段式电流保护，并将电流速断称为电流Ⅰ段，限时电流速断称为电流Ⅱ段，过电流保护称为电流Ⅲ段。

由无时限电流速断、限时电流速断和定时限过电流保护构成的三段式电流保护的原理接线，如图10－3－18所示。

在图10－3－18中保护采用的是两相不完全星形接线。电流速断部分由继电器 KA_1、KA_2、KM和 KS_1 组成，限时电流速断部分由 KA_3、KA_4、KT_1 和 KS_2 组成，过电流部分则由 KA_5、KA_6、KA_7、KT_2 和 KS_3 组成。由于三段电流保护各段的动作电流和动作时限整定均不相同，必须分别使用不同的电流继电器和时间继电器，而信号继电器 KS_1、KS_2 和 KS_3 则分别用以发出Ⅰ、Ⅱ、Ⅲ段保护动作的信号。

使用电流Ⅰ段、Ⅱ段和Ⅲ段组成的阶段式电流保护的主要优点是简单、可靠，并且在一般情况下能够满足快速切除故障的要求，因此在35 kV及以下的中、低压线路上得到了

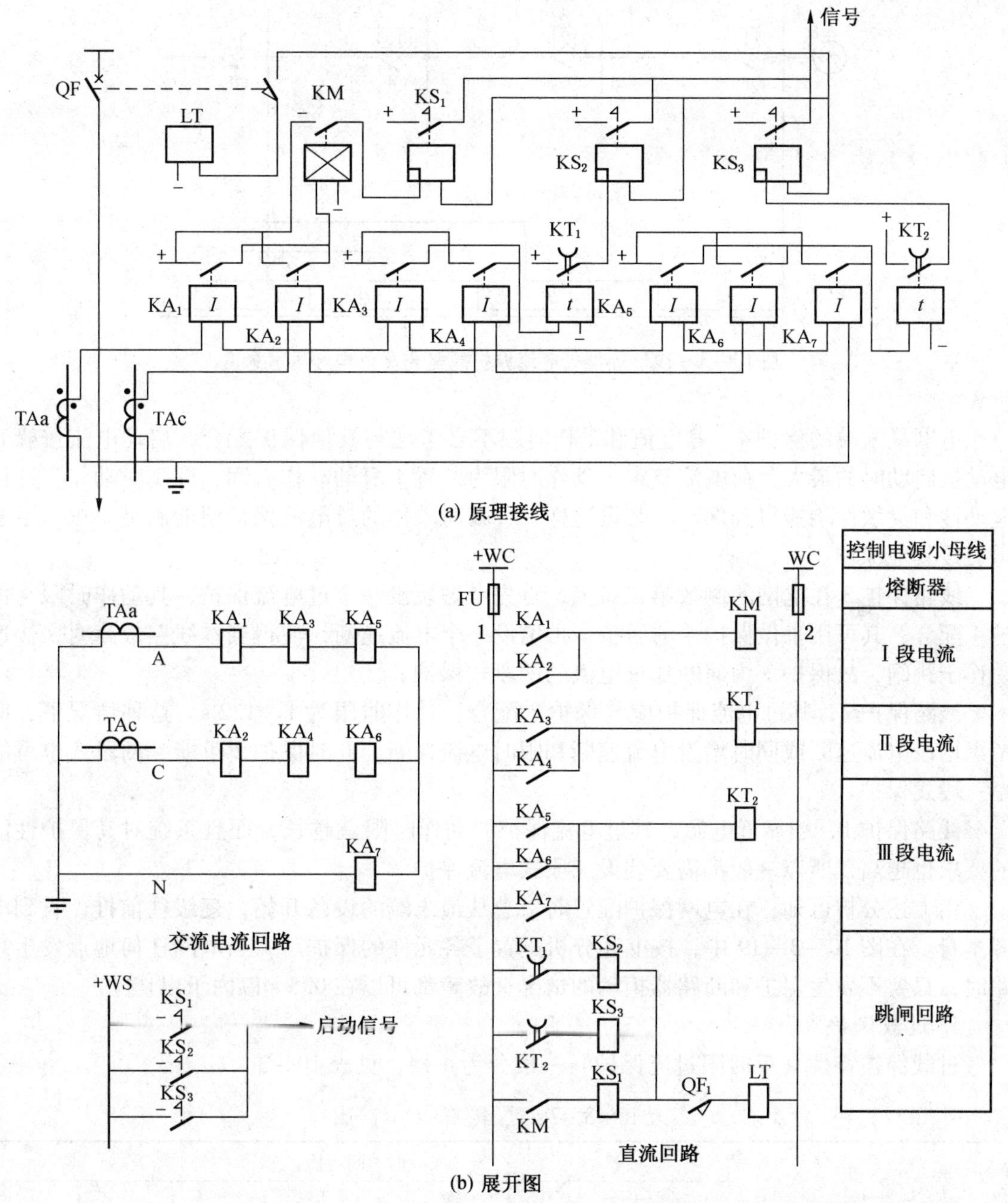

图 10－3－18　三段式电流保护的原理接线图

广泛应用。其缺点是它受电网的接线及电力系统运行方式变化的影响大，如整定值必须按电网的最大运行方式整定，而灵敏度必须用电网的最小运行方式校验，这就难以满足灵敏系数和保护范围的要求。

2）阶段式电流保护的应用

实际应用时，电流Ⅰ段、Ⅱ段和Ⅲ段可三者同时使用，也可只采用速断加过流保护或限时速断加过流保护。现以图 10－3－19 所示的网络接线为例加以说明。

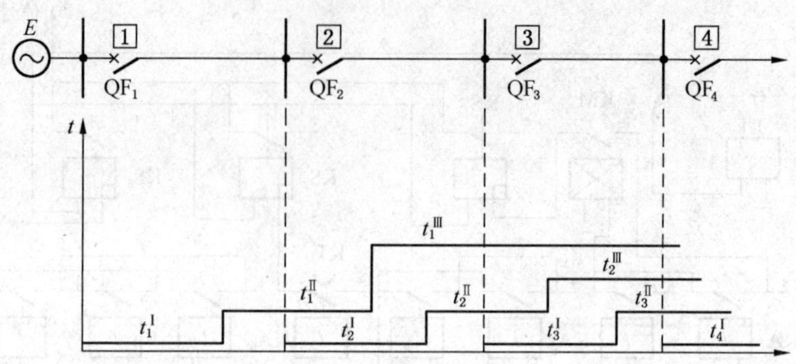

图 10-3-19　阶段式电流保护的配合及动作时间示意图

电网最末端的保护 4，其定值和动作时限不必考虑与其他保护配合，启动电流按躲开电动机启动时的最大负荷电流整定，动作时限为装置本身的动作时间，即瞬时动作，这样速动性和灵敏性均能得到保证，装设这样一种瞬时动作的过电流保护便能满足要求，不必再装设其他保护。

线路保护 3 在电网的倒数第二级上，首先考虑装设一个过电流保护，其动作时限与保护 4 配合，其可用来做保护 4 的后备，再增设一个电流速断，使得当本线路故障时，快速动作于跳闸，故保护 3 为速断加过电流的两段式保护。

线路保护 2，其过电流保护应与保护 3 配合，动作时限为 1～1.2 s。这种情况下，应考虑增设电流速断或同时增设电流速断和限时电流速断，此时保护 2 可能是两段式也可能是三段式保护。

线路保护 1，越靠近电源，其过电流保护的动作时限就越长，而且系统对其保护性能的要求也越高，所以一般都需要装设三段式电流保护。

由上述分析可知，在电网保护配置时，总从最末端的设备开始，逐级往前推，直到电源本身。在图 10-3-19 中，按上述分析配置了各元件的保护后，当电网任何地点发生短路时，只要不发生保护和断路器拒动的情况，故障都可以在 0.5 s 以内予以切除。

5. 过载保护

过载保护特性（反时限过流保护）一般分为 4 档，见表 10-3-7。

表 10-3-7　过 载 保 护 特 性

过载电流倍数	时间档			
	1	2	3	4
	延时时间			
1.05	∞	∞	∞	∞
1.2	40～60 s	1～2 m	2～3 m	3～6 m
1.5	20～40 s	80～1 m	1～1.5 m	1.5～3 m
2.0	11～18 s	14～20 s	20～40 s	40～60 s
4.0	7～10 s	7～10 s	8～12 s	8～12 s
6.0	≤8 s	≤8 s	≤10 s	≤10 s

6. 示例

矿井地面变电所馈出一条10 kV电缆线路，经井下采区变电所开关2向移动变电站供电。线路L_1、L_2均装有三段式保护，试计算开关1、2、3的动作电流。由地面变电所不经井下中央变电所，直接（经钻孔或风井）向采区供电的接线系统，如图10-3-20所示。

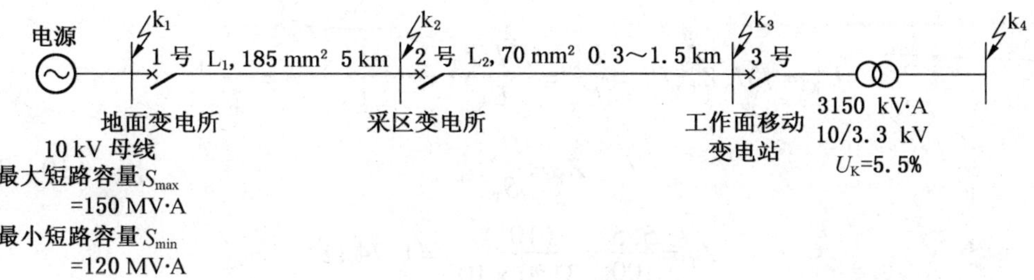

图10-3-20　供电系统接线图

计算步骤：

（1）短路电流计算。电缆单位长度电阻值一般均大于电抗值，计算短路电流时，电阻值不可忽视。因此，宜采用等效阻抗法计算。

① 系统中各元件阻抗计算。

a）系统阻抗Z_s。系统最大短路容量S_{max}的等效电抗X_{min}：

$$X_{min}=\frac{U^2}{S_{max}}=\frac{10^2}{150}=0.67\ \Omega$$

同理

$$X_{max}=\frac{U^2}{S_{min}}=\frac{10^2}{120}=0.83\ \Omega$$

b）线路L_1、L_2阻抗。L_1导线截面185 mm²、线长5 km。

$$Z_{L_1}=R_{L_1}+jX_{L_1}=5(0.118+j0.082)$$
$$=0.59+j0.41$$

同理

$$Z_{L_2}=R_{L_2}+jX_{L_2}=1.5(0.31+j0.093)$$
$$=0.46+j0.139$$

向移动变电站供电的电缆长度，随工作面推进电缆长度相应缩短，最短约为300 m。计算短路电流时，可先按最长距离计算。

c）变压器阻抗（折算至一次侧10 kV）Z_T：

$$Z_T=R_T+jX_T$$

变压器有功损耗

$$\Delta P=3I_{N1}^2R_T\qquad R_T=\frac{\Delta P}{3\times\left(\frac{S_T}{\sqrt{3}U_1}\right)^2}=\frac{\Delta PU_1^2}{S_T^2}\tag{10-3-44}$$

3150 kV·A变压器的$\Delta P=12800$ W、$U_1=10000$ V代入式（10-3-44）：

$$R_T = \frac{12800 \times 10000^2}{(3150 \times 1000)^2} = \frac{12800 \times 10^2}{3150^2} = 0.129\ \Omega$$

短路阻抗 $U_K\% = \frac{U_K}{U_N} \times 100\%$

把变压器二次绕组短路，一次侧缓慢地升高电压，当一次绕组电流达到变压器额定电流时，此时一次侧绕组所施加电压值 U'_K，称为短路阻抗电压。

$$U'_K = \sqrt{3} I_N Z_T, U_K = \frac{U'_K}{U_N} = \frac{\sqrt{3} I_N Z_T}{U_N} = \frac{\sqrt{3}\frac{S_T}{\sqrt{3} U_N} Z_T}{U_N} = \frac{S_T Z_T}{U_N^2}$$

$$Z_T = \frac{U_N^2}{S_T} U_K \tag{10-3-45}$$

$$Z_T = \frac{5.5}{100} \times \frac{(10^4)^2}{3150 \times 10^3} = 1.74\ \Omega$$

变压器等值电抗

$$X_T = \sqrt{Z_T^2 - R_T^2} = \sqrt{1.74^2 - 0.129^2} = 1.73\ \Omega$$

② 计算各短路点电流：

K_1 点短路电流：

最大运行方式短路电流：$I^3_{K1\max} = \frac{U_N}{\sqrt{3}(X_{\min})} = \frac{10^4}{\sqrt{3} \times 0.67} = 8627\ A$

同理最小运行方式短路电流：$I^3_{K1\min} = \frac{10^4}{\sqrt{3} \times 0.83} = 6964\ A$

式中 U_N——系统标称电压（按 GB/T 156—2007 标准电压规定：标称电压 1 kV 以上至 35 kV 有：3(3.3)、6、10、20、35 kV）此处应取 10 kV。

K_2 点短路电流：

$$I^3_{K2\max} = \frac{10^4}{\sqrt{3}[R_{L1} + j(0.67 + 0.41)]} = \frac{10^4}{\sqrt{3}\sqrt{0.59^2 + 1.08^2}} = 4696\ A$$

$$I^3_{K2\min} = \frac{10^4}{\sqrt{3}\sqrt{0.59^2 + (0.83 + 0.41)^2}} = 4209\ A$$

K_3 点短路电流：

$$I^3_{K3\max} = \frac{10^4}{\sqrt{3}\sqrt{(0.59 + 0.46)^2 + (0.67 + 0.41 + 0.139)^2}} = 3592\ A$$

$$I^3_{K3\min} = \frac{10^4}{\sqrt{3}\sqrt{(0.59 + 0.46)^2 + (0.83 + 0.41 + 0.139)^2}} = 3335\ A$$

K_4 点短路电流：

$$I^3_{K4\max} = \frac{10^4}{\sqrt{3}\sqrt{(0.59 + 0.46 + 0.129)^2 + (0.67 + 0.41 + 0.139 + 1.73)^2}} = 1820\ A$$

$$I^3_{K4\min} = \frac{10^4}{\sqrt{3}\sqrt{(0.59 + 0.46 + 0.129)^2 + (0.83 + 0.41 + 0.139 + 1.73)^2}} = 1738\ A$$

K 点三相短路电流见表 10－3－8。

表 10－3－8 K 点三相短路电流 A

短路点	K_1	K_2	K_3	K_4
最大运行方式三相短路电流 $I_{Kmax}^{(3)}$	8627	4696	3592	1820
最小运行方式三相短路电流 $I_{Kmin}^{(3)}$	6964	4209	3335	1738

(2) 各级开关整定电流计算。3 号开关保护 3 处在电网最末端，整定值不必考虑与其他保护配合，启动电流按躲过电动机启动时的最大负荷电流整定，动作时限为装置本身的动作时间，即瞬时动作。3 号开关装设过电流保护便能满足要求。2 号开关在电网例数第二级，首先考虑装过流保护，其动作时限应与 3 号开关配合，作其后备保护。再装设一电流速断，可快速切断本线路故障。

1 号开关装过流保护，动作时限与 2 号开关配合。再装电流速断或再增加限时电流速断保护。

过电流保护整定计算。图 10－3－21 是 3150 kV · A 移动变电站 3.3 kV 侧馈出负荷接线图。移动变电站过流保护开关设在 10 kV 侧。

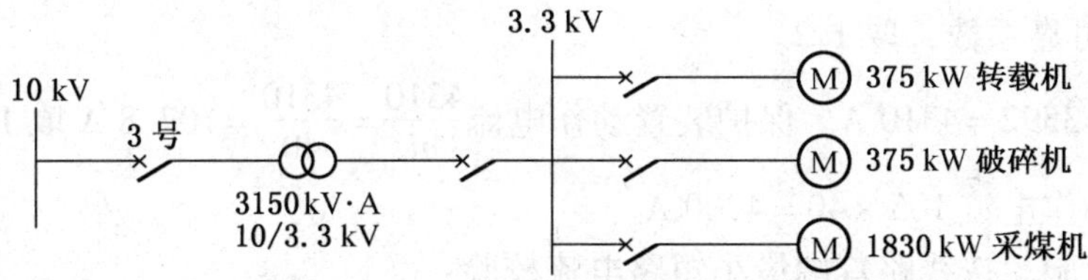

图 10－3－21 3.3 kV 侧馈出负荷接线图

3 号开关过流整定电流：

$$I_{op\cdot3}^{I}=\frac{1.2\sim1.4}{K_{tr}ni}\left(I_{N\cdot St}+\sum I_N\right) \tag{10-3-46}$$

式中 $I_{N\cdot St}$——最大电动机额定启动电流，A；

$\sum I_N$—— 其余电动机额定电流和，A；

K_{tr}——变压器变比，此处 $K_{tr}=\frac{10}{3.3}=3$；

ni——开关电流互感器变比，此处 $ni=\frac{200}{5}=40$；

1.2～1.4——可靠系数，取 1.2。

采煤机总功率最大为 1830 kW，其启动电流是

$$I_{N.st}=KI_N=5.5\times419=2304\ \text{A}$$

采煤机额定电流 $I_N = \frac{1830}{\sqrt{3} \times 3.3 \times \cos\varphi \times \eta} = \frac{1830}{\sqrt{3} \times 3.3 \times 0.85 \times 0.9} = 419\ \text{A}$

转载机、破碎机额定电流 $I_N = \frac{375}{\sqrt{3} \times 3.3 \times 0.85 \times 0.9} = 86\ \text{A}$

$$\sum I_N = K_n \times 2 \times 86 = 0.85 \times 172 = 146\ \text{A}$$

式中 K_n——需用系数，取0.85。

代入式（10-4-46），过流保护动作电流：

$$I^{\text{I}}_{\text{op}\cdot 3} = \frac{1.2}{K_{\text{tr}} n i k_{\text{re}}} \times \left(I_{\text{N. st}} + \sum I_{\text{n}} \right) = \frac{1.2}{3 \times 40 \times 0.9} \times (2304 + 146) = 27.2\ \text{A 取 } 28\ \text{A}$$

式中 K_{re}——返回系数，取0.9。

一次侧过流动作电流： $I^{\text{I}}_{\text{op. 3}} = 28 \times 40 = 1120\ \text{A}$

灵敏系数校验：

$$K_{\text{sen}} = \frac{I^2_{\text{K4min}}}{I^{\text{I}}_{\text{op. 3}}} = \frac{1738 \times 0.86}{1120} = 1.33 > 1.3$$

式中 I^2_{K4min}——最小运行方式下，线路末端两相短路电流。

过流保护动作时间为保护装置本身动作时间 $\Delta t = 0$。

2号开关保护2整定计算：

a）速断保护。按躲过线路末端最大三相短路电流整定。

$$I^{\text{I}}_{\text{op. 2}} = K_{\text{rel}} I^3_{\text{K3max}}$$

式中 K_{rel}——可靠系数，取1.2。

$I^{\text{I}}_{\text{op. 2}} = 1.2 \times 3592 = 4310\ \text{A}$。保护装置动作电流$\frac{4310}{ni} = \frac{4310}{40} = 107.8\ \text{A}$ 取 105 A。保护装置折合至一次动作电流 $105 \times 40 = 4200\ \text{A}$。

灵敏系数校验。按线路首端最小短路电流校验：

$$K_{\text{sen}} = \frac{I^2_{\text{K2min}}}{I^{\text{I}}_{\text{op. 2}}} = \frac{I^3_{\text{K2min}} \times \frac{\sqrt{3}}{2}}{I^{\text{I}}_{\text{op. 2}}} = \frac{4209 \times 0.86}{4200} = 0.86 < 2$$

式中 I^2_{K2min}——线路首端最小短路电流。

电流速断不能满足灵敏度要求。

b）限时电流速断保护。按躲过下一级线路末端最大三相短路电流整定，整定值应大于3号开关无时限速断保护。

$$I^{\text{II}}_{\text{op}\cdot 2} = K^{\text{I}}_{\text{rel}} K^{\text{II}}_{\text{rel}} \frac{I^3_{\text{K4max}}}{ni} = 1.3 \times 1.1 \times \frac{1820}{40} = 65\ \text{取 } 65\ \text{A}$$

折合至一次动作电流 $65 \times 40 = 2600\ \text{A}$。

灵敏系数校验。按线路首端最小短路电流校验：

$$K_{\text{sen}} = \frac{I^2_{\text{K2min}}}{I^{\text{II}}_{\text{op. 2}}} = \frac{4209 \times \frac{\sqrt{3}}{2}}{2600} = 1.39 < 2$$

限时电流速断保护也不能满足灵敏度要求。

限时电流速断动作时限应比 3 号开关动作时间大 $\Delta t=0.5$ s。

c）定时限过电流保护。整定电流与 3 号开关相同，动作时限比 3 号开关动作时间大 $\Delta t=0.5$ s。

1 号开关保护 1（设在地面变电所）整定计算：

a）速断保护：

$$I_{op.1}^{I}=K_{rel}I_{K2max}^{3}=1.2\times4696=5635\ A$$

保护装置动作电流$\frac{5635}{ni}=\frac{5635}{40}=140.8$ A 取 140 A，折合至一次动作电流 $140\times40=5600$ A。

灵敏系数校验：

$$K_{sen}=\frac{I_{K1min}^{2}}{I_{op.1}^{I}}=\frac{6964\times0.86}{5600}=1.07<2$$

电流速断不能满足灵敏度要求。

b）限时电流速断：

$$I_{op.1}^{II}=K_{rel}^{I}K_{rel}^{II}\frac{I_{K3max}^{3}}{ni}=1.3\times1.1\times\frac{3592}{40}=128.4 \text{ 取 } 130\ A$$

折合至一次动作电流：　　$130\times40=5200$ A

灵敏系数校验：

$$K_{sen}=\frac{I_{K1min}^{2}}{I_{op.1}^{II}}=\frac{6964\times0.86}{5200}=1.15<2$$

限时电流速断也不能满足灵敏度要求。

c）定时限过电流保护。整定电流与 2 号开关相同，动作时限比 2 号开关动作时间大 Δt。

$$t_1=t_3+2\Delta t$$

算例小结：

据初步计算，当地面变电所至采区变电所的电缆长度达到 13 km 时，才能满足 1 号、2 号开关电流速断和限时电流速断保护的灵敏度要求。定时限过流保护动作时限过长，向井下供电的 1 号开关 Δt 达 1000 ms 以上，由于时限过长有时也很难做到。因此，井下高压供电系统应用常规的三段式电流保护，已很难防止越级跳闸，满足纵向选择性保护。

（二）防止井下高压供电系统越级跳闸的措施

防止越级跳闸的方案如下：

（1）DSB－600 D 综合保护装置中使用小延时保护防止短路越级跳闸。图 10－3－22 是单侧供电的井下高压供电系统，对 1 号、2 号、3 号和 4 号开关作时限整定。

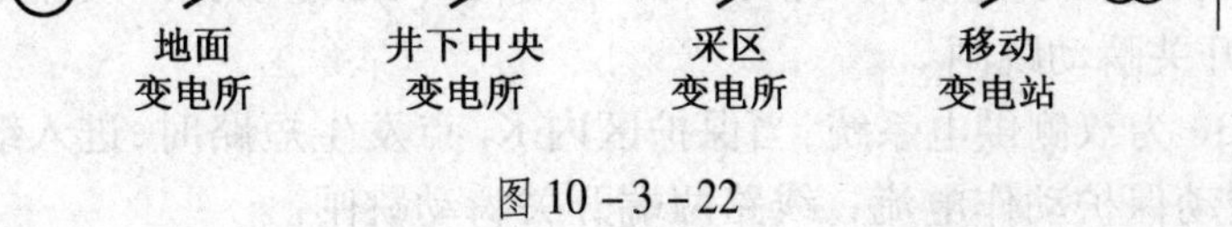

图 10－3－22

4 号开关处于系统末端，取 $\Delta t=0$。上一级 3 号开关比 4 号开关应增加 $-\Delta t$ 时差：

$$\Delta t=K\times(\text{保护出口时间})+(\text{开关固有分闸时间})$$

DSB-600D 保护装置的保护出口时间不大于 30 ms，现在的隔爆型高压真空配电装置固有分闸时间小于 70 ms，跳闸时间不超过 100 ms。考虑不可预计因数，总跳闸时间

$$t=1.5\times(30+70)=150\text{ ms}$$

式中 K——可靠系数，取 1.5。

图 10-3-22 中各开关时限配合。4 号瞬动 $\Delta t=0$；3 号开关延时 $\Delta T=50$ ms；2 号开关延时 $\Delta T=2\times50$ ms $=100$ ms；1 号开关延时 $\Delta T=3\times50$ ms $=150$ ms。

1 号开关是向井下馈出开关，如有大于 0.5 s 小延时，就能达到过流纵向选择性要求。

（2）通过上、下级开关跳闸信号闭锁防止越级跳闸。当本级开关下接供电线路的短路电流达到速断动作值时，保护装置将输出闭锁信号（DC24 V，动作时间 12 ms）对上级开关保护速断功能闭锁，以防短路越级跳闸。上级开关保护作为下级开关后备保护。

（3）纵联差动保护。纵联差动保护基本原理接线如图 10-3-23a 所示。图 10-3-23a 为单侧供电系统，当正常运行和外部 K_1 点短路时，流过继电器的电流 $I_P=I_1-I_2$，如电流互感器的特性完全相同，则 $I_p=0$，继电保护不动作。此时，电流互感器的二次侧电流在辅助导线内循环，故此种接线称为环流式接线。

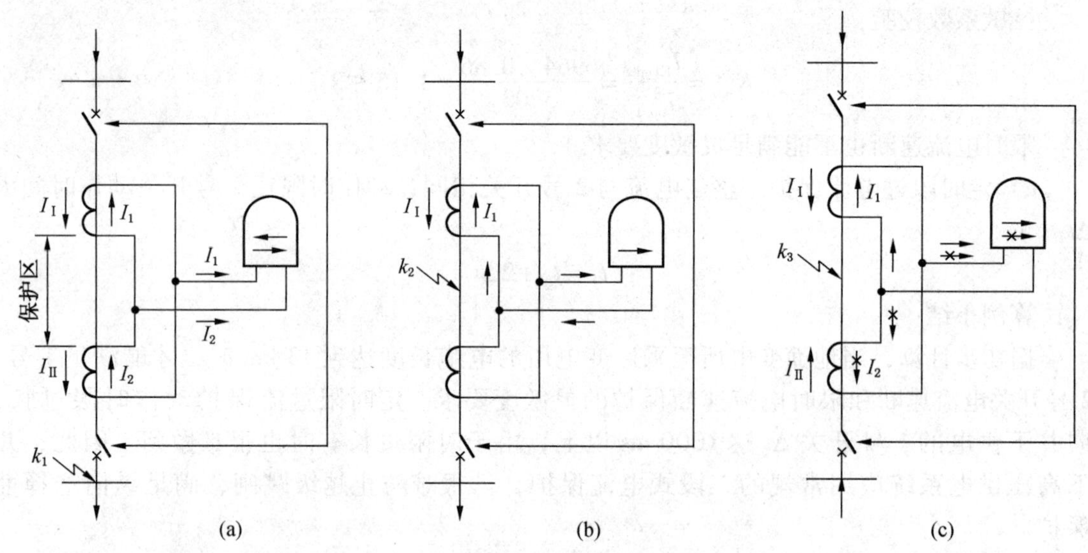

图 10-3-23 纵联差动保护基本原理接线图

图 10-3-23b 为单侧供电系统，当保护区内 K_2 点发生短路时，从供电端的电流互感器二次电流 I_1 流过继电器线圈，忽略线路另一端电流互感器二次电流 I_2 流向故障点 K_2（忽略短路时电动机等反馈电流），此时，若 $I_p=I_1$，大于差动保护动作电流，则保护装置动作，线路两端开关瞬动跳闸。

图 10-3-23c 为双侧供电系统，当保护区内 K_3 点发生短路时，进入继电器的电流 $I_p=I_1+I_2$，如大于差动保护动作电流，线路两端开关瞬动跳闸。

差动保护的动作电流及时限：差动保护是瞬时动作，其整定值应大于外部短路的最大不平衡电流（考虑短路电流非周期分量等因素）。

$$I_{op}=K_{rel}I_{unb\cdot max}$$

式中　K_{rel}——可靠系数，一般取 1.3；

$I_{unb\cdot max}$——最大不平衡电流。

差动保护的整定计算可以单独进行，不需要考虑与其他保护的配合关系。在保护区内保护动作，保护区外不误动，可实现全线路无时限速断保护。

上述三种方式，就保护原理而论，均能防止越级跳闸。第一种方法比较简易可行，但必须具备向井下馈出开关有小延时，井下各级开关保护和开关固有动作时间比较小，如能满足这些条件，应该可作为首选方案。

第二、第三种方式，均需在各级开关间敷设与保护同样长的辅助导线，投资比较高。第三种方式纵联差动保护比较成熟可靠。第二种方式上、下级开关如何进行整定计算，是否能配合很好，还应从实践中证实。

一点建议。

50 多年前，我国煤矿（也包括苏联）工作面单产很低，一个装有 2 台 180 kV · A 变压器的采区变电所低压馈线可供几个工作面用电。高压电缆不进入采区，只到采区变电所为止。井下电气故障主要出自采区的低压电缆，井下高压电缆故障率远低于进入采区的低压电缆。因此，当时的《煤矿安全规程》中特别制订了《煤矿井下低压电网短路保护装置的整定细则》，此细则取自苏联《规程》，这是《规程》制订的历史背景。时至今日，随着采掘机械化的发展，工作面单产装机容量大幅度提高。多数大中型矿井已广泛采用高压电缆向深入工作面的移动变电站供电，已形成多阶段井下高压供电系统。大量高压电缆进入采区使用，增加了电缆故障率。现在很多生产矿井井下过流保护措施参差不齐，无统一要求，有一些矿井高压系统越级跳闸事故时有发生，影响煤矿生产安全。

如何提高井下高压供电系统的可靠性、选择性，以提高供电系统的安全性。为此，建议修订《煤矿安全规程》(2016) 第 451 条、第 452 条等条文，这些条文对井下高压系统过流保护要求很低，多取自苏联《规程》。我国自制订第一版《煤矿安全规程》(1961 年版) 以来，除文字上略有修改外，未作原则性改变。为此，建议尽快制订《煤矿井下高压电网短路保护装置的整定细则》。对制订内容提出以下几点供参考：

（1）在条文中要明确规定：井下高压供电系统过流保护必须具有纵向选择性。

（2）规定整定计算方法。

（3）所取可靠性、灵敏性等校验参数，应不低于地面工矿企业 6 ~ 10 kV 系统过电流保护要求。

（三）单相接地保护

按《煤矿安全规程》规定，煤矿高压系统属于小电流接地系统。中性点不接地系统的单相接地保护如下。

1. 中性点不经消弧线圈接地系统的接地保护

1）零序电流保护

利用故障线路零序电流大于非故障线路零序电流的特点，构成有选择性单相接地保护。馈出线路较多的电网，故障线路的零序电流比非故障线路的零序电流大，有较高的动

作灵敏度。保护的动作电流，应按躲过本线路的零序电容电流整定，即

$$I_{op}=K_{rel}3U_{\varphi}\omega C_0$$

式中 C_0——被保护线路相对地电容；

U_{φ}——相电压；

K_{rel}——可靠系数，对瞬时动作的零序电流保护，取4~5；对延时动作的零序电流保护，取1.5~2。

保护装置的灵敏系数校验，按被保护线路单相接地时流过保护的最小零序电流计算，即

$$K_{sen}=\frac{3U_{\varphi}\omega(C_{\Sigma}-C_0)}{K_{rel}3U_{\varphi}\omega C_0}=\frac{C_{\Sigma}-C_0}{K_{rel}C_0}$$

式中 C_{Σ}——同一电网中，线路等电气设备的相对地电容之和，在实际计算中，只计算线路相对地电容。

2）零序功率方向保护

当零序电流保护灵敏系数不满足要求时，可选用零序功率方向保护。故障线路的零序电流由线路流向母线，相位滞后零序电压90°，而非故障线路的零序电流由母线流向线路，相位超前零序电压90°。利用故障与非故障线路零序电流流向不同判别故障线路。

2. 中性点经消弧线圈接地系统的接地保护

1）反应稳态5次谐波分量的接地保护

发电机转子的磁通密度不可能完全按正弦分布，定子电压不可能是绝对正弦波，含有一定数量的谐波分量，其中最大的是5次谐波。当发生接地故障时，接地电容电流和消弧线圈中电流都含有5次谐波分量。此时，消弧线圈的感抗 $X_L=5\omega L$，为基波分量的5倍。因此，消弧线圈流向接地点的电流减小为原来的1/5；而电网对地的容抗 $X_c=\frac{1}{5\omega C_{\Sigma}}$，减小为原来的1/5，接地电容电流增大为原来的5倍。流经消弧线圈的5次谐波电感电流很小，而5次谐波电容电流很大，几乎未被补偿。5次谐波电容电流分布规律与基波电容电流在中性点不接地电网的分布规律相同，即故障线路的5次谐波电容电流等于非故障线路5次谐波电容电流之和。非故障线路电容电流是其本线路的5次谐波电容电流。故障与非故障线路5次谐波电容电流的相位差180°。利用上述电流和相位差别，构成5次谐波分量电流和功率方向的接地保护。

2）反应暂态零序电流的接地保护

中性点非直接接地系统发生单相接地后，故障相对地电压突然降低为零，并引起故障相对地电容放电，放电电流衰减快、振荡频率高达数千赫，这是由于放电回路电阻和电感都比较小的缘故。而非故障线路由于对地电压突然升高$\sqrt{3}$倍，从而引起充电电流。因为充电回路要通过电源，电感较大，所以充电电流衰减较慢，且振荡频率也较低（仅数百赫）。当发生接地故障时，故障点的总电流为上述放电电流与充电电流之和。由于绝缘被击穿而形成的接地故障，通常最容易在相电压接近最大值的瞬间发生。理论计算和实践经验证明，暂态零序电流的频率变化范围是200~3000 Hz，其衰减时间为0.01~0.025 s。在接地故障发生后第一个周期的第一个半波，故障点的暂态电流值最大。暂态电流最大值和稳态电容电流值之比，近似等于振荡频率与工频之比，故暂态电流最大值要比稳态电流大几倍

到几十倍。故障线路首端的暂态电流比非故障线路首端的暂态电流大，而且它们的方向相反。利用这些特点，可以构成反应暂态电流幅值或相位的零序保护。考虑到暂态过程衰减很快，保护必须采用速动继电器，并且在动作后要能自保持。用晶体管或 PMOS 集成电路构成的 ZD－3 型和 ZD－3B 型接地信号装置，就是反映暂态零序电流和暂态零序电压头一个半波方向的接地保护。该装置用在中性点非直接接地电网中，不仅能反映电网中发生的永久性接地故障，也可以反映瞬时性接地故障，装置动作后，能发出接地信号并直接指出故障线路。

（四）电压保护、风电瓦斯闭锁和电缆绝缘监视功能

1. 电压保护

（1）过电压保护。真空开关与 SF6 开关相比有较高的操作过电压，一般采取以下两种措施：

① 阻容吸收。

② 压敏电阻保护。压敏电阻是一种非线性电阻。超过动作电压时，显低电阻特性，能量通过压敏电阻释放，待电压返回选定电压值时，压敏电阻恢复原高阻特性。

过电压定值和动作延时可根据规定范围设定：

过电压定值范围 1.0～2.0U_N（额定线电压）。

过电压动作延时范围 0～20 s。

（2）欠电压保护。当电网电压降至额定电压的 35% 及其以下时，断路器应可靠分闸；当电网电压降至额定电压的 85% 及其以上时，断路器应能可靠合闸；当电网电压降至额定电压的 65% 以上时，不应出现断路器分闸动作。为避免电路瞬时失压造成开关跳闸断电现象，提高供电系统可靠性。失压保护必须设置延时功能。

失压定值设定范围：0～1.0U_N。

失压动作延时设定范围：0～9 s。

2. 风电瓦斯闭锁

根据瓦斯断电仪接点要求，应具常开接点闭合和常闭接点打开，保护动作两种方式供选择。

3 电缆绝缘监视

高压电缆进入采区向移动变电站供电，采用双屏蔽电缆防止电缆受外力破坏短路时火花外漏引起瓦斯爆炸事故，是一项重要的安全措施。此项要求首先在 1980 年版《煤矿安全规程》第 416 条中就有明确规定“移动变电站应采用监视型屏蔽橡胶电缆”。为确保屏蔽电缆正常运行，井下高压开关必须装设双屏蔽电缆绝缘监视保护。当屏蔽电缆受外力损伤时，装设在外层的监视层与电缆绝缘层首先破坏，在未发生相与地或相间短路时，监视保护动作切除电路。

绝缘监视保护：监视线与地线间绝缘电阻值 R_d 应满足 3 kΩ≤R_d≤5.5 kΩ；监视线与地线间回路电阻 R_K 应满足 0.8 kΩ≤R_K≤1.5 kΩ；绝缘监视动作时间不大于 30 ms。

四、变压器选择

（1）按《煤矿安全规程》第 450 条规定“井下严禁使用油浸式电气设备”。据此，井下使用的变压器，均应选用防爆型干式变压器或移动变电站。

（2）中央变电所动力变压器一般设两台，当主排水泵为低压时，任一台变压器停止运行时，其余应保证排出最大涌水量所需的容量。

(3) 其他电气参数选择与地面变压器相同。

五、井下负荷计算及设备选择举例

(一) 采区变电所电力负荷计算举例

某矿有一采区变电所，其所供的用电负荷见表10-3-9，供给一个一般机组工作面（指单体支架，无电气闭锁起动的机组工作面），试计算确定该变电所的变压器容量。

由于供一般机组工作面用电，其需用系数K_r可按式（10-3-2）计算：

$$K_r = 0.286 + 0.714 \times \frac{80}{368.9} = 0.44$$

该采区变电所的计算负荷，可按式（10-3-1）计算，并查表10-3-1，得$\cos\varphi = 0.65$，变电所的总视在功率为

$$S = \sum P_N \frac{K_r}{\cos\varphi} = 368.9 \times \frac{0.44}{0.65} = 249.7\ kV \cdot A$$

根据计算负荷，该变电所应选315 kV·A防爆型干式变压器一台。

(二) 井下总电力负荷计算举例

采区变电所的用电负荷见表10-3-9，某矿井下用电负荷统计见表10-3-10。

表10-3-9 采区变电所的用电负荷

设备名称	电动机			备注
	型号	额定功率/kW	额定电压/V	
MLQ_1-80型采煤机	DMB-60	80	660	小时功率
SGW-44型输送机	DS_2B-22	22×10	660	长时功率
SPJ-800型吊挂带式输送机	BJO_2-74-4	30×2	660	长时功率
TH_2-5型回柱绞车	1ZB41-8	8	660	长时功率
油泵	JB11-6	6	660	长时功率
煤电钻		2×1.2		
照明		0.5		
总计（$\sum P_N$）		368.9		

表10-3-10 某矿井下用电负荷统计表

负荷名称	每台电动机额定容量/kW	工作电动机台数	设备容量		需用系数K_r	加权平均功率因数$\cos\varphi$	$\tan\varphi$	计算负荷		
		电动机总台数	总容量/kW	工作电动机总容量/kW				有功功率/kW	无功功率/kvar	视在功率/kV·A
一采区一号变电所				336.6	0.6	0.65	1.169	202	236.14	310.75
一采区二号变电所				276	0.6	0.65	1.169	165.6	193.59	254.76
二采区变电所				422.8	0.6	0.65	1.169	253.7	296.57	390.3

表 10－3－10（续）

负荷名称	每台电动机额定容量/kW	工作电动机台数	设备容量		需用系数 K_r	加权平均功率因数 $\cos\varphi$	$\tan\varphi$	计算负荷		
		电动机总台数	总容量/kW	工作电动机总容量/kW				有功功率/kW	无功功率/kvar	视在功率/kV·A
三采区一号变电所				267	0.6	0.65	1.169	160.2	187.27	246.46
三采区二号变电所				208	0.6	0.65	1.169	124.8	145.9	192
三采区移动变电站				371	0.85	0.75	0.8819	315.35	278.11	420.46
蓄电池机车整流站				162	0.8	0.9	0.48	128	61.44	142.2
井底车场低压负荷				150	0.7	0.7	1.02	105	107.1	150
各变电站负荷总计 $\sum SK_{s1}$（取 $K_{s1}=0.9$）								1454.65 1309.18	1506.12 1355.5	2093.9 1884.5
主排水泵（正常负荷）	500	1/4	2000	500	0.9	0.89	0.512	450	230.4	505.6
正常排水量时井下总负荷：$S_s=\sum SK_{s1}+\dfrac{\sum P_N}{\cos\varphi}K_{s2}$①								1759.18	1585.9	2368.5
主排水泵（最大涌水量）	500	3/4	2000	1500	0.9	0.89	0.512	1350	691.2	1516.85
最大排水量时井下总负荷：$S_{SM}=\sum SK_{s1}+\dfrac{\sum P_{NM}}{\cos\varphi}K_{s2}$①								2659.18	2046.7	3355.62

注：① 因只有排水负荷，电力负荷较稳定，故取 $K_{s2}=1$。

已知某矿井下各类用户的电力负荷及其供电系统，如图 10－3－24 所示，试计算井下总电力负荷。

井下各类负荷的需用因数，除机械化采煤工作面变电所的 K_r 值应按式（10－3－2）及式（10－3－3）计算外，其他用户均可查表 10－3－1 得到。计算井下总负荷时，应先求出各类用户变电所和其他用户负荷。表 10－3－10 为井下各类用电负荷总表，按此表可计算出井下用电总负荷。

除水泵负荷外，各变电所负荷总计，可按下式计算：

$$\sum SK_{s1}=2093.9\times 0.9=1884.5\ \text{kV·A}$$

包括主排水泵负荷时，井下负荷总计可按式（10－3－5）计算：

正常涌水量时，取 $K_{s1}=0.9$，$K_{s2}=1$。

$$S_S=\sum SK_{s1}+\frac{\sum P_N}{\cos\varphi}K_{s2}=\sqrt{(1309.18+450)^2+(1355.5+230.4)^2}$$

$$=\sqrt{(1759.18)^2+(1585.9)^2}=2368.5\ \text{kV·A}$$

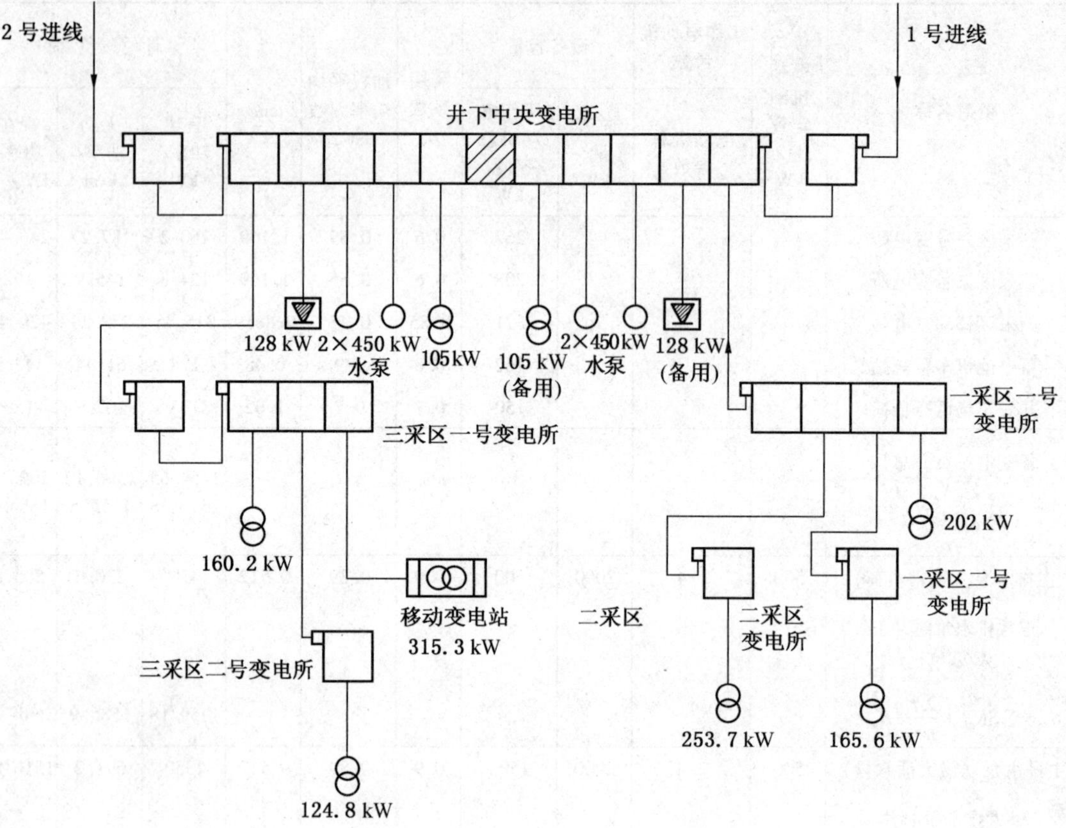

图 10－3－24 某矿井下供电系统

最大涌水量时，取 $K_{s1}=0.9$，$K_{s2}=1$。

$$S_{SM}=\sum SK_{s1}+\frac{\sum P_{NM}}{\cos\varphi}K_{s2}=\sqrt{(1309.18+1350)^2+(1355.5+691.2)^2}$$

$$=\sqrt{(2659.18)^2+(2046.7)^2}=3355.62\ \text{kV}\cdot\text{A}$$

其中,S_{SM} 为最大涌水量时,井下总用电负荷,可用此负荷计算入井电缆截面；$\sum P_{NM}$ 为最大涌水量时,井下主排水泵总用电负荷。

（三）井下高压设备选择计算举例

用上例中的计算负荷及供电系统选择井下高压设备。

1. 下井主电缆截面选择

1）按井下最大负荷（即最大涌水量时）选择电缆截面

按上例计算结果，最大负荷 $S_{SM}=3355.62\ \text{kV}\cdot\text{A}$，则此时的电流 I_M 为

$$I_M=\frac{S_{SM}}{\sqrt{3}U_N}=\frac{3355.62}{\sqrt{3}\times 6}=322.89\ \text{A}$$

按《煤矿安全规程》规定，下井主电缆至少选两根，当一根电缆发生故障时，另一根

电缆应担负全部井下最大负荷，此时电缆截面允许按允许持续电流选择。井筒内温度一般可取 25 ℃，查第十二章有关电缆的载流量表，选 MYJV22 型 6 kV，150 mm^2 铜芯电缆，允许持续电流 359 A > 322. 89 A。

下井主电缆截面一般按故障条件选择，特别是井下涌水量大的矿井更是如此。故一般情况可不再按正常运行情况校核。

2）按短路时热稳定校验电缆截面

（1）供电系统在最大运行方式时，地面变电所下井电缆首端三相短路电流 I_{∞}^{3} = 5. 1 kA，开关断开时间 $t_0 = 0.2$ s，延时 $\Delta t = 0.5$ s，总开断时间 $t = t_0 + \Delta t = 0.7$ s，查图 10 - 3 - 2 得周期分量假想时 $t_{fp} = 0.65$ s。总假想时间 $t_f = t_{fp} + t_{fa} = 0.65 + 0.05\beta'' = 0.7$s，$\beta'' = 1$，$\beta'' = \dfrac{I''}{I_{\infty}} = 1$。

按式（10 - 3 - 21）校验下井电缆截面，式中 C 值按式（10 - 3 - 22）计算，取 C = 144 代入式（10 - 3 - 21）：

$$A_{min} = I_{\infty}^{3}\frac{\sqrt{t_f}}{C} = 5100 \times \frac{\sqrt{0.7}}{144} = 29.6\ \text{mm}^2$$

现按下井负荷所选电缆为铜芯 150 mm^2 > 29. 6 mm^2，热稳定校验合格。

（2）同理可对井下中央变电所馈出电缆进行校验。井下中央变电所母线在最大运行方式时短路电流为 4. 8 kA。采用铜芯电缆，井下开关一般整定瞬动 $t_0 = 0.2$，$\Delta t = 0$，$t = 0.2$ s，查图 10 - 3 - 2，t_f = 0. 2 s。如无中间接头，$C = 144$，井下中央变电所馈出电缆最小截面：

$$A_{min} = 4800 \times \frac{\sqrt{t_f}}{C} = 4800 \times \frac{\sqrt{0.2}}{144} = 14.9\ \text{mm}^2$$

3）按电压降校核电缆截面

下井电缆的电压降校核，应从地面变电所下井电缆馈线开始，经井下中央变电所直至最远采区变电所（高压配电点、移动变电站）的电压降，见计算图（图 10 - 3 - 25）。

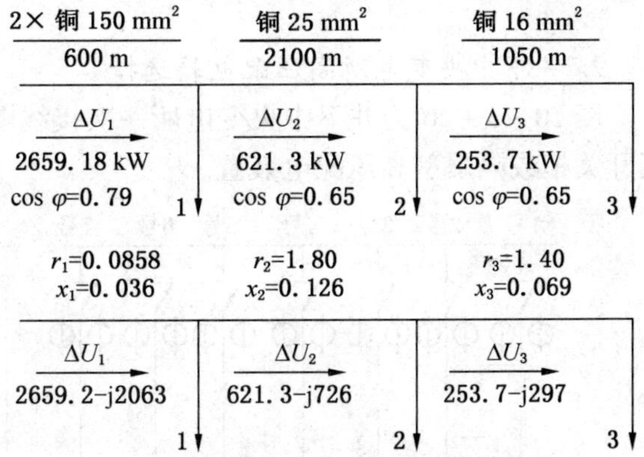

图 10 - 3 - 25　电压降计算图

按式（10 - 3 - 29）计算：

$$\Delta U_{1max} = \frac{2659 \times 0.0858 + 2063 \times 0.036}{6} = 50.3\ \text{V}$$

$$\Delta U_{1max}\% = \frac{50.3}{6000} \times 100\% = 0.84\%$$

$$\Delta U_{2max} = \frac{621.3 \times 1.80 + 726 \times 0.126}{6} = \frac{1118 + 91}{6} = 202\ \text{V}$$

$$\Delta U_{2max}\% = \frac{202}{60} \times 100\% = 3.4\%$$

$$\Delta U_{3max}=\frac{254\times1.4+297\times0.069}{6}=\frac{356+20}{6}=63\ \mathrm{V}$$

$$\Delta U_{3max}\%=\frac{63}{60}\times100\%=1.05\%$$

当一回电缆发生故障，且在最大涌水量时，最远的2采区变电所总电压降 $\Delta U_{max}\%=\Delta U_{1max}\%+\Delta U_{2max}\%+\Delta U_{3max}\%=0.84\%+3.4\%+1.05\%=5.29\%<10\%$ 合格。

用上述相同方法校验其他电缆的电压降。

表10－3－11为井下各高压电缆的选择结果。

表10－3－11　井下高压电缆的选择结果

电　缆　名　称	选　用　规　格	根数/根	每根长度/m
井筒电缆	MYJV42　6 kV 3×150	2	600
西翼采区电缆	MYJV22　6 kV 3×50	1	3000
三采区变电所至移动变电站的电源电缆	MYPTJ－3.6/6　3×25＋3×16/3＋3×2.5	1	700
三采区变电所至二号变电所的电源电缆	MYJV22　6 kV 3×16	1	300
东翼采区电缆	MYJV22　6 kV 3×50	1	2100
一采区一号变电所至二号变电所的电源电缆	MYJV22　6 kV 3×25	1	368
一采区一号变电所至二采区变电所的电源电缆	MYJV22　6 kV 3×25	1	1050

2. 井下中央变电所高压配电箱选择

图10－3－26为井下中央变电所一次接线图，按《煤矿安全规程》要求选用矿用一般型开关柜或隔爆型高压配电装置。

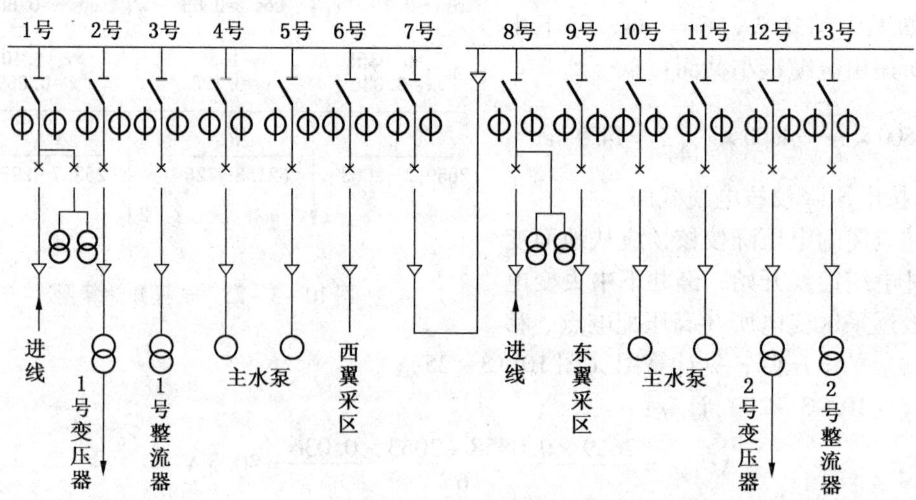

图10－3－26　某矿井下中央变电所一次接线图

额定电压采用6 kV。

配电箱的额定电流应大于进线和馈出线的工作电流，如进线回路和联络开关的工作电流 $I_n=\frac{3355.6}{\sqrt{3}\times6}=322.89\ \mathrm{A}$，则应选额定电流为400 A的配电箱。

根据负荷情况选择电流互感器的变比。

进线回路及联络开关 $I_n = 323.2$ A 选用 400/5 A（按一回路最大负荷计算）

主水泵　$I_n = \dfrac{505.6}{\sqrt{3} \times 6} = 48.7$ A　选用 75/5 A

一、二采区　$I_n = \dfrac{955.85}{\sqrt{3} \times 6} = 92.1$ A　选用 100/5 A

三采区　$I_n = \dfrac{857.6}{\sqrt{3} \times 6} = 82.6$ A　选用 100/5 A

变压器　$I_n = \dfrac{180}{\sqrt{3} \times 6} = 17.32$ A　选用 30/5 A

短路容量检验：已知井下中央变电所母线三相短路电流最大值 $I_{K(3)} = 4.8$ kA，S（短路容量）$= \sqrt{3} \times 6 \times 4.8 = 49.88$ MV · A，应选短路容量大于 50 MV · A 的开关柜。

3. 采区变电所高压开关及变压器选择

按图 10－3－24 及表 10－3－10 的采区负荷分布情况，在各采区变电所中使用的高压防爆开关及变压器的数量、型号，见表 10－3－12。

表 10－3－12　各采区变电所使用的高压防爆开关及变压器的数量、型号

采区名称	采区变电所接线图	采区变电所名称	高压防爆开关			矿用变压器		
			编号	型号	数量/台	编号	型号	数量/台
东翼采区	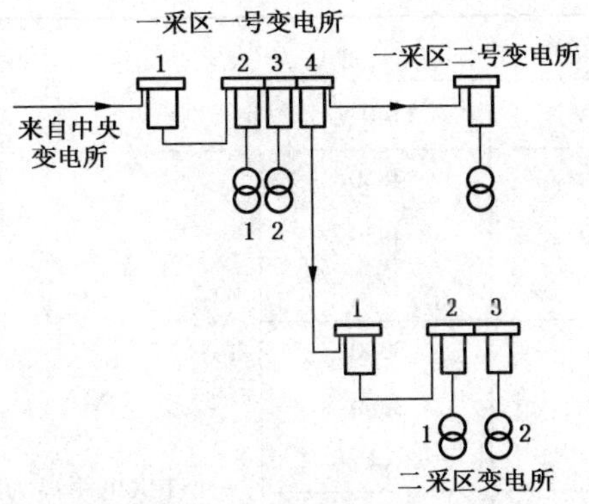 一采区一号变电所 1 2 3 4；一采区二号变电所；来自中央变电所；1 2；1 2 3；1 2；二采区变电所	一采区一号变电所	1 2、3 4	PBG1　150 A PBG1　50 A PBG1　100	1 2 1	1、2	KBSG－200/6	2
		一采区二号变电所		PBG1　50 A	1		KBSG－315/6	1
		二采区变电所	1 2、3	PBG1　100 A PBG1　50 A	1 2	1、2	KBSG－315/6 KBSG－200/6	1 1
西翼采区	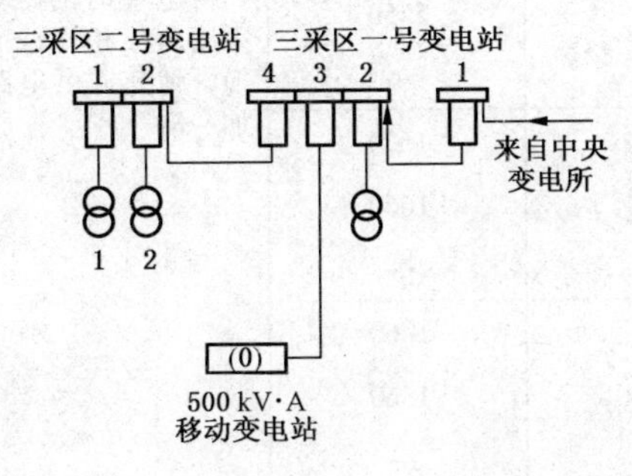 三采区二号变电站 1 2；三采区一号变电站 4 3 2 1；来自中央变电所；1 2；(0)；500 kV·A 移动变电站	三采区一号变电所	1、4 2 3	PBG1　150 A PBG1　50 A PBG1　100 A	2 1 1		KBSG－315/6	1
		三采区二号变电所	1、2	PBG1　50 A	2	1、2	KBSG－100/6	2
		三采区移动变电站		KBSGZY－500/6	1		500 kV · A	1

第四节　采　区　供　电

一、采区电压及其供电范围

随着煤矿采掘机械化的发展，采区电压由20世纪50年代（炮采工作面）380 V→60年代（普采工作面）660 V→70年代（综采工作面）1140 V→90年代（日产万吨以上的高产高效工作面）3300 V。例如，采煤机组（包含工作面输送机）功率不断提高，采区电压也将进一步提高。采区供电方式与采掘机械化程度及采区电压选择密切相关。计算各级电压最大供电范围所采用的几项原则有：

（1）机组至控制开关的电缆长度（即工作面电缆）为200 m。

（2）机组电缆截面分35 mm^2、50 mm^2、70 mm^2 三种。

（3）机组的变压器容量为315 kV · A。

（4）变压器低压馈电开关至机组控制开关间电缆的截面为70 mm^2。

（5）机组主电动机起动时，电动机端电压不允许低于额定电压的75%（如机组对起动力矩无要求时，可按此计算）。

（6）按稳态计算电动机的起动压降。

按以上条件计算所得的各种供电电压的允许供电距离及与机组功率的关系，见表10－4－1。

表10－4－1　采区变电所的供电范围

采煤机组功率/kW	机组电缆截面/mm^2	允许供电距离/m			备　注
		380 V	660 V	1140 V	
60	35	232	1370	4850	允许供电距离为变压器馈电开关至机组开关一根电缆时的距离，如采用两根相同截面的电缆，则允许供电距离增加一倍
	50	315	1470	4950	
	70	—	—	—	
80	35	75	890	3300	
	50	158	970	3360	
	70	—	—	—	
100	35	—	580	2470	
	50	57	660	2550	
	70	—	—	—	
130	35	—	308	1620	
	50	—	382	1660	
	70	—	—	—	
150	35	—	186	1260	
	50	—	265	1360	
	70	—	—	—	

表 10-4-1（续）

采煤机组功率/kW	机组电缆截面/mm^2	允许供电距离/m			备 注
		380 V	660 V	1140 V	
170	35	—	101	960	允许供电距离为变压器馈电开关至机组开关一根电缆时的距离，如采用两根相同截面的电缆，则允许供电距离增加一倍
	50	—	182	1050	
	70	—	230	—	
200	35	—	—	640	
	50	—	66	720	
	70	—	112	770	
250	35	—	—	278	
	50	—	—	350	
	70	—	—	390	
300	35	—	—	89	
	50	—	—	116	
	70	—	—	162	

注：＊计算方法见顾永辉著《煤矿井下供电升压改造》，煤炭工业出版社，1978 年 10 月。

表 10-4-1 中的数值是采区变电所中的变压器只供采煤机组时的供电距离，实际上采区变电所必然还要供一些其他设备，因此，实际允许供电距离还要小一些。

由表 10-4-1 还可以看出，380 V 的供电范围，如采用移动变电站供电，最大机组功率不能超过 100 kW；如采用固定的采区变电所供电，则最大机组功率为 60 kW 时，其允许供电距离也只有 300 m 左右。故 380 V 电压适用于炮采工作面供电，对一般机组工作面已经不相适应。660 V 的供电范围，如采用移动变电站供电，最大机组功率不能超过 200 kW；如采用固定的采区变电所供电，则最大机组功率为 150 kW 时，其允许供电距离约 400 m。故机组功率超过 200 kW 时应采用 1140 V 供电。由表 10-4-1 可以看出，如机组功率超过 300 kW 时，1140 V 电压也已不相适应。高产高效工作面的采煤机组、刮板输送机等设备已广泛采用 3300 V 电压供电。煤矿井下电压等级及使用范围，见表 10-4-2。

表 10-4-2 井下电压等级及使用范围

序 号	额定电压/V	用 途 及 范 围
1	10000、6000	下井电源及高压配电电压
2	3300	高产高效工作面采煤机组、工作面输送机等设备供电
3	1140	综采、高档普采工作面供电
4	660	普采、普掘工作面供电
5	380	炮采工作面供电
6	220	井底车场、总进风巷及主要进风巷的照明供电
7	127	手持电动工具、照明、通信、控制系统供电
8	36	控制、局部照明

二、采区变电所

采区变电所　采区的变、配电中心。采区变电所供一个采区或负荷较小的几个采区用电。对于负荷大、工作面多的采区，也可设两个以上的采区变电所。为区别随工作面移动的组合式移动变电站的供电方式，把此称为固定的采区变电所。

设备组成　采区变电所内的设备有动力变压器、照明变压器、高压防爆开关、低压馈电开关、检漏继电器、照明灯具等。所有设备均须采用防爆型。

电源路径　采区变电所的高压电源电缆通常自井下主变电所或经其他采区变电所引入。电缆经过井底车场、运输大巷及轨道上山斜巷接至采区变电所。当采区距离远且采区上部地面有适当电源时,也可由风井或钻孔将电缆引入采区变电所。对于负荷很小的矿井,电源电缆可直接由地面以低压引入。电缆经井筒或钻孔接至井下,此时只有采区配电点。

接线系统　采区变电所的进线通常设进线断路器，只有单回路电源进线且无高压出线时才不设进线断路器。负荷不大的采区变电所通常采用单回路电源，设一段母线。负荷大的采区，如有综采工作面，下山排水设备或工作面多的采区，采区变电所采用双回路电源进线。双回路同时供电时，采用单母线分段系统，母线间设联络断路器，正常时分列运行；当双回进线为一回路工作，一回路备用时，只设一段母线。双回路电源也可采用环形供电，两个采区变电所各有一回进线并在两变电所之间设联络线，互相作为备用电源。

变压器低压侧设出线馈电开关，接至低压母线，母线以电缆连接。出线经馈电开关送至配电点或其他用电设备。两台或多台变压器的低压侧可采用各自分列运行的方式，也可在母线间设联络开关，平时分列运行。运行方式视负荷情况而定。

硐室构造　采区变电所硐室构造的要求和井下主变电所相似（见井下主变电所），采区变电所硐室应用不燃性材料支护。

设备布置　设备布置的要点也和井下主变电所相似，但采区变电所的设备均为防爆型，防爆设备不允许在井下检修，所以设备对墙及设备间距离只要便于安装、搬运即可。因采区变电所服务年限不长，设备变化不多，所以只需留有适当的备用位置。硐室内不设电缆沟,高、低压电缆均挂在墙上。接地装置设局部接地极。设备布置如图 10－4－1 所示。

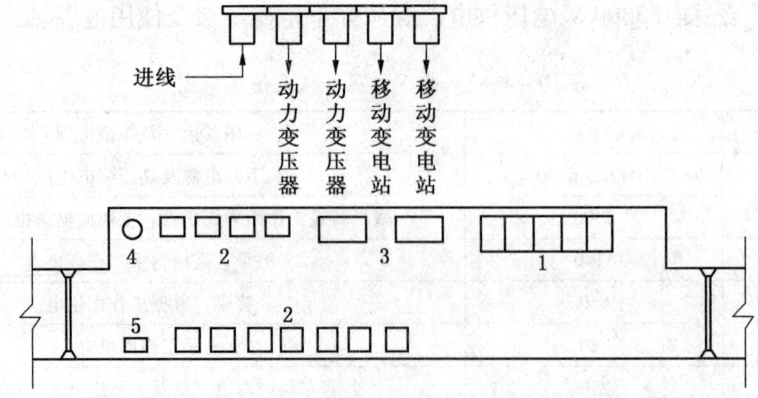

1—高压防爆开关；2—低压防爆馈电开关；3—动力变压器；4—照明变压器；5—检漏继电器

图 10－4－1　采区变电所高压系统及设备布置

位置选择：

（1）采区变电所硐室不得设在工作面顺槽中，一般设在盘区运输斜巷与轨道斜巷之间的横贯内，如图 10－4－2 所示。它不需要另留保安煤柱，利用运输巷及轨道巷的煤柱即可。

（2）在分层开采的盘区中，经过起动电压的验算及硐室费用的比较，也可以将变电所设在压力稳定的岩层中，由它向各层工作面供电，而不必每层工作面都开凿变电硐室。

（3）向掘进工作面供电的变电所，在开拓采区工作面巷道时，一般由采区变电所代替，不另设掘进变电所。当掘进大巷时，则根据起动电压的要求，可利用横贯作变电所。如掘进速度较快，又无永久性采区变电所位置或横贯可作掘进变电所时，应采用防爆移动变电站供电，如有安全措施，并经有关部门批准，也可在大巷一侧加宽巷道作临时掘进变电所。

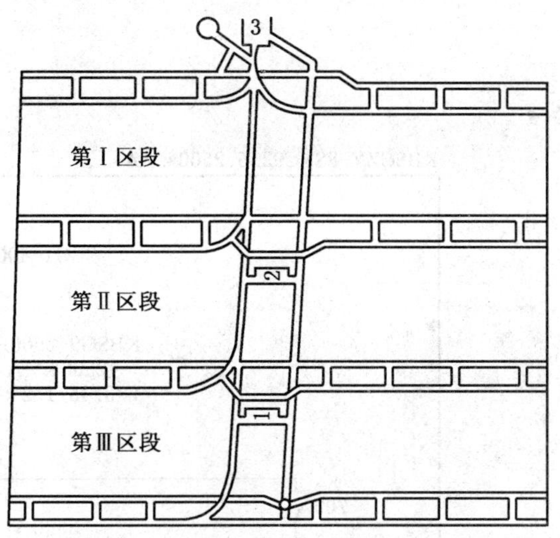

1、2—采区变电所位置；3—采区绞车房

图 10－4－2　采区变电所硐室位置

三、组合式移动变电站

组合式移动变电站是由变压器及高、低压开关组成的移动式隔爆型电气设备，向工作面及附近巷道的负荷供电。组合式移动变电站一般设在采掘工作面附近的运输巷或回风巷中，可随工作面推进而移动。高压深入工作面负荷中心，已广泛在大型矿井中应用。

组合式移动变电站供电的接线方式实例：

（1）向采区带式输送机供电的接线方式如图 10－4－3 所示。二次侧有 3.3 kV 和 1.14 kV 两种电压，有 9 回馈线。

（2）掘进工作面移动变电站供电方式。移动变电站向综采掘进工作面供电的接线方式如图 10－4－4 所示。它是典型的有总馈电开关、分支馈电开关和磁力起动器的三级供电系统。磁力起动器设漏电闭锁，分支馈电开关设横向选择性漏电保护，当发生漏电故障时，只切断分支开关，总开关延时动作，作下一级开关后备保护。

（3）采煤工作面组合式移动变电站供电系统。三台组合式移动变电站向综采工作面供电的接线方式如图 10－4－5 所示。

（4）掘进工作面通风机供电系统。按《煤矿安全规程》规定，该部分见第一节。

高瓦斯矿井掘进工作面局部通风机供电系统如图 10－4－6 所示。按《煤矿安全规程》规定：高瓦斯、突出矿井的煤巷、半煤岩巷和有瓦斯涌出的岩巷掘进工作面正常工作的局部通风机必须配备安装同等能力的备用局部通风机，并能自动切换。正常工作的局部通风机必须采用三专（专用开关、专用电缆、专用变压器）供电，专用变压器最多可向 4 个

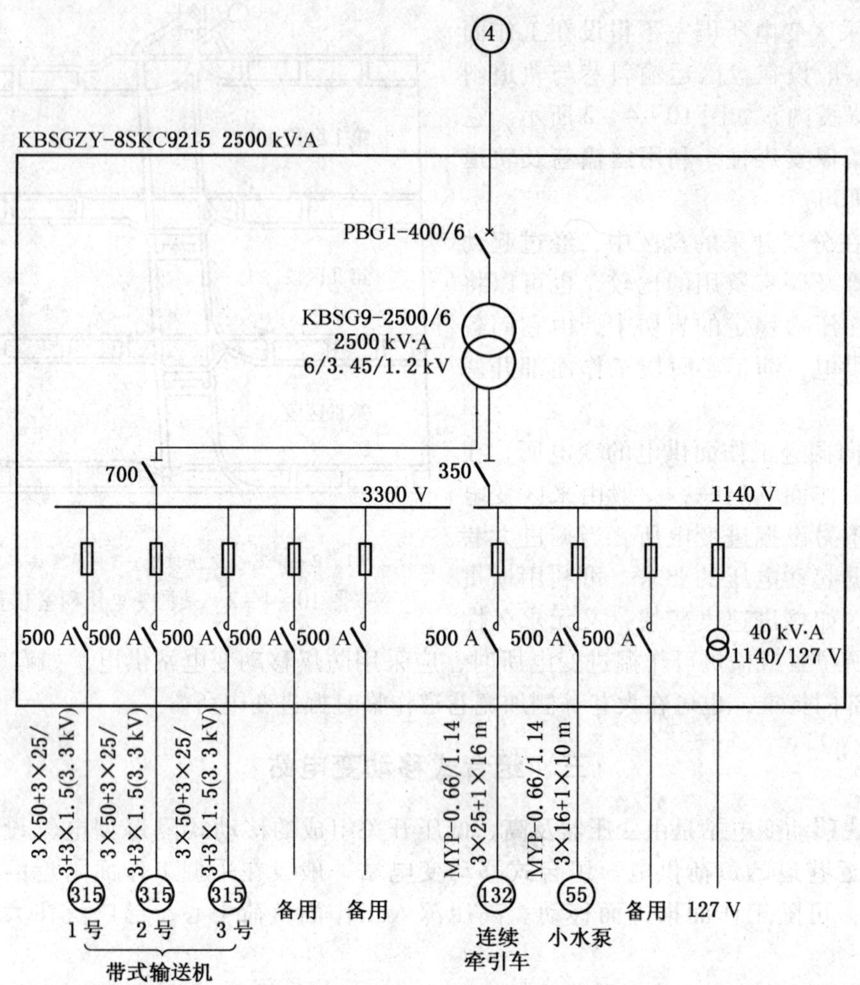

图 10-4-3　采区带式输送机供电系统

不同掘进工作面的局部通风机供电；备用局部通风机电源必须取自同时带电的另一电源，当正常工作的局部通风机故障时，备用局部通风机能自动启动，保持掘进工作面正常通风。

图 10-4-6 中的高压进线取自井下中央变电所不同母线的两回馈线（专用），分别供两台通风机用电的变压器（专用），分别接两台馈电开关（专用）及馈出电缆（专用）向局部通风机配电点开关供电，局部通风机配电点使用 QBZ-2×80+200/1140 局部通风机专用开关。两组 80 A 电磁起动器分别接两台通风机，一台工作一台热备用，当一台通风机发生故障时，切断电源另一台自动投入，符合《煤矿安全规程》备用通风机自动切换的要求。当通风机电源线或开关发生故障时，经 QBZ 开关自动切换。

（5）井下中央变电所接线系统。井下中央变电所接线系统由矿井地面变电所馈出两回线路向井下供电，单母线断路分段，如图 10-4-7 所示。

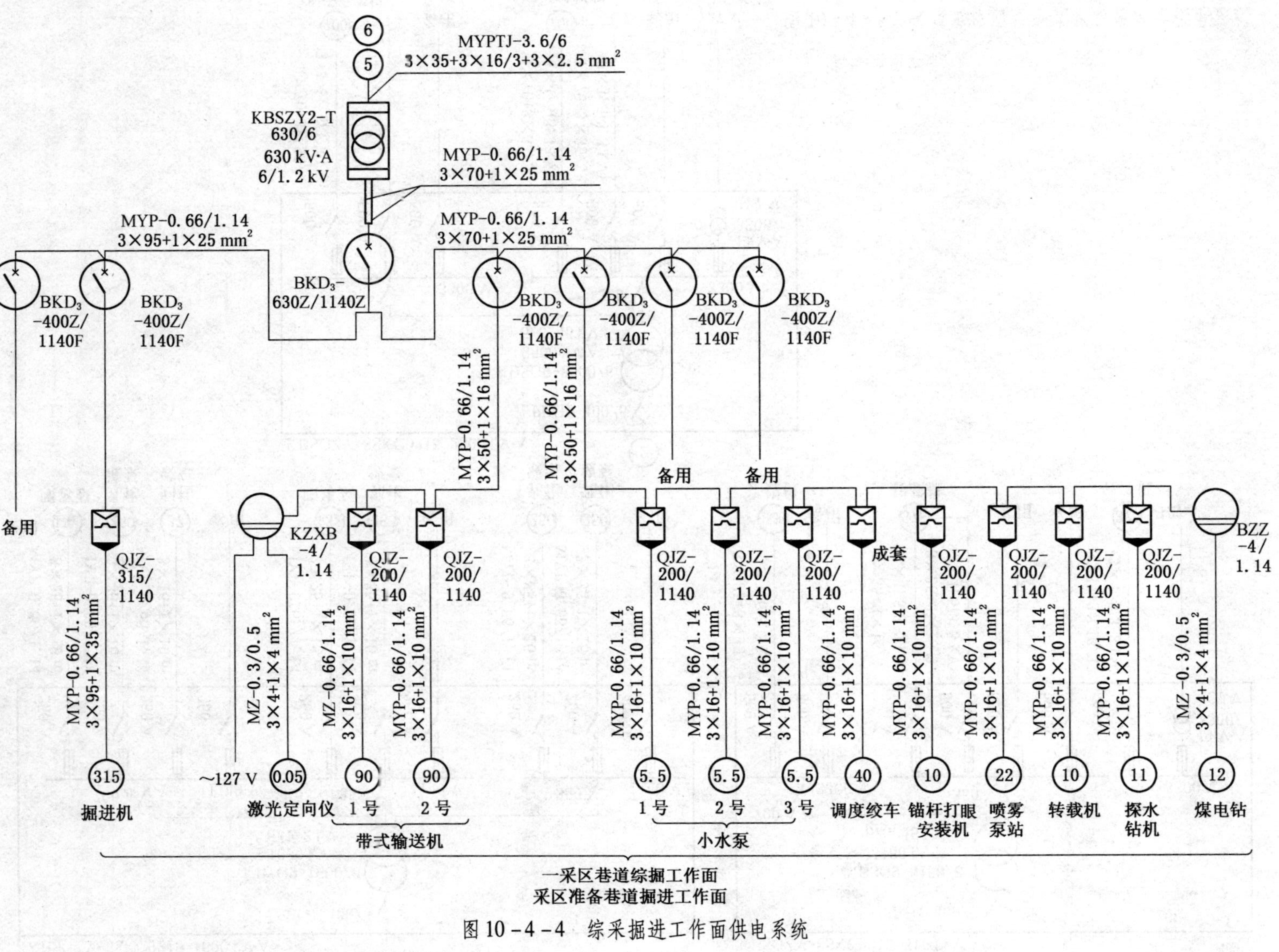

图 10－4－4 综采掘进工作面供电系统

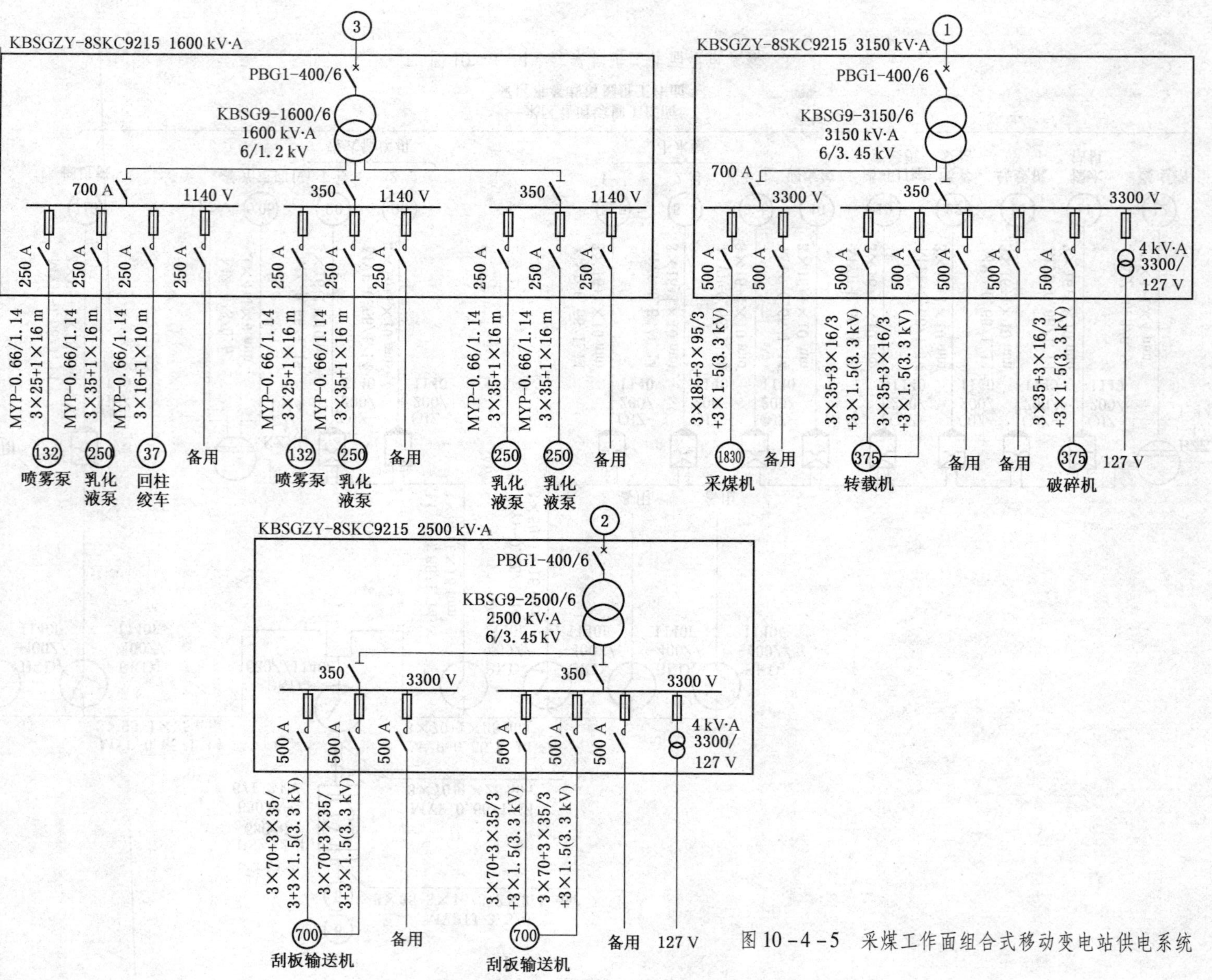

图 10-4-5　采煤工作面组合式移动变电站供电系统

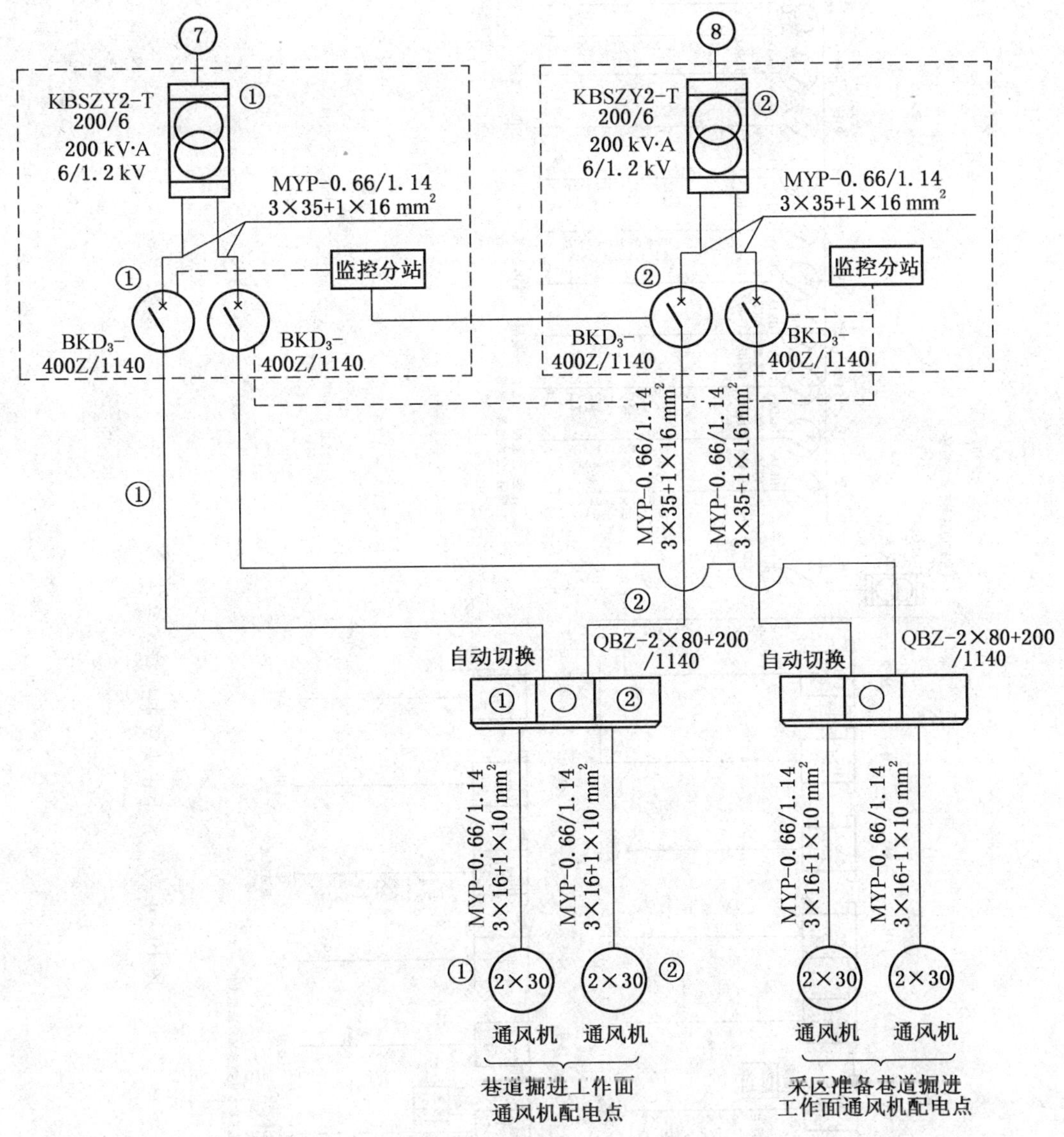

图 10-4-6　掘进工作面通风机供电系统

四、井下电气设备保护

（一）井下低压开关

按《煤矿井下用电器设备通用技术条件》（MT/T 661—2011）规定：

（1）电磁起动器及其组合电器应具有短路、过载、断相、欠压、漏电闭锁保护装置及远程控制装置。考虑到煤矿井下用电动机的特点，过载保护动作范围及动作时间见表 10-4-3。断相保护动作范围及动作时间见表 10-4-4。当起动器主电路对地绝缘电阻降低至表 10-4-5 动作值时应实现主电路漏电闭锁，当绝缘电阻上升到漏电闭锁动作值 1.5 倍

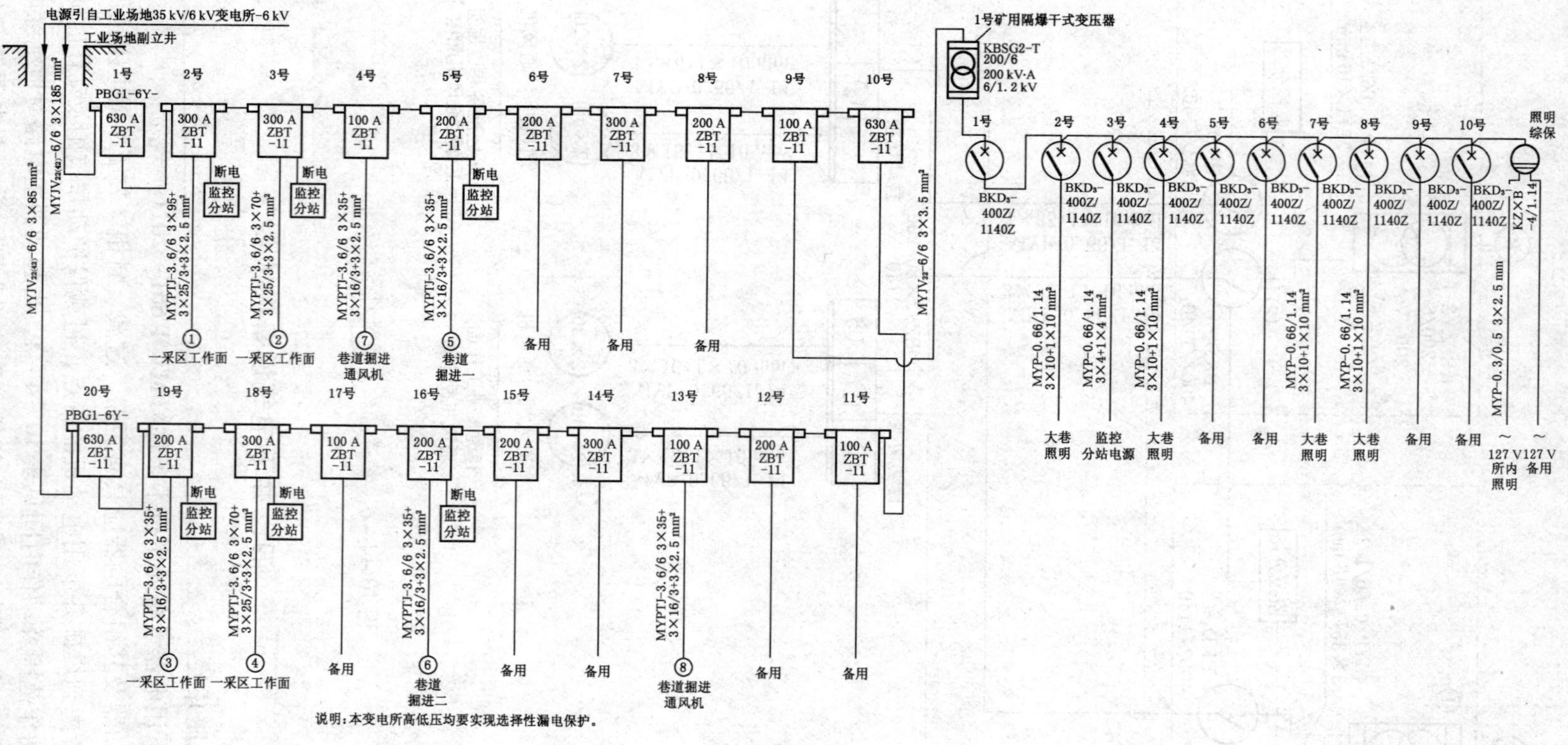

图 10-4-7 井下中央变电所接线系统

时应自动解除闭锁。

（2）井下低压馈电开关的馈电线上，应装设短路、过载、漏电闭锁的保护装置或有选择性检漏保护装置，如果无此装置，应装设自动切断漏电馈电线的检漏装置。检漏继电器的基本参数见表 10－4－6。

（3）煤电钻综合保护装置应具有检漏、短路、过载、远距离控制装置，还应具有断相保护装置。

（4）井下中央变电所高压馈线上，应装设有选择性的单相接地保护装置，供移动变电站的高压馈电线上，应装设有选择性的动作于跳闸的单相接地保护装置。

表 10－4－3　过载保护特性

序号	实际电流/整定电流	动作时间 t_1		起始状态	复位方式	复位时间 t_2/min
		Ⅰ	Ⅱ			
1	1.05	>2 h	>2 h	冷态		
2	1.2	t_1 <20 min	5 min< t_1 <20 min	热态	自动	1< t_2 <3
3	1.5	t_1 <3 min	1 min< t_1 <3 min	热态	自动	1< t_2 <3
4	6.0	t_1 ≥5 s	8 s≤ t_1 ≤16 s	冷态	自动	1< t_2 <3

注：100 A 以下使用于恒定负载的电子过载保护特性可选用系列Ⅰ，100 A 及以上或使用于变动负载的电子过载保护特性优先选用系列Ⅱ。

表 10－4－4　断相保护性能

序　号	实际电流/整定电流		动作时间	起始状态	复位方式
	任意两相	第三相			
1	1.0	0.9	长期不动作	冷态	自动或断电
2	1.15	0	<20 min	热态	自动或断电

表 10－4－5　漏电闭锁保护性能

序　号	主电路额定工作电压/V	单相漏电闭锁整定值/kΩ	动作值允许误差/%
1	380	7	+20
2	660	22	+20
3	1140	40	+20
4	3300	100	+20

表 10－4－6　检漏继电器的基本参数

补偿形式	额定电压/V	单相漏电动作电阻整定值/kΩ	单相漏电闭锁电阻整定值/kΩ	1 kΩ 电阻时动作时间/ms	电容 0.22～1.0 μF 相补偿率/%
有	1140	20 +20%	40 +20%	≤50	>60
	660	11 +20%	22 +20%	≤80	
	380	3.5 +20%	7.0 +20%		

表 10-4-6（续）

补偿形式	额定电压/V	单相漏电动作电阻整定值/kΩ	单相漏电闭锁电阻整定值/kΩ	1 kΩ 电阻时动作时间/ms	电容 0.22～1.0 μF 相补偿率/%
无	1140	20 + 20%	40 + 20%	≤30	—
	660	11 + 20%	22 + 20%		
	380	3.5 + 20%	7.0 + 20%		
	127	3.0 + 20%	6.0 + 20%	≤250	
对于 127 V 的煤电钻综合保护装置，其单相漏电动作、整定值制造厂在 1.5～3 kΩ 可调，推荐采用 3 kΩ，出厂时应调至 3 kΩ，漏电闭锁值不低于本标准值，250 ms 指全分断动作时间					

注：对只具有漏电动作的产品。

高压配电装置的单相接地保护装置无论采用功率方向型、电流型，还是采用电流方向型保护原理，单相接地保护装置的动作参数规定为：

（1）零序电流互感器原边最低起动电流 $I_0 = 0.5$ A，最高整定电流 $I_0 = 6$ A。

（2）电压互感器开口三角形开口电压的最低起动电压 $U_0 = 3$ V，最高整定电压 $U_0 = 25$ V。

漏电电阻在 1 kΩ 以下应能可靠动作，U_0 动作值推荐不超过 10 V。整定电流 I_e 推荐最高不超过 2 A 为宜，以提高漏电保护装置的灵敏度。保护装置本身动作时间小于或等于 100 ms。

QBZ 和 QJZ 系列起动器替代 QC 系列，用于采煤机、输送机、油泵、装岩机等采掘机械的起动器。KBZ 和 KJZ 系列馈电开关替代 DW 系列，作为总开关、分支开关以及母线分段开关。QBZ-2×80+200 开关用于局部通风机的专用开关。KZXB 系列开关代替 BZ 系列用于煤电钻变压器开关。

（二）井下电气保护*

1. 过流保护

井下供电系统的任何部分出现超出其额定电流的过电流现象可能导致电气设备损坏或使用寿命缩短，甚至引起井下电气火灾等恶性事故。造成过电流故障或不正常运行状态主要有各种短路故障（三相、两相、匝间短路等）、断相故障、过负载运行、欠电压运行等。针对过电流现象采取的保护措施主要有：短路保护、过载保护（短路、过载保护合称过流保护）、断相保护、欠压及失压保护。近年来为了进一步提高短路保护的灵敏度和快速性，在井下开始使用相敏过流保护和快速断电保护。

（1）短路保护，对供电系统中不等电位的导体在电气上短接产生的短路故障进行的保护。

短路故障的原因与危害　煤矿井下引起短路故障的主要原因是因过热、老化、过电压、机械损伤导致绝缘损坏造成的。在运行、维修、预防性电气试验中误操作也是产生短路故障的重要原因。

短路故障是煤矿井下产生次数较多的严重故障之一。由于短路电流通常可达正常工作电流的数倍，乃至数十倍，必将产生过多的热量，导致绝缘损坏、设备烧毁，甚至引起电

* 《中国煤炭工业百科全书》，煤炭工业出版社，1997。

火灾；强大的短路电流还会产生巨大的电动力，可能导致设备机械性破坏；短路点电压降到零，使周围电压显著降低，导致周围设备不能正常运行。因此短路故障必须迅速切除进行保护，以免事故进一步扩大。

整定值的选择　选择原则是线路供电正常以及最大负荷时，即使包括电动机最大起动电流的冲击也应当使短路保护不动作。同时，当线路出现最小短路电流时短路保护应可靠动作（灵敏系数不小于 1.5）。常用的选择方法如下：

对低压馈电开关的过电流继电器以及电磁起动器中限流热继电器的电磁元件的电流整定值 I_S 在保护电缆干线时按下式选择：

$$I_S \geqslant I_{SN} + \sum I_N$$

在保护电缆支线时按下式选择：

$$I_S \geqslant I_{SN}$$

而熔断器熔体额定电流 I_F 在保护电缆干线时按下式选择：

$$I_F \approx \frac{I_{SN}}{1.8 \sim 2.5} + \sum I_N$$

在保护电缆支线时按下式选择：

$$I_F \approx \frac{I_{SN}}{1.8 \sim 2.5}$$

在保护照明负载（额定电源为 I_N）时按下式选择：

$$I_F \approx I_N$$

对动力变压器一次侧高压配电箱中的过电流继电器电流整定值 I_S 按下式选择：

$$I_S \geqslant \frac{1.2 \sim 1.4}{\eta_i K}\left(I_{SN} + \sum I_N\right)$$

对照明变压器一次侧熔断器熔体额定电流 I_F 按下式选择：

$$I_F \approx \frac{1.2 \sim 1.4}{K} I_N$$

对电钻变压器按下式选择：

$$I_F \approx \frac{1.2 \sim 1.4}{K}\left(\frac{I_{SN}}{1.8 \sim 2.5} + \sum I_N\right)$$

以上各式中，I_{SN}是指容量最大电动机的实际起动电流或同时起动电动机实际起动电流之和；$\sum I_N$ 是指其余电动机额定电流之和；K 是指变压器变比；η_i 是指电流互感器变流比。

中国煤矿井下供电系统目前禁止采用中性点直接接地系统，因此单相接地故障属漏电故障，不由短路保护装置进行保护，所以选择短路保护装置整定电流时为校验灵敏系数，需要计算最远端两相短路最小短路电流，其计算公式如下：

$$I_{Smin}^{(2)} = \frac{U_N}{2\sqrt{\left(\sum R\right)^2 + \left(\sum X\right)^2}}$$

式中　$I_{Smin}^{(2)}$——最远端最小两相短路电流，A；

$\sum R$——最远端两相短路回路内一相有效电阻总和(含变压器电阻和线路电阻)，Ω；

$\sum X$——最远端两相短路回路内一相电抗总和(含变压器电抗和线路电抗)，Ω；

U_N——变压器二次侧的额定电压，V。

一般在校验过流继电器整定值 I_S 时取灵敏系数为 1.5，即

$$\frac{I_{Smin}^{(2)}}{I_S} \geqslant 1.5$$

一般在校验熔断器熔体额定电流 I_F 时，为确保熔体及时熔断必须满足下式：

$$\frac{I_{Smin}^{(2)}}{I_F} \geqslant 4 \sim 7$$

为了校验电气设备是否具备足够的遮断能力，还需计算端口处三相直接短路可能出现的最大短路电流 $I_{Smax}^{(3)}$，计算公式如下：

$$I_{Smax}^{(3)} = \frac{U_N}{\sqrt{3}\sqrt{\left(\sum R\right)^2 + \left(\sum X\right)^2}}$$

式中 $I_{Smax}^{(3)}$——三相直接短路最大短路电流，A；

$\sum R$——短路回路内一相有效电阻总和，Ω；

$\sum X$——短路回路内一相电抗总和，Ω。

计算出的短路电流值如果大于设备的遮断能力就应重选设备。

短路保护的方法 实施短路保护最简单的一种办法是装设熔断器，其次是利用电流突然增大和电压突然下降的电流、电压继电保护。

中国煤矿井下最常用的是由电磁式继电器组成的无时限短路保护装置，如馈电开关中采用的直接动作一次式保护装置，高压配电装置中采用的直接动作二次保护装置及间接动作二次式保护装置。20 世纪 70 年代开始中国煤矿井下在馈电开关电磁起动器等设备中采用电子式短路保护装置，其原理框图如图 10－4－8 所示。

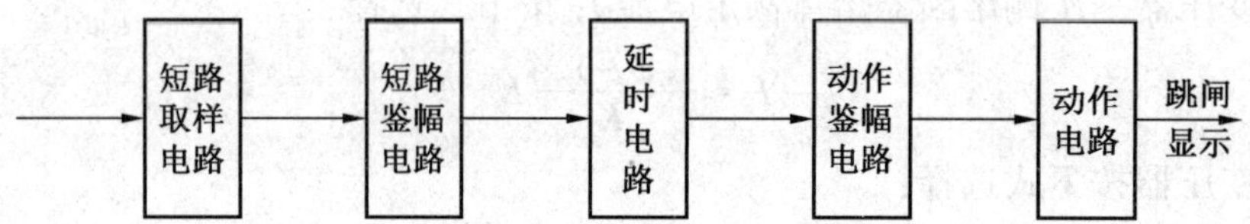

图 10－4－8 电子式短路保护装置原理框图

无论采用何种原理实施短路保护都必须满足动作迅速，具有一定选择性、灵敏度好和动作可靠等要求。

发展趋势 ①随着煤矿井下供电系统容量的不断扩大，短路电流的最大值也在不断上升，因此提高断路器等遮断能力和动热稳定性十分必要，采用限流断路器及真空断路器等将日益广泛；②随着短路电流的增大，取样用电流传感器要求更高的精度和更大的线性范围，为此采用空心互感器以及采用霍尔原理的大电流测试方法日益受到重视；③进一步提高短路保护快速性；④进一步提高短路保护灵敏度（见相敏过流保护）；⑤进一步提高供电安全，对系统供电前出现的短路故障能实现闭锁的短路闭锁保护技术也值得研究；⑥为进一步提高短路保护的各种性能，采用电子技术与计算机技术已成为目前国内外的发展趋势，采用这些技术可以使整定方便准确，显示清晰明了，维修方便快捷，也提高保护的可靠性，还可以在保护选择性的基础上达到最佳的快速性，对煤矿井下防爆电器而言，其小

体积、低功耗、多功能更是电磁式继电保护所无法比拟的。

（2）断相保护，对在三相供电系统中因一相断线引起的故障进行的保护。断相故障是三相不平衡故障中最常见的一类故障，因此断相保护也是三相不平衡保护（又称三相不对称保护）中最常用且较易实现的一种保护。

断相故障种类、原因及危害　断相故障根据其在系统中出现的前后位置不同，表现特征不同，可以分为以下几种：①供电变压器一次侧断一线：不论变压器是何种接法，二次侧三相线电压将出现严重不对称，即使带上三相对称负载，三相线电流也会严重不对称；但在变压器二次侧为角形接法带三相对称负载时，输出的三个线电流中并不出现一相线电流为零的现象。②负载供电线路断一线：指从供电变压器二次侧（含绕组本身）开始一直到负荷开关出口（含开关内部）出现断一线，表现在三相对称负载上会出现三相线电压严重不对称，一相线电流为零。③负载内断一线：星形接法负载内断一线时，负载端口（或负荷开关出口）三相线电压仍基本对称，但断线一相线电流为零；角形接法负载内断一线时，负载端口（或负荷开关出口）三相线电压仍基本对称，而三相线电流严重不对称，但不出现一相线电流为零的现象。

出现断一线的原因很多，其中主要有：①熔断器一相熔体熔断；②供电电缆受机械损伤，其中一根线断裂；③电器内机械故障使吸合时有一相触头不接触；④接线盒内某一接线柱损坏或没有连接好；⑤变压器、电动机等负载内一相绕组烧断或受电磁力后拉断等。

断相故障是煤矿井下最常见故障之一，也是煤矿井下中小型电动机烧损的主要原因，尤其在无专人看管的场合，如小水泵、局部通风机的电动机更是如此。电动机因断相故障三相电流会严重不对称，其中正序电流产生正向转矩，负序电流产生反向制动转矩，零序电流增加损耗。带同样负载正向转矩需要克服负载转矩以及由负序电流产生的反向制动转矩，因此负担加重、电流剧增，引起损耗增加（包括零序电流产生的损耗及增加的附加损耗），即使在80%负载左右，时间一长电动机也会烧毁。

断相故障时电流分析　一般断相故障时三线中会有一个线电流为零，容易鉴别，图10-4-9所示的两种情况是例外。

假设断相前后电动机功率因数、效率、转速均不变，则电动机为额定负载时（额定线电流为 I_N）图10-4-9a中情况 $I_b=I_c=I_N$、$I_a=2I_N$；图10-4-9b中情况 $I_a=I_b=0.866I_N$、$I_c=1.5I_N$。实际状况因功率因数、效率、转速还有所下降，线电流还更大一些，因此长期运行电动机将烧毁。同时，检测线电流进行断相保护时，这两种情况下线电流的变化将是确定保护特性的依据。

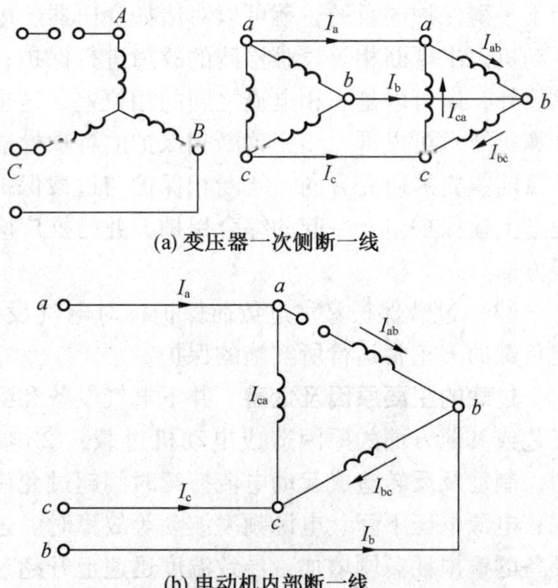

图10-4-9　线电流均不为零的断相故障线路图

实施方法　对断相故障进行保护首先要对出现的断相故障进行检测，选择什么样的信号关系到保护的可靠性以及保护实施方案的难易。为了实施可行，检测点通常取在负荷开关内。分析各种断相故障可知，检测各相电压是否对称并不能断定断相，检测各相电压或电流是否出现零也不能断定断相，而只有检测各相线电流的不对称程度才能可靠地发现断相。

目前煤矿井下实施断相保护的主要方法有两种：一种为采用差动热继电器，利用三相热元件发热不同，伸胀不同去推动差动机构实现断相保护，但这一方法不仅具有热继电器固有的缺点（见过载保护），而且在三角形接法电动机绕组断一相等情况时很难可靠动作；另一种为采用电子保护器，其原理框图如图 10－4－10 所示。

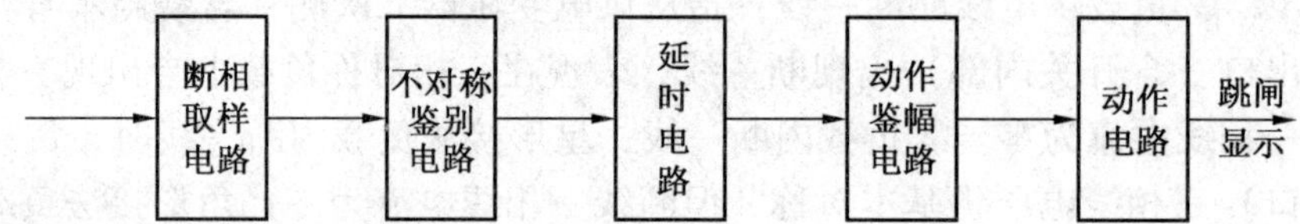

图 10－4－10　断相电子保护原理框图

比较完善的断相保护特性应是任一线（相）小于 0.6 倍或大于 1.6 倍整定电流，另二线（相）为整定电流时，经小于 3 min 延时后断相保护动作；而任一线（相）为 0.9 倍整定电流，另二相为整定电流时将长期不动作，初始状态为热态，动作后应能自锁。按此特性设计的保护器将能保护一切情况的断相故障，而对三相负载允许范围内的稍许不对称也不会误动作，增加短延时可以使电动机起动时经常发生的三相起动电流不对称也不会动作。

利用精确的过载保护来代替断相保护在某些场合应用也是可以考虑的。

发展趋势　①断相保护只要进一步提高鉴别不平衡的能力和抗干扰性能，就能达到三相不平衡保护的目的，就可以对诸如变压器、电动机内部一相匝间短路、双机拖动时一台电动机内出现断相等较难检测的故障进行保护；②用于鉴别断相故障的信号除了三相电流幅值外，还可以是三相电流之间的相位差，这也是一个研究方向；③显然采用电子技术与计算机技术可以进一步完善断相保护的各项性能指标，并方便整定、使用和维修，因此它是目前主要的研究方向；④断相保护与过载保护、短路保护等有很多共同之处，现在已实现把上述保护组合一起的综合保护，并已推广应用，如何进一步完善它也是今后的一个发展方向。

（3）过载保护又称过负荷保护，对电气设备（电动机、变压器、线路等）超过其额定负载的不正常运行所实施的保护。

过载的主要原因及危害　井下电气设备和配电网络过载的主要原因有：①机械设备在工艺或其他方面的原因造成电动机过载；②电动机起动转矩不足或重负载起动、频繁起动、制动及反转造成起动电流持续时间超过允许时间；③负载接近满载情况下发生电源断相，电源电压下降、电源频率波动等故障时。过载通常引起电流超过额定值，从而使电气设备的铜损耗急剧增加，导致温度迅速上升超过正常运行温度，轻者使绝缘加速老化，缩短电气设备使用寿命；重者很快使绝缘烧毁，导致电气设备损坏，甚至发生电火灾等更严重的恶性事故。过载是煤矿井下最常见的不正常运行状态，也是造成电气设备损坏的主要原因之一。

电动机、变压器、电缆的过载能力 由于设计时留有余量，电气设备正常工作温度都小于绝缘材料允许的最高温度，因此电动机、变压器、电缆等都具有一定的过载能力。由于设计、结构、工艺以及环境温度、冷却方式等不同，导致不同型号、不同额定功率电气设备之间过载能力有很大差异，归纳成一个统一的范围比较困难。但是一种趋势是共同的，也就是过载倍数 β 越大，允许过载的时间 t_m 越小。典型的电动机、变压器、电缆允许过载特性如图 10-4-11 ~ 图 10-4-13 所示，图 10-4-11 ~ 图 10-4-13 中冷态是指过载前设备处于不通电状态，温升为零；热态是指过载前设备已处于额定负载状态，而且温升已达稳定。

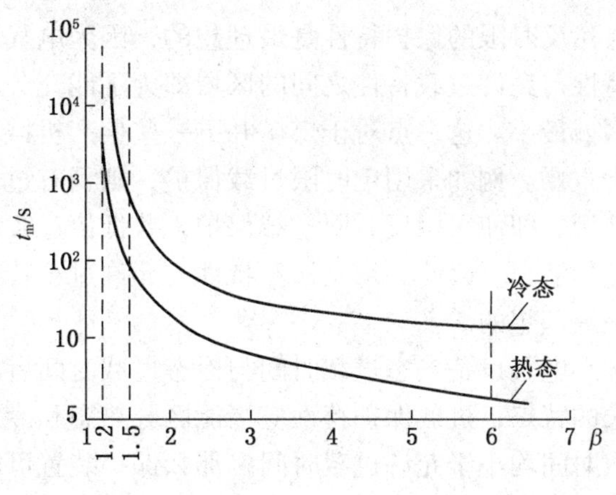

图 10-4-11 电动机允许过载特性

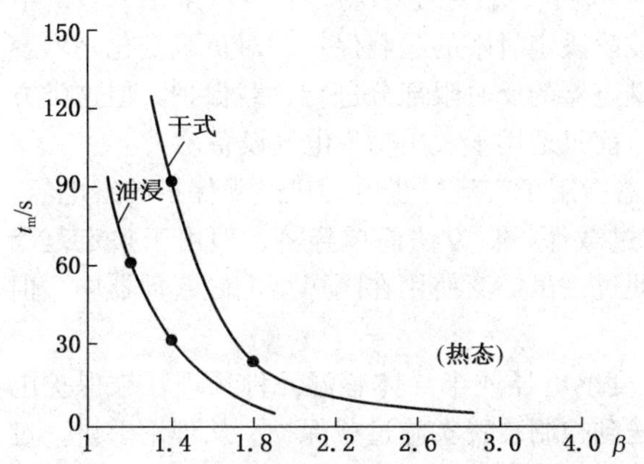

图 10-4-12 变压器允许过载特性

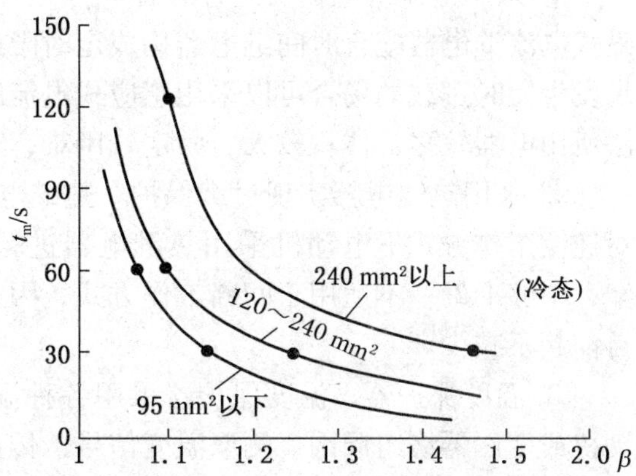

图 10-4-13 电缆允许过载特性

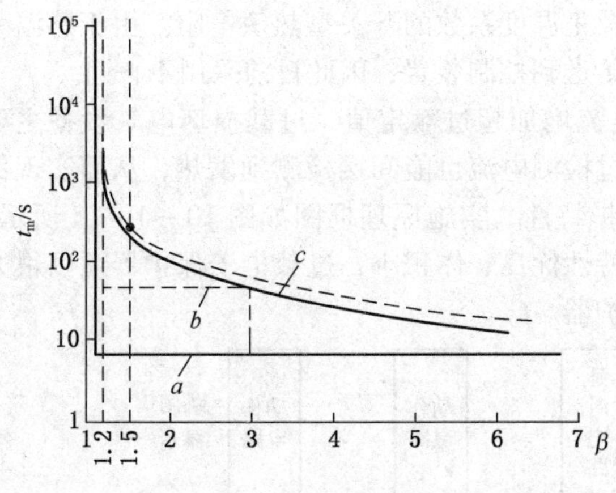

图 10-4-14 电气设备过载保护特性

过载保护特性 过载保护动作时间 t 和过载电流倍数 β 的关系称为过载保护特性。由电气设备允许过载特性可知，曲线左侧即为电气设备正常工作区，而右侧即为电气设备不允许工作区，设置过载保护特性一定要在曲线左侧，即电气设备正常工作区。图 10-4-14 画出了 3 种典型的过载保护特性，其中 a 称为定时保护特性；b 称为阶段定时限保护特性；c 称为反时限保护特性。

为了充分利用电气设备的过载能力，

显然反时限的保护特性是最理想的，因为电气设备只能工作在保护特性的左侧，因此保护特性与允许过载特性之间的区域即为不能充分利用的区域，只有反时限保护特性可使这个区域最小。这一点对于煤矿井下一些生产机械，特别是经常短时过载的井下工作面机械尤为重要。例如采用定时限过载保护，则稍有过载保护装置就动作，影响生产，实际上无法使用。即使采用反时限过载保护，若低倍过载保护动作时间过短，也同样不能充分发挥设备的潜力。因此必须是保护特性与允许过载特性尽可能紧密配合的反时限过载保护特性才是最理想的。

电气设备热态过载时间与冷态过载时间有着较大差别。为了充分利用冷态过载时间较长的特点，过载保护特性应当能区分热态和冷态。电气设备多次重复短时过载，若每次过载时间均小于允许过载时间，那么保护装置可能不动作，但电气设备由于热积累而可能烧损。因此过载保护必须具有模拟和记忆热积累的功能，这样才能保护各种工作方式下电气设备的过载。

过载保护的实施　过载保护根据不同场合，可以采用电流继电器、热继电器、温度保护器与过载电子保护器等来实施。

① 采用电流继电器实施过载保护　对一些负载比较稳定的场合，可以采用一般的电磁式电流继电器配合时间继电器构成定时限或阶段定时限的过载保护。对负载变化剧烈容易发生短时过载的场合可以采用感应式电流继电器的反时限部分进行过载保护。但这类方法所用电器较多，体积较大，整定较困难，目前只适用于大中功率电气设备。

② 采用热继电器实现过载保护　热继电器指用于交流异步电动机过载保护的继电器。对连续工作方式下电动机采用热继电器进行过载保护，方法简单经济，但由于整定范围窄，不够准确，不适用于间断工作方式，因此过去虽广泛使用在隔爆型电磁起动器中，但目前趋于减少。

③ 温度保护器　温度保护器采用各种温度继电器或半导体感温元件预埋在被保护电动机或变压器绕组周围，测取温度信号，传送到控制装置实施过载保护。从理论上讲，过载造成电气设备损坏主要是热破坏，因此在发热最敏感的部位利用温度传感器进行监视、保护是最可靠、最简捷的方法。而且对于各种工作方式以及断相、通风冷却恶化、环境温度升高等引起绝缘热破坏均能进行保护，故此法又称完全热保护。目前较为常用的温度传感元件是基于双金属片原理的温度继电器以及正温度系数的开关型热敏电阻。由于感温元件需要预埋，还需要由专用电缆将温度信号传送到控制装置，因此目前采用不普遍。

④ 过载电子保护器　过载首先反映在电流增加超过额定值，过载损坏电气设备主要是因铜耗急剧增加发热使绝缘破坏，因此通过检测电流也能间接检测到发热，从而实现保护。组织电子线路可以实现优良的反时限保护特性，实施原理框图如图 10－4－15 所示。过载电子保护器调整方便、整定准确、保护特性优良、体积小，过载电子保护器可以很方便地增加短路保护功能也就成为过流电子保护器。

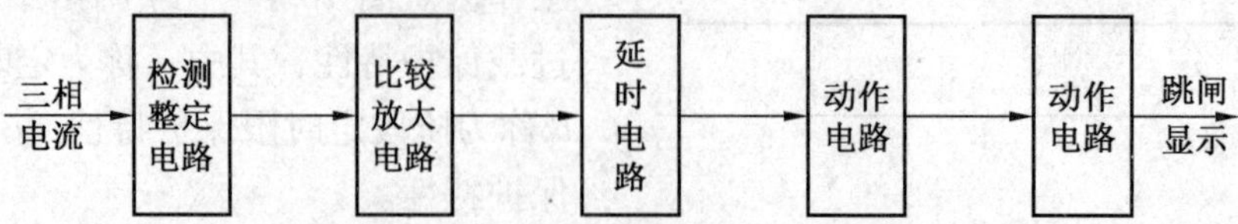

图 10－4－15　过载电子保护原理框图

发展趋势　①降低电气设备的热负荷，选用低损耗铁芯材料、高耐热绝缘材料和优良的绝缘结构和工艺，使电气设备在低倍过载（如两倍以下）时仍能长期工作；②采用数字技术、发展专用集成电路，生产具有反时限保护特性的过载电子保护器；③采用半导体感温元件的温度保护器，结合过流电子保护器形成综合保护器；④采用计算机技术，发展多路、多功能，具有整定、热积累自适应等智能化功能的保护装置。

（4）相敏过流保护，利用供电系统中过电流的幅值及其相位角两个特征量构成的继电保护。常用于区分短路电流与大容量电动机的起动电流，以提高灵敏度和可靠性的继电保护。

特点　煤矿井下供电系统的主要特点是：供电变压器的容量较小、供电范围大、线路长、电缆截面较小，因而常常出现供电系统远端两相短路电流值与同一供电系统中的大容量异步电动机直接起动电流值比较接近的情况，造成常规的、以电流幅值作为动作门槛的过电流保护整定困难、误动作频繁、可靠性降低。为此，往往采取加大变压器容量、扩大电缆截面、调整供电范围等不经济的措施解决，其效果不够理想。根据供电系统远端短路电流的相位角往往较小（$\varphi=0\sim20°$，$\cos\varphi=1\sim0.94$），而电动机直接起动电流的相位角往往较大（$\varphi=60°\sim75°$，$\cos\varphi=0.50\sim0.25$）这一特点，20 世纪 70 年代英国煤矿率先把相敏过流保护用于煤矿井下供电系统，取得了良好效果。以后，许多国家也采用了这一技术。中国于 1989 年研制成矿用相敏过流保护器，现已推广使用。

工作原理　典型的相敏过流保护特性与常规过流保护特性的区别如图 10-4-16 所示。常规过流保护特性平行于 X 轴（φ 轴），即保护动作与 φ 值无关，只要电流值超过平

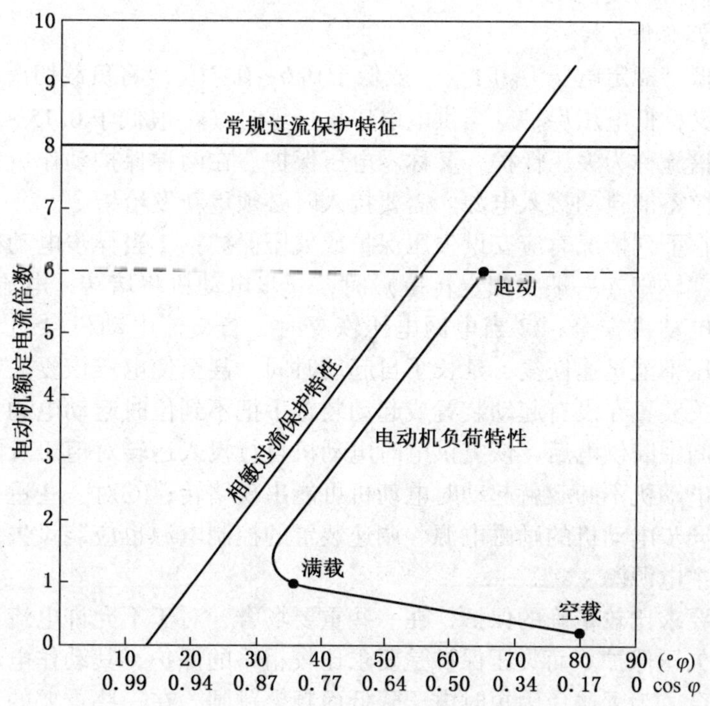

图 10-4-16　相敏与常规过流保护特性

行线，保护装置就动作。如果整定在虚线位置，则电动机起动时就可能误动作。一般要求常规过电流保护特性高于起动电流值，而且《煤矿安全规程》要求供电系统中最小两相短路电流值比过流保护整定值大50%，从而确保动作的可靠性。在煤矿井下供电系统中许多场合难以满足上述要求。相敏过流保护特性近似于一条斜线，即使电流值不大，但 ϕ 角较小，保护也能正确动作。相敏过流保护特性与电动机电流特性很好地相匹配。相敏过流保护器的工作原理框图如图10－4－17所示。

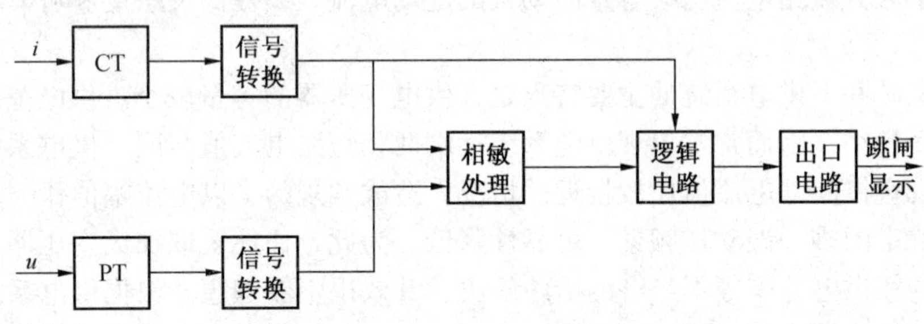

CT—电流变换器；PT—电压互感器

图10－4－17 相敏过流保护器工作原理框图

用电子线路实现框图中的功能方法很多，有模拟电路、数字电路等，较新的采用微处理器来实现。实际应用相敏过流保护器时要十分注意电流、电压信号的极性，以免造成相位混乱引起保护的拒动或误动。

2. 欠压与失压保护

当供电电压低于额定电压 U_N 时（一般低于 $0.6\sim0.7U_N$）将负载切离电源的保护措施称为欠压保护，又称低电压保护。当供电电压接近零时（一般低于 $0.15\sim0.4U_N$）将负载切离电源的保护措施称为失压保护，又称零电压保护。在两种保护动作后，当电源电压恢复正常时，负载应不能自动接入电源。需要接入时必须重新发给指令。

使用范围 在下列情况时应安设失压保护或欠压保护：①当异步电动机因电压降低使最大转矩小于负载转矩（一般为额定转矩）时，异步电动机将堵转，电流将数倍地增加，时间一长将危及电动机安全；②当电网电压恢复时，若交流电动机自起动，起动电流过大，致使电网电压不能迅速恢复，延长了自起动时间，甚至使电压恢复失败；③当电动机驱动的负载或有关装置在没有起动装置或起动装置手把不到位时起动电动机可能会遭到损坏；④当较长时间中断供电后，恢复供电时电动机自行投入运转对值班及附近人员可能会造成伤害；⑤当电动机不卸载就起动时电动机可能出现堵转；⑥对一些重要的不允许断电的辅助电源，如同步电动机的励磁电源、调速装置的控制电源也应装设失压保护，使它们失电时同时切断主电源。

欠压保护是要求比较精确的保护，在一些重要场合，对于不允许电流冲击的绕线式电动机一般应采用欠压保护。而失压保护是要求比较粗略的保护，其动作电压允许有较大出入，用于一般场合。为了避免因短时电压降低而频繁跳闸，在一些重要的设备上应采用延时跳闸的欠压与失压保护。

动作整定值的确定 一般异步电动机额定电压时最大转矩倍数：

$$\lambda_N = \frac{T_{Nmax}}{T_N} = 1.8 \sim 2.2$$

当电压下降到使最大转矩 T_{Nmax} 与额定转矩 T_N 相近时应实施保护，所以欠压保护的动作电压整定值 U 应为

$$U = U_N \frac{\lambda}{\lambda_N} = U_N \frac{0.9 \sim 1}{1.8 \sim 2.2} = (0.64 \sim 0.75) U_N$$

式中 λ——电压 U 时电动机最大转矩倍数。

$$\lambda = \frac{T_{Nmax}}{T_N}$$

一般欠压保护动作时限取 0.5 ~ 1.5 s。

对于需要自起动，但为了安全在电源电压长时间消失后需将电动机切离电网的场合，其欠压保护动作电压整定值一般为额定电压的 50%，动作时限取 5 ~ 15 s。

对失压保护一般只要整定在小于额定电压的 40% 值即可，动作时限同欠压保护。

实施方法 在电磁起动器中，失压保护是由接触器线圈和它的控制回路完成的。在馈电开关及高压配电装置中，利用电源电压降低或消失时二次电磁断电器释放直接作用在脱扣机构上，使断路器跳闸来实现欠压和失压保护。

对于要求较高的欠压保护可以采用由电压继电器、时间继电器、中间继电器等组成的保护线路实施。

采用电子或计算机技术时，不论采用硬件还是软件实施手段，其常用的原理框图如图 10-4-18 所示。

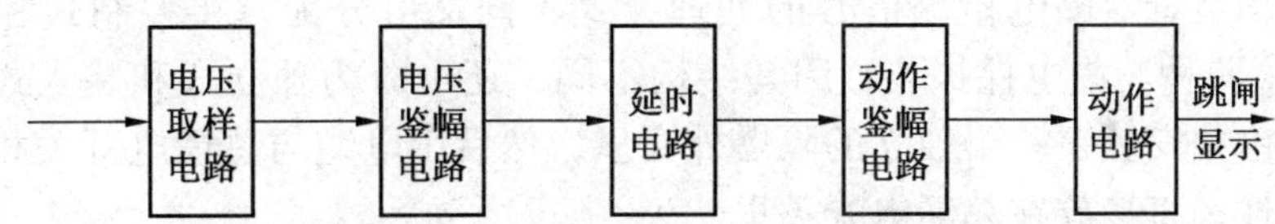

图 10-4-18 电动机欠压保护原理框图

3. 漏电保护

低压漏电保护装置又称检漏继电器，矿井低压电网发生漏电，且漏电电流达到或超过设定值时，自动切断供电电源或发出信号，用以防止触电和漏电的安全保护装置。它能防止漏电事故的扩大和升级，保障电气设备安全运行，也能防止人身触电事故。

20 世纪 50 年代初，中国从苏联引进技术制造的漏电保护装置——检漏继电器在矿井低压交流电网中广泛使用。20 世纪 60 年代，随着供电电压等级的提高，中国开始自行设计、制造了几种新型漏电保护装置，由于采用附加直流电源原理，因而都没有选择性。随着矿井低压电网容量的不断扩大，20 世纪 80 年代中国开始研制选择性漏电保护装置，并得到了广泛应用。

架线式电机车的直流供电电网的漏电保护装置，中国于 20 世纪 80 年代后期开始生产。

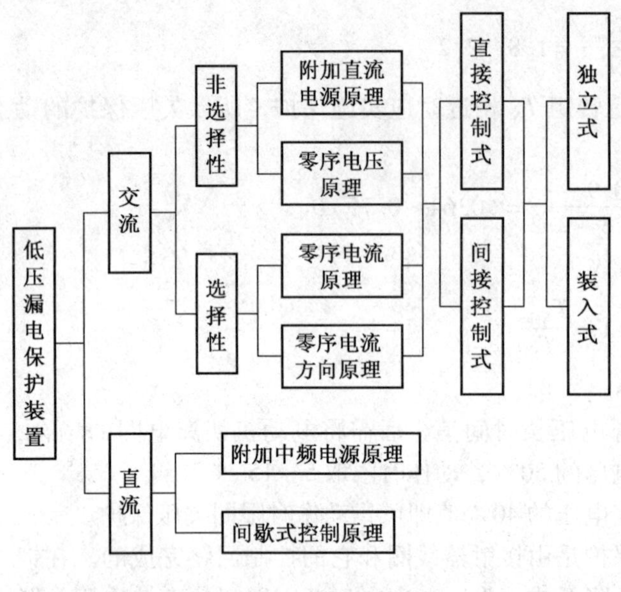

图 10－4－19 低压漏电保护装置分类

分类 低压漏电保护装置分类如图 10－4－19 所示。

按电流种类可分为交流与直流两大类。

低压交流电网的漏电保护装置按电压等级可分为 127 V、380 V、660 V、1140 V 等 4 种，按其保护性能不同可分为非选择性与有选择性两种。

非选择性漏电保护装置一般与低压供电系统的总馈电开关配合使用，反映整个电网的漏电故障，作用于切断电源，此类装置通常采用附加直流电源原理，也采用零序电压原理。而选择性漏电保护装置，通常与分支馈电开关或电磁起动器配合使用，达到只切除漏电支路的目的。按其工作原理不同可分为零序电流型和零序电流方向型（或零序功率方向型）两大类。在中性点不接地的低压供电系统中，零序电流值一般都比较小，零序电流型使用比较困难，故多用零序电流方向型。为了实现纵向选择性，上下级漏电保护装置只能靠时限级差来实现选择性，从而对人身安全构成威胁，采用人为旁路接地装置可以解决这一问题，因此它也是漏电保护装置的一种。

按漏电保护装置对漏电检测信号的处理方式不同又可分为直接控制式和间接控制式（包括电桥式）两种。漏电保护装置因其结构不同，还可分为独立式和装入式两种。所谓独立式是将其单独安装在一个独立的隔爆外壳里，然后用电缆与总馈电开关相连；装入式则将其制成插件，直接放在总馈电开关里。

直流漏电保护装置主要用于架线式电机车直流电网中，按其保护原理不同可分为附加中频电源原理和间歇式控制原理两类。

附加直流电源的漏电保护装置

（1）结构与工作原理。该装置采用附加直流电源的工作原理，由三相电抗器 SK、零序电抗器 L_0、隔直电容 C_0、直流继电器 ZJ、千欧表 kΩ 和直流检测电源等组成（图 10－4－20a）。电抗器为依靠线圈的感抗起阻碍电流变化作用的电器。三相电抗器 SK 的作用，主要使漏电保护装置与三相电网相连接，以便让直流检测电源附加到电网上。直流检测电源一般由交流电网取得，经降压、整流和滤波后提供。在此电源电压作用下，便有直流检测电流由其正端流出，经电网对地的绝缘电阻，再返回漏电保护装置的三相电抗器 SK，零序电抗器 L_0、直流继电器 ZJ 和直流电源的负端，在该电源电压固定不变的情况下，直流检测电流使漏电故障时，该电流可达到或超过直流继电器的动作电流值（5 mA），从而使其动作，并接通总馈电开关的脱扣线圈 TQ 的回路，使开关跳闸，切断电源，达到漏电保护的目的。零序电抗器 L_0 的作用是限制入地的零序电流，以提高电网对地的绝缘水平；同时因其电流为电感性，可补偿漏电电流中的电容成分，使单相漏电电流减小。隔直电容器的作用主要是让零序电流通过，减小对直流继电器的影响，同时它又不让直流检测电流通过，故称之为隔直电容。千欧表 kΩ 实为一直流毫安表，在附加直流电源电压一定的情况下，该电流表中流过电流的大小可直接反映电网对地绝缘电阻值的高低，故其刻度表示成千欧值。

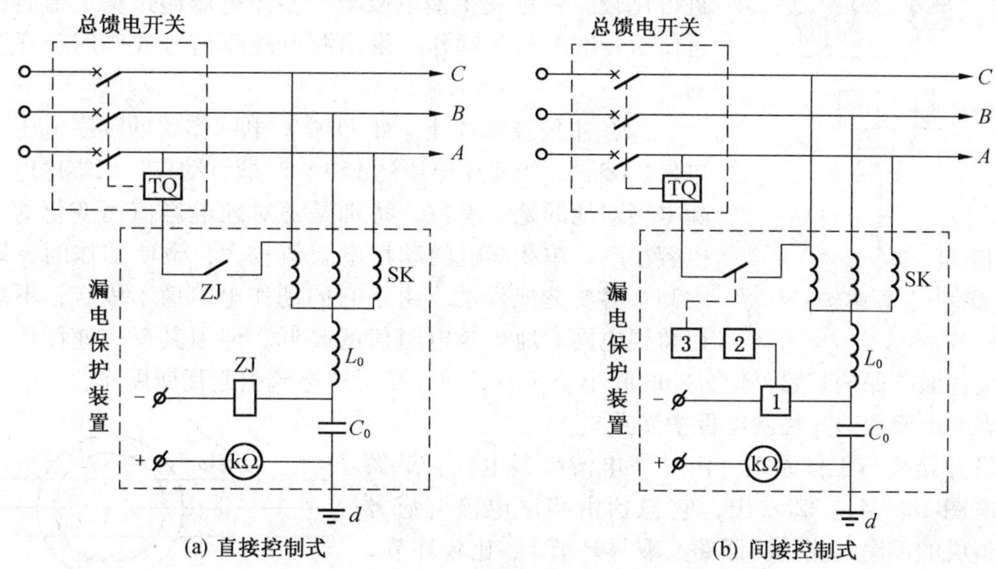

图 10-4-20　附加直流电源的漏电保护装置示意图

附加直流电源漏电保护装置的图 10-4-20b 为间接控制式。它的不同点在于由直流检测回路中的取样环节 1 获得漏电故障信号后，经比较环节 2 与给定值比较，再输出到执行环节 3，使继电器动作。

上述漏电保护装置一般做成独立式，具有隔爆外壳，故又称为矿用隔爆型检漏继电器。也有做成装入式，与隔爆型自动馈电开关或矿用一般型开关柜装在一起。

（2）主要技术性能。主要技术性能见表 10-4-7。

表 10-4-7　附加直流电源漏电保护装置主要技术性能

额定电压/V	单相漏电动作电阻整定值/kΩ	单相经 1 kΩ 电阻接地的动作时间 * /ms	电容（0.22～1.0 μF/相）补偿率 ** /%
380	3.5	≤80	≥60
660	11		
1140	20	≤50	

注：* 指无延时的情况，在与选择性漏电保护装置配合使用时，往往另加延时。

** 指有补偿性能的漏电保护装置的电容电流补偿度。在下列情况之一可不设电容电流补偿：①单相经 1 kΩ 电阻接地动作时间≤30 ms；②与选择性漏电保护装置配合使用。

此外，有些漏电保护装置还具有漏电闭锁功能和自检功能。

零序电压型漏电保护装置

（1）结构与工作原理。由零序电压型漏电保护装置结构框图（图 10-4-21）可以看

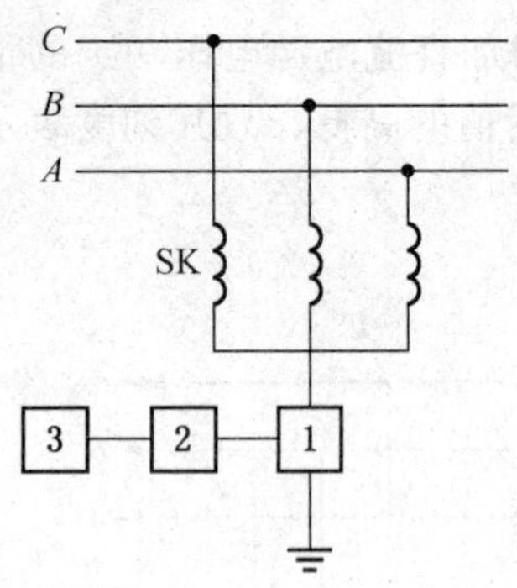

图 10－4－21　零序电压型漏电保护装置示意图

出，它采用零序电压保护原理，即在三相电抗器 SK（或三个电容 C_0 或三个电阻 R_0）组成的人为中性与地之间接入取样环节 1，由此取出零序电压信号，然后与比较环节 2 中的整定值进行比较。一旦发生漏电故障，零序电压超过整定值时，即可使执行继电器 3 动作，发出漏电故障信号或作用于开关跳闸。

（2）主要技术性能。如 1100 V 电网作用的零序电压型漏电保护装置，当零序电压达 150 V 时即可动作，而零序电压是随电网对地的绝缘参数，特别是随对地电容值而变化的。当电容小时，单相漏电的动作电阻值较大，致使动作的灵敏度太高，容易造成误动，由于它的动作电阻值不固定，不能用以监视电网对地绝缘电阻值的高低。但因其反应速度快，可制成快速漏电保护装置，使分断时间小于 5 ms，可预防漏电电流引起瓦斯爆炸。

零序电流型选择性漏电保护装置

（1）结构与工作原理。由零序电流型漏电保护装置结构框图 10－4－22 看出，它包括由零序电流互感器 LLH 组成的零序电流检测回路、取样环节 1、比较环节 2 和执行环节 3 等部分，采用的是零序电流原理。当电网发生单相漏电故障时，零序电流便流过零序电流互感器 LLH，其二次绕组有感应电势产生，经取样环节可获得与零序电流成比例的电压信号，然后再送至比较环节与给定值比较。对于故障支路，因零序电流值大，该电压将超过给定值，必然使执行环节中的继电器动作，发出漏电跳闸命令，切断该支路的供电电源。而非故障支路，因零序电流小不动作，因而实现了选择性漏电保护的目的。

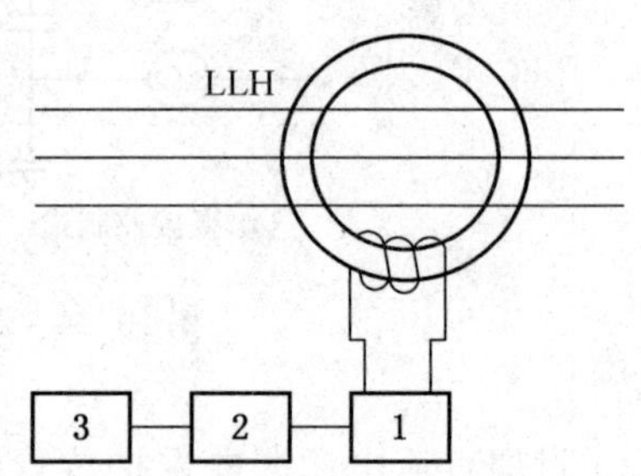

图 10－4－22　零序电流型选择性漏电保护装置示意图

（2）主要技术性能。为了防止非故障支路的零序电流型保护装置误动作，应在电网的变压器中性点接入一低阻抗装置，使之能产生 750 mA 左右的零序电流。这样，故障支路的零序电流将超过非故障支路。同时，又因该型漏电保护装置具有反时限特性，即电流大时，动作时间短，自然就可防止非故障支路误动。由此也可以看出，在低压电网要采用零序电流原理是有条件的，必须人为地增大零序电流值。

零序电流方向型选择性漏电保护装置

（1）结构与工作原理。由零序电流方向型漏电保护装置的结构框图 10－4－23 可以看出，由零序电流互感器取出的零序电流信号 I_0 和三个电阻组成的人为中性点与地之间取出的零序电压信号 U_0，都同时加在零序电流方向型漏电保护装置的输入端。对于零序电压信号，还需经移相环节 1 适当移相，然后它们再分别送至幅值比较器 2 和 3 进行比较，并经整形环节 4 和 5 输出方波。对漏电故障支路来讲，这

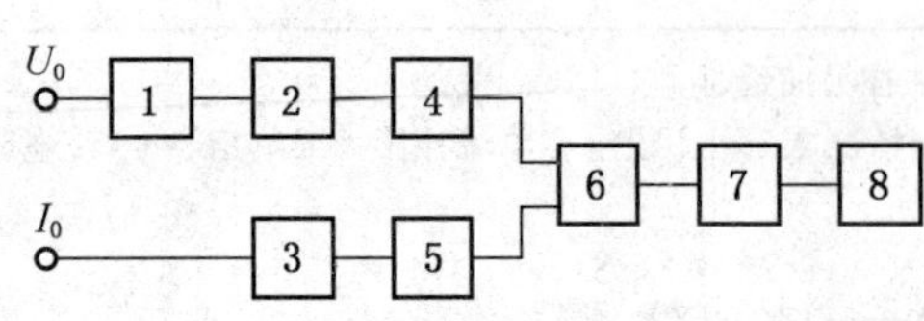

图 10－4－23　零序电流方向型选择性漏电保护装置示意图

两个方波基本上同相位，故经与门6以后，输出较宽的方波信号，再由积分、延时和比较环节7进行处理，最后输出使执行继电器8动作，让故障支路的开关跳闸。其中积分、延时、比较环节是防止误动、提高工作可靠性的有效措施，因为对于非故障支路，上述两个方波基本上是反相的，经与门后只能输出较窄的方波，再进行积分、延时，便达不到比较器要求的给定值，结果不会有输出，自然非故障支路就不会动作，从而实现了选择性漏电保护的要求。由此可见，该装置采用的是零序电流方向原理。

（2）主要技术性能。由于该装置主要反映零序电流的方向，对零序电流的大小要求相对于零序电流型来讲要低，只要30 mA或更小些都可以，从而提高了动作的灵敏度，同时还有助于提高其动作电阻值。值得指出，它的动作电阻值是随电网对地的绝缘阻抗值变化的，如对于额定电压为660 V的漏电保护装置，动作电阻值为3～11 kΩ，为了减小电网绝缘阻抗的影响，有的装置还同时采用附加直流电源原理，以提高其低端动作电阻值，并限制其高端，从而使动作电阻值范围变为9～13 kΩ，有的甚至可以基本上做到11 kΩ不变。

4. 127 V煤电钻综合保护装置

（1）结构与工作原理。该装置包括主变压器、接触器、熔断器、漏电保护、过载保护和短路保护等几部分。为了对煤电钻进行远方控制，还设有先导控制回路。这样，在煤电钻不工作时，其供电电缆不带电，提高了供电的安全性。该装置的漏电保护部分采用附加直流电源的工作原理，其结构框图与附加直流电流的漏电保护装置基本相同（图10－4－20b），也经过取样环节和比较环节，再作用于执行继电器。最后使接触器跳闸，切断煤电钻的供电电源，达到保护的目的。

（2）主要技术性能。漏电保护部分的动作电阻值为3 kΩ，经1 kΩ电阻单相接地的动作时间小于或等于0.15 s。

中国还研制了矿用隔爆型煤电钻快速断电综合装置。为了提高漏电保护部分的动作速度，采用了零序电压原理和无触点开关，其动作时间小于5 ms，有助于防止瓦斯爆炸。

5. 架线式电机车直流电网的漏电保护装置

（1）结构与工作原理。该装置采用附加中频电源的保护原理，以便对直流架线电网进行连续监测。其结构可见架线式电机车直流电网的漏电保护装置框图（图10－4－24），它包括中频（10 kHz）电源1、取样环节2、选频放大环节4、比较环节5和执行环节6等。它通过隔离、滤波器3将10 kHz的中频信号电源加到直流架线电网上，该电网的直流供电端和电机车上均装设有10 kHz的阻波器L_1C_1和L_2C_2，于是可通过中频电流随时监视

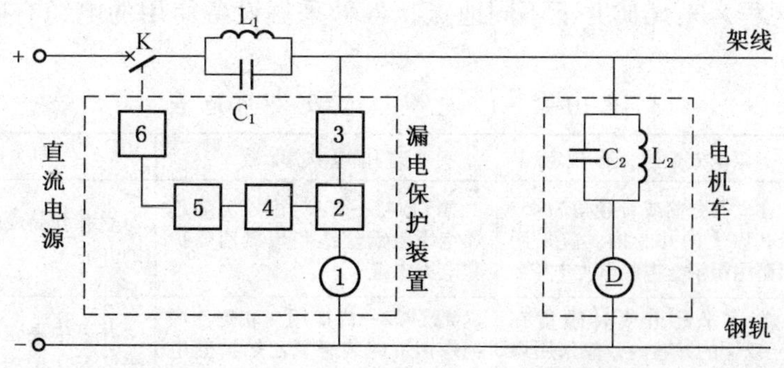

图10－4－24　直流电网漏电保护装置示意图

其绝缘状态。一旦发生漏电故障，由取样环节即可获得漏电信号电压。经选频放大和比较后，使执行继电器动作，让直流开关 K 跳闸，达到保护的目的。

（2）主要技术性能。该装置的动作电阻值为 6 kΩ，因而人身触电时也能动作，起保护作用。

6. 漏电闭锁

馈电开关或电磁起动器在合闸前，对馈出线及负荷的绝缘状况进行检测，当绝缘电阻值低于设定值时发出闭锁指令，是开关不能合闸送电的一种安全保护措施。

工作原理 当馈电开关或电磁起动器在断电位置时，从漏电闭锁单元输出直流检测电源，对馈出支路的对地绝缘电阻进行检测（图 10－4－25）。若对地绝缘电阻值低于设定值时，保护动作闭锁住合闸回路，并发出故障显示。直到排除故障，绝缘恢复，才能对开关进行操作。

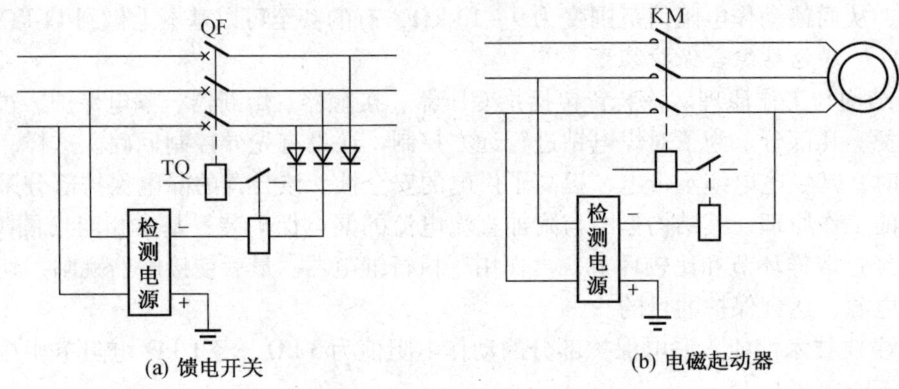

(a) 馈电开关　　(b) 电磁起动器

图 10－4－25　漏电闭锁原理图

第五节　采区低压网络计算

采区低压网络供电电压，一般采用 660 V，单机容量较大的综采工作面采用 1140 V 或 3300 V 供电。很多综采工作面采用 660 V、1140 V 及 3300 V 多种电压供电系统。

一、电缆选型与截面选择

《煤矿安全规程》对煤矿井下不同地点、各种采掘设备使用的电缆有明确规定，见表 10－5－1。

表 10－5－1　电缆选型及使用地点

电缆敷设方式	《煤矿安全规程》规定	选用电缆型号	使用地点
固定敷设的高压电力电缆（6 kV、10 kV）	在立井井筒或者倾角为 45° 及其以上的井巷内，应采用煤矿用粗钢丝铠装电力电缆	MYJV42—煤矿用交联聚乙烯绝缘粗钢丝铠装聚氯乙烯护套电力电缆	立井井筒或倾角为 45° 及其以上的井巷
	在水平巷道或者倾角在 45° 以下的井巷内，应采用煤矿用钢带或者细钢丝铠装电力电缆	MYJV22—煤矿用交联聚乙烯绝缘钢带铠装聚氯乙烯护套电力电缆。 一般不选用 MYJV32	井下中央变电所至采区变电所、采区高压配电点以及水泵等固定设备

表10－5－1（续）

电缆敷设方式	《煤矿安全规程》规定	选用电缆型号	使用地点
固定敷设的低压电缆	应采用煤矿用铠装或者非铠装电力电缆或者对应电压等级的煤矿用橡套软电缆	可以选用多种电缆型号： 1. MYJV 系列相应电压等级 2. MVV—煤矿用聚氯乙烯绝缘聚氯乙烯护套电力电缆 3. MY、MYP—煤矿用移动橡套软电缆、煤矿用移动屏蔽像套软电缆。 一般选用 MYP 型，少数在井底车场选用 MY 型，很少选用 MYJV、MVV 型电缆	主、副井井底水泵等各种低压设备及井下中央变电所向各配电点供电的干线电缆
非固定敷设的高低压电缆	必须采用煤矿用橡套软电缆。移动式和手持式电气设备应当使用橡套软电缆	1. MY、MYP 系列电缆 2. MYPTJ 型—煤矿用金属屏蔽监视型橡套软电缆 3. MCPJB—采煤机屏蔽监视编织加强型橡套软电缆 4. MCPJR—采煤机屏蔽监视绕包加强型橡套软电缆 5. MZ、MZP—煤矿用电钻橡套电缆、煤矿用电钻屏蔽橡套电缆 一般选用 MZP 型	1. 用于采区低压供电系统干线及除采煤机等特殊设备外其他设备的供电电缆 2. 井下移动变电站电源电缆 3. 采煤机电源电缆，电缆可直接拖曳使用 4. 采煤机电源电缆，电缆必须在保护链板内使用 5. 电钻电源电缆

（一）确定采区电缆的截面、芯数及长度

1. 电缆截面的选择

（1）电缆的正常工作负荷电流应等于或小于电缆允许持续电流。

（2）对距采区变电所最远，容量最大的电动机（如采煤机、工作面输送机等）起动时，应保证电动机在重载下起动，如采掘机械无实际最小起动力矩数据时，可按电动机起动时的端电压不低于额定电压的75%校验。

（3）正常运行时，电动机的端电压应不低于额定电压的7%～10%。由于采区的用电设备一般属于间歇性负荷，允许在正常运行时的电压降可略低一些，一般电缆截面取决于起动情况。

（4）电缆末端的最小二相短路电流应大于馈电开关整定电流值的1.5倍。

2. 电缆长度的确定

（1）铠装电缆所需要的实际长度 L，应比敷设电缆巷道的实际长度增加5%。

（2）固定敷设的橡套软电缆的实际长度 L，应比敷设电缆巷道的实际长度增加10%。

（3）移动设备用的橡套软电缆的长度 L，除应按实际使用长度选取外，尚须增加一段机头部分的活动长度，3～5 m。

3. 电缆芯线根数的选择

（1）动力用橡套软电缆一般选用四芯，对采掘机械来说要根据具体的控制、信号方式相应地增加控制芯线。

（2）信号电缆芯线的根数要按控制、信号、通信系统的需要决定，并应留有备用芯线。

（3）橡胶电缆的接地芯线，除用作监测接地回路外，不得兼作其他用途。

（二）选择电缆截面的计算步骤

1. 按持续允许电流选择电缆截面

$$KI_{cc} \geqslant I_n \tag{10-5-1}$$

式中　I_{cc}——空气温度为 25 ℃时，电缆允许载流量，A；

K——环境温度校正系数；

I_n——用电设备持续工作电流，A。

用电设备持续工作电流的计算：向单台或两台电动机供电的电缆，以电动机的额定电流或额定电流和计算，不考虑需用系数；采掘机械电动机的长时与小时容量不同时，取小时容量计算；向三台及三台以上电动机供电的电缆，则应按式（10－3－2）或式（10－3－3）的需用系数法计算，即

$$P=K_r \sum P_N \tag{10-5-2}$$

式中　P——干线电缆所供负荷的计算功率，kW；

K_r——需用系数；

$\sum P_N$——干线电缆所供的电动机额定功率之和，kW。

干线电缆中所通过的工作电流：

$$I_W = \frac{P \times 1000}{\sqrt{3} U_N \cos\varphi} \tag{10-5-3}$$

式中　U_N——电网额定电压，V；

$\cos\varphi$——平均功率因数，见表 10－3－1。

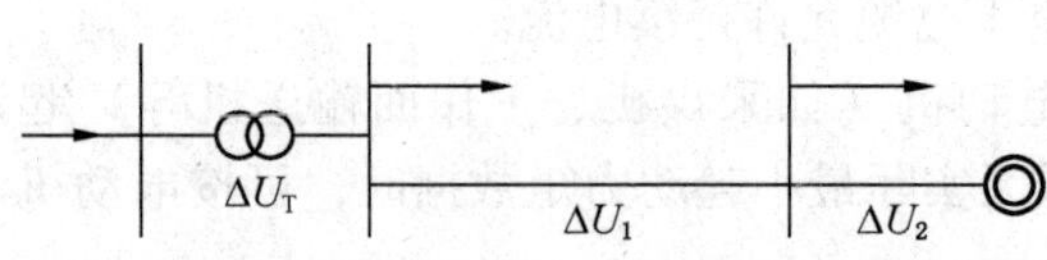

图 10－5－1　计算电压损失的供电系统图

供多台电动机的干线电缆，由于每一段电缆所流过的电流不同，应分段按流过电流大小选择各段电缆截面，如差别不大时，一般选用同一截面。

2. 按正常运行时计算网络的电压损失

计算电压损失系统，如图 10－5－1 所示。图 10－5－1 中的电压损失由三个部分组成（三个以上部分的计算方法相同）。

$$\sum \Delta U = \Delta U_T + \Delta U_1 + \Delta U_2 \tag{10-5-4}$$

式中　ΔU_T——变压器中的电压损失，V；

ΔU_1——干线电缆中的电压损失，V；

ΔU_2——支线电缆中的电压损失，V。

$$\Delta U_2 = \sqrt{3} I_N L_2 (R_0 \cos\varphi + X_0 \sin\varphi) = \frac{P_N L_2}{U_N}(R_0 + X_0 \tan\varphi) \tag{10-5-5}$$

$$\Delta U_2\% = \frac{P_N L_2}{U_N^2}(R_0 + X_0 \tan\varphi) \tag{10-5-6}$$

式中　L_2——支线电缆的实际长度，km；

I_N——电动机的额定电流，A；

P_N——电动机的额定功率，W；

U_N——电网的额定电压，V；

R_0、X_0——支线电缆单位长度的电阻和电抗，Ω/km；

$\cos\varphi$、$\sin\varphi$、$\tan\varphi$——电动机的额定功率因数及相应的正弦、正切值。

干线电缆中的电压损失 ΔU_1 的计算方法与计算 ΔU_2 相同，只是通过干线电缆的功率 P 及 $\cos\varphi$ 不同，可按式（10－5－2）和式（10－5－3）计算。

变压器中的电压损失 ΔU_T 的计算：

$$\Delta U_T\% = \beta(U_R\cos\varphi + U_X\sin\varphi) \tag{10-5-7}$$

$$\Delta U_T = \frac{\Delta U_T\% \, U_{2N}}{100} \tag{10-5-8}$$

$$\beta = \frac{I_N}{I_{2N}}$$

式中 β——变压器的负荷系数；

I_N——正常运行时，变压器低压侧的负荷电流，A；

I_{2N}——变压器低压侧的额定电流，A；

$\cos\varphi$、$\sin\varphi$——变压器负荷的功率因数及相对应的正弦值；

S_N——变压器额定容量，kV · A；

U_X——变压器额定负荷时的电抗压降百分数，已知变压器阻抗电压百分数 U_K，$U_X = \sqrt{U_K^2 - U_R^2}$；

U_{2N}——变压器低压侧额定电压，V；

U_R——变压器在额定负荷时变压器中的电阻压降百分数，参见本分册第十一章矿用动力变压器技术数据中的短路损耗 $\Delta P(W)\%$。$\Delta P = 3I_{2N}^2 R_T$，$R_T = \frac{\Delta P U_{2N}^2}{S_N^2}$（变压器电阻压降）$U_R' = \sqrt{3} I_{2N} R_T = \sqrt{3} I_{2N} \frac{\Delta P U_{2N}^2}{S_N^2} = \frac{\Delta P U_{2N}}{S_N}$，$U_R'\% = \frac{U_R'}{U_{2N}} \times 100 = \frac{\Delta P}{10 \times S_N} = U_R$。

【例】KBSG－1000/10 型隔爆型干式变压器，已知有功损耗 $\Delta P = 6100$ W，阻抗电压百分数 $U_K = 4.5\%$，求变压器中的电压降 $\Delta U_T\%$，此时 $\beta = 1$，负荷功率因数 $\cos\varphi = 0.7$。

$$U_R = \frac{6100}{10 \times 1000} = 0.61 \qquad U_X = \sqrt{4.5^2 - 0.61^2} = 4.46$$

$$\Delta U_T\% = \beta(U_R\cos\varphi + U_X\sin\varphi) = 1 \times (0.61 \times 0.7 + 4.46 \times 0.714) = 3.6\%$$

已知变压器中电压损失及允许电压降百分数后，可由式（10－5－9）求出电缆截面。式（10－5－4）可改写成

$$\Delta U_1 = \Delta U - (\Delta U_T + \Delta U_2) \tag{10-5-9}$$

式中 ΔU——允许电压损失值，如变压器的空载电压为 690 V，即 $U_k\% = 4.5\%$，则 $\Delta U = 30 + 660 \times 0.07 = 76.2$ V，如允许电压降为 10% 时，$\Delta U = 30 + 660 \times 0.1 = 96$ V；同理，在 380 V 系统，变压器的空载电压为 397 V，即 $U_k\% = 4.5\%$，则 $\Delta U = 17 + 380 \times 0.07 = 43.6$ V。

式（10－5－9）中当 ΔU_T 及 ΔU_2 已知时，可求出干线电缆上允许电压降值，并可按式（10－5－10）求出干线电缆截面：

$$\Delta U_1\% = \frac{P_N L_1}{10U_N^2}(R_0 + X_0\tan\varphi) = P_N L_1 K\% \qquad (10-5-10)$$

式中 P_N——通过干线电缆的计算容量，kW；

L_1——干线电缆长度，km；

U_N——电网额定电压，kV；

$\tan\varphi$——与通过干线电缆负荷的功率因数相对应的正切值；

R_0、X_0——电缆芯线单位长度的有效电阻及电抗，Ω/km。

如不考虑电缆线路的电抗，式（10－5－10）可改写成

$$\Delta U_1 = \frac{\rho P_N L_1 \times 10^3}{A U_N}$$

$$A = \frac{\rho P_N L_1 \times 10^3}{\Delta U_1 U_N} \qquad (10-5-11)$$

式中 A——电缆截面，mm^2；

ρ——电缆导体电阻率，$(\Omega \cdot mm^2)/m$。

从表 10－5－2～表 10－5－5 中可查出 $K\%$ 值，已知负荷矩，即 $P_N L$ 后，可用式（10－5－10）求出 $\Delta U\%$ 值。

表 10－5－2 660 V 铜芯橡套软电缆每千瓦千米负荷矩的电压损失

功率因数	截面/mm²							
	4	6	10	16	25	35	50	70
0.6	1.295%	0.876%	0.524%	0.342%	0.225%	0.167%	0.128%	0.096%
0.65	1.29%	0.873%	0.521%	0.339%	0.222%	0.164%	0.125%	0.093%
0.7	1.286%	0.869%	0.517%	0.336%	0.219%	0.161%	0.122%	0.091%
0.75	1.283%	0.866%	0.514%	0.333%	0.216%	0.158%	0.119%	0.088%
0.8	1.28%	0.863%	0.512%	0.33%	0.214%	0.156%	0.117%	0.086%
0.85	1.277%	0.861%	0.509%	0.327%	0.211%	0.153%	0.114%	0.083%
0.9	1.274%	0.858%	0.506%	0.325%	0.208%	0.151%	0.112%	0.081%
$R_0/(\Omega \cdot km^{-1})$	5.5	3.69	2.16	1.37	0.864	0.616	0.448	0.315
$X_0/(\Omega \cdot km^{-1})$	0.101	0.095	0.092	0.09	0.088	0.084	0.081	0.078

注：电缆芯线温度为 65 ℃。

表 10－5－3 380 V 铜芯橡套软电缆每千瓦千米负荷矩的电压损失

功率因数	截面/mm²							
	4	6	10	16	25	35	50	70
0.6	3.908%	2.643%	1.58%	1.032%	0.679%	0.504%	0.385%	0.29%
0.65	3.891%	2.633%	1.571%	1.022%	0.67%	0.495%	0.377%	0.282%
0.7	3.88%	2.623%	1.561%	1.013%	0.661%	0.486%	0.368%	0.274%
0.75	3.871%	2.614%	1.552%	1.004%	0.652%	0.478%	0.359%	0.266%
0.8	3.862%	2.605%	1.544%	0.996%	0.644%	0.47%	0.353%	0.259%
0.85	3.852%	2.596%	1.535%	0.988%	0.636%	0.463%	0.345%	0.251%
0.9	3.843%	2.587%	1.527%	0.979%	0.628%	0.455%	0.337%	0.245%

注：电缆芯线温度为 65 ℃。

表 10-5-4 660 V 铠装铜芯及铝芯电缆每千瓦千米负荷矩的电压损失

功率因数	截面/mm²													
	10		16		25		35		50		70		95	
	铜	铝	铜	铝	铜	铝	铜	铝	铜	铝	铜	铝	铜	铝
0.6	0.514%	0.851%	0.327%	0.538%	0.217%	0.351%	0.16%	0.256%	0.117%	0.185%	0.089%	0.137%	0.07%	0.106%
0.65	0.511%	0.849%	0.325%	0.536%	0.214%	0.349%	0.157%	0.254%	0.115%	0.183%	0.086%	0.135%	0.068%	0.104%
0.7	0.508%	0.846%	0.322%	0.533%	0.212%	0.346%	0.155%	0.251%	0.113%	0.18%	0.084%	0.133%	0.066%	0.101%
0.75	0.506%	0.843%	0.32%	0.531%	0.21%	0.344%	0.153%	0.249%	0.111%	0.178%	0.082%	0.131%	0.064%	0.099%
0.8	0.504%	0.841%	0.318%	0.529%	0.208%	0.342%	0.151%	0.247%	0.109%	0.176%	0.08%	0.129%	0.062%	0.097%
0.85	0.502%	0.839%	0.316%	0.527%	0.206%	0.34%	0.149%	0.245%	0.107%	0.174%	0.078%	0.127%	0.06%	0.096%
0.9	0.499%	0.837%	0.314%	0.525%	0.204%	0.338%	0.147%	0.244%	0.105%	0.172%	0.077%	0.125%	0.058%	0.094%
R_0/ $(\Omega \cdot km^{-1})$	2.14	3.61	1.334	2.253	0.856	1.441	0.61	1.03	0.428	0.721	0.304	0.515	0.225	0.38
X_0/ $(\Omega \cdot km^{-1})$	0.073		0.0675		0.0662		0.0637		0.0625		0.0612		0.0602	

注：电缆芯线温度为 65 ℃。

表 10-5-5 380 V 铠装铜芯及铝芯电缆每千瓦公里负荷矩的电压损失

功率因数	截面/mm²													
	10		16		25		35		50		70		95	
	铜	铝	铜	铝	铜	铝	铜	铝	铜	铝	铜	铝	铜	铝
0.6	1.549%	2.567%	0.986%	1.623%	0.654%	1.059%	0.481%	0.772%	0.354%	0.557%	0.267%	0.413%	0.211%	0.319%
0.65	1.542%	2.56%	0.979%	1.616%	0.647%	1.052%	0.474%	0.765%	0.348%	0.551%	0.26%	0.406%	0.205%	0.312%
0.7	1.533%	2.551%	0.972%	1.608%	0.639%	1.045%	0.468%	0.758%	0.341%	0.544%	0.254%	0.4%	0.198%	0.305%
0.75	1.526%	2.544%	0.965%	1.602%	0.633%	1.038%	0.461%	0.752%	0.335%	0.537%	0.248%	0.394%	0.193%	0.3%
0.8	1.52%	2.538%	0.959%	1.596%	0.627%	1.033%	0.456%	0.747%	0.329%	0.532%	0.242%	0.389%	0.187%	0.294%
0.85	1.513%	2.531%	0.953%	1.589%	0.621%	1.026%	0.449%	0.74%	0.323%	0.526%	0.237%	0.383%	0.181%	0.289%
0.9	1.506%	2.524%	0.947%	1.583%	0.615%	1.02%	0.444%	0.735%	0.317%	0.52%	0.231%	0.377%	0.176%	0.283%

注：电缆芯线温度为 65 ℃。

表 10-5-2 ~ 表 10-5-5 数值，由式（10-5-10）$\left(\Delta U_1\% = \frac{P_N L_1}{10U_N^2}(R_0 + X_0\tan\varphi) = P_N L_1 K\%\right)$所得。式中 R_0、X_0 值在井下各级电压的低压电缆中几乎相等，因此如已知表中 380 V 或 660 V 电缆的 K 值，就可计算其他电压等级的 K 值。如 660 V 铜芯电缆截面 10 mm²、$\cos\varphi = 0.6$，查表 10-5-2，$K_{660} = 0.524$。查表 10-5-3，$K_{380} = 1.58$。负荷矩 K 值与电压平方成反比，电压由 380 V 提高到 660 V，比值相差$\sqrt{3}$，则 $K_{380} = 3 \times K_{660} = 3 \times 0.524 = 1.572$。同理，$K_{1140} = \frac{0.524}{3} = 0.175$，也可计算 K_{3300} 值。

3. 按起动时计算网络的电压损失*

采掘机械电动机起动和正常运行时的电压水平，是决定采区电网输送能力的主要指标。

* 顾永辉《煤矿井下供电升压改造》，煤炭工业出版社，1978。

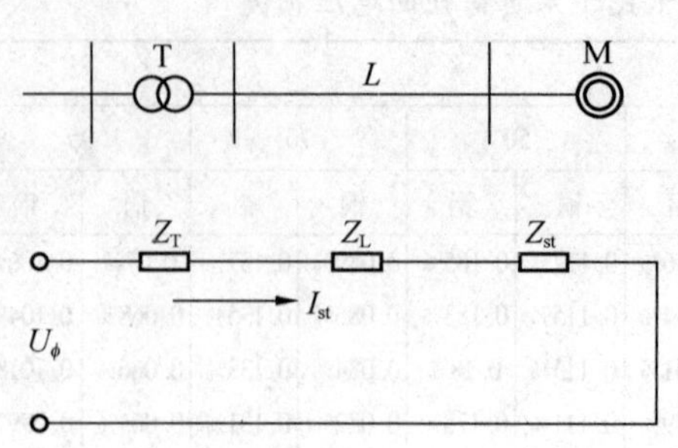

Z_T—变压器相阻抗；Z_L—线路相阻抗；
Z_{st}—电动机起动时相阻抗

图 10-5-2 单台电动机起动电流计算

特别在机械化采煤工作面中，采煤机组（包括工作面输送机）的电动机功率最大，距采区变电所最远，当机组电动机起动时，是否有足够高的电压水平，以满足机组的起动力矩，是采区电网计算中首先要考虑的问题。由于机组电动机起动时的端电压比额定电压低，电动机的起动电流与起动端电压（在一定范围内）是成正比的，实际起动电流比额定起动电流小。因此，在计算开关过电流整定值及起动时电网的压降时，应先计算出电动机的实际起动电流。采用如下的阻抗法计算，可较正确地计算出电动机的实际起动电流。

（1）无其他负荷单台电动机起动电流计算方法，如图 10-5-2 所示。

$$I_{st}=\frac{U_{2\phi}}{\sqrt{\left(\sum R\right)^2+\left(\sum X\right)^2}} \tag{10-5-12}$$

式中 $U_{2\phi}$——变压器二次侧空载相电压，V；

$\sum$ R——起动回路中各环节相有效电阻之和（包括变压器、电缆的有效电阻和电动机起动的有效电阻），Ω；

$\sum$ X——起动回路中各环节相电抗之和（包括变压器、电缆的电抗和电动机起动漏抗），Ω。

① 电动机起动阻抗计算：如已知电动机起动时阻抗标幺值，可按式（10-5-13）和式（10-5-15）计算电动机的有效电阻和漏抗。电动机起动时绕组有效电阻 R_{st} 值，可按下式计算

$$R_{st}=\frac{r_{st}^*U_\phi}{I_{kW}} \tag{10-5-13}$$

$$I_{kW}=\frac{P_2\times10^3}{mU_\phi} \tag{10-5-14}$$

式中 r_{st}^*——电动机起动时绕组有效电阻标么值；

U_ϕ——电动机额定相电压，V；

I_{kW}——电动机的功电流，即所取的基值电流，A；

P_2——电动机额定输出功率，kW；

m——相数。

电动机起动时绕组漏抗 X_{st} 值，可按下式计算：

$$X_{st}=\frac{X_{st}^*U_\phi}{I_{kW}} \tag{10-5-15}$$

式中 X_{st}^*——电动机起动时绕组漏抗标幺值。

如已知电动机的额定起动电流 I_{stN} 和起动时的功率因数 $\cos\varphi_{st}$，可由下式计算电动机起动时的有效电阻和漏抗。

电动机起动时每相阻抗 Z_{st}：

$$Z_{st}=\frac{U_N}{\sqrt{3}I_{stN}} \tag{10-5-16}$$

$$R_{st}=Z_{st}\cos\varphi_{st} \tag{10-5-17}$$

$$X_{st}=Z_{st}\sin\varphi_{st} \tag{10-5-18}$$

式中 U_N——电动机额定电压，V；

I_{stN}——电动机额定起动电流，A；

R_{st}——电动机起动时的每相电阻，Ω；

X_{st}——电动机起动时的每相漏抗，Ω；

$\cos\varphi_{st}$、$\sin\varphi_{st}$——电动机起动时的功率因数及相应的正弦值。

② 折算至变压器二次侧的变压器相电阻和相电抗按下式计算：

$$R_T=\frac{\Delta P}{3I_{2N}^2} \tag{10-5-19}$$

式中 ΔP——变压器的短路损耗，W；

I_{2N}——变压器二次侧的额定电流，A。

$$X_T=\frac{U_X U_{2N}}{100\sqrt{3}I_{2N}} \tag{10-5-20}$$

式中 U_X——变压器电抗压降百分数；

U_{2N}——变压器二次侧的额定电压，V。

③ 电缆芯线有效电阻、电抗的计算（也可查表 10－5－2 与表 10－5－4）。

$$R_L=\rho_{20}\frac{L}{A}[1+\alpha(\tau-20)] \tag{10-5-21}$$

式中 ρ_{20}——电缆芯线在 20 ℃时的电阻率，对铜芯电缆 $\rho_{20}=0.0189(\Omega\cdot mm^2)/m$；对铝芯电缆 $\rho_{20}=0.031(\Omega\cdot mm^2)/m$；

L——电缆的实际长度，m；

A——电缆芯线截面，mm^2；

α——温度系数，取 0.004；

τ——电缆芯线的允许工作温度，℃。

$$X_L=0.00008L \tag{10-5-22}$$

煤矿常用采掘运设备电动机的起动参数见表 10－5－6。

表 10－5－6 煤矿常用采掘运设备电动机的起动参数

设备名称	电动机型号	额定功率/kW	额定电压/V	额定起动电流/A	起动功率因数 $\cos\varphi_{st}$	起动时标么值		每相起动阻抗		
						电阻/Ω	电抗/Ω	阻抗/Ω	电抗/Ω	电阻/Ω
MLS_1 型双滚筒采煤机组	DMB－150S	150	1140	601	0.482	0.0604	0.1117	1.09	0.96	0.525
	DMS－100S	100	660	648	0.444	0.0601	0.1212	0.59	0.525	0.2604
	JDMB－200S	200	1140	825	0.242	0.02959	0.1182	0.8	0.775	0.194

表10-5-6（续）

设备名称	电动机型号	额定功率/kW	额定电压/V	额定起动电流/A	起动功率因数 $\cos\varphi_{st}$	起动时标么值		每相起动阻抗		
						电阻/Ω	电抗/Ω	阻抗/Ω	电抗/Ω	电阻/Ω
MLQ_1-64 型单滚筒采煤机组	DMB-60	60	660/380	426/720	0.416	/0.0526	/0.1147	0.892/0.305	0.81/0.277	0.371/0.127
MLQ_1-80 型可调高单滚筒采煤机组	DMB-60	60								
MJY-80型自动弯截盘强力截煤机	DMB-60	60								
SGW-160型可弯曲链板输送机	DSB-40	40	660	258	0.472	0.06485	0.1206	1.48	1.31	0.699
SGZ-40型转载机	DSB-40	40								
SGW-44型可弯曲链板输送机	DSB-22	22	660/380	151/262	0.5	0.06355	0.1106	2.52/0.84	2.19/0.73	1.26/0.42
输送机	DSB-13	13	660	52	0.499			4.65	4.01	2.32
输送机	DZ_2B-17	17	660	121	0.4	0.04993	0.11308	3.15	2.9	1.26
ZYPD-1/30型大断面耙斗装岩机	DZB-30	30	660	224	0.491	0.05747	0.11117	1.69	1.48	0.83
ZYL_1-28 型电动装岩机行走部	DZB-15	15	660	82	0.491			4.6		2.26
ZYL_1-28 型电动装岩机提升部	DZB-13	13	660	73	0.53	0.0727	0.11701	4.55	3.91	2.41
ZYC-23.5型电动装岩机行走部	DZB-13	13								

（2）有多台电动机同时运行时的起动电流计算（图10-5-3）。在同一馈线上有多台电动机同时工作，只考虑其中最大电动机起动，如多台电动机传动一台设备，要考虑多台电动机同时起动，其他电动机处在正常运行状态。

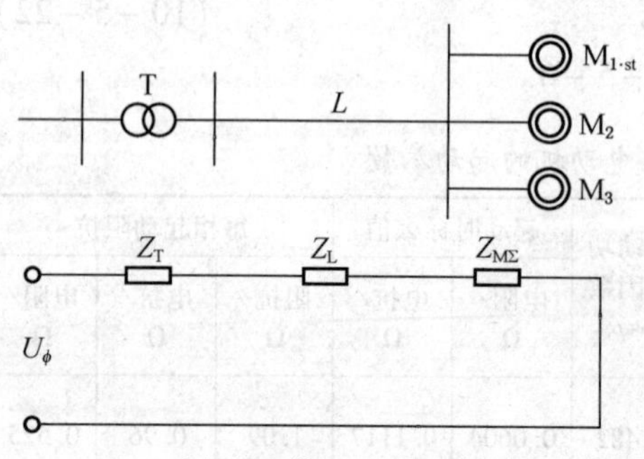

Z_T—变压器阻抗；Z_L—线路阻抗；$Z_{M\Sigma}$—电动机阻抗并联值

图10-5-3 多台电动机同时运行计算图

电动机阻抗分两部分：一是最大容量电动机起动阻抗，二是正常运行下的等值阻抗。起动阻抗计算公式见式（10-5-16）~式(10-5-18)。同理，正常运行时阻抗计算见式（10-5-23）~式(10-5-25)。

$$Z_M = \frac{U_N}{\sqrt{3}I_N} \qquad (10-5-23)$$

$$R_M = Z_M\cos\varphi_N \qquad (10-5-24)$$

$$X_M = Z_M \sin\varphi_N \tag{10-5-25}$$

式中　Z_M、R_M、X_M——电动机正常运行时的每相阻抗、电阻、电抗，Ω；

$\cos\varphi_N$、$\sin\varphi_N$——电动机的额定功率因数及相应的正弦值；

U_N、I_N——电动机的额定电压、电流，V、A。

把上述电动机阻抗换成电导、电纳，计算并联支路总阻抗：

$$g_{st} = \frac{R_{st}}{Z_{st}^2} \qquad b_{st} = \frac{X_{st}}{Z_{st}^2}$$

$$g_{M2} = \frac{R_{M2}}{Z_{M2}^2} \qquad b_{M2} = \frac{X_{M2}}{Z_{M2}^2}$$

$$g_{M3} = \frac{R_{M3}}{Z_{M3}^2} \qquad b_{M3} = \frac{X_{M3}}{Z_{M3}^2}$$

式中　g_{st}、b_{st}——最大电动机起动时的等值电导及电纳，1/Ω；

g_{M2}、g_{M3}、b_{M2}、b_{M3}——正常运行电动机的等值电导及电纳，1/Ω；

Z_{st}、R_{st}、X_{st}——最大电动机起动时的阻抗、电阻、电抗，Ω；

Z_{M2}、Z_{M3}、R_{M2}、R_{M3}、X_{M2}、X_{M3}——正常运行电动机的等值阻抗、电阻、电抗，Ω。

电动机并联支路的总电导：

$$\sum g = g_{st} + g_{M2} + g_{M3}$$

电动机并联支路的总电纳：

$$\sum b = b_{st} + b_{M2} + b_{M3}$$

电动机并联支路的总导纳：

$$Y_{M\Sigma} = \sqrt{\left(\sum g\right)^2 + \left(\sum b\right)^2}$$

由电动机并联支路的总导纳可算出总阻抗：

$$Z_{M\Sigma} = \frac{1}{Y_{M\Sigma}}$$

按并联支路的总阻抗可算出有效电阻和电抗

$$R_{M\Sigma} = \sum g \cdot Z_{M\Sigma}^2 \qquad X_{M\Sigma} = \sum b \cdot Z_{M\Sigma}^2$$

总电阻、电抗和阻抗：

$$\sum R = R_{M\Sigma} + R_L(\text{电缆线电阻}) + R_T(\text{变电器电阻})$$

$$\sum X = X_{M\Sigma} + X_L(\text{电缆线电抗}) + X_T(\text{变压器电抗})$$

$$\sum Z = Z_{M\Sigma} + Z_L(\text{电缆线阻抗}) + Z_T(\text{变压器阻抗})$$

通过变压器和电缆中的电流：

$$I = \frac{U_{2\phi}}{\sqrt{\left(\sum R\right)^2 + \left(\sum X\right)^2}}$$

电动机的端电压：

$$U = \sqrt{3} I \sum Z$$

如变压器还供其他负荷，或干线电缆有分支负荷，则可把负荷折算成等值阻抗，然后应用阻抗串并联法，求出总等值阻抗后，可按上式计算通过变压器和电缆中的电流。

过流保护整定电流，应按电动机实际起动电流整定。采煤机及工作面输送机电动机的功率很大，且供电距离远，起动时有较大电压降，因此电动机实际起动电流往往比额定起动电流小 20% ~30% 。过大的整定电流只会带来不经济、不安全。工作面装机容量不大的一般机采工作面供机组的干线电缆，往往还供工作面输送机、回柱绞车等设备，属于多台电动机且有分支负荷的供电方式，计算比较复杂。在计算机组起动电流时，可以认为只有机组或工作面输送机电动机起动，其他电动机容量小，且处在正常运行状态，对机组起动时端电压影响很小。

机组起动时通过电缆的电流 I_{st} 应是

$$I_{st} = I_{stg} + \sum I_{MN} \qquad (10-5-26)$$

式中　I_{stg}——机组电动机实际起动电流，A；

$\sum I_{MN}$——接在干线电缆上其他电动机正常运行负荷电流之和，A。

二、采区低压网络计算举例

某矿一采区变电所向一个 100 kW（DMB－100S 型）机组工作面供电，输送机巷的输送机为集中闭锁控制，其采区用电设备布置如图 10－5－4 所示，其负荷见表 10－5－7。试求变压器容量、采区电缆截面以及校验机组电动机起动压降。

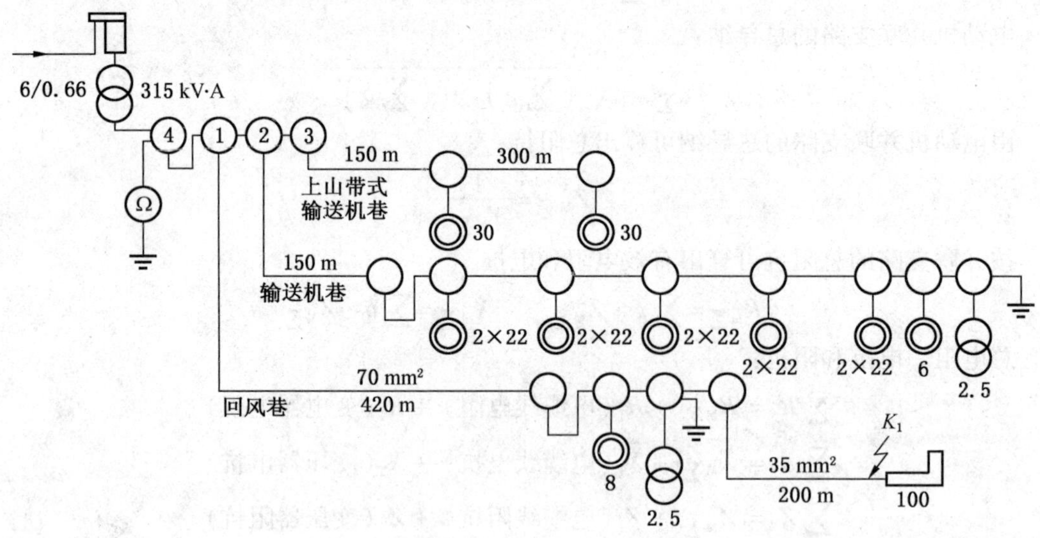

图 10－5－4　某矿采区供电系统

1. 变压器容量选择

按式（10－3－1）计算电力负荷总视在功率：

$$S=\sum P_N \frac{K_r}{\cos\varphi}$$

这是一个按顺序起动的机械化工作面，需用系数可按式（10－3－3）计算。

表10－5－7 某矿采区负荷表

负荷名称	每台电动机额定容量/kW	工作电动机台数/台	设备总容量/kW	额定电压/V	额定功率因数 cosφ
DMB－100 S 型采煤机组	100	1	100	660	0.85
JH_2－5 型回柱绞车	8	1	8	660	0.83
煤电钻	1.2	1	1.2	127	0.83
回风巷电缆所带负荷小计			109.2		
SGW－44 型输送机	2×22	5	220	660	0.84
油　泵	6	1	6	660	0.84
煤电钻	1.2	1	1.2	127	0.83
运输巷电缆所带负荷小计			227.2		
SPJ－800 型吊挂带式输送机	30	2	60	660	0.83
合　计			396.4		

$$K_r = 0.4 + 0.6\frac{P_s}{\sum P_N} = 0.4 + 0.6 \times \frac{100}{396.4} = 0.551$$

平均功率因数查表 10－3－1，综采工作面的 $\cos\varphi$ 为 0.7。

$$S = \frac{396.4 \times 0.551}{0.7} = 312\ \text{kV} \cdot \text{A}$$

选用 KBSG－315/6 变压器一台。

2. 按正常运行情况校验电压损失

可按 $\sum \Delta U = \Delta U_T + \Delta U_1 + \Delta U_2$ 校验回风巷机组的电缆。KBSG－315/6 变压器的 $\Delta P =$ 2200 W，$U_K = 4\%$，可按式（10－5－7）计算变压器电压损失。$\Delta U_T\% = \beta(U_R\cos\varphi + U_x\sin\varphi)$，$\beta = \frac{312}{315} = 0.99$，$\cos\varphi = 0.7$。

$$U_R = \frac{\Delta P}{10 \times S_N} = \frac{2200}{10 \times 315} = 0.7 \qquad U_X = \sqrt{U_K^2 - U_R^2} = \sqrt{4^2 - 0.7^2} = 3.94$$

$$\Delta U_T\% = 0.99 \times (0.7 \times 0.7 + 3.94 \times 0.714) = 3.3\%$$

查表 10－5－2 机组电缆截面为 35 mm^2，$\cos\varphi = 0.85$ 得 $K = 0.153\%$。

$$\Delta U_2\% = KPL = 0.153 \times 100 \times 0.2 = 3.06\%$$

$$\Delta U_1 = \sum \Delta U - \Delta U_T - \Delta U_2$$

$\sum \Delta U$ 为正常运行时，机组电动机允许的电压降，一般取 10%。

$$\Delta U_1 = (10\% + U_K\%) - \Delta U_T\% - \Delta U_2\% = 14.0\% - 3.3\% - 3.06\% = 7.64\%$$

选干线电缆截面为 70 mm² 时，查表 10－5－2，cosφ 采用加权平均值：

$$\cos\varphi = \frac{100\times 0.85 + 8\times 0.83 + 1.2\times 0.83}{109.2} \approx 0.85$$

得 $K=0.083\%$，则干线电缆中的电压损失为

$$\Delta U_1 = KPL = 0.083\% \times 109.2\times 0.42 = 3.81\% < 7.64\% \quad 合格$$

3. 按电缆允许电流校验

供机组的干线电缆所带负荷主要是机组，因此计算持续电流时，不考虑需用系数，而用单台设备时的额定容量，效率取 0.9。

$$I_N = \frac{\sum P_N}{\sqrt{3}\times U_N \times \cos\varphi \times \eta} = \frac{109.2\times 10^3}{\sqrt{3}\times 660\times 0.85\times 0.9} = 125\ \text{A} < 215\ \text{A} \quad 合格$$

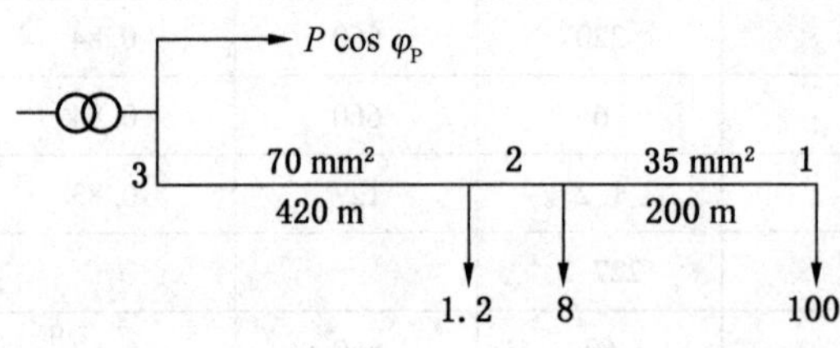

图 10－5－5 机组起动电流计算功率分布图

4. 按机组电动机起动时校验电压降

采用等值阻抗计算法可以较正确地计算出机组电动机的起动电流和起动时电动机的端电压。先把图 10－5－4 的负荷分布图改变成如图 10－5－5 所示的起动电流计算功率分布图。把图 10－5－4 中供机组馈线外的其他负荷集中以 P 与 $\cos\varphi_P$ 表示。

其余负荷的 K_r、cosφ 查表 10－3－1，得输送机的 $K_r=0.5$，$\cos\varphi=0.7$。

$$P = \sum P_N \cdot K_r = (227.2+60)\times 0.5 = 143.6\ \text{kW}$$

然后，把图 10－5－5 中的功率用相应的阻抗代替，如图 10－5－6 所示。

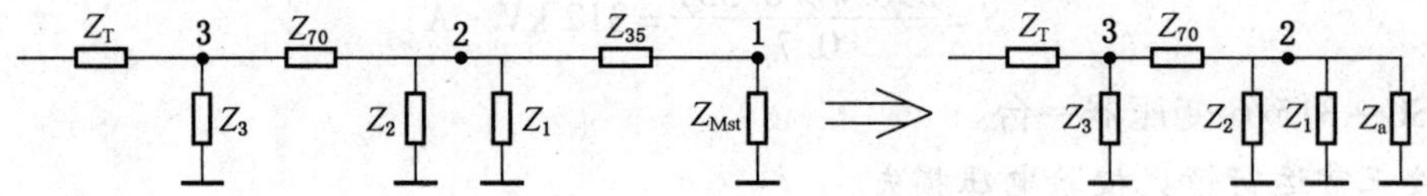

Z_{Mst}—电动机起动等值阻抗；Z_3—其他负荷等值阻抗；Z_1—8 kW 回柱绞车正常运行时等值阻抗；Z_2—供 1.2 kW 电钻的变压器正常运行时等值阻抗；Z_T—变压器等值阻抗；Z_{35}—供机组的电缆（截面为 35 mm²）阻抗；Z_{70}—干线电缆（截面为 70 mm²）阻抗

图 10－5－6 机组起动电流计算等值阻抗图

按式（10－5－14）：

$$I_{kW} = \frac{P_2\times 10^3}{3\times U_\phi} = \frac{100\times 10^3}{3\times 380} = 87.7\ \text{A}$$

查表 10－5－6 可得电动机标幺阻抗值 $r_{st}^*=0.0601$，$X_{st}^*=0.1212$，则可算出电动机的等效电阻 R_{st} 和漏抗 X_{st} 值。

$$R_{st} = \frac{r_{st}^* U_\varphi}{I_{kW}} = \frac{0.0601\times 380}{87.7} = 0.2604\ \Omega$$

$$X_{st}=\frac{X_{st}^{*}U_{\varphi}}{I_{kW}}=\frac{0.1212\times380}{87.7}=0.525\ \Omega$$

$$Z_{Mst}=\sqrt{0.2604^{2}+0.525^{2}}=0.586\ \Omega\qquad \cos\varphi_{Mst}=0.444$$

$$g_{st}=\frac{R_{st}}{Z_{Mst}^{2}}=\frac{0.2604}{0.586^{2}}=0.758\quad 1/\Omega$$

如已知电动机起动电流 I_{st} 及其功率因数，也可求得 R_{st}、X_{st} 值。

$$Z_{M_{st}}=\frac{U}{\sqrt{3}I_{st}}$$

$$R_{st}=Z_{M_{st}}\cos\varphi M_{st}$$

$$X_{st}=Z_{M_{st}}\sin\varphi M_{st}$$

$$b_{st}=\frac{X_{st}}{Z_{Mst}^{2}}=\frac{0.525}{0.586^{2}}=1.529\quad 1/\Omega$$

式中　Z_1——8 kW 回柱绞车正常运行时等值阻抗计算。

$$Z_1=\frac{U_N^2\cos\varphi_1\eta}{P\times1000}=\frac{660^2\times0.83\times0.89}{8\times1000}=40.22\ \Omega$$

$$R_1=Z_1\cos\varphi_1=40.22\times0.83=33.38\ \Omega$$

$$X_1=Z_1\sin\varphi_1=40.22\times0.558=22.43\ \Omega$$

$$g_1=\frac{R_1}{Z_1^2}=\frac{33.38}{40.22^2}=0.0206\quad 1/\Omega$$

$$b_1=\frac{X_1}{Z_1^2}=\frac{22.43}{40.22^2}=0.0138\quad 1/\Omega$$

式中　Z_2——供 1.2 kW 电钻的变压器正常运行时等值阻抗计算。

$$Z_2=\frac{U_N^2\cos\varphi_2\eta}{P\times1000}=\frac{660^2\times0.83\times0.7}{1.2\times1000}=210.9\ \Omega$$

$$R_2=210.9\times0.83=175\ \Omega$$

$$X_2=210.9\times0.558=117.68\ \Omega$$

$$g_2=\frac{175}{210.9^2}=0.00393\quad 1/\Omega$$

$$b_2=\frac{117.7}{210.9^2}=0.00264\quad 1/\Omega$$

式中　Z_3——其余负荷的等值阻抗，据前计算 $P=143.6$ kW，$\cos\varphi_3=0.7$。

$$Z_3=\frac{U_N^2\cos\varphi_3\eta}{P\times10^3}=\frac{660^2\times0.7\times0.9}{143.6\times10^3}=1.911\ \Omega$$

$$R_3=1.911\times0.7=1.338\ \Omega$$

$$X_3=Z_3\sin\varphi_3=1.911\times0.714=1.364\ \Omega$$

$$g_3=\frac{1.338}{1.911^2}=0.366\quad 1/\Omega$$

$$b_3=\frac{1.364}{1.911^2}=0.374\quad 1/\Omega$$

式中　Z_T——变压器等值阻抗计算（折算至二次侧的变压器等值阻抗）。

KBSG－315/6 短路损耗

$\Delta P = 2200\ W$　　$I_{2N} = 276\ A$　　$U_x = 3.94\%$　　$U_R = 0.7\%$　　$U_Z = 4\%$

$$R_T = \frac{\Delta P}{3 \times I_{2N}^2} = \frac{2200}{3 \times 276^2} = 0.0096\ \Omega$$

$$X_T = \frac{U_x \times U_{2N}}{100\sqrt{3} \times I_{2N}} = \frac{3.94 \times 660}{100 \times \sqrt{3} \times 276} = 0.0545\ \Omega$$

式中　Z_{35}、Z_{70}——供机组的电缆及干线电缆的阻抗计算，可查表 10－5－2，得

$$R_{35} = 0.616 \times 0.2 = 0.1232\ \Omega \qquad X_{35} = 0.084 \times 0.2 = 0.0168\ \Omega$$

$$R_{70} = 0.315 \times 0.42 = 0.1323\ \Omega \qquad X_{70} = 0.078 \times 0.42 = 0.0328\ \Omega$$

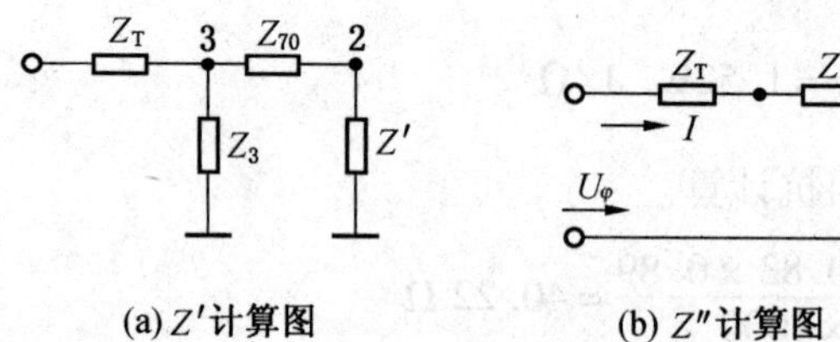

图 10－5－7　等值阻抗化简图

把图 10－5－6 的等值阻抗图进行化简，如图 10－5－7a 所示的 Z' 值计算如下：

$$Z_a = Z_{Mst} + Z_{35} = (R_{st} + R_{35}) + j(X_{st} + X_{35}) = (0.2604 + 0.1232) + j(0.525 + 0.0168) = 0.3836 + j0.5418 = |0.6638|\ \Omega$$

$$g_a = \frac{0.3836}{0.6638^2} = 0.87 \quad 1/\Omega$$

$$b_a = \frac{0.5418}{0.6638^2} = 1.23 \quad 1/\Omega$$

$$Z' = Z_a \parallel Z_1 \parallel Z_2$$

$$g' = g_1 + g_2 + g_a = 0.0206 + 0.00393 + 0.87 = 0.8945 \quad 1/\Omega$$

$$b' = b_1 + b_2 + b_a = 0.0138 + 0.00264 + 1.23 = 1.2545 \quad 1/\Omega$$

$$Y' = \sqrt{0.8945^2 + 1.2545^2} = 1.54 \quad 1/\Omega$$

$$Z' = \frac{1}{Y'} = \frac{1}{1.54} = 0.649\ \Omega$$

$$R' = 0.8945 \times 0.649^2 = 0.377\ \Omega$$

$$X' = 1.2545 \times 0.649^2 = 0.528\ \Omega$$

如图 10－5－7b 所示，计算 Z''：

$$Z_c = Z' + Z_{70} = (R' + R_{70}) + j(X' + X_{70}) = (0.377 + 0.1323) + j(0.528 + 0.0328) = 0.5093 + j0.5608 = |0.7575|\ \Omega$$

$$g_c = \frac{0.5093}{0.7575^2} = 0.8876 \quad 1/\Omega$$

$$b_c = \frac{0.5608}{0.7575^2} = 0.9773 \quad 1/\Omega$$

$$Z'' = Z_c \parallel Z_3$$

$$g'' = g_3 + g_c = 0.366 + 0.8876 = 1.2536 \quad 1/\Omega$$

$$b''=b_3+b_c=0.374+0.9773=1.3513 \quad 1/\Omega$$

$$Y''=\sqrt{(g'')^2+(b'')^2}=\sqrt{1.2536^2+1.3513^2}=1.84 \quad 1/\Omega$$

$$Z''=\frac{1}{Y''}=\frac{1}{1.84}=0.54\ \Omega$$

$$R''=1.2536\times 0.54^2=0.363\ \Omega$$

$$X''=1.3513\times 0.54^2=0.397\ \Omega$$

（等值总阻抗） $Z=Z_T+Z''=(0.0096+0.363)+j(0.0545+0.397)=0.3726+j0.4515=0.5854\ \underline{/50.47}$

机组起动时，电网中电流分配情况，如图 10-5-8 所示。

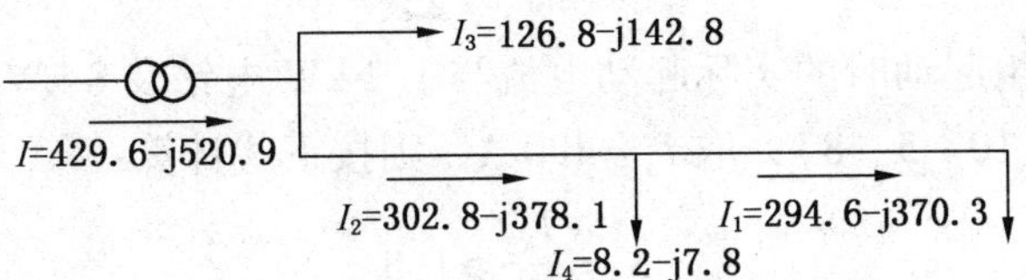

图 10-5-8 机组起动时电流分布情况

机组起动时通过变压器的电流，可按式（10-5-12）计算：

$$I=\frac{U_{2\varphi}}{\sqrt{\sum R^2+\sum X^2}}=\frac{U_{2\varphi}}{Z}=\frac{380+380\times 4\%}{\sqrt{0.3726^2+0.4515^2}}=\frac{395.2\ \underline{/0}}{0.585\ \underline{/50.47}}=675\ \underline{/-50.47}$$

复数表示： $I=429.6-j520.9$

变压器低压母线实际电压：

$$U_3=IZ''=(429.6-j520.9)(0.363+j0.397)=675.2\ \underline{/-50.5}\times 0.54\ \underline{/47.6}=364.6\ \underline{/-2.9}$$

在 Z_3 支路的电流：

$$I_3=\frac{U_3}{Z_3}=\frac{364.1-j18.6}{1.338+j1.364}=\frac{364.6\ \underline{/-2.9}}{1.9\ \underline{/45.5}}=191\ \underline{/-48.4}=126.8-j142.8$$

通过 Z_{70} 的电流：

$$I_2=I-I_3=(429.6-j520.9)-(126.8-j142.8)$$
$$=302.8-j378.1=484\ \underline{/-51.3}$$

在点 2 上的相电压：

$$U_2=I_2Z'=484\ \underline{/-51.3}\times 0.649\ \underline{/54.47}=314.1\ \underline{/3.17}$$

通过 Z_{Mst} 的电流：

$$I_1=\frac{U_2}{Z_a}=\frac{314.1\ \underline{/3.17}}{0.6637\ \underline{/54.7}}=473.2\ \underline{/-51.5}=294.6-j370.3$$

回柱绞车和电钻支路的电流：

$$I_4=I_2-I_1=(302.8-j378.1)-(294.6-j370.3)=8.2-j7.8=11.3\ \underline{/43.6}$$

机组起动时的端电压：

$$U_{Mst}=\sqrt{3}I_1Z_{Mst}=\sqrt{3}(473.2\ \underline{/-51.5}\times 0.586\ \underline{/63.6})=479.5\ \underline{/12.1}=468.8+j100.5$$

起动压降百分率：

$$\frac{479.5}{660}=0.727$$

计算结果校验：机组电动机在额定电压（即660 V）下起动时，起动电流为648 A，而按上述计算结果，机组电动机起动时的端电压为479.5 V，为额定电压的72.7%，则其实际起动电流应是648×0.727=471.1 A，与计算结果473.2 A相差很小。

机组起动时的电流分布，如图10-5-8所示。

5. 按过流整定校验

在图10-5-4中，向机组供电的馈电开关1的过流整定值I_a，应按下式计算：

$$I_a \geqslant I_{Nst} + \sum I_N$$

按计算结果，机组起动时的实际起动电流与1.2 kW电钻及8 kW回柱绞车正常运行时的电流和为484 A（图10-5-8），取$I_a=490$ A，则按下式计算：

$$K_s=\frac{I_{K2}}{I_a}\geqslant 1.5$$

图10-5-4中K_1点两相短路电流，在等值电缆长度为570.2 m时$I_{K2}=1204$ A。

$$K_S=\frac{1204}{490}=2.45>1.5 \quad 在允许范围内$$

计算小结：在整定机组馈出开关时，应以实际起动电流值计算开关过流整定值。其他容量较小的采掘机械如距采区变电所较近，起动电流较小，可按额定起动电流值整定。

工作面链板输送机是重载起动，在计算采煤机起动压降的同时，也应用相同方法校验工作输送机的起动压降。对此，在第十六章《电压选择与展望》中有更多叙述。

第六节　井下电气设备的维修

一、井下供电设备维修制度

为保证井下供电系统能安全可靠地不间断供电，必须做好井下电气设备的检查、维护、修理和调整工作，以便消除隐患，确保安全供电。根据《煤矿安全规程》的规定，井下电气设备的检查、维护、修理和调整必须遵守以下规定：

（1）电气设备的检查、维护、修理和调整工作必须由专责的或临时指派的电气维修工进行。高压电气设备的修理和调整工作，应有工作票或施工措施。

采区电钳工，在特殊情况下，可对采区变电所内高压电气设备进行停、送电操作，但不得擅自打开电气设备进行修理。经维修单位机电主管人员授权者，不受此限。

（2）井下防爆电气设备的运行、维护和修理工作，必须符合防爆性能的各项技术要求。防爆性能受到破坏的电气设备，应立即处理或更换，不得继续使用。

（3）矿总工程师应组织实现表10-6-1所列的电气设备和电缆的检查、调整工作。检查和调整结果应记入专用的记录簿内。检查和调整中发现的问题，应指派专人限期解决。

表 10-6-1　井下电气设备和电缆的检查、调整规定

序号	检查项目	周期	备注
1	使用中的防爆电气设备的防爆性能检查	每月1次	分片负责电工应每日检查一次
2	配电系统继电保护装置检查整定	每6个月1次	负荷变化时应及时整定
3	高压电缆的泄漏和耐压试验	每年1次	
4	主要电气设备绝缘电阻检查	每月1次	
5	固定敷设电缆的绝缘和外部检查	每季1次	每周由专责电工检查外部和悬挂情况一次
6	移动式电气设备的橡胶电缆绝缘检查	每月1次	每班由当班司机或专责电工检查一次外皮有无破损
7	接地网电阻值测定	每季1次	
8	新安装的电气设备绝缘电阻和接地电阻的测定		投入运行前

二、高压配电箱的维修

（一）高压配电箱的日常维护检查项目

（1）外观的完好程度，螺钉、垫圈是否完整、齐全、紧固。

（2）有无不正常的声响，温度过高及其他异常现象。

（3）仪表、指示器、操作机构、信号装置等是否正常。

（4）进出线电缆有无温度过高的现象。

（5）有无失爆的情况。

（6）接地线是否完整齐全符合规定。

（二）高压配电箱的检查性小修

（1）检查防爆面的锈蚀情况，并按防爆设备外壳修理规程进行修复。

（2）检查绝缘子有无裂缝及放电痕迹，有疑问者需进行耐压试验，不合格者，应更换绝缘子。

（3）检查调整触头三相接触的同时性误差、触头压力和动触头的行程。

（4）检修、调整操作机构、二次回路及仪表、信号装置。

（5）检修、处理渗油漏油现象。

（6）整定过流继电器。

（7）摇测一次、二次回路的绝缘电阻。

（8）检查无压释放装置的吸合电压和释放电压。在额定电压的 85% 时应可靠吸合；在额定电压的 35% 时应可靠释放。

三、低压隔爆开关的维修

（一）低压隔爆开关安装中应注意的事项

（1）安装地点周围要求干燥，如顶板有淋水，滴水无法避开时，必须用油毛毡或钢板挡好，以免水滴入开关中。

（2）开关应尽量放置在与地面垂直位置，与垂直面的倾斜角度不得超过 15°。

（3）开关与电缆连接时，一个接线嘴只允许连接一条电缆，同时必须装有合格的密封

圈，其内径应不大于电缆外径 1 mm。外径与进线装置内径约大于 2 mm，宽度不小于电缆外径的 0.7 倍，厚度不小于电缆外径的 0.3 倍。电缆与密封圈之间不准包扎其他物。在进出铠装电缆时，密封圈必须全套在铅皮上。

（4）开关不用的接线口应用密封圈及厚 2 mm 或以上的钢板堵死，并用喇叭嘴或螺母压紧，钢板应置于密封圈之外，钢板与进线装置内径约大于 2 mm。

（5）开关用螺旋嘴进出线时，电缆在套上密封圈之前应先套一钢板垫圈，使螺旋嘴的压力通过钢板传到密封圈上，以免损坏密封圈。

（6）开关进出电缆时，其护套要伸入密封圈内至少 10 mm，小型电器接线可减少至 5 mm，端部要整齐，压线板要压紧电缆，但不得把电缆挤扁。

（7）开关接线箱内导电芯线要无毛刺，接线螺钉上垫圈或卡爪要齐全。上紧接线螺母时既不能压住绝缘胶皮，又要使裸露线芯距接线垫圈或卡爪间的距离不大于 10 mm。

（8）接线箱内裸露导线之间的空气间隙，660 V 时要求不小于 10 mm，380 V 及以下时要求不小于 6 mm。

（9）接线箱内的接地线芯要比导电线芯长一些，要做到松开线嘴拉动电缆，导电线芯被拉脱时，接地线芯仍保持连接。

（10）用 500 V、1000 V 兆欧表测量主回路的绝缘电阻，在空气温度为(20 ±5)℃和相对湿度为 50% ~70% 时，不应小于 10 MΩ。

（二）DW80 型防爆自动馈电开关调整时的主要数据

（1）灭弧触头分开后的距离大于 36 mm。

（2）灭弧触头三相不同时接触程度小于 0.5 mm。

（3）灭弧触头刚接触时主触头的间隙小于 5 mm。

（4）主触头的超额行程 2.5 ~3 mm。

（5）触头的初压力：200 型，3 ~4 kg；350 型，4.5 ~5.5 kg。

（6）触头的终压力：200 型，6.5 ~8 kg；350 型，9 ~11 kg。

（7）触头上镶有 1 mm 厚的银钨合金，因此触头烧损度超过 1 mm 就必须更换触头。

（三）隔爆磁力起动器及手动起动器的触头调整数据

隔爆磁力起动器手动起动器触头调整数据见表 10 -6 -2。

表 10 -6 -2 隔爆磁力起动器手动起动器触头调整数据

项 目	QC83 -80	QC83 -120	QC83 -225	QC83 -80N	QS81 -40	QS81 -80	CH -15
主触头分开距离/mm	12 ±1	15 ±1	15 ±1	12 ±1	12 ±1	12 ±1	15
主触头超行程/mm	2.5 ~3.5	3 ~4	5 ~6	2.5 ~3.5	2 ~3	2 ~3	—
超行程最小值/mm	1	1.5	2	1	1	1	—
主触头终压力/kg	1.8 ~2.5	3 ~4.5	5 ~7	1.8 ~2.5	1.8 ~3.3	1.8 ~3.3	0.3 ~0.4
三相不同时接触度/mm	0.2	0.2	0.2	0.2	0.2	0.2	0.2

隔爆磁力起动器及手动起动器的熔断器除密封式充石英砂的熔断器外，有以下要求：

（1）必须是封固式的熔断器，并应用专用的熔体。

（2）熔断器管壁应无严重烧焦痕迹，管壁厚度小于 3.5 mm 时应降级使用。

（3）熔断器的接触刀应接触良好，用 0.03 mm 塞尺测量，应有 75% 长度保持接触，同时无烧坏现象。

（4）熔断器两端铜帽应接合严密，铆钉无松动。

低压隔爆磁力起动器放置在倾斜 15°的范围内，通入 85% 的额定电压，应能可靠地吸合。

（四）低压隔爆开关的日常维修

（1）当未经磷化的防爆面在潮湿地点使用时，一般 3～5 天就得维护一次，在较干燥处使用时一般 7～10 天维护一次。维护时打开防爆接合面，检查有无生锈的情况，如发现生锈时，可用汽油、松节油或二甲苯清洗，然后涂以 204－1 型防锈油。在维修防爆面时，要防止碰伤防爆面。

（2）检查开关外壳及闭锁装置时，外壳不能有变形、洼坑、裂纹等现象，转盖的开闭不能用锤子、铁棍敲打，打开防爆接合面时，不能用螺丝刀、扁铲之类的工具插入防爆间隙。防爆外壳不能随便烧焊，如须烧焊，须防止变形。烧焊后应进行水压试验，合格后才能使用。

（3）接触器触头有烧伤时可用细锉刀、细砂布打磨，触头的调整要求触头表面光滑，不得有凹凸不平的烧痕，触头接触线总长度不小于动触头宽度的 75%。触头的行程、压力要符合表 10－6－2 的规定。

（4）检查接线箱内的接线情况，应符合规定。

（5）检查消弧罩，不允许有损伤碰裂的现象。QC83 型起动器消弧罩内的灭弧片必须装够 13 片。

低压隔爆开关常见的故障分析及处理可参考表 10－6－3 及表 10－6－4。

表 10－6－3　QC83－80、QC83－120、QC83－225 隔爆磁力起动器故障分析

故障现象	故障可能原因		处理方法
	QC83－80	QC83－120、QC83－225	
合上刀闸、未按起动按钮就自动吸合	1. 起动按钮被卡住，触点没有断开 2. 1 号控制线有接地 3. 1 号与 2 号控制线短接 4. 自保触点 C_2 接通或因烧坏而焊住	1. 起动按钮被卡住，触点没有断开 2. 1 号控制线有接地 3. 1 号与 2 号控制线短接 4. 自保触点 C_2 接通或因烧坏而焊住 5. 中间继电器触点 ZJ 没断开	1. 进行清理，消除卡住原因 2. 找出接地故障点，用胶布包好 3. 找出接地故障点，用胶布包好 4. 更换或修理触点 C_2 使其断开 5. 调整触点，使其动作灵活可靠
按下就地起动按钮时，起动器不闭合	1. 电源无电 2. 主回路或控制变压器一、二次侧熔断器熔断 3. 停止按钮未恢复到原位或损坏 4. 起动按钮损坏 5. 电源电压低于额定电压的 75% 6. 变压器或吸力线圈烧坏 7. 控制线 2 号线有断线或接触不良，9 号线未接地 8. 2～5 号连接断开或接触不好 9. 隔离开关未闭合	1. 电源无电 2. 主回路或控制变压器一、二次侧熔断器熔断 3. 停止按钮未恢复到原位或损坏 4. 起动按钮损坏 5. 电源电压低于额定电压的 75% 6. 变压器或吸力线圈烧坏 7. 控制线 2 号线有断线或接触不良，9 号线未接地 8. 2～5 号连接断开或接触不好 9. 隔离开关未闭合	1. 检查电源 2. 检查并更换熔体 3. 检查并修复停止按钮 4. 检查并修复起动按钮 5. 检查并提高电源电压 6. 更换线圈 7. 检查并消除控制回路故障 8. 检查并消除控制回路故障 9. 合上隔离开关

表 10-6-3（续）

故障现象	故障可能原因		处理方法
	QC83-80	QC83-120、QC83-225	
起动后不能自保持	1. 2号控制线有断线或接线不正确 2. 辅助触点接触不良或损坏 3. 按钮接错	1. 2号控制线有断线或接线不正确 2. 辅助触点接触不良或损坏 3. 按钮接错	1. 检查并消除控制回路故障 2. 检查并修理触点或弹簧 3. 改正错误接线
按下停止按钮后电机继续旋转	1. 接向按钮的导线接地或短路 2. 停止按钮损坏 3. 主触头或辅助触点焊住或被消弧罩卡住 4. 磁铁有剩磁或非磁性衬垫磨损过度	1. 接向按钮的导线接地或短路 2. 停止按钮损坏 3. 主触头或辅助触点焊住或被消弧罩卡住 4. 磁铁有剩磁或非磁性衬垫磨损过度	1. 检查并消除控制回路故障 2. 修复停止按钮 3. 检查并检修主触头和辅助触点，检查并调整消弧罩 4. 更换或修整磁铁或衬垫
吸合磁铁响声很大	1. 磁铁吸合面损坏或有脏物造成吸合后磁铁间隙大 2. 磁铁在支架内不能自由移动或磁铁有偏歪 3. 短路环断裂或脱落 4. 触头弹簧压力过大 5. 固定衔铁及磁轭的螺钉松动或压力不足 6. 电压太低不能可靠吸合 7. 闭锁触点接触不好	1. 磁铁吸合面损坏或有脏物造成吸合后磁铁间隙大 2. 磁铁在支架内不能自由移动或磁铁有偏歪 3. 短路环断裂或脱落 4. 触头弹簧压力过大 5. 固定衔铁及磁轭的螺钉松动或压力不足 6. 电压太低不能可靠吸合 7. 闭锁触点接触不好	1. 消除脏物，调整间隙 2. 调整磁铁位置 3. 更换短路环 4. 调整触头压力 5. 修理磁铁松动部位 6. 检查并提高电源电压 7. 调整闭锁触点
磁铁闭合缓慢	1. 电压过低 2. 活动机构不灵活 3. 磁铁间隙过大	1. 电压过低 2. 活动机构不灵活 3. 磁铁间隙过大	1. 检查并提高电源电压 2. 检修活动机构 3. 调整磁铁间隙
起动时吸合线圈吸合一下即释放		限流热继电器触点因起动器吸合震动而跳开	修复或更换热继电器
隔离刀闸烧毁	1. 操作刀闸时用力过猛使轴产生扭转变形或轴头开焊 2. 刀闸手柄打到尽头时，刀闸尚不能合到位置	1. 操作刀闸时用力过猛使轴产生扭转变形或触头开焊 2. 刀闸手柄打到尽头时，刀闸尚不能合到位置	1. 更换刀闸轴 2. 调整手柄
触头过热和灼伤焊住	1. 触头弹簧压力太大 2. 触头接触面过小 3. 触头上有氧化膜或油污，使接触不良 4. 触头无超行程，接触压力不够 5. 起动过分频繁 6. 触头开断容量不够 7. 触头闭合时严重跳动	1. 触头弹簧压力太大 2. 触头接触面过小 3. 触头上有氧化膜或油污，使接触不良 4. 触头无超行程，接触压力不够 5. 起动过分频繁 6. 触头开断容量不够 7. 触头闭合时严重跳动	1. 调整触头弹簧压力 2. 检修或更换触头，保证足够接触面 3. 清扫触头，保持清洁 4. 调整触头位置和弹簧压力 5. 适当减少起动次数 6. 换用大容量起动器 7. 调整触头接触情况

表 10-6-3（续）

故障现象	故障可能原因		处理方法
	QC83-80	QC83-120、QC83-225	
吸合线圈过热或烧毁	1. 线圈受潮等原因使绝缘损坏 2. 电源电压过高或过低造成吸合电流过大 3. 线圈铭牌电压与电源电压不符 4. 接触弹簧反作用力太大 5. 触头被消弧罩卡住，衔铁长期处在很大间隙下工作	1. 线圈受潮等原因使绝缘损坏 2. 电源电压过高或过低造成吸合电流过大 3. 线圈铭牌电压与电源电压不符 4. 接触弹簧反作用力太大 5. 触头被消弧罩卡住，衔铁长期处在很大间隙下工作	1. 干燥线圈保持足够的绝缘电阻 2. 调整电源电压 3. 更换相同电压的线圈 4. 调整弹簧压力 5. 调整消弧罩不卡住触头
控制变压器烧毁	1. 线圈受潮绝缘电阻降低 2. 变压器二次侧发生短路且熔断器过大 3. 控制线 4 号或 8 号线接地	1. 线圈受潮绝缘电阻降低 2. 变压器二次侧发生短路且熔断器过大 3. 控制线 4 号或 8 号线接地	1. 更换线圈，并检查绝缘 2. 检查并消除二次侧短路故障，更换合格的熔断器 3. 检查二次侧接线，消除接地故障
按停止按钮后起动器延时打开		中间继电器有剩磁	调整继电器磁铁吸合间隙或在间隙中加铜皮
起动器负荷侧只有两相有电	1. 电缆线芯与接线柱接触处有绝缘层隔开 2. 与触头连接的软铜片断裂 3. 消弧罩将一相动触头卡住 4. 刀闸只有两相接触 5. 主熔断器一相熔断 6. 主熔断器夹座处接触不良	1. 电缆线芯与接线柱接触处有绝缘层隔开 2. 与触头连接的软铜片断裂 3. 消弧罩将一相动触头卡住 4. 刀闸只有两相接触	1. 检查并接好导电线芯 2. 更换损坏的软连接片 3. 检修消弧罩 4. 检修刀闸 5. 更换熔体 6. 检修或更换熔断器夹座
开关闭合时上一级馈电开关掉闸	1. 起动器的负荷侧有接地现象 2. 起动器内部有短路故障	1. 起动器的负荷侧有接地现象 2. 起动器内部有短路故障	检查起动器本身的绝缘电阻及负荷侧的对地绝缘电阻并消除故障
按远方控制起动按钮后，起动器不吸合	1. 控制线 1 号线断路 2. 停止按钮与地线间连接不好或断开 3. 停止按钮接触不良 4. 远方控制按钮接触不良	1. 控制线 1 号线断路 2. 停止按钮与地线间连接不好或断开 3. 停止按钮接触不良 4. 远方控制按钮接触不良	1. 接好 1 号线 2. 接好停止按钮与地线间的连接线并保持接触紧密 3. 检修停止按钮 4. 检修远方起动按钮
按远方控制停止按钮起动器不断开	1. 控制线 2 号线触点接地 2. 停止按钮主地连接线与 2 号线短路	1. 控制线 2 号线触点接地 2. 停止按钮主地连接线与 2 号线短路	检查二次回路，消除接地或短路故障
远方控制时不按起动按钮而自起动	1. 控制线 1 号线与 2 号线短路 2. 控制线 1 号线接地 3. 停止按钮主地连接线与 1 号线短路 4. 起动按钮没断开	1. 控制线 1 号线与 2 号线短路 2. 控制线 1 号线接地 3. 停止按钮主地连接线与 1 号线短路 4. 起动按钮没断开	1. 检查二次回路消除接地或短路故障 2. 检查二次回路消除接地或短路故障 3. 检查二次回路消除接地或短路故障 4. 检修起动按钮

表10-6-4 QC83-80N型隔爆磁力起动器故障分析

故障现象	故障可能原因	处理方法
按QZ或QF按钮起动器不吸合	1. 起动器本身停止按钮或远方控制停止按钮接触不良 2. 熔断器熔断 3. 远方控制线的停止按钮与地连线断线或接地不良	1. 检修按钮保持接触良好 2. 更换熔体 3. 接好断线并保持与接地点接触良好
按QZ按钮起动器不吸合	1. QF按钮常闭触点接触不良 2. 正反向闭锁触点接触不良 3. QZ按钮常开触点接触不良 4. 远方控制线1号线断路	1. 检修QF按钮保持接触良好 2. 检修闭锁触点保持接触良好 3. 检修QZ按钮保持接触良好 4. 接好1号线
按QF按钮起动器不吸合	1. QZ按钮常闭触点接触不良 2. 正反向闭锁触点接触不良 3. QF按钮常开触点接触不良 4. 控制线2号线断路	1. 检修QZ按钮保持接触良好 2. 检修闭锁触点保持接触良好 3. 检修QF按钮保持接触良好 4. 接好2号线
合上刀闸后起动器自动正向吸合	1. 控制线1号线接地 2. 正向自保触点CZ_2没断开 3. 控制线1号线与4号线短路或1号线与3号线短路	1. 检查控制线消除接地故障 2. 检修正向自保触点 3. 检查控制线消除短路故障
合上刀闸后起动器自动反向吸合	1. 控制线2号线接地 2. 反向自保触点CF_2没断开 3. 控制线2号线与3号线短路或2号线与4号线短路	1. 检查控制线消除接地故障 2. 检修反向自保触点 3. 检查控制线消除短路故障
起动器正反向均不自保	控制线3号线断线	接好3号线
起动器正向不自保	正向自保触点CZ_2接触不良	检修触点，保持接触良好
起动器反向不自保	反向自保触点CF_2接触不良	检修触点，保持接触良好
起动器正反向均不能停止	1. 控制线3号线与4号线短路 2. 停止按钮损坏	1. 检查控制线，排除短路故障 2. 检修停止按钮
起动器正向不能停止	正向接触器的触点因电弧焊住或被消弧罩卡住	检修触点或消弧罩
起动器反向不能停止	反向接触器的触点因电弧焊住或被消弧罩卡住	检修触点或消弧罩
变压器烧毁	1. 变压器线圈绝缘电阻过低 2. 变压器二次侧发生短路且熔断器过大 3. 控制线5号线接地	1. 更换良好的线圈 2. 检查二次回路消除故障并换合格的熔断器 3. 消除5号线接地故障
接触器吸合时响声不正常	1. 接触器触头压力太大 2. 铁芯短路环断开或丢失 3. 衔铁或铁芯接触不正或不平 4. 衔铁或铁芯螺丝松动	1. 调整触点压力 2. 更换短路环 3. 调整衔铁或铁芯使接触正常 4. 拧紧螺丝
负荷侧只有两相有电	1. 刀闸两相接触 2. 熔断器一相熔断或接触不良 3. 接触器触点被消弧罩卡住一个 4. 电缆线与接线柱连接不好	1. 检修刀闸 2. 更换熔断器或检修熔断器 3. 检修消弧罩 4. 连接好电缆线芯与接线柱

注：上述是旧型开关，新型开关等设备见第十一章《井下供电设备与电器》。

本章编写人：祝　坚　朱乃鹏

第十一章　井下供电设备与电器

第一节　井下高压电器设备

一、PJG31－□/10(6)Y系列矿用隔爆型高压真空配电装置

矿用隔爆兼本质安全型永磁式高压真空配电装置（以下简称“配电装置”）适用于含有甲烷混合气体，在具有爆炸危险的煤矿井下，对额定电压为10 kV、6 kV，额定频率为50 Hz，额定电流不超过1250 A的三相交流中性点不接地或经消弧线圈接地的供电系统进行控制、保护和测量。本开关在原630 A开关的基础上增加一个出线回路，并增加了这一回路的漏电保护与绝缘监视保护，以弥补一路出线电流过大而电缆截面不够的问题。

矿用隔爆兼本质安全型永磁式高压真空配电装置的使用条件：

（1）环境温度：－20～＋40 ℃；

（2）海拔高度不超过1000 m，超过1000 m但不超过4000 m时，工频耐压按GB 311.1修正；

（3）周围空气相对湿度不大于95%（25 ℃时）；

（4）具有甲烷等混合气体的煤矿井下；

（5）在无显著摇动和冲击振动的地方；

（6）在能防止滴水的地方；

（7）水平安装（倾斜度不超过15°）。

1. 型号含义

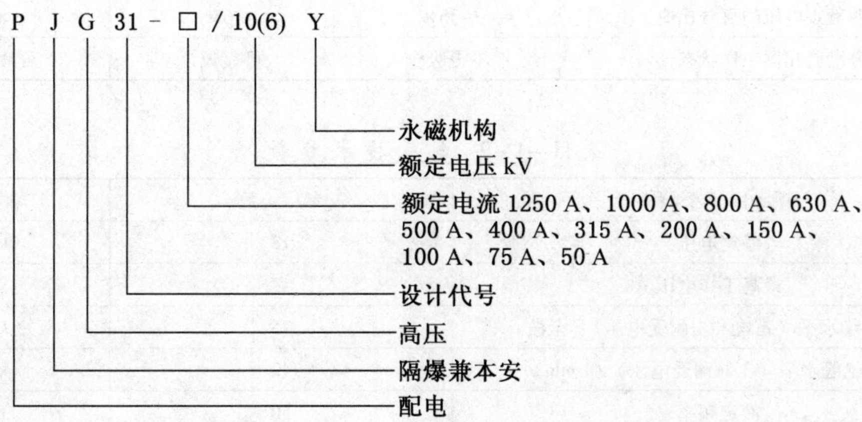

2. 主要电气参数

额定电压：10(6) kV；

最高工作电压：12(7.2) kV；

额定频率：50 Hz；

额定电流：50 A、75 A、100 A、150 A、200 A、315 A、400 A、500 A、630 A、800 A、1000 A、1250 A。（以上十二种电流等级的配电装置中，真空断路器额定电流等级均为1250 A，仅电流互感器有区别）

额定绝缘水平（1 min 工频耐压值（有效值）：

对地、相间及断路器断口间　42 kV(10 kV)、30 kV(6 kV)

隔离开关断口间　48 kV(10 kV)、34 kV(6 kV)

二次回路对地　2 kV

标准雷电冲击全波（峰值）：

对地、相间及断路器断口间　75 kV(10 kV)、60 kV(6 kV)

隔离开关断口间　85 kV(10 kV)、70 kV(6 kV)

额定短路开断电流：25 kA；

额定短路开断次数：30 次；

额定短路关合电流（峰值）63 kA；

额定动稳定电流（峰值）：63 kA；

额定热稳定电流：25 kA；

额定热稳定时间：2 s；

机械寿命：20000 次；

隔离插销机械寿命：2000 次；

断路器的工作电压：AC100 V；

固有分闸时间：不大于 0.1 s。

1）断路器主要技术参数

（1）分励脱扣器的动作特性见表 11－1－1，电气技术参数见表 11－1－2。

表 11－1－1　分励脱扣器的动作特性

电源额定电压的百分比值	<35%	>65%	>85%
分励脱扣器工作状态	不得吸合	可靠吸合	可靠吸合

表 11－1－2　电气技术参数

项 目 名 称	参　数	单 位
额定电压	12	kV
最高工作电压	12	kV
额定绝缘水平（雷电冲击耐受电压）（全波）	75	kV
额定绝缘水平（工频耐受电压）（1 min）	42	kV
额定频率	50	Hz

表11-1-2（续）

项目名称		参　数	单位
额定电流		1250	kA
额定短路开断电流		25	kA
4 s 热稳定电流		25	kA
额定动稳定电流（峰值）		63	kA
额定短路关合电流（峰值）		63	kA
额定操作程序		分-180 s-合分-180 s-合分	
机械寿命		20000	次
触头允许磨损厚度		3	mm
电寿命	额定短路开断试验次数	10000	次
	开断额定电流	2000	次

（2）断路器的机械技术参数见表11-1-3。

表11-1-3　机械技术参数

序号	参数名称	单位	数量
1	触头开距	mm	10±1
2	触头超程	mm	3±0.5
3	相间中心距离	mm	210
4	开关管绝缘罩外导电排间中心距	mm	210
5	触头合闸弹跳	ms	≤3
6	三相合、分闸不同期性	ms	≤2
7	固有合闸时间	ms	≤80
8	固有分闸时间	ms	≤40
9	平均合闸速度	m/s	0.6±0.2
10	平均分闸速度	m/s	0.9±0.2
11	主回路电阻	μΩ	≤60
12	触头工作压力	N	3000±50

（3）永磁机构及控制器额定参数见表11-1-4。

表11-1-4　控制器额定参数

项目名称	参　数	单位
控制电路额定工作电压	AC 100	V
储能电容工作电压	DC 220	V
合分闸操作控制电压	DC 12（由控制器内部提供）	V
操作控制部分电源总功率	≤200	W

表 11-1-4（续）

项 目 名 称	参 数	单 位
永磁机构极限操作频率	50	次/小时
合分闸间隔时间	≥50	ms
永磁机构合闸操作最小时间间隔	≥50	s

（4）断路器的动作特性。

① 操作机构电源电压为额定值的 85% ~110% 范围内断路器能可靠合闸，并且机械技术参数基本不变。

② 操作机构在操作电源电压为额定值的 65% ~120% 范围内能够可靠分闸。

（5）断路器的结构与工作原理。

断路器工作过程如下：接通控制电源，首次接通电源要等待 120 s，此时储能电容已充满电（充电指示灯亮），断路器处在准备操作状态。按下合闸按钮，控制器接通合闸回路，电容器 C1 接通合闸线圈，电容器 C1 向合闸线圈释放能量。电能转换成磁能，永磁机构动铁芯向下运动，通过大轴转臂将开关管触头闭合，同时使分闸弹簧储能，从而完成一次合闸过程。按分闸按钮（合闸后，辅助开关已接通），控制器接通分闸回路，电容器 C2 接通分闸线圈，在分闸磁场和分闸弹簧的共同作用下，使开关管触头迅速分开，这样就完成了一次分闸操作。该断路器除了正常电动合分闸操作机构外，还设有紧急手动分闸装置和手动合闸装置。

手动合闸操作过程：在断路器的右侧（面向断路器面板方向），顺时针方向旋转手动储能拐把 90°，再将其复位至原位置。当重复这两个动作到顺时针方向旋转不动时为止，再将手动储能拐把逆时针放回原位置复位。这样储能簧就已经储能。顺时针方向旋转手动合闸拨板 45°，合闸机构在储能簧的作用下，带动大轴转臂将开关管触头闭合，同时使分闸弹簧储能。这时将手动合闸拨板逆时针放回原位置，就完成了一次合闸过程。手动分闸时，顺时针方向旋转手动分闸拨板 45°，手动分闸机构将永磁筒内动静铁芯间撬起 0.5 mm 左右间隙，这时由于磁隙的增大，永磁筒下部的磁阻迅速增大，机构在分闸弹簧的作用下将开关管触头分开，完成一次分闸过程。

注意：手动合闸储能后机构会自动锁死，此时就可转动合闸手柄进行合闸，切勿强行搬动储能手柄，否则损坏机构。

由于永磁机构通过动铁芯与主轴传动拐臂相连，直接驱动开关管动触头，机械结构简单，磨损小，使得断路器在使用寿命期内基本实现免维护。

控制器部分工作原理，控制器将电源 AC100 V 转变成 DC220 V，对电容器充电。当电压充至 DC220 V 左右时，控制器停止充电。此时合闸，控制器合闸回路接通合闸线圈，电容器 C1 向合闸线圈释放电能，完成一次合闸过程。当电压降低至欠压状态或断电时，控制器接通分闸电路，电容器向分闸线圈释放电能，完成分闸功能。断电时控制器内继电器常闭点始终将电容与放电电阻接通，在 1 ~2 min 内将电容残余电压放尽。

2）电力监控系统技术参数

（1）DSB－600B综合保护装置概述。

高压配电综合保护装置（简称“高爆保护器”）是一个以单片机为核心的智能微机应用设备。它安装在高压防爆配电装置（简称“高爆开关”）内，接收来自高爆开关电压互感器、电流互感器、零序电压互感器、零序电流互感器的信号，通过单片机系统的处理，控制高爆开关对电路进行短路、过载、过压、欠压、漏电、风电瓦斯闭锁、越级跳闸闭锁等保护；对电路的电压、电流、零序电压、零序电流、有功功率、无功功率、功率因数、用电电度量等进行测量、显示；对开关的分、合闸运行状态，操作时间，操作性质，故障时的故障发生时间、原因、故障瞬间电流值及故障跳闸瞬间的电流、电压波形进行显示、记录、存储；使用户可以更好地进行线路控制、负荷调配、设备维修、责任考核等方面的工作。

（2）综合保护装置电气参数。

额定电流：5 A AC；工作范围：0.1～20 A正常工作，最大50 A工作20 s；

额定电压：100 V AC；工作范围：75～150 V；

额定频率：50 Hz；

电压、电流、功率的测量精度为：±3%；

电度量：精度等级1.0（三相三线制），累计电量保证十年不溢出；

延时设定范围：0～20 s，精度：0.01 s；

通信功能：DSB－600B高爆保护器配有带隔离RS－485标准通信接口，可方便实现组网和网络通信，可实现与矿用电力监控系统无缝对接。

备用电源：DSB－600B高爆保护器内部安装有备用电池组，当交流电源断电时，可以使保护装置继续工作一段时间。备用电源供电时间的典型值为30 min，用户可根据需要提前向厂家订制不同供电时间的备用电源（推荐值：15 min）。

（3）综合保护装置保护特性。

① 短路保护。

DSB－600B高爆保护器的短路保护功能采用速断保护和定时限过流保护两段保护；速断保护作为主保护，定时限过流保护作为线路的辅助保护。

速断保护：高爆保护器将IA、IB和IC中的最大电流与速断定值比较来判断系统中是否存在短路故障。当最大电流值超过速断定值时执行速断，保护动作时间（保护器采样、比较、判断故障时间加保护器继电器出口时间）小于30 ms。

速断保护整定：速断保护以开关下接电路末端三相短路最大电流值为速断定值，达到速断定值立即动作。煤矿供电电缆长度较短，按上述规程整定一般较难达到灵敏度要求，使用中一般以开关下接线路总负荷电流（所有负荷电流之和）的6～10倍作为速断电流定值。

DSB－600D高爆保护器的速断动作值是高爆开关电流互感器一次侧电流的倍数，即速断整定定值＝速断电流定值/高爆开关电流互感器一次侧电流值。

速断保护应立即动作，越快越好，一般不应设置延时，但考虑到煤矿井下的特殊需求，DSB－600D高爆保护器的速断保护增加了速断延时功能。设置延时的高爆保护器会延时动作，如果用户将速断延时设置为0 s，当短路发生时，高爆保护器将立即动作。

② 定时限过流保护。

当实际测量电流大于等于整定的“过流定值”时，保护器按照设定的“过流延时”时间分断开关，分断时间小于（过流延时 + 10 ms）。

定时限过流保护整定：定时限过流定值为开关下接线路总负荷电流（所有负荷电流之和）的 1.2 倍，过流延时定值为下接线路末端相邻元件定时限过流保护整定时间的最大值加 0.5 s。

DSB - 600D 高爆保护器的定时限过流定值是高爆开关电流互感器一次侧电流的倍数，即定时限过流整定定值 = 定时限过流定值/高爆开关电流互感器一次侧电流值。

③ 过载保护特性。

表 11 - 1 - 5 为 DSB - 600D 高爆保护器的过载保护特性（反时限过流保护），分为 4 档，从 1 档到 4 档灵敏度依次降低。

表 11 - 1 - 5　DSB - 600D 高爆保护器的过载保护特性

过载电流/整定电流 \ 延时时间 \ 时间挡位	1	2	3	4
1.05	∞	∞	∞	∞
1.2	40 ~ 60 s	1 ~ 2 min	2 ~ 3 min	3 ~ 6 min
1.5	20 ~ 40 s	30 s ~ 1 min	1 ~ 1.5 min	1.5 ~ 3 min
2.0	11 ~ 18 s	14 ~ 20 s	20 ~ 40 s	40 ~ 60 s
4.0	7 ~ 10 s	7 ~ 10 s	8 ~ 12 s	8 ~ 12 s
6.0	≤8 s	≤8 s	≤10 s	≤10 s

过载电流 = 倍数 × 整定电流（开关运行电流整定值），用户可以根据过负荷电流来对应选定延时，整定时间挡位。系统在出厂时缺省时间挡位位于 1，如果用户没有选择 1、2、3、4 挡中的任何一挡时，系统会自动默认 1 挡，确保设备在最灵敏反时限过流保护状态下运行。注意：可以根据用户的不同要求来选择不同的动作档位。

④ 漏电保护特性。

DSB - 600D 高爆保护器的漏电保护是基于系统中的零序电压基波、三次谐波和零序电流基波、三次谐波综合来判断漏电接地故障的。判断模式分为三种，用户可以在“功能选择”子菜单中的“选漏模式设置”条目中选择是“电流型”模式或者是“方向型”模式（分中性点不接地系统和中性点经消弧线圈接地系统）。

电流型：零序电流大于整定值时，高爆开关延时跳闸。零序电流的整定值为线路的电容电流值的 1.2 倍（需躲过最大不平衡电流）。延时时间整定值为 0.1 s。

方向型（中性点不接地系统）：功率方向型（中性点不接地系统）漏电保护是利用接地线路的零序电流由线路流向母线，零序电流相位滞后零序电压，而非接地线路的零序电流则由母线流向线路，零序电流相位超前零序电压的原理，比较零序电压、零序电流的大小和零序方向来判断漏电线路。

方向型（中性点经消弧线圈接地系统）：功率方向型（中性点经消弧线圈接地系统）漏电保护是利用接地线路的基波零序电压分量启动保护，通过计算5次谐波零序电流的大小和判断5次谐波零序电压的方向来判断漏电线路。

DSB－600D高爆保护器方向型漏电保护的计算、零序方向的判断固化在保护器单片机程序中，需要整定零序电压、基波零序电流、5次谐波零序电压、5次谐波零序电流和漏电延时定值。基波零序电压定值（互感器三相开口电压）小于25 V（推荐15 V）；基波零序电流起动值（零序电流互感器一次电流）1 A，范围1～6 A；5次谐波定值为出厂默认定值；延时定值为控制末端线路开关1 s，向上每增加一级开关增加0.5 s，按系统实际层次累计。

⑤ 过压保护特性。设置过压保护的目的主要是为了防止用电设备长期在严重过电压的状态下运行而损坏。过压保护采用线电压判别方式。过压保护一定要整定延时时间，延时整定根据供电系统设备允许的过压时间整定。

过压定值可以根据需要设定，范围：$1.0\sim2.0U_e$，精度：±3%；

过压动作延时用户可以任意设定，范围：0～20 s，精度：0.01 s。

⑥ 失压（欠压）保护特性。

DSB－600D高爆保护器在失压继电器线圈两端配有接受保护器控制的阻容蓄能装置，当电路短时失压时，阻容蓄能装置保持失压继电器吸合。失压线圈按保护器失压动作延时整定值延时脱扣，避免电路瞬时失压造成开关跳闸断电。失压保护必须整定延时时间，延时整定按躲过供电系统可能出现的低电压扰动时间整定。

失压定值可以任意设定，范围：$0.0\sim1.0U_e$，精度：±3%；

失压动作延时用户可以任意设定，范围：0～9 s可调，精度：0.01 s。

⑦ 电缆绝缘保护特性。

在双屏蔽电缆末端屏蔽芯线与屏蔽地线之间安装一个1 kΩ的电阻，DSB－600B高爆保护器配有专用测量电路来测量该回路的电阻值，以判断电缆绝缘的好坏，判别依据见表11－1－6。

表11－1－6　电缆绝缘判别依据

内容 \ 电阻范围 \ 动作	可靠动作	允许动作	不允许动作
监视线与地线间回路电阻/kΩ	>1.5	0.8～1.5	<0.8
监视线与地线间绝缘电阻/kΩ	<3.0	3.0～5.5	>5.5
动作时间/ms	30	30	—

⑧ 风电瓦斯闭锁保护特性。

用户可以选择瓦斯断电仪接点的跳变方式有两种：

A. 常开接点闭合，保护动作，显示风电瓦斯闭锁报警。

B. 常闭接点打开，保护动作，显示风电瓦斯闭锁报警。

⑨ 越级闭锁保护特性

越级跳闸会造成大面积停电，严重影响生产，且极易引发事故，是当前煤矿供电系统急待解决的问题。

A. 地面入井线路控制开关有小延时（0.5 s 左右）的井下供电系统。

由于煤矿高压线路较短，电缆容量大，线路末端短路与出口短路产生的短路电流几乎相同，靠电流定值配合保证不了保护的选择性，避免不了短路越级跳闸。对于地面入井线路控制开关有小延时（0.5 s 左右）的井下供电系统，可以通过上下级开关保护时间级差配合来保证保护的选择性，避免发生越级跳闸事故。对 DSB－600D 高爆保护器设置小延时解决短路越级跳闸问题的方法如下：

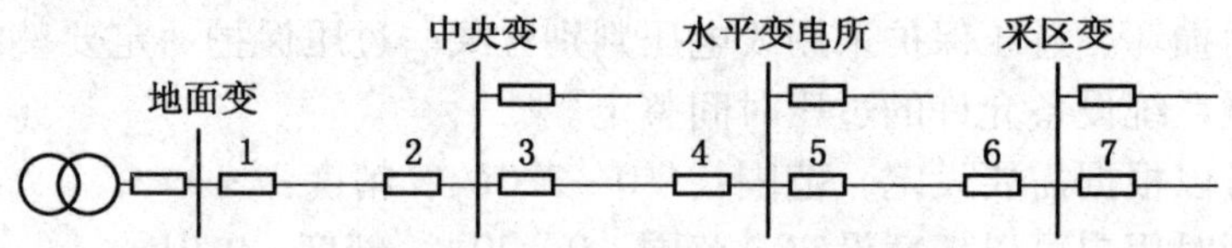

图 11－1－1　煤矿供电线路示意

末端线路短路保护采用 0 时限速断，而其上级则增加一个时间级差 Δt：

$$\Delta t = K \times (\text{保护判断时间} + \text{保护出口时间} + \text{开关固有分闸时间})$$

式中，K 为可靠系数，一般取 1.5。

DSB－600D 高爆保护器保护判断时间与保护出口时间总和不大于 30 ms，现有的高爆开关，固有分闸时间典型值小于 70 ms，高爆开关总跳闸时间不超过 100 ms，则

$$\Delta t = 1.5 \times (30 + 70) = 150 \text{ ms}$$

煤矿供电线路示意如图 11－1－1 所示，图中各个开关时间配合关系如下：

7 号开关速断保护延时为 0；5、6 号开关速断保护延时为 50 ms；3、4 号开关速断保护延时为 100 ms；1、2 号开关速断保护延时为 150 ms。

B. 地面入井线路控制开关没有小延时的井下供电系统。

上述通过小延时设置解决短路越级跳闸的问题简单易行，但不适合地面入井线路控制开关没有小延时的井下供电系统，且存在上级开关下接线路短路时，开关速断保护因延时跳闸速度慢的缺陷。

DSB－600D 高爆保护器配有专门的防止短路引起越级跳闸的设计和电路。保护器速断功能不设置延时，通过下级开关保护短路监测闭锁信号对上级开关保护速断功能闭锁，以及上级开关保护对下级开关保护速断后备保护的配合来保证保护的选择性，既彻底避免发生短路越级跳闸，又使各级开关下直接连接线路短路时可以速断跳闸，不因速断保护延时使跳闸速度变慢，而且上级开关保护作为下级开关的后备保护，即使下级开关拒动也不会失去速断保护。

用户可在“投退选择”菜单的“功能选择”子菜单中选择“越级跳闸投退”。对某一开关，当用户选择“越级跳闸投入”时，若开关下接供电系统的电流值达到速断条件，保护装置将在“输出闭锁”接点上输出闭锁控制信号（DC24 V 开关量），动作时间为 12 ms

（典型值），同时将记录保护动作事件“速断加速”，同时本级开关起动速断跳闸；当速断条件消失时，“输出闭锁”接点上的闭锁控制信号消失，同时记录保护动作事件“速断加速返回”。“输出闭锁”接点上输出的闭锁控制信号用于闭锁上级开关的速断保护功能。

保护装置收到下级开关的闭锁控制信号时，上报“下级闭锁”，同时闭锁本级开关保护器的速断功能，以防止越级跳闸，造成大面积停电事故；同时启动下级保护速断后备功能。当闭锁控制信号消失后，保护装置将上报“下级闭锁返回”，同时开放本级开关保护器的速断保护功能，撤销下级保护速断后备功能。

3. 结构

PJG 系列矿用隔爆兼本质安全型永磁式高压真空配电装置的结构（图 11－1－2）分为隔爆箱和机芯小车两大部分。隔离箱由箱体、箱门、后盖板（上下各一块）、接线腔、底架等主要部分组成。

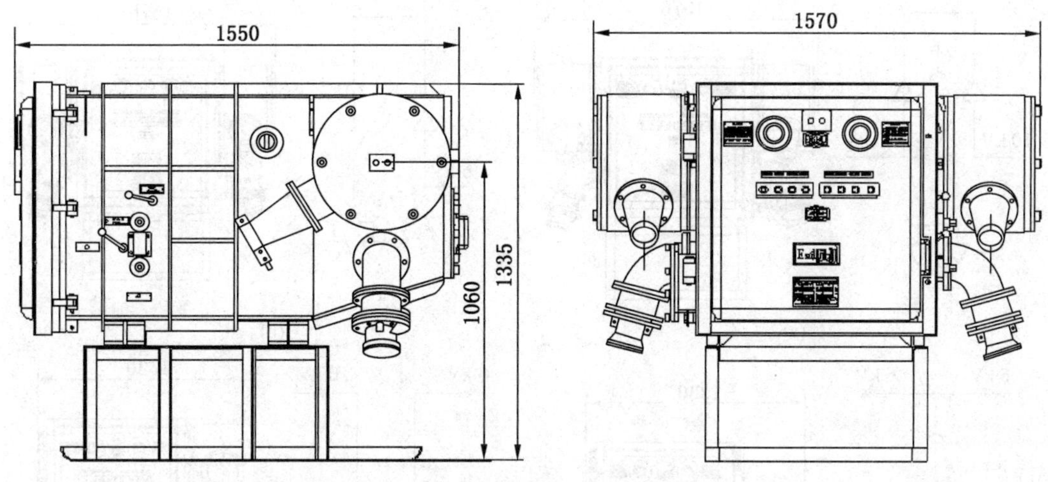

图 11－1－2　PJG－□/10(6)Y 系列矿用隔爆型高压真空配电装置结构图

箱体为长方体，中隔板将箱体隔开成前后两腔，横隔板将后腔隔开形成上下两室，上下两室之间的隔板不起防爆作用，所以后腔是一个通腔。中隔板上装有六只隔离插销的插座，还有两只供前后腔二次控制电路穿墙的九芯接线柱。六只隔离插销的插座，三只位于后腔上室，三只位于后腔下室。后腔上室的左右侧板上各有三个穿墙接线柱。后腔下室有两个高压电缆引出口。

后腔下室的两个高压电缆引出口内各装有一个零序电流互感器，后腔下室的底板上还有两个终端电阻。箱体的前腔主要容纳机芯小车。安装在前腔右侧板上的拨臂是为了推动机芯前进和后退，实现隔离插销的合闸和分闸运动。前底板上各有一块护轨和板，是供机芯小车行走的。前腔的右侧板上设有真空断路器的手动合闸轴、手动储能轴和手动分闸柄。箱体前腔左右侧板上各有一个观察窗，可以看到隔离插销的分合状况。前腔左侧设有一个二次接线腔和六个低压电缆引入装置（称为小喇口）。

本配电装置为活节螺栓压板式快开门结构，箱门上装有供电度、电压、电流、合分显示及故障显示的显示器，有“确认”“漏电”“移位”“照明”“复位”按钮以及真空断路器电动分、合闸按钮。

机芯是本配电装置的心脏。机芯的下部是小车，小车上装有真空断路器、电压互感器、电流互感器、压敏电阻器和上下两组高压隔离插销头。机芯上的二次控制线与箱体、箱门上的二次控制线用多芯插头座进行活性连接。

小车式机芯和主回路用两组隔离插销连接是本配电装置的主要特点之一。由于配电装置的主要电器元件集装于机芯之上，所以本配电装置若出现故障（大多可能是机芯故障），可以抽出故障的机芯进行修理，并可以用同型号规格的备用机芯替换故障机芯，从而节省抢修时间，减少对生产的影响。

4. 电气原理

1） 主回路方案

主回路接线方案可分四种，如图 11 - 1 - 3 所示。

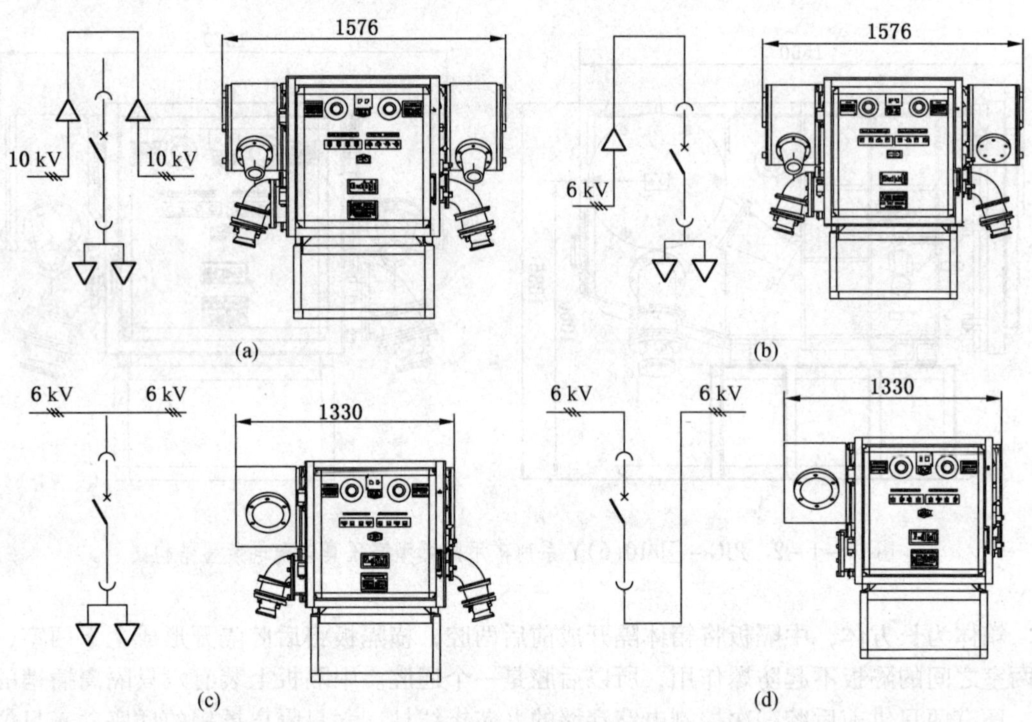

图 11 - 1 - 3 PJG - □/10(6) Y 系列矿用隔爆型高压真空配电装置主回路方案

（1） 方案 A：该方案（图 11 - 1 - 3a）配电装置电源侧有两个接线位置，负荷侧二个接线位置。本配电装置可单台使用，也可联合使用。

（2） 方案 B：该方案（图 11 - 1 - 3b）配电装置电源侧为单回路馈入（左右均可），负荷侧为单回路馈出（左右均可），也可双回路馈出。该方案的配电可单台使用，也可联合使用。

（3） 方案 C：该方案（图 11 - 1 - 3c）配电装置的电源侧无电缆头，三相电源从相邻开关的硬母线通过连通节接到本开关的硬母线。负荷侧有两只馈出电缆头。当同室有多台配电装置联合使用时，该配电装置只作分路开关，不能单台使用。以上三种方案的进线侧电缆头可以是铠装的，也可以是橡套电缆头，用户订货时应说明，如无说明，进线均配铠装电缆头，出线均配橡套电缆头。

（4）方案 D：该方案（图 11－1－3d）配电装置的电源侧无电缆头。三相电源从相邻开关的硬母线通过连通节接到本台开关右（或左）端的硬母线，通过上隔离插销、真空断路器和下隔离插销的控制，从本台开关的左（或右）连通节接到相邻开关的左（或右）端硬母线。方案 D 的配电装置不单台使用，当同室有多台配电装置联合使用时，本装置当作母线联络开关。联络开关电源正送电动合闸，反送手动合闸，没有失压和漏电保护功能，此开关只作电源接通作用，若有特殊要求同生产厂家协商。

防爆结构上方案 A 可以覆盖方案 B、方案 C、方案 D 三种方案。

2）电气原理图

PJG31－□/10(6)Y 系列矿用隔爆型高压真空配电装置电气原理图如图 11－1－4 所示，部件明细见表 11－1－7。

表 11－1－7　PJG31－□/10(6)Y 系列矿用隔爆型高压真空配电装置部件明细表

序号	代号	名　称	型　号	数量	单位
1	QS	隔离插销	1250 A	6	套
2	QF	高压真空永磁断路器	ZNYK－10/1250－25	1	台
3	RV	压敏电阻	HMYGK－6/5	3	只
4	CT	电流互感器	LMZ－10（6）	2	只
5	BK	控制变压器	100/36 V50 VA	1	只
6	TV	电压互感器	JSZW3－10（6）	1	台
7	FU	低压熔断器	BLX6X30	3	个
8	XD	先导组件	JHK－36/18	1	只
9	NK	钮子开关	KN2A－2×2	1	个
10	DSB	保护器	DSB－600D	1	台
11	QA	起动按钮	LA18－22	1	只
12	TA	停止按钮	LA18－22	1	只
13	XK	行程开关	XLS12－2	1	只
14	LS	漏电实验按钮	LA18－2	1	个
15	FW	复位按钮	LA18－2	1	个
16	LX	零序电流互感器		2	个
17	R2、R3	电阻	12 kΩ　1 W	2	个
18	C	电容	160 V20 μF	2	个
19	R1、R3	终端电阻	1 kΩ　2 W	2	只

注：1. 保护器试验不允许在设备工作运行时进行，以免影响生产或造成其他故障。
2. 本安线为蓝色，其余非本安线不得用蓝色。
3. 本安线与主电路电气间隙应大于 60 mm/6 kV 或 3.3 kV、100 mm/10 kV；爬电距离应大于 90 mm/6 kV 或 3.3 kV、140 mm/10 kV。
4. 本安线与非本安控制电路电气间隙应大于 6 mm，爬电距离应大于 6 mm。
5. 本安线与接地端或外壳电路电气间隙应大于 4 mm，爬电距离应大于 4 mm。
6. 主电路耐压为 23 kV，本安与非本安耐压 1500 V，本安对地耐压 500 V。

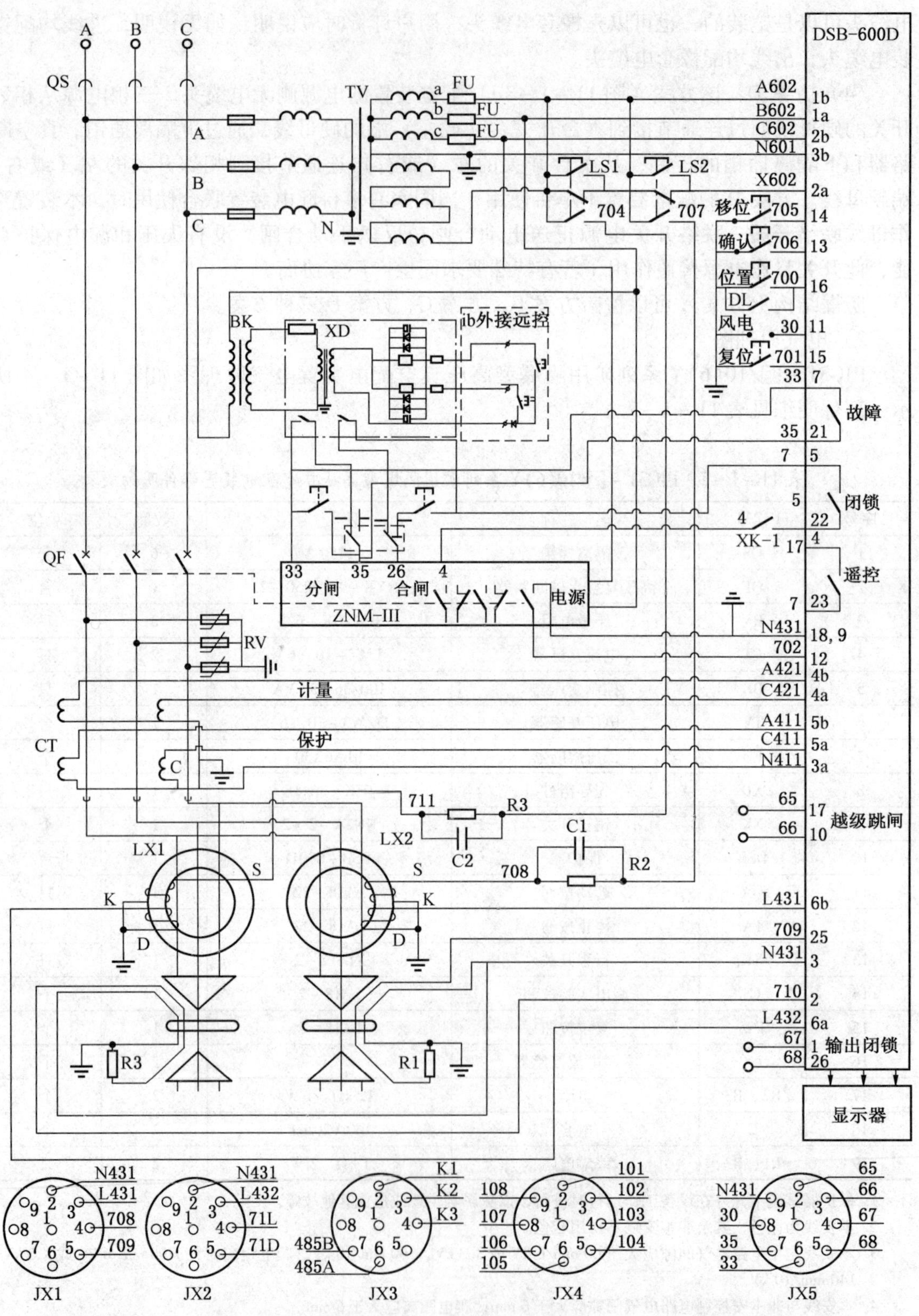

图 11-1-4 PJG31-□/10(6)Y 系列矿用隔爆型高压真空配电装置电气原理图

10 kV/6 kV 的三相电源从配电装置的电源接线盒引入，经上隔离插销、真空断路器和下隔离插销后，由后腔下室的弯形电缆口输出到负载。

上、下隔离插销由手动进行合闸和分闸。当门关好 XK1 闭合，隔离插销插入到位，XK2 闭合，保护器闭锁，合闸接点闭合，断路器电容充电，充电指示灯亮，接通真空断路器的合闸回路，开关投入工作。

真空断路器既能电动合闸和分闸，也可以手动合闸和分闸。电动合分闸即可近控也可远控，按下配电装置的电动分闸按钮 TA，TA 的常开触点闭合，常闭触点断开，接通分闸回路，真空断路器分闸。

二、QJGZ－□/10(6、3.3) 矿用隔爆型高压真空磁力起动器

矿用高压真空磁力起动器是适用于具有爆炸危险的煤矿井下，在额定电压 10 kV (6 kV)，额定频率为 50 Hz，额定电流不超过 400 A 的三相交流中性点不直接接地的线路中，对高压电动机直接起动、停止和控制，同时对电动机及其有关电路进行保护。该起动器执行标准为 GB/T 14808—2001 交流高压接触器和基于接触器的电动机起动器和 Q/DG 50—2006 企业标准，其使用条件：环境温度：－20 ~ ＋40 ℃；海拔高度不超过 1000 m，超过 1000 m 但不超过 4000 m 时，工频耐压按 GB 311.1 修正；周围空气相对湿度不大于95%（25 ℃时）；具有甲烷等混合气体的煤矿井下；在无显著摇动和冲击的振动的地方；在能防止滴水的地方；水平安装（倾斜度不超过 15°）。

1. 型号含义

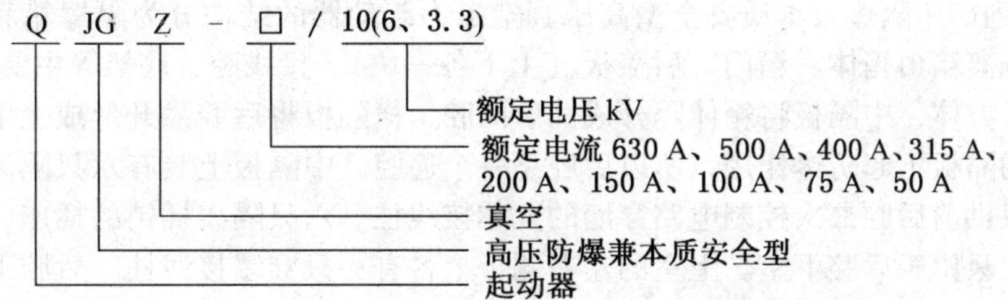

2. 主要电气参数

QJGZ－□/10（6、3.3）矿用隔爆型高压真空磁力起动器额定绝缘水平见表 11－1－8，主要技术参数见表 11－1－9。

表 11－1－8 额定绝缘水平

额定电压/kV	1 min 工频耐压（有效值)/kV			标准雷电冲击全波（峰值)/kV	
	对地、相间断路器断口间	隔离开关断口间	二次回路对地	对地、相间断路器断口间	隔离开关断口间
10	42	48	2	75	85
6	30	30	2	60	60
3.3	30	30	2	60	60

注：额定电流为 50 A、75 A、100 A、150 A、200 A、315 A、400 A、500 A、630 A（以上九种电流等级的起动器中，真空接触器和隔离插销额定电流等级均为 630 A，仅电流互感器有区别)。

表11-1-9 主要技术参数

1	额定电压	10(6、3.3)kV	最高工作电压		12(7.2、3.9)kV	
2	额定频率	50 Hz				
3	额定工作电流	160 A	200 A	400 A	500 A	630 A
4	配用电流互感器	50、75、100、150/5	200/5	315、400/5	500/5	630/5
5	额定开断电流（25次）	1280 A	2000 A	3200 A	4000 A	5000 A
6	额定关合电流（100次）	1600 A	2500 A	4000 A	5000 A	6300 A
7	额定短时耐受电流/持续时间	1600 A/4 s	2500 A/4 s	4000 A/4 s	5000 A/4 s	6300 A/4 s
8	额定短时峰值耐受电流时间>0.3 s	4000 A	6250 A	10000 A	12500 A	15750 A
9	极限开断电流（3次）	1600 A	2500 A	4000 A	5000 A	6300 A
10	承受过载电流/持续时间	2400 A/1 s	3750 A/1 s	6000 A/1 s	7500 A/1 s	9450 A/1 s
11	机械寿命	100万次				
12	电寿命	25万次				
13	隔离插销机械寿命	2000次				
14	操作电压	DC135 V				
15	本安回路最高开路电压	21.7 V				
16	本安回路最大短路电流	128 mA				

3. 结构

QJGZ系列矿用隔爆兼本质安全型高压真空磁力起动器的结构分为隔爆箱和机芯小车两大部分。隔离箱由箱体、箱门、后盖板（上下各一块）、接线腔、底架等主要部分组成。

箱体为长方体，中隔板将箱体隔开成前后两腔，横隔板将后腔隔开形成上下两室，上下两室之间的隔板不起防爆作用，所以后腔是一个通腔。中隔板上装有六只隔离插销的插座，还有二只供前后腔二次控制电路穿墙的九芯接线柱。六只隔离插销的插座，三只位于后腔上室，三只位于后腔下室。上室的左右侧板上各有一只穿墙接线柱。后腔下室有一只高压电缆引出口和两个低压橡套电缆引入口（称为小喇叭嘴）。后腔下室的高压电缆引出口内装有一只零序电流互感器，后腔下室的底板上还有一只终端电阻和接线端子。箱体的前腔主要容纳机芯小车。安装在前腔板上的拨臂是为了推动机芯前进和后退，实现隔离插销的合闸和分闸运动。前底板上各有一块护轨和板，是供机芯小车行走的。前腔的右侧板上设有真空断路器的手动合闸轴和手动分闸柄。箱体前腔左右侧板上各有一个观察窗，可以看到隔离插销的分合状况。右侧设有隔离插销的“分”“合”闸手动操作机构。

本起动器为活节螺栓（孔眼螺栓）压板式快开门结构（图11-1-5），箱门上装有电能表、电压、电流、合分显示故障显示器，有“确认”“移位”“漏电”按钮，“照明”“复位”按钮，以及真空断路器电动分、合闸按钮。

机芯是本起动器的心脏。机芯的下部是小车，小车上装有真空接触器、电压互感器、电流互感器、压敏电阻器、高压综合保护装置和上下两组高压隔离插销头。机芯上的二次控制线与箱体、箱门上的二次控制线用多芯插头座进行连接。

4. 主回路接线方案

主回路接线方案可分3种：

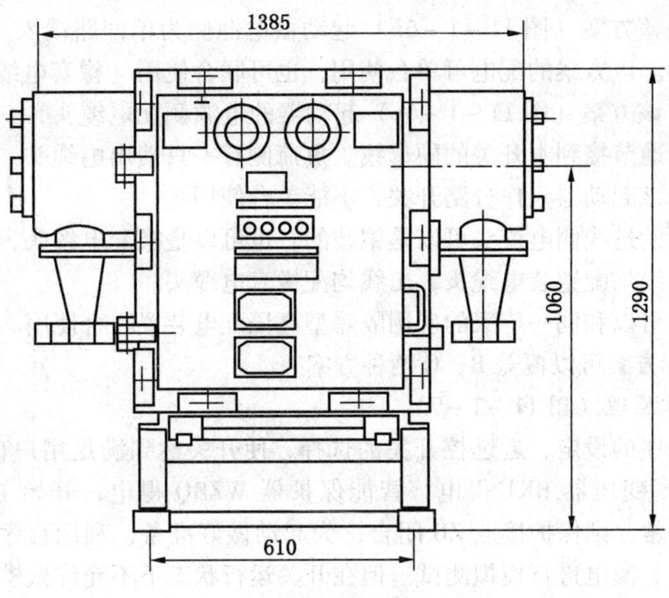

图 11-1-5　QJGZ 结构图

（1）方案 A：该方案（图 11-1-6a）起动器电源侧有两个接线位置，负荷侧一个接线位置。本起动器可单独使用，也可联合使用（橡套电缆联接）。

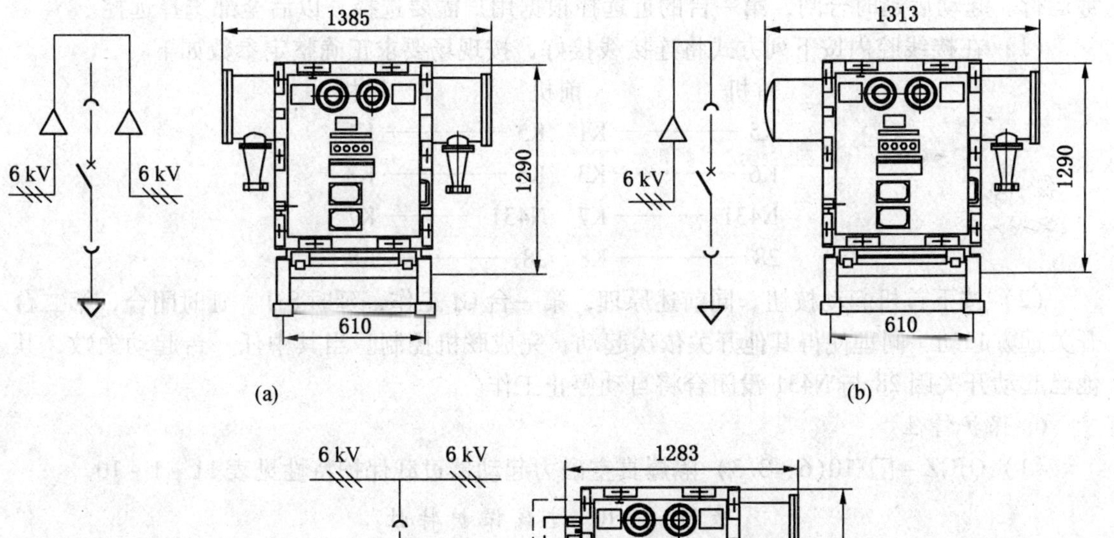

(a)　(b)　(c)

图 11-1-6　QJGZ 系列矿用隔爆兼本质安全型高压真空磁力起动器主回路接线方案

(2) 方案B：该方案（图11－1－6b）起动器电源侧为单回路馈入（左右均可），负荷侧为单回路馈出。该方案的配电可单台使用，也可联合使用（橡套电缆联接）。

(3) 方案C：该方案（图11－1－6c）起动器的电源侧无电缆头，三相电源从相邻开关的硬母线通过连通节接到本开关的硬母线。负荷侧有一只馈出电缆头。当同室有多台起动器联合使用时，该起动器只作分路开关，不能单台使用。

以上三种方案的进线侧电缆头可以是铠装的，也可以是橡套电缆头，用户订货时应说明，如无说明，进线均配铠装电缆头，出线均配橡套电缆头。

另外本起动器可以和同一厂家的矿用隔爆型高压配电装置联合使用。

防爆结构上A方案可以覆盖B、C两种方案。

5. 主回路工作原理（图11－1－7）

用户通过对程序的设定，近远控开关的选择，使开关达到满足用户自身需要的目的。合上隔离开关QS，变压器BK1得电，智能保护器WZBQ得电，开始工作并相应显示，30 s后若主电路正常，则保护接点ZB闭合，为起动做好准备，利用程序的现场测试也可分别对速断、监视、漏电进行模拟测试。但在开关运行状态下不允许做模拟试验。

按下门前近控按钮或远控启动按钮，XJ1、XJ2、ZJ、CJ吸合，其常开触点CJ1闭合自保。开关工作，运行灯亮，液晶屏显示工作参数，停止时按停止按钮即可，动作过程相反。

多台联机时按要求设置：GWZBQ→运行指示→多机单速（首机、前机）设定→多机单速尾机设定。注意：在单机运行模式时，一定要把功能选择为单机单速，否则将不能正常运行。起动后延时合闸，第一台的近远控根据用户需要选择，以后全部选择远控。

(1) 在接线腔内按下列方式将连接线接好，按现场要求正确整定参数如下：

首机　　　　前机　　　　尾机

K5 ———— K1　K5 ———— K1

K6 ———— K3　K6 ———— K3

N431 ———— K7　N431 ———— K7

28 ———— K8　28 ———— K8

(2) 按下首机起动按钮，同前述原理，第一台CJ工作，延时SJ1，延时闭合，第二台开关远方起动，同理使得其他开关依次起动，完成联机控制。当其中任一台起动失败，其他已起动开关因28与N431没闭合将自动停止工作。

6. 保护特性

(1) QJGZ－□/10(6、3.3）隔爆真空磁力起动器过载保护特性见表11－1－10。

表11－1－10　过载保护特性

时间挡位 / 延时时间/s / 过载电流/整定电流/A	1	2	3	4
1.05	∞	∞	∞	∞
1.2	40～60 s	1～2 min	2～3 min	3～6 min
1.5	20～40 s	30 s～1 min	1～1.5 min	1.5～3 min
2.0	11～18 s	14～20 s	20～40 s	40～60 s
4.0	7～10 s	7～10 s	8～12 s	8～12 s
6.0	≤8 s	≤8 s	≤10 s	≤10 s

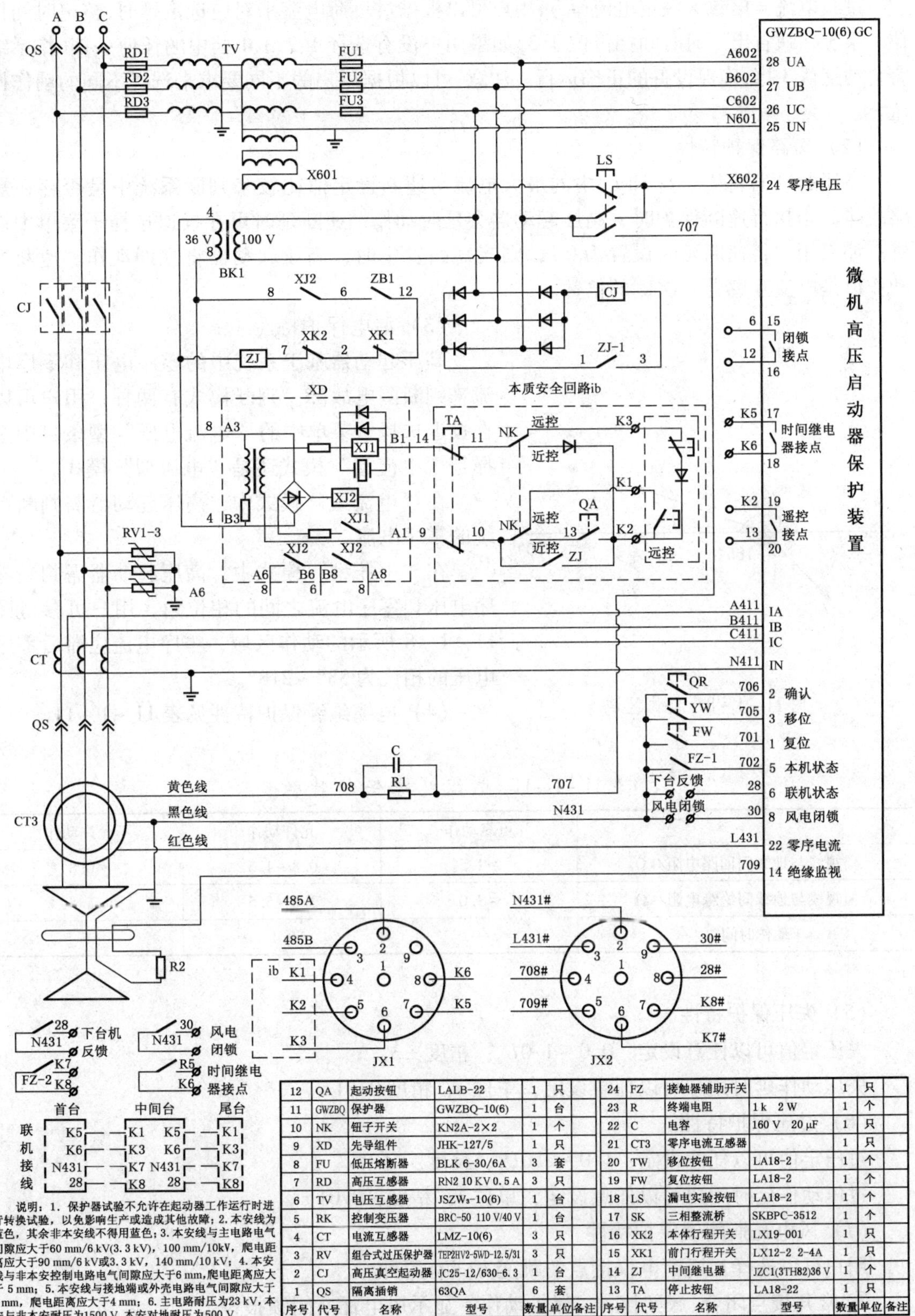

说明：1. 保护器试验不允许在起动器工作运行时进行转换试验，以免影响生产或造成其他故障；2. 本安线为蓝色，其余非本安线不得用蓝色；3. 本安线与主电路电气间隙应大于60 mm/6 kV(3.3 kV)，100 mm/10kV，爬电距离应大于90 mm/6 kV或3.3 kV，140 mm/10 kV；4. 本安线与非本安控制电路电气间隙应大于6 mm，爬电距离应大于5 mm；5. 本安线与接地端或外壳电路电气间隙应大于4 mm，爬电距离应大于4 mm；6. 主电路耐压为23 kV，本安与非本安耐压为1500 V，本安对地耐压为500 V

序号	代号	名称	型号	数量	单位	备注	序号	代号	名称	型号	数量	单位	备注
12	QA	起动按钮	LALB-22	1	只		24	FZ	接触器辅助开关		1	只	
11	GWZBQ	保护器	GWZBQ-10(6)	1	台		23	R	终端电阻	1k　2W	1	个	
10	NK	钮子开关	KN2A-2×2	1	个		22	C	电容	160 V　20 μF	1	只	
9	XD	先导组件	JHK-127/5	1	只		21	CT3	零序电流互感器		1	只	
8	FU	低压熔断器	BLK 6-30/6A	3	套		20	TW	移位按钮	LA18-2	1	个	
7	RD	高压互感器	RN2 10 KV 0.5 A	3	只		19	FW	复位按钮	LA18-2	1	个	
6	TV	电压互感器	$JSZW_3$-10(6)	1	台		18	LS	漏电实验按钮	LA18-2	1	个	
5	RK	控制变压器	BRC-50　110 V/40 V	1	台		17	SK	三相整流桥	SKBPC-3512	1	个	
4	CT	电流互感器	LMZ-10(6)	3	只		16	XK2	本体行程开关	LX19-001	1	只	
3	RV	组合式过压保护器	TEP2HV2-5WD-12.5/31	3	只		15	XK1	前门行程开关	LX12-2　2-4A	1	只	
2	CJ	高压真空起动器	JC25-12/630-6.3	1	台		14	ZJ	中间继电器	JZC1(3TH82)36 V	1	个	
1	QS	隔离插销	63QA	6	套		13	TA	停止按钮	LA18-22	1	只	

图 11-1-7　QJGZ-□/10（6、3.3）隔爆真空磁力起动器电气原理图

过载电流 = 倍数 × 额定电流(I_e),用户可以根据过负荷电流来对应选定延时,整定时间挡位。系统在缺省出厂时时间挡位位于3,如果用户没有选择1、2、3、4挡中的任何一挡时,系统会自动默认3挡,确保设备的正确运行。注意:可以根据用户的不同要求来选择不同的动作挡位。

(2) 短路保护特性。

高压起动器将 I_A、I_B 和 I_C 中的最大电流与速断设定值比较来判断系统中是否存在短路故障。当执行速断保护时，高压起动器会延时动作，速断延时可在投退选择子菜单中设置。如果用户将速断延时设置为 0 s，则当短路发生时，高压起动器将立即动作。速断的动作值是电流互感器一次侧的倍数。

(3) 漏电保护特性。

高压起动器基于系统中的零序电压和零序电流来判断漏电故障。判断模式有两种，用户可以在投退选择子菜单中的“电流电压”型条目中选择是“电流型”模式还是“电压型”模式。

在“电流型”模式中，高压起动器需判断系统的零序电流。

在“电压型”模式中，高压起动器需判断零序电压和零序电流之间的相位角，用户可参考图11-1-8所示的动作区域，零序电流应滞后零序电压的相位为53°~218°。

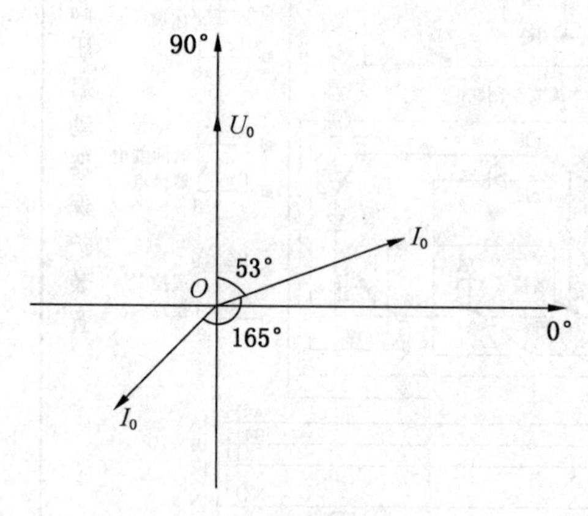

图11-1-8　动作区域

(4) 电缆绝缘保护特性见表11-1-11。

表11-1-11　电缆绝缘保护特性

	可靠动作	允许动作	不允许动作
监视线与地线间回路电阻/kΩ	>1.5	0.8~1.5	<0.8
监视线与地线间绝缘电阻/kΩ	<3.0	3.0~5.5	>5.5
动作时间/s	—	0.1	—

(5) 失压保护特性。

失压定值可以任意设定：0.0~1.0U_e；精度 ±3%；

失压动作延时用户可以任意设定，单位 s；精度 0.01 s。

(6) 过压保护特性。

过压定值可以任意设定：1.0~2.0U_e；精度：±3%。

过压动作延时用户可以任意设定，单位 s；精度：0.01 s。

(7) 风电瓦斯闭锁保护特性。

用户可以选择瓦斯断电仪接点的跳变方式有两种：

① 常开接点闭合，延时 2 s，保护动作，显示风电瓦斯闭锁报警。

② 常闭接点打开，延时 2 s，保护动作，显示风电瓦斯闭锁报警。

(8) 电流互感器。

本起动器选用 LM－10、6 型电流互感器。主要技术参数：

额定电压：10(6)kV。

最高工作电压：12(7.2)kV。

一次绕组额定电流：50 A、75 A、100 A、150 A、200 A、300 A、315 A、400 A、500 A、630 A 等规格。

二次绕组分为两组。A 组（信号绕组）额定电流：5 A（3 级），容量 3.75 VA；B 组（电流源绕组）：当一次实际电流为 4 倍额定电流时，输出容量为 20 VA。

(9) 三相组合式复合外套无间隙金属氧化物避雷器。

本起动器选用 TBP2HY2.5WD 型三相组合式复合外套无间隙金属氧化物避雷器。

系统额定电压：3.15(3.3 kV)、6.3(6 kV)、10.5(10 kV)。

避雷器额定电压：4、(3.3 kV)、8(6 kV)、13.5(10 kV)。

工频放电电压：7.5(3.3 kV)、15(6 kV)、25(10 kV)。

三、矿用一般型高压开关柜

矿用一般型高压开关设备主要用于低瓦斯和高瓦斯矿井的井底车场、总进风巷、主要进风巷及架线电机车通达的机电硐室内，作为 10(6)kV 三相三线中性点不直接接地供电系统中的高压配电开关设备使用，一般分固定式和手车（移开）式两种类型。

（一）ZBK1－G／10(6) 型矿用一般型高压开关柜

1. 型号及意义

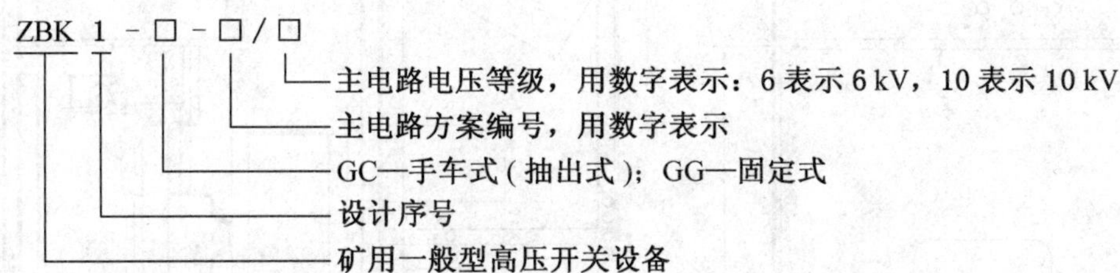

2. 主要电气参数

额定工作电压：10(6) kV。

最高工作电压：12(7.2) kV。

额定电流：1250 A。

额定频率：50 Hz。

辅助电路控制电源电压为 110(220)V，远距离控制电压为交流 36 V。

额定短路开断电流（有效值）：31.5 kA。

额定短路开断电流开断次数：30 次。

额定短时耐受电流（额定热稳定电流有效值）：31.5 kA。

额定峰值耐受电流（额定动稳定电流峰值）：80 kA。

额定短路持续时间（额定热稳定时间）：4 s。

额定短路关合电流：80 kA。

额定绝缘介电强度：见表 11－1－12。

表 11－1－12　额定绝缘介电强度

雷电冲击耐受电压（峰值）		1 min 工频耐受电压（有效值）		
对地、相间及断路器断口	隔离断口	对地、相间及断路器断口	隔离断口	辅助回路对地
75 kV	85 kV	42 kV	48 kV	2 kV

额定操作顺序：分—180 s—合分—180 s—合分。

机械寿命：10000 次。

外形尺寸（高×宽×深）：2000 mm×800（1000）mm×1200 mm。

3. 主要结构

该型开关柜是由柜体和中置式可抽出断路器手车（或固定式断路器）两大部分组成，其外形结构及安装尺寸如图 11－1－9 和图 11－1－10 所示。其外壳防护等级可达 IP54，具有电缆进出线及其他功能方案，经排列、组合后能成为各种方案形式的配电装置。

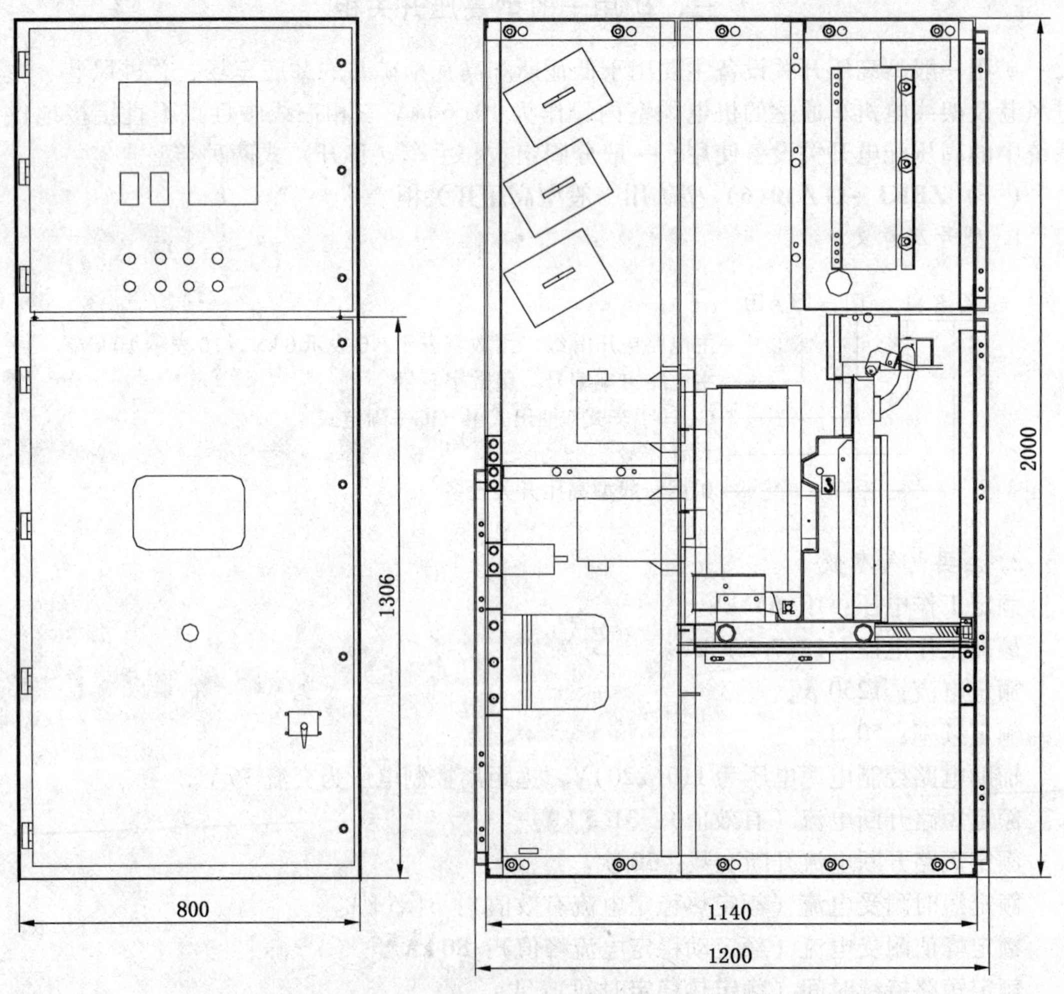

图 11－1－9　ZBK1 矿用一般型高压开关设备（手车式）外形结构图

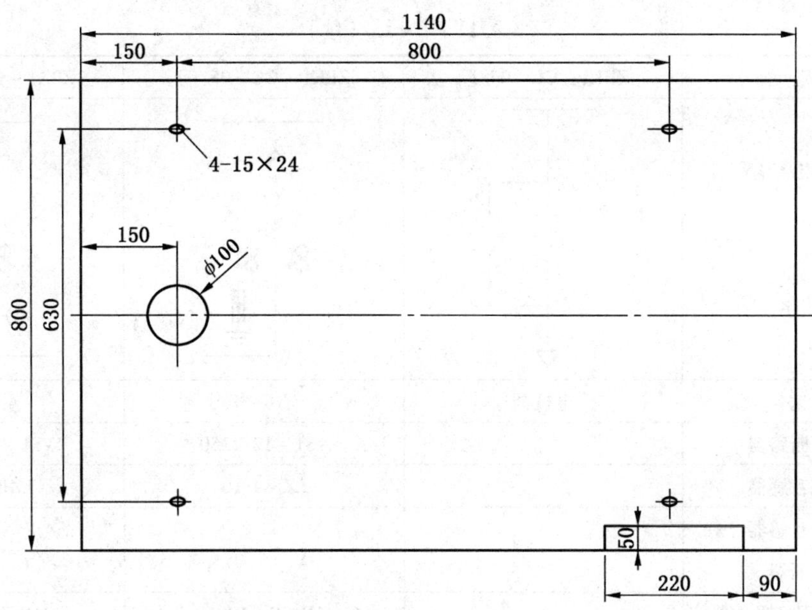

图 11－1－10　ZBK1 矿用一般型高压开关设备（手车式）安装尺寸

4. 一次方案

ZBK1－□－GC－□/□矿用高压开关设备一次方案见表 11－1－13。

表 11－1－13　一　次　方　案

方案编号		ZBK1－GC－01/□	ZBK1－GC－02/□	ZBK1－GC－03/□
主电路一次方案单线图	额定电压/kV			
	10（6）			
用　途		进线及控制变压器	进线	馈电
主电路主要电器元件规格型号	真空断路器	VS1－12/1250	VS1－12/1250	VS1－12/1250
	电流互感器	LZJC－10	LZJC－10	LZJC－10
	电压互感器			
	熔断器	RN2－10		
	避雷器/阻容吸收器			MYGS－10/5
	控制变压器	BK－2000		
	真空接触器			
	干式电抗器			

表 11-1-13（续）

方案编号		ZBK1-GC-04/□	ZBK1-GC-05/□	ZBK1-GC-06/□
主电路一次方案单线图	额定电压/kV	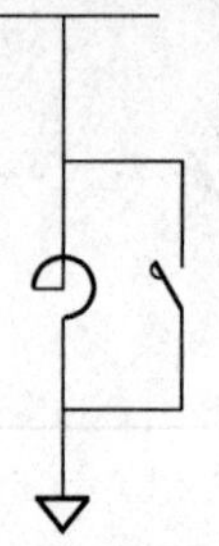	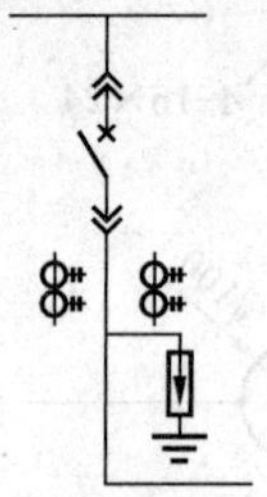	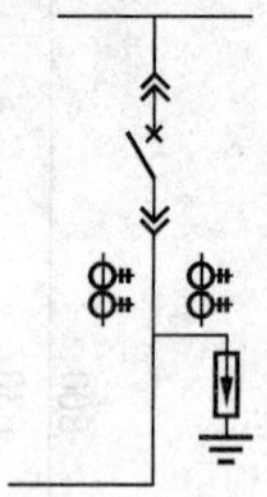
	10（6）			
用途		电抗器	右联络	左联络
主电路主要电器元件规格型号	真空断路器		VS1-12/1250	VS1-12/1250
	电流互感器		LZJC-10	LZJC-10
	电压互感器			
	熔断器			
	避雷器/阻容吸收器		MYGS-10/5	MYGS-10/5
	控制变压器			
	真空接触器	JCZ6-10D		
	干式电抗器	QKSQ-□/10(6)		

方案编号		ZBK1-GC-07/□	ZBK1-GC-08/□	ZBK1-GC-09/□
主电路一次方案单线图	额定电压/kV	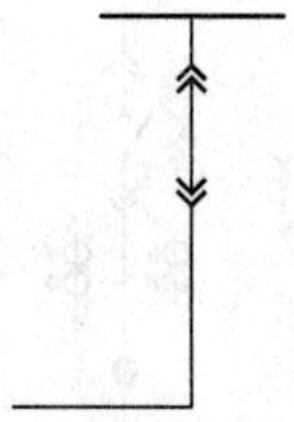	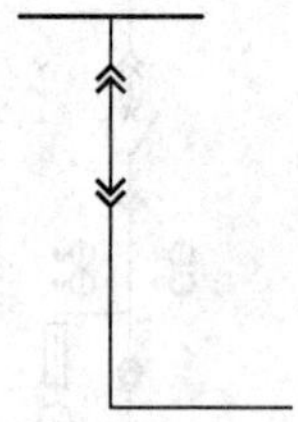	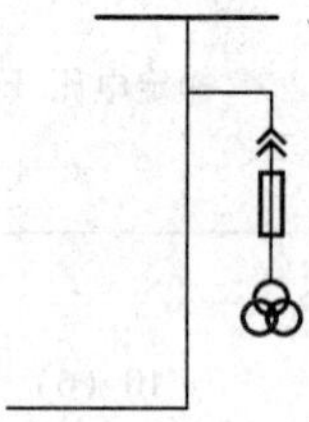
	10（6）			
用途		左联络、隔离	右联络、隔离	左联络及 PT
主电路主要电器元件规格型号	真空断路器			
	电流互感器			
	电压互感器			JDZJ-10（6）
	熔断器			RN2-10
	避雷器/阻容吸收器			
	控制变压器			
	真空接触器			
	干式电抗器			
	隔离手车	1250 A	1250 A	

表 11-1-13（续）

	方案编号	ZBK1-GC-10/□	ZBK1-GC-11/□	ZBK1-GC-12/□
主电路一次方案单线图	额定电压/kV 10（6）	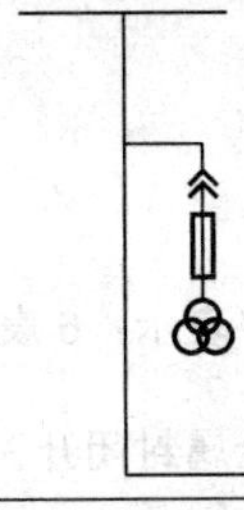	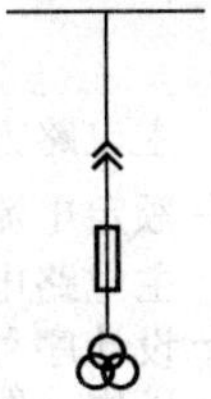	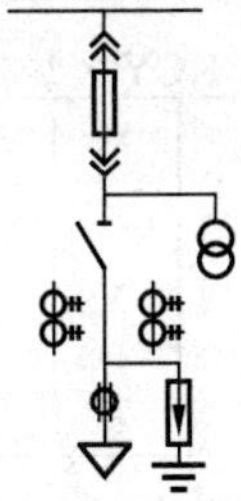
	用　途	右联络及 PT	PT	接触器
主电路主要电器元件规格型号	真空断路器			
	电流互感器		LZJC-10	LZJC-10
	电压互感器	JDZJ-10（6）	JDZJ-10（6）	
	熔断器	RN2-10	RN2-10	
	避雷器/阻容吸收器	MYGS-10/5		ZR3-6-100/0.1
	控制变压器			
	真空接触器			JCZ6-10/D
	干式电抗器			

	方案编号	ZBK1-GC-13/□	ZBK1-GC-14/□
主电路一次方案单线图	额定电压/kV 10（6）	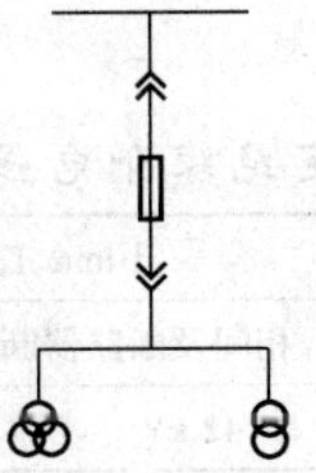	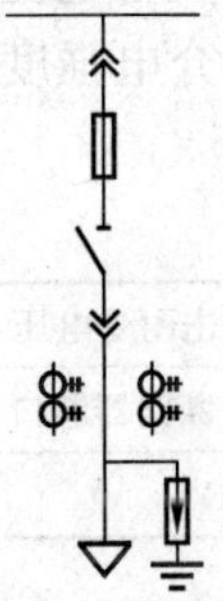
	用　途	PT 及控制变压器	F-C
主电路主要电器元件规格型号	真空断路器		
	电流互感器		LZJC-10
	电压互感器	JDZJ-10（6）	
	熔断器	RN2-10	
	避雷器/阻容吸收器		ZR3-6-100/0.1
	控制变压器	BK-2000	
	真空接触器		
	干式电抗器		

（二）KCY1－12 侧装移开式交流金属封闭开关柜

1. 型号及意义

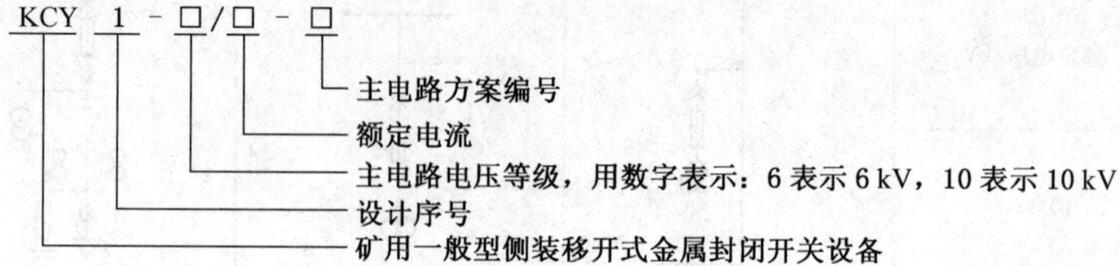

2. 主要电气参数

额定工作电压：10(6) kV。

最高工作电压：12(7.2) kV。

额定电流：1250 A。

额定频率：50 Hz。

辅助电路控制电源电压为 110(220) V，远距离控制电压为交流 36 V。

额定短路开断电流（有效值）：31.5 kA。

额定短路开断电流开断次数：30 次。

额定短时耐受电流（额定热稳定电流有效值）：31.5 kA。

额定峰值耐受电流（额定动稳定电流峰值）：80 kA。

额定短路持续时间（额定热稳定时间）：4 s。

额定短路关合电流：80 kA。

额定绝缘介电强度：见表 11－1－14。

表 11－1－14　额定绝缘介电强度

雷电冲击耐受电压（峰值）		1 min 工频耐受电压（有效值）		
对地、相间及断路器断口	隔离断口	对地、相间及断路器断口	隔离断口	辅助回路对地
75 kV	85 kV	42 kV	48 kV	2 kV

额定操作顺序：分—180 s—合分—180 s—合分。

机械寿命：10000 次。

外形尺寸：（高×宽×深）2200 mm×650(500) mm×1100 mm。

3. 主要结构

该型开关柜产品侧装布置，使用了垂直运动的提升机构，统一了主母线与断路器的相序，取消了分支母线，其体积仅为 KYN28 的 44%，占地面积仅为 KYN28 的 27%，并可实现靠墙安装。该型开关柜首次在手车式成套开关设备中实现了，一次隔离插头插接过程和插接状态及空气隔离断口的可视化，解决了 KYN28 产品体积过大、一次隔离插头盲插、隔离断口不可见、靠墙安装实现困难等难题。其外形和内部结构如图 11－1－11 所示。

该型开关柜将主母线移至柜体顶部，A、B、C 三相按后、中、前布置；断路器三相极柱 A、B、C 与主母线一致按后、中、前布置，实现了开关柜与断路器在空间布置上相序的统一，省去了分支母线过渡及其他绝缘支撑。

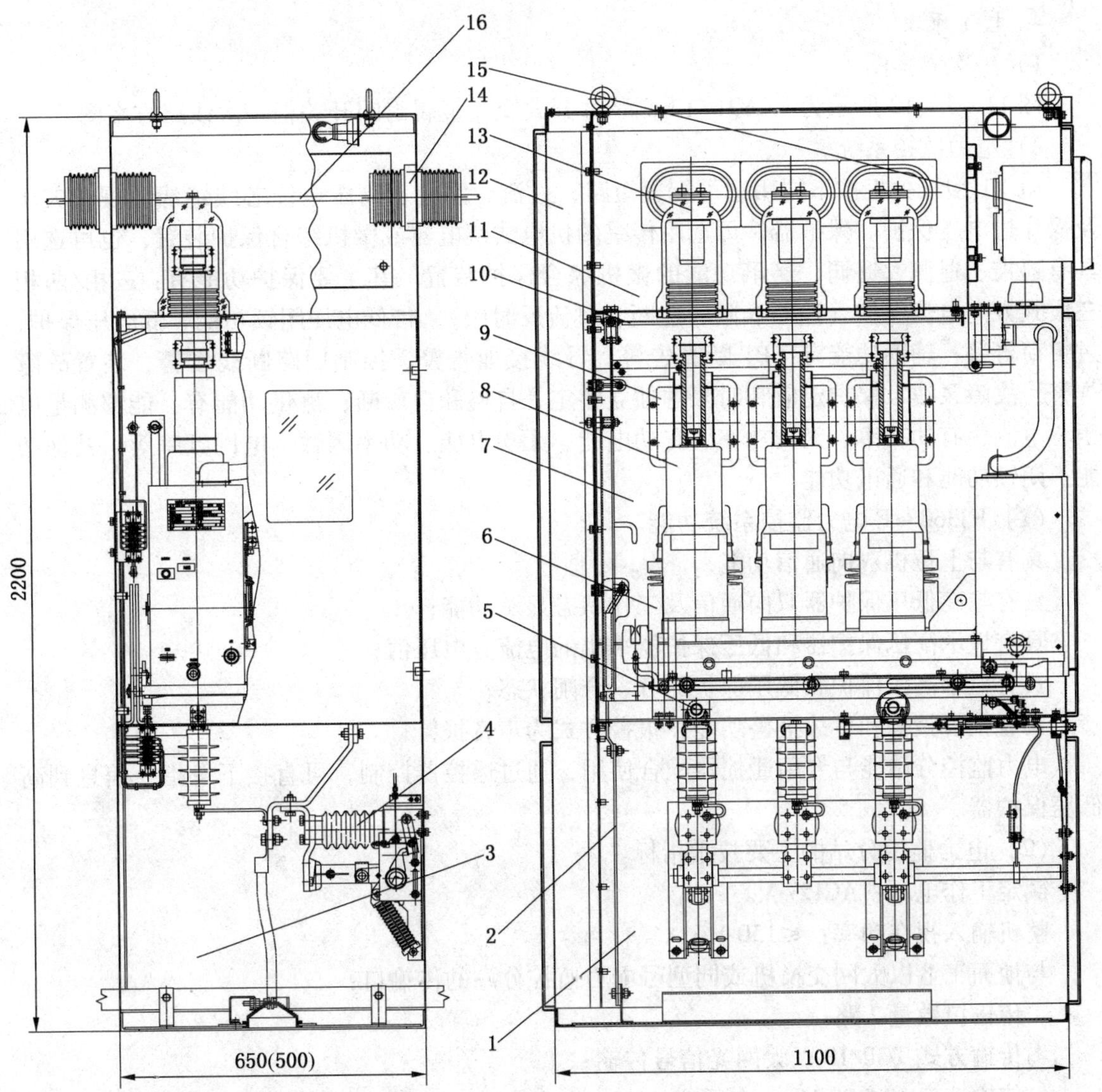

1—壳体；2—接地母线；3—电缆室；4—接地开关；5—提升机构；6—电流互感器；7—断路器手车室；8—断路器手车；9—下活门；10—上活门；11—母线室；12—压力释放通道；13—上静触头盒；14—套管；15—仪表室；16—主母线

图 11-1-11　开关柜外形和内部结构

开关柜为全金属封闭结构。断路器置于柜体中部按后、中、前纵向布置，开关柜用金属隔板和活门自上而下将柜体分割成几个功能单元：仪表室、主母线室、断路器室、电缆室，并在柜后设有压力释放通道。金属铠装隔室按运行连续性的最高等级 LSC2B 设计，在正常维护情况下，打开任一可触及隔室，其他隔室仍可连续运行。柜体具有承受内部电弧故障的能力，能对操作人员提供最高等级的安全防护。柜体防护等级可达 PI54，各隔室之间的防护等级可达 PI3X。

开关柜机械及电气联锁简单、可靠，满足“五防”要求。

4. 电气原理

1）一次方案图

图 11－1－12 所示为 KCY1－12 侧装移开式交流金属封闭开关柜一次线路方案图。

2）电力监控系统

KCY1 型开关柜按不同用途可配置短路、过流、漏电、高压电缆芯线绝缘监视、欠压及操作过电压保护。保护器件可选用传统的机电式继电器或微机综合保护装置，也可选用具有遥控、遥测、遥调、遥讯功能的微机综合保护装置。其主要保护功能有：三相/两相三段式方向电流保护（速断、限时速断、过流反时限）、带低电压闭锁功能、低电压保护、过负荷告警；辅助功能有：PT 断线告警、母线接地告警、控制回路断线告警、装置故障告警、故障录波、保护定值和时限的独立整定、自检和自诊断；测量功能有：能够测量电压、电流、有功功率、无功功率、有功电能、无功电能、功率因数、电网频率等；其他功能：闭锁功能和通讯功能。

（1）KJ360－F 电力监控系统功能。

具有与上位机双向通信功能；

具有与高低压保护器双向通信及工作状态显示功能；

具有显示高压保护器和低压保护器采集的电流、电压值；

具有显示高压保护和低压保护的分、合闸状态；

具有预告报警和事故报警功能，报警方式为声音报警；

电力监控分站能与专用遥控器配合使用，通过遥控器控制，可直接下发指令信息到高低压保护器。

（2）电力监控分站的主要技术指标。

额定工作电压：AC127 V。

整机输入视在功率：≤150 V · A。

与地面工业以太网交换机或同型号电力监控分站的传输口：

传输口数量 2 路；

传输方式 TCP/IP 以太网光信号传输；

传输速率 10/100 Mbps 自适应；

最大传输距离 10 km。

与 PJG50－630/6Y 型矿用隔爆兼本安型永磁机构高压配电装置（内置 ZBT－11 高开综合保护器）的传输口（本安）：

传输口数量 2 路（P3 和 P4 口）；

传输方式主从式，半双工，RS485；

数据传输速率 9600 bps；

传输距离 1 km（使用 MHYVR 电缆或 MHYVP 电缆，导线截面不小于 1. 5 mm）；

最大监控容量每个传输口可挂接 8 台 PJG50－630/6Y 型矿用隔爆兼本安型永磁机构高压配电装置（内置 ZBT－11 高开综合保护器）。

一次线路方案号		01	02	03	04	05	06	07	08	09	10	11	12
一次线路方案		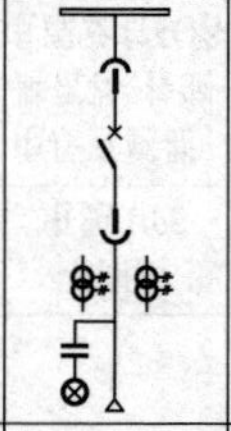	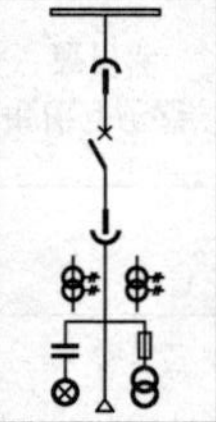	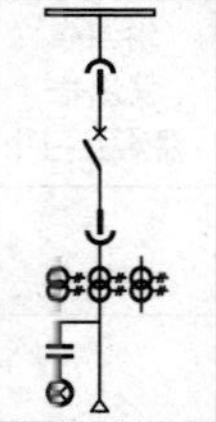	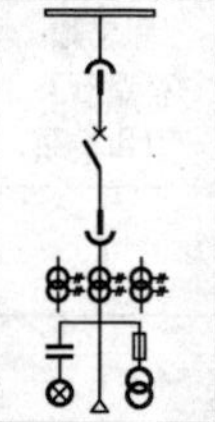	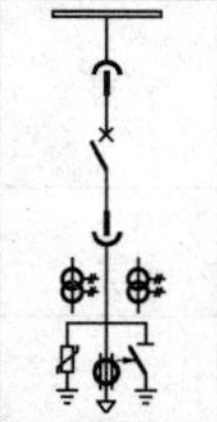	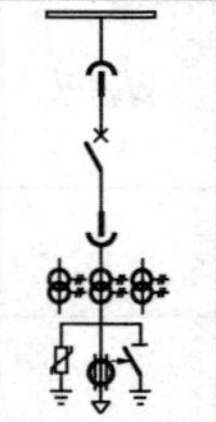	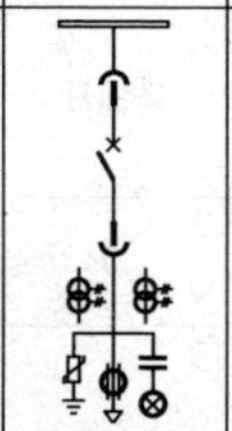	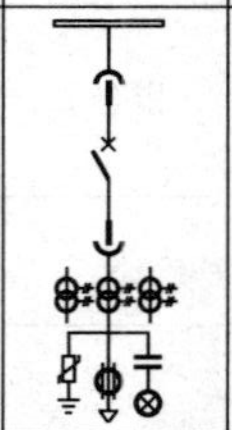	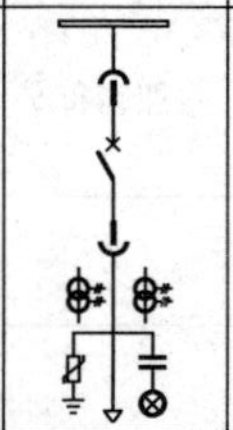	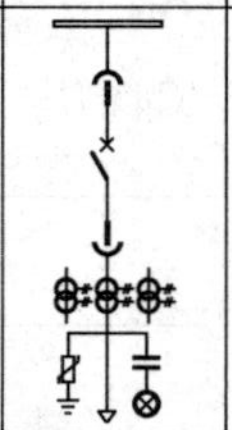	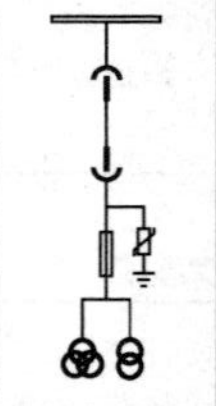	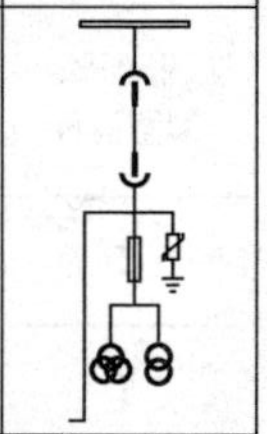
柜体宽度/mm		650(500)	650(500)	650(500)	650(500)	650(500)	650(500)	650(500)	650(500)	650(500)	650(500)	650(500)	650(500)
额定电流/A		630～3150						630～3150					
主要设备元件	固封式真空断路器 VE1－12 ISM/TEL12	1	1	1	1	1	1	1	1	1	1		
	电流互感器 LFZJ3－10L	2	2	3	3	2	3	2	3	2	3		
	电压互感器 JSZW－10(6) RZL－10(6)JDZJ－10(6)											1(3)	1(3)
	干式变压器 DC－2 kVA 10(6)/0.22 kV		1		1							1	1
	高压熔断器 RN－10/0.5		2		2							3	3
	接地开关 JN15－12G					1	1						
	大容量组合式过电压保护器 DGB1					1	1	1	1	1	1	1	1
	零序电流互感器 LJ－φ□					1	1	1	1				
	微机保护装置	1	1	1	1	1	1	1	1	1	1	1/1	1/1
	电流互感器过电压保护器 CTGB－4(6)	1	1	1	1	1	1	1	1	1	1		
	开关状态智能显示操控装置 KZX2－5	1	1	1	1	1	1	1	1	1	1	1	1
	高压带电电磁锁 DSN－DMY2	2	2	2	2			1	1	1	1	不间断电源 UPS	不间断电源 UPS
回路名称		进线	进线及控制电源	进线	进线及控制电源	馈电	馈电	馈电	馈电	馈电	馈电	电压互感器、避雷器及控制电源	电压互感器、避雷器、控制电源及左联络
备注		额定电流 2000 A 及以上,则柜宽为 800～1000 mm						额定电流 2000 A 及以上,则柜宽为 800～1000 mm					

一次线路方案号	13	14	15	16	17	18	19	20	21	22	23	24
一次线路方案	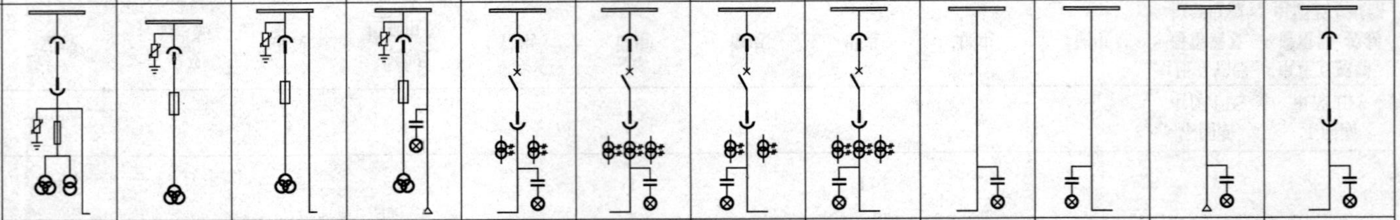											
柜体宽度/mm	650(500)	650(500)	650	650	650(500)	650(500)	650(500)	650(500)	400	400	400	650(500)
额定电流/A	630~3150								630~3150			
主要设备元件：固封式真空断路器 VE1-12 ISM/TEL12					1	1	1	1				
主要设备元件：电流互感器 LFZJ3-10L					2	3	2	3				
主要设备元件：电压互感器 JSZW-10(6) RZL-10(6)JDZJ-10(6)	1(3)	1(3)	1(3)	1(3)								
主要设备元件：干式变压器 DC-2 kVA 10(6)/0.22 kV	1											
主要设备元件：高压熔断器 RN-10/0.5	3	3	3	3								
主要设备元件：接地开关 JN15-12G												
主要设备元件：大容量组合式过电压保护器 DGB1	1	1	1	1								
主要设备元件：零序电流互感 LJ-φ□												
主要设备元件：微机保护装置/微机消谐装置	1/1	1/1	1/1	1/1	1	1	1	1				
主要设备元件：电流互感器过电压保护器 CTGB-4(6)					1	1	1	1				
主要设备元件：开关状态智能显示操控装置 KZX2-5	1	1	1	1	1	1	1	1	1	1	1	1
主要设备元件：高压带电电磁锁 DSN-DMY2	不间断电源 UPS			2	2	2	2	2	2	2	2	2
回路名称	电压互感器、避雷器、控制电源及右联络	电压互感器、避雷器	电压互感器、避雷器及联络	进线电压互感器及避雷器	左联络	左联络	右联络	右联络	左母线提升	右母线提升	电缆进线	母线隔离左联络
备注	额定电流 2000 A 及以上，则柜宽为 800~1000 mm								额定电流 2000 A 及以上，则柜宽为 800~1000 mm			

一次线路方案号		25	26	27	28	29	30	31	32	33	34	35	36
一次线路方案		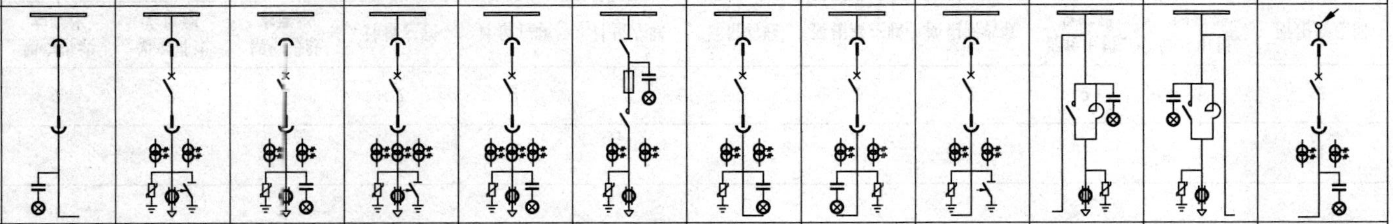											
柜体宽度/mm		650(500)	650(500)	650(500)	650(500)	650(500)	650(500)	650(500)	650(500)	650(500)	800~1200	800~1200	650(500)
额定电流/A		630~3150						630~3150					
主要设备元件	固封式真空断路器 VE1-12 ISM/TEL12		1	1	1	1	真空接触器 CKG-10(6)	1	1	1	真空接触器 CKG-10(6)	真空接触器 CKG-10(6)	1
	电流互感器 LFZJ3-10L		2	2	3	3	LZJC-10G	2	2	2			2
	电压互感器 JSZW-10(6) RZL-10(6)JDZJ-10(6)										干式电抗器 QKSG-□/10(6)	干式电抗器 QKSG-□/10(6)	
	干式变压器 DC-2 kVA 10(6)/0.22 kW												
	高压熔断器 RN-10/0.5						RN-10/□						
	接地开关 JN15-12G		1		1		高压隔离开关 GN38-12			1			
	大容量组合式过电压保护器 DGB1		1	1	1	1	1	1	1	1	1	1	
	零序电流互感 LJ-ϕ□		1	1	1	1	1				1	1	
	微机保护装置		1	1	1	1	1	1	1	1			1
	电流互感器过电压保护器 CTGB-4(6)		1	1	1	1	1	1	1	1			1
	开关状态智能显示操控装置 KZX2-5	1	1	1	1	1	1	1	1	1	1	1	1
	高压带电电磁锁 DSN-DMY2	2		1		1	2	1	1		2	2	2
回路名称		母线隔离右联络	控制电机	控制电机	控制电机	控制电机	控制电机	综合启动主柜	综合启动主柜	综合启动主柜	电抗器	电抗器	架空进线左联络
备注		额定电流 2000 A 及以上，则柜宽为 800~1000 mm						额定电流 2000 A 及以上，则柜宽为 800~1000 mm					

一次线路方案号	37	38	39	40	41	42	43	44	45	46	47	48
一次线路方案												
柜体宽度/mm	650(500)	650(500)	650(500)	650(500)	650(500)	650(500)	650(500)	800~1000	800~1000	650(500)	650(500)	800~1200
额定电流/A	630~3150							630~3150				
主要设备元件 固封式真空断路器 VE1-12 ISM/TEL12	1	1	1	高压隔离开关 GN38-12	高压隔离开关 GN38-12			五极真空接触器 CKG-□/10(6)J-5	五极真空接触器 CKG-□/10(6)J-5	高压隔离开关 GN38-12		低压断路器 CM1-□/3300
电流互感器 LFZJ3-10L	3	2	3	3	3	3	3					LMZJ1-0.5 □/5
电压互感器 JSZW-10(6) RZL-10(6)JDZJ-10(6)				1(2、3)	1(2、3)	1(2、3)	1(2、3)			电容器 BFM-11 (6.6)/√3-16-1	电容器 BFM-11 (6.6)/√3-16-1	
干式变压器 DC-2 kVA 10(6)/0.22 kW												SC9-□ 10(6)/0.4 kV
高压熔断器 RN-10/0.5				3	3	3	3			RN-10/20	RN-10/20	RN-10/□
接地开关 JN15-12G												
大容量组合式过电压保护器 DGB1										1	1	
零序电流互感 LJ-φ□												
微机保护装置	1	1	1									
电流互感器过电压保护器 CTGB-4(6)	1	1	1									
开关状态智能显示操控装置 KZX2-5	1	1	1	1	1	1	1	1	1	1	1	1
高压带电电磁锁 DSN-DMY2	2	2	2	2	2	2	2	2	2	2	1	2
回路名称	架空进线左联络	架空进线右联络	架空进线右联络	计量左联	计量右联	计量左联	计量右联	换相器左联	换相器右联	旋转电机、避雷器	旋转电机、避雷器	所用变压器
备注	额定电流 2000 A 及以上,则柜宽为 800~1000 mm							额定电流 2000 A 及以上,则柜宽为 800~1000 mm				

一次线路方案号		49	50	51	52	53
一次线路方案				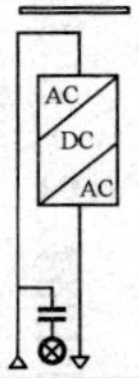	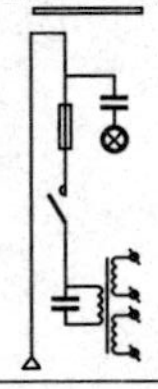	
柜体宽度/mm		800～1200	800～1800	800～1800	800～1800	800
额定电流/A						
主要设备元件	固封式真空断路器 VE1－12 ISM/TEL12	低压断路器 CM1－□/3300	真空接触器 CKG－10(6)	变频器	真空接触器 CKG－10(6)	单相真空接触器 CKG－10(6)
	电流互感器 LFZJ3－10L	LMZJ1－0.5 □ /5	LZJC－10G			
	电压互感器 JSZW－10(6) RZL－10(6)JDZJ－10(6)		高压软启动器		1(2)	1(3)
	干式变压器 DC－2 kVA 10(6)/0.22 kV	SC9－□ 10(6)/0.4 kV			电容器 BFM－11 (6.6)/√3－□－1	
	高压熔断器 RN－10/0.5	RN－10/□			RN－10/□	6
	接地开关 JN15－12G					1
	大容量组合式过电压保护器 DGB1					1
	零序电流互感 LJ－ϕ□					
	微机保护装置					1/1
	电流互感器过电压保护器 CTGB－4(6)					
	开关状态智能显示操控装置 KZX2－5	1	1	1	1	1
	高压带电电磁锁 DSN－DMY2	1	2	2	2	2
回路名称		所用变压器	软启动	变频器	电容器	消弧、消谐及电压互感器
备注		额定电流 2000 A 及以上，则柜宽为 800～1000 mm				

图 11－1－12 KCY1－12 侧装移开式交流金属封闭开关柜一次线路方案图

四、3300 V 高压隔爆组合开关

矿用隔爆兼本质安全型3300 V高压隔爆组合开关适用于具有甲烷混合气体爆炸危险的煤矿井下，额定电压3.3 kV、额定频率50 Hz、额定电流不超过2500 A的三相交流中性点不接地供电系统，用于对刮板输送机、胶带输送机等大容量电动机的起停控制、保护和测量。

矿用隔爆兼本质安全型3300 V高压隔爆组合开关的使用条件：

（1）环境温度：-20～+40 ℃。

（2）海拔高度不超过1000 m，超过1000 m但不超过4000 m时，工频耐压按GB 311.1修正。

（3）周围空气相对湿度不大于95%（25 ℃时）。

（4）具有甲烷等混合气体的煤矿井下。

（5）在无显著摇动和冲击振动的地方。

（6）在能防止滴水的地方。

（7）水平安装（倾斜度不超过15°）。

（一）KJZ系列矿用隔爆兼本质安全型移动变电站用组合开关

KJZ系列移变用组合开关额定电压3300 V，总电流800～1800 A，回路数2～12组合，规格齐全，均采用插接模块式设计。

该组合开关主要与矿用隔爆型高压真空开关、矿用隔爆型多电压干式变压器配合使用构成移动变电站。在交流50 Hz，电压3300 V的供电线路中，可对乳化液泵、喷雾泵、转载机、破碎机的启动、停止及双速切换进行主、从顺序控制，并能对电动机及供电线路进行保护。该组合开关还可对三相交流感应电动机或交流双绕组双速电动机的起动、停止、反转及双速切换进行控制，并能对电动机及线路进行保护。同时该组合开关附加5.0 kV · A照明装置，为煤矿井下127 V（220 V）照明及信号负载的供电、电源控制以及短路、漏电保护等综合防爆电气设备。

1. 型号

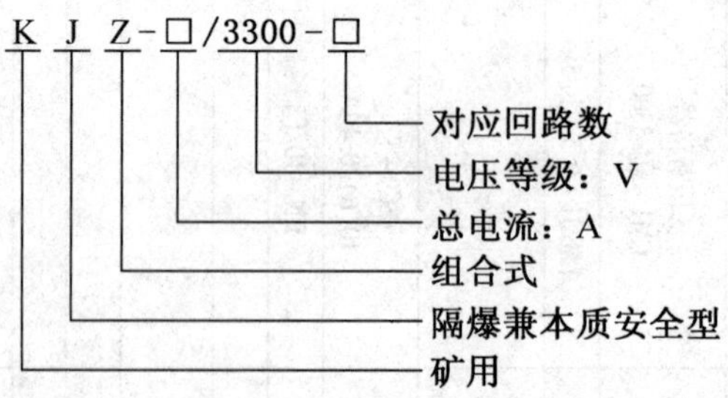

2. 主要电气参数

KJZ系列矿用隔爆兼本质安全型移动变电站用组合开关主要电气参数如下：

额定电压：3300 V；

额定电流：800 A、1800 A（总容量）、400 A（单回路）；

频率：50 Hz；

电流整定范围：1～400 A 有级可调，步长 1 A；

输出电缆连接器：500 A 或 630 A；

主回路真空接触器：500 A/3.6 kV 或 630 A/3.6 kV；

关合能力：4500 A，50 次；

开断能力：3600 A，25 次；

短路关合与开断能力：4500 A，3 次；

电寿命：AC3 为 30 万次，AC4 为 3 万次；

辅助电源：5 kVA，2 路 127 V（或 220 V）快插式电缆连接器输出。

KJZ 系列各型号开关的主要参数见表 11－1－15。

3. 结构

本系列移变用组合开关外壳结构为方形快开门机构，分为主腔、对接法兰和接线腔，其外形尺寸如图 11－1－13～图 11－1－18 所示。本体为抽屉式模块设计，输出采用快插式矿用隔爆型高压电缆连接器。每个抽屉式模块集真空接触器、真空漏电保护系统、微机综合保护器、电动换向模块系统、过电压吸收系统、控制系统等为一体。

4. 技术特征

KJZ 系列矿用隔爆兼本质安全型移动变电站用组合（图 11－1－19）开关采用一体化接触器模块设计，每一支路一个模块，集真空接触器、真空漏气保护系统、微机综合保护器、换向模块系统、过电压吸收系统、负荷侧接地系统、控制系统等为一体。采用精致方壳快开门结构，体积小，运用快式闭锁开门结构与全自动操作机构集为一体，降低了搬运强度；采用了脱离本体负载自动接地系统，保证高压的安全性，与机械联锁装置相紧连，当接触器模块供电时，接地系统自动退出工作；自动换相系统采用一次性采模而成，确保可靠换相；所有进、出线连接处均用快速连接器连接；采用插销式进行隔离，所有高压电全布置于主腔后方；控制线采用自动铜顶针的方式。该开关采用支路独立单元保护装置实现微机保护，采用大屏蔽彩屏工控机对每条支路通过 RS485 接口进行通讯，实现每条支路的逻辑控制，实时显示遥测、遥控、遥信、遥调功能，实现每条支路可以自由组合，可对单机单连、多机多连、单机双连、双机双速进行随用户需求进行灵活设定；采用真空技术进行漏电检测保护，能够承受 30000 V 高压绝缘。

该组合开关的重要技术特征如下：

（1）控制方式：①先导回路控制方式：本机控制、远方控制；②组合开关工作方式：单机单速控制；多机单速控制（多机单速控制时间任意设定，最大值 99.9 s，最小值 0.1 s）；单机双速控制，自动切换；单机双速附加延时回路控制；双速双回路控制。

（2）组合开关时间型切换模式：当低速运行设定时间到，低速切换到高速，低速运行设定时间最大值 99.99 s。

（3）组合开关双速切换时间：低速切换到高速转换时间为 75～100 ms。根据需要可设定熄弧时间（低速机停止到高速机起动之间的时间间隔）。

（4）保护功能：①微机综合保护监控装置：具有过载、过流、断相、三相不平衡、欠压、漏电闭锁保护；②操作过电压保护；③故障记忆故障查询；④参数设定密码锁定功能。

表 11-1-15　KJZ 系列各型号开关的主要电气参数

规格型号	额定电压/kV	总额定电流/A	单回路电流整定范围/A	出线回路（数量×容量）/A	出线电缆引入装置			控制回路电缆引入装置		
					数量	电缆连接器规格	适配电缆规格	数量	喇叭口规格	适配电缆规格
KJZ-800/3300-2	3.3	800	1~400	2×500（630）	2	500 A 或 630 A 矿用隔爆型高压电缆连接器	35 $mm^2 \leq S \leq$ 185 mm^2	8	A3 压紧螺母式电缆引入装置	10.9 mm $\leq \phi \leq$ 19.1 mm
KJZ-800/3300-4				4×500（630）	4			8		
KJZ-1800/3300-6		1800		6×500（630）	6			10		
KJZ-1800/3300-8				8×500（630）	8			12		
KJZ-1800/3300-9				9×500（630）	9			12		
KJZ-1800/3300-10				10×500（630）	10			12		
KJZ-1800/3300-12				12×500（630）	12			12		

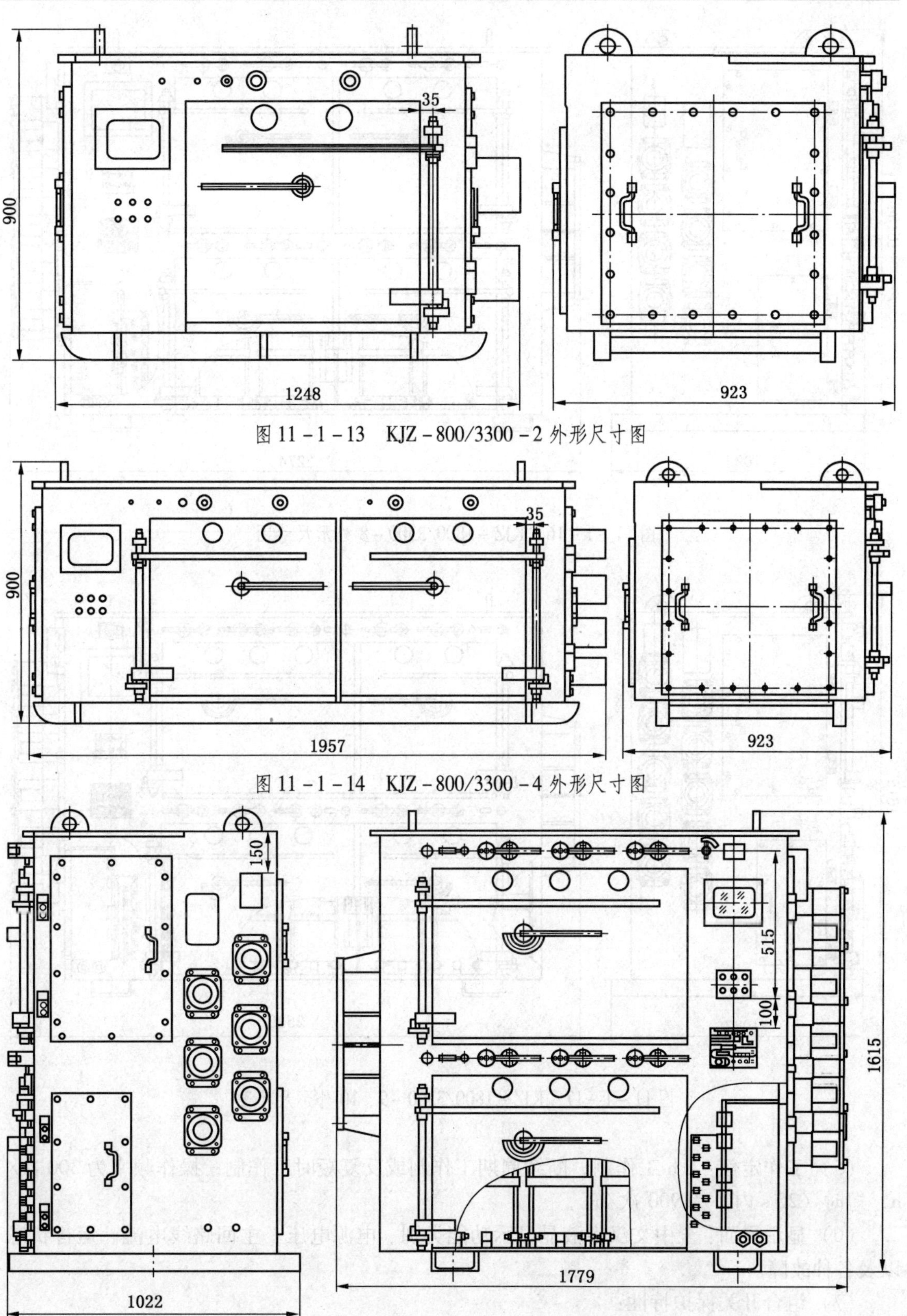

图 11-1-13　KJZ-800/3300-2 外形尺寸图

图 11-1-14　KJZ-800/3300-4 外形尺寸图

图 11-1-15　KJZ-1800/3300-6 外形尺寸图

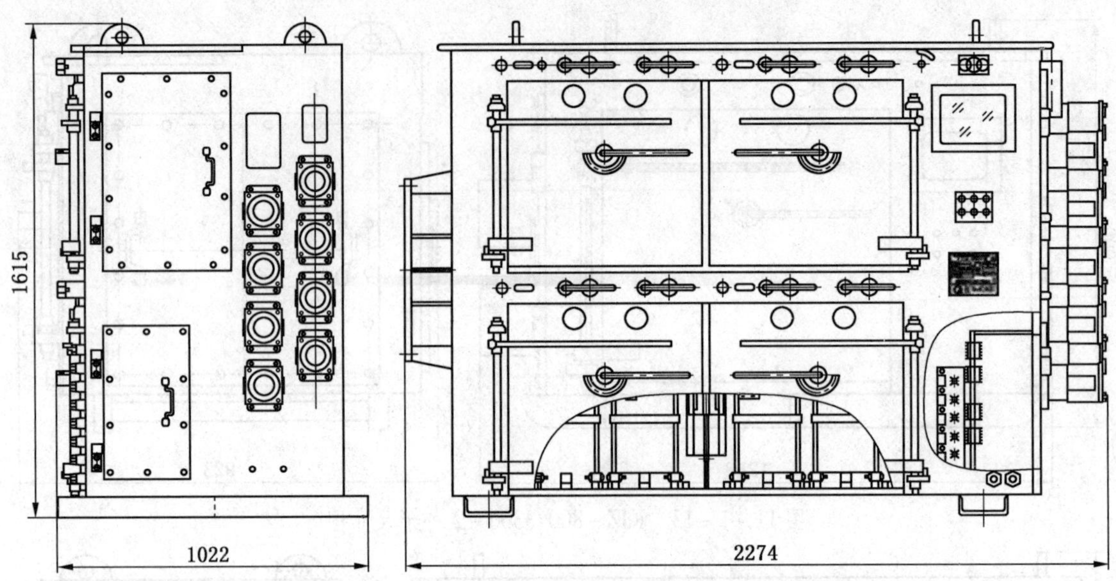

图 11－1－16 KJZ－1800/3300－8 外形尺寸图

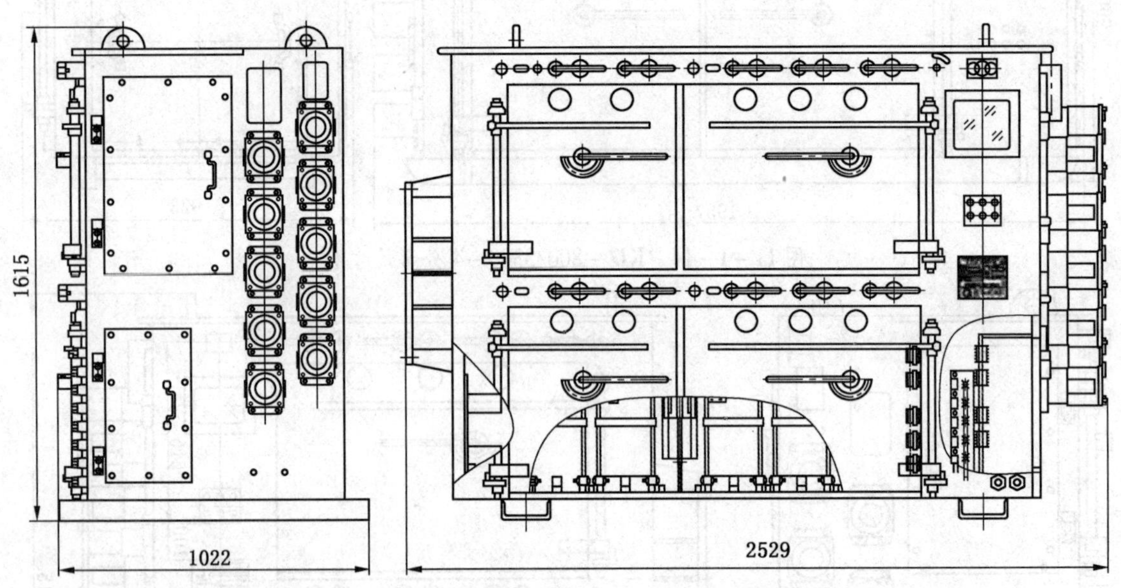

图 11－1－17 KJZ－1800/3300－9、10 外形尺寸图

（5）工作定额：8 h 工作制、断续周期工作制或反复短时工作制；操作频率为 300 次/h，短时（20 s 内）为 900 次/h。

（6）显示界面：全中文汉字液晶显示功能类别、电源电压、主回路线电流、运行状态以及各种故障。

（7）组合开关保护特性：

① 过载保护特性见表 11－1－16。

1650
1022
2784

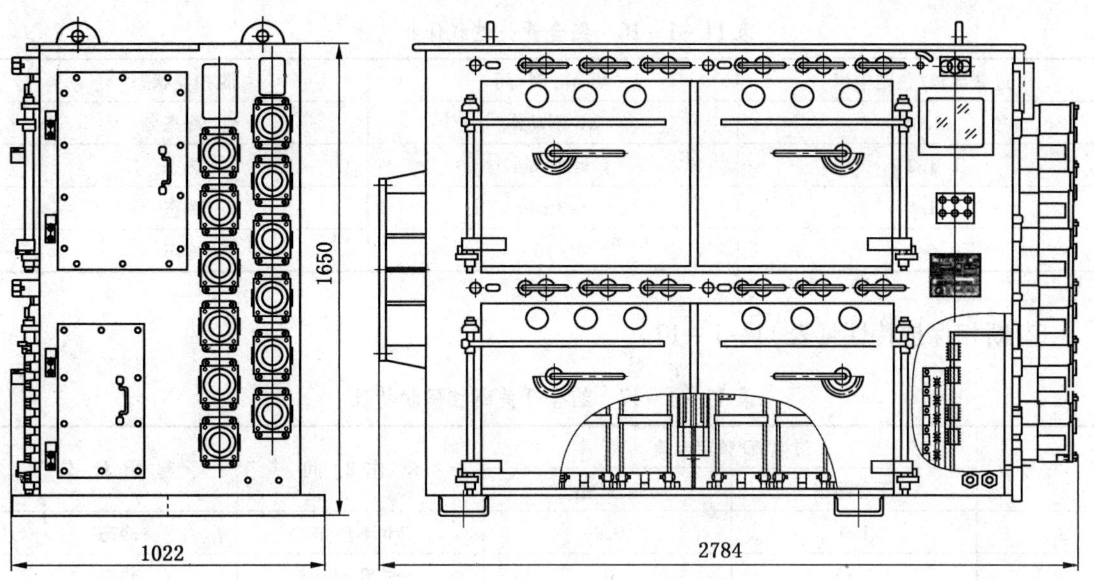

图 11－1－18　KJZ－1800/3300－12 外形尺寸图

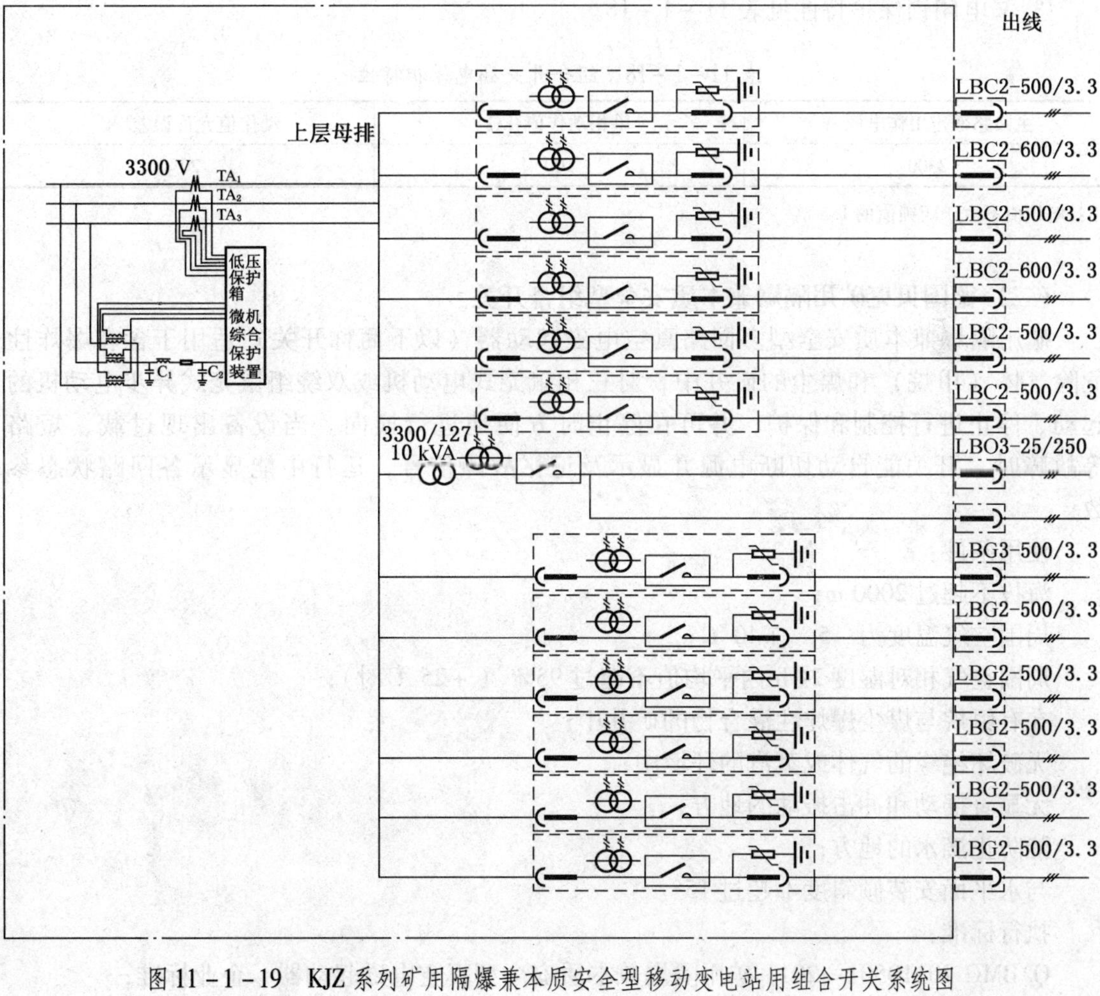

出线
上层母排
3300 V
TA1
TA2
TA3
低压保护箱
微机综合保护装置
C1
C2
3300/127
10 kVA
LBC2-500/3.3
LBC2-600/3.3
LBC2-500/3.3
LBC2-600/3.3
LBC2-500/3.3
LBC2-500/3.3
LBO3-25/250
LBG3-500/3.3
LBG2-500/3.3
LBG2-500/3.3
LBG2-500/3.3
LBG2-500/3.3
LBG2-500/3.3

图 11－1－19　KJZ 系列矿用隔爆兼本质安全型移动变电站用组合开关系统图

表 11-1-16 组合开关过载保护特性

过载电流/整定电流	动作时间	脱扣器状态
1.05	2 h 不动作	冷态
1.2	≤20 min	热态
1.5	≤3 min	热态
6.0	8 ~ 16 s	冷态

② 断相保护特性见表 11-1-17。

表 11-1-17 组合开关断相保护特性

序号	过电流/整定电流		动作时间	起始状态
	任意两相	第三相		
1	1.0	0.9	2 h 不动作	冷态
2	1.15	0	<20 min	热态

③ 漏电闭锁保护特性见表 11-1-18。

表 11-1-18 组合开关漏电保护特性

主回路额定工作电压/V	单相动作值/kΩ	动作值允许误差/%
3300	100	20

注：解锁值不大于闭锁值的 1.5 倍。

（二）德国贝克矿用隔爆兼本质安全型组合开关

矿用隔爆兼本质安全型多回路真空电磁起动器（以下简称开关）适用于含有爆炸性危险气体（甲烷）和煤尘的矿井中，对三相鼠笼式电动机或双绕组鼠笼式异步电动机的起动、停止进行控制和保护，并可在停止时方便地进行换向。当设备出现过载、短路等故障时，开关能自动切断电源并显示及记忆故障信号，运行中能显示各回路状态参数。

使用条件：

海拔不超过 2000 m；

周围空气温度为 -5 ~ +40 ℃；

周围空气相对湿度 24 h 内平均值不超过 95%（+25 ℃时）；

在有甲烷与煤尘爆炸性混合物的矿井中；

无破坏绝缘的气体或蒸汽的环境中；

无显著摇动和冲击振动的地方；

能防止滴水的地方；

与水平面安装倾斜度不超过 15°。

执行标准：

Q/BMC 20110501—2011 矿用隔爆兼本质安全型真空电磁起动器 企业标准；

Q/BMC 20110502—2011 矿用隔爆兼本质安全型真空电磁起动器　企业标准。

1. 型号

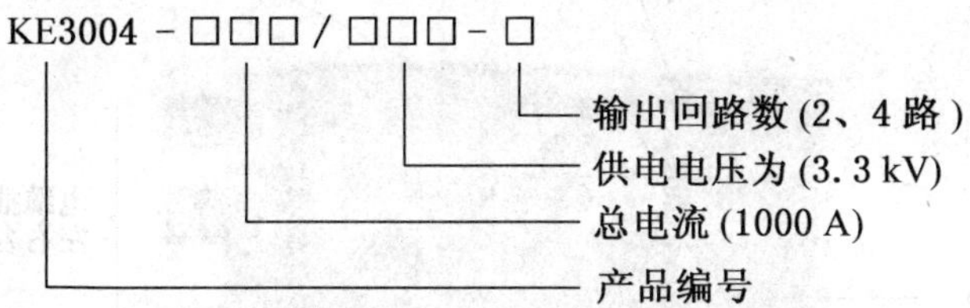

2. 主要电气参数

额定电压：3.3 kV、1.14 kV；

额定频率：50 Hz；

额定工作电流及配置：四回路，每回路 450 A，总容量 1000 A，分断能力 13 kA；

允许电压波动范围：60% ~125%；

单路额定电流整定范围：0 ~450 A；

机械寿命：接触器大于 100 万次；

电寿命：大于 25 万次；

本安参数：本安输出最高开路电压：13.2 V；

本安输出最大短路电流：640 mA。

3. 结构（图 11 -1 -20、图 11 -1 -21）

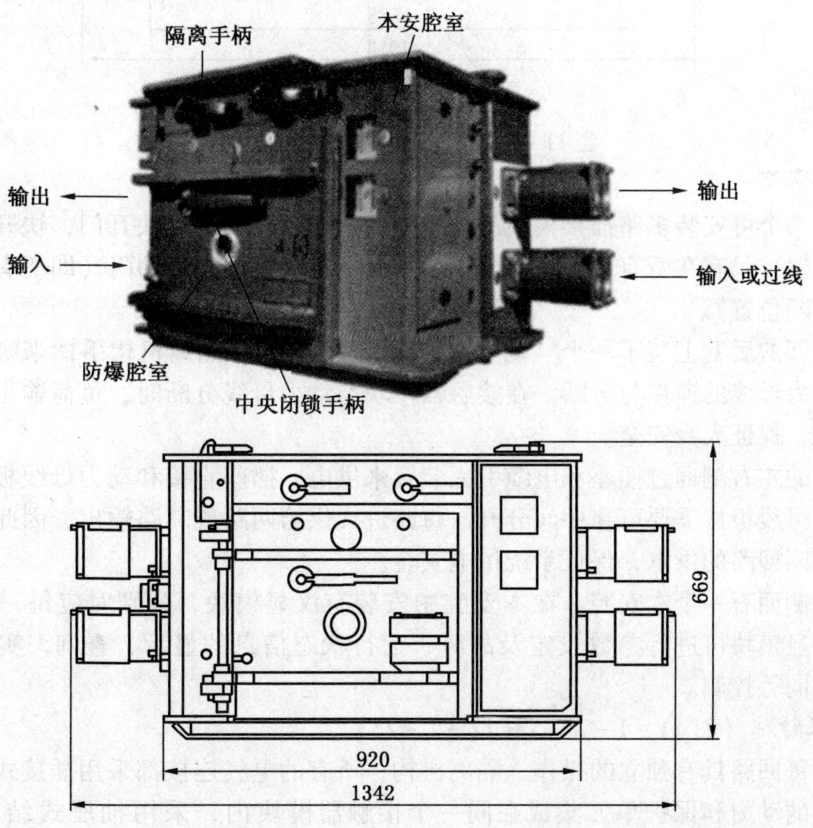

图 11 -1 -20　KE3002 的外形及尺寸

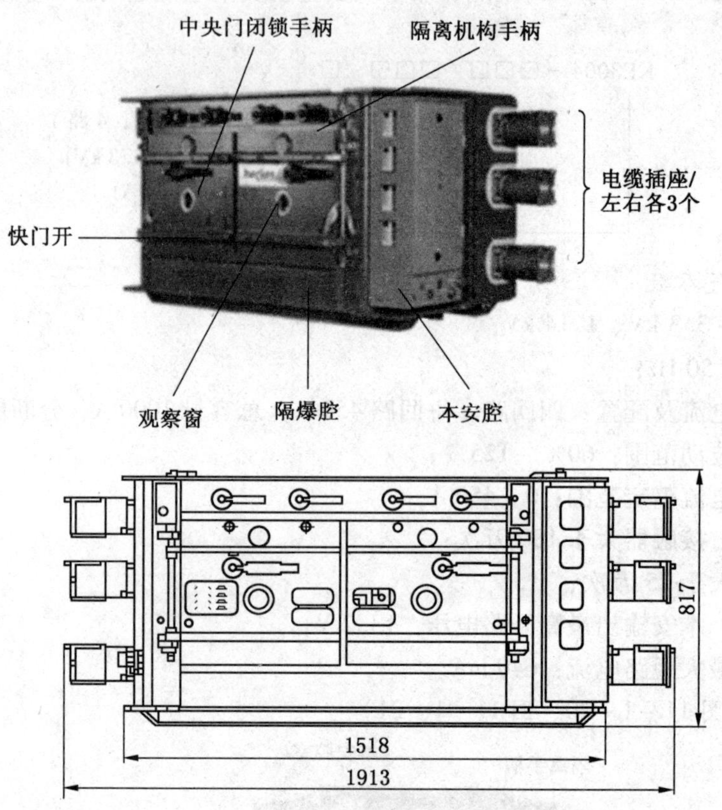

图 11－1－21 KE3004 的外形及尺寸

开关由一个可安装多路插接模块的隔爆外壳组成。开关上有快开门，快开门装有一个中央闭锁装置，只有在所有的模块都分断的情况下才能打开腔室的门（即所有隔离机构手柄都处在分断位置）。

开关内部的后壁上装了一个“动力母线板”，通过操作隔离机构手柄来实现接触器模块与后背动力母线的连接与分断。在接触器模块与动力母线分断时，负荷输出侧通过导线连接到外壳，保证人身安全。

在设备的左右侧通过插座和电缆引入装置来供电，插座直接和动力母线板连接。对于多回路动力母线板按需要可在中间分开，每路进线供给两路或三路输出，因此本开关可以接受两个不同回路的供电，保证系统供电安全。

在壳体侧面有一个本安腔。在本安腔中安装有汉显模块，分别对应每一路的动力模块。通过汉显模块可进行参数设定及故障、运行状态信息的显示、查询，实现对开关的起、停、换向等控制。

4. 技术特征（图 11－1－22、图 11－1－23）

该开关每回路具有独立的操作、隔离机构；所有的电气连接都采用插接式结构，安装快；每回路的动力和保护单元集成在同一个接触器模块内，采用抽屉式结构，便于更换；同电压等级接触器模块具有互换性，且更换无须重新设定参数；接触器模块内置

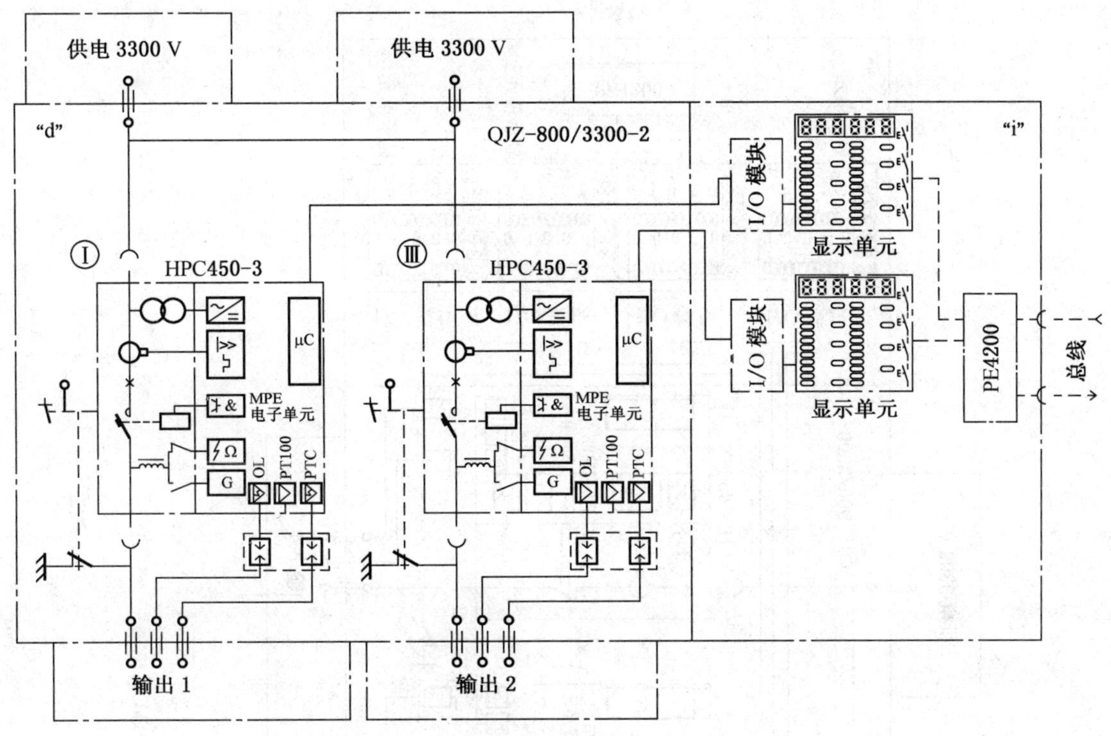

图 11-1-22 KE3002 系统图

换向机构，可实现就地及远程换相；每回路都具有独立的、可进行参数设置的显示单元。

1）接触器模块

由于接触器模块中真空管的特殊结构设计，接触器模块具有极高的分断能力，主回路不需要熔断器。每台接触器模块中都具有换向开关，可独立远程操作。接触器模块由电子保护单元 MPE 和真空接触器模块机械壳体 HPC 两部分组成，电子保护模块具有多种保护功能。可通过汉显模块灵活地对参数进行设定、修改。

接触器模块的电子保护部分实现功能如下：每一路输出的过载和短路保护；接触器分断状态时漏电闭锁保护；绝缘监测分断；先导监测；电机温度监测（PT100 和 PTC）；相不平衡监测及缺相保护；每路具有独立的隔离机构，可以通过隔离手柄将该路接触器模块从电网上脱开。

2）控制系统

接触器模块可以通过并行或串行控制方式启动。在串行方式下，接触器模块受控制系统控制（如 PROMOS），可以由自动控制系统控制起停。在此种方式下，接触器模块的所有状态和信息都传到控制系统的控制器 CPU 中，所有的参数（如短路、过载等）可以被远方设定和读出。

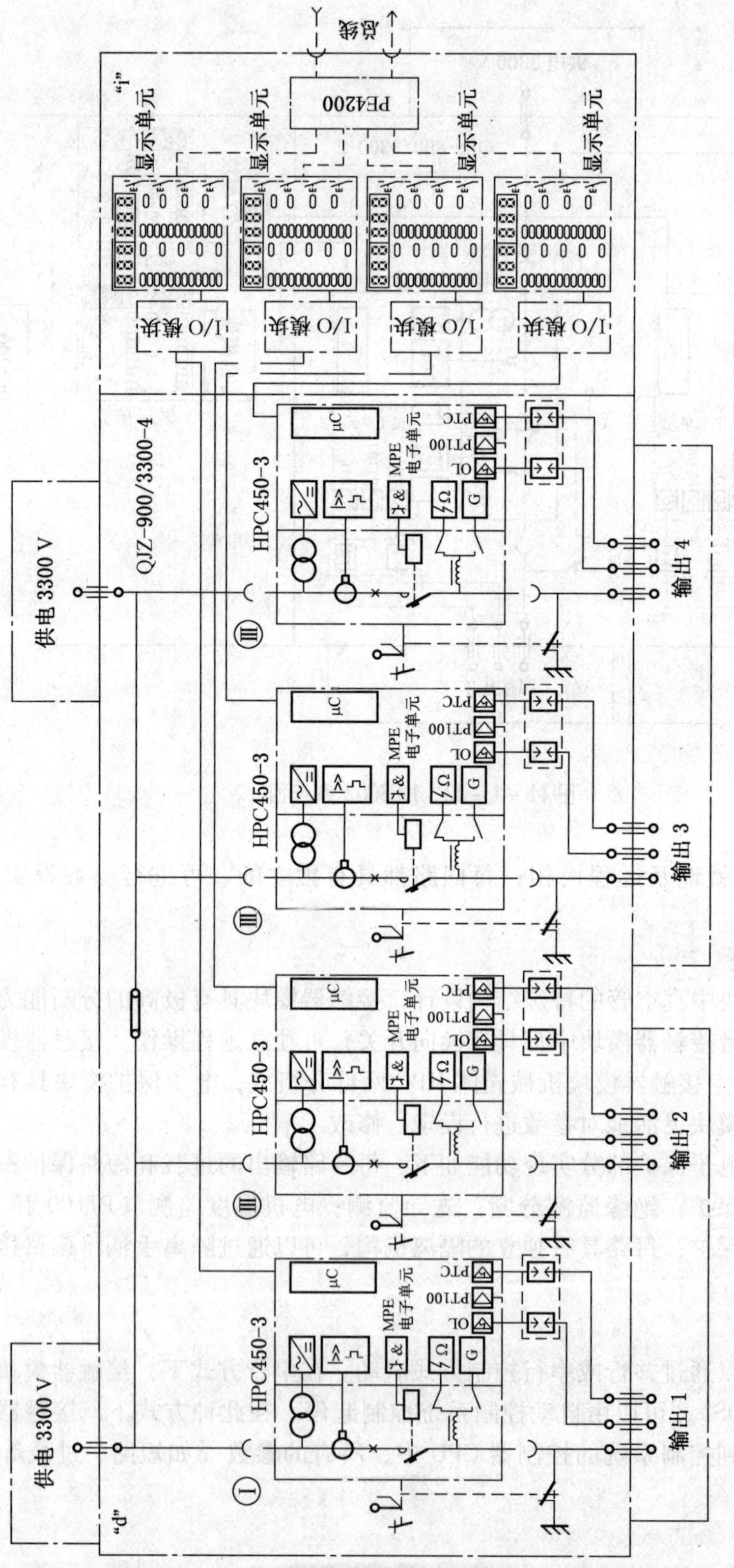

图 11-1-23　KE3004 系统图

第二节　井下低压电器设备

KBZ－□/1140（660）系列矿用隔爆型真空馈电开关（以下简称馈电开关）主要用于煤矿井下，在交流50 Hz、电压至1140 V，额定电流分别为400 A、500 A、630 A的线路中，作为供电系统的总开关、分支开关，也可作为大容量电动机不频繁起动之用。该馈电开关采用智能综合保护装置（以下简称综合保护器），具有过载、短路、过欠压、三相不平衡（包括断相）、分开关的选择性漏电保护及漏电闭锁、总开关的漏电保护及漏电闭锁等功能，并配有直观的汉字液晶显示。

配电装置执行标准：GB 8739—1998。

防爆类型：矿用隔爆兼本质型。

标志：Ex[ib]Ⅰ。

使用条件：

（1）环境温度：（－20～＋40）℃。

（2）海拔高度不超过1000 m，超过1000 m但不超过4000 m时，工频耐压按GB 311.1修正。

（3）周围空气相对湿度不大于95%（25 ℃时）。

（4）具有甲烷等混合气体的煤矿井下。

（5）在无显著摇动和冲击振动的地方。

（6）在能防止滴水的地方。

（7）水平安装（倾斜度不超过15°）。

一、矿用低压真空馈电开关

（一）KBZ－□/1140(660）系列矿用隔爆型低压真空馈电开关

1. 型号含义

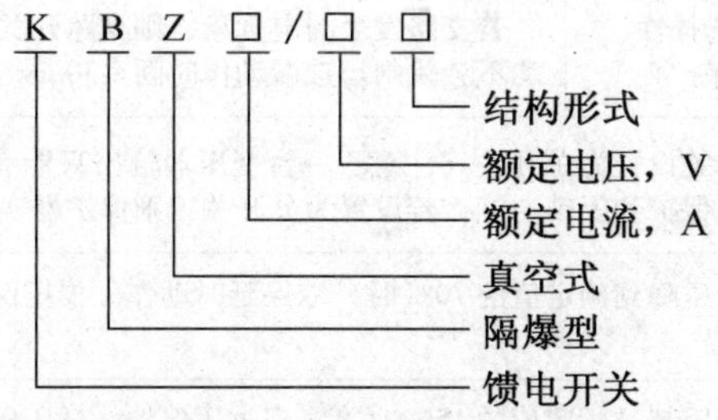

2. 主要电气参数

馈电开关主要电气参数见表11－2－1。

馈电开关内部的综合保护器具有过载、短路、过欠压、三相不平衡（包括断相）、分开关的选择性漏电保护及漏电闭锁、总开关的漏电保护及漏电闭锁等功能。采用RS－485标准通信接口、具有方便的通信和联网功能，可实现遥控、遥调、遥测“三遥”功能。馈电开关功能特性见表11－2－2。

表 11-2-1 馈电开关主要电气参数

<table>
<tr><th rowspan="2">额定电压/V</th><th rowspan="2">额定电流/A</th><th rowspan="2">控制电压/V</th><th colspan="2">极限通断能力/kA</th><th rowspan="2">重 量</th></tr>
<tr><th>660 V</th><th>1140 V</th></tr>
<tr><td rowspan="3">660
1140</td><td>400</td><td rowspan="3">15、12
50
127（220）</td><td>9</td><td>7.5</td><td rowspan="3">约 300 kg</td></tr>
<tr><td>500</td><td>12.5</td><td>9</td></tr>
<tr><td>630</td><td>15</td><td>12.5</td></tr>
<tr><td colspan="6">馈电开关为长期工作制</td></tr>
</table>

表 11-2-2 馈电开关功能特性

<table>
<tr><th>功 能</th><th>电流倍数（I_e）</th><th>动作时间
（细分三个时间段供选）</th><th>起始状态</th><th>复位方式</th></tr>
<tr><td rowspan="7">过载保护</td><td>1.05</td><td>2 h 不脱扣</td><td>冷态</td><td rowspan="6">手动</td></tr>
<tr><td>1.2</td><td>0.1～1 h</td><td>热态</td></tr>
<tr><td>1.5</td><td>90～180 s</td><td>热态</td></tr>
<tr><td>2.0</td><td>45～90 s</td><td>热态</td></tr>
<tr><td>4.0</td><td>14～45 s</td><td>热态</td></tr>
<tr><td>6.0</td><td>8～14 s</td><td>冷态</td></tr>
<tr><td colspan="4">过载保护分四挡可调，在 1.1 倍额定电流时起动，采用反时限特性动作，利用热积累实现断续过载情况下的保护</td></tr>
<tr><td rowspan="2">短路保护</td><td>2～10</td><td>瞬动</td><td>冷态</td><td>手动</td></tr>
<tr><td colspan="4">短路保护整定电流值分挡连续可调，分别为开关额定电流的 2～10 倍，短路保护动作时间小于 100 ms</td></tr>
<tr><td rowspan="4">漏电保护</td><td>总开关漏电保护</td><td colspan="3">动作值：660 V 时 11 kΩ，1140 V 时 20 kΩ</td></tr>
<tr><td>漏电闭锁</td><td colspan="3">闭锁值：660 V 时 22 kΩ，1140 V 时 40 kΩ（允许误差 +20%）。当主回路绝缘电阻值上升时，自动解除漏电闭锁</td></tr>
<tr><td>分开关选择性
漏电保护</td><td colspan="3">若支路发生漏电现象，则支路开关跳闸，而其他支路开关和总开关均不会跳闸。选漏动作时间≤30 ms</td></tr>
<tr><td colspan="4">若馈电开关设置为总开关（注意：一台变压器输出只能有一台作为总开关使用），则保护器实现漏电保护和闭锁功能；若设置为分开关，则保护器实现选择性漏电保护和闭锁功能</td></tr>
<tr><td>欠压保护</td><td colspan="4">当电网电压降到额定值的 70% 时，综保延时动作。欠压保护可选择打开或关闭，动作时间 1～10 s 可选</td></tr>
<tr><td>过压保护</td><td colspan="4">当电网电压超过额定值的 15% 时可实现过压保护。过压保护可选择打开或关闭，动作时间 1～10 s 可调
主回路接有一套阻容吸收装置 ZR，可以吸收操作过电压，保护负载侧支路</td></tr>
<tr><td>三相不平衡
（包括断相）</td><td colspan="4">一线（相）为零，二线（相）为 1.05 倍整定电流后显示断相，经延时输出跳闸信号
一线（相）为 0.6 倍或 1.6 倍整定电流，二线（相）为整定电流，显示相不平衡，经延时后输出跳闸信号。延时时间为 5～120 s 可调（步长 5）。三相不平衡（断相）功能用户可选择打开和关闭</td></tr>
<tr><td>故障记忆功能</td><td colspan="4">系统可累计记忆最近 100 次故障跳闸的原因及发生时间（月、日、时、分）</td></tr>
</table>

表 11-2-2（续）

功　能	电流倍数（I_e）	动作时间（细分三个时间段供选）	起始状态	复位方式
显示功能	显示包括 3 个指示灯（电源、合闸、故障）和液晶显示屏。在正常工作时显示屏将实时显示工作电流值及系统的电压值，整定时则显示各级菜单、各种整定参数值以及故障参数值等			
试验功能	有试验按钮，随时可对漏电和短路功能进行试验			
计量功能	可累计记忆工作时间（小时）、合闸次数和电度（最高 1 亿度）供用户查询			
风电闭锁	风电延时闭锁或瓦斯断电闭锁，延时时间 0～99 min 可调			
远方通信	通过 RS485 通信接口由远方进行实时监控，实现遥控、遥调、遥测功能			

3. 结构

馈电开关主要由装在撬形底架上的方形隔爆外壳、前门、电器件装配单元和断路器单元等组成，外形如图 11-2-1 所示。外壳的前门为平面止口式，当前门右侧中部的机械闭锁解锁后，可以通过抬起馈电开关左侧固定于铰链上的手把，转动前门进行开关（转动前门时，注意操作手把的抬起高度，避免操作手把上部凸轮与铰链顶撞）。

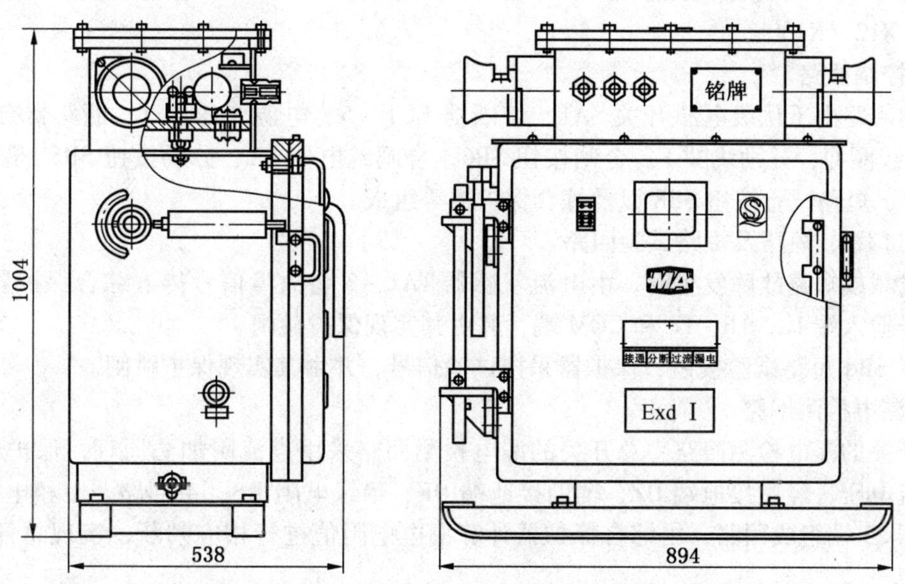

图 11-2-1　KBZ-□/1140(660) 系列矿用隔爆型真空馈电开关外形图

1）接线腔

接线腔内装有主回路进线接线柱 X1～3 和出线接线柱 X11～13、4 个主回路进出线喇叭口、3 个控制回路进出线喇叭口、控制回路进出线穿墙套管 CQ1～3、控制线接线端子排 I1。

2）前门

前门左上侧上装有 4 只微型功能按钮、4 只操作按钮和 1 个观察窗。

4 只功能按钮可分别进行上行、下行、确认、复位操作；4 只操作按钮分别为合闸、分闸、过流试验和漏电试验（其中，漏电试验按钮、过流试验按钮和设定按钮均配有螺旋式保护盖，不操作时应加盖避免误操作）；观察窗包括 3 个指示灯（电源、合闸、故障）

和液晶显示屏，液晶显示屏实时显示馈电开关各项工作参数。

3）主腔

主腔由左侧的电器件装配单元和右侧的断路器单元组成。

保护控制单元装有一只千伏级熔断器 FU1、电源变压器 T、4 只低压熔断器（FU2、FU3、FU4、FU5）、1 只三相电抗器 SK、一套阻容吸收装置 ZR 和 2 只二次线插座（分别去往门单元 XS1、断路器单元 XS2）。

主腔侧壁装有 1 只千伏级电源开关 SA1 及机械闭锁机构，一个在电气分闸失效后的手动紧急机械分闸手柄，主腔后部装有 1 只零序电流互感器 TA4 和 3 只电流互感器 TA1－3（额定 500 A 馈电开关装在断路器单元）。

断路器单元装有 1 只真空断路器 QF 和 1 只二次线插头（去往电器件装配单元）。

4. 电气原理

1）主回路

KBZ－400、500、630/1140(660）矿用隔爆型真空馈电开关电气原理如图 11－2－2 所示，主回路自电源侧 X1、X2、X3 开始，接有真空断路器 QF、3 只电流互感器 TA1－3、三相电抗器 SK、零序电流互感器 TA4、阻容吸收装置 ZR 和 1K 漏电试验电阻 RS，至负载侧 X11、X12、X13。

2）控制回路

控制回路由千伏级电源开关 SA1、熔断器 FU1－5、电源变压器 T、断路器合闸线圈 H、欠压线圈 Q、分励线圈 F、合闸按钮 SB6、合闸继电器 kA、分励按钮 SB5、漏电实验按钮 SB7、短路试验按钮 SB8 以及综合保护器等组成。

3）过载、短路及短路试验回路

当过载或短路故障发生时，由电流互感器 TA1－3 将故障信号传入综合保护器 BH 的电流信号输入端 1a、1b、1c 和 COM 端，并由其实现保护跳闸。

按下 SB8 短路试验按钮，保护器采样试验信号，并由其实现保护跳闸。

4）漏电检测回路

总开关的漏电检测回路：总开关的漏电检测回路采用直流附加法原理，保护器 21 端输出直流电压，经主接地端 DZ、辅助接地端 DF、绝缘电阻 RS、主回路、三相电抗器 SK 至保护器 23 端组成回路，由综合保护器计算漏电电阻值进行相应判断，实现总开关的漏电保护。

总/分开关的漏电闭锁回路同总开关的漏电检测回路相同，上电后综保开始对主回路进行绝缘监测，若绝缘电阻值低于设定值，欠压线圈 Q 失电，馈电开关无法起动，从而实现了总/分开关的漏电闭锁功能。

分开关的漏电检测采用功率方向型和直流附加法相结合的保护原理。当分支路出现漏电时，三相电抗器中性点的零序电压信号进入综保 23 端，零序电流信号通过零序电流互感器 TA4 进入综保，综合保护器检测到本支路零序电流相位滞后零序电压，同时通过直流附加法计算漏电电阻值，二者结合正确判断分开关跳闸。其他支路零序电流相位超前零序电压而不会动作，从而实现了分开关的选择性漏电保护。

5）使用与调试

下井前，应详细参照保护器参数整定方法进行基本参数设定，并确保馈电开关及保护

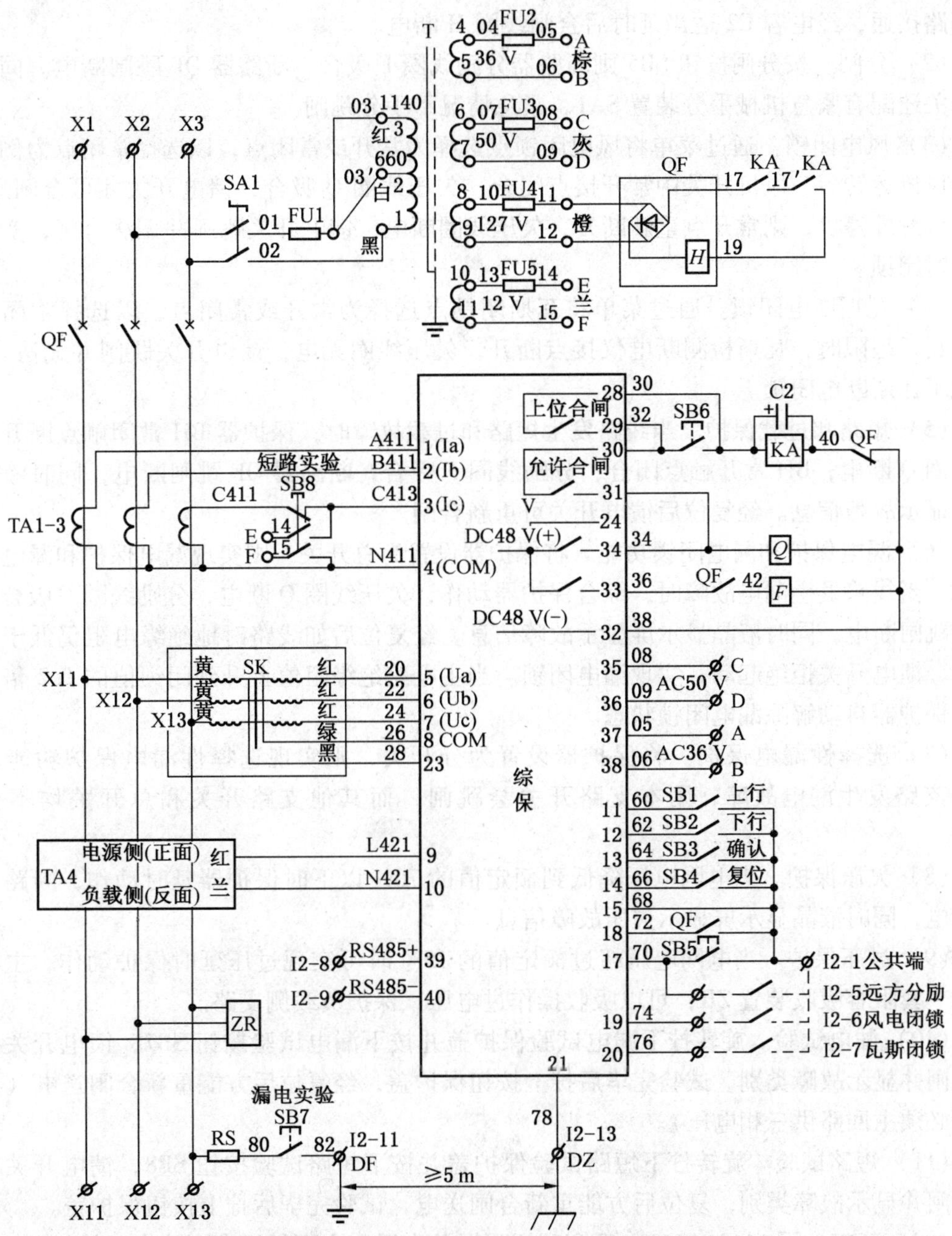

图11-2-2　KBZ-400、500、630/1140(660) 矿用隔爆型真空馈电开关电气原理图

器的电压等级选择、总/分开关选择、额定电流等内部设定等符合实际工作状态。

关闭前门，合上电源开关 SA1，电源变压器 T 有电，综合保护器上电后进行自检，自检完毕后回到主显示界面。上电后，保护装置开始对主回路进行绝缘监测，如绝缘电阻大于规定值（见开关保护性能表），则可以合闸。否则综合保护器将实行漏电闭锁，馈电开关无法起动。

（1）合闸。按合闸按钮 SB6 则继电器 KA 吸合，合闸线圈 H 得电，断路器 QF 合闸，主回路接通，经电容 C2 适当延时后合闸线圈 H 断电。

（2）分闸。按分闸按钮 SB5 则断路器分励线圈 F 吸合，断路器 QF 跳闸断电。同时馈电开关还配有紧急机械手分装置 SA1，紧急情况下手分跳闸。

（3）风电闭锁。通过菜单将风电闭锁点选择为常开或常闭点，以选择常闭点为例：局部通风机运转后，风机开关中常开接点闭合，欠压线圈 Q 吸合，馈电开关才可合闸送电；如风机意外停机，则常开点重新断开，欠压线圈断电，馈电开关跳闸并无法合闸，实现风电延时闭锁。

（4）瓦斯断电闭锁。通过菜单将瓦斯闭锁点选择为常开或常闭点，以选择常闭点为例：瓦斯超限时，瓦斯检测断电仪接点断开，欠压线圈无电，馈电开关跳闸并无法合闸，实现了瓦斯断电闭锁。

（5）短路和过载保护。当线路发生短路和过载故障时，保护器 BH 常闭触点断开，欠压线圈 Q 断电；BH 常开触点闭合，分励线圈 F 吸合，断路器 QF 跳闸断电，同时液晶显示屏显示故障信息。经复位后馈电开关可重新合闸。

（6）漏电保护和漏电闭锁功能。将保护器设置为总开关，则实现漏电保护和漏电闭锁功能。当线路发生漏电故障时，综合保护器动作，欠压线圈 Q 断电，分励线圈 F 吸合，断路器跳闸断电，同时液晶显示屏显示故障信息。经复位后如线路对地绝缘电阻仍低于设定值时，馈电开关拒绝起动，实现漏电闭锁。当主电路绝缘阻值上升到闭锁值的 1.2 倍以上时，保护器自动解除漏电闭锁状态。

（7）选择性漏电保护。将保护器设置为分开关，则实现选择性漏电保护功能。如果本支路发生漏电故障，则本支路开关会跳闸，而其他支路开关和总开关均不会跳闸。

（8）欠压保护。当电网电压降低到额定值的 70% 以下时保护器延时动作，断路器跳闸断电，同时液晶显示屏显示欠压故障信息。

（9）过压保护。当电网电压超过额定值的 15% 时可实现过压延时保护动作。主回路接有一套阻容吸收装置 ZR，可以吸收操作过电压，保护负载侧支路。

（10）漏电试验。旋转拧下漏电试验保护盖并按下漏电试验按钮 SB7，馈电开关应断电跳闸并显示故障类别。试验完毕后拧上按钮保护盖，经复位后方能重新合闸送电（漏电试验必须主回路供三相电压）。

（11）短路试验。旋转拧下短路试验保护盖并按下短路试验按钮 SB8，馈电开关应断电跳闸并显示故障类别，复位后方能重新合闸送电，试验完毕后拧上按钮保护盖。

（二）KJZ－□/1140(660) 系列矿用隔爆兼本质安全型低压真空馈电开关

1. 型号意义

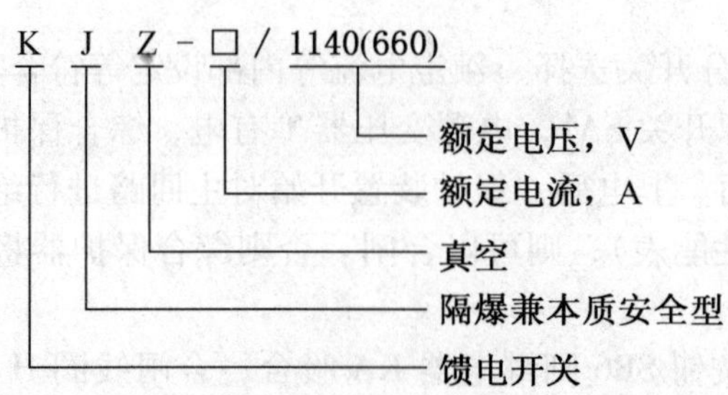

2. 主要电气参数

(1) 额定工作电压：1140 V (660 V)。

(2) 额定工作电流：400 A。

(3) 工作制：长期工作制。

(4) 最大分断能力：7.5 kA。

(5) 电寿命为大于3000次。

(6) 机械器寿命大于2万次。

(7) 过载保护特性见表11-2-3。

表11-2-3　过载保护特性

过载电流倍数＼延时时间	整定位置			
	1	2	3	4
1.05	不动作	不动作	不动作	不动作
1.20	10~20 min	20~30 min	30~40 min	40~60 min
1.50	90~110 s	110~130 s	130~150 s	150~180 s
2.00	45~55 s	55~65 s	65~75 s	75~90 s
4.00	14~20 s	20~25 s	25~30 s	30~45 s
6.00	8~11 s	8~11 s	11~14 s	11~14 s

3. 控制和保护

1) 短路保护

短路电流的整定值以额定电流的7~12倍来整定，一旦电路电流大于该整定值时，短路保护动作，动作时间不大于100 ms。

2) 选择性漏电保护性能

只有保护器整定在分开关的位置时才有选择性漏电保护，其动作值为5~20 kΩ (1140 V)、5~13 kΩ (660 V)。选漏动作时间≤30 ms。选择性漏电特点：如果本支路发生漏电现象，则本支路开关会跳闸，而其他支路开关和总开关不会跳闸。分开关选择性漏电参数：选漏延时范围0~2.0 s，分级为+0.5 s。零压选择：范围1~20 V，分级为+1 V。零流微调：范围90%~110%。

漏电与漏电闭锁保护。当电网每相对地电容不大于1 μF，能可靠地实现漏电保护与漏电闭锁保护，当电网每相对地电容为1 μF(且无补偿)时，其动作值符合表11-2-4的规定。

表11-2-4　漏电与漏电闭锁保护特性

主回路额定电压/V	漏电动作电阻整定值/kΩ	漏电闭锁动作电阻整定值/kΩ	1 kΩ电阻动作时间/ms
660	11	22	≤30
1140	20	40	≤30

在馈电开关负载侧合闸前能对供电线路对地绝缘情况进行检测，当绝缘电阻低于

(40 + 20%) kΩ (1140 V)、(22 + 20%) kΩ (660 V) 时能可靠地实现漏电闭锁功能，使馈电开关不能合闸，当主电路绝缘阻值上升到闭锁值的 1.2 倍时，自动解除漏电闭锁；

在馈电开关合闸后，综保将检测漏电动作电阻值，其值为 20 kΩ (1140 V)、11 kΩ (660 V)。

总开关漏电保护参数如下：总漏延时：范围 000 ~ 000 A，200 ~ 250 A，250 ~ 400 A，1 ~ 2 s，2 ~ 5 s，其中独立开关无延时，固定为000。闭锁微调：范围 90% ~110%，分级为 +1%。漏电微调：范围 90% ~110%，分级为 +1%。

3）低电压保护

欠压保护值整定分挡可调。标称值范围可在 55% ~70% 额定电压值内调整，步长为 1%，低电压保护动作时间 5 s。当电网电压不足设定的欠压值时能可靠保护。

4）过电压保护

过压保护值整定分挡可调。标称值范围可在 115% ~135% 额定电压值内调整，步长为 1%，低电压保护动作时间 5 s。当电网电压高于设定的过压值时能可靠保护。

5）相平衡

任一相电源断路，或低于或高于其他两相负载电流 50% 时，经 5 ~ 30 s 延时，保护动作。

6）风电闭锁

配合瓦斯断电仪使用，瓦斯断电仪动作输出后，馈电开关断电，并显示瓦斯超限。

4. 结构

馈电开关的隔爆箱为方形，分为接线腔与主腔两部分，接线腔位于箱体上部，为螺栓紧固上盖，下腔采用上移式快开门结构，内有芯架，芯架可以整体抽出，芯架上固定有真空断路器，另有电源变压器（660 V、1140 V/10 kV、50 Hz、220 V）、阻容吸收装置、三相电抗器、零序电压互感器及控制保护单元等。馈电开关外形如图 11-2-3 所示。

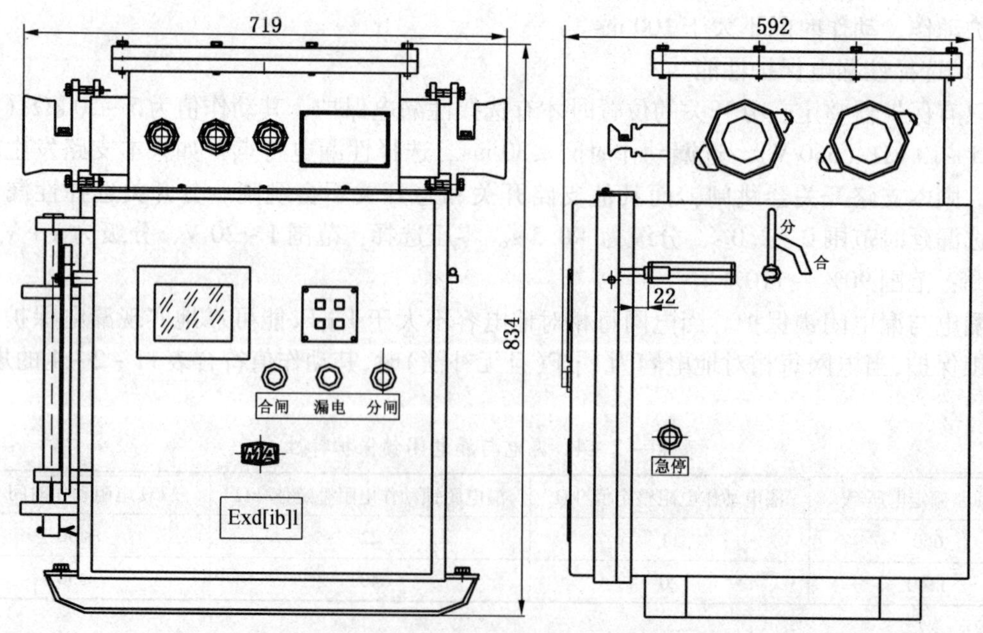

图 11-2-3 KJZ 矿用隔爆兼本质安全型馈电开关外形图

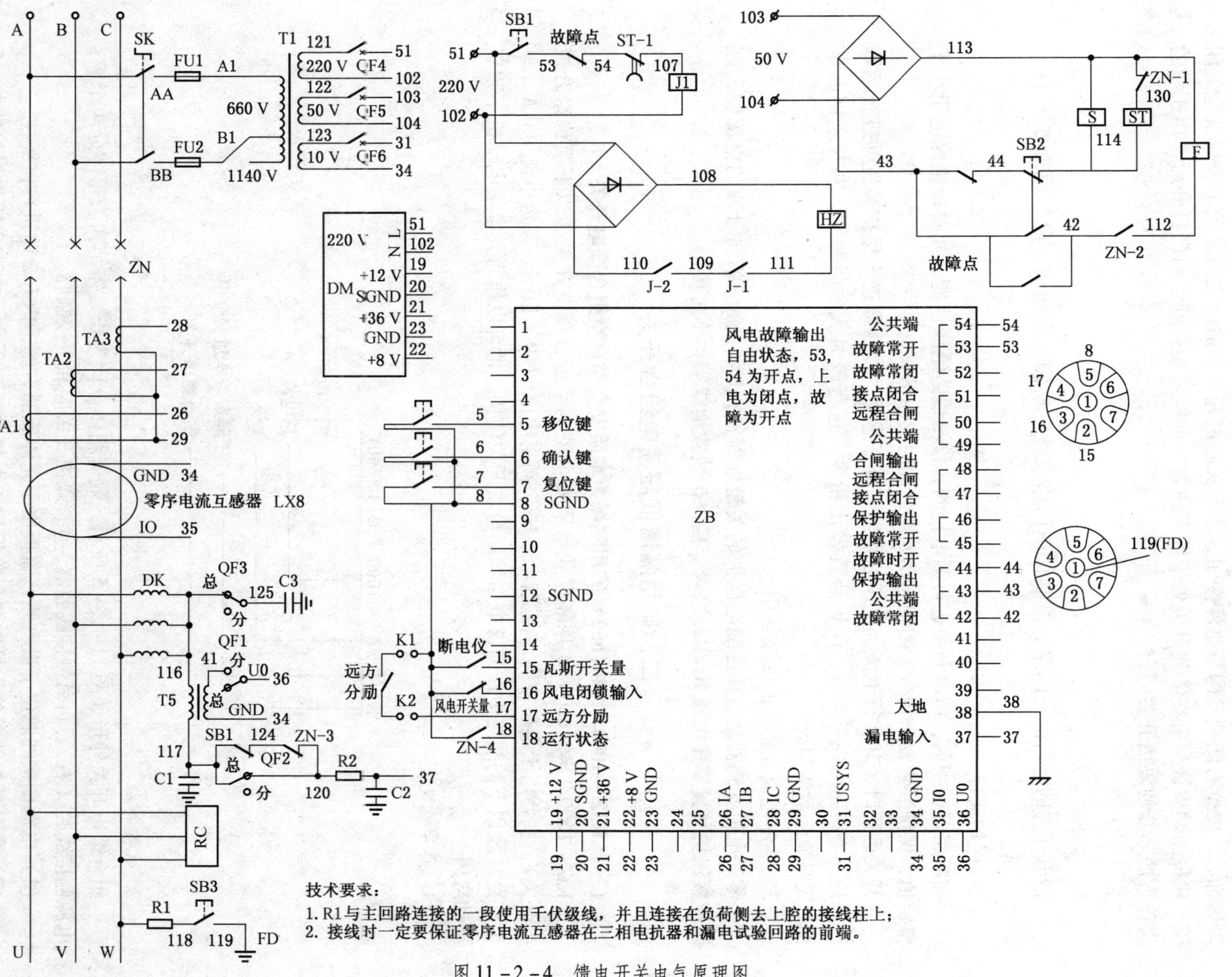

技术要求：
1. R1与主回路连接的一段使用千伏级线，并且连接在负荷侧去上腔的接线柱上；
2. 接线时一定要保证零序电流互感器在三相电抗器和漏电试验回路的前端。

图 11-2-4 馈电开关电气原理图

馈电开关前门上布置有起动、停止、漏电试验按钮、液晶及 LED 显示、键盘、铭牌及隔爆标志，侧壁有闭锁机构及急停按钮，在开关隔离开关与前门之间设置了机械及电气闭锁，机械闭锁保证只有在隔离开关处于断开位置，前门才能打开。前门打开后，用正常的操作方法不能使隔离开关闭合。

5. 工作原理

1）主要电路单元

馈电开关的电路由主回路、控制保护回路及整定检测回路组成，电气原理如图 11－2－4 所示。

2）保护原理

在断路器合闸前，馈电开关进行漏电检测，检测线路绝缘性能。如对地绝缘电阻小于整定值，保护装置发出指令，闭锁起动回路，同时显示故障 。

开关运行时，其运行电流、电压分别经电流互感器、变压器进入保护装置并进行运算及处理。当线路出现异常时，保护装置发出指令，进行瞬时或延时跳闸，断开主回路电源，同时显示故障原因。

3）零序电流互感器的安装使用

零序电流互感器是选择性漏电保护的关键性器件，LX 字面应朝向母线的电源侧，红线应接保护装置零序电流 IO 端，黑线应接保护装置地线端，不可接错。

二、矿用隔爆低压馈电组合开关

（一）KJZ－1000/1140(660) 矿用隔爆兼本质安全型真空组合馈电开关

KJZ－1000/1140(660) 矿用隔爆兼本质安全型真空组合馈电开关（以下简称组合馈电开关），主要用于煤矿井下，在交流 50 Hz、额定电压 1140 V 以下、额定电流 400 A（单个支路）及以下的线路中作为供电系统的分支开关使用，也可以作为大容量电动机不频繁起动之用。

1. 型号意义

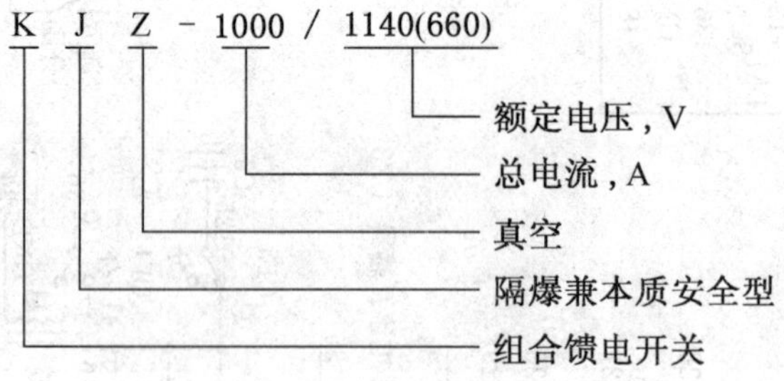

2. 结构特征

组合馈电开关外形如图 11－2－5 所示，隔爆箱体设计为长方体结构。箱体分 4 个腔：电源侧接线腔（右）、负荷侧接线腔（左）、隔离开关腔和主控制腔。

（1）电源侧接线腔位于最右侧，盖板位于壳体后部右侧，内有 2 路进线接线柱。

（2）负荷侧接线腔位于最左侧，盖板位于左侧喇叭口后方，内有 8 路出线接线柱。8 支路组合馈电开关使用 8 路出线接线柱；6 支路组合馈电开关使用上面 6 路接线柱，下 2

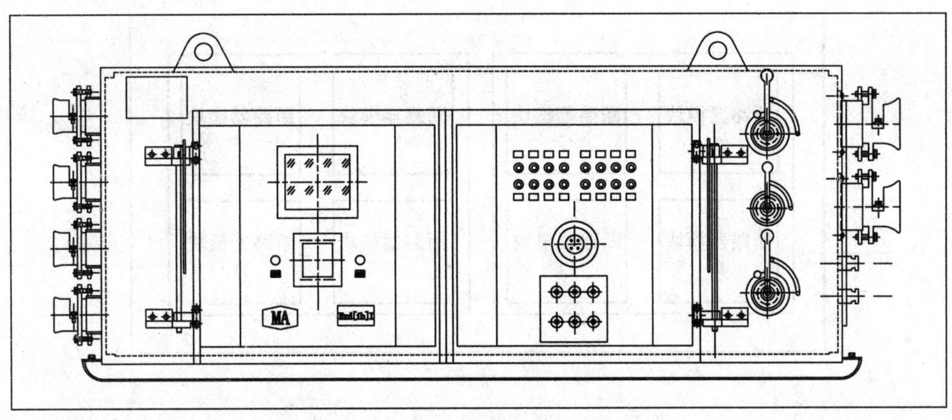

图 11-2-5　组合馈电开关外形图

路接线柱空闲。腔内还有 8 个 9 芯接线柱，对应功能见接线柱旁标注或图纸标注，控制线喇叭口位于负荷侧接线腔后部左侧上方。

(3) 隔离开关腔位于右侧电源侧接线腔前方，与主控制腔连通。有上下 2 个隔离开关，每个隔离开关额定电流为 630 A。下方为Ⅰ隔离，上方为Ⅱ隔离。隔离腔外部从上到下依次为Ⅱ回路隔离把手、门闭锁把手、Ⅰ回路隔离把手。它们与前门之间有可靠的闭锁关系，确保在前门正确关闭后，隔离开关才能够进行合闸操作。

(4) 主控制腔位于开关中部，从开关正面看，主控制腔采用两个快开门结构。左侧门上设有大屏幕液晶显示窗口和键盘，键盘左侧为急停按钮，右侧为复位按钮。右侧门上部为 2 排起动停止按钮，上面为 8 个起动按钮，下面为 8 个停止按钮，从左到右依次为 1～8 支路断路器起动停止按钮。右侧门中间为照明综保状态指示灯观察窗（只有 6 支路开关有指示灯）。右侧门下部为辅助电源面板，如图 11-2-6 所示。辅助电源面板有 6 个按钮开关，起动、停止、短路试验、漏电试验对照明综保操作，保护电源用来选择保护电源是由哪路隔离供电。

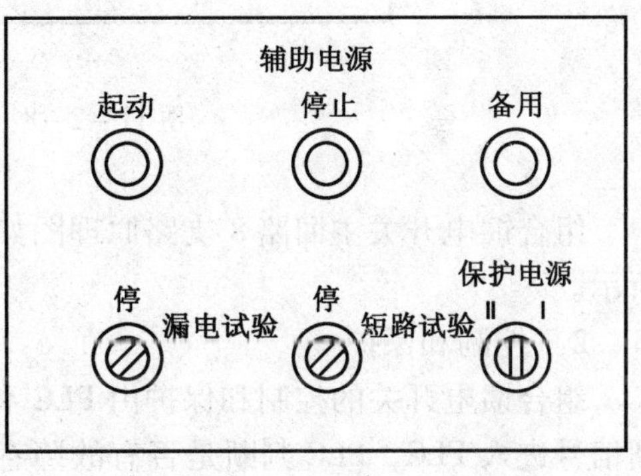

图 11-2-6　辅助电源面板

8 支路开关有 8 个断路器模块，6 支路开关有 6 个断路器模块。8 支路开关内部前视图如图 11-2-7 所示。A、B、C、D 支路由隔离Ⅰ供电（Ⅰ回路），E、F、G、H 支路由隔离Ⅱ供电（Ⅱ回路）。

6 支路开关内部前视图如图 11-2-8 所示。A、B、C、D 支路由隔离Ⅰ供电（Ⅰ回路），E、F 支路和照明变压器由隔离Ⅱ供电（Ⅱ回路）。

3. 工作原理

1) 主回路

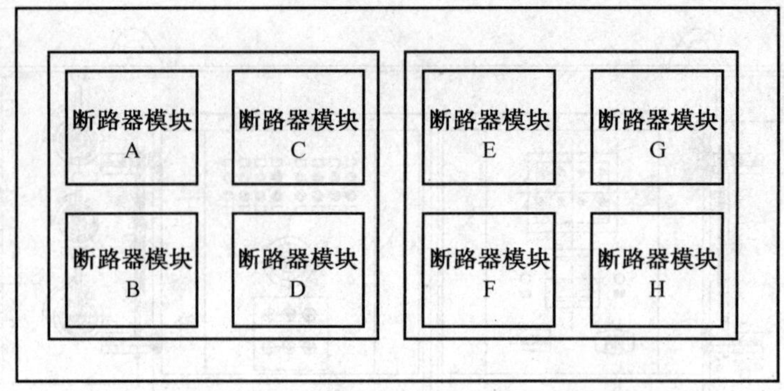

图 11-2-7　8 支路开关内部前视图

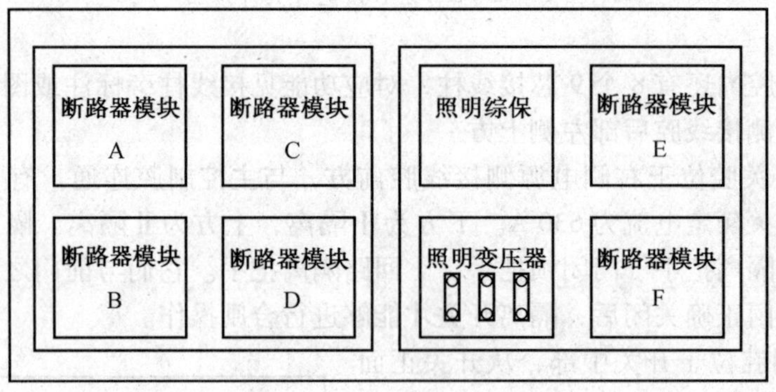

图 11-2-8　6 支路开关内部前视图

组合馈电开关主回路 8 支路原理图如图 11-2-9 所示，6 支路原理图如图 11-2-10 所示。

2）控制和保护

组合馈电开关的控制和保护由 PLC 和漏电保护模块实现。按下断路器起动按钮后，合闸信号进入 PLC，PLC 判断是否有故障存在，是否符合合闸条件，如果正常则输出信号，驱动合闸继电器使断路器合闸。断路器合闸状态下，按下断路器停止按钮，停止信号不经 PLC 直接分断断路器，PLC 检测断路器分闸状态并在显示屏上显示。断路器合闸状态下，如果有故障产生则迅速分闸并在显示屏上故障报警。

漏电保护模块对主回路检测，断路器合闸前进行漏电闭锁保护，断路器合闸后进行漏电动作保护，当有漏电故障产生时，漏电保护模块在快速分闸的同时给 PLC 漏电故障信号。PLC 检测主回路的电压和各支路的电流，可进行过压、欠压、短路、过载和风电闭锁保护。

（1）过压、欠压保护。当电网电压高于额定电压的 130% 时，过压保护动作；电网电压低于额定电压的 70% 时，欠压保护动作。

（2）过载保护。组合馈电开关过载保护见表 11-2-5。

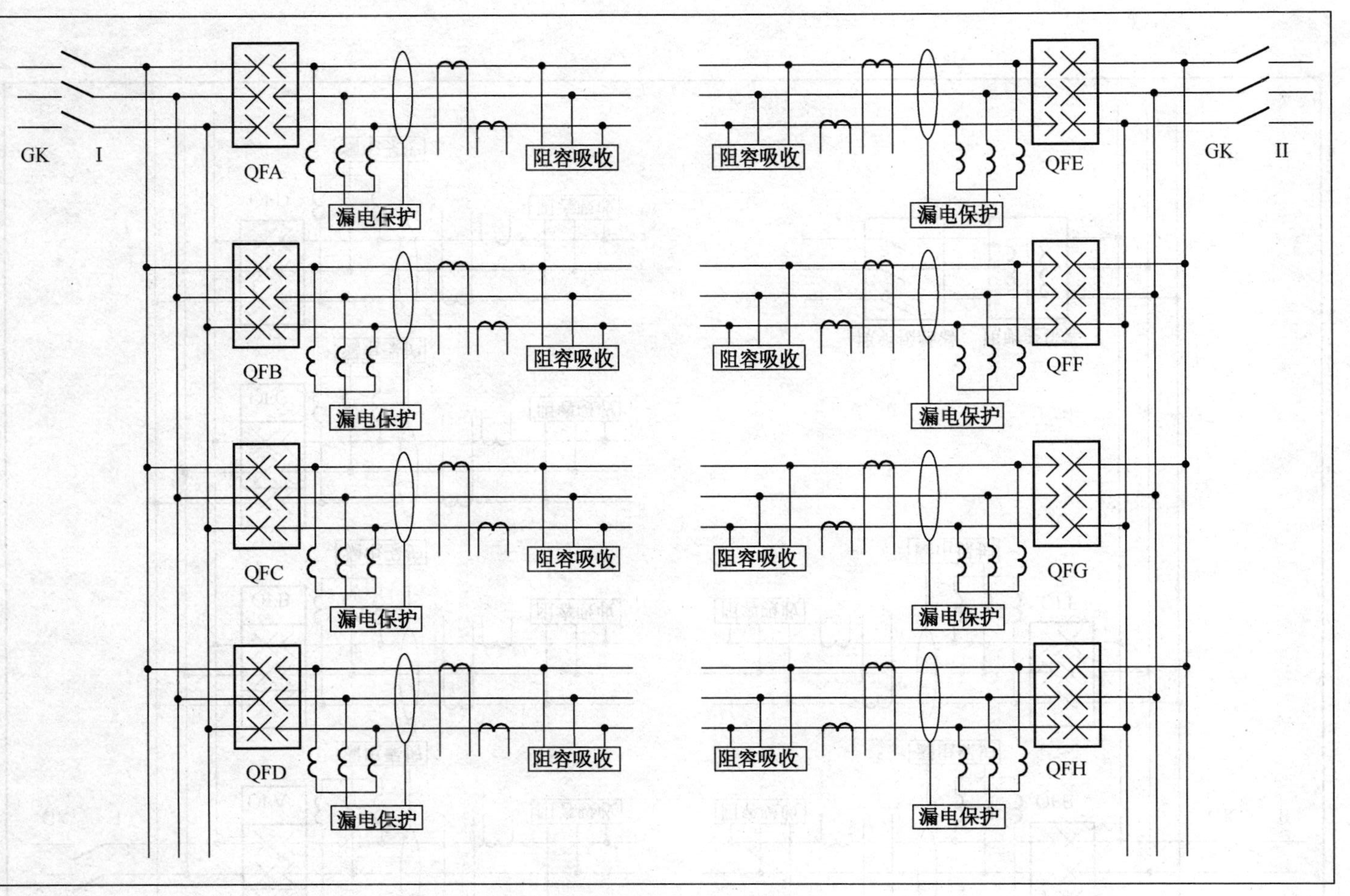

图 11-2-9　组合馈电开关主回路 8 支路原理图

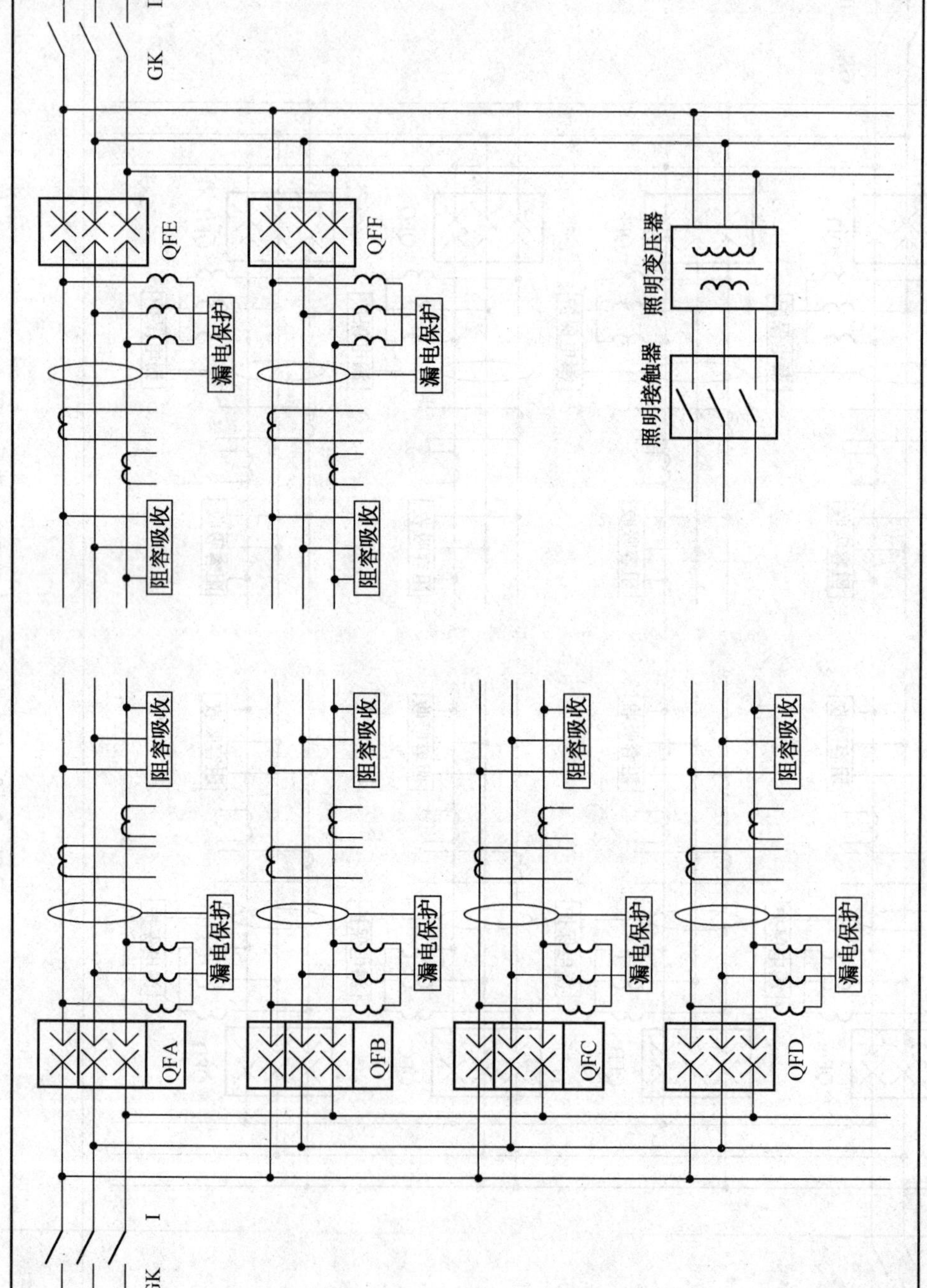

图 11-2-10　6 支路原理图

表 11-2-5　组合馈电开关过载保护

过载倍数＼延时时间	过载常数			
	1	2	3	4
1.05	不动作	不动作	不动作	不动作
1.2	0.2~0.5 h	0.5~1 h	1~1.5 h	1.5~2 h
1.5	60~90 s	90~180 s	180~240 s	240~300 s
2	45~60 s	60~90 s	90~150 s	150~210 s
4	20~30 s	30~45 s	45~60 s	60~75 s
6	8 s	8 s	8 s	8 s

(3) 短路保护。短路电流的整定值以被控制电机额定电流的 3~10 倍来整定，一旦电路电流大于该整定值时，短路保护动作，动作时间 0.1 s。

(4) 漏电闭锁。带有漏电保护单元的组合馈电开关，其基本技术参数应符合表 11-2-6 的规定。漏电动作电阻值，漏电闭锁电阻值与整定值的误差不大于 +20%。

表 11-2-6　漏电保护基本技术参数

额定电压/V	漏电动作电阻整定值/kΩ	漏电闭锁电阻整定值/kΩ	1 kΩ 动作电阻时动作时间/ms
1140	20（三相）	40（三相）	≤50
660	11（单相）	22（单相）	≤80

(5) 漏电跳闸。断路器合闸后，漏电保护模块自动对其支路进行采值分析，根据采值结果设置漏电动作值，然后据此动作值进行漏电跳闸保护。当有任何一支路分闸或合闸后，漏电保护模块会自动重新对每一合闸支路进行采值分析，重新设定其漏电动作值，以消除由于投入使用的断路器数量的变化而导致漏电动作值的变化。采值也可通过键盘操作手动进行。

(6) 风电闭锁。当某支路风电闭锁输入信号断开时，对应支路断路器跳闸并显示风电闭锁。

3）试验

有试验功能，具有短路、过载、漏电闭锁和漏电跳闸试验。

4）显示

显示器为 10 寸 16 色中文液晶显示屏，分辨率为 640×480。可显示各断路器的工作状态、设定值、电压、电流、功率、电度、故障信息、历史故障和系统时间等。

5）保护电源

保护电源可以由Ⅰ回路或Ⅱ回路供电，可在辅助电源面板上通过转换开关选择。

6）照明综保

6 支路组合馈电开关配有照明综保，提供 1 路三相 AC127 V 电源给照明或信号。具有绝缘、漏电保护，同时可以进行短路和漏电试验。

7）通信

具有以太网通信接口，可以接入以太网网络。

（二）KJZ－2000/1140(660)－9、8、7、6、5 矿用隔爆兼本质安全型真空馈电组合开关

1. 型号意义

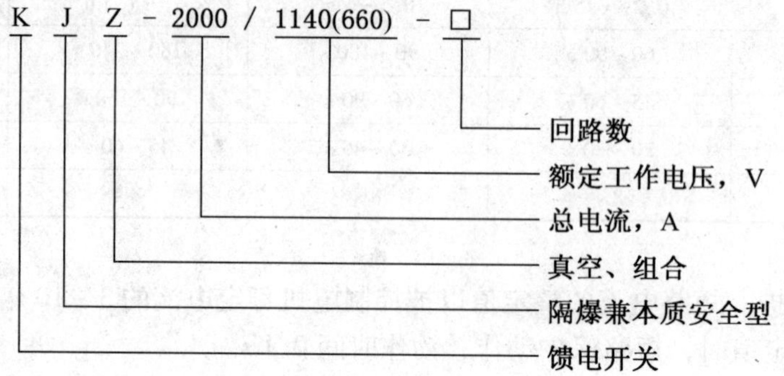

2. 主要电气参数

1）额定工作电压

1140 V(660 V)、三相、50 Hz，当线路电压不低于额定值的 85%，不高于额定值的 120% 时，开关均能可靠地工作。

2）基本参数

基本参数见表 11－2－7。

表 11－2－7 基 本 参 数

型 号	额定工作电压/V	额定电流/A		总回路数	额定频率/Hz	工作制
		总电流≤2000				
KJZ－2000/1.14(0.66)－9	1140(660)	1 回路	≤1000	9	50	长期
		2～8 回路	≤400			
		9 回路	≤30			
KJZ－2000/1.14(0.66)－8	1140(660)	1 回路	≤1000	8	50	长期
		2～7 回路	≤400			
		8 回路	≤30			
KJZ－2000/1.14(0.66)－7	1140(660)	1 回路	≤1000	7	50	长期
		2～6 回路	≤400			
		7 回路	≤30			
KJZ－2000/1.14(0.66)－6	1140(660)	1 回路	≤1000	6	50	长期
		2～5 回路	≤400			
		6 回路	≤30			
KJZ－2000/1.14(0.66)－5	1140(660)	1 回路	≤1000	5	50	长期
		2～4 回路	≤400			
		5 回路	≤30			

馈电组合开关可设成总分系统模式也可以设置为分系统模式：

（1）做总分系统回路模式使用时，第一回路设置为总开关，工作电流≤1000 A，第二回路至最后一回路设置为分开关，最后一回路为输出电源 127 V 回路，提供照明、控制箱、通信分站等 127 V 电源设备使用，工作电流≤30 A，其余每个回路工作电流≤400 A，总工作电流≤1000 A。

（2）做分系统回路模式使用时，第一至最后一回路均设置为分开关，第一回路工作电流≤1000 A，最后一回路为输出电源 127 V 回路，提供照明、控制箱、通信分站等 127 V 电源设备使用，工作电流≤30 A，其余每个回路工作电流≤400 A，总的工作电流≤2000 A。

3）本安参数

最大开路电压：U_0：AC21 V/DC12 V。

最大短路电流：I_0：AC68 mA/DC21 mA。

控制线参数：远控电缆最大长度≤1000 m，分布电感≤1 mH/km，分布电容≤0.1 μF/km，分布电阻≤12.5 Ω/km。

4）技术性能

（1）全中文大屏液晶汉字显示。

（2）下拉式菜单设定，实时显示三相电流、系统电压、运行状态、绝缘状态、故障类型等。

（3）具备故障查询、故障记忆功能。

（4）各支路具有短路、过载、断相、漏电闭锁、三相对称性漏电等保护功能，且具有高可靠的选择性漏电保护功能，线路出现故障，相应支路能自动快速地切除故障线路、记忆、显示故障参数，并对开关实施闭锁，只有解除故障，并经人工复位后才能重新合闸送电。

（5）具备选择性漏电保护功能，在支路出现漏电情况下，停电不影响其他支路供电。

（6）双屏双待，主屏和分屏都可全部完成开关操作，做到工作显示的互备。

（7）组网通信，馈电组合开关将多支路集中控制，具备或相当于一个通信分站的功能，利于井下自动化控制。

（8）馈电组合开关各分支回路采用单独电源设计，保证了设备各回路工作的独立性，检修或接线时不会相互影响，壳体主腔为双快开门结构，芯体采用模块化设计、各回路相互独立且均采用抽屉式结构，让日常的维护和检修变得十分方便和简单。主回路采用节能型永磁断路器。主开关与分支开关组合一体，缩短了相互电缆的连接，减少井下配电硐室的容积和工作面的空间。

（9）馈电组合开关采用集中控制器（工控机）对系统进行实时控制监控，配置 10.4 英寸真彩宽屏为设备提供信息查询和参数设置，另配置 4×8 的汉显小屏可单回路实时显示所有信息，真正实现双屏双待的功能。

（10）设置 6 个参数调整按键，实现所有信息的下拉式菜单整定和显示功能，不用开门便可对开关的参数进行修改整定，真正实现人机对话。

（11）馈电组合开关总输入接线引入装置在总分开关模式时为两个，可引入 $\phi32 \sim \phi74$ mm 的电缆；在分开关模式时为 3 个，可引入 $\phi32 \sim \phi74$ mm 的电缆。各分支回路输出接线引入装置分别为每个回路 2 个，输出分别可引入 $\phi32 \sim \phi61$ mm 的电缆，控制线引入装置每个回路 3 个，分别可引入 ϕ14.5 ~ ϕ20mm 的电缆。

3. 结构

馈电组合开关外形如图 11 – 2 – 11 所示。

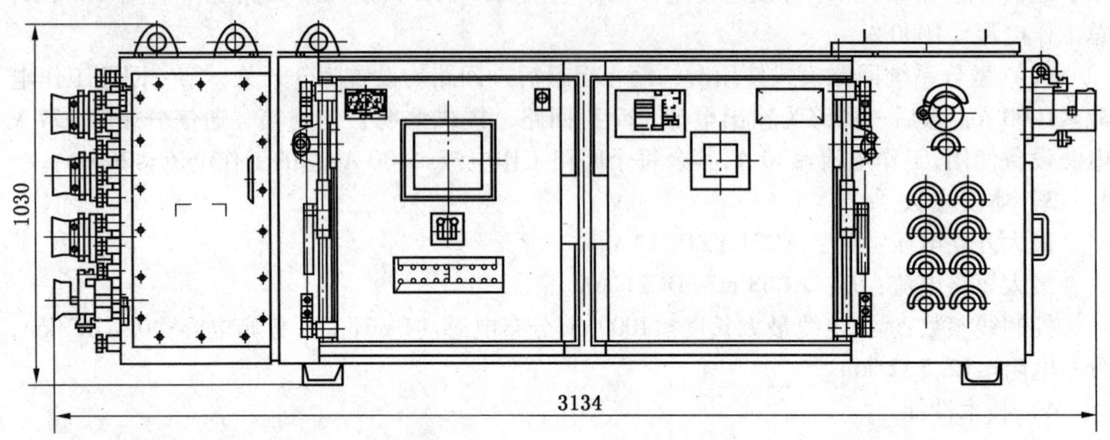

图 11 – 2 – 11 馈电组合开关外形

馈电组合开关整机由外壳、门板、配电单元、配电单元底座，支架组成，其外形尺寸如附图 1 所示。其中外壳由主腔、接线腔和出线腔三部分组成，主腔前面为左右两个平面止口平移式快开门，前门与电源开关间设有机械联锁，开门时，先将开关打到分位置，旋转联锁机构到开门位置，然后转动门上把手，则可带动前门移动至完全打开。主腔内装有 1000 A 断路器本体 1 个、配电单元 8 个、右门板 1 块、主屏集控器与分屏集控器各 1 个、电源万转开关 10 个等元件，配电单元装有综合保护器、控制变压器、熔断器、本安模块、试验模块、电抗器、阻容吸收装置、熔断器、保险等元器件。右门板采用活页结构，方便拆卸。

4. 工作原理

真空馈电开关原理如图 11 – 2 – 12 所示。

馈电组合开关的所有参数操作 6 个按键：上移、下移、确认、复位、主分切换、回路切换。上移、下移键用于选项移位、数据增减。确认键用于进入参数设置界面、翻页或选定后的确认。复位键用于设置参数的保存和在各种状态下的退出、返回及分屏时的故障复位操作。主分切换键用于馈电组合开关的主分屏切换。回路切换键用于馈电组合开关的分屏显示每个回路信息的切换。

馈电组合开关每个回路单独具备起动、停止按钮，确保故障时每个回路工作互不影响。

开关整机工作原理如图 11 – 2 – 12 所示。将门盖联锁机构打到闭锁状态，这时门盖不能打开，总电源开关和 127 V 电源开关可以合分工作。把总电源开关操作手柄由“分”位打到“合”位置时，万转开关 LW 工作，LW1 与 LW4 导通，变压器 TC1 得电，输出 170 V 和 15 V 电源，ZPJK 主屏集控显示器、FPJK 分屏集控显示器及智能馈电保护装置 JA – ZKTD/1000 得电，馈电组合开关开始工作。

智能馈电保护装置 JA－ZKTD/1000 得电后开始进行漏电闭锁检测，当检测一切正常时，屏幕显示“分闸”。这时保护装置的 J1 点闭合，J2 点断开。按下合闸按钮，中间继电器 ZJ3 得电，ZJ3 的常开接点 ZJ3－1 闭合，永磁断路器 ZN1 控制器将合闸储能电容器与永磁机构的合闸线圈接通，电容器储存的电场能量通过合闸线圈转换成电磁能量，在电磁力的作用下永磁机构的动铁心及相关机构开始运动使开关真空管触头接通，合闸操作信号消失后，在永磁力的作用下永磁机构仍处于合闸位置。永磁断路器 ZN1 合闸并维持，断路器的辅助接线排常开接点 ZN1－1、ZN1－2 闭合，主屏显示“合闸”。按下分闸按钮，中间继电器 ZJ4 得电，ZJ4 的常开接点 ZJ4－1 闭合，永磁断路器 ZN1 控制器将分闸储能电容器与永磁机构的分闸线圈接通，电容器储存的电场能量通过分闸线圈转换成电磁能量，在电磁力和反力簧的作用下，永磁机构的动铁心及相关机构向分闸方向运动使开关真空管触头断开，分闸操作信号消失后，在永磁力和反力簧的共同作用下永磁机构仍处于分闸位置。永磁断路器 ZN1 分闸并维持，断路器的辅助接线排常开接点 ZN1－1、ZN1－2 断开，主屏显示“分闸”。因为存在合分闸储能电容器，所以电容器每次充放电时间必须有 7 s 左右的延时，保证为下一次合闸做准备。

故障跳闸：同理当按下合闸按钮，永磁断路器合闸工作后，一旦智能馈电保护装置检测到漏电、过流、过（欠）压、断相等故障时，保护装置的 J1 断开，J2 闭合。J2 闭合相当于短接常开接点 ZJ4－1，永磁断路器 ZN1 控制器将分闸储能电容器与永磁机构的分闸线圈接通，电容器储存的电场能量通过分闸线圈转换成电磁能量，在电磁力和反力簧的作用下，永磁机构的动铁心及相关机构向分闸方向运动使开关真空管触头断开，分闸操作信号消失后，在永磁力和反力簧的共同作用下永磁机构仍处于分闸位置。永磁断路器 ZN1 故障分闸并故障记忆，断路器的辅助接线排常开接点 ZN1－1、ZN1－2 断开，主屏显示“故障”信息。按下合闸按钮断路器也不起动，只有进行复位操作，故障复位后才能再次合闸。在分闸状态，若负荷侧与外壳间绝缘电阻小于漏电闭锁值的电阻，显示器显示“漏电闭锁”和电阻值。若绝缘电阻大于漏电闭锁值的电阻，自动复位。风电和瓦斯电闭锁动作使开关跳闸，只有风电和瓦斯电闭锁解除后，本开关方能重新起动。漏电、短路试验：在合闸状态，可以真实模拟漏电、短路试验，选定某一回路做试验时，先将此回路的手柄打在试验位置，这时试验回路接通，进入漏试和短试界面，选定此回路的具体试验项目按确认即可。

三、低压真空电磁起动器

本矿用隔爆型真空电磁起动器（以下简称起动器），适用于含有爆炸性气体（甲烷）和煤尘的矿井中，但周围介质中不得含有破坏金属和绝缘的活动性化学物质，在交流 50 Hz，额定电压为 1140 V、660 V、380 V 的线路中，可“近控”控制或配用隔爆按钮后“远控”起动、停止控制三相鼠笼型异步电动机。起动器具有过载、断相、短路、漏电、闭锁、过电压等保护。具有分断能力强、寿命长、结构简单便于维护等特点，特别适用于频繁操作的煤矿机械设备。

使用条件：

（1）海拔不超过 2000 m，周围环境压力为 $(0.8\sim1.1)\times10^5$ Pa。

（2）周围环境温度为 $(-5\sim+40)$℃。

（3）周围空气相对湿度不大于95%（+25 ℃）。

（4）须能防止水或其他液体浸入起动器内部。

（5）无剧烈振动、颠簸以及与水平面安装斜度不超过15°。

（一）QBZ 系列矿用隔爆兼真空电磁起动器

1. 型号意义

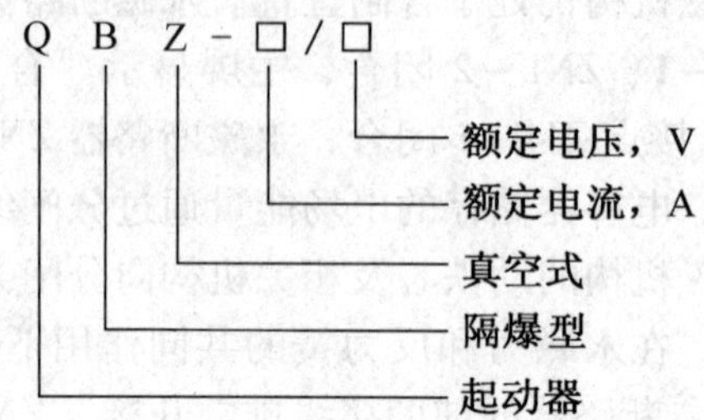

2. 主要电气参数

起动器的主要电气参数见表 11-2-8。

表 11-2-8　QBZ 系列矿用隔爆兼真空电磁起动器主要电气参数

起动器型号	QBZ-80	QBZ-120	QBZ-200
额定电压/V	1140、660、380	1140、660、380	1140、660、380
额定电流/A	80	120	200
通断能力/A	800	1000	2000
极限分断能力/A	2000	2000	4500
电寿命 AC3/万次	60	60	60
电寿命 AC4/万次	6	6	6
最大控制功率 AC4/kW	110、65、40	170、100、60	290、170、98

3. 结构

起动器由隔爆外壳和本体组成，本体装于隔爆外壳中。起动器外壳为圆形，门盖为转动式齿口结构，壳身上部为接线箱，用以引进电源电缆和引出负载电缆且均采取隔爆措施，以达到隔爆要求。在外壳右侧有隔离换向开关的转换手柄和停止按钮。两者有机械联锁，只有停止按钮按下，断开控制回路后，才能扳转手柄到分位，拧紧闭锁杆后才能打开转盖。

本体所有元件都装于底板上，其正面装有真空接触器、电动机综合保护器、过电压吸收装置、中间继电器和熔断器，背面装有隔离换向开关、变压器及起动、停止按钮。

4. 工作原理

起动器原理如图 11-2-13 所示，工作原理如下：

（1）接通换向开关 Q，控制变压器 T 输出 36 V 交流电，保护器接点 K2 闭合，为控制

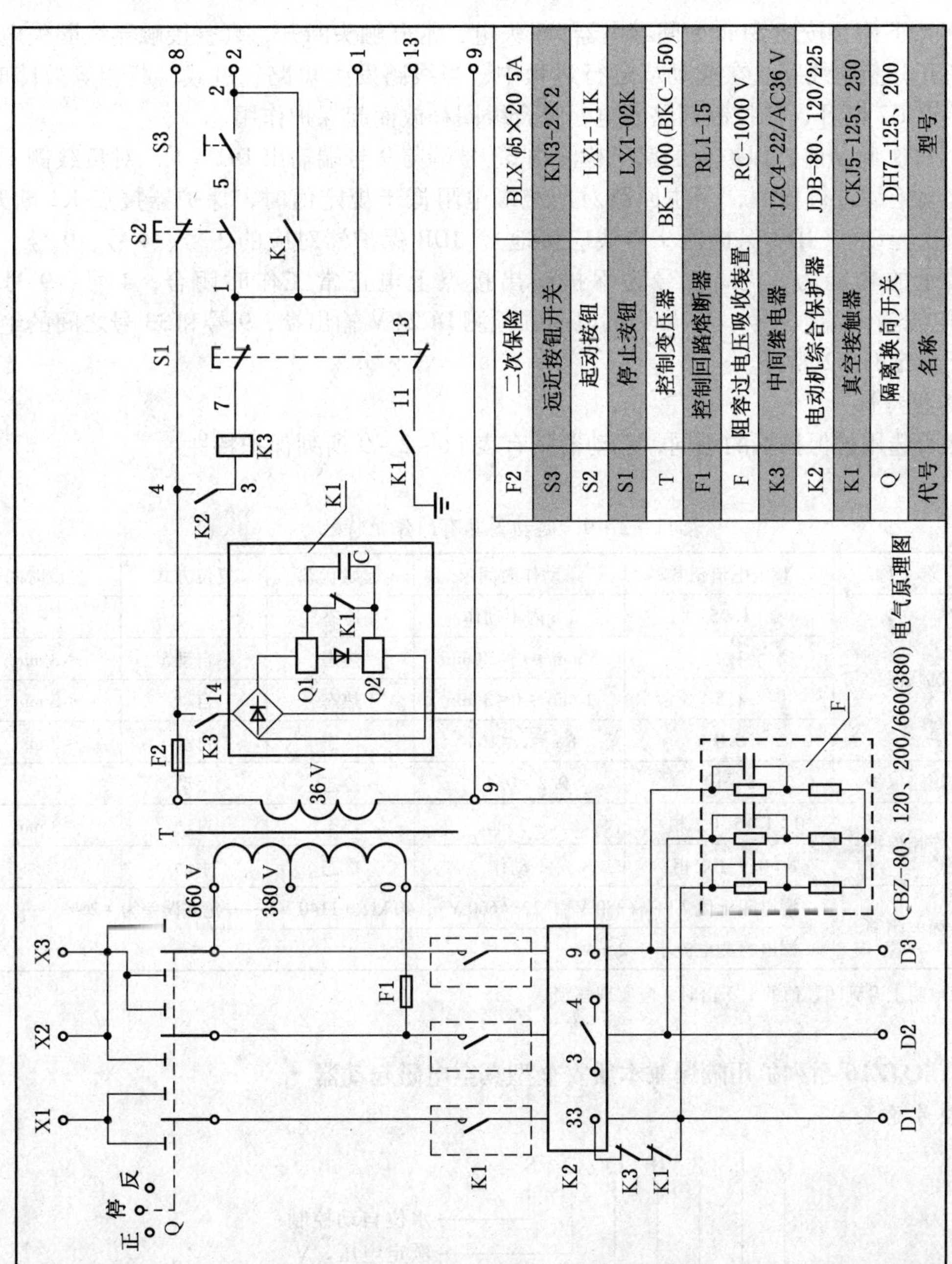

代号	名称	型号
F2	二次保险	BLX ϕ5×20 5A
S3	远近按钮开关	KN3-2×2
S2	起动按钮	LX1-11K
S1	停止按钮	LX1-02K
T	控制变压器	BK-1000 (BKC-150)
F1	控制回路熔断器	RL1-15
F	阻容过电压吸收装置	RC-1000 V
K3	中间继电器	JZC4-22/AC36 V
K2	电动机综合保护器	JDB-80、120/225
K1	真空接触器	CKJ5-125、250
Q	隔离换向开关	DH7-125、200

图11-2-13　QBZ 系列矿用隔爆兼真空电磁起动器原理图

电路供电做好准备。

（2）按下起动按钮 S2，此时若起动器在无故障状态，则中间继电器 K3 吸合，K3 常闭点打开，断开漏电检测回路，真空接触器 K1 得电吸合，并通过其常开触点实现自保持。

（3）按下停止按钮 S1，中间继电器 K3 失电，常开触头断开，真空接触器线圈失电使主触头断开分断主线路。在起动或运行过程中，当线路发生短路、过载、断相等故障时，保护器接点 K2 断开，使控制回路断电，吸合线圈释放而起保护作用。

（4）每次起动前，保护器的漏电检测由 33 号端与 9 号端输出 DC24 V，对负载侧主回路与地之间绝缘进行检测，当主回路对地绝缘电阻低于规定值时，保护器接点 K2 断开，起动器无法起动。（JDB 保护器 9 号线应接地）。JDB 保护器对应的 3 号、4 号、9 号、33 号 4 个端子的功能为 3 号、4 号为保护输出接点上电正常工作时闭合，4 号、9 号为 AC36 V 电源输入端，9 号、33 号为漏电闭锁检测 DC24 V 输出端，9 号和 33 号之间的绝缘阻值低于规定时 K2 断开。

5. 保护特性

根据所选用的保护器的不同，起动器具有表 11－2－9 所列保护特性。

表 11－2－9　起动器具有的保护特性

序号	名　称	整定电流倍数	动作时间	起始状态	复位方式	复位时间
1	过载保护	1.05	2 h 内不动作	冷态		
2		1.2	5 min＜t＜20 min	热态	自动	＜3 min
3		1.5	1 min＜t＜3 min	热态	自动	＜3 min
4		6.0	8 s＜t＜16 s	冷态	自动	＜3 min
5	短路保护	8～10	0.2～0.4 s	冷态	手动	
6	断相保护	0∶1.15（二相）	1～3 min	热态	自动	＜3 min
7		1∶0.9（二相）	不动作	冷态	手动	
8	漏电闭锁	漏电闭锁值 7 kΩ（380 V），22（660 V），40 kΩ（1140 V）——允许误差为 +20%				
9		漏电检测电流小于 2 mA				

注：当绝缘电阻上升到闭锁值的 1.5 倍时，应实现解锁。

（二）QJZ16 系列矿用隔爆兼本质安全型真空电磁起动器

1. 型号意义

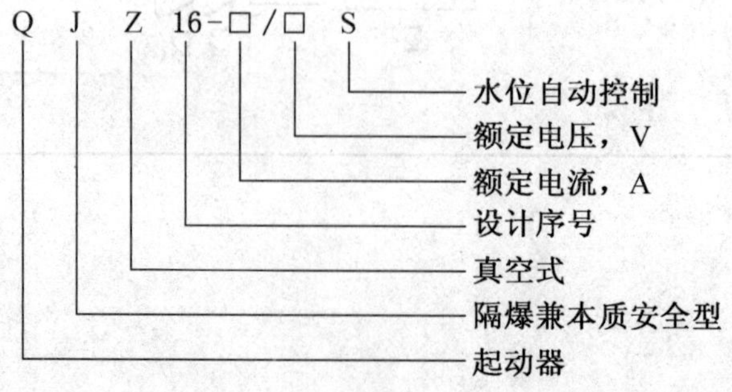

2. 主要电气参数

（1）额定电压：1140 V、660 V 或 660 V、380 V。

（2）额定电流：200 A、315 A、400 A。

（3）频率：50 Hz。

（4）电流整定范围：8 ~400 A 连续可调，步长为 1 A。

（5）控制电机的功率范围：（设 $\eta\cos\varphi=0.75, I_e=400$ A）1140 V:12 ~590 kW,660 V:7 ~340 kW，380 V：4 ~195 kW。

（6）主回路真空接触器性能指标：

① 接通能力：4000 A、100 次；

② 分断能力：3200 A、25 次；

③ 极限分断能力：4500 A、3 次；

④ 电寿命：AC3、60 万次；AC4、6 万次。

（7）隔离换向开关分断能力：400 A。

（8）控制方式：控制选择：近控、远控、水位控制。

（9）保护：开关具有过载、短路、断相、不平衡、失压、漏电闭锁、过电压吸收等多种保护。

（10）工作定额：8 h 工作制。

断续周期工作制或反复短时工作制：操作频率为 300 次/h，短时（20 s 内）为 900 次/h。

在额定控制电源电压的 75% ~110% 之间的任何电压下起动器能可靠闭合；当不低于 60% 额定控制电源电压时处于吸合状态的起动器不释放；释放电压不低于 10% 额定控制电源电压。

（11）过载保护特性：过载保护特性见表 11 －2 －10。

表 11 －2 －10　过载保护特性

项　目	过电流/整定电流	动作时间	起始状态
1	1.05	长期不动作	冷态
2	1.2	$5\ \text{min}<t<20\ \text{min}$	热态
3	1.5	$1\ \text{min}<t<3\ \text{min}$	热态
4	6	$8\ \text{s}<t<16\ \text{s}$	冷态

（12）短路保护特性：当任意一相运行电流大于速断定值时，保护动作时间为 $0.2\ \text{s}<t<0.4\ \text{s}$。

（13）断相保护特性：断相保护特性见表 11 －2 －11。

表 11 －2 －11　断相保护特性

项　目	过电流/整定电流		动作时间	起始状态
	任意两相	第三相		
1	1.0	0.9	不动作	冷态
2	1.05	0	<3 min	热态

（14）漏电闭锁保护特性：漏电闭锁保护特性见表 11－2－12。

表 11－2－12　漏电闭锁保护特性

主回路额定工作电压/V	单相漏电闭锁整定值/kΩ	动作值允许误差/%
1140	40	+20
660	22	+20
380	7	+20

3. 结构

本开关采用准快速开门结构，结构简单合理，操作方便。本开关采用简单的控制线路，实现开关的多功能（多用途）使开关能作为普通开关的单机、联控，便于管理和维护。本开关容量大，相对体积小，减小了电气设备的占地面积，减少了电气设备之间的连线。

起动器的外形结构如图 11－2－14 所示，起动器由装在橇形底架上的方形隔爆外壳、内部由推车式结构的本体和前门保护器及按钮等部分组成，外壳的前门为平面止口式。当前门右侧中部的机械闭锁解锁后可以抬起起动器左侧固定于铰链上的操作手把，将门抬起约 30 mm 后（注意不要过于抬高）前门即可打开，关门时，用手平提铰链上的手把，转动前门即可关闭（转动前门时，注意操作手把的抬起高度，避免操作手把上部凸轮与铰链顶撞）。

4. 电气原理

电气原理如图 11－2－15 所示，用户通过对程序的设定、近远控开关的选择，使开关达到满足用户自身需要的目的。合上隔离换向开关 GHK，变压器 T 得电，智能保护器 F1 得电，开始工作并相应显示，30 s 后若主电路绝缘正常，则保护接点 F1－1 闭合，控制回路投入，为起动做好准备。需要进行漏电闭锁模拟试验时，按下前门漏试按钮即可对开关进行模拟试验，合闸后可进行短路试验。利用程序的现场测试也可分别对速断、风电瓦斯、过负荷、失压进行模拟测试。保护器的 F1－1 为故障输出接点，F1－3 为本机的 485 遥控合闸接点。

按下前门近控按钮 SB1 或远控起动按钮，KC 吸合，接触器 KM 吸合，其常开触点 KM 闭合自保。开关工作，本机指示灯亮，液晶显示工作电压、电流参数，停止时按停止按钮 SB2 或急停按钮 SB3 即可，动作过程相反。

水位控制：选择水位自动控制时，先将钮子开关 NK 打向远控，外引线 2 和 9 号线不能短接，11 号、12 号、13 号线分别接低、中、高水位传感器。当水位上升到高水位 13 号线时，水位控制器 F2 输出接点闭合，中间继电器 KC 得电，KM 合闸，水泵开始抽水；当水位下降到中水位 12 号线时，水位控制器 F2 输出接点打开，中间继电器 KC 断电，KM 分闸，水泵停止抽水；当水位再次上升到高水位时，重复以上过程。

本起动器采用 WZBQ 微机监控保护装置，装置以 16 位单片机为核心，工业级外围芯片，精密小型互感器，小型专用继电器，采用标准化、模块化硬件设计，科学的软件编

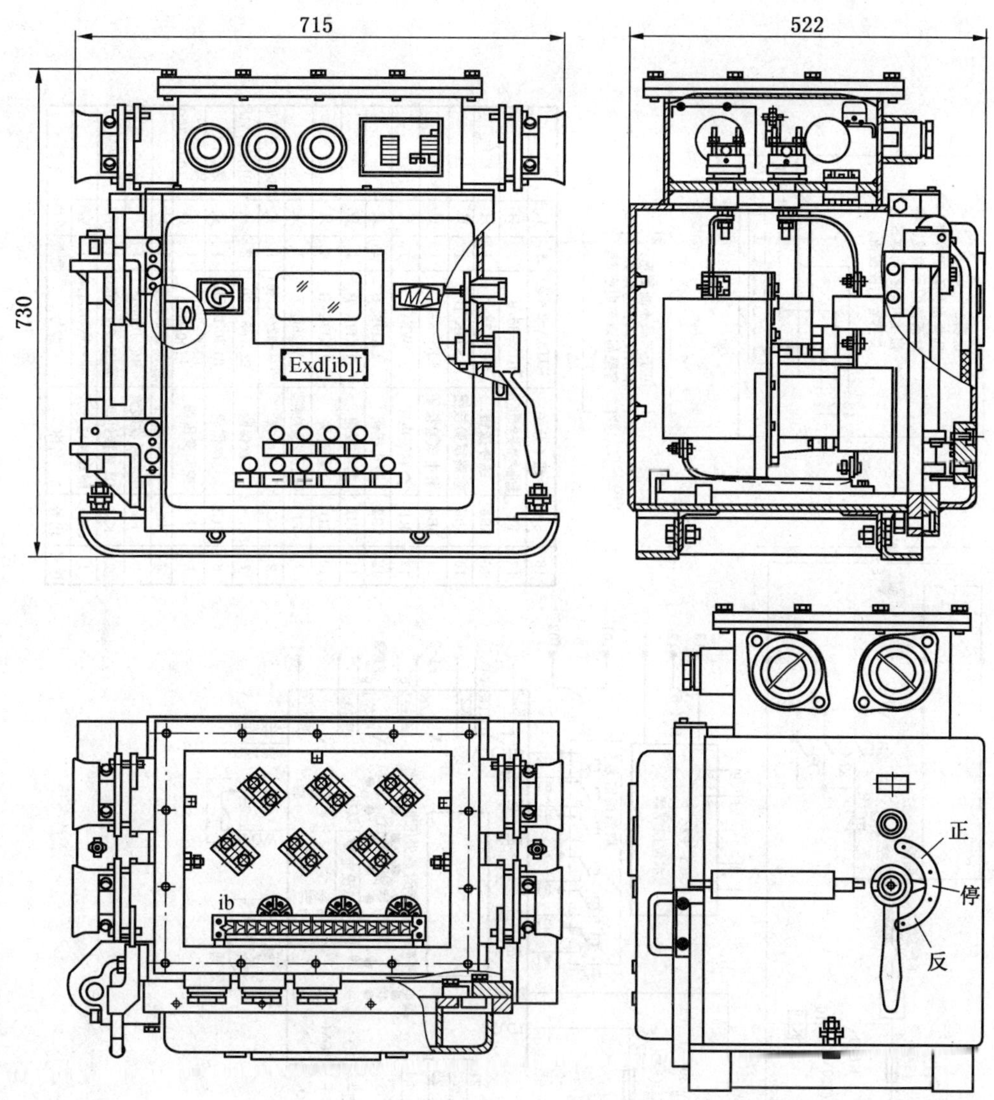

图 11-2-14　QJZ16 系列矿用隔爆兼本质安全型真空电磁起动器外形结构图

程，高精度的 A/D 转换，多种抗干扰措施，使装置具备多功能，高性能，高抗干扰能力。在用户界面上，采用大屏幕液晶，中文蓝屏汉显，菜单式操作。重要操作设有授权密码，既方便了用户操作，又有效防止误操作的发生。

装置具备在线查询、修改、事件记录、自检等功能，标准的 RS-485/RS-232 通信接口。

（三）QBZ-10+120/1140(660、380)N 系列矿用隔爆型真空电磁起动器

该起动器适用于煤矿井下具有瓦斯、煤尘爆炸危险的场所，适用交流 50 Hz，电压 1140(660、380) V 的电路中。配用隔爆按钮可“就地”停止控制或“远距离”起动、停止绞车；完全满足绞车的油泵电机与绞车主电机起动的逻辑关系及主电机的正、反转。该

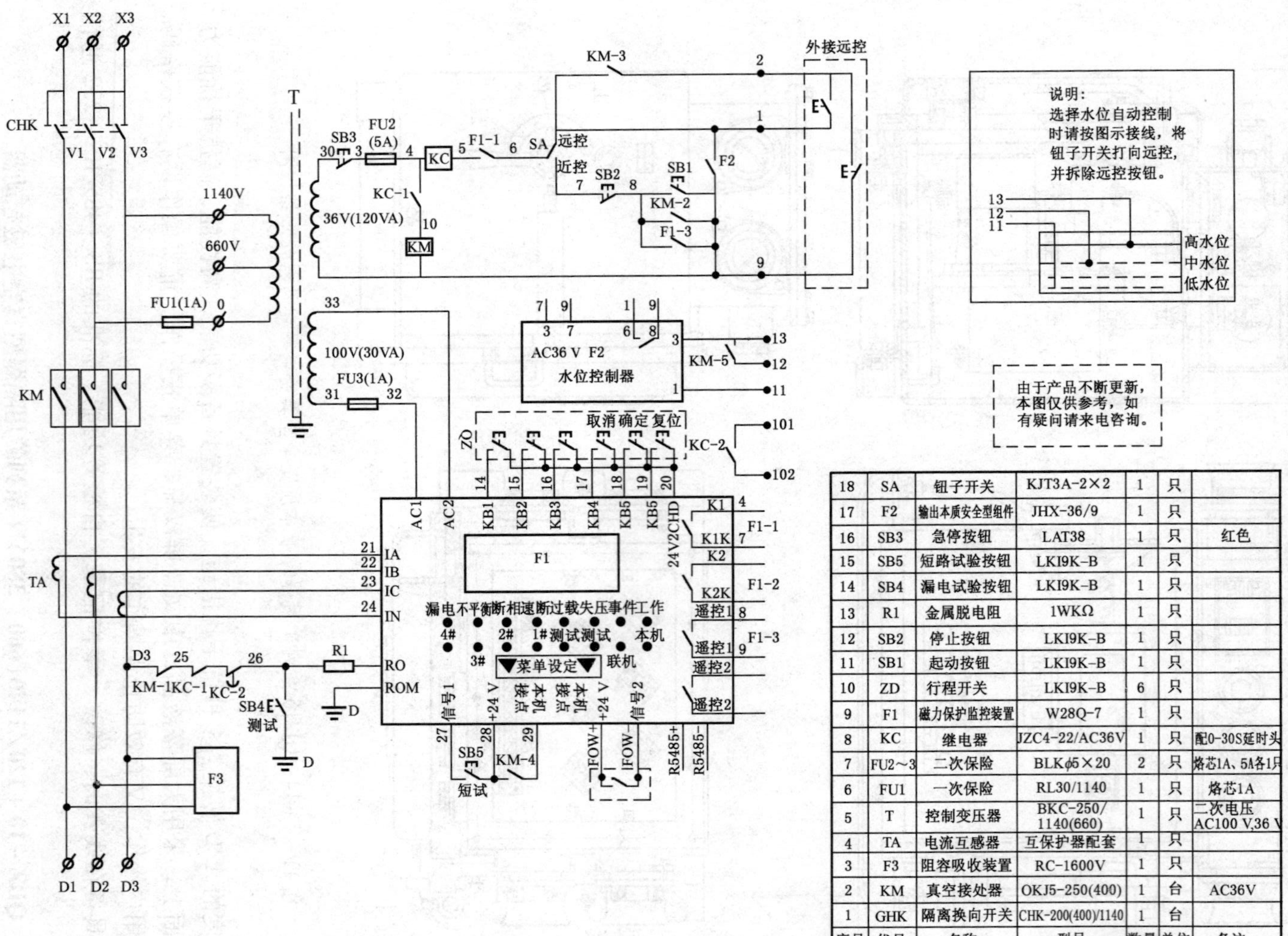

18	SA	钮子开关	KJT3A-2×2	1	只	
17	F2	输出本质安全型组件	JHX-36/9	1	只	
16	SB3	急停按钮	LAT38	1	只	红色
15	SB5	短路试验按钮	LKI9K-B	1	只	
14	SB4	漏电试验按钮	LKI9K-B	1	只	
13	R1	金属脱电阻	1WKΩ	1	只	
12	SB2	停止按钮	LKI9K-B	1	只	
11	SB1	起动按钮	LKI9K-B	1	只	
10	ZD	行程开关	LKI9K-B	6	只	
9	F1	磁力保护监控装置	W28Q-7	1	只	
8	KC	继电器	JZC4-22/AC36V	1	只	配0-30S延时头
7	FU2~3	二次保险	BLKϕ5×20	2	只	熔芯1A、5A各1只
6	FU1	一次保险	RL30/1140	1	只	熔芯1A
5	T	控制变压器	BKC-250/1140(660)	1	只	二次电压AC100 V,36 V
4	TA	电流互感器	互保护器配套	1	只	
3	F3	阻容吸收装置	RC-1600V	1	只	
2	KM	真空接处器	OKJ5-250(400)	1	台	AC36V
1	GHK	隔离换向开关	CHK-200(400)/1140	1	台	
序号	代号	名称	型号	数量	单位	备注

图 11-2-15　QJZ16 系列矿用隔爆兼本质安全型真空电磁起动器原理图

起动器具有过载、断相、短路、漏电闭锁、失压、过电压吸收等保护功能，能对绞车的油泵电机及主电机进行有效、可靠的保护。

1. 型号意义

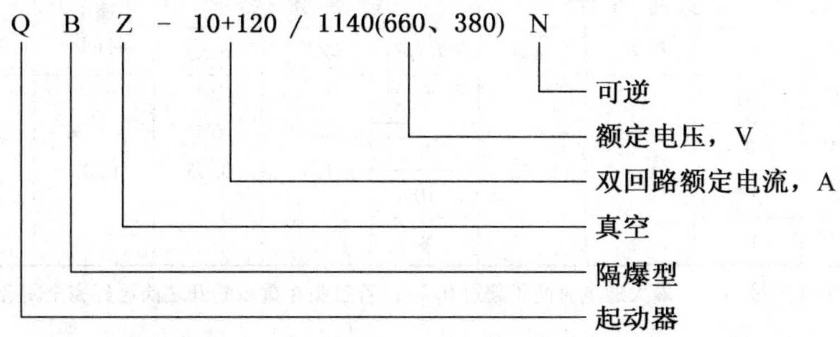

2. 主要电气参数

起动器采用 WZBQ－9S 微机综合保护器，作为过载、短路、断相、漏电闭锁等保护。保护器主要技术参数应符合表 11－2－13 的要求。

表 11－2－13　保护器主要技术参数

序号	名　称	刻度电流倍数	动作时间	起始状态
1	过载保护	1.05	长期不动作	
2		1.2	3～20 min	热态①
3		1.5	1～3 min	热态
4		6	$8\ s < t < 16\ s$	冷态②
5	短路保护	—	$0.2\ s < t < 0.4\ s$	冷态
6	断相保护	1.05	< 3 min	热态
7	漏电闭锁	漏电闭锁电阻值 40 kΩ＋20%（1140 V）		22 kΩ(660 V)，允许误差＋20%

注：① 起始状态“热态”是指保护器的电流互感器一次侧通以额定电流。使电子线路的延时环节达到稳定电压时的状态。

② 起始状态“冷态”是指保护器电流互感器一次侧没通电流时的状态。

起动器的电气绝缘主要回路 1140 V，工频耐压 4200 V 有效值历时 1 min 无击穿闪络现象。

起动器的电气间隙和爬电距离符合表 11－2－14 的要求。

表 11－2－14　起动器的电气间隙和爬电距离　mm

项　目	电气间隙					爬电距离				
	主回路			控制回路		主回路			控制回路	
	380 V	660 V	1140 V	36 V	100 V	380 V	660 V	1140 V	36 V	100 V
接线箱	8	10	18	4	6	10	16	28	4	8
主腔内	5.5	8	14	0.8	1.5	5.6	9	18	1.8	2.8

(1) 接通和分断能力：起动器接通和分断能力见表 11-2-15。

表 11-2-15　起动器接通和分断能力

使用类别	额定工作电流/A	接通条件			通断条件			通电时间/s	间隔时间/s	操作循环次数
		I/I_e	U/U_e	$\cos\varphi$	I/I_e	U/U_e	$\cos\varphi$			
AC-3	$I_e \leqslant 100$	10	1.1	0.35	8	1.1	0.35	0.05	10	50
	$I_e > 100$	8			6					
AC-4	$I_e \leqslant 100$	12			10					
	$I_e > 100$	10			8					

注：1. 表中所列 0.05 s 为最小值，最大通电时间不超过 0.2 s；若触头在重新断开之前已经完全闭合，则允许时间小于 0.05 s。

2. 间隔时间按表 11-2-13 规定。

3. U/U_e 允许误差±5%。

4. 接通与通断一起进行，操作循环也为 50 次。其中 25 次为 110% U_e，25 次为 75% U_e。

(2) 电寿命：起动器电寿命见表 11-2-16。

表 11-2-16　起动器电寿命

使用类别	接通条件			分断条件		
	I/I_e	U/U_e	$\cos\varphi \pm 0.05$	I/I_e	U/U_e	$\cos\varphi \pm 0.05$
AC-3	6	1	0.35	1	0.17	0.35
AC-4			6	1	0.35	

(3) 极限分断能力：起动器极限分断能力见表 11-2-17。

表 11-2-17　起动器极限分断能力

额定工作电流/A	极限分断电流/kA	U_r/U_e	$\cos\varphi$	通电时间/s	间隔时间/s	试验次数
10	0.1	1	0.65 ± 0.05	0.05~0.2	180	3
120	1					

正常工作条件下的机械寿命为 300 万次，其中，隔离换向开关的机械寿命为 3000 次。

3. 结构

QBZ-10+120/1140N 矿用隔爆型真空电磁起动器外形尺寸如图 11-2-16 所示。起动器为方形外壳，前门采用快开门结构。壳子上部为接线箱，用以引进电源电缆、控制线缆和馈出负荷电缆。上述电缆用压盘式和压紧螺母式引入装置将电缆固定好，达到密封要求保证隔爆性能。

起动器外壳右边有用以分断和关合隔离开关的手柄。主回路侧手柄上部有闭锁按钮 BS，闭锁按钮 BS 和隔离开关手柄闭锁，只有闭锁按钮按下换向隔离开关手柄才能在无负

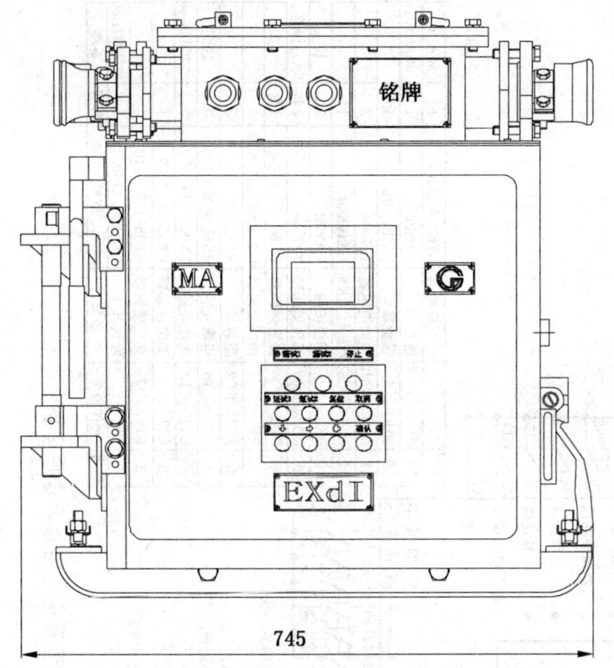

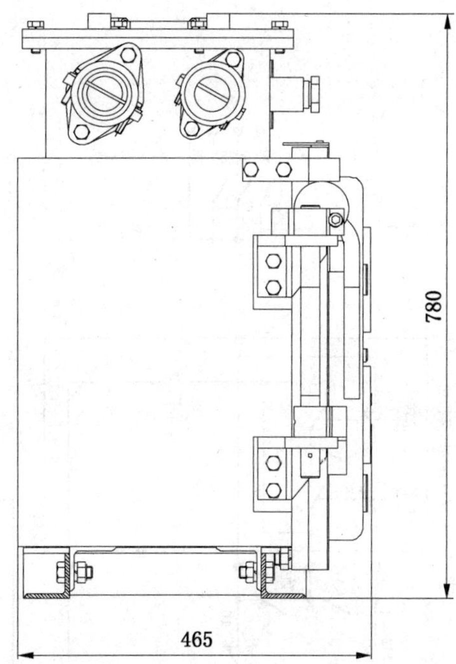

图 11－2－16 QBZ－10＋120/1140N 矿用隔爆型真空电磁起动器外形尺寸图

荷情况下操作。前门与隔离开关手柄闭锁，只有换向隔离开关手柄用闭锁螺钉锁紧在分断位置时方可打开前门。

起动器上部有接线箱，接线箱左右面有可供电源引入和向下的供电点，过引、向 2 台电机或设备供电的压盘式电缆引入装置 4 个。

4. 电气原理

QBZ－10＋120/1140N 矿用隔爆型真空电磁起动器原理如图 11－2－17 所示。按下停止按钮 BS，接通换向隔离开关 GK，则控制变压器 BK 得电，输出交流 100 V、36 V 电压，综合保护器 WZBQ－9S 内漏电检测回路对负载检测绝缘达到要求，继电器常开触头 WZB1、WZB2 闭合，为控制线路供电做好了准备。

按下远控按钮盒中正转按钮，中间继电器 KM1 线圈得电吸合，其常开触点吸合，使真空接触器 CJ3 得电吸合；CJ3 常开点闭合，保护器在 CJ3 常开点闭合一段时间后 SJ1 闭合，真空接触器 CJ1 线圈得电吸合。按下远控按钮盒中反转按钮，中间继电器 KM2 线圈得电吸合，其常开触点吸合，使真空接触器 CJ3 得电吸合；CJ3 常开点闭合，保护器在 CJ3 常开点闭合一段时间后 SJ1 闭合，真空接触器 CJ2 线圈得电吸合。KM1、KM2 吸合后靠常开点自保合闸。

设备在正常工作时按下远控按钮盒中的停止按钮或按下前门上的停止按钮，中间继电器 KM1 或 KM2 线圈失电，常开点断开，真空接触器 CJ1 或 CJ2 线圈掉电分闸，CJ1 或 CJ2 的辅助分开；过一段时间后保护器 SJ2 断开，真空接触器 CJ3 的线圈掉电分闸。

出现紧急情况时，按下闭锁按钮 BS 使整个起动器控制回路全部掉电，停止工作。

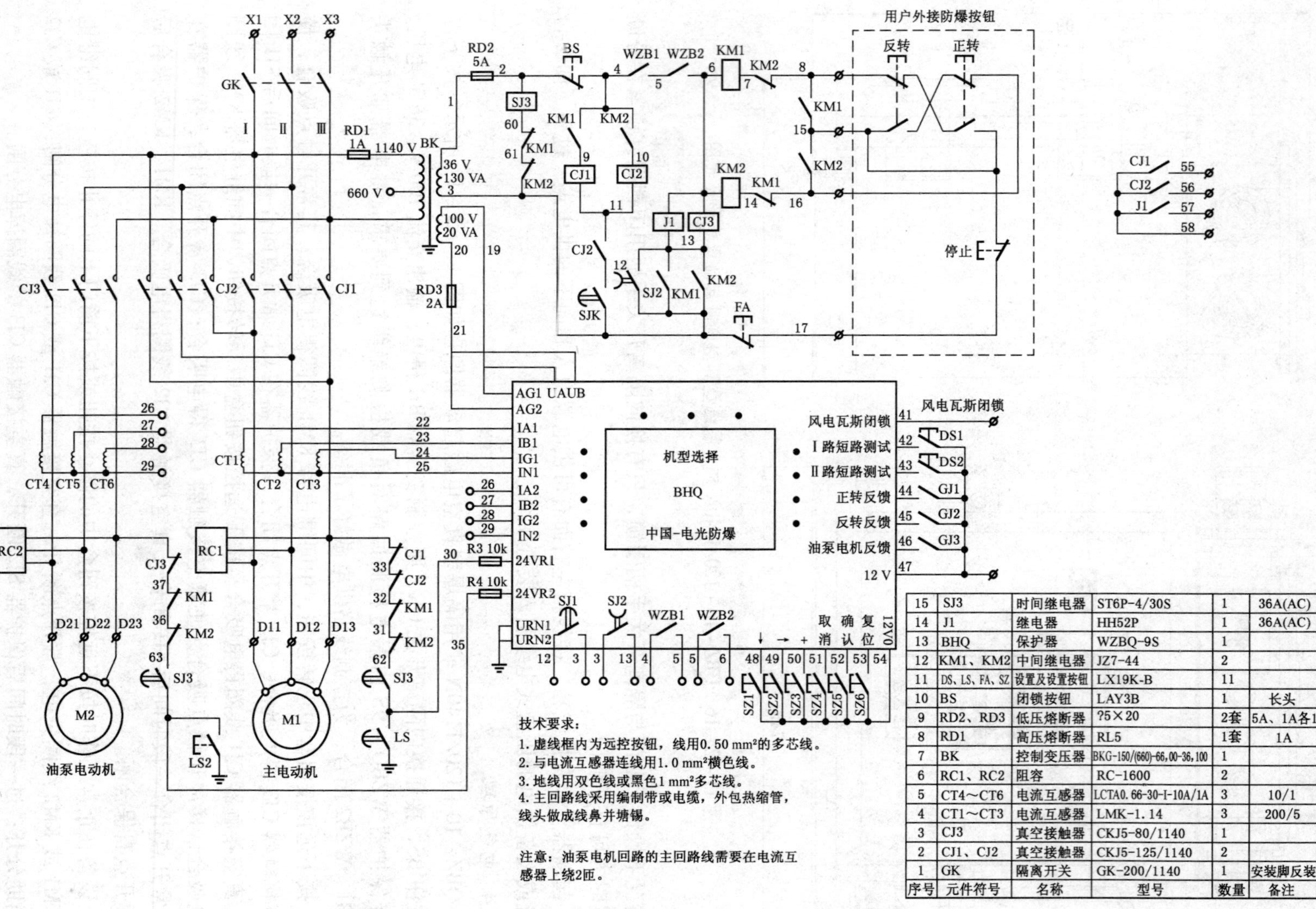

序号	元件符号	名称	型号	数量	备注
15	SJ3	时间继电器	ST6P-4/30S	1	36A(AC)
14	J1	继电器	HH52P	1	36A(AC)
13	BHQ	保护器	WZBQ-9S	1	
12	KM1、KM2	中间继电器	JZ7-44	2	
11	DS、LS、FA、SZ	设置及设置按钮	LX19K-B	11	
10	BS	闭锁按钮	LAY3B	1	长头
9	RD2、RD3	低压熔断器	?5×20	2套	5A、1A各1
8	RD1	高压熔断器	RL5	1套	1A
7	BK	控制变压器	BKG-150/(660)-66,00-36,100	1	
6	RC1、RC2	阻容	RC-1600	2	
5	CT4～CT6	电流互感器	LCTA0.66-30-I-10A/1A	3	10/1
4	CT1～CT3	电流互感器	LMK-1.14	3	200/5
3	CJ3	真空接触器	CKJ5-80/1140	1	
2	CJ1、CJ2	真空接触器	CKJ5-125/1140	2	
1	GK	隔离开关	GK-200/1140	1	安装脚反装

图11-2-17　QBZ-10+120/1140N矿用隔爆型真空电磁起动器原理图

起动器在运行中无论是油泵回路还是主电机回路出现过载、短路、断相等故障时，保护器断开 WZB1、WZB2 节点，使 KM1、KM2 控制回路掉电，使真空接触器 CJ1、CJ2 掉电分闸，停止工作。

当起动器在运行中出现过载、短路、断相等故障时，保护器断开 WZB1、WZB2 节点，保护器并闭锁；当故障处理完成后必须人工按前门的复位按钮，才能完成起动器合闸送电。

四、矿用隔爆型移动变电站用低压保护箱

矿用隔爆型移动变电站用低压保护箱（以下简称低压保护箱）。低压保护箱适用于含有爆炸性气体（甲烷）和煤尘的矿井中。在交流 50 Hz、额定电压为 3300 V、1140 V、660 V，额定电流为 1200 A、1000 A、800 A、630 A、500 A、400 A 的中性点不接地的三相电网中，安装在移动变电站的低压侧，能对低压侧电网的各种故障进行监测并将故障断电信号传递到高压配电装置，由高压配电装置切断移动变电站高压侧电源。该低压保护箱作为 3300 V 矿用隔爆型移动变电站的高、低压配电开关，对额定容量 6300 kV·A 及以下移动变电站进行配套使用，共同组成低压侧故障分断高压侧，可实现过载、短路、漏电、漏电闭锁、过压、欠压、断相、后备跳闸等保护。

工作环境：

（1）海拔高度不超过 2000 m。

（2）环境温度：-5 ~ +40 ℃。

（3）周围空气相对湿度不大于 95%（+25 ℃）。

（4）含有瓦斯和煤尘爆炸危险的煤矿井下。

（5）与水平面的安装倾斜度不得超过 15°。

（6）在无强烈震动和冲击振动的地方。

（7）在无足以腐蚀金属和破坏绝缘的气体和蒸气的环境中。

（8）在能防止水滴和无水浸的环境中。

（9）污染等级 3 级，安装类别Ⅲ类。

（一）BXBD-□/□ YA 系列矿用隔爆型移动变电站用低压保护箱

1. 型号说明

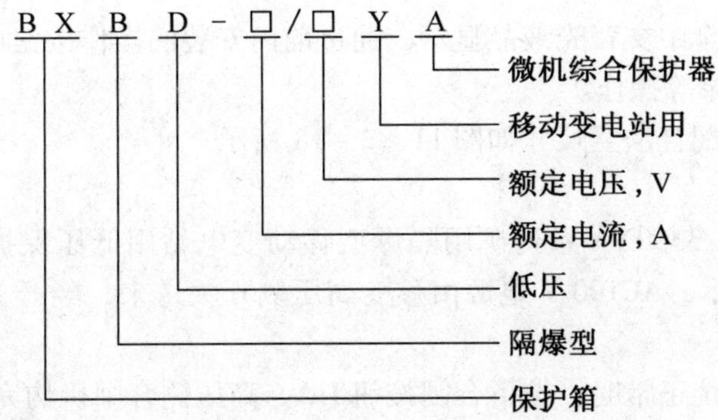

2. 主要电气参数

（1）工作参数见表 11-2-18。

表 11-2-18 工 作 参 数

额定工作电压/V	3300, 1140, 660	最大工作电流/A	1500
最高工作电压/V	3450, 1200, 693	额定工作频率/Hz	50

（2）绝缘电阻见表 11-2-19。

表 11-2-19 绝 缘 电 阻

额定电压/V	≤127	380	660	1140	3300
绝缘电阻/MΩ	1	1.5	2	2.5	4

（3）工频耐压见表 11-2-20。

表 11-2-20 工 频 耐 压 V

额定电压	额定短时耐受电压	额定电压	额定短时耐受电压
≤250	2000	1140	4200
660	3000	3300	18000

3. 结构

保护箱的总体结构由隔爆主腔、接线腔部分组成。

（1）隔爆主腔由前门、腔体及后侧隔爆法兰等组成。前门上设有便于观察的汉显观察窗及合闸、分闸、复位、过载、漏电、移位、确认、调整等操作按钮。腔体内装有 PLC 保护装置及各项保护的信号取样元件。隔爆主腔后侧的隔爆法兰可与移动变电站（干式变压器）接线腔法兰连接。

（2）接线腔内装有主回路接线柱 3 根及两个供控制回路接线的 7 芯端子。接线腔左右两侧各有两个压盘式电缆引入装置，接线腔正前方装有两个 M42 的压紧螺母引入装置，可供外部控制接线使用。

（3）保护箱的开门方式为压爪结构，设有安全机械闭锁装置。开门前需解除闭锁，关上隔离开关切断工作电源，高压侧真空断路器跳闸，方可进行下一步操作。关门后才可送电工作。

（4）保护箱采用全中文背光液晶显示，通过前门安装的操作按钮可进行参数整定、数据监视和查询历史记录等操作。

（5）安装尺寸。配合法兰尺寸如图 11-2-18 所示。

4. 工作原理

1）以 BXBD-□/3300YA 系列矿用隔爆型移动变电站用低压保护箱为例，其电气原理如图 11-2-19 所示，AC100 V 电源由移变高压侧开关送来，经开关电源变为 DC24 V，并为 PLC 提供电源。

（1）合闸：当系统正常时，按下合闸按钮 HA，高压侧合闸机构完成合闸动作。

（2）分闸：按下分闸按钮 TA，PLC 输出点断开，向高压侧发出分闸信号，高压侧完成分闸动作。

2）主要保护性能

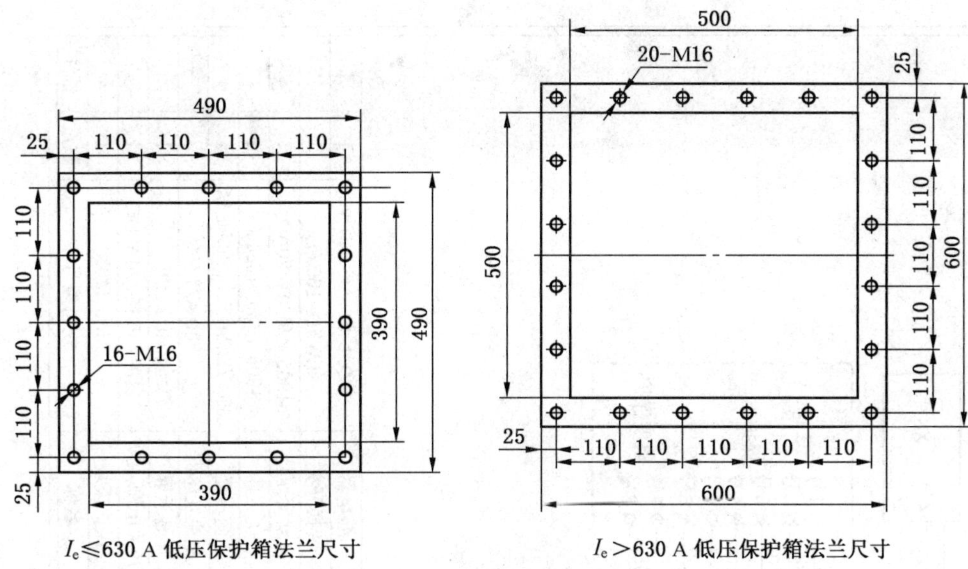

图 11-2-18　BXBD-□/3300YA 系列矿用隔爆型移动变电站用低压保护箱安装尺寸图

（1）短路保护：

低压保护箱的过载、短路保护采样分别取自 A、C 两相电流/电压变换器，取样值分别送入综合保护器。

短路电流值整定分挡可调。标称值为保护箱额定工作电流值的 1.6 倍、2.0 倍、3.0 倍、4.0 倍、5.0 倍、6.0 倍、8.0 倍、10.0 倍，精度为 8%。

短路动作时间：从出现短路信号至确认无误后发出保护信号，小于 0.1 s。

短路保护的整定按负载合闸时的起动电流整定，为额定电流的 5～7 倍。

（2）过载保护：

① 过载电流整定分挡可调。整定挡分别为开关额定电流值的 0.2 倍、0.3 倍、0.4 倍、0.5 倍、0.6 倍、0.7 倍、0.8 倍、0.9 倍、1.0 倍、1.2 倍、1.4 倍，精度为 8%。负载电流超过过载电流整定值 1.1 倍时报警，并开始实施反时限延时。最大整定不能超过移动变压器的额定电流。

② 过载延时整定分挡可调，共分为 4 挡，挡位越小延时时间越短。

③ 过载电流与延时时间的反时限特性见表 11-2-21。

表 11-2-21　过载电流与延时时间的反时限特性

整定位置 / 延时时间/s / 过载倍数	1	2	3	4
$1.05\times I_e$	∞	∞	∞	∞
$1.20\times I_e$	600～1200	1200～1800	1800～2400	2400～3200
$1.50\times I_e$	90～110	110～130	130～150	150～180
$2.00\times I_e$	45～55	55～65	65～75	75～90
$4.00\times I_e$	14～20	20～25	25～30	35～45
$6.00\times I_e$	8～11	8～11	11～14	11～14

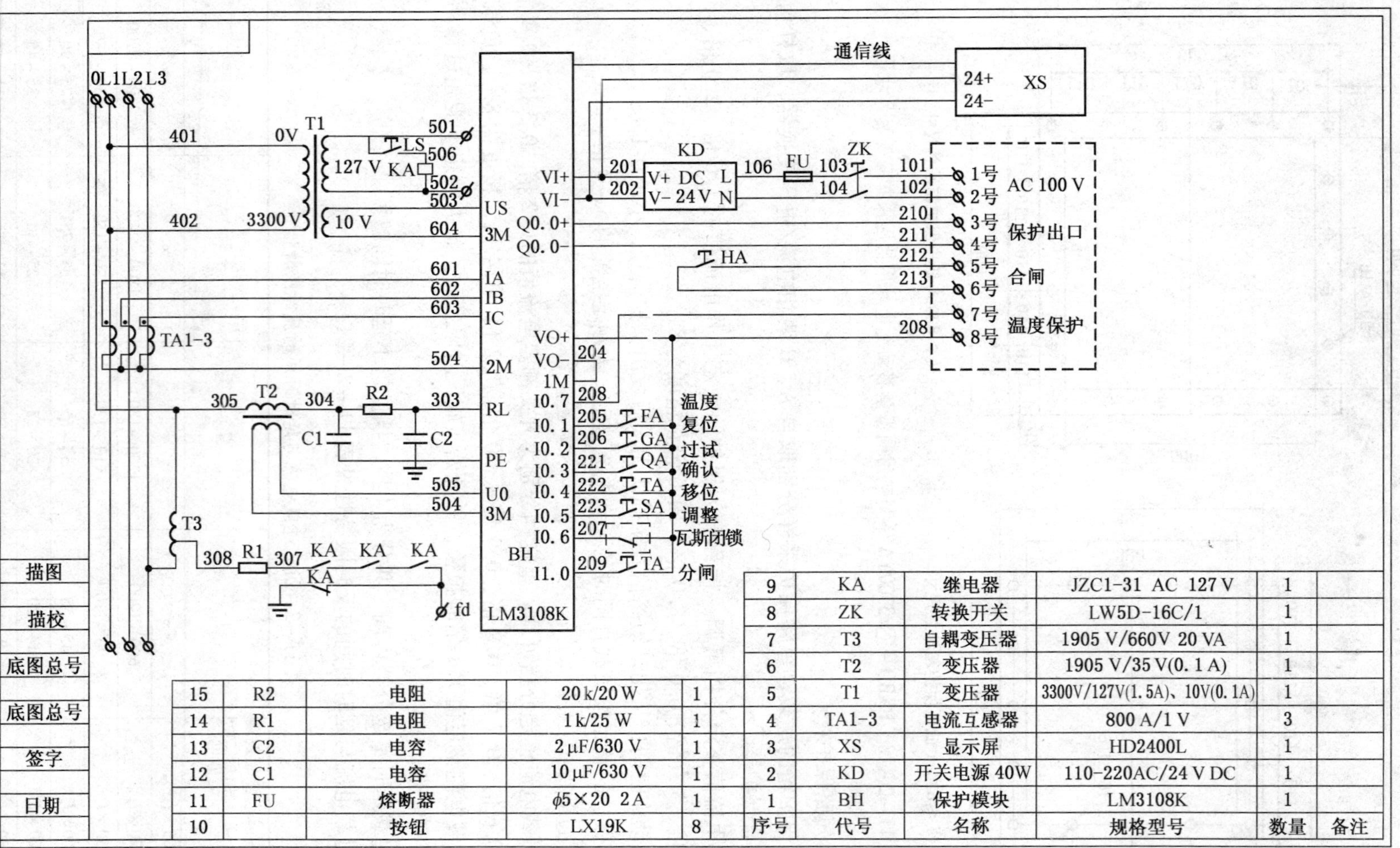

15	R2	电阻	20 k/20 W	1
14	R1	电阻	1 k/25 W	1
13	C2	电容	2 μF/630 V	1
12	C1	电容	10 μF/630 V	1
11	FU	熔断器	ϕ5×20　2 A	1
10		按钮	LX19K	8

9	KA	继电器	JZC1-31　AC　127 V	1	
8	ZK	转换开关	LW5D-16C/1	1	
7	T3	自耦变压器	1905 V/660V 20 VA	1	
6	T2	变压器	1905 V/35 V(0.1 A)	1	
5	T1	变压器	3300V/127V(1.5A)、10V(0.1A)	1	
4	TA1-3	电流互感器	800 A/1 V	3	
3	XS	显示屏	HD2400L	1	
2	KD	开关电源 40W	110-220AC/24 V DC	1	
1	BH	保护模块	LM3108K	1	
序号	代号	名称	规格型号	数量	备注

图 11-2-19　BXBD-□/3300YA 系列矿用隔爆型移动变电站用低压保护箱

其中 I_e 代表保护箱的额定电流，在额定电流 1000 A 的保护箱中，如负载的工作电流为 600 A，则过载电流值挡位需整定在 0.6 倍挡上；4.00 × I_e 代表负载实际运行电流为保护箱上整定的工作电流的 4 倍，即当负载电流超过 4.00 × 1000 × 0.6 = 2400 A 时，若延时挡位整定在 2 挡，则跳闸时间为 20 ~ 25 s。

出现断续过载时，对过载能量进行释放和积累运算的同时，执行反时限保护。

（3）漏电动作与漏电闭锁保护：

保护箱的检漏采用附加直流电源的方式。当系统绝缘能力降低或漏电时，附加直流电源的电流通过电源正端、限流电阻、三相电抗器、绝缘电阻、设备外壳（大地）、取样电阻 R 回到电源负端。

① 当电网每相对地分布电容不大于 1 μF，能可靠地实现漏电动作保护与漏电闭锁保护。当电网每相对地电容为 1 μF 且无补偿时其动作值见表 11 - 2 - 22。

表 11 - 2 - 22　电网每相对地电容为 1 μF 且无补偿时的动作值

额定电压/V	漏电动作电阻值/kΩ	漏电闭锁电阻值/kΩ	1 kΩ 电阻动作时间/ms
380	3.5 + 20%	7.0 + 20%	≤200
660	11 + 20%	22 + 20%	
1140	20 + 20%	40 + 20%	
3300	50 + 20%	100 + 20%	

② 在保护箱负载合闸前对供电线路对地绝缘情况进行检测，当绝缘电阻低于 100 + 20%（3300 V）、40 + 20%（1140 V）、22 + 20%（660 V）、7.0 + 20%（380 V）时能可靠地实现漏电闭锁功能，使高压真空开关不能合闸，当主电路绝缘电阻值上升到闭锁值的 1.2 倍时，自动解除漏电闭锁。

③ 合闸后，将检测漏电动作值，其值为 50 + 20%（3300 V）、20 + 20%（1140 V）、11 + 20%（660 V）、3.5 + 20%（380 V）；漏电动作值整定分挡可调。标称值为 1 挡、2 挡、3 挡。1 挡最灵敏，3 挡最迟钝排列。

④ 漏电动作时间分为无延时、100 ms、200 ms、300 ms、400 ms 5 挡，精度为 ±5%。保护箱可根据需要选择延时或无延时，挡位合适可有效防止纵向越级跳闸。

（4）欠压、过压保护：

欠压、过压保护采样值取自电压互感器，当取样值低于设定值的 70% 时或高于设定值的 115% 时，综合保护器延时发出故障信号使高压真空断路器跳闸，同时液晶显示欠压或过压保护故障。

（5）电网实时电压显示（线电压）：

量程为 380 V、660 V、1140 V 或 3300 V（可选择其中任何一种显示方式，若电网电压为 1140 V 时，保护器上选中 1140 V 显示模式），精度为 ±8%，有误差时请用电压百分比调整。

（6）电流显示选择：

量程为 120 A、200 A、300 A、315 A、400 A、500 A、600 A、630 A、800 A、1000 A，精度为 ±10%。根据保护箱的电流电压变换器额定电流选择相应的挡位，如保护箱用的电流电压变换器为 800 A/5 V，则应选 800 A 显示挡。

（二）BXBW－□/1140(660)YD 矿用隔爆型移动变电站用低压保护箱

BXBW－□/1140(660)YD 矿用隔爆型移动变电站用低压保护箱（以下简称保护箱）适用于有爆炸性气体及煤尘的矿井中，作为移动变电站低压侧无功补偿保护设备，同时具备对移变低压侧电参数高精度计量功能。

（1）本保护箱具有对感性负载的无功自动补偿功能，能够自动检测负载的功率因数，并能将负载的功率因数自动补偿到 0.9 以上，降低变压器和线路损耗，节约电能。

（2）本保护箱具有高精度电参数计量功能。配备专用高精度电参数计量模块，采集精度为 0.2 级，模块计量精度为 0.5 级。

（3）保护箱隔爆性能好、保护性能稳定可靠、结构紧凑、易于操作、维护及检修等优点。保护箱由隔爆外壳、芯体和 PLC 主控机等组成。

（4）保护箱采用 PLC 进行控制与保护，能快速实现过电流、短路、过压、失压、漏电、漏电闭锁等保护。

（5）保护箱具有实时显示工作参数和工作状态功能。复位电路及漏电闭锁检测电路，其电流为毫安级，防爆安全性能好。

（6）保护箱设置了各种模拟试验按钮，保护主控机可进行自检和功能显示，可方便地检测各部件的完好性，整定设置简单，操作维修方便。

1. 型号及含义

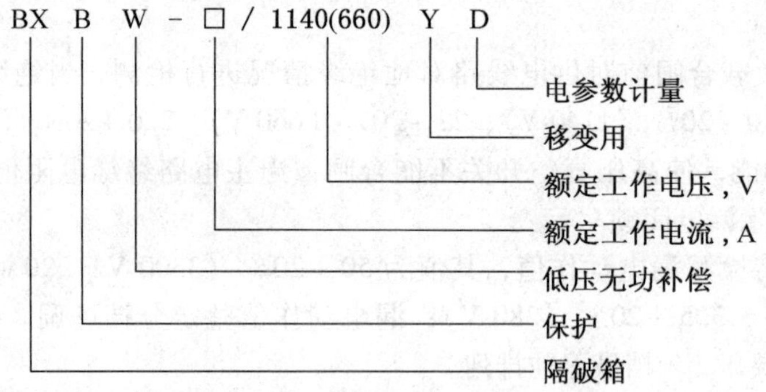

2. 主要电气参数

1）主要技术参数

保护箱主要技术参数见表 11－2－23。

表 11－2－23　保护箱主要电气参数

型　号	额定电压/V	额定电流/A	额定频率/Hz	工作制	产品类别
BXBW－660/1140(660)YD	1140，660	660	50	长期	B 类
BXBW－820/1140(660)YD		820			
BXBW－1200/1140(660)YD		1200			

2）主要技术性能

（1）过流保护。保护箱过载保护整定电流范围为互感器一次额定电流的 0.2 倍、0.3

倍、0.4倍、0.5倍、0.6倍、0.7倍、0.8倍、0.9倍、1.0倍，过载保护为手动复位，整定误差不大于±10%，过载保护电流－时间特性符合表11－2－24的反时限要求。

表11－2－24　过载保护电流－时间特性的反时限要求

实际电流与整定电流的比值	≤1.05	1.2	1.5	2	6
动作时间/s	长期不动作	<120	<60	<20	可返回时间>8

（2）短路保护。短路保护动作值为过载保护整定的3～10倍，短路保护为瞬动，时间不大于0.1 s，整定误差不大于±10%。动作时应不影响同条线路上电动机的正常运行。

（3）过压保护。当电网电压≥1.15倍额定电压时，保护箱应在1 min内将电容器逐组全部切除；电压恢复正常后能自动恢复工作。

（4）失压保护。保护箱在失压状态下，能自动将电容器切除；恢复通电后能防止电容器自行投入。

（5）保护箱电容器投切方式和延时。保护箱电容器的投入和切除有自动和手动两种方式，采用循环投切：先投先切、后投后切并且能够防止同一组电容器反复投切。在0.85～1.1倍额定电压下，自动控制无误。电容器组自动投切时，必须保证一定的时间延时，延时时间应能在4～40 s之间可调。

（6）自放电特性。保护箱具有自放电特性。保护箱断电3 min内，电容器剩余电压低于50 V，5 min测得剩余电压低于1.6 V。当任一组电容器再次投入时，其线路端子上的剩余电压不超过额定电压的10%。保护箱从断电到打开门和盖的时间不能小于15 min。

（7）漏电保护。漏电保护采用直流检测方式，在运行中负荷侧绝缘电阻在20 kΩ（1140 V）、11 kΩ（660 V）动作值以下时，能可靠地实现漏电保护并显示“漏电故障”。

（8）漏电闭锁。负荷侧绝缘电阻在40 kΩ（1140 V）、22 kΩ（660 V）闭锁值以下时，能可靠实现漏电闭锁，并显示“漏电闭锁”和阻值。

3. 结构

保护箱的外形尺寸如图11－2－20所示。

（1）保护箱的总体结构由隔爆外壳与芯体组成。上方为保护箱部分，下方为无功补偿部分。

（2）隔爆外壳为方形快开门结构，分为接线腔、主腔、电缆引入装置等。

（3）芯体由隔离开关、功率因数控制器、真空接触器、熔断器、电容器组、电抗器、放电回路、变压器、电流互感器、PLC可编程控制器等组成。

4. 工作原理

保护箱的电气线路由主回路、控制回路、保护电路和无功补偿4部分组成，原理图如图11－2－21所示。

（1）主回路是从移变三相负载输出端通过3根导电带接到保护箱接线柱的导电杆上，往外馈出两路负荷。

（2）控制回路由变压器BK、数据采集器、隔离开关GK、开关电源DY、电流互感器TA、三相电抗器SK、阻容吸收装置RC、PLC可编程控制器等器件组成，控制电源由高压真空开关中1、2号线连接开关电源DY上提供100 V(50 Hz）电压。当负载出现过载、短

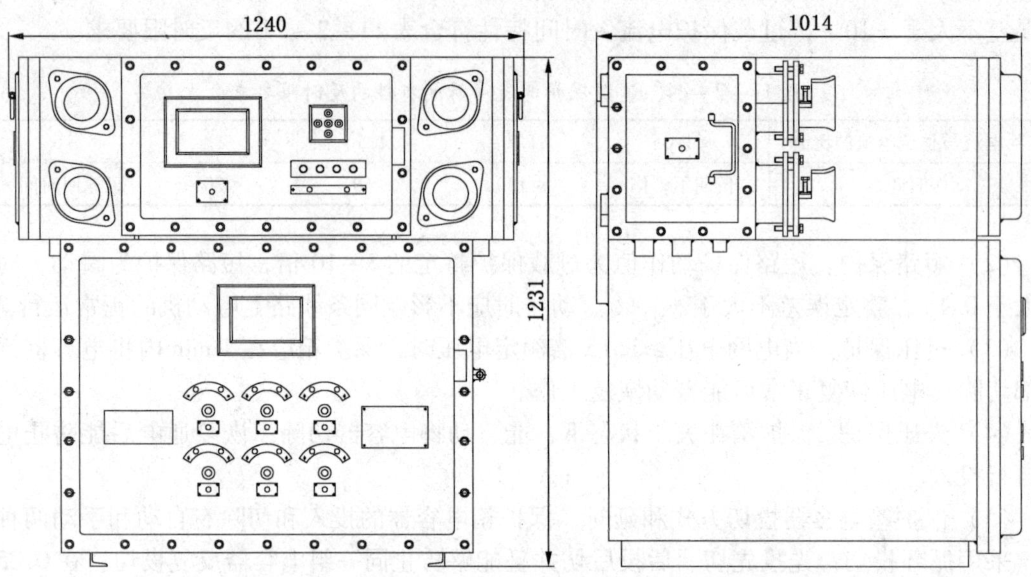

图 11-2-20　BXBW-□/1140(660)YD 矿用隔爆型移动变电站用低压保护箱外形尺寸图

路、漏电等故障时，数据采集器中的继电器 J2 接点断开，控制电路通过 3(+24 V)号线连接到高压真空开关的闭锁线断电，高压真空开关的断路器执行跳闸，同时显示器显示故障的类别。

（3）高压绝缘检测（漏电闭锁）。高压绝缘检测可进行绝缘检测，负荷侧绝缘电阻在 40 kΩ(1140 V)、22 kΩ(660 V) 动作值以下时，能可靠地实现漏电保护并显示"漏电故障"，数据采集器中 J2 继电器断开，如绝缘电阻值达到（1140 V）40 kΩ 以上，数据采集器中 J2 继电器闭合，3(+24 V)号线送至高压开关，高压断路器可以合闸。如主回路绝缘电阻低于闭锁动作值时，J2 能自动断开，高压配电装置中断路器不能合闸，对移变高压侧实施漏电闭锁。

（4）漏电保护。漏电检测的附加直流电源经三相电抗器 SK—滤波动电路—数据采集端子组成漏电检测回路，如单相对地绝缘电阻 ≤22 kΩ（1140 V）、绝缘电阻 ≤11 kΩ (660 V) 时，高压侧断路器跳闸，动作值误差不大于 ±20%，并在显示屏中显示电阻值。

（5）过载、短路保护。主回路电流检测经电流互感器 TA，将信号送给数据采集器，进行电流值的比较。当电流值达到设定的电流值时，实现反时限动作跳闸。

（6）过压、失压保护。①保护箱在额定控制电源电压的 75% ~110% 范围内能可靠工作；②保护箱应在失压状态下能自动将电容器切除；恢复通电后能防止电容器自行投入。

（7）无功补偿工作原理。通过电流互感器和电压互感器对主回路进行信号采样，送入无功功率补偿控制器 WBKC 并给出控制信号。以无功补偿控制器为核心的投切装置，通过循环方式控制中间继电器 ZJ1 ~ ZJ6 的通断，控制对应的主接触器 JZK1 ~ JZK6 投入电抗器及电容器，对供电系统的无功功率进行自动补偿。同时也可以根据需要进行手动的投入与切除操作。在隔离装置合闸前应确保每一路的转换开关都处于切除位置。

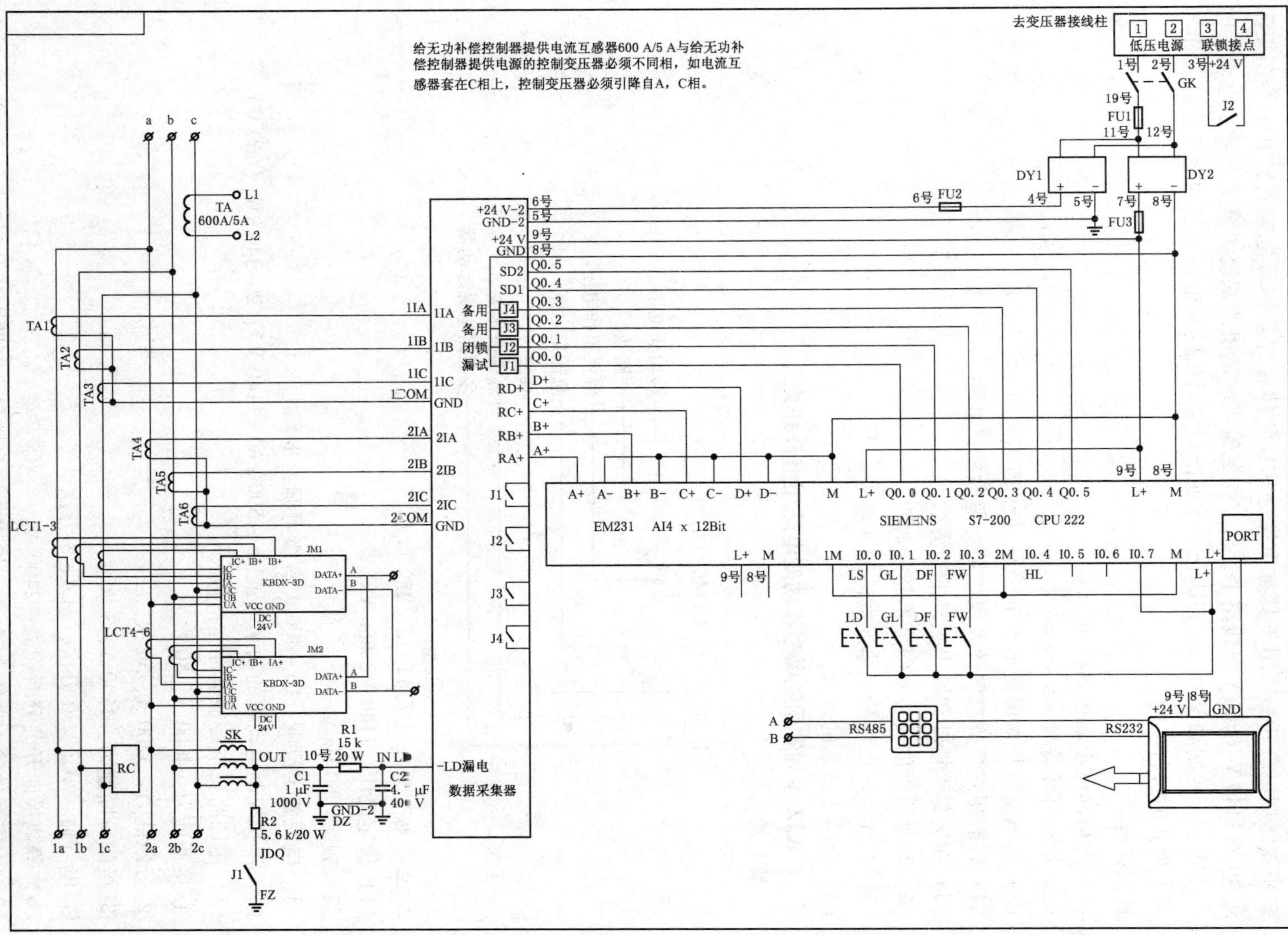

图11-2-21　BXBW-□/1140（660）YD矿用隔爆型移动变电站用低压保护箱原理图

五、1140/660 V 低压组合开关

矿用隔爆型组合开关适用于具有甲烷爆炸性气体及煤尘爆炸危险的矿井中。在交流 50 Hz，电压 1140 V（660 V）线路中，对三相鼠笼式电动机或双绕组鼠笼式异步电动机的起动、停止进行控制和保护，特别适合工作面刮板输送机的双电机双速控制等重载工作场合并可在停止时进行换向。

使用条件：

（1）海拔高度不超过 2000 m。

（2）运行环境温度 -5 ~ +40 ℃。

（3）周围空气相对湿度不大于 95%（+25 ℃）。

（4）在有甲烷爆炸性气体及煤尘爆炸危险的矿井中。

（5）在无显著摇动和冲击振动的地方。

（6）与垂直面的安装倾斜度不超过 15°。

（7）在无破坏绝缘的气体或蒸汽的环境中。

（8）能防止滴水的地方。

（一）KJZ 系列矿用隔爆型移动变电站用组合开关

1. 型号意义

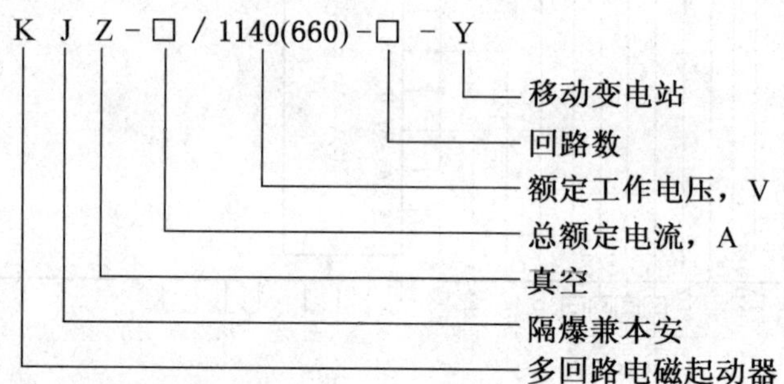

2. 主要电气参数（表 11-2-25）

（1）额定电压：1140 V、660 V。

（2）频率：50 Hz。

（3）电流整定范围：10 ~ 400 A 有级可调，步长 1 A。

（4）单机控制电动机的功率范围：5 ~ 590 kW（1140 V）；2 ~ 340 kW（660 V）。

（5）主回路真空接触器性能指标：

① 接通能力：4000 A，50 次。

② 分断能力：3200 A，50 次。

③ 极限分断能力：4500 A，3 次。

④ 电寿命：AC3、30 万次；AC4、3 万次。

（6）隔离换向开关分断能力：2400 A。

（7）本安插件输入电压 AC36 V，输出本安参数最大开路电压 AC22 V，最大短路电流 86 mA。远控电缆长度≤300 m，分布电感≤0.3 mH，分布电容≤0.03 μF。

表 11-2-25 1140/660 V 低压组合开关电气参数

组合数	动力进线引入电缆数量	动力出线引入装置数量	控制线引入装置数量	动力线引入电缆外径/mm	控制线引入电缆外径/mm	真空换向开关额定电流/A		支路数	单一回路最大额定电流/A	组合开关总额定电流/A
						数量	电流			
8 组合	4	8	8	30~80	10~23	2	800	8	400	1600
9 组合	6	9	11	30~80	10~23	3	800	9	400	2400
10 组合	6	10	15	30~80	10~23	3	800	10	400	2400
11 组合	6	11	15	30~80	10~23	3	800	11	400	2400
12 组合	6	12	15	30~80	10~23	3	800	12	400	2400

注：特殊订货接触器最大可配 800 A、单一回路最大电流 630 A。

3. 结构

组合开关外形结构如图 11-2-22 所示，开关为长方形，由隔爆腔组成，中间为主控腔，右侧上方为主回路进线腔，下方为控制变压器腔。左侧前面为主回路出线腔，接线腔装有主电路压盘式引入装置以及主电路接线柱和控制线路九芯接线座。主控腔是开关的主体，腔内安装着开关的所有电气元件，主控腔前门为快开式平面止口结构，前门上下部有扣板，左右为扣钉。门的提升机构为蜗杆齿轮式。开关正面有防爆标志、煤安标志牌，前门装有观察窗，设定按钮、起停按钮及相应标牌，主控腔的门右侧外壳面板上装有内置机械联锁和高压联锁装置，保证只能在隔离换向开关都处于零位时才能开启前门，主控腔后面开有三块螺栓紧固式平面止口结构的门。主控腔前门显示窗下装有 6 个设定按钮、两组保护试验按钮和照明起、停按钮。主控腔内安装接触器模块，分别安装着 CKJ5-400 或 800/1140 真空接触器，主控腔内前门安装智能保护器模块等，主控腔右侧装有 GHK-800/1140 真空隔离换向开关和用于控制回路用的 GHK-200/1140 换向开关。

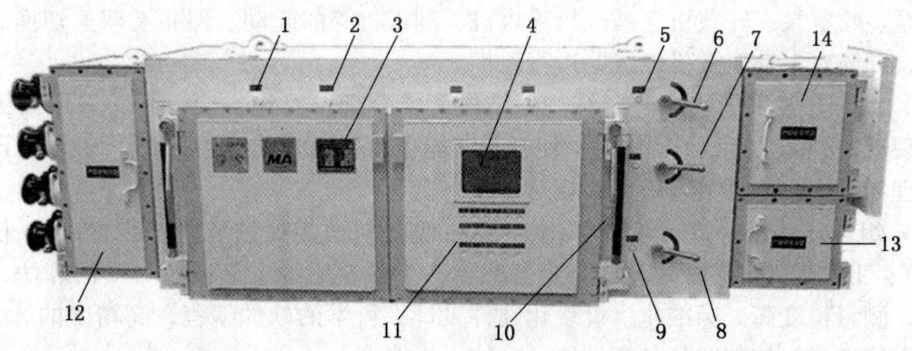

1—开门闭锁装置；2—高压联锁装置；3—铭牌；4—观察窗；5—控制回路急停按钮；6—GHK-200 A 换向开关；7—Ⅰ号主回路 GHK-800 A 真空换向开关（负荷 1-4 回路接触器）；8—Ⅱ号主回路 GHK-800 A 真空换向开关（负荷 5-8 回路接触器）；9—急停按钮；10—开关手柄；11—前门整定按钮和试验按钮；12—主回路出线腔（背面为外接远控接线腔）；13—控制变压器腔；14—进线腔（和移变对接）

图 11-2-22 KJZ 系列矿用隔爆型移动变电站用组合开关外形图

组合开关压盘式外形尺寸见表 11－2－26。

表 11－2－26　组合开关压盘式外形尺寸　　mm

尺寸＼规格	8 组合	9 组合	10 组合	11 组合	12 组合
长	3320	3038	3320	3038	3320
宽	870	870	870	870	870
高	1377	1377	1377	1377	1377

组合开关低压箱电流保护接触器回路见表 11－2－27。

表 11－2－27　组合开关低压箱电流保护接触器回路

额定电流＼规格	8 组合	9 组合	10 组合	11 组合	12 组合
Ⅰ路	1、2、3、4	1、2、3	1、2	1、2、3	1、2、3、4
Ⅱ路	5、6、7、8	4、5、6	3、4、5、6	4、5、6、7	5、6、7、8
Ⅲ路	无	7、8、9	7、8、9、10	8、9、10、11	9、10、11、12

4. 技术特征

KJZ 系列矿用隔爆型移动变电站用组合开关原理如图 11－2－23、图 11－2－24 所示。

（1）KJZ 系列矿用隔爆兼本质安全型移动变电站用组合开关（以下简称组合开关）适用于有甲烷及煤尘爆炸危险的煤矿井下。在交流 50 Hz，电压为 1140 V 供电线路中，可对乳化液泵、喷雾泵、转载机、破碎机采煤机、刮板机等的起动、停止及双速切换、主从顺序控制，并能对电动机及供电线路进行保护。

（2）组合开关采用快速开门结构，结构简单合理，操作方便；开关采用微机控制线路，实现开关的多功能（多用途），使开关既能作为普通开关使用又能作为双速开关使用，便于管理和维护。本开关容量大，相对体积小。

（3）组合开关保护单元采用 WZBQ－8QG 型微机监控保护装置（装置以 16 位单片机为核心）、工业级外围芯片、精密小型互感器、小型专用继电器以及科学的算法，保护可靠灵敏，测量精度高。标准化、模块化硬件设计，科学的软件编程，高精度的 A/D 转换，多种抗干扰措施，使装置具备高性能、高抗干扰能力。

（4）组合开关采用 TPC1162Hi 嵌入式一体化工控机、SCS－601 串口转换设备接口、组合开关综合控制装置 WZBQC－8TG－M12、组合开关控制单元 WZBQ－8QG，实现集中控制与通信管理。工控机显示全中文多媒体界面，菜单式操作。重要操作设有授权密码，既方便了用户操作又有效防止误操作的发生。在用户界面上，具备在线查询、修改、事件记录、自检等功能。

（5）组合开关具备就地按键设定、远程网络设定功能，组合开关具备标准的 RS－

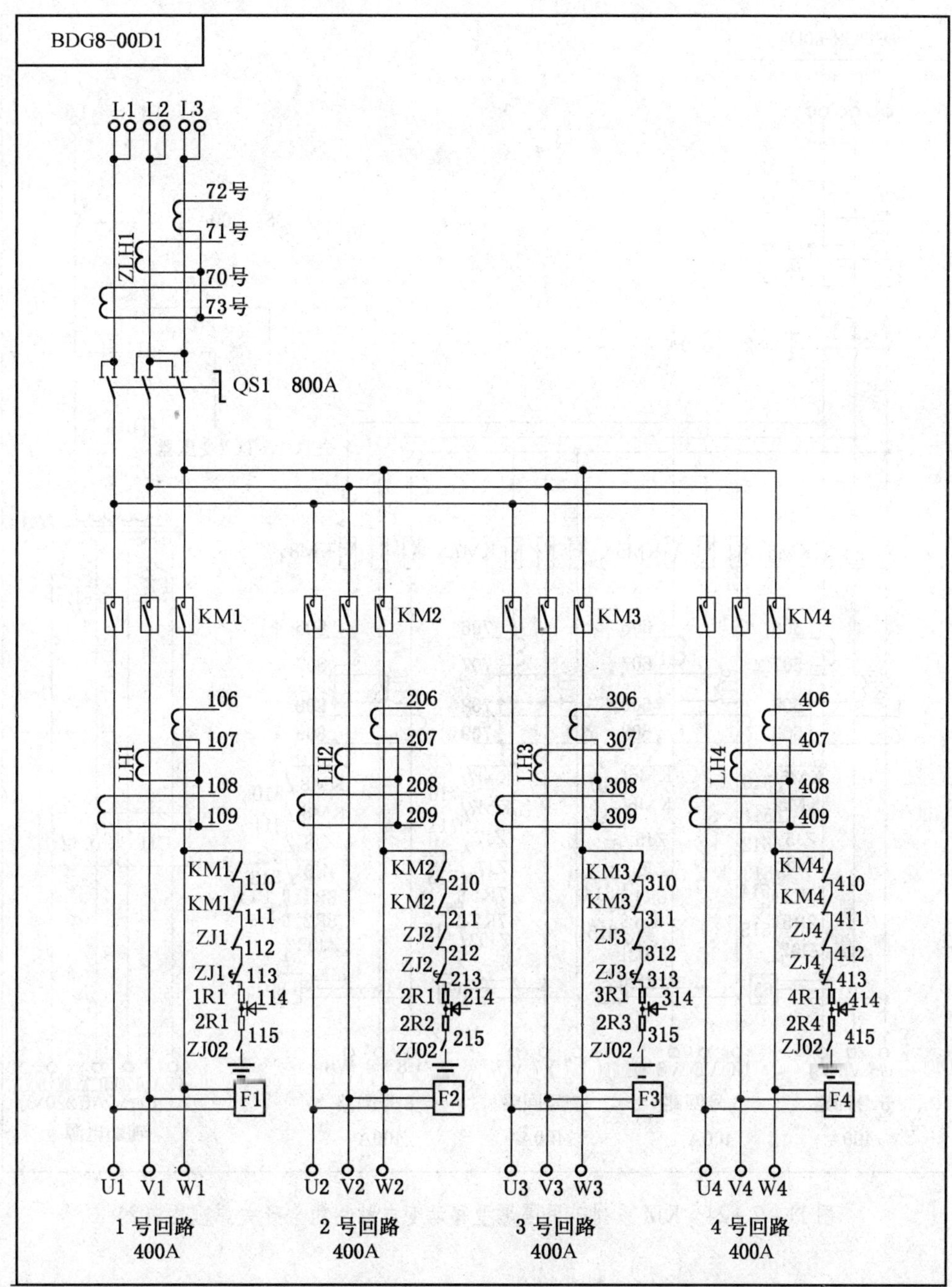

图 11-2-23 KJZ 系列矿用隔爆型移动变电站用组合开关原理图（1）

485/232 通信接口，国际标准的 Modbus 通信协议，开关具备远程遥信、遥测、遥控、遥调等功能，可直接构成井下 KJ-254 矿用电力监控系统的一部分。

（6）组合开关数据处理采用光纤传输，极大地提高了安全可靠性。解决了传统现场、兑现等方式不能克服的电磁干扰问题。

（7）组合开关具有两种控制方式：①先导回路控制方式，包括就地控制、远方控制；

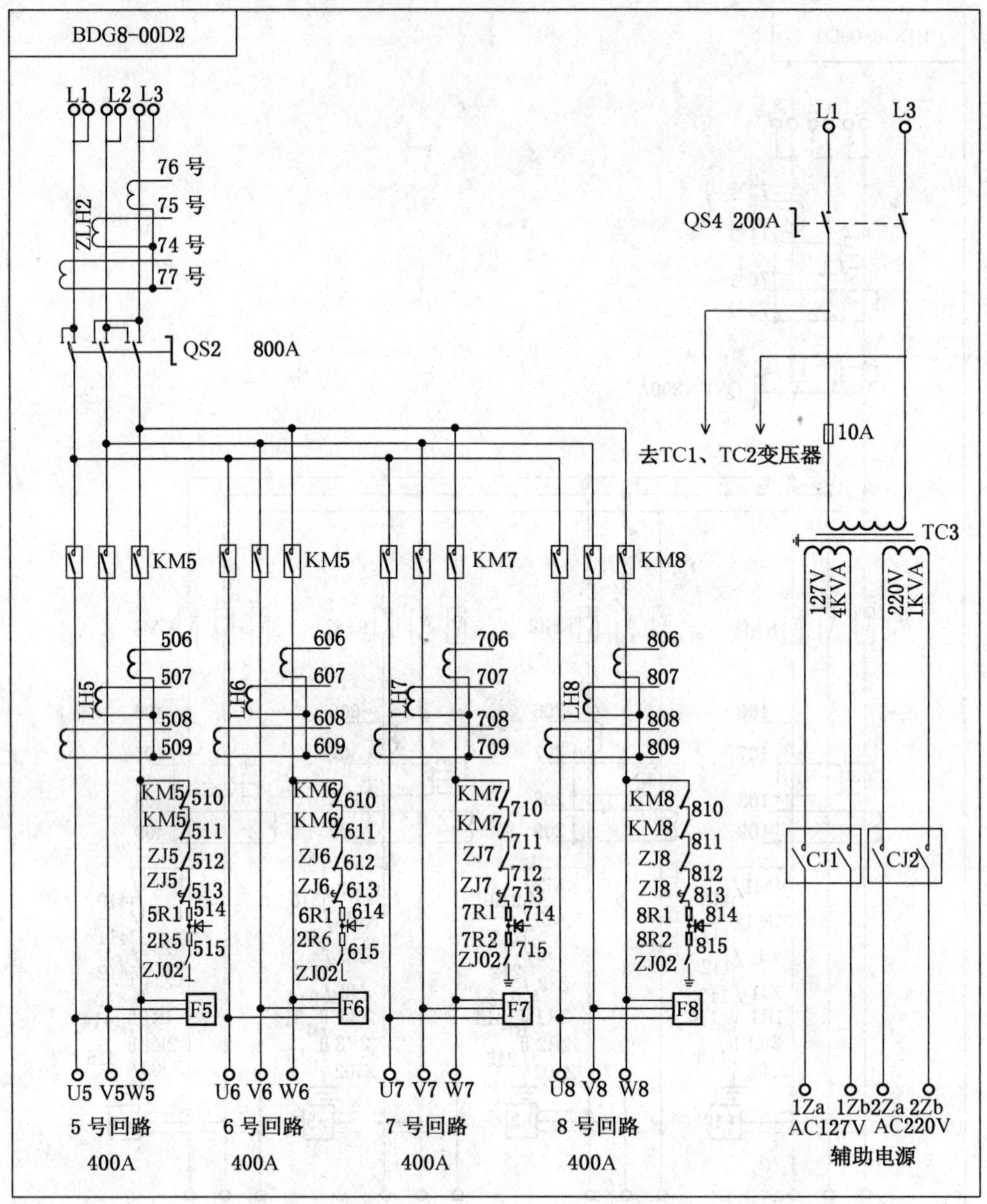

图 11-2-24　KJZ 系列矿用隔爆型移动变电站用组合开关原理图（2）

②组合开关工作方式，控制方式有单机控制、联机控制（联机控制时间任意设定，最大值 99.99 s，最小值 0.1 s）、单机双速控制（可自动切换）、双机双速控制。

（8）组合开关双速切换模式。时间型切换模式：当低速运行设定时间到，低速切换到高速。低速运行设定时间最大值 99.99 s。

（9）组合开关双速切换时间。低速切换到高速转换时间 75～100 ms。

（10）保护功能。微机综合保护监控装置具有过载、过流、断相、三相不平衡、欠压、过压、漏电闭锁保护功能。此外组合开关还具有先导回路保护功能、真空换向开关短路保护、操作过电压保护、故障记忆故障查询，参数设定密码锁定功能。

（11）显示界面。多媒体显示功能类别、电源电压、主回路线电流、运行状态以及各种故障。

（12）组合开关在额定控制电源电压的 75% ~110% 之间的任何电压下起动器能可靠闭合；当不低于 60% 额定控制电源电压时处于吸合状态的起动器不释放；释放电压不低于 10% 额定控制电源电压。

（13）过载保护特性见表 11 -2 -28。

表11 -2 -28 过载保护特性

项目	过电流/整定电流	动作时间	起始状态
1	1.05	2 h 不动作	冷态
2	1.2	5 ~20 min	热态
3	1.5	1 ~3 min	热态
4	6	8 ~16 s	冷态

（14）断相保护特性见表 11 -2 -29。

表11 -2 -29 断相保护特性

项目	过电流/整定电流		动作时间	起始状态
	任意两相	第三相		
1	1	0.9	不动作	冷态
2	1.15	0	<3 min	热态

（15）漏电闭锁保护特性表 11 -2 -30。

表11 -2 -30 漏电闭锁保护特性

主回路额定工作电压/V	单相动作值/kΩ	动作值允许误差/%
1140	40	+20
660	22	+20

注：解锁值不大于闭锁值的 1.5 倍。

（16）过电压保护特性见表 11 -2 -31。

表11 -2 -31 过电压保护特性

设置工作电压/V	实际电压/V	是否动作
1140	1.2	动作
660	1.2	动作

（二）QJZ9－380/1140(660)－4 组合开关

QJZ9－380/1140(660)－4 组合开关在交流 50 Hz、电压为 1140 V 或 660 V 供电线路中，可对 4 台三相交流电动机起动、停止进行控制并能对电动机及线路实施可靠保护，采用 PLC 控制，电流整定值最小可达 0.5 A，特别适合控制井下抱闸制动器、油泵电机、冷却风机等小功率负载。

1. 型号意义

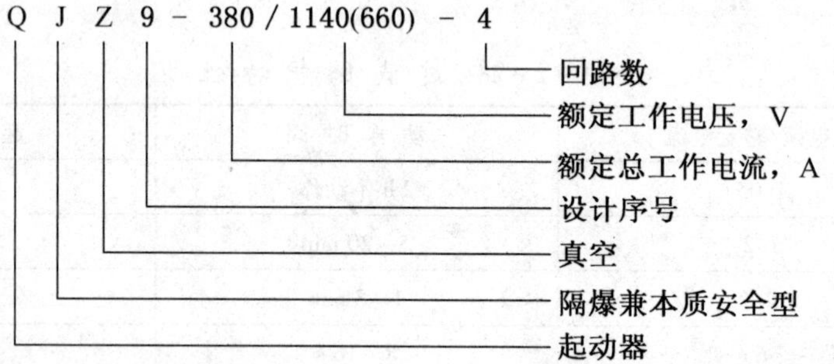

2. 主要电气参数

（1）额定工作电压：AC1140 V、660 V。

（2）接触器容量：160 A。

（3）电流整定范围：1～4 路：0.5～120 A。

（4）隔离换相装置：400 A/1140 V。

（5）动作特性：电控箱在额定控制电源电压的 75%～110% 范围内能可靠工作；电控箱为额定控制电源电压的 20%～60% 时能准确检测到欠压而释放。

3. 结构

组合起动器尺寸结构如图 11－2－25 所示，组合起动器外壳为长方体框架结构，由 Q235 A 钢板焊接而成，造型美观、坚固耐用。整个箱体分为接线腔和主控腔两个独立腔体。隔离换相装置操纵手柄、停止按钮和机械闭锁机构均在箱体的右侧板上。

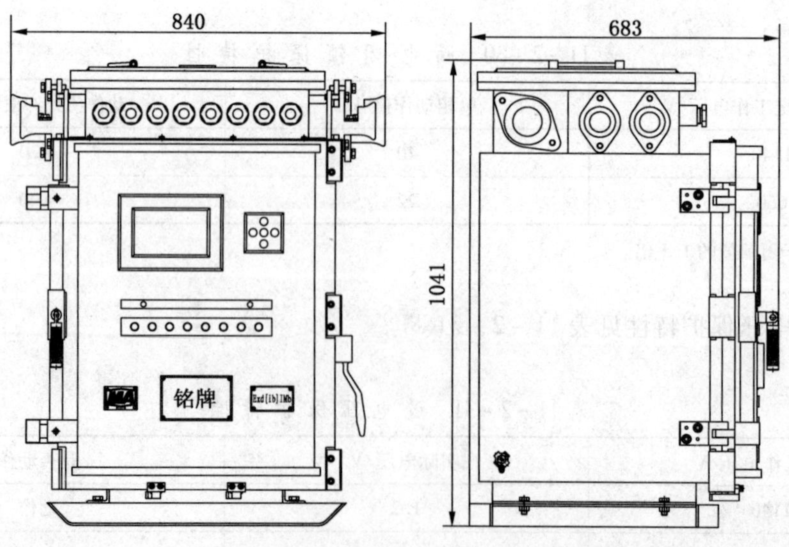

图 11－2－25　QJZ9－380/1140(660)－4 组合起动器外形尺寸图

隔离换相装置与隔爆外壳的前门之间装设可靠的机械联锁，保证只有当隔离换相装置处于断开位置时，主腔才能打开，当主腔打开后以正常的操作方法不能使隔离换相装置闭合。隔离换相装置与交流接触器之间装设可靠的电气联锁，保证只有当接触器控制电路断开时，隔离换相装置才能转换位置（即急停按钮与隔离换相装置的机械联锁）。

组合起动器动力线为1路进线、4路出线，进、出线采用压盘式喇叭口，控制线采用螺旋式喇叭口。

箱体主腔为快开门的结构形式，装有交流接触器、电流互感器、变送器等元器件，组成各回路的控制单元。

主腔正面长方形快开门为止口形隔爆机构，灵活的铰链与操作机构，使门的开启、关闭操作都非常简单、轻便。

4. 工作原理（图11-2-26）

起动：合上总电源隔离换相装置，可编程控制器（PLC）对所控制的回路进行漏电检测，若一切正常，按下所要起动回路的远方起动按钮QA，向PLC发出起动信号，PLC接收到信号后向相应的交流接触器发出起动信号，主回路接触器线圈KM带电吸合，接通主回路，使该回路控制的电动机投入运行。

停止：按下控制回路的远方停止按钮TA，向PLC发出停止信号，可编程控制器（PLC）接收到信号后向相应的交流接触器KM发出停止信号，主回路接触器线圈KM断电，主回路被切断，电动机停止运行。

保护功能：组合起动器具有短路、过载、断相、过/欠压、漏电闭锁等保护功能。

（1）短路、过载和断相保护。短路、过载和断相保护采用鉴幅式保护原理：通过模拟量输入通道采集到由I/V变送器转换的三相电流信号并与存放在PLC的整定电流值进行比较，判断是否发生故障以及发生故障的类型。发生故障时，显示器上显示故障类型和发生故障的时间以及故障时的电流值，则投入控制运行方式的所有电动机将逆起动顺序停机；该回路为单机控制运行时按照设定的时间延时停机。过载保护特性参数见表11-2-32，断相保护特性参数见表11-2-33。

表11-2-32　过载保护特性参数

序号	实际电流/整定电流	动作时间	起始状态	复位方式	复位时间/min
1	1.05	长期不动作			
2	1.2	5 min $< t_{1.2} <$ 20 min	热态	自动	$1 < t < 3$
3	1.5	1 min $< t_{1.5} <$ 3 min	热态	自动	$1 < t < 3$
4	6	8 s $\leq t_6 \leq$ 16 s	冷态	自动	$1 < t < 3$

表11-2-33　断相保护特性参数

序号	相电流/整定电流		动作时间/min	起始状态	复位方式
	任意两相	第三相			
1	1.0	0.9	长期不动作	冷态	
2	1.05	0	<3	热态	断电

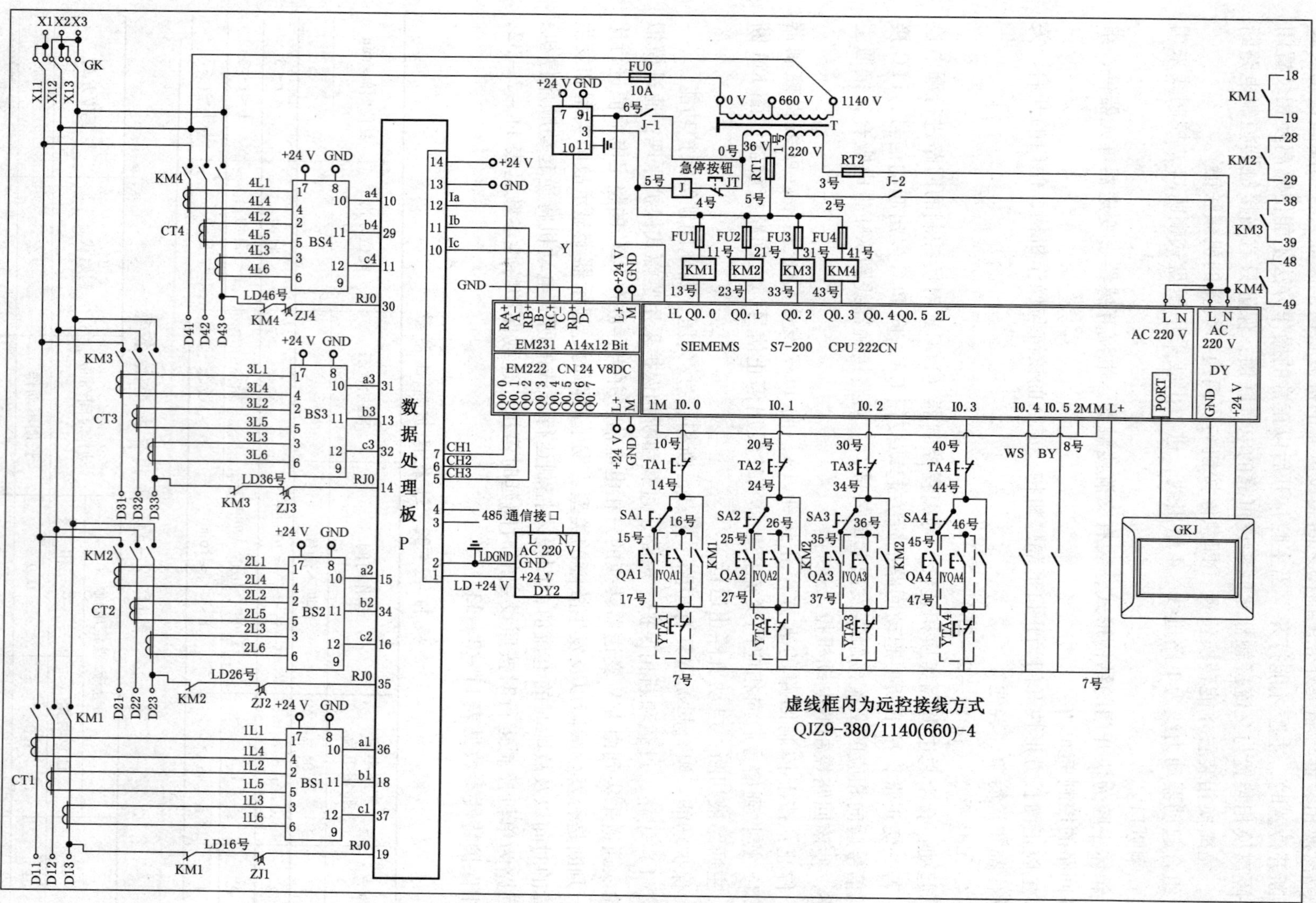

图 11－2－26　QJZ9－380/1140(660)－4 组合起动器原理图

（2）过/欠压保护。过/欠压保护原理：通过 PLC 的模拟量输入通道采集到电网电压信号并和 PLC 存放的过/欠压值进行比较，若发生电压异常（包括过压和欠压），PLC 发出停止信号，使所有电动机同时停机，并在显示器上显示系统电压异常故障以及故障时的电压值和发生故障的时间。

（3）漏电闭锁保护。漏电闭锁采用附加直流的检测原理：硬件上将各回路接触器 KM 的两个常闭触点和两个已知电阻串接在各自的漏电闭锁检测回路上，通过 PLC 的模拟量输入通道采集到检测回路上某点的电压信号，利用电阻分压原理和设定值进行比较，若小于设定的漏电闭锁电阻值，对单回路控制运行的电动机实施闭锁而不能起动。在检测正常情况下，电动机起动时，串联在漏电检测回路上的接触器 KM 的两个常闭触点相继打开，切断漏电检测回路，避免主回路接地。主回路对地绝缘电阻闭锁值见表 11－2－34。

表 11－2－34　主回路对地绝缘电阻闭锁值

主回路额定工作电压/V	单相动作电阻值/kΩ	动作允许误差/%
1140	40	+20
660	22	+20

（三）QBZ－2×80＋120/1140(660)BSF 风机专用组合开关

该设备适用于煤矿井下具有瓦斯、煤尘爆炸危险的场所，适用交流 50 Hz，电压 1140(660)V 的电路中。可直接起动，停止和换向控制掘进工作面的局部通风机和工作面供电电气设备。实现主风机、备用风机自动切换、同时对工作面供电实现风电瓦斯闭锁并对相关电路进行保护。

1. 型号意义

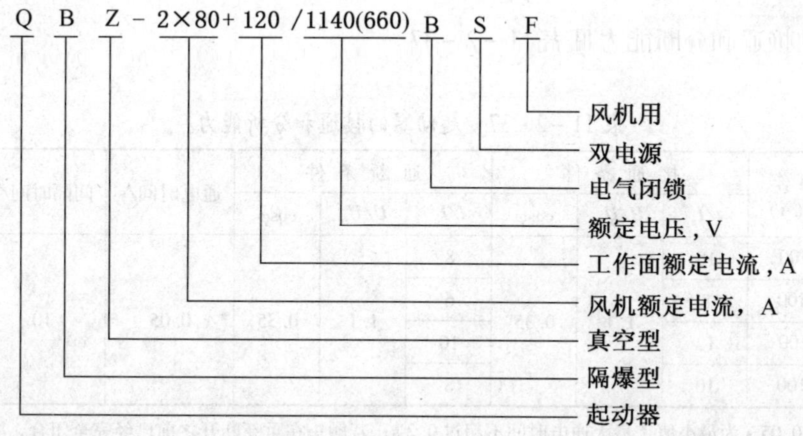

2. 主要电气参数

起动器采用电动机综合保护器，作为过载、短路、断相、漏电闭锁等保护。起动器主要技术参数应符合表 11－2－35 的要求。

表 11-2-35 保护器主要技术参数

<table>
<tr><th>序号</th><th>名称</th><th>刻度电流倍数</th><th colspan="2">动作时间</th><th>起始状态</th><th>复位方式</th><th>复位时间</th></tr>
<tr><td>1</td><td rowspan="4">过载保护</td><td>1.05</td><td colspan="2">长期不动作</td><td></td><td></td><td></td></tr>
<tr><td>2</td><td>1.2</td><td colspan="2">$t<20$ min</td><td>热态①</td><td>自动</td><td><2 min</td></tr>
<tr><td>3</td><td>1.5</td><td colspan="2">$t<3$ min</td><td>热态</td><td>自动</td><td><2 min</td></tr>
<tr><td>4</td><td>6.0</td><td colspan="2">8 s $<t<$ 16 s</td><td>冷态②</td><td>自动</td><td><2 min</td></tr>
<tr><td>5</td><td>短路保护</td><td>8~10</td><td colspan="2">0.2 s $<t<$ 0.4 s</td><td>冷态</td><td>手动</td><td></td></tr>
<tr><td>6</td><td>断相保护</td><td>1.05</td><td><3 min</td><td>从0.6倍刻度电流电平开始</td><td></td><td>自动</td><td><2 min</td></tr>
<tr><td>7</td><td rowspan="2">漏电闭锁</td><td colspan="3">漏电闭锁电阻值40 kΩ+20%(1140 V)</td><td colspan="3">22 kΩ+20%(660 V)</td></tr>
<tr><td>8</td><td colspan="6">漏电检测电流小于1 mA③</td></tr>
</table>

注:① 起始状态“热态”是指保护器的电流互感器一次侧通以额定电流,使电子线路的延时环节达到稳定电压时的状态。

② 起始状态“冷态”是指保护器电流互感器一次侧没通电流时的状态。

③ 漏电检测电流是指漏电检测端对地短接时的电流值。

起动器的电气绝缘主要回路1140 V,工频耐压4200 V有效值历时1 min无击穿闪络现象。起动器的电气间隙和爬电距离符合表11-2-36要求。

表 11-2-36 起动器的电气间隙和爬电距离

<table>
<tr><th rowspan="3">项目</th><th colspan="3">电气间隙</th><th colspan="3">爬电距离</th></tr>
<tr><th colspan="2">主回路</th><th rowspan="2">控制回路(36 V)</th><th colspan="2">主回路</th><th rowspan="2">控制回路(36 V)</th></tr>
<tr><th>660 V</th><th>1140 V</th><th>660 V</th><th>1140 V</th></tr>
<tr><td>接线箱</td><td>10 mm</td><td>18 mm</td><td>4 mm</td><td>16 mm</td><td>28 mm</td><td>4 mm</td></tr>
<tr><td>主腔内</td><td>8 mm</td><td>14 mm</td><td>2.1 mm</td><td>9 mm</td><td>18 mm</td><td>2.6 mm</td></tr>
</table>

起动器的接通和分断能力见表11-2-37。

表 11-2-37 起动器的接通和分析能力

<table>
<tr><th rowspan="2">使用类别</th><th rowspan="2">额定工作电流(A)</th><th colspan="3">接通条件</th><th colspan="3">通断条件</th><th rowspan="2">通电时间/s</th><th rowspan="2">间隔时间/s</th><th rowspan="2">操作循环次数</th></tr>
<tr><th>I/I_e</th><th>U/U_e</th><th>$\cos\varphi$</th><th>I/I_e</th><th>U/U_e</th><th>$\cos\varphi$</th></tr>
<tr><td rowspan="2">AC-3</td><td>$I_e \leqslant 100$</td><td>10</td><td rowspan="4">1.1</td><td rowspan="4">0.35</td><td>8</td><td rowspan="4">1.1</td><td rowspan="4">0.35</td><td rowspan="4">0.05</td><td rowspan="4">10</td><td rowspan="4">50</td></tr>
<tr><td>$I_e > 100$</td><td>8</td><td>6</td></tr>
<tr><td rowspan="2">AC-4</td><td>$I_e \leqslant 100$</td><td>12</td><td>10</td></tr>
<tr><td>$I_e > 100$</td><td>10</td><td>8</td></tr>
</table>

注:1. 表中所列0.05 s为最小值,最大通电时间不超过0.2 s;若触头在重新断开之前已经完全闭合,则允许时间小于0.05 s。

2. 间隔时间按表11-2-39规定。

3. U/U_e 允许误差 ±5%。

4. 接通与通断一起进行,操作循环为50次,其中25次为110% U_e,25次为75% U_e。

电池寿命见表 11－2－38。

表 11－2－38　起动器电池寿命

使用类别	接通条件			分断条件		
	I/I_e	U/U_e	$\cos\varphi \pm 0.05$	I/I_e	U/U_e	$\cos\varphi \pm 0.05$
AC－3	6	1.0	0.35	1	0.17	0.35
AC－4				6	1	0.35

极限分断能力见表 11－2－39。

表 11－2－39　起动器极限分断能力

额定工作电流/A	极限分断电流/kA	U/U_e	$\cos\varphi$	通电时间/s	间隔时间/s	试验次数
80、120	2.0	1.0	0.65±0.05	0.05～0.2	180	3

正常工作条件下的机械寿命为 300 万次，其中隔离换向开关的机械寿命为 3000 次。

3. 结构

起动器外形尺寸如图 11－2－27 所示，起动器外壳为圆筒形，圆筒两端具有突出的两个盖。壳子上部为接线箱，用以引进、过引电源电缆和馈出负荷电缆到风机和工作面设备。上述电缆用压盘式和压紧螺母式引入装置将电缆固定好，达到密封要求以保证隔爆性能。

起动器外壳右边有两组用以分断和关合隔离开关手柄。主回路侧手柄上部有两组按钮，一组是控制主用风机的起动按钮 QA1 和停止按钮 TA1，停止按钮 TA1 和换向隔离开关手柄闭锁，只有停止按钮按下换向隔离开关手柄才能在无负荷情况下操作，备用侧相同。两侧的大盖均与各自侧的换向隔离开关手柄闭锁，只有换向隔离开关手柄用闭锁螺钉锁紧在分断位置时方可打开大盖。主回路侧手柄上部另一组按钮 QA2、TA2 用以控制工作面供电。当主用风机正常运转后，该组按钮经过电气延时后可随意起动和停止。

备用回路侧手柄上部有一组按钮，是控制备用风机的起动按钮 QA1 和停止按钮 TA1 的，TA1 和换向隔离开关手柄闭锁。当设备需要检修、调试时，可将两侧的转换开关都打至“检修”位置，此时主、备用回路可随意起、停互不影响。

起动器外壳内有本体两个，分别用 3 个螺钉固定在外壳上，主回路本体正面装有：①真空接触器 CKJ5－125 各两台；②ABD8－80 和 ABD8－120 保护器各 1 台；③中间继电器 ZJ1、ZJ2、ZJ3、ZJ4；④控制变压器 BK 一次保护 F1 1 只；⑤14 星插座 1 只；⑥转换开关 HK 1 个；⑦时间继电 SJ1、SJ2 各 1 个。背面装有：①换向隔离开关 Q－200 1 台；②控制变压器 BK 1 台；③按钮 LX－1 型两组；④阻容吸收装置 RC 两组；⑤控制回路保护 RD1、RD2 各 1 只。备用回路本体正面装有：①真空接触器 CKJ5－125 1 台；②综合保护器 ABD8－80 A 1 个；③中间继电器 ZJ1、ZJ2 、ZJ3；④时间继电器 SJ1 1 个；⑤转换开关 HK 1 个；⑥阻容吸收装置 RC 1 组；⑦14 星插座 1 只；⑧控制变压器 BK 一次保护 F1 1 只；⑨换向隔离开关 Q－200 1 台；⑩控制回路保护 RD1、RD2 各 1 只。

起动器上部有接线箱，接线箱左右二面有可供电源引入和向下一供电点过引、向 3 台电机或设备供电的压盘式电缆引入装置 5 个。接线柱分配如下：

（1）X1、X2、X3——电源及过引接线柱。

（2）D11、D12、D13——主风机接线柱。

（3）D21、D22、D23——工作面供电接线柱。

（4）D11、D12、D13——备用风机接线柱。

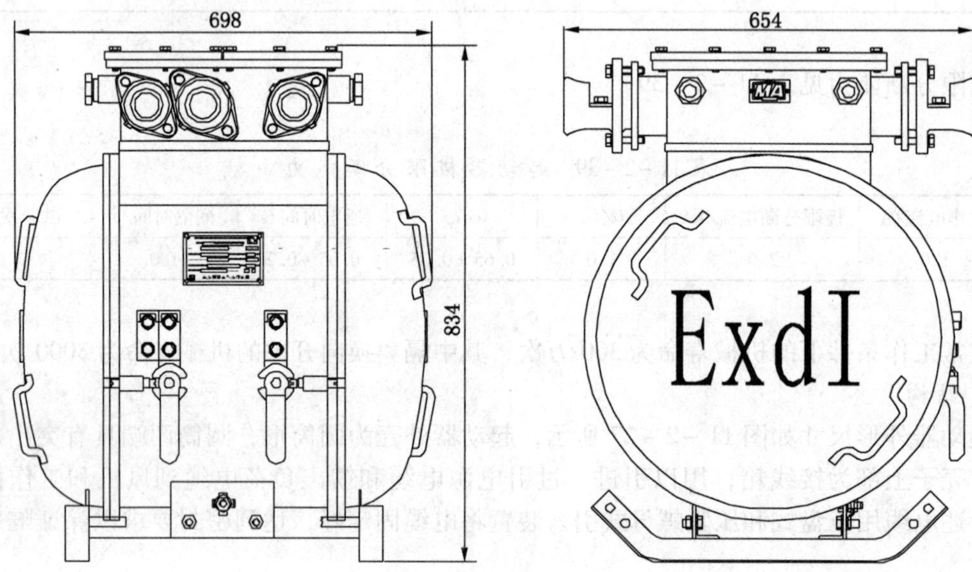

图 11-2-27 QBZ12×80+120/1140(660)BSF 风机专用组合开关外形尺寸图

4. 工作原理

组合开关工作原理如图 11-2-28、图 11-2-29 所示。按下停止按钮 TA1 接通换向隔离开关 Q，则控制变压器 BK 得电输出交流 36 V，综合保护器 ABD1 内漏电检测回路对负载检测绝缘达到要求，继电器常开触头 20、21 闭合为控制线路供电做好了准备。

按下起动按钮 QA1，中间继电器 ZJ1 线圈有电吸合，其常开触点吸合，使 CJ1 得电吸合。

CJ1 吸合后通过自身常开辅助触点进行自保。

同时 CJ1 串接在 SJ2、ZJ2 回路内的常开触点闭合，时间继电器 SJ2 得电延时闭合其在 ZJ4 控制回路内的常开触点即延时闭合 CJ2，达到主用风机开机后才工作面供电的目的，实现了电气延时。

该起动器可以实现在主用风机开机，SJ2 延时到后，任何时间给工作面供电。该起动器所选时间继电器 SJ2 调整延时时间为 0~30 s，假设把延时调至 5 s，则只能在主风机开机 5 s 后按下工作面供电的起动按钮 QA2，CJ2 才能通电吸合向工作面馈电。如果电气延时调整至 0 则可由人工在风机开车后任何时间向工作面馈电。

该起动器之电气闭锁是由 ZJ1 和 SJ2、ZJ2 来完成的。当 ZJ1 有电吸合后主用风机运转了，通过 CJ1 常开触点闭合时间继电器 SJ2 回路，SJ2 得电延时闭合其常开触点，ZJ4 控制回路才会有电吸合，CJ2 方可向工作面供电。如果 ZJ1 断电，则 CJ1 立即断开 SJ2 时间继电器回路，SJ2 打开 ZJ4 失电释放 CJ2 停止向工作面供电，ZJ1 无电即主风机不开机，SJ2 时间继电器无电，ZJ4 无论如何也吸合不了，工作面将给不上电，实现了电气闭锁。

正常运转中单独按下按钮 TA2，则 ZJ4 控制回路断电，真空接触器 CJ2 断电释放工作面停止供电而主风机正常运转。

如果需要同时停止主风机和工作面供电，只要按下 TA1 按钮即可。当 SJ1 断电延时后

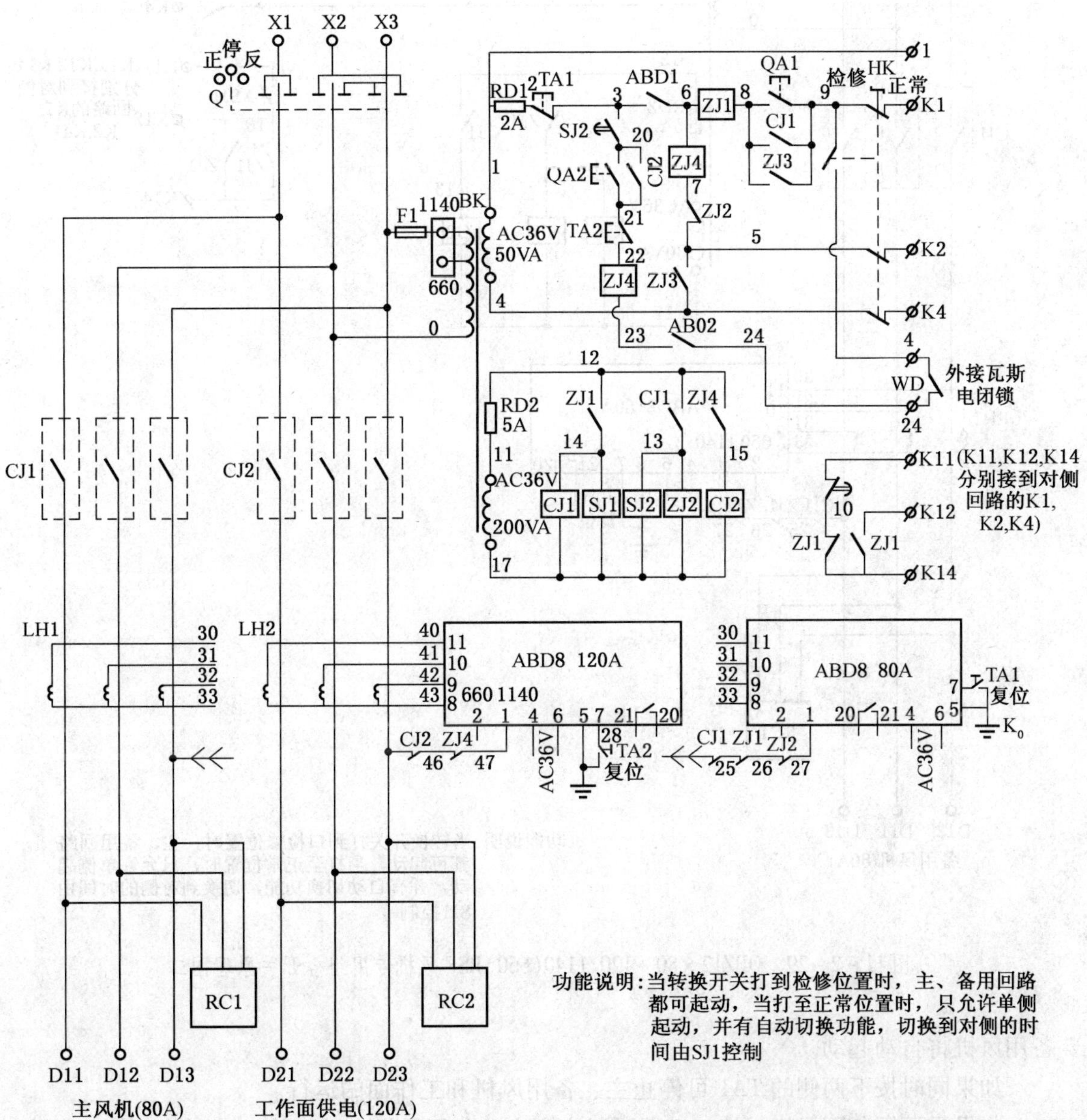

图 11-2-28　QBZ12×80+120/1140(660)BSF 风机专用组合开关原理图一

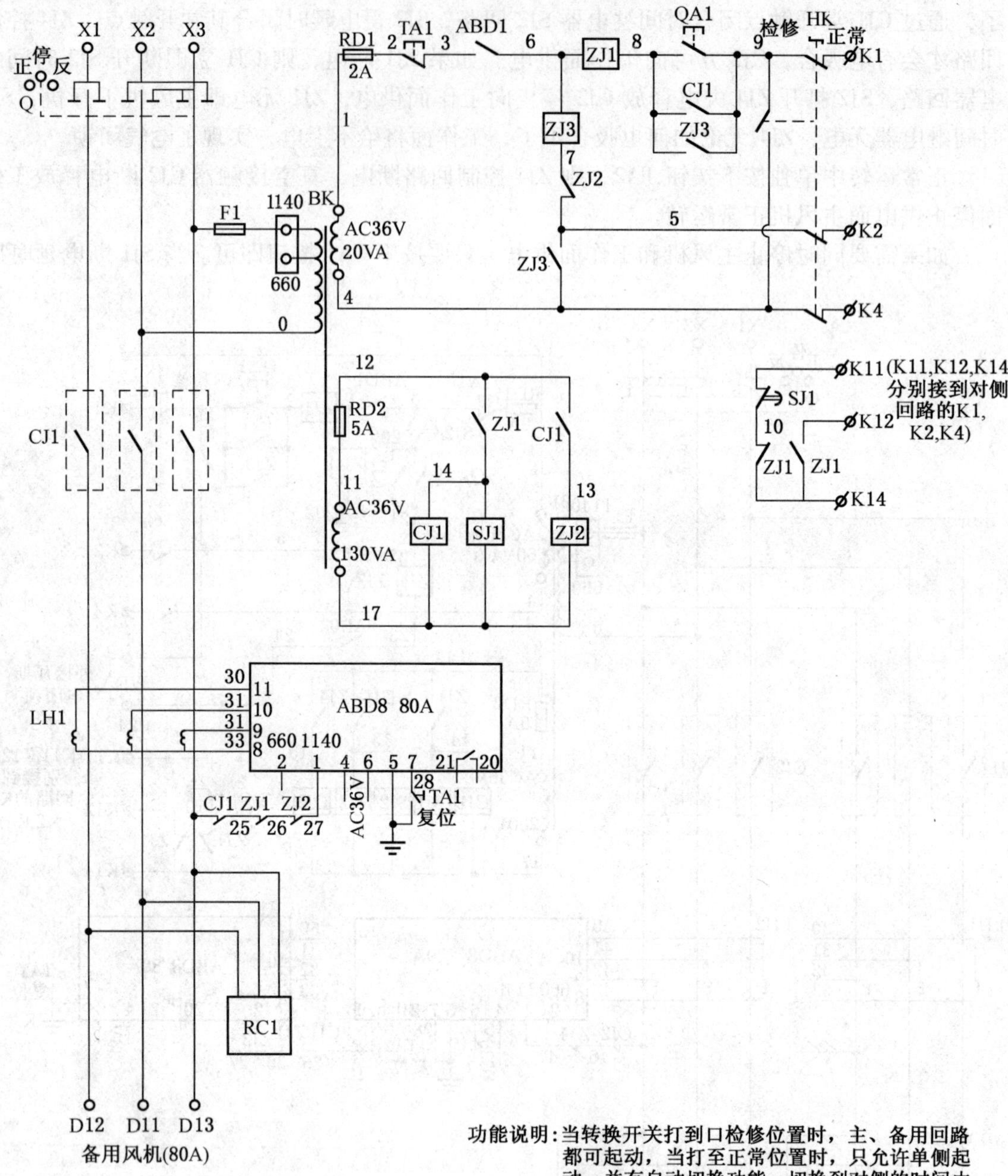

图 11-2-29 QBZ12×80+120/1140(660)BSF 风机专用组合开关原理图二

备用风机将自动起动。

如果同时按下两侧的 TA1 可停止主、备用风机和工作面的运行。

如果需要用备用风机，该起动器可以实现主、备用风机自动切换。这时将两侧的转换开关 HK 都打向“正常”位置，当主风机因故停止运行时 ZJ1、SJ1 均释放断电，其常闭触点闭合，时间继电器 SJ1 常闭触点断电延时闭合，使 K11 和 K14 接通，即备用回路中的

K1、K4 接通，在正常情况下备用回路中 ABD1 有电吸合，ZJ3 已在主回路起动时随 K12、K14 的接通而吸合并自保，K1、K4 接通使 ZJ1 吸合，使 CJ1 得电吸合备用风机运转，完成自动切换。

当主风机修好后需要投入运行时，可按下备用回路的停止按钮 TA1，经 SJ1 延时后主回路 CJ1 吸合主风机工作，备用风机停止运行，继续保持其备用状态。

(四) KXBC－12×15/660(380)DZ 矿用隔爆兼本质安全型小功率多回路电控箱

本控制箱适用于煤矿井下含有甲烷和爆炸性气体环境中，在交流 50 Hz、电压至 660 V、电流为额定值的供电线路中，对 12 台矿用隔爆型阀门电动装置进行开向、关向、停止控制并对电动机进行过载、短路等保护，同时对负荷侧电路绝缘状况实现漏电闭锁保护，显示阀门电动装置的运行状态。

1. 型号意义

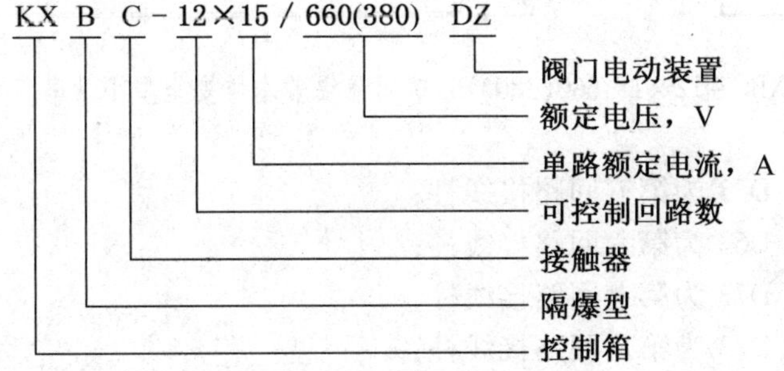

2. 主要电气参数

（1）电源电压：380 V、660 V。

（2）控制电压：直流 24 V；交流 36 V。

（3）额定电流：12×15 A。

（4）额定频率：50 Hz。

（5）工作制式：反复短时工作制，最长不超过 10 min。

3. 结构

电控箱的外形尺寸如图 11－2－30 所示，控制箱外壳为长方形柜结构，由 Q235 A 钢板焊接而成，整个箱体分为接线腔和主控腔两个独立腔体，隔离装置操作手柄、急停按钮和机械闭锁机构均在箱体的前面板上。隔离装置与隔爆外壳的前门之间装设可靠的机械联锁，保证只有当隔离装置处于断开位置时主腔才能打开，当主腔打开后以正常的操作方法不能使隔离装置闭合。隔离装置与接触器之间装设可靠的电气联锁，保证只有当接触器控制电路断开时，隔离装置才能转换位置（急停按钮与隔离换相装置的机械联锁）。

（1）接线腔：

① X1、X2、X3 为进线接线柱，供 660 V 或 380 V 进线使用；

② D11、D12、D13 为第一回路接线柱；

③ D21、D22、D23 为第二回路接线柱；

④ D31、D32、D33 为第三回路接线柱；

⑤ D41、D42、D43 为第四回路接线柱；

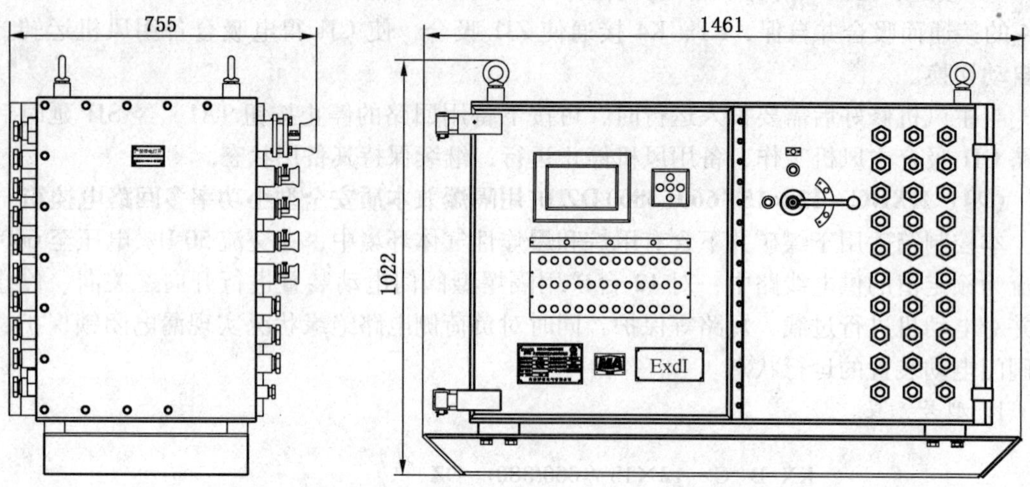

图 11-2-30 KXBC-12×15/660(380)DZ 矿用隔爆兼本质安全型小功率多回路电控箱外形图

⑥ D51、D52、D53 为第五回路接线柱;
⑦ D61、D62、D63 为第六回路接线柱;
⑧ D71、D72、D73 为第七回路接线柱;
⑨ D81、D82、D83 为第八回路接线柱;
⑩ D91、D92、D93 为第九回路接线柱;
⑪ D101、D102、D103 为第十回路接线柱;
⑫ D111、D112、D113 为第十一回路接线柱;
⑬ D121、D122、D123 为第十二回路接线柱;

九芯端子作为远控和监控使用，提供与控制回路数相对应的远控接点和监控接点。

(2) 主控腔:

控制箱所有的主回路和控制保护元件均装在主控腔内。腔内设 1 个隔离换相装置、24 个交流接触器、12 个断路器、12 个电动阀门控制板、1 台控制变压器和一套开关电源。门盖内侧装有智能彩屏工控机和控制阀门电动装置的按钮组。

4. 工作原理

电控箱原理如图 11-2-31 所示,起动前将隔离装置 GK 置于“正向”或“反向”位置时,(调试时,注意隔离换向的位置,确定方向后,禁止更换方向) 控制变压器 T 有电，向接触器和开关电源模块供电，电动阀门控制板得电工作并进行漏电闭锁检测，若主回路负荷侧漏电检测正常则其常开触点闭合，为控制箱起动做好准备，此时各回路处于分闸待机状态。

开向操作（以 1 路为例）: 按下开向按钮 1SO，接触器 1KMO 吸合，阀门电动装置做开向运行，当开向到位时阀门电动装置会自动让控制箱停止工作。

关向操作（以 1 路为例）: 按下关向按钮 1SC，接触器 1KMC 吸合，阀门电动装置做关向运行，当关向到位时阀门电动装置会自动让控制箱停止工作。

停止操作（以 1 路为例，其他回路相同）: 当阀门电动装置需要手动停止操作时，按下就地停止按钮 1TA，接触器 1KMO 或 1KMC 断电，阀门电动装置停止运行。

12K

1）电气保护

选用高质量的电机起动器，可根据阀门电动装置选定整定电流，对电机和线路进行高效可靠的短路、过载及断相保护。

2）漏电闭锁

电动阀门控制板对各回路的负荷侧进行绝缘电阻检测,若某一回路绝缘阻值小于闭锁电阻值时,该回路中的接触器被闭锁不能起动。在起动过程中,主回路负荷侧检漏回路在接触器吸合时断开,保证主回路的电压不会串入电动阀门控制板中。漏电闭锁值见表11－2－40。

表11－2－40　电控箱漏电闭锁值

主回路工作电压/V	闭锁动作值/kΩ	解锁动作值/kΩ	允许误差
660	22	≥1.5倍闭锁值	+20%
380	7		

3）工频耐压

主回路与地，主回路中相与相之间能经受3000 V历时1 min无击穿闪络现象，控制回路能经受1000 V历时1 min无击穿闪络现象（电动阀门控制板拔掉）。

六、低压照明综合保护装置

矿用隔爆型压缩机变压器综合保护装置用于煤矿井下交流50 Hz、额定电压660 V/1140 V、三相中性点不接地的供电系统中，为380 V设备供电用。开关保护系统采用单片机技术，性能可靠，动作准确。当供电电路中出现短路、断相或漏电时能自动切断电源，过载保护具有反时限特性。

工作条件:

(1) 海拔高度不超过2000 m。

(2) 周围介质温度不高于+40 ℃，不低于－20 ℃。

(3) 周围空气的相对湿度不大于95%（+25 ℃时）。

(4) 在无强烈振动以及垂直斜度不超过15°的地方。

(5) 在不足以腐蚀金属和破坏绝缘的气体与蒸汽的环境中。

(6) 可用于有甲烷和煤尘爆炸危险的矿井中。

(一) ZBZ－10.0/1140(660)Y变压器综合保护装置

1. 型号及含义

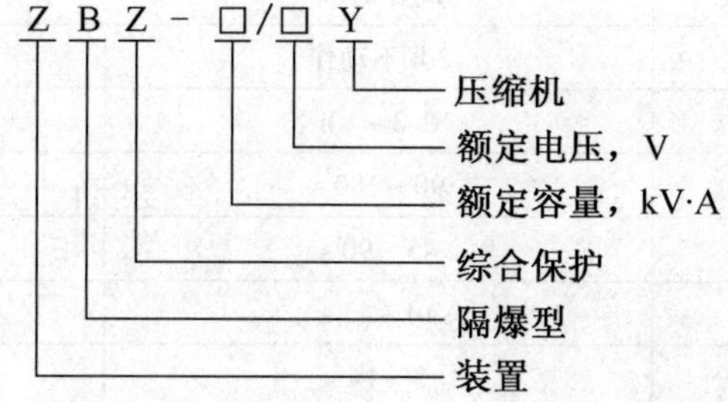

2. 主要电气参数

（1）额定电压：660 V、1140 V/输出 380 V。

（2）额定容量：10 kV · A。

（3）额定工作频率：50 Hz。

（4）短路保护动作时间：＜100 ms。

（5）接线方式：Δ、Y/Δ（660 V、1140 V/380 V）。

（6）允许温升：85 K。

（7）漏电保护：经 1 kΩ 电阻漏电动作时间≤30 ms（动作时间指从漏电开始到保护器出口状态改变的时间）。当开关负荷侧绝缘电阻低于 7 kΩ +20% 时能可靠地实现漏电闭锁功能。

（8）风电瓦斯闭锁保护功能：保护器预留了甲烷检测接口，可外接甲烷检测传感器。当传感器发出信号时，保护装置将进行瓦斯报警保护动作，同时也可用于风电闭锁和远方分励。

（9）通信功能：保护器分别配有带隔离 RS－485/RD－232 标准并带通信接口，通信方式可用通信电缆线（需要此功能，请直接与厂家联系）。

3. 结构

综合保护装置外形尺寸如图 11－2－32 所示。

4. 工作原理

综合保护装置原理如图 11－2－33 所示。

1）微机监控保护装置

WZBK－6J 型微机监控保护装置（简称 WZBK－6J）主要应用于工业系统交流 50 Hz、电压在 660 V/1140 V 的电网中。本装置以 16 位单片机为核心，辅以工业级外围芯片、精密小型互感器、小型专用继电器以及科学的算法，保护可靠灵敏，测量精度高。采用多种抗干扰措施，使装置具有极高的抗干扰能力。在装置的设计上，采用标准化、模块化硬件设计，高精度的 A/D 转换，内置开关电源，抗电压波动能力强。在用户界面上，采用大屏幕液晶，汉化显示，自动背光，菜单式操作指示，极大地方便了用户操作，对重要操作均授权密码，有效地防止了误操作的发生。装置能存储一套定值并可在线查询、修改，具备事件顺序记录以及遥测、遥信远传等功能。装置分别配有带隔离 RS－485/RS－232 标准异步通信接口，通信方式可采用通信电缆线。

2）保护特性

反时限过载保护特性见表 11－2－41。

表 11－2－41 反时限过载保护特性

过载倍数	动作时间	起始状态
1.05	2 h 不动作	冷态
1.2	0.2～1 h	热态
1.5	90～180 s	热态
2.0	45～90 s	热态
4.0	14～45 s	热态
6.0	8～14 s	冷态

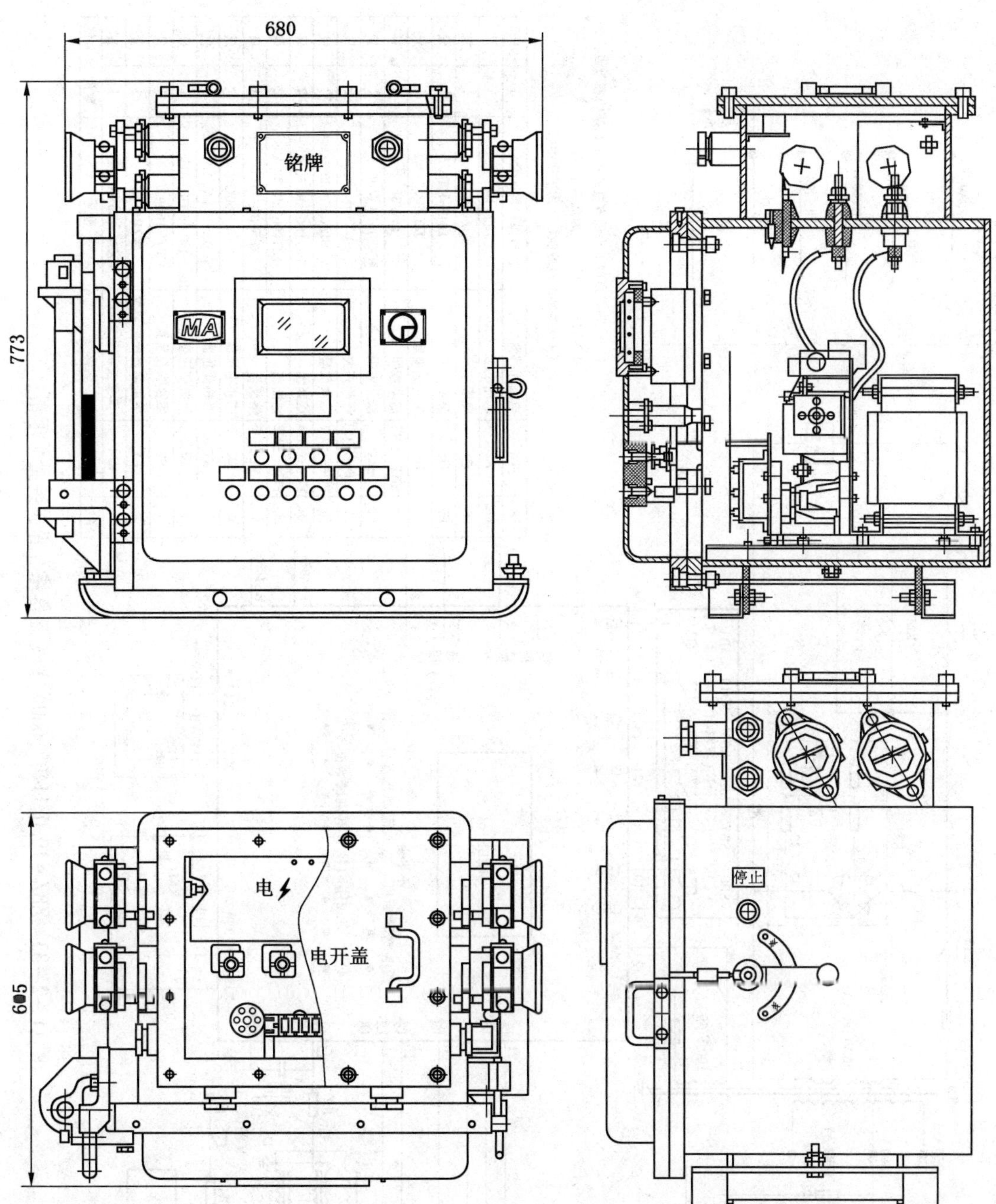

图 11-2-32　ZBZ-10.0/1140(660)Y 变压器综合保护装置外形尺寸图

短路保护特性：实际电流大于整定的“速断定值”时，分断时间小于 100 ms。

断相保护特性见表 11-2-42。

漏电保护与漏电闭锁保护：漏电闭锁、漏电保护动作值见表 11-2-43。

3）动作过程

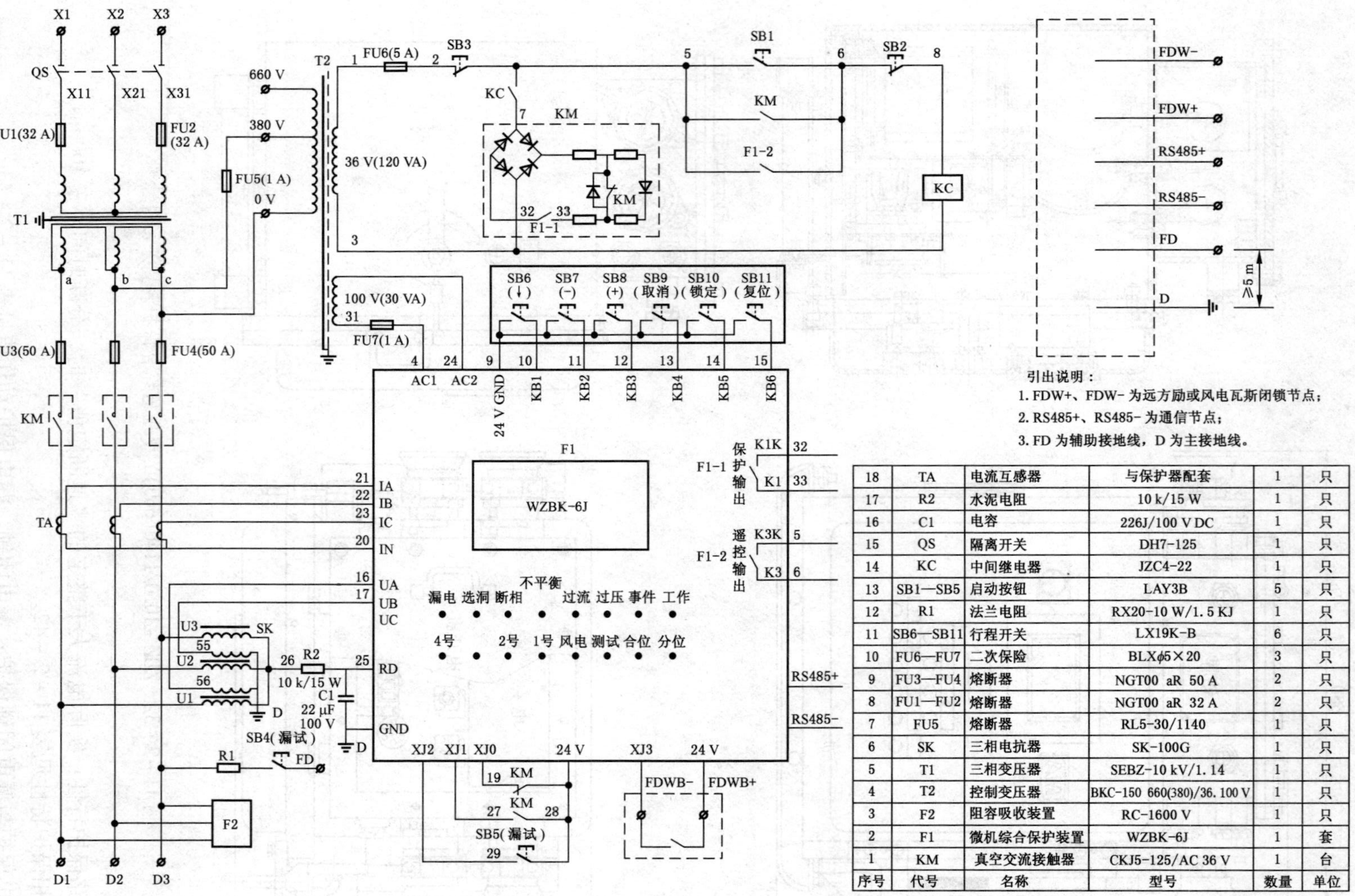

引出说明：

1. FDW+、FDW- 为远方励或风电瓦斯闭锁节点；
2. RS485+、RS485- 为通信节点；
3. FD 为辅助接地线，D 为主接地线。

序号	代号	名称	型号	数量	单位
18	TA	电流互感器	与保护器配套	1	只
17	R2	水泥电阻	10 k/15 W	1	只
16	C1	电容	226J/100 V DC	1	只
15	QS	隔离开关	DH7-125	1	只
14	KC	中间继电器	JZC4-22	1	只
13	SB1—SB5	启动按钮	LAY3B	5	只
12	R1	法兰电阻	RX20-10 W/1.5 KJ	1	只
11	SB6—SB11	行程开关	LX19K-B	6	只
10	FU6—FU7	二次保险	BLXϕ5×20	3	只
9	FU3—FU4	熔断器	NGT00 aR 50 A	2	只
8	FU1—FU2	熔断器	NGT00 aR 32 A	2	只
7	FU5	熔断器	RL5-30/1140	1	只
6	SK	三相电抗器	SK-100G	1	只
5	T1	三相变压器	SEBZ-10 kV/1.14	1	只
4	T2	控制变压器	BKC-150 660(380)/36.100 V	1	只
3	F2	阻容吸收装置	RC-1600 V	1	只
2	F1	微机综合保护装置	WZBK-6J	1	套
1	KM	真空交流接触器	CKJ5-125/AC 36 V	1	台

图 11-2-33　ZBZ-10.0/1140（660）Y 变压器综合保护装置原理图

表 11-2-42　断相保护特性

序号	过载电流/整定电流		动作时间	起始状态
	任意两相	第三相		
1	1.0	0.9	>1 h（$I_e \leqslant 63$ A） >2 h（$I_e > 63$ A）	冷态
2	1.15	0	<20 min	热态

表 11-2-43　漏电闭锁、漏电保护动作值

额定电压/V	漏电动作值/kΩ	漏电闭锁值/kΩ	1 kΩ 动作时间（无延时）
380	3.5	7	≤30 ms

注：动作时间指从漏电开始到保护器出口状态改变的时间。

合闸：合上隔离开关 QS，主变压器 T1 得电，二次侧输出 380 V，同时控制变压器 T2 也得电，二次侧输出交流 100 V 和 36 V 电压，分别为 WZBK-6J 保护器、交流真空接触器及其控制回路提供电源。这时，WZBK-6J 得电，工作灯亮，给出信号指示，进行各项功能的自检，若电网线路等一切正常，其保护触点 F1-1 闭合，为起动做好准备。按下起动按钮 SB1，中间继电器 KC 得电吸合，其常开触点 KC 闭合，于是，交流真空接触器 KM 得电吸合并自保。合位灯亮，给出相应的信号指示，380 V 主电路接通。此时保护器分别从电流互感器 TA 和三相电抗器 SK 上采集主回路电流和电压信号，用于过载、短路和欠压保护等。保护器的 R0 和 GND 端口采集附加直流检测信号用于合闸前的漏电闭锁保护和合闸后的漏电保护。F1-2 为 485 遥控合闸接点，合闸过程同上。

分闸：按停止按钮 SB2 或故障时 F1-1 接点断开，切断控制回路，中间继电器 KC 释放，交流真空接触器 KM 跳闸。合位和事件灯熄灭，工作和分位灯亮，给出相应的信号指示，负载侧输出切断。

（二）ZBZ-2.5(4.0)/1140(660，380)MG 变压器综合保护装置

1. 型号意义

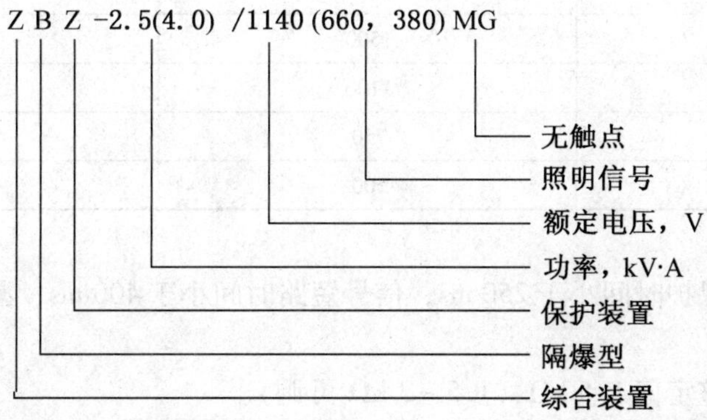

2. 主要电气参数

（1）主变压器（干式）参数见表 11-2-44。

表 11-2-44 主变压器（干式）参数

项 目	单位	ZBZ-2.5	ZBZ-4
额定容量	kV·A	2.5	4
额定电压	V	1140，660，380/133	1140，660，380/133
额定电流	A	1.27，2.49，3.79/10.85	2.02，3.49，5.8/17.36
接线方式		Y，Δ/Δ	Y，Δ/Δ
允许温升	℃	85	85
绝缘等级		B	B

（2）照明短路保护参数见表 11-2-45。

表 11-2-45 照明短路保护参数

电缆截面/mm^2	保护距离/m	
	ZBZ-2.5 电流整定值 11 A	ZBZ-4 电流整定值 5.5 A
6	1800	1800
4	1500	1400
2.5	1100	850
1.5	750	600
1	500	400

（3）信号短路保护参数见表 11-2-46。

表 11-2-46 信号短路保护参数

电缆截面/mm^2	保护距离/m	
	ZBZ-2.5 电流整定值 4.5 A	ZBZ-4 电流整定值 5.5 A
6	1800	1800
4	1500	1400
2.5	1100	850
1.5	750	600
1	500	400

（4）照明短路保护时间小于 250 ms；信号短路时间小于 400 ms；漏地保护动作时间小于 250 ms。

（5）漏地电阻整定值 1.5 kΩ（1.5～3 kΩ 可调）。

（6）漏地闭锁电阻动作值 3±1 kΩ。

（7）电缆绝缘危险指示值 10±2 kΩ。

（8）工作电压允许波动范围 U_e±15%。

3. 结构

综合装置的隔爆外壳为圆筒形，具有凸出的底和盖。壳盖与壳身采用转盖止口结构，外壳上部有一接线箱作为引进和引出电缆用。外壳右侧装有操作隔离开关的手柄和检查短路、漏电保护系统是否有效的试验按钮，并有可靠的机械联锁装置，当隔离开关闭合时壳盖打不开，壳盖打开时隔离开关不能闭合。壳盖上方有一观察窗，可以从外面观察到综合装置的状态指示灯。

主变压器与机芯的连接采用接线端子方式，检修时机芯可独立拿出。

电子线路部分采用插接方式，可以方便地拆卸。

主要元件作用：

（1）隔离开关 1K：正常情况下仅作隔离电源用，不允许带负荷操作。

（2）一次熔断器 1FU、2FU 对变压器进行短路保护。

（3）二次熔断器 3FU、4FU 为 127 V 系统进行后备保护。

（4）控制电源熔断器 5FU：保护控制变压器。

（5）电流互感器 LH1、LH2：用于 127 V 照明系统短路保护信号取样。

（6）电流互感器 LH3：用于 127 V 信号系统短路保护信号取样。

（7）主变压器 ZB：127 V 动力电源。

（8）控制变压器 KB：综合装置保护系统的低压电源。

（9）电子线路板插件：由保护电路的电子元器件组成，用于实现各保护功能。

（10）控制试验按钮 QA、TA：用于控制负荷的接入、分断以及试验保护功能是否动作正常。

（11）发光二极管 LED1－5：用于正常工作及故障状态指示。

（12）直流继电器 J：作为保护电路终端执行元件。

4. 电气原理

本装置电气线路主要由主电路和控制、保护电路组成，电气原理如图 11－2－34 所示。

1）主电路

由隔离开关 1K、一次熔断器 1FU 及 2FU、主变压器 ZB、二次熔断器 3FU 及 4FU、交流接触器 CJ 等元件组成。

2）控制电路

由接触器 CJ 线圈、送电按钮 QA、停止按钮 TA、控制继电器常开接点 J1 等组成。

装置投入工作时，首先闭合 1K，使主变压器 ZB 及控制变压器 KB 有电工作，此时发光二极管 LED3（运行）通电发光。在 127 V 网路（负载侧）无漏电状态下，继电器 J 得电吸合，按下送电钮 QA，给 CJ 线圈通电吸合，127 V 网路负荷得电工作。停电时，可按下 TA，使 CJ 断电释放，断开主接点。

3）保护电路

（1）稳压电源：由控制变压器 KB，整流桥堆 QSZ、R1、C1、C2、C9 集成稳压 T6 等元器件组成。控制变压器 KB（127 V/25 V）的二次输出桥式整流器 QSZ 整流，C1 滤波并经集成稳压器 T6 稳压后，输出 18 V 直流电压，作为保护电路的稳压电源。

（2）照明短路保护电路：由 A、B 相上的电流互感器、集成块 T1、T5 及外围电路组成。

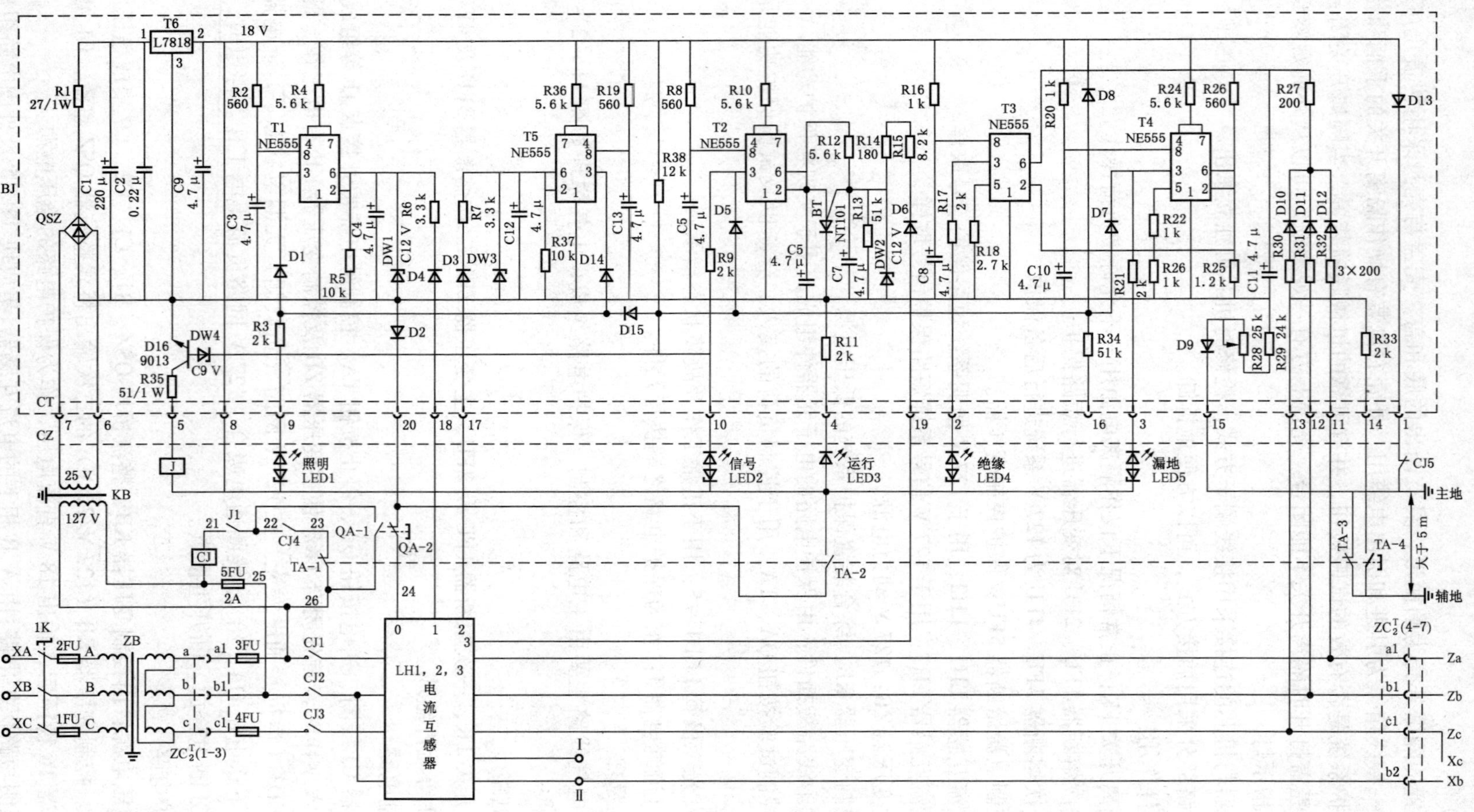

图 11-2-34　ZBZ-2.5（4.0）/1140（660，380）MG 变压器综合保护装置原理图

正常运行时，电流互感器信号电压（该电压为电流互感器 LH1、LH2 二次输出整流、滤波后的电压值）不足以使 T1、T5 翻转动作。当照明负载任意两相发生短路时，电流互感器信号电压经 D4 或 D3 半波整流在 R5 或 R37 上的电压使 T1 或 T5 翻转，T1、T5 输出端 3 号脚由高电平跳变为低电平。R3、DW4 电位变低，发光二极管 LED1（照明）亮，D16 截止，继电器 J 断开，CJ 失电断开，切断主电路。

（3）信号短路保护电路：由电流互感器 LH3 和集成电路 T2 及其外围电路组成。

正常运行时电流互感器信号电压（该电压为电流互感器 LH3 二次输出整流、滤波后的电压值）不足以使 T2 翻转动作。当信号负载发生短路时，电流互感器信号电压经 D6 半波整流，在 R13 上的信号电压使 T2 翻转，T2 输出端 3 号脚由高电平跳变为低电平。LED2（信号）亮，D16 截止，继电器 J 断开，CJ 断开，切断主回路。

由于信号回路具备声光指示，又因白炽灯丝由冷态变为热态时其电阻阻值相差很大，在启动时瞬间电流相当于短路电流，此时有可能产生误动作，所以在信号短路保护中设置了延时环节。在信号打点瞬间，由电流互感器信号电压使 C7 两端（BT 管控制极、阴极间）电压大于 C6 两端（BT 管阳极、阴极间）电压。此时 BT 管截止。在信号打点间歇时，则 C6 两端电压大于 C7 两端电压，此时 BT 管导通，将 C6 两端电压迅速放掉，防止了连续间断打信号，C6 两端积累电压大于 T2 门坎翻转电压而产生误动作。

R8、C5 退耦电路，R9 限流电阻，R10 自封锁负载电阻，R13 取样电阻，R12 延时电阻，R14、R15 调整电阻，D5 或门二极管，D6 半波整流二极管，DW2 保护稳压管 C7、C8 延时电容，BT 为 C7 放电电容。

（4）漏电保护电路：由集成电路 T4 及其外围电路组成。

127 V 未送电状态上，网路存在漏电故障时，电路可实现闭锁。其动作回路为电源 18 V 正→D13→插座端子 1→CJ5→接地极→127 漏电处→Za（Zb、Zc）→插座端子 11（12、13）→R30（R31、R32）→D10（D11、D12）→R27→R26→R25→电源负，R25 上的信号电压使 T4 翻转，T4 输出端由高电平跳变为低电平，D16 截止，继电器 J 断开，CJ 断开，切断主电路，同时发光二极管 LED5（漏地）给出信号指示。

R27，R30 ~ R32 限流电阻，R25 取样电阻，R28、R29 漏电动作值调整电阻，R24 自锁负载电阻，R21 限流电阻，R20、C10 退耦电路，D7 或门二极管，D9 隔离二极管，C10、C11 滤波电容。

（5）电缆绝缘危险指示电路：由集成电路 T3、R16 ~ R18、R25、R26、C8 等组成。

在网路对地绝缘电阻较高时，漏电信号电压较小，不足以启动 T3 触发器。当网路对地绝缘电阻下降达到一定数值时，R25、R26 的信号电压上升使 T3 触发翻转，其输出端由高电平跳变为低电平，LED4（绝缘）给出绝缘危险信号指示，当电缆绝缘电阻恢复至大于 13 kΩ 时，T3 达到自动返回状态，LED4 熄灭，撤销危险指示。

R16、C8 退耦电路，R17 限流电阻，R25、R26 取样电阻。

本保护电路的 T1、T2、T4、T5 触发器均具有自锁功能，必须将故障排除后，将 1K 重新合上方能恢复正常运行。

4）动作试验电路

（1）短路动作试验：接合 TA 其回路为电源正→插座端子 8→TA2→QA2→LH1，LH2

(LH3)→插座端子 17、18(19)→D3、D4、(D6)→R7、R6(R15、R14)→R5、R37(R13)→电源负，R5、R37、R13 上得到的信号电压使 T1、T5、T2 翻转，输出端由高电平跳变为低电平，继电器动作。

(2) 漏电动作试验：按下 TA 其回路为电源正→D13→CJ5→主接地极→TA4→R33→R30→R27→R26→R25→电源负，R25 上得到的信号电压使 T4 翻转，输出端由高电平跳变为低电平，继电器动作。

以上两种动作试验的模拟信号电压均由保护电路的直流稳压电源供给。

第三节　软　起　动　器

软起动器是一种集电机软起动、软停车、轻载节能和多种保护功能于一体的电机控制装置。软起动器采用三相反并联晶闸管作为调压器，将其接入电源和电动机定子之间。这种电路如三相全控桥式整流电路。使用软起动器起动电动机时，晶闸管对输出电压斩波降压。随着输出电压的逐渐增加，电动机逐渐加速，直到晶闸管全导通，电动机工作在额定电压的机械特性上，这就实现了平滑起动，降低了起动电流，避免了起动过流跳闸。待电机达到额定转数时，起动过程结束，软起动器自动用旁路接触器取代已完成任务的晶闸管，为电动机正常运转提供额定电压，以降低晶闸管的热损耗，延长软起动器的使用寿命，提高其工作效率，又使电网避免了谐波污染。软起动器同时还提供软停车功能，软停车与软起动过程相反，电压逐渐降低，转数逐渐下降到零，避免自由停车引起的转矩冲击。

软起动器的使用条件：

(1) 海拔高度不超过 2000 m;

(2) 周围环境温度为 -20 ~ 40 ℃;

(3) 周围环境相对湿度不大于 90% (20 ℃);

(4) 安装地基处的振动频率范围为 10 ~ 150 Hz 时，其最大振动加速度不超过 0.5 g;

(5) 有煤尘爆炸或甲烷混合物的场所;

(6) 安装倾斜度不超过 5°;

(7) 无破坏金属和绝缘材料的腐蚀性气体场所;

(8) 电网质量：输入电压波形为正弦波，输入电压幅度值波动不超过额定值的 15%，电源频率波动不超过额定值的 2%。

(一) QJGR - □/6 矿用隔爆兼本质安全型高压真空交流软起动器 (唐山开诚)

1. 型号含义

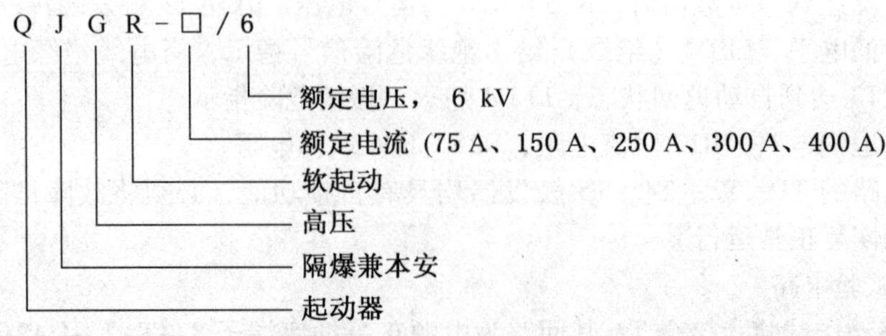

注：以上五种电流等级的软起动器中，仅电流互感器有区别，其余元件全部相同。

2. 主要电气参数

QJGR－□/6 矿用隔爆兼本质安全型高压真空交流软起动器的主要电气参数如下：

额定电压：6 kV；

最高电压：7.2 kV；

额定频率：50 Hz；

额定电流：75 A、150 A、250 A、300 A、400 A；

接触器关合电流：4000 A；

接触器开断电流：3200 A；

软起过载：100% ~850%，0 ~5 s 可调；

脉冲参数：70% ~700% I_e，0 ~2 s 可调；

控制模式：软起动、软停车、泵控、脉冲起动、硬起动；

频繁起动：12 次/h；

冷却方式：自然冷却；

本安参数：本安输出最高开路电压 AC21.7 V，本安输出最大短路电流 128 mA。

QJGR 系列各型号软起动器的主要电气参数见表 11－3－1。

表 11－3－1 QJGR 系列各型号软起动器的主要电气参数

序号	型 号	额定电压/kV	额定电流/A	额定功率		外形尺寸/mm		
				kW	马力	宽	高	深
1	QJGR－75/6	6	75	600	810	1940	1570	1050
2	QJGR－150/6	6	150	1210	1630			
3	QJGR－250/6	6	250	2170	2890			
4	QJGR－300/6	6	300	2610	3490			
5	QJGR－400/6	6	400	3480	4660			

3. 结构

软起动器为方形外壳，对开式快开关结构（图 11－3－1），有 3 个隔爆腔室（主腔室、进线腔室、出线腔室），本体为模块式推车结构。其主腔左侧为推车式软起装置组件，右侧分三层抽屉式推车模块即主接触器推车模块、变压器及电压互感器推车模块、旁路接触器模块，极易方便维护、检修和更换。

4. 技术特征及电气原理

1）软起动技术特征

当软起动器控制电压的幅值在 85% ~110% 额定电压范围内时，软起动器能可靠平稳起动电动机。软起动器在起动时，具有过载、短路、欠电流、三相电流不平衡、漏电保护；过电压、欠电压、保护；缺相、相序保护；旁路打开，起动次数太多，起动时间过长保护；错误连接，晶闸管短路保护；超温、参数错误保护；绝缘监视保护；电压、电流、功率、功率因数监控等保护功能。同时该软起动器还具有通信功能，标准 RS485 通信功能。

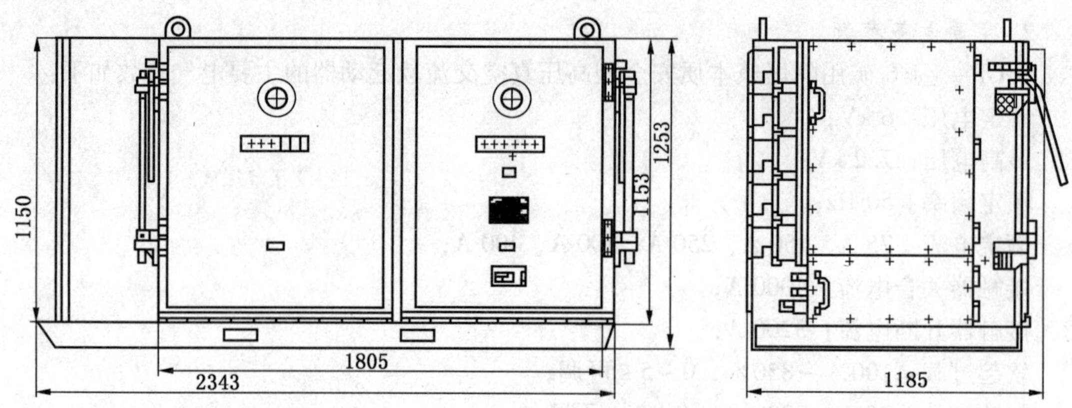

图 11-3-1　QJGR-□/6 矿用隔爆兼本质安全型高压真空交流软起动器外形尺寸

2）电气原理（图 11-3-2）

软起动器给电动机一个初始转矩，这个转矩用户可以在转子转矩 0~99% 间调整。从初始转矩开始，电动机逐渐加速，输出电压逐渐升高。用户可在 0~30 s 内调整加速时间。在加速过程中，当软起动控制器 MVDialogPlusTM 检测到电动机达到了额定状态，输出电压自动切换到全压状态，同时旁路接触器吸合。

突跳起动。突跳起动在起动时提供一个满载电流 550% 的突跳脉冲，可以帮助电动机产生较高的转矩来克服起动时的机械阻力。对于这个脉冲的宽度用户可以在 2 s 内选择。

限流起动。这种起动方式提供一种固定的降压起动，可用于必须控制最大起动电流时的情况。限流曲线是由用户设定的，数值范围是满载电流的 50%~600%，时间范围是 0~30 s。在起动过程中，当检测到电动机转速达到了额定转速时，输出电压会自动切换到全压状态，同时旁路接触器吸合。

双斜坡起动。这种起动方式对于负载的机械转矩或起动转矩变化的设备是有用的，此种方式允许用户在软起动和突跳起动中选择，这两种软起动方式有各自独立的初始转矩和起动时间。

全压起动。这种起动方式适用于需迅速起动的设备，输出电压在 0.3 s 内达到全电压。

3）起动和停止模式

上电过程：三相电压互感器 TV、变压器 BK1 得电，智能微机综合保护 GWZBQ 得电工作，若未检测到故障，则保护接点 K 闭合，继电器 ZJ2 得电吸合，其常开点闭合，为起动提供准备。

起动过程：用户可根据自身需要选择就地控制或远程控制，下面以就地控制为例说明，按下起动 QA1 按钮，本安先导回路接通，先导组件 XD 内部固态继电器 XJ1 动作，继而 XJ2 吸合，中间继电器 ZJ1 得电吸合，主接触器 CJ1 得电吸合，接入主电源，由于控制器的 5、6 脚通过 ZJ1 触点和 CJ2 辅助触点得电，软起动装置开始按预先设置的起动模式，触发可控硅，进入软起状态，当软起完成后，软起装置内置旁路继电器动作，ZJ5 得电吸合，于是，旁路接触器 CJ2 得电吸合，旁路投入运行，软起动硅组件退出运行，起动过程结束。

停止过程：按下停止按钮 TA1，先导回路断电，先导继电器内置固态继电器 XJ1 打开，XJ2 断电释放，ZJ1 失电，由于 ZJ1 释放，控制器 5、6 脚断电，ZJ5 断电释放，旁路接触器 CJ2 打开，软起动装置按预先设置的软停车模式进入软停车状态（说明：软起动内置中间继电器的特点是在起动时软起动一触发，就立即闭合，即 ZJ3 一直闭合，为停车作准备，在停车过程中，内置中间继电器先不打开，只有软停结束完毕才延时打开，此时，ZJ3 也才释放），软停完毕，ZJ3 释放，这时主接触器 CJ1 线圈才会断电，释放主触头，从而将软起装置脱离主电路，整个停止过程结束。

硬起停：将硬起、软起选择开关打向硬起动，此时软起动控制器断电、脱离系统，中间继电器 ZJ5 旁路接触器 CJ2 吸合为硬起动做好准备，若按下起动 QA1 按钮，XJ1 吸合，XJ2 吸合，ZJ1 吸合，CJ1 吸合，电动机直接进入全压起动。若需停止，按下 TA1 按钮，XJ1 释放，XJ2 释放，ZJ1 释放，CJ1 释放，电动机断电进入自由停车（注：硬起动适合安装试车或紧急情况下软起动装置不能正常工作时使用）。

联控过程：当有 2 台或以上软起动装置需要联机自动控制时，先按下图接好控制线，再将首台及中间任意台软起动智能综保装置的“选择机型”菜单设为多机单速的前机，末台软起动智能综保装置则选为多机单速的尾机。首台的近远控选择根据用户需要自定，其他的则一律打向远控。

（二）QJR－□/1140(660)系列矿用隔爆兼本质安全型软起动器

1. 型号含义

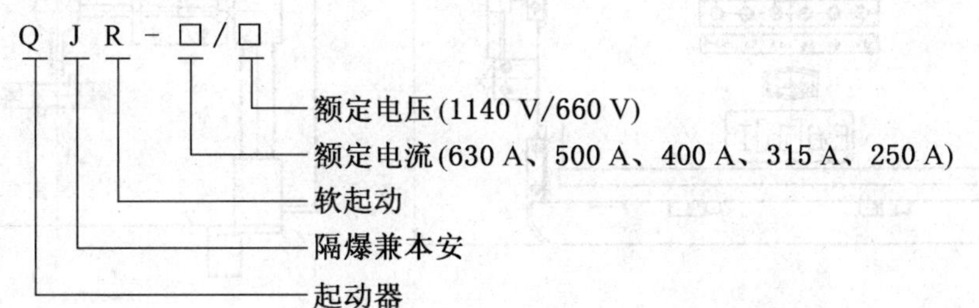

2. 主要电气参数

QJR－12/1140(660)系列矿用隔爆兼本质安全型软起动器的主要电气参数见表 11－3－2。

表 11－3－2　QJR－□/1140(660) 系列矿用隔爆兼本质安全型软起动器的主要电气参数

型　号	QJR－400/1140(660)	起动方式	电流闭环、恒转矩
额定电压/V	380、660、1140	软起时间/s	0～120
额定电流/A	400（200、315、400）	软停时间/s	0～30
配接电机功率/kW	0～590	工作制	断续
最大电流过载倍数	6 倍以下可调	冷却方式	自然冷却
防爆型式	隔爆兼本质安全型	防爆标志	Exd[ib]I
本安回路	最高开路电压 DC34V	最大短路电流 15 mA	

3. 结构（图 11－3－3）

软起动器由装在撬形底架上的方形隔爆外壳，本体为推车式结构。

主腔本体装配有：旁路交流真空接触器，隔离换向开关，控制变压器，可控硅组，控制与保护器，继电器等常规起动控制元件。大功率双向可控晶闸管，16 位双微机控制软起动，软停止电子插件组等高科技电子控制单元。

外壳上装有：起动按钮、停止按钮、设定按钮、隔离换向手把及其同前门之间的机械闭锁装置。接线腔装有 4 个主回路进出线引入装置和 4 个控制回路进出线引入装置，主回路引入装置可通过外径为 30～78 mm 的电缆，控制线引入装置可通过外径为 12～19 mm 的控制电缆。

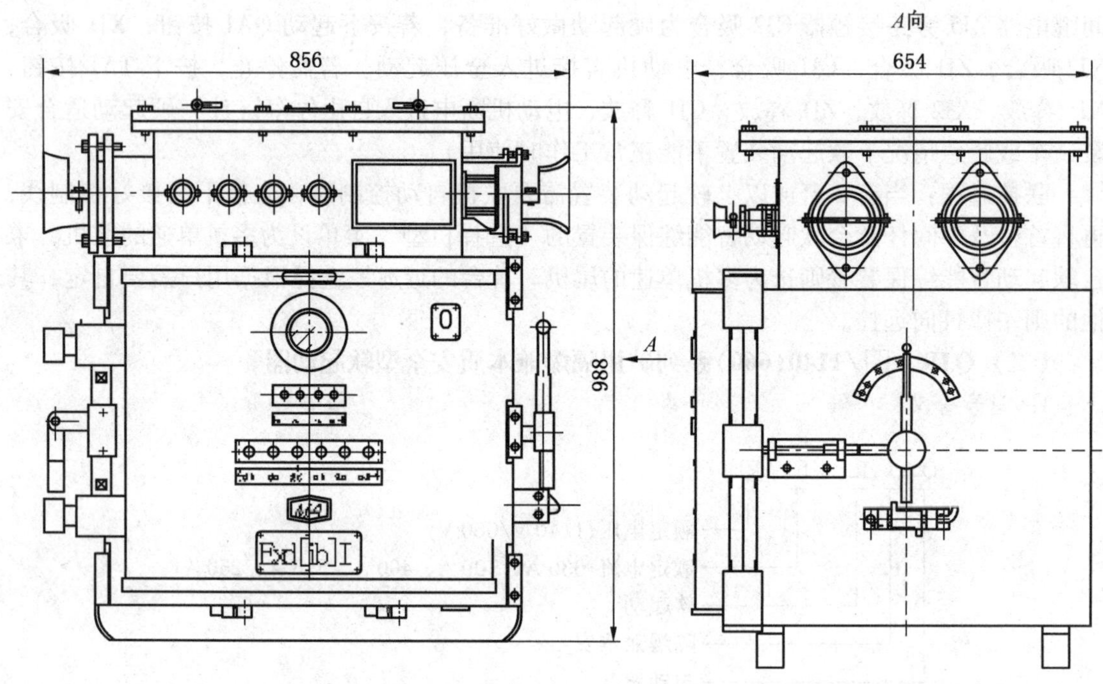

图 11－3－3　QJR－□/1140(660) 系列矿用隔爆兼本质安全型软起动器外形尺寸

4. 工作原理

1）工作特性

本软起动器以反并联的三组大功率晶闸管作为软起开关，以多功能软起动控制器作为控制核心。在电动机的起动过程中，电动机的输出力矩随电压而增加，当软起动器的输出电压较小时，电机力矩小于负载的静摩擦力矩，不能使负载转动。随着输出电压的不断增大，电动机力矩克服了负载的静摩擦力矩和惯量，使负载开始转动（控制器可按用户要求预设的曲线对电动机进行自动控制，并保证起动加速度控制在 $0.1\ m/s^2 \leqslant a \leqslant 0.3\ m/s^2$ 范围内，使其平滑可靠地完成起动过程）；软起动器在起动时提供一个起始电压 U_S（图 11－3－4），将 U_S 调节到合适的值，可在起动时使负载立即开始转动。输出电压从 U_S 开始按一定的斜率上升，电动机不断加速。当输出电压达到 U_R 时，电动机也基本达到额定转速，

U_R 就称为达速电压；软起动器在起动过程中自动监测达速电压，当电动机达到额定转速时切换到运行状态。对于不同的负载，达速电压的数值可能不同；起动时间 T_S 指输出电压从 0 上升到 1140（660、380）V 所需的时间，也即是输出电压在 U_S 与 U_R 之间的斜率。电机的实际起动时间与负载大小有关，正常情况下应小于 T_S。当电动机起动过程完成后，由控制器控制交流接触器吸合，短接所有的晶闸管，使电动机直接投入电网全压运行。

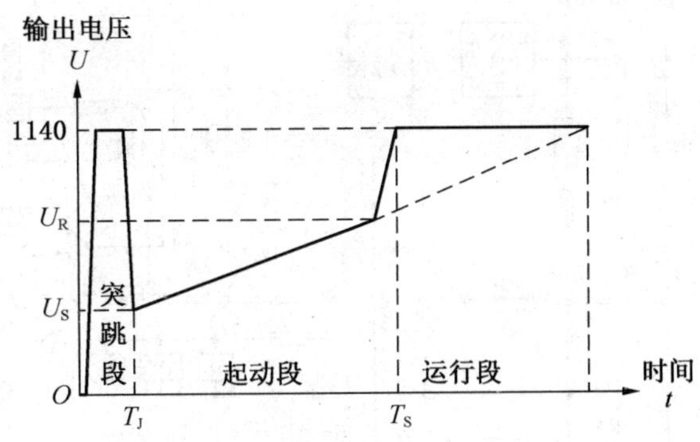

图 11-3-4 软起动起动过程示意图

2）起动和停止模式

电压斜坡模式：以电压斜波上升方式提供电动机控制电压适用于中等负载，提高起始电压百分比可增强带载能力。

限流斜坡模式：以电流斜波上升方式提供电动机控制电流适用于中重等负载，提高起始电压百分比可增强带载能力。

电流斜坡模式：以电压环为外环、电流环为内环的方式，对电机控制电压进行控制，适用于重负载，提高起始电压百分比可增强带载能力。

软停模式：设定停车方式为软停并设定软停时间，按“软停”按钮后可控硅重新打开，接触器断开，按预设的曲线进行软停止，等软停结束后自动转到待机状态。

急停模式：按“急停”按钮后，接触器断开，自由停车后自动转到待机状态。

3）工作过程

参照图 11-3-5（以远控为例说明）：接上远控按钮，送上电源，显示板上 ABC 电源灯亮起，合上隔离换向开关 GHz，显示板上 ABC 换向灯亮起，控制变压器 BK 得电，控制与保护器 QJ 及漏电闭锁组件 K 投入工作，若电源和负载都正常，即可开启起动器。此时按下起动按钮 QA，本安先导 XD 的继电器 XJ1 闭合，从而 XJ2 闭合，延时继电器 KM1 和时间继电器 SJ1、SJ2 得电吸合，线号 41 与 42 通过 KM1 闭合而进入软起动状态，可控硅按预先设定的模式结合现场条件，触发导通。当软起动过程结束后，切换触点 QJ 闭合，中间继电器 KM2 吸合，CJ 吸合，旁路真空接触器投入运行，此时自保触点由 KM1 切换到 CJ，起动完成。

停止时按下前门停止按钮即可，过程与起动时相反，如果设定为软停车，则按设定的模式进行。若按下右侧闭锁按钮 BS，则立即进入停止状态（软停车无效）。

4）安装和使用

（1）软起动器安装方便，只需将软起动器接于电机与馈电开关之间。

（2）使用前必须检查软起动器控制变压器电压等级与电源等级是否相同。如果不同，则需要调整控制变压器的抽头（1-6 为 1140 V，2-5 为 660 V，3-4 为 380 V）、漏电闭锁端子（在中间接触器 JZC2 上）闭锁电阻等级和保护器内部电压等级菜单，用户可以根

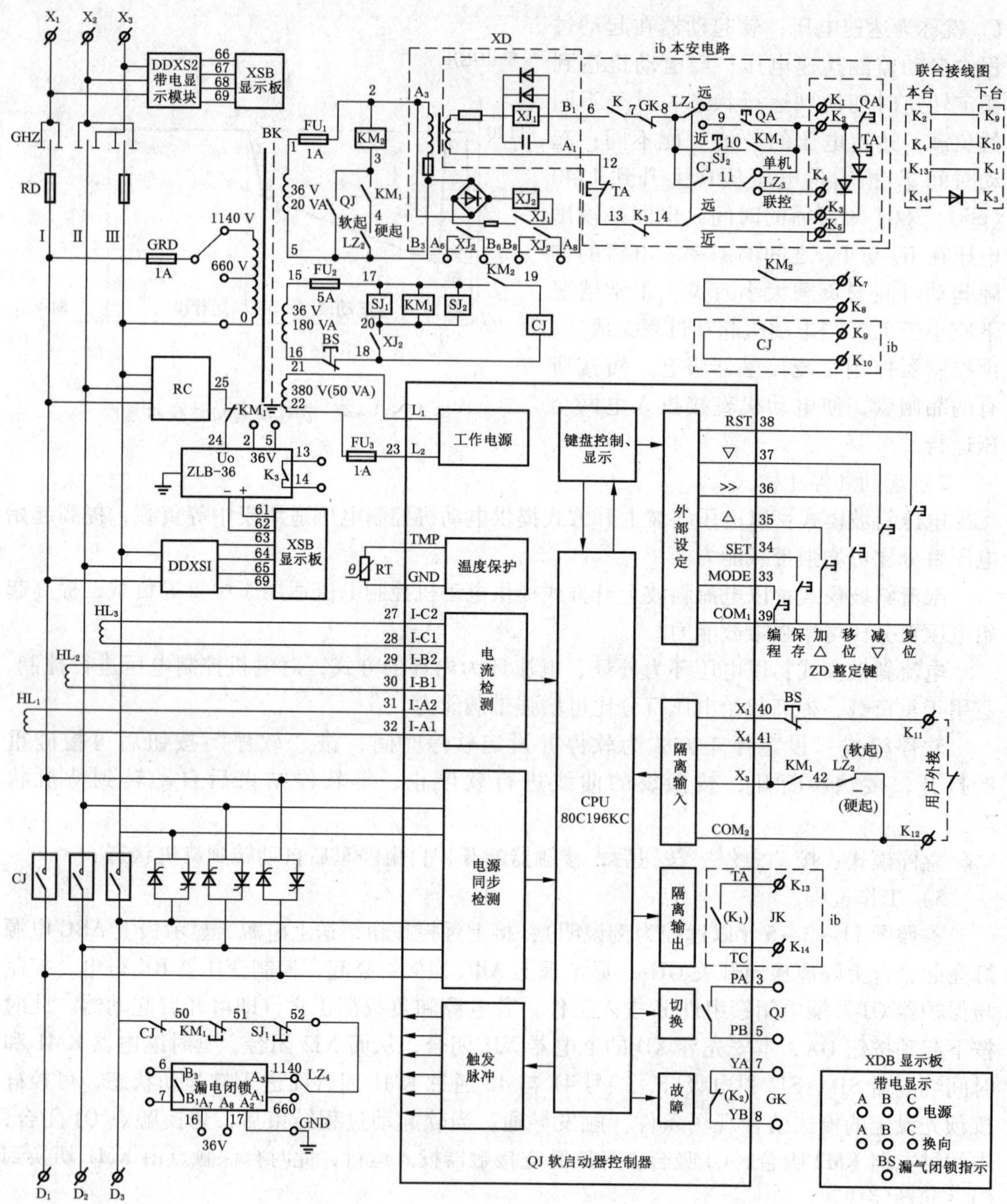

图 11-3-5　QJR-□/1140(660) 系列矿用隔爆兼本质安全型软起动器原理图

据需要，改变电压等级（一般出厂为 1140 V 接线）。

（3）软起动器的操作方式有两种：近控和远控。

近控方式：将软起动器中“远控/近控”置于“近控”位置，通过软起动器上“软起”“软停”和“急停”按钮进行起停控制。

远控方式：将软起动器中“远控/近控”置于“远控”，将接线腔内本安九芯接线端子（X1）的1和2之间接起动按钮（常开），2和3之间接软停按钮（常闭）。当换相开关闭合后，软起动器的起停由操作人员操纵按钮来控制。当按下起动按钮时，软起动开始工作；当按下软停按钮时，软起动器停止工作。

（4）软起动器还具有磁力起动器功能，在软起动发生故障时，可以将软起动器中“直起/软起”置于“直起”位置，按钮“软起”为启动按钮，“软停”为停止按钮。

第四节　变频调速装置

矿用隔爆兼本质安全型高压变频器（以下简称高压变频器）适用于含有爆炸性气体环境的煤矿井下，作为刮板输送机、带式输送机等类似场合的三相交流异步电动机调速控制用，能实现交流电机在各种负载情况下的平滑启动、调速、停车等功能，彻底消除机械及电气冲击，延长设备使用寿命。使用多台变频器拖动同一带式负载时，各变频器之间自动调节，实现多台变频器之间的动态功率平衡。

高压变频器的使用条件如下：

海拔高度不超过2000 m；

周围环境温度应在0～40 ℃范围内；

空气相对湿度不大于95%（25 ℃时）；

无蒸汽或破坏金属和绝缘材料的腐蚀性气体的场所；

无显著摇动和剧烈冲击振动的环境；

无滴水的场所；

污染等级不高于3级。

一、矿用隔爆兼本安型高压变频装置

（一）BPJA系列矿用隔爆兼本安型高压变频装置

1. 型号意义

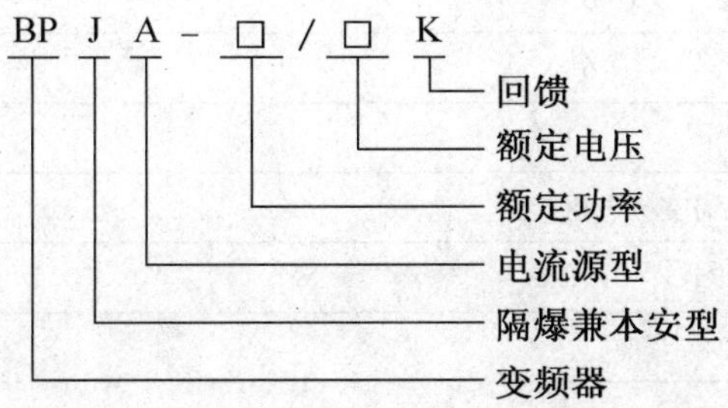

2. 主要技术参数（表11－4－1）

（1）额定输入频率/允许变化范围，50 Hz，±10%；对电网电压波动的敏感性，+10%～－30%，满载满速变频器额定效率，97%；满载满速输入侧满载额定功率因数，0.95。

（2）系统噪声等级：≤85 dB。

（3）主要保护：变频调速装置设有过载、短路、欠压、过压、缺相、漏电保护和绝缘监视等保护功能。装置具有故障断电功能，出现故障时，通过控制继电器可分断前级高压配电装置。装置输入侧设有金属氧化抑制器输入电压保护。冷却系统设有水温高、水温低、系统压力低、电导率高、流量低、水箱水位低等保护。

（4）逆变均采用脉宽调制（PWM）及选择谐波抑制（SHE）调制技术，在直流侧集成单铁芯式直流电抗器，消除共模干扰。在整个调速和负载范围直接输出近似正弦的电压和电流波形 PWM 电流型变频器输出无 dv/dt 及 di/dt 产生，无需另加电机端滤波器，可直接拖带普通旧电机。电机无额外温升，不必降容使用。

（5）整流及逆变触发信号采用光纤隔离。

（6）低压测试模式：门极测试模式、SCR 触发模式、SGCT 触发模式、系统测试模式。

（7）具备电机自动整定方式。

（8）通信方式：ControlNet 通信协议、以太网、MODBUS 等。

（9）冷却形式：液冷。去离子水冷却装置包括：循环介质再生及补充系统，强制循环系统，水—风热交换器共 3 个部分，冷却液为纯净水 + 乙二醇。

表 11-4-1 BPJA 系列矿用隔爆兼本安型高压变频装置的技术参数

项目	参数	
额定输入电压	电压允许变化范围 ±10%，频率 50 Hz，频率允许波动范围 ±5%	
电机功率	800 kW，1000 kW，1200 kW	2 × 800 kW，1000 kW，1200 kW，1500 kW，1600 kW
技术方案	CSI-PWM	
控制方式	直接矢量控制	
整流形式及元件参数	PWM，SGCT6.5 kV	
逆变形式及元件参数	PWM，SGCT6.5 kV	
传动象限	4	
低压测试模式	门极测试模式、SCR 触发模式、SGCT 触发模式、系统测试模式	
通信方式	ControlNet 通信协议、以太网、MODBUS 等	
系统输入电压	6 kV	3.3 kV
系统输出电压	6 kV	3.3 kV
逆变侧最高输出电压	6 kV	3.3 kV
对电动机要求	无需变频电机	
额定功率因数	0.95	
额定效率	97%	
对电网电压波动的敏感性	+10% ~ -30%	
过载能力	1.5 倍（或 2 倍），1 min	
操作键盘	中/英文彩屏显示。具备“设置向导”功能。操作员终端上对输出电流，电压，速度，负载的棒形数显表	

表 11-4-1（续）

主回路与控制回路电隔离方式	光纤	
电机整定方式	手动、自动	
主要保护	变频器设有过载、短路、欠压、过压、缺相、绝缘监视等保护功能；冷却系统设有水温高、水温低、系统压力低、电导率高、流量低、水箱水位低等保护	
可靠性指标（平均无故障工作时间）	100000 h	
系统噪声等级	≤85 dB	
变频器箱外形尺寸及重量	4390 mm×1480 mm×1620 mm，8400 kg	5300 mm×1490 mm×1645 mm，13000 kg
滤波器箱外形尺寸及重量	2580 mm×1410 mm×1665 mm，6100 kg	
环境温度	0～+40 ℃	
相对湿度及适用情况	周围环境相对湿度不大于98%（+25 ℃）；在有甲烷、煤尘爆炸性气体的煤矿井下中工作；在无淋水、积水的地方；在无剧烈冲击和振动的地方	
大气压力	80～106 kPa	
冷却方式	水水冷却或水风冷却	
安装方式	落地式	

3. 结构（图 11-4-1）

BPJA-/6(3.3)K 型矿用隔爆兼本质安全型交流高压变频调速装置（以下简称变频调速装置）变频调速装置主要由滤波器箱、变频调速箱、水冷系统组成。

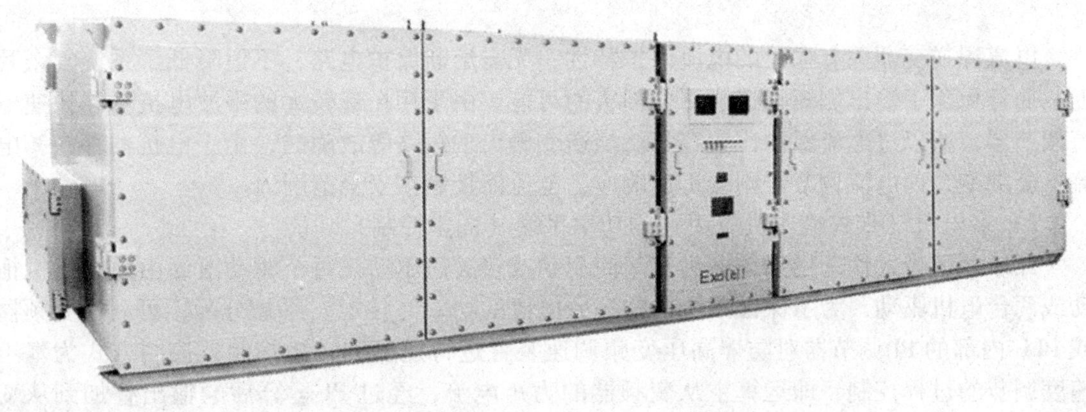

图 11-4-1 BPJA 系列矿用隔爆兼本安型高压变频装置外形图

(1) 变频调速箱为隔爆兼本质安全型，防爆标志为 Exd[ib]I，主要包含 PWM 整流器、PWM 逆变器、变频器控制单元、DPM 保护单元和输出滤波电容等。主要功能如下：

① 采用直接矢量控制技术完成交流电机的变频调速；具有四象限工作能力。

② 整流器和逆变器采用特定谐波消除技术，去除了输入输出电流波形中的低次谐波，使电流波形更接近正弦波。

③ 内置完善的高压电机（电器）综合保护系统。

（2）滤波器箱为隔爆型，防爆标志为ExdI，包含电抗器、输入滤波电容、中性线电阻等。主要功能：衰减输入电流中的高次谐波；拟制共模电压；限制短路电流的冲击等。

4. 电气原理

1）高压变频，结构性电流保护

该变频装置利用6500 V的高压功率器件直接架构6 kV的变频器：18只SGCT组成6 kV的整流器，18只SGCT组成6 kV的逆变器，变频器输出直接为6 kV，无需外置/内置升压变压器或马达滤波器等类似变压环节，如图11－4－2所示。

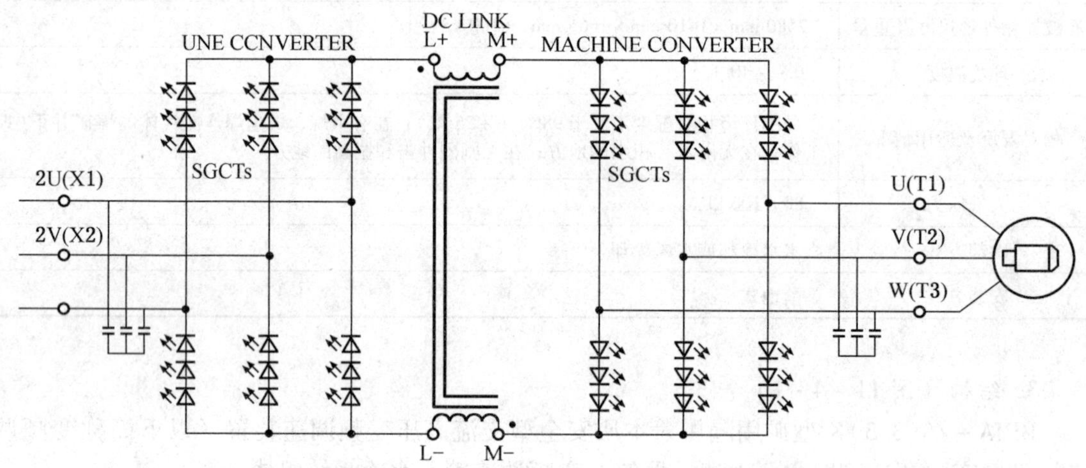

图11－4－2　BPJA系列矿用隔爆兼本安型高压变频装置电气原理图

电流源逆变器固有强壮的电流保护特性，无需熔断保护电路，不但降低了系统复杂程度，而且免除了输出侧短路造成器件损害的可能。由于存在着较大的平波电抗器和快速电流调节器，所以过电流保护比较容易。当逆变侧出现短路等故障时，由于电抗器存在，电流不会突变，而电流调节器则会迅速响应，电流能控制在安全范围内。

2）多电机（带式输送机应用）的功率平衡（同步控制）功能

煤矿井下带式输送机系统多为双滚筒驱动或多滚筒驱动，每个驱动滚筒由单台电机拖动或两台电机驱动，为了保证系统内的多台电机的功率（转矩）平衡分配，可利用变频器或PLC内部的PI调节器对防爆高压变频调速装置进行速度和转矩控制，控制方式为基于速度调节的过程控制，即运算主从变频器的力矩电流，经过PI运算后的输出叠加到从变频器的速度给定或转矩给定。该功率平衡模式适用于同轴连接方式和弹性连接方式，适用性广，不易产生震荡，稳定性强。

3）软启动、软停止特性及S形加速曲线

软启动、软停止特性是带式输送机、提升机、刮板输送机等大惯量恒转矩负载驱动系统的必备条件。该变频器的启动、停止时间任意可调，也就是说启动时的加速度和停车时的减速度任意可调，同时为了平稳启动，还可匹配其具备的S形加减速时间，这样可将机械系统起停时产生的冲击减至最小。

4）四象限运行特性

电流型高压变频器有能量回馈能力，系统可以四象限运行。虽然直流环节电流的方向不能改变，但整流电压可以反向，能量可以回馈到电网。

该变频器采用的是SGCT整流，是完全受控的整流，带有输入电源检测板可以实时检测输入的电压和电流相位并通过CIB板（用户界面控制板）调整整流部分SGCT的触发角，从而起到矫正波形和补偿电网功率因数的作用，该变频器本身产生的谐波非常小，不会对电网产生影响。当电机从正常运行转入制动运行时，电动机的输出转矩从与转速同向变为与转速反向，电动机侧逆变器将电动机发出的有功功率传递给直流电感，促使直流电感电流上升，电感电流PI调节器检测到这一上升电流后，将触发 θ 向后移动，使网侧逆变器进入能量回馈状态。

5）直接矢量控制技术

采用有/无速度传感器直接矢量控制。使用数字信号处理器（DSP）和现场可组态门排列控制器（FPGA）的全数字控制，可选带测速反馈的全矢量控制。电流型变频器具有电流内环，可利用强大的电流控制能力快速增加电机转速，特别适用需频繁快速调节的大惯性负载的控制。

6）整流控制和谐波抑制调制技术

PWM整流器采用AFE整流控制技术，内核采用选择谐波抑制（SHE）调制技术，可对高次谐波进行有效的抑制，直接满足IEEE519－1992谐波抑制标准及GB/T 14549标准要求且不增加系统的复杂性，避免对电网环境和稳定性造成破坏。

（二）BPJV系列矿用隔爆兼本安型高压变频装置

1. 型号意义

1）矿用隔爆兼本质安全型高压变频器系列

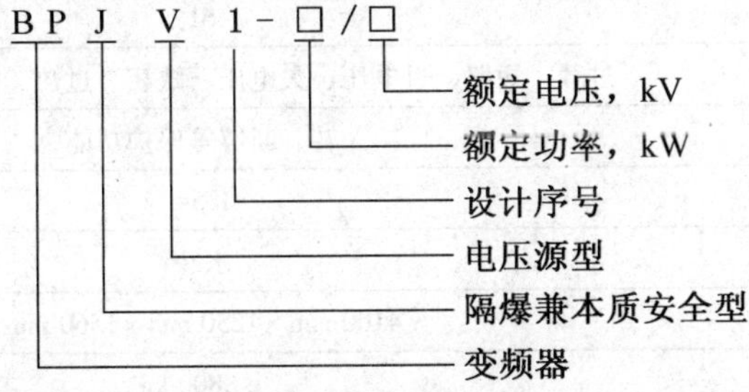

2）矿用隔爆兼本质安全型高压组合变频器系列

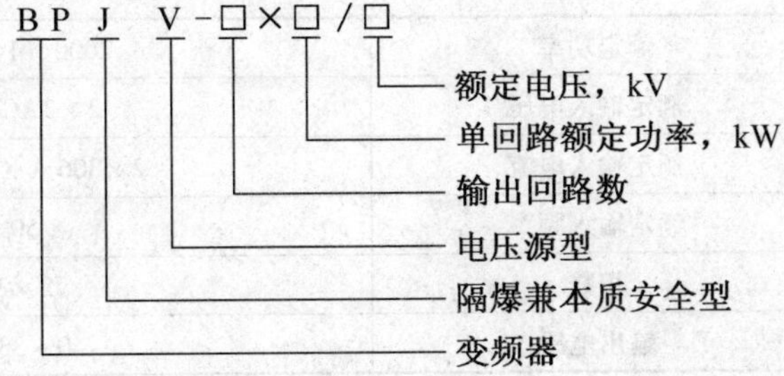

2. 主要技术参数（表 11－4－2、表 11－4－3、表 11－4－4）

表 11－4－2　BPJV 系列矿用隔爆兼本安型高压变频装置的技术参数

型　号	额定功率/kW	额定输入电压/V	输入电流/A	相数	输出电流/A	输出频率范围/Hz	供电方式	冷却方式	外形尺寸 长×宽×高/(mm×mm×mm)	重量/kg
BPJV－525/3.3	525	2×1700	2×113	3	0～120	0～300	12 脉	水冷	3520×1000×1100	4300
BPJV－855/3.3	855	2×1700	2×185	3	0～190	0～300	12 脉	水冷	3520×1000×1100	4300
BPJV－1250/3.3	1250	2×1700	2×275	3	0～280	0～300	12 脉	水冷	3520×1000×1100	4300
BPJV1－1400/3.3	1400	2×1903	2×250	3	0～290	0～300	12 脉	水冷	4116×1480×1853	11000
BPJV1－2000/3.3	2000	2×1903	2×306	3	0～406	0～300	12 脉	水冷	4116×1480×1853	11000
BPJV－3×525/3.3	3×525	2×1700	2×340	3	3×(0～120)	0～300	12 脉	水冷	4100×1250×1560	8800
BPJV－3×855/3.3	3×855	2×1700	2×554	3	3×(0～190)	0～300	12 脉	水冷	4100×1250×1560	8800
BPJV－3×1250/3.3	3×1250	2×1700	2×825	3	3×(0～280)	0～300	12 脉	水冷	4100×1250×1560	8800

表 11－4－3　BPJV－3×1250(855，525)/3.3 型变频装置的技术参数

输入参数	额定功率	3×1250 kW（3×855 kW，3×525 kW）
	额定输入电压	2×3AC1700 V
	电压波动范围	±10%
	额定输入电流	2×825 A（2×564 A、2×345 A）
	额定输入频率	50 Hz
	相数	2×3 相
	输出电压	0～3300 V
输出参数	输出电流	0～3×280 A（0～3×192 A、0～3×117 A）
	输出频率范围	0～200 Hz
工作制式	S1	
保护功能	过载、短路、过电压、欠电压、缺相、过热、漏电、接地、堵转、断链等保护功能	
外壳防护等级	IP54	
冷却方式	水冷	
尺寸（长×宽×高）	4100 mm×1250 mm×1560 mm	
重量	≤8800 kg	

表 11－4－4　BPJV－2000(1400)/3.3 型变频装置的技术参数

输入参数	额定功率	2000（1400）kW
	额定输入电压	2×3AC 1903 V
	额定输入电流	2×306 A（2×250 A）
	额定输入频率	50 Hz
	相数	2×3 相
	输出电压	0～3300 V

表 11-4-4（续）

输出参数	输出电流	0～406（290）A
	输出频率范围	5～50 Hz
工作制式	S1	
本安参数	U0，DC12 V；I0，1.3 A	
保护功能	过载、短路、过电压、欠电压、缺相、过热、漏电、接地等保护功能	
外壳防护等级	IP54	
环境	环境温度/湿度	5～+40 ℃/空气相对湿度不大于 95%（25 ℃时）
	使用场所	煤矿井下有爆炸性气体及煤尘的场合
	振动	无显著摇动和剧烈冲击振动
冷却方式	水冷	

3. 结构

变频器的结构组成如图 11-4-3 所示。

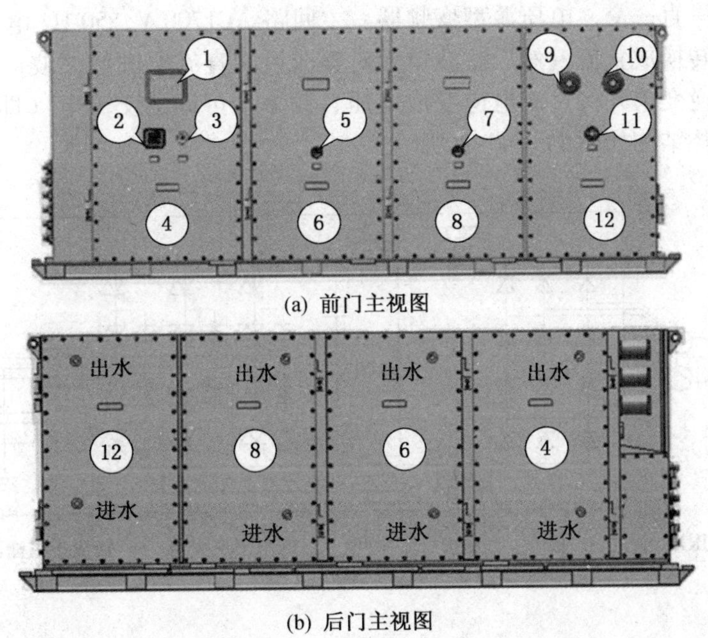

(a) 前门主视图

(b) 后门主视图

1—显示屏；2—键盘；3—调试接口Ⅲ；4—逆变腔室Ⅲ；5—调试接口Ⅱ；6—逆变腔室Ⅱ；7—调试接口Ⅰ；8—逆变腔室Ⅰ；9—RST-LED 指示窗；10—DC-LED 指示窗；11—急停按钮；12—整流腔室

图 11-4-3 BPJV-□/3.3 型矿用隔爆兼本安型高压变频装置结构组成

如图 11-4-3a 所示，变频器的外形为直式长方体，分为 4 个腔室，从右至左，依次为整流腔室、逆变腔室Ⅰ、逆变腔室Ⅱ、逆变腔室Ⅲ。整流腔室主要包含真空接触器、整流模块、预充电回路以及控制电源等；逆变腔室Ⅰ、Ⅱ、Ⅲ内置 3 个同样的逆变回路调制单元，每个回路调制单元包含高压滤波模块、高压 IGBT 模块组成的逆变模组及逆变控制单元等元器件。每个逆变腔室都配有调试接口，方便用户对每一个逆变回路进行参数设置和故障诊断。

如图 11－4－3b 所示，为变频器后门水冷单元主视图，变频器的主要发热元器件直接固定在变频器背面检修门的四个水冷散热板上，变频器运行过程中功率器件产生的热量传到冷却板上，由冷却水将热量带走。

4. 电气原理

变频器主要由整流单元、滤波单元、逆变单元、水冷单元以及低压控制单元五大部分组成，变频器的低压控制部分主要布置在输出端盖上。动力电源的输入以及负荷电缆的输出均采用快速电缆连接器结构。

本变频器启动转矩大、启停平稳等特点，能实现交流异步电动机在各种负载情况下的重载软启动、调速、停车等功能，彻底消除机械及电气冲击，延长设备使用寿命。在使用多台变频器拖动同一带式负载时，各变频器之间自动调节输出转矩，实现多台设备之间的动态功率平衡。

1）主回路

变频器为交—直—交、电压源型变频器。主回路 AC1700 V，50 Hz 电源经真空接触器引接到整流单元转换成直流，然后滤波单元对整流后的直流电进行滤波，最后经 IGBT 和控制电路组成的逆变单元将直流电逆变成电压、频率均可调的交流电（即 VVVF 电源）。变频器主回路拓扑结构如图 11－4－4 所示。

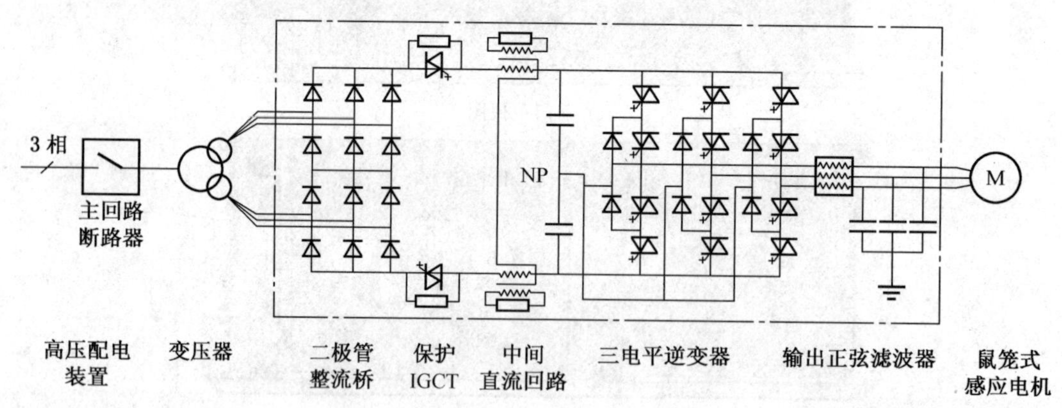

图 11－4－4　变频器主回路拓扑结构

2）控制单元

频器的控制单元包括高压变频器主控器（以下简称主控器）、数字处理单元、功率适配模块、检测模块。

（1）主控器是整个变频器的控制核心，各种信息的处理、控制以及指令的发送都是由它来完成。通过 CAN 总线方式与检测模块、显示模块之间进行数据通信，根据检测数据完成设备的数据采集与输出，并将变频器的运行状态信息在实时传输至显示模块；通过 RS－485 总线与三个数字处理单元之间进行通信，控制并获取数字处理单元的工作状态。

（2）数字处理单元是控制逆变输出的核心，变频器采用3个数字处理单元，分别控制三路逆变输出。数字处理单元主要接收主控器的控制命令，驱动功率适配模块，实现对IGBT模组的触发。同时，能够接收功率适配模块的反馈信号，实现系统回路的保护功能。

（3）功率适配模块可以接收数字处理单元的控制命令，通过光纤对IGBT进行触发操作；接收各电压、电流检测器件的信号，并将采集到的信号传输至数字处理单元。

（4）检测模块主要包含键盘模块、数字量输入输出模块、模拟量输入模块、温度检测模块等。

3）整流单元

变频器内部配置12脉波整流器，可降低变频器对电网的谐波干扰。变频器整流电压为两个整流器直流电源的叠加。在变频器处于故障状态时，不允许合闸充电。

4）IGCT（无熔断器设计）保护

变频系统使用最新的功率半导体开关器件IGCT作为主电路保护器件。不同于传统的熔断器，位于整流器和直流回路之间的IGCT可以直接把逆变器和主电源隔离，且分断时间为25 μs，比传统的熔断器快1000倍。使用IGCT作为传动系统的保护，使得传动系统的元器件数目少。

5）三电平逆变单元

逆变器采用三电平控制技术，加上LC低通滤波器可以降低逆变器开关时对电机输出的高次谐波。

6）输出正弦波滤波器

变频器标配的低通LC滤波器，可以减小输出电压中的谐波含量。采用LC滤波器之后，输送给电机的电压波形为正弦波。消除了电机轴承中存在的容性耦合高频电流，并消除了共模电压的影响，使得输出端到电机的允许电缆长度可达3000 m。

7）高压变频器供电

（1）BPJV－2000(1250，855)/3.3型变频器的供电示意图如图11－4－5所示。该高压变频器通过一个三绕组12脉移动变电站提供电源，移动变电站输入电压为10(6) kV，输出两路1903 V电源，两路电源相位差30°。高压变频器直流回路电压为两路整流电源电压的叠加。采用12脉整流可以减少变频器对网侧谐波的干扰。高压变频器还需要由移动变电站提供380 V三相四线中性点不接地的辅助电源，容量为7 kV·A。移动变电站的主要技术参数见表11－4－5。

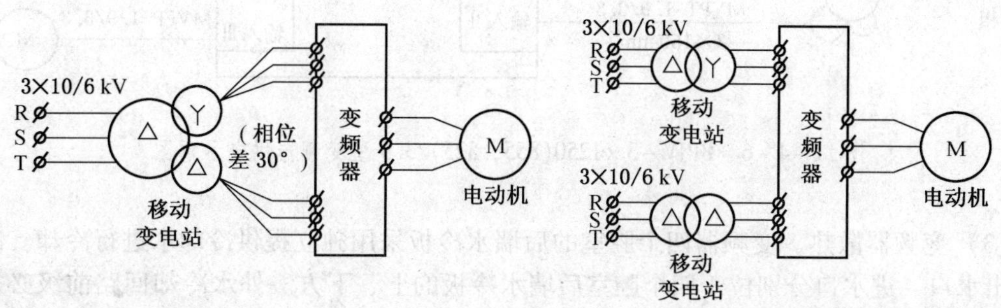

图11－4－5　BPJV－2000(1250，855)/3.3型变频器供电示意图

表 11-4-5　移动变电站的主要技术参数

序号	项　目	技 术 要 求	备注
1	连接组别	Dd0y11	
2	变频器脉波数	12 脉	
3	输出电压	3AC 1903 V	
4	额定频率	50 Hz	
	波动	±5%	
5	辅助电源要求	380 V+N，7 kV·A	
6	一次侧抽头要求	+10%、+5%、-5%	
7	低压侧保护箱输入信号接口	合闸命令、分闸命令、故障复位、准备完成、急停	
8	低压侧保护箱输出信号接口	4~20 mA 模拟量温度输出、合闸反馈输出、分闸反馈输出、故障跳闸输出、高压准备正常告知	
9	矿用隔爆型移动变电站用高压真空开关	10 kV/630 A	
10	矿用隔爆型移动变电站用低压保护箱	3.3(1.905) kV，独立两路 400 A 输出	

(2) BPJV-3×1250(855，525)/3.3 型变频器采用 12 脉波整流方式，对移动变电站的特殊要求可参照移动变电站技术要求。移动变电站容量应根据客户实际使用电机的功率进行确定。以两台移动变电站供电为例，对供电系统进行说明，如图 11-4-6 所示。移动变电站Ⅰ、移动变电站Ⅱ的两路动力线输出分别接入变频器的输入Ⅰ、输入Ⅱ。移动变电站Ⅰ为变频器提供 AC380 V 控制电源。

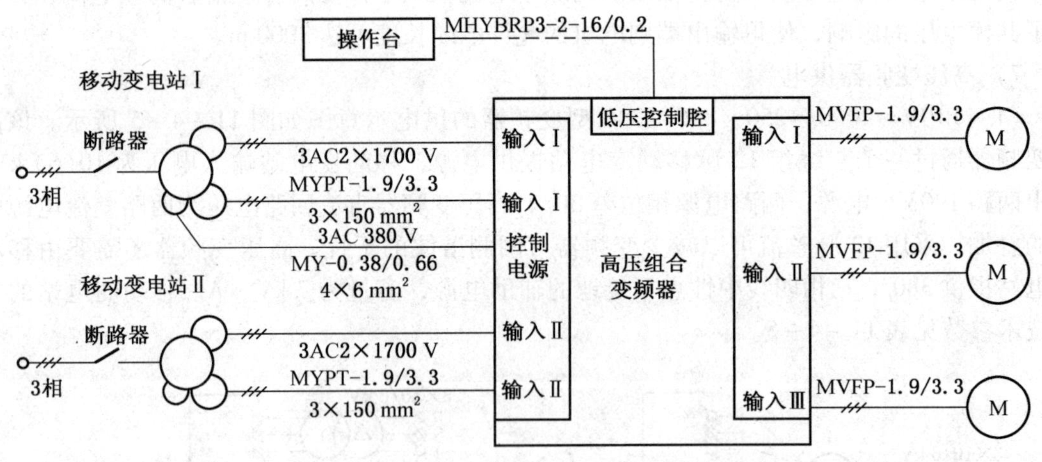

图 11-4-6　BPJV-3×1250(855，525)/3.3 型变频器供电示意图

(3) 变频器散热。变频器四个腔室的后墙水冷板采用独立提供冷却水进行冷却。冷却水的出水口、进水口分别位于四个腔室后墙水冷板的上、下方。外水冷却回路前级必须增加过滤器，并且根据不同的变频器功率等级要求单回路外水流量不同：BPJV-3×1250(3×855,3×525)/3.3 型变频器单回路外水流量不得低于 40 L(28 L,17 L)/min。

BPJV－3×1250(3×855,3×525)/3.3 型变频器有两种供水冷却方式可供选择。默认配置为直供水冷却系统，即直接由供水管路经过滤器和电动阀向变频器提供冷却水，如图 11－4－7 所示。若有特殊需要，可配置一种外部循环水泵、水箱等构成的闭环冷却系统，如图 11－4－8 所示。

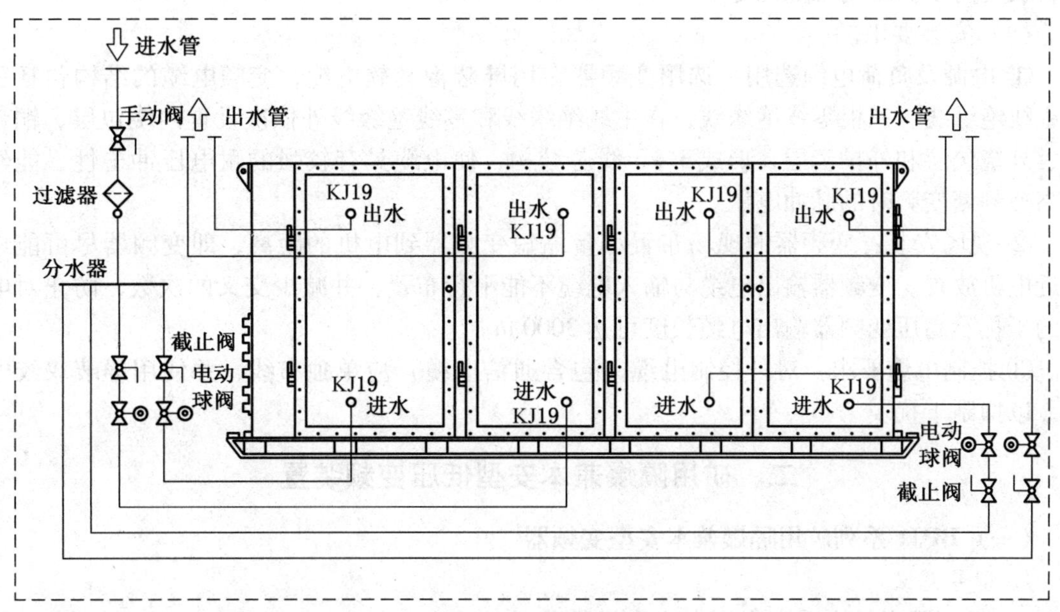

图 11－4－7　直供水冷却系统

设备功率等级	BPJV－3×1250/3.3	BPJV－3×855/3.3	BPJV－3×525/3.3
水箱配置数量	2台	2台	1台

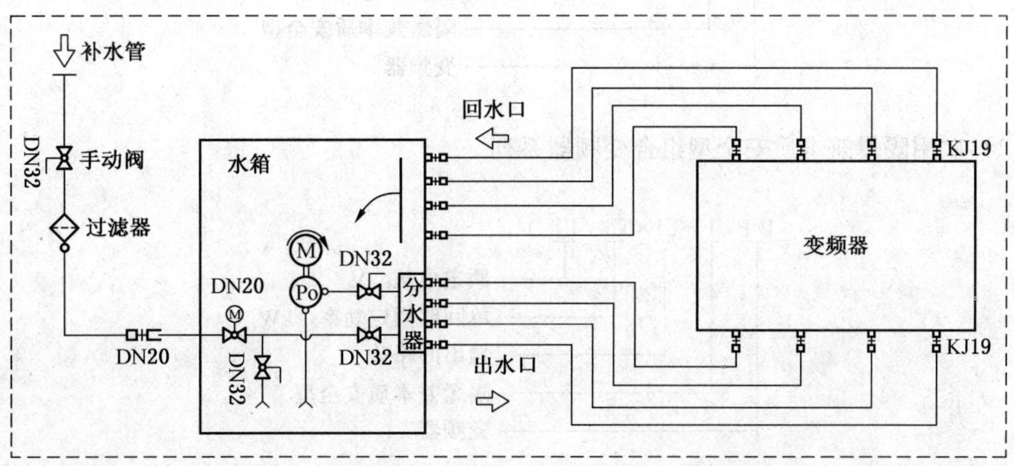

图 11－4－8　水箱闭环冷却系统

当采用直供水系统时，冷却水由井下的供水系统提供，进水管经手动阀、过滤器和分水器后分为四路引入变频器各供水回路。每一供水回路进水管经截止阀、电动球阀为变频器提供冷却水。由图 11－4－9 变频器外形尺寸图可以看出，变频器的四路供水截止阀和电动球阀分两路放置在变频器的两侧，变频器进出水口的管径为 KJ19，具体进水管型号、水管长度需根据现场工况确定。

（4）安装要求。

① 电源及负荷电缆选用：选用变频器专用屏蔽橡套软电缆，变频电缆的结构包括三根主线绝缘线、三根零线绝缘线，在主线绝缘线和零线绝缘线外依次设置内绕包层、铜带层、外绕包层和外护套层，形成 3＋3 线芯结构，使电缆具有较强的耐电压冲击性，能经受高速频繁变频时的脉冲电压。

② 现场安装：变频器的现场布置尽量缩短变频器到电机的距离，即变频器尽可能地靠近电机放置。变频器输出电缆与输入电缆不能平行布置，并减少交叉的次数，防止对电网的干扰。高压变频器输出电缆长度可达 3000 m。

③ 控制电缆要求：对外控制电缆（包含通信电缆）应单独布线，并使用屏蔽双绞电缆，以抑制干扰。

二、矿用隔爆兼本安型低压变频装置

（一）BPJ1 系列矿用隔爆兼本安型变频器

1. 型号意义

1）矿用隔爆兼本质安全型交流变频器系列

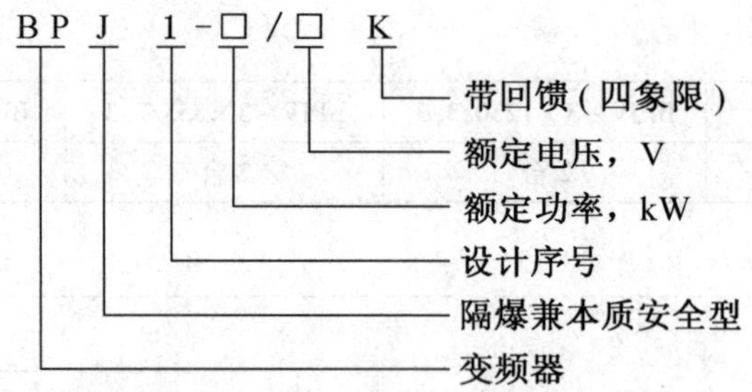

2）矿用隔爆兼本质安全型组合变频器系列

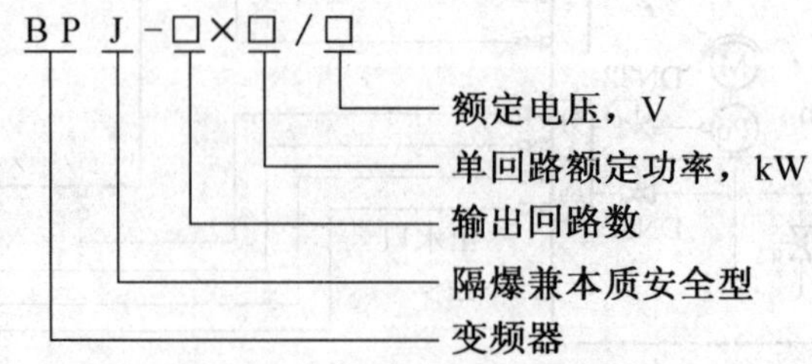

3）矿用隔爆兼本质安全型组合变频器起动器系列

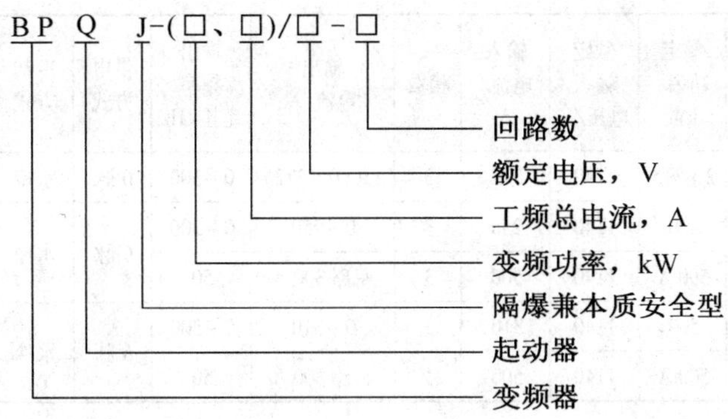

2. 主要技术参数

矿用隔爆兼本安型低压变频装置的技术参数见表 11-4-6，BPJ1-630(500)/1140K 型变频器的技术参数见表 11-4-7。

表 11-4-6　矿用隔爆兼本安型低压变频装置的技术参数

型　号	额定功率/kW	额定输入电压/V	输入电流/A	相数	输出电流/A	输出频率范围/Hz	供电方式	冷却方式	外形尺寸（长×宽×高）/（mm×mm×mm）	重量/kg
BPJ1-45/660	45	660	48	3	0~48	0~300	6 脉	水冷或热管	1164×763×915	680
BPJ1-75/660	75	660	78	3	0~78	0~300	6 脉	水冷或热管	1164×763×915	680
BPJ1-90/660	90	660	92	3	0~92	0~300	6 脉	水冷或热管	1164×763×915	680
BPJ-400/660	400	660	415	3	0~415	0~300	6 脉	水冷	2150×1150×1120	3000
BPJ-500/660	500	660	516	3	0~516	0~300	6 脉	水冷	2150×1150×1120	3000
BPJ-315/1140	315	1140	186	3	0~186	0~300	6 脉	水冷	1420×1040×1030	1800
BPJ-400/1140	400	1140	250	3	0~250	0~300	6 脉	水冷	2150×1150×1120	3500
BPJ-500/1140	500	1140	310	3	0~310	0~300	6 脉	水冷	2150×1150×1120	3500
BPJ-500/1140K	500	1140	315	3	0~315	0~300	6 脉	水冷	2150×1150×1120	3500
BPJ-630/1140K	630	1140	372	3	0~372	0~300	6 脉	水冷	2150×1150×1120	3500
BPJ1-630/1140	630	1140	372	3	0~372	0~300	6 脉	水冷	2150×1150×1120	3500
BPJ-700/1140	700	1140	2×217	3	0~434	0~300	12 脉	水冷	2150×1150×1120	3500
BPJ1-800/1140	800	1140	2×245	3	0~490	0~300	12 脉	水冷	2610×1115×1100	4700
BPJ-1000/1140	1000	1140	2×310	3	0~620	0~300	12 脉	水冷	2150×1150×1120	3500
BPJ1-1000/1140	1000	1140	2×310	3	0~620	0~300	12 脉	水冷	2610×1115×1100	4700
BPJ1-1250/1140	1250	1140	2×370	3	0~740	0~300	12 脉	水冷	2610×1115×1100	4700
BPJ-2×250/1140	2×250	1140	315	3	2×(0~315)	0~300	6 脉	水冷	2150×1150×1120	3000

表 11 -4 -6 (续)

型号		额定功率/kW	额定输入电压/V	输入电流/A	相数	输出电流/A	输出频率范围/Hz	供电方式	冷却方式	外形尺寸(长×宽×高)/(mm×mm×mm)	重量/kg
BPJ -2×315/1140		2×315	1140	372	3	2×(0~372)	0~300	6 脉	水冷	2150×1150×1120	3000
BPQJ -(400、500)/1140 -3	变频	400	1140	250	3	0~250	0~300	6 脉	水冷	2610×1115×1100	4900
	工频	500 A	1140	500	3	每路 300 A	50				
BPQJ -(500、500)/1140 -3	变频	500	1140	310	3	0~310	0~300	6 脉	水冷	2610×1115×1100	4900
	工频	500 A	1140	500	3	每路 300 A	50				

表 11 -4 -7 BPJ1 -630 (500)/1140K 型变频器的技术参数

输入参数	额定功率	630 kW	500 kW
	额定输入电压	1140 V	1140 V
	额定输入电流	372 A	315 A
	额定输入频率	50 Hz	50 Hz
	相数	3 相	3 相
	工作制式	S1	S1
输出参数	输出电压	0~1140 V	0~1140 V
	输出电流	0~372 A	0~315 A
	输出频率范围	5~50 Hz	5~50 Hz
本安参数	U0，DC12.5 V；I0，0.42 A		
保护功能	过载、短路、过电压、欠电压、缺相、过热、漏电、接地等保护功能		
外壳防护等级	IP54		
环境	环境温度/湿度	0~+40 ℃/空气相对湿度不大于 95% (25 ℃时)	
	使用场所	煤矿井下	
	振动	无显著摇动和剧烈冲击振动	
冷却方式	水冷		

3. 结构

变频器的外形为直式长方体，左右分为两个室，左室为整流逆变主体单元，右室装有控制部分及其他辅助部件。后部有三个接线室，分别是动力进线室、控制接线室和负荷出线室。动力线进线室留有两套电缆喇叭嘴引入装置，(即 R、S、T) 及一组备用的控制接线端子线；控制接线室设有 8 个九芯接线端子用来接外部控制信号及通信口，共配有 10 套电缆引入装置；负荷出线接线室留有两套电缆引入装置和一组内置电机温度检测端口。

BPJ1 -630 (500)/1140K 型变频器的外形尺寸如图 11 -4 -9 所示，部件布置如图 11 -4 -10 所示。

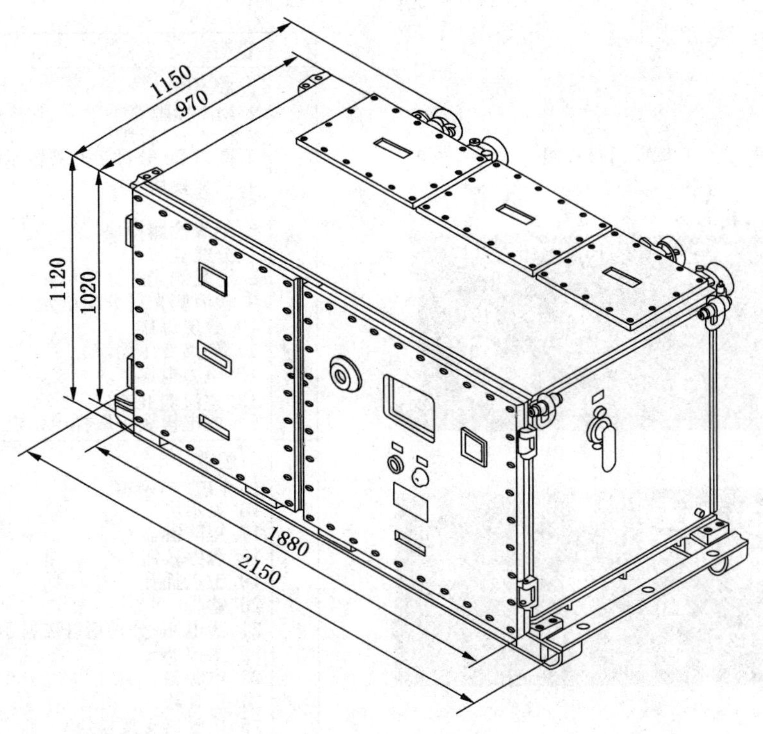

图 11－4－9　BPJ1－630(500)/1140K 型变频器外形尺寸

4. 电气原理

为检修方便，变频器内部采用模块化，各模块单元间控制连线采用快速接插方式。

1）变频器电气系统

变频器电气系统主要由主回路、主控器、光纤分配单元、逆变单元、电源箱、显示屏、风扇及外围电路组成。变频器供电，变频器可以直接由移动变电站供电，如图 11－4－11 所示。

（1）主回路。变频器为交—直—交、电压型变频器。1140 V、50 Hz 三相交流电经隔离开关、快速熔断器、真空接触器、滤波器后，经整流侧 IGBT 电路调制整流成直流，然后再经 IGBT 组成的逆变电路，将直流电逆变成频率电压可调的交流电（即 VVVF 电源）。

（2）主控器。主控器是变频器的核心，各种信息的处理、控制以及指令的发送都是由它来完成。它通过 CAN 通信口与逆变模块光纤分配板完成数据交换，一方面产生 IGBT 的驱动信号，通过光纤传到逆变模块驱动 IGBT 工作；另一方面把调制部分的各种信息处理后送到显示屏显示。主控器内置主控板、PLC 可编程控制器、本安电源、中间继电器、模拟量转换电路、通信转换模块，以及输入信号电路和输出显示处理电路，以实现变频器的各种控制功能。

（3）电源箱。电源箱内含开关电源、隔离式安全栅、温度变送器、先导模块等器件，

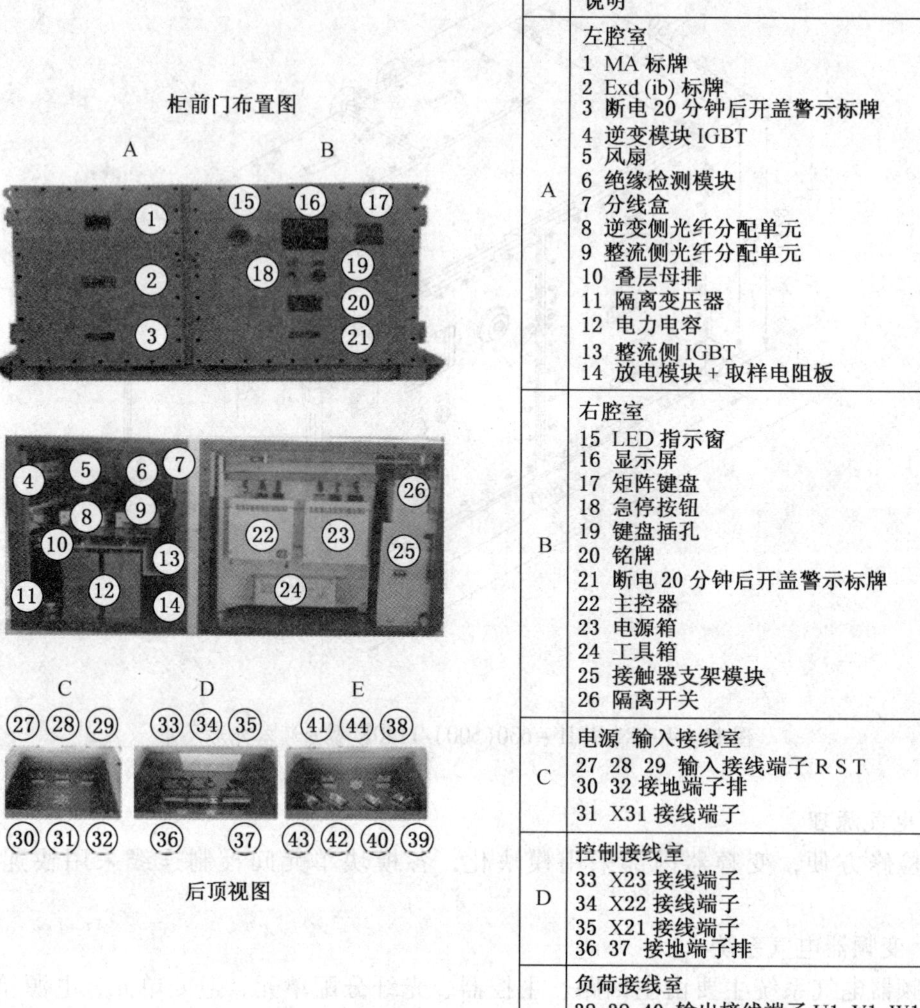

	说明
A	左腔室 1 MA 标牌 2 Exd (ib) 标牌 3 断电 20 分钟后开盖警示标牌 4 逆变模块 IGBT 5 风扇 6 绝缘检测模块 7 分线盒 8 逆变侧光纤分配单元 9 整流侧光纤分配单元 10 叠层母排 11 隔离变压器 12 电力电容 13 整流侧 IGBT 14 放电模块 + 取样电阻板
B	右腔室 15 LED 指示窗 16 显示屏 17 矩阵键盘 18 急停按钮 19 键盘插孔 20 铭牌 21 断电 20 分钟后开盖警示标牌 22 主控器 23 电源箱 24 工具箱 25 接触器支架模块 26 隔离开关
C	电源 输入接线室 27 28 29 输入接线端子 R S T 30 32 接地端子排 31 X31 接线端子
D	控制接线室 33 X23 接线端子 34 X22 接线端子 35 X21 接线端子 36 37 接地端子排
E	负荷接线室 38 39 40 输出接线端子 U1 V1 W1 41 42 43 备用输入接线端子 44 X11 接线端子

图 11-4-10　BPJ1-630 (500)/1140K 型变频器的部件布置图

为变频器内部各模块提供工作电源，同时具有模拟量输入信号、热电阻输入信号隔离与转换的功能。电源箱与其他模块连接采用 AMP 插头，插拔快捷，方便现场的使用及维修。

(4) 显示屏。变频器前面装有液晶显示屏，通过 CAN 通信接收主控器发送的信息并显示出来，主要显示变频器的运行频率、电压、电流等参数以及操作键盘功能指示，出现故障时显示故障信息以及各种操作信息等。

2）控制模式

(1) 自动、手动控制。手动控制适用于最初调试阶段，这种模式下，上电后按“启

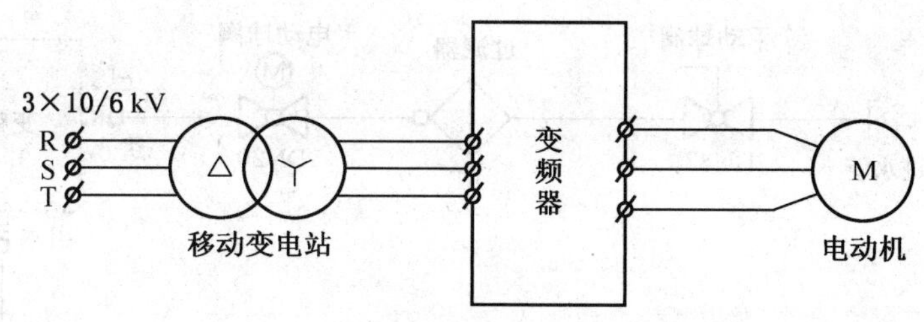

(a) 6 脉供电

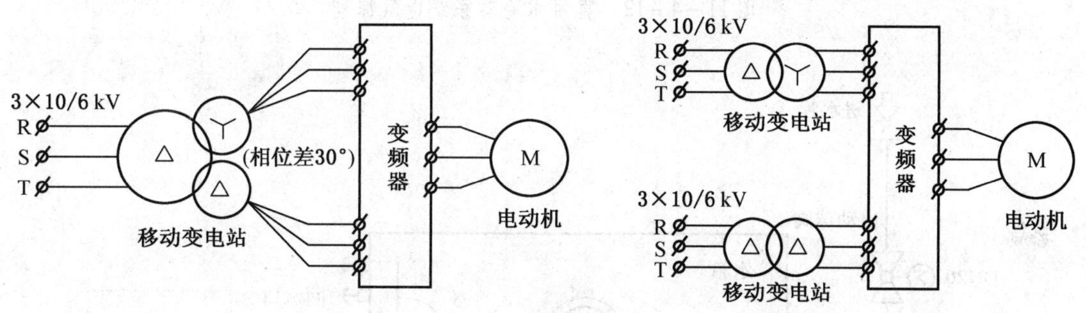

(b) 12 脉供电

图 11－4－11　变频器电气系统

动”键开始充电（母线电压上升），主接触器吸合后，再按“变频启动”“变频停止”“加速”“减速”“快加速”“快减速”才能有效。此种模式下选择外部启停不起作用。

自动控制模式下，可以选择外部启停或键盘启停，但无论在哪种启停方式下，充电都是自动完成的。启动后，变频器的输出频率自动调节，不受“加速”“减速”“快加速”“快减速”等按键的控制。

（2）外部启停、键盘启停。键盘启停适用于调试阶段，正式投入使用后选择外部启停，其控制权在主控台。

3）变频器冷却

变频器在运行过程中将产生热量，系统设计中必须有散热措施，使变频器温度始终保持在预设温度范围以内，变频器采用水冷进行散热，水冷散热有两种方式：直供水和闭环冷却系统。

（1）直接供水系统。直供水直接由供水管路经过滤器和电动阀向变频器提供冷却水。当多台变频器在同一地点使用时，过滤器和手动阀可以共用，在手动阀后侧加一多路分水器进行分接，电气原理如图11－4－12 所示。

（2）水箱闭环冷却系统电气原理如图 11－4－13 所示。1 台水箱最多可同时为 4 台变频器提供冷却水。

4）变频器安装要求

（1）电源及负荷电缆选用。选用变频器专用屏蔽橡套软电缆，变频电缆的结构包括三

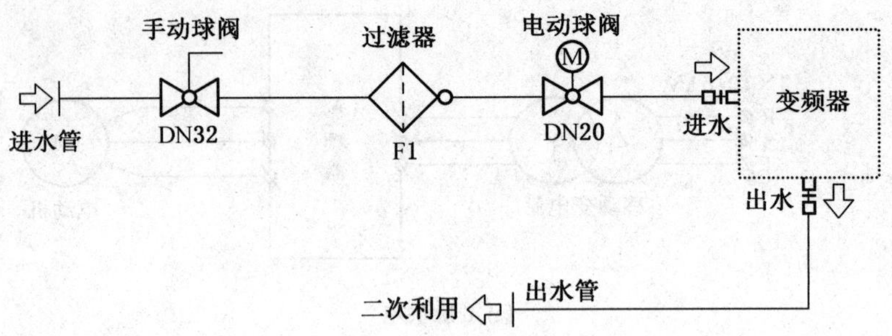

图 11-4-12　直供水冷却系统电气原理

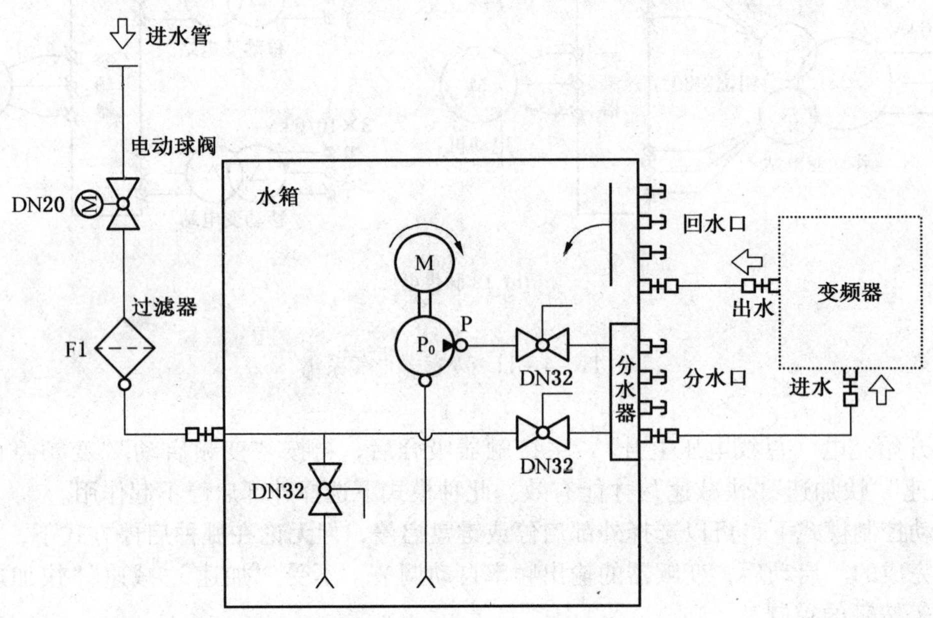

图 11-4-13　水箱闭环冷却系统电气原理

根主线绝缘线、三根零线绝缘线，在主线绝缘线和零线绝缘线外依次设置内绕包层、铜带层、外绕包层和外护套层，形成 3+3 线芯结构，使电缆具有较强的耐电压冲击性，可经受高速频繁变频时的脉冲电压。

（2）现场安装。变频器的现场布置尽量缩短变频器到电机的距离，即变频器尽可能地靠近电机放置。变频器输出电缆与输入电缆不能平行布置，并减少交叉的次数，防止对电网的干扰。隔爆变频器输出电缆长度可达 1000 m。

（3）控制电缆要求。对外控制电缆（包含通信电缆）应单独布线，并使用屏蔽双绞电缆，以抑制干扰。

（二）BPJ 系列矿用隔爆兼本安型变频器

1. 型号意义

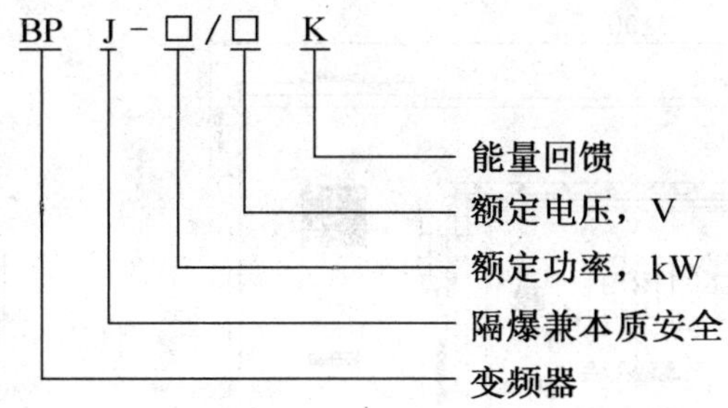

2. 主要技术参数（表 11－4－8）

表 11－4－8　BPJ 系列矿用隔爆兼本安型变频器的技术参数

<table>
<tr><th>型　号</th><th>额定电压/V</th><th>输出电压/V</th><th>额定功率/kW</th><th>额定输入电流/A</th><th>配套滤波器型号</th><th>冷却方式</th></tr>
<tr><td>BPJ－75/660K</td><td rowspan="7">660</td><td>0－660</td><td>75</td><td>82</td><td>DKB4－75/660L</td><td rowspan="4">热管自冷</td></tr>
<tr><td>BPJ－90/660K</td><td>0－660</td><td>90</td><td>98</td><td>DKB4－90/660L</td></tr>
<tr><td>BPJ－132/660K</td><td>0－660</td><td>132</td><td>145</td><td>DKB4－132/660L</td></tr>
<tr><td>BPJ－160/660K</td><td>0－660</td><td>160</td><td>175</td><td>DKB4－160/660L</td></tr>
<tr><td>BPJ－250/660K</td><td>0－660</td><td>250</td><td>230</td><td>DKB4－250/660L</td><td rowspan="7">外部水冷</td></tr>
<tr><td>BPJ－355/660K</td><td>0－660</td><td>355</td><td>325</td><td>DKB4－355/660L</td></tr>
<tr><td>BPJ－400/660K</td><td>0－660</td><td>400</td><td>368</td><td>DKB4－400/660L</td></tr>
<tr><td>BPJ－250/1140K</td><td rowspan="4">1140</td><td>0－1140</td><td>250</td><td>133</td><td>DKB4－355/1140L</td></tr>
<tr><td>BPJ－355/1140K</td><td>0－1140</td><td>355</td><td>190</td><td>DKB4－355/1140L</td></tr>
<tr><td>BPJ－400/1140K</td><td>0－1140</td><td>400</td><td>214</td><td>DKB4－400/1140L</td></tr>
<tr><td>BPJ－500/1140K</td><td>0－1140</td><td>500</td><td>267</td><td>DKB4－500/1140L</td></tr>
</table>

3. 结构

该系列变频器为方形外壳，快开门机构，主要分为隔爆腔体及外部散热部分。其组成主要包括隔离开关、抑制谐波输入和输出的电抗器、整流回馈单元、直流母线滤波电容单元、逆变单元、断电快速放电单元、PLC 可编程控制单元、中文彩色人机交互界面、散热单元及外置隔爆型滤波电抗器。

BPJ－355（400、500）/1140K 型变频器的外形尺寸如图 11－4－14 所示。

4. 电气原理

（1）在标准电压下变频器的启动曲线为线性或 S 形曲线。

（2）当变频器在规定条件下连续工作时，其允许过载能力不小于额定负载的 1.1 倍。

（3）短时过载能力：150% 额定电流，60 s；180% 额定电流，10 s。

（4）当变频器输出在 10～50 Hz 范围内时，变频器输出转矩为恒转矩特性。

（5）变频器输出频率具有连续可调功能，其频率分辨率不大于 0.1 Hz。

（6）在电压波动范围（90%～110%）U_e 内，变频器能保证负载设备正常运行。

（7）在电压波动范围（75%～120%）U_e 内，变频调速装置能保证正常工作。

（8）控制方式：无 PG 矢量控制、有 PG 矢量控制、V/F 控制。

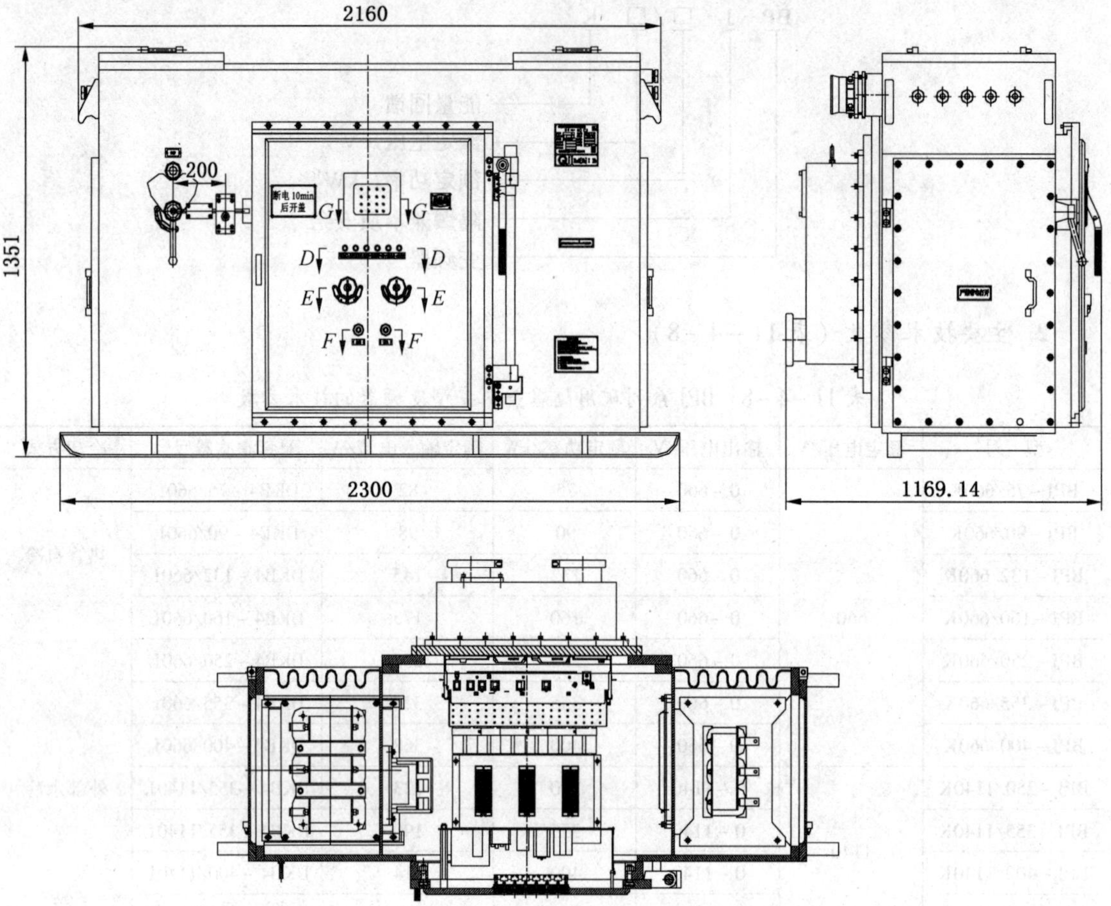

图 11－4－14　BPJ－355(400、500)/1140K 型变频器外形尺寸

（9）启动转矩：无 PG 矢量控制，0.5 Hz/150%；有 PG 矢量控制，0 Hz/180%。

（10）调速比：无 PG 矢量控制，1：100；有 PG 矢量控制，1：1000。速度控制精度：无 PG 矢量控制，±0.5% 最高速度；有 PG 矢量控制，±0.1% 最高速度。

BPJ－□/660K 型变频器主回路拓扑结构如图 11－4－15 所示，BPJ－250/1140K 型变频器主回路拓扑结构如图 11－4－16 所示，BPJ－355（400、500）/1140K 型变频器主回路拓扑结构如图 11－4－17 所示。

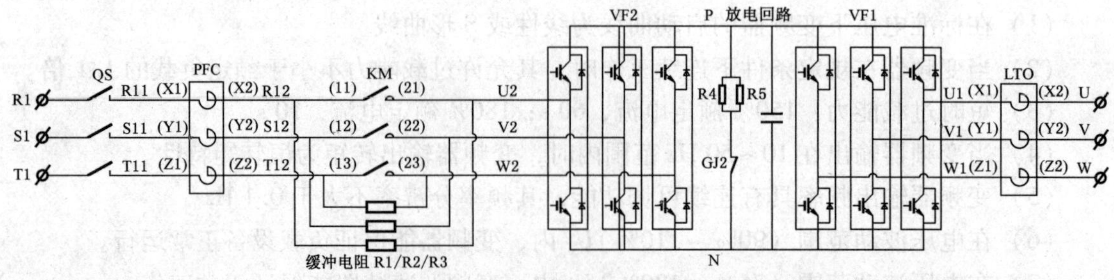

图 11－4－15　BPJ－□/660K 型变频器主回路拓扑结构

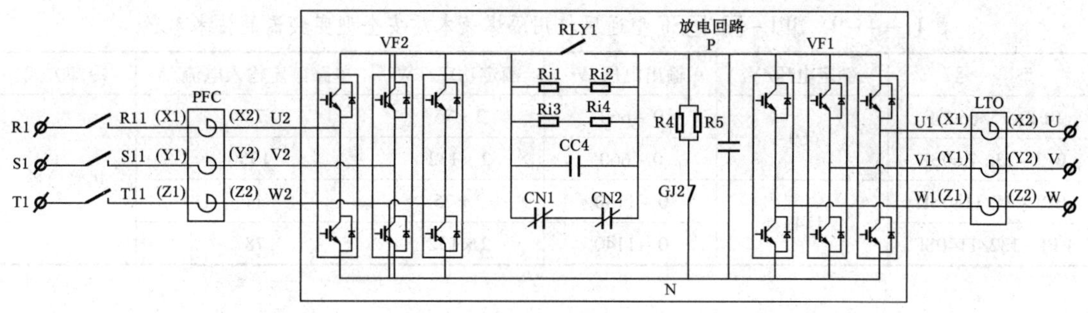

图 11－4－16　BPJ－250/1140K 型变频器主回路拓扑结构

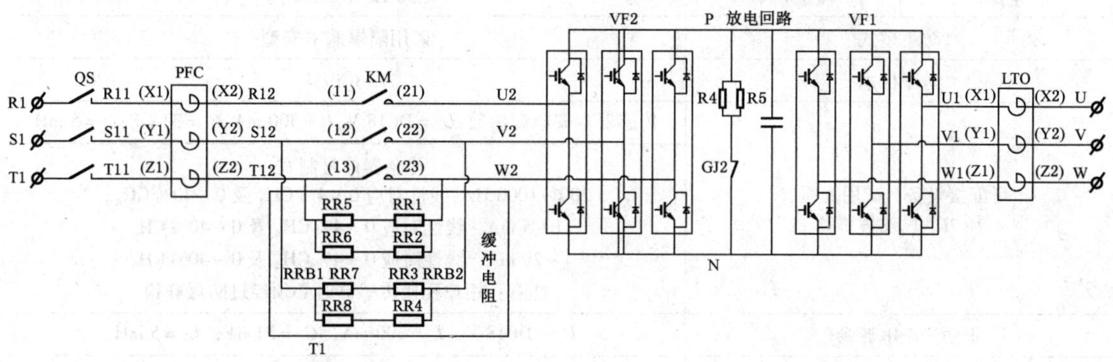

图 11－4－17　BPJ－355（400、500）/1140K 型变频器主回路拓扑结构

（三）BPJ－□/□ SF 型通风机用隔爆兼本质安全型变频器

该系列双电源双风机交流变频器为二象限运行变频器，主要用于煤矿井下，在交流 50 Hz 电压为 1140 V、660 V 的供电系统中，对局部通风机进行启动、停止、切换及保护。特别适用于煤矿井下双电源、双风机不间断通风的要求，通过采集工作现场瓦斯传感器的输入信号，识别环境中瓦斯浓度大小，自动进行输出频率的调节，进而改变通风机的转速，调节通风量的大小，最终达到安全排放瓦斯和节能通风的效果，对工作面巷道等进行不间断供风。

1. 型号意义

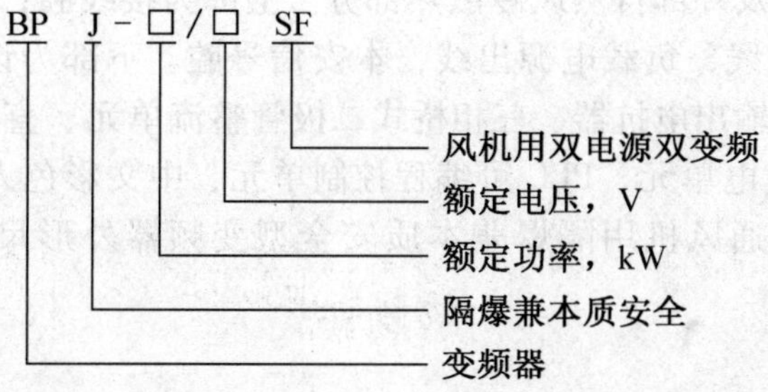

2. 主要技术参数（表 11－4－9、表 11－4－10）

表 11－4－9　BPJ－□/□SF 型通风机用隔爆兼本质安全型变频器的技术参数

型　号	额定电压/V	输出电压/V	额定功率/kW	单路额定输入电流/A	冷却方式
BPJ－75/660SF	660	0－660	2×75	77	热管自冷
BPJ－132/660SF		0－660	2×132	135	
BPJ－75/1140SF	1149	0－1140	2×75	44	
BPJ－132/1140SF		0－1140	2×132	78	

表 11－4－10　BPJ－□/□SF 型通风机用隔爆兼本质安全型变频器的电气特性

输入电源	额定电源	三相 AC660 V（±10%）
	额定频率	50 Hz（±2%）
防爆型式		矿用隔爆兼本安型
防爆标志		Exd[ib]I
可配接设备：矿用瓦斯、压力、风速传感器		传感器本安电源参数：U_i＝DC18 V，I_i＝300 mA，C_i＝31 μF，L_i＝5 mH
		传感器信号制式： 200～1000 Hz，线性对应 0～4% CH_4 及 0～40% CH_4； 1～5 mA，线性对应 0～4% CH_4 及 0～40% CH_4 4～20 mA，线性对应 0～4% CH_4 及 0～40% CH_4。 注意：用户配接传感器时必须经过防爆联检
本质安全电源参数		U_o＝DC18 V，I_o＝300 mA，C_o＝31 μF，L_o＝5 mH
通风机调速范围		通风机额定转速（对应调速装置频率显示：F00.0～F50.0 Hz）
风电闭锁、瓦斯电闭锁、机械、电闭锁、瓦斯监控电源切换端子容量		10 A，AC250 V
环境条件		环境温度为 0～＋40 ℃（24 h 平均温度）
		大气条件为 86～106 kPa，有瓦斯煤尘爆炸的危险环境
		环境相对湿度不超过 98%（25 ℃时）
		海拔高度不超过 2000 m

3. 结构

双电源双风机交流变频器为方形外壳，快开门机构，左右对称，由两路独立隔爆的变频器组成。

主要分为隔爆腔体及外部自然风冷散热部分。上部为接线腔，其分为 3 个独立部分，分别用于连接：电源进线，负载电源出线，本安信号腔。下部为设备主腔，包括隔离开关、抑制谐波的输入、输出电抗器、三相桥式二极管整流单元、直流母线滤波电容单元、逆变单元、断电快速放电单元、PLC 可编程控制单元、中文彩色人机交互界面及散热单元。BPJ－□/660SF 型通风机用隔爆兼本质安全型变频器外形尺寸如图 11－4－18 所示。

4. 电气原理

调速装置将瓦斯监控和变频器融为一体，通过高效的热管自冷散热器为功率器件提供良好的散热环境，可延长功率器件的使用寿命，保证整个装置的安全可靠运行。调速装置

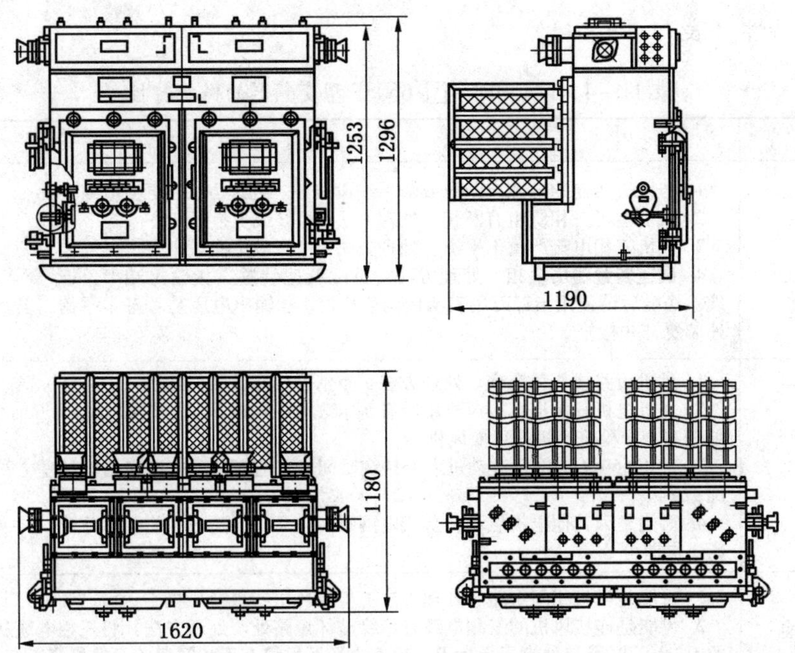

图 11－4－18　BPJ－□/660SF 型通风机用隔爆兼本质安全型变频器外形尺寸

功能齐全，适用于煤矿通风机或泵类的控制。

1）双电源特性

双电源切换指的是主备风机切换、监测系统电源切换。主备风机切换分为自动切换和手动切换两种功能。在调速装置设置成“自动启动”时，专线供风系统出现故障或停机，调速装置将控制双电源切换装置，自动启动备用风机供风。当专线线路修复重新投入使用后，可通过自动和手动两种方式重新恢复为专线供风。在调速装置设置成“手动启动”时，专线供风系统和备用供风系统则各自独立，互不影响。

2）控制特性

（1）在标准电压下变频器的启动曲线为线性或 S 形曲线。

（2）速度稳定精度试验：速度稳定度应不大于 0.5 级。

（3）当变频器输出在 10～50 Hz 范围内，变频器输出转矩为恒转矩特性。

（4）在额定工况下，加载至额定负载时，变频器能承受（90%～110%）U_e 范围的电压波动，并且能正常运行 30 min。

（5）变频器输出频率分辨率不大于 0.5 Hz。

（6）调速装置初始上电：停电或者计划停风后，进入低速启动状态，此时，输出频率为 10～30 Hz，运行时间为 60～600 s。

（7）手动控制状态：调速装置上电后，根据液晶显示屏的画面提示，可选择手动控制，此时由操作人员设定运行频率值。

（8）自动控制排瓦斯状态与自动控制通风状态：根据安装在不同位置的甲烷传感器自动控制。

3）保护特性（表 11－4－11）

表 11－4－11　BPJ－□/660SF 型变频器的保护特性

保护名称	原因及处理方法
缺相保护	1. 与风机相连的电缆有断线或输出线没接好。处理方法：更换电缆 2. 风机电机三相绕组有断相。处理方法：检修或更换风机 3. 风机三相电流严重不平衡。处理方法：检修或更换风机 4. 调速装置输出缺相。处理方法：拆除调速装置三相输出端 U、V、W 与分规相连的电缆。送电后请使用指针万用表测量调速装置三相输出电压是否基本平衡，若严重不平衡将调速装置升井检修
过流保护	1. 风机短路或负载突变。处理方法：查清并消除该故障原因 2. 风机电机轴承损坏或风机扇叶有刮卡现象，造成风机运转振动很大从而造成负载波动。处理方法：检修风机或更换风机 3. 三相 660 V 电网负波动过大，持续时间长，造成负载电流突增。处理方法：改善电源状况 4. 可能是因其他电机启动，造成电网瞬时电压过低造成的。处理方法：将调速装置断电重新送电即可
短路保护	1. 可能是风机相间短路。处理方法：检修风机或更换风机 2. 可能是连接风机的三相电缆有绝缘破坏短路处。处理方法：将三相电缆从瓦斯调速装置的 U、V、W 及接地端子上拆下，检查电缆及风机有无相间短路及风机绕组有无内部短路 3. 可能是调速装置的相间因某种原因有短路。处理方法：将与风机连接的电缆拆下，等待 15 min 待调速装置内电解电容上的储能放电后用万用表 ×10 k 电阻挡分别检测 UV 间 UW 间 WV 间电阻应为 2000 kΩ 左右，均不为零（注意：绝对不可用摇表来摇相间绝缘这样会损坏设备） 4. 可能是调速装置内部主电路有短路发生或调速装置内 IGBT 模块有损坏。处理方法：将调速装置升井检修
欠压保护	1. 电网电压低于 570 V。处理方法：改善电网状况，使电网在规定的限额内 2. 调速装置内的充电电阻已损坏。处理方法：将调速装置断电 15 min 后，打开调速装置前门，用万用表电阻挡测量晶闸管阴、阳极间的电阻应为 250 Ω 左右，若阻值很大，则是此充电电阻烧断。请将调速装置升井检修
过压保护	可能是电网电压长期高于 750 V。处理方法：改善电源状况使电网在规定的限额内
超温保护	1. 散热器积累煤尘过多。处理方法：卸下散热器防护罩，用水冲洗散热片的煤尘 2. 散热器被撞坏。处理方法：将调速装置升井检修
外接地线断保护	外接地线断开。处理方法：重新接好外壳接地线

4）主回路拓扑结构（图 11－4－19）

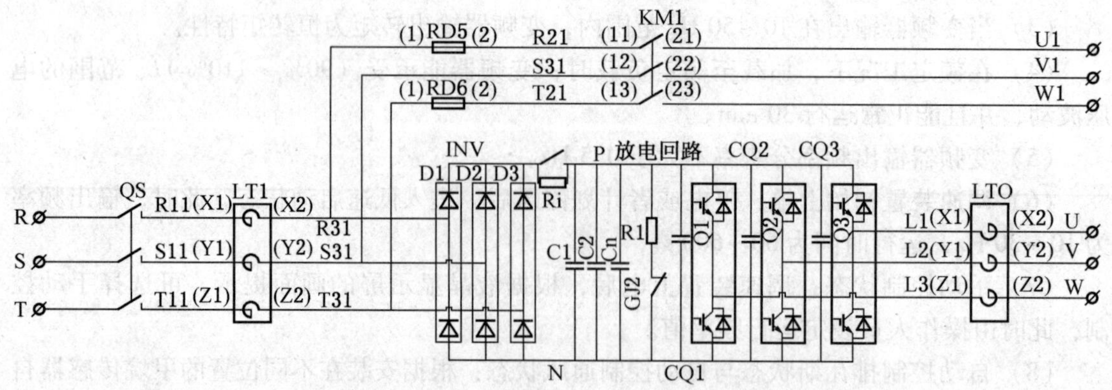

图 11－4－19　BPJ－□/660SF 型变频器主回路拓扑结构

三、DKB4－□/□L 系列矿用隔爆型滤波电抗器

该系列滤波电抗器专为 BPJ－□/□K 系列四象限运变频器配套使用。其目的是当变频器运行时抑制与滤除输入电网的谐波，尤其是当变频器在能量回馈电网的过程中时，使输入电网的谐波含量等数值满足相关标准与规定的要求。

1. 型号意义

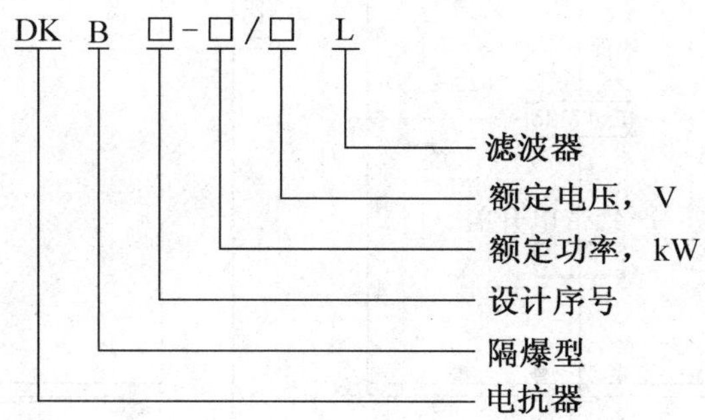

2. 主要技术参数（表 11－4－12）

表 11－4－12　DKB4－□/□L 系列矿用隔爆型滤波电抗器的技术参数

产品名称	产品型号	额定电压/V	额定电流/A	电感量(L1－L1,L2－L2,L3－L3)/(mH ±5%)
矿用隔爆型滤波电抗器	DKB4－75/660L	660	82	0.31
	DKB4－90/660L		98	
	DKB4－132/660L		145	0.14
	DKB4－160/660L		175	
矿用隔爆型滤波器	LB2－75/660	660	100	1.1
	LB2　132/660		200	0.2
	LB2－315/660		320	0.2
	LB2－500/660		600	0.15
	LB2－75/1140	1140	60	1.1
	LB2－132/1140		100	1.2
	LB2－250/1140		200	0.25
	LB2－400/1140		235	0.25
	LB2－630/1140		375	0.4
	LB2－710/1140		420	0.4

3. 结构

该系列变频器为方形外壳，螺栓紧固。其组成主要包括防爆外壳、滤波器。LB2－□/□系列矿用隔爆型滤波器外形尺寸如图 11－4－20 所示。

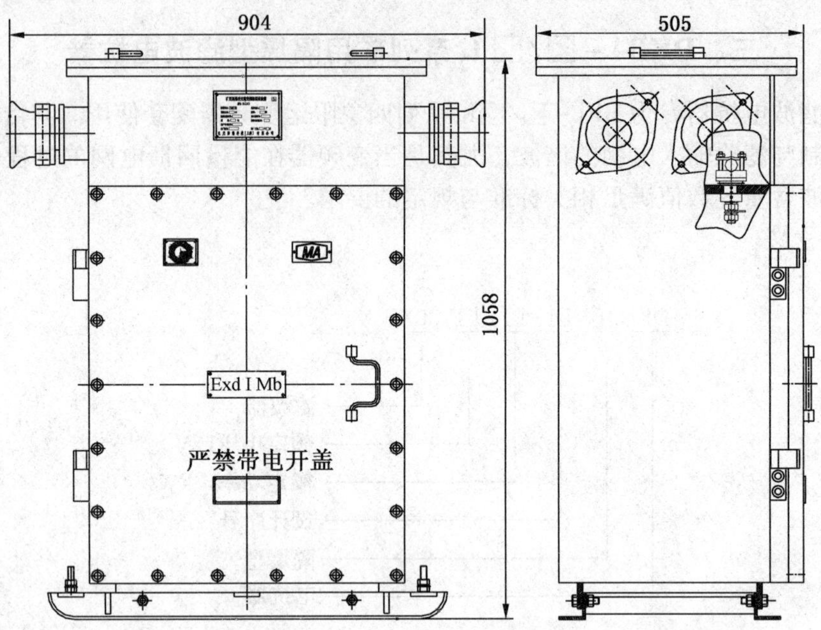

图 11-4-20 LB2-□/□系列矿用隔爆型滤波器外形尺寸

4. 电气原理（图 11-4-21）

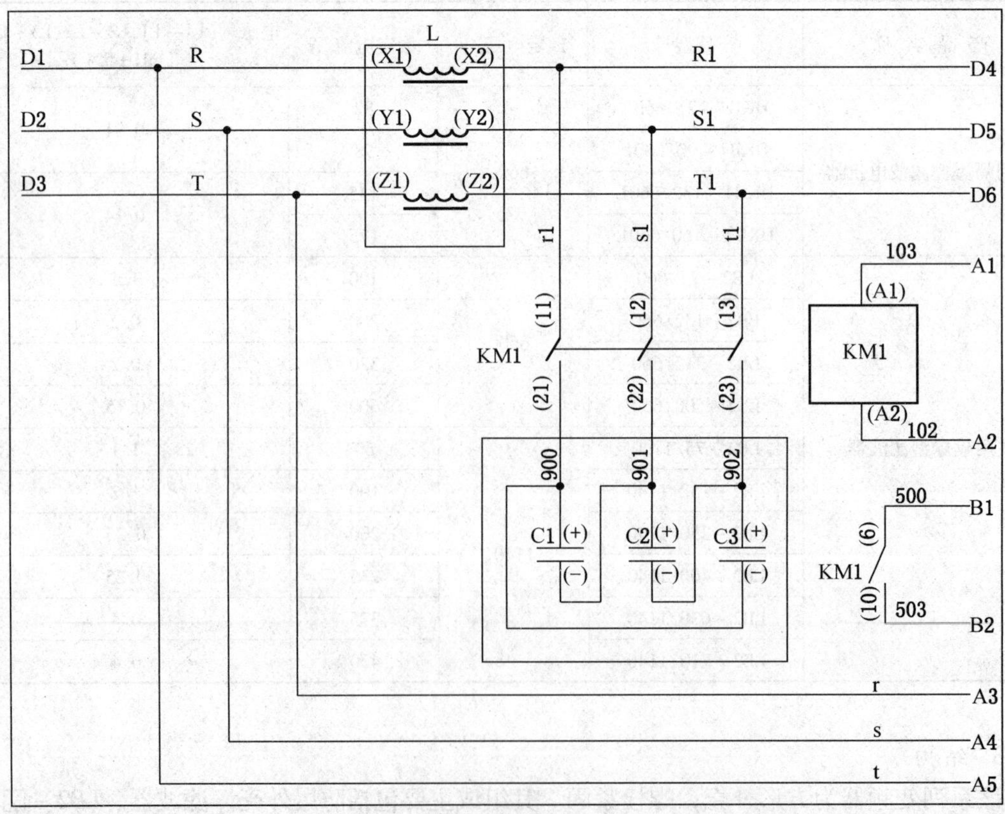

图 11-4-21 DKB4-□/□L 系列矿用隔爆型滤波电抗器电气原理图

四、LB2 - □/□系列矿用隔爆型滤波器

该系列滤波器专为 BPJ - □/□、BPJ - 2 × □/□、BPJ - □/□F 及 BPJ - □/□SF 系列二象限变频器配套使用。其目的是当变频器运行时抑制与滤除输入电网的谐波，使输入电网的谐波含量等数值满足相关标准与规定的要求。

1. 型号意义

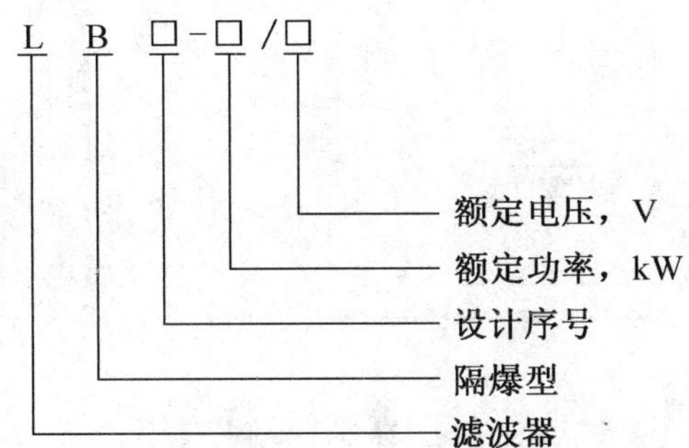

2. 主要技术参数（表 11 - 4 - 13）

表 11 - 4 - 13 LB2 - □/□系列矿用隔爆型滤波器的技术参数

<table>
<tr><th>产品名称</th><th>产品型号</th><th>额定电压</th><th>额定电流</th><th>电感量(L1 - L1,L2 - L2,L3 - L3)/(mH ±5%)</th></tr>
<tr><td rowspan="7">矿用隔爆型滤波电抗器</td><td>DKB4 - 250/660L</td><td rowspan="3">660</td><td>290</td><td>0.048</td></tr>
<tr><td>DKB4 - 355/660L</td><td rowspan="2">420</td><td rowspan="2">0.028</td></tr>
<tr><td>DKB4 - 400/660L</td></tr>
<tr><td>DKB4 - 250/1140L</td><td rowspan="4">1140</td><td>200</td><td>0.3</td></tr>
<tr><td>DKB4 - 355/1140L</td><td rowspan="3">400</td><td rowspan="3">0.08</td></tr>
<tr><td>DKB4 - 400/1140L</td></tr>
<tr><td>DKB4 - 500/1140L</td></tr>
</table>

3. 结构

该系列变频器为方形外壳，螺栓紧固。其组成主要包括电抗器、电容器、接触器。DKB4 - □/□L 系列矿用隔爆型滤波电抗器外形尺寸如图 11 - 4 - 22 所示。

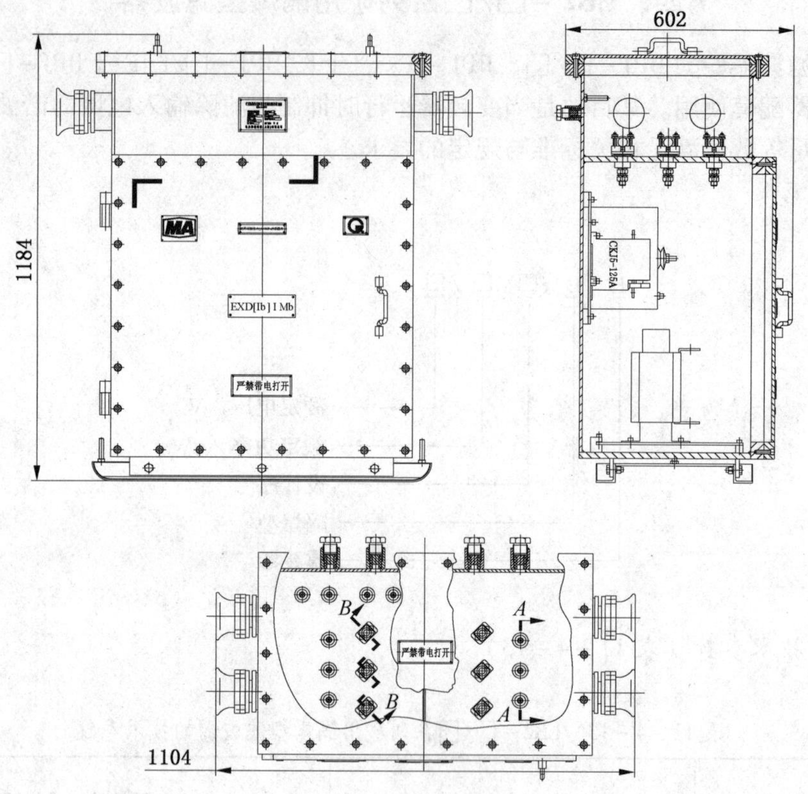

图 11-4-22　DKB4-□/□L 系列矿用隔爆型滤波电抗器外形尺寸

第五节　干式变压器及移动变电站

矿用隔爆型移动变电站（以下简称移动变电站）是一种煤矿井下供、变电设备，由移动变电站用干式变压器、高压负荷开关（或高压真空开关）、低压馈电开关（或低压保护箱）和高压电缆连接器（视高压开关实际结构）等四个部分组合而成的移动式成套装置。

矿用隔爆型干式变压器是具有隔爆外壳，不配高低压开关而独立使用的隔爆型干式变压器。

移动变电站和干式变压器的使用条件如下：

海拔不超过 1000 m；

最高气温不超过 40 ℃；

最高日平均温度不超过 30 ℃；

最高年平均温度不超过 20 ℃；

最低气温不低于 -5 ℃；

空气相对湿度不超过 95%（25 ℃时）；

无强烈颠簸、振动和垂直面的倾斜角度不超过15°的环境；

无足以腐蚀金属和破坏绝缘的气体和蒸汽；

无滴水的地方；

电源电压的波形近似于正弦波；

三相电压近似对称。

一、矿用隔爆型干式变压器

(一) KBSG矿用隔爆型干式变压器

1. 型号意义

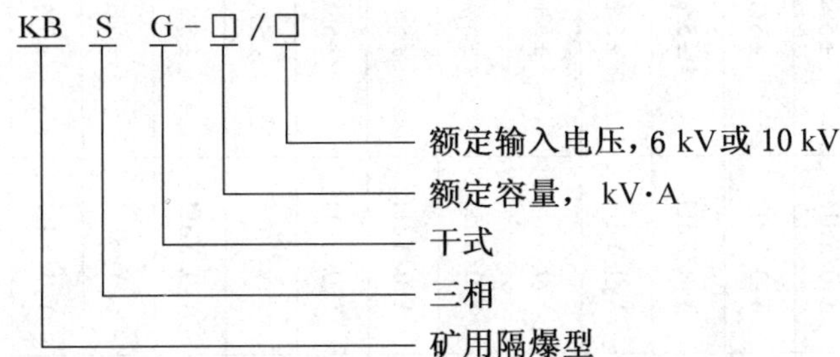

2. 主要电气参数

1) 干式变压器基本参数（表11-5-1）

2) 防爆要点

(1) 组成隔爆外壳的所有零部件在精加工后，须进行静压试验，压力为1 MPa，历时1 min，试验结果以外壳无结构损坏、不产生影响隔爆性能的永久性变形、不滴水为合格。

(2) 组成隔爆外壳的各零部件间的隔爆接合面宽度、间隙或直径差、隔爆接合面粗糙度、电气距离、爬电距离等符合GB 3836.2—2010中规定。

(3) 为保证外壳隔爆性能，连接用的紧固螺栓装有放松垫圈，以防螺栓自行松脱，螺栓和不透螺孔紧固后，预留有大于2倍防松垫圈厚度的螺纹余量，外壳上不透螺孔的周围及底部的厚度不小于3 mm。

(4) 橡胶密封件应符合GB 3836.2—2010中耐热、耐寒、耐化学试剂的试验要求。

3) 干式变压器的绝缘水平（表11-5-2）

4) 干式变压器的绝缘等级及允许温升（表11-5-3）

3. 结构

矿用隔爆型干式变压器由单独的干式变压器，独立的高、低压出线盒，电缆引入装置组成一体。干式变压器箱壳两端设有高、低压出线盒，每个出线盒上各配有两套电缆引入装置，其余部分与移动变电站用干式变压器一致。

(1) 矿用隔爆型移动变电站用干式变压器即没有配备高低压开关时的中间箱壳部分，箱壳内装有变压器机芯，即绕组部分和铁芯部分。

(2) 矿用隔爆型干式变压器的高压出线盒与低压出线盒严禁带电开盖。

表 11-5-1 干式变压器的基本参数

型号	额定容量/(kV·A)	额定电压/kV		损耗/W		阻抗电压/%	空载电流/%	联结组别	高压分接	重量/kg	外形尺寸(长×宽×高)/(mm×mm×mm)
		高压	低压	空载	负载						
KBSG-50/6	50	6	0.693/0.4	350	550	4	2.5	Yy0/Yd11	±5%	1250	2200×755×1090
KBSG-100/6	100	6	0.693/0.4	520	920	4	2.5	Yy0/Yd11	±5%	1450	2240×797×1175
KBSG-160/6	160	6	0.693/0.4	700	1300	4	2	Yy0/Yd11	±5%	1600	2320×825×1280
KBSG-200/6	200	6	0.693/0.4	820	1550	4	2	Yy0/Yd11	±5%	1950	2320×825×1280
KBSG-250/6	250	6	0.693/0.4	950	1800	4	2	Yy0/Yd11	±5%	2100	2530×895×1370
KBSG-315/6	315	6	1.2/0.693	1100	2150	4	1.8	Yy0/Yd11	±5%	2300	2530×895×1370
KBSG-400/6	400	6	1.2/0.693	1300	2600	4	1.8	Yy0/Yd11	±5%	2600	2560×935×1400
KBSG-500/6	500	6	1.2/0.693	1500	3100	4	1.5	Yy0/Yd11	±5%	2800	2635×945×1465
KBSG-630/6	630	6	1.2/0.693	1800	3680	4	1.5	Yy0/Yd11	±5%	3300	2670×965×1495
KBSG-800/6	800	6	3.45	2050	4500	4	1	Yyn0	±5%	4550	2680×995×1560
KBSG-800/6	800	6	1.2/0.693	2050	4500	4	1	Yy0/Yd11	±5%	4550	2680×995×1560
KBSG-1000/6	1000	6	3.45	2350	5400	4	1	Yyn0	±5%	5100	2815×1060×1650
KBSG-1000/6	1000	6	1.2/0.693	2350	5400	4	1	Yy0/Yd11	±5%	5100	2815×1060×1650
KBSG-1250/6	1250	6	3.45	2750	6500	4	1	Yyn0	±5%	5600	2970×1080×1725
KBSG-1250/6	1250	6	1.2	2750	6500	4	1	Yy0	±5%	5600	2970×1080×1725
KBSG-1600/6	1600	6	3.45	3350	8000	4	0.8	Yyn0	±5%	8100	3320×1200×1650
KBSG-1600/6	1600	6	1.2	3350	8000	4	0.8	Yy0	±5%	8100	3320×1200×1650

表 11－5－1（续）

型号	额定容量/（kV·A）	额定电压/kV		损耗/W		阻抗电压/%	空载电流/%	联结组别	高压分接	重量/kg	外形尺寸（长×宽×高）/（mm×mm×mm）
		高压	低压	空载	负载						
KBSG－2000/6	2000	6	3.45	3800	9500	4.5	0.6	Yyn0	±5%	8600	3410×1210×1780
KBSG－2000/6	2000	6	1.2	3800	9500	4.5	0.6	Yy0	±5%	8600	3410×1210×1780
KBSG－2500/6	2500	6	3.45	4500	10600	5	0.6	Dyn11	±2×2.5%	12900	3690×1320×1820
KBSG－2500/6	2500	6	1.2	4500	10600	5	0.6	Dy11	±2×2.5%	12900	3690×1320×1820
KBSG－3150/6	3150	6	3.45	5300	12500	5.5	0.6	Dyn11	±2×2.5%	16900	4310×1340×1735
KBSG－4000/6	4000	6	3.45	6100	14000	6	0.6	Dyn11	±2×2.5%	20400	4430×1400×1815
KBSG－50/10	50	10	0.693/0.4	390	680	4	2.5	Yy0/Yd11	±5%	1450	2315×765×1205
KBSG－100/10	100	10	0.693/0.4	560	1050	4	2.5	Yy0/Yd11	±5%	1650	2350×812×1235
KBSG－160/10	160	10	0.693/0.4	800	1500	4	2	Yy0/Yd11	±5%	1800	2520×875×1380
KBSG－200/10	200	10	0.693/0.4	950	1800	4	2	Yy0/Yd11	±5%	2100	2520×875×1380
KBSG－250/10	250	10	0.693/0.4	1100	2100	4	2	Yy0/Yd11	±5%	2300	2655×895×1440
KBSG－315/10	315	10	1.2/0.693	1300	2500	4	1.8	Yy0/Yd11	±5%	2500	2655×895×1440
KBSG－400/10	400	10	1.2/0.693	1500	3000	4	1.8	Yy0/Yd11	±5%	2800	2700×895×1540
KBSG－500/10	500	10	1.2/0.693	1750	3500	4	1.5	Yy0/Yd11	±5%	3000	2750×955×1590
KBSG－630/10	630	10	1.2/0.693	2000	4100	4	1.5	Yy0/Yd11	±5%	3500	2790×985×1610
KBSG－800/10	800	10	3.45	2300	5100	4	1.2	Yyn0	±5%	4750	2885×1020×1650
KBSG－800/10	800	10	1.2/0.693	2300	5100	4	1.2	Yy0/Yd11	±5%	4750	2885×1020×1650

表 11-5-1（续）

型号	额定容量/(kV·A)	额定电压/kV		损耗/W		阻抗电压/%	空载电流/%	联结组别	高压分接	重量/kg	外形尺寸(长×宽×高)/(mm×mm×mm)
		高压	低压	空载	负载						
KBSG-1000/10	1000	10	3.45	2600	6100	4.5	1.2	Yyn0	±5%	5300	2970×1080×1715
KBSG-1000/10	1000	10	1.2/0.693	2600	6100	4.5	1.2	Yy0/Yd11	±5%	5300	2970×1080×1715
KBSG-1250/10	1250	10	3.45	3100	7400	4.5	1	Yyn0	±5%	5800	3075×1120×1760
KBSG-1250/10	1250	10	1.2	3100	7400	4.5	1	Yy0	±5%	5800	3075×1120×1760
KBSG-1600/10	1600	10	3.45	3800	8500	5	1	Yyn0	±5%	8300	3345×1200×1695
KBSG-1600/10	1600	10	1.2	3800	8500	5	1	Yy0	±5%	8300	3345×1200×1695
KBSG-2000/10	2000	10	3.45	4500	9700	5	0.7	Yyn0	±5%	8800	3565×1270×1835
KBSG-2000/10	2000	10	1.2	4500	9700	5	0.7	Yy0	±5%	8800	3565×1270×1835
KBSG-2500/10	2500	10	3.45	5200	10800	5.5	0.7	Dyn11	±2×2.5%/±5%	13100	3690×1320×1820
KBSG-2500/10	2500	10	1.2	5200	10800	5.5	0.7	Dy11	±2×2.5%/±5%	13100	3690×1320×1820
KBSG-3150/10	3150	10	3.45	6100	12800	5.5	0.7	Dyn11	±2×2.5%/±5%	17100	4310×1340×1735
KBSG-4000/10	4000	10	3.45	7000	15000	6	0.7	Dyn11	±2×2.5%/±5%	20600	4530×1400×1815
KBSG-5000/10	5000	10	3.45	8200	17600	6.5	0.6	Dyn11	±2×2.5%/±5%	22500	4400×1510×1890
KBSG-6300/10	6300	10	3.45	9500	20000	6.5	0.6	Dyn11	±2×2.5%/±5%	25500	4560×1550×1970
KBSG-8000/10	8000	10	3.45	1100	22500	6.5	0.6	Dyn11	±5%	32000	4860×1630×2065

注：负载损耗为 145 ℃（绝缘耐热等级为 H 级时的参考温度）时之值，若为别的绝缘耐热等级，则负载损耗应校正到相应参考温度时值。

矿用隔爆型干式变压器作为煤矿井下供电系统中的隔爆电气设备，6 kV 或 10 kV 高压电往前一级高压配电装置输入到干式变压器一次侧带电，二次感应输出低电压，经独立使用的馈电装置供给设备使用。

表 11－5－2　干式变压器的绝缘水平

额定电压/V	额定短时耐受电压（方均根值）/kV	额定全波雷电冲击耐受电压（方均根值）/kV	试验时间/s
693	3	—	60
1200	5	—	
6000	20	40	
10000	28	60	

表 11－5－3　干式变压器的绝缘等级及允许温升

绝缘耐热等级	H	箱壳表面最高允许温升/K	80
绝缘系统最高温度/℃	180	温度监视报警温度/℃	125 ±5

（3）矿用隔爆型移动变电站用干式变压器的高压出线盒连接高压真空开关，低压出线盒连接低压侧保护箱，高低压开关之间可以进行电气联锁。

高、低压出线盒内套管相序排列如图 11－5－1 所示。

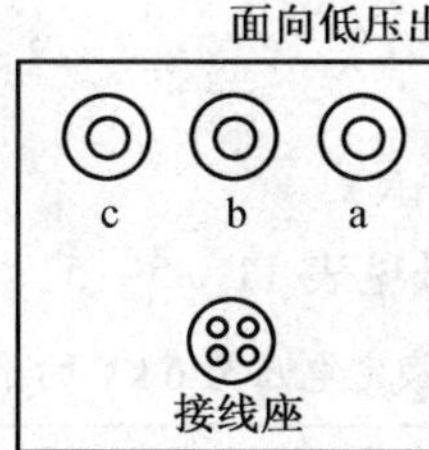

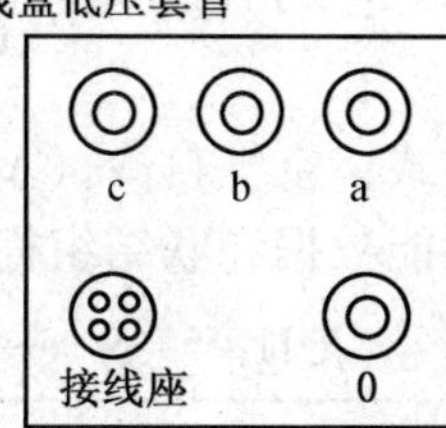

图 11－5－1　出线盒内套管相序排列图

干式变压器的输入电压可适应 ±5% 额定电压的线路电压。如果需要改变高压输入分接电压时，在确认变压器不带电的状态下，打开箱体上的高压分接孔盖，按表 11－5－4 改变高压分接板上的连接片位置。出厂时连接片一律为 X—Y—Z，即额定输入电压 6000 V 或 10000 V。

表 11－5－4　高压分接板上的连接片位置

电压调整率	连接片位置	输入电压/V	
+5%	X_1—Y_1—Z_1	6300	10500
额定	X_2—Y_2—Z_2	6000	10000
-5%	X_3—Y_3—Z_3	5700	9500

干式变压器可以用改变联结组别的方法变换输出电压，在确认变压器不带电状态下，

y 接连接方式　　d 接连接方式
(693 V或1200 V)　(400 V或693 V)

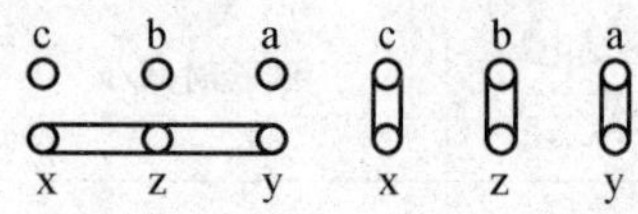

图 11-5-2　联结组别图

打开变压器低压侧箱盖或手孔盖，将低压连接片按图 11-5-2 示意图联结，即可得到相应的低压输出电压。

干式变压器箱壳用钢板焊接而成；主体侧面采用瓦楞钢板结构，以增加散热面；箱体上部有四个吊板，吊起整机时必须同时使用；箱体下部设有滑靴；箱体下部设有两个 M12 外接地螺栓，并有接地符号。

（二）KBSG2-T 矿用隔爆型干式变压器（真空浸渍筒型外壳）

1. 型号意义

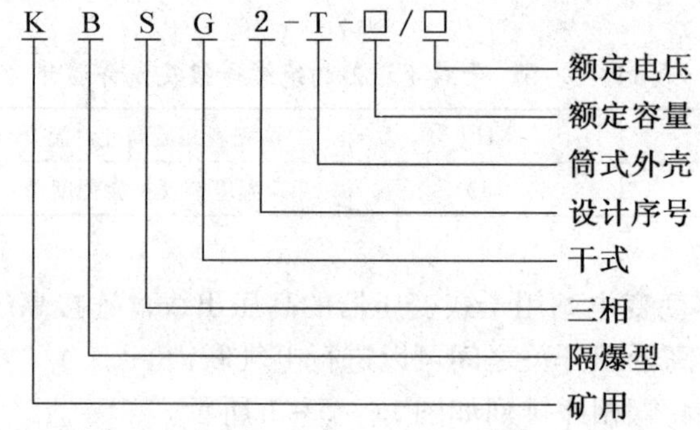

2. 技术电气参数

（1）额定频率：50 Hz。

（2）相数：3 相。

（3）冷却方式：空气自冷（ANAN）。

（4）技术性能数据和联结组标号见表 11-5-5、表 11-5-6。

表 11-5-5　一次额定电压为 6 kV 的干式变压器性能数据

额定容量/(kV·A)	电压组合/V		联结组标号	损耗/W		短路阻抗/%	空载电流/%	耐热等级
	一次电压	二次电压		空载损耗	负载损耗			
100	6000±5%	693/400	Yy0（d11）	520	920	4	2.5	H
200				820	1550	4	2	
315		1200/693		1100	2150	4	1.8	
400				1300	2600	4	1.8	
500				1500	3100	4	1.5	
630				1800	3680	4	1.5	
800		1200/693 3450	Yy0（d11）或 Yyn0	2050	4500	4	1.0	
1000				2350	5400	4	1.0	
1250		1200 或 3450	Yy0 或 Yyn0	2750	6500	4	1.0	
1600				3350	8000	4	0.8	
2000		3450	Yyn0	3800	9500	4.5	0.6	
2500				4500	10600	5	0.6	
3150		3450	Dyn11	5300	12500	5.5	0.6	C
4000				6100	14000	6	0.6	

表11-5-6　一次额定电压为10kV的干式变压器性能数据

额定容量/(kV·A)	电压组合/V		联结组标号	损耗/W		短路阻抗/%	空载电流/%	耐热等级
	一次电压	二次电压		空载损耗	负载损耗			
100	10000±5%	693/400	Yy0（d11）	560	1050	4	2.5	H
200				950	1800	4	2	
315		1200/693		1300	2500	4	1.8	
500				1500	3000	4	1.8	
630				1750	3500	4	1.5	
800		1200/693 3450	Yy0（d11） 或Yyn0	2000	4100	4	1.5	
1000				2600	6100	4.5	1.2	
1250		1200 3450	Yy0或 Yyn0	3100	7400	4.5	1.0	
1600				3800	8500	5	1.0	
2000		3450	Yyn0	4500	9700	5	0.7	
2500				5200	10800	5.5	0.7	
3150		3450	Dyn11	6100	12800	5.5	0.7	C
4000				7000	15000	6	0.7	

（5）绝缘水平见表11-5-7。

表11-5-7　绝　缘　水　平

额定电压/V	额定短时工频耐压/kV	全波雷电冲击电压(峰值)/kV
10000	28	60
6000	20	40
3450	12	—
1200	5	—
≤1000	3	—

（6）温升限值：变压器在正常使用条件下运行，其绕组及铁心表面的温升不超过表11-5-8的规定。

表11-5-8　温　升　限　值

部　　位	绝缘系统温度/℃	温升限值/K
绕组（用电阻法测量的温升）	180（H） 220（C）	125 150
铁芯表面与其相邻的材料	—	使相邻材料不致损害的温度

3. 结构

1）结构特性

KBSG2－T 系列矿用隔爆型干式变压器是一种煤矿井下用于有爆炸性气体环境的供、配电设备，该产品包括 10 kV 和 6 kV 两个系列，容量 100～4000 kV · A。本系列矿用隔爆型干式变压器为 H 级绝缘等级，3150 及 4000 kV · A 两个产品为 C 级绝缘。采用高品质的 NOMEX®绝缘材料制造的非包封式干式变压器技术。高、低压线圈采用 NOMEX®绝缘材料经 VPI 真空压力浸渍 H 级无溶剂漆，经高温固化。高压线圈采用层式结构，最外两层导线立绕，以提高椭圆线圈辐向机械强度。铁芯采用高导磁率冷轧硅钢片，芯柱为椭圆截面，全斜接缝，上、下铁轭用拉板、拉带紧固，结构紧凑、可靠。防爆壳体采用波纹筒式结构，筒的上下为圆弧形，具有良好的散热性能，机械强度高。

矿用隔爆干式变压器主要由内部的器身和波纹式散热箱体所组成。在散热箱体的两端分别设有高、低压接线腔体，在每个接线腔体两侧配有两套电缆引入装置。

高压接线腔与低压接线腔之间设有电气连锁，接线腔端盖与接线腔之间设有电气制锁，以保证当接线腔处在打开状态时，不能对变压器送电。

高压接线腔侧面设有急停按钮，可以紧急断开变压器上一级高压电源。

2）外形尺寸及重量（表 11－5－9）

表 11－5－9　KBSG2－T 系列矿用隔爆型干式变压器各规格参数

型　号	长/mm	宽/mm	高/mm	重量/kg	型　号	长/mm	宽/mm	高/mm	重量/kg
KBSG2－T－100/6	2100	830	915	1320	KBSG2－T－100/10	2390	1010	1085	1650
KBSG2－T－200/6	2270	910	980	1770	KBSG2－T－200/10	2438	1010	1085	2100
KBSG2－T－315/6	2570	910	980	2230	KBSG2－T－315/10	2740	1010	1085	2560
KBSG2－T－400/6	2575	1010	1085	2680	KBSG2－T－400/10	2785	1070	1150	2880
KBSG2－T－500/6	2680	1010	1085	2860	KBSG2－T－500/10	2810	1130	1220	3330
KBSG2－T－630/6	2750	1070	1155	3320	KBSG2－T－630/10	2945	1130	1220	3510
KBSG2－T－800/6	2785	1130	1220	3700	KBSG2－T－800/10	2900	1230	1310	4080
KBSG2－T－1000/6	2870	1230	1310	4400	KBSG2－T－1000/10	3040	1310	1390	4680
KBSG2－T－1250/6	2900	1120	1405	5070	KBSG2－T－1250/10	3110	1160	1525	5220
KBSG2－T－1600/6	3170	1130	1595	7420	KBSG2－T－1600/10	3380	1130	1595	7520
KBSG2－T－2000/6	3320	1210	1640	8790	KBSG2－T－2000/10	3450	1210	1640	9650
KBSG2－T－2500/6	3390	1270	1795	10900	KBSG2－T－2500/10	3625	1270	1795	10900
KBSG2－T－3150/6	4220	1310	1865	—	KBSG2－T－3150/10	4260	1310	1865	13800
KBSG2－T－4000/6	4220	1310	1875	—	KBSG2－T－4000/10	4260	1310	1875	14950

二、矿用隔爆型移动变电站

以 KBSGZY 系列矿用隔爆型移动变电站为例进行介绍。

1. 型号意义

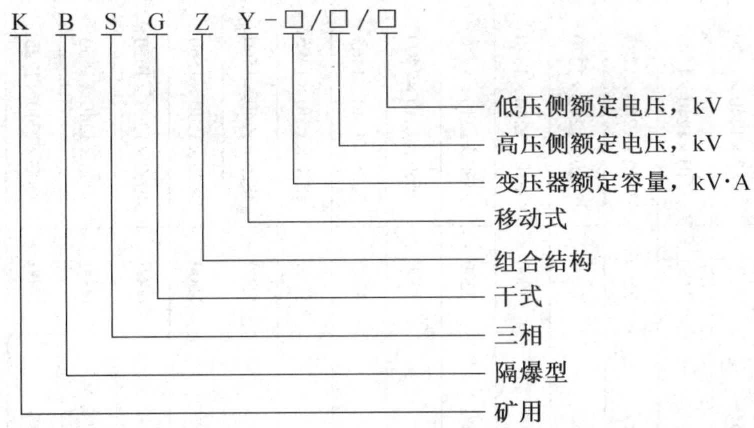

2. 主要技术参数

1）KBSGZY 系列矿用隔爆型移动变电站（表 11－5－10）

2）低压保护箱（表 11－5－11）

3. 结构

矿用隔爆型移动变电站（以下简称变电站）由矿用隔爆型干式变压器、矿用隔爆型高压负荷开关或矿用隔爆型高压真空配电装置、矿用隔爆型低压真空馈电开关或矿用隔爆型低压保护箱三部分组成。KBSGZY 系列移动变电站的外形如图 11－5－3 所示。

图 11－5－3　KBSGZY 系列移动变电站

移动变电站可随着采掘工作面的推进而移动，与工作面可保持 50～300 m 的距离，使低压供电距离缩短，大幅度减少电压损失，保证供电质量。移动变电站整体安装在移动小车上，输入、输出采用电缆连接器连接，在井下安装、移动和拆除方便。

4. 电气原理

高、低压开关间具有电气联锁，可确保移动变电站供停电程序：先合高压，后合低压（先合隔离开关，后合高压真空断路器）；先分低压，后分高压（先分高压真空断路器，后分隔离开关）。高、低压开关配置，有两种保护方式可供选择。

（1）当移动变电站低压供电发生过载、短路、漏电等故障时，靠切断低压侧开关实现

表 11－5－10 KBSGZY 系列矿用隔爆型移动变电站的技术参数

型 号	额定容量/（kV · A）	额定电压/kV		损耗/W		阻抗电压/%	空载电流/%	联结组别	高压分接	重量/kg	外形尺寸（长×宽×高）/（mm×mm×mm）
		高压	低压	空载	负载						
KBSGZY－50/6	50	6	0.693/0.4	350	550	4	2.5	Yy0/Yd11	±5%	2150	3280×1240×1090
KBSGZY－100/6	100	6	0.693/0.4	520	920	4	2.5	Yy0/Yd11	±5%	2150	3310×1240×1180
KBSGZY－160/6	160	6	0.693/0.4	700	1300	4	2	Yy0/Yd11	±5%	2500	3580×1240×1285
KBSGZY－200/6	200	6	0.693/0.4	820	1550	4	2	Yy0/Yd11	±5%	2800	3580×1240×1370
KBSGZY－250/6	250	6	0.693/0.4	820	1550	4	2	Yy0/Yd11	±5%	3000	3630×1240×1370
KBSGZY－315/6	315	6	1.2/0.693	1100	2150	4	1.8	Yy0/Yd11	±5%	3200	3630×1240×1370
KBSGZY－400/6	400	6	1.2/0.693	1300	2600	4	1.8	Yy0/Yd11	±5%	3500	3680×1240×1400
KBSGZY－500/6	500	6	1.2/0.693	1500	3100	4	1.5	Yy0/Yd11	±5%	3700	3685×1240×1465
KBSGZY－630/6	630	6	1.2/0.693	1800	3680	4	1.5	Yy0/Yd11	±5%	4200	3820×1240×1495
KBSGZY－800/6	800	6	1.2/0.693	2050	4500	4	1	Yy0/Yd11	±5%	5500	3825×1240×1560
KBSGZY－800/6	800	6	3.45	2050	4500	4	1	Yyn0	±5%	5500	3825×1240×1560
KBSGZY－1000/6	1000	6	1.2/0.693	2350	5400	4	1	Yy0/Yd11	±5%	6000	4000×1240×1650
KBSGZY－1000/6	1000	6	3.45	2350	5400	4	1	Yyn0	±5%	6000	4000×1240×1650
KBSGZY－1250/6	1250	6	1.2	2750	6500	4	1	Yy0	±5%	6500	4300×1240×1725
KBSGZY－1250/6	1250	6	3.45	2750	6500	4	1	Yyn0	±5%	6500	4300×1240×1725
KBSGZY－1600/6	1600	6	1.2	3350	8000	4	0.8	Yy0	±5%	9000	4480×1240×1650
KBSGZY－1600/6	1600	6	3.45	3350	8000	4	0.8	Yyn0	±5%	9000	4480×1240×1650

表 11－5－10（续）

型　号	额定容量/(kV·A)	额定电压/kV		损耗/W		阻抗电压/%	空载电流/%	联结组别	高压分接	重量/kg	外形尺寸(长×宽×高)/(mm×mm×mm)
		高压	低压	空载	负载						
KBSGZY－2000/6	2000	6	1.2	3800	9500	4.5	0.6	Yy0	±5%	9500	4560×1240×1780
KBSGZY－2000/6	2000	6	3.45	3800	9500	4.5	0.6	Yyn0	±5%	9500	4560×1240×1780
KBSGZY－2500/6	2500	6	1.2	4500	10600	5	0.6	Dy11	±2×2.5%/±5%	13800	4890×1320×1820
KBSGZY－2500/6	2500	6	3.45	4500	10600	5	0.6	Dyn11	±2×2.5%/±5%	13800	4890×1320×1820
KBSGZY－3150/6	3150	6	3.45	5300	12500	5.5	0.6	Dyn11	±2×2.5%/±5%	17800	5460×1340×1735
KBSGZY－4000/6	4000	6	3.45	5100	14000	6	0.6	Dyn11	±2×2.5%/±5%	21300	5680×1400×1815
KBSGZY－50/10	50	10	0.693/0.4	390	680	4	2.5	Yy0/Yd11	±5%	2350	3585×1175×1205
KBSGZY－100/10	100	10	0.693/0.4	560	1050	4	2.5	Yy0/Yd11	±5%	2550	3590×1175×1320
KBSGZY－160/10	160	10	0.693/0.4	800	1500	4	2	Yy0/Yd11	±5%	2700	3700×1175×1420
KBSGZY－200/10	200	10	0.693/0.4	950	1800	4	2	Yy0/Yd11	±5%	3000	3700×1175×1420
KBSGZY－315/10	315	10	1.2/0.693	1300	2500	4	1.8	Yy0/Yd11	±5%	3200	3885×1175×1440
KBSGZY－400/10	400	10	1.2/0.693	1500	3000	4	1.8	Yy0/Yd11	±5%	3400	3885×1175×1440
KBSGZY－500/10	500	10	1.2/0.693	1750	3500	4	1.5	Yy0/Yd11	±5%	3700	3940×1175×1540
KBSGZY－630/10	630	10	1.2/0.693	2000	4100	4	1.5	Yy0/Yd11	±5%	4400	4060×1175×1610
KBSGZY－800/10	800	10	1.2/0.693	2300	5100	4	1.2	Yy0/Yd11	±5%	5700	4220×1175×1650
KBSGZY－800/10	800	10	3.45	2300	5100	4	1.2	Yyn0	±5%	5700	4220×1175×1650

表 11-5-10（续）

型　号	额定容量/(kV·A)	额定电压/kV		损耗/W		阻抗电压/%	空载电流/%	联结组别	高压分接	重量/kg	外形尺寸(长×宽×高)/(mm×mm×mm)
		高压	低压	空载	负载						
KBSGZY-1000/10	1000	10	1.2/0.693	2600	6100	4.5	1.2	Yy0/Yd11	±5%	6200	4300×1175×1715
KBSGZY-1000/10	1000	10	3.45	2600	6100	4.5	1.2	Yyn0	±5%	6200	4300×1175×1715
KBSGZY-1250/10	1250	10	1.2	3100	7400	4.5	1	Yy0	±5%	6700	4335×1175×1760
KBSGZY-1250/10	1250	10	3.45	3100	7400	4.5	1	Yyn0	±5%	6700	4335×1175×1760
KBSGZY-1600/10	1600	10	1.2	3800	8500	5	1	Yy0	±5%	9200	4640×1200×1695
KBSGZY-1600/10	1600	10	3.45	3800	8500	5	1	Yyn0	±5%	9200	4640×1200×1695
KBSGZY-2000/10	2000	10	1.2	4500	9700	5	0.7	Yy0	±5%	9700	4730×1270×1835
KBSGZY-2000/10	2000	10	3.45	4500	9700	5	0.7	Yyn0	±5%	9700	4730×1270×1835
KBSGZY-2500/10	2500	10	1.2	5200	10800	5.5	0.7	Yy0	±5%	14000	4890×1320×1820
KBSGZY-2500/10	2500	10	3.45	5200	10800	5.5	0.7	Yyn0	±5%	14000	4890×1320×1820
KBSGZY-3150/10	3150	10	3.45	6100	12800	5.5	0.7	Dyn11	±5%	18000	5460×1340×1735
KBSGZY-4000/10	4000	10	3.45	7000	15000	6	0.7	Dyn11	±5%	21500	5680×1400×1815
KBSGZY-5000/10	5000	10	3.45	8200	17600	6.5	0.6	Dyn11	±5%	23500	5950×1510×1890
KBSGZY-6300/10	6300	10	3.45	9000	19800	6.5	0.6	Dyn11	±5%	18000	6110×1550×1970
KBSGZY-8000/10	8000	10	3.45	11000	22500	6.5	0.6	Dyn11	±5%	18000	6350×1630×2065

注：1. 产品绝缘耐热等级：50~2000 kV·A，H级；2500~8000 kV·A，C级。

2. 车轮轨距：600 mm 或 900 mm。

保护，高压侧负荷开关只作为隔离开关（即：高压负荷开关 + 低压馈电开关）。

（2）高压侧配置高压真空配电开关，通过切断高压侧实现过载、短路、漏电等保护，低压侧配置低压配电保护箱（即：高压真空开关 + 低压配电保护箱）。

表 11－5－11　KBSGZY 系列移动变电站低压保护箱的技术参数

低压保护箱	额定电压/V	660	1140	3300
	额定电流/A	315、400、500、630、800、1000		
	过载保护过电流整定范围	（1.05～6）倍		
	短路保护过电流整定范围	（3～10）倍		
	漏电单元动作绝缘电阻整定值/kΩ	11（660 V，单相）	60（1140 V，三相）	50
	漏电单元闭锁绝缘电阻值/kΩ	≥22（660 V，单相）	≥120（1140 V，三相）	≥100

移动变电站的高、低压开关箱体上分别设有电压表、电流表、信号显示窗，并设有分、合闸指示，在低压保护箱箱壳上还有电压、漏电等故障指示。

高压真空配电开关机体前面中部有急停按钮，急停按钮推入后，可使上级及本级开关断电。

高压开关门盖和低压保护箱的门盖均设有机械联锁，高压开关门与控制回路有电气闭锁，开门时先拧开闭锁螺栓断开控制回路，可使上级开关和本开关跳闸。低压开关箱盖装有联锁螺杆，保证在合闸状态下不能打开箱盖，箱盖打开时无法合闸，这样可保证检修安全。

高压真空配电开关采用真空断路器，具有带负荷分断的能力，有过载、短路、断相、过压、欠压、超温、上级电源紧停保护，并对低压侧反馈的故障进行保护。

第六节　无功补偿装置

矿用隔爆型无功功率自动补偿装置是对煤矿井下低压供电系统中因电感性负载而导致的无功功率进行补偿的专用设备。使用矿用隔爆型无功功率自动补偿装置对供电网络进行补偿后，可以提高功率因数，减少线路无功电流，降低线路损耗和变压器损耗，节约电费；提高线路终端电压 5% 左右，解决电气设备末端起车困难的问题；对煤矿井下供电网络的高次谐波污染也具有一定的抑制功能。

无功补偿装置的使用条件如下：

海拔高度不超过 2000 m；

环境温度为 －5～＋40 ℃（24 h 平均温度）；

大气条件为 86～106 kPa；

空气相对湿度不超过 95%（25 ℃时）；

设备与水平面的倾斜度不超过 15°；

有甲烷、煤尘爆炸性气体的环境中，无破坏绝缘材料及金属的气体环境中，无淋水、积水的地方，无显著摇动与冲击震动的位置。

一、WJL 系列矿用隔爆兼本质安全型链式静止无功发生器（SVG）

1. 型号意义

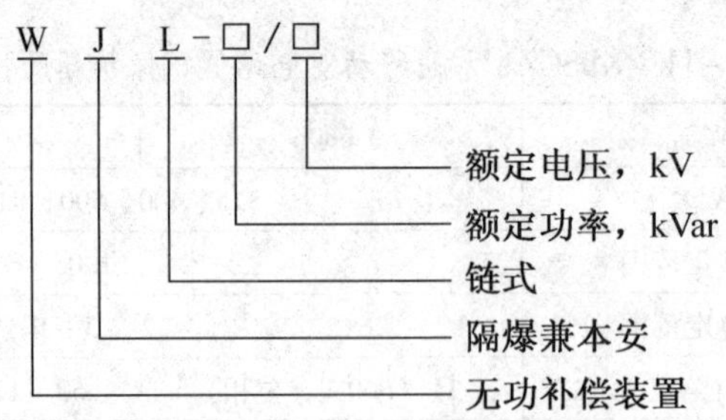

2. 主要电气参数（表 11－6－1）

表 11－6－1 WJL 系列矿用隔爆兼本质安全型链式静止无功发生器的主要电气参数

设备分类	额定电压/V	额定电流/A	额定补偿容量/MVar
3.3 kV SVG	3300	315	1.8
6 kV SVG	6000	240	2.5

3. 结构

矿用隔爆兼本质安全型链式静止无功发生器（SVG）由控制系统、控制电源变压器（含 PT）、水冷功率单元、单元电容、水冷电抗器、接触器、水冷系统及防爆壳体等部分组成，如图 11－6－1 所示。

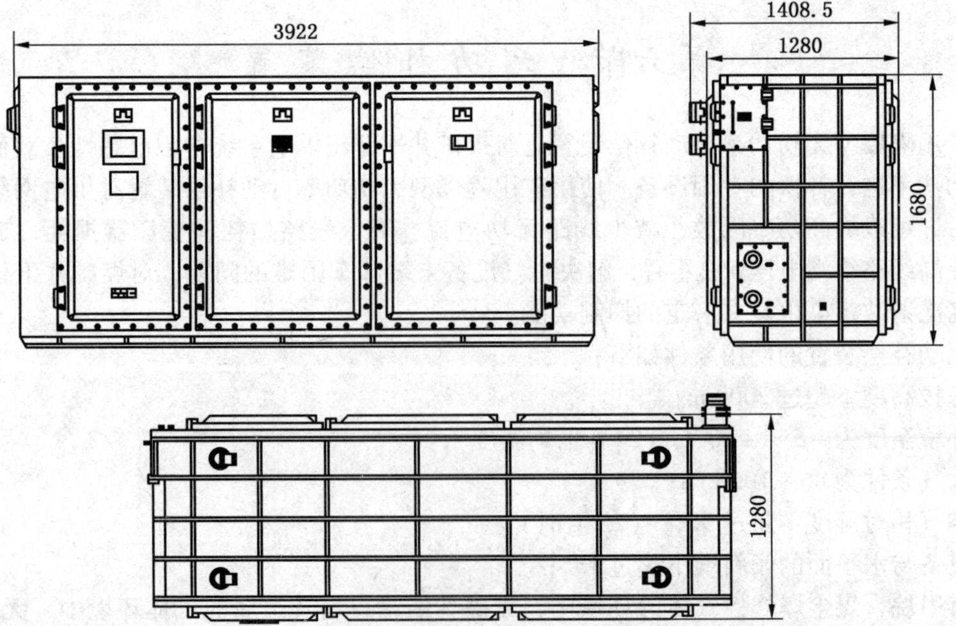

图 11－6－1 WJL 系列矿用隔爆型无功功率自动补偿装置外形尺寸

4. 电气原理

通过检测电网电压和电流信号，采用 SPWM 控制技术，控制 SVG 逆变单元 IGBT 模块的通断来控制逆变单元输出的交流电压，即改变连接电网电抗器上的电压，从而控制 SVG 补偿感性或容性电流，如图 11－6－2 所示。

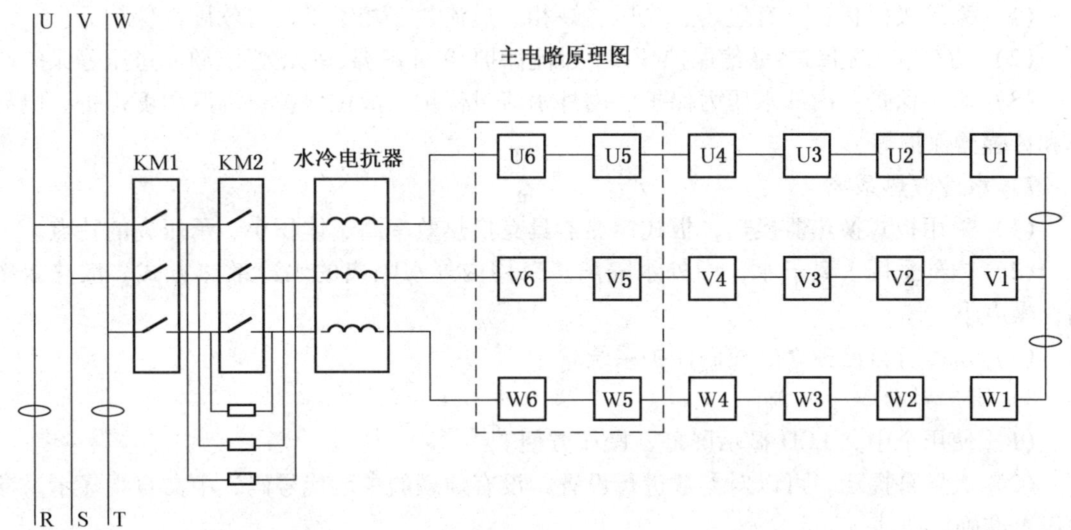

图 11－6－2 主电路原理图（以 6 kV 为例）

1）补偿功能

单独自动补偿无功(SVG 功能)：在补偿能力范围内，补偿后功率因数可达到 0.95 以上。

单独自动补偿终端电压（电压补偿功能）：在额定补偿能力范围内，补偿后终端电压可达到电压设定值。

自动补偿无功并抑制谐波（SVG 功能＋APF 功能）：在提高功率因数的同时，有效抑制一定量的 5、7、11、13 次特征谐波。

2）节能效果

采用静止无功发生器后，最大补偿容量：6 kV SVG 设备可达到 240 A 无功电流，3.3 kV SVG 设备可达到 315 A 无功电流。

3）控制技术

控制机内置总线板、电源板、CPU 板、PWM 板、数字板、模拟板、通信板等。通过编程器将符合用户现场工况的控制程序下载至控制机后，控制机便可实现调速系统的开环或闭环控制、生成多电平的 PWM 控制波形、实现快速保护及网络通信等控制功能。

静止无功发生器控制核心采用浮点型 DSP，处理速度高达 150 MHz；采用 16 位高精度 AD 采样芯片，采样精度高，使对无功功率的计算更加精确，动态跟踪补偿性能更加优越。

4）补偿方式

静止无功发生器可以根据现场实际情况，采用集中补偿、区域补偿、就地补偿（终端补偿）多种方案，对井下用电设备无功功率进行动态跟踪无功补偿。

除单台分组补偿外，可以多台并联使用，也可以与上级供电系统无功功率补偿设备组成多级补偿，形成覆盖整个井下供电系统的无功功率补偿网络。

5）谐波含量

静止无功发生器采用了 SPWM 技术、三电平技术和多重化技术，不仅自身产生的谐波含量极低，还能够对负载的谐波和无功进行补偿，有效抑制被补偿一定量的电网谐波。

6）软硬件保护

(1) 系统级保护：具有过压、欠压、缺相、过流、三相不平衡等软硬件保护。

(2) 功率单元级保护：通信保护、IGBT 过流保护、单元超温、单元欠压、单元过压等保护。

(3) 水冷保护：内外水压力保护、内外水流量保护、液位保护、温度湿度保护、电导率和传感器保护等。

7）水冷散热系统

(1) 采用板式换热器换热，板式换热器具有换热效率高、体积小、承压高的特点。

(2) 内部采用去离子水，内外水隔离。采用内外水隔离的水冷散热方式，散热效率高，噪声小。

(3) 水冷有自己独立的控制保护系统。

8）用户界面

(1) 使用全中文 LCD 显示屏幕，操作方便。

(2) 大屏幕提示，可以对参数进行设置，没有烦琐的参数代号码，中文直观显示。参数设置准确，便捷。

(3) 大多数运行参数在主界面直观显示，对设备状态一目了然。

(4) 准确记录设备历史故障记录，记录数目可达 100 条，且掉电记忆，便于查询。

(5) 实时计算设备累计发出无功功率和设备累计网侧视在功率。

(6) 实时显示功率因数和网侧功率变化曲线。

9）连入电网的方式

静止无功发生器连接到电网的方式为并联，设备接线示意图如图 11-6-3 所示。

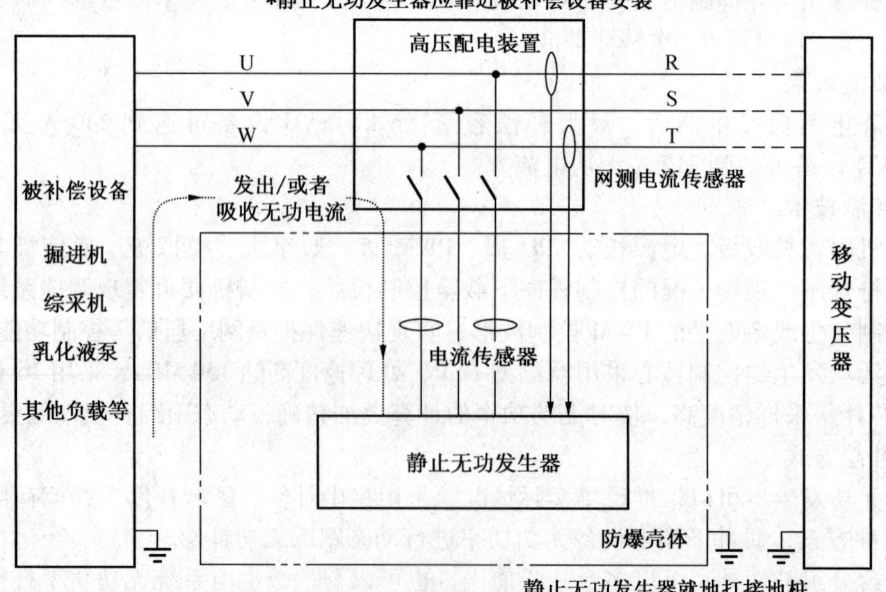

图 11-6-3 隔爆 SVG 安装示意图

10）安装注意事项

（1）按照接线腔内接线标牌检查电源线和负荷线是否正确连接。电源线接到 R、S、T 端，负荷线接到 U、V、W 端。

（2）壳体接地螺栓是否可靠接地。

（3）运行前要检查外水回路是否通畅，只有外水正常方可运行静止无功发生器。外冷却水检查试验时，启动外水循环系统，检查出水口水管内是否有水流出。在水冷系统子界面会有外水参数流量和压力的显示。

二、BBW1 系列矿用隔爆型无功功率自动补偿装置

BBW1 系列矿用隔爆型无功功率自动补偿装置（以下简称补偿器）是一种用于具有爆炸性气体环境的煤矿井下，对交流频率 50 Hz、额定电压为 1140 V 或 660 V 的供电系统，额定容量不大于 315 kV·A 的井下供电系统中的无功功率进行分组式或个别式自动补偿的节能设备。补偿器主要是对频率 50 Hz、55 kW 以上的三相异步电动机进行终端补偿，用于提高异步电动机的功率因数，降低线路损耗和电压降，达到改善电动机运行条件和节约电能的目的。

1. 型号意义

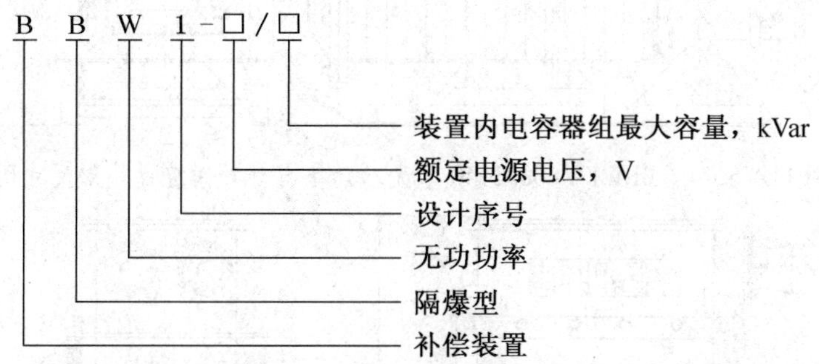

2. 主要技术参数（表 11-6-2）

表 11-6-2　BBW1 系列无功功率自动补偿装置的主要技术参数

规格型号	额定容量/kVar	额定电压/V	额定电流/A	装置内电流互感器变比	适用负载容量/kW	适用补偿方式
BBW1-600/1140	600	1140	300	600：5	1000 以下	集中或就地补偿
BBW1-200/1140	200	1140	100	300：5	315 以下	就地补偿
BBW1-180/660	180	660	130	300：5	315 以下	就地补偿
BBW1-105/660	105	660	84	300：5	100 以下	就地补偿
BBW1-360/660	360	660	315	600：5	800 以下	集中或就地补偿

（1）额定频率：50 Hz。

（2）容量偏差：0~10%。

（3）损耗：≤0.5 W/kVar。

（4）绝缘水平：极间 2.15 倍，额定电压，2 s；极壳 2500 V，AC，60 s。

（5）最大允许工频过压：1.10 倍额定电压。

（6）最大允许工频过电流：1.30 倍额定电流。

（7）补偿效果：功率因数可达 0.95 以上（按用户要求而定）。

（8）放电性能：装置从电源脱开后 5 min 内，电压降低到 50 V 以下。

（9）外形尺寸：900 mm × 700 mm × 1150 mm（长 × 宽 × 高）

（10）保护性能：装置保护设有：过电压保护、短路保护、欠压保护、谐波超值保护。

（11）显示的数据有：供电回路的电压、电流、功率因数、视在功率、有功功率、无功功率、谐波电压、谐波电流等。

3. 结构

无功功率自动补偿装置外形图如图 11－6－4，图 11－6－5 所示，外形尺寸见表 11－6－3。

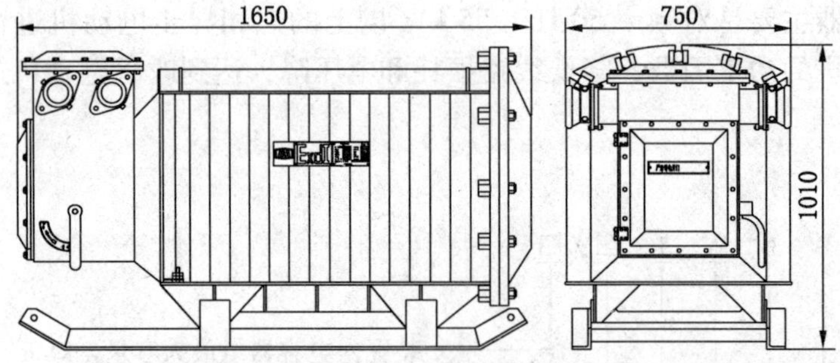

图 11－6－4　BBW1－600/1140 型无功功率自动补偿装置外形尺寸图

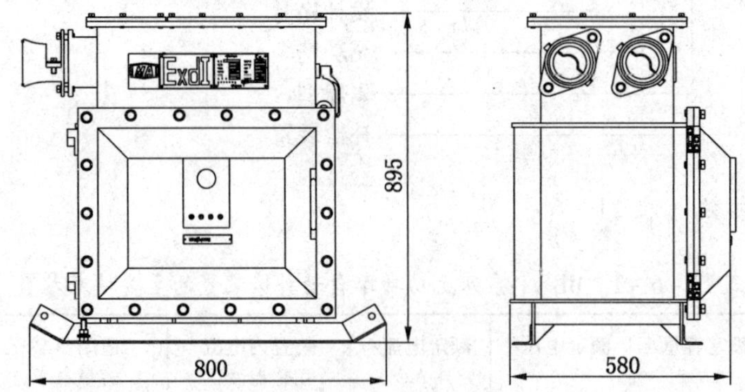

图 11－6－5　BBW1－180/660 型无功功率自动补偿装置外形尺寸图

表 11－6－3　BBW1 系列矿用隔爆型无功功率自动补偿装置各型号外形尺寸

规格型号	长/mm	宽/mm	高/mm	重量/kg
BBW1－600/1140	1605	750	1010	750
BBW1－360/660	1650	750	1010	650
BBW1－200/1140	865	560	895	310
BBW1－180/660	865	560	895	300
BBW1－105/660	775	475	780	190

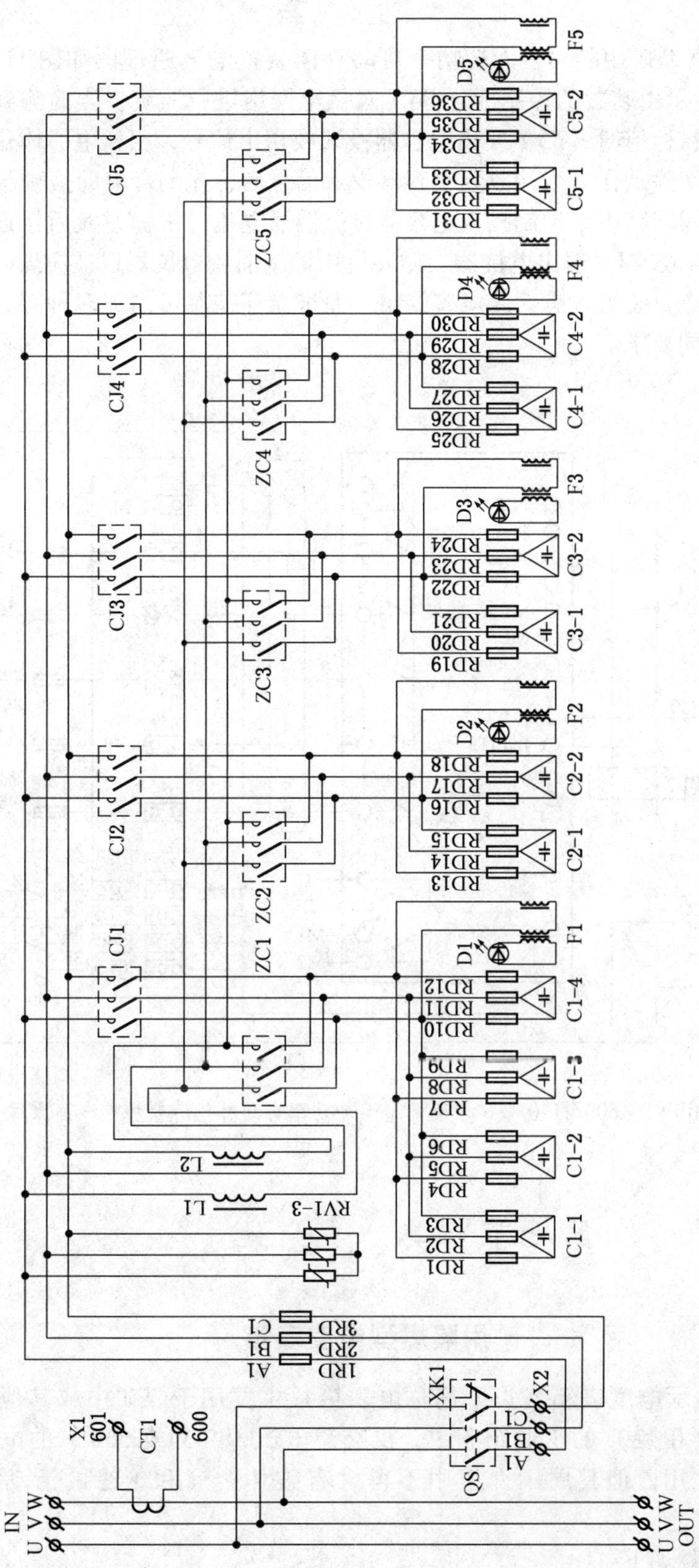

图 11-6-6 BBW1-600/1140 型矿用隔爆型无功功率自动补偿装置主电路原理图

4. 电气原理

BBW1 -600/1140 型矿用隔爆型无功功率自动补偿装置电气原理图如图 11 -6 -6 所示。如图 11 -6 -7 所示由装置的控制部分 RVT 对供电网络进行监测，当检测到的功率因数低于或高于设定的目标值时，RVT 发出电容器投入或切出信号，由机电一体化电路 FAB 执行电容器的投入或切除动作。当接收到电容器投入信号后，先闭合辅助接触器 ZJ，将电抗器串联投入到电容器回路中以抑制投入电容器时的浪涌电流，平稳过渡后接通主接触器 CJ，然后断开辅助接触器 ZJ，退出电抗器。循环使用抑制涌流电抗器以适应煤矿井下空间小，散热条件差的特点。装置设有 5 路电容器组，通过循环控制可组成多种容量组合以适应功率因数变化的不同要求。

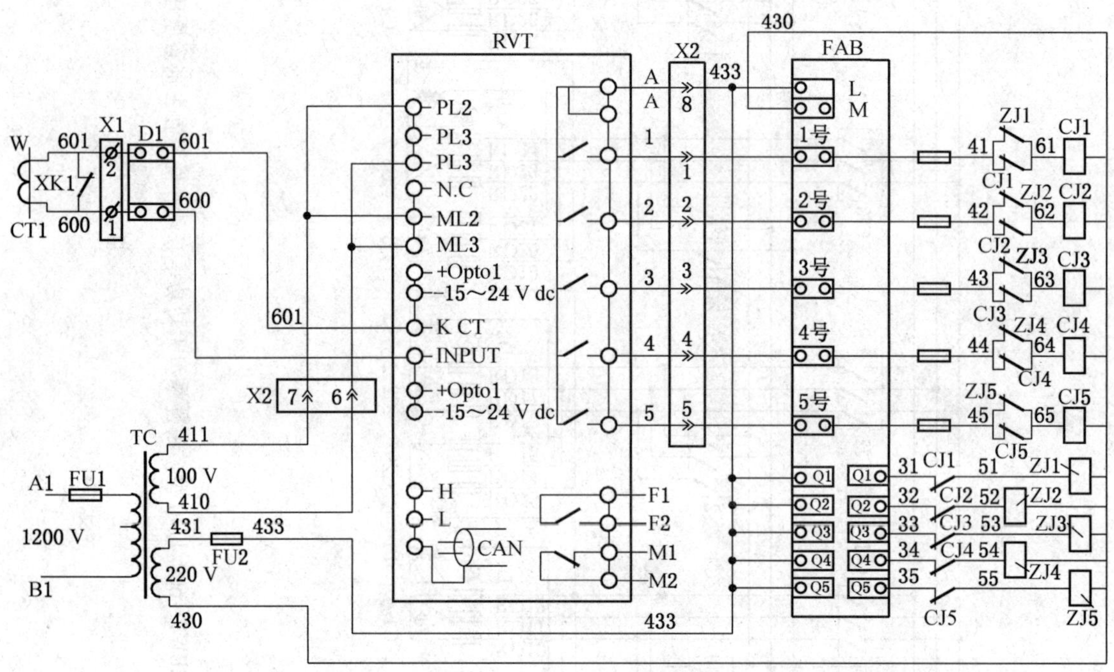

图 11 -6 -7　BBW1 -600/1140 型矿用隔爆型无功功率自动补偿装置控制电路原理图

第七节　其　　他

一、矿用隔爆型电度表箱

矿用隔爆型数显示电度表箱（以下简称电表箱）主要用于煤矿中或其他周围介质中含有爆炸性气体（甲烷）的工业企业中，供交流电压 380 V 或 660 V 的电力系统计算有功、无功电能之用。但其周围介质中不得含有破坏金属和绝缘的活动性化学物质。

电表箱的使用条件如下：

海拔高度不超过 2000 m；

周围介质的相对湿度不大于 95%（25 ℃时）；

与垂直面的倾斜度不大于 15°的地方；

无剧烈振动和冲击的地方，在无破坏绝缘的活动性化学物质的环境中，在能防止水滴及雨雪侵袭的地方；

安装类别为Ⅲ类；

污染级别不超过 3 级。

1. 型号意义

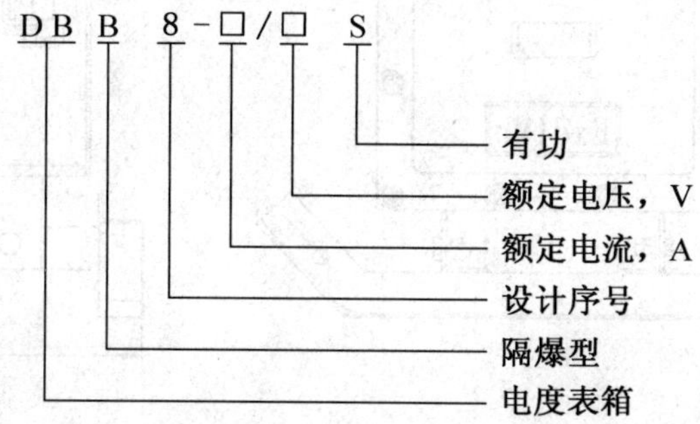

2. 主要电气参数

额定电压	380 V、660 V、1140 V
额定电流	50 A、100 A、200 A、300 A、400 A
电压互感器变比	(380 V、660 V、1140 V)/100 V
电流互感器变比	(50 A、100 A、200 A、300 A、400 A)/5 A
外形尺寸（长×宽×高）	622 mm×360 mm×705 mm
重量	80 kg

非直读式电度表的计算公式：

（本月读数－上月读数）×电流互感器变比×电压互感器变比＝实际用电量

3. 结构

电表箱外壳分主腔和接线箱两部分，壳内装有电度表、电流互感器、电压互感器等，并采用摇门螺钉紧闭，门上设有观察窗便于抄表。DBB8 型隔爆电度表箱外形尺寸如图 11－7－1 所示。

4. 电气原理

1）DS862 型机械式电表（图 11－7－2）

2）DSMF602 型电表（带尖峰平谷）（图 11－7－3）

（1）DSMF602 型电表的主要功能及显示内容

电量计量：当前及前 12 个月的有功正向总、尖、峰、平、谷电量，有功反向总电量和无功正、反向电量，其中有、无功电量均可设置为正、反向分别计量或正反向累加计量。

最大需量计量：计量当前及前 12 个月的有功总最大需量及其发生时间。

费率及时段：有功四费率（尖、峰、平、谷），一天最多设 10 个时段，时段可跨越零点。具有断相数据记录功能，记录各相最近 10 次断相的起始时刻、结束时刻。

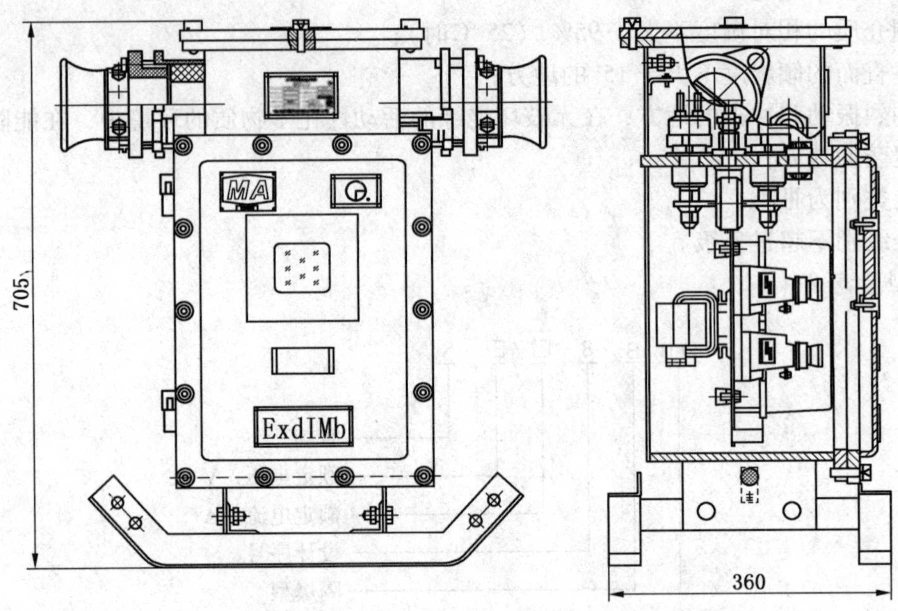

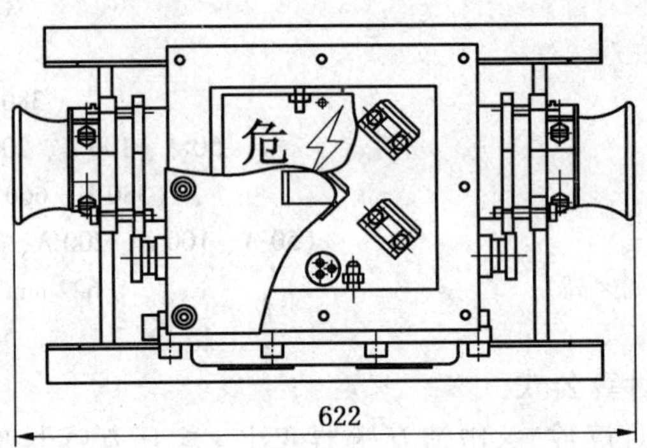

图 11－7－1　DBB8 型隔爆电度表箱外形尺寸

通信功能：可通过 RS485 通信接口进行编程和抄表。

（2）指示灯说明：红色指示灯为报警指示灯，发生断相或总功率反向时亮。出现总功率反向时常亮，只有在电量和事件清零后灭。黄色指示灯为脉冲指示灯，有脉冲时闪亮。绿色指示灯为通信指示灯，通信成功点亮 10 s。

3）DSS169Z 型电子式电表（图 11－7－4）

（1）DSS169Z 型电子式电表的计算公式：

（本月读数－上月读数）×电流互感器变比×电压互感器变比＝实际用电量

（2）DSS169Z 型电子式电表的主要功能及显示内容

计量功能：可计量正、反向有、无功电能，并保存本月、上月、上上月数据。

通信功能：电表具有一个 RS485 接口与电表内部实行电气隔离，通信规约参照 DL/T 645—2007。

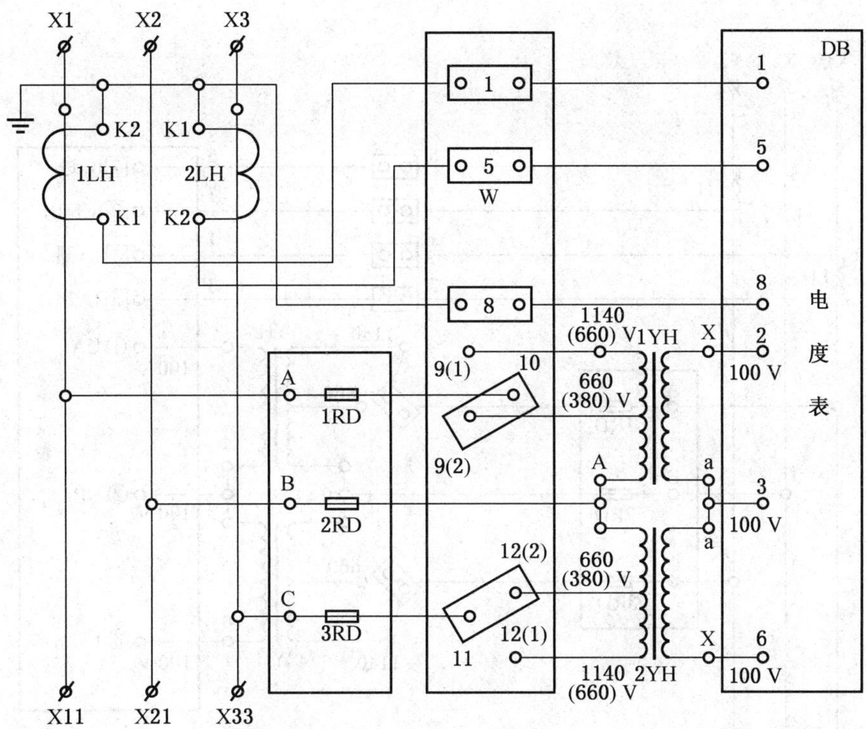

注：1. 出厂时接在高挡电压上。

2. 计数器有一个红格和数个黑格，如计数器指示值为38225即读3822.5

图11-7-2 配DS862型机械式电表原理图

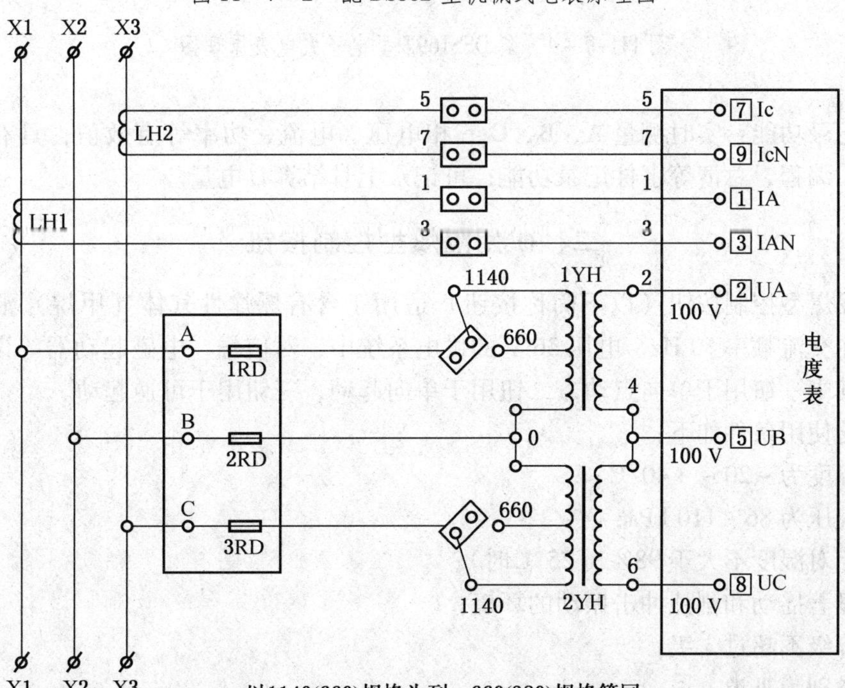

图11-7-3 配DSMF602型电表原理图

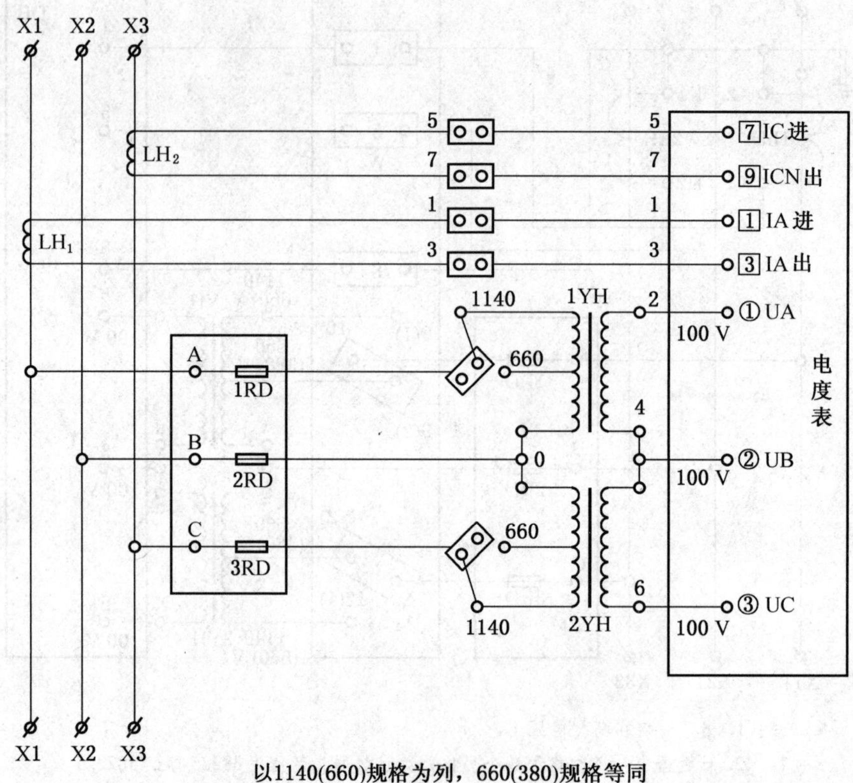

图 11-7-4　配 DSS169Z 型电子式电表原理图

事件记录功能：实时测量 A、B、C 三相电压、电流、功率等有效值；具有失压、失流、断相、编程、总清等事件记录功能；可记录上月结算日电量。

二、矿用隔爆型控制按钮

矿用隔爆型控制按钮（以下简称按钮）适用于含有爆炸性气体（甲烷）混合物的煤矿井下，在交流频率 50 Hz、电压 36 V 的供电系统中，对信号、电磁起动器等设备进行远程控制，其中一钮用于单向点动，二钮用于单向起动，三钮用于可逆起动。

按钮的使用条件如下：

环境温度为 -20 ~ +40 ℃；

环境气压为 86 ~ 110 kPa；

空气相对湿度不大于 98%（25 ℃时）；

在无显著摇动和剧烈冲击振动的环境；

污染等级不超过 3 级；

安装类别为Ⅲ类。

按钮符合标准：《煤矿用隔爆型控制按钮》(MT 624—1996)、《爆炸性气体环境用电气设备　第 1 部分：设备　通用要求》(GB 3836.1—2010)、《爆炸性气体环境用电气设备

第2部分：由隔爆外壳“d”保护的设备》(GB 3836.2—2010)、《爆炸性气体环境用电气设备 第3部分：由增安型“e”保护的设备》(GB 3836.3—2010)、《低压电器基本试验方法》(GB 998)。

1. 型号意义

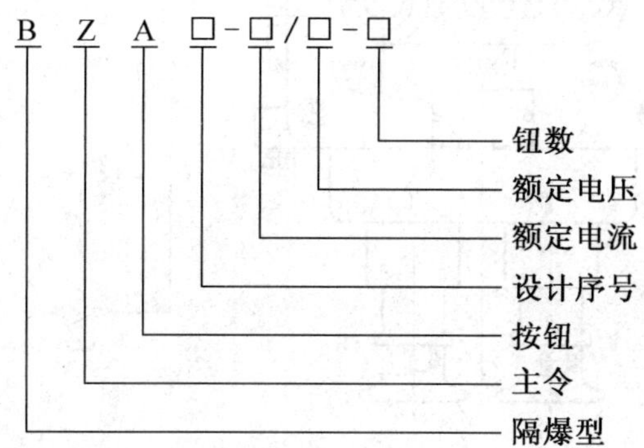

2. 主要电气参数（表11-7-1）

表11-7-1 矿用隔爆型控制按钮的主要电气参数

型号	BZA1-5/1	BZA1-5/2	BZA1-5/3
按钮数	1	2	3
额定电压/V	127	127	127
额定电流/A	5	5	5
触头数量	一常开一常闭	二常开二常闭	三常开三常闭
T/mm	≥12.5	≥12.5	≥12.5
L_1/mm	≥8	≥8	≥8
W/mm	≤0.4	≤0.4	≤0.4
电缆ϕ/mm	15	15	15
外形尺寸/(mm×mm×mm)	250×137×146	250×184×146	250×232×146

3. 结构

BZA系列按钮主要由隔爆外壳、接线盒及电缆引入装置、按钮元件、按钮控制杆等零部件组成，如图11-7-5所示。壳体与上盖、壳体与接线盒是以平面隔爆接合面通过螺栓等紧固件连接；接线柱、按钮控制杆是以圆筒隔爆接合面通过紧固件与壳体及上盖相连；引入装置用于引进电源电缆。

4. 电气原理（图11-7-6）

通过外力作用于后杆，使钮簧收缩，从而使桥式动触点与上部静触点断开，而与下部静触点接合，完成通路；当外力去掉后，扭簧恢复到初始位置，从而使桥式动触点与下部静触点断开。

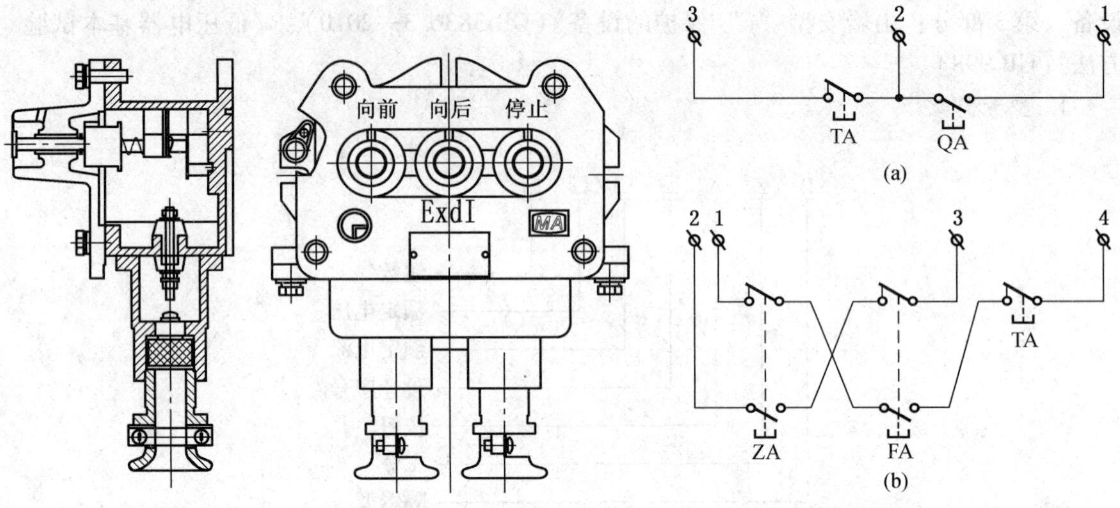

图 11－7－5　BZA 系列矿用隔爆按钮外形图　　图 11－7－6　矿用隔爆型控制按钮电气原理图

三、YJD4.5－2/127 型矿用隔爆兼本质安全型饮水机

YJD 系列矿用隔爆兼本质安全型饮水机用于煤矿井下，可为矿井工作人员提供纯净的热水，改善工作条件。针对水中杂质，设有聚丙烯 PP 芯、颗粒活性炭芯、压缩活性碳芯、RO 膜及后置碳芯等多层拦截，水质层层过滤，过滤精度达 0.0001 μm。可以直接与自来水管连接，实现现制现饮。

1. 型号意义

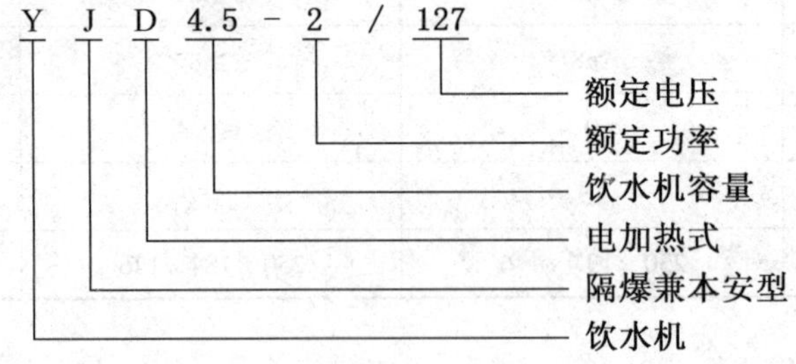

2. 主要技术参数

额定电压	AC127 V
额定功率	2 kW
每天水处理量	100 L
加热时间	5～10 min

3. 结构特征

矿用隔爆型饮水机的隔爆外壳为长方形，隔爆外壳分为三个隔爆腔体，最下部一个接线腔用来引进和引出电缆，上部隔爆腔安装加热桶，另一个隔爆腔放置电气线路及温控仪。外形尺寸如图 11－7－7 所示。

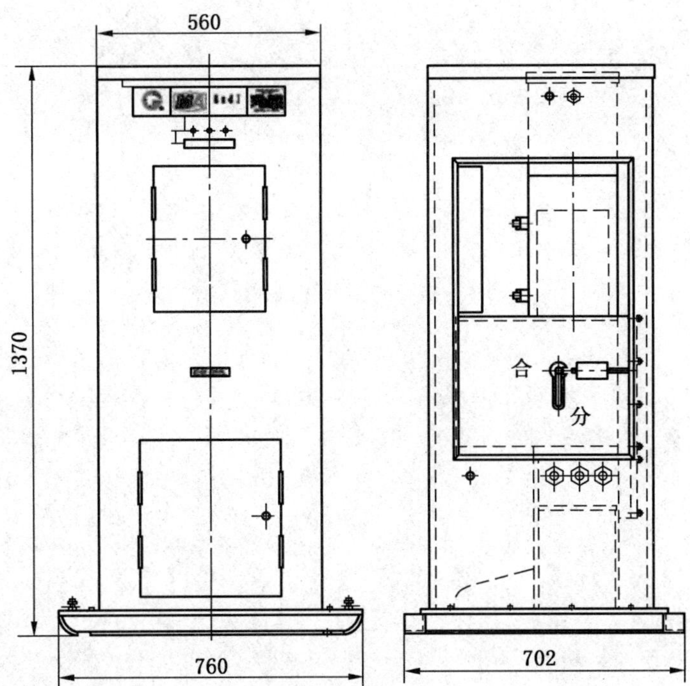

图 11 -7 -7　YJD4.5 -2/127 型矿用隔爆兼本质安全型饮水机外形尺寸

4. 电气原理（图 11 -7 -8）

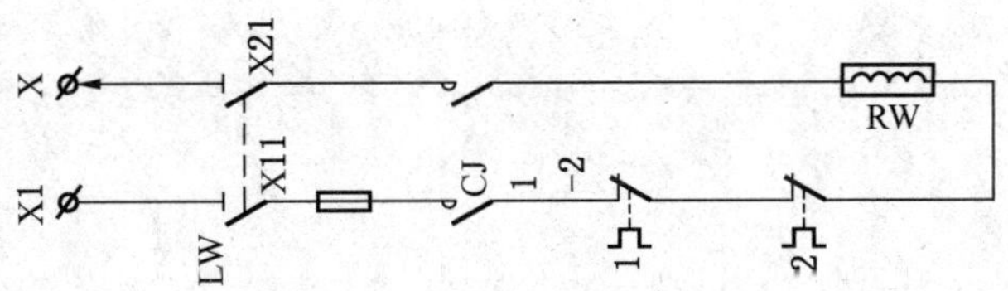

图 11 -7 -8　YJD4.5 -2/127 型矿用隔爆兼本质安全型饮水机主回路电气原理

本章编写人：顾永辉　马　刚

第十二章　电缆与电缆线路

第一节　概　　述

一、电力电缆的分类

1. 按绝缘材料分类

按绝缘材料不同可分为油浸纸绝缘、塑料（聚氯乙烯）绝缘、橡胶绝缘电力电缆。

2. 按结构特征分类

（1）绕包型：缆芯成缆后，其外面有绕包绝缘，并置于同一内护套内。

（2）分相屏蔽型：主要是分相屏蔽，一般用于 10 ~ 35 kV 电压级，分为油纸绝缘式和塑料绝缘式等。

（3）钢管型：电缆绝缘外有钢管护套，可分为钢管充油、充气式电缆和钢管油压式、气压式电缆。

（4）扁平型：3 芯电缆的外形呈扁平状，一般用于大长度海底电缆。

（5）自容型：护套内部有压力的电缆，分为自容式充油和充气电缆。

3. 按敷设环境分类

按敷设环境可分为地下直埋、地下管道、空气中（架空电缆）、水底过海洋、矿井、盐雾、高落差、移动、潮热地区等。

4. 按额定电压分类

按电压等级依次分为 0.5、1、3、6、10、20、35、60、110、220、330 kV。从施工技术要求、电缆接头、电缆终端头结构及运行维护等方面考虑，也可这样分类：低压电缆（1 kV）、中低压电缆（3 ~ 35 kV）、高压电缆（60 ~ 330 kV）。

5. 按导电线芯截面积分类

按导电线芯截面积可分为 2.5、4、6、10、16、25、35、50、70、95、120、150、185、240、300、400、500、625、800 mm^2，共 19 种。

6. 按导电线芯数分类

按导电线芯数分为单芯、2 芯、3 芯、4 芯、5 芯。单芯电缆一般用来输送直流电、单相交流电和作为电气设备的引出线。2 芯电缆用于输送直流电和单相交流电。3 芯电缆常用于三相交流电网中，是应用最广的一种。4 芯电缆用于中性点接地的低压三相交流系统中。4 芯电缆中通过第 4 芯线（称中性线芯）的主要是不平衡电流，因此其截面积仅为一根主芯线截面积的 40% ~60% 。

二、电缆型号及表示方法

我国电缆型号由汉语拼音字母和阿拉伯数字组成，型号中各字母、数字的含义见表12-1-1。

表12-1-1　常用电缆型号中字母、数字的含义

类别		绝缘材料		导体材料		内护层		特征		铠装层	外被层
代号	含义	代号	含义	代号	含义	代号	含义	代号	含义	第一位数字	第二位数字
	电力电缆	V	聚氯乙烯	L	铝	V	聚氯乙烯护套	D	不滴流	0—无	0—无
	（省略不表示）	X	橡胶	T	铜	Y	聚乙烯护套	F	分相	2—双钢带	1—纤维绕包
K	控制电缆	Y	聚乙烯	（省略）		L	铝护套	CY	充油	3—细钢丝	2—聚氯乙烯护套
P	信号电缆	YJ	交联聚乙烯			Q	铅护套	P	贫油干绝缘	4—粗钢丝	3—聚乙烯护套
B	绝缘电缆	Z	纸			H	橡胶护套	P	屏蔽		
R	绝缘软线					F	氯丁橡胶护套	Z	直流		
Y	移动式软电缆										
H	市内电话电缆										

注：阻燃电缆在代号前加ZR；耐火电缆在代号前加NH。

用数字表示外护层构成。第一位数字表示铠装层，第二位数字表示外被层。外护层代号含义见表12-1-2。表12-1-3为外护层新、旧型号查对表。

表12-1-2　电缆外护层代号含义

第一位数字		第二位数字	
代号	铠装层	代号	外被层
0	无	0	无
1	—	1	纤维绕包
2	双钢带	2	聚氯乙烯护套
3	细钢丝	3	聚乙烯护套
4	粗钢丝	4	—

表 12-1-3 电缆外护层新、旧型号（数字）查对表

新型号		旧型号		新型号		旧型号	
02	03	1	11	32	33	23	39
20		20	120	40		50	150
21		2	12	41		5	15
22	23	22	29	42	43	59	25
30		30	130	441		16	26
31		3	13	241	2441	—	—

电缆型号按电缆结构次序排列：绝缘材料、导体材料、内护层、外护层。型号中用数字表示额定电压、芯数和标称截面积。例如：

（1）YJV32-1/3×150 表示铜芯、交联聚乙烯绝缘、细钢丝铠装、聚氯乙烯护套、额定电压为 1 kV、3 芯、标称截面积为 150 mm^2 的电力电缆。

（2）ZLQ02-10/3×70 表示铝芯、纸绝缘、铅护套、无铠装、聚氯乙烯护套、额定电压为 10 kV、3 芯、标称截面积为 70 mm^2 的电力电缆。

充油电缆外护层代号及含义见表 12-1-4。例如，CYZQ102-220/1×300 表示铜芯、纸绝缘、铅护套、铜带径向加强、无铠装、聚氯乙烯护套、额定电压为 220 kV、单芯、标称截面积为 300 mm^2 的自容式充油电缆。

表 12-1-4 充油电缆外护层代号及含义

加强层		铠装层		外被层	
代号	含义	代号	含义	代号	含义
1	铜带径向加强	0	无铠装	1	纤维层
2	不锈钢带径向加强	2	钢带	2	聚氯乙烯护套
3	铜带径向窄铜带纵向加强	4	粗钢丝	3	聚乙烯护套
4	不锈钢带径向窄不锈钢带纵向加强				

三、电缆的结构

（一）电缆芯线

电缆芯线通常用导电性好、有一定韧性和强度的高纯度铜或铝制成。芯线截面有圆形、椭圆形、扇形、中空圆形等几种。较小截面积（16 mm^2 以下）的芯线由单根导线制成；较大截面积（16 mm^2 及以上）的芯线由多根导线分数层绞合制成，绞合时相邻两层扭绞方向相反。几种常用电力电缆芯线结构数据见表 12-1-5~表 12-1-7。

（二）电缆的绝缘层

绝缘层厚度与工作电压有关。一般来说，电压等级越高，绝缘层越厚，但并不成比例。因为从电场强度方面考虑，同样电压等级的电缆当导体截面积大时，绝缘层的厚度可以薄些。对于电压等级较低的电缆，特别是电压等级较低的油浸纸绝缘电力电缆，为保证

表 12-1-5　电力电缆单线最少根数

标称截面积/mm²	第一种实芯导体		第二种绞合导体						20 ℃时直流电阻不大于/(Ω · km⁻¹)	
			非紧压圆形		紧压圆形		紧压扇形			
	铜	铝	铜	铝	铜	铝	铜	铝	铜	铝
16	1	1	7	7	6	6	—	—	1.15	1.91
25	1	1	7	7	6	6	6	6	0.727	1.20
35	—	1	7	7	6	6	6	6	0.524	0.868
50	—	1	19	19	6	6	6	6	0.387	0.641
70	—	1	19	19	12	12	12	12	0.268	0.443
95	—	1	19	19	15	15	15	15	0.193	0.320
120	—	1	37	37	18	15	18	15	0.153	0.253
150	—	1	37	37	18	15	18	15	0.124	0.206
186	—	1	37	37	30	30	30	30	0.0991	0.164
240	—	1	61	61	34	30	34	30	0.0754	0.125
300	—	1	61	61	34	30	34	30	0.0601	0.100
400	—	—	61	61	53	53	53	53	0.0470	0.0778
500	—	—	61	61	53	53	—	—	0.03666	0.0605
630	—	—	91	91	53	53	—	—	0.0283	0.0469
800	—	—	91	91	53	53	—	—	0.0221	0.0367
1000	—	—	91	91	53	53	—	—	0.0176	0.0291

注：25 mm² 及以上者可以是扇形导体。

表 12-1-6　扇形导体的最小标称截面积

额定电压 (U_0/U) /kV	0.6/1、1.8/3、3.6/6、6/6	6/10、8.7/10
最小标称截面积/mm²	25	35

表 12-1-7　主导体与中性导体标称截面积对照　　mm²

主导体	中性导体	主导体	中性导体	主导体	中性导体	主导体	中性导体
25	16	70	35	150	70	300	150
35	16	95	50	185	95	400	185
50	25	120	70	240	120		

电缆弯曲时纸层具有一定的机械强度，绝缘层的厚度随导体截面积的增大而加厚。

一般绝缘层的材料主要有油浸纸、塑料和橡胶三种。现将三种电缆绝缘层的结构及特点分述如下。

1. 塑料绝缘

塑料绝缘主要有聚氯乙烯绝缘和交联聚乙烯绝缘两种，电缆绝缘层分别由热塑性塑料挤包后制成和由添加交联剂的热塑性聚乙烯塑料挤包后交联制成。这种绝缘电气性能及耐水性能良好，能抗酸、碱，防腐蚀，还具有允许工作温度高、机械性能好、可制造高电压电缆等优点。

聚氯乙烯绝缘比油浸纸绝缘有很多优点，但其绝缘的介质损耗较大，比油浸纸绝缘的介质损耗大10～20倍，而且其电导（离子）随电场强度的增加而急剧上升，因此在更高电压上的应用受到了限制。聚乙烯比聚氯乙烯的绝缘性能有很大改善，在同样条件下，聚乙烯的交流击穿强度提高约60%，其介质损耗则仅为聚氯乙烯的0.5%左右。聚乙烯绝缘电力电缆具有绝缘性能高、密度小、耐水和化学药品性能良好等特点，但是它的熔点太低，在机械应力作用下容易产生裂纹。为了利用聚乙烯良好的绝缘特性，克服其熔点低的缺点，采用高能辐照或化学方法对聚乙烯进行交联，使它的分子由原来的线形结构变成网状结构，即由热塑性变为热固性，从而提高了聚乙烯的耐热性和热稳定性，这就是交联聚乙烯。其主要特点是软化点高、热变形小、在高温下机械强度高、抗热老化性能好等；交联聚乙烯电缆的最高运行温度可达90 ℃，而短路时的允许温度则达250 ℃。

交联聚乙烯电缆虽然具有十分优越的电气性能，但其绝缘内部不可避免地会存在微孔、杂质及其他一些缺陷等。特别是微孔的存在，使其吸水性增强，在高电场的作用下，沿电场方向引发“水树枝”现象，从而使绝缘受到破坏。虽然电缆在材料选择及制造工艺上尽力控制微孔、杂质等是减少“水树枝”现象发生的主要方法，但在敷设施工中不合理的施工方法也会导致新的微孔形成。由于电缆终端、中间接头的密封不良或电缆在施工断头处不加以密封而进水、进潮气，都会使电缆在以后的运行中有可能引发“水树枝”放电，对此应引起足够重视。

2. 橡皮绝缘

橡皮绝缘电力电缆的绝缘层为丁苯橡胶或人工合成橡胶（乙丙橡胶、丁基橡胶）。这种电缆的突出优点是柔软，可挠性好，特别适用于移动性的用电和供电装置。但橡胶绝缘绝缘遇到油类时会很快损坏；在高电压作用下，容易受电晕作用产生龟裂。因此这种电缆一般用于10 kV及以下电压等级，而人工合成的乙丙橡胶绝缘电力电缆可用于35 kV电压等级。

3. 油浸纸绝缘

油浸纸绝缘由电缆纸与浸渍剂组合而成。普通油浸纸绝缘电力电缆纸的厚度有0.08、0.12、0.17 mm三种；浸渍剂用低压电缆油和松香混合而成，称为黏性浸渍电缆油。单芯电缆和分相铅（铝）套电缆的导体为圆形，绝缘层结构为电缆纸带以同心式多层绕包成圆形。10 kV及以下的多芯电缆，导体为半圆形、椭圆形或扇形，绝缘层结构为束带式。这种结构是在每根导电线芯，分别用电缆纸多层绕包成各自形状，称为线芯绝缘。然后将多芯线芯绞成圆形，在外面再整体绕包纸绝缘带，称为绕包绝缘。

（三）电缆护层

为了使电缆绝缘不受损伤，并满足各种使用条件和环境的要求，在电缆绝缘层外包覆有保护层，叫作电缆护层。电缆护层有内护层和外护层之分。

1. 内护层

内护层是包覆在电缆绝缘上的保护覆盖层，用于防止绝缘层受潮、机械损伤以及光和化学侵蚀性媒质等的作用，同时还可以流过短路电流。内护层有金属的铅护套、平铝护套、皱纹铝护套、铜护套、综合护套，以及非金属的塑料护套、橡胶护套等。金属护套多用于油浸纸绝缘电力电缆和 110 kV 及以上的交联聚乙烯绝缘电力电缆；塑料护套（特别是聚氯乙烯护套）多用于各种塑料绝缘电力电缆；橡胶护套多用于橡皮绝缘电力电缆。

按电缆在使用中受力和外护层的结构情况，铅护套的厚度分为三类，每一类又随着导体截面积增大而加厚。

第一类：电缆有铠装层（或麻被）保护，使用中仅有机械外力而不受拉力的电缆，铅护套厚度为 1.2 ~2.0 mm。

第二类：各种分相铅套电缆，铅护套厚度为 1.2 ~2.5 mm。

第三类：没有任何外护层的裸铅套电缆，以及用于水下敷设等承受大的拉力的钢丝铠装电缆，铅护套厚度为 1.4 ~2.9 mm。

对充油电力电缆还要考虑内部承受压力以及敷设运行条件等因素，因此铅护套更要厚些。

由于铝护套的机械强度比铅护套大得多，因此各种形式电缆的铝护套厚度是统一的，其厚度为 1.1 ~2.0 mm。

还有一种新型的护套结构叫作综合护套，是由铝箔 PE 复合膜纵向搭盖卷包热风焊接，在挤包外护套后与护套结合成一体。具有综合护套的电缆，其重量轻、尺寸小，在零序短路容量不大的系统中使用有降低造价的优势；在零序短路容量较大的系统内需加铜丝屏蔽。综合护套的金属箔作径向阻水是有效的阻水层，但其抗外力破坏及外护套穿孔后的耐腐蚀作用是脆弱的。

聚氯乙烯绝缘电力电缆和 35 kV 及以下交联聚乙烯绝缘电力电缆的内护层为聚氯乙烯护套或聚乙烯护套。其厚度为 1.6 ~3.4 mm，随导体直径的增大而加厚。

2. *外护层*

外护层是包覆在电缆护套（内护层）外面的保护覆盖层，主要起机械加强和防腐蚀作用。常用电缆的外护层有金属护套和塑料护套两种。金属护套的外护层一般由衬垫层、铠装层和外被层三部分组成。衬垫层位于金属护套与铠装层之间，起铠装衬垫和金属护层防腐蚀作用。铠装层为金属带或金属丝，主要起机械保护作用，金属丝可承受拉力。外被层在铠装层外，对金属铠装起防腐蚀作用。衬垫层及外被层由沥青、聚氯乙烯带、浸渍纸、聚氯乙烯或聚乙烯护套等材料组成。根据各种电缆使用的环境和条件不同，其外护层的组成结构也各异。常用各型号电力电缆的外护层结构见有关电缆型号表。

内护层为塑料护套的外护层的结构有两种：一种是无外护层而仅有聚氯乙烯（PVC）或聚乙烯护套；另一种是铠装层外还挤包了 PVC 套或聚乙烯套，其厚度与内护层相同。传统的 PVC 套因 PVC 的工作温度较低，对于运行温度高且有护层绝缘要求的高压交联聚乙烯（XLPE）电缆已不太适合，所以现采用高密度聚乙烯（HDPE）或低密度聚乙烯（LLDPE）作外护层已很普遍，但无阻燃性，明敷设时要考虑防火措施或采用阻燃型电缆。使用 HDPE 作外护层可提高护层的绝缘水平，外护套与皱纹金属套间应有黏结剂。

第二节 电缆的性能与使用范围

电力电缆的分类见表 12－2－1。

表 12－2－1 电力电缆的分类

35 kV 及以下	油浸纸绝缘电力电缆	黏性浸渍纸绝缘电力电缆 不滴流油浸纸绝缘电力电缆
	橡皮绝缘电力电缆	
	塑料绝缘电力电缆	聚氯乙烯绝缘电力电缆 交联聚乙烯绝缘电力电缆
35 kV 以上	充油电缆	自容式充油电缆
		钢管充油电缆
	交联聚乙烯绝缘电力电缆	

一、塑料绝缘电力电缆

塑料绝缘电力电缆以绝缘塑料的代表字母“V”或“YJ”列首位，其余各位型号代码的含义及排列顺序见表 12－2－2。

表 12－2－2 塑料绝缘电力电缆型号代码含义

导体材料	绝缘材料	内护层	外护层
T—铜	V—聚氯乙烯	V—聚氯乙烯	22、23、32
L—铝	YJ—交联聚乙烯	Y—聚乙烯	33、42、43 等
		Q—铅套	
		LW—皱纹铝套	

注：铜导体的代号字母“T”一般省略不写。

（一）聚氯乙烯绝缘电力电缆

1. 型号、名称及敷设场合

聚氯乙烯绝缘电力电缆型号、名称及敷设场合见表 12－2－3。

表 12－2－3 聚氯乙烯绝缘电力电缆型号、名称及敷设场合

型号		名称	敷设场合
铜芯	铝芯		
VV	VLV	聚氯乙烯绝缘聚氯乙烯护套电力电缆	可敷设在室内、隧道、电缆沟、管道、易燃及严重腐蚀地方，不能承受机械外力作用
VY	VLY	聚氯乙烯绝缘聚乙烯护套电力电缆	可敷设在室内、管道、电缆沟及严重腐蚀地方，不能承受机械外力作用

表 12-2-3（续）

型号		名称	敷设场合
铜芯	铝芯		
VV22	VLV22	聚氯乙烯绝缘钢带铠装聚氯乙烯护套电力电缆	可敷设在室内、隧道、电缆沟、地下、易燃及严重腐蚀地方，不能承受拉力作用
VV23	VLV23	聚氯乙烯绝缘钢带铠装聚乙烯护套电力电缆	可敷设在室内、电缆沟、地下及严重腐蚀地方，不能承受拉力作用
VV32	VLV32	聚氯乙烯绝缘细钢丝铠装聚氯乙烯护套电力电缆	可敷设在地下、竖井、水中及易燃与严重腐蚀地方，能承受机械外力和相当的拉力
VV33	VLV33	聚氯乙烯绝缘细钢丝铠装聚乙烯护套电力电缆	可敷设在地下、竖井、水中及严重腐蚀地方，能承受机械外力和相当的拉力
VV42	VLV42	聚氯乙烯绝缘粗钢丝铠装聚氯乙烯护套电力电缆	可敷设在竖井及易燃与严重腐蚀地方，能承受较大拉力作用
VV43	VLV43	聚氯乙烯绝缘粗钢丝铠装聚乙烯护套电力电缆	可敷设在竖井及严重腐蚀地方，能承受大拉力作用

使用条件：导电线芯长期工作温度不能超过 70 ℃，短路温度不能超过 160 ℃（最长持续时间不超过 5 s）。敷设电缆时的环境温度不低于 0 ℃，弯曲半径应不小于电缆外径的 10 倍，最小允许弯曲半径为：单芯电缆 $20(D+d)\pm5\%$，3 芯电缆 $15(D+d)\pm5\%$，D、d 分别为电缆及导体的外径。电缆没有敷设落差的限制。

规格范围：聚氯乙烯绝缘电力电缆规格范围见表 12-2-4。

表 12-2-4 聚氯乙烯绝缘电力电缆规格范围

型号		芯数	额定电压（U_0/U）/kV		
			0.6/1	1.8/3	3.6/6、6/6、6/10
铜芯	铝芯		标称截面积/mm²		
VV，VY	—	1①	1.5~800	10~800	10~1000
—	VLV，VLY		2.5~1000	10~1000	10~1000
VV22，VV23	VLV22，VLV23		10~1000	10~1000	10~1000
VV，VY	—	2	1.5~185	10~185	10~150
—	VLV，VLY		2.5~185	10~185	10~150
VV22，VV23	VLV22，VLV23		4~185	10~185	10~150
VV，VY	—	3	1.5~300	10~300	10~300
—	VLV，VLY		2.5~300	10~300	10~300
VV22，VV23	VLV22，VLV23		4~300	10~300	10~300
VV32，VV33	VLV32，VLV33			—	16~300
VV42，VV43	VLV42，VLV43			—	16~30
VV，VY	VLV，VLY	3+1	4~300	10~300	—
VV22，VV23	VLV22，VLV23		4~300	10~300	—
VV，VY	VLV，VLY	4	4~185	10~185	—
VV22，VV23	VLV22，VLV23		4~185	10~185	—

注：①单芯电缆铠装应采用非磁性材料或采用减少磁损耗结构。

制造长度交货要求：电缆的制造长度不小于 100 m。允许长度不小于 20 m 的短段电缆交货，其数量应不超过交货总长度的 10% 。根据双方协议，允许以任何长度的电缆交货。

2. 电缆的结构

电缆结构如图 12－2－1～图 12－2－4 所示。

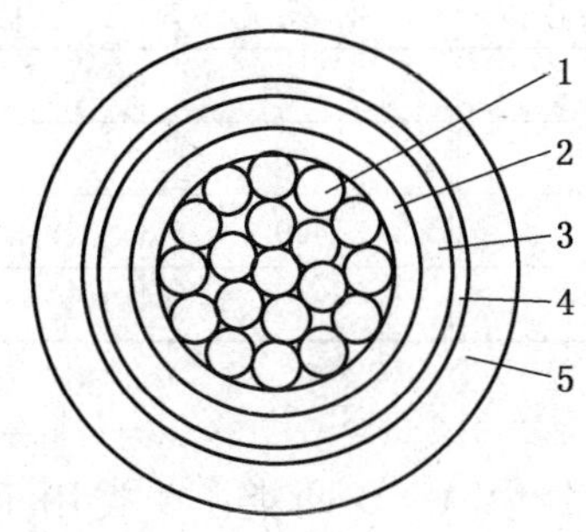

1—铜或铝导电线芯（圆形）；2—聚乙烯绝缘；3—聚氯乙烯挤包或绕包衬垫；4—钢带铠装；5—聚氯乙烯外护套

图 12－2－1　1 kV VV22、VLV22 单芯电缆

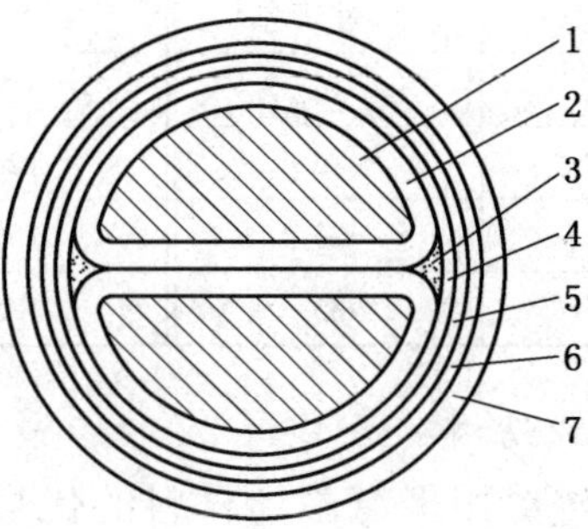

1—铜或铝导电线芯（半圆形）；2—聚氯乙烯绝缘；3—非吸湿性材料填充物；4—聚氯乙烯包带；5—聚氯乙烯挤包或绕包衬垫；6—钢带铠装；7—聚氯乙烯外护套

图 12－2－2　1 kV VV22、VLV22 2 芯电缆

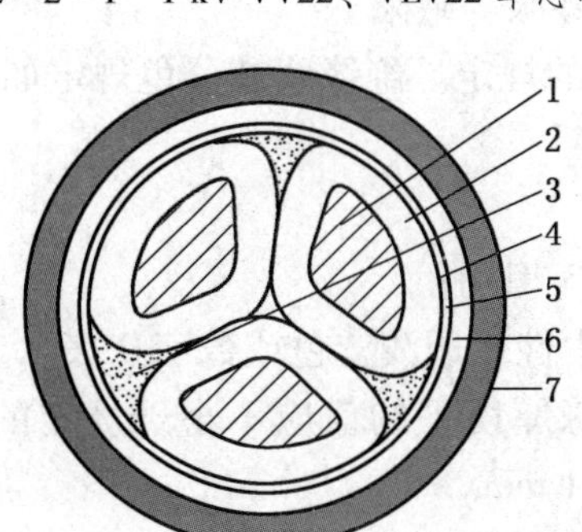

1—铜或铝导电线芯（扇形）；2—聚氯乙烯绝缘；3—非吸湿性材料填充物；4—聚氯乙烯包带；5—聚氯乙烯挤包或绕包衬垫；6—钢带铠装；7—聚氯乙烯外护套

图 12－2－3　1 kV VV22、VLV22 3 芯电缆

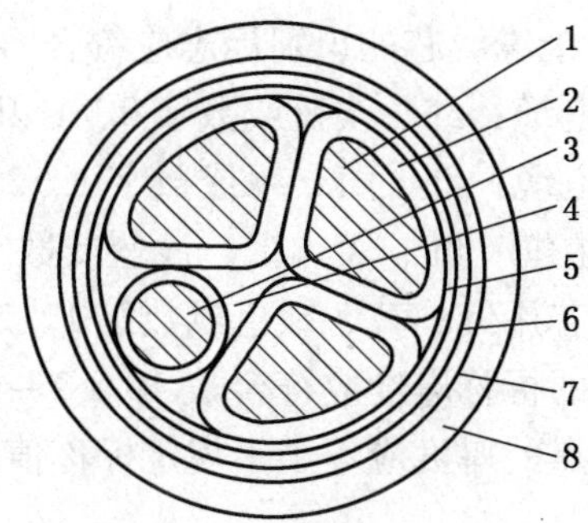

1—铜或铝导电线芯（扇形）；2—聚氯乙烯绝缘；3—中性线芯（圆形）；4—非吸湿性材料填充物；5—聚氯乙烯包带；6—聚氯乙烯挤包或绕包衬垫；7—钢带铠装；8—聚氯乙烯外护套

图 12－2－4　1 kV VV22、VLV22 3＋1 芯电缆

3. 导体芯线

（1）导体应采用圆形单线绞合紧压导体或实芯铝导体，圆铜、铝单线应分别符合 GB/T 3953 和 GB/T 3955 的规定。

（2）单芯电缆线芯为圆形。多芯电缆线芯截面积为 35 mm^2 及以下者，其线芯可为圆形、扇形或半圆形；多芯电缆线芯截面积为 50 mm^2 及以上者，为扇形或半圆形；4 芯电缆中的第 4 芯（中性线芯）可为圆形或扇形。

（3）16 mm^2 及以下者允许由单根导线构成；25 mm^2 及以上者应由多根单线构成。由多根单线构成的扇形或半圆形线芯，均应经紧压定型。

（4）4 芯电缆的截面积有等截面积和不等截面积（3 +1）两种，不等截面积的第 4 芯截面积应符合表 12 –2 –5 规定。

（5）导体应符合 GB 3957 的规定。

表 12 –2 –5 聚氯乙烯绝缘电力电缆中性线芯截面积 mm^2

主线芯	中性线芯	主线芯	中性线芯	主线芯	中性线芯
25	16	95	50	240	120
35	16	120	70	300	150
50	25	150	70	400	185
70	35	185	95		

4. 绝缘结构

（1）绝缘用聚氯乙烯材料的代号为 PVC – Ⅱ，分为 A、B 两类：A 类用于 $U_0/U \leqslant 1.8/3$ kV 电缆，B 类用于 $U_0/U > 1.8/3$ kV 电缆。

绝缘性能应符合 GB/T 12706.1 的规定。

（2）绝缘标称厚度应符合表 12 –2 –6 的规定。绝缘平均值应不小于规定的标称值，绝缘最薄点的厚度应不小于规定标称值的 90% 减 0.1 mm。

（3）绝缘层的横断面上应无目力可见的气泡和砂眼等缺陷。

（4）绝缘线芯的识别标志应符合 GB/T 6995.5 的规定。绝缘线芯分色规定如下：

2 芯电缆：红、浅蓝或数字 0、1 识别；

3 芯电缆：红、黄、绿或数字 1、2、3 识别；

4 芯电缆：红、黄、绿、浅蓝或数字 0、1、2、3 识别；

主线芯用红、黄、绿色或数字 1、2、3 表示，中性线用浅蓝色或数字 0 表示。

绝缘的标称厚度应符合表 12 –2 –6 规定，绝缘厚度平均值应不小于规定的标称值，绝缘最薄点的厚度应不小于规定标称值的 90% 减 0.1 mm。

表 12 –2 –6 绝缘的标称厚度

导体标称截面积/mm^2	额定电压/kV				导体标称截面积/mm^2	额定电压/kV			
	0.6/1	1.8/3	3.6/6	6/6 6/10		0.6/1	1.8/3	3.6/6	6/6 6/10
	绝缘标称厚度/mm					绝缘标称厚度/mm			
1.5、2.5	0.8	—	—	—	150	1.8	2.2	3.4	4.0
4、6	1.0	—	—	—	185	2.0	2.2	3.4	4.0
10	1.0	2.2	3.4	4.0	240	2.2	2.2	3.4	4.0
16	1.0	2.2	3.4	4.0	300	2.4	2.4	3.4	4.0
25	1.2	2.2	3.4	4.0	400	2.6	2.6	3.4	4.0
35	1.2	2.2	3.4	4.0	500 ~ 800	2.8	2.8	3.4	4.0
50、70	1.4	2.2	3.4	4.0	1000	3.0	3.0	3.4	4.0
95、120	1.6	2.2	3.4	4.0					

5. 内外护层

(1) 屏蔽结构:

① 额定电压 U_0 为 6 kV 以上的电缆应有导体屏蔽和绝缘屏蔽。

② 导体屏蔽应为一层挤包的半导电层。

③ 绝缘屏蔽应由半导电层组成。包覆在绝缘表面的半导电层可采用挤包型、包带型或包带内加石墨涂层结构。

④ 额定电压 U_0 大于 0.6 kV 以上的电缆有金属屏蔽，金属屏蔽由分相绕包或统包的铜带组成，铜带标称厚度应不小于 0.1 mm。

表 12-2-7 聚氯乙烯绝缘电力电缆内衬层厚度

缆芯假设直径/mm	内衬层厚度(近似值)/mm	
	挤包型	绕包型
$d \leqslant 25$	1.0	0.4
$25 < d \leqslant 35$	1.2	0.4
$35 < d \leqslant 40$	1.4	0.4
$40 < d \leqslant 45$	1.4	0.6
$45 < d \leqslant 60$	1.6	0.6
$60 < d \leqslant 80$	1.8	0.6
$d > 80$	2.0	0.6

(2) 内衬层结构：聚氯乙烯绝缘电力电缆内衬层可以挤包或绕包，非铠装电缆内衬层厚度应符合表 12-2-7 的规定。

(3) 铠装层结构:

① 铠装钢带或铠装铝带的层数、厚度和宽度应符合表 12-2-8 的规定。

② 铠装钢丝的直径应符合表 12-2-9 的规定。

表 12-2-8 铠装钢带或铠装铝带的层数、厚度和宽度 mm

铠装前假定直径	层数×厚度(≥)		宽度(≤)	铠装前假定直径	层数×厚度(≥)		宽度(≤)
	钢带	铝带或铝合金带			钢带	铝带或铝合金带	
≤15.0	2×0.2	2×0.5	20	35.1~50.0	2×0.5	2×0.5	35
15.1~25.0	2×0.2	2×0.5	25	50.1~70.0	2×0.5	2×0.5	45
25.1~35.0	2×0.5	2×0.5	30	>70.0	2×0.8	2×0.8	60

注：铠装前假定直径在 10.0 mm 以下时，宜用直径为 0.8~1.6 mm 的细钢丝铠装，也可采用厚度为 0.1~0.2 mm 的镀锡钢带重叠绕包一层作为铠装，其重叠率应不小于 25%。

表 12-2-9 铠装钢丝的直径 mm

铠装前假定直径	细钢丝直径	粗钢丝直径	铠装前假定直径	细钢丝直径	粗钢丝直径
≤15.0	0.8~1.6		35.1~60.0	2.5~3.15	
15.1~25.0	1.6~2.0	4.0~6.0	>60.0	3.15	4.0~6.0
25.1~35.0	2.0~2.5				

注：钢丝直径不包括钢丝上的非金属防蚀层，如用户要求或同意，允许用比规定直径更大的钢丝。

(4) 非金属外护套：护套应采用 PVC-S 或 PE-S 型塑料，其厚度应符合表 12-2-10 的规定。

表 12-2-10 聚氯乙烯绝缘电缆塑料外护套厚度 mm

护套前假定直径	塑料外套标称厚度	护套前假定直径	塑料外套标称厚度
≤24.2	1.8	61.5~64.2	3.2
24.3~27.1	1.9	64.3~67.1	3.3
27.2~29.9	2.0	67.2~69.9	3.4
30.0~32.8	2.1	70.0~72.8	3.5
32.9~35.7	2.2	72.9~75.7	3.6
35.8~38.5	2.3	75.8~78.5	3.7
38.6~41.4	2.4	78.6~81.4	3.8
41.5~44.2	2.5	81.5~84.2	3.9
44.3~47.1	2.6	84.3~87.1	4.0
47.2~49.9	2.7	87.2~89.9	4.1
50.0~52.8	2.8	90.0~92.8	4.2
52.9~55.7	2.9	92.9~95.7	4.3
55.8~58.5	3.0	95.8~98.5	4.4
58.6~61.4	3.1	98.6~101.4	4.5

6. 主要技术指标

(1) 成品电缆导体直流电阻应符合表 12-2-11 的规定。

表 12-2-11 成品电缆导体直流电阻

标称截面积/mm^2	20 ℃直流电阻/($\Omega \cdot km^{-1}$)		标称截面积/mm^2	20 ℃直流电阻/($\Omega \cdot km^{-1}$)	
	铜	铝		铜	铝
1.5	≤12.1	—	95	≤0.193	≤0.320
2.5	≤7.41	—	120	≤0.153	≤0.253
4	≤4.61	≤7.41	150	≤0.124	≤0.206
6	≤3.08	≤4.61	185	≤0.0991	≤0.164
10	≤1.83	≤3.08	240	≤0.0754	≤0.125
16	≤1.15	≤1.91	300	≤0.0601	≤0.100
25	≤0.727	≤1.20	400	≤0.047	≤0.0778
35	≤0.524	≤0.868	500	≤0.0366	≤0.0605
50	≤0.387	≤0.641	632	≤0.0283	≤0.0469
70	≤0.268	≤0.443	800	≤0.0221	≤0.0367

(2) 绝缘电阻：额定电压 U_0 为 3.6 kV 及以下电缆的体积电阻率 ρ 及绝缘电阻常数 K_i 应符合表 12-2-12 规定。

表 12-2-12 电缆的体积电阻率及绝缘电阻常数

项目		聚氯乙烯绝缘电缆	
		A类	B类
体积电阻率 $\rho/(\Omega\cdot cm)$	在20 ℃	1×10^{13}	1×10^{14}
	在最高额定温度	1×10^{10}	1×10^{11}
绝缘电阻常数 $K_i/(M\Omega\cdot km)$	在20 ℃	36.7	367
	在最高额定温度	0.037	0.037

(3) 耐压试验：室温条件下，成品电缆在50 Hz时的试验电压值见表12-2-13。

表 12-2-13 试验电压

额定电压/kV	试验电压/kV	时间/min
0.6/1	3.5/6.5	5
3.6/6	11/15	5

注：当用直流电压时，所加的电压为工频试验电压的2.4倍。

7. 电缆外径及重量

各类型电缆外径及重量见表12-2-14~表12-2-32。

表 12-2-14 0.6/1 kV单芯聚氯乙烯绝缘聚氯乙烯护套电力电缆外径及重量

芯数×截面积/mm^2	导电线芯直径/mm	非铠装电缆			钢带铠装电缆		
		电缆近似外径/mm	电缆近似重量/$(kg\cdot km^{-1})$		电缆近似外径/mm	电缆近似重量/$(kg\cdot km^{-1})$	
			VV	VLV		VV22	VLV22
1×1.5	1.38	6.0	50	—	—	—	—
1×2.5	1.76	6.4	62	47	—	—	—
1×4	2.23	7.2	87	63	—	—	—
1×6	2.75	7.7	110	76	—	—	—
1×10	3.54	8.5	154	92	12.9	334	270
1×16	4.45	9.5	215	118	13.9	411	314
1×25	5.9	11.3	324	169	15.7	552	398
1×35	7.0	22.4	425	209	16.8	674	457
1×50	8.2	14.0	585	276	18.4	863	553
1×70	9.8	15.6	784	350	21.0	1133	700
1×95	11.5	17.7	1043	455	23.1	1435	847
1×120	13.0	20.2	1328	586	24.6	1708	965
1×150	14.6	22.2	1640	712	26.6	2056	1127
1×185	16.1	24.1	1998	853	28.5	2447	1302
1×240	18.3	26.7	2552	1066	31.2	3049	1564

表 12-2-14（续）

芯数×截面积/mm²	导电线芯直径/mm	非铠装电缆			钢带铠装电缆		
		电缆近似外径/mm	电缆近似重量/(kg·km⁻¹)		电缆近似外径/mm	电缆近似重量/(kg·km⁻¹)	
			VV	VLV		VV22	VLV22
1×300	20.5	29.3	3145	1298	34.5	3931	2074
1×400	23.8	33.0	4127	1651	39.2	5091	2615
1×500	26.6	37.2	5183	2088	42.4	6157	3062
1×630	29.9	40.5	6415	2516	45.7	7474	3575
1×800	33.9	44.5	8019	3067	49.7	9181	4229

注：1. 交货长度不少于 100 m。
2. 订货时型号、规格写法：例如要订 1 kV、3 芯、240 mm² 铝芯聚氯乙烯绝缘氯乙烯护套钢带铠装电力电缆，应写成 VLV22-0.6/1　3×240　GB 12706.2—91。

表 12-2-15　0.6/1 kV 2 芯聚氯乙烯绝缘聚氯乙烯护套电力电缆外径及重量

导体		非铠装电缆			铠装电缆		
芯数×截面积/mm²	线芯直径或扇形高度/mm	电缆近似外径/mm	电缆近似重量/(kg·km⁻¹)		电缆近似外径/mm	电缆近似重量/(kg·km⁻¹)	
			VV	VLV		VV22	VLV22
2×1.5	1.38	10.7	147	—	13.4	310	—
2×2.5	1.76	11.5	178	147	14.3	354	323
2×4	2.23	13.4	241	192	16.2	445	396
2×6	2.73	14.6	296	229	17.3	515	451
2×10	3.55	17.4	400	273	20.1	644	515
2×16	4.48	19.7	541	344	22.4	785	588
2×25	6	18.7	803	492	21.4	1103	796
2×35	7	18.9	1029	594	21.6	1357	922
2×50	8.3	22.8	1397	775	25.3	1787	1166
2×70	10	25.7	1861	1126	30.7	2548	1678
2×95	11.6	29.5	2466	1285	34.4	3247	2066
2×120	13	31.9	3019	1528	36.9	3865	2374
2×150	14.6	35.2	3742	1877	40.3	4704	2839
2×185	16.2	39.2	4583	2290	44.1	5622	3323

表 12-2-16　0.6/1 kV 3 芯聚氯乙烯绝缘聚氯乙烯护套电力电缆外径及重量

芯数×截面积/mm²	导电线芯直径或扇形高度/mm	非铠装电缆			钢带铠装电缆		
		电缆近似外径/mm	电缆近似重量/(kg·km⁻¹)		电缆近似外径/mm	电缆近似重量/(kg·km⁻¹)	
			VV	VLV		VV22	VLV22
3×1.5	1.38	10.6	144	—	—	—	—
3×2.5	1.76	11.5	182	136	—	—	—

表 12-2-16（续）

芯数×截面积/mm²	导电线芯直径或扇形高度/mm	非铠装电缆			钢带铠装电缆		
		电缆近似外径/mm	电缆近似重量/(kg·km⁻¹)		电缆近似外径/mm	电缆近似重量/(kg·km⁻¹)	
			VV	VLV		VV22	VLV22
3×4	2.23	13.3	260	187	16.5	476	404
3×6	2.73	14.4	332	230	17.6	566	468
3×10	3.54	16.2	472	282	20.4	776	584
3×16	4.45	18.1	665	368	22.3	1004	707
3×25	4.70	20.5	986	521	23.7	1308	842
3×35	5.60	22.5	1294	642	25.7	1647	995
3×50	6.80	25.9	1789	858	29.9	2404	1472
3×70	7.90	28.3	2382	1078	33.3	3123	1819
3×95	9.40	33.4	3243	1473	37.4	4019	2250
3×120	10.70	36.2	3982	1747	40.2	4825	2590
3×150	12.00	39.6	4921	2127	44.9	5946	3152
3×185	13.40	44.2	6053	2608	48.8	7135	3689
3×240	15.30	50.4	7838	3367	54.0	8941	4471
3×300	17.10	54.9	9646	4058	59.5	10979	5391

表 12-2-17　0.6/1 kV（3+1）芯聚氯乙烯绝缘聚氯乙烯护套电力电缆外径及重量

芯数×截面积（主线芯+中性线芯）/mm²	非铠装电缆			钢带铠装电缆		
	电缆近似外径/mm	电缆近似重量/(kg·km⁻¹)		电缆近似外径/mm	电缆近似重量/(kg·km⁻¹)	
		VV	VLV		VV22	VLV22
3×4+1×2.5	14.0	287	199	17.2	514	427
3×6+1×4	15.1	375	249	18.3	620	498
3×10+1×6	17.0	532	306	21.2	851	623
3×16+1×10	19.1	722	391	23.2	1079	746
3×25+1×16	22.5	1178	614	25.7	1531	967
3×35+1×16	24.8	1495	745	28.0	1885	1135
3×50+1×25	28.9	2092	1005	32.9	2776	1690
3×70+1×35	31.5	2784	1262	36.5	3608	2087
3×95+1×50	37.6	3820	1740	41.6	4696	2616
3×120+1×70	40.2	4741	2071	44.2	5677	3007
3×150+1×70	44.3	5706	2477	48.3	6740	3512
3×185+1×95	49.1	7097	3061	53.7	8301	4265

表 12-2-18　0.6/1 kV 4 芯聚氯乙烯绝缘聚氯乙烯护套电力电缆外径及重量

芯数×截面积/mm²	导电线芯直径或扇形高度/mm	非铠装电缆			钢带铠装电缆		
		电缆近似外径/mm	电缆近似重量/(kg·km⁻¹)		电缆近似外径/mm	电缆近似重量/(kg·km⁻¹)	
			VV	VLV		VV22	VLV22
4×4	2.32	14.4	321	224	17.6	555	459
4×6	2.73	15.7	415	279	18.9	668	536
4×10	3.54	17.6	598	344	21.8	928	672
4×16	4.45	20.8	893	497	24.0	1219	823
4×25	5.30	23.8	1287	666	27.0	1661	1040
4×35	6.30	26.2	1695	826	29.5	2108	1238
4×50	7.50	30.1	2348	1106	34.1	3061	1820
4×70	8.90	34.5	3213	1475	38.5	4016	2277
4×95	10.60	39.6	4273	1914	43.6	5196	2873
4×120	11.80	42.5	5248	2268	46.5	6240	3259
4×150	13.30	47.5	6544	2819	52.1	7708	3983
4×185	14.80	53.1	8105	3511	56.7	9271	4676

表 12-2-19　0.6/1 kV (3+2) 芯聚氯乙烯绝缘聚氯乙烯护套电力电缆外径及重量

芯数×截面积(主线芯+中性线芯)/mm²	非铠装电缆			钢带铠装电缆		
	电缆近似外径/mm	电缆近似重量/(kg·km⁻¹)		电缆近似外径/mm	电缆近似重量/(kg·km⁻¹)	
		VV	VLV		VV22	VLV22
3×4.0+2×2.5	15.8	339.7	234.9	19.0	539.7	434.9
3×6.0+2×4.0	17.5	452.2	291.7	20.7	672.9	512.4
3×10+2×6.0	20.2	667.1	401.2	23.4	920.9	655.1
3×16+2×10	23.2	1034.9	560.2	26.4	1325.5	850.7
3×25+2×16	25.4	1466.0	729.1	28.6	1783.3	1064.4
3×35+2×16	28.0	1779.3	854.0	32.6	2453.8	1528.6
3×50+2×25	30.2	2447.0	1130.5	34.8	3171.1	1853.9
3×70+2×35	33.8	3273.6	1442.9	38.6	4094.9	2264.2
3×95+2×50	38.7	4375.9	1927.5	43.7	5329.5	2881.1
3×120+2×70	40.2	5555.1	2370.6	47.2	6628.6	3444.1
3×150+2×70	46.5	6547.3	2783.0	51.7	7709.4	3945.0
3×185+2×95	51.4	8212.7	3473.3	56.8	9516.7	4777.4

表 12-2-20 0.6/1 kV (4+1) 芯聚氯乙烯绝缘聚氯乙烯护套电力电缆外径及重量

芯数×截面积(主线芯+中性线芯)/mm²	非铠装电缆			钢带铠装电缆		
	电缆近似外径/mm	电缆近似重量/(kg·km⁻¹)		电缆近似外径/mm	电缆近似重量/(kg·km⁻¹)	
		VV	VLV		VV22	VLV22
4×4.0+1×2.5	16.7	366.0	252.1	19.9	578.4	464.4
4×6.0+1×4.0	18.1	476.9	304.0	21.4	700.1	527.2
4×10+1×6.0	20.9	720.4	427.8	24.0	981.3	688.7
4×16+1×10	23.8	1055.4	575.0	27.0	1353.2	872.8
4×25+1×16	25.5	1578.7	770.0	28.7	1897.5	1088.8
4×35+1×16	28.0	1988.9	929.4	32.8	2677.4	1617.8
4×50+1×25	31.8	2683.1	1238.2	36.4	3441.2	1996.3
4×70+1×35	35.4	3609.5	1585.2	40.0	4449.1	2424.2
4×95+1×50	40.6	4836.3	2121.0	45.2	5814.0	3098.7
4×120+1×70	44.0	6055.2	2579.7	49.2	7155.5	3679.9
4×150+1×70	49.0	7384.6	3136.0	54.2	8605.4	4356.8
4×185+1×95	56.0	9189.5	3877.6	61.9	10635.0	5323.1

表 12-2-21 0.6/1 kV 5 芯聚氯乙烯绝缘聚氯乙烯护套电力电缆外径及重量

标称截面积/mm²	非铠装电缆					铠装电缆				
	直径/mm	重量/(kg·km⁻¹)				直径/mm	重量/(kg·km⁻¹)			
		VV	VY	VLV	VLY		VV22	VV23	VLV22	VLV23
5×1.5	12.01	191	166	—	—	15.21	368	336	—	—
5×2.5	13.09	253	226	175	148	16.29	438	403	360	325
5×4	15.49	369	336	245	212	18.69	590	550	466	426
5×6	16.87	486	450	289	253	20.07	727	684	533	490
5×10	19.06	735	694	418	377	22.26	982	933	669	620
5×16	23.19	1094	1043	591	540	26.39	1483	1425	898	840
5×25	28.85	1763	1695	916	848	33.65	2523	2436	1672	1585
5×35	32.15	2316	2236	1152	1072	36.75	3143	3042	1975	1874
5×50	31.68	2692	2614	1229	1151	35.72	3368	3275	1904	1811
5×70	35.73	3740	3647	1421	1328	39.77	4499	4390	2380	2271
5×95	41.27	5123	5005	2191	2073	45.31	5994	5858	3062	2926
5×120	44.82	6349	6215	2610	2476	48.86	7293	7140	3583	3430
5×150	49.60	7846	7685	3290	3129	53.64	8885	8704	4329	4148
5×185	54.96	9782	9596	4065	3879	59.29	10957	10742	5234	5019
5×240	62.12	12732	11980	5224	4472	65.96	13997	13748	6489	6238
5×300	68.71	15814	14930	6429	5545	72.75	17241	16939	7856	7554

表 12-2-22 0.6/1 kV 单芯、2 芯聚氯乙烯绝缘聚氯乙烯护套细钢丝铠装电力电缆外径及重量

标称截面积/mm²	单芯电缆					2 芯电缆				
	直径/mm	重量/(kg·km⁻¹)				直径/mm	重量/(kg·km⁻¹)			
		VV32	VV33	VLV32	VLV33		VV32	VV33	VLV32	VLV33
1.5	—	—	—	—	—	16.86	594	570	—	—
2.5	—	—	—	—	—	16.86	605	581	574	550
4	—	—	—	—	—	18.04	686	660	636	610
6	—	—	—	—	—	19.06	776	749	705	678
10	16.47	593	570	531	508	20.68	931	901	806	776
16	17.40	697	672	599	574	22.54	1132	1099	933	900
25	18.50	830	803	672	645	23.24	1285	1251	973	939
35	19.64	967	939	748	720	24.66	1520	1484	1087	1051
50	21.40	1161	1130	864	833	27.32	1895	1853	1309	1267
70	23.20	1445	1411	1015	981	31.00	2633	2580	1786	1733
95	25.52	1796	1758	1200	1162	34.51	3340	3278	2167	2105
120	27.13	2096	2056	1344	1304	36.76	3925	3856	2441	2372
150	29.09	2455	2412	1530	1487	41.02	4996	4912	3174	3090
185	31.60	2927	2877	1767	1717	44.55	5959	5864	3670	3575
240	34.63	3623	3571	2099	2047	—	—	—	—	—
300	38.68	4655	4587	2743	2675	—	—	—	—	—
400	42.27	5661	5583	3216	3138	—	—	—	—	—
500	46.04	6830	6741	3748	3659	—	—	—	—	—
630	51.44	8960	8856	4919	4815	—	—	—	—	—
800	56.13	10919	10796	5759	5636	—	—	—	—	—
1000	61.26	13248	13108	6763	6623	—	—	—	—	—

表 12-2-23 0.6/1 kV 3 芯聚氯乙烯绝缘聚氯乙烯护套钢丝铠装电力电缆外径及重量

标称截面积/mm²	细钢丝铠装					粗钢丝铠装				
	直径/mm	重量/(kg·km⁻¹)				直径/mm	重量/(kg·km⁻¹)			
		VV32	VV33	VLV32	VLV33		VV42	VV43	VLV42	VLV43
1.5	16.73	604	580	—	—	—	—	—	—	—
2.5	16.79	625	601	579	555	—	—	—	—	—
4	18.71	760	733	685	658	—	—	—	—	—
6	19.81	870	842	764	736	—	—	—	—	—
10	21.55	1083	1052	895	864	—	—	—	—	—
16	23.56	1336	1302	1038	1004	28.56	2472	2405	2173	2106
25	27.55	1747	1677	1248	1208	32.75	3046	2965	2577	2496
35	29.57	2072	2026	1424	1378	34.77	3458	3367	2809	2718

表 12-2-23（续）

标称截面积/mm²	细钢丝铠装					粗钢丝铠装				
	直径/mm	重量/(kg·km⁻¹)				直径/mm	重量/(kg·km⁻¹)			
		VV32	VV33	VLV32	VLV33		VV42	VV43	VLV42	VLV43
50	33.03	2787	2733	1909	1855	37.43	4088	3986	3210	3108
70	36.15	3559	3496	2288	2225	40.55	4942	4826	3671	3555
95	40.10	4540	4464	2780	2704	44.30	6090	5957	4331	4198
120	43.86	5783	5696	3557	3470	47.06	7049	6902	4824	4677
150	47.21	6844	6742	4111	4009	50.21	8178	8015	5444	5281
185	50.96	8179	8065	4745	4631	53.96	9560	9377	6127	5944
240	55.97	10198	10063	5693	5558	58.97	11751	11537	7246	7032
300	60.73	12269	12113	6639	6483	63.53	13906	13666	8275	8035
400	68.01	15954	15762	8716	8524	—	—	—	—	—

表 12-2-24　0.6/1 kV 4 芯聚氯乙烯绝缘聚氯乙烯护套钢丝铠装电力电缆外径及重量

芯数×截面积/mm²	细钢丝铠装					粗钢丝铠装				
	直径/mm	重量/(kg·km⁻¹)				直径/mm	重量/(kg·km⁻¹)			
		VV32	VV33	VLV32	VLV33		VV42	VV43	VLV42	VLV43
4×1.5	18.33	705	666	—	—	—	—	—	—	—
4×2.5	19.29	798	751	731	689	—	—	—	—	—
4×4	19.84	866	823	766	723	—	—	—	—	—
4×6	21.07	1004	958	867	821	—	—	—	—	—
4×10	23.03	1254	1204	1004	954	—	—	—	—	—
4×16	26.72	1676	1617	1272	1213	31.92	2622	2543	2218	2139
4×25	26.89	1954	1891	1329	1266	31.89	2889	2810	2264	2185
4×35	29.09	2411	2343	1546	1478	34.29	3501	3412	2636	2547
4×50	33.07	3285	3199	2114	2028	37.27	4259	4157	3089	2987
4×70	36.92	4282	4178	2588	2484	40.92	5317	5200	3622	3505
4×95	42.56	5942	5851	3596	3505	45.16	6731	6596	4384	4249
4×120	45.56	7061	6963	4093	3995	48.36	8033	7882	5065	4914
4×150	49.64	8444	8333	4799	4688	52.64	9457	9279	5813	5635
4×185	54.08	10219	10089	5641	5511	56.88	11325	11125	6747	6547
4×240	60.06	12849	12694	6843	6688	62.86	14201	13964	8195	7958
4×300	66.93	16361	16172	8854	8665	68.23	16947	16673	9440	9166
4×400	73.73	20252	20025	10602	10375	—	—	—	—	—

表 12-2-25 0.6/1 kV (3+1)芯聚氯乙烯绝缘聚氯乙烯护套钢丝铠装电力电缆外径及重量

标称截面积/mm²	细钢丝铠装					粗钢丝铠装				
	直径/mm	重量/(kg·km⁻¹)				直径/mm	重量/(kg·km⁻¹)			
		VV32	VV33	VLV32	VLV33		VV42	VV43	VLV42	VLV43
1.5	—	—	—	—	—	—	—	—	—	—
2.5	17.47	671	634	—	—	—	—	—	—	—
4	19.35	823	781	733	691	—	—	—	—	—
6	20.76	967	922	841	796	—	—	—	—	—
10	22.66	1194	1145	970	921	—	—	—	—	—
16	24.72	1501	1447	1140	1086	29.72	2597	2527	2235	2165
25	26.12	1803	1745	1253	1195	31.32	2973	2896	2423	2346
35	28.23	2196	2130	1449	1383	33.23	3503	3421	2755	2673
50	32.78	3072	2987	2035	1950	36.78	4248	4152	3210	3114
70	36.19	3937	3838	2445	2346	40.39	5316	5201	3824	3709
95	39.33	5003	4891	2950	2838	43.53	6478	6348	4427	4297
120	43.82	6482	6346	3833	3695	46.82	7651	7505	5003	4857
150	47.08	7531	7378	4374	4220	50.08	8861	8698	5704	5541
185	51.52	9187	9007	5167	4987	54.32	10612	10428	6593	6409
240	57.02	11479	11265	6232	6018	59.82	13072	12854	7826	7608
300	62.35	13876	13630	7334	7088	65.15	15539	15285	8997	8743

表 12-2-26 0.6/1 kV 5芯、(3+2)芯聚氯乙烯绝缘聚氯乙烯护套细钢丝铠装电力电缆外径及重量

标称截面积/mm²	5 芯电缆					(3+2) 芯电缆				
	直径/mm	重量/(kg·km⁻¹)				直径/mm	重量/(kg·km⁻¹)			
		VV32	VV33	VLV32	VLV33		VV32	VV33	VLV32	VLV33
1.5	19.21	774	733	—	—	—	—	—	—	—
2.5	20.29	880	836	802	758	18.48	653	613	—	—
4	21.09	983	937	859	813	20.41	817	773	710	666
6	22.47	1151	1102	962	913	22.16	995	947	830	782
10	24.66	1457	1403	1144	1090	24.04	1243	1190	967	914
16	27.17	1868	1808	1363	1303	26.43	1615	1557	1184	1126
25	35.65	3117	3024	2266	2173	32.63	2628	2545	1915	1832
35	38.95	3812	3705	2644	2537	33.10	2827	2745	1924	1842
50	38.92	4354	4247	2891	2784	39.41	3908	3820	2718	2630
70	42.97	5598	5474	3480	3356	43.06	4921	4818	3218	3115
95	48.51	7245	7093	4312	4160	47.77	6261	6134	3917	3790
120	52.06	8642	8472	4932	4762	51.69	7627	7482	4555	4410
150	56.84	10364	10164	5808	5608	54.28	8534	8375	4955	4796

表 12-2-26（续）

标称截面积/mm²	5 芯电缆					(3+2) 芯电缆				
	直径/mm	重量/(kg·km⁻¹)				直径/mm	重量/(kg·km⁻¹)			
		VV32	VV33	VLV32	VLV33		VV32	VV33	VLV32	VLV33
185	62.40	12587	12352	6865	6630	59.53	10609	10419	6004	5814
240	69.36	15848	15569	8340	8061	65.09	13145	12919	7160	6934
300	77.45	20171	19829	10786	10444	70.51	15831	15576	8382	8127

表 12-2-27 3.6/6 kV 单芯聚氯乙烯绝缘聚氯乙烯护套电力电缆外径及重量

标称截面积/mm²	非铠装电缆					钢带铠装电缆				
	直径/mm	重量/(kg·km⁻¹)				直径/mm	重量/(kg·km⁻¹)			
		VV	VY	VLV	VLY		VV22	VY23	VLV22	VLY23
10	14.54	332	312	270	250	17.71	525	500	463	438
16	15.44	409	388	310	289	18.64	614	587	516	489
25	17.36	545	520	387	362	20.56	775	745	617	587
35	18.50	663	637	443	417	21.70	908	877	689	658
50	19.84	810	782	512	484	23.04	1072	1039	775	742
70	21.64	1047	1016	617	586	24.84	1333	1297	903	867
95	23.54	1335	1301	740	706	26.74	1645	1606	1050	1011
120	25.15	1603	1566	851	814	28.35	1934	1892	1182	1140
150	26.69	1890	1851	966	927	29.89	2241	2197	1317	1273
185	28.58	2278	2236	1118	1076	33.18	3015	2963	1855	1803
240	31.39	2883	2834	1359	1310	35.99	3687	3628	2163	2104
300	34.02	3519	3463	1607	1551	38.42	4370	4306	2459	2395
400	37.19	4381	4316	1936	1871	41.19	5325	5249	2880	2812
500	40.54	5400	5326	2318	2244	45.34	6448	6361	3366	3279
630	44.94	6914	6828	2873	2787	49.74	8071	7972	4030	3931
800	49.43	8664	8565	3504	3405	54.63	9982	9864	4822	4704
1000	54.14	10718	10605	4234	4121	59.54	12186	12052	5701	5567

表 12-2-28 3.6/6 kV 2 芯聚氯乙烯绝缘聚氯乙烯护套电力电缆外径及重量

标称截面积/mm²	非铠装电缆					钢带铠装电缆				
	直径/mm	重量/(kg·km⁻¹)				直径/mm	重量/(kg·km⁻¹)			
		VV	VY	VLV	VLY		VV22	VY23	VLV22	VLY23
10	26.14	673	635	548	510	29.54	1031	985	906	860
16	28.00	830	789	631	590	32.80	1568	1514	1369	1315
25	27.98	1068	1025	756	713	32.78	1803	1747	1490	1434
35	29.60	1310	1262	878	830	34.20	2069	2010	1636	1577

表 12-2-28（续）

标称截面积/mm²	非铠装电缆					钢带铠装电缆				
	直径/mm	重量/(kg·km⁻¹)				直径/mm	重量/(kg·km⁻¹)			
		VV	VY	VLV	VLY		VV22	VY23	VLV22	VLY23
50	31.41	1605	1552	1020	967	36.01	2406	2341	1821	1756
70	34.08	2081	2020	1234	1173	38.88	2966	2892	2118	2044
95	36.74	2663	2594	1489	1420	41.54	3612	3530	2439	2357
120	38.99	3207	3131	1723	1647	43.99	4233	4142	2749	2658
150	41.66	3797	3712	1974	1889	46.20	4873	4773	3051	2952
185	44.34	4587	4492	2298	2203	49.28	5774	5660	3485	3371

表 12-2-29 3.6/6 kV 3 芯聚氯乙烯绝缘聚氯乙烯护套电力电缆外径及重量

标称截面积/mm²	非铠装电缆					钢带铠装电缆				
	直径/mm	重量/(kg·km⁻¹)				直径/mm	重量/(kg·km⁻¹)			
		VV	VY	VLV	VLY		VV22	VY23	VLV22	VLY23
10	27.79	895	854	707	666	32.59	1627	1574	1439	1386
16	29.99	1130	1084	831	785	34.59	1901	1844	1602	1545
25	27.80	1466	1421	997	952	32.40	2179	2123	1710	1654
35	29.82	1814	1763	1165	1114	34.42	2575	2513	1926	1864
50	32.05	2242	2185	1364	1307	36.85	3075	3005	2197	2127
70	35.18	2946	2880	1675	1609	39.98	3855	3776	2584	2505
95	38.50	3797	3722	2037	1962	43.50	4810	4720	3050	2960
120	41.72	4605	4520	2379	2294	46.46	5694	5591	3469	3366
150	44.44	5464	5369	2730	2635	49.38	6645	6531	3912	3798
185	47.76	6626	6520	3192	3086	52.90	7918	7791	4485	4358
240	52.34	8393	8268	3889	3764	57.68	9831	9683	5327	5179
300	56.48	10212	10072	4581	4441	62.02	11790	11625	6159	5994

表 12-2-30 3.6/6 kV 单芯聚氯乙烯绝缘聚氯乙烯护套钢丝铠装电力电缆外径及重量

标称截面积/mm²	细钢丝铠装					粗钢丝铠装				
	直径/mm	重量/(kg·km⁻¹)				直径/mm	重量/(kg·km⁻¹)			
		VV32	VY33	VLV32	VLY33		VV42	VY43	VLV42	VLY43
10	20.11	907	878	845	816	—	—	—	—	—
16	21.04	1022	992	923	893	41.05	3893	3775	3594	3476
25	22.96	1217	1184	1059	1026	38.60	4085	3980	3616	3510
35	24.10	1374	1339	1154	1119	40.62	4551	4435	3902	3786
50	25.44	1560	1523	1263	1226	42.85	5276	5153	4398	4275
70	27.24	1873	1833	1443	1403	45.98	6130	5992	4859	4721

表12－2－30（续）

<table>
<tr><th rowspan="3">标称截面积/mm²</th><th colspan="5">细钢丝铠装</th><th colspan="5">粗钢丝铠装</th></tr>
<tr><th rowspan="2">直径/mm</th><th colspan="4">重量/(kg·km⁻¹)</th><th rowspan="2">直径/mm</th><th colspan="4">重量/(kg·km⁻¹)</th></tr>
<tr><th>VV32</th><th>VY33</th><th>VLV32</th><th>VLY33</th><th>VV42</th><th>VY43</th><th>VLV42</th><th>VLY43</th></tr>
<tr><td>95</td><td>29.34</td><td>2233</td><td>2187</td><td>1637</td><td>1591</td><td>49.70</td><td>7249</td><td>7088</td><td>5490</td><td>5329</td></tr>
<tr><td>120</td><td>30.95</td><td>2559</td><td>2511</td><td>1806</td><td>1758</td><td>52.26</td><td>8258</td><td>8088</td><td>6027</td><td>5857</td></tr>
<tr><td>150</td><td>32.69</td><td>2918</td><td>2864</td><td>1993</td><td>1939</td><td>55.18</td><td>9357</td><td>9170</td><td>6623</td><td>6436</td></tr>
<tr><td>185</td><td>35.38</td><td>3612</td><td>3554</td><td>2452</td><td>2394</td><td>58.90</td><td>10869</td><td>10655</td><td>7427</td><td>7213</td></tr>
<tr><td>240</td><td>38.19</td><td>4338</td><td>4272</td><td>2814</td><td>2748</td><td>63.48</td><td>13013</td><td>12774</td><td>8508</td><td>8269</td></tr>
<tr><td>300</td><td>40.82</td><td>5095</td><td>5021</td><td>3183</td><td>3109</td><td>68.02</td><td>15229</td><td>14956</td><td>9598</td><td>9325</td></tr>
<tr><td>400</td><td>43.99</td><td>6081</td><td>5997</td><td>3636</td><td>3552</td><td>—</td><td>—</td><td>—</td><td>—</td><td>—</td></tr>
<tr><td>500</td><td>48.54</td><td>7714</td><td>7617</td><td>4632</td><td>4535</td><td>—</td><td>—</td><td>—</td><td>—</td><td>—</td></tr>
<tr><td>630</td><td>52.94</td><td>9459</td><td>9349</td><td>5418</td><td>5308</td><td>—</td><td>—</td><td>—</td><td>—</td><td>—</td></tr>
<tr><td>800</td><td>57.83</td><td>11488</td><td>11358</td><td>6327</td><td>6197</td><td>—</td><td>—</td><td>—</td><td>—</td><td>—</td></tr>
<tr><td>1000</td><td>62.74</td><td>13844</td><td>13697</td><td>7360</td><td>7213</td><td>—</td><td>—</td><td>—</td><td>—</td><td>—</td></tr>
</table>

表12－2－31　3.6/6 kV 2芯聚氯乙烯绝缘聚氯乙烯护套钢丝铠装电力电缆外径及重量

<table>
<tr><th rowspan="3">标称截面积/mm²</th><th colspan="5">细钢丝铠装</th></tr>
<tr><th rowspan="2">直径/mm</th><th colspan="4">重量/(kg·km⁻¹)</th></tr>
<tr><th>VV32</th><th>VY33</th><th>VLV32</th><th>VLY33</th></tr>
<tr><td>10</td><td>32.14</td><td>1683</td><td>1630</td><td>1558</td><td>1505</td></tr>
<tr><td>16</td><td>34.80</td><td>2149</td><td>2092</td><td>1950</td><td>1893</td></tr>
<tr><td>25</td><td>34.78</td><td>2380</td><td>2320</td><td>2067</td><td>2007</td></tr>
<tr><td>35</td><td>36.40</td><td>2688</td><td>2622</td><td>2256</td><td>2190</td></tr>
<tr><td>50</td><td>38.21</td><td>3057</td><td>2985</td><td>2472</td><td>2400</td></tr>
<tr><td>70</td><td>42.08</td><td>4033</td><td>3950</td><td>3186</td><td>3103</td></tr>
<tr><td>95</td><td>44.74</td><td>4752</td><td>4660</td><td>3579</td><td>3487</td></tr>
<tr><td>120</td><td>47.19</td><td>5439</td><td>5337</td><td>3956</td><td>3854</td></tr>
<tr><td>150</td><td>49.60</td><td>6152</td><td>6037</td><td>4330</td><td>4215</td></tr>
<tr><td>185</td><td>52.48</td><td>7112</td><td>6986</td><td>4823</td><td>4697</td></tr>
</table>

表12－2－32　3.6/6 kV 3芯聚氯乙烯绝缘聚氯乙烯护套钢丝铠装电力电缆外径及重量

<table>
<tr><th rowspan="3">标称截面积/mm²</th><th colspan="5">细钢丝铠装</th><th colspan="3">粗钢丝铠装</th></tr>
<tr><th rowspan="2">直径/mm</th><th colspan="4">重量/(kg·km⁻¹)</th><th rowspan="2">直径/mm</th><th colspan="2">重量/(kg·km⁻¹)</th></tr>
<tr><th>VV32</th><th>VY33</th><th>VLV32</th><th>VLY33</th><th>VV42</th><th>VLV42</th></tr>
<tr><td>10</td><td>34.44</td><td>2196</td><td>2139</td><td>2008</td><td>1951</td><td>—</td><td>—</td><td>—</td></tr>
<tr><td>16</td><td>36.65</td><td>2523</td><td>2459</td><td>2224</td><td>2160</td><td>40.6</td><td>3983</td><td>3679</td></tr>
<tr><td>25</td><td>34.60</td><td>2764</td><td>2702</td><td>2295</td><td>2233</td><td>41.1</td><td>4270</td><td>3805</td></tr>
</table>

表 12－2－32（续）

标称截面积/mm²	细钢丝铠装					粗钢丝铠装		
	直径/mm	重量/(kg·km⁻¹)				直径/mm	重量/(kg·km⁻¹)	
		VV32	VY33	VLV32	VLY33		VV42	VLV42
35	36.62	3196	3127	2547	2478	43.1	4788	4131
50	40.05	4084	4005	3206	3127	46.9	5638	4706
70	43.18	4950	4861	3679	3590	49.5	6522	5218
95	46.90	6022	5918	4263	4159	52.7	7600	5830
120	49.66	6964	6849	4738	4623	56.7	8780	6545
150	52.58	7995	7869	5261	5135	59.7	9988	7194
185	56.10	9366	9227	5932	5793	62.9	11358	7912
240	60.88	11408	11246	6903	6741	68.2	13556	9086
300	66.72	14275	14087	8644	8456	72.3	15706	10119

（二）交联聚乙烯绝缘电力电缆

1. 概述

交联聚乙烯绝缘电力电缆多用于交流电压 6～35 kV 以上乃至 110～220 kV 输配线路中。

交联聚乙烯是利用高能辐射或化学方法，使聚乙烯分子由直链状线形结构变为网状结构。交联后，使热塑性物质变成固体物质，提高了聚乙烯的耐热性和热稳定性，具有软化点高，热变形小、在高温下机械强度高、抗热老化性能好等优点。

2. 电缆品种与敷设场合

交联聚乙烯绝缘电力电缆型号、名称及敷设场合见表 12－2－33。

表 12－2－33　交联聚乙烯绝缘电力电缆型号、名称及敷设场合

型号		名称	敷设场合
铜芯	铝芯		
YJV	YJLV	交联聚乙烯绝缘聚氯乙烯护套电缆	敷设在室内外，隧道内须固定在托架上，混凝土管组或电缆沟中以及允许在松散土壤中直埋，不能承受拉力和压力
YJY	YJLY	交联聚乙烯绝缘聚乙烯护套电缆	同 YJV、YJLV 型
YJV22	YJLV22	交联聚乙烯绝缘钢带铠装聚氯乙烯护套电缆	可土壤直埋敷设，电缆能承受机械外力作用，但不能承受大的拉力
YJV23	YJLV23	交联聚乙烯绝缘钢带铠装聚乙烯护套电缆	同 YJV22、YJLV22 型
YJV32	YJLV32	交联聚乙烯绝缘细钢丝铠装聚氯乙烯护套电缆	敷设在水中或具有较大落差的土壤中，电缆能承受相当的拉力
YJV33	YJLV33	交联聚乙烯绝缘细钢丝铠装聚乙烯护套电缆	同 YJV32、YJLV32 型

表 12－2－33（续）

型号		名　　称	敷设场合
铜芯	铝芯		
YJV42	YJLV42	交联聚乙烯绝缘粗钢丝铠装聚氯乙烯护套电缆	敷设在水中及落差较大的隧道或竖井中，电缆能承受较大的拉力
YJV43	YJLV43	交联聚乙烯绝缘粗钢丝铠装聚乙烯护套电缆	同 YJV42、YJLV42 型
YJLW02	YJLLW02	交联聚乙烯绝缘皱纹铝套防水层聚氯乙烯护套电缆	可敷设在隧道或管道中，可在潮湿环境及地下水位较高的地方使用，并能承受一定的压力
YJQ02	YJLQ02	交联聚乙烯绝缘铅包聚氯乙烯护套电缆	同 YJLW02、YJLLW02 型，但不能承受压力
YJQ41	YJLQ41	交联聚乙烯绝缘铅包粗钢丝铠装纤维外被电缆	电缆可承受一定的拉力，用于水底敷设

注：型号含义见表 12－2－2。

3. 工作温度与敷设条件

（1）电缆导体的最高额定温度为 90 ℃。

（2）短时过载温度为 130 ℃。

（3）短路时（最长持续时间不超过 5 s），电缆导体的最高温度不超过 250 ℃。

（4）敷设电缆时的环境温度不低于 0 ℃，敷设时电缆的允许最小弯曲半径为：单芯电缆，$20(D+d)\pm5\%$；3 芯电缆，$15(D+d)\pm5\%$。其中，D、d 分别为电缆及导体的外径。

（5）电缆没有敷设位差的限制。

（6）接地故障持续时间：0.6/1、3.6/6、6/10、21/35、36/63 和 64/110 kV 电缆适用于每次接地故障持续时间不超过 1 min 的三相系统；1/1、6/6、8.7/10、26/35 和 48/63 kV 电缆适用于每次接地故障持续时间一般不超过 2 h，最长不超过 8 h 的三相系统。

4. 产品规格

交联聚乙烯绝缘电力电缆的产品规格见表 12－2－34。

表 12－2－34　交联聚乙烯绝缘电力电缆的产品规格

型　号	芯数	额定电压/kV						
		0.6/1	1.8/3	3.6/6、6/6	6/10、8.7/10	8.7/15～12/20	18/20～26/35	64/110
		标称截面积/mm²						
YJV，YJLV	1[①]	1.5～800	10～800	25～1200	25～1200	35～1200	50～1200	—
YJY，YJLY		2.5～1000	10～1000	25～1200	25～1200	35～1200	50～1200	
YJV32，YJLV32		10～1000	10～1000	25～1200	25～1200	35～1200	50～1200	
YJV33，YJLV33		10～1000	10～1000	25～1200	25～1200	35～1200	50～1200	
YJV42，YJLV42		10～1000	10～1000	25～1200	25～1200	35～1200	50～1200	
YJV43，YJLV43		10～1000	10～1000	25～1200	25～1200	35～1200	50～1200	

表 12-2-34（续）

型　号	芯数	额定电压/kV						
		0.6/1	1.8/3	3.6/6、6/6	6/10、8.7/10	8.7/15～12/20	18/20～26/35	64/110
		标称截面积/mm^2						
YJV，YJLV		1.5～300	10～300	25～300	25～300	25～300		
YJY，YJLY		2.5～300	10～300	25～300	25～300	25～300		
YJV22，YJLV22		4～300	10～300	25～300	25～300	25～300		
YJV23，YJLV23		4～300	10～300	25～300	25～300	25～300		
YJV32，YJLV32	3	4～300	10～300	25～300	25～300	25～300	—	—
YJV33，YJLV33		4～300	10～300	25～300	25～300	25～300		
YJV42，YJLV42		4～300	10～300	25～300	25～300	25～300		
YJV43，YJLV43		4～300	10～300	25～300	25～300	25～300		
YJV，YJLV YJY，YJLY YJLW02，YJLLW02 YJQ02，YJLQ02 YJQ41，YJLQ41	1	—	—	—	—	—	—	240～1200

注：① 单芯电缆铠装应采用非磁性材料或采用减少磁损耗的结构。

制造长度：

（1）对于额定电压 U 为 15 kV 及以下电缆，制造长度应不小于 100 m，允许有小于 50 m 的短段电缆出厂（钢丝铠装电缆除外），但其数量不超过总交货长度的 10%。

（2）对于额定电压 U 为 35 kV 及以下电缆，制造长度不小于 200 m，允许有不小于 100 m 的短段电缆出厂（钢丝铠装电缆除外），但其数量不超过总交货长度的 5%。

（3）对于额定电压 U 为 45 kV 及以上电缆，制造长度按双方协议规定生产。根据双方协议，允许以任何制造长度的电缆交货。

5. 电缆结构（图 12-2-5）

1）导体结构

（1）导体应采用圆形单线绞合紧压导体或实心铝导体，圆铜线、圆铝线应分别符合 GB/T 3953 和 GB/T 3955 的规定。

（2）标称截面积 1000 mm^2 及以上铜芯应采用分裂导体结构。

（3）导体应符合 GB/T 3956 的规定。

2）绝缘结构

（1）绝缘应用交联聚乙烯材料，代号为 XLPE。挤包在导体上的绝缘，其性能应符合 GB/T 12706.1 的规定。

（2）绝缘标称厚度应符合表 12-2-35 的规定。绝缘厚度平均值应不小于规定的标称值，绝缘最薄点的厚度应不小于规定标称值的 90% -0.1 mm。110 kV XLPE 电缆绝缘任一处最薄点的厚度应不小于标称值的 90%。导体和绝缘外面的任何隔离层或半导电屏蔽层的

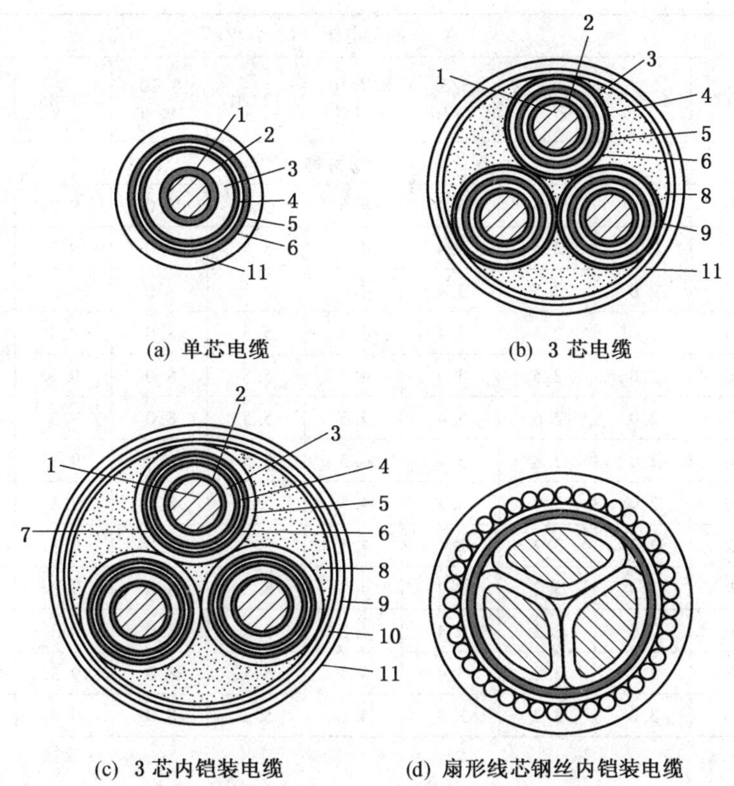

(a) 单芯电缆　　(b) 3 芯电缆

(c) 3 芯内铠装电缆　　(d) 扇形线芯钢丝内铠装电缆

1—导电线芯；2、4—半导电层；3—交联聚乙烯绝缘；5、10—铜带；6—标志带；7—塑料带；8—纤维充填；9—塑料带；11—聚氯乙烯护套

图 12-2-5　交联聚乙烯绝缘电力电缆结构

厚度应不包括在绝缘厚度内。

（3）绝缘线芯的识别标志应符合 GB/T 6995.5 的规定。

表 12-2-35　绝缘标称厚度

导体标称截面积/mm^2	额定电压（U_0/U）/kV									
	0.6/1	1.8/3	3.6/6	6/6、6/10	8.7/10、8.7/15	12/20	18/20、18/30	21/35	26/35	64/110
	绝缘标称厚度/mm									
1.5、2.5	0.7	—	—	—	—	—	—	—	—	—
4、6	0.7	—	—	—	—	—	—	—	—	—
10	0.7	2.0	2.5	—	—	—	—	—	—	—
16	0.7	2.0	2.5	3.4	—	—	—	—	—	—
25	0.9	2.0	2.5	3.4	4.5	—	—	—	—	—
35	0.9	2.0	2.5	3.4	4.5	5.5	—	—	—	—

表 12-2-35（续）

导体标称截面积/mm²	额定电压（U_0/U）/kV									
	0.6/1	1.8/3	3.6/6	6/6、6/10	8.7/10、8.7/15	12/20	18/20、18/30	21/35	26/35	64/110
	绝缘标称厚度/mm									
50	1.0	2.0	2.5	3.4	4.5	5.5	8.0	9.3	10.5	—
70、95	1.1	2.0	2.5	3.4	4.5	5.5	8.0	9.3	10.5	—
120	1.2	2.0	2.5	3.4	4.5	5.5	8.0	9.3	10.5	—
150	1.4	2.0	2.5	3.4	4.5	5.5	8.0	9.3	10.5	—
185	1.6	2.0	2.5	3.4	4.5	5.5	8.0	9.3	10.5	—
240	1.7	2.0	2.6	3.4	4.5	5.5	8.0	9.3	10.5	19.0
300	1.8	2.0	2.8	3.4	4.5	5.5	8.0	9.3	10.5	18.5
400	2.0	2.0	3.0	3.4	4.5	5.5	8.0	9.3	10.5	17.5
500	2.2	2.2	3.2	3.4	4.5	5.5	8.0	9.3	10.5	17.0
630	2.4	2.4	3.2	3.4	4.5	5.5	8.0	9.3	10.5	16.5
800	2.6	2.6	3.2	3.4	4.5	5.5	8.0	9.3	10.5	16.0
1000	2.8	2.8	3.2	3.4	4.5	5.5	8.0	9.3	10.5	16.0
1200	3.0	3.0	3.2	3.4	4.5	5.5	8.0	9.3	10.5	16.0

3）内外护套

（1）导体屏蔽：

① 额定电压 U_0 为 1.8 kV 以上的电缆应有导体屏蔽。

② 导体屏蔽应为挤包的半导电层。标称截面积为 500 mm² 及以上电缆的导体屏蔽应由半导电带和挤包半导电层联合组成。

③ 导体屏蔽用的半导电材料，对 35 kV 及以下 XLPE 电缆应是交联型的或者非交联型的，半导电层应均匀地包覆在导体上，表面应光滑，无明显绞线凸纹，不应有尖角、颗粒、烧焦或擦伤的痕迹。

（2）绝缘屏蔽：

① 额定电压 U_0 为 1.8 kV 以上的电缆应有绝缘屏蔽。

② 额定电压 U_0 为 8.7 kV 及以下的电缆的绝缘屏蔽可采用挤包型、包带型或包带内加石墨涂层结构，额定电压 U_0 为 8.7 kV 以上的电缆的绝缘屏蔽应为挤包半导电层。

③ 额定电压 U_0 为 12 kV 及以下电缆的挤包型绝缘屏蔽应是可剥离的。

（3）金属屏蔽：

① 额定电压 U_0 为 1 kV 及以上电缆应有金属屏蔽层，金属屏蔽有铜丝屏蔽和铜带屏蔽两种结构形式。额定电压 U_0 为 21 kV 及以上，同时标称截面积为 500 mm² 及以上电缆的金属屏蔽层应采用铜丝屏蔽结构。

② 铜丝屏蔽由疏散的软铜线组成，其表面应用反向铜丝或铜带扎紧。额定电压 U_0 为 26 kV 及以下电缆铜丝屏蔽的标称截面积分别为 16、25、35、50 mm² 四种，可根据故障电

流容量要求选用。

③ 铜带屏蔽由重叠绕包的软铜带组成。铜带标称厚度应按下列要求选用：单芯电缆，≥0.12 mm；3 芯电缆，≥0.10 mm。

④ 采用铅包或铝包金属套时，金属套可作为金属屏蔽层。

（4）内衬层结构：交联聚乙烯绝缘电力电缆内衬层可以挤包或绕包，内衬层厚度与聚氯乙烯绝缘电力电缆相同，见表 12－2－7。

（5）铠装层结构：钢带与钢丝铠装结构尺寸应符合表 12－2－36 的规定。

表 12－2－36　交联聚乙烯绝缘电力电缆铠装金属丝及带的直径与厚度　mm

铠装前假设直径 d	金属丝直径	铠装前假设直径 d	钢带或镀锌钢带厚	铝或铝合金带厚
$d \leqslant 10$	0.8	$d \leqslant 30$	0.2	0.5
$10 < d \leqslant 15$	1.25	$30 < d \leqslant 70$	0.5	0.5
$15 < d \leqslant 25$	1.6	$70 < d$	0.8	0.8
$25 < d \leqslant 35$	2.0			
$35 < d \leqslant 60$	2.5			
$60 < d$	3.15			

（6）非金属外护套：

① 护套应用 PVC－S1、PVC－S2 或 PE－S 型材料制成。

② 护套标称厚度应符合 GB/T 2952.3 规定。

③ 直接挤包在单芯非铠装电缆光滑圆柱体的护套，其平均厚度应不小于规定的标称值。任一点的最小厚度应不小于标称值的 85% －0.1 mm。

④ 护套外应有导电涂层。

护套厚度见表 12－2－10 规定，与聚氯乙烯绝缘电力电缆相同。

6. 技术指标

（1）导体直流电阻：应符合 GB 3956 规定，见表 12－2－11。

（2）绝缘电阻：额定电压 U_0 为 3.6 kV 及以下的电缆绝缘电阻，以体积电阻率 ρ 及绝缘电阻常数 K_i 表示，应符合表 12－2－37 的规定。

表 12－2－37　3.6 kV 及以下电缆绝缘电阻的体积电阻率及绝缘电阻常数

序　号	试　验　项　目	交联聚乙烯绝缘电力电缆
1	在最高额定温度时体积电阻率 $\rho/(\Omega \cdot cm)$	$\geqslant 10^{13}$
2	在最高额定温度时绝缘电阻常数 $K_i/(M\Omega \cdot km)$	≥3.67

（3）电气性能：电缆的电气性能应符合表 12－2－38 的规定。

表 12-2-38　交联聚乙烯绝缘电力电缆的电气性能

项　目		交联聚乙烯绝缘电缆								
额定电压 U_0/kV		0.6	1.8	3.6	6	8.7	12	18	21	26
tanδ	环境温度下 U_0 时的 tanδ	—	—	—	≤0.004	≤0.004	≤0.004	≤0.004	—	—
	(0.5~2) U_0 的 tanδ	—	—	—	≤0.002	≤0.002	≤0.002	≤0.002	—	—
	2 kV 时环境温度下的 tanδ	—	—	—	≤0.004	≤0.004	≤0.004	≤0.004	—	—
	2 kV 时最高温度下的 tanδ	—	—	—	≤0.008	≤0.008	≤0.008	≤0.008	—	—
	95 ℃、U_0 时的 tanδ	—	—	—	—	—	—	—	—	—
1.5 U_0 时局部放电量/pC		—	≤20	≤20	≤20	≤20	≤20	≤20	≤20	≤5(10)
工频耐压/kV	例行试验(5 min)	3.5	6.5	11	15	22	30	45	53	65
	型式试验(4 h)	2.4	7.2	14.4	24	34.8	48	72	84	104
冲击电压（最高工作温度 +5 ℃，±10 次）/kV		—	—	60	75	95	125	170	200	250
冲击耐压后的交流电压(15 min)/kV		—	—	11	15	22	30	45	53	65

7. 电缆外径及重量

各类型电缆外径及重量见表 12-2-39～表 12-2-51。

表 12-2-39　3.6/6 kV 单芯交联聚乙烯绝缘电力电缆外径及重量

标称截面积/mm²	电缆外径/mm	重量/(kg·km⁻¹)		电缆外径/mm	重量/(kg·km⁻¹)		电缆外径/mm	重量/(kg·km⁻¹)	
		YJV YJY	YJLV YJLY		YJV32 YJV33	YJLV32 YJLV33		YJV42 YJV43	YJLV42 YJLV43
25	18.6	576	421	24.8	1397	1242	29.6	2617	2462
35	19.7	695	479	25.9	1574	1357	30.9	2837	2621
50	21.2	850	550	27.2	1785	1475	32.2	3118	2809
70	22.6	1081	648	28.6	2045	1613	33.8	3440	3007
95	24.4	1350	762	30.4	2624	2036	35.4	3878	3290
120	25.8	1640	897	31.8	2984	2241	37.0	4290	3547
150	27.4	1947	1019	33.4	3447	2518	38.4	4876	3947
185	28.9	2302	1152	35.7	3910	2765	40.1	5370	4224
240	31.5	2886	1400	38.3	4960	3474	42.7	6144	4658
300	34.2	—	1626	41.0	—	3832	45.4	—	5103
400	37.8	—	2001	44.6	—	4364	49.0	—	5692
500	41.0	—	2357	49.2	—	4892	52.4	—	6329

表 12-2-40　3.6/6 kV 3 芯交联聚乙烯绝缘电力电缆外径及重量

标称截面积/mm²	电缆外径/mm	重量/(kg·km⁻¹)		电缆外径/mm	重量/(kg·km⁻¹)		电缆外径/mm	重量/(kg·km⁻¹)		电缆外径/mm	重量/(kg·km⁻¹)	
		YJV YJY	YJLV YJLY		YJV22 YJV23	YJLV22 YJLV23		YJV32 YJV33	YJLV32 YJLV33		YJV42 YJV43	YJLV42 YJLV43
25	38.8	1895	1430	43.4	2945	2480	45.6	4246	3781	49.8	5559	5094
35	41.4	2293	1640	46.2	3390	2739	49.4	4770	4119	52.6	6158	5507
50	44.4	2812	1881	49.2	4065	3135	52.4	6194	5263	55.6	7042	6111
70	47.6	3508	2205	52.6	4816	3513	55.8	7092	5790	59.0	7961	6659
95	51.2	4402	2635	56.2	5897	4129	60.9	8263	6495	62.8	9282	7514
120	54.5	5319	3087	59.9	6844	4611	64.4	9422	7190	66.3	10448	8215
150	57.7	6309	3518	63.3	7973	5182	67.8	10667	7876	69.7	11777	8985
185	61.1	7319	3877	66.7	9281	5838	71.2	12113	8671	73.1	14668	11226
240	66.7	9218	4753	72.5	11229	6763	77.0	14361	9895	78.9	17079	12614
300	72.5		5577	78.5	—	8524	83.0	—	—	84.9	—	13948

表 12-2-41　6/6 kV、6/10 kV 单芯交联聚乙烯绝缘电力电缆外径及重量

标称截面积/mm²	电缆外径/mm	重量/(kg·km⁻¹)		电缆外径/mm	重量/(kg·km⁻¹)		电缆外径/mm	重量/(kg·km⁻¹)	
		YJV YJY	YJLV YJLY		YJV32 YJV33	YJLV32 YJLV33		YJV42 YJV43	YJLV42 YJLV43
25	20.4	590	435	26.6	1437	1283	31.6	2678	2523
35	21.7	710	493	27.7	1604	1387	32.7	2900	2683
50	23.0	884	575	29.0	1828	1518	34.2	3167	2858
70	24.6	1097	664	30.6	2091	1657	35.6	3505	3072
95	26.2	1378	790	32.2	2674	2085	37.4	3961	3373
120	27.8	1658	916	33.8	3051	2308	38.8	4376	3633
150	29.2	1967	1038	36.2	3517	2589	40.4	4948	4019
185	30.9	2322	1177	37.7	3967	2822	41.9	5443	4298
240	33.3	2908	1423	40.1	5023	3528	44.3	6220	4734
300	35.4	—	1650	42.4	—	3917	46.6	—	5202
400	38.6	—	2027	46.8	—	4453	50.0	—	5773
500	41.4	—	2384	49.6	—	4985	52.8	—	6414

表 12-2-42　6/6 kV、6/10 kV 3 芯交联聚乙烯绝缘电力电缆外径及重量

标称截面积/mm²	电缆外径/mm	重量/(kg·km⁻¹)		电缆外径/mm	重量/(kg·km⁻¹)		电缆外径/mm	重量/(kg·km⁻¹)		电缆外径/mm	重量/(kg·km⁻¹)	
		YJV YJY	YJLV YJLY		YJV22 YJV23	YJLV22 YJLV23		YJV32 YJV33	YJLV32 YJLV33		YJV42 YJV43	YJLV42 YJLV43
25	42.9	1937	1472	47.9	3010	2544	51.1	4337	3872	54.3	5697	5232
35	45.4	2337	1686	50.4	3498	2947	53.6	4863	4212	56.8	6299	5648
50	48.4	2896	1967	53.6	4135	3205	56.8	6302	5371	60.0	7164	6233

表 12-2-42（续）

标称截面积/mm²	电缆外径/mm	重量/(kg·km⁻¹) YJV YJY	重量/(kg·km⁻¹) YJLV YJLY	电缆外径/mm	重量/(kg·km⁻¹) YJV22 YJV23	重量/(kg·km⁻¹) YJLV22 YJLV23	电缆外径/mm	重量/(kg·km⁻¹) YJV32 YJV33	重量/(kg·km⁻¹) YJLV32 YJLV33	电缆外径/mm	重量/(kg·km⁻¹) YJV42 YJV43	重量/(kg·km⁻¹) YJLV42 YJLV43
70	51.7	3578	2275	57.1	4958	3655	61.6	7177	5875	63.5	8085	6783
95	55.3	4478	2710	60.7	5974	4206	65.2	8431	6663	67.1	9438	7670
120	58.6	5396	3163	64.2	6969	4736	68.9	9559	7326	70.6	10627	8395
150	61.8	6387	3596	67.4	8161	5370	72.1	10837	8046	73.8	11961	9170
185	65.2	7507	4063	71.0	9417	5975	75.7	12256	8314	77.4	14842	11400
240	70.4	9364	4898	76.4	11340	6874	81.1	—	—	82.8	17331	12865
300	75.3	—	5681	81.5	—	—	86.0	—	—	87.9	—	14149

表 12-2-43 8.7/10 kV、8.7/15 kV 单芯交联聚乙烯绝缘电力电缆外径及重量

称标截面积/mm²	电缆外径/mm	重量/(kg·km⁻¹) YJV YJY	重量/(kg·km⁻¹) YJLV YJLY	电缆外径/mm	重量/(kg·km⁻¹) YJV32 YJV33	重量/(kg·km⁻¹) YJLV32 YJLV33	电缆外径/mm	重量/(kg·km⁻¹) YJV42 YJV43	重量/(kg·km⁻¹) YJLV42 YJLV43
25	22.8	680	525	28.8	1616	1461	34.0	2961	2806
35	24.1	804	587	30.1	1786	1570	35.1	3187	2970
50	25.4	984	674	31.4	2015	1706	36.6	3459	3143
70	27.0	1201	768	32.8	2515	2082	38.0	3819	3385
95	28.6	1490	902	35.4	2906	2318	39.8	4250	3662
129	30.2	1765	1022	37.0	3260	2518	41.2	4670	3927
150	31.6	2091	1162	38.4	3735	2806	42.8	5251	4323
185	33.3	2452	1307	40.1	4582	3437	44.3	5751	4606
240	35.5	3034	1548	42.5	5295	3810	46.7	6577	5091
300	37.8	—	1815	44.6	—	4178	49.0	—	5527
400	41.0	—	2170	49.2	—	4728	52.4	—	6152
500	43.8	—	2556	52.0	—	5900	55.2	—	6782

表 12-2-44 8.7/10 kV、8.7/15 kV 3 芯交联聚乙烯绝缘电力电缆外径及重量

标称截面积/mm²	电缆外径/mm	重量/(kg·km⁻¹) YJV YJY	重量/(kg·km⁻¹) YJLV YJLY	电缆外径/mm	重量/(kg·km⁻¹) YJV22 YJV23	重量/(kg·km⁻¹) YJLV22 YJLV23	电缆外径/mm	重量/(kg·km⁻¹) YJV32 YJV33	重量/(kg·km⁻¹) YJLV32 YJLV33	电缆外径/mm	重量/(kg·km⁻¹) YJV42 YJV43	重量/(kg·km⁻¹) YJLV42 YJLV43
25	48.0	2320	1854	53.0	3500	3035	56.2	5638	5167	59.6	6482	6017
35	50.6	2757	2105	55.6	3980	3329	60.3	6226	5575	62.0	7117	6466
50	53.6	3290	2359	58.8	4679	3748	63.5	7007	6077	65.2	7948	7017
70	56.8	3947	3645	62.0	5410	4107	66.7	7914	6612	68.4	8874	7571
95	60.5	4959	3792	66.1	6567	4799	70.6	9178	7410	72.5	10263	8497

表 12-2-44（续）

标称截面积/mm²	电缆外径/mm	重量/(kg·km⁻¹)		电缆外径/mm	重量/(kg·km⁻¹)		电缆外径/mm	重量/(kg·km⁻¹)		电缆外径/mm	重量/(kg·km⁻¹)	
		YJV YJY	YJLV YJLY		YJV22 YJV23	YJLV22 YJLV23		YJV32 YJV33	YJLV32 YJLV33		YJV42 YJV43	YJLV42 YJLV43
120	63.7	5836	3903	66.5	7541	5308	74.0	10339	8106	75.9	12808	10575
150	66.9	6906	4115	72.7	8674	5883	77.2	11648	8857	79.1	14237	11446
185	70.4	8062	4620	76.4	9991	6549	81.1	—	—	82.8	15859	12416
240	75.5	9841	5375	81.7	12887	8421	86.2	—	—	88.1	18362	13806
300	80.3	—	6218	88.1	—	9392	91.4	—	—	93.3	—	15207

表 12-2-45 12/20 kV 单芯交联聚乙烯绝缘电力电缆外径及重量

标称截面积/mm²	电缆外径/mm	重量/(kg·km⁻¹)		电缆外径/mm	重量/(kg·km⁻¹)		电缆外径/mm	重量/(kg·km⁻¹)	
		YJV YJY	YJLV YJLY		YJV32 YJV33	YJLV32 YJLV33		YJV42 YJV43	YJLV42 YJLV43
35	26.1	979	762	32.1	2335	2118	37.3	3673	3457
50	27.6	1155	846	33.6	2598	2288	38.6	3953	3643
70	29.0	1393	959	35.8	2884	2450	40.2	4289	3856
95	30.3	1681	1093	37.6	3256	2668	41.8	4749	4161
120	32.2	1979	1236	39.0	3620	2877	43.4	5179	4436
150	33.8	2301	1373	40.6	4518	3589	44.8	5757	4829
185	35.3	2718	1573	42.3	4981	3836	46.5	6288	5153
240	37.7	3302	1817	44.5	5728	4243	48.9	7110	5624
300	40.0	—	2084	48.0	—	4646	51.2	7953	6096
400	43.2	—	2455	51.2	—	5827	54.6	9192	6716
500	46.0	—	2861	54.2	—	6448	57.6	10509	7414

表 12-2-46 12/20 kV 3 芯交联聚乙烯绝缘电力电缆外径及重量

标称截面积/mm²	电缆外径/mm	重量/(kg·km⁻¹)		电缆外径/mm	重量/(kg·km⁻¹)		电缆外径/mm	重量/(kg·km⁻¹)		电缆外径/mm	重量/(kg·km⁻¹)	
		YJV YJY	YJLV YJLY		YJV22 YJV23	YJLV22 YJLV23		YJV32 YJV33	YJLV32 YJLV33		YJV42 YJV43	YJLV42 YJLV43
35	55.1	3348	2696	60.5	4840	4169	65.0	7403	6702	66.9	8423	7771
50	58.1	3974	2973	63.7	5463	4532	68.2	8139	7208	70.1	9200	8270
70	61.3	4623	3321	66.9	6346	5044	71.4	9133	7831	73.3	11626	10323
95	65.0	5593	3825	70.8	7457	5689	75.5	—	—	77.2	13054	11286
120	68.2	6495	4262	74.2	8459	6227	78.9	—	—	80.6	14347	12114
150	71.4	7637	4846	77.4	10555	7764	82.1	—	—	83.8	15883	13092
188	75.1	8803	5361	81.3	11925	8483	85.8	—	—	87.7	17533	14091
240	78.0	10729	6263	87.8	13959	9494	91.1	—	—	92.8	—	—
300	85.0	—	7141	92.8	—	10731	96.3	—	—	98.0	—	—

表 12-2-47 18/20 kV、18/30 kV 单芯交联聚乙烯绝缘电力电缆外径及重量

标称截面积/mm²	电缆外径/mm	重量/(kg·km⁻¹)		电缆外径/mm	重量/(kg·km⁻¹)		电缆外径/mm	重量/(kg·km⁻¹)	
		YJV YJY	YJLV YJLY		YJV32 YJV33	YJLV32 YJLV33		YJV42 YJV43	YJLV42 YJLV43
35	31.5	1243	1026	38.3	2851	2634	42.2	4353	4136
50	32.8	1443	1133	39.8	3463	3135	44.0	4660	4350
70	34.4	1678	1245	41.2	3789	3356	45.6	5006	4573
95	36.2	2027	1439	43.0	4193	3505	47.2	5482	4894
120	37.6	2326	1583	44.4	4606	3863	48.8	5947	5204
150	39.2	2661	1732	47.2	5138	4210	50.4	6546	5617
185	40.7	3062	1917	48.9	5635	4490	52.1	7091	5946
240	43.1	3666	2180	51.1	7069	5583	54.3	7936	6450
300	45.4	—	2448	53.6	—	6013	56.8	—	6917
400	48.6	—	2858	58.3	—	6637	60.0	—	7586
500	51.2	—	3289	61.3	—	7259	63.0	—	8257

表 12-2-48 18/20 kV 3 芯交联聚乙烯绝缘电力电缆外径及重量

标称截面积/mm²	电缆外径/mm	重量/(kg·km⁻¹)		电缆外径/mm	重量/(kg·km⁻¹)		电缆外径/mm	重量/(kg·km⁻¹)		电缆外径/mm	重量/(kg·km⁻¹)	
		YJV YJY	YJLV YJLY		YJV22 YJV23	YJLV22 YJLV23		YJV32 YJV33	YJLV32 YJLV33		YJV42 YJV43	YJLV42 YJLV43
35	66.7	4328	3676	72.5	6142	5491	77.0	9263	8617	78.9	11921	11270
50	69.7	4913	3983	75.7	6828	5897	80.2	10031	9101	82.1	12781	11851
70	72.9	5683	4381	79.1	8517	7214	83.6	—	—	85.5	13849	12547
95	76.6	6787	5019	82.8	9788	8021	87.5	—	—	89.2	15498	13731
120	79.8	7752	5519	87.6	10930	8697	90.9	—	—	92.6	16856	15448
150	83.0	8789	5997	90.8	12129	9332	94.1	—	—	95.8	20187	16745
185	86.5	10194	6752	94.5	13780	10338	97.8	—	—	99.7	—	—
240	91.6	12102	7636	99.8	15988	11522	103.1	—	—	104.8	—	—
300	96.6	—	8635	104.8	—	12682	108.3	—	—	110.0	—	—

表 12-2-49 21/35 kV 单芯交联聚乙烯绝缘电力电缆外径及重量

标称截面积/mm²	电缆外径/mm	重量/(kg·km⁻¹)		电缆外径/mm	重量/(kg·km⁻¹)		电缆外径/mm	重量/(kg·km⁻¹)	
		YJV YJY	YJLV YJLY		YJV32 YJV33	YJLV32 YJLV33		YJV42 YJV43	YJLV42 YJLV43
50	35.6	1609	1300	42.6	3779	3469	46.8	5053	4744
70	37.2	1850	1417	44.0	4112	3679	48.4	5405	4972
95	38.8	2193	1605	47.0	4523	3935	50.2	5890	5302

表 12-2-49（续）

标称截面积/mm^2	电缆外径/mm	重量/($kg \cdot km^{-1}$)		电缆外径/mm	重量/($kg \cdot km^{-1}$)		电缆外径/mm	重量/($kg \cdot km^{-1}$)	
		YJV YJY	YJLV YJLY		YJV32 YJV33	YJLV32 YJLV33		YJV42 YJV43	YJLV42 YJLV43
120	40.4	2498	1756	48.6	4944	4202	51.8	6340	5597
150	41.8	2839	1910	50.0	5510	4581	53.2	6973	6044
185	43.5	3248	2102	51.7	6634	5489	54.9	7526	6381
240	45.9	3881	2395	54.1	7447	5961	57.3	8407	6922
300	48.0	—	2672	57.9	—	6451	59.6	—	7400

表 12-2-50 26/35 kV 单芯交联聚乙烯绝缘电力电缆外径及重量

标称截面积/mm^2	电缆外径/mm	重量/($kg \cdot km^{-1}$)		电缆外径/mm	重量/($kg \cdot km^{-1}$)		电缆外径/mm	重量/($kg \cdot km^{-1}$)	
		YJV YJY	YJLV YJLY		YJV32 YJV33	YJLV32 YJLV33		YJV42 YJV43	YJLV42 YJLV43
50	38.2	1758	1449	46.2	4083	3773	49.4	5429	5119
70	39.8	2038	1604	47.8	4422	3989	51.0	5786	5352
95	41.4	2355	1767	49.6	4840	4252	52.8	5690	6091
120	43.0	2666	1923	51.0	5269	4526	54.2	6735	5992
150	44.4	3031	2103	52.8	6497	5569	56.0	7379	6451
185	46.1	3427	2283	54.5	7007	5861	57.7	7965	6820
240	48.5	4070	2584	58.2	7856	6371	59.9	8806	7321
300	50.6	—	2891	60.7	—	6819	62.4	—	7807

表 12-2-51 26/35 kV 3 芯交联聚乙烯绝缘电力电缆外径及重量

标称截面积/mm^2	绝缘厚度/mm	YJV、YJLV			YJV22、YJLV22			YJV32、YJLV32			YJV42、YJLV42		
		电缆外径/mm	电缆近似重量/($kg \cdot km^{-1}$)		电缆外径/mm	电缆近似重量/($kg \cdot km^{-1}$)		电缆外径/mm	电缆近似重量/($kg \cdot km^{-1}$)		电缆外径/mm	电缆近似重量/($kg \cdot km^{-1}$)	
			YJV	YJLV		YJV22	YJLV22		YJV32	YJLV32		YJV42	YJLV42
50	10.5	83.0	6592	5656	90.6	9763	8826	91.6	10024	9088	94.9	13058	12122
70	10.5	86.7	7562	6252	94.7	10905	9592	95.5	11186	9876	98.8	14350	13040
95	10.5	90.5	8669	6891	98.3	12113	10332	99.7	12537	10759	103.0	15842	14064
120	10.5	93.7	9701	7455	102.0	13359	11109	102.9	13698	11452	106.4	17156	14910
150	10.5	97.4	10926	8118	105.8	14769	11957	106.8	15120	12312	110.1	18657	15849
185	10.5	101.0	12281	8819	109.5	16269	12800	110.4	16620	13158	113.7	20276	16814
240	10.5	106.1	14374	9882	114.8	18616	14116	115.3	18871	14379	118.4	22641	18149
300	10.5	111.1	16575	10959	120.0	21063	15438	120.1	21222	15606	123.2	25158	19542

二、橡皮绝缘电力电缆

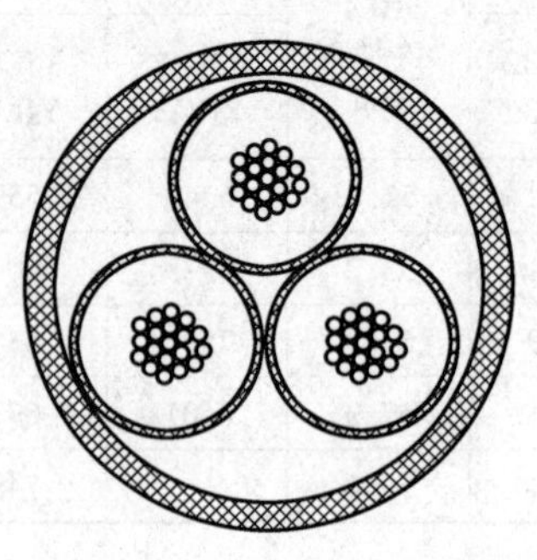

图 12-2-6　XLV 型 500 V 橡皮绝缘电力电缆截面

1. 品种规格

橡皮绝缘电力电缆适用于 6 kV 及以下固定敷设的电力线路，也可用于定期移动的固定敷设线路。当用于直流电力系统时，电缆的工作电压可为交流电压的两倍。

XLV 型 500 V 橡皮绝缘电力电缆的截面如图 12-2-6 所示。

1）品种与敷设场合

橡皮绝缘电力电缆的品种与敷设场合见表 12-2-52。

表 12-2-52　橡皮绝缘电力电缆的品种与敷设场合

品　种	型　号		外护层种类	敷　设　场　合
	铝芯	铜芯		
橡皮绝缘铅包电力电缆	XLQ	XQ	无外护层	敷设在室内、隧道及沟道中，不能承受机械外力和振动，对铅层应有中性环境
	XLQ21	XQ21	钢带铠装，外麻被	直埋敷设在土壤中，能承受机械外力，不能承受大的拉力
	XLQ20	XQ20	裸钢带铠装	敷设在室内、隧道及沟管中，其余同 XLQ21 型
橡皮绝缘聚氯乙烯护套电力电缆	XLV	XV	无外护层	敷设在室内、隧道及沟管中，不能承受机械外力
	XLV22	XV22	内钢带铠装	敷设在地下，能受一定机械外力作用，但不能受大的拉力
橡皮绝缘氯丁橡套电力电缆	XLF	XF	无外护层	敷设于要求防燃烧的场合，其余同 XLV 型

2）工作温度与敷设条件

（1）导线长期允许工作温度应不超过 65 ℃。

（2）橡皮绝缘电力电缆应在不低于下列温度时敷设：

裸铅护套 -20 ℃，最小弯曲半径 15 D；

橡皮护套 -15 ℃，最小弯曲半径 10 D；

聚氯乙烯护套　-15 ℃，最小弯曲半径 10 D；

具有外护层的电缆 -7 ℃，最小弯曲半径 20 D。

（3）橡皮护套及聚氯乙烯护套的电缆应在环境温度不低于 -40 ℃的条件下使用。

（4）无敷设位差的限制。

3）产品规格（表 12－2－53）

制造长度：电缆制造长度不小于 100 m。允许长度不小于 20 m 的短段电缆交货，其数量应不超过交货总长度的 10%。根据双方协议，允许以任何长度的电缆交货。

表 12－2－53　橡皮绝缘电力电缆的产品规格

型号	芯数		额定电压/V	
	主线芯	接地或中性线芯	500	6000
			导线截面积/mm^2	
XLV、XLF	1	0	2.5～630	—
XV、XF			1～240	—
XLQ			2.5～630	4～500
XQ			1～240	2.5～400
XLV、XLF	2	0	2.5～240	—
XV、XF、XQ			1～185	—
XLV20、XLQ、XLQ21、XLQ20			4～240	—
XV22、XQ21、XQ20			4～185	—
XLV、XLF	3	0 或 1	2.5～240	—
XV、XF、XQ			1～185	—
XLV22、XLQ、XLQ21、XLQ20			4～240	—
XV22、XQ21、XQ20			4～185	—

4）产品的外径及质量

橡皮绝缘电力电缆的产品外径及质量见表 12－2－54 和表 12－2－55。

表 12－2－54　500 V 级的橡皮绝缘电力电缆代表产品外径及质量

导线芯数×截面积/mm^2	电缆外径/mm			单位长度质量/($kg \cdot km^{-1}$)				
	XLQ XQ	XLV XV	XLF	XLQ	XQ	XLV	XV	XLF
1×1.0	5.6	7.1	—	—	194（166）	—	64	—
1×1.5	5.8	7.4	—	—	211（177）	—	72	—
1×2.5	6.3	7.8	7.8	220	237（191）	53	86	59
1×4	6.7	8.2	8.2	245	268（205）	81	106	93
1×6	7.2	8.7	8.7	272	306（223）	93	129	106
1×10	8.9	11.0	11.0	337	422（284）	134	206	151
1×16	9.9	12.0	12.0	425	521（320）	179	277	198
1×25	11.6	13.7	13.7	533	685（380）	241	394	262
1×35	12.8	14.9	14.9	614	827（423）	288	503	312

表 12-2-54（续）

导线芯数×截面积/mm²	电缆外径/mm			单位长度质量/(kg·km⁻¹)				
	XLQ XQ	XLV XV	XLF	XLQ	XQ	XLV	XV	XLF
1×50	14.8	16.9	16.9	759	1065 (495)	375	683	403
1×70	16.4	18.5	18.5	890	1317 (552)	460	890	491
1×95	18.6	20.7	20.7	1073	1653 (630)	583	1155	619
1×120	20.2	22.3	22.3	1222	1957 (688)	685	1424	723
1×150	22.4	25.3	25.3	1500	2414 (843)	875	1793	929
1×185	24.5	27.4	27.4	1728	2859 (926)	1041	2176	1100
1×240	27.6	—	—	2163	3633 (1144)	—	—	—
4×1.0	10.0	11.5	—	—	429 (323)	—	179	—
4×1.5	10.7	12.2	—	—	474 (348)	—	211	—
3×2.5+1×1.5	11.7	13.2	—	499	553 (384)	—	260	—
3×4+1×2.5	12.6	14.1	14.1	561	648 (416)	211	334	239
3×6+1×4	13.8	15.3	15.3	636	773 (459)	249	427	280
3×10+1×6	19.6	21.5	21.5	1114	1240 (666)	357	595	406
3×16+1×6	22.2	23.9	23.9	1288	1623 (835)	515	924	553
3×25+1×10	26.5	29.0	29.0	1754	2293 (1096)	775	1417	825
3×35+1×10	30.2	32.9	32.9	2191	2918 (1361)	929	1843	992
3×50+1×16	35.0	38.7	38.7	2619	3772 (1586)	1297	2597	1444
3×70+1×25	39.4	42.6	42.6	3572	5072 (2138)	1724	3390	1812
3×95+1×35	44.9	49.9	49.9	4485	6510 (2605)	2204	4625	2304
3×120+1×35	48.8	53.8	53.8	5088	7568 (2840)	2941	5510	2666
3×150+1×50	53.6	58.6	58.6	5899	9022 (3128)	3535	6741	3329
3×185+1×50	58.7	63.7	63.7	6763	10548 (3435)	4298	8049	3851

注：括号中为铅重。

表 12-2-55 6000 V 级的橡皮绝缘电力电缆代表产品外径及质量

导线截面积/mm²	单芯		
	外径/mm	计算质量/(kg·km⁻¹)	
	XLQ、XQ	XLQ	XQ
2.5	12.5	—	590
4	13.1	615	640
6	13.6	650	686
10	14.9	743	804
16	16.7	891	989
25	17.9	995	1144

表 12－2－55（续）

导线截面积/mm²	单芯		
	外径/mm	计算质量/(kg · km⁻¹)	
	XLQ、XQ	XLQ	XQ
35	19.1	1097	1308
50	21.0	1266	1573
70	22.8	1510	1937
95	24.6	1709	2280
120	26.4	1986	2714
150	28.6	2340	3248
185	30.3	2587	3687
240	33.2	2971	4423
300	35.5	3340	5130
400	39.9	4339	6719
500	42.9	4836	7871

2. 产品结构

1）导线结构

（1）铜、铝导电线芯应符合 GB/T 3956 的要求。

（2）接地线芯（即中性线芯）的标称截面积应符合表 12－2－56 的规定。

表 12－2－56 橡皮绝缘电力电缆中性线芯截面积 mm²

标称截面积					
主线芯	中性线芯	主线芯	中性线芯	主线芯	中性线芯
1.0	1.0	10、16	6.0	95、120	35
1.5、2.5①	1.5	25、35	10	150、185	50
4.0	2.5	50	16	240	70
6.0	4.0	70	25		

注：①主线芯为 2.5 mm² 的铝芯电缆，其中性线芯截面积仍为 2.5 mm²。

2）绝缘结构

（1）橡皮绝缘电力电缆的厚度及公差见表 12－2－57。

（2）6 kV 电缆的导电线芯表面及绝缘橡皮表面应包半导体层，厚度为 0.5 ~0.6 mm。

（3）多芯电缆中绝缘线芯应按右向绞合。绞合时可用具有防腐性能的纤维填充，并包橡布带或涂胶玻璃纤维带；铅护套电缆允许采用电缆纸带绕包。500 V 级的 2 芯电缆，截面积在 6 mm² 及以下者，允许制成扁平电缆。

（4）电缆护套或线芯内应有制造厂的专用标志色线，或有每隔 300 mm 以内，就印有制造厂名称及制造年份的标志带或印记。

表 12－2－57　橡皮绝缘电力电缆厚度及公差

导线截面积/mm^2	额定电压/V		公　差
	500	6000	
	绝缘厚度/mm		
1.0，1.5	1.0	—	1. 绝缘橡皮标称厚度的允许偏差为 ±10% 2. 最薄处的厚度允许偏差不超过标称值的 10% +0.1 mm
2.5，4.0，6.0	1.0	3.0	
10.16	1.2	3.2	
25，35	1.4	3.2	
50，70	1.6	3.4	
95，120	1.8	3.4	
150	2.0	3.6	
185	2.2	3.6	
240	2.4	3.8	
300	2.6	3.8	
400	2.8	4.0	
500	3.0	4.0	
630	3.2	—	

注：绝缘线芯上允许绕包橡布带或涂胶玻璃纤维带。

3）护层结构

（1）橡皮绝缘电力电缆铅护套厚度见表 12－2－58。

表 12－2－58　橡皮绝缘电力电缆铅护套厚度　　mm

挤包铅护套前直径	铅层厚度		
	最小	标称	最大
20.00 及以下	0.80	0.95	1.03
20.01～23.00	0.90	1.05	1.13
23.01～26.00	1.00	1.15	1.24
26.01～33.00	1.10	1.25	1.35
33.01～36.00	1.20	1.40	1.51
36.01～40.00	1.30	1.50	1.62
40.01 及以上	1.40	1.60	1.73

注：铅层的最小厚度不适用于压铅机停车时的接头处。

（2）氯丁橡套和聚氯乙烯护套的标称厚度见表 12－2－59。

3. 技术指标

1）导线的直流电阻

导体直流电阻应符合 GB/T 3956 的规定。

表 12-2-59　橡皮绝缘电力电缆护套厚度　mm

护套前直径	护套厚度		护套前直径	护套厚度	
	聚氯乙烯	氯丁橡套		聚氯乙烯	氯丁橡套
10.00 及以下	1.6	1.5	25.01~30.00	2.2	3.0
10.01~15.00	1.6	2.0	30.01~40.00	2.6	3.5
15.01~20.00	1.8	2.0	40.01~50.00	3.0	4.0
20.01~25.00	2.0	2.5	50.01 及以上	3.4	4.5

2）电压试验

（1）绝缘线芯浸入室温水中 6 h 后，应能经受表 12-2-60 规定的工频电压试验。

表 12-2-60　橡皮绝缘电力电缆浸水工频耐压试验

额定电压/V	试验电压/V	加压时间/min
500	2000	5
6000	10000	5

绝缘厚度在 1.6 mm 及以下、电压为 500 V 的绝缘线芯，也可按表 12-2-61 规定的电压在预防式试验机上进行工频火花击穿试验。

表 12-2-61　绝缘线芯的火花击穿试验电压

绝缘厚度/mm	试验电压/V	绝缘厚度/mm	试验电压/V
1.0	6000	1.4	8000
1.2	7000	1.6	9000

（2）成品电缆的电压试验，也应按表 12-2-60 的规定。多芯电缆和铅护套的单芯电缆，电压施加在线芯间和线芯与铅护套间；无金属护层的单芯电缆应浸在水中，电压施加在线芯与水间。

3）结构性能要求

（1）非燃性橡套及聚氯乙烯护套的断面不应有孔隙，表面不应有裂纹、气泡以及超过标称厚度公差的凹痕。橡套表面允许带有印痕和滑石粉斑。允许用相同质量的橡皮修补橡皮绝缘及橡皮护套。

（2）铅层表面上的擦伤及凹痕应进行修理，以达到规定的铅层厚度。铅护套电缆直径大于 15 mm 时，其铅管应经受扩张试验，纯铅管在圆锥体上扩张到铅包前电缆直径的 1.5 倍应不开裂，合金铅扩张到 1.3 倍应不开裂。

第三节　煤矿用电缆

煤矿井下环境和生产条件如下：

(1) 大多数煤矿井下有瓦斯和煤尘爆炸危险。井下发生瓦斯爆炸要同时具备三个条件：一是存在一定浓度的瓦斯；二是要有足够能量点燃瓦斯的热源；三是要有足够的氧气。井下瓦斯浓度在5%～15%时遇有足够能量电火花时就会爆炸，在15%以上时遇火会燃烧。最小引爆瓦斯的能量：当瓦斯浓度在8.2%时（电火花最易点燃浓度），为0.28 mJ。

据原煤炭部生产司1983年在《煤矿电气事故典型案例分析》中指出，对1970年至1983年的13年不完全统计，全国煤矿共发生261起重大瓦斯、煤尘爆炸事故，由电火花引起的就有116次，占46%，死亡人数占总数的56%。由电火花引起的瓦斯、煤尘爆炸事故火源种类见表12－3－1。

表12－3－1　全国煤矿电火花引起的瓦斯、煤尘爆炸事故火源种类（1970—1983年）

火源类别	事故次数及占比		死亡人数/%
	次数	占比/%	
电缆	43	37	31
违章带电作业	29	25	25
防爆电气设备	21	18	23
非防爆电气设备	9	8	8
矿灯	9	8	7
架线电机车	5	4	6
总计	116	100	100

上述事故主要发生在采区，其中60%以上发生在掘进工作面。从表12－3－1中可以看出由电缆引起瓦斯、煤尘爆炸就有43起，占37%。另外，据统计井下电缆事故一般占井下电气设备事故的60%以上。

现在虽然采、掘、运机械化程度发展很快，但电缆的工作环境和要求并未改变，有的场合还要求电缆有更高的性能指标。无论是过去还是现在，井下使用的矿用电缆是煤矿井下供电系统中的薄弱环节。

(2) 煤矿井下工作环境潮湿，空间狭小，人体容易碰触电气设备，引起人身触电事故。要求电缆有足够绝缘强度和接地信号快速传递的功能。

(3) 井下采、掘、运设备移动频繁，要求电缆有较好的耐磨性和抗拉强度。采煤机、掘进机等移动设备还要求有较好的柔软和扭、弯曲性能。

(4) 采、掘、运工作面电缆易受砸、挤等破坏，要求电缆护套有足够耐冲击和耐压强度。

根据上述煤矿井下生产环境和条件，对煤矿用电缆的各项技术性能和试验方法等要求在 MT 818.1～13—2009 中均有明确规定。

一、移动类软电缆一般规定（MT 818.1—2009）

以下内容摘自 MT 818.1—2009。

（一）电缆的命名与标记

电缆的命名由七部分组成：

第一部分：用大写字母 M 表示煤矿用电缆的系列代号。

第二部分：使用特性代号反映电缆所使用的场合，用表 12－3－2 所示的大写字母表示。

第三部分：用表 12－3－3 所示的大写字母表示电缆的结构特征。

第四部分：用阿拉伯数字表示额定电压 U_0/U，单位为千伏（kV）。

第五部分：用阿拉伯数字分别表示动力线芯数及标称截面积，二者之间以“×”连接。标称截面积单位为平方毫米（mm^2）。

第六部分：用阿拉伯数字分别表示地线芯数及标称截面积，二者之间以“×”连接。标称截面积单位为平方毫米（mm^2）。

第七部分：用阿拉伯数字分别表示辅助线芯数及标称截面积，二者之间以“×”连接。标称截面积单位为平方毫米（mm^2）。

第三部分和第四部分之间用“－”连接；第五部分、第六部分、第七部分之间用“＋”连接。

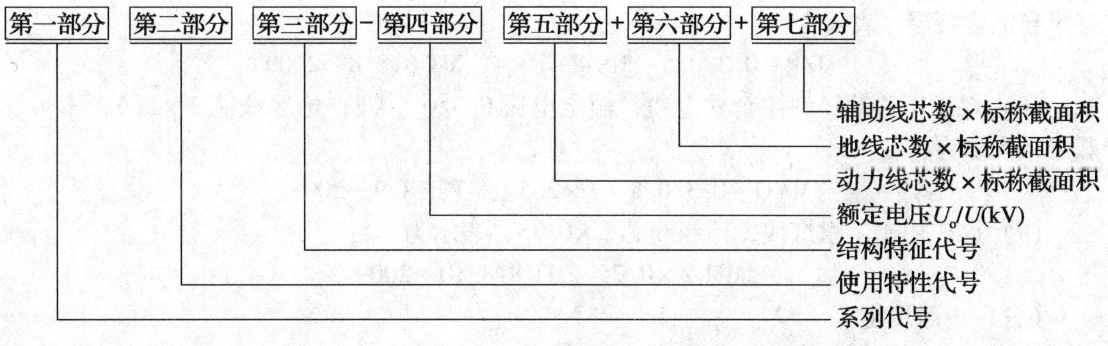

表 12－3－2　电缆的特性代号

代　号	C	M	Y	Z
使用特性	采煤机用	帽灯用	采煤设备（移动）用	电钻用

表 12－3－3　电缆的结构特征代号

代　号	B	J	P	PT	Q	R
结构特征	编织加强	监视或辅助线芯	非金属屏蔽	金属屏蔽	轻型	绕包加强

（二）产品表示方法

产品用型号、规格及标准编号表示。例如：

（1）采煤机屏蔽橡套软电缆，额定电压 0.66/1.14 kV，动力线芯 3×50、地线芯 1×10、控制线芯 4×4，带半导电屏蔽层，表示为：

MCP－0.66/1.14 3×50＋1×10＋4×4 MT 818.2—2009

（2）采煤机屏蔽监视编织加强型橡套软电缆，额定电压 0.66/1.14 kV，动力线芯 3×50、地线芯 1×25、控制线芯 3×1.5、监视线芯 3×1.5，带半导电屏蔽层和编织加强层，表示为：

MCPJB－0.66/1.14 3×50＋1×25＋3×1.5＋3×1.5 MT 818.3—2009

（3）采煤机金属屏蔽橡套软电缆，额定电压 0.66/1.14 kV，动力线芯 3×70、地线芯 1×35、辅助线芯 1×35，带金属屏蔽层，表示为：

MCPTJ－0.66/1.14 3×70＋1×35＋1×35 MT 818.4—2009

（4）煤矿用移动软电缆，额定电压 0.38/0.66 kV，动力线芯 3×25、地线芯 1×16，表示为：

MY－0.38/0.66 3×25＋1×16 MT 818.5—2009

（5）煤矿用移动金属屏蔽监视型橡套软电缆，额定电压 3.6/6 kV，动力线芯 3×35、地线芯 3×16/3、监视线芯 3×2.5，带金属屏蔽层，表示为：

MYPTJ－3.6/6 3×35＋3×16/3＋3×2.5 MT 818.6—2009

（6）煤矿用移动屏蔽橡套软电缆，额定电压 3.6/6 kV，动力线芯 3×25、地线芯 1×16，带半导电屏蔽层，表示为：

MYP－3.6/6 3×25＋1×16 MT 818.7—2009

（7）煤矿用电钻屏蔽橡套电缆，额定电压 0.3/0.5 kV，动力线芯 3×4、地线芯 1×4，带半导电屏蔽层，表示为：

MZP－0.3/0.5 3×4＋1×4 MT 818.8—2009

（8）煤矿用移动轻型橡套软电缆，额定电压 0.3/0.5 kV，绝缘线芯 3×2.5，不带屏蔽层，表示为：

MYQ－0.3/0.5 3×2.5 MT 818.9—2009

（9）煤矿用矿工帽灯线，绝缘线芯 2×0.75，表示为：

MM 2×0.75 MT 818.10—2009

（三）一般规定

1. 导体

（1）导体单线的最大直径除后续部分 MT 818.2～MT 818.10 另有规定外，应符合 GB/T 3956—2008 中第 5 种导体的规定，其值见表 12－3－4。

（2）绞、束导体的节径比应不大于表 12－3－5 规定，推荐导体中股线绞向与复绞时绞向相同，外层绞向为左向。位于缆芯中央的地线芯绞合节距和绞向由制造厂规定。

（3）除非在后续部分 MT 818.2～MT 818.10 中另有规定，动力线芯及地线芯每芯导体应符合 GB/T 3956—2008 中第 5 种导体的要求，其值见表 12－3－4（对应规格的电缆载流量参见 MT 818.1—2009 附录 B），控制线芯的要求见表 12－3－4。

表12-3-4　电缆线芯导体要求

动力线芯及地线芯								控制线芯	
标称截面积/mm^2	导体中单线最大直径/mm	20℃时导体最大电阻/($\Omega\cdot km^{-1}$)		标称截面积/mm^2	导体中单线最大直径/mm	20℃时导体最大电阻/($\Omega\cdot km^{-1}$)		标称截面积/mm^2	20℃时导体最大电阻/($\Omega\cdot km^{-1}$)
		不镀金属	镀金属			不镀金属	镀金属		
1	0.21	19.5	20.0	50	0.41	0.386	0.393	1.5	14.7
1.5	0.26	13.3	13.7	70	0.51	0.272	0.277	2.5	8.83
2.5	0.26	7.98	8.21	95	0.51	0.206	0.210	4	5.47
4	0.31	4.95	5.09	120	0.51	0.161	0.164	6	3.60
6	0.31	3.30	3.39	150	0.51	0.129	0.132	10	2.09
10	0.41	1.91	1.95	185	0.51	0.106	0.108	—	—
16	0.41	1.21	1.24	240	0.51	0.0801	0.0817	—	—
25	0.41	0.780	0.795	300	0.51	0.0641	0.0654	—	—
35	0.41	0.554	0.565	400	0.51	0.0495	0.0495	—	—

注：控制线芯导体单线最大直径应与同截面积动力线芯规定一致。

表12-3-5　节径比

一次绞、束线芯	复绞线		
	股线	内层	外层
25	30	20	14

2. 绝缘

(1) 动力线芯和控制线芯应挤包绝缘层。

(2) 绝缘标称厚度应符合后续部分 MT 818.2 ~ MT 818.10 的规定。绝缘厚度平均值应不小于标称值，最薄点厚度应不小于标称值的90%减去0.1 mm。

(3) 绝缘电阻值应符合各后续部分 MT 818.2 ~ MT 818.10 的要求。

(4) 绝缘线芯应按表12-3-6规定电压值进行相应的工频电压试验，绝缘线芯（包括控制线芯）绝缘屏蔽如采用绕包结构，在绕包屏蔽层前应按表12-3-6进行浸水工频电压试验。对额定电压0.38/0.66 kV及以下的电缆绝缘线芯允许按表12-3-7进行工频火花电压试验，单芯电缆绝缘线芯按表12-3-7进行工频火花电压试验。

(5) 绝缘与导体、绝缘与绝缘之间应不黏合。绝缘与护套之间应不黏合（单芯电缆不作要求）。

3. 屏蔽

(1) 额定电压3.6/6 kV及以上电缆的导体应挤包半导电屏蔽层。半导电层的计算厚

表12-3-6 浸水工频电压试验

额定电压/kV	试验电压/kV	施加电压时间/min
8.7/10	30.5	5
6/10	21	
3.6/6	12.5	
1.9/3.3	6.8	
0.66/1.14	3.7	
0.38/0.66	3.0	
0.3/0.5	2.0	

表12-3-7 工频火花电压试验

绝缘厚度标称值δ/mm	试验电压有效值/kV	绝缘厚度标称值δ/mm	试验电压有效值/kV
≤0.5	4	>1.5~2.0	15
>0.5~1.0	6	>2.0~2.5	20
>1.0~1.5	10	>2.5	25

度为0.7 mm，计算值不作考核。

（2）屏蔽型电缆动力线芯必须有绝缘屏蔽，半导电屏蔽层厚度为0.7 mm，计算值不作考核，金属屏蔽层计算厚度为1.4 mm，计算值不作考核，屏蔽方式应符合后续部分MT 818.2~MT 818.10规定。挤包屏蔽层应可以从绝缘上剥下来，剥离段绝缘表面应无损伤和半导电屏蔽的残迹，对动力线芯截面积为25 mm^2 及以上产品应按规定进行剥离力试验，剥离力不小于4 N，且不大于45 N。

（3）除后续部分MT 818.2~MT 818.10中另有规定，非金属屏蔽层或监视层按规定方法测量的过渡电阻应不大于3 kΩ。

（4）金属与纤维编织层的结构应符合下列规定：

① 编织用铜线应符合GB/T 3953中TR型铜线的技术要求，铜线表面应镀锡。

② 编织层由镀锡铜线与聚酰胺或聚酯类合成纤维纱组成，两者的锭数相同、方向相反。推荐采用表12-3-8规定的铜绞线结构。如采用并线结构，其单线标称直径应不大于0.30 mm。

表12-3-8 铜绞线结构 mm

根数及单线标称直径	计算厚度	计算宽度	束绞最大节距
15/0.30	1.0	2.1	180
13/0.30	1.0	1.8	120
10（9）/0.30	1.0	1.4	90
7/0.30	1.0	0.9	40

③ 编织层不允许整体接续，露出的铜线头应剪齐，每1 m长度上允许更换一个金属线锭。

④ 锭数和每锭铜线数目应确保按式（12-3-1）计算的镀锡铜线的覆盖率F不小于80%，且编织节径比（节距长度/编织层平均直径）为2~4.5。

$$F=\frac{mnd}{\pi D}\left(1+\frac{\pi^2D^2}{L^2}\right)^{\frac{1}{2}}\times 100\% \qquad (12-3-1)$$

式中 F——覆盖率；

m——铜线锭数；

n——每锭绞合股线数目，并线时为每锭铜单线的根数；

d——绞线计算宽度，并线时为铜单线的标称直径，mm；

D——编织层平均直径，mm；

L——编织节距，mm。

4. 缆芯

（1）动力线芯应绞合，绞合方向为右向。

（2）除后续部分 MT 818.2 ~ MT 818.10 另有规定外，控制线芯可以放在下列位置：

① 绞合为一个单元作为第4芯与动力线芯绞合，绞合节径比不大于8，可以包带或挤橡皮包覆层，绞合包覆后的外径应不小于动力线芯的75%。

② 绞合为一个单元置于缆芯中央，绞合节径比不大于8，可以包带或挤橡皮包覆层。

③ 动力线芯的间隙之中。

（3）监视线芯和辅助线芯可以放在下列位置：

① 动力线芯的间隙之中。

② 作为第4芯与动力线芯绞合，其外径不小于动力线芯直径的75%。

③ 与缆芯同心式设置。

④ 与控制线芯同心式设置。

（4）除后续部分 MT 818.2 ~ MT 818.10 另有规定外，地线芯可以放在下列位置：

① 动力线芯的间隙之中。

② 作为第4芯与动力线芯绞合，其外径不小于动力线芯直径的75%。

③ 动力线芯绝缘的外面。

④ 与缆芯同心式设置。

⑤ 缆芯中央。

⑥ ①与③的组合。

非屏蔽型电缆地线芯可以挤包绝缘层，也可以挤包半导电层。除后续部分 MT 818.2 ~ MT 818.10 另有规定外，非金属屏蔽型电缆的地线芯导体应挤包半导电层。

（5）缆芯中央无线芯时应填充，缆芯边隙可以填充橡胶，外围允许包带。屏蔽型电缆的中间填充物应为半导电材料，填充物应为非吸潮型材料。

（6）缆芯的绞合节径比应符合各后续部分 MT 818.2 ~ MT 818.10 的规定。

5. 护套

（1）缆芯外面应挤包护套层，护套性能应符合后续部分要求。

（2）护套厚度平均值应不小于标称值，最薄点厚度应不小于标称值的 85% 减去 0.1 mm。

（3）护套可以为单层结构，也可以为双层结构。双层结构时，内护套和外护套可以采用不同型号的材料，外层厚度应不小于总厚度的 50% 。

（4）外护套表面应平整，色泽基本均匀，表面和断面无可见气孔。

6. 加强层

（1）电缆可以设置加强层，放置在内外护套之间。

（2）加强层结构形式如下：

① 纤维编织层。

② 钢丝股线编织层。

③ 钢丝股线绕包层。

注：若金属加强层兼做地线芯时，其中可以含铜线。

7. 成品电缆

（1）成品电缆外径应在各后续部分 MT 818. 2 ~ MT 818. 10 规定的范围内。

（2）绝缘动力线芯和控制线芯应经受表 12 –3 –9 规定的工频电压试验而不被击穿。

表 12 –3 –9　工频电压试验

绝缘线芯类型	额定电压/kV	试验电压（有效值）/kV	施加电压时间/min
动力线芯	8.7/10	30.5	5
	6/10	21	
	3.6/6	12.5	
	1.9/3.3	6.8	
	0.66/1.14	3.7	
	0.38/0.66	3.0	
	0.3/0.5	2.0	
控制线芯	—	1.5	5

（3）除后续部分 MT 818. 2 ~ MT 818. 10 另有规定外，额定电压 1.9/3.3 kV 及以下的采煤机橡套软电缆和煤矿用移动橡套软电缆应具有：

① 抗机械冲击性能。标称截面积为 16 mm^2 及以上的电缆应符合此项性能要求。根据动力线芯不同的标称截面积，冲击次数规定如下：动力线芯标称截面积为 16 ~ 35 mm^2 时为 2 次；动力线芯标称截面积为 50 ~ 150 mm^2 时为 3 次。试验应按抗机械冲击试验规定的方法进行，检漏继电器应不动作。

② 抗挤压性能。不同电压等级的电缆按抗挤压试验规定的方法进行试验，应能经受相应的挤压力而检漏继电器应不动作。施加的挤压力规定如下：U_0/U 为 0.38/0.66 kV 时为 20 kN；U_0/U 为 0.66/1.14 kV 时为 30 kN；U_0/U 为 1.9/3.3 kV 时为 40 kN。

（4）除后续部分 MT 818.2 ~ MT 818.10 另有规定外，额定电压 1.9/3.3 kV 及以下的采煤机橡套软电缆应具有抗弯曲性能，按抗弯曲试验的规定进行试验，弯曲 9000 次后应不发生短路、断路。

（5）成品电缆阻燃性能：除后续部分 MT 818.2 ~ MT 818.10 另有规定外，成品电缆的阻燃性能均应达到 MT 386 中的各项试验要求。

（6）交货长度：电缆根据双方的协议长度交货，长度计量负偏差不超过 0.5%。

（四）试验方法

1. 导体单丝直径测量

导体单丝直径按 GB/T 4909.2 中规定的方法测量。

2. 绝缘厚度测量

绝缘厚度按 GB/T 2951.1 中规定的方法测量。

所测全部数值中的最小值为绝缘最薄点的厚度。

3. 护套厚度测量

护套厚度按 GB/T 2951.1 中规定的方法测量。

所测全部数值中的最小值为护套最薄点的厚度。

4. 外径测量

电缆的外径按 GB/T 2951.1 中规定的方法测量。

5. 标志耐擦性试验

用浸过水的一团脱脂棉或一块棉布轻轻擦拭表面标志，共擦 10 次。

6. 过渡电阻测试

步骤：

（1）非金属屏蔽型电缆动力线芯屏蔽层过渡电阻测量，应将待测电缆试样动力线芯导体和接地线芯导体分别接到直流电源的正极和负极。用直径不大于 1.5 mm 的金属针垂直刺入电缆，使之与动力线芯导体接触。

（2）金属屏蔽型电缆动力线芯屏蔽层过渡电阻测量，应将金属屏蔽层头部掀开，露出一部分非金属屏蔽层，将动力线芯导体和金属屏蔽层分别接到直流电源的正极和负极，用直径不大于 1.5 mm 的金属针由裸露的非金属屏蔽层垂直刺入电缆，使之与动力线芯导体接触（金属针不能与金属屏蔽层接触）。

（3）MCPJB 型和 MCPJR 型电缆过渡电阻测量，应将动力线芯导体与监视线芯导体分别接到电源的正极和负极，用直径不大于 1.5 mm 的金属针垂直刺入电缆，使之与动力线芯导体接触。

（4）MYPTJ 型电缆监视层过渡电阻测量，应将监视线芯导体与直径不大于 1.5 mm 的金属针分别接到电源的正极和负极。并将金属针垂直刺入监视层，刺入位置应尽量位于两监视线芯导体的中间（不应与监视线芯导体相接触）。动力线芯绝缘屏蔽层过渡电阻测量步骤同步骤（2）。

（5）测量电源正负极之间的电压，测量回路的电流应不大于 5 mA。

结果计算：

过渡电阻值按式（12-3-2）计算：

$$R=\frac{U}{I} \tag{12-3-2}$$

式中　R——过渡电阻，Ω；

U——动力线芯导体或监视线芯导体与接地线芯导体之间的电压降，V；

I——测量回路电流，A。

每根动力线芯或监视线芯各刺试 3 点。

7. 绝缘吸水试验

取硫化后停放时间不小于 48 h 的绝缘线芯试样 4.5 m，剥去绝缘层表面的所有包层和涂覆层，放入温度为（70 ±5)℃的空气烘箱中预处理 24 h 后，冷却至 50 ℃。然后浸入温度为（50 ±1)℃的水箱中，浸水长度 3.0 m，两端分别露出水面 0.75 m，水面高度保持不变。试样连续浸水时间为 14 d。

采用下列之一的测试电压，测量连续浸水 1 d、7 d、14 d 的电容值分别以 C_1、C_7、C_{14} 表示：

（1）频率 40 ~ 62 Hz，平均场强 800 V/mm（0.66/1.14 kV 及以下）或 3200 V/mm（0.66/1.14 kV 以上）。

（2）频率 800 ~ 1000 Hz 低电压。

1 ~ 14 d 的电容增值用 $\Delta C_{1\sim14}$（%）表示：

$$\Delta C_{1\sim14}=\frac{C_{14}-C_1}{C_1}\times100\% \tag{12-3-3}$$

7 ~ 14 d 的电容增值用 $\Delta C_{7\sim14}$（%）表示：

$$\Delta C_{7\sim14}=\frac{C_{14}-C_7}{C_7}\times100\% \tag{12-3-4}$$

8. 抗机械冲击试验

试验在冲锤为自由落体的冲击试验机上进行。冲锤质量及冲程按表 12 - 3 - 10 规定选择。

从成品电缆上截取一段长约 2 m 的试样，安装在试验机上，如图 12 - 3 - 1 所示。

表 12 - 3 - 10　冲锤质量及冲程

动力线芯截面积/mm²	冲锤质量/kg	冲程/m
16	20	0.75
25 ~ 35	20	1.1
50 ~ 150	20	1.5

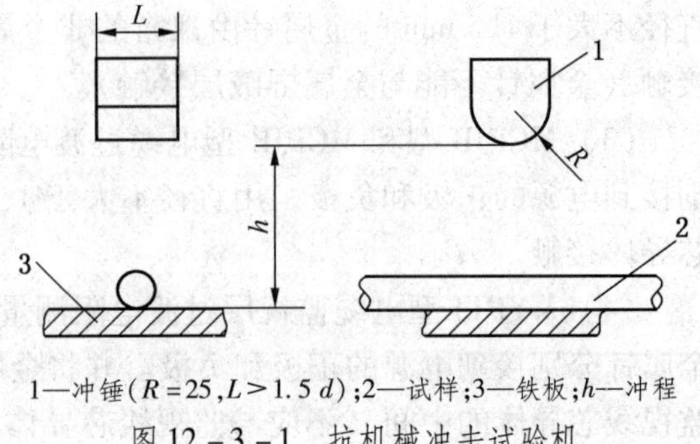

1—冲锤（$R=25$，$L>1.5\,d$）；2—试样；3—铁板；h—冲程

图 12 - 3 - 1　抗机械冲击试验机

在试样各动力线芯间施加三相交流额定电压（额定电压 0.66/1.14 kV 以上电缆施加 0.66/1.14 kV 电压），并接入检漏继电器。启动试验机，冲锤从规定高度自由落下，冲击电缆试样。同一根试样应分别在 5 处试验，相邻两处之间的距离约为 100 mm。

9. 抗挤压试验

试验应在由油压机或水压机及图 12－3－2 所示的挤压模组成的试验设备上进行。挤压模由钢轨（宽度 $a=70$ mm）和铁质上压板组成。

从成品电缆上截取一段长约 2 m 的试样，安装在挤压模内，如图 12－3－2 所示。

在试样各动力线芯间施加三相交流额定电压（额定电压 0.66/1.14 kV 以上电缆施加 0.66/1.14 kV 电压），并接入检漏继电器。启动压力板，缓缓增加压力至规定值，并保持 1 s。同一根试样应分别在 5 处试验，相邻两处之间的距离约为 100 mm，压力机需具备压力值设定功能，压力值误差不超过规定值的 ±1%。

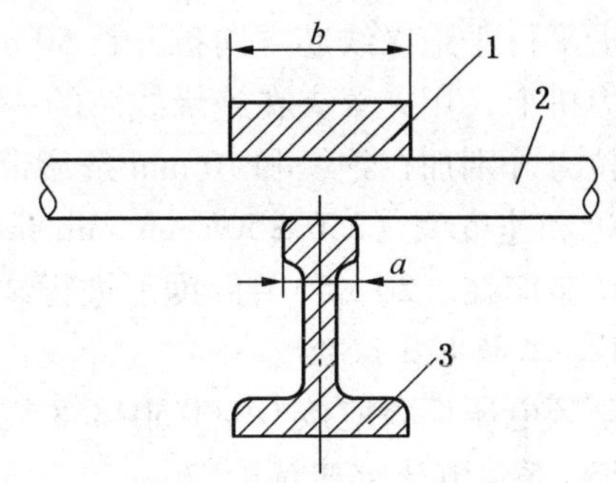

1—铁质上压板；2—电缆试样；3—钢轨（43 kg/m）；
a—钢轨宽度；b—上压板宽度（$b>2a$）

图 12－3－2 抗挤压试验机

10. 抗弯曲试验

试验应在图 12－3－3 所示的设备上进行。该设备应具有检测电缆动力线芯和控制线芯是否短路或断路的装置（以下简称检测装置），发生短路或断路时能自动报警，试验机每进行一次往返过程，应使电缆受试部分形成一次由平直状态到“S”形状态的弯曲过程。弯曲半径按表 12－3－11 的规定选择。

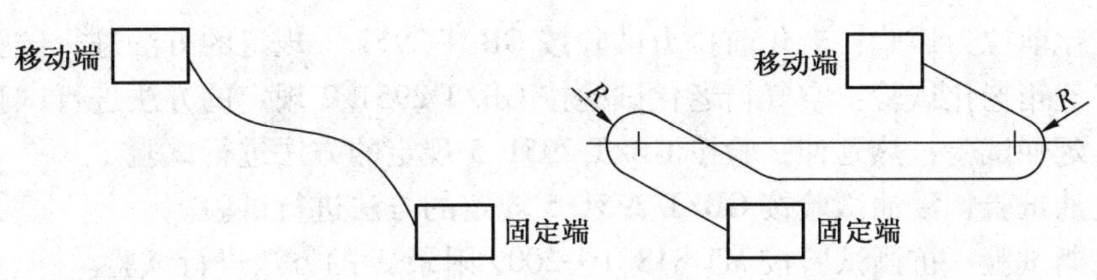

图 12－3－3 抗弯曲试验

表 12－3－11 弯曲半径

动力线芯标称截面积/mm^2	弯曲半径 R/mm
16～50	150±10
70～95	200±10
120～150	250±10

将试样安装到试验机的保护链板内（该链板应满足 MT/T 775 的规定），每 3 个夹板应有一个固定卡。保护链板分别固定在试验设备的移动端和固定端。试样的受检线芯导体应接至试验机的检测装置上，电缆两头应保持固定不动，启动试验机，弯曲试样。弯曲过程中，随时检查电缆试样的固定卡，防止松动。

记录弯曲次数，试样往返一次记为弯曲一次。

11. 半导电层剥离试验

试验应在 3 个单独的电缆试样或在一个电缆试样上沿圆周方向彼此间隔约 120°的 3 个不同位置上进行试验。被试电缆上取下长度至少 250 mm 的绝缘线芯用以试验。

在每一个试样的挤包绝缘屏蔽表面上从试样的一端到另一端向绝缘纵向切割成两道彼此相隔宽（10±1）mm 相互平行的刀痕。

沿平行于绝缘线芯方向拉开长 50 mm、宽 10 mm 的一条形带后，将绝缘线芯垂直地装在拉力机上，用夹头夹在绝缘线芯的一端，另一端为 10 mm 条形带，加在另一个夹头上。

拉力分别加在绝缘和 10 mm 条形带上，拉动至少约 100 mm 以上的距离，在剥切角近似 180°和速度为（250 ±50）mm/min 条件下进行试验。

试验应在（20 ±5）℃温度下进行试验。

12. 工频电压试验

工频电压试验应按 GB/T 3048. 8 规定的方法进行试验。

13. 导体直流电阻试验

导体直流电阻试验应按 GB/T 3048. 4 规定的方法进行试验。

14. 绝缘电阻试验

绝缘电阻试验应按 GB/T 3048. 5 或 GB/T 3048. 6 规定的方法进行试验。

15. 绝缘机械性能

（1）老化前拉力试验：老化前拉力试验按 GB/T 2951. 1 规定的方法进行试验。

（2）空气箱老化试验：空气箱老化试验按 GB/T 2951. 2 规定的方法进行试验。

（3）热延伸试验：热延伸试验按 GB/T 2951. 5 规定的方法进行试验。

（4）空气弹老化试验：空气弹老化试验按 GB/T 2951. 2 规定的方法进行试验。

（5）耐臭氧试验：耐臭氧试验按 GB/T 2951. 5 规定的方法进行试验。

16. 护套机械性能

（1）老化前拉力试验：老化前拉力试验按 GB/T 2951. 1 规定的方法进行试验。

（2）空气箱老化试验：空气箱老化试验按 GB/T 2951. 2 规定的方法进行试验。

（3）热延伸试验：热延伸试验按 GB/T 2951. 5 规定的方法进行试验。

（4）浸油试验：浸油试验按 GB/T 2951. 5 规定的方法进行试验。

（5）抗撕试验：抗撕试验按 MT 818. 1—2009 附录 A 的方法进行试验。

17. 阻燃性能试验

单根垂直燃烧试验、负载燃烧试验、成束燃烧试验按 MT 386 规定的方法进行试验。

（五）检验规则

电缆的检验分为型式试验、抽样试验和例行试验。

1. 型式试验（T）

若有下列情况之一时，应进行型式试验：新产品或者产品转厂生产的试制定型鉴定；正式生产后，如工艺、配方、结构有较大改变，可能影响产品性能时；换发产品检验合格证时；供需双方对产品质量有争议需仲裁时；国家相关部门提出检验要求时。若型式试验项目有一项不合格，则认为被检验电缆不合格。

2. 抽样试验（S）

本部分要求的抽样试验包括：结构及表面标识；过渡电阻试验；单根垂直燃烧试验；负载燃烧试验。

抽样试验的频度：①结构及表面标识检查应在同一型号和规格电缆中的一根制造长度的电缆上进行，抽样应按表 12 - 3 - 12 进行。②过渡电阻试验应按商定的质量控制协议，在制造长度上取样进行试验。若无协议，对于总长度大于 2 km 的多芯电缆或 4 km 的单芯电缆测试按表 12 - 3 - 13 进行。③单根垂直燃烧试验和负载燃烧试验，在企业正常生产且材料、配方无变化时，同一型号规格的产品，每月至少进行一次试验，材料、配方发生变化后，应重新进行试验。

表 12-3-12

电缆盘数 N/盘	样品数	电缆盘数 N/盘	样品数
$N \leqslant 5$	1	$10 < N \leqslant 15$	3
$5 < N \leqslant 10$	2	余类推	余类推

表 12-3-13

电缆长度 L/km		样品数
多芯电缆	单芯电缆	
$2 < L \leqslant 5$	$4 < L \leqslant 10$	1
$5 < L \leqslant 10$	$10 < L \leqslant 20$	2
$10 < L \leqslant 15$	$20 < L \leqslant 30$	3
余类推	余类推	余类推

抽样试验结果不合格时，应从同一批中再取两个附加试样就不合格项目重新试验。若两个附加试样都合格，则该批电缆才可被认为符合标准要求。如果有一个试样不合格，则认为该批电缆不符合标准要求。

3. 例行试验（R）

电缆由制造厂质量检验部门对所有例行试验项目检验合格并附质量检验合格证后方能出厂。质量检验合格证至少应包括如下内容：制造厂名称；产品型号及规格；长度（m）；制造年月或生产批号；标准编号；安全标志标识；质量检验专用章。

（六）线芯和电缆识别标志

线芯和电缆识别标志应符合 GB/T 6995.3 的相应规定。

1. 线芯识别标志

① 1 芯、2 芯电缆绝缘线芯优先选用的颜色为红、白色。

② 3 芯电缆绝缘线芯优先选用的颜色为红、白、浅蓝色。

③ 地线芯应为黑色。

④ 控制线芯应易于识别。

2. 绝缘线芯可采用下列识别方式

（1）采用不同颜色的绝缘橡皮。

（2）在绝缘表面上涂印不同颜色的色条。

（3）在编织层的纤维纱中嵌入色纱。

（4）在绝缘或屏蔽层表面印阿拉伯数字。

3. 电缆识别标志

（1）除后续标准另有规定外，不同电压等级电缆的护套应采用表 12-3-14 的识别颜色。

表 12-3-14　护套颜色

额定电压 (U_0/U)/kV	8.7/10	6/10	3.6/6	1.9/3.3	0.66/1.14	0.38/0.66 及以下
护套颜色	红	红	红	黑	黄	黑

（2）电缆护套表面应用压印方式或颜色明显区别于护套颜色的油墨印制产品标志，印字必须清晰、耐擦，印字间隔不超过 1 m。产品标志应包括如下内容：制造厂名称；电缆型号及规格；安全标志标识，标识应符合 AQ 1043 的规定。

（3）在电缆内部或外部允许制造厂设置其他标志，但其使用应保证规定标志的明显和清晰。

4. 包装标志

每卷或每盘电缆上应附标签，且标明如下内容：制造厂名称；产品型号及规格；长度（m）及毛重（kg）；制造年月或生产批号；标准编号；安全标志标识。

（七）包装、运输和贮存

1. 包装

（1）电缆交货盘应符合 JB/T 8137 的规定。

（2）成盘电缆应整齐卷绕在电缆交货盘上。电缆端头应紧密包封。

（3）每一电缆盘上只允许卷绕同一型号同一规格的电缆。

（4）帽灯电线成卷或成束供应，应妥善包装，每卷重量应不超过 80 kg。

（5）电缆盘上应附有规定的包装标志，电缆盘上应标明电缆盘正确的旋转方向。

2. 运输和贮存

电缆应能适应水、陆、空一切交通运输工具，在运输和贮存过程中应注意：防止水分潮气侵入电缆；防止严重弯曲及其他机械损伤；防止高温及在阳光下曝晒。

（八）煤矿用移动类橡套软电缆的载流量（资料性附录）

煤矿用橡套软电缆在环境温度为 25 ℃时的连续载流量见表 12-3-15。不同环境温度下的换算系数见表 12-3-16。

表 12-3-15　25 ℃ 时的连续载流量

标称截面积/mm^2	载流量/A	标称截面积/mm^2	载流量/A
2.5	28	35	135
4	37	50	170
6	46	70	205
10	63	95	250
16	85	120	295
25	110	150	320

注：导体最高温度 75 ℃。

表12-3-16 换算系数

环境温度/℃	换算系数	环境温度/℃	换算系数
30	0.93	45	0.73
35	0.87	50	0.66
40	0.80		

二、采煤机软电缆

采煤机软电缆共有3类：1.9/3.3 kV及以下采煤机软电缆、1.9/3.3 kV及以下采煤机金属屏蔽软电缆和1.9/3.3 kV及以下采煤机屏蔽监视加强型软电缆。

（一）1.9/3.3 kV及以下采煤机软电缆（MT 818.2—2009）

适用于额定电压为1.9/3.3 kV及以下采煤机及类似设备用铜芯橡皮护套软电缆。

1. 电缆型号、名称及用途

电缆型号、名称及用途见表12-3-17。

表12-3-17 电缆型号、名称及用途

型号	名称	用途	结构	
			A型	B型
MC-0.38/0.66	采煤机橡套软电缆	额定电压为0.38/0.66 kV采煤机及类似设备的电源连接	√	—
MCP-0.38/0.66	采煤机屏蔽橡套软电缆	额定电压为0.38/0.66 kV采煤机及类似设备的电源连接	√	—
MCP-0.66/1.14	采煤机屏蔽橡套软电缆	额定电压为0.66/1.14 kV采煤机及类似设备的电源连接	√	√
MCP-1.9/3.3	采煤机屏蔽橡套软电缆	额定电压为1.9/3.3 kV采煤机及类似设备的电源连接	√	√

2. 电缆结构

额定电压0.38/0.66 kV的电缆采用图12-3-4所示的A型结构，额定电压0.66/1.14 kV及以上的电缆采用图12-3-4所示的A型或B型结构。

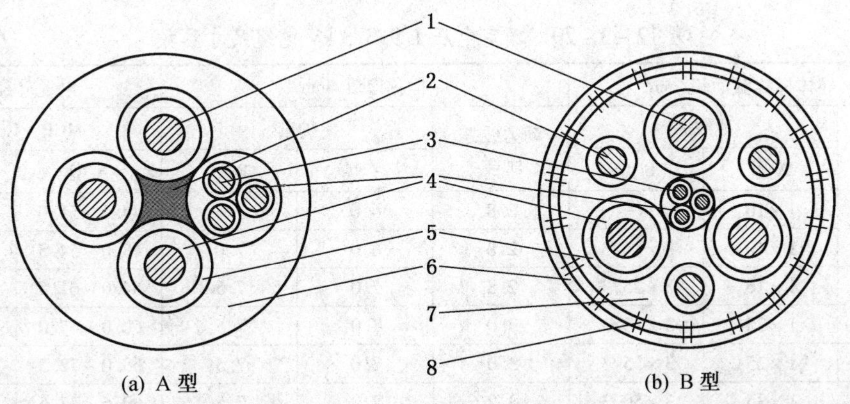

1—动力线芯导体；2—地线芯导体及半导电层（MC型电缆可挤包绝缘层）；3—控制线芯导体；4—绝缘；5—动力线芯半导电屏蔽层（MC型电缆无屏蔽层）；6—外护套；7—内护套；8—加强层

图12-3-4 MC、MCP型电缆结构

3. 规格

电缆规格应符合表12-3-18~表12-3-20的规定，其中地线芯导体标称截面积应不小于表12-3-18~表12-3-20规定的规格。

表12-3-18 额定电压0.38/0.66 kV电缆尺寸参数

芯数×导体标称截面积/mm^2		标称厚度/mm		电缆外径/mm	
动力线芯	地线芯	动力线芯绝缘	护套	MC-0.38/0.66	MCP-0.38/0.66
3×16	1×4	1.6	4.5	29.5~34.5	33.0~38.0
3×25	1×6	1.8	5.5	36.0~41.0	39.0~45.0
3×35	1×6	1.8	5.5	39.0~45.0	42.5~48.5
3×50	1×10	2.0	5.5	44.0~50.5	47.5~54.5
3×70	1×16	2.0	6.0	50.0~57.5	53.0~60.5
3×95	1×25	2.2	6.0	56.0~63.5	59.5~67.0
3×120	1×25	2.4	6.0	60.5~68.5	63.5~72.0

注：地线芯截面积为最小截面积，当用户要求超过此截面积时，地线芯允许采用绕包半导电层。

表12-3-19 额定电压0.66/1.14 kV电缆尺寸参数

芯数×导体标称截面积/mm^2			标称厚度/mm			电缆外径/mm	
动力线芯	地线芯		动力线芯绝缘	护套		MCP-0.66/1.14	
	A型	B型		A型	B型	A型	B型
3×25	1×6	—	2.0	6.0	—	41.0~47.0	—
3×35	1×6	3×10/3	2.0	6.0	7.0	44.0~51.0	53.0~58.5
3×50	1×10	3×16/3	2.2	7.0	7.5	51.5~59.0	60.0~67.0
3×70	1×16	3×25/3	2.2	7.0	7.5	56.0~63.5	65.0~72.0
3×95	1×25	3×25/3	2.4	7.0	7.5	62.0~70.5	70.0~73.0
3×120	1×25	3×35/3	2.6	7.0	7.5	66.5~75.5	75.0~82.0
3×150	1×35	3×50/3	2.6	7.0	7.5	71.5~80.5	77.5~86.0

注：地线芯截面积为最小截面积，当用户要求超过此截面积时，地线芯允许采用绕包半导电层。

表12-3-20 额定电压1.9/3.3 kV电缆尺寸参数

芯数×导体标称截面积/mm^2			标称厚度/mm			电缆外径/mm	
动力线芯	地线芯		动力线芯绝缘	护套		MCP-1.9/3.3	
	A型	B型		A型	B型	A型	B型
3×25	1×10	—	2.8	6.0	—	44.5~51.0	—
3×35	1×10	3×16/3	2.8	6.0	7.0	48.0~54.5	59.0~64.0
3×50	1×16	3×25/3	2.8	7.0	7.5	54.0~61.5	63.0~69.0
3×70	1×25	3×35/3	3.0	7.0	7.5	60.0~67.0	68.0~75.0
3×95	1×25	3×35/3	3.0	7.0	7.5	65.0~72.5	69.0~78.0
3×120	1×35	3×50/3	3.2	7.0	7.5	69.5~77.5	74.0~84.5
3×150	1×35	3×50/3	3.2	7.0	7.5	74.0~82.5	78.5~88.0

注：地线芯截面积为最小截面积，当用户要求超过此截面积时，地线芯允许采用绕包半导电层。

4. 技术要求

（1）导体：导体单线应镀锡，并符合 MT 818.1—2009 一般规定中对导体的规定，导体表面可以包隔离层。

注：硫化后隔离层变色或脆裂不作考核。

（2）绝缘：

① 电缆的动力线芯绝缘应符合 GB/T 7594.8—1987 中 XJ-30A 型的规定，但抗张强度应不低于 6.5 MPa。

② MC 型电缆的地线芯如果有绝缘层，绝缘应符合 GB/T 7594.8—1987 中 XJ-30A 型的规定。

③ 控制线芯绝缘抗张强度不低于 6.5 MPa。

④ 动力线芯绝缘厚度应符合 MT 818.1—2009 一般规定中对绝缘的规定，以及表 12-3-18～表 12-3-20 的规定。控制线芯绝缘采用聚全氟乙丙烯或类似材料的绝缘标称厚度为 0.4 mm，其他材料的绝缘标称厚度为 0.7 mm。

⑤ 额定电压为 0.66/1.14 kV 及以下电缆绝缘屏蔽采用半导电带包或挤包，额定电压为 1.9/3.3 kV 电缆绝缘屏蔽采用挤包，屏蔽层性能应符合 MT 818.1—2009 一般规定中对屏蔽的规定。

⑥ 电缆 20 ℃时的绝缘电阻应符合表 12-3-21 的规定。

表 12-3-21 绝缘电阻

线芯类型	标称截面积/mm^2	20 ℃时绝缘电阻最小值/($M\Omega \cdot km^{-1}$)	
		额定电压 0.66/1.14 kV 及以下	额定电压 1.9/3.3 kV
动力线芯	16	350	—
	25	300	450
	35	250	400
	50	250	350
	70	200	300
	95	200	250
	120	200	250
	150	180	250
控制线芯	2.5、4、6、10	100	100

（3）缆芯：

① 控制线芯位置应符合 MT 818.1—2009 一般规定中对缆芯的规定。控制线芯数应不少于 3 根，线芯标称截面积不小于 2.5 mm^2。

② 地线芯位置应符合 MT 818.1—2009 一般规定中对缆芯的规定。

③ 缆芯的绞合节径比应不大于 10。

（4）护套：

① 电缆如有内护套，其性能应符合 GB/T 7594.7—1987 中 XH－03A 型的规定。

② 外护套性能应符合 GB/T 7594.7—1987 中 XH－03A 型的规定，抗撕强度不小于 5 N/mm。

③ 护套厚度应符合 MT 818.1—2009 一般规定中对护套的规定，以及表 12－3－18～表 12－3－20 的规定。

（5）加强层：纤维编织加强层位于电缆内外护套之间，编织密度不考核，内外护套之间宜紧密结合。

（6）外径：电缆平均外径值应在表 12－3－18～表 12－3－20 所列的范围内。

（7）工作条件：

① 额定电压 U_0/U 分别为 0.38/0.66 kV、0.66/1.14 kV 或 1.9/3.3 kV。

② 电缆的最小弯曲半径为电缆直径的 6 倍。

③ 电缆的地线芯应良好接地。

（二）1.9/3.3 kV 及以下采煤机屏蔽监视加强型软电缆（MT 818.3—2009）

适用于额定电压 0.66/1.14 kV、1.9/3.3 kV 采煤机及其类似设备用铜芯橡皮护套屏蔽监视加强型软电缆。

1. 电缆型号名称及用途

电缆型号、名称及用途见表 12－3－22。

表 12－3－22 电缆型号、名称及用途

型 号	名 称	用 途
MCPJB－0.66/1.14	采煤机屏蔽监视编织加强型橡套软电缆	额定电压 0.66/1.14 kV 及以下采煤机及其类似设备的电源连接，电缆可直接拖曳使用
MCPJB－1.9/3.3	采煤机屏蔽监视编织加强型橡套软电缆	额定电压 1.9/3.3 kV 及以下采煤机及其类似设备的电源连接，电缆可直接拖曳使用
MCPJR－0.66/1.14	采煤机屏蔽监视绕包加强型橡套软电缆	额定电压 0.66/1.14 kV 及以下采煤机及其类似设备的电源连接，但电缆必须在保护链板内使用
MCPJR－1.9/3.3	采煤机屏蔽监视绕包加强型橡套软电缆	额定电压 1.9/3.3 kV 及以下采煤机及其类似设备的电源连接，但电缆必须在保护链板内使用

2. 电缆结构

电缆结构如图 12－3－5 所示。

3. 规格

电缆规格应符合表 12－3－23 和表 12－3－24 的规定，其中地线芯导体标称截面积不小于规定的规格。

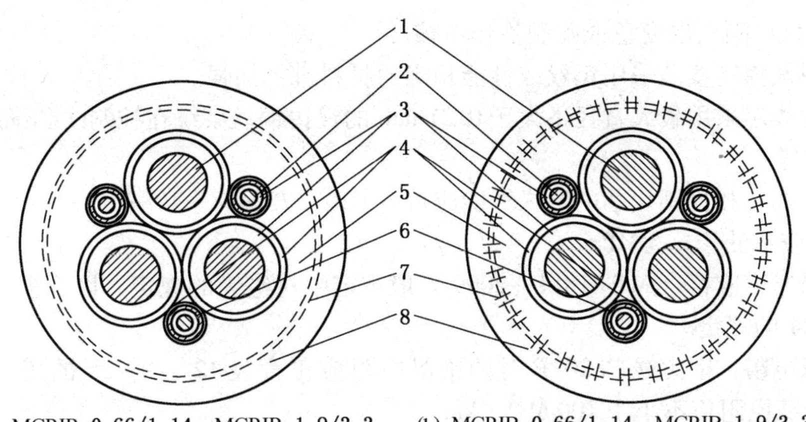

(a) MCPJR-0.66/1.14、MCPJR-1.9/3.3　(b) MCPJB-0.66/1.14、MCPJB-1.9/3.3

1—动力线芯导体；2—控制线芯导体；3—绝缘；4—半导电屏蔽层；5—内护套；6—监视线芯导体；
7—＝为绕包加强层，╳╳为编织加强层（加强层兼作地线）；8—外护套

图 12-3-5 电缆结构

表 12-3-23 额定电压 0.66/1.14 kV 电缆尺寸参数

芯数×导体标称截面积/mm²				绝缘标称厚度/mm	护套标称厚度/mm		电缆外径/mm	
动力线芯	地线芯	控制线芯	监视线芯	动力线芯	内护套	外护套	MCPJR-0.66/1.14	MCPJB-0.66/1.14
3×35	16	3×1.5	3×1.5	1.8	1.8	3.0	40.5~46.0	43.5~49.0
3×50	25	3×1.5	3×1.5	1.8	2.0	3.5	46.5~52.5	49.5~55.7
3×70	35	3×1.5	3×1.5	1.8	2.0	3.5	51.0~57.5	54.0~61.0
3×95	50	3×1.5	3×1.5	2.0	2.4	4.0	57.5~64.5	60.5~68.0

注：控制线芯绝缘标称厚度为 0.7 mm，内护套厚度不作考核。

表 12-3-24 额定电压 1.9/3.3 kV 电缆尺寸参数

芯数×导体标称截面积/mm²				绝缘标称厚度/mm	护套标称厚度/mm		电缆外径/mm	
动力线芯	地线芯	控制线芯	监视线芯	动力线芯	内护套	外护套	MCPJR-1.9/3.3	MCPJB-1.9/3.3
3×35	16	3×1.5	3×1.5	2.8	1.8	3.0	46.5~52.0	49.5~55.0
3×50	25	3×1.5	3×1.5	2.8	2.0	3.5	51.5~57.5	54.5~61.0
3×70	35	3×1.5	3×1.5	2.8	2.0	3.5	56.0~62.5	59.0~66.0
3×95	50	3×1.5	3×1.5	2.8	2.4	4.0	62.0~68.5	64.5~72.0

注：控制线芯绝缘标称厚度为 0.7 mm，内护套厚度不作考核。

4. 技术要求

（1）导体：

① 导体单线表面应镀锡，导体应符合 MT 818.1—2009 一般规定中对导体的规定，导体表面应包隔离层。

注：硫化后隔离层变色或脆裂不作考核。

② 监视及控制线芯采用钢丝或性能相当的材料进行加强。

③ 监视线芯采用最大直径不大于0.21 mm的镀锡铜丝束绕在控制线芯绝缘外面。

（2）绝缘：

① 动力线芯和控制线芯的绝缘性能应符合GB/T 7594.8—1987中XJ-30A型的规定，但抗张强度应不低于6.5 MPa。

② 绝缘厚度应符合MT 818.1—2009一般规定中对绝缘的规定，以及表12-3-23和表12-3-24的规定。

③ 绝缘电阻：动力线芯20 ℃时的绝缘电阻应符合表12-3-25的规定，控制线芯20 ℃时的绝缘电阻应不小于100 MΩ · km。

表12-3-25　绝缘电阻

线芯类型	标称截面积/mm^2	20 ℃时绝缘电阻最小值/(MΩ · km^{-1})	
		额定电压0.66/1.14 kV	额定电压1.9/3.3 kV
动力线芯	35	250	400
	50	250	350
	70	200	300
	95	200	250

（3）屏蔽：

① 动力线芯应有绝缘屏蔽，屏蔽层采用半导电挤包，性能应符合MT 818.1—2009一般规定中对屏蔽的规定。

② 监视线芯外应挤包半导电屏蔽层，计算厚度为0.7 mm。

③ 监视线芯导体与动力线芯屏蔽层之间的过渡电阻应不大于500 Ω。

（4）缆芯：

① 动力线芯应右向绞合，绞合节径比应不大于8。

② 控制线芯及监视线芯放在动力线芯外部间隙之中一起绞合。

③ 缆芯中央填充采用半导电橡胶料。

（5）内护套：内护套挤包在绞合的绝缘线芯外面，性能应符合GB/T 7594.8—1987中XJ-30A型的规定。地线芯与监视线芯间的绝缘电阻不小于5 MΩ。

（6）加强层：

① 材料：加强层采用镀锌钢丝和镀锡铜丝束或绞结构，镀锌钢丝性能应符合GB/T 343的规定。加强层中铜线性能应符合GB/T 3953的规定。应根据覆盖率要求确定钢丝和铜丝的直径及数量。

② 结构：加强层设置在内、外护套之间；MCPJR型加强层采用缠绕式，缠绕节距为内护套外径的4.5~6倍，覆盖率（F）不小于45%。MCPJB型加强层采用编织式，编织节径比（节距长度/编织层平均直径）为2~4.5，编织层覆盖率（F）不小于45%，覆盖率计算公式见式（12-3-1）。

（7）外护套：

① 外护套挤包在加强层外面，其性能应符合 GB/T 7594. 9—1987 中 XH－21A 型的规定，其抗撕强度不低于 5. 0 N/mm。

② 护套厚度应符合 MT 818. 1—2009 一般规定中对护套的规定，以及表 12－3－23 和表 12－3－24 的规定。

（8）电缆外径：成品电缆的外径应符合表 12－3－23 和表 12－3－24 的规定。

（9）工作条件：

① 额定电压 U_0/U 为 0. 66/1. 14 kV 或 1. 9/3. 3 kV。

② MCPJR 型电缆的最小弯曲半径为电缆直径的 6 倍，MCPJB 型电缆的最小弯曲半径为电缆直径的 15 倍。

③ 电缆的地线芯应良好接地。

（三）1. 9/3. 3 kV 及以下采煤机金属屏蔽软电缆（MT 818. 4 — 2009）

适用于额定电压 0. 66/1. 14 kV 和 1. 9/3. 3 kV 采煤机及类似设备用铜芯橡皮护套金属屏蔽软电缆。

1. 电缆型号、名称及用途

电缆型号、名称及用途见表 12－3－26。

表 12－3－26　电缆型号、名称及用途

型　号	名　称	用　途
MCPT－0. 66/1. 14	采煤机金属屏蔽橡套软电缆	额定电压 0. 66/1. 14 kV 及以下采煤机及类似设备的电源连接
MCPTJ－0. 66/1. 14	采煤机金属屏蔽橡套软电缆	
MCPT－1. 9/3. 3	采煤机金属屏蔽橡套软电缆	额定电压 1. 9/3. 3 kV 及以下采煤机及类似设备的电源连接
MCPTJ－1. 9/3. 3	采煤机金属屏蔽橡套软电缆	

2. 电缆结构

电缆结构如图 12－3－6 所示。

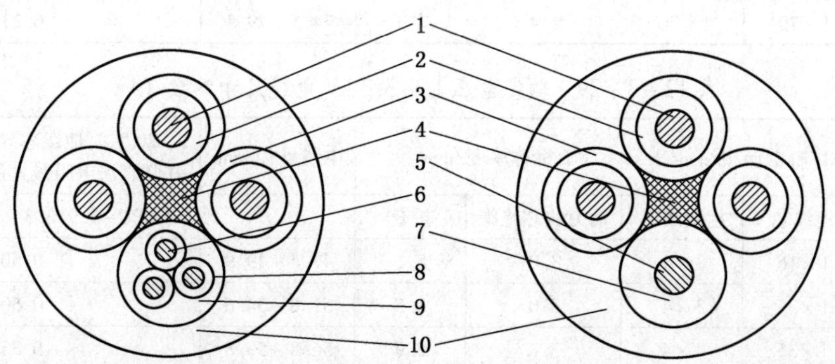

(a) MCPT-0. 66/1. 14、MCPT-1. 9/3. 3　　(b) MCPTJ-0. 66/1. 14、MCPTJ-1. 9/3. 3

1—动力线芯导体；2—动力线芯绝缘；3—金属/纤维编织屏蔽；4—地线芯导体；5—辅助线芯导体；6—控制线芯导体；7—辅助线芯绝缘；8—控制线芯绝缘；9—控制线芯包覆层；10—外护套

图 12－3－6　电缆结构

3. 规格

电缆规格应符合表 12－3－27～表 12－3－30 的规定，其中地线芯导体标称截面积不小于表 12－3－27～表 12－3－30 规定的规格。

表 12－3－27　额定电压 0.66/1.14 kV 电缆尺寸参数（1）

芯数×导体标称截面积/mm²			标称厚度/mm		电缆外径/mm	20 ℃时地线芯导体与屏蔽层并联直流电阻最大值/(Ω·km⁻¹)
动力线芯	地线芯	控制线芯	动力线芯绝缘	护套	MCPT－0.66/1.14	
3×25	1×16	3×4	1.5	5.0	39.7～42.9	0.56
3×35	1×16	3×4	1.6	5.0	43.1～46.3	0.54
3×50	1×25	3×4	1.7	5.3	48.5～51.8	0.44
3×70	1×35	3×6	1.8	5.8	55.1～58.8	0.30
3×95	1×50	3×6	2.0	6.4	62.4～66.1	0.26
3×120	1×50	3×10	2.2	6.9	68.0～72.5	0.24
3×150	1×70	3×10	2.4	7.3	74.5～79.5	0.23

表 12－3－28　额定电压 0.66/1.14 kV 电缆尺寸参数（2）

芯数×导体标称截面积/mm²			标称厚度/mm		电缆外径/mm	20 ℃时地线芯导体与屏蔽层并联直流电阻最大值/(Ω·km⁻¹)
动力线芯	地线芯	辅助线芯	动力线芯绝缘	护套	MCPTJ－0.66/1.14	
3×16	1×16	1×16	1.5	5.0	35.8～38.6	0.66
3×25	1×16	1×16	1.5	5.0	39.7～42.9	0.56
3×35	1×16	1×16	1.6	5.0	43.1～46.3	0.54
3×50	1×25	1×25	1.7	5.3	48.5～51.8	0.44
3×70	1×35	1×35	1.8	5.8	55.1～58.8	0.30
3×95	1×50	1×50	2.0	6.4	62.4～66.1	0.26
3×120	1×50	1×70	2.2	6.9	68.0～72.5	0.24
3×150	1×70	1×70	2.4	7.3	74.5～79.5	0.23

表 12－3－29　额定电压 1.9/3.3 kV 电缆尺寸参数（1）

芯数×导体标称截面积/mm²			标称厚度/mm		电缆外径/mm	20 ℃时地线芯导体与屏蔽层并联直流电阻最大值/(Ω·km⁻¹)
动力线芯	地线芯	控制线芯	动力线芯绝缘	护套	MCPT－1.9/3.3	
3×25	1×16	3×4	3.0	5.1	47.4～49.9	0.50
3×35	1×35	3×4	3.0	5.5	51.6～54.6	0.50
3×50	1×35	3×4	3.0	5.9	56.8～59.8	0.35
3×70	1×50	3×6	3.0	6.4	62.8～65.8	0.35
3×95	1×50	3×6	3.0	6.9	68.9～72.7	0.28
3×120	1×70	3×10	3.0	7.3	73.4～77.2	0.28
3×150	1×70	3×10	3.0	7.8	79.0～83.6	0.25

表 12-3-30 额定电压1.9/3.3 kV 电缆尺寸参数（2）

芯数×导体标称截面积/mm²			标称厚度/mm		电缆外径/mm	20 ℃时地线芯导体与屏蔽层并联直流电阻最大值/(Ω·km⁻¹)
动力线芯	地线芯	辅助线芯	动力线芯绝缘	护套	MCPTJ-1.9/3.3	
3×25	1×25	1×16	3.0	5.1	47.4~49.9	0.50
3×35	1×35	1×16	3.0	5.5	51.6~54.6	0.50
3×50	1×35	1×25	3.0	5.9	56.8~59.8	0.35
3×70	1×50	1×35	3.0	6.4	62.8~65.8	0.35
3×95	1×50	1×50	3.0	6.9	68.9~72.7	0.28
3×120	1×70	1×70	3.0	7.3	73.4~77.2	0.28
3×150	1×70	1×70	3.0	7.8	79.0~83.6	0.25

4. 技术要求

（1）导体：导体应符合 MT 818.1—2009 一般规定中对导体的规定，导体单线应镀锡。动力线芯的导体表面应包覆隔离层。20 ℃时地线芯导体与屏蔽层并联直流电阻应符合表 12-3-27~表 12-3-30 的规定。

注：硫化后隔离层变色或脆裂不作考核。

（2）绝缘：

① 动力线芯和辅助线芯绝缘应符合 GB/T 7594.8—1987 中 XJ-30A 型的规定，但抗张强度应不小于 6.5 MPa。

② 控制线芯绝缘抗张强度应不小于 6.5 MPa。

③ 绝缘线芯浸入室温水 12 h 后，应经受 5 min 的工频电压试验，试验电压按 MT 818.1—2009 的规定。

④ 绝缘线芯应经受绝缘吸水试验，1~14 d 电容增率不大于 10%，7~14 d 电容增率不大于 3%。

⑤ 动力线芯绝缘厚度应符合 MT 818.1—2009 一般规定中对绝缘的规定，以及表 12-3-27~表 12-3-30 的规定。控制线芯绝缘采用聚全氟乙丙烯或类似材料的绝缘标称厚度不小于 0.4 mm，其他材料的绝缘标称厚度不小于 0.7 mm。

⑥ 绝缘屏蔽应为带包层+金属/纤维编织层的组合结构，编织结构应符合 MT 818.1—2009 一般规定中对屏蔽的规定，以及表 12-3-8 的规定。

⑦ 电缆 20 ℃时的绝缘电阻应符合表 12-3-31 的规定。

（3）缆芯：

① 控制线芯位置应符合 MT 818.1—2009 一般规定中对缆芯的规定，控制线芯数应不少于 3 根，标称截面积不小于 4 mm²。

② 辅助线芯位置：作为第 4 芯与动力线芯绞合，其外径不小于动力芯线直径的 75%。

③ 地线芯位置：放在缆芯中央。

④ 缆芯的绞合节径比应不大于 9。

表 12-3-31　绝　缘　电　阻

线芯类型	标称截面积/mm^2	20 ℃时绝缘电阻最小值/(MΩ · km^{-1})	
		额定电压 0.66/1.14 kV 及以下	额定电压 1.9/3.3 kV
动力线芯或辅助线芯	16	350	1150
	25	300	980
	35	260	850
	50	230	740
	70	210	630
	95	200	550
	120	200	510
	150	180	450
控制线芯	4、6、10	100	100

(4) 护套：

① 电缆如果有内护套，应符合 GB/T 7594.7—1987 中 XH-03A 型的规定。

② 电缆外护套应符合 GB/T 7594.7—1987 中 XH-03A 型的规定，抗撕强度不小于 5 N/mm。

③ 电缆护套厚度平均值应不小于标称值，最薄点厚度应不小于标称值的85% 减去 0.1 mm 且符合表 12-3-27 ~ 表 12-3-30 的规定。

④ 电缆外护套颜色应为黑色。

(5) 外径：电缆的平均外径值应在表 12-3-27 ~ 表 12-3-30 所列范围内。

(6) 工作条件：

① 额定工作电压 U_0/U 分别为 0.66/1.14 kV 和 1.9/3.3 kV。

② 电缆的最小弯曲半径为电缆直径的 6 倍。

③ 电缆的地线芯应良好接地。

三、移动软电缆

煤矿井下使用的移动软电缆共有 3 类：0.66/1.14 kV 及以下移动软电缆、8.7/10 kV 及以下移动金属屏蔽监视型软电缆和 6/10 kV 及以下移动屏蔽软电缆。

(一) 0.66/1.14 kV 及以下移动软电缆（MT 818.5—2009）

适用于额定电压 0.38/0.66 kV、0.66/1.14 kV 煤矿移动设备用橡皮绝缘橡皮护套软电缆。

1. 电缆型号、名称及用途

电缆型号、名称及用途见表 12-3-32。

表 12-3-32　电缆型号、名称及用途

型　号	名　称	用　途
MY-0.38/0.66	煤矿用移动橡套软电缆	额定电压 0.38/0.66 kV 各种井下移动采煤设备的电源连接
MYP-0.38/0.66	煤矿用移动屏蔽橡套软电缆	
MYP-0.66/1.14	煤矿用移动屏蔽橡套软电缆	额定电压 0.66/1.14 kV 各种井下移动采煤设备的电源连接

2. 电缆结构

电缆按芯数可分为单芯和4芯（3+1）两种，4芯电缆结构如图12-3-7所示。

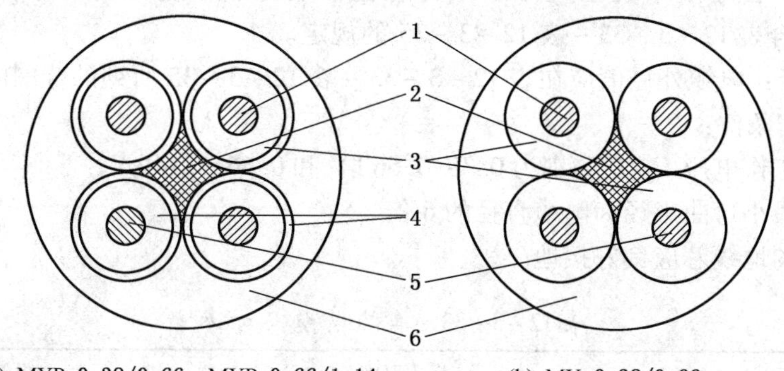

(a) MYP-0.38/0.66、MYP-0.66/1.14　　(b) MY-0.38/0.66

1—动力线芯导体；2—填充；3—绝缘；4—半导电层；5—地线芯导体；6—护套

图12-3-7　4芯电缆结构

3. 规格

电缆规格应符合表12-3-33～表12-3-35的规定，其中地线芯导体标称截面积不小于表12-3-34和表12-3-35规定的规格。

4. 技术要求

（1）导体：导体应符合MT 818.1—2009一般规定中对导体的规定，导体单线允许镀锡，导体表面可以包隔离层。

注：硫化后隔离层变色或脆裂不作考核。

（2）绝缘：

① 动力线芯绝缘应符合GB/T 7594.8—1987中XJ-30A型的规定，抗张强度应不低于6.5 MPa。

② MY-0.38/0.66型电缆地线芯导体外如挤包绝缘，其性能应符合GB/T 7594.8—1987中XJ-30A型的规定，但抗张强度应不低于6.5 MPa。

③ 电缆动力线芯绝缘厚度应符合MT 818.1—2009一般规定中对绝缘的规定，以及表12-3-33～表12-3-35的规定。

④ 电缆20 ℃时的绝缘电阻应符合表12-3-36的规定。

（3）屏蔽：动力线芯绝缘屏蔽采用半导电挤包层或半导电带包层，性能应符合MT 818.1—2009的规定。

（4）缆芯：

① 地线芯位置应符合MT 818.1—2009一般规定中对缆芯的规定。

② 动力线芯的绞合节径比：动力线芯截面积为4～16 mm^{2}时应不大于12；动力线芯截面积为25 mm^{2}及以上时应不大于14。

（5）护套：

① 电缆如有内护套，应不低于GB/T 7594.7—1987中XH-03A型的规定。

② 电缆外护套应符合 GB/T 7594.7—1987 中 XH－03A 型的规定，且抗撕强度不低于 5 N/mm。

③ 电缆护套厚度平均值应不小于标称值，最薄点厚度不小于标称值的 85% 减去 0.1 mm 且符合表 12－3－33～表 12－3－35 的规定。

（6）外径：电缆外径值应在表 12－3－33～表 12－3－35 所列的范围内。

（7）工作条件：

① 额定工作电压 U_0/U 分别为 0.38/0.66 kV 和 0.66/1.14 kV。

② 电缆最小弯曲半径为电缆直径的 6 倍。

③ 电缆的地线芯应良好接地。

表 12－3－33 单芯电缆尺寸参数

芯数×导体标称截面积/mm²	标称厚度/mm		电缆外径/mm
	动力线芯绝缘	护 套	MY－0.38/0.66
1×4	1.4	1.5	8.0～10.0
1×6	1.4	1.6	9.0～12.0
1×10	1.6	1.8	11.0～14.0
1×16	1.6	1.9	12.0～15.0
1×25	1.8	2.0	14.0～17.5
1×35	1.8	2.2	16.0～19.5
1×50	2.0	2.4	18.5～22.5
1×70	2.0	2.6	21.0～25.0
1×95	2.2	2.8	23.5～28.5
1×120	2.2	3.0	25.5～29.5
1×150	2.4	3.2	28.0～33.0
1×185	2.4	3.4	30.5～35.5
1×240	2.6	3.5	34.0～39.5
1×300	2.6	3.6	37.0～43.0
1×400	2.8	3.8	42.0～48.0

表 12－3－34 额定电压 0.38/0.66 kV 电缆尺寸参数

芯数×导体标称截面积/mm²		标称厚度/mm		电缆外径/mm	
动力线芯	地线芯	动力线芯绝缘	护套	MY－0.38/0.66	MYP－0.38/0.66
3×4	1×4	1.4	3.5	19.0～22.5	22.0～26.5
3×6	1×6	1.4	3.5	21.0～25.5	24.0～29.0
3×10	1×10	1.6	4.0	25.0～30.0	28.0～32.5
3×16	1×10	1.6	4.0	27.5～32.0	30.5～35.5
3×25	1×16	1.8	4.5	32.5～37.5	35.5～41.0
3×35	1×16	1.8	4.5	35.5～41.0	38.5～44.5
3×50	1×16	2.0	5.0	41.5～47.5	44.5～51.0

表12-3-34（续）

芯数×导体标称截面积/mm²		标称厚度/mm		电缆外径/mm	
动力线芯	地线芯	动力线芯绝缘	护套	MY-0.38/0.66	MYP-0.38/0.66
3×70	1×25	2.0	5.0	46.0~53.0	49.0~56.0
3×95	1×25	2.2	5.5	52.5~59.5	55.5~63.0
3×120	1×35	2.2	5.5	56.0~63.5	59.0~67.0
3×150	1×50	2.4	6.0	62.5~70.5	65.5~74.0

注：地线芯截面积为最小截面积。

表12-3-35　额定电压0.66/1.14 kV电缆尺寸参数

芯数×导体标称截面积/mm²		标称厚度/mm		电缆外径/mm
动力线芯	地线芯	动力线芯绝缘	护套	MYP-0.66/1.14
3×10	1×10	1.8	4.5	30.0~35.0
3×16	1×10	1.8	4.5	32.5~37.5
3×25	1×16	2.0	5.0	37.5~43.0
3×35	1×16	2.0	5.0	40.5~46.5
3×50	1×16	2.2	5.5	46.5~53.0
3×70	1×25	2.2	5.5	51.0~58.0
3×95	1×25	2.4	6.0	57.5~65.0
3×120	1×35	2.4	6.0	61.0~69.0
3×150	1×50	2.6	6.0	66.5~75.0

注：地线芯截面积为最小截面积。

表12-3-36　绝 缘 电 阻

动力线芯标称截面积/mm²	20 ℃时的绝缘电阻最小值/(MΩ·km⁻¹)	动力线芯标称截面积/mm²	20 ℃时的绝缘电阻最小值/(MΩ·km⁻¹)
4	600	95	200
6	450	120	200
10	400	150	180
16	350	185	180
25	300	240	160
35	250	300	140
50	250	400	140
70	200	—	—

（二）8.7/10 kV及以下移动金属屏蔽监视型软电缆（MT 818.6—2009）

适用于额定电压3.6/6 kV、6/10 kV及8.7/10 kV煤矿移动设备用铜芯橡皮护套金属屏蔽监视型软电缆。

1. 电缆型号、名称及用途

电缆型号、名称及用途见表 12－3－37。

表 12－3－37　电缆型号、名称及用途

型　号	名　称	用　途
MYPTJ－3.6/6	煤矿用移动金属屏蔽监视型橡套软电缆	额定电压 3.6/6 kV 的井下移动变压器及类似设备的电源连接
MYPTJ－6/10	煤矿用移动金属屏蔽监视型橡套软电缆	额定电压 6/10 kV 的井下移动变压器及类似设备的电源连接
MYPTJ－8.7/10	煤矿用移动金属屏蔽监视型橡套软电缆	额定电压 8.7/10 kV 的井下移动变压器及类似设备的电源连接

2. 电缆结构

电缆结构如图 12－3－8 所示。

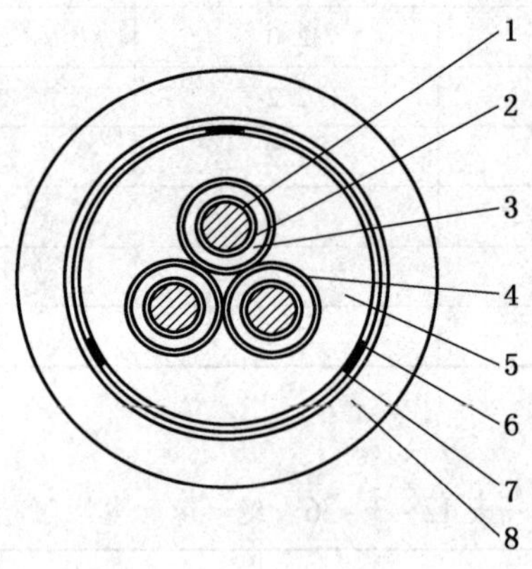

1—动力线芯导体；2—导体屏蔽；3—绝缘；4—绝缘屏蔽（兼作接地线）；
5—内护套；6—监视线芯及半导电带包层；7—绝缘包带；8—外护套

图 12－3－8　电缆结构

3. 规格

电缆规格应符合表 12－3－38～表 12－3－40 的规定。

表 12－3－38　额定电压 3.6/6 kV 电缆尺寸参数

芯数×导体标称截面积/mm²			标称厚度/mm			电缆外径/mm
动力线芯	地线芯	监视线芯	动力线芯绝缘	内护套	外护套	MYPTJ－3.6/6
3×25	3×16/3	3×2.5	4.0	2.5	5.5	61.0～69.0
3×35	3×16/3	3×2.5	4.0	2.5	5.5	63.5～72.0
3×50	3×16/3	3×2.5	4.0	2.5	5.5	67.5～76.0

表 12－3－38（续）

芯数×导体标称截面积/mm²			标称厚度/mm			电缆外径/mm
动力线芯	地线芯	监视线芯	动力线芯绝缘	内护套	外护套	MYPTJ－3.6/6
3×70	3×25/3	3×2.5	4.0	3.0	5.5	72.5～82.0
3×95	3×35/3	3×2.5	4.0	3.0	5.5	77.0～87.0
3×120	3×35/3	3×2.5	4.0	3.0	5.5	80.5～90.0
3×150	3×50/3	3×2.5	4.0	3.0	5.5	84.5～94.5

注：地线芯截面积为最小截面积，内护套计算厚度不作考核。

表 12－3－39　额定电压 6/10 kV 电缆尺寸参数

芯数×导体标称截面积/mm²			标称厚度/mm			电缆外径/mm
动力线芯	地线芯	监视线芯	动力线芯绝缘	内护套	外护套	MYPTJ－6/10
3×25	3×16/3	3×2.5	4.5	2.5	5.5	63.0～71.0
3×35	3×16/3	3×2.5	4.5	2.5	5.5	66.0～74.5
3×50	3×25/3	3×2.5	4.5	3.0	5.5	70.5～79.5
3×70	3×35/3	3×2.5	4.5	3.0	5.5	74.5～84.0
3×95	3×50/3	3×2.5	4.5	3.0	5.5	79.5～88.5
3×120	3×50/3	3×2.5	4.5	3.0	5.5	82.5～92.0
3×150	3×50/3	3×2.5	4.5	3.0	5.5	86.5～96.5

注：地线芯截面积为最小截面积，内护套计算厚度不作考核。

表 12－3－40　额定电压 8.7/10 kV 电缆尺寸参数

芯数×导体标称截面积/mm²			标称厚度/mm			电缆外径/mm
动力线芯	地线芯	监视线芯	动力线芯绝缘	内护套	外护套	MYPTJ－8.7/10
3×25	3×16/3	3×2.5	5.5	2.5	5.5	67.0～76.0
3×35	3×16/3	3×2.5	5.5	3.0	5.5	71.0～80.0
3×50	3×25/3	3×2.5	5.5	3.0	5.5	75.0～84.5
3×70	3×35/3	3×2.5	5.5	3.0	5.5	79.0～88.0
3×95	3×50/3	3×2.5	5.5	3.0	5.5	83.5～93.0
3×120	3×50/3	3×2.5	5.5	3.0	5.5	86.5～96.5
3×150	3×50/3	3×2.5	5.5	3.0	5.5	91.0～101.5

注：地线芯截面积为最小截面积，内护套计算厚度不作考核。

4. 技术要求

（1）导体：导体单线应镀锡，地线芯导体 20 ℃直流电阻应符合表 12－3－41 的规定，其余导体应符合 MT 818.1—2009 一般规定中对导体的规定。

（2）绝缘：

① 绝缘性能应符合 GB/T 7594. 8—1987 中 XJ－30A 型的规定，但抗张强度应不小于 6. 5 MPa。

② 绝缘厚度应符合 MT 818. 1—2009 一般规定中对绝缘的规定，以及表 12－3－38 ~ 表 12－3－40 的规定。

③ 动力线芯 20 ℃时的绝缘电阻应符合表 12－3－41 的规定，监视线芯与地线芯之间 20 ℃时的绝缘电阻应不小于 5 MΩ/km。

表 12－3－41 绝 缘 电 阻

导体标称截面积/mm²	20 ℃时动力线芯力绝缘电阻最小值/（MΩ · km⁻¹）			地线芯导体 20 ℃直流电阻最大值/（Ω · km⁻¹）
	额定电压 3. 6/6 kV	额定电压 6/10 kV	额定电压 8. 7/10 kV	
16	—	—	—	2. 31
25	650	700	1250	1. 48
35	550	650	1150	1. 05
50	500	550	1000	0. 731
70	450	500	900	0. 515
95	400	450	800	—
120	350	400	750	—
150	350	350	700	—

④ 绝缘线芯应经受绝缘吸水试验，要求 1 ~ 14 d 电容增率不大于 6%，7 ~ 14 d 电容增率不大于 2. 5%。

（3）屏蔽：

① 导体屏蔽采用半导电挤包或半导电带包＋半导电挤包的结构形式。

② 电缆绝缘屏蔽应采用半导电挤包＋金属/纤维编织层或半导电挤包层＋半导电带包层＋金属/纤维编织层结构，挤包半导电层性能应符合 MT 818. 1—2009 一般规定中对屏蔽的规定。

（4）缆芯：

① 地线芯位置应符合 MT 818. 1—2009 一般规定中对缆芯的规定。

② 缆芯的绞合节径比应不大于 12。

（5）内护套：内护套应是符合 GB/T 7594. 3—1987 中 XJ－10A 型规定的橡皮，内护套外允许绕包一层绝缘布带。

（6）监视层：

① 监视层采用半导电带包层＋监视线（3 根）＋半导电带包层结构形式，3 根监视线芯应间隔均匀并绞合，节径比应不大于 12。

② 监视线层外应有一层绝缘带包层。

（7）外护套：

① 外护套性能应符合 GB/T 7594.7—1987 中 XH－03A 型的规定，且抗撕强度不低于 5.0 N/mm。

② 护套厚度平均值应不小于标称值，最薄点厚度应不小于标称值的 85% 减去 0.1 mm 且符合表 12－3－38～表 12－3－40 的规定。

（8）外径：电缆平均外径值应在表 12－3－38～表 12－3－40 所列的范围内。

（9）成品电缆：

① 冲击电压试验。将电缆试样加热至 95 ℃，按 GB/T 3048.13 规定的步骤施加冲击电压，其电压峰值列于表 12－3－42。电缆的每一个绝缘线芯应经受正负极性各 10 次的冲击电压。在冲击电压试验后，电缆试样每一个绝缘线芯在室温下应经受 $3.5U_0$、15 min 工频电压试验。试验过程中应无击穿现象。

表 12－3－42　冲击电压

额定电压 U/kV	6	10
冲击电压/kV	60	75

② 局部放电试验：电缆应在 $1.73U_0$ 下进行局部放电试验，放电量应不大于 20 pC。

③ 4 h 电压试验。成品电缆应经受历时 4 h、试验电压为 $4U_0$ 的工频电压试验，试验过程中应不发生击穿现象。

（10）工作条件：

① 额定电压 U_0/U 分别为 3.6/6 kV、6/10 kV 和 8.7/10 kV。

② 电缆的最小弯曲半径为电缆直径的 6 倍。

③ 电缆的地线芯应良好接地。

（三）6/10 kV 及以下移动屏蔽软电缆（MT 818.7—2009）

适用于额定电压 1.9/3.3 kV、3.6/6 kV、6/10 kV 煤矿移动设备用铜芯橡皮护套屏蔽软电缆。

1. 电缆型号、名称及用途

电缆型号、名称及用途见表 12－3－43。

表 12－3－43　电缆型号、名称及用途

型　号	名　称	用　途
MYPT－1.9/3.3	煤矿用移动金属屏蔽橡套软电缆	额定电压 1.9/3.3 kV 井下移动采煤设备的电源连接
MYP－3.6/6	煤矿用移动屏蔽橡套软电缆	额定电压 3.6/6 kV 移动式地面矿山机械电源连接
MYPT－3.6/6	煤矿用移动金属屏蔽橡套软电缆	
MYPT－6/10	煤矿用移动金属屏蔽橡套软电缆	额定电压 6/10 kV 移动式地面矿山机械电源连接

2. 电缆结构

电缆结构如图 12－3－9 所示。

3. 规格

电缆规格应符合表 12－3－44～表 12－3－47 的规定。

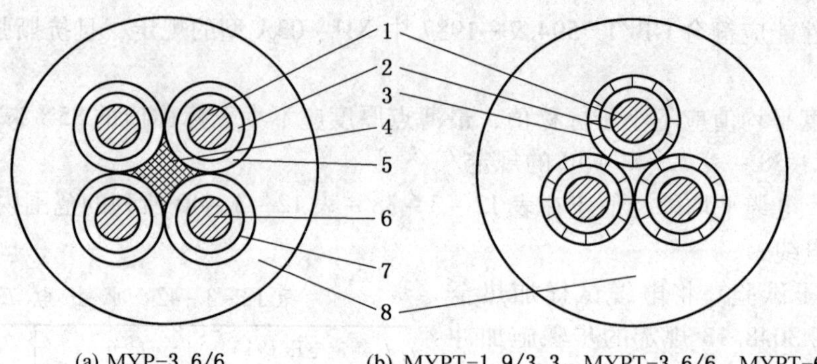

(a) MYP-3.6/6　(b) MYPT-1.9/3.3、MYPT-3.6/6、MYPT-6/10

1—动力线芯导体（3.6/6 kV 及以上电缆含导体屏蔽）；2—绝缘；3—金属屏蔽（兼作地线芯）；4—填芯；5—半导电屏蔽；6—地线芯；7—半导电层；8—护套

图 12-3-9 电缆结构

表 12-3-44 额定电压 1.9/3.3 kV 电缆尺寸参数

芯数×导体标称截面积/mm²		标称厚度/mm		电缆外径/mm
动力线芯	地线芯	动力线芯绝缘	护套	MYPT-1.9/3.3
3×35	3×16/3	2.8	6.0	47.0~54.0
3×50	3×16/3	2.8	6.0	50.5~57.5
3×70	3×25/3	3.0	6.0	56.0~63.5
3×95	3×35/3	3.0	6.0	60.5~67.5
3×120	3×35/3	3.2	6.0	64.5~72.0
3×150	3×50/3	3.2	6.0	68.5~76.5

注：地线芯截面积为最小截面积。

表 12-3-45 额定电压 3.6/6 kV 电缆尺寸参数（1）

芯数×导体标称截面积/mm²		标称厚度/mm		电缆外径/mm
动力线芯	地线芯	动力线芯绝缘	外护套	MYP-3.6/6
3×16	1×16	4.0	5.5	48.0~55.0
3×25	1×16	4.0	5.5	51.0~58.0
3×35	1×16	4.0	5.5	54.0~61.5
3×50	1×25	4.0	5.5	58.0~66.0
3×70	1×25	4.0	6.0	64.0~72.0
3×95	1×35	4.0	6.0	68.5~77.0
3×120	1×35	4.0	6.0	71.5~80.0
3×150	1×50	4.0	6.0	76.0~85.0

注：地线芯截面积为最小截面积。

表 12-3-46 额定电压3.6/6 kV 电缆尺寸参数（2）

芯数×导体标称截面积/mm²		标称厚度/mm		电缆外径/mm
动力线芯	地线芯	动力线芯绝缘	护套	MYPT-3.6/6
3×16	3×16/3	4.0	5.5	49.0~56.0
3×25	3×16/3	4.0	5.5	51.5~58.5
3×35	3×16/3	4.0	5.5	54.5~62.0
3×50	3×16/3	4.0	5.5	58.5~66.0
3×70	3×25/3	4.0	6.0	64.0~72.0
3×95	3×35/3	4.0	6.0	68.0~77.0
3×120	3×35/3	4.0	6.0	71.5~79.5
3×150	3×50/3	4.0	6.0	75.5~84.5

注：地线芯截面积为最小截面积。

表 12-3-47 额定电压6/10 kV 电缆尺寸参数

芯数×导体标称截面积/mm²		标称厚度/mm		电缆外径/mm
动力线芯	地线芯	动力线芯绝缘	护套	MYPT-6/10
3×16	3×16/3	5.0	6.0	54.0~61.0
3×25	3×16/3	5.0	6.0	57.0~64.5
3×35	3×16/3	5.0	6.0	59.5~67.5
3×50	3×25/3	5.0	6.0	63.5~72.0
3×70	3×35/3	5.0	6.0	68.0~76.5
3×95	3×50/3	5.0	6.0	72.5~81.0
3×120	3×50/3	5.0	6.0	75.5~84.5
3×150	3×50/3	5.0	6.0	79.5~89.0

注：地线芯截面积为最小截面积。

4. 技术要求

（1）导体：导体单线应镀锡，MYPT 型电缆地线芯导体 20 ℃直流电阻应符合表 12-3-48 的规定，其余导体应符合 MT 818.1—2009 一般规定中对导体的规定。

（2）绝缘：

① 绝缘性能应符合 GB/T 7594.8—1987 中 XJ-30A 型的规定，但抗张强度应不小于 6.5 MPa。

② 绝缘厚度应符合 MT 818.1—2009 一般规定中对绝缘的规定，以及表 12-3-44～表 12-3-47 的规定。

③ 20 ℃时的绝缘电阻应符合表 12-3-48 的规定。

④ 绝缘线芯应经受绝缘吸水试验，额定电压为 1.9/3.3 kV 的电缆要求 1～14 d 电容增率不大于 10%，7～14 d 电容增率不大于 3%；额定电压为 3.6/6 kV 及以上的电缆要求 1～14 d 电容增率不大于 6%，7～14 d 电容增率不大于 2.5%。

表 12-3-48　绝 缘 电 阻

导体标称截面积/mm²	动力线芯绝缘 20 ℃时绝缘电阻最小值/(MΩ·km⁻¹)			MYPT 型地线芯导体 20 ℃直流电阻最大值/(Ω·km⁻¹)
	额定电压 1.9/3.3 kV	额定电压 3.6/6 kV	额定电压 6/10 kV	
16	—	750	850	2.31
25	—	650	750	1.48
35	500	550	700	1.05
50	400	500	600	0.731
70	400	450	550	0.515
95	350	400	450	—
120	300	350	450	—
150	300	350	400	—

（3）屏蔽：额定电压为 3.6/6 kV 及以上的电缆导体屏蔽采用半导电挤包或半导电带包 + 半导电挤包的结构形式。MYPT-1.9/3.3、MYPT-3.6/6、MYPT-6/10 型电缆的绝缘屏蔽应采用半导电挤包层 + 金属/纤维编织层或半导电挤包层 + 半导电带包层 + 金属/纤维编织层结构。MYP-3.6/6 型电缆的绝缘屏蔽应采用半导电挤包结构。挤包半导电性能应符合 MT 818.1—2009 一般规定中对屏蔽的规定。

（4）缆芯：

① MYP-3.6/6 型电缆的地线芯位置应符合 MT 818.1—2009 一般规定中对缆芯“作为第 4 芯与动力线芯绞合，其外径不小于动力线芯直径的 75%”的规定。MYPT-1.9/3.3、MYPT-3.6/6、MYPT-6/10 型电缆的地线芯位置应符合 MT 818.1—2009 一般规定中对缆芯“‘动力线芯绝缘的外面或动力线芯的间隙之中与动力线芯绝缘的外面的组合’”的规定。

② 缆芯的绞合节径比应不大于 12。

（5）护套：

① 护套性能应符合 GB/T 7594.7—1987 中 XH-03A 型的规定，且抗撕强度不低于 5.0 N/mm。

② 护套厚度平均值应不小于标称值，最薄点厚度应不小于标称值的 85% 减去 0.1 mm 并符合表 12-3-44 ~ 表 12-3-47 的规定。

（6）外径：电缆平均外径值应在表 12-3-44 ~ 表 12-3-47 所列的范围内。

（7）成品电缆：

① 冲击电压试验。额定电压为 3.6/6 kV 及以上的电缆应经受冲击电压试验。将电缆试样加热至 95 ℃，按 GB/T 3048.13 规定的步骤施加冲击电压，其电压峰值列于表 12-3-49。电缆的每一个绝缘线芯应经受正负极性各 10 次的冲击电压。在冲击电压试验后，电缆试样每一个绝缘线芯在室温下应经受 $3.5U_0$、15 min 工频电压试验。试验过程中应无击穿现象。

表 12-3-49　冲 击 电 压

额定电压 U/kV	6	10
冲击电压/kV	60	75

② 局部放电试验。MYPT－3.6/6 kV 及 MYPT－6/10 kV 型电缆应在 $1.73U_0$ 电压下进行局部放电试验，放电量应不大于 20 pC。

③ 4 h 电压试验。额定电压为 3.6/6 kV 及以上的电缆应经受历时 4 h、试验电压为 $4U_0$ 的工频电压试验。试验过程中应不发生击穿现象。

④ 阻燃性能试验。地面用电缆阻燃性能应达到 MT 386 规定的负载燃烧试验和单根垂直燃烧试验要求，其余电缆阻燃性能应达到 MT 386 规定的各项试验要求。

（8）工作条件：

① 额定电压 U_0/U 分别为 1.9/3.3 kV、3.6/6 kV 和 6/10 kV。

② 电缆的最小弯曲半径为电缆直径的 6 倍。

③ 电缆的地线芯必须良好接地。

四、0.3/0.5 kV 煤矿用电钻电缆（MT 818.8—2009）

适用于额定电压 0.3/0.5 kV 煤矿用铜芯电钻电缆。

1. 电缆型号、名称及用途

电缆型号、名称及用途见表 12－3－50。

表 12－3－50 电缆型号、名称及用途

型号	名称	用途
MZ－0.3/0.5	煤矿用电钻橡套电缆	煤矿井下额定电压 0.3/0.5 kV 及以下电钻的电源连接
MZP－0.3/0.5	煤矿用电钻屏蔽橡套电缆	

2. 电缆结构

电缆结构如图 12－3－10 所示。

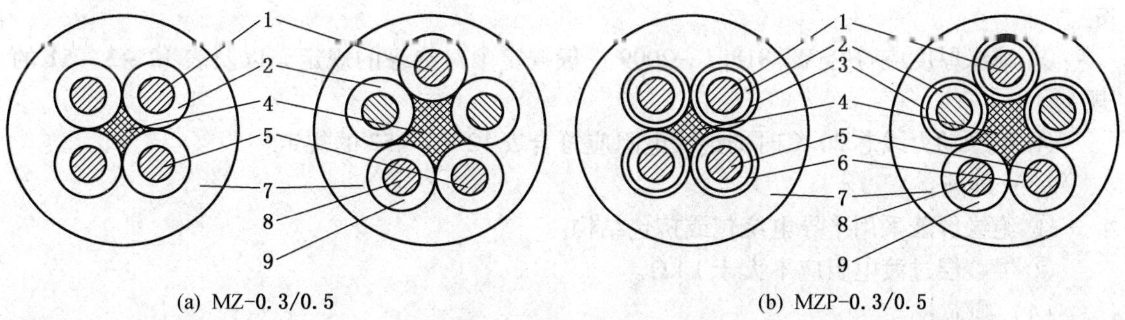

(a) MZ-0.3/0.5　　(b) MZP-0.3/0.5

1—动力线芯导体；2—动力线芯绝缘；3—半导电屏蔽层；4—填芯；5—地线芯导体；6—地线芯包层；7—护套；8—控制线芯导体；9—控制线芯绝缘

图 12－3－10 电缆结构

3. 规格

电缆规格应符合表 12－3－51 的规定。

表 12－3－51　电缆尺寸参数

芯数×导体标称截面积/mm²			导体根数及单丝标称直径/mm	标称厚度/mm		电缆外径/mm	
动力线芯	地线芯	控制线芯		动力线芯绝缘	护套	MZ－0.3/0.5	MZP－0.3/0.5
3×2.5	1×2.5	—	77/0.20	1.0	3.5	16.5～19.5	19.5～23.0
3×4	1×4	—	126/0.20	1.0	3.5	17.5～21.5	21.0～24.5
3×2.5	1×2.5	1×2.5	77/0.20	1.0	3.5	17.5～21.0	21.0～24.5
3×4	1×4	1×4	126/0.20	1.0	3.5	19.0～23.0	22.5～26.5

4. 技术要求

（1）导体：

① 导体单线应镀锡，其结构应符合表 12－3－51 的规定，其他性能应符合 MT 818.1—2009 一般规定中对导体的规定。导体表面可包隔离层。

注：硫化后隔离层变色或脆裂不作考核。

② 导体直流电阻应符合表 12－3－52 的规定。

表 12－3－52　绝缘电阻

动力线芯导体标称截面积/mm²	20 ℃时绝缘电阻最小值/(MΩ·km⁻¹)	20 ℃时导体直流电阻最大值/(Ω·km⁻¹)
2.5	350	8.82
4	300	539

（2）绝缘：

① 动力线芯和控制线芯的绝缘应符合 GB/T 7594.8—1987 中 XJ－30A 型的规定，但抗张强度应不低于 6.5 MPa。

② 地线芯如果有绝缘包层，绝缘应符合 GB/T 7594.8—1987 中 XJ－30A 型的规定。

③ 绝缘厚度应符合 MT 818.1—2009 一般规定中对绝缘的规定，以及表 12－3－51 的规定。

④ 绝缘动力线芯 20 ℃时的绝缘电阻应符合表 12－3－52 的规定。

（3）屏蔽：

① 绝缘屏蔽采用半导电绕包或挤包结构。

② 屏蔽层过渡电阻应不大于 1 kΩ。

（4）缆芯：

① 控制线芯与地线芯位置如图 12－3－10 所示。

② 缆芯的绞合节径比应不大于 5。

（5）护套：

① 护套为单层结构，橡皮护套的性能应符合 GB/T 7594.7—1987 中 XH－03A 型的规定，抗撕强度应不小于 5.0 N/mm。

② 护套厚度平均值应不小于标称值，最薄点厚度应不小于标称值的 85% 减去 0.1 mm

且符合表 12－3－51 的规定。

(6) 外径：电缆平均外径值应在表 12－3－51 所列的范围内。

(7) 工作条件：

① 额定电压 U_0/U 为 0.3/0.5 kV。

② 电缆的最小弯曲半径为电缆直径的 6 倍。

③ 电缆的地线芯应良好接地。

五、0.3/0.5 kV 煤矿用移动轻型软电缆（MT 818.9—2009）

适用于额定电压 0.3/0.5 kV 煤矿用铜芯橡皮护套移动轻型软电缆。

1. 电缆型号、名称及用途

电缆型号、名称及用途见表 12－3－53。

表 12－3－53　电缆型号、名称及用途

型　号	名　称	用　途
MYQ－0.3/0.5	煤矿用移动轻型橡套软电缆	煤矿井下巷道照明，输送机连锁和控制与信号设备电源连接

2. 电缆结构

电缆结构如图 12－3－11 所示。

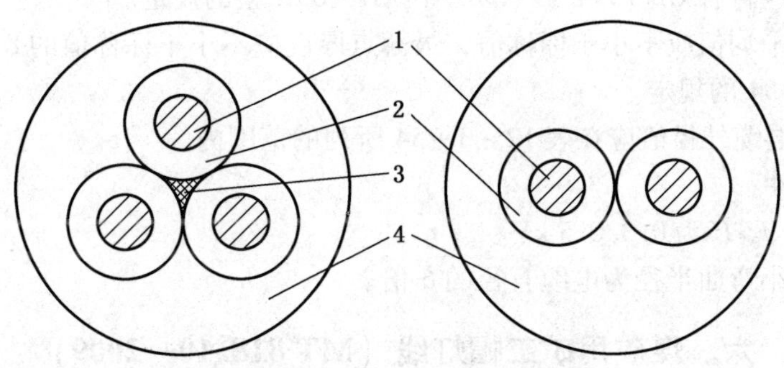

1—导体；2—绝缘；3—填充；4—护套

图 12－3－11　电缆结构

3. 规格

电缆规格应符合表 12－3－54 的规定。

4. 技术要求

(1) 导体：导体应符合 MT 818.9—2009 一般规定中对导体的规定。导体单线允许镀锡，导体表面可包隔离层。

注：硫化后隔离层变色或脆裂不作考核。

表 12-3-54 电缆尺寸参数

芯数×导体标称截面积/mm²	标称厚度/mm		电缆外径/mm	芯数×导体标称截面积/mm²	标称厚度/mm		电缆外径/mm
	绝缘	护套	MYQ-0.3/0.5		绝缘	护套	MYQ-0.3/0.5
2×1.0	0.6	1.5	7.5~10.0	4×2.5	1.0	2.0	13.5~16.5
2×1.5	0.8	1.5	9.0~11.5	7×1.0	0.6	1.5	10.5~13.0
2×2.5	1.0	1.5	10.5~13.5	7×1.5	0.8	2.0	13.0~16.5
3×1.0	0.6	1.5	8.4~10.5	7×2.5	1.0	2.0	15.5~19.0
3×1.5	0.8	1.5	9.5~12.0	12×1.0	0.6	2.0	14.0~17.5
3×2.5	1.0	1.5	11.5~13.5	12×1.5	0.8	2.5	18.0~21.5
4×1.0	0.6	1.5	9.0~11.0	12×2.5	1.0	2.5	21.0~25.5
4×1.5	0.8	1.5	10.5~13.0				

(2) 绝缘：

① 绝缘应符合 GB/T 7594.8—1987 中 XJ-30A 型的规定，但抗张强度应不低于 6.5 MPa。

② 绝缘厚度应符合 MT 818.1—2009 一般规定中对绝缘的规定，以及表 12-3-54 的规定。

③ 绝缘动力线芯 20 ℃时的绝缘电阻应不小于 650 MΩ/km。

(3) 缆芯：缆芯的绞合节径比应不大于 10。

(4) 护套：

① 护套性能应符合 GB 7594.7—1987 中 XH-03A 型的规定。

② 护套厚度平均值应不小于标称值，最薄点厚度应不小于标称值的 85% 减去 0.1 mm 且符合表 12-3-54 的规定。

(5) 外径：电缆外径值应在表 12-3-54 所列的范围内。

(6) 工作条件：

① 额定电压 U_0/U 为 0.3/0.5 kV。

② 电缆的最小弯曲半径为电缆直径的 6 倍。

六、煤矿用矿工帽灯线（MT 818.10—2009）

适用于煤矿用铜芯帽灯线。

1. 电线型号、名称及用途

电线型号、名称及用途见表 12-3-55。

表 12-3-55 电线型号、名称及用途

型 号	名 称	用 途
MM	煤矿用矿工帽灯线	用于各种酸、碱性矿灯

2. 电线结构

电线结构如图 12-3-12 所示。

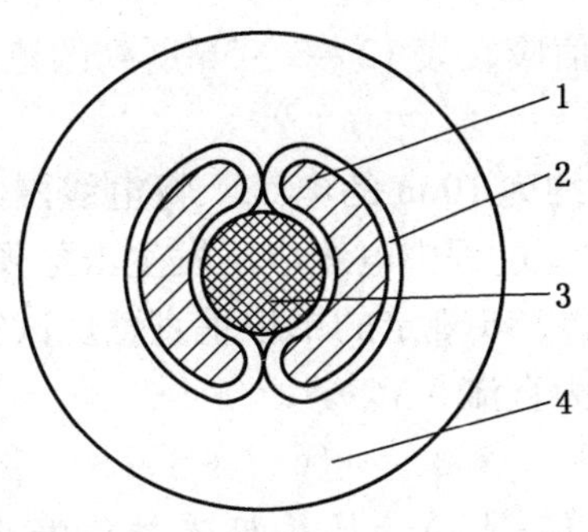

1—导体；2—绝缘；3—加强芯；4—护套

图 12-3-12　电线结构

3. 规格

电线规格应符合表 12-3-56 的规定。

表 12-3-56　电线尺寸参数

芯数×导体标称截面积/mm²	导体结构根数及单线标称直径/mm	标称厚度/mm		电线外径/mm	20 ℃时导体直流电阻最大值/(Ω·m⁻¹)
		绝缘	护套		
2×0.75	42/0.15	0.4	1.2	6.9~7.5	0.042
2×1.2	70/0.15	0.5	1.3	8.2~8.8	0.025

4. 技术要求

(1) 导体：

① 导体单丝根数和单丝直径应符合表 12-3-56 的规定。

② 束绞导线的绞合节径比应不大于 30。

③ 20 ℃时的导体直流电阻应符合表 12-3-56 的规定。

(2) 绝缘：

① 绝缘性能应符合表 12-3-57 的规定。

② 绝缘最薄点厚度应不小于表 12-3-56 规定的标称厚度的 90% 减去 0.2 mm。

③ 绝缘线芯应经受工频火花电压试验，电压为 2 kV。

(3) 缆芯：

① 加强芯位于缆芯中央，缆芯绞合节距应不大于 13 mm，绞合方向为右向。

② 加强芯拉断力应不小于 196 N。

③ 缆芯允许包覆隔离层。

(4) 护套：

① 护套应符合 GB/T 7594.5—1987 中 XH-01A 型的规定。

② 护套厚度平均值应不小于标称值，最薄点厚度应不小于标称值的 85% 减去 0.1 mm 且符合表 12-3-56 的规定。

③ 护套经受耐脂肪酸试验，质量增加应不大于 50%，直径增加不大于 30%。

（5）外径：电线平均外径值应在表 12－3－56 所列的范围内。

（6）成品电线：

① 工频电压试验：取长度约为 10 m 的电线，将电线浸入室温的水中，施加 500 V 的有效电压，持续时间 5 min。试验过程中电线应不发生击穿现象。

② 电线阻燃性能应达到 MT 386 规定的单根垂直燃烧试验的要求。

（7）工作条件：工作电压为直流 5 V。

表 12－3－57 绝缘橡皮性能要求

试验项目	项目名称	技术要求	试验项目	项目名称	技术要求
老化前试验	抗张强度/MPa	≥4.5	空气箱热老化试验	抗张强度/MPa	≥4.2
	断裂伸长率/%	≥200		抗张强度变化率/%	不超出 ±40
空气箱热老化试验	试验温度/℃	75 ±2		断裂伸长率/%	≥200
	试验时间/h	10 ×24		断裂伸长率变化率/%	不超出 ±40

七、煤矿用 10 kV 及以下固定敷设电力电缆

煤矿用 10 kV 及以下固定敷设电力电缆共有两类：1.8/3 kV 及以下煤矿用聚氯乙烯绝缘电力电缆、8.7/10 kV 及以下煤矿用交联聚乙烯绝缘电力电缆。

（一）煤矿用 10 kV 及以下固定敷设电力电缆一般规定（MT 818.11 —2009）

适用于煤矿用固定敷设额定电压 10 kV 及以下铜芯挤包绝缘电力电缆。

1. 电缆型号及表示方法

1）电缆型号组成

电缆型号的组成和排列顺序如下：

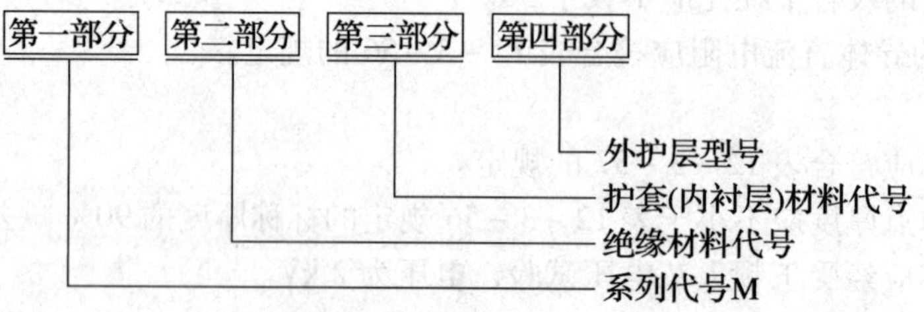

第一部分：用大写字母 M 表示煤矿用阻燃电缆的系列代号。

第二部分：用大写字母 V 表示聚氯乙烯绝缘材料的代号，用大写字母 YJ 表示交联聚乙烯绝缘材料代号。

第三部分：用大写字母 V 表示聚氯乙烯护套（内衬层）材料代号。当电缆有外护层时，本部分表示内衬层的材料代号。

第四部分：电缆外护层型号，应按铠装层和外被层所用的结构顺序用阿拉伯数字表示。每一数字表示所采用的主要材料。在一般情况下，由两位数字组成。

本部分所涉及的铠装层和外被层所用材料的数字及含义应符合表12－3－58的规定。

表12－3－58 铠装层和外被层所用材料的数字及含义

标 记	铠装层	外被层或外护套
2	双钢带	聚氯乙烯外套
3	细圆钢丝	—
4	粗圆钢丝	—

2）电缆表示方法

电缆用型号、电压等级、规格及标准编号表示。

（1）电缆型号。电缆常用型号为：MVV、MVV22、MYJV、MYJV22、MYJV32、MYJV42。

（2）电压等级。额定电压等级用 U_0/U 表示，单位为kV。

本部分中电缆的额定电压 U_0/U（U_m）表示方法如下：

$$U_0/U(U_m)=0.6/1(1.2)-1.8/3(3.6)-3.6/6(7.2)-6/6(7.2)-6/10(12)-8.7/10(12)\text{kV}$$

在电缆的电压表示 $U_0/U(U_m)$ 中：U_0——电缆设计用的导体对地或金属屏蔽之间的额定工频电压；U——电缆设计用的导体间的额定工频电压；U_m——设备可承受的“最高系统电压”的最大值。

电缆的额定电压应适合电缆所在系统的运行条件。为了便于选择电缆，将系统划分为下列三类：

A类：任一相导体与地或接地导体接触时，能在1 min内与系统分离。

B类：可在单相接地故障时作短时运行，根据JB/T 8996规定接地故障时间不宜超过1 h，对于本部分包括的电缆允许更长的带故障运行时间，但在任何情况下不宜超过8 h，每年接地故障总持续时间不宜超过125 h。

C类：包括不属于A类、B类的系统。

用于三相系统的电缆，U_0 的推荐值列于表12－3－59。

表12－3－59 额定电压 U_0 推荐值

系统最高电压 U_m/kV	额定电压 U_0/kV	
	A类、B类	C类
1.2	0.6	0.6
3.6	1.8	3.6
7.2	3.6	6.0
12.0	6.0	8.7

（3）电缆规格。电缆规格由芯数与截面积组成。电缆芯数及标称截面积用阿拉伯数字分别表示，二者之间以“×”连接。标称截面积单位为平方毫米（mm^2）。

型号与电压之间用“－”连接。

（4）举例。煤矿用聚氯乙烯绝缘聚氯乙烯护套电力电缆，额定电压0.6/1 kV，3芯，标称截面积240 mm^2，表示为：MVV－0.6/1 3×240。煤矿用交联聚乙烯绝缘钢带铠装聚氯乙烯护套电力电缆，额定电压6/6 kV，3芯，标称截面积150 mm^2，表示为：MYJV22－6/6 3×150。

2. 技术要求

1）导体

（1）导体应符合GB/T 3956—2008中的第1种或第2种退火铜导体或镀金属层退火铜导体的要求。

（2）导体表面应光洁、无油污，无损伤屏蔽及绝缘的毛刺、锐边，无凸起或断裂的单线。

(3) 4 芯电缆的截面有等截面和不等截面（3 +1 芯）两种，不等截面的第 4 芯截面应符合表 12 -3 -60 的规定。

表 12 -3 -60 第 4 芯截面积选用表 mm²

主线芯	第4芯	主线芯	第4芯	主线芯	第4芯	主线芯	第4芯	主线芯	第4芯
4	2.5	16	10	50	25	120	70	240	120
6	4	25	16	70	35	150	70	300	150
10	6	35	16	95	50	185	95		

2) 绝缘

(1) 绝缘应符合 MT 818.12—2009 和 MT 818.13—2009 的规定，电缆绝缘材料可采用下列材料：聚氯乙烯绝缘料，代号 PVC/A；交联聚乙烯绝缘料，代号 XLPE。

(2) 绝缘厚度符合 MT 818.12—2009 和 MT 818.13—2009 的规定，绝缘厚度平均值应不小于标称值；最薄处厚度应不小于标称值的 90% 减去 0.1 mm。

厚度测量结果应按 GB/T 8170 的规定修约。

导体和绝缘外面的任何隔离层或半导电屏蔽层的厚度应不包括在绝缘厚度内。

(3) 绝缘线芯的识别标志应符合 GB/T 6995.3 的规定。

3) 屏蔽

导体屏蔽、绝缘屏蔽或金属屏蔽应符合 MT 818.12—2009 和 MT 818.13—2009 的规定。

4) 多芯电缆的缆芯、内衬层及填充物

(1) 各种具有铠装层、同心导体或金属屏蔽层的多芯电缆，在缆芯上一般应有一内衬层。

(2) 既无铠装层，又无同心导体或绕包金属屏蔽层的 0.6/1 kV 多芯电缆，以及 1 kV 以上分相金属屏蔽电缆只要外形圆整，且绝缘线芯与护套不粘接，可以省去内衬层。如缆芯中圆形绝缘线芯的导体截面积不超过 10 mm²，其热塑性护套允许嵌入绝缘线芯间。假如仍加内衬层，其厚度可不按规定考核。

(3) 额定电压 0.6/1 kV 电缆只有当金属带标称厚度不超过 0.3 mm 时，金属带才可直接绕包在缆芯上而省去内衬层，且成品电缆应符合特殊弯曲试验的要求。

(4) 内衬层和填充物应符合下述规定：

① 内衬层可以挤包或绕包，非铠装电缆内衬层厚度应符合表 12 -3 -61 的规定，铠装电缆内衬层厚度应符合 5）铠装的规定。

② 圆形绝缘线芯电缆只有在绝缘线芯间的间隙被密实填充时，才可采用绕包内衬层。

③ 内衬层及填充物应与电缆的工作温度相适应，并对绝缘材料无有害影响。

④ 缆芯在挤包内衬层前允许采用合适的带子绕包扎紧。

5) 铠装

（1）金属铠装类型。铠装类型有钢丝铠装和钢带铠装。

（2）材料。钢带应采用热轧或冷轧镀锌钢带。钢丝应采用低碳镀锌钢丝。

（3）电缆直径与铠装层尺寸的关系。铠装钢丝的标称直径和铠装钢带的标称厚度应分别不小于表 12－3－62 和表 12－3－63 规定的数值。

表 12－3－61 内衬层厚度

缆芯假设直径 d/mm	内衬层厚度近似值/mm	
	挤包型	绕包型
$d \leqslant 25$	1.0	0.4
$25 < d \leqslant 35$	1.2	0.4
$35 < d \leqslant 40$	1.4	0.4
$40 < d \leqslant 45$	1.4	0.6
$45 < d \leqslant 60$	1.6	0.6
$60 < d \leqslant 80$	1.8	0.6
$d > 80$	2.0	0.6

表 12－3－62 铠装钢丝标称直径

铠装前假设直径 d/mm	铠装钢丝标称直径/mm	
	细钢丝	粗钢丝
$d \leqslant 10$	0.8	4.0
$10 < d \leqslant 15$	1.25	4.0
$15 < d \leqslant 25$	1.6	4.0
$25 < d \leqslant 35$	2.0	4.0
$35 < d \leqslant 60$	2.5	4.0
$d > 60$	3.15	4.0

（4）要求。铠装应满足下列要求：

① 铠装钢丝和钢带的尺寸不能高于表 12－3－62 和表 12－3－63 中规定的标称尺寸的量值：钢丝，5%；钢带，10%。

② 钢带铠装应螺旋绕包两层，外层钢带的中间大致在内层钢带间隙上方，钢带间隙应不大于钢带宽度的 50%。

表 12－3－63 铠装钢带标称厚度

铠装前假设直径 d/mm	铠装钢带标称厚度/mm
$d \leqslant 30$	0.2
$30 < d \leqslant 70$	0.5
$d > 70$	0.8

③ 钢丝铠装应紧密，总间隙不大于本身装铠的一根钢丝直径。

（5）包带垫层。采用钢带铠装时，内衬层厚度除应按表 12－3－61 的规定选用外，还应同时采用包带垫层加强。如果铠装钢带厚度为 0.2 mm，内衬层和附加包带垫层的总厚度应按表 12－3－61 的规定值再加 0.5 mm；如果铠装金属带厚度大于 0.2 mm，内衬层和附加包带垫层的总厚度应按表 12－3－61 的规定值再加 0.8 mm。内衬层和附加包带垫层的总厚度不得小于规定值的 80% 减去 0.2 mm。如果有隔离套或挤包的内衬层并且满足第（6）项隔离套的规定时，则不必加包带垫层。

（6）隔离套。当铠装下的金属层与铠装材料不同时，必须用符合“6）非金属护套”中“（1）材料”的规定，挤包一层护套将其隔开。如果在铠装层下采用隔离套，可以由其代替内衬层或附加在内衬层上。挤包隔离套的标称厚度 T_s 应按下式计算：

$$T_s = 0.02D + 0.6 \qquad (12-3-5)$$

式中 T_s——挤包隔离套的标称厚度，mm；

D——挤包该隔离套前的假设直径，mm。

计算按 GB/T 12706.1—2002 附录 A 或 GB/T 12706.2—2002 附录 A 所述进行，计算结果修约到 0.1 mm。

隔离套的标称厚度应不小于 1.2 mm，但粗钢丝铠装层隔离套应不小于 2.0 mm。

6）非金属护套

（1）材料。非金属护套材料采用黑色聚氯乙烯护套料，分为 ST1、ST2 两类：

ST1——用于正常运行导体最高额定温度为 80 ℃的电缆；

ST2——用于正常运行导体最高额定温度为 90 ℃的电缆。

材料的确定应根据 MT 818.12—2009 和 MT 818.13—2009 的规定选择。

（2）厚度。若无其他规定，挤包护套标称厚度 T_s 应按下式计算：

$$T_s = 0.035D + 1.0 \tag{12-3-6}$$

式中 T_s——挤包护套标称厚度，mm；

D——挤包护套前电缆的假设直径，mm。

计算按 GB/T 12706.1 附录 A 和 GB/T 12706.2 附录 A 所述进行，计算结果修约到 0.1 mm。

电缆护套的标称厚度应不小于 1.8 mm。

（3）要求。非金属护套隔离套的厚度，其最小值应不低于规定标称值的 80% 减去 0.2 mm。

7）交货长度

根据用户需要，交货长度由双方协商确定。长度计量负偏差应不超过 0.5%。

3. 试验方法和检验规则

1）试验条件

（1）交流电压试验的频率为 49 ~ 61 Hz，电压波形基本上应是正弦波形。

（2）冲击电压试验波形规定波首为 1 ~ 5 μs，波尾为 40 ~ 60 μs。

2）例行试验方法和检验规则（R）

产品由制造厂质量检验部门检验，所有例行试验项目合格并附质量检验合格证后方能出厂。质量检验合格证至少应包括如下内容：制造厂名称；产品型号、电压及规格；长度（m）；制造年月及生产批号；标准编号；安全标志标识。

（1）导体直流电阻试验：

① 导体直流电阻应符合 GB/T 3956 中的第 1 种、第 2 种导体的规定。

② 导体直流电阻试验应在成盘的所有导体上进行。

（2）局部放电试验：

① 额定电压 U_0 为 3.6 kV 及以上交联聚乙烯绝缘电缆应进行局部放电试验。

② 局部放电试验应在电缆的所有绝缘线芯上进行。

③ 施加交流电压 $1.73U_0$ 时，交联聚乙烯绝缘电缆放电量应不大于 10 pC。

（3）电压试验：

① 试验可采用交流电压，也可采用直流电压。电缆按第（3）项电压试验中第②项的规定施加电压，持续 5 min，试验过程中绝缘应不发生击穿。

② 交流耐压试验电压按下列规定确定：

额定电压 U_0 为 3.6 kV 以下电缆：$2.5U_0 + 2$，kV。

额定电压 U_0 为 3.6 kV 及以上电缆：$3.5U_0$，kV。

对应各额定电压的单相试验电压值见表 12-3-64。

表 12-3-64 例行试验电压 kV

额定电压 U_0	0.6	1.8	3.6	6	8.7
试验电压	3.5	6.5	12.5	21	30.5

若用三相变压器对 3 芯电缆进行试验时，相间试验电压应为表 12-3-64 规定值的 1.73 倍。采用直流电压试验时，其数值应为表 12-3-64 规定值的 2.4 倍。

3）抽样试验方法和检验规则（S）

（1）抽样检验规则：

① 结构及表面标识检查应在同一型号和规格电缆中的一根制造长度的电缆上进行，抽样应按表 12-3-65 进行。

② 除结构、表面标识及阻燃性能外，其余试验按商定的质量控制协议，在制造长度上取样进行试验。若无协议，对于总长度大于 2 km 的多芯电缆测试按表 12-3-65 进行。

表 12-3-65

结构及表面标识	除结构、表面标识及阻燃性能外的其余试验	样品数
电缆盘数 N/盘	电缆长度 L/km	
$N \leqslant 5$	$2 < L \leqslant 10$	1
$5 < N \leqslant 10$	$10 < L \leqslant 20$	2
$10 < N \leqslant 15$	$20 < L \leqslant 30$	3
余类推	余类推	余类推

③ 单根垂直燃烧试验和负载燃烧试验，在企业正常生产且材料、配方无变化时，同一型号规格的产品，每月至少进行一次试验，材料、配方发生变化后，应重新进行试验。

④ 抽样试验结果不合格时，应从同一批中再取两个附加试样就不合格项目重新试验。必须两个附加试样都合格，则该批电缆才可被认为符合本标准要求。如果有一个试样不合格，则认为该批电缆不符合本标准要求。

（2）结构检查：结构检查应按照 GB/T 2951.1 规定的试验方法进行。

（3）4 h 交流电压试验：额定电压 U_0 为 6 kV 及以上电缆应进行 4 h 交流电压试验。除终端外，成品电缆试样长度应不小于 5 m，按表 12-3-66 规定施加交流电压，持续时间4 h。试验过程中绝缘应不发生击穿。

表 12-3-66 电压试验 kV

额定电压 U_0	6	8.7
试验电压	24	35

（4）热延伸试验：交联聚乙烯绝缘应进行热延伸试验。试验条件及要求应符合规定。

（5）阻燃性能试验：电缆应进行单根垂直燃烧试验和负载燃烧试验。试验条件及要求应符合 MT 386 的规定。

4）型式试验（T）

（1）额定电压 U_0 为 3.6 kV 及以上的交联聚乙烯绝缘电缆的电气性能试验：

① 试样应满足如下规定：

（a）试样为一段成品电缆，除附件外，试样长度应为 10～15 m。

（b）除特殊规定项中的规定外，所有试验顺序项中规定的试验应依次在同一试样上进行。

（c）电缆的每次试验或测量应在所有的绝缘线芯上进行。

（d）对半导电屏蔽层电阻率的测量应单独另取试样进行。

② 正常试验顺序规定如下：

（a）局部放电试验。

（b）弯曲试验后的局部放电试验。

（c）额定电压 6/10 kV 及以上电缆的 $\tan\delta$ 试验。

（d）加热循环试验及随后的局部放电试验。

（e）冲击电压试验及随后的工频电压试验。

（f）4 h 交流电压试验。

（g）导体直流电阻试验。

③ 特殊规定：

（a）试验项目（c）、（g）可以不在试验顺序中所规定正常试验程序的试样上进行，可以另取试样进行试验。

（b）试验项目（f）可以另取试样，但试样应已预先进行过（b）和（d）两项试验。

④ 局部放电试验：试验应在短段电缆试样上进行。施加交流电压 $1.73U_0$ 时，交联聚乙烯绝缘电缆的放电量应不大于 5 pC。

⑤ 弯曲试验后的局部放电试验：在室温下试样应围绕试验圆柱体（例如线盘的筒体）至少绕一整圈，然后松开展直，再在相反方向上重复此过程。

此操作循环应进行三次。

圆柱体的直径应按下式计算：

$$d_{圆柱体} = 15(d + D) \pm 5\% \qquad (12-3-7)$$

式中　D——电缆试样实测外径，mm；

d——导体的实测直径，mm。

如果导体不是圆形，则 d 应按下式计算：

$$d = 1.13\sqrt{S} \qquad (12-3-8)$$

式中　d——导体的实测直径，mm；

S——标称截面积，mm^2。

弯曲试验完成后，应在试样上进行局部放电试验，试验结果应符合第④项局部放电试验的规定。

⑥ 额定电压 6/10 kV 及以上电缆的 $\tan\delta$ 试验：

（a）成品电缆试样应采用下述方法之一加热：试样应放置在液体槽或烘箱中，或者在试样的金属屏蔽层、导体或两者都通电流加热。

（b）试样应加热至导体温度超过电缆正常运行时导体最高温度 5～10 ℃。

（c）每一方法中，导体的温度或者通过测量导体电阻确定，或者用放在液体槽、烘箱内或放在屏蔽层表面上，或放在与被测电缆相同的另一根基准电缆上的测温装置进行测量。

（d）在交流电压不低于2 kV和上述规定温度下进行tanδ测量。

（e）测量数值应不高于80×10^{-4}。

⑦ 加热循环试验及随后的局部放电试验：

（a）将经过上述各项试验后的试样放在实验室的地板上，并在试样导体上通以电流，加热导体直至达到稳定温度，此温度应高于电缆正常运行时导体最高温度5~10 ℃。

（b）3芯电缆的加热电流应通过所有导体。

（c）加热循环应持续至少8 h，在每一加热过程中，导体达到规定温度后至少应维持2 h，并随即在空气中自然冷却至少3 h。

（d）此循环应重复20次。

（e）第20个循环后，试样应进行局部放电试验并应完全符合第④项局部放电试验的规定。

⑧ 冲击电压试验及随后的电压试验：

（a）试验应在高于电缆正常运行时导体最高温度5~10 ℃的温度下进行。

（b）按GB/T 3048.13规定的步骤施加冲击电压，其电压峰值列于表12-3-67。

（c）电缆的每一个绝缘线芯应在经受10次正极性和10次负极性冲击电压后不击穿。

（d）在冲击电压试验后，电缆试样的每一个绝缘线芯在室温下应经受工频电压试验15 min。试验电压见表12-3-64规定，绝缘应不发生击穿。

⑨ 4 h电压试验：试验应在室温下进行，并应在试样的导体和屏蔽之间施加工频电压4 h。试验电压应为$4U_0$，对应于标准额定电压的试验电压见表12-3-68。电压应逐渐升高至规定值，绝缘应不发生击穿。

表12-3-67 冲击电压 kV

额定电压 U_0	3.6	6	8.7
试验电压（峰值）	60	75	95

表12-3-68 4 h 试验电压 kV

额定电压 U_0	3.6	6	8.7
试验电压	14.4	24	35

⑩ 半导电屏蔽电阻率：

（a）取样。挤包导体和绝缘半导电屏蔽层的电阻率测量，应在电缆绝缘线芯上取下的试样上进行，绝缘线芯应分别取电缆样品和按成品电缆段的附加老化试验项规定的材料附加老化试验方法进行过老化处理的电缆样品。

（b）步骤。试验应按GB/T 12706.2规定的步骤进行。应在电缆正常运行时导体最高温度±2 ℃范围内进行测量。

（c）要求。在老化前和老化后，电阻率应不超过下列数值：导体屏蔽为1000 Ω·m；绝缘屏蔽为500 Ω·m。

⑪ 导体直流电阻试验：导体直流电阻试验应在不少于1 m长度的电缆上进行，导体直流电阻应符合GB/T 3956中的第1种、第2种导体的规定。

（2）额定电压 U_0 为 1.8 kV 及以下电缆的电气性能试验：

① 试样应满足如下规定：

（a）试样为一段成品电缆，试样长度为 10 ~ 15 m。

（b）所有试验顺序中规定的试验应依次在同一试样上进行。

（c）试样的绝缘线芯数应不超过 3 根。

② 正常试验顺序规定如下：

（a）室温下绝缘电阻试验。

（b）最高额定工作温度下绝缘电阻试验。

（c）4 h 交流电压试验。

（d）导体直流电阻试验。

当电缆额定电压 $U_0 = 1.8$ kV 时，电缆应进行冲击电压试验；应在另外 10 ~ 15 m 长的成品电缆试样上进行冲击电压及工频电压试验。

试验（d）可以不在试验顺序中所规定正常试验程序的试样上进行，可以另取试样进行试验。

③ 绝缘电阻试验：

（a）体积电阻率及绝缘电阻常数。体积电阻率 ρ（Ω · cm）及绝缘电阻常数 k_i（MΩ · km）应分别按式（12 – 3 – 9）、式（12 – 3 – 10）计算：

$$\rho = \frac{2\pi LR}{\ln \dfrac{D}{d}} \tag{12-3-9}$$

$$k_i = \frac{LR \times 10^{-11}}{\lg \dfrac{D}{d}} = 10^{-11} \times 0.367\rho \tag{12-3-10}$$

式中 R——绝缘电阻测量值，Ω；

L——试样长度，cm；

d——绝缘内径，mm；

D——绝缘外径，mm。

注：导体截面非圆形的绝缘线芯，其 D/d 比值是绝缘表面的周长与导体表面周长的比值。

（b）室温下绝缘电阻试验。试验应在未经过任何其他电气试验的试样上进行。试验前，去除所有外包覆层，将绝缘线芯浸入室温水中，时间应不少于 1 h，如有要求，试验应在（20 ± 1）℃下进行。试验时，在导体与水间施加直流电压 80 ~ 500 V，施加电压时间为 1 ~ 5 min，以求达到稳态后测量。绝缘电阻测量值按式（12 – 3 – 9）和式（12 – 3 – 10）进行计算，其结果应符合表 12 – 3 – 69 的规定。

表 12 – 3 – 69 绝缘电阻试验要求

序号	试验项目		聚氯乙烯绝缘电缆	交联聚乙烯绝缘电缆
1	体积电阻率 ρ（最小值）/（Ω · cm）	20 ℃时	10^{13}	—
		最高额定温度时	10^{10}	10^{12}
2	绝缘电阻常数 k_i（最小值）/（MΩ · km）	20 ℃时	36.7	—
		最高额定温度时	0.037	3.67

（c）最高额定温度下绝缘电阻试验。试验前，去除所有外包覆层，将绝缘线芯试样浸入规定温度的温水中,时间应不小于 1 h。试验时,在导体与水之间施加直流电 80～500 V，加压时间为 1～5 min。绝缘电阻测量值按式（12－3－9）、式（12－3－10）进行计算，其结果应符合表 12－3－69 的规定。

④ 4 h 交流电压试验：试验前，去除所有外包覆层，将绝缘线芯浸入室温水中，浸水时间应不小于 1 h。按表 12－3－70 的规定对绝缘线芯试样施加交流试验电压 4 h，试样应不被击穿。

表 12－3－70 4 h 试验电压 kV

额定电压 U_0	0.6	1.8
试验电压	2.4	7.2

⑤ 冲击电压及工频电压试验：当电缆额定电压 U_0＝1.8 kV 时，电缆应进行冲击电压试验，试验应在高于电缆正常运行时导体最高温度 5～10 ℃的温度下进行。按 GB/T 3048.13 的规定施加冲击电压。电压峰值为 40 kV。电缆的每一个绝缘线芯应在经受 10 次正极性和 10 次负极性冲击电压后不被击穿。

⑥ 导体直流电阻试验：导体直流电阻试验应在不少于 1 m 长度的电缆上进行，导体直流电阻应符合 GB/T 3956—1997 中的第 1 种、第 2 种导体的规定。

（3）机械物理性能试验：

① 老化前和老化后绝缘机械性能试验：试验条件和试验结果应符合表 12－3－71 的规定。

② 老化前和老化后护套机械性能试验：试验条件和试验结果应符合表 12－3－72 的规定。

③ 成品电缆段的附加老化试验：所有的电缆均应按以下程序进行成品电缆附加老化试验：

（a）试样制备：取 200 mm 长的成品电缆试样三段，尽量靠近未老化的拉力试验用试样处取样。

（b）老化试验：试样应垂直悬挂在老化箱的中部，彼此间距离应不小于 20 mm，试样体积应不大于老化箱容积的 2%。老化试验温度为电缆最高额定温度加 10 ℃（温度偏差 ±2 ℃），试验持续时间为(7×24)h。

（c）老化后的机械性能试验：老化结束后，立即从烘箱中取出电缆试样，并放置于环境温度下至少 16 h，避免日光直接照射。然后剥开三段电缆试样，分别从电缆护套和每个绝缘线芯各取两个试片。若试片需要削平或磨平到厚度不大于 2 mm 时，磨削操作应尽可能不影响到试片在电缆中与不同类型材料接触的一面。若试片与不同类型材料接触面的凸背必须磨平或削平时，则应尽量少磨削掉一些，以适度平整即可。老化前和老化后绝缘及护套机械性能的试验条件和试验结果应符合表 12－3－71 和表 12－3－72 的相应规定。

④ ST2 型聚氯乙烯护套失重试验：试验条件和试验结果应符合表 12－3－73 的规定。

⑤ 聚氯乙烯绝缘和护套高温压力试验：试验条件和试验结果应符合表 12－3－73 的规定。

⑥ 聚氯乙烯绝缘和护套低温性能试验：试验条件和试验结果应符合表 12－3－73 的规定。

⑦ 聚氯乙烯绝缘和护套抗开裂（热冲击）试验：试验条件和试验结果应符合表 12－

3 - 73 的规定。

⑧ 聚氯乙烯、交联聚乙烯绝缘吸水试验：试验条件和试验结果应分别符合表 12 - 3 - 73 和表 12 - 3 - 74 的规定。

⑨ 交联聚乙烯绝缘收缩试验：试验条件和试验结果应符合表 12 - 3 - 74 的相应规定。

⑩ 交联聚乙烯绝缘热延伸试验：试验条件和试验结果应符合表 12 - 3 - 74 的规定。

表 12 - 3 - 71 电缆绝缘混合料机械性能试验要求（老化前后）

试验项目		单位	PVC/A	XLPE	
				0.6/1 kV 电缆	其他电缆
正常运行时导体最高工作温度		℃	70	90	90
老化前	抗张强度 最小	N/mm²	12.5	12.5	12.5
	断裂伸长率 最小	%	150	200	200
老化处理	温度	℃	100	135	135
	偏差	℃	±2	±3	±3
	持续时间	d	7	7	7
老化后	抗张强度 最小	N/mm²	12.5	—	—
	变化率 最大	%	±25	±25	±25
	断裂伸长率 最小	%	150	—	—
	变化率 最大	%	±25	±25	±25

表 12 - 3 - 72 护套混合料机械性能试验要求（老化前后）

试验项目		单位	ST1	ST2
正常运行时导体最高工作温度		℃	80	90
老化前	抗张强度 最小	N/mm²	12.5	12.5
	断裂伸长率 最小	%	150	150
老化处理	温度（偏差 ±2 ℃）	℃	100	100
	持续时间	d	7	7
老化后	抗张强度 最小	N/mm²	12.5	12.5
	变化率 最大	%	±25	±25
	断裂伸长率 最小	%	150	150
	变化率 最大	%	±25	±25

表 12 - 3 - 73 PVC 绝缘混合料和护套混合料特殊性能试验要求

试验项目		单位	绝缘	护套	
			PVC/A	ST1	ST2
空气烘箱中失重试验	温度（偏差 ±2 ℃）	℃	—	—	100
	持续时间	d	—	—	7
	最大允许失重量	mg/cm²	—	—	1.5

表 12-3-73（续）

试验项目		单位	绝缘 PVC/A	护套 ST1	护套 ST2
高温压力试验	温度（偏差 ±2 ℃）	℃	80	80	90
低温性能试验	直径＜12.5 mm 低温弯曲试验 温度（偏差 ±2 ℃）	℃	-15	-15	-15
	直径≥12.5 mm 低温拉伸试验 温度（偏差 ±2 ℃）	℃	-15	-15	-15
	低温冲击试验 温度（偏差 ±2 ℃）	℃	—	-15	-15
抗开裂试验	温度（偏差 ±3 ℃）	℃	150	150	150
	持续时间	h	1	1	1
吸水试验（电气法）	温度（偏差 ±2 ℃）	℃	70	—	—
	持续时间	d	10	—	—

表 12-3-74　XLPE 绝缘混合料特殊性能试验要求

试验项目		单位	XLPE
热延伸试验	温度（偏差 ±3 ℃）	℃	200
	负荷时间	min	15
	机械应力	N/cm^2	20
	载荷下最大伸长率	%	175
	冷却后最大永久伸长率	%	15
吸水试验（重量分析法）	温度（偏差 ±2 ℃）	℃	85
	持续时间	d	14
	重量最大增量	mg/cm^2	1
收缩试验	标志间长度	mm	200
	温度（偏差 ±3 ℃）	℃	130
	持续时间	h	1
	最大允许收缩率	%	4

⑪ 半导电层剥离试验：

（a）试验应在老化前和老化后的样品上各进行 3 次，可在 3 个单独的电缆试样上进行试验，也可在同一个电缆试样上沿圆周方向彼此间隔约 120°的 3 个不同位置上进行试验。

（b）应从老化前和按第③项成品电缆段的附加老化试验老化后的被试电缆上取下长度至少 250 mm 的绝缘线芯用作试验。

（c）在每一个试样的挤包绝缘屏蔽表面上，从试样的一端到另一端向绝缘纵向切割成两道彼此相隔宽（10±1）mm 相互平行的刀痕。

（d）沿平行于绝缘线芯方向（也就是剥切角近似于 180°）. 拉开长 50 mm、宽 10 mm 的一条形带后，将绝缘线芯垂直地装在一拉力机上，用夹头夹在绝缘线芯的一端，另一端为 10 mm 条形带，夹在另一个夹头上。

（e）拉力分别加在绝缘和 10 mm 条形带上。拉动至少约 100 mm 长的距离，在剥切角近似于 180°和速度为（250 ±50）mm/min 条件下进行试验。

（f）试验应在（20 ±5）℃温度下进行。

（g）对未老化和老化后的试样应连续地记录其剥离力的数值。

试验要求：从老化前后的试样绝缘上剥下挤包半导电屏蔽的剥离力应不小于 4 N 且不大于 45 N，剥离段绝缘表面应无损伤，并且应无半导电屏蔽的残迹留在绝缘上。

⑫ 特殊弯曲试验应满足下列规定：

（a）试验仅适用于"2. 技术要求"中"4）多芯电缆的缆芯、内衬层及填充物（3）"中规定的电缆。

（b）弯曲试验用圆柱体直径为 $7D \pm 5\%$，D 为电缆试样的实际外径。

（c）将绕在圆柱体上的经过弯曲试验后的试样放入加热到电缆最高工作额定温度的烘箱中，保持 24 h。

（d）从烘箱中取出电缆试样，冷却后按电压试验项中的规定对处于弯曲状态下的电缆试样进行电压试验。

（e）电缆试样应不发生击穿，外护套应无开裂。

（4）印刷标志耐擦试验：按 GB/T 6995. 3 规定的试验方法和要求进行。

（5）成品电缆阻燃性能试验：成品电缆阻燃性能应符合 MT 386 的各项试验要求。

（6）结构检查：

① 绝缘厚度应符合"2. 技术要求"中"2）绝缘"的规定。标称截面积相等的 4 芯电缆，可取任意三个绝缘线芯进行检查。

② 非金属外护套结构尺寸应符合"2. 技术要求"中"6）非金属护套"的规定。

（7）型式检验规则：若型式试验项目有一项不合格，则认为被检验电缆不合格。

4. 标志

1）线芯识别标志

线芯和电缆识别标志应符合 GB 6995. 3 的规定。

2）成品电缆标志

（1）成品电缆护套表面应用压印方式或颜色明显区别于护套颜色的油墨印制产品标识。产品标识应包括如下内容：制造厂名称；电缆型号、电压等级及规格；安全标志标识（应符合 AQ 1043 标准要求）。

印字必须清晰、耐擦，印字间隔不超过 1 m。

（2）在电缆内部或外部允许制造厂设置其他标志，但其他标志的使用不得损害规定印字的明显性和清晰度。

3）包装标志

每卷或每盘电缆上应附标签，且标明如下内容：制造厂名称；产品型号、电压等级及规格；长度（m）及毛重（kg）；制造年月或生产批号；标准编号；安全标志标识（应符合 AQ 1043 标准要求）。

5. 包装、运输和贮存

1）包装

（1）电缆交货盘应符合 JB/T 8137 的规定。

（2）电缆应整齐卷绕在电缆交货盘上。电缆端头应紧密包封。露出电缆盘外的电缆应钉保护罩，露出长度应不小于 300 mm。重量不超过 80 kg 的短段电缆，允许成卷包装。

（3）成品电缆的电缆盘外侧及成卷电缆的附加标签应包括包装标志中所列包装标志的内容，并于电缆盘上标明电缆盘正确的旋转方向。

2）运输和保管

（1）电缆应避免在露天存放，电缆盘不允许平放。

（2）运输中严禁从高处扔下装有电缆的电缆盘，严禁机械损伤电缆。

（3）吊装包装件时，严禁几盘同时吊装。在车辆、船舶等运输工具上，电缆盘必须放稳，并用合适方法固定，防止互撞或翻倒。

（二）1.8/3 kV 及以下煤矿用聚氯乙烯绝缘电力电缆（MT 818.12—2009）

适用于煤矿固定敷设额定电压 1.8/3 kV 及以下铜芯聚氯乙烯绝缘聚氯乙烯护套阻燃电力电缆。

1. 电缆型号与规格

1）型号

电缆型号与名称见表 12-3-75。

表 12-3-75 电缆型号与名称

型号	名 称	型号	名 称
MVV	煤矿用聚氯乙烯绝缘聚氯乙烯护套电力电缆	MVV22	煤矿用聚氯乙烯绝缘钢带铠装聚氯乙烯护套电力电缆

2）规格

电缆规格应符合表 12-3-76 的规定。

表 12-3-76 电缆规格

型 号	芯 数	额定电压/kV	
		0.6/1	1.8/3
		标称截面积/mm²	
MVV	3	1.5~300	10~300
MVV22	3	2.5~300	10~300
MVV	3+1	4~300	10~300
MVV22	3+1	4~300	10~300
MVV	4	4~185	4~185
MVV22	4	4~185	4~185

2. 技术要求

1）导体

导体的组成、性能及外观应符合 MT 818.11—2009 技术要求中的规定。

2）绝缘

(1) 绝缘选用材料 PVC/A，性能应符合表 12-3-71 和表 12-3-73 的规定。

(2) 绝缘厚度应符合 MT 818.11—2009 技术要求的规定，以及表 12-3-77 的规定。

表 12-3-77　绝缘标称厚度

导体标称截面积/mm²	额定电压/kV		导体标称截面积/mm²	额定电压/kV	
	0.6/1	1.8/3		0.6/1	1.8/3
	绝缘标称厚度/mm			绝缘标称厚度/mm	
1.5	0.8	—	50	1.4	2.2
2.5	0.8	—	70	1.4	2.2
4	1.0	—	95	1.6	2.2
6	1.0	—	120	1.6	2.2
10	1.0	2.2	150	1.8	2.2
16	1.0	2.2	185	2.0	2.2
25	1.2	2.2	240	2.2	2.2
35	1.2	2.2	300	2.4	2.4

(3) 绝缘层的横断面上应无目力可见的气泡和砂眼等缺陷。

3）屏蔽

额定电压 U_0/U 为 1.8/3 kV 的电缆应有金属屏蔽。金属屏蔽应由分相绕包或统包的铜带组成，铜带标称厚度为 0.10 mm，其平均厚度应不低于规定标称值的 90%。

4）缆芯和内衬层

缆芯和内衬层应符合 MT 818.11—2009 技术要求的规定。

5）铠装

电缆铠装应符合 MT 818.11—2009 技术要求的规定。

6）非金属护套

护套应采用 ST1 型，其厚度应符合 MT 818.11—2009 技术要求的规定，护套性能应符合表 12-3-72 和表 12-3-73 的规定。

7）工作条件

(1) 电缆导体的最高额定工作温度为 70 ℃。

(2) 短路时（最长持续时间不超过 5 s）电缆导体的最高温度不超过 160 ℃。

(3) 敷设电缆时的环境温度应不低于 0 ℃，最小弯曲半径为电缆直径的 15 倍。

(三) 8.7/10 kV 及以下煤矿用交联聚乙烯绝缘电力电缆（MT 818.13—2009）

适用于煤矿固定敷设用额定电压 8.7/10 kV 及以下铜芯交联聚乙烯绝缘聚氯乙烯护套

电力电缆。

1. 电缆型号与规格

1）型号

电缆型号与名称见表12-3-78。

表12-3-78 电缆型号与名称

型号	名称	型号	名称
MYJV	煤矿用交联聚乙烯绝缘聚氯乙烯护套电力电缆	MYJV32	煤矿用交联聚乙烯绝缘细钢丝铠装聚氯乙烯护套电力电缆
MYJV22	煤矿用交联聚乙烯绝缘钢带铠装聚氯乙烯护套电力电缆	MYJV42	煤矿用交联聚乙烯绝缘粗钢丝铠装聚氯乙烯护套电力电缆

2）规格

电缆规格应符合表12-3-79的规定。

表12-3-79 电缆规格

型号	芯数	额定电压/kV		
		0.6/1	1.8/3	3.6/6、6/6、6/10、8.7/10
		标称截面积/mm²		
MYJV	3	1.5~300	10~300	25~300
MYJV22	3	2.5~300	10~300	25~300
MYJV32	3	16~300	16~300	25~300
MYJV42	3	50~300	50~300	50~300
MYJV	3+1	4~300	10~300	—
MYJV22	3+1	4~300	10~300	—
MYJV	4	4~185	4~185	—
MYJV22	4	4~185	4~185	—

2. 技术要求

1）导体

导体应符合MT 818.11—2009技术要求的规定。

2）绝缘

（1）绝缘应为XLPE型。绝缘性能应符合表12-3-71和表12-3-74的规定。

（2）绝缘厚度应符合MT 818.11—2009技术要求的规定，以及表12-3-80的规定。

（3）绝缘层的横断面上应无目力可见的气泡和砂眼等缺陷。

3）屏蔽

（1）导体屏蔽：

① 额定电压 U_0 为 3.6 kV 及以上的电缆应具有导体屏蔽。

② 导体屏蔽为半导电材料，应紧密地挤包在导体上，表面应光滑、无明显绞线凸纹，不应有尖角、颗粒、烧伤或擦伤的痕迹。

（2）绝缘屏蔽：

① 额定电压 U_0 为 3.6 kV 及以上的电缆应有绝缘屏蔽。

② 绝缘屏蔽为一层挤包的半导电层。

③ 电缆的绝缘屏蔽应符合 MT 818.11—2009 中“半导电层剥离试验”的相关要求。

（3）金属屏蔽：

① 额定电压 U_0 为 1.8 kV 及以上的电缆应有金属屏蔽层，金属屏蔽为铜带屏蔽结构。

② 铜带屏蔽由重叠绕包的软铜带组成，铜带标称厚度为 0.1 mm，其平均厚度应不低于规定标称值的 90%。

4）缆芯和内衬层

缆芯和内衬层应符合 MT 818.11—2009 技术要求的规定。

表 12-3-80 绝缘标称厚度

导体标称截面积/mm²	额定电压/kV				
	0.6/1	1.8/3	3.6/6	6/6、6/10	8.7/10
	绝缘标称厚度/mm				
1.5	0.7	—	—	—	—
2.5	0.7	—	—	—	—
4	0.7	—	—	—	—
6	0.7	—	—	—	—
10	0.7	2.0	—	—	—
16	0.7	2.0	—	—	—
25	0.9	2.0	2.5	3.4	4.5
35	0.9	2.0	2.5	3.4	4.5
50	1.0	2.0	2.5	3.4	4.5
70	1.1	2.0	2.5	3.4	4.5
95	1.1	2.0	2.5	3.4	4.5
120	1.2	2.0	2.5	3.4	4.5
150	1.4	2.0	2.5	3.4	4.5
185	1.6	2.0	2.5	3.4	4.5
240	1.7	2.0	2.6.	3.4	4.5
300	1.8	2.0	2.8	3.4	4.5

5）铠装

电缆铠装应符合 MT 818.11—2009 技术要求的规定。

6）非金属护层

护套应采用 ST2 型材料，其厚度应符合 MT 818.11—2009 技术要求的规定，其性能应符合表 12-3-72 和表 12-3-73 的规定。

7）工作条件

（1）电缆导体的最高额定工作温度为 90 ℃。

（2）短路时（最长持续时间不超过 5 s）电缆导体的最高温度不超过 250 ℃。

（3）敷设电缆时的环境温度应不低于 0 ℃，最小弯曲半径为电缆直径的 15 倍。

3. 试验方法和检验规则

电缆按表 12-3-81 的规定试验，检查是否符合相应要求。检验规则应符合 MT 818.11—2009 的规定。

表 12-3-81 试验项目

项目名称		试验要求		试验类型				试验方法
		标准号	条文号*	0.6/1	1.8/3	3.6/6	6/6~8.7/10	
导体直流电阻		MT 818.11	6.2.1	R	R	R	R	GB/T 3048.4
局部放电试验		MT 818.11	6.2.2	—	—	R	R	GB/T 3048.12
交流电压试验		MT 818.11	6.2.3	R	R	R	R	GB/T 3048.8
结构和尺寸检查	导体结构	MT 818.11	6.3.2	S	S	S	S	目力检查
	绝缘厚度	MT 818.11	6.3.2	S	S	S	S	GB/T 2951.1
	铠装	MT 818.11	6.3.2	S	S	S	S	GB/T 2951.1
	护套厚度	MT 818.11	6.3.2	S	S	S	S	GB/T 2951.1
4 h 交流电压试验		MT 818.11	6.3.3	—	—	—	S	GB/T 3048.8
热延伸试验		MT 818.11	6.3.4	S	S	S	S	GB/T 2951.5
阻燃性能试验	单根垂直燃烧试验	MT 818.11	6.3.5	S	S	S	S	MT 386
	负载条件下燃烧试验	MT 818.11	6.3.5	S	S	S	S	MT 386
结构和尺寸检查	绝缘厚度	MT 818.11	6.4.6.1	T	T	T	T	GB/T 2951.1
	护套厚度	MT 818.11	6.4.6.2	T	T	T	T	GB/T 2951.1
局部放电试验		MT 818.11	6.4.1.4	—	—	T	T	GB/T 3048.12
弯曲试验后局部放电试验		MT 818.11	6.4.1.5	—	—	T	T	GB/T 3048.12
tanδ 试验		MT 818.11	6.4.1.6	—	—	—	T	GB/T 3048.11
热循环后局部放电试验		MT 818.11	6.4.1.7	—	—	T	T	GB/T 3048.12
冲击电压及交流电压试验		MT 818.11	6.4.1.8	—	T	T	T	GB/T 3048.13
4 h 交流电压试验		MT 818.11	6.4.1.9	T	T	T	T	GB/T 3048.8
半导电屏蔽电阻率试验		MT 818.11	6.4.1.10	—	—	T	T	GB/T 12706.2 附录 C
导体直流电阻试验		MT 818.11	6.4.1.11	—	—	T	T	GB/T 3048.4
最高额定温度下绝缘电阻试验		MT 818.11	6.4.2.3.3	T	T	—	—	GB/T 3048.5

表 12-3-81（续）

项目名称		试验要求		试验类型				试验方法
		标准号	条文号*	0.6/1	1.8/3	3.6/6	6/6~8.7/10	
冲击电压及交流电压试验		MT 818.11	6.4.2.5	—	T	—	—	GB/T 3048.13
4 h 交流电压试验		MT 818.11	6.4.2.4	T	T	—	—	GB/T 3048.8
导体直流电阻试验		MT 818.11	6.4.2.6	T	T	—	—	GB/T 3048.4
绝缘机械物理性能试验	老化前机械性能试验	MT 818.11	6.4.3.1	T	T	T	T	GB/T 2951.1
	老化后机械性能试验	MT 818.11	6.4.3.1	T	T	T	T	GB/T 2951.2
护套机械物理性能试验	老化前机械性能试验	MT 818.11	6.4.3.2	T	T	T	T	GB/T 2951.1
	老化后机械性能试验	MT 818.11	6.4.3.2	T	T	T	T	GB/T 2951.2
成品电缆段的附加老化试验		MT 818.11	6.4.3.3	T	T	T	T	MT 818.11 中 6.4.3.3
ST2 型聚氯乙烯护套失重试验		MT 818.11	6.4.3.4	T	T	T	T	GB/T 2951.7
聚氯乙烯绝缘和护套高温压力试验		MT 818.11	6.4.3.5	T	T	T	T	GB/T 2951.6
聚氯乙烯绝缘和护套低温性能试验		MT 818.11	6.4.3.6	T	T	T	T	GB/T 2951.4
聚氯乙烯绝缘和护套抗开裂（热冲击）试验		MT 818.11	6.4.3.7	T	T	T	T	GB/T 2951.6
交联聚乙烯绝缘吸水试验		MT 818.11	6.4.3.8	T	T	T	T	GB/T 2951.3
交联聚乙烯绝缘收缩试验		MT 818.11	6.4.3.9	T	T	T	T	GB/T 2951.3
交联聚乙烯绝缘热延伸试验		MT 818.11	6.4.3.10	T	T	T	T	GB/T 2951.5
半导电层剥离试验		MT 818.11	6.4.3.11	—	—	T	T	MT 818.11 中 6.4.3.11
特殊弯曲试验		MT 818.11	6.4.3.12	T	T	—	—	MT 818.11 中 6.4.3.12
印刷标志耐擦试验		MT 818.11	6.4.4	T	T	T	T	GB 6995.3
阻燃性能试验	单根垂直燃烧试验	MT 818.11	6.4.5	T	T	T	T	MT 386
	负载条件下燃烧试验	MT 818.11	6.4.5	T	T	T	T	MT 386
	成束燃烧试验	MT 818.11	6.4.5	T	T	T	T	MT 386

注：“特殊弯曲试验”只适用于 MT 818.11—2009 中 5.4.3 规定结构的电缆。

*条文号系原标准编号。

第四节　电力电缆载流量

一、1~35 kV 纸绝缘电力电缆载流量

1~35 kV 纸绝缘电力电缆长期允许载流量见表 12-4-1~表 12-4-7。

表 12-4-1　1~3 kV 普通黏性浸渍纸绝缘电缆长期允许载流量（1）

导线截面积/mm²	空气敷设长期允许载流量/A				相应电缆表面温度/℃	
	铜芯		铝芯			
	单芯	3芯	单芯	3芯	单芯	3芯
2.5	40	28	30	22	72	71
4	55	37	42	28	72	72
6	75	46	55	35	73	73
10	95	60	75	48	74	73
16	120	80	90	65	74	73
25	160	110	125	85	75	73
35	200	130	155	100	75	74
50	245	165	190	130	75	74
70	305	205	235	160	76	74
95	370	255	285	195	76	74
120	430	295	330	225	76	75
150	470	345	360	265	76	75
185	550	390	425	300	76	75
240	660	450	510	350	76	75
300	770		590		76	
400	930		710		76	
500	1090		840		76	
625	1260		970		76	
800	1500		1150		76	

注：1. 导线工作温度：80 ℃；环境温度：25 ℃。
　　2. 适用电缆型号：ZQ、ZLQ、ZL、ZLL。
　　3. 4 芯电缆的载流量可借用 3 芯电缆的载流量值。

表 12-4-2　1~3 kV 普通黏性浸渍纸绝缘电缆长期允许载流量（2）

导线截面积/mm²	长期允许载流量/A					
	空气敷设		直埋敷设			
			土壤热阻系数 80 ℃·cm/W		土壤热阻系数 120 ℃·cm/W	
	铜芯	铝芯	铜芯	铝芯	铜芯	铝芯
2.5	30	24	37	28	33	26
4	40	32	47	37	43	33
6	52	40	60	46	54	42
10	70	55	80	60	70	55
16	95	70	105	80	93	70

表 12－4－2（续）

导线截面积/ mm^2	长期允许载流量/A					
	空气敷设		直埋敷设			
			土壤热阻系数 80 ℃ · cm/W		土壤热阻系数 120 ℃ · cm/W	
	铜　芯	铝　芯	铜　芯	铝　芯	铜　芯	铝　芯
25	125	95	140	105	123	95
35	155	115	170	130	150	115
50	190	145	205	160	180	140
70	235	180	250	190	220	165
95	285	220	300	230	260	195
120	335	255	345	265	300	230
150	390	300	390	300	340	260
185	450	345	445	340	390	300
240	530	410	510	400	450	340

注：1. 导线工作温度：80 ℃；环境温度：25 ℃。
2. 适用电缆型号：ZLL02、ZL02、ZLQ02、ZQ02、ZLL03、ZL03、ZLQ03、ZQ03、ZLL22、ZL22、ZLQ22、ZQ22、ZLL23、ZL23、ZLQ23、ZQ23、ZLL32、ZL32、ZLQ32、ZQ32、ZLL33、ZL33、ZLQ33、ZQ33、ZLQ41、ZQ41。
3. 表中数据均是 3 芯电缆的。4 芯电缆的载流量可借用 3 芯电缆的载流量值。

表 12－4－3　6 kV 普通黏性浸渍纸绝缘电缆长期允许载流量（1）

导线截面积/ mm^2	空气敷设长期允许载流量/A				相应电缆表面温度/ ℃	
	铜　芯		铝　芯			
	单　芯	3　芯	单　芯	3　芯	单　芯	3　芯
10	76	55	56	43		56
16	104	70	76	55		56
25	140	95	100	75		59
35	172	115	125	90		59
50	215	150	158	115		59
70	265	175	198	135		59
95	318	220	240	170		60
120	360	255	275	195		60
150	418	295	320	225		60
185	470	340	360	260		60
240	550	400	425	310		60
300	635		500			
400	755		600			
500	860		700			

注：1. 导线工作温度：65 ℃；环境温度：25 ℃。
2. 适用电缆型号：ZQ、ZLQ、ZL、ZLL。
3. 4 芯电缆的载流量可借用 3 芯电缆的载流量值。

表 12-4-4　6 kV 普通黏性浸渍纸绝缘电缆长期允许载流量（2）

导线截面积/mm²	长期允许载流量/A							
	空气敷设				3 芯电缆直埋敷设			
	铜芯		铝芯		土壤热阻系数 80 ℃·cm/W		土壤热阻系数 120 ℃·cm/W	
	单芯	3 芯	单芯	3 芯	铜芯	铝芯	铜芯	铝芯
10	86	60	66	48	70	55	65	48
16	118	80	91	60	90	70	80	60
25	153	110	118	85	120	95	110	80
35	190	135	146	100	145	110	130	100
50	235	165	181	125	180	135	160	120
70	283	200	218	155	215	165	190	145
95	340	245	262	190	260	205	230	180
120	390	285	300	220	300	230	260	200
150	445	330	342	255	340	260	295	230
185	505	380	388	295	380	295	335	260
240	600	450	462	345	450	345	390	300
300	680		523					
400	810		625					
500	930		715					

注：1. 导线工作温度：65 ℃；环境温度：25 ℃。

2. 适用电缆型号：ZLL02、ZL02、ZLQ02、ZQ02、ZLL03、ZL03、ZLQ03、ZQ03、ZLL22、ZL22、ZLQ22、ZQ22、ZLL23、ZL23、ZLQ23、ZQ23、ZLL32、ZL32、ZLQ32、ZQ32、ZLL33、ZL33、ZLQ33、ZQ33。

表 12-4-5　10 kV 普通黏性浸渍纸绝缘电缆长期允许载流量（1）

导线截面积/mm²	空气敷设长期允许载流量/A				相应电缆表面温度/℃（3 芯）
	铜芯		铝芯		
	单芯	3 芯	单芯	3 芯	
16	104	65	80	50	52
25	137	90	106	70	53
35	170	110	131	85	53
50	210	135	161	105	54
70	255	170	196	130	54
95	300	210	231	160	54
120	350	240	270	185	54
150	400	275	308	210	55
185	450	320	347	245	55
240	530	370	408	285	55
300	600		462		
400	720		555		
500	840		646		

注：1. 导线工作温度：60 ℃；环境温度：25 ℃。

2. 适用电缆型号：ZQ、ZLQ、ZL、ZLL。

表 12-4-6　10 kV 普通黏性浸渍纸绝缘电缆长期允许载流量（2）

导线截面积/mm²	长期允许载流量/A							
	空气敷设				3 芯电缆埋地敷设			
	铜芯		铝芯		土壤热阻系数 80 ℃ · cm/W		土壤热阻系数 120 ℃ · cm/W	
	单芯	3 芯	单芯	3 芯	铜芯	铝芯	铜芯	铝芯
16	107	75	81	60	85	65	75	60
25	140	100	108	80	115	90	100	75
35	175	125	135	95	135	105	120	95
50	220	155	169	120	170	130	150	115
70	270	190	208	145	205	150	180	140
95	320	230	246	180	245	185	215	165
120	370	265	285	205	275	215	245	185
150	415	305	320	235	315	245	280	215
185	480	355	370	270	310	275	315	240
240	570	420	440	320	420	325	365	280
300	660		508					
400	800		615					
500	920		710					

注：1. 导线工作温度：60 ℃；环境温度：25 ℃。

2. 适用电缆型号：ZLL02、ZL02、ZLQ02、ZQ02、ZLL03、ZL03、ZLQ03、ZQ03、ZLL22、ZL22、ZLQ22、ZQ22、ZLL23、ZL23、ZLQ23、ZQ23、ZLL32、ZL32、ZLQ32、ZQ32、ZLL33、ZL33、ZLQ33、ZQ33。

表 12-4-7　20~35 kV 普通黏性浸渍纸绝缘电缆长期允许载流量

导线截面积/mm²	长期允许载流量/A							
	空气敷设				3 芯电缆直埋敷设			
	铜芯		铝芯		土壤热阻系数 80 ℃ · cm/W		土壤热阻系数 120 ℃ · cm/W	
	单芯	3 芯	单芯	3 芯	铜芯	铝芯	铜芯	铝芯
25		95		75	105	80	80	70
35		115		85	115	90	110	85
50	160	145	123	110	150	115	135	100
70	200	175	154	135	180	135	160	120
95	245	210	188	165	210	165	195	150
120	290	240	223	180	240	185	220	170
150	340	265	261	200	275	210	240	190
185	395	300	304	230	300	230	270	210
240	475		366					
300	560		431					
400	680		523					

注：1. 导线工作温度：50 ℃；环境温度：25 ℃。

2. 单芯电缆均为 ZLL、ZL、ZLQ、ZQ、ZLL02、ZL02、ZLQ02、ZQ02、ZLL03、ZL03、ZLQ03、ZQ03 型，3 芯电缆为分相铅包型；直埋敷设载流量仅适用于 ZLQF22、ZQF22、ZLQF23、ZQF23 型。

二、1～35 kV 塑料、橡皮绝缘电力电缆载流量

1～35 kV 塑料、橡皮绝缘电力电缆长期允许载流量见表 12－4－8～表 12－4－18。

表 12－4－8 1 kV 聚氯乙烯绝缘及护套电缆（1～3 芯）长期允许载流量

导线截面积/mm^2	空气敷设长期允许载流量/A						直埋敷设长期允许载流量/A											
	铜芯			铝芯			土壤热阻系数 80 ℃·cm/W						土壤热阻系数 120 ℃·cm/W					
							铜芯			铝芯			铜芯			铝芯		
	单芯	2 芯	3 芯	单芯	2 芯	3 芯	单芯	2 芯	3 芯	单芯	2 芯	3 芯	单芯	2 芯	3 芯	单芯	2 芯	3 芯
1	18	15	12				27	20	18				25	10	10			
1.5	23	19	16				34	26	22				31	24	20			
2.5	32	26	22	24	20	16	45	35	30	35	27	23	42	32	27	32	24	20
4	41	35	29	31	26	22	61	45	39	47	35	30	56	41	35	43	32	27
6	54	44	38	41	34	29	77	57	49	59	43	38	70	52	44	54	40	34
10	72	60	52	55	46	40	103	76	66	80	59	51	94	60	59	72	53	46
16	97	79	69	74	61	53	138	101	86	106	77	67	124	91	77	95	70	59
25	132	107	93	102	83	72	183	131	115	140	101	87	163	118	101	125	91	78
35	162	124	118	124	95	87	221	156	141	170	120	108	196	139	124	151	107	95
50	204	155	140	157	120	108	272	192	171	210	148	132	241	171	150	185	132	116
70	253	196	175	195	151	135	333	235	210	256	180	162	292	208	184	225	160	141
95	272	238	214	214	182	165	392	280	249	302	216	192	348	257	218	267	191	168
120	356	273	247	276	211	191	451	320	283	348	247	218	392	282	247	305	218	190
150	410	315	293	316	242	225	516	365	326	392	280	250	447	322	283	343	248	218
185	465		332	358		257	572		367	436		288	500		318	385		247
240	552		396	425		306	667		424	516		327	582		368	447		284
300	686			400			751			577			660			500		
400	757			580			876			678			773			593		
500	880			680			1012			766			876			670		
630	1025			787			1154			878			1000			767		
800	1338			934			1320			1012			1153			885		

注：导线工作温度：65 ℃；环境温度：25 ℃。

表 12－4－9 1 kV 聚氯乙烯绝缘及护套电缆（4 芯）长期允许载流量

芯数×导线截面积/mm^2	空气敷设长期允许载流量/A		直埋敷设长期允许载流量/A			
			土壤热阻系数 80 ℃·cm/W		土壤热阻系数 120 ℃·cm/W	
	铜芯	铝芯	铜芯	铝芯	铜芯	铝芯
3×4＋1×2.5	29	22	38	29	35	27
3×6＋1×4	38	29	48	37	44	34
3×10＋1×6	51	40	65	50	58	45

表 12－4－9（续）

芯数×导线截面积/mm²	空气敷设长期允许载流量/A		直埋敷设长期允许载流量/A			
			土壤热阻系数 80 ℃·cm/W		土壤热阻系数 120 ℃·cm/W	
	铜　芯	铝　芯	铜　芯	铝　芯	铜　芯	铝　芯
3×16＋1×6	68	53	84	65	76	58
3×25＋1×10	92	71	111	86	100	77
3×35＋1×10	115	89	139	107	123	95
3×50＋1×16	144	111	173	133	152	117
3×70＋1×25	178	136	208	160	183	140
3×95＋1×35	218	168	249	191	218	167
3×120＋1×35	252	195	285	220	248	192
3×150＋1×50	297	228	329	253	286	220
3×185＋1×50	341	263	350	286	321	248

注：导线工作温度：65 ℃；环境温度：25 ℃。

表 12－4－10　1 kV 聚氯乙烯绝缘和护套铠装电缆（2～3 芯）长期允许载流量

导线截面积/mm²	空气敷设长期允许载流量/A				直埋敷设长期允许载流量/A							
					土壤热阻系数 80 ℃·cm/W				土壤热阻系数 120 ℃·cm/W			
	铜　芯		铝　芯		铜　芯		铝　芯		铜　芯		铝　芯	
	2 芯	3 芯	2 芯	3 芯	2 芯	3 芯	2 芯	3 芯	2 芯	3 芯	2 芯	3 芯
4	36	31	27	23	45	39	35	30	41	35	32	27
6	45	39	35	30	56	49	43	38	52	45	40	34
10	60	52	46	40	73	66	56	51	67	59	52	46
16	81	71	62	54	100	87	76	67	90	78	70	60
25	106	96	81	73	131	115	100	88	118	103	91	79
35	128	114	99	88	157	139	121	107	140	123	108	94
50	160	144	123	111	191	172	147	133	171	151	132	116
70	197	179	152	138	233	223	180	162	207	192	160	142
95	240	217	185	167	278	247	214	190	248	216	191	166
120	278	252	215	194	320	283	247	218	284	247	219	190
150	319	292	246	225	361	324	277	248	320	282	246	216
185		333		257		361		279		315		242
240		392		305		421		324		364		295

注：导线工作温度：65 ℃；环境温度：25 ℃。

表 12-4-11 1 kV 聚氯乙烯绝缘和护套铠装电缆（4 芯）长期允许载流量

芯数×导线截面积/mm²	空气敷设长期允许载流量/A		直埋敷设长期允许载流量/A			
			土壤热阻系数 80 ℃·cm/W		土壤热阻系数 120 ℃·cm/W	
	铜芯	铝芯	铜芯	铝芯	铜芯	铝芯
3×4+1×2.5	30	23	37	29	34	26
3×6+1×4	39	30	48	37	44	34
3×10+1×6	52	40	64	50	58	45
3×16+1×6	70	54	85	65	77	59
3×25+1×10	94	73	111	85	100	77
3×35+1×10	119	92	143	110	126	97
3×50+1×16	149	115	175	135	154	118
3×70+1×25	184	141	211	162	195	142
3×95+1×35	226	174	254	196	221	271
3×120+1×35	260	201	290	223	252	194
3×150+1×50	301	231	327	252	284	218
3×185+1×50	345	266	369	284	319	246

注：导线工作温度：65 ℃；环境温度：25 ℃。

表 12-4-12 6 kV 聚氯乙烯绝缘和护套电缆长期允许载流量

导线截面积/mm²	空气敷设长期允许载流量/A				直埋敷设长期允许载流量/A							
					土壤热阻系数 80 ℃·cm/W				土壤热阻系数 120 ℃·cm/W			
	铜芯		铝芯		铜芯		铝芯		铜芯		铝芯	
	单芯	3 芯	单芯	3 芯	单芯	3 芯	单芯	3 芯	单芯	3 芯	单芯	3 芯
10	75	55	58	42	91	63	70	49	85	58	65	44
16	99	73	76	56	121	83	94	64	113	76	86	58
25	133	96	102	74	161	108	124	83	148	98	114	75
35	161	118	124	90	195	136	150	104	179	121	137	93
50	202	146	155	112	244	166	187	128	221	148	171	114
70	249	177	191	136	298	199	229	153	270	177	208	136
95	301	218	232	167	359	241	275	186	324	213	248	164
120	348	251	269	194	408	275	320	213	372	243	286	187
150	400	292	308	224	471	316	365	243	426	278	324	213
185	456	330	351	257	535	354	408	275	471	312	365	241
240	540	392	416	301	633	408	485	316	554	359	426	278
300	624	484	479		711		550		633		488	
400	750		576		850		653		752		580	
500	868		666		975		748		860		660	

注：导线工作温度：65 ℃；环境温度：25 ℃。

表 12-4-13　6 kV 聚氯乙烯绝缘和护套铠装电缆（3 芯）长期允许载流量

导线截面积/mm²	空气敷设长期允许载流量/A		直埋敷设长期允许载流量/A			
			土壤热阻系数 80 ℃·cm/W		土壤热阻系数 120 ℃·cm/W	
	铜　芯	铝　芯	铜　芯	铝　芯	铜　芯	铝　芯
10	56	43	63	49	58	45
16	73	56	82	63	75	58
25	95	73	105	81	96	74
35	118	90	133	102	119	92
50	148	114	165	127	147	113
70	181	143	200	154	178	137
95	218	168	237	182	210	162
120	251	194	271	209	240	185
150	290	223	310	215	272	210
185	333	256	348	270	309	237
240	391	301	406	313	356	274

注：导线工作温度：65 ℃；环境温度：25 ℃。

表 12-4-14　10～35 kV 交联聚乙烯绝缘电缆长期允许载流量

导线截面积/mm²	空气敷设长期允许载流量/A				直埋敷设长期允许载流量/A（土壤热阻系数 100 ℃·cm/W）			
	10 kV 3 芯电缆		35 kV 单芯电缆		10 kV 3 芯电缆		35 kV 单芯电缆	
	铜　芯	铝　芯	铜　芯	铝　芯	铜　芯	铝　芯	铜　芯	铝　芯
16	121	94			118	92		
25	158	123			151	117		
35	190	147			180	140		
50	231	180	260	206	217	169	213	166
70	280	218	317	247	260	202	256	202
95	335	261	377	295	307	240	301	240
120	388	303	433	339	348	272	342	269
150	445	347	492	386	394	308	385	303
185	504	394	557	437	441	344	429	339
240	587	461	650	512	504	396	495	390
300	671	527	740	586	567	481	550	439
400	790	623			654	518		
500	893	710			730	580		

注：1. 导线工作温度：80 ℃；环境温度：25 ℃。

2. 适用电缆型号：YJV、YJLV。

表 12-4-15　500 V 橡皮绝缘聚氯乙烯护套电缆长期允许载流量

导线截面积/mm²	空气敷设长期允许载流量/A						直埋敷设长期允许载流量/A											
							土壤热阻系数 80 ℃·cm/W						土壤热阻系数 120 ℃·cm/W					
	铜芯			铝芯			铜芯			铝芯			铜芯			铝芯		
	单芯	2 芯	3 芯	单芯	2 芯	3 芯	单芯	2 芯	3 芯	单芯	2 芯	3 芯	单芯	2 芯	3 芯	单芯	2 芯	3 芯
1	20	17	15				29	23	20				27	21	18			
1.5	25	21	18				36	29	25				33	26	22			
2.5	34	28	24	27	22	19	48	38	33	38	30	26	44	34	30	35	27	23
4	45	37	32	35	30	25	64	50	43	50	40	34	58	45	38	46	36	30
6	57	47	40	45	37	32	80	63	54	64	50	43	73	56	48	57	45	38
10	80	66	57	62	52	45	111	86	74	87	67	58	100	76	65	78	60	51
16	107	89	76	83	69	59	148	114	98	115	88	76	132	101	86	102	78	66
25	141	118	101	110	93	79	191	147	125	150	115	98	170	129	109	133	101	86
35	172	144	124	135	113	97	232	175	151	182	138	118	205	154	131	161	121	103
50	218	184	158	171	144	124	289	217	186	227	170	146	254	190	162	199	149	127
70	265	223	191	208	175	150	348	259	220	273	204	173	304	227	191	239	178	150
95	323	271	234	253	213	184	413	306	263	323	240	206	361	268	228	283	211	179
120	371	312	269	291	246	212	471	347	298	369	273	234	410	304	258	322	239	203
150	429	362	311	337	285	245	531	395	336	417	311	264	463	345	291	363	272	229
185	494	414	359	388	327	284	602	443	380	473	350	300	524	387	329	412	306	260
240	590			465			702			553			610			480		
300				537						627						544		
400				632						720						625		
500				733						820						710		
630				858						941						814		

注：1. 导线工作温度：65 ℃；环境温度：25 ℃。

2. 适用电缆型号：XV、XLV。

3. 4 芯电缆的载流量可借用 3 芯电缆的载流量值。

表 12-4-16　500 V 橡皮绝缘聚氯乙烯护套内钢带铠装电缆长期允许载流量

导线截面积/mm²	空气敷设长期允许载流量/A				直埋敷设长期允许载流量/A							
					土壤热阻系数 80 ℃·cm/W				土壤热阻系数 120 ℃·cm/W			
	铜芯		铝芯		铜芯		铝芯		铜芯		铝芯	
	2 芯	3 芯	2 芯	3 芯	2 芯	3 芯	2 芯	3 芯	2 芯	3 芯	2 芯	3 芯
1.5	21	18			27	24			25	22		
2.5	28	24			37	32			34	28		
4	37	31	30	25	48	41	38	33	44	37	35	29
6	47	40	37	31	61	52	48	41	55	46	44	37

表 12-4-16（续）

导线截面积/mm²	空气敷设长期允许载流量/A				直埋敷设长期允许载流量/A							
					土壤热阻系数 80 ℃·cm/W				土壤热阻系数 120 ℃·cm/W			
	铜芯		铝芯		铜芯		铝芯		铜芯		铝芯	
	2芯	3芯	2芯	3芯	2芯	3芯	2芯	3芯	2芯	3芯	2芯	3芯
10	66	56	51	44	83	71	65	56	75	63	59	50
16	89	75	69	58	111	93	86	72	99	83	77	64
25	116	98	91	77	142	120	111	94	126	106	99	83
35	141	119	111	94	171	145	134	113	152	128	119	100
50	179	150	140	118	212	178	167	140	188	157	148	123
70	216	183	169	143	252	213	198	168	223	188	175	147
95	263	222	206	175	302	255	237	200	267	224	209	175
120	300	254	236	200	339	286	266	225	299	251	235	198
150	346	293	272	231	386	326	304	257	340	285	268	225
185	396	334	313	264	436	365	344	289	384	320	303	253

注：1. 导线工作温度：65 ℃；环境温度：25 ℃。
　　2. 适用电缆型号：XV29、XLV29。

表 12-4-17　500 V 橡皮绝缘氯丁橡套电缆长期允许载流量

导线截面积/mm²	空气敷设长期允许载流量/A						直埋敷设长期允许载流量/A											
							土壤热阻系数 80 ℃·cm/W						土壤热阻系数 120 ℃·cm/W					
	铜芯			铝芯			铜芯			铝芯			铜芯			铝芯		
	单芯	2芯	3芯	单芯	2芯	3芯	单芯	2芯	3芯	单芯	2芯	3芯	单芯	2芯	3芯	单芯	2芯	3芯
1	22	18	16				31	25	22				28	22	19			
1.5	28	23	20				39	30	27				35	27	24			
2.5	37	31	26	29	24	21	52	40	35	41	32	28	47	36	31	37	28	25
4	49	41	35	39	32	27	69	53	46	54	42	36	61	47	40	49	37	32
6	61	51	44	49	41	35	87	66	58	69	53	46	77	59	50	61	46	40
10	87	72	62	68	57	49	119	90	78	93	71	61	105	79	68	82	62	53
16	117	98	84	90	76	65	158	118	102	123	92	79	139	104	89	108	80	69
25	154	130	112	121	102	87	203	152	130	159	119	102	178	133	112	139	104	88
35	189	158	136	148	124	107	246	181	156	193	142	122	214	158	135	168	124	106
50	240	200	173	188	157	136	305	222	191	239	174	150	264	194	165	207	153	130
70	292	243	209	230	191	164	366	265	226	287	208	178	316	232	196	248	182	154
95	357	294	254	280	231	200	430	314	270	337	246	212	373	274	233	292	215	183
120	411	337	292	323	265	230	490	356	306	384	280	240	423	310	263	332	244	207
150	475	390	337	373	307	266	550	404	345	431	318	271	476	352	298	373	277	234
185	545	446	388	428	353	307	622	453	390	489	358	308	537	395	336	422	312	265

表 12－4－17（续）

导线截面积/mm²	空气敷设长期允许载流量/A						直埋敷设长期允许载流量/A											
							土壤热阻系数 80 ℃·cm/W						土壤热阻系数 120 ℃·cm/W					
	铜芯			铝芯			铜芯			铝芯			铜芯			铝芯		
	单芯	2 芯	3 芯	单芯	2 芯	3 芯	单芯	2 芯	3 芯	单芯	2 芯	3 芯	单芯	2 芯	3 芯	单芯	2 芯	3 芯
240	649			511			721			568			624			491		
300				587						643						555		
400				691						740						639		
500				798						842						725		
630				933						965						830		

注：1. 导线工作温度：65 ℃；环境温度：25 ℃。
　　2. 适用电缆型号：XF、XLF。

表 12－4－18　6 kV 一芯橡皮绝缘铅包电缆长期允许载流量

导线截面积/mm²	长期允许载流量/A				导线截面积/mm²	长期允许载流量/A			
	XQ	XLQ	XQ1	XLQ1		XQ	XLQ	XQ1	XLQ1
2.5	41	33	43	34	95	353	276	368	288
4	54	42	57	45	120	405	318	423	332
6	67	53	71	56	150	467	366	485	380
10	92	72	97	76	185	536	421	555	436
16	122	94	128	99	240	639	503	664	523
25	157	123	166	130	300	735	579	761	600
35	191	150	201	158	400	869	687	896	709
50	240	188	252	197	500	1003	795	1034	819
70	290	228	304	239					

注：1. 导线工作温度：65 ℃；环境温度：25 ℃。
　　2. 适用电缆型号：XQ、XLQ、XQ1、XLQ1。
　　3. 单芯电缆载流量未计入铅层两端接地时的环流损耗。

三、煤矿用移动类软电缆载流量

（一）煤矿用移动软电缆

煤矿用移动软电缆载流量见表 12－4－19～表 12－4－21。

表 12－4－19　矿用移动橡套软电缆（MY 型，电压 380/660 V）

芯数×截面积/mm²	导体结构（根/mm）	绝缘厚度/mm	护套厚度/mm	电缆外径/mm		参考重量/(kg·km⁻¹)	导体（铜）最大直流电阻（20 ℃）/(Ω·km⁻¹)	20 ℃载流量/A
				标称	最大			
3×4＋1×4	56/0.30	1.4	3.5	20.9	23.0	637	4.950	35
	56/0.30						4.950	

表 12-4-19（续）

芯数×截面积/mm^2	导体结构（根/mm）	绝缘厚度/mm	护套厚度/mm	电缆外径/mm		参考重量/（$kg \cdot km^{-1}$）	导体（铜）最大直流电阻（20 ℃）/（$\Omega \cdot km^{-1}$）	20 ℃载流量/A
				标称	最大			
3×6+1×6	84/0.30	1.4	3.5	22.9	25.1	856	3.300	46
	84/0.30						3.300	
3×10+1×10	84/0.40	1.6	4.0	27.8	30.6	1304	1.910	64
	84/0.40						1.910	
3×16+1×10	126/0.40	1.6	4.0	30.3	33.3	1545	1.210	85
	84/0.40						1.910	
3×25+1×16	196/0.40	1.8	4.5	36.4	40.1	2269	0.780	113
	126/0.40						1.210	
3×35+1×16	276/0.40	1.8	4.5	40.5	44.6	2786	0.554	138
	126/0.40						1.210	
3×50+1×16	396/0.40	2.0	5.0	45.5	50.1	3554	0.386	173
	126/0.40						1.210	
3×70+1×25	360/0.50	2.0	5.0	51.5	55.1	4587	0.272	215
	196/0.40						0.780	

表 12-4-20　矿用移动屏蔽橡套软电缆（MYP 型，电压 380/660 V）

芯数×截面积/mm^2	导体结构（根/mm）	绝缘厚度/mm	护套厚度/mm	电缆外径/mm		参考重量/（$kg \cdot km^{-1}$）	导体（铜）最大直流电阻（20 ℃）/（$\Omega \cdot km^{-1}$）	20 ℃载流量/A
				标称	最大			
3×4+1×4	56/0.30	1.4	3.5	22.9	25.2	730	4.950	35
	56/0.30						4.950	
3×6+1×6	84/0.30	1.4	3.5	24.7	27.2	959	3.300	46
	84/0.30						3.300	
3×10+1×10	84/0.40	1.6	4.0	29.7	32.7	1427	1.910	64
3×16+1×10	126/0.40	1.6	4.0	32.2	35.4	1675	1.210	85
	84/0.40						1.910	
3×25+1×16	196/0.40	1.8	4.5	38.3	41.0	2419	0.780	113
	126/0.40						1.210	
3×35+1×16	276/0.40	1.8	4.5	42.4	46.6	2952	0.554	138
	126/0.40						1.210	
3×50+1×16	396/0.40	2.0	5.0	47.4	51.0	3741	0.386	173
	126/0.40						1.210	
3×70+1×25	360/0.50	2.0	5.0	52.4	57.1	4790	0.272	215
	196/0.40						0.780	

表 12-4-21　矿用移动屏蔽橡套软电缆（MYP 型，电压 660/1140 V）

芯数×截面积/mm²	导体结构（根/mm）	绝缘厚度/mm	护套厚度/mm	电缆外径/mm		参考重量/（kg·km⁻¹）	导体（铜）最大直流电阻（20 ℃）/（Ω·km⁻¹）	20 ℃载流量/A
				标称	最大			
3×10+1×10	84/0.40 84/0.40	1.8	4.5	31.7	34.9	1640	1.910 1.910	64
3×16+1×10	126/0.40 84/0.40	1.8	4.5	34.2	37.6	1899	1.210 1.910	85
3×25+1×16	196/0.40 126/0.40	2.0	5.0	40.3	44.3	2648	0.780 1.210	113
3×35+1×16	276/0.40 126/0.40	2.0	5.0	44.4	48.8	3201	0.554 1.210	138
3×50+1×16	396/0.40 126/0.40	2.2	5.5	51.5	54.6	4013	0.386 1.210	173
3×70+1×25	360/0.50 196/0.40	2.2	5.5	53.9	59.3	5079	0.272 0.780	215
3×95+1×25	475/0.50 196/0.40	2.4	6.0	62.1	68.1	6280	0.206 0.780	260

（二）采煤机用橡套软电缆

采煤机用橡套软电缆载流量见表 12-4-22～表 12-4-24。

表 12-4-22　采煤机用橡套软电缆（MC 型，电压 380/660 V）

芯数×截面积/mm²	导体结构（根/mm）	绝缘厚度/mm	护套厚度/mm	电缆外径/mm		参考重量/（kg·km⁻¹）	导体（铜）最大直流电阻（20 ℃）/（Ω·km⁻¹）	20 ℃载流量/A
				标称	最大			
3×16+1×4+3×2.5	126/0.40 56/0.30 49/0.25	1.6	4.5	31.3	34.4	1668	1.210 4.950 7.980	85
3×25+1×6+4×2.5	196/0.40 84/0.30 49/0.25	1.8	5.5	38.4	41.0	2324	0.780 3.300 7.980	113
3×35+1×6+4×4	276/0.40 84/0.30 56/0.30	1.8	5.5	43.9	48.3	3234	0.554 3.300 4.950	138
3×50+1×10+7×4	396/0.40 84/0.40 56/0.30	2.0	5.5	47.7	51.0	4080	0.386 1.910 4.950	170

表 12-4-23 采煤机用屏蔽橡套软电缆（MCP 型，电压 380/660 V）

芯数×截面积/mm²	导体结构（根/mm）	绝缘厚度/mm	护套厚度/mm	电缆外径/mm		参考重量/（kg·km⁻¹）	导体（铜）最大直流电阻（20 ℃）/（Ω·km⁻¹）	20 ℃载流量/A
				标称	最大			
3×16+1×4+3×2.5	126/0.40	1.6	4.5	33.2	36.5	1883	1.210	85
	56/0.30						4.950	
	49/0.25						7.980	
3×25+1×6+4×2.5	196/0.40	1.8	5.5	40.3	44.3	2571	0.780	113
	84/0.30						3.300	
	49/0.25						7.980	
3×35+1×6+4×4	276/0.40	1.8	5.5	45.8	50.4	3527	0.554	138
	84/0.30						3.300	
	56/0.30						4.950	
3×50+1×10+7×4	396/0.40	2.0	5.5	51.5	55.0	4400	0.386	170
	84/0.40						1.910	
	56/0.30						4.950	

表 12-4-24 采煤机用屏蔽橡套软电缆（MCP 型，电压 660/1140 V）

芯数×截面积/mm²	导体结构（根/mm）	绝缘厚度/mm	护套厚度/mm	电缆外径/mm		参考重量/（kg·km⁻¹）	导体（铜）最大直流电阻（20 ℃）/（Ω·km⁻¹）	20 ℃载流量/A
				标称	最大			
3×35+1×6+3×6	276/0.40	2.0	6.0	47.2	51.4	3758	0.554	138
	84/0.30						3.300	
	84/0.30						3.300	
3×50+1×10+3×6	396/0.40	2.2	7.0	54.3	58.6	4888	0.386	170
	84/0.30						1.910	
	84/0.30						3.300	
3×70+1×16+3×6	360/0.50	2.2	7.0	59.6	64.3	5783	0.272	210
	126/0.40						1.210	
	84/0.30						3.300	
3×95+1×25+3×10	475/0.50	2.4	7.0	64.5	70.1	7430	0.206	250
	196/0.40						0.780	
	84/0.40						1.910	

（三）煤矿用电钻电缆

煤矿用电钻电缆载流量见表 12-4-25 和表 12-4-26。

表 12-4-25　矿用电钻电缆（MZ 型，电压 300/500 V）

芯数×截面积/mm^2	导体结构（根/mm）	绝缘厚度/mm	护套厚度/mm	电缆外径/mm		参考重量/（$kg \cdot km^{-1}$）	导体（铜）最大直流电阻（20 ℃）/（$\Omega \cdot km^{-1}$）	20 ℃载流量/A
				标称	最大			
3×2.5+1×2.5	77/0.20	1.0	3.5	17.7	19.4	488	8.820	25
	77/0.20						8.820	
3×4+1×4	126/0.20	1.0	3.5	19.1	21.0	602	5.390	35
	126/0.20						5.390	
3×2.5+1×2.5+1×2.5	77/0.20	1.0	3.5	18.9	20.8	521	8.820	25
	77/0.20						8.820	
	77/0.20						8.820	
3×4+1×4+1×4	126/0.20	1.0	3.5	20.5	22.6	648	5.390	35
	126/0.20						5.390	
	126/0.20						5.390	

表 12-4-26　矿用电钻屏蔽电缆（MZP 型，电压 300/500 V）

芯数×截面积/mm^2	导体结构（根/mm）	绝缘厚度/mm	护套厚度/mm	电缆外径/mm		参考重量/（$kg \cdot km^{-1}$）	导体（铜）最大直流电阻（20 ℃）/（$\Omega \cdot km^{-1}$）	20 ℃载流量/A
				标称	最大			
3×2.5+1×2.5	77/0.20	1.0	3.5	19.5	21.5	641	8.820	25
	77/0.20						8.820	
3×4+1×4	126/0.20	1.0	3.5	21.0	23.1	766	5.390	35
	126/0.20						5.390	
3×2.5+1×2.5+1×2.5	77/0.20	1.0	3.5	21.1	23.2	743	8.820	25
	77/0.20						8.820	
	77/0.20						8.820	
3×4+1×4+1×4	126/0.20	1.0	3.5	22.8	25.1	909	5.390	35
	126/0.20						5.390	
	126/0.20						5.390	

煤矿用移动类橡套软电缆的载流量，还可查阅《煤矿用电缆　第 1 部分：移动类软电缆一般规定》（MT 818.1—2009）中的附录 B，即本章第三节表 12-3-15 和表 12-3-16 的规定。

四、通用橡套软电缆载流量

通用橡套软电缆载流量见表 12-4-27。

表 12-4-27　通用橡套软电缆载流量（$\theta_n = 65$ ℃）

主线芯截面积/mm²	中性线截面积/mm²	YZ、YZW、YHZ 型/A								YQ、YQW、YHQ 型/A	
		2 芯				3 芯、4 芯				2 芯	3 芯
		25 ℃	30 ℃	35 ℃	40 ℃	25 ℃	30 ℃	35 ℃	40 ℃	25 ℃	25 ℃
0.5	0.5	12	11	10	9	9	8	7	7	11	9
0.75	0.75	14	13	12	11	11	10	9	8	14	12
1.0	1.0	17	15	14	13	13	12	11	10		
1.5	1.0	21	19	18	16	18	16	15	14		
2.0	2.0	26	24	22	20	22	20	19	17		
2.5	2.5	30	28	25	23	25	23	21	19		
4	2.5	41	38	35	32	36	32	30	27		
6	4	53	49	45	41	45	42	38	35		

主线芯截面积/mm²	中性线截面积/mm²	YC、YCW、YHC 型/A							
		2 芯				3 芯、4 芯			
		25 ℃	30 ℃	35 ℃	40 ℃	25 ℃	30 ℃	35 ℃	40 ℃
2.5	1.5	30	28	25	23	26	24	22	20
4	2.5	39	36	33	30	34	31	29	26
6	4	51	47	44	40	43	40	37	34
10	6	74	69	64	58	63	58	54	49
16	6	98	91	84	77	84	78	72	66
25	10	135	126	116	106	115	107	99	90
35	10	167	156	144	132	142	132	122	112
50	16	208	194	179	164	176	164	152	139
70	25	259	242	224	204	224	209	193	177
95	35	318	297	275	251	273	255	236	215
120	35	371	346	320	293	316	295	273	249

注：3 芯电缆中一根线芯不载流时，其载流量按 2 芯电缆数据。

五、不同敷设条件下载流量校正系数

不同敷设条件下载流量校正系数见表 12-4-28 ~ 表 12-4-33。

表 12-4-28　环境温度变化时载流量校正系数

导电线芯最高允许工作温度/℃	不同环境温度下载流量校正系数								
	5℃	10℃	15℃	20℃	25℃	30℃	35℃	40℃	45℃
80	1.17	1.13	1.09	1.04	1.0	0.954	0.905	0.853	0.798
65	1.22	1.17	1.12	1.06	1.0	0.935	0.865	0.791	0.707
60	1.25	1.20	1.13	1.07	1.0	0.926	0.845	0.756	0.655
50	1.34	1.26	1.18	1.09	1.0	0.895	0.775	0.633	0.447

表 12-4-29　已穿电线的黑铁管（钢管）或塑料管在空气中多根并列敷设时载流量校正系数

黑铁管（钢管）或塑料管根数	载流量校正系数	黑铁管（钢管）或塑料管根数	载流量校正系数
2~4	0.95	4 以上	0.90

注：表中系数适用于管与管紧靠敷设场合。

表 12-4-30　在空气中多根并列敷设时载流量校正系数

排列		1	2	3	4	6	4	6
配列		○	○ ○（d，s）	○○○	○○○○	○○○○○○	○ ○ ○ ○	○○○ ○○○
线芯缆距中离	$s=d$	1.0	0.9	0.85	0.82	0.80	0.8	0.75
	$s=2d$	1.0	1.0	0.98	0.95	0.90	0.9	0.90
	$s=3d$	1.0	1.0	1.0	0.98	0.96	1.0	0.96

注：本表系相同外径的电缆并列敷设时的载流量校正系数。d 为电缆外径。当并列敷设的电缆外径不同时，d 值建议取各电缆外径的平均值。s 为相邻电缆之间的中心距。

表 12-4-31　不同土壤热阻系数时载流量校正系数

导线截面积/mm^2	土壤热阻系数 ρ_T/(℃·cm·W^{-1})				
	60	80	120	160	200
	载流量校正系数				
2.5~16	1.06	1.0	0.9	0.83	0.77
25~95	1.08	1.0	0.88	0.80	0.73
120~240	1.09	1.0	0.86	0.78	0.71

注：土壤热阻系数的划分：潮湿地区 ρ_T 取 60~80，指沿海、湖、河畔地带雨量多地区，如华东、华南地区等；普通土壤 ρ_T 取 120，如平原地区东北、华北等；干燥土壤 ρ_T 取 160~200，如高原地区雨量少的山区、丘陵、干燥地带。

表 12-4-32　土壤热阻系数 ρ_T 的实测数据

地区	地点	ρ_T 测量数据/(℃·cm·W^{-1})	平均值/(℃·cm·W^{-1})	土壤情况
哈尔滨	太平区	115、117、125、135、120	122	黑土层，有砂、砾，较湿
	正阳河	124、112、115、120、120	118	黑土层，有煤渣夹杂
	南岗	92、92、98、98、90	94	黄土层，湿度一般
沈阳	肇工	117、110、114、105、105	110	黄土、黄黏土、沙土
	小东门	95、97、90、98	95	黄土、黄黏土、沙土
	胜利	95、95、94、95	95	黄土、黄黏土，湿度一般
广州	园村	71、62、78、72	71	黄沙土、黄土
	黄花岗	69、76、76、74	76	黄沙土，湿度 19%
	南箕	81、79	80	低洼地
	友谊	85、90	87	小山顶，砂土，湿度 12%

表 12-4-32（续）

地 区	地 点	ρ_T 测量数据/(℃·cm·W^{-1})	平均值/(℃·cm·W^{-1})	土 壤 情 况
南京	板桥	70	72	小山顶，硬质，黄黏土
	水厂	75		小山顶，硬质较湿
	高炉	69、71		小山顶，硬质较湿
上海	电缆所	55、50、55、56.5	54	黄黏土、砂土，潮湿

注：土壤热阻系数实测数据，系 1968—1970 年用探针对全国几个地区进行的部分土壤热阻系数的测量结果，供参考。

表 12-4-33 电缆直埋地多根并列敷设时载流量校正系数

（电缆相互间净距应不小于 100 mm）

电缆间净距/mm	不同敷设根数时的载流量校正系数				
	1 根	2 根	3 根	4 根	6 根
100	1.00	0.88	0.84	0.80	0.75
200	1.00	0.90	0.86	0.83	0.80
300	1.00	0.92	0.89	0.87	0.85

不同环境温度情况下，载流量校正系数也可按下式计算：

$$\frac{I_1}{I_2}=\left(\frac{\Delta Q_1}{\Delta Q_2}\right)^{\frac{1}{2}}$$

式中 ΔQ_1——载流量表中规定的最高允许温升（即导线最高允许工作温度与基准环境温度之差），℃；

ΔQ_2——实际温升（即导线最高允许工作温度与实际环境温度之差），℃；

I_1——对应 ΔQ_1 情况下的载流量，A；

I_2——对应 ΔQ_2 情况下的载流量，A。

六、电缆的允许短路电流

（一）允许短路温度

电缆线路如发生短路故障，电缆导线中通过的电流可能达到其长期允许载流量的几倍或几十倍。但短路时间很短，一般只有几秒或更短的时间。由短路电流所产生的损耗热量使导线发热，温度升高，由于时间短暂，绝缘层温度升高很少，因此电缆可以有较高的允许短路温度，见表 12-4-34。

表 12-4-34 电缆的允许短路温度

电 缆 类 别	允许短路温度/℃	电 缆 类 别	允许短路温度/℃
黏性浸渍纸绝缘电缆	220	交联聚乙烯电缆	230
聚氯乙烯电缆	120	天然橡皮电缆	150
聚乙烯电缆	140	乙丙及丁基橡皮电缆	230

（二）允许短路电流

电缆的允许短路电流是根据电缆在短路电流作用期间，电缆的温度不超过其允许短路温度来求出的。其计算公式如下：

$$I_{sc}=\sqrt{\frac{C_c}{r_{20}\alpha t}\ln\frac{1+\alpha(\theta_{sc}-20)}{1+\alpha(\theta_0-20)}} \quad (12-4-1)$$

式中　I_{sc}——允许短路电流，A；

θ_{sc}——电缆允许短路温度，℃；

θ_0——短路前电缆温度，℃；

r_{20}——20 ℃时电缆导线的交流电阻，Ω/cm；

α——导体电阻的温度系数，20 ℃时，铜芯 $\alpha=0.003931$，铝芯 $\alpha=0.004031$，都近似为 0.004；

C_c——电缆导线的热容，铜的热容系数为 3.5 J/(cm^3·℃)，铝的热容系数为 2.48 J/(cm^3·℃)；

t——短路时间，s。

（三）导线交流电阻

每厘米电缆导线的交流电阻 r 按下式计算：

$$r=r'(1+Y_s+Y_p) \quad (12-4-2)$$

式中　r——每厘米电缆导线的交流电阻，Ω/cm；

r'——每厘米电缆导线的直流电阻，Ω/cm；

Y_s——集肤效应系数；

Y_p——邻近效应系数。

（四）集肤效应和邻近效应系数

$$Y_s=\frac{X_s^4}{192+0.8X_s^4} \quad (12-4-3)$$

$$Y_p=\frac{X_p^4}{192+0.8X_p^4}\left(\frac{D_c}{S}\right)^2\times\left[0.312\left(\frac{D_c}{S}\right)^2+\frac{1.18}{\frac{X_p^4}{192+0.8X_p^4}+0.27}\right] \quad (12-4-4)$$

$$X_s^4=\frac{8\pi f}{r'}\times10^{-9}K_s \qquad X_p^4=\frac{8\pi f}{r'}\times10^{-9}K_p$$

式中　f——频率，Hz；

D_c——导线外径，对于扇形线芯电缆，等于截面积相同的圆形线芯的直径，mm；

S——导线中心轴间距离，mm；

K_s、K_p——常数，见表 12-4-35。

（五）导线直流电阻

每厘米电缆导线的直流电阻 r' 可按下式计算：

$$r'=\frac{\rho_{20}}{A}[1+\alpha(\theta-20)]k_1k_2k_3$$

式中 ρ_{20}——导线材料在 20 ℃下的电阻系数，铜芯 $\rho_{20}=1.84\times10^{-8}\Omega\cdot cm$，铝芯 $\rho_{20}=3.10\times10^{-8}\Omega\cdot cm$；

A——导线截面积，cm^2；

α——20 ℃时电阻温度系数；

θ——电缆导线温度,℃；

k_1——扭绞系数，一般取 $k_1=1.012$；

k_2——成缆系数，一般取 $k_2=1.007$；

k_3——紧压效应系数，一般取 $k_3=1.01$。

表 12-4-35 常数 K_s 与 K_p

导线类型	干燥浸渍否	K_s	K_p
圆形、扭绞	是	1	0.8
	否	1	1
圆形、紧压	是	1	0.8
	否	1	1
扇形	是	1	0.8
	否	1	1

第五节 电缆的敷设

一、敷设方式与注意事项

（一）煤矿电缆敷设方式的分类

煤矿电缆敷设分为地面敷设和井下敷设两大类。地面部分又分为直接埋地、电缆沟、隧道、沿墙、架空、穿管与排管等多种敷设方式；井下部分又分为平巷或30°以下井巷、硐室、立井或30°及以上井巷、钻孔等多种敷设方式。地面电缆敷设可参照电力部门及建筑安装系统的有关规定；井下电缆敷设则应按煤矿的有关规定和方法进行。

（二）注意事项

电缆不论在地面还是在井下敷设，均应注意下列事项：

1. 注意水平差

沿电缆敷设路线的最高与最低两点之差称为水平差，也称高差。水平差不能大于电缆规定的允许数值，例如黏性油浸纸绝缘铠装电缆，在 1 kV 以下的不应大于 25 m，6 ~ 10 kV 的不应大于 15 m；但不滴流电缆水平差就不受此限制。各种电缆的允许水平差见表 12-5-1。

2. 寒冷季节敷设电缆应采取加温措施

电缆的工作温度和敷设时不需加热的环境温度见表 12-5-2。

表 12-5-1 电缆敷设水平差的规定

<table>
<tr><td colspan="2">电缆类别</td><td colspan="2">水平差(≤)/m</td><td>电缆类别</td><td>水平差(≤)/m</td></tr>
<tr><td rowspan="5">黏性油浸纸绝缘电力电缆</td><td rowspan="2">1~3kV 铠装电缆</td><td>铅套</td><td>铝套</td><td>不滴流油浸纸绝缘电力电缆</td><td>不限</td></tr>
<tr><td>25</td><td>25</td><td>橡皮绝缘及橡套电力电缆</td><td>不限</td></tr>
<tr><td>1~3 kV 无铠装电缆</td><td>20</td><td>25</td><td>聚氯乙烯绝缘电力电缆</td><td>不限</td></tr>
<tr><td>6~10 kV 电缆</td><td>15</td><td>20</td><td>交联聚乙烯绝缘电力电缆</td><td>不限</td></tr>
<tr><td>20~35 kV 电缆</td><td>5</td><td>—</td><td>橡皮和塑料绝缘控制电缆</td><td>不限</td></tr>
<tr><td colspan="2">滴干绝缘铅套电力电缆</td><td>100</td><td>100</td><td></td><td></td></tr>
</table>

表 12-5-2 电缆工作温度和敷设温度

<table>
<tr><td colspan="2">电缆类别</td><td>电缆线芯长期工作温度(≤)/℃</td><td>敷设电缆时，不须加热的环境温度(≥)/℃</td><td>电缆类别</td><td>电缆线芯长期工作温度(≤)/℃</td><td>敷设电缆时，不须加热的环境温度(≥)/℃</td></tr>
<tr><td rowspan="4">黏性油浸纸绝缘电力电缆</td><td>1~3 kV</td><td>80</td><td>0</td><td>矿用橡套软电缆</td><td>65</td><td>-15</td></tr>
<tr><td>6 kV</td><td>65</td><td>0</td><td>通用橡套软电缆</td><td>65</td><td>-15</td></tr>
<tr><td>10 kV</td><td>60</td><td>0</td><td>潜水橡套软电缆</td><td>65</td><td>-15</td></tr>
<tr><td>20~35 kV</td><td>50</td><td>0</td><td>电焊机用电缆</td><td>65</td><td>-15</td></tr>
<tr><td rowspan="2">不滴流油浸纸绝缘电力电缆</td><td>6 kV</td><td>80</td><td>0</td><td rowspan="2">塑料和橡皮控制电缆橡皮绝缘控制电缆</td><td rowspan="2">65</td><td rowspan="2">-15</td></tr>
<tr><td>10 kV</td><td>65</td><td>0</td></tr>
<tr><td colspan="2">聚氯乙烯绝缘电力电缆</td><td>65</td><td>0</td><td>塑料绝缘控制电缆</td><td>65</td><td>0</td></tr>
<tr><td rowspan="2">交联聚乙烯绝缘电力电缆</td><td>6~10 kV</td><td>90</td><td>0</td><td>耐寒塑料控制电缆</td><td>65</td><td>-20</td></tr>
<tr><td>20~35 kV</td><td>80</td><td>0</td><td></td><td></td><td></td></tr>
</table>

在寒冷季节敷设电缆时，当实际的环境温度低于电缆厂规定敷设电缆的环境温度时，对电缆要采取加温措施。否则，对于油浸纸绝缘电力电缆来说，将使其绝缘层或者铅套产生裂纹，时间稍久就会出现漏油、漏电、接地现象，以致发生短路等事故。对橡皮和塑料绝缘电力电缆来说，也会造成绝缘损坏，发生事故和缩短电缆寿命。

在寒冷季节敷设电缆，应采取如下加温措施：

(1) 室内温暖法。将电缆放置在温度为 5~40 ℃的室内，其放置时间：当室温为 5~10 ℃时需三昼夜；10~25 ℃时为 36 h；25~40 ℃时为 20 h。此法适用于距暖室较近的敷设地点。

(2) 电流加热法。将电缆一端的三相线芯短接，另一端经过电源开关与三相变压器相接。当电缆的线芯内通过电流时，使电缆内部产生热量。这种方法的好处是，可以由电缆内部使绝缘全部热透，速度快，加热均匀，在 2~3 h 内即可加热完毕。

用电流加热电缆时，所采用的电流大小、加热时间以及不同长度不同截面积的 3 芯电缆所需的端电压见表 12-5-3。

表 12－5－3　用电流法加热 10 kV 以下的三相铜芯电缆

电缆线芯×截面积/mm²	加热用最大允许电流/A	在各种温度下加热时所需时间/min			各种长度电缆所需端电压的参考数据/V				
		0 ℃	－10 ℃	－20 ℃	100 m	200 m	300 m	400 m	500 m
3×10	76	59	76	97	23	46	69	92	100
3×16	102	56	73	94	19	39	58	77	97
3×25	130	71	88	106	16	32	48	64	80
3×35	160	74	93	112	14	28	42	56	70
3×50	190	90	112	134	11.6	23	34.5	46	58
3×70	230	97	122	142	10	20	30	40	50
3×95	285	99	124	151	9	18	27	36	45
3×120	330	111	138	170	8.5	17	25	34	42
3×150	375	124	150	185	7.5	15	23	31	38
3×185	425	134	167	198	6	12	17	23	29
3×240	490	152	190	234	5.3	10.6	15.9	21.2	26.5

注：铝芯电缆加热电流为铜芯电缆加热电流的 73%。

在测量加热的温度时，可用温度计或者点温计。应注意：6～10 kV 电缆温度不应超过 35 ℃；3 kV 以下电缆不超过 40 ℃。加热之前必须先将电缆两端封好，以免加热后冷却时由电缆两端吸入潮气。如果用单相电流加热铠装电缆，应使两根线芯间形成回路，使铠装层中无涡流损失。在敷设电缆之前，要做好充分准备，加热后应立即敷设，一般不超过 2 h，以免电缆降温至不允许敷设的温度。

加热时要用电流表测定电流，并且不应超过最大允许电流。

3. 电缆的装卸和运输

成盘滚动电缆时，必须按图 12－5－1a 所示箭头方向滚动；如果按图 12－5－1b 所示箭头方向滚动，就可能使电缆松盘造成损伤。

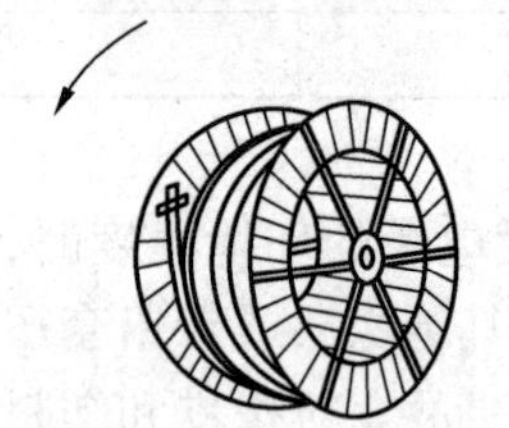

(a) 正确滚动方向

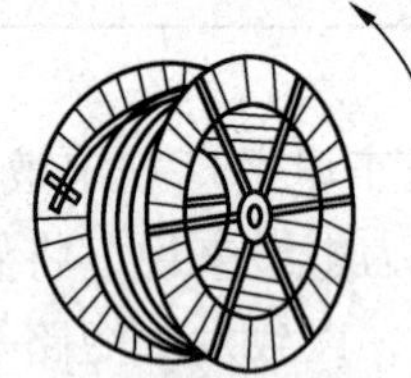

(b) 错误滚动方向

图 12－5－1　整盘电缆滚动方向

滚动前应检查电缆盘是否坚固，要把电缆端头捆绑到盘上，以防折损或碰人。滚动中注意电缆盘有无损坏现象，发现问题应及时处理。

没有保护板的电缆盘在滚动时，两侧板必须较电缆最外层突出 100 mm 以上，在滚动中应防止硬物压在电缆盘下面，以免顶坏电缆。如果经过软土，必须在滚动的方向铺好木板，让电缆盘在木板上滚动，以防压入软土中。

向车上装卸整盘电缆时，要用起重机械或者三角架挂手动葫芦来进行。如果没有起重设备，可将跳板斜搭在车上，用稳车或绞磨经过滑轮拉住电缆盘，慢慢滚动装车或者卸车。卸车时，如果不用留绳而让电缆盘直接沿跳板滚下，是不允许的。对于重量轻的电缆盘也可用人拉住留绳沿跳板滚下。整盘电缆存放时，盘轴应与地面平行。

4. 敷设前的检查

（1）电缆在敷设前应认真校核规格型号及电缆长度是否与设计选型相符，并检查电缆的绝缘是否合乎规程要求，如发现问题应在敷设前处理完毕。

一般要根据电缆盘上标明的数据或者到货通知单再加上表面观察，来核对电缆是否符合使用要求。如果数据不清或者判断无把握，则必须根据电缆露出来的线芯测量其截面积，按绝缘层的厚度来断定其额定电压。

（2）测量圆线芯截面积时，用千分尺测量线芯中的单线直径，再数其根数，算出截面积。或者根据该型号电缆的线芯结构数据表查出截面积。

在测量扇形线芯的截面积时，由于单线直径受压变形，测量不准，所以要采用测量扇形高度的方法，如图 12－5－2a 所示，然后按第一节中的数据查出截面积。如果是 4 芯扇形线芯或者是两芯半圆形线芯，也可用同样的方法来判断。

（3）判断电缆的额定工作电压，可按图 12－5－2b 所示的方法。先测出两个线芯相间的绝缘厚度，然后根据该电缆型号、规格及绝缘层标称厚度判断出工作电压。但矿用橡套电缆同一种电压的线芯绝缘厚度又因截面积不同而不同。

（4）判断电缆盘上电缆的实际长度。电缆盘各部尺寸如图 12－5－3 所示。

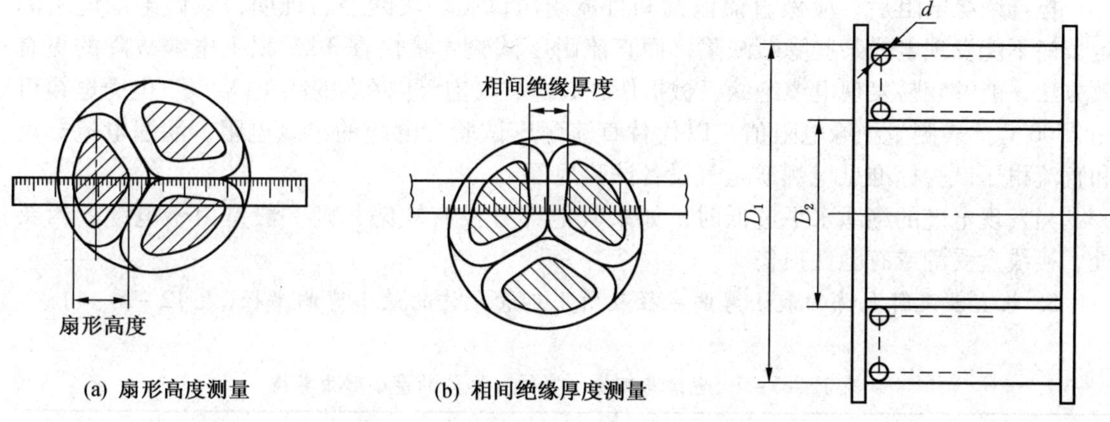

图 12－5－2　扇形高度与相间绝缘厚度

图 12－5－3　电缆盘各部尺寸示意图

电缆的实际长度可按下列公式估算：

$$L=\frac{l_a np}{1000}$$

$$l_a=\pi\left(D_2+\frac{D_1-D_2}{2}\right)$$

$$n=0.95\frac{B}{d}$$

$$p=\left[\left(\frac{D_1-D_2}{2}-d\right)/0.866d\right]+1$$

式中　L——电缆长度，m；

l_a——每圈电缆平均长度，mm；

n——每层电缆圈数；

p——卷绕层数；

D_1——电缆最外圈直径，mm；

D_2——电缆盘筒体直径，mm；

0.95——电缆缠绕的间隙系数；

B——电缆盘筒体内宽，mm；

d——电缆直径，mm。

在计算中，n、p 均只取其整数部分。如最外层电缆排不满，则要减去所差圈数的长度。

(5) 检查电缆的绝缘情况。首先检查电缆的外表和两头封端是否正常，有无破损、压痕及漏油等，然后用摇表测量绝缘电阻。对于长度大于或小于 1 km 的电缆，应将测量结果换算成 1 km 时的数值，以便比较。非正式试验可不考虑温度系数，换算方法举例如下：

电缆长度为 400 m，量得的绝缘电阻值为 80 MΩ 时，则换算成 1 km 时的绝缘电阻为 80 MΩ × 0.4 km = 32 MΩ · km。

如电缆长度为 1500 m，量得的绝缘电阻值为 60 MΩ 时，则换算成 1 km 时的绝缘电阻为 60 MΩ × 1.5 km = 90 MΩ · km。

检查绝缘电阻后，应做直流泄漏和直流耐压试验。实践经验证明，只做绝缘电阻测定，尚不能发现电缆某些隐蔽缺陷，而直流耐压试验才是检查 3 kV 以上电缆故障的更有效方法，能够较易发现电缆绝缘机械损伤、裂缝、气泡等内在缺陷。1 kV 以下电力电缆可用 2500 V 摇表测量绝缘电阻值，以代替直流耐压试验。电缆的绝缘电阻、泄漏电流标准和直流耐压试验标准见《煤矿电气设备试验规程》。

当发现电缆的绝缘水平过低时，如果其他部分没有缺陷，则一般是由于电缆的封头处、接线盒受潮或有隐性损伤。

5. 电缆敷设时允许的最小弯曲半径及所用钢管允许的最小弯曲半径(表 12－5－4)

表 12－5－4　电缆与钢管（穿管）允许的最小弯曲半径

电缆类别	电缆弯曲半径与电缆外径之比	电缆穿钢管时钢管的弯曲半径与钢管内径之比
1. 油浸纸绝缘铅包电力电缆		
单芯	20	18
多芯铠装	15	10
2. 不滴流油浸纸绝缘铅包电力电缆	15	10
3. 油浸纸绝缘铝包电力电缆		
铝包外径为 40 mm 以下	25	18
铝包外径为 40 mm 以上	30	20
4. 橡皮绝缘电力电缆	10	10
其中有铅包者	20	15
5. 聚氯乙烯绝缘和护套电力电缆	10	10
6. 交联聚乙烯绝缘电力电缆	10	10
7. 矿用橡套软电缆	6	6
其中矿用橡套电缆线芯	3	
8. 塑料和橡皮绝缘控制电缆	10	10

注：纸绝缘电缆线芯的弯曲半径应不小于线芯直径的 10 倍。

电缆敷设完毕后必须符合接地保护的规定。接地极、接地线、接地电阻都必须符合设计要求。

二、地面电缆敷设

（一）准备工作

地面电缆敷设首先应考虑前述的注意事项，针对实际情况做好准备工作。还需根据地面特点收集电缆敷设地区的有关资料，主要应包括下列各项：

（1）线路的自然地形和标高。

（2）地区公路、铁路和地下建筑物（包括设备、管线、管道、建筑物基础、水沟、水洞）等资料以及平面和断面图纸资料。

（3）地区土壤和地下水的化学分析资料，一般可按表 12－5－5 所列项目分析判断其对电缆的侵蚀程度。

表 12－5－5　土壤和地下水化学分析表

土壤和地下水的侵蚀程度	侵蚀指标						
	氢离子浓度（pH）	一般酸性或碱性（KOH）/（mg·L^{-1}）	土壤里有机物/%	一般硬度	硫酸离子数量/（mg·L^{-1}）	碳酸气体数量（mg·L^{-1}）	硝酸离子数量/（mg·L^{-1}）
不侵蚀	6.8～7.2	0.05 以下	2 以下	15 以上	60 以下	30 以下	不计算
中等侵蚀	6～6.8 和 7.2～8	0.05～1	2～5	9～14	60～100	30～80	0.05 以下
侵蚀	6 以下，8 以上	1 以上	5 以上	8 以下	100 以上	80 以上	0.05 以上

注：1. pH 值可用 pH 计来确定。

2. 有机物的数量用熔烧试量（约 50 g）的方法来确定。

3. 自地面向下每隔 200 mm 取 200 g 土样，挖至 1 m 深为止，作为化学分析用土壤样品。

（4）地区地下水位资料。

（5）在寒冷地区尚须冻土深度资料。

（6）室内、室外空气温度和土壤温度资料。

（二）电缆直接埋地敷设

电缆直接埋地敷设简称直埋敷设。直埋敷设施工简单、投资少，电缆的散热条件好。但是直埋敷设方式受到敷设地区土壤、地下水性质及同一沟内电缆根数的限制，一般在对电缆无侵蚀作用的地区，且同一路径电缆根数不超过 4 根时，应尽量采用直埋敷设。对电缆有侵蚀作用的地区，要事先考虑电缆选型及防腐措施。向重要用户供电的两路电源电缆，应尽量不敷设在同一土沟内。直埋电缆线路应埋设标桩。

电缆直接埋地深度一般不得小于 700 mm，但是在寒冷地区必须大于冻土的厚度。在选定电缆线路的路径和埋设深度时，必须考虑该地区是否有平土的可能性，以免电缆在平土时暴露或者埋设过深或过浅。电缆从地下引出地面时，应有 2 m 长的金属管或保护罩加以保护。

直埋敷设的电缆沟及保护板规格尺寸如图 12－5－4 及表 12－5－6 所示。当电缆沟转

90°～120°时，转弯处应另加大 200 mm。

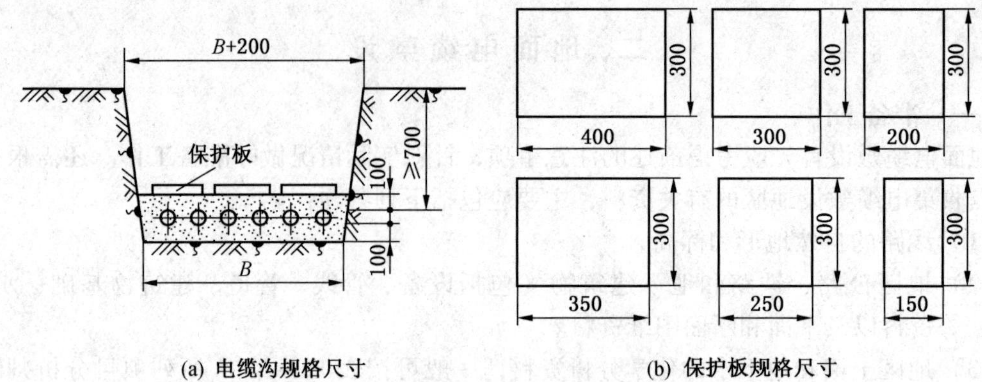

(a) 电缆沟规格尺寸 (b) 保护板规格尺寸

图 12－5－4 直埋敷设的电缆沟及保护板规格尺寸

表 12－5－6 直埋敷设电缆沟宽度

mm

电力电缆		控制电缆根数				
		0	1	2	3	4
10 kV 及以下电力电缆根数	0	—	240	320	400	480
	1	270	410	490	570	650
	2	440	580	660	740	820
	3	610	750	830	910	990
	4	780	920	1000	1080	1160

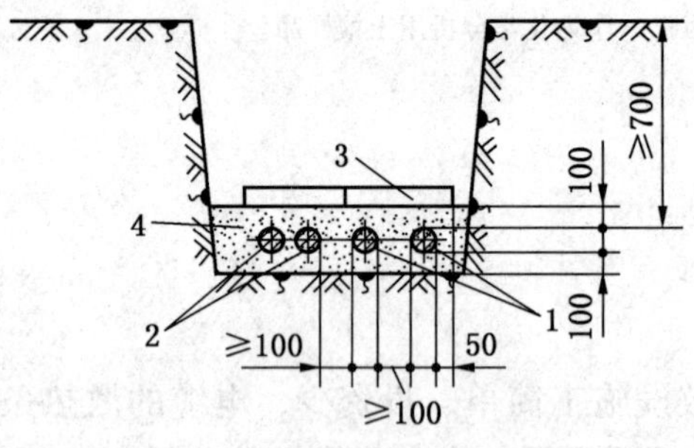

1—10 kV 及以下电力电缆（包括控制电缆）；2—控制电缆；3—保护板；4—砂或软土

图 12－5－5 10 kV 及以下电缆并列敷设图

保护板采用 150 号以上混凝土制作，厚度均为 30 mm。如果电缆的数量少，没有条件做混凝土板时，也可用砖代替。

电缆直埋敷设方式与其他设施平行、交叉的最小距离和要求见表 12－5－7 和图 12－5－5～图 12－5－21。各图中的保护管内径应不小于电缆外径的 1.5 倍。保护管可采用钢管、混凝土管、硬质塑料管或陶瓷管等。

表 12－5－7 直埋电缆与其他设施平行、交叉的最小距离

名 称	平行/mm	交叉/mm	示例图号
1. 控制电缆之间	不作规定	500	图 12－5－5、图 12－5－16
2. 10 kV 及以下电力电缆之间或与控制电缆之间	100	500	图 12－5－5、图 12－5－16

表 12-5-7（续）

名　　称	平行/mm	交叉/mm	示　例　图　号
3. 35 kV 电力电缆之间或 10 kV 及以下电缆之间	250（100）	250（100）	图 12-5-6、图 12-5-16
4. 不同部门的电缆（包括通信电缆）之间	500（100）	500（250）	图 12-5-7、图 12-5-16
5. 电缆与热力沟或热力管道	2000	500	图 12-5-8、图 12-5-17、图 12-5-18
6. 电缆与石油、煤气管道	1000	500	图 12-5-9、图 12-5-18
7. 电缆与其他管道	500（250）	500（250）	图 12-5-10、图 12-5-19
8. 电缆与铁路	3000	1000	图 12-5-11、图 12-5-20
9. 电缆与公路	2000	1000	图 12-5-12、图 12-5-21
10. 电缆与建筑物基础	600	—	图 12-5-13
11. 电缆与电杆基础	1000	—	图 12-5-14
12. 电缆与树木	2000（750）	—	图 12-5-15

注：1. 表中括号内数字是指电缆穿管保护或加隔板后允许的最小距离。
2. 表中所列电缆与各管线平行的最小距离，是在两者埋设深度相仿的情况下而定的，当两者埋设深度相差很大，还要考虑施工检修控土时相互影响，应根据具体情况适当增大平行距离，一般采用 2000 mm 为宜。

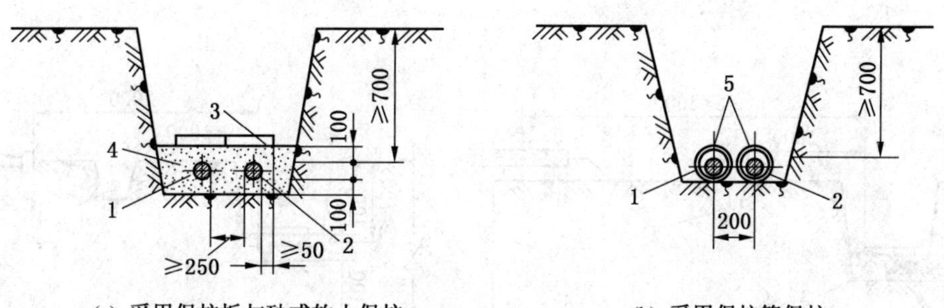

(a) 采用保护板与砂或软土保护　　(b) 采用保护管保护

1—35 kV 电力电缆；2—35 kV 及以下电力电缆（包括控制电缆）；3—保护板；4—砂或软土；5—保护管

图 12-5-6　35 kV 电缆与其他电缆并列敷设图

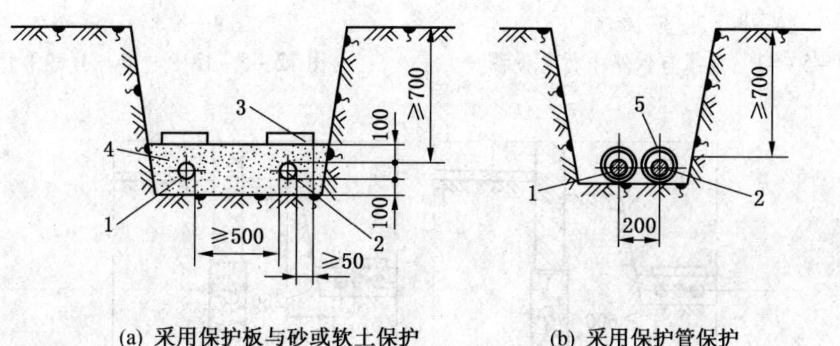

(a) 采用保护板与砂或软土保护　　(b) 采用保护管保护

1—35 kV 及以下电缆；2—不同部门电缆（包括通信电缆）；3—保护板；4—砂或软土；5—保护管

图 12-5-7　不同部门电缆并列敷设图

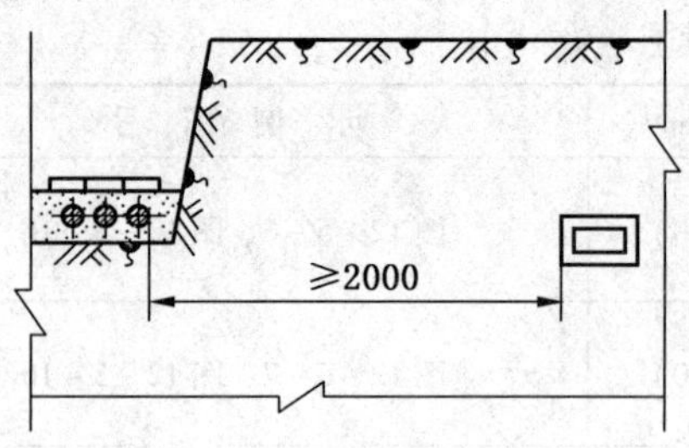

图 12-5-8　电缆与热力沟管平行敷设图

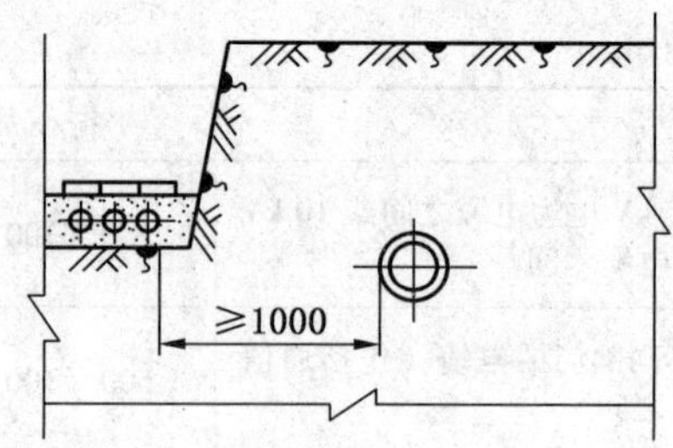

图 12-5-9　电缆与石油、煤气管平行敷设图

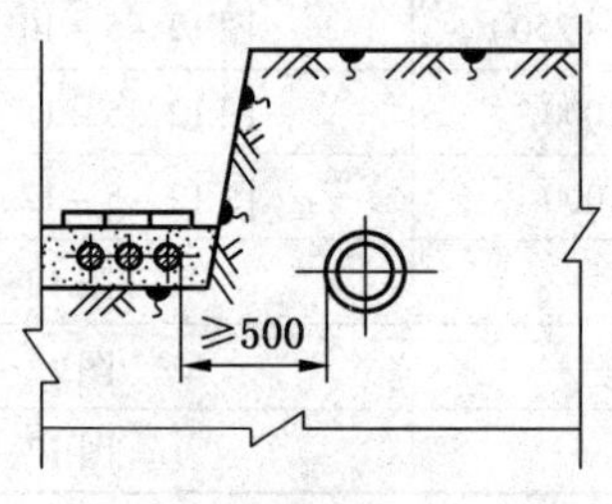

(a) 电缆与水管平行

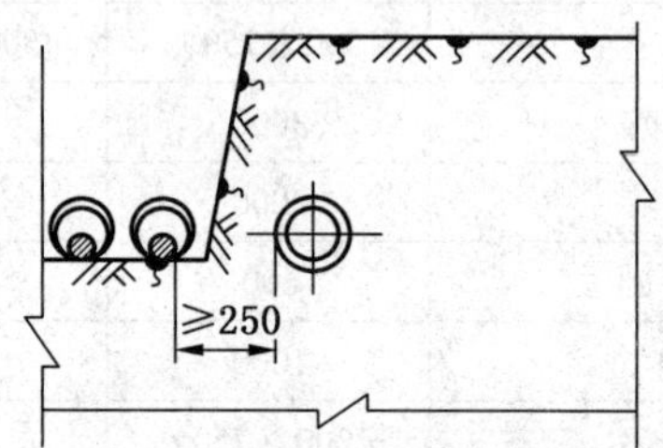

(b) 电缆穿管与水管平行

图 12-5-10　电缆与其他管道平行敷设图

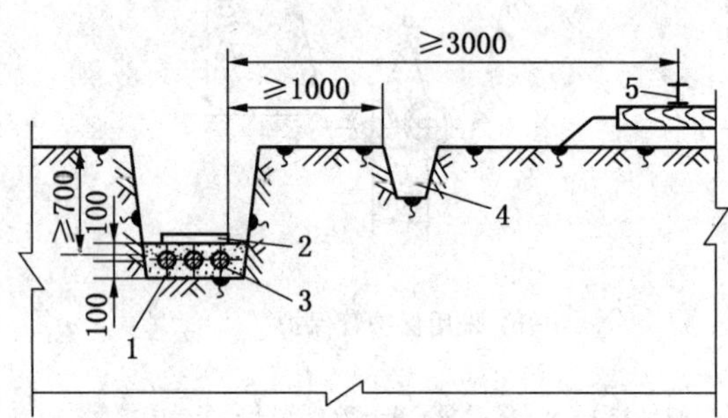

1—电缆；2—保护板；3—砂或软土；
4—排水沟；5—钢轨

图 12-5-11　电缆与铁路平行敷设图

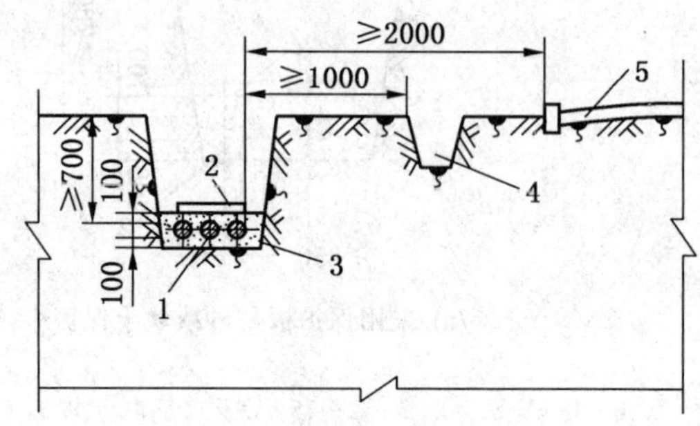

1—电缆；2—保护板；3—砂或软土；
4—排水沟；5—公路

图 12-5-12　电缆与公路平行敷设图

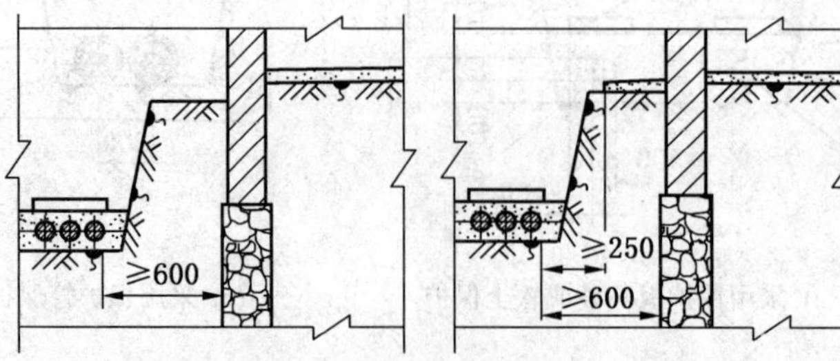

图 12-5-13　电缆与建筑物基础平行敷设图

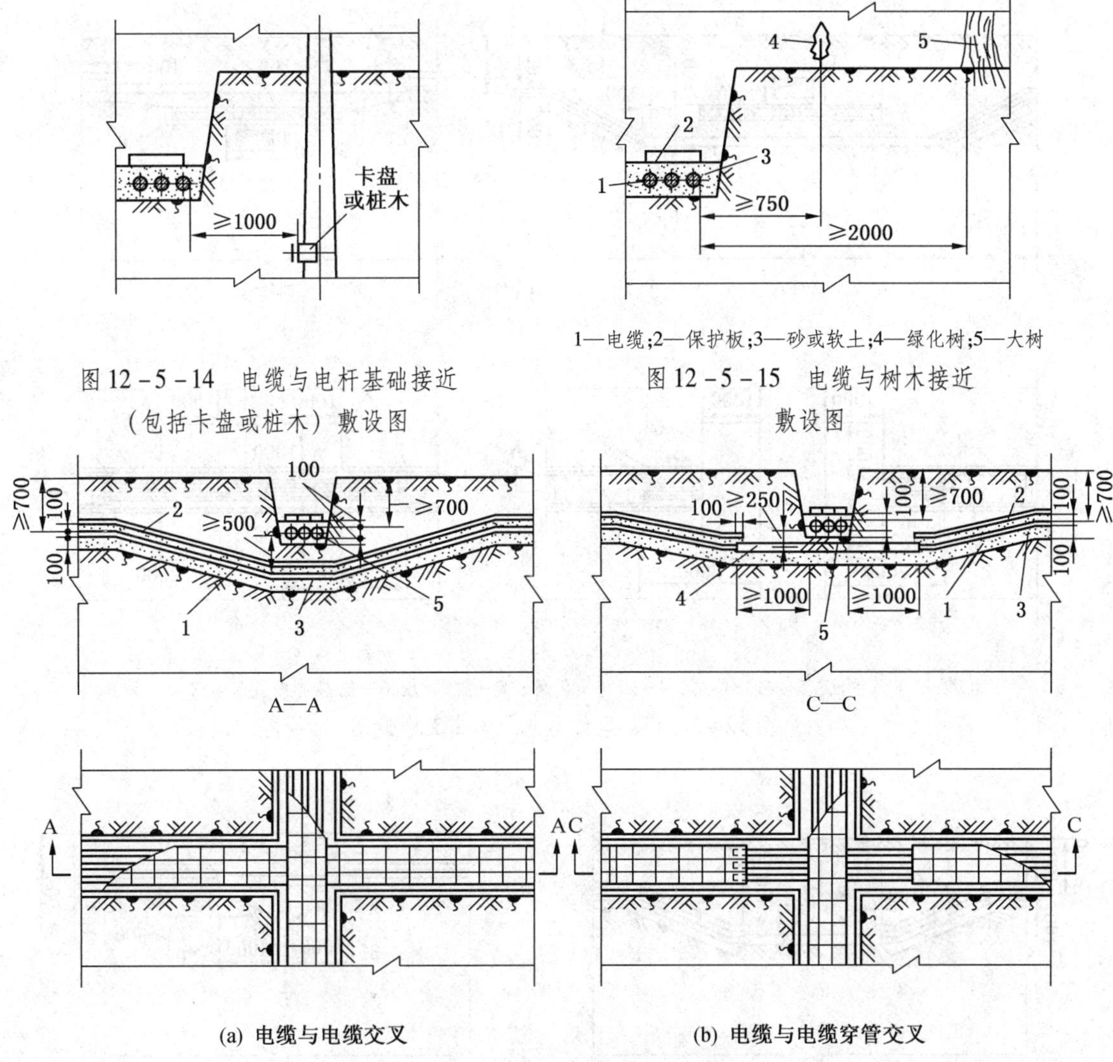

1—电缆;2—保护板;3—砂或软土;4—绿化树;5—大树

图 12-5-14 电缆与电杆基础接近（包括卡盘或桩木）敷设图

图 12-5-15 电缆与树木接近敷设图

(a) 电缆与电缆交叉

(b) 电缆与电缆穿管交叉

1—电缆；2—保护板；3—砂或软土；4—保护管；5—电缆

图 12-5-16 电缆与电缆交叉敷设图

当电缆与热力沟管的距离有一段不能满足 2000 mm 时，可以减小，但不得小于 500 mm。此时应在与电缆接近的一段热力管道上加装隔热装置，使敷设电缆处的土壤温度在任何时候不超过远离电缆处土壤温度 10 ℃。

当电缆和电气化铁路平行时，净距不小于 10 m；与有轨电车路轨平行时，则净距不小于 2 m，并需考虑防腐措施。

当采用泡沫混凝土、石棉水泥板作隔板时，其板厚为 250 mm；采用软木、玻璃丝板时，隔热垫板厚为 150 mm。

（三）电缆在电缆沟内敷设

当电缆线路与地下管道交叉不多，地下水位较低，又无金属液体与高温介质溢出的地区，且同一路径电缆根数较多时，可采用电缆沟敷设，但沟内电缆一般不宜超过 12 根（如果有控制电缆可适当增加）。电缆沟要满足近期及扩建的需要。

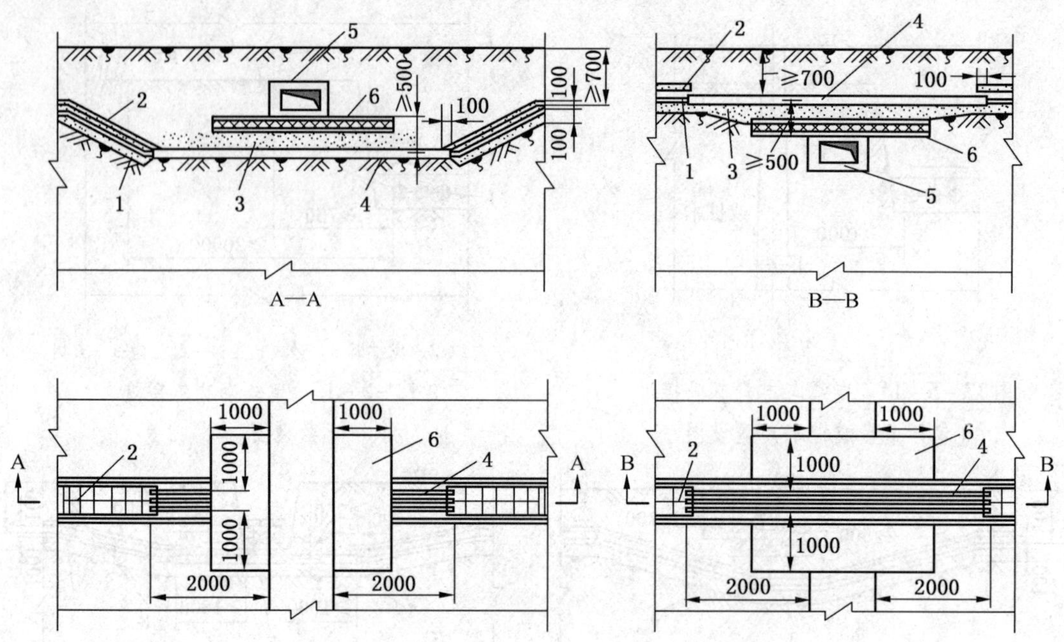

1—电缆；2—保护板；3—砂土垫层；4—石棉水泥管；5—热力沟；6—隔热垫板（外包三油二毡）

图 12-5-17　电缆与热力沟交叉敷设图

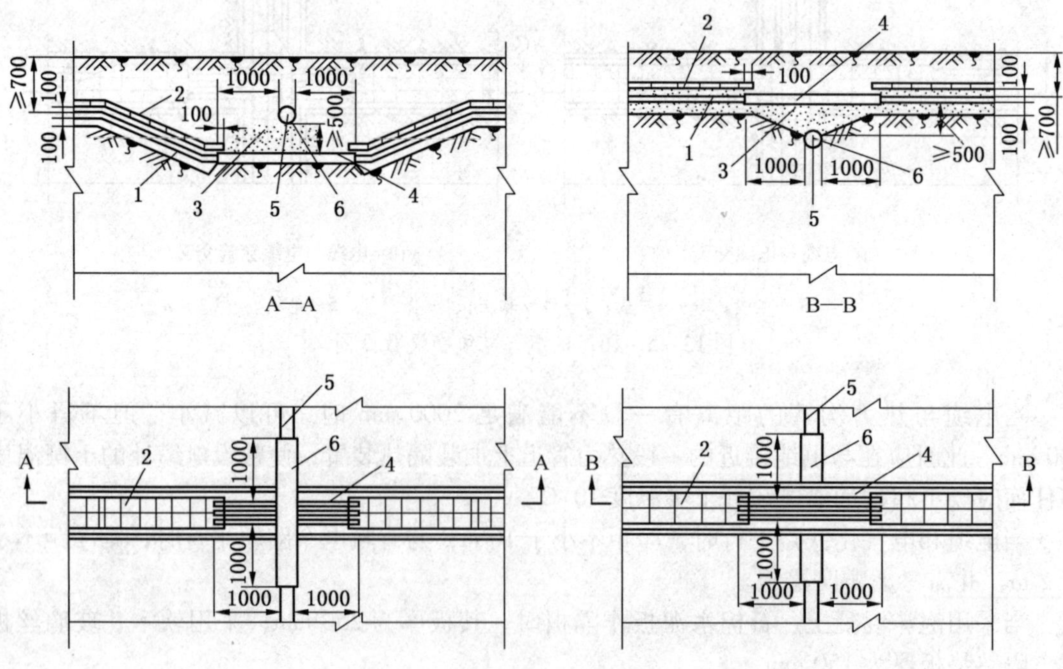

1—电缆；2—保护板；3—砂土垫层；4—石棉水泥管；5—热力管道；

6—玻璃棉瓦隔垫层（δ≥50 外包三油二毡）

图 12-5-18　电缆与热力管道交叉敷设图

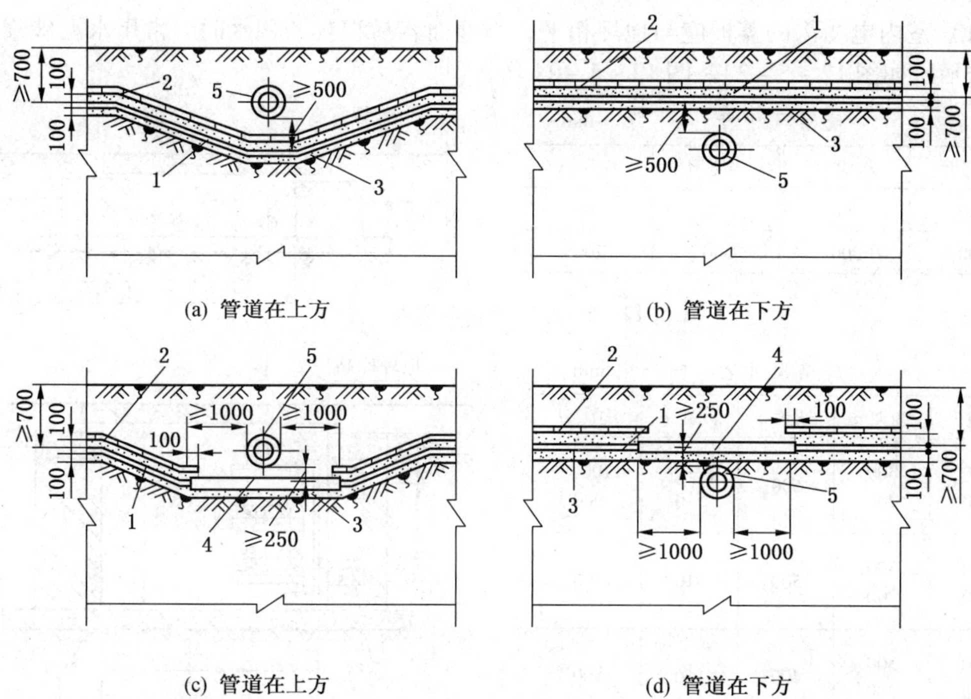

1—电缆；2—保护板；3—砂或软土；4—保护管；5—一般管道（指水管、石油管、煤气管等非热管道）

图 12-5-19　电缆与一般管道交叉敷设图

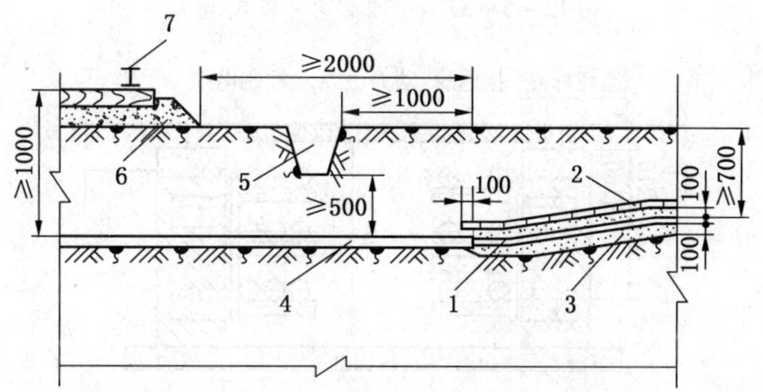

1—电缆；2—保护板；3—砂或软土；4—保护管；5—排水沟；6—铁路路基；7—钢轨

图 12-5-20　电缆与铁路交叉敷设图

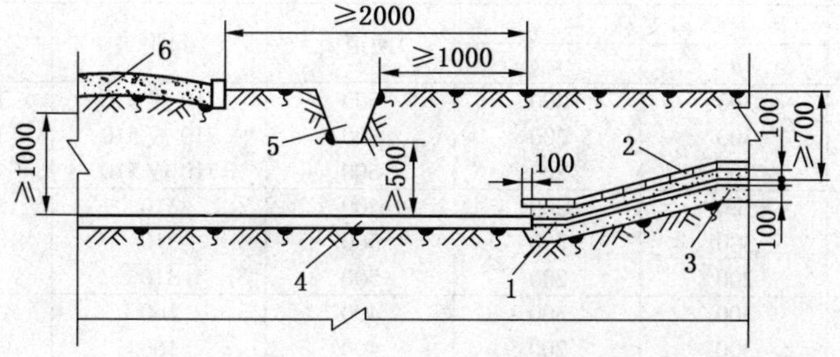

1—电缆；2—保护板；3—砂或软土；4—保护管；5—排水沟；6—公路

图 12-5-21　电缆与公路交叉敷设图

(1) 室内电缆沟的盖板应与地坪相平，当地面容易积灰和积水时，常用水泥砂浆将其缝隙抹平，如图 12 - 5 - 22 ~ 图 12 - 5 - 24 所示。

规格尺寸表　　mm

沟宽 B	沟深 H	沟宽 B	沟深 H
600	200	400	200
500	200	300	200

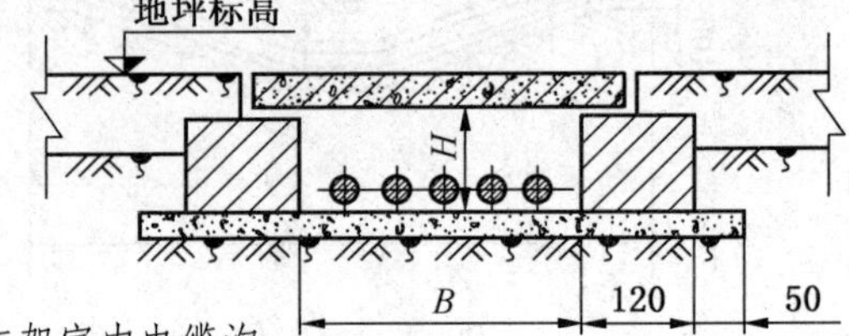

图 12 - 5 - 22　无支架室内电缆沟

规格尺寸表　　mm

沟宽 B	沟架 a	通道 c	间距 e	沟深 H
900 800	300 200	600	710 510	1100 或 900
800 700	300 200	500	310	700
700 600	300 200	400	160	500

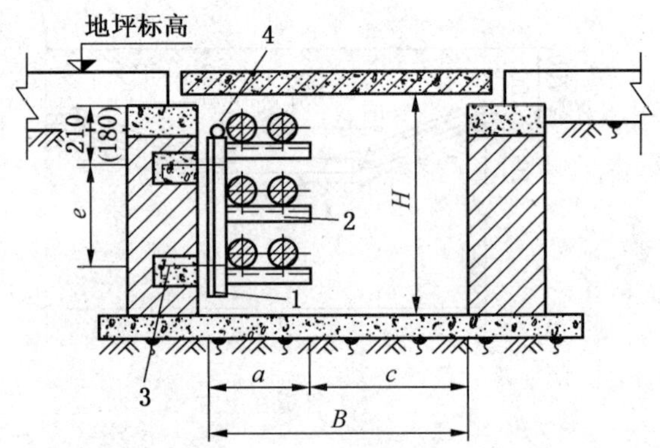

1—主架；2—层架；3—地脚螺栓；4—接地线

图 12 - 5 - 23　单侧支架室内电缆沟

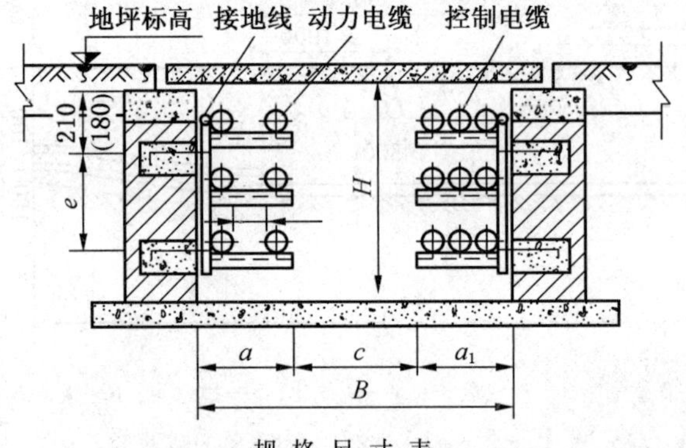

规格尺寸表　　mm

沟宽 B	支架 a	支架 a_1	通道 c	间距 e	沟深 H
1200	300	300	600	710 或 510	110 或 900
1100	300	200	600	710 或 510	110 或 900
1000	200	200	600	710 或 510	110 或 900
1100	300	300	500	310	700
1000	300	200	500	310	700
900	200	200	500	310	700
1000	300	300	400	160	500
900	300	200	400	160	500
800	200	200	400	160	500

图 12 - 5 - 24　双侧支架室内电缆沟

图 12-5-22 中电缆沟内电力电缆间水平净距不小于 35 mm，但又不小于电缆外径尺寸。控制电缆间距不作规定。当沟底敷设电缆时，1 kV 以上的电力电缆与控制电缆间的净距应不小于 100 mm。

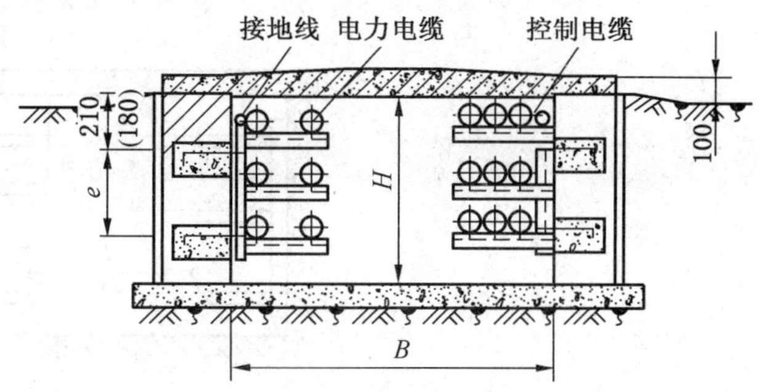

图 12-5-25　无覆盖层双侧支架室外电缆沟

图 12-5-23 中括号内的数字用于 H 为 500 mm 的电缆沟。e 为地脚螺栓间距。支架可用角钢焊成，主架用 30×4 角钢；层架当 e=300 mm 时用 30×4 角钢，e=200 mm 时用 25×4 角钢。

（2）变电所屋外配电装置的电缆沟，其盖板需高出地面 100 mm，可兼作人行道，如图 12-5-25、图 12-5-26 所示。

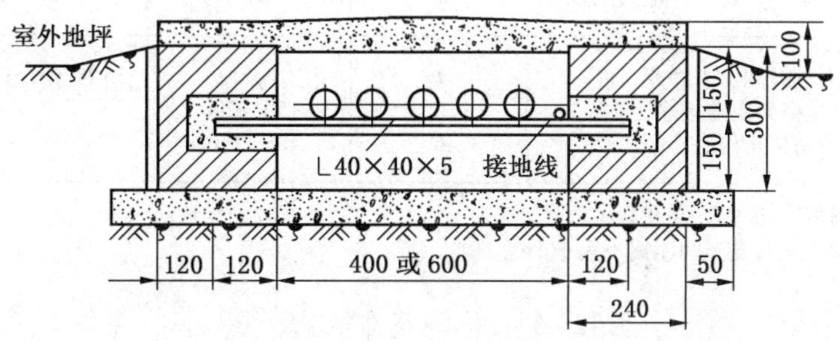

图 12-5-26　无覆盖层室外电缆沟

（3）厂区电缆沟的盖板顶部一般低于地面 300 mm，盖板上铺以细土和砂子，如图 12-5-27 所示。电缆沟内部尺寸如图 12-5-28 所示。

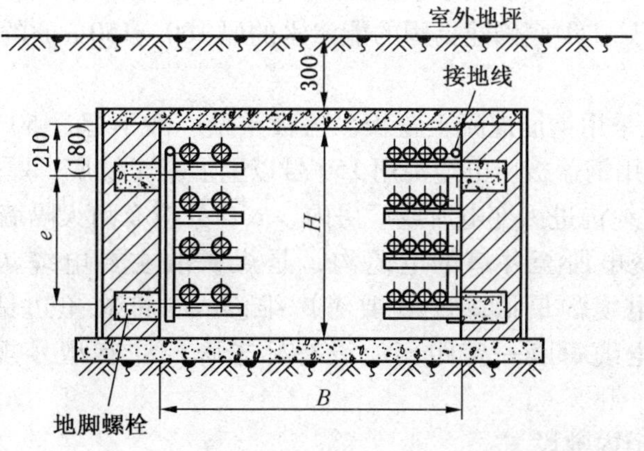

图 12-5-27　有覆盖层室外电缆沟

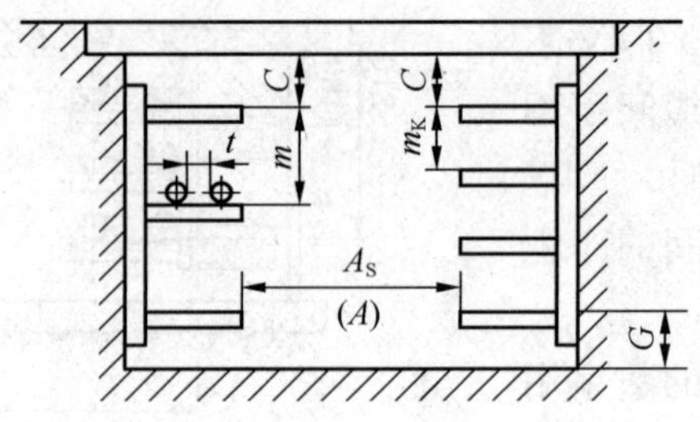

规格尺寸表　　mm

尺寸名称		符号	推荐值	最小值
架间水平净距（通道宽）	单侧有支架	A	400~500	300~300
	双侧有支架	A_s	400~600	
电力格架层间垂直净距	控制电缆	m_k	150	100
	电力电缆	m	200	150（200）
电力电缆间水平净距		t	100	35 但不小于电缆外径
最上排格架主盖板净距		C	150~200	—
最低格架至沟底净距		G	50~150	—

注：1. 括号内数字用于35kV电缆。
2. 电缆沟支架与支架间距离不大于1m。

图 12-5-28　电缆沟内部尺寸图

对于厂区长距离的电缆沟，为便于维修，沟内的通道尺寸应适当放大，一般宽度不宜小于700 mm，高度不宜低于1300 mm。

（4）电缆沟与铁路、公路的交叉地段应采取加固措施，一般应改为穿管敷设。

（5）位于无渗透性的潮湿土壤中或在地下水位以下的电缆沟，应有可靠的防水层，电缆沟应向集水方向有不小于0.5%的排水坡度。位于有渗透性的干燥土壤中和在地下水位以上的电缆沟，可以只在沟底修建捣固的能渗水的厚100~150 mm的碎石垫层，不需另设防水或排水措施。

（6）电缆沟一般采用钢筋混凝土盖板，盖板重量一般不超过50 kg。在室内需经常开启的电缆沟盖板宜采用钢盖板。电缆沟用150号以上混凝土铺底，厚度为60~100 mm。

（7）室外电力电缆沟进入变电所或厂房内，入口处应有耐火隔墙。

（8）煤矿地面变电所至井口的电缆沟，是煤矿的主要电缆沟。对有5根以上电缆的电缆沟，建议电缆沟最低高度H要考虑维修人员能在里边钻过去，以便于维修和迅速处理事故。电缆每隔一定距离应设有标志牌，注有型号规格及用途，以便识别。

（四）电缆在隧道内敷设

（1）当同路敷设电力电缆在12根以上时，或者重要电缆在8根以上时，可采用电缆隧道敷设。电缆隧道的内部结构尺寸如图12-5-29所示。

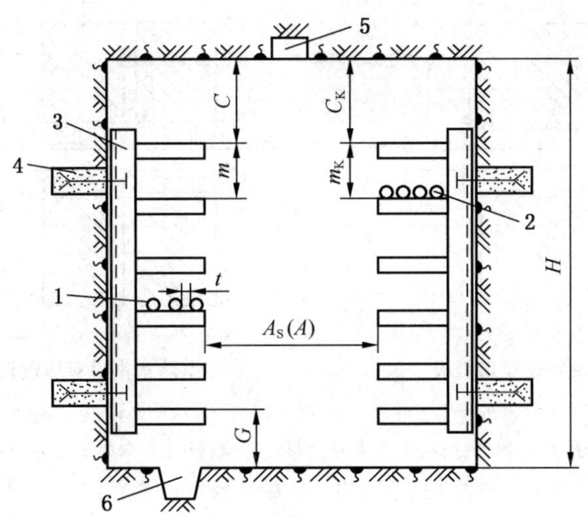

规格尺寸表　　mm

尺寸名称		符号	一般	最小
隧道高度（净距）		H	2000	1800
通道宽度	单侧有支架	A	900	900
	双侧有支架	A_s	1000	1000
电缆格架层间垂直距离	控制电缆	m_k	120～150	100
	电力电缆	m	200	200
电缆水平距离	控制电缆	t	依固定电缆方式而定	不规定
	电力电缆	t	≥100	50
最上排格架至顶部距离	控制电缆	C_k	250～300	—
	电力电缆	C	300～400	—
最低格架至底部距离		G	130～150	—

注：在引出或引进电缆时，选择格架的位置应保证电缆的最小弯曲半径。

1—动力电缆；2—控制电缆；3—电缆格架（或电缆钩子）；4—地脚螺栓；
5—装灯用壁槽；6—排水沟

图 12-5-29　电缆隧道结构示意图

（2）电缆隧道的出入口个数要求如下：长度在 7 m 以内时，允许有 1 个出口；长度在 7～100 m 时，应有 2 个出口，长度在 100 m 以上时，每两个出口之间的距离不大于 100 m。室外电缆隧道在进入变电所或厂房处以及沿隧道全长每隔 100 m 处应设带门的耐火隔墙，其位置应与通风系统、维修人员出入口的位置结合起来统一考虑。电缆敷设时的穿墙方法如图 12-5-30 所示。

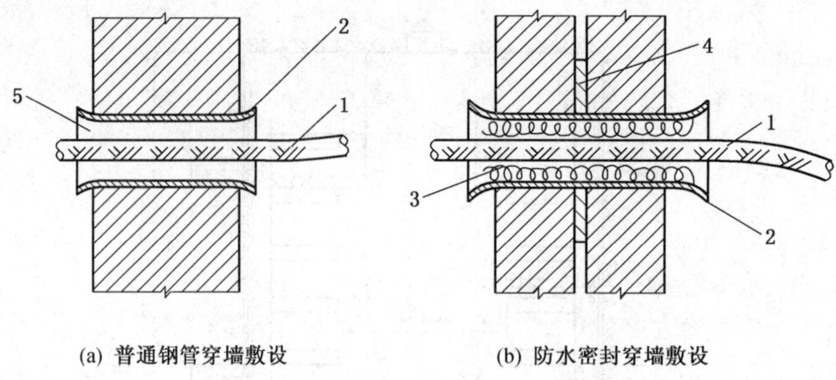

1—电缆；2—钢管；3—防水密封填料；4—钢板（与钢管焊接）；5—黄泥

图 12-5-30　电缆穿越隔墙方法

（3）按隧道进出风温差不超过 10 ℃的条件来确定隧道通风设计的换气量，尽可能采用自然通风。但当隧道内电缆的电力损耗超过 150 W/m 时，一般需要考虑机械通风，亦即采用自然进风和机械排风方式。

图 12-5-31　在隧道中敷设电缆

（4）电缆隧道的通风亭和维修人员出入口的地坪或门挡应高出室外地坪 300 mm，以防雨水流入。

（5）电缆隧道和其他地下管线交叉时，应尽量避免造成隧道局部下降积水的情况；也不允许其他管线横穿电缆隧道。

（6）电缆隧道应有可靠的防水层和排水措施，隧道内应尽量平坦，并向排水沟侧有不小于 0.5% 的排水坡度。排水沟向集水井方向应有 0.3% ~0.5% 的排水坡度。

（7）电缆隧道一般应采用钢筋混凝土结构，并且门、阶梯、隔墙和百叶窗等结构应是耐火的。电缆隧道内支架与支架间的距离为 1 m。图 12-5-31 所示为大型电缆隧道。

（8）电缆隧道内的照明电压不应高于 36 V，否则应采取安全或防护措施。

（五）电缆沿墙敷设与架空敷设

（1）沿着围墙或者厂房的墙壁敷设电缆，可用吊挂的方法，图 12-5-32 所示为其中的方法之一。也可以用扁铁制作电缆沟，安装于墙壁上悬挂电缆，其规格尺寸可参看本章第三节的井下电缆悬挂。

（2）在电气集中控制或电缆布置密集的地方，如选煤厂、提升机房等，也可采用顶部吊架或墙壁支架方式敷设，如图 12-5-33 所示。

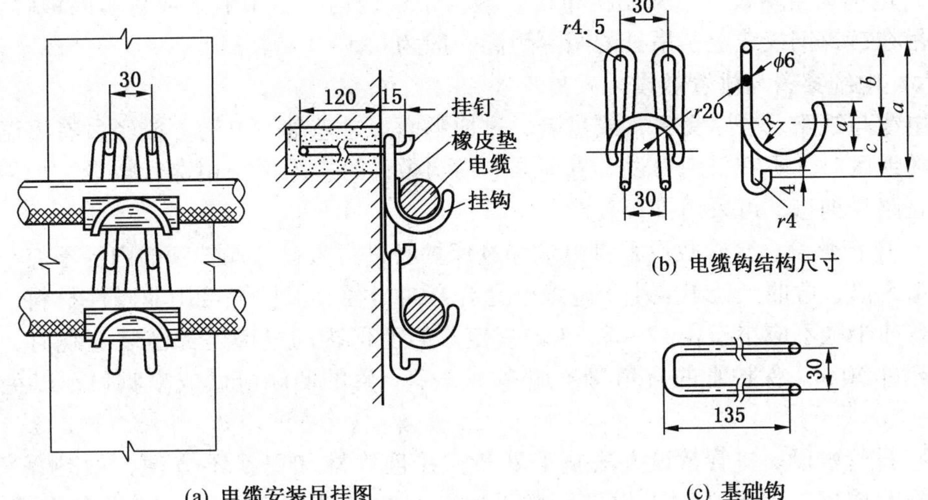

(a) 电缆安装吊挂图　　(b) 电缆钩结构尺寸　　(c) 基础钩

规格尺寸表　　mm

电缆外径	圆挂钩尺寸					
	展开长度	a	b	c	d	R
50 及以下	585	100	58	42	31	26
35 及以下	490	85	51	34	23	18
25 及以下	430	75	46	29	18	13

图 12-5-32　电缆沿墙吊挂安装

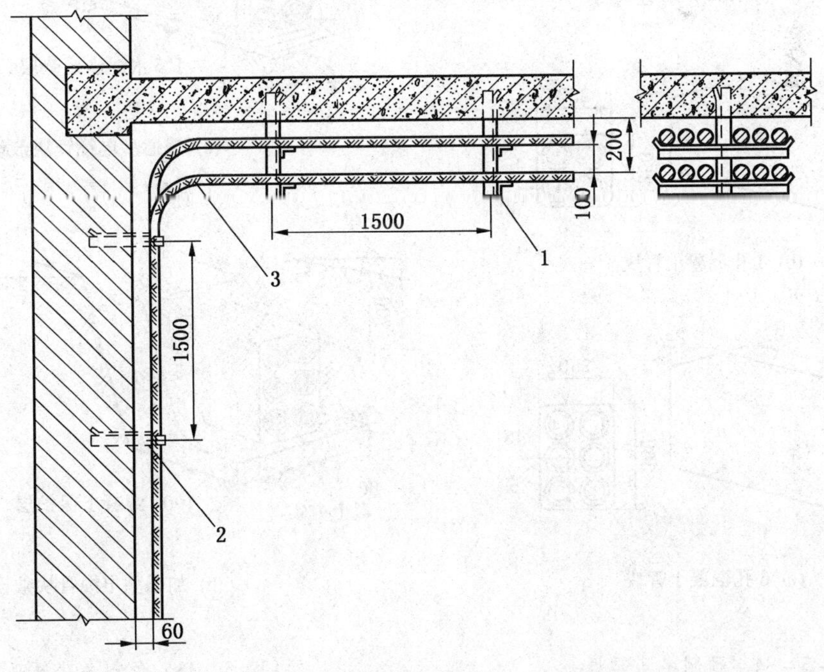

1—吊架；2—墙壁支架；3—电缆

图 12-5-33　用吊架、墙壁支架敷设电缆

(3) 电缆架空敷设，常采用帆布带、塑料带、铁钩、专用卡子或者多圈镀锌铁丝环，将电缆吊在镀锌钢绞线上，吊具的间隔距离一般为 0.5 ~ 1 m。

(六) 电缆穿管与排管敷设

当电缆与铁路、公路交叉，或过墙、过地平面、过基础、过沟，或经过有高温介质溢出可能的地区时，不宜采用直过、直埋或电缆沟敷设时，均可采用穿管敷设。如果是多根电缆而且路径拥挤，可采用排管敷设。

(1) 穿管敷设。穿管敷设是将电缆穿过保护管进行敷设。保护管的内径不应小于电缆外径的 1.5 倍，弯曲半径不能小于电缆的允许弯曲半径。保护管可用非磁性材料，如用钢管，其弯曲半径不应小于表 12-5-4 的规定。当所保护的电缆是裸铠装电缆时，钢管长度不能超过 20 m。保护管的直角弯不应多于 2 个。管的两端应做成喇叭口，以免损伤电缆。

(2) 排管敷设。排管敷设方法施工复杂，并且检修和更换不方便，散热条件不好，一般不推荐使用。如果必须采用排管敷设时，可先参照图 12-5-34 预制多孔混凝土电缆管块，再按图 12-5-35 所示方法敷设，有条件的也可采用陶土管组合在一起使用。

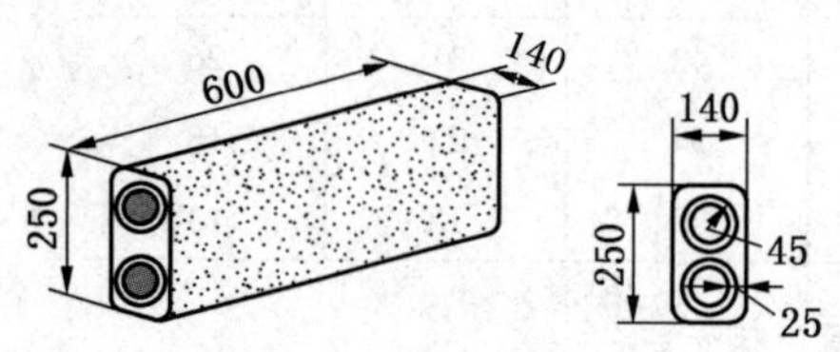

(a) 2 孔混凝土管块

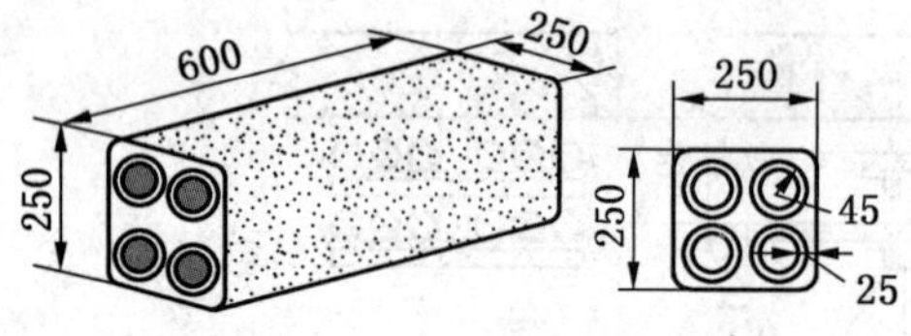

(b) 4 孔混凝土管块

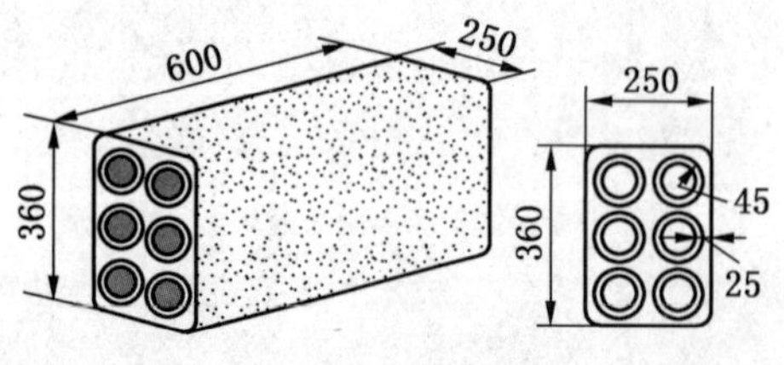

(c) 6 孔混凝土管块

图 12-5-34　预制多孔混凝土电缆管块规格图

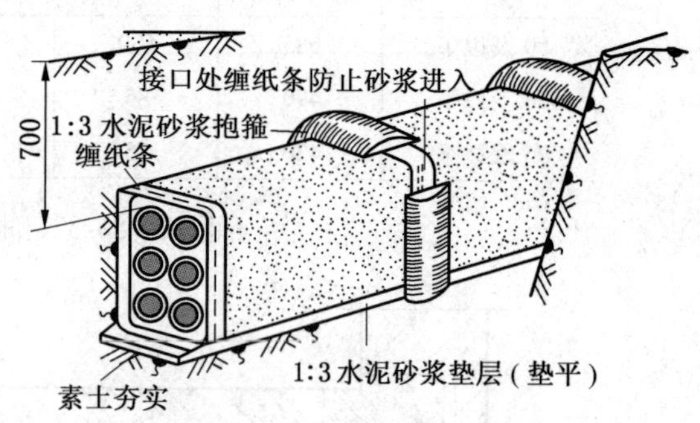

(a) 普通型电缆管块敷设

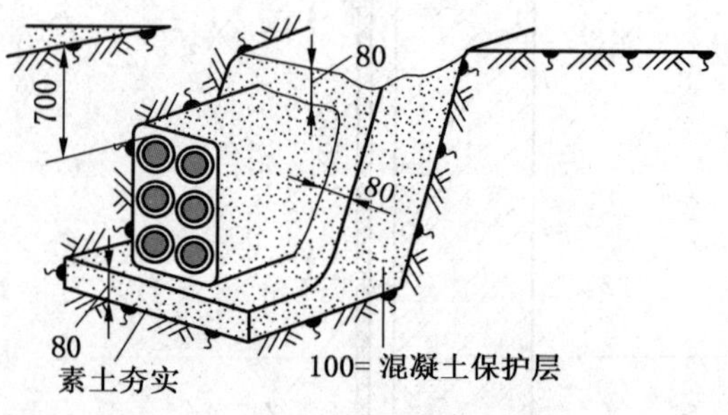

(b) 加强型电缆管块敷设

图 12-5-35　预制多孔混凝土电缆管块敷设示意图

三、井下电缆敷设

（一）准备工作

井下电缆敷设首先应遵守本节“一、敷设方式与注意事项”的“（二）注意事项”中提出的5点注意事项，此外还必须根据井下的特点做好如下的准备工作。

1. 选择电缆敷设路线的原则

（1）长度最短。应尽可能选择电缆长度最短的路线，既能节省电缆，减少敷设与维护工作量，还可降低线路的电压损失和电能损耗。在有条件的情况下，可采取由地面直接用钻孔向井下敷设电缆。在井下可以开凿专供敷设电缆的小工程量巷道。

（2）便于敷设。敷设条件的好坏，直接影响施工的效率和质量。如果敷设条件不好，如运输困难、各种障碍多、巷道经常翻修等，既不便于敷设，又费人力，还容易造成电缆损伤或隐患。

（3）便于维修。在立井井筒中敷设电缆时，如条件允许，要尽量使电缆靠近罐笼，以便于运行中的检查和维修。在井下水平或倾斜巷道中，最好在人行道的巷道中敷设电缆，并把电缆悬挂在人行道的另一侧，以免行人抓扶造成触电危险。如果在运输巷道中敷设电缆，应尽可能在距道轨远的一侧，这样既方便维修和处理事故，又能防止矿车掉道时碰撞电缆。

2. 敷设电缆前对线路的检查

（1）检查巷道的支架是否完好，有无妨碍运输电缆及敷设电缆的障碍；砌碹巷道是否有了电缆挂钩，其安全距离和高度是否符合规程要求；金属电缆钩应在除锈后涂有防锈漆；穿墙管是否安装好，电缆不得直接通过硐室门或者风门，必须经穿墙管通过。

（2）在预定敷设电缆接线盒的地点是否有淋水，能否安放接线盒；在横过运输巷道时，应事先采取安全措施，并尽量不将电缆的接头做到该处，以免敷设时影响运输。

（二）在水平或倾角30°以下巷道中敷设电缆

1. 敷设电缆的方法

（1）在水平及30°以下斜巷敷设电缆时，较方便的方法是将电缆整盘支撑到矿车或架子车上，边推动矿车（或者绞车拉矿车），边将电缆放开，悬挂到预先安好的电缆沟上，如图12－5－36所示。这种方法的好处是节省人力，只要3～5人即可，但因受高度限制，所以只适用于小盘电缆或者截面积小的电缆。

（2）大电缆盘因受巷道断面限制而不能下井，因此向井下运送电缆，最普遍的方法是使用矿车或架子车，但要注意盘放电缆的方法。首先在弯曲电缆时不能小于其允许最小弯曲半径，堆放时禁止出现拧劲或打结现象，通常是将电缆盘成“8”字形放在车上，“8”字形有3种，如图12－5－37及图12－5－38所示。电缆的装车高度，要保证在运输途中不触碰电机车架线。无架线巷道可根据情况适当考虑其高度，但要注意运输路上可能碰到的障碍物撞坏电缆。要保证在双轨巷道错车时不碰伤电缆。

（3）在没有轨道的巷道中，只能用人力敷设电缆。为了保证在施工中不损坏电缆，每个人负担的重量应不超过35～40 kg，如果人力不足，切不可将电缆拖地强拉，否则容易使电缆受损而造成隐患。

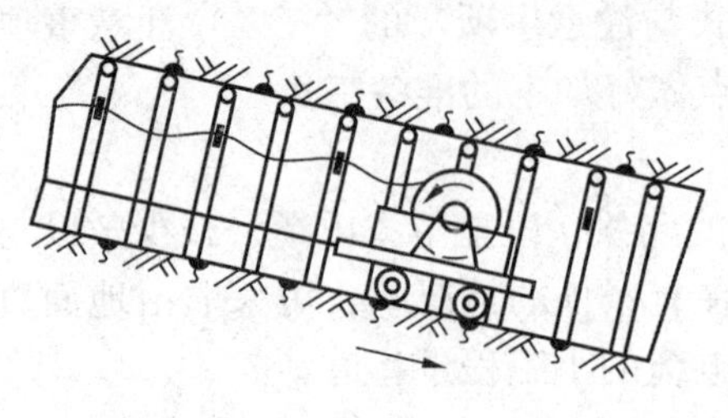

图 12－5－36　在水平或 30°以下斜巷用矿车敷设电缆

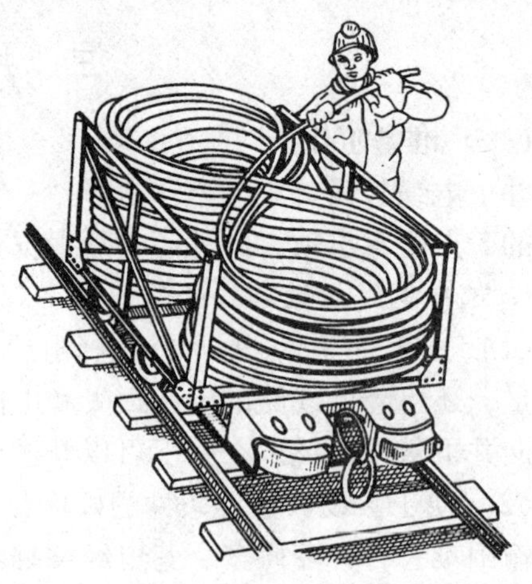

图 12－5－37　在架子车上用“8”字形存放电缆的方法

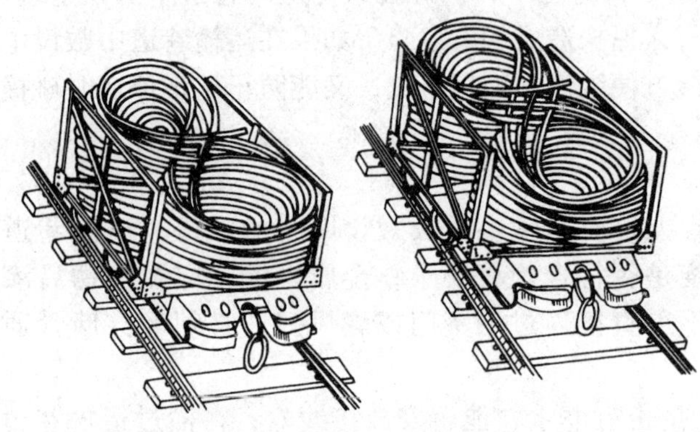

(a) 双“8”字盘放　　(b) 三“8”字盘放

图 12－5－38　双“8”字和三“8”字盘放电缆示意图

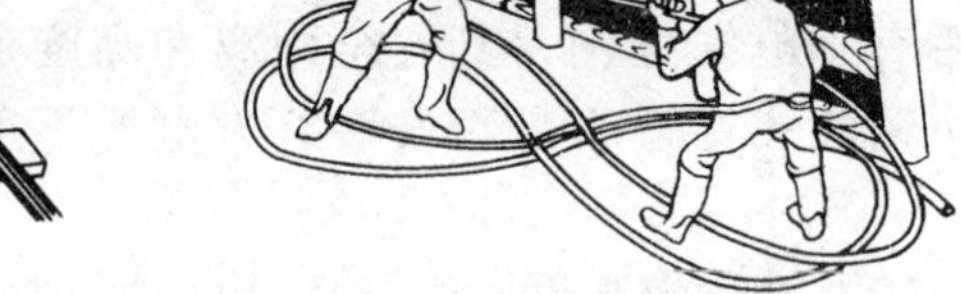

图 12－5－39　人少时敷设长电缆倒放方法

在人少的时候，可按图 12－5－39 所示的方法，先将电缆拉出一定长度后，存放到中间一定位置，再将拉好的电缆先敷设好，然后再把存放的电缆往另一方向一层层拉出敷设。

在使用人力倒运电缆时，必须注意不要产生图 12－5－40 中所示的电缆打结或弯曲过急现象。正确倒运方法如图 12－5－41 所示。一定要保持大于电缆的最小允许弯曲半径。

1—打结；2—弯曲过急

图 12－5－40　错误倒运方法

图 12－5－41　正确倒运方法

2. 在水平巷道或倾角30°以下的井巷中悬挂电缆的规定

（1）在木支架、混凝土支架、金属支架及砌碹巷道中，应采用木耳子、帆布带、废旧皮带与铁电缆钩悬挂电缆。木耳子要用铁钉钉到木支架上；帆布带、废旧皮带的厚度应在3 mm以下，可以钉到木支架上，也可以用铁丝绑在混凝土或金属支架上；悬吊情形如图12－5－42及图12－5－43所示。

图12－5－42　在木支架巷道悬挂电缆

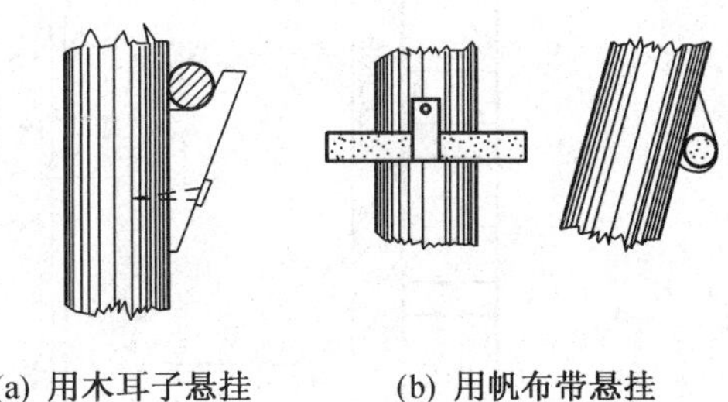

(a) 用木耳子悬挂　(b) 用帆布带悬挂

图12－5－43　用木耳子、帆布带悬挂电缆

当电缆遭到掉落的东西砸压时，要求能将木耳子或帆布带拉开，使电缆落到地上而不被拉断，如图12－5－44所示。

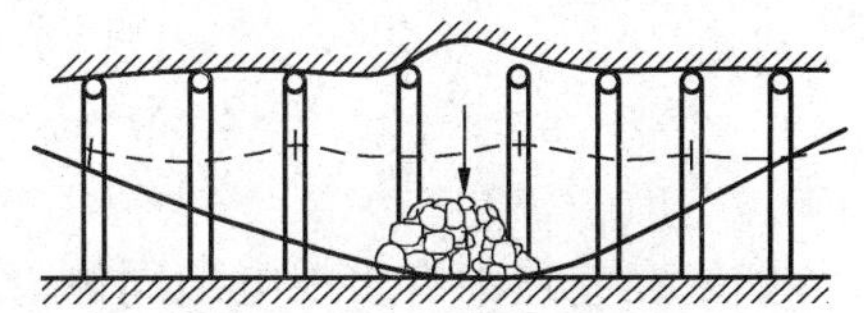

图12－5－44　落石或落支架砸落电缆情况

在金属支架或混凝土支架的巷道中，可用镀锌铁丝将铁电缆钩或帆布带绑扎在支架上悬挂电缆，如图12－5－45所示。

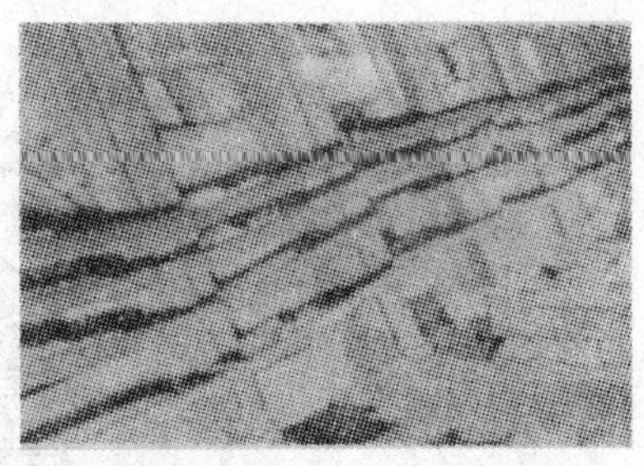

图12－5－45　在金属支架巷道中悬挂电缆

图12－5－46　砌碹巷道中电缆悬挂情况

（2）在砌碹巷道中，应采用铁钩悬挂电缆，如图12－5－46所示。运输大巷的电缆，从一侧转向另一侧时，应采用电缆卡子将电缆固定在巷道顶部的支架上。

在敷设电缆之前，应在巷道砌碹的同时，打好电缆钩的基础孔，以便于安装电缆钩。安装电缆钩时要用混凝土填实，待凝固后方可悬挂电缆；也可以在基础孔内用混凝土固定好燕尾铁棍，再将有孔的电缆钩固定到铁棍上，如图12－5－47所示；不用时还可以拆除。

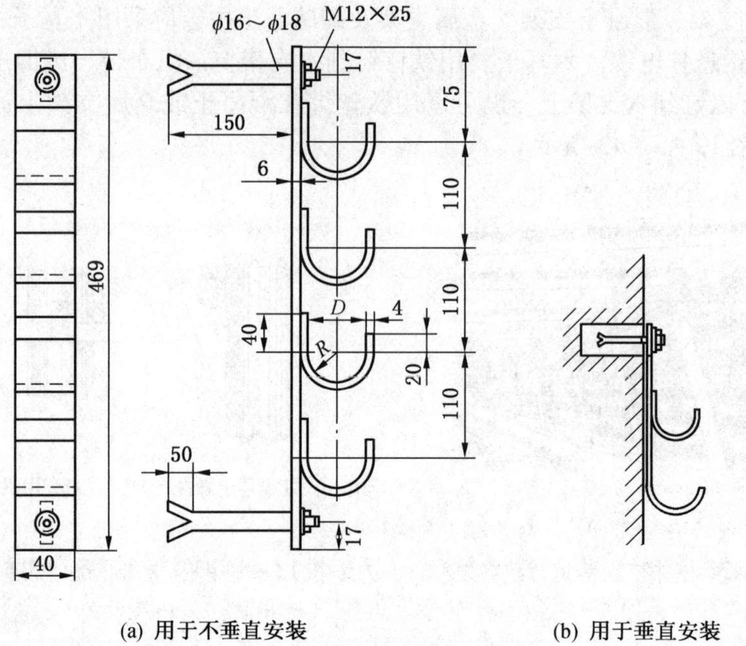

(a) 用于不垂直安装　　(b) 用于垂直安装

图 12-5-47　在砌碹巷道中固定电缆钩子的方法

如果在巷道中有多根电缆同侧悬挂，可用 40 × 5 mm 或 50 × 5 mm 扁钢制成多层电缆钩，如图 12-5-48 及图 12-5-49 所示。

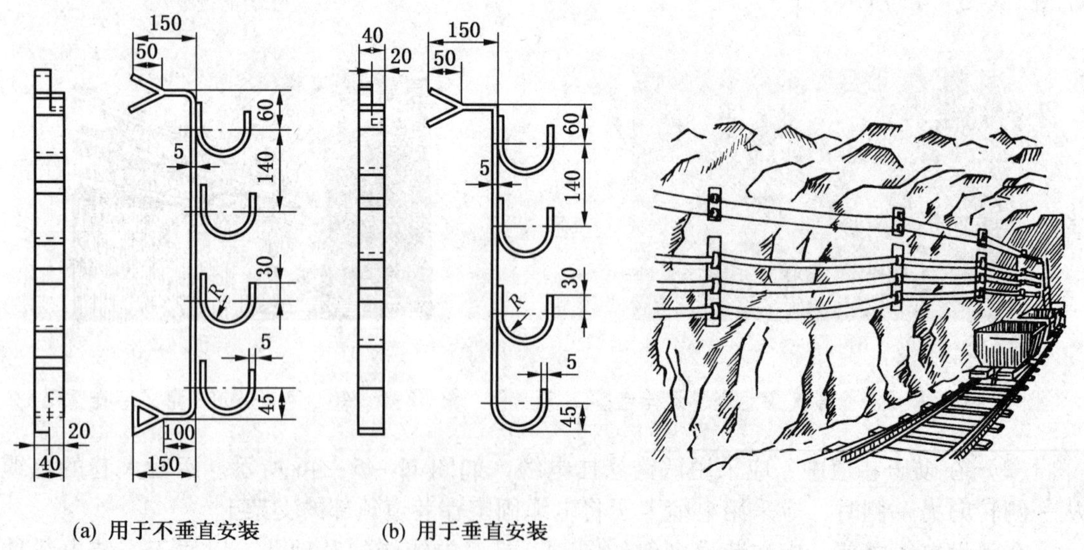

(a) 用于不垂直安装　　(b) 用于垂直安装

图 12-5-48　悬挂多根电缆的多层电缆钩　　图 12-5-49　在通车巷道中悬挂电缆

凡铁电缆钩均应在安装前涂好防锈漆。

(3) 水平巷道或倾斜井巷中悬挂的电缆应有适当的弛度，并在承受意外重力时能自由坠落；其悬挂高度应使电缆在有矿车掉道时不致受撞击，如图 12－5－45 及图 12－5－46 所示，离顶板距离一般不小于 150 mm。在电缆坠落时，应不致落在轨道或输送机上。在有道岔及巷道拐弯地点，电缆钩要加密。电缆悬挂弛度在直巷内要有 5% 左右，在道岔与拐弯处要有 10% 左右。

(4) 电缆悬挂点的间距，在水平巷道或倾斜 30°以下井巷不应超过 3 m。高、低压电力电缆敷设在巷道同一侧时，相互的间距应大于 100 mm；高压同高压电缆之间和低压同低压电缆之间的距离不得小于 50 mm，以便摘挂。

(5) 电缆不应悬挂在压风管或水管上。电缆不得遭受淋水或滴水，并严禁悬挂任何物件。电缆如果同压风钢管、供水钢管在巷道同一侧敷设时，必须设在管子上方，并保持 0.3 m 以上的距离。电缆同胶皮风筒等易燃物品应分挂在巷道的两侧。否则，相互之间应保持 0.3 m 以上的距离。盘圈或盘“8”字形的电缆不应带电，但采煤机电缆车上的电缆例外。

(6) 巷道内的电话和信号电缆，应同电力电缆分挂在井巷的两侧。如果受条件所限，应敷设在电力电缆的上方，并应保持 100 mm 的相互间距。

(7) 井下电缆应有标志牌。牌上应清楚注明电缆编号、型号规格、电压等级及区段长度。沿电缆线路每隔一定距离，在每个拐弯处或分支点以及连接不同直径电缆的接线盒两端都应悬挂标志牌。每个接线盒也应设一个标志牌。注明编号、型号规格及施工日期。

(8) 在木支架井巷中敷设的电缆，必须将黄麻外皮剥除，并在铠装层上加涂防锈和防潮的油漆。电缆穿过墙壁部分，应用穿墙套管保护。

(三) 在立井井筒或倾角 30°及以上巷道中敷设电缆

1. 基本要求

(1) 在立井，应采用聚氯乙烯绝缘粗钢丝铠装聚氯乙烯护套电力电缆、交联聚乙烯绝缘粗钢丝铠装聚氯乙烯护套电力电缆。

(2) 在立井井筒或倾角 30°及以上的井巷中敷设电缆，应采用电缆卡子将电缆固定在支架上，支架和卡子必须能承担电缆的重量；金属卡具与电缆之间应有橡皮衬垫，以防电缆被卡紧变形甚至受到损伤。如果采用带有金属压盖的木卡子，木卡子必须经防腐处理。

(3) 在立井井筒内，电缆悬挂点的间距不应超过 6 m。

(4) 井筒中的电缆，不应有中间接线盒，如果因井筒太深需有接线盒时，应将其设在中间水平巷道内；中间接线盒必须进行铅封，以防受潮或进水造成事故。

(5) 在敷设电缆时应留出 10 m 以上的余量，以便于施工或处理故障。

(6) 运行中的电缆因故障需要增设接头，而又无中间水平巷道可利用时，可在井筒中设置接线盒，但仍应妥善固定在托架上，不应受力。

(7) 井筒内的电话和信号控制电缆，应与电力电缆分挂在井巷的两侧；如果受条件所限，应敷设在距电力电缆 0.3 m 以上的地方。

2. 采用慢速绞车在立井井筒中敷设电缆

1) 敷设方法

在立井井筒中敷设电缆，通常采用慢速绞车（俗称稳车）将其安装在距井口 20 ~

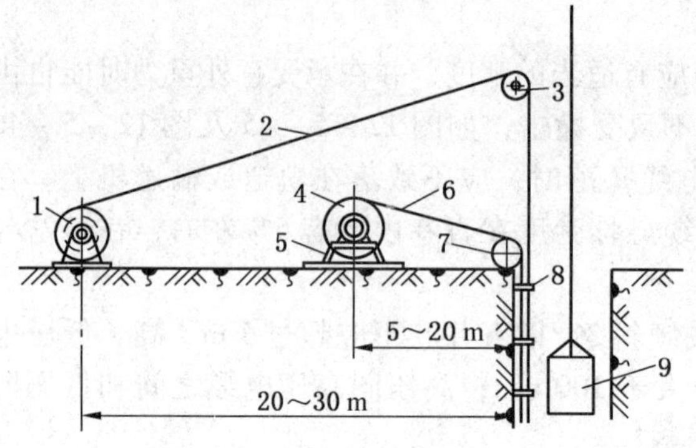

1—稳车；2—钢丝绳；3—滑轮；4—电缆盘；
5—支架；6—电缆；7—导向滚筒；
8—临时卡子；9—提升容器

图 12－5－50　采用慢速绞车敷设电缆示意图

30 m 处，如图 12－5－50 所示。在距井口 5～20 m 处将电缆盘架到支架上支牢，电缆经导向滚筒弯向井筒与钢丝绳汇合。用临时卡子将电缆固定在钢丝绳上面，并向下放，每隔 6 m卡一对临时卡子；或者用直径 8～10 mm 的麻绳将电缆与钢丝绳绑扎在一起，但每 50 m 必须加一副金属卡子，当把电缆放到井下预定位置时，再由上而下把电缆用永久卡子逐步固定在井筒的永久支架上。每解下一副临时卡子或绑扎的临时麻绳时，就安上一副永久卡子，逐步换完为止。

2）施工准备与要求

（1）稳车（即慢速绞车）应根据所敷设电缆、绳卡子和钢丝绳重量来计算出稳车与钢丝绳承担的静张力，再确定其型号规格。要求稳车的制动装置可靠，除了有常用闸外，还应有一个紧急制动闸（或插爪）。一般常用 5 t 或 8 t 稳车，稳车滚筒直径为钢丝绳直径的 16 倍以上。稳车的安装地点，要考虑出绳顺利，操作联络方便和安装基础稳固，地锚必须牢靠，并拉紧稳车。

（2）稳车绳最好采用不旋转钢丝绳。也可采用 6×19 丝以上的交叉捻合钢丝绳。钢丝绳的安全系数应在 5 倍以上。

（3）导向滑轮直径为钢丝绳直径的 10 倍以上，所用绳套及固定梁耐张程度应是全部张力的 10 倍以上。转动要灵活可靠，最好采用滚动轴承，以减少阻力。可选用吊钩型标准单滑车。

（4）电缆盘及支架要牢固可靠，防止意外掀倒电缆盘。电缆盘应设有制动装置，防止因电缆自重而带动电缆盘转动，造成电缆坠入井筒事故。

（5）导向滚筒直径应大于电缆最小允许半径的 2 倍，可以使用木制的，如果多人放送电缆，也可不用导向滚筒，但要注意弯曲半径必须大于电缆最小弯曲半径。

（6）临时卡子使用装配形式如图 12－5－51 所示。卡板用 5 mm 厚的扁钢制作，如图 12－5－52 所示。

（7）用麻绳临时绑扎电缆的方法如图 12－5－53 所示。麻绳代替临时电缆卡子。其方法是用 $\phi 8$～10 mm 麻绳先将钢丝绳缠紧，再分两段将电缆与钢丝绳一起绑紧。如果钢丝绳有油，应先在绑扎处除掉油，再绑扎麻绳，防止串动。在无滴水的井筒中，麻绳绑完之后，要用水浸湿以增强麻绳的紧固力。

（8）电缆在井筒中的永久支架与卡具如图 12－

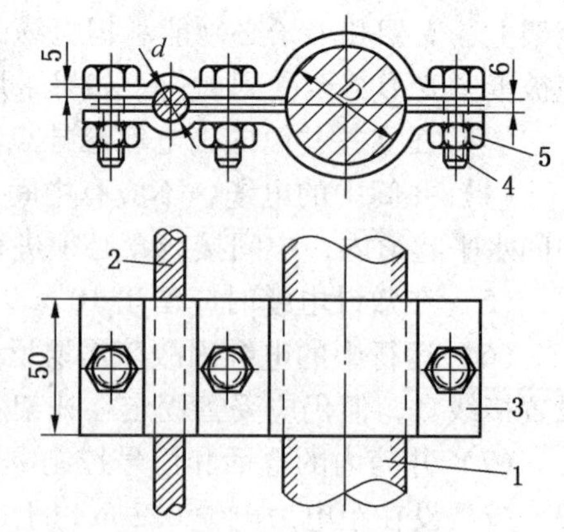

1—电缆；2—钢丝绳；3—卡板；
4—螺栓 M10×40；5—螺帽

图 12－5－51　临时电缆卡子装配形式

5－54、图 12－5－55 所示。敷设电缆之前必须把永久支架用混凝土固定在井壁上，横过井壁部分要事先把支架固定好，安装角度应随其电缆路线变化。

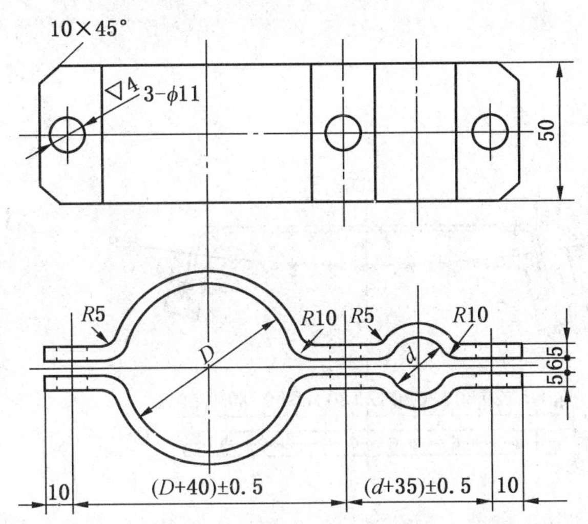

D—电缆直径；d—钢丝绳直径

图 12－5－52 临时电缆卡子卡板

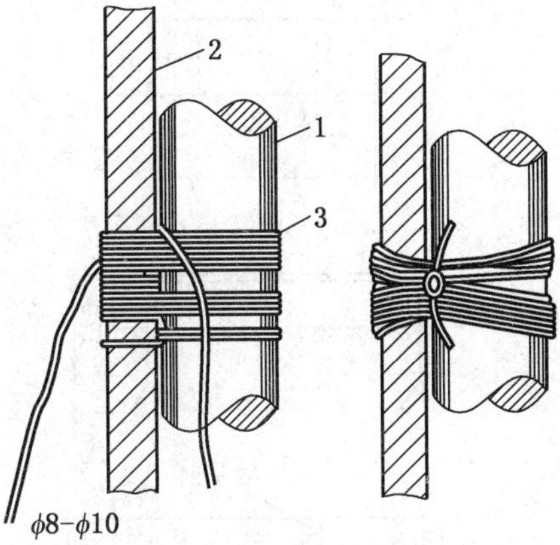

(a) 绑扎过程 (b) 绑扎完成

1—电缆；2—钢丝绳；3—麻绳

图 12－5－53 临时麻绳绑扎法

多根电缆并列敷设时，电缆间的中心距取 2D（D 为电缆外径）。每个支架上的电缆数量不要超过 6 根，其支架材料可用 50×8 扁钢，如图 12－5－55c 所示。

电缆的永久支架及永久卡子在制作好后，要立即除锈，涂防锈漆。电缆卡子和电缆之间加一层胶皮垫（即橡胶垫）保护电缆，如个别卡子制作尺寸较大时，可垫两层胶皮，但不得超过两层。胶皮垫厚度采用 2 mm，最大不超过 3 mm。对于有酸性或者碱性水的井筒，要选用耐酸或者耐碱的胶皮垫。

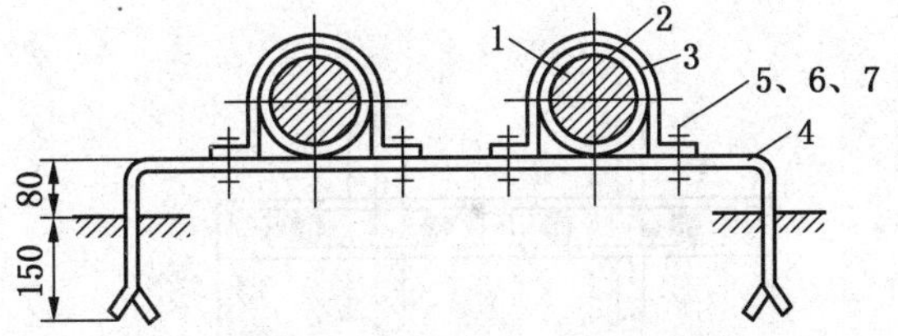

1—电缆；2—橡胶垫；3—卡子；4—支架；5—螺栓 M12×25；6—螺母 M12；7—平垫 φ12

图 12－5－54 两根电缆在支架上固定情况

(9) 电缆在井筒中敷设时，还有一种木卡子装配方法可供选用，如图 12－5－56 与图 12－5－57 所示。敷设电缆之前，必须先将永久支架固定在井壁上。

(10) 沿井壁向硐室或平巷的拐弯部分，如果暴露在井筒断面中，应做一个抗砸的保护顶盖，以防井筒掉下杂物砸伤电缆，如图 12－5－58 所示。

3）其他注意事项

(1) 明确分工，统一指挥。施工前要认真贯彻施工措施与技术安全措施，由现场施工负责人对准备工作逐项进行全面检查。

(2) 指定专人检查安全用具、使用工具、起重用品、安全带等，必须合格可靠。在井筒使用的工具用布带绑好，以防使用时掉入井筒。要有专人清点检查使用的配件、零件、

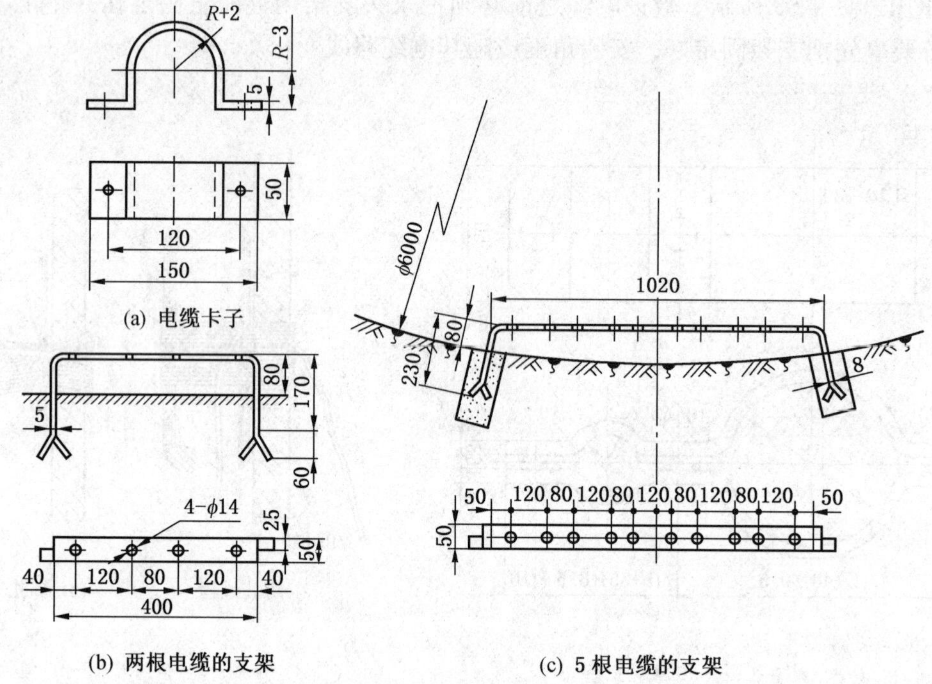

R—电缆半径

图 12-5-55　电缆固定的卡子与支架

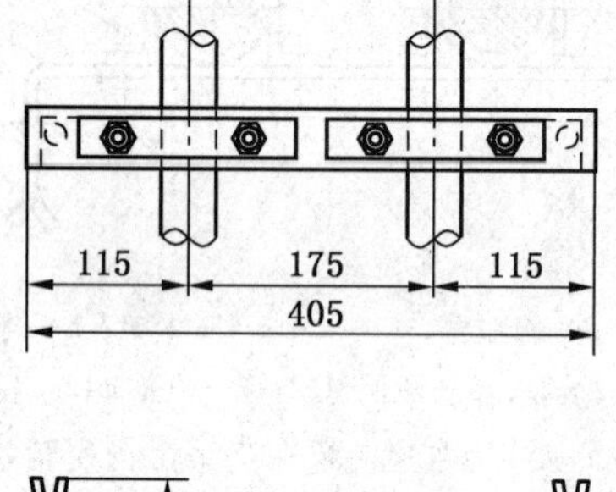

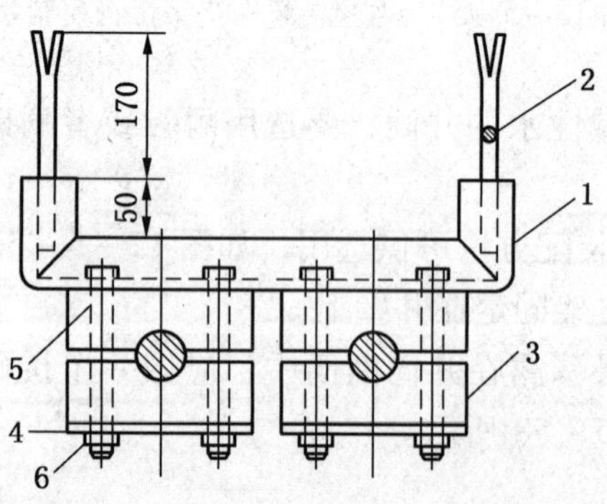

1—电缆支架：角钢 60×60×8；2—支架腿：圆钢 ϕ24~26；3—木卡子；4—卡子压板；5—螺栓(M12×60)；6—螺母(M12)

图 12-5-56　用木卡子将电缆固定在永久支架上

材料，特别是电缆卡子，事先一定要在实物上试用、校对尺寸，以检查是否合适、配套、齐全。

（3）在井筒中工作的人员要戴好安全帽、穿好工作服、胶靴，有淋水的地方要穿雨衣；绑好安全带，并系在可靠地方。

（4）井口、井架及井筒中间水平口，都要专人看守，非工作人员禁止靠近，防止物品掉入井筒，并协助信号工正确传递信号。井口人员还要兼看导向滑轮的工作情况。

（5）信号要有明确规定，由班长指定信号人员传到井口信号工，再传到稳车司机。多水平井筒在施工时离哪个水平近就由哪个水平传递信号，打信号要及时准确，并应有具体规定。

（6）在向井筒下电缆之前，一定要将钢丝绳带上重物，先下到井底一次，进行放劲，以防下电缆时钢丝蝇旋转与电缆扭到一起。

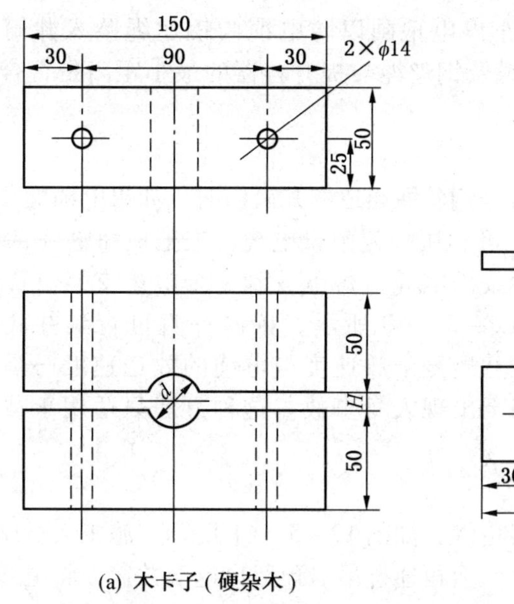

(a) 木卡子(硬杂木)

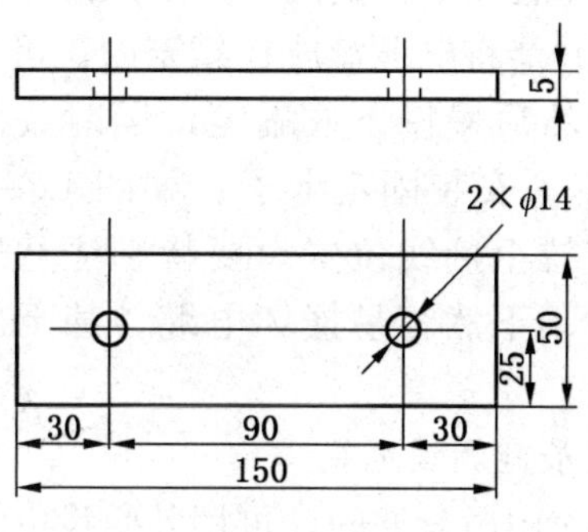

(b) 压板(50×5扁钢)

图 12-5-57　木卡子与压板

(7) 施工人员乘坐容器到达工作地点后，绑好搭板方可工作，施工中不准多水平同时作业。在多间隔的井筒中下放电缆时，要有专人在罐笼上或专用容器上的安全地点观看钢丝绳头和电缆头的下放情况，防止弄错间隔或者挂住，发现问题及时联系。

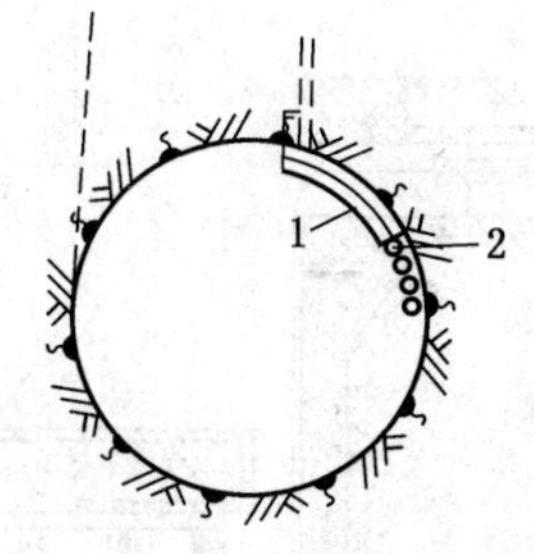

1—保护顶盖；2—电力电缆

图 12-5-58　立井井筒电缆拐弯处保护顶盖示意图

(8) 在施工中稳车司机要注意电流表和电动机声音的变化，并观察钢丝绳的松紧程度，以判断负荷的变化，发现问题及时停车。另外还要设专人监视稳车地锚绳套是否变动。

(9) 电缆与钢丝绳在卡第一副临时卡子时，一定要用麻绳拉住电缆头，慢慢放至预定位置与钢丝绳卡牢，严防因电缆自重带动电缆盘转动，造成电缆坠入井筒事故。在第一道卡子之后每隔6~9 m卡一副临时卡子，如图12-5-51所示。在每两道卡子之间最好临时绑两道铁丝（φ2 mm），以防电缆出现弯曲现象。

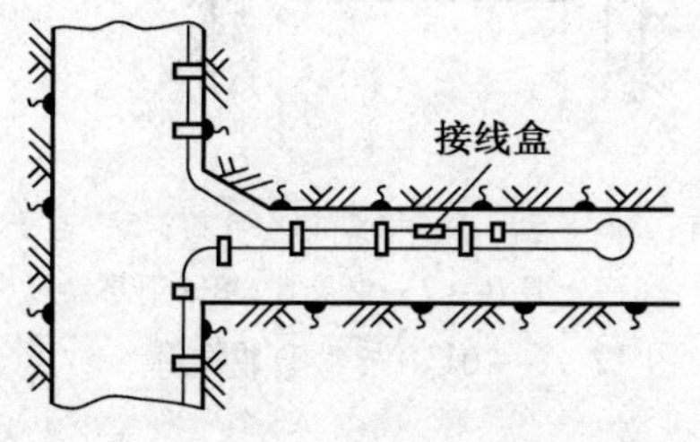

图 12-5-59　中间巷道的电缆接线盒

整根电缆下放到预定位置后，要把电缆按需要的长度拉到管子道内或者拉到总开关处。用永久卡子更换临时卡子时，要注意零件、工具不可掉入井筒中。如果电缆长度不够，在井筒中不准出现接线盒，应在中间平巷做接线盒，如图12-5-59所示。

(10) 如果电缆在施工中没有下放到井底而需要中间停工时，必须用卡子与绳套将钢丝绳牢固地卡在井口钢梁上，并将稳车停电抱闸以防电缆与钢丝绳坠入井筒而造成事故。同时还要检查悬吊在井筒中的电缆及钢丝绳与提升容器的最小距离是否合乎规程要求。

3. 利用罐笼敷设电缆

当电缆布置在罐笼的同一间隔内或是钢丝绳罐道的井筒内时，如果电缆的截面积和重量都不大，并能将电缆盘放在罐笼内，可利用罐笼敷设电缆。先把地面电缆沟内一段电缆敷设好，然后慢慢下放罐笼，同时放松电缆，每下放到一个电缆支架位置时（最大6m）就停车，安装固定卡子，如图 12－5－60 所示，依次一直进行到井底，再把井底一段电缆拉至接线位置。要特别注意罐笼下放速度与电缆的放送速度必须适应，停车必须及时，不然容易损坏电缆，甚至出现人身事故。这种方法只适用于截面积小的电缆。

4. 利用吊盘敷设电缆

在建井使用吊盘期间，可用其敷设电缆，如图 12－5－61 所示。施工人员站在上层盘作业，电缆通过上层盘孔引向中层盘，然后再通过吊盘预留口返至井筒，将电缆固定在井筒中。敷设时为防止损坏电缆，在中层盘上应时常保持一个自由悬垂段。

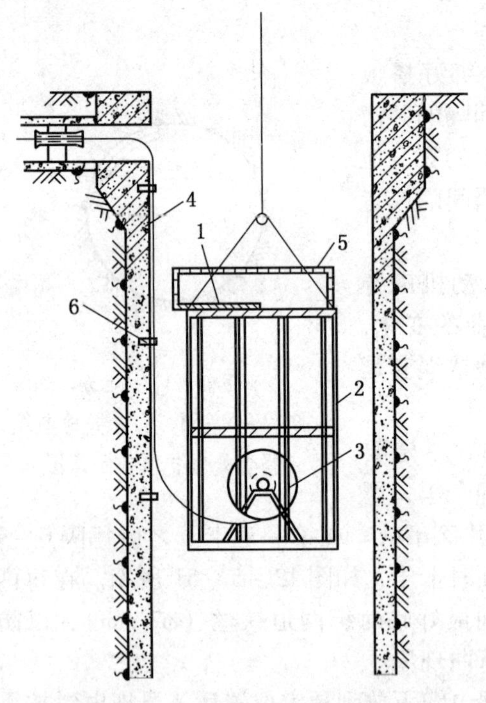

1—工作台；2—罐笼；3—电缆盘；4—电缆；5—安全围栏；6—卡子与支架

图 12－5－60 在罐笼内敷设电缆

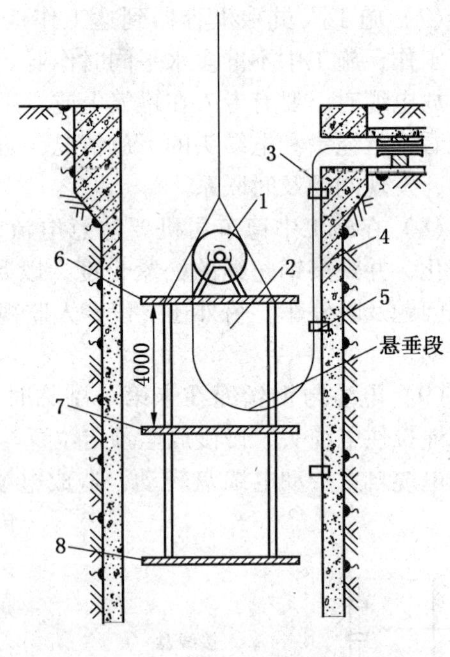

1—电缆盘；2—吊盘；3—电缆；4—井筒；5—卡子与支架；6—上层盘；7—中层盘；8—下层盘

图 12－5－61 吊盘敷设电缆

这种施工方法应注意以下几点：

（1）绞车提升能力及钢丝绳拉力，应满足安全要求。

（2）电缆盘架设在吊盘上的位置，要考虑吊盘重量平衡，不能偏重，否则吊盘将会倾斜。

（3）要考虑电缆盘外形尺寸，能否通过井盖、保护盘、提升口。

（4）在下层盘应有人监视电缆，防止碰伤电缆。

（5）升降吊盘时，应设专人监护，防止挤伤电缆。

5. 在暗井中敷设电缆

在暗井中敷设电缆，可根据井筒深度及电缆的规格、重量而采用不同方法。

（1）在深度或斜长不超过 50 m 的暗井中敷设电缆时，可采用图 12－5－62 所示方法，即将钢丝绳穿过滑轮，然后用卡子（或绳扣）将电缆固定在钢丝绳上。用人力或绞磨，拉住钢绳慢慢下放电缆，并逐个用卡子固定好。这时所用钢丝绳的长度，要比通过暗井电缆的长度长出 10～20 m。用人力施工时，要将绳的末端绕在一个可靠的柱腿上，由专人拉住缓慢放松。钢丝绳的强度、拉力和直径，应根据所承受的电缆重量，按 5 倍以上的安全系数来选择。

（2）暗井的深度超过 50 m 时，就要考虑用慢速绞车或稳车来带动钢丝绳，将电缆卡在钢丝绳上慢慢向下放。方法和要求可参照立井井筒电缆敷设。

在暗井中敷设电缆时，每隔 4～6 m 固定一副卡子，可采用图 12－5－55 所示的金属卡子与支架；也可采用图 12－5－63 所示的方法，即用钢丝绳和卡子将电缆悬挂在暗井中。电缆卡子可用图 12－5－51 的临时电缆卡子。

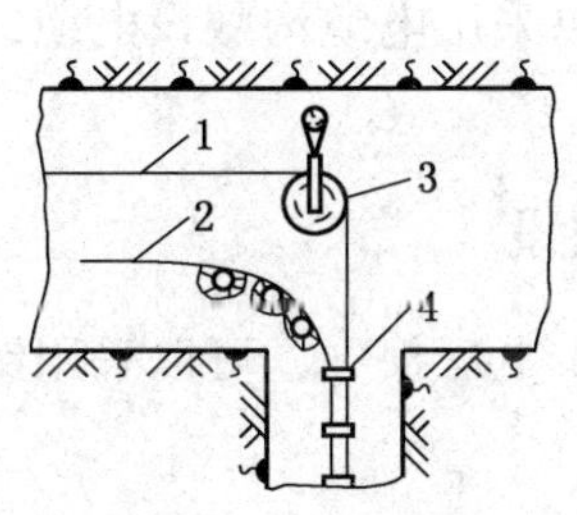

1—钢丝绳；2—电缆；3—滑轮；4—卡子

图 12－5－62　在深度不超过 50 m 内暗井中敷设电缆

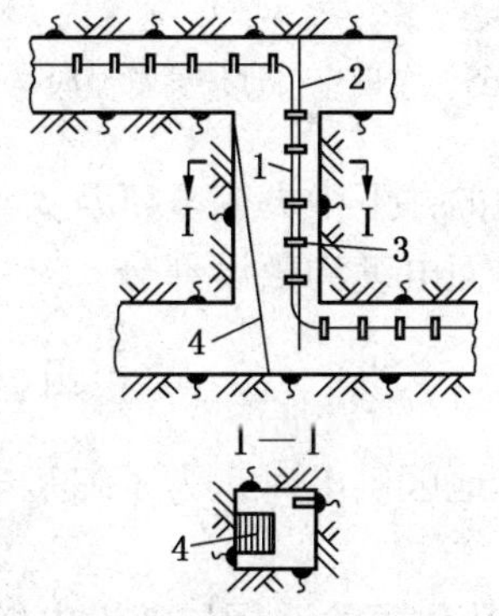

1—电缆；2—钢丝绳；3—卡子；4—梯子

图 12－5－63　在暗井中用钢丝绳悬挂电缆示意图

如果暗井兼作人行道，应将电缆悬挂在人行道的另一侧，以防行人抓扶电缆。

（四）在硐室中敷设电缆

如果硐室中电缆的数量较多，可采用图 12－5－48 所示电缆钩。如果单根电缆敷设则用图 12－5－64a 所示电缆钩；在硐室顶部敷设时，使用图 12－5－64b 所示电缆钩。如果在室内顶部敷设照明电缆，可用直径 10 mm 的圆钢做成图 12－5－64c 所示的电缆钩。

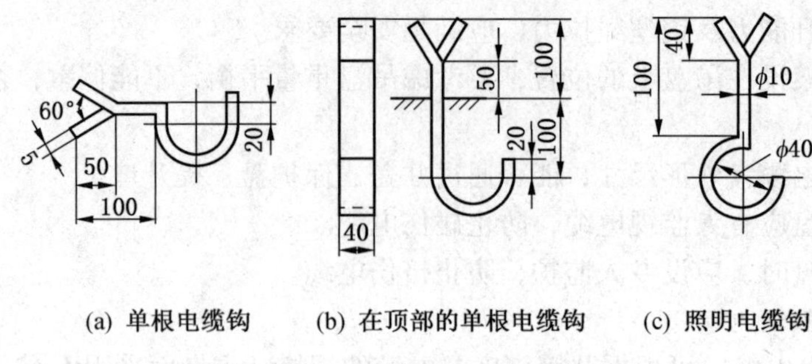

(a) 单根电缆钩 (b) 在顶部的单根电缆钩 (c) 照明电缆钩

图 12-5-64 在硐室敷设电缆

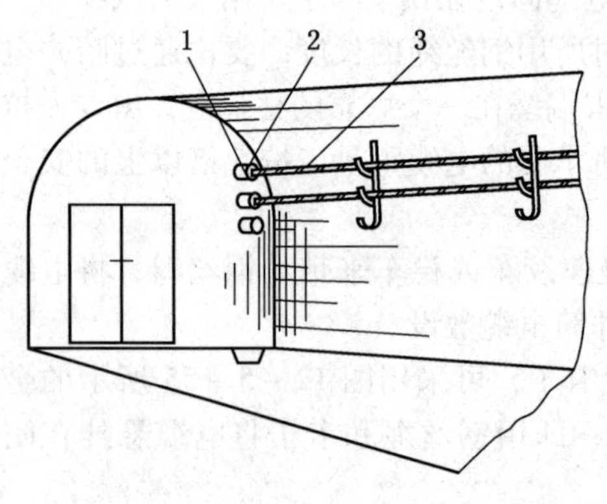

1—穿管；2—黄泥；3—电缆

图 12-5-65 在硐室内过墙穿管敷设电缆

在硐室内通过底板引向电气设备的电缆，不应裸露在地面上，应有电缆钩或者用穿管敷设以保护电缆。保护管应有一定的强度，内径要较电缆外径大 1.5 倍左右。弯曲半径不得小于电缆允许弯曲半径。

铠装或橡套电缆出入硐室时，不得由门框或墙上直接出入，应用穿墙套管保护，以防电缆被挤压。为了防止影响硐室密闭，在穿管内口与电缆的空隙之间应塞满黄泥（图 12-5-65），严密封堵管口。

硐室中的铠装电缆应将麻被层剥去，并在铠装表面涂以防锈漆或沥青。

对于较大的井下中央变电所及大型的水泵房，可以采用电缆沟敷设电缆，其结构及规格尺寸参见地面电缆沟敷设部分。

四、钻孔中电缆敷设

在向边远地区供电时，为了缩短电缆的长度和减少电压损失，可以采用钻孔由地面向井下供电。

（一）钻孔位置的选择与敷设电缆的准备工作

在选择钻孔位置时，应掌握以下原则：供电距离短；地质条件适合打钻，钻机能达到要求的深度；经济上比较合理；钻孔没有被淹没的危险。

电缆的检查、试验与井下电缆敷设的要求相同。施工的准备工作与立井井筒用稳车敷设电缆的要求相似。无外护层的铠装电缆在进入钻孔之前，应涂好防锈漆或者沥青。

（二）采用镀锌铁丝绑扎法敷设钻孔电缆

对于较浅钻孔或使用期限短的电缆，可以用镀锌铁丝将电缆固定在钢丝绳上，下入钻孔中。操作步骤：首先是将钢丝绳带重物下至钢管孔底，以检查套管是否畅通。然后将钢丝绳提上来，将电缆与钢丝绳每隔 1.5 ~ 2 m 绑扎 80 ~ 100 mm 镀锌铁丝，如图 12-5-66 所示。逐次将电缆与钢丝绳下至孔底，提至接线地点，最后在孔口将钢丝绳固定好，将电缆引至终端电杆，并将钻孔盖好密封。这种方法与采用专用卡具方法相比，优点是不用卡具、所占的断面小，因此管径与钻孔直径也都相应较小，敷设时操作简单，比较经济。但镀锌铁丝抗锈能力差，应采取一定的防锈措施。用镀锌铁丝在钻孔中绑扎敷设电缆的地面出口布置方式如图 12－5－67 所示。

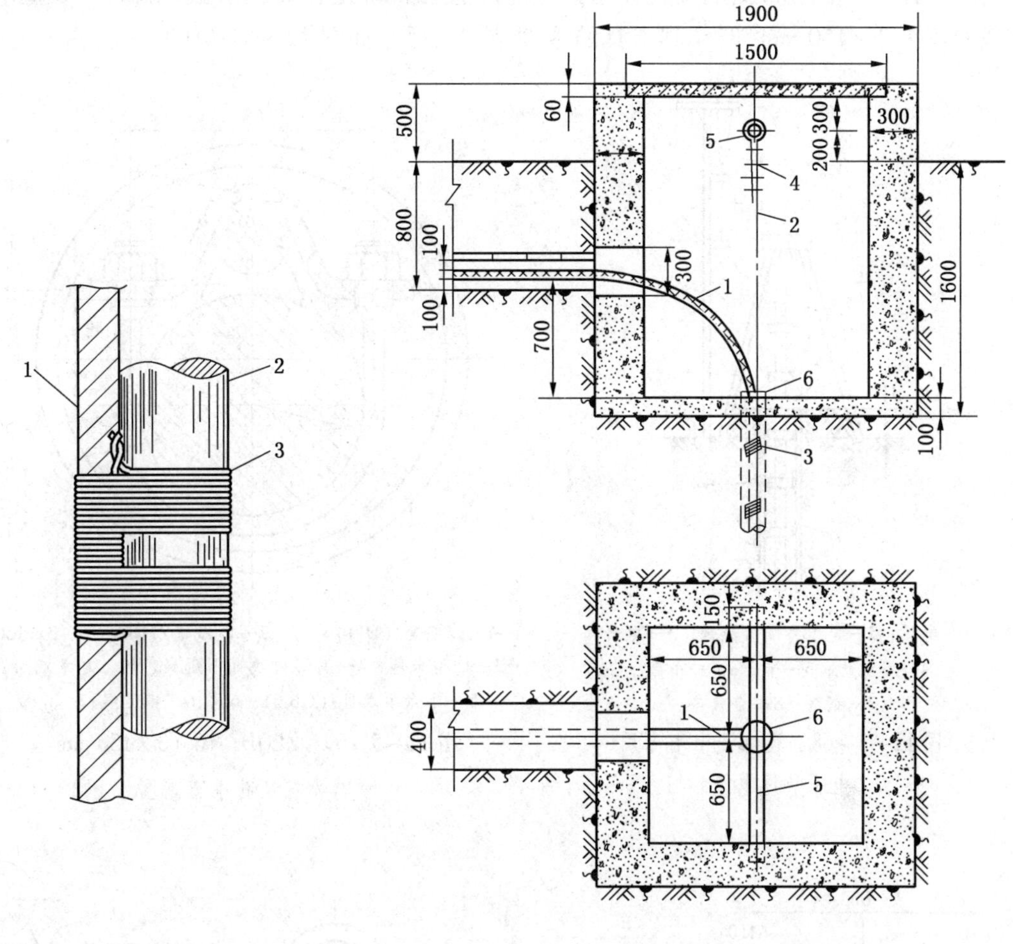

1—钢丝绳；2—电缆；
3—镀锌铁丝

图 12－5－66　用镀锌铁丝绑扎电缆示意图

1—铠装电缆；2—钢丝绳；3—镀锌钢丝；
4—钢丝绳卡子；5—钢管；6—钻孔钢管

图 12－5－67　钻孔下电缆的地面出口布置方式

(三) 采用专用卡子敷设钻孔电缆

根据电缆和卡具的重量，选好钢丝绳，并带重物检查钢管是否畅通。然后如图 12－5－68 所示，将电缆用卡子固定在钢丝绳上，一边慢慢下放电缆一边逐段加卡子，卡子的间隔距离为 4 ~6 m，直至将电缆下放到井底，并将电缆拉至接线地点为止。然后将钢丝绳吊挂在吊架上，最后将电缆的上端做好终端接线盘，敷设到电杆上与架空输电线路相连接。

钻孔地面段钢管要高出地面 0.5 ~1 m，但不应低于历史上最高洪水水位，并将钢管的外侧用混凝土或黏土堆实。钢管上要用金属盖封严，防止向井下浸入雨水。钻孔通过含水层时，应有防止漏水措施。

钻孔上面的铁吊架，应刷好防锈漆。使用时间短的也可用木吊架。

敷设电缆所用卡具：采用 U 型卡具的断面布置方法，如图 12－5－69 所示。这种卡具与图 12－5－51 的卡具相比，有如下优点：钻孔布置紧凑、所用钢管内径小，因此钻孔直径也小。缺点是卡箍、卡板、垫块加工复杂。适用于大断面电缆在深钻孔中敷设。这种卡具的零件尺寸，应根据电缆直径与钢丝绳的直径来确定，如在敷设 $ZLQD_5-6$ 型电缆，当截面积为 $3\times150\ mm^2$ 时，其卡具的零件结构与尺寸如图 12－5－70 所示。

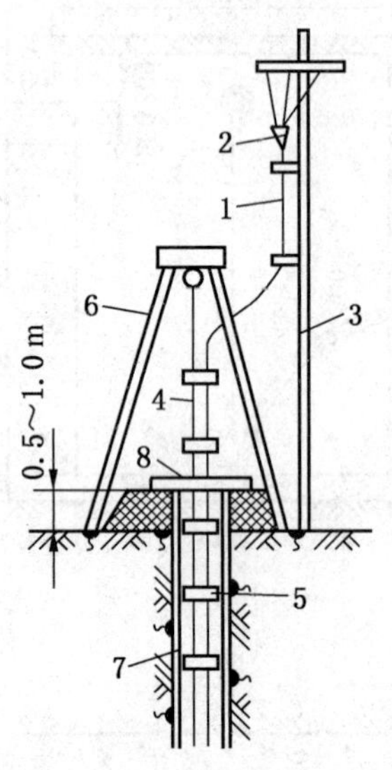

1—电缆；2—电缆终端接线盒；3—电杆；4—钢丝绳；5—卡子；6—吊架；7—钢管；8—金属盖

图 12－5－68　在钻孔中用专用卡子敷设电缆

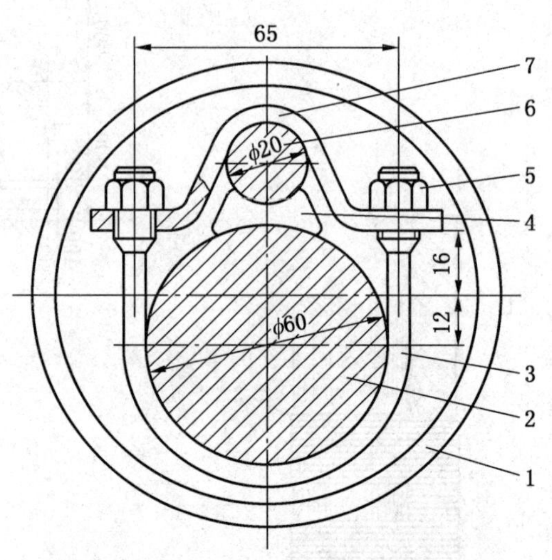

1—无缝钢管（D114×5）；2—电缆（$ZLQD_5-6$　3×150）；3—U 型卡箍；4—鞍形垫块（低压聚乙烯、尼龙或铅）；5—小六角螺母：(GB 51—66)；6—钢丝绳；7—卡板

图 12－5－69　$ZLQD_5-6$（$3\times150\ mm^2$）电缆在钻孔中布置图

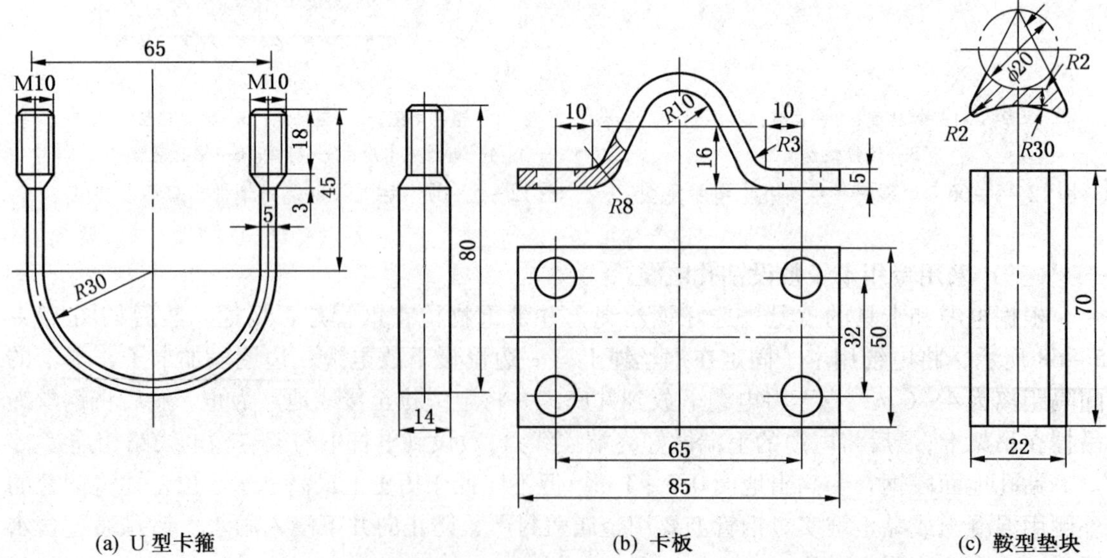

图 12－5－70　$ZLQD_5-6$（$3\times150\ mm^2$）电缆的卡具零件图

图12－5－67或图12－5－68中为钻孔下电缆的地面布置方式。由电杆上引下来的电缆，进入如图中所示的地面钻孔电缆井，井口用盖板盖严，以防外物及雨水浸入。这两种布置方式可以灵活采用。

第六节　电缆的连接及接线盒

一、电缆连接的要求，接线盒分类

（一）概述

在整个供电线路和控制信号电路中，不可避免地要出现电缆与设备、电缆与架空线路、电缆与电缆的连接。电缆与电缆连接为中间连接，电缆与设备及架空线连接为终端连接。为了安全供电，对这些连接必须保证质量。

（二）电缆连接的基本要求

（1）导电线芯连接处的接触电阻要小，要保持稳定，其最大值不应超过同截面积同长度线芯电阻的1.2倍，使电缆正常负荷时的温升不大于电缆原线芯的温升。

（2）电缆线芯的连接，常用压接法、焊接法、螺栓连接法和绑扎法等方法。连接处要有足够的抗拉强度，其值不低于电缆线芯强度的70%。

（3）电缆连接处的绝缘强度不应低于电缆原有值，并能在长期运行中保持绝缘密封良好，能承受运行中经常遇到的操作过电压、大气过电压和故障过电压。

（4）两根电缆的铠装、铅包（或铝包）、屏蔽层和接地线芯都应有良好的电气连接。

（5）整个连接装置的结构要简单、体积要小，并有足够的机械强度和较长的使用寿命。

（三）煤矿井下电缆连接的特殊要求

由于煤矿井下环境特殊，《煤矿安全规程》对电缆的连接提出如下要求：

第四百六十八条　电缆的连接应当符合下列要求：

（一）电缆与电气设备连接时，电缆线芯必须使用齿形压线板（卡爪）、线鼻子或者快速连接器与电气设备进行连接。

（二）不同型电缆之间严禁直接连接，必须经过符合要求的接线盒、连接器或者母线盒进行连接。

（三）同型电缆之间直接连接时必须遵守下列规定：

1. 橡套电缆的修补连接（包括绝缘、护套已损坏的橡套电缆的修补）必须采用阻燃材料进行硫化热补或者与热补有同等效能的冷补。在地面热补或冷补后的橡套电缆，必须经浸水耐压试验，合格后方可下井使用。

2. 塑料电缆连接处的机械强度以及电气、防潮密封、老化等性能，应当符合该型矿用电缆的技术标准。

（四）电缆接线盒分类

1. 按用途和形式分类

（1）终端接线盒：主要作为电缆与其他导电体连接之用，分为户外、户内式两种。户外式又分为鼎足式和倒挂式；户内式又分为手套式和漏斗式。

（2）中间接线盒：主要作为电缆与电缆连接之用，分为铅封式和简易式两种。

2. 按绝缘材料分类

（1）热灌绝缘胶接线盒。

（2）环氧树脂接线盒。

（3）干包接线盒（包括干包接头）。

（4）塑料橡胶接线盒（包括热收缩电缆接头）。

二、导电线芯连接法

（一）导电线芯的压接法

压接法是用油压钳将接线端子或连接管与电缆导电线芯压接在一起。用压接法连接电缆导电线芯的接触电阻小而稳定，并有足够的机械强度，不受环境限制，可在地面和井下广泛使用。

1. 压接用的接线端子与连接管

1）接线端子

接线端子俗称线鼻子，分为 DL 系列铝接线端子与 DT 系列铜接线端子，可用整体环压法或局部点压法使其与铝芯及铜芯电缆的线芯压接，然后与电气设备相连接。适用截面积为 10～240 mm^2 的圆形、扇形和半圆形的多股扭绞线芯。接线端子的规格尺寸见表 12－6－1 及表 12－6－2。

表 12－6－1 DL 型铝接线端子

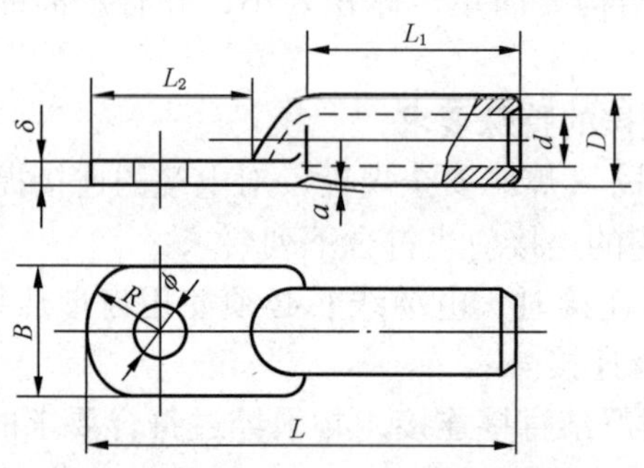

型号及规格	尺寸/mm									
	d	D	L	L_1	L_2	B	δ	R	ϕ	a
DL－10	4.5	9	55	30	20	15	3	9	4.5	0
DL－16	5.5	10	65	35	22	16	3.5	11	6.5	1
DL－25	7.0	12	70	35	25	19	4	11	6.5	1
DL－35	8.0	14	75	42	25	21	5	13	8.5	1
DL－50	9.5	16	80	42	27	23	5.5	13	8.5	1.5
DL－70	11.5	18	95	50	31	27	5.5	15	10.5	1.5
DL－95	13.5	21	100	50	34	30	6.8	18	10.5	1.5

表 12-6-1（续）

型号及规格	尺寸/mm									
	d	D	L	L_1	L_2	B	δ	R	ϕ	a
DL-120	15.0	23	110	55	37	34	7	18	13	2
DL-150	16.5	25	115	55	40	36	7.5	20	13	2
DL-185	18.5	27	125	60	43	40	7.5	22	13	2.5
DL-240	21	31	130	60	46	45	8.5	25	13	2.5
DL-300	23.5	34	140	70	49	50	10	—	17	3
DL-400	26	38	155	70	52	55	11	—	—	3

表 12-6-2　DT 型铜接线端子规格尺寸

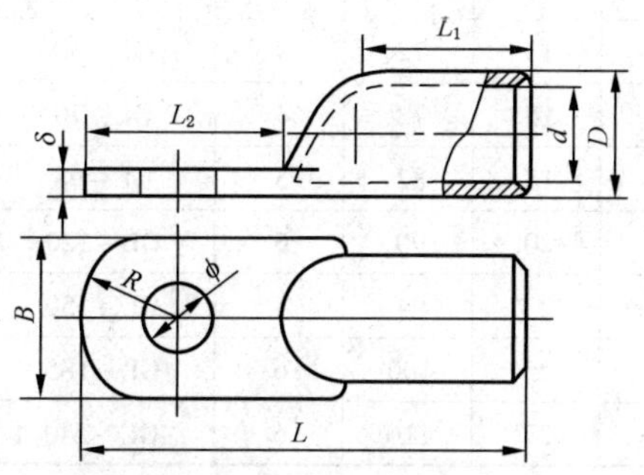

型号及规格	尺寸/mm								
	d	D	L	L_1	L_2	B	δ	R	ϕ
DL-16	6	9	56	32	18	14	2.5	9	6.5
DL-25	7	10	62	34	18	15	2.5	9	6.5
DL-35	8	11	66	36	23	15	2.5	11	8.5
DL-50	10	18	72	40	23	18	2.5	11	8.5
DL-70	11	15	80	42	28	21	3.5	14	10.5
DL-95	13	18	86	46	28	25	4.5	14	10.5
DL-120	15	20	96	48	35	28	4.5	17	13
DL-150	17	23	102	52	35	30	4.5	17	13
DL-185	19	25	114	54	42	34	5.5	21	13
DL-240	21	27	118	56	42	40	5.5	21	13

2）连接管

GT 系列为铜连接管，供铜芯电缆线芯压接用；GL 系列为铝连接管，供铝芯电缆线芯压接用，详见表 12-6-3。

表 12-6-3 GT 与 GL 型连接管规格尺寸

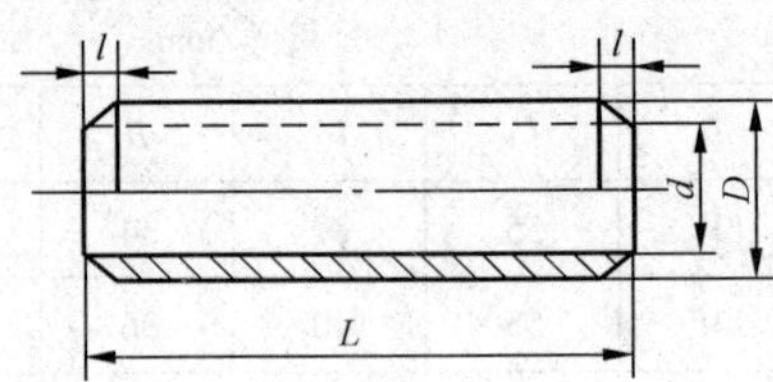

电缆截面积/mm²	GT 系列铜连接管					GL 系列铝连接管				
	型号	结构尺寸/mm				型号	结构尺寸/mm			
		d	D	L	l		d	D	L	l
10	GT-10	4.5	8	42	—	GL-10	4.5	9	60	
16	GT-16	6	9	56	2	GL-16	5.5	10	65	2
25	GT-25	7	10	60	2	GL-25	7	12	70	2
35	GT-35	8	11	64	3	GL-35	8	14	75	3
50	GT-50	10	13	72	4	GL-50	9.5	16	80	4
70	GT-70	11	15	78	4	GL-70	11.5	18	90	4
95	GT-95	13	18	82	5	GL-95	13.5	21	95	5
120	GT-120	15	20	90	5	GL-120	15	23	100	5
150	GT-150	17	23	94	5	GL-150	16.5	25	105	5
185	GT-185	19	25	100	6	GL-185	18.5	27	110	6
240	GT-240	21	27	110	6	GL-240	21	31	120	6

铝连接管具有不低于 78.5 N/mm² 的抗拉强度和不低于 15% 的延伸率，是由拉管机冷拔而成，化学成分符合 GB 1196 标准规定。

DGL 系列堵油式铝连接管，因中间被隔开，可防止电缆油从导电线芯流过，适用铝芯电缆的接线盒处理漏油，用于截面积为 25～240 mm² 的电缆，规格尺寸详见表 12-6-4。

表 12-6-4 DGL 系列堵油式铝连接管

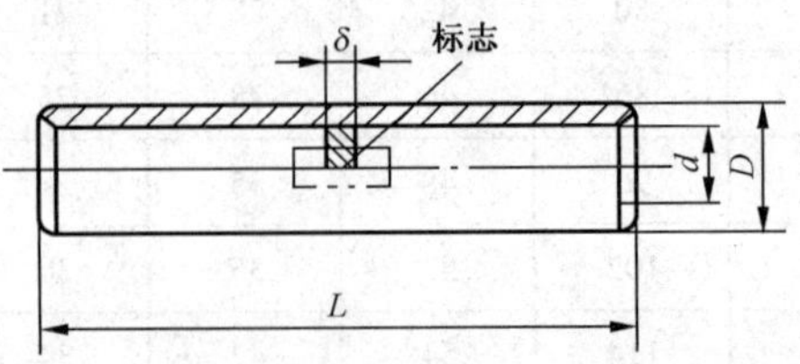

型号与规格	电缆线芯截面积/mm²	规格尺寸/mm			
		d	D	L	δ
DCL-16	16	5.5	10	80	10
DCL-25	25	7	12	80	10
DCL-35	35	8	14	95	10

表 12-6-4（续）

型号与规格	电缆线芯截面积/mm^2	规格尺寸/mm			
		d	D	L	δ
DCL-50	50	9.5	16	95	10
DCL-70	70	11.5	18	110	10
DCL-95	95	13.5	21	110	10
DCL-120	120	15	23	125	15
DCL-150	150	16.5	25	125	15
DCL-185	185	18.5	27	137	17
DCL-240	240	21	31	137	17
DCL-300	300	23	34	145	
DCL-400	400	26	38	145	

3）铜铝过渡接线端子与铜铝连接管

DTL系列铜铝接线端子，供电气设备铜接线柱与铝芯电缆线芯连接用，俗称铜铝接线鼻子，适用于截面积为10～240 mm^2 铜的扇形、圆形及半圆形铝芯电缆线芯压接，详见表12-6-5。DGTL系列堵油式铜铝连接管供铜芯与铝芯电缆连接用，详见表12-6-6。

表 12-6-5　DTL系列铜铝接线端子

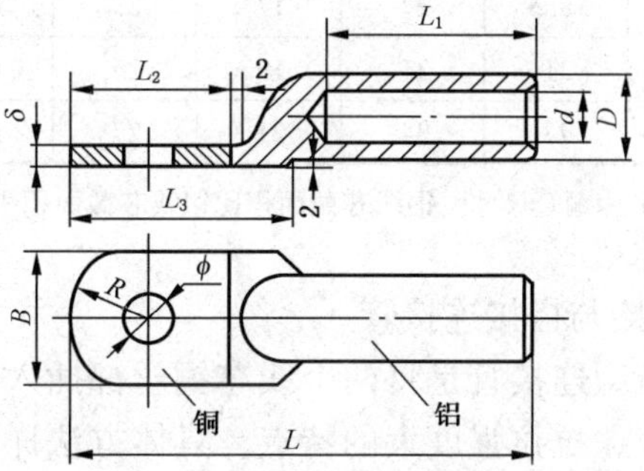

型号及规格	线芯截面积/mm^2	结构尺寸/mm									
		d	D	L_1	L_2	L_3	L	B	δ	R	ϕ
DTL-10	10	4.5	9	30	18	24	55	14	3	9	6.5
DTL-16	16	5.5	10	35	20	28	70	17	3	11	6.5
DTL-25	25	7	12	35	20	28	70	17	3	11	6.5
DTL-35	35	8	14	42	24	35	85	21	4	13	8.5
DTL-50	50	9.5	16	42	24	35	85	21	4	13	8.5
DTL-70	70	11.5	18	50	30	42	110	28	5	16	10.5
DTL-95	95	13.5	21	50	30	42	110	28	5	16	10.5
DTL-120	120	15	23	55	35	50	125	34	6	20	12.5
DTL-150	150	16.5	25	55	35	50	125	34	6	20	12.5
DTL-185	185	18.5	27	60	42	60	140	40	7.5	22	17
DTL-240	240	21	31	60	42	60	140	40	7.5	22	17
DTL-300	300	23.5		70			155				17

表 12-6-6　DGTL 系列堵油式铜铝连接管

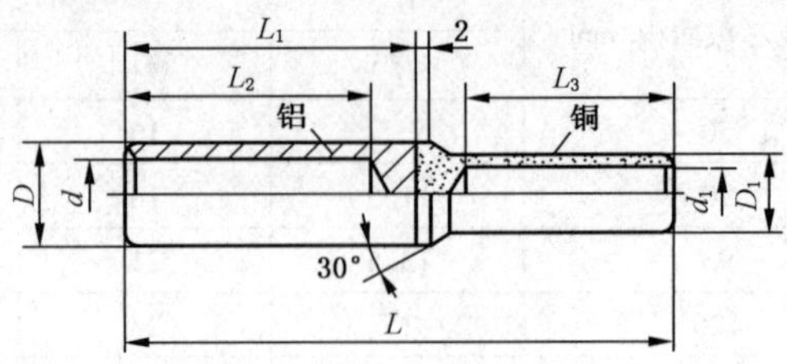

型号及规格	铝线芯截面积/mm²	结构尺寸/mm							
		d	D	d_1	D_1	L	L_1	L_2	L_3
DGTL-16	16	5.5	10	4.5	7	85	45	35	30
DGTL-25	25	7	12	6	9	85	45	35	32
DGTL-35	35	8	14	7	10	95	50	42	34
DGTL-50	50	9.5	16	8	11	95	50	42	36
DGTL-70	70	11.5	18	10	13	110	60	50	40
DGTL-95	95	13.5	21	11	15	110	60	50	42
DGTL-120	120	15	23	13	18	120	65	55	46
DGTL-150	150	16.5	25	15	20	120	65	55	48
DGTL-185	185	18.5	27	17	23	132	70	60	52
DGTL-240	240	21	31	19	25	132	70	60	54
DGTL-300	300	23	34	21	27	145	80	70	56

注：表中 d、D 为铝管尺寸；d_1、D_1 为铜管尺寸。铜线芯截面积比铝线芯截面积小一级。

4）矿用橡套电缆的插接与搭接连接管

压接矿用橡套电缆的新型连接管是将两个线芯铜丝都插入管内互相插接或搭接，然后用压接法围压，具有接头短、抗拉强度大的特点。具体方法详见本章第七节。

2. 液压钳（也称油压钳）

1）手动电缆液压钳

液压钳是压接工具，种类很多，按动作方式可分为电动式、脚踏式、手动式与分离式。其中手动式及分离式油压钳已在煤矿地面与井下广泛使用。

SYQ-15 型手动液压钳是 SYQ-2 的改进型，适用于电压为 10 kV 以下、截面积为 16～240 mm² 的铝芯电缆或 16～185 mm² 的铜芯电缆与连接管的压接，也可用于相应截面积的铝或铜裸绞线与连接管的压接，以及各种规格的电缆与相应截面积的接线端子的压接，都是在常温情况下进行冷压。SYQ-15 型手动液压钳外形如图 12-6-1 所示。

（1）主要技术性能如下：

额定工作压力：15 t。

压接行程：点压＞19 mm，环压≥18 mm，可达 20 mm。

最大操作力：25 kg。

（2）主要特点：体积小，重量轻，结构紧凑，使用和携带方便；适于在电缆沟和矿井

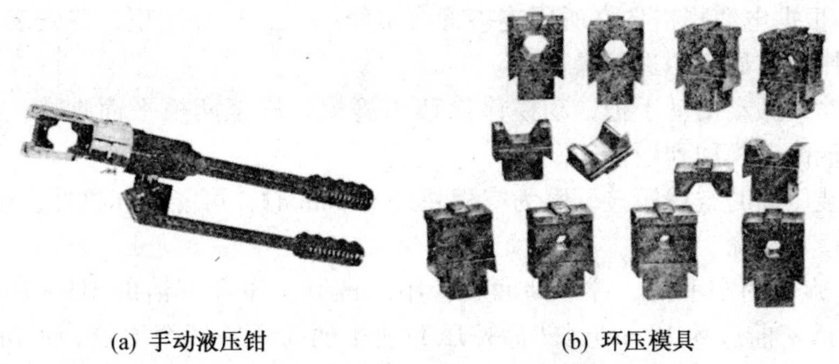

(a) 手动液压钳　　(b) 环压模具

图 12－6－1　SYQ－15 型手动液压钳

巷道内使用；不需其他能源，不受用电、防火、防爆等环境限制；能在与水平面成任意角度下工作，有安全阀、超负荷时能自动保护；压接速度较快，每完成一次压接动作，只需 15 s 的时间（不包括装、卸模具）。

（3）SYQ－15 型液压钳油压系统原理如图 12－6－2 所示。

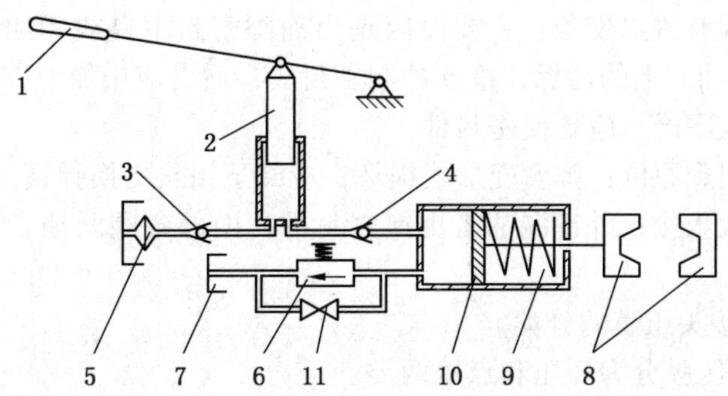

序号	名称	主要规格	工作时开闭或动作情况			
			吸油	压油	卸荷	工作过载
1	活动手把		抬起	压下		
2	动力油缸	ϕ8	吸油	压油		
3	单向阀		开	闭		
4	单向阀		闭	开		
5	滤油器	120 目				
6	安全阀	127.5 N/cm^2	闭	闭	闭	开
7	补偿油箱	77 cm^3	缩	静	胀	胀
8	压模		停	进	退	退
9	弹簧	343～765 N	静	缩	伸	伸
10	工作油缸	ϕ52 mm、43 cm^3	停	活塞进	活塞退	活塞退
11	手动截止阀		闭	闭	开	闭

图 12－6－2　SYQ－15 型液压钳油压系统原理图

(4) SYQ－15 型手动油压钳的使用和维修保养

A. 压接：根据电缆规格选好所用连接管或接线端子，选好压模，并安装到油压钳上。然后参照液压钳动作原理图进行操作。

压接操作时，搬动活动手把，动模徐徐移向静模，压至两模平面吻接，保持 5 s，然后按下回油压柄，动模回到原位。

严禁在未装压模时空程压接，因为空程超过 20 mm 时，可能损坏机件；也不可空模强压，以免影响模具寿命。

B. 加油；旋下固定手把，拧下储油胶管尾部螺钉，注入清洁的 HJ－10 机械油；搬动活动手把，活塞前进约 10 mm，然后按压回油压柄，活塞回至原位，油缸内油液回至胶管；如此往复数次，排尽油腔内气体才能装满油，然后旋紧密封螺钉，装上固定手把。

C. 压力调节：出厂时最初力已调到 15 t，使用时不可随意调整回油压柄下的调节螺钉。如压力不能满足规定的工作要求时，可松开紧固螺母，旋进调节螺钉 1/4 圈，直至满足工作要求的压力为止，然后拧紧紧固螺母。此时压接应以合模为限，不应强行压到安全阀打开，以免因调整压力过高而损坏机具。

D. 压模工作面及压钳发黑表面要经常上油以防生锈。

(5) 故障及其排除方法

A. 大活塞行程有进退现象：主要原因是出油阀密封不良或者油压腔内有空气。排除方法：前者洗净出油阀上的污垢，重新冲制密封线；后者应按加油方法进行排气。

B. 各密封部位不严：应更换密封件。

C. 活塞不能归到原位：弹簧变形或损坏，应卸下钳头更换弹簧。

D. 大活塞行程太慢；外部漏油者更换密封件；内部各阀漏油者应进行清洗去垢或者处理密封。

2) 电缆线芯接头压模的分类

电缆线芯接头压膜分为环压和点压两类。

环压法所用接头压模分上模与下模，合拢后内孔成正六方形，其压缩比选用 80%，可根据电缆线芯截面积选用相应规格的压模。该方法具有压接均匀、紧密、压接管无较大弯曲变形和线芯不会因过分变形产生断裂等优点。环压接头压模的结构尺寸如图 12－6－3 与图 12－6－4 所示。环压也称围压，从导线断面压接的密实程度来看此点是否压好。

点压法所用接头压模如图 12－6－5、图 12－6－6 所示。点压法的压坑深度见表 12－6－7。

电缆线芯中间接头，经与连接管环压或点压之后的外形照片，如图 12－6－7 所示。上图为点压，下图为环压。

3) 分离式电缆液压钳

分离式液压钳是由手动式液压钳改进而成的，它的压头与液压缸是分开的，只用一根软高压油管连接，因此在狭窄地点能以任意角度进行压接，既灵活又方便。常用的有 SYQ(F)－15(L)型和 SYQ(F)－25 型，适用于铜芯或铝芯电缆接头的冷压接，如图 12－6－8 所示。

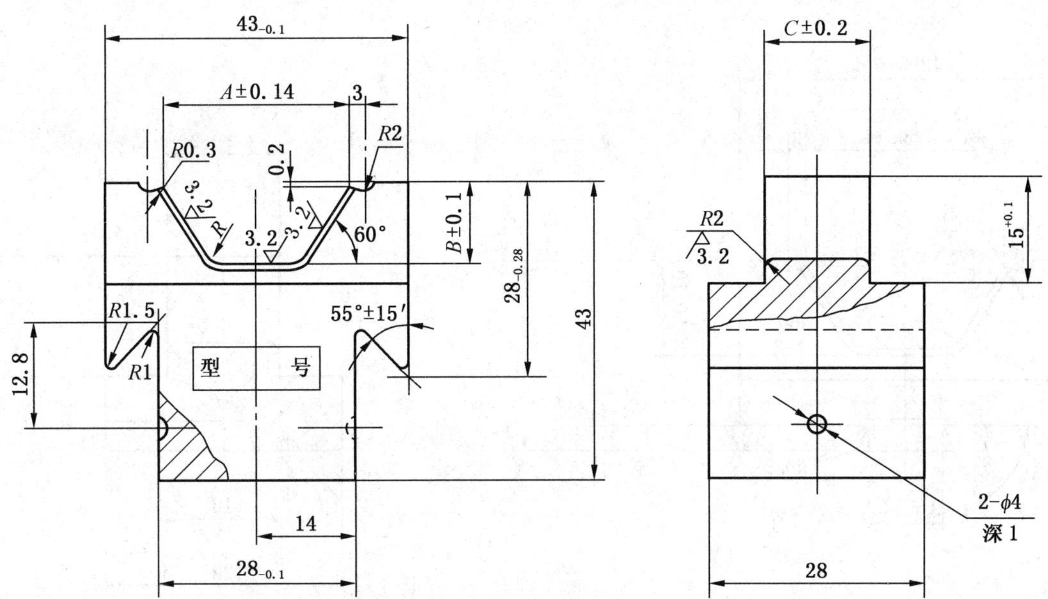

环压上模各部参数

序号	压模型号		电缆线芯截面积/mm²		A	B	R	C	数量
			铜芯	铝芯					
1	T16	L10	16	10	7.9	3.4	1	10	1
2	T25	L16	25	16	8.9	3.9	1	10	1
3	T35	L25	35	25	9.9	4.3	1	12	1
4	T50	L35	50	35	11.3	4.9	15	12	1
5	T70	L50	70	50	13.7	5.9	15	12	1
6	T95	L70	95	70	16.4	7.1	2	13	1
7	T120	L95	120	95	17.8	7.7	2	13	1
8	T150	L120	150	120	20.4	8.8	2	14	1
9		L150	185	150	23.1	10.0	2.5	14	1
10		L185	240	185	24.2	10.5	2.5	15	1
11		L240		240	27	11.7	2.5	17	1

图 12-6-3　SYQ-15 手动液压钳环压上模

表 12-6-7　压接不同截面积线芯时的压坑深度

线芯截面积/mm²	拉线端子或连接管外径/mm	压坑深度/mm	线芯截面积/mm²	接线端子或连接管外径/mm	压坑深度/mm
16	10	5	95	21	10.5
25	12	6	120	23	11.5
35	14	7	150	25	12.5
50	16	8.8	185	27	13.3
70	16	9	240	31	15

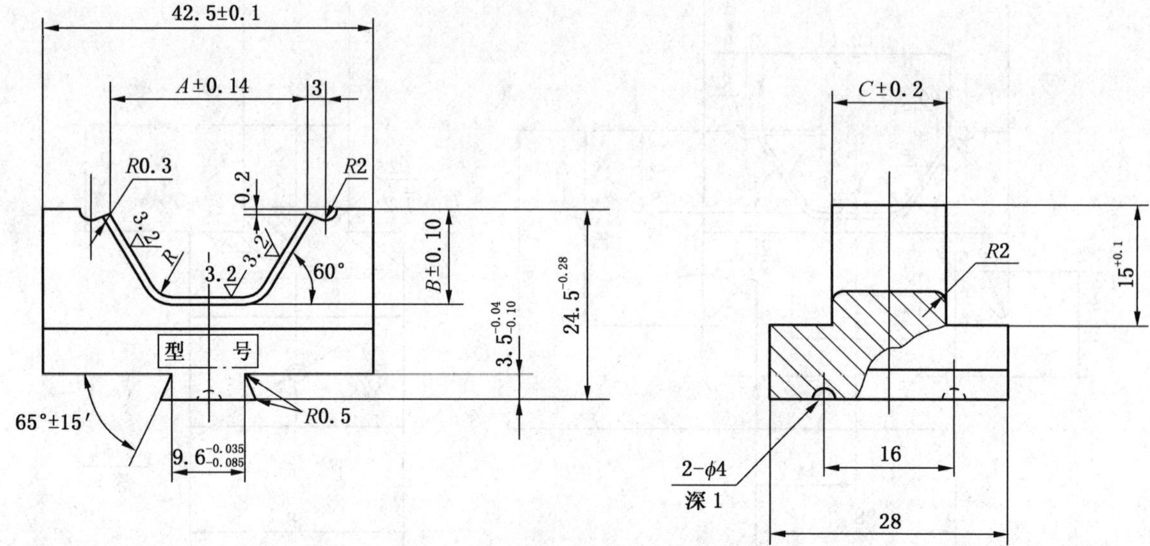

环压下模各部参数

序号	压模型号		电缆线芯截面积/mm²		A	B	R	C	数量
			铜芯	铝芯					
1	T16	L10	16	10	7.9	3.4	3.4	10	1
2	T25	L16	25	16	8.9	3.9	1	10	1
3	T35	L25	35	25	9.9	4.3	1	10	1
4	T50	L35	50	35	11.3	4.9	1.5	12	1
5	T70	L50	70	50	13.7	5.9	1.5	12	1
6	T95	L70	95	70	16.4	7.1	1.5	13	1
7	T120	L95	120	95	17.8	7.7	2	13	1
8	T150	L120	150	120	20.8	8.8	2	14	1
9		L150	185	150	23.1	10.0	2.5	14	1
10		L185	240	185	24.2	10.5	2.5	15	1
11		L240		240	27	11.7	2.5	17	1

图 12-6-4 SYQ-15 手动液压钳环压下模

（二）导电线芯焊接法

1. 锡焊法

锡焊法适用于铜芯电缆连接，采用开口铜连接管，首先将线芯端部剥去一段绝缘，其长度为连接管的1/2另加5 mm。再将导电线芯擦净挂好焊锡，然后套上已挂焊锡的铜连接管，把两线芯在管内对齐，开口朝上并将口扩大一点。向连接管内先浇灌焊锡，并同时涂以松香或不含酸的松香膏作焊剂。最后用长把圆口钳（图 12-6-9）将开口铜套管夹紧，待冷却后将表面修整光滑。对于铜接线端子，也可采用此种方法。

焊接法不如压接法操作简单，需要热源，接头的耐热性能也不如压接的接头好，所以仅在没有压接工具（包括压模）或导线截面积很小的情况下才使用。

开口铜连接管是用冷拔紫铜管制成，表面经过镀锡处理，可分为 A、B、C 3 种型号。

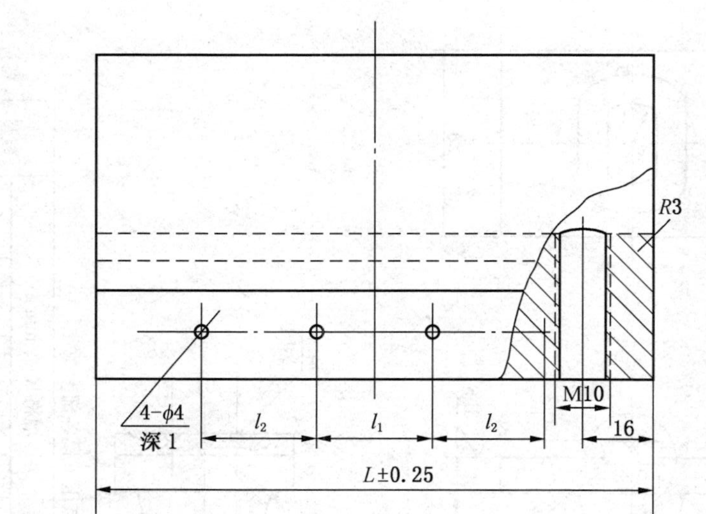

点压上模各部参数

序号	压模型号	电缆线芯截面/mm²	规格尺寸/mm						数量	序号	压模型号	电缆线芯截面/mm²	规格尺寸/mm						数量
			ϕ	E	F	l	l_1	l_2					ϕ	E	F	l	l_1	l_2	
1	A—25	25	13	14.5	15	70	16	12.5	1	6	A—120	120	23	24.5	25	90	22	19	1
2	A—35	35	15	15.5	17	70	16	12.5	1	7	A—150	150	25	26	27	95	22	19	1
3	A—50	50	17	18	19	80	20	17	1	8	A—185	185	27	28	29	105	25	20	1
4	A—70	70	18	18.8	20	85	20	17	1	9	A—240	240	31	31.5	33	105	25	20	1
5	A—95	95	21	22	23	85	22	19	1										

图 12-6-5　SYQ-15 手动液压钳点压上模

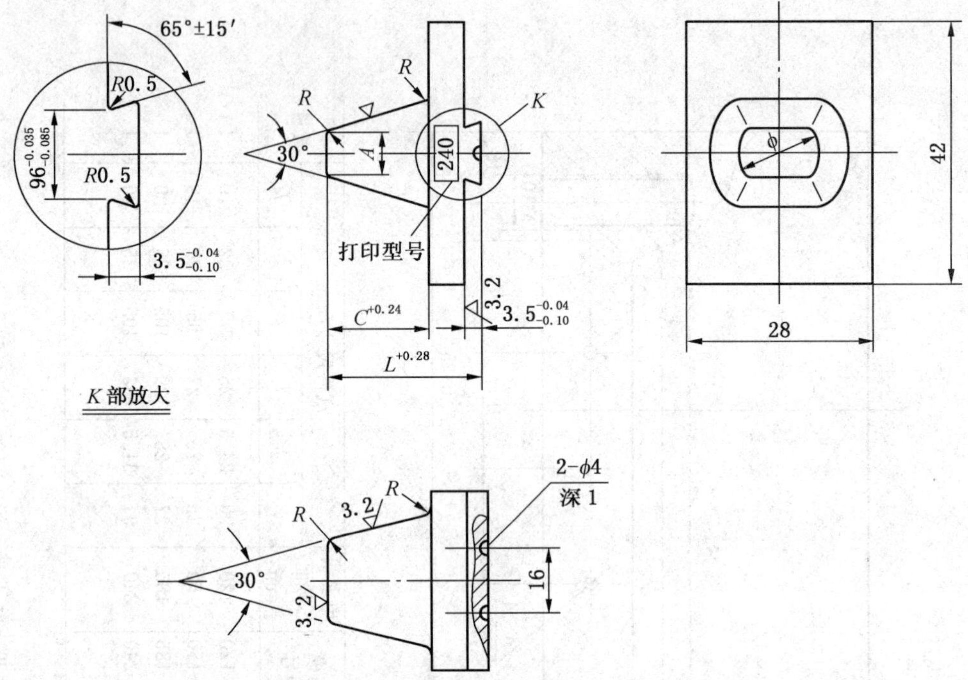

点压下模各部参数

序号	压模型号	电缆线芯截面积/mm²	规格尺寸/mm					数量	备注
			A	*φ*	*C*	*L*	*R*		
1	*A*—25	25	3	9	10	19.5	2	1	
2	*A*—35	35	3	9	10	19.5	2	1	
3	*A*—50	50	4	10	12	21.5	2	1	
4	*A*—70	70	4	10	12	21.5	2	1	
5	*A*—95	95	5	10	13	22.5	2	1	
6	*A*—120	120	6	12	14	23.5	3	1	
7	*A*—150	150	6	12	14	23.5	3	1	
8	*A*—185	185	7	13	16	25.5	3	1	
9	*A*—240	240	7	13	16	25.5	3	1	

图 12-6-6　SYQ-15 手动液压钳点压下模

图 12-6-7　电缆导电线芯压接头

A 型用于截面积为 10 mm² 以下铜芯电缆，B 型用于 16 ~ 240 mm² 铜芯电缆。A 型与 B 型开口铜连接管的规格尺寸如图 12-6-10 所示。

C 型开口铜连接管用于截面积为 16 ~ 240 mm² 的铜芯电缆，C 型可代替 B 型。C 型有宽度为 *F* 的一个槽，在浇灌焊锡时，便于将开门扩大或缩小，特别是用于大截面积电缆较方便。C 型铜连接管的规格尺寸如图 12-6-11 所示。

锡焊法的缺点是焊锡熔点低。当线路发生短路时，由于焊锡熔化，可能产生接头松脱或者接触不良的故障。锡焊接头在通过短路电流时，允许的温度不超过 120 ℃。由于锡焊

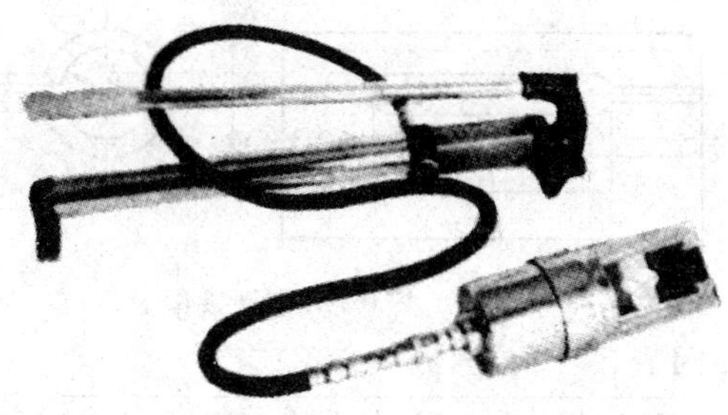

(a) SYQ (F)-15 (L) 型

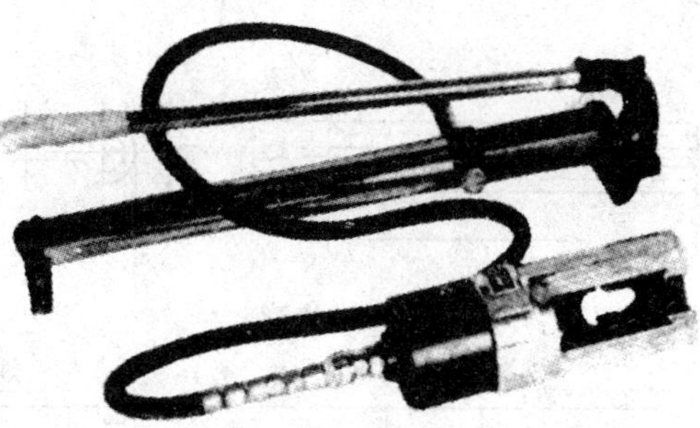

(b) SYQ (F)-25 型

型号	额定出力/kN	工作行程/mm	操作力/kN	质量 /kg		胶管长度/m	压接线芯截面范围	
				主机	泵体		点压	环压
SYQ (F)-15 (L)	150000	19 18	300	2.7	6	1.5 或 3	L25-240 T35-150	L10-240 T10-150
SYQ (F)-25	250000	22	400	5.5	6	1.5 或 3	L25-240 T35-240	L10-240 T10-240

图 12-6-8　分离式电缆液压钳

法需要热源，在井下使用不方便。

2. 铜铝焊接法

铝导线焊接铜接线端子（或铜连接管）的工艺如下：

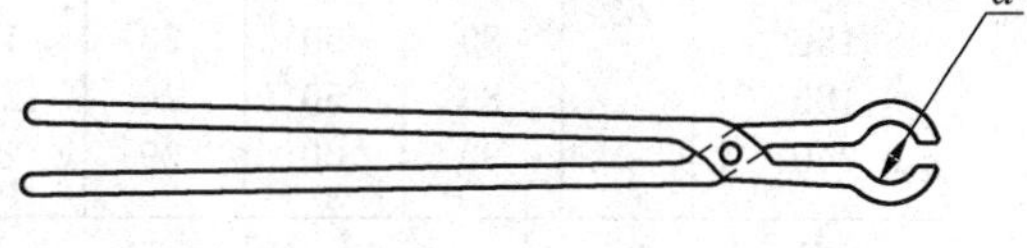

图 12-6-9　长把圆口钳

（1）清理去污：把需要焊接的铝线芯表面的油污擦净，并用钢丝刷或者砂纸打磨铝线表面，使之发出金属光泽。

（2）预涂焊料：焊料配比见表 12-6-8：锡 40%，锌 58.5%，铜 1.5%。首先用喷灯加热铝线，同时将已配制好的焊料加热，当接近于焊料的熔点温度时，将其涂擦在铝导线表面和端部，不必使用焊剂，以免焊剂渗入接头。

表 12-6-8　常用焊料配方

所焊的两种金属名称	使　用　范　围	配方重量比/%				
		锡	铅	锌	铜	备　注
铜铜	1. 导线连接	50	50	—	—	即常用焊
铜铅	2. 接地线焊接	50	50	—	—	锡的配方
铜铁	3. 终端接线盒底压盖与铅包焊接	50	50	— —	— —	
铜铝	1. 导线连接	40	—	58.5	1.5	腐蚀极微小
	2. 接地线焊接	55～65	5～2	30～13	—	
铝铝	1. 导线连接 2. 接地线焊接	65～85	5～2	30～13	—	
铅铝	1. 导线连接 2. 接地线焊接	80	10	10	—	
铁铝	接地线焊接	65	10	25	—	

注：1. 锡应符合“重 105151”3 号锡。
2. 铅应符合“YB-82-60”5 号铅。
3. 锌应符合“YB-84-60”5 号锌。

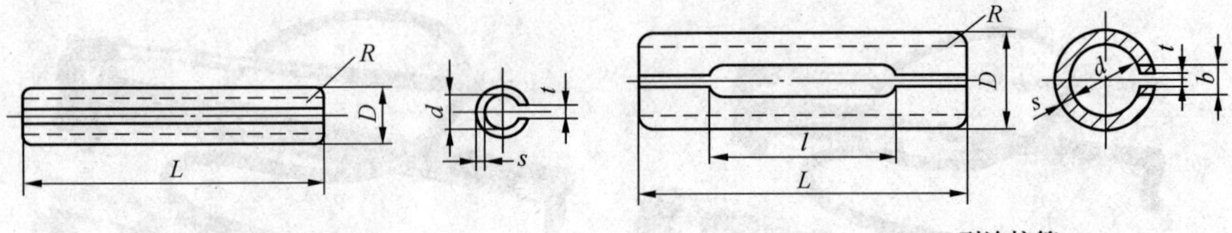

(a) A 型连接管　　(b) B 型连接管

规格尺寸表

电缆线芯截面积/mm²	型式	规格尺寸 /mm							
		L	l	D	d	s	b	t	R	展开长度
4	A型	30	—	5	3	1	—	1.5	1	11.1
6		35	—	5.5	3.5	1	—	1.5	1	12.6
10		40	—	6.5	4.5	1	—	1.5	1	15.8
16	B型	50	30	8	6	1	4	1.5	1	20.5
25		50	30	10	7	1.5	4	1.5	1.5	25.2
35		50	30	12	9	1.5	4	1.5	1.5	31.5
50		60	40	14	10	2	5	1.5	2	36.2
70		60	40	16	12	2	5	1.5	2	42.5
95		70	40	18	14	2	5	1.5	2	48.8
120		70	40	21	16	2.5	6	1.5	2.5	56.6
150		80	50	23	18	2.5	6	1.5	2.5	62.9
185		80	50	26	20	3	7	2	3	70.3
240		90	60	29	22	3.5	7	2	3.6	78.1

图 12-6-10　A 型与 B 型开口铜连接管

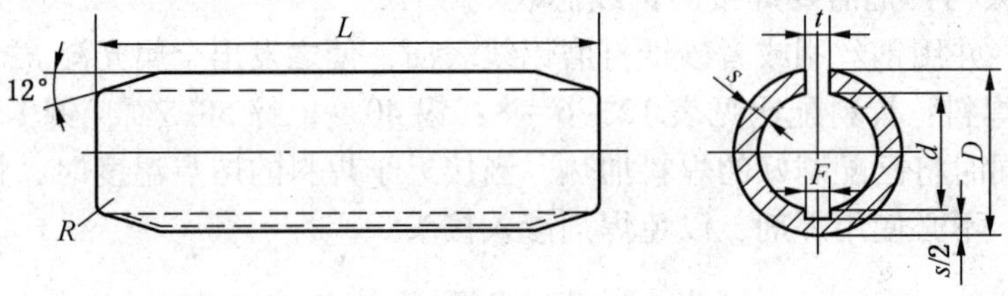

规格尺寸表

电缆截面积/mm²	型式	规格尺寸 /mm						
		L	D	d	F	t	S	R
16	C型	50	8	$6^{+0}_{-0.5}$	1	2	1	1
25		50	10	$7^{+0}_{-0.5}$	1	2	1.5	1.5
35		50	12	$9^{+0}_{-0.5}$	1	2	1.5	1.5
50		60	14	$10^{+0}_{-0.5}$	1	2	2	2
70		60	16	$12^{+0}_{-0.5}$	1.5	2	2	2
95		70	18	$14^{+0}_{-0.5}$	1.5	2	2	2
120		70	21	$16^{+0}_{-0.5}$	2	2	2.5	2.5
150		80	23	$18^{+0}_{-0.5}$	2	2	2.5	2.5
185		80	26	$20^{+0}_{-0.5}$	2.5	3	3	3
240		90	29	$22^{+0}_{-0.5}$	2.5	3	3.5	3.5

图 12-6-11　C 型铜连接管

(3) 铜接线端子的内孔挂锡：挂锡前将接线端子孔内用砂布擦磨干净，放入少许松香油，然后用喷灯加热，待其孔内被松香油清洗干净时，注入熔化的焊锡，再加少量松香油，并继续加热少许时间，然后把焊锡倒出。当铜接线端子较多时，可将其浸入盛有熔化焊锡的锅中，进行挂锡。

(4) 用喷灯加热已挂好锡的铜接线端子，并将配制好的锡、锌、铜焊料融入其中，然后将已涂过焊料的铝导线插入孔中，再用喷灯加热少许时间，使焊料填满内孔。

必须注意，铝线不要过分加热，以防降低机械强度。铜接线端子（或铜连接管）的焊料露出部分，要涂防锈漆，以防腐蚀。

3. 喷灯

1）喷灯的结构及工作原理

喷灯（图 12－6－12）的工作过程：油桶内灌好汽油后，用气筒打气，使油桶内油面压力增加，而整个油桶只有油管通向大气外，故汽油自吸油管下端在大气压力下上升，经过汽化管路、节油阀，至喷气孔喷出。

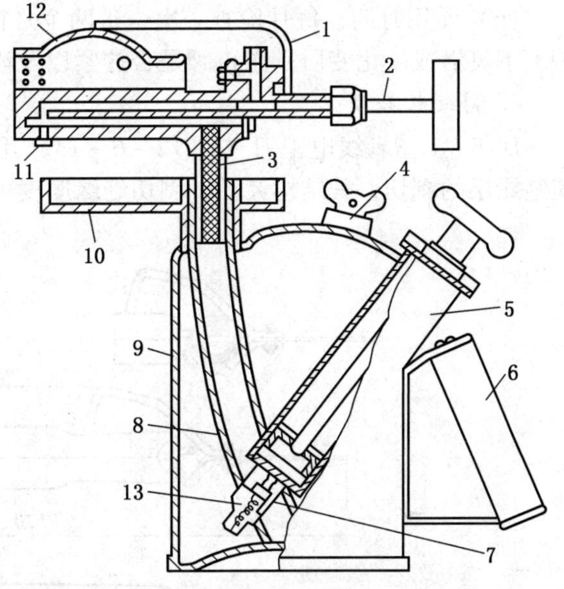

1—挡火罩；2—节油阀杆；3—铜辫子；4—加油口；5—打气筒；6—气筒手把；7—逆止阀；8—吸油管；9—油桶；10—点火碗；11—疏通口螺钉；12—燃烧嘴；13—出气口

图 12－6－12　喷灯结构图

喷灯使用前，要先将喷嘴加热，其目的是加热汽化管，使汽油经过高温而曲折的汽化管变成蒸汽，经过节油阀，自针形喷气孔内射出，与空气汇合，在燃烧膛内燃烧，放出高热。如果喷嘴不经过加热，则喷出的不是气体，而是液态的汽油，须等汽油蒸汽燃着后，再等片刻，才可把气打足，把节油阀开足后使用。如果喷嘴加热后，立即打气，拧开节油阀后，即有大量汽油蒸汽喷出，点燃时将有危险。

当倒转使用喷灯时，使用不久，火力就会逐渐减弱，最后至熄灭。若趁其尚未熄灭时，立即正转过来，则仍能恢复至原有火力。这是因为吸油管已在液面上，不能连续吸油，待管内存油烧完即熄灭；若及时转正，则吸油管即可恢复连续吸油。

2）使用喷灯的操作过程

喷灯在使用前所加汽油应为储油缸的 3/4，加油后要拧紧油口螺钉。点火前不要打气，使用前先在点火碗内注入 2/3 汽油，然后点火，待汽油烧尽时，可认为喷嘴已达到汽油汽化的温度，这时将节油阀打开，少量汽油就会喷出燃烧，稍待一会儿即可打气使用。但是，在寒冷地点，碗内可多加汽油。如在使用中熄火重新点燃时，应先将节油阀拧紧后，稍开一点，待点燃后再完全拧开节油阀。使用完毕后先将节油阀拧紧使火熄灭，随即将节油阀拧开检查火是否真正熄灭。火确实熄灭后将注油口螺钉松开放气，至喷嘴冷却后，再全部拧紧。否则下次使用时，由于热胀冷缩原因，节油阀将很难拧开。

3）使用喷灯的注意事项

（1）禁止使用打气筒上没有保险套的喷灯。

（2）喷灯点火前要进行下列仔细检查：气筒、油桶及喷嘴丝口处是否漏气、漏油、渗油；油桶内的油量是否超过油桶容积的3/4；加油的塞是否拧紧；喷嘴是否堵塞。

（3）喷灯不可在火炉上点火，以防爆炸；喷灯在加油时不可吸烟。

（4）用喷灯工作时应注意：附近不得有易燃物体，工作地点空气应流通；不可在火焰附近加油、放油或拆喷灯零件；使用时间不宜过长，当筒体发烫时应停止使用；在点火或使用时，对面不得有人。

（5）拆开喷灯嘴时，油桶内的压力必须先放尽。

（6）使用时期，每月检查一次，每两个月检修一次，包括检查气筒逆止阀中的软垫是否上下灵活或硬化变质，逆止阀是否拧紧以及清洁情况。

4. 剥线电工刀

DXB－1型剥线电工刀（图12－6－13）用于截面积为10～300 mm^2 的橡皮与塑料电缆绝缘层的剥切，其结构灵活，剥切绝缘厚度可调节，不损伤线芯绝缘层。

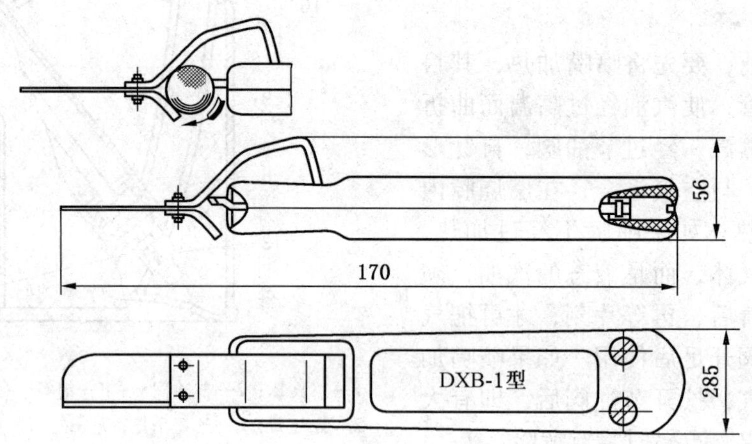

图12－6－13　DXB－1型剥线电工刀

（三）螺栓连接法与绑扎法

螺栓连接法是用卡板或者平垫夹住需要连接的导电线芯，中间穿过螺栓，再加弹簧垫圈，拧紧螺母。弹簧垫圈可防线芯经过冷热变化后产生松动现象。

螺栓连接法操作简单，但接头处不整齐，包扎密封不方便。接头在通过短路电流时，允许的温度为150 ℃左右。

负荷小的临时线路可采用绑扎法连接电缆。这种方法虽简单，但使用时间过久容易松动发热，铝线芯连接不宜采用此法。动力电缆不应用绑扎法，但是如果绑扎后再加锡焊，还可以采用。

三、塑料和橡皮绝缘电缆连接头

（一）概述

聚氯乙烯绝缘电缆、交联聚氯乙烯绝缘电缆及橡皮绝缘电缆，每相线芯绝缘之外都有单独屏蔽层，称为分相屏蔽电缆，常用铜带、铜编织网或铝带做屏蔽层；对于各相线芯并无屏蔽层，但在统包绝缘之外有屏蔽层的称为统包屏蔽电缆。它们的连接头分为终端连接头和中间连接头。

终端连接头，分为户外终端连接头和室内终端连接头。它们的区别是户外有防雨罩而室内不用防雨罩；中间连接头则无户外室内之分。

按连接头的绝缘类型又可分为绕包式、浇铸式、模压式、热缩式。以绕包式应用最普遍，它具有结构轻巧、制作简单、成本低廉、维修方便、使用安全等特点。塑料绝缘电缆户外终端头外形如图 12 - 6 - 14 所示。

图 12 - 6 - 14　塑料绝缘电缆户外终端头外形图

（二）分相屏蔽塑料和橡皮绝缘电缆终端头

1. 分支首套和防雨罩

（1）分支首套是由绝缘塑料挤压而成，使用时套在电缆终端头的线芯与护套上，起到加强绝缘和防潮作用。其外形结构、型号、规格及适用范围：3 芯分支首套如图 12 - 6 - 15 所示，4 芯分支首套如图 12 - 6 - 16 所示。

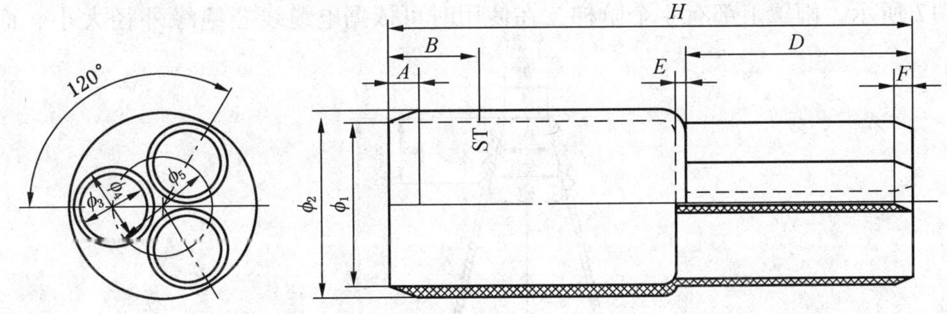

规格尺寸表

型号	各部分尺寸 /mm											电缆线芯截面积 /mm²			
	ϕ_1	ϕ_2	ϕ_3	ϕ_4	ϕ_5	A	B	D	E	F	H	500 V	3 kV	6 kV	10 kV
ST - 31	29	32.6	8	11.6	21	5	15	30	2.2	2.5	70	16 及以下	—	—	—
ST - 32	35	38.6	11	14.6	24	5	15	40	2.2	2.5	90	25	16 级以下	10	—
ST - 33	40	44	14	18	26	8	20	50	2.5	5	110	35～50	25	16	—
ST - 34	49	53	18	22	31	8	20	60	2.5	5	135	70～95	35～50	25～35	—
ST - 35	59	63	22	26	37	10	20	75	2.5	5	130	120～150	70～120	50～95	16～35
ST - 36	70	75	27	32	43	10	25	90	3	7	195	185～240	150～185	120～185	50～70
ST - 37	82	87	32	37	50	10	25	100	3	7	215	—	240	240	95～150
ST - 38	104	109	40	45	62	10	25	110	3	7	235	—	—	—	185～240

图 12 - 6 - 15　3 芯分支首套

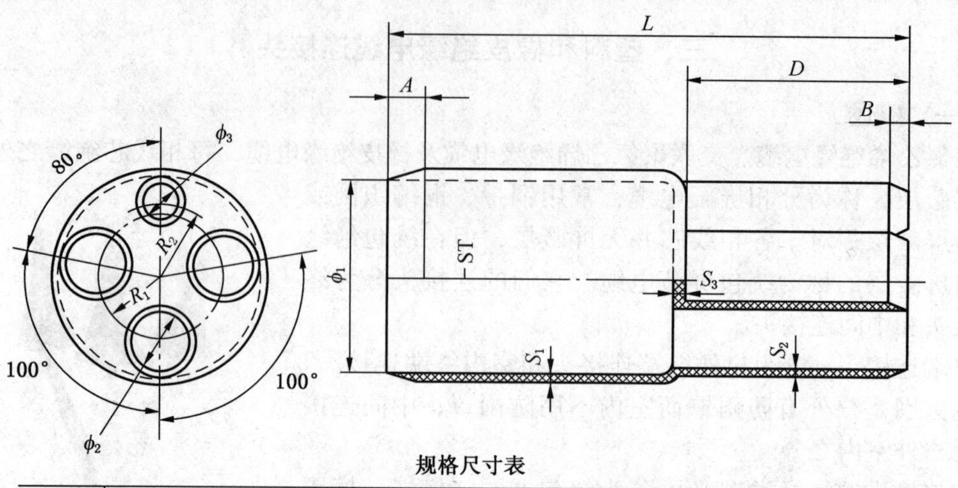

规格尺寸表

型号	各部分尺寸 /mm												电缆线芯截面积 /mm²
	L	D	A	B	S_1	S_2	S_3	ϕ_1	ϕ_2	ϕ_3	R_1	R_2	
ST－41	95	40	5	3	1.5	1.5	2	41	12	7	11.5	14	3×25+1×16～3×35+1×16
ST－42	140	60	10	5	2	1.8	3	54	18	11	16.2	20.2	3×50+1×25～3×95+1×35
ST－43	190	85	15	7	2.5	2	3	75	26	15	22.5	28	3×120+1×50～3×185+1×50

图 12－6－16　4 芯分支首套

（2）防雨罩是用硬质聚氯乙烯塑料压铸成型，用于户外塑料电缆终端头上，使 H 长的一段引线与雨水隔离，以加强绝缘。防雨罩的外形结构、型号、规格及适用范围如图 12－6－17 所示。雨罩上部有 4 个阶梯，在使用时可依据电缆线芯绝缘外径大小，而将那

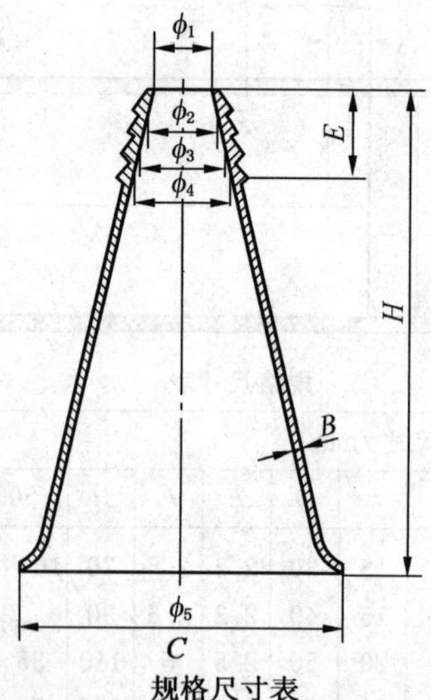

规格尺寸表

型号	各部分尺寸 /mm									电缆线芯截面积（圆形芯）/mm²	
	B	ϕ_1	ϕ_2	ϕ_3	ϕ_4	ϕ_5	C	E	H	6 kV	10 kV
YS－1	4	12	16	20	24	100	10	40	140	10～120	16～50
YS－2	4	25	29	33	36	140	10	40	160	150～240	70～240

图 12－6－17　防雨罩

些尺寸不相对应的阶梯锯掉。

2. 分相屏蔽塑料或橡皮电缆终端头施工工艺

不同电压等级的电缆终端头，其结构尺寸亦不相同：500 V 3 芯电缆终端头结构如图 12－6－18 所示。6 kV 3 芯分相屏蔽电缆终端头结构如图 12－6－19 所示。10 kV 3 芯分相屏蔽电缆终端头结构如图 12－6－20 所示。

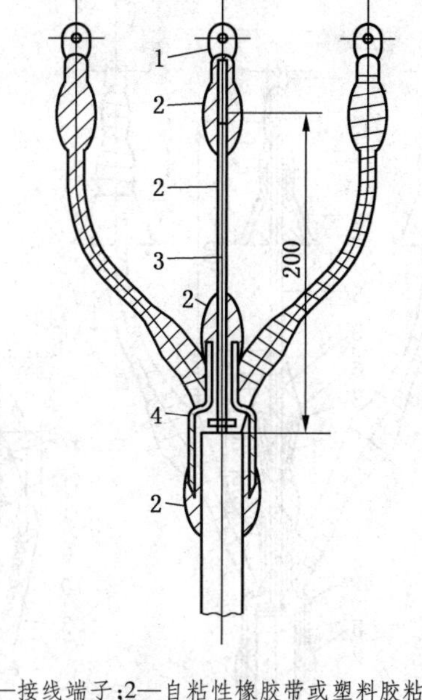

1—接线端子；2—自粘性橡胶带或塑料胶粘带；3—电缆绝缘线芯；4—分支首套；B—线间最小距离；户外，B＝120 mm 户内，B＝75 mm

图 12－6－18 500 V 3 芯电缆终端头结构

1）准备工作

检查核对电缆的型号、规格，并测量绝缘电阻。清理现场，做好准备工作。

2）按终端头的装设位置，确定电缆的剥切尺寸

留取的末端长度应分别大于图 12－6－18 ~ 图 12－6－20 所规定的尺寸。例如 6 kV、$3\times120\ mm^2$ 铝芯交联聚乙烯电缆，按图 12－6－19 的尺寸，其末端长度应为：

$$300+70+50+90+60=570\ mm$$

其中，90 为 3 芯分支首套 D 的尺寸（查图 12－6－15 的附表）；60 为接线端子内孔的尺寸＋5 mm。

留取长度应稍大于规定尺寸，故取末端长度为 700 mm。

3）剥切电缆护套

按结构尺寸及末端长度剥切电缆护套及布带（或纸带），去掉多芯电缆的充填黄麻。对于 6 kV 及以下的电缆，各线芯屏蔽带外面的塑料带（或纸带）也应切除，但必须注意保护屏蔽带，以免松脱，可参看图 12－6－21。

如果电缆有铠装，须先绑扎，然后将钢带或钢丝锯断剥除。

4）焊接地线

对于 6 ~ 10 kV 的电缆，应在线芯的最下端，用适当长度的多股软铜线在每个线芯屏蔽层上绕二圈，扎紧后焊牢，然后将三根地线编在一起，以备引出接地。

5）套分支首套

先在首套预定位置包缠自粘性橡胶带，称为内包层，其包缠层数则以首套套入的松紧程度正好为准。套好首套后，在首套外部用自粘性橡胶带和塑料胶粘带包缠成防潮锥，如图 12－6－22 所示。

6）剥切屏蔽带

6 ~ 10 kV 电缆，用 0.1 mm 软铜带作为分相屏蔽带。先将分支首套指部上端 50 ~ 70 mm 处的屏蔽带用扎线扎紧，再将扎线以上的屏蔽带切除，切断处的尖角要向外翻折，如图 12－6－19 及图 12－6－20 所示。3 kV 及以下电缆无此工序。

7）剥半导电布带

去掉屏蔽带之后，将露在线芯绝缘外的半导电布带（或纸带）剥开，但不要切断，而是将其完好地绕在首套指部，以备包应力锥用，如图 12－6－23 所示。3 kV 及以下电缆无此工序。

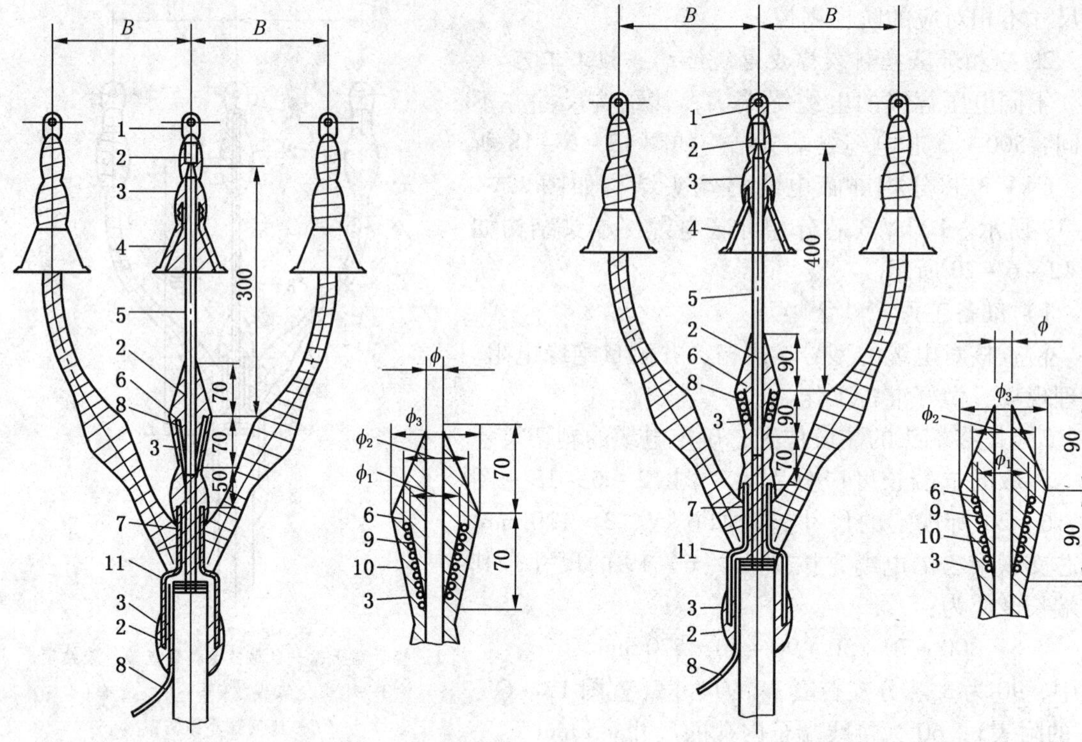

1—接线端子；2—自粘性橡胶带；3—二层塑料胶粘带；4—防雨罩（户外用）；5—绝缘线芯；6—软铅丝制成的屏蔽环；7—电缆线芯屏蔽带及半导电带；8—接地铜线；9—应力锥铝屏蔽带；10—半导电布带；11—3芯分支首套；ϕ—电缆线芯绝缘外径（mm）；ϕ_1—增绕绝缘外径 $\phi_1=\phi+12$（mm）；ϕ_2—应力锥屏蔽外径（mm）；ϕ_3—应力锥总外径 $\phi_3=\phi_2+4$（mm）；B—线间最小距离；户内 $B=100$ mm；户外 $B=200$ mm

图 12-6-19　6 kV 3 芯分相屏蔽电缆终端头结构

1—接线端子；2—自粘性橡胶带；3—二层塑料胶粘带；4—防雨罩（户外用）；5—电缆绝缘线芯；6—软铅丝制成的屏蔽环；7—电缆线芯屏蔽带及半导电布带；8—多股接地铜线；9—应力锥铝屏蔽带；10—半导电布带；11—3芯分支首套；ϕ—电缆线芯绝缘外径（mm）；ϕ_1—增绕绝缘外径 $\phi_1=\phi+16$（mm）；ϕ_2—应力锥屏蔽外径（mm）；ϕ_3—应力锥总外径 $\phi_3=\phi_2+4$（mm）；B—线间最小距离；户内 $B=125$ mm；户外 $B=200$ mm

图 12-6-20　10 kV 3 芯分相屏蔽电缆终端头结构

8）清洁绝缘线芯表面

用汽油或苯将布湿润，把线芯的绝缘擦干净，必要时也可用锉刀或砂布等工具去污，但是对橡皮绝缘电缆不可用大量溶剂洗涤，以免损坏绝缘。

9）制作应力锥

（1）对于 6～10 kV 电缆，按图 12-6-19、图 12-6-20 所示的尺寸用自粘性橡胶带绕包成橄榄形的增绕绝缘，外径见图中 ϕ_1。

（2）将半导电布带（或纸带）紧密包绕至橄榄形的中心圆周。

（3）用厚 0.08～0.1 mm 的铝带以半幅重叠紧密绕包至橄榄形的中心圆周，并以直径 2 mm 的软铅丝将其扎紧，然后切断铝带，将其尖端突出部分向外反折，以免电场过于集中。应力锥的屏蔽与电缆屏蔽相接处，应用多股镀锡铜线扎紧，最好焊牢。应力锥屏蔽层的外径见图 12-6-19、图 12-6-20 中的 ϕ_2，外形如图 12-6-24a 所示。

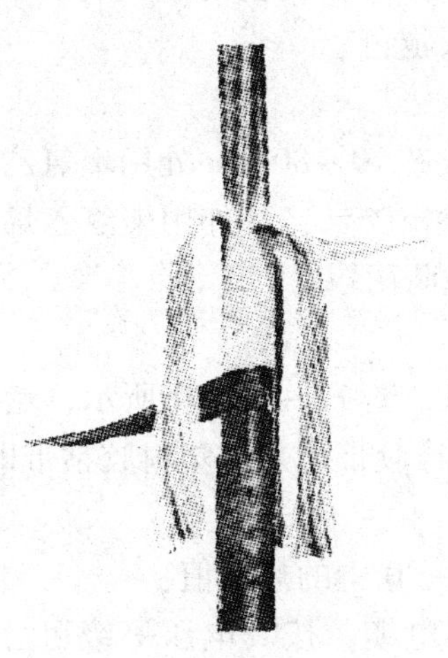

图12-6-21　剥切电缆

(a) 套三芯分支首套

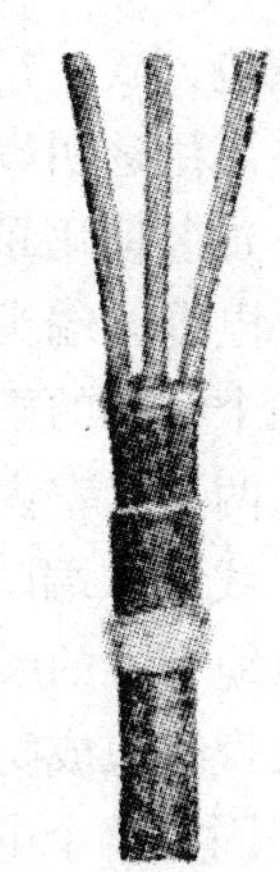

(b) 包缠防潮锥

图12-6-22　套分支首套及包缠防潮锥

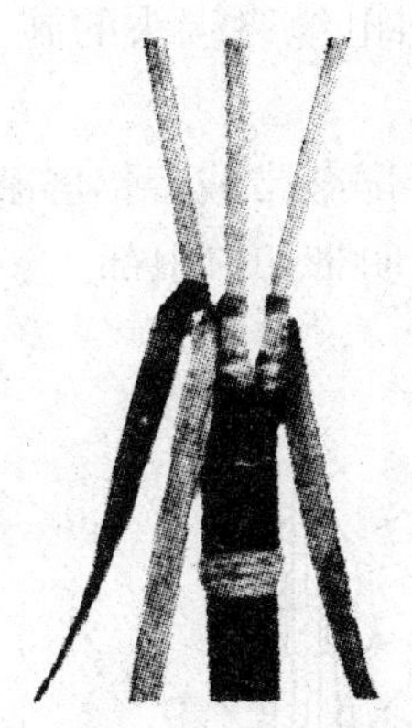

图12-6-23　剥半导电布带(或纸带)

(a) 应力锥的屏蔽外形

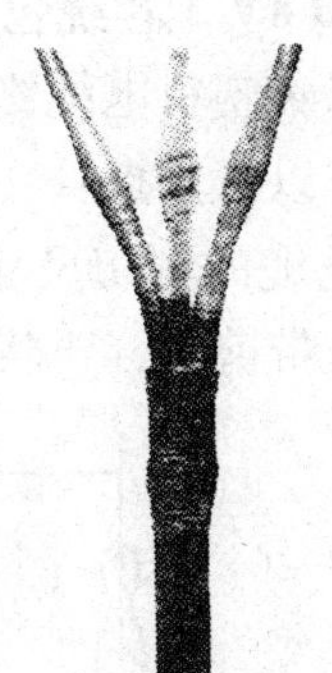

(b) 绕包聚氯乙烯胶粘带后的外形

图12-6-24　制作应力锥

（4）在软铅丝外用自粘性橡胶带向橄榄形应力锥屏蔽层外绕包绝缘。

（5）用聚氯乙烯胶粘带在应力锥上半幅重叠绕包一层，如图12-6-24b所示。3 kV及以下电缆无此工序。

10）压接（或焊接）接线端子

根据应力锥至接线端子的距离，去掉线芯端部压接处的绝缘，其长度应等于接线端子孔深加5 mm。

压接前，对接线端子内外表面及导电线芯用细砂布或钢丝刷打磨，去除表面氧化膜与油污。对于扇形截面应整成圆形，然后插入接线端子内孔，采用环压法压两道环。如果采用点压法，要压两个坑，压坑深度可参照表12-6-7。

铜接线端子也可以采用焊接法，使用喷灯时，应在接线端子下部用无碱玻璃丝带包缠严密，使其不致烧坏或漏锡烫坏绝缘。

11）绕包相色带

首先核对线芯相序。然后分别用红、黄、绿三色聚氯乙烯胶粘带从接线端子开始以半幅重叠绕包方式，经防潮锥直至首套手指，再从首套手指部返回绕包到接线端子。在相色带外，还需用透明聚氯乙烯带绕包保护，以防相色带年久褪色。

12）加装防雨罩

户外电缆终端头需在绝缘线芯末装防雨罩。距裸露线芯 70 ~ 80 mm 处用聚氯乙烯胶粘带绕包一个突起的雨罩座，然后套上防雨罩，绕包自粘性橡胶带，其外用聚氯乙烯带半幅重叠绕包两层。室内电缆及 500 V 户外电缆终端头可不加防雨罩。

13）线芯末端防潮锥

将电缆末端的线芯绝缘做成圆锥形，如图 12 - 6 - 18、图 12 - 6 - 20 所示，然后用自粘性橡胶带绕包成防潮锥。500 V 电缆可以不必用自粘性橡胶带，采用塑料胶粘带即可。

14）固定整个电缆终端头

电缆各线芯间距，不得小于图 12 - 6 - 19、图 12 - 6 - 20 中的规定值。

以上工艺均对 3 芯电缆而言，对于单芯、2 芯、4 芯电缆，按其电压等级可分别仿 3 芯电缆进行施工。

（三）6 kV 3 芯统包屏蔽塑料电缆终端头

统包屏蔽塑料电缆终端头的施工工艺，与分相屏蔽塑料电缆终端头的施工工艺相似，所不同的有以下几点：

（1）电缆的剥切尺寸须按图 12 - 6 - 25 而定。在剥除铜屏蔽带或者铝屏蔽带时，应将多余的屏蔽带剪去，再将剩下的屏蔽带仔细地反折到电缆透明带切口根部。

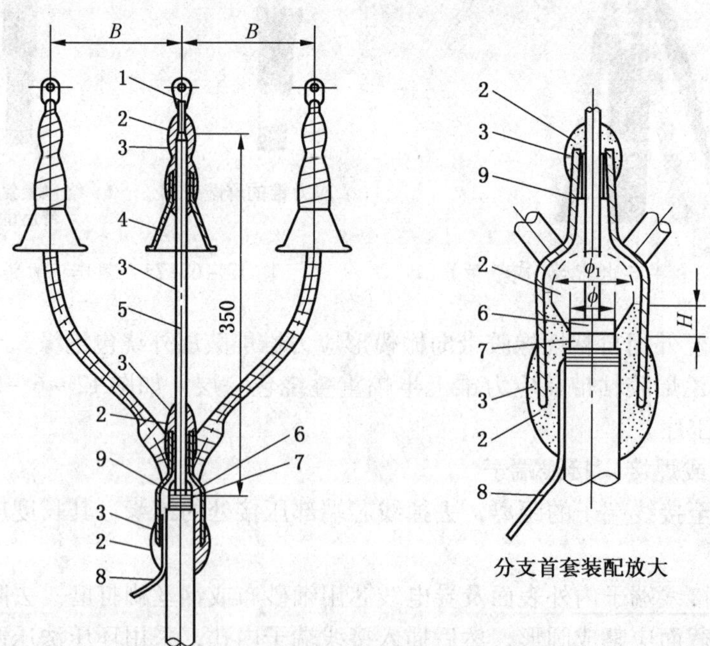

1—导体接线端子；2—自粘性橡胶带；3—两层塑料胶粘带；4—防雨罩；5—电缆绝缘线芯；6—统包屏蔽层；7—铝（或铜）统包屏蔽带；8—接地铜线；9—分支首套；ϕ—统包屏蔽直径（mm）；ϕ_1—内包层直径 $\phi_1 = \phi + 14$（mm）；H—统包防潮锥的铝屏蔽带高度，40 ~ 60 mm；B—线间最小距离；户内 $B = 100$ mm；户外 $B = 200$ mm

图 12 - 6 - 25　6 kV 3 芯统包屏蔽塑料电缆终端头结构

（2）在绕包喇叭口、焊接地线时，按图 12－6－25 所示，先用自粘性橡胶带包成倒锥体，然后将反折的铝带或铜带仔细地翻到倒锥体上，并绕包成喇叭口状的屏蔽层。再用多股镀锡铜线扎紧根部，并且焊在钢带上作接地引线，其外再用自粘性橡胶带绕包几层，以恢复成圆柱状，然后绕包两层塑料胶粘带保护。

（3）套分支首套时，先试套至喇叭口处，随后再取下首套，用自粘性橡胶带绕包填平首套内部的空隙，用塑料胶粘带绕包填平首套分支部分的空隙。然后再将首套套至准确位置，用自粘性橡胶带绕包防潮锥密封端口，并在防潮锥上绕包 3～4 层塑料胶粘带，最后绕包一层透明聚氯乙烯带以作保护。

（四）塑料电缆终端头性能与材料

塑料电缆终端头性能见表 12－6－9。

6 kV 塑料、橡皮电缆终端头所用材料见表 12－6－10。

10 kV 塑料、橡皮电缆终端头所需材料，与 6 kV 的相似，只是防雨罩与分支手套的规格稍有变化，绝缘带等材料稍有增加。

表 12－6－9　塑料电缆终端头性能

额定电压/kV		工频击穿电压/kV		工频闪络电压/kV		冲击闪络电压/kV	防潮密封性能
		瞬时	逐级	干闪	湿闪		
0.5～3		30	—	—	—	—	良好
6	统包型	60	27	65	—	—	良好
6	分相屏蔽型	60 端头表面闪络	60 端头表面闪络	64	—	95	良好
10		90 端头表面闪络	70 端头表面闪络	98	69	104	良好

注：逐级工频击穿电压：6 kV 统包屏蔽电缆，从 12 kV 开始，每隔 4 h 增加 3 kV 为一级；6 kV 和 10 kV 分相屏蔽电缆，从 25 kV 开始，每隔 0.5 h 增加 5 kV 为一级。

表 12－6－10　6 kV 3 芯塑料、橡皮电缆终端头材料表

材料零件名称	单位	适用电缆线芯截面积/mm^2				
		16	25～35	50～95	120～185	240
接线端子	只	3	3	3	3	3
户外防雨罩 YS 系列	只	3	3	3	3	3
分支首套 ST 系列	只	1	1	1	1	1
自粘性橡胶带	卷	3	3	5	6	6
聚氯乙烯胶粘带，三色	卷	3	3	5	6	6
双面丁基半导电布带，0.2×30	m	1.5	1.5	1.5	3	3
透明聚氯乙烯带 0.2×30	卷	3	3	3	3	3
铝箔带 0.08×30 mm	m	1.5	1.5	1.5	3	3

表 12-6-10（续）

材料零件名称	单位	适用电缆线芯截面积/mm²				
		16	25~35	50~95	120~185	240
接地铜线 25 mm²	m	6	6	6	6	6
镀锡铜线	m	6	6	6	6	6
软铅丝 ϕ2 mm	m	1.5	1.5	1.5	1.5	1.5
焊锡膏	盒	1	1	1	1	1
焊条	卷	1	1	1	1	1

注：铜芯电缆，每盒焊锡膏 20 g，每卷焊条 0.5 m；铝芯电缆，每盒焊锡膏 10 g，每卷焊条 0.2 m。

（五）塑料、橡皮绝缘电缆中间接线盒

1. 塑料、橡皮电缆中间接线形式

电缆与电缆的连接部分称为中间连接头。塑料、橡皮电缆中间连接形式有：普通绕包式、接线盒式、热缩式。普通绕包式可用于架空或穿管敷设，它不能承受径向外力；接线盒式是在绕包的中间接头处，外加保护壳，组成电缆中间接线盒，可直埋地下，能承受一定的径向外力，对于有化学腐蚀和潮湿地区尤为适用。一般情况下都选用接线盒的形式，接线盒也称连接盒。

塑料电缆中间接线盒是采用硬质聚氯乙烯塑料制成，分为可灌绝缘胶（或低温绝缘树脂）和不灌绝缘胶两种，但规格尺寸相同。接线盒的结构、型号、规格及适用范围详见图 12-6-26。

对于单芯、2 芯及 4 芯电缆，应根据其外径，选择接近于 3 芯电缆外径所选用的相应的中间接线盒。

2. 分相屏蔽塑料、橡皮电缆中间接线盒施工工艺

500~1000 V 3 芯电缆中间接线盒结构尺寸如图 12-6-27 所示。6 kV、10 kV 3 芯电缆中间接线盒结构尺寸如图 12-6-28、图 12-6-29 所示。

1）套入接线盒体

将经过检查合格的两根电缆端头，套入塑料接线盒体。盒体两端的连接头、密封圈的内径要与电缆护套紧密配合。

2）剥除护套与布带

剥除电缆护套及布带（或纸带），按图 12-6-27，图 12-6-28 的尺寸，分别剥切电缆护套，但是对 6 kV 及以上的电缆，不要切除布带和充填的黄麻，而应将它们剥开卷回到电缆根部待用。

3）剥除屏蔽带与半导电带

（1）剥除屏蔽带时，先将电缆屏蔽带外层的塑料带剥去，按图 12-6-28、图 12-6-29 的要求尺寸，在屏蔽带应切断处先用线扎紧，然后切断，切口夹角向外折。3 kV 及以下电缆无此工序。

（2）对于 6 kV 及以上的电缆，将线芯绝缘上的半导电布带（或纸带）剥离，并且卷至根部以备用。

4）压接连接管

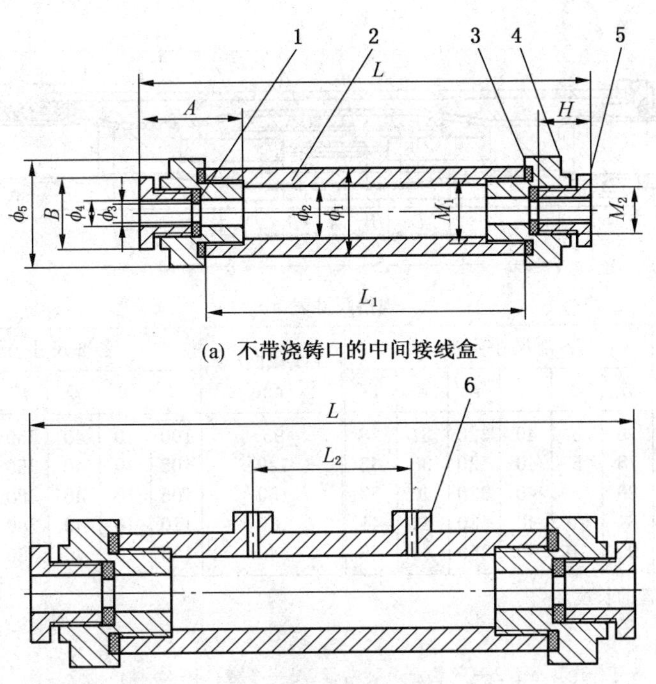

(a) 不带浇铸口的中间接线盒

(b) 带浇铸口的中间接线盒

型号	各部尺寸 /mm													适用电缆截面 /mm²		
	ϕ_1	ϕ_2	ϕ_3	ϕ_4	ϕ_5	B	A	H	M_1	M_2	L	L_1	L_2	500 V	6 kV	10 kV
LSV－1	51	40	与电缆护套外径相配合	与电缆护套外径相适应	58	35	61	32	42×3	35×3	385～585	300～500	200～350	16	—	—
LSV－2	76	65			84	53	66	36	68×3	53×3	696～896	600～800	400～500	25～70	—	—
LSV－3	90	80			98	65	69	36	83×3	61×3	698～898	600～800	400～500	95～185	16～25	—
LSV－4	114	100			125	91	78	38	104×3	82×3	708～908	600～800	400～500	240	35～95	16～25
LSV－5	140	125			161	105	84	42	128×3	100×3	920～1020	800～900	500～550	—	120～240	35～120
LSV－6	166	150			178	130	95	42	153×3	110×3	1071～1221	950～1100	550～600	—	—	150～240

1—橡皮填圈；2—塑料管；3—橡皮圆环密封圈；4—螺纹连接头；5—螺盖；6—浇铸口

图 12－6－26　塑料、橡皮电缆中间接线盒

导电线芯与连接管的压接（或焊接），应各占 1/2 长，连接管突起部分应修平。然后将电缆靠近连接管端的线芯绝缘和护套削成圆锥形体，以利绕包密封。

5）绕包绝缘

（1）绕包绝缘时，应先用汽油或苯润湿干布，将线芯绝缘表面擦净，待完全挥发后，用半导电布带（或纸带）将线芯连接处的裸露导线绕包一层，作为线芯屏蔽层。

（2）从连接管处开始，半幅重叠绕包自粘性橡胶带，直至绕包到图 12－6－27～图 12－6－29 所示的形状与尺寸为止。但 1 kV 以下电缆，也可用聚氯乙烯胶粘带绕包 3 层，以达到防水密封目的。

（3）再用半导电布带紧密而又完整地绕包在整个增绕绝缘的表面。1 kV 以下电缆无此工序。

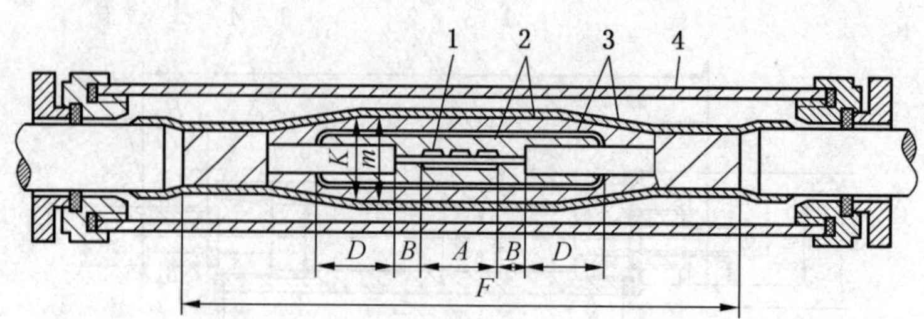

规格尺寸表

导线截面积/mm²	各部尺寸 /mm						导线截面积/mm²	各部尺寸 /mm					
	A	B	D	F	K	m		A	B	D	F	K	m
16	76	5	40	320	31	28	95	100	10	40	350	55	52
25	78	5	40	320	36	33	120	105	10	40	350	60	57
35	80	5	40	320	40	37	150	105	10	40	380	64	61
50	84	10	40	320	44	41	185	110	10	40	380	68	65
70	90	10	40	350	49	46	240	120	10	40	380	77	74

注：A 为连接管的长度。

1—连接管；2—聚氯乙烯胶粘带；3—布带；4—塑料接线盒

图 12-6-27　500~1000 V 3 芯电缆中间接线盒结构尺寸

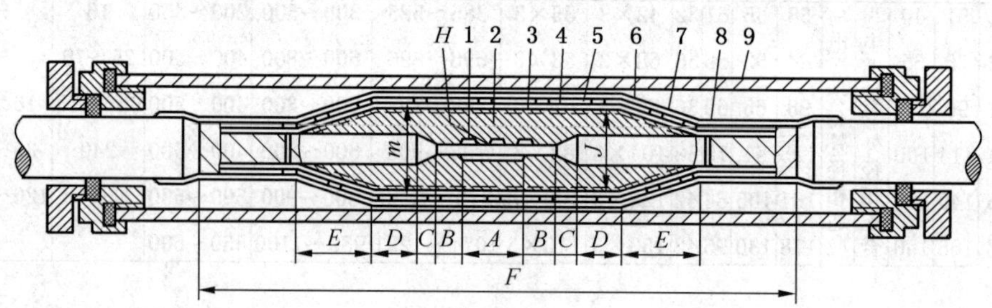

规格尺寸表

导线截面积/mm²	各部尺寸 /mm									导线截面积/mm²	各部尺寸 /mm								
	A	B	C	D	E	F	H	J	m		A	B	C	D	E	F	H	J	m
16	76	10	20	30	80	490	10	30	65	95	100	10	20	30	80	560	21	41	89
25	78	10	20	30	80	500	12	32	70	120	105	15	25	30	90	650	23	43	94
35	80	10	20	30	80	520	14	34	74	150	105	15	25	30	90	680	25	45	98
50	84	10	20	30	80	530	16	36	78	185	110	15	25	30	90	710	27	47	102
70	90	10	20	30	80	550	18	38	83	240	120	15	25	30	90	770	31	51	110

注：A 为连接管的长度。

1—连接管；2—自粘性橡胶带；3—半导电布带（或纸带）；4—铅或铜屏蔽带；
5—软铜丝；6—塑料胶粘带；7—布带；8—多股镀锡铜线；9—塑料接线盒

图 12-6-28　6 kV 3 芯分相屏蔽中间接线盒结构尺寸

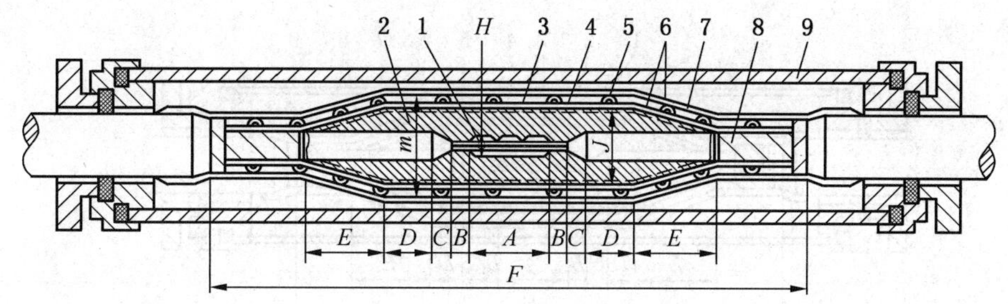

规格尺寸表

导线截面积/mm²	各部尺寸 /mm									导线截面积/mm²	各部尺寸 /mm								
	A	*B*	*C*	*D*	*E*	*F*	*H*	*J*	*m*		*A*	*B*	*C*	*D*	*E*	*F*	*H*	*J*	*m*
16	76	10	25	40	100	610	10	38	83	95	100	10	25	40	100	690	21	49	106
25	78	10	25	40	100	620	12	40	87	120	105	15	30	40	110	780	23	51	111
35	80	10	25	40	100	640	14	42	91	150	105	15	30	40	110	820	25	53	115
50	84	10	25	40	100	650	16	44	95	185	110	15	30	40	110	850	27	55	120
70	90	10	25	40	100	670	18	46	100	240	120	15	30	40	110	910	31	59	128

注：*A* 为连接管的长度。

1—连接管；2—自粘性橡胶带；3—半导体布带；4—铝或铜屏蔽带；5—软铜丝；
6—塑料胶粘带；7—布带；8—多股镀锡铜线；9—塑料接线盒

图 12-6-29　10 kV 3 芯分相屏蔽中间接线盒结构尺寸

（4）用 0.08～0.1 mm 的铝带，半幅重叠在半导电布带上紧密地卷绕一层，并与电缆两端的屏蔽有 20 mm 左右的重叠。再用多股镀锡铜线，将其两端扎紧，用软铜线在整个屏蔽上来回缠绕。将铜线交叉处及两端与多股镀锡铜线互相焊接起来（对于 1 kV 以下的电缆应免除以上工序），再用聚氯乙烯胶粘带绕包两层，其外用白布带绕包一层。

6）将各线芯合并恢复原形

将已绕包好的各线芯并拢，6 kV 及以上电缆仍以黄麻等充填，使之恢复原有形状，并用宽布带绕包扎紧。

7）装配中间接线盒

（1）对于不浇注绝缘胶的中间接线盒，应采用聚氯乙烯胶粘带，在绕包宽布带外面，半幅重叠统包两层防水密封层。然后将已套在电缆两端的塑料中间接线盒位置移正，安装好两端的零件，并用专用工具旋紧螺盖。

（2）对于灌绝缘胶的中间接线盒，在位置移正并安好附件之后，在一个浇注口注入 1 号绝缘胶或其他低温绝缘树脂，待从另一个口冒出即可。固化后经过电气性能试验合格，即可投入运行。

3. 6 kV 3 芯统包屏蔽塑料电缆中间接线盒

6 kV 3 芯统包屏蔽塑料电缆中间接线盒的结构尺寸如图 12-6-30 所示：施工工艺与分相屏蔽塑料电缆中间接线盒的施工工艺基本相同。

4. 电气试验性能

聚氯乙烯绝缘电缆中间接线盒的电气试验性能见表 12-6-11。

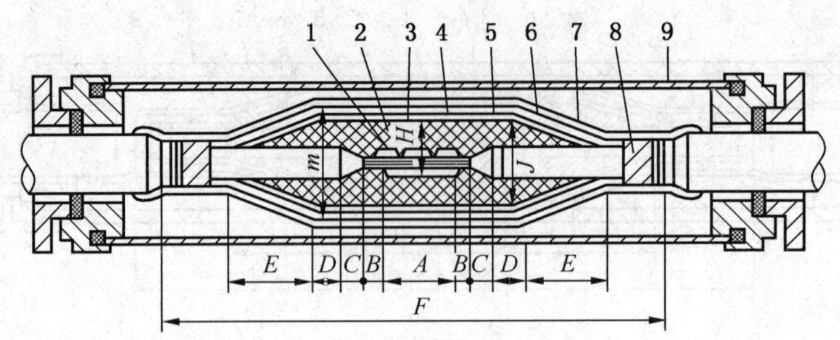

规格尺寸表

电缆导线截面积/mm²	各部尺寸 /mm									电缆导线截面积/mm²	各部尺寸 /mm								
	A	*B*	*C*	*D*	*E*	*F*	*H*	*J*	*m*		*A*	*B*	*C*	*D*	*E*	*F*	*H*	*J*	*m*
16	76	10	20	30	80	490	10	30	65	90	101	10	20	30	80	560	21	41	89
25	78	10	20	30	80	500	12	32	70	120	105	15	25	30	90	650	23	43	94
35	80	10	20	30	80	520	14	34	74	150	105	15	25	30	90	680	25	45	98
50	84	10	20	30	80	530	16	36	78	185	111	15	25	30	90	710	27	47	102
70	90	10	20	30	80	550	18	38	83	240	120	15	25	30	90	770	31	51	110

1—连接管；2—自粘性橡胶带（及外包塑料胶粘带一层）；3—半导电布带；4—统包白布带；5—自粘性橡胶带二层；6—统包铝屏蔽层；7—多股镀锡铜线；8—自粘性橡胶带二层、塑料胶粘带二层；9—塑料接线盒

图 12-6-30　6 kV 3 芯统包屏蔽塑料电缆中间接线盒结构尺寸

表 12-6-11　聚氯乙烯绝缘电缆中间接线盒电气试验性能

电压等级/kV	工频击穿电压/kV		防潮性能试验			150 ℃灌注试验
	连续升压	逐级升压	七天湿热试验	19.6 N/cm² 水压 12 h	盐浴槽试验	
0.5～1	28	—	绝缘电阻不变	绝缘电阻不变	经半年试验	良好
3	—	40	绝缘电阻不变	绝缘电阻不变	绝缘电阻值不变	良好
6		40	绝缘电阻不变	绝缘电阻不变		良好
10	—	80	绝缘电阻不变	绝缘电阻不变		良好

注：1. 逐级升压工频击穿电压是从 25 kV 开始，每隔 0.5 h 增加 5 kV 为一级。
2. 盐浴槽试验条件：样品浸泡在 0.5% 盐水槽中，水槽每天加温 8 h，温度保持在 70 ℃，而后 16 h 自然冷却。
3. 湿热试验：按 JB838—66 热带电线电缆规定进行。

5. 中间接线盒的零件与材料

6 kV 3 芯塑料、橡皮电缆中间接线盒所用零件与材料见表 12-6-12。

10 kV 3 芯塑料、橡皮电缆中间接线盒所用材料，除各绝缘带与半导电带之类稍有增加之外，其他与 6 kV 中间接线盒相似。

（六）35 kV 电缆接线盒

1. 35 kV 单相电缆终端盒（图 12-6-31）

35 kV 单相电缆终端盒，适用于 35 kV 的各种纸绝缘分相铅包电力电缆、交联聚乙烯

表 12-6-12　6 kV 3 芯塑料、橡皮电缆中间接线盒材料表

材料零件名称	单位	适用电缆线芯截面积/mm^2					
		16~25	35	50~70	95	120~150	185~240
塑料连接盒 LSV 系列	只	1	1	1	1	1	1
连接管	只	3	3	3	3	3	3
自粘性橡胶带	卷	9	9	12	12	15	18
聚氯乙烯胶粘带，三色	卷	6	6	6	6	6	6
半导电布带 0.2×30 mm	m	12	12	12	15	15	15
铝箔带 0.08×30 mm	m	12	12	12	15	15	15
软铜线 19/0.285 m	卷	6	6	6	6	6	6
多股镀锡铜线 7/0.522 m	卷	6	6	6	6	6	6
布带 0.2×30 mm	m	12	12	12	15	15	15
焊锡膏	盒	1	1	1	1	1	1
焊条	卷	1	1	1	1	1	1

注：铜芯电缆，每盒焊锡膏 20 g，每卷焊条 0.5 m。
　　铝芯电缆，每盒焊锡膏 10 g，每卷焊条 0.2 m。

(a) WTC-519（耐污型、普通型）　(b) WTC-515（A 型）　(c) WTC-515（B 型）

图 12-6-31　35 kV 单相电缆终端盒外形图

电缆和直流 72 kV 滤尘器电缆终端安装。

（1）WTC-519（耐污型、普通型）。耐污型耐污水平高，泄漏比达 3.6 cm/kV，具有设计新颖、结构简单、安装方便等优点，适用于沿海地带重盐雾地区、大型钢厂、化工厂等工业污秽严重的环境中使用。普通型结构与耐污型相同，泄漏比为 2.1 cm/kV，适用于一般和中等污秽条件使用。

（2）WTC-515（A 型、B 型）。WTC-515（A 型、B 型）结构合理，互换性强，安装简便，性能符合美国“IEEEstd48”标准要求，分为 A 型、B 型两种结构。A 型为进线

口采用耐油橡胶密封装置，适用于交联聚乙烯电力电缆。B 型为进线口采用铅封工艺密封，适用于纸绝缘铅包电力电缆。

2. 35 kV 单相电缆中间接线盒（图 12-6-32）

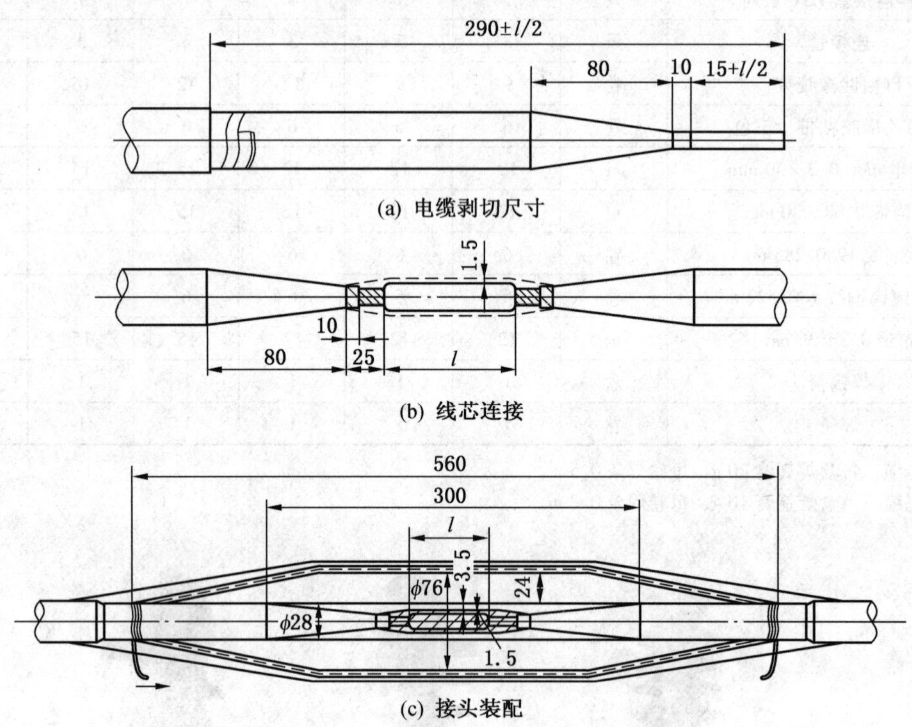

图 12-6-32　35 kV 单相电缆中间接线盒

四、热收缩电缆连接头

（一）概述

1. 热收缩材料的特点

热收缩材料是 20 世纪 60 年代后期发展起来的一种新材料，它是利用聚合物材料的“弹性记忆”效应原理制成各种形状的零件与管材。

热收缩材料除具有良好的热收缩性能外，还具有防蚀、防潮、轻便，安装方便、寿命长等一系列优点，故在环境保护和电气绝缘等方面已得到广泛应用，从 20 世纪 80 年代起已广泛应用于户内外热收缩电缆终端头及中间头。

2. 热收缩电缆终端头

（1）WRSZD 型户外终端头及 NRSZD 型户内终端头，适用于 1～15 kV 单芯、3 芯、4 芯，截面积为 16～240 mm^2 的橡皮、塑料、交联聚乙烯绝缘的各种电缆。其性能符合美国 IEEEstd48 标准要求。护套和雨裙采用硅橡胶耐泄漏材料，可在污秽环境及气候老化条件下使用。

（2）WSRY 型户外终端头、NSRY 型户内终端头，适用于 1～10 kV，10～240 mm^2，

单芯、3 芯、4 芯的橡皮绝缘、聚氯乙烯绝缘、交联聚乙烯绝缘电缆。它们具有体积小、重量轻、外形美观的特点，适用于一般环境下运行。

（3）WSRZ 型户外终端头、NSRZ 型户内终端头，适用于 1 ~ 10 kV，10 ~ 240 mm^2 各种型号油浸纸绝缘电缆终端头，适用于一般环境下运行。

以上终端头在安装时，都需对热收缩材料进行加热定型。

3. 热收缩电缆中间接头

RSZJ 型中间接头适用于 1 ~ 10 kV，JRSY 型中间接头适用于 1 ~ 35 kV 单芯、3 芯、4 芯橡皮绝缘、聚氯乙烯绝缘、交联聚乙烯绝缘电缆，具有体积小、重量轻、外形美观、密封好、绝缘性能可靠等特点。安装时，对热收缩材料需加热定形。

4. 各种热收缩管

（1）热收缩应力管。RSYG 型热收缩应力管是高分子复合材料，经辐照加工而制成的，具有高介电常数的参数性应力锥的功能，适用于 1 ~ 35 kV 电缆的终端连接和中间连接的应力处理，可代替传统应力锥，具有简单、可靠、施工方便等特性。

（2）热收缩耐泄痕管。RSLG 型热收缩耐泄痕管是采用硅橡胶复合材料制成的，具有耐大气老化、抗电泄痕（符合 IEC 标准）性能，以及耐电腐蚀性能，是室外密封绝缘的理想材料。

（3）辐射交联热收缩绝缘管及护套管。RSG 型辐射交联热收缩绝缘管及护套管，适用于各种电缆的相间绝缘和护套密封；大截面的可作为各种电缆中间连接的外护套。其型号、规格与使用范围见表 12 - 6 - 13。

表 12 - 6 - 13　辐射交联热收缩绝缘管及护套管　　mm

型号		标称内径	长度	使用范围
RSG	18/8	18	600	$\phi8 \sim \phi14$
RSG	30/10	30	800，1200	$\phi14 \sim \phi23$
RSG	40/15	40	800，1200	$\phi21 \sim \phi32$
RSG	50/20	50	800，1200	$\phi28 \sim \phi40$
RSG	65/25	65	800，1200	$\phi40 \sim \phi52$
RSG	80/27	80	800，1200	$\phi40 \sim \phi65$
RSG	100/32	100	800，1200	$\phi45 \sim \phi80$
RSG	120/38	120	800，1200	$\phi50 \sim \phi100$
RSG	150/55	150	800，1200	$\phi60 \sim \phi125$

（二）6 ~ 10 kV 3 芯屏蔽橡塑电缆热收缩终端头

1. 施工要领

（1）热收缩材料的收缩温度为 110 ~ 150 ℃，加热工具推荐用丙烷喷枪，火焰呈黄色。若用汽油喷灯时，火焰不宜硬，并注意适当远离材料，控制加热温度。

（2）开始加热时，火焰要缓慢接近材料，不断移动，以确保收缩均匀，并避免烧焦材料。

（3）火焰应朝收缩方向，以预热材料便于收缩。按工艺要求的起始部位和方向顺序收缩，有利于排除气体和密封。

（4）收缩完毕的管子应光滑无皱折，能清晰地看出内部结构的轮廓。

（5）凡接触密封材料的部件，应仔细清洗打毛，去除油污，以确保密封效果。

（6）金属部位包热收缩材料之前，应预热，使热熔胶能充分浸润密封界面，确保密封效果。密封部位有少量胶挤出，表明密封完善。

（7）剥除金属屏蔽层时，切口要平齐，不要有毛刺和凸缘，避免损坏和刺穿热收缩材料。

（8）切割热收缩管时，切口要平整，不要有尖端和裂口，避免在收缩时应力集中产生撕裂。热收缩应力控制管不得随意切割。

2. 热收缩终端头施工工艺

6～10 kV 橡塑电缆热收缩终端头结构如图 12－6－33 所示。电缆头剥切尺寸如图 12－6－33a 所示，侧面结构如图 12－6－33b 所示。

户外终端头：电压为 6 kV 时，安装 3 个雨裙；电压为 10 kV 时，安装 6 个雨裙；密封管、护套管采用硅胶管材。

户内终端头：需去掉雨裙；密封管、护套管采用 XLPE 管材。

（1）剥切电缆：

① 离电缆末端 L＋K＋125 mm 处包浸渍黄麻布保护电缆，然后用电缆卡子使电缆固定。

② 离电缆末端 L＋K＋5 mm 处齐整地除去外护套，不得伤及内层铠装。

③ 朝电缆末端离外护套切口 30 mm 处标出锯断标记，用铜绑线扎牢，锯断钢带铠装。切口处应平整、无锐角、毛刺，以免刺坏热收缩管。锯钢带时，不得伤及内层结构。

④ 朝电缆末端离铠装切口 5 mm 处标出切断标记，将内衬垫和填充物除去，但不得伤及内层铜屏蔽。

⑤ 朝电缆末端离外护套切口 *E*mm 处，标出切断标记，用自粘性 PVC 带将铜屏蔽带缠紧，然后除去铜屏蔽层，但不得伤及半导电屏蔽层。

⑥ 朝电缆末端离铜屏蔽带切口 10 mm 处，除去半导电屏蔽层，不得伤及线芯绝缘。

（2）焊接地线：

① 将铜编织软线用扎丝分别扎紧在各相铜屏蔽带上，并焊牢。

② 焊在各相上的铜编织软线在铠装钢带上与接地线铜编织软线用扎丝扎紧焊牢（无铠装层的电缆各相的接地线也应连通）。

③ 接地铜编织软线从离开电缆末端方向的外护套切口 20 mm 处开始，用锡将编织软线间隙填平，形成 30 mm 的隔离防潮层。

（3）压接接线端子：

① 将电缆末端 K＋5 mm 处除去线芯绝缘，切除线芯绝缘时不得伤及线芯。

② 将接线端子套入线芯，并用压接工具将其压接好。

（4）安装应力控制管或应力控制带：用清洁溶剂和清洗纸将线芯绝缘层表面清洗干净，不得残留屏蔽半导电痕迹。用热收缩应力控制管时，将热收缩应力控制管分别套入各相。然后小心除掉防止铜屏蔽带松散开的自粘性 PVC 带。在铜屏蔽层上从离铜屏蔽切口

剥切尺寸	3芯电缆/mm	
	户内	户外
L	400	500
E	160	160
剥切尺寸	**单芯电缆/mm**	
	户内	户外
L	300	400
E	100	100
额定电压/kV	**雨裙数量**	
	户外	户内
6	3	0
10	6	0

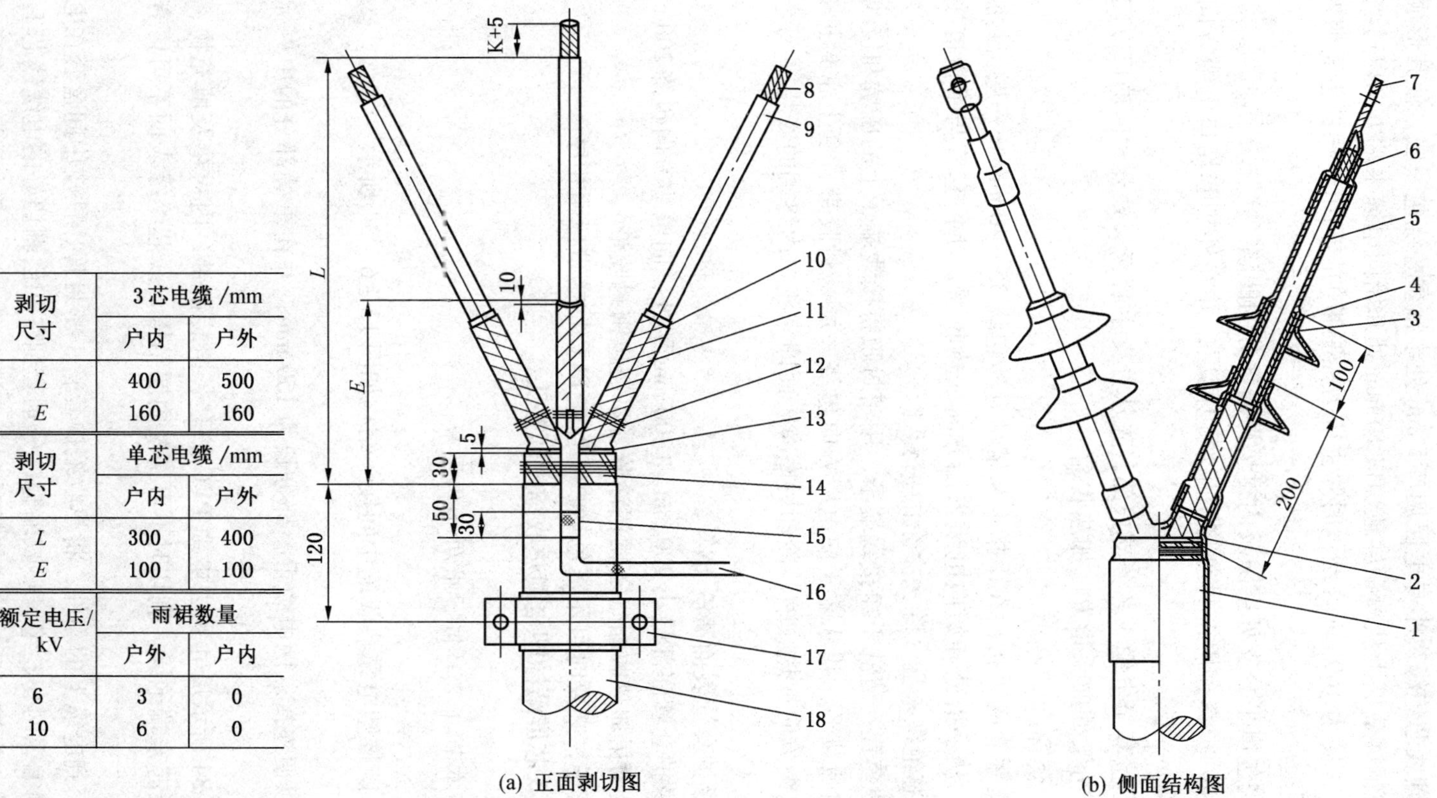

(a) 正面剥切图　　(b) 侧面结构图

1—热收缩3芯分支手套；2—热熔胶带；3—热收缩单孔雨裙；4—热收缩应力控制管；5—护套管；6—密封管；7—接线端子；8—线芯；9—线芯绝缘；10—半导电层；11—铜屏蔽带；12—铜绑线；13—内护套；14—电缆铠装；15—锡焊隔潮层；16—地线；17—固定支架；18—外护套

图12-6-33　6~10 kV 电缆热收缩终端头结构

10 mm 处开始向电缆末端方向加热收缩应力控制管。用应力控制带时，先小心除掉防止铜屏蔽松散开的自粘 PVC 带。再用半导电带在拉伸 50% 的状态下，在铜屏蔽层上从离铜屏蔽切口 5 mm 处开始到线芯绝缘离半导电层切口 5 mm 处半幅重叠绕包一层，使其形成一个平滑的坡度。然后在铜屏蔽层上从离铜屏蔽切口 10 mm 处开始向电缆末端方向以适当拉伸半搭叠式绕包一层，长度为 160 mm。绕包时除去应力控制带的隔离纸，银白色面朝外。

（5）安装分支手套：

① 用密封胶带绕包填平分支处空隙及内衬垫裸露部分的凹陷。

② 清洗接地线和外护套，用密封胶将引出线包两层，并在外护套切口电缆方向绕包密封胶带一层，约 80 mm 长。

③ 将分支手套尽量套至电缆 3 芯分支根部，先从分支手套交叉处开始向袖口方向加热收缩，再从分支手套分叉处向手指方向加热收缩。

（6）安装绝缘护套管：

① 清洗干净分支手套的手指，在手指上从端部开始包绕 35 ~ 40 mm 长一层密封胶带。

② 套上护套管，从手指处开始向电缆末端方向加热收缩，使护套管与手指搭接35 ~ 40 mm，并收缩到线芯绝缘末端，除去多余的护套管。

（7）安装密封护套管：清洗干净接线端子，用密封胶将接线端子上的压坑和接线端子与线芯绝缘之间的间隙填平，并从端子向电缆方向包绕一层密封胶带，套上密封护套管，从接线端子开始向电缆方向加热收缩。冷却后擦净表面即完成户内终端的安装。

（8）安装雨裙：

① 用溶剂将绝缘护套管表面清洗干净。

② 每相在离绝缘护套管底部最小 200 mm 和 300 mm 两处，向电缆方向包绕 200 mm 长一层密封胶带，套上雨裙加热收缩（若雨裙涂胶者不需包密封胶带）。

户外终端安装完毕，必要时可用三色热收缩管或 PVC 粘接带标明相序。

（三）6 ~ 10 kV 3 芯屏蔽橡塑电缆热收缩中间接头

1. 施工操作要领

施工操作要领与本节（二）同，此处不再重复。

2. 施工工艺

6 ~ 10 kV 3 芯屏蔽橡塑电缆热收缩中间接头结构如图 12 – 6 – 34 所示。

（1）剥切电缆：

① 重叠电缆，以便连接。两电缆重叠部分长为 150 mm，并在重叠部分的中央标上参考基准线。

② 按图 12 – 6 – 34 所示尺寸剥去电缆 PVC 护套、铠装钢带、内衬垫及填充物、屏蔽铜带、半导电层和线芯末端绝缘。剥切时不可伤及内层结构，线芯绝缘表面不可留有半导电残迹。

（2）必须事先套到电缆上的零件：将热收缩护套管、密封管、铁皮中间盒套在电缆外护套上，再将屏蔽铜编织网套、绝缘热收缩管，分别套到各相已剥切好的电缆线芯上。

（3）压接连接管：压接之后，除去锐角毛刺，清洗干净。

（4）包绕线芯连接部分：

① 用溶剂擦净线芯绝缘表面和连接部分。

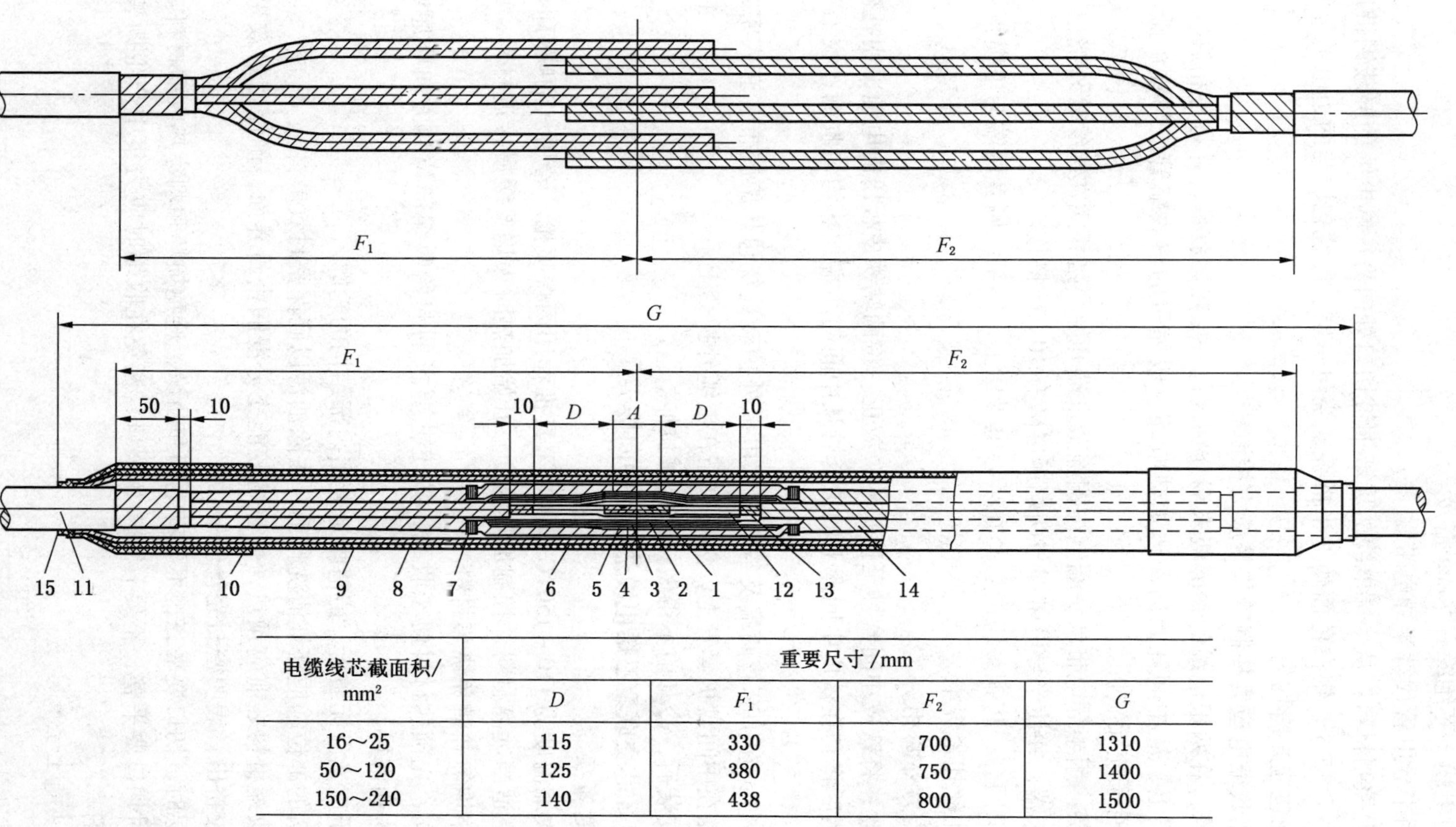

电缆线芯截面积/mm²	重要尺寸/mm			
	D	F_1	F_2	G
16～25	115	330	700	1310
50～120	125	380	750	1400
150～240	140	438	800	1500

1—连接管；2—半导电带；3—应力控制管；4—绝缘管；5—半导电层；6—铜屏蔽网套；7—镀锡扎丝；8—铁皮中间盒；9—护套管；10—密封管；11—电缆护套；12—电缆线芯绝缘；13—线芯半导电层；14—铜屏蔽带；15—热熔胶带；A—连接管长度

图12－6－34　6～10 kV 3芯屏蔽橡塑电缆热收缩中间接头

② 用半导电带将连接管压坑填平，并绕包一层，使连接部分平滑整齐。半导电带绕包层应与连接管两边电缆线芯绝缘有 5 mm 搭接。

本工序可以采用半导电管代替半导电带。

(5) 安装电应力控制材料：从一端电缆的屏蔽铜带切口处向另一端电缆的屏蔽铜带用应力控制带拉伸 10% ~15%，银白色面朝外半搭叠式绕包一层。此绕包层与两边电缆屏蔽铜带搭叠 10 mm，绕包应光滑均匀。

本工序可以用热收缩电应力控制管代替应力控制带。

(6) 安装绝缘管：在两根电缆的铜屏蔽末端分别绕包一层热熔胶带，并将各相热收缩管套在应力控制带层上，从中间开始向两边加热收缩。收缩后的热收缩管应与铜屏蔽有 5 ~10 mm 的搭接，管子应无皱折。

(7) 绕包屏蔽层：用半导电带从一端电缆铜屏蔽末端开始半搭叠式在绝缘管外绕包至另一端电缆铜屏蔽末端，并使半导电带层与两端铜屏蔽有 10 mm 搭接。

(8) 安装铜编织网套：将铜编织网套套在半导电带层上，铜编织网套两端与电缆铜屏蔽紧密连接并用铜扎丝扎紧焊牢。

用同样方法安装另外两相。

(9) 安装中间盒：将铁皮中间盒推至接头处，放正。将两端铁皮板压向电缆，用扎丝扎紧并用锡焊牢。然后将套在铁皮中间盒上的护套管从中间向两端加热均匀收缩，收缩完毕后除去多余部分。

(10) 安装密封管：在护套管两端及与之相邻电缆外护套处绕包热熔胶带，套入密封管，并均匀加热收缩在中间盘护套管上，然后收缩在电缆外护套上。

完成中间接头安装后，冷却前不得做任何机械拉伸。

(四) 6 ~10 kV 3 芯交联聚乙烯电缆热收缩中间接头

1. 施工操作注意事项

热收缩材料的收缩温度为 110 ~150 ℃，加热工具推荐用丙烷喷枪。若用汽油喷灯时，火焰不宜硬，并注意适当远离材料，控制加热温度。开始加热时火焰要缓慢接近材料，不断移动，以确保收缩均匀并避免烧焦材料。

火焰朝收缩方向，先预热材料便于收缩，按工艺要求的起始收缩部位和方向顺序收缩，有利于排出气体和密封。

收缩完毕的管子应光滑无皱折，能清晰地看出内部结构的轮廓。

凡接触密封材料的部位，应仔细清洗打毛，去除油污以确保密封效果。

金属部位包热收缩材料之前应预热，使热熔胶能充分浸润密封界面，确保密封效果。密封部位若有少量胶挤出，表明密封完善。

剥除金属屏蔽层时，切口要平齐，不要有毛刺和凸缘，避免损坏和刺穿热收缩材料。

切割热收缩管时切口要平整，不要有尖端和裂口，避免在收缩时应力集中产生撕裂，应控管不得随意切割。

2. 热收缩中间头施工工艺

(1) 准备工作：

① 检查安装材料和安装工具是否齐全，并擦净，保持清洁。

② 校直电缆，并擦净被接电缆外护套，长约 1.5 m。

③ 将热收缩护套管、密封管、铁皮中间盒（如果需要的话）预先套在电缆上。

（2）剥切电缆：电缆剥切尺寸如图 12－6－35 所示，铜导体和铝导体、铜带屏蔽和铜丝屏蔽剥切尺寸一样。无钢带铠装电缆，则免去钢带剥切工序和尺寸要求。

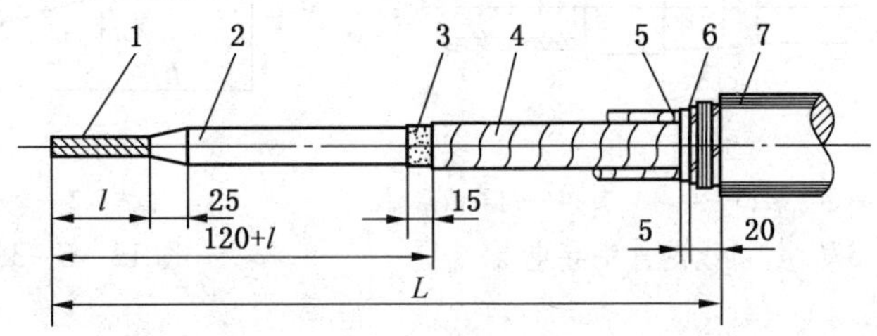

线芯截面积/mm²		25	35	50	70	95	120	150	185	240	300
L/mm	电缆 1 剥切长度	600				650			700		
	电缆 2 剥切长度	280				300			350		
l/mm		0.5A（导体接管长度）+10mm									

1—导体；2—线芯绝缘；3—外半导电层；4—铜屏蔽层；
5—内衬层；6—铠装钢带；7—外护层

图 12－6－35　电缆剥切尺寸

① 剥切电缆 PVC 外护层，长度为 $L+(15\sim20)$。

② 剥切铠装钢带：先将外护层切断处附近的钢带表面去漆、去锈、打光，再用铜扎丝扎紧，按规定的尺寸锯去钢带。注意：不得损伤线芯铜屏蔽层。

③ 剥切内衬层和线芯间填充物，不得损伤线芯铜屏蔽层。

④ 焊接铜屏蔽层和钢带：用铜丝先分别绕扎在靠紧线芯分叉处每相线芯铜屏蔽上，再将 3 个线芯屏蔽扎紧并与钢带焊接起来，如图 12－6－36 所示。

⑤ 剥切线芯铜屏蔽层。理直 3 根线芯，按规定尺寸留取的铜屏蔽末端用半导电带绕包两层，以防屏蔽层松脱，剥去其余屏蔽层。绝不得损伤线芯外半导电层和绝缘。

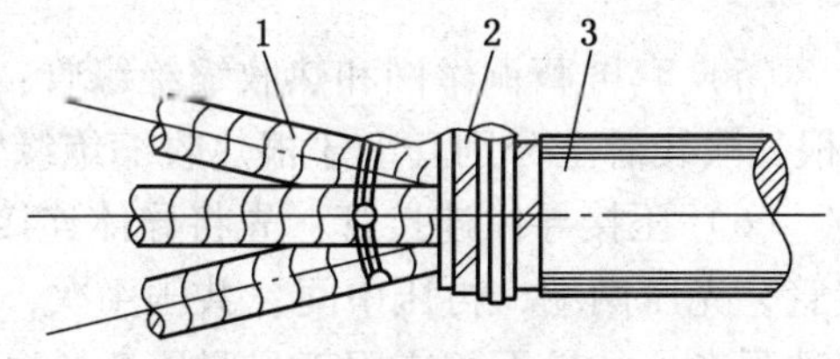

1—铜屏蔽层；2—铠装钢带；3—外护层

图 12－6－36　焊接铜屏蔽层与钢带

⑥ 剥切线芯末端绝缘，不得损伤导电线芯。

⑦ 剥切线芯外半导电层。注意，不可在绝缘上留下明显的纵向痕迹。外半导电层若为不可剥离型，允许在剥切时削去部分绝缘层，但不得超过 0.5 mm。剥去半导电层后的绝缘表面再用砂布打光，不可留有半导电层残迹。

留取的半导电层末端应削成光滑的锥面，端面应尽量平齐，如图 12－6－37 所示。

⑧ 剥切反应力锥（俗称“铅笔头”）：按图 12－6－35 规定尺寸在绝缘末端剥切反应力锥，要求光滑规整，外形尺寸如图 12－6－38 所示。

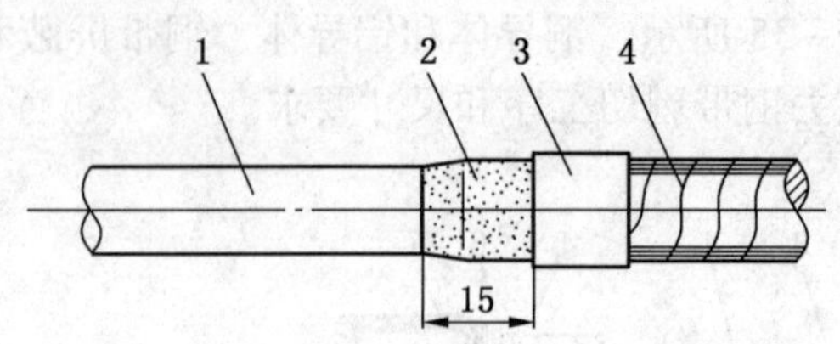

1—线芯绝缘;2—外半导电层;3—半导电带;4—铜屏蔽层带

图 12-6-37　削切线芯外半导电层

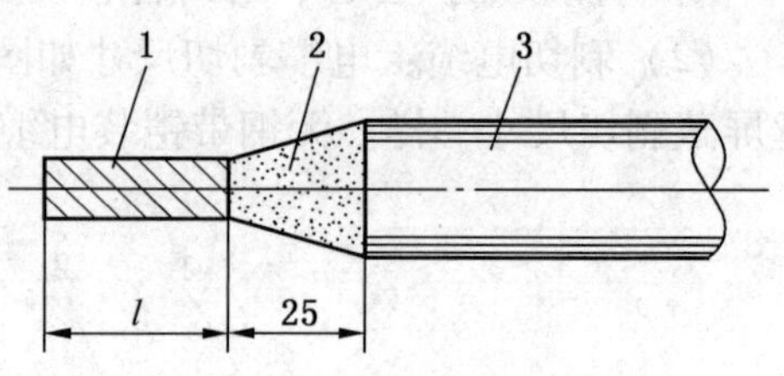

1—导体；2—反应力锥；3—线芯绝缘

图 12-6-38　切削反应力锥

（3）装电应力控制材料：按图 12-6-39 所示尺寸，将电应力控制管收缩到电缆绝缘表面，使电应力控制管与铜屏蔽层搭接长度不小于 10 mm。

电应力控制管亦可用电应力控制带绕包代替。

（4）绕包绝缘带：按图 12-6-40 所示，将绝缘自粘带拉伸至原宽度的 1/2～2/3 的情况下半搭叠式绕包，从应力控制管末端开始到反应力锥面为止绕包一层，再返回绕包直到搭接铜屏蔽层 10 mm 为止。

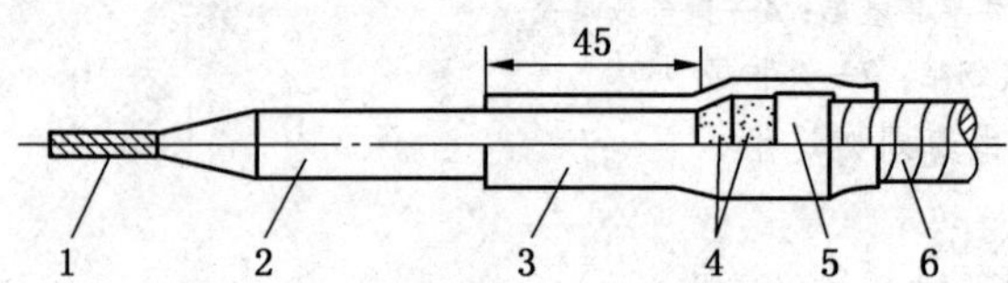

1—导体；2—线芯绝缘；3—电应力控制管；
4—外半导电层;5—半导电带;6—铜屏蔽层

图 12-6-39　装电应力控制管

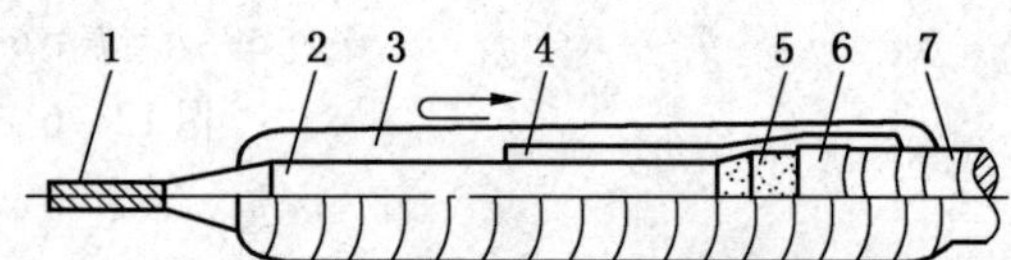

1—导体；2—线芯绝缘；3—绝缘自粘带；4—电应力控制管；5—外半导电层；6—半导电带；7—铜屏蔽层

图 12-6-40　绕包绝缘自粘带

（5）套屏蔽铜丝网和热收缩绝缘管：在 3 根短段线芯上分别套入 3 个屏蔽铜丝网，在 3 根长段线芯上分别套上 3 根热收缩绝缘管。

（6）压接导体连接管：先将导体连接管套在短段电缆一边，再将长段电缆插入导体连接管，先压两端，再压中间，共压 4 次，用锉除去锐角毛刺，使之光滑无尖角，并将表面清洗干净。如果无相应用于交联聚乙烯电缆紧压线芯连接管的压模时，可采用现行用于非紧压线芯连接管的压模，但要使用比被压接电缆截面积小一挡规格的压模。

（7）绕包半导电带：在压接处绕包半导电自粘带，厚度不超过 1 mm。表面尽量平滑圆整（图 12-6-41）。注意：接管未压接处和导电线芯均不绕包半导电带。

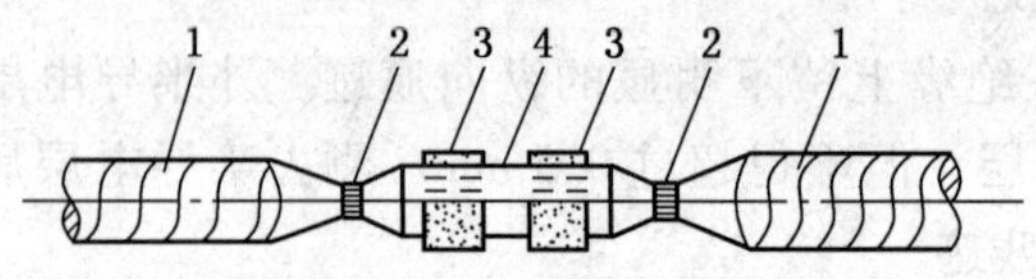

1—绝缘自粘带；2—导体；3—半导电自粘带；
4—导体连接管

图 12-6-41　导体连接管压接和绕包半导电带图

（8）绕包绝缘带：按图 12-6-42 所示尺寸拉伸半搭叠式绕包绝缘自粘带，导体连接管上要求绕包 9～10 层（厚约 3 mm），并要求绕包后整个外径基本相同，表面平直。

(9) 装绝缘管：将热收缩绝缘管移到接头位置，两边长度对称。从中间开始向两边加热收缩，如图 12－6－43 所示。

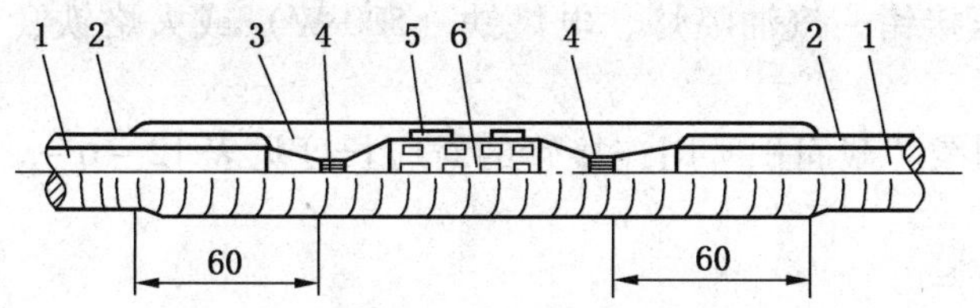

1—线芯绝缘；2、3—绝缘自粘带；
4—导体；5—半导电自粘带；
6—导体连接管

图 12－6－42　导体连接后绕包绝缘带

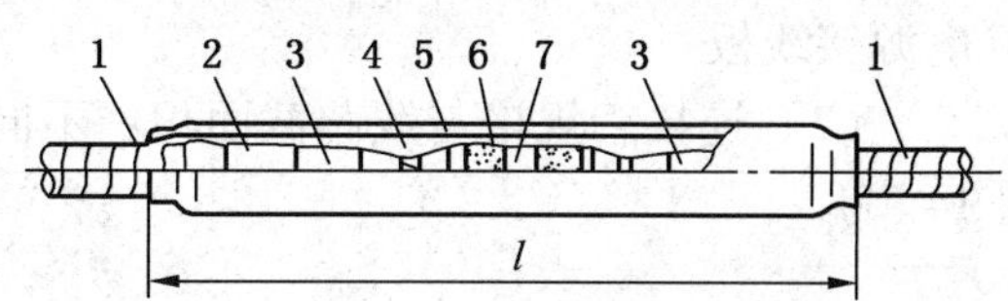

1—铜屏蔽层；2—电应力控制管；3—线芯绝缘；
4—绝缘自粘带；5—热收缩绝缘管；
6—半导电带；7—导体连接管

图 12－6－43　装热收缩绝缘管

(10) 装屏蔽铜网：将屏蔽铜网移到接头位置，用铜扎丝将铜网一端扎紧在电缆铜屏蔽层上；沿接头方向拉伸收紧铜网，使其紧贴绝缘管直到接头另一端铜屏蔽层。将余下的铜网翻过来，用铜丝将铜网扎紧在电缆铜屏蔽层上，然后向相反方向拉伸收紧，使其紧贴在第一层铜网上直到电缆铜屏蔽层，再用铜扎丝扎紧，形成双层屏蔽铜网（图 12－6－44）。然后用锡将接头两端的铜扎丝和屏蔽铜网与电缆铜屏蔽层焊接起来。

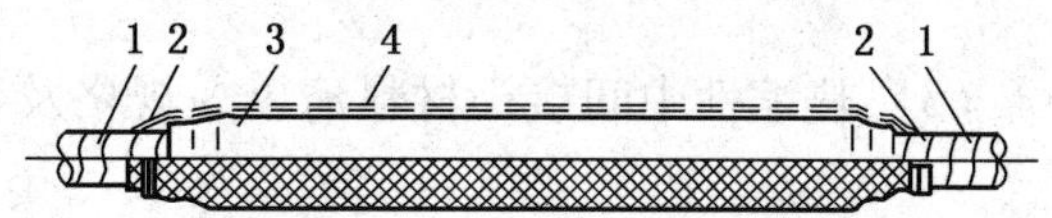

1—铜屏蔽层；2—铜扎丝；3—热收缩绝缘管；
4—屏蔽铜网（双层）

图 12－6－44　装屏蔽铜网

(11) 装热收缩护套管或铁皮中间盒（图 12－6－45）。将 3 芯并拢，用白纱带绑扎紧，在接头两端电缆护套上从剥除端面开始半幅重叠绕包一层 50 mm 长热熔胶，将热收缩护套管移到接头处，两端长度对称，从中间开始，分别向两端加热收缩。或者，将铁皮中间盒移到接头处，两端长度对称。然后将两端铁皮板压向电缆，用扎丝扎紧并用锡焊牢，在铁皮中间盒处的电缆护套上半幅重叠绕包一层 50 mm 长热熔胶，将热收缩密封保护管加热收缩到铁皮中间盒上，热收缩搭接处长度不小于 50 mm，也用绕包热熔胶密封。

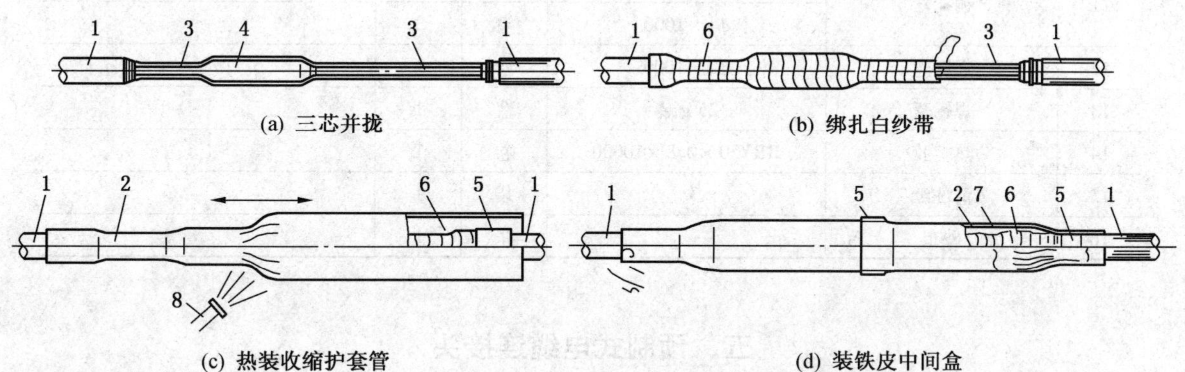

1—电缆外护套；2—热收缩护套管；3—铜屏蔽层；4—接头；5—热熔胶；
6—白纱带；7—热收缩密封管铁皮中间盒；8—加热喷灯

图 12－6－45　热收缩套管或铁皮中间盒

3. 安装工具、连接管规格、材料清单

（1）安装工具：包括钢锯、克丝钳、尖嘴钳、剪刀、卷尺（2 m）、游标卡尺、扁锉、电工刀、锤子、电缆绝缘专用剥切器、压接钳、汽油喷灯、电烙铁（500 W）或火烙铁、电源接线板。

（2）连接管规格与线芯截面积：不同线芯截面积所用连接管的对应长度见表12－6－14。

表12－6－14 不同线芯截面积所用连接管的对应长度（适用交联聚乙烯电缆）

线芯截面积/mm^2	25	35	50	70	95	120	150	185	240	300
连接管长度 A/mm	70	75	80	90	95	100	110	120	130	140

注：适用于铜、铝线芯。

（3）热缩性中间接头材料清单、规格及数量见表12－6－15。

表12－6－15 材 料 清 单

序号	名 称	型 号 规 格	单位	数量	备 注
1	导体连接管	视线芯材质和截面积而定	只	3	
2	绝缘自粘带		卷	3	
3	半导电自粘带		卷	1/2	
4	白纱带		卷	2	
5	热收缩电应力控制管	视线芯截面积而定	根	6	
6	热收缩绝缘管	视线芯截面积而定	根	3	
7	热收缩护套管	视线芯截面积而定	根	1	不用铁皮筒时使用
8	铁皮筒	视线芯截面积而定	根	1	
9	热收缩密封保护管	视线芯截面积而定	根	2	与铁皮筒配用
10	屏蔽铜网	PCW16/150（细网）	米	0.9×3	
11	铜扎丝	$\phi2\times1000$	卷	2	
		$\phi1\times1000$	卷	3	
12	焊锡丝	$\phi2\times1000$	卷	1	
13	焊锡膏	25 g 装	盒	1	
14	热熔胶	RRY30×0.8×10000	卷	1	
15	清洗纸		袋	1	
16	砂布		张	1	

五、预制式电缆连接头

（一）预制式（也称预模式）电缆连接头的用途及分类

1. 用途

预制式电缆连接头主要用于地面10 kV 3芯交联聚乙烯电缆，35 kV及以下单芯交联聚乙烯电缆。

2. 分类

(1) 户外型终端头系列，如 WYZ－2－33 型、WYM－6/10 型。

(2) 户内型终端头系列，如 NYZ－2－33 型、NYM－6/10 型。

(3) 直通型连接头系列，如 JYZ－2－33 型。

(4) 插入式 T 型终端接头系列，如 YCJ10－250、TCJ10－630 型。

(二) 预制式电缆连接头特点

(1) 施工方便，易于掌握。预制式连接头主要零部件由生产厂注压或模压而成，到现场可整套组装在已剥切好的电缆末端或接头处。

(2) 绝缘与密封质量可靠，运行安全。预制式连接头主要件采用绝缘硅橡胶和导电硅橡胶制成。硅橡胶具有耐大多数化学溶剂、耐老化、使用寿命长的特点；绝缘硅橡胶具有优异的电气绝缘性能，能保证连接头的绝缘和密封性能；导电硅橡胶内均匀电场层可使高压区域处于等电位，以防导体连接处发生高压放电破坏绝缘，导电硅橡胶外屏蔽层可良好接地，以防发生触电事故。

硅橡胶应力锥可解决电缆终端屏蔽切断处电应力集中问题，保证可靠运行。

(3) 使用环境不受限制、适用性广。电缆附件的材料是硅橡胶，是弹性体材料，因此它密封性能好，热稳定性好，不易氧化、耐气候性、耐环境污染和耐爬电性能优越。

(三) 预制式（预模式）电缆连接头装配结构

(1) 预制式户外电缆终端头结构如图 12－6－46 所示，交联聚乙烯电缆剥切尺寸如图 12－6－47 所示。

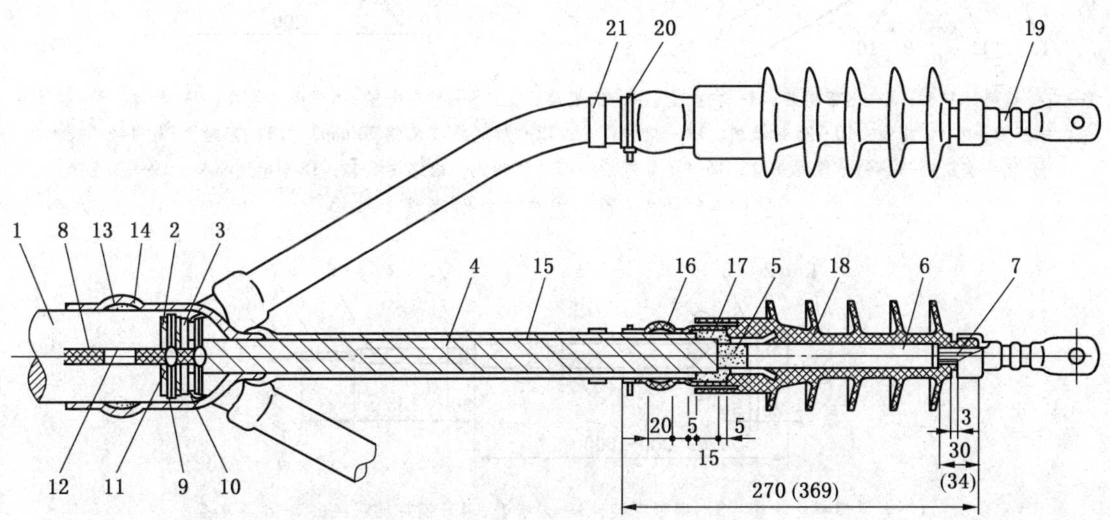

1—电缆塑料外护套；2—钢带铠装；3—内护套；4—钢带屏蔽层；5—半导电层；6—线芯绝缘；7—导体；8—接地铜编织带；9—铜扎线；10—密封填料；11—接地焊点；12—防潮段（填锡 20 mm）；13—密封填料；14—热缩分支手套；15—热缩绝缘保护管；16—密封填料；17—半导电带；18—预制式户外终端头套；19—接线端子；20—塑料卡子；21—相色带；(369)—截面积为 240 mm^2 的线芯尺寸

图 12－6－46 预制式户外电缆终端头结构

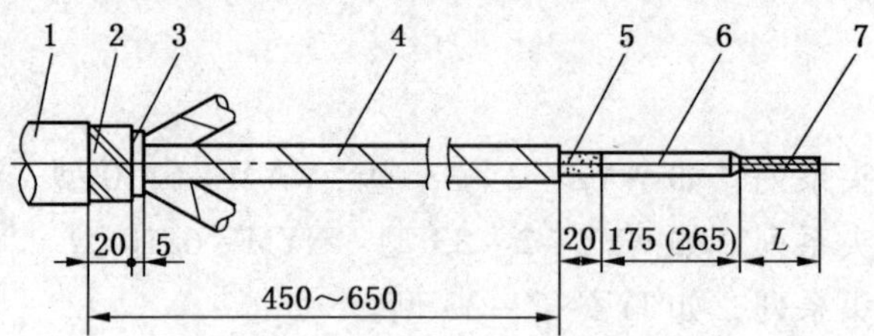

1—电缆塑料外护套；2—钢带铠装；3—内护套；4—铜带屏蔽层；5—半导电层；6—线芯绝缘；7—导体；L＝接线端子孔深＋30 mm；(265)—截面积为 240 mm^2 的线芯尺寸

图 12－6－47　户外终端头交联聚乙烯电缆剥切尺寸

(2) 预制式户内电缆终端头结构如图 12－6－48 所示，交联聚乙烯电缆剥切尺寸如图 12－6－49 所示。

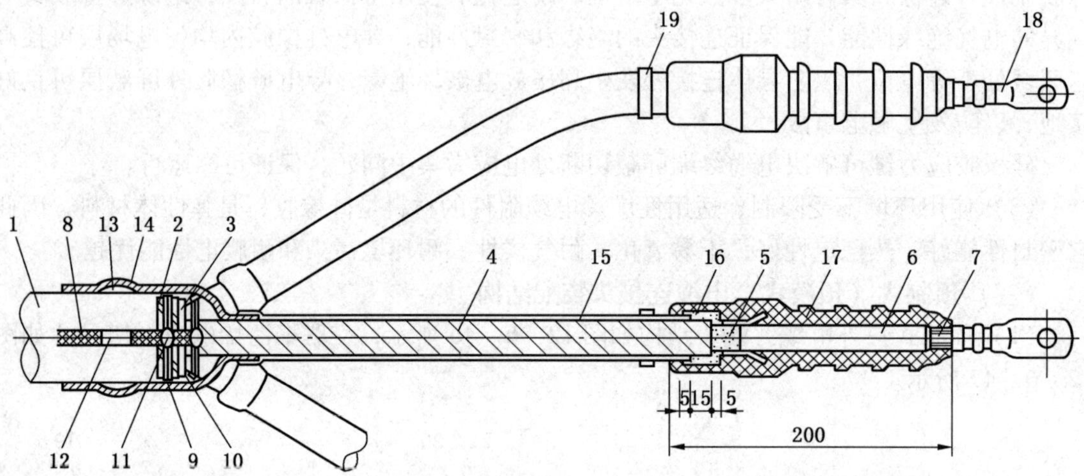

1—电缆塑料外护套；2—钢带铠装；3—内护套；4—铜带屏蔽层；5—半导电层；6—线芯绝缘；7—导体；8—接地铜编织带；9—铜扎线；10—密封填料；11—接地焊点；12—防潮段（填锡 20 mm）；13—密封填料；14—热缩分支手套；15—热缩绝缘保护管；16—半导电带；17—预制式户内终端头套；18—接线端头；19—相色带

图 12－6－48　预制式户内电缆终端头结构

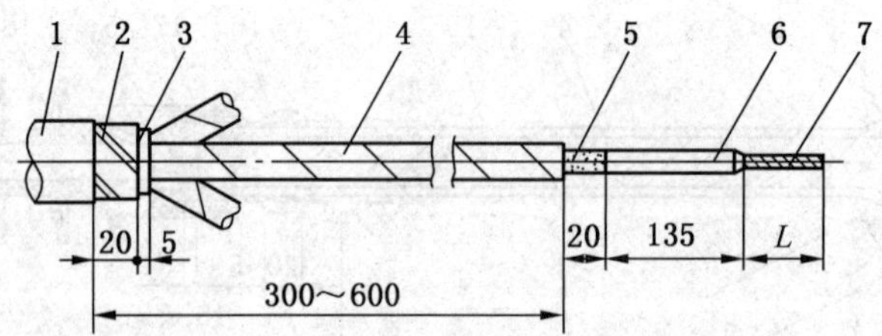

1—电缆塑料外护套；2—钢带铠装；3—内护套；4—铜带屏蔽层；5—半导电层；6—线芯绝缘；7—导体；L—接线端子孔深 15 mm

图 12－6－49　户内终端头交联聚乙烯电缆剥切尺寸

(3) 户外与户内电缆终端头所需材料由电缆附件厂成套供应。其中终端头套的选用应以电缆线芯的绝缘外径为依据，相应的电缆的截面积仅作参考，见表 12－6－16。

铜屏蔽带端部半导电带绕包的厚度，应与电缆终端头套的接合部分相匹配。

表 12-6-16　预制式交联电缆终端头套适用范围

终端头套	型号规格	适用电缆线芯绝缘外径/mm		10 kV 相应电缆截面积参考值/mm^2
户外型	户内型	最　小	最　大	
WYZ-2-33-25	NYZ-2-33-25	15.2	17.9	25
WYZ-2-33-35	NYZ-2-33-35	16.7	19.6	35
WYZ-2-33-50	NYZ-2-33-50	17.9	21.1	50
WYZ-2-33-70	NYZ-2-33-70	19.3	22.6	70
WYZ-2-33-95	NYZ-2-33-95	20.9	24.5	95
WYZ-2-33-120	NYZ-2-33-120	22.5	26.4	120
WYZ-2-33-150	NYZ-2-33-150	24.1	28.4	150
WYZ-2-33-185	NYZ-2-33-185	25.6	30.0	185
WYZ-2-33-240	NYZ-2-33-240	26.7	31.4	240

注：选用终端头套时以线芯绝缘外径为依据，不以电缆截面积为准。

（4）预制式户内户外电缆终端头主要配件与材料为：预制式户外或户内终端头套、热缩分支手套、热收缩绝缘保护管、接线端子、接地铜编织带、清洗剂、硅脂、半导电带、铜扎线、相色带（红、黄、绿）焊锡丝、焊锡膏、清洁纸、密封填料、塑料卡带。

（5）TCJ10 型预制件插入式电缆终端头：预制件插入式电缆终端头适用于符合德国 DIN47636 标准的凸锥套管的 SF6 环网开关、变压器、电机等电气设备与电缆或电缆间的连接，是可拆卸的连接或分支连接。绝缘与密封性能好，寿命长。

额定电压 10 kV，额定电流 250 A 和 630 A，主要用于交联聚乙烯电缆。装配结构如图 12-6-50 所示。

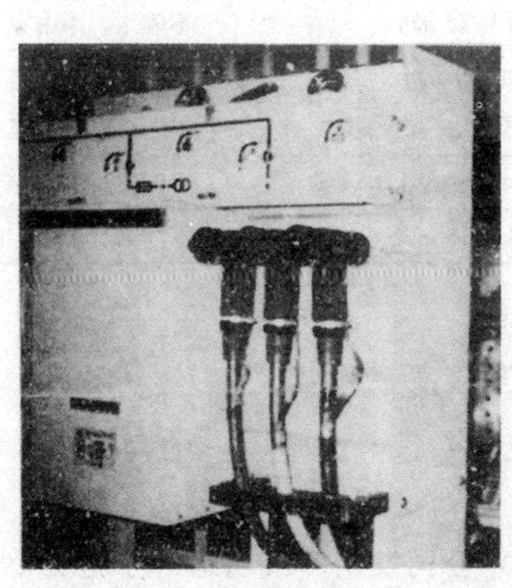

(a) 在开关柜上的安装外形

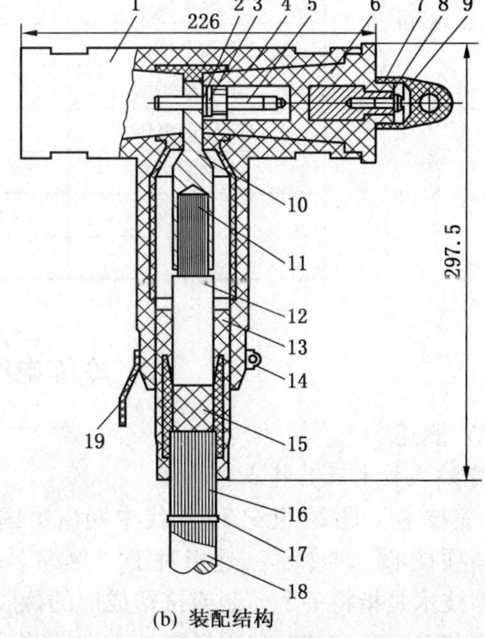

(b) 装配结构

1—T 型接头，带有硅橡胶内导电层、绝缘层和外导电涂层；2—垫圈；3—弹簧垫圈；4—螺帽；5—螺杆；6—密封验电绝缘子；7—保护帽；8—螺钉；9—垫圈；10—接线端子；11—电缆导电线芯；12—线芯绝缘；13—应力锥，带有硅橡胶应力控制元件和绝缘层；14—螺纹夹紧线夹；15—线芯绝缘外半导电层；16—电缆屏蔽层；17—PVC 带；18—电缆外护套；19—镀锡铜编织接地线

图 12-6-50　TCJ10 型预制件插入式电缆终端头装配结构

（四）预制式（预模式）电缆连接头主要电气性能

主要电气性能见表 12－6－17 及表 12－6－18。

表 12－6－17　TCJ10 型预制件插入式电缆终端头电气性能

试验项目	试验值	试验方法	试验结果
工频耐压	45 kV/min	GB 11033.1	不闪络、不击穿
局部放电	13 kV≤20PC	GB 5589.3	放电量不大于规定值
冲击电压	105 kV/±10 次	GB 311.3	不闪络、不击穿
直流耐压	52 kV/15 min	GB 311.3	不闪络、不击穿
		GB 11033.1	
工频耐压	35 kV/4 h	GB 11033.1	不闪络、不击穿
热稳定电流	20 kA/2 s	GB 2706	不损坏、绝缘性能不降低
动稳定电流	50 kA	GB 2706	不损坏、绝缘性能不降低
漏电流	10 kV	—	漏电电流应不超过 0.5 mA

表 12－6－18　预模式电缆终端头主要电气性能

电缆终端头型号	试验项目	试验数值	试验结果
WYM－6/10	工频湿闪电压	15 kV/10 s	不闪络、不击穿
	工频耐压	35 kV/6 h	不闪络、不击穿
	冲击电压	110 kV/±3 次	不闪络、不击穿
	直流耐压	75 kV/15 min	不闪络、不击穿
NYM－6/10	工频干闪电压	50 kV/1 min	不闪络、不击穿
	工频耐压	35 kV/6 h	不闪络、不击穿
	冲击电压	110 kV/±3 次	不闪络、不击穿
	直流耐压	75 kV/15 min	不闪络、不击穿

六、冷缩电缆连接头

（一）概述

1. 冷缩式技术及其特点

“冷缩技术”是 20 世纪 70 年代中期由美国 3M 公司发明并成功运用于电力电缆附件领域的一项技术。“冷缩”是相对于“热缩”的称谓，实际上是一种在常温下收缩的技术。冷缩技术是指将一个模制或挤塑成形的橡胶体，通过预扩张技术将其撑开，套在一个可抽取的芯绳上，安装时只需轻轻抽去支撑芯绳，橡胶体的“弹性记忆”特性就会促使其收缩压紧在电缆绝缘表面，从而达到优异的电气性能和可靠的绝缘密封。

相比于热缩电缆附件或其他传统的电缆附件类型，冷缩电缆附件具有以下一些特点：

（1）安装方便，一抽支撑芯绳即可完成安装。无须动火，无须特殊工具，特别适合煤矿的安装运行环境；

（2）对电缆主绝缘保持恒定持久的径向压力，界面电气性能优异，安全运行寿命较长；

（3）与电缆本体有“同呼吸”的效应，不受运行环境温度变化的影响，可实现长久、可靠的防潮密封；

（4）一般采用硅橡胶作为绝缘材料，具有优良的憎水性、抗电痕和抗老化的性能。

由于冷缩式电缆附件在安装和电气性能方面的一系列优点，从其面世以来就对电力电缆附件的技术发展产生了很大的影响，并在全球迅速地被广泛认可和使用。自从 20 世纪 80 年代第一套 3M 冷缩式电缆附件进入中国以来，目前冷缩技术也已经成为国内中压配网电缆附件的主流和发展趋势。

2. 冷缩式电缆终端

（1）QTⅡ5620 型户内终端和 QTⅡ5600 型户外终端，适用于 15 kV 及以下单芯和 3 芯的交联聚乙烯、橡胶等固体绝缘的各种电缆，适用电缆导体截面积为 25～500 mm^2。基于第二代冷缩技术研制，其性能满足 IEC、IEEE 及 CELENIC 标准的要求。终端外绝缘及防雨防污伞裙均采用硅橡胶材料，具有优异的抗电痕、抗大气老化和憎水性特点，可在污秽环境和正常气候老化条件下运行，运行环境温度为 -40～60 ℃。

（2）QTⅢ7620 型户内终端和 QTⅢ7690 型户外终端，适用于 20 kV 及以下单芯和 3 芯的交联聚乙烯、橡胶等固体绝缘的各种电缆，适用电缆导体截面积为 35～500 mm^2。基于最新的第三代冷缩技术研制，其性能满足或超过 IEC、IEEE 及 CELENIC 标准的要求。终端外绝缘及防雨防污伞裙均采用改良配方的硅橡胶材料，并添加了特殊的抗爬电填料，同时在顶部密封和电应力控制部分均采用内置式硅橡胶泥的结构，可在重污秽、重潮湿环境和恶劣气候老化条件下运行，运行环境温度为 -40～60 ℃。

以上电缆终端均为全冷缩式结构，即除终端主体外，其三叉密封手套、分相密封套管也是冷缩式结构，安装时无须动火。

3. 冷缩式电缆中间接头

（1）QS1000 型中间接头，适用于 15 kV 及以下单芯和 3 芯的交联聚乙烯、橡胶等固体绝缘的各种电缆对接，适用电缆导体截面积为 35～500 mm^2。其主绝缘、内半导电屏蔽层和外半导电屏蔽层采用一体式模制结构，共同扩张在支撑芯绳上，相互间不分层、无放电气隙，主绝缘中还添加用于控制电应力的高介电常数材料，具有安装方便、体积小、重量轻、电气性能高、局部放电低、对主绝缘抱紧力大的特点。

（2）QS2000 型中间接头，适用于 20 kV 及以下单芯和 3 芯的交联聚乙烯、橡胶等固体绝缘的各种电缆对接，适用电缆导体截面积为 35～500 mm^2。其主绝缘、内半导电屏蔽层、外半导电屏蔽层和电应力控制部分也是一体式模制结构，使用于 10 kV 及以下电压等级时具有较大电气裕度，运行安全可靠。

以上电缆中间接头主体部分均采用冷缩结构，外护套恢复和机械保护的采用多层绕包防水绝缘胶带和快速固化装甲带来实现。

4. 其他配套组件

（1）恒力弹簧，用于将接地金属编制线或金属网套固定在电缆的铜屏蔽层或铠装层上，可取代传统的焊接或绑扎的工艺。恒力弹簧具有安装方便、固定可靠、接触电阻小、不产生涡流发热等特点，适用于各种冷缩式电缆终端和中间接头。

（2）装甲带，最早是由美国3M公司发明的一种特殊胶带，一般为真空包装，使用时绕包在中间接头的最外层，快速固化后可为中间接头主体提供优异的机械保护。它具有使用方便、固化快速、抗挤压抗穿刺性能优异的特点，是中间接头主体保护的理想材料。

（3）硅橡胶自融胶带，用于冷缩终端顶部的防水密封，它具有硅橡胶特有的抗电痕、抗大气老化和憎水性特点，同时胶带绕包后能相互自融，形成可靠的防水密封结构，特别适合于户外运行的电缆终端。

（二）15 kV 及以下 3 芯电缆冷缩式中间接头的安装（3M QS 1000）

1. 安装环境要求

环境温度不低于 0 ℃，空气相对湿度宜为 70% 以下，湿度大时，可提高环境温度或加热电缆。做好防尘工作，严禁在雾或雨中施工，不得在强风、扬沙环境中施工。

2. 安装流程图（图 12-6-51）

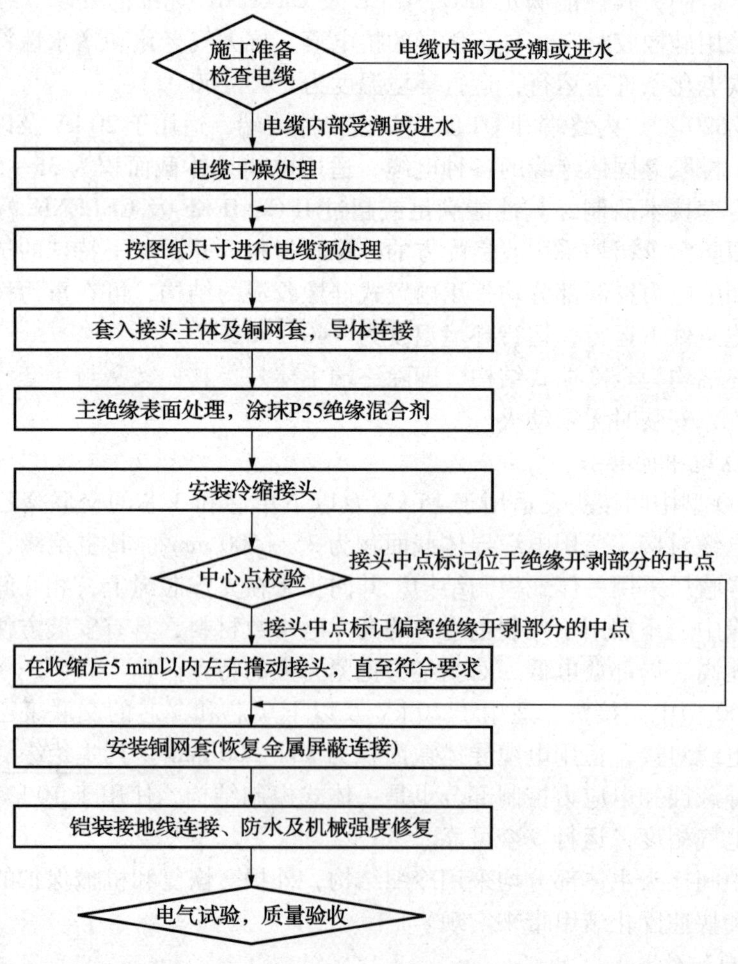

图 12-6-51 安装流程图

3. 安装流程说明及工艺要点

（1）施工准备。施工前应仔细阅读产品安装图纸和说明书，检查工具是否齐备，验收、核对接头材料以及配件是否完整。施工现场做好充分的准备工作与安全措施。检查电缆护套层、线芯层是否受潮或进水，如发现电缆内部受潮进水，应停止安装，干燥处理后方可继续安装。

（2）开剥护套层及铠装层。按照图 12－6－52 和表 12－6－19 所示的尺寸来开剥电缆外护套和铠装层。可先用大恒力弹簧固定铠装钢带，防止其松脱，然后用钢锯或铁皮剪沿恒力弹簧一侧去除金属铠装层，要求不得损伤内护套层及其他内部结构。

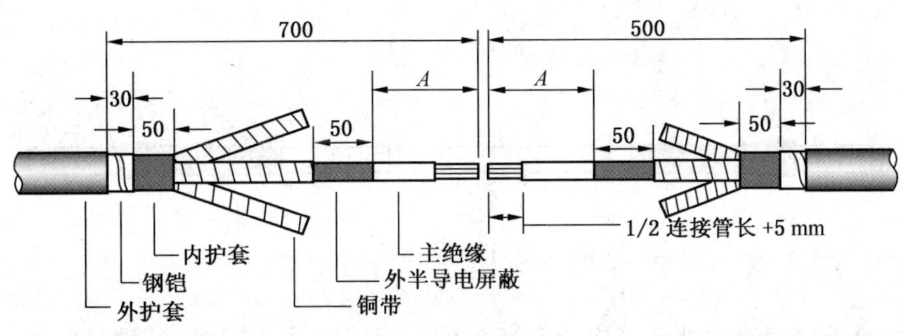

图 12－6－52

如图 12－6－52 在钢铠前保留 50 mm 长的内护套，其余的去除。去除内护套时不得损伤铜屏蔽层及其他内部结构。

表 12－6－19

型　　号	导体截面积/mm^2	A/mm
QS1000－Ⅰ	50～120	125
QS1000－Ⅱ	150～240	125
QS1000－Ⅲ	300～400	175

（3）开剥金属屏蔽层。按照图 12－6－52 和表 12－6－19 尺寸在金属屏蔽层开剥处用刀压出印痕，但不得切透。将铜带沿印痕均匀撕断，不得伤及外半导电屏蔽层和绝缘层。铜屏蔽断口要平滑整齐，不得有尖角及缺口，更不允许让铜带尖角刺入外半导电层。

（4）开剥外半导电层及绝缘层。按照图 12－6－52 和表 12－6－19 尺寸先环切外半导电层，再纵切 2～3 刀，切入深度为半导电层厚度的 2/3，切勿切得过深，以免伤及电缆主绝缘。将半导电层从端部开始沿刀痕撕除，要求开剥后的外半导电层断口（屏蔽口）处平滑整齐，为均匀的圆周，不得有尖角、缺口及毛刺。如剥除外半导电层时在主绝缘表面留有刀痕，须用绝缘砂布打磨去除，先用 120 目粗砂布再用 240 目细砂布打磨，直至主绝缘彻底光滑。按照金属压接管长度的一半加 5 mm 切除主绝缘，切除时不得伤及电缆线芯导体，在绝缘端口处做宽度为 2 mm，角度为 45°的倒角，并将倒角打磨至光滑平整。

（5）套入中间接头主体及铜网套，连接导体。压接金属接管前将冷缩中间接头主体套入开剥长度较长的一端（抽拉芯绳的一端先套入），将铜网套套入开剥长度较短的一端（图 12－6－53）。按照压接工艺要求，根据导体截面积选择合适吨位的压接钳和模具，压接金属接管（图 12－6－54）。压接达到一定压力或合模后，保持压力 10～15 s，再松开模具，压接后接管不能有明显的弯曲。如压接后在接管和导体上有尖角、毛刺和突起等，必须用锉刀锉平并用砂布打磨光滑。打磨接管时，可将电缆主绝缘层用塑料膜或纸遮住，以防金属屑落在主绝缘上。

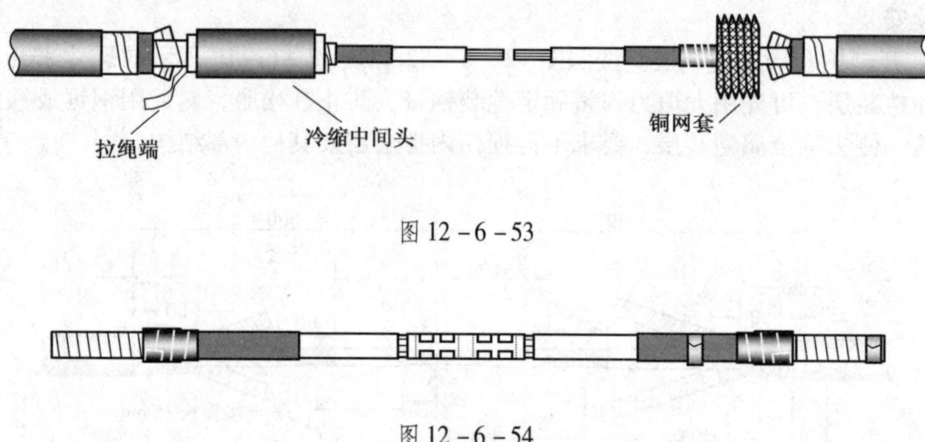

图 12－6－53

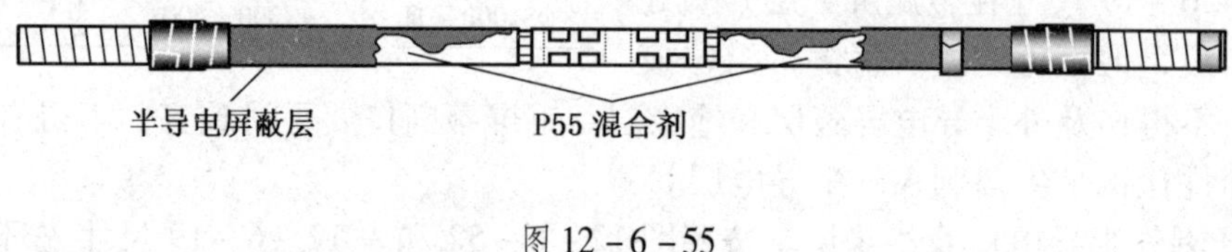

图 12－6－54

（6）主绝缘表面清洁处理。应使用所配的专用清洁片，不得来回擦拭，不得重复使用，擦过半导电屏蔽层及导体的清洁片绝对不能擦洗主绝缘。在进行下一步骤前，主绝缘表面必须保持清洁、干燥。

（7）涂抹 P55 绝缘混合剂。在半导电屏蔽层与主绝缘层交界位置涂抹红色 P55 绝缘混合剂，以填补半导电层的台阶，然后将其余剂料完全均匀涂抹在主绝缘表面及接管上（图 12－6－55）。该绝缘混合剂能长期保持液态膏状，有效避免气隙放电，故必须使用。

图 12－6－55

（8）收缩冷缩接头主体。根据图 12－6－56 和表 12－6－20 中的尺寸 X 来确定接头主体收缩起始定位标记，然后对准定位标记，逆时针旋转均匀抽取支撑芯绳，使接头主体完全收缩（图 12－6－57）。

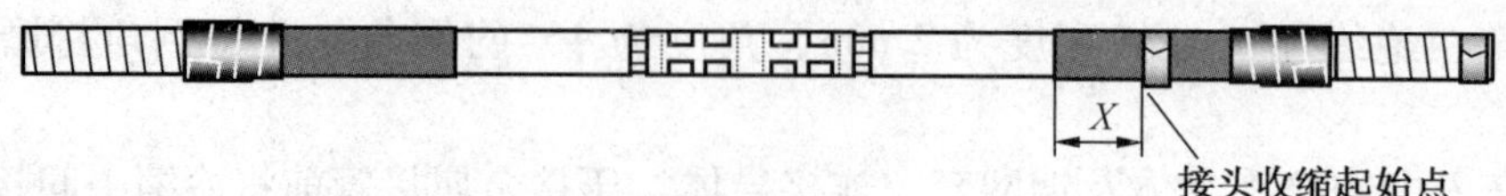

图 12－6－56

表 12－6－20

型　　号	QS1000－Ⅰ			QS1000－Ⅱ			QS1000－Ⅲ		
导体截面积/mm^2	50	70	95	120	150	185	240	300	400
X/mm	35	35	30	25	35	30	25	30	25

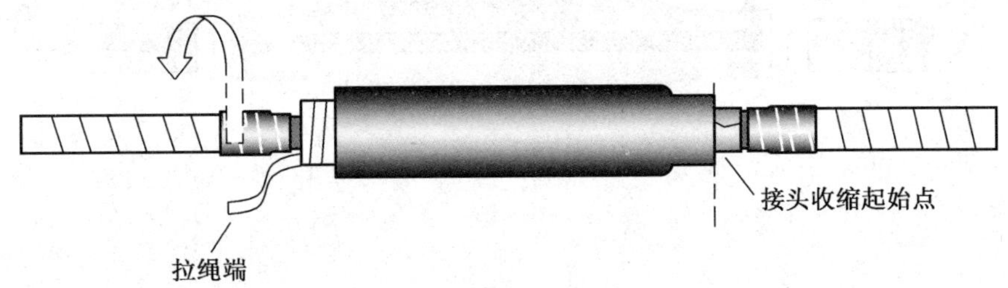

图 12－6－57

（9）安装铜网套。铜网套用于连接接头两端的电缆铜屏蔽层，保持接头主体外处于接地状态。安装时，将铜网套展开紧贴在接头主体外，两边分别用恒力弹簧固定在电缆铜屏蔽上，将多余的铜网套的两端修剪齐整或反折，然后在恒力弹簧外绕包 PVC 胶带或绝缘自粘胶带（图 12－6－58）。

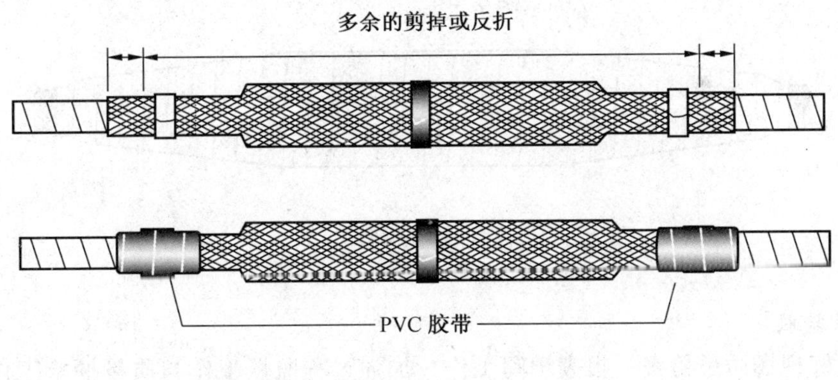

图 12－6－58

（10）安装铠装连接线，恢复防水层及机械保护。安装钢铠接地连接线时，先将接地编织线端部拉平展，用恒力弹簧将其固定在露出的铠装层上，并反折一次，保证固定良好（图 12－6－59）。连接线的另一端也照此固定。钢铠接地完成后，在外面半重叠绕包防水胶带以及 Armorcast 装甲带，恢复防水层及机械保护。防水胶带在使用时需先将电缆护套两侧 60 mm 范围内打磨粗糙，然后从打磨处将胶带拉伸至原宽度的 3/4，半重叠绕包至少一个来回（图 12－6－60）。使用 Armorcast 装甲带时应佩戴橡胶手套操作，先将装甲带用水浸泡，然后半重叠绕包于接头的最外层。安装完毕后，不得立即移动电缆和中间接头，须静置 30 min 以上，使装甲带彻底固化达到最佳保护效果（图 12－6－61）。

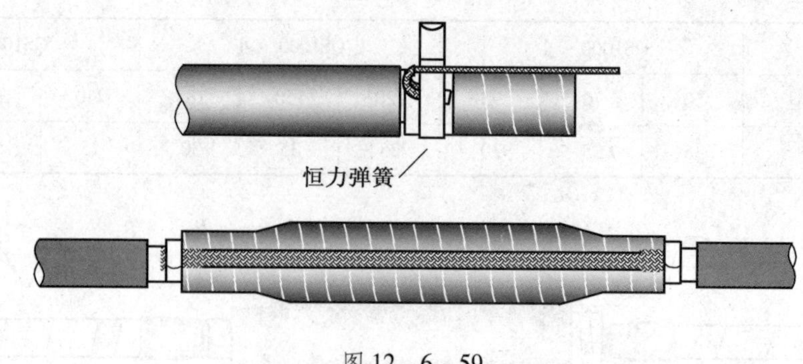

图 12-6-59

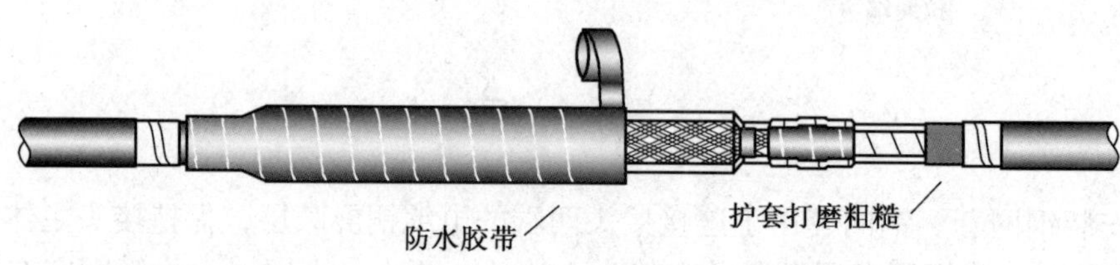

图 12-6-60

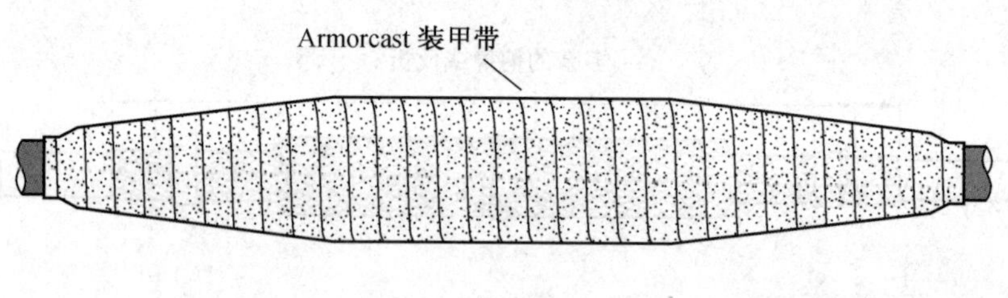

图 12-6-61

4. 质量验收

及时做好现场质量检查、报表填写工作，加强过程监控工作与质量抽检工作。接头施工属于隐蔽工程，验收应在施工过程中进行。包括对接头准备工作、绝缘处理、导体连接、冷缩接头安装、接地及密封处理、施工标识等项目进行验收。

最终附件验收一般包括资料和现场实物检查两个方面：

资料包括接头安装记录及质量评定记录、制造厂提供的产品合格证、试验证明及安装图纸等技术文件。

现场实物检查包括电气交接试验、外观检查、接头固定、接头水平偏差等。

（三）15 kV 及以下 3 芯电缆冷缩式终端的安装（3M QTII 5600）

1. 安装环境要求

室外安装时，空气相对湿度宜为 70% 及以下，做好防尘工作，严禁在雾或雨中施工。

2. 安装流程图（图 12-6-62）

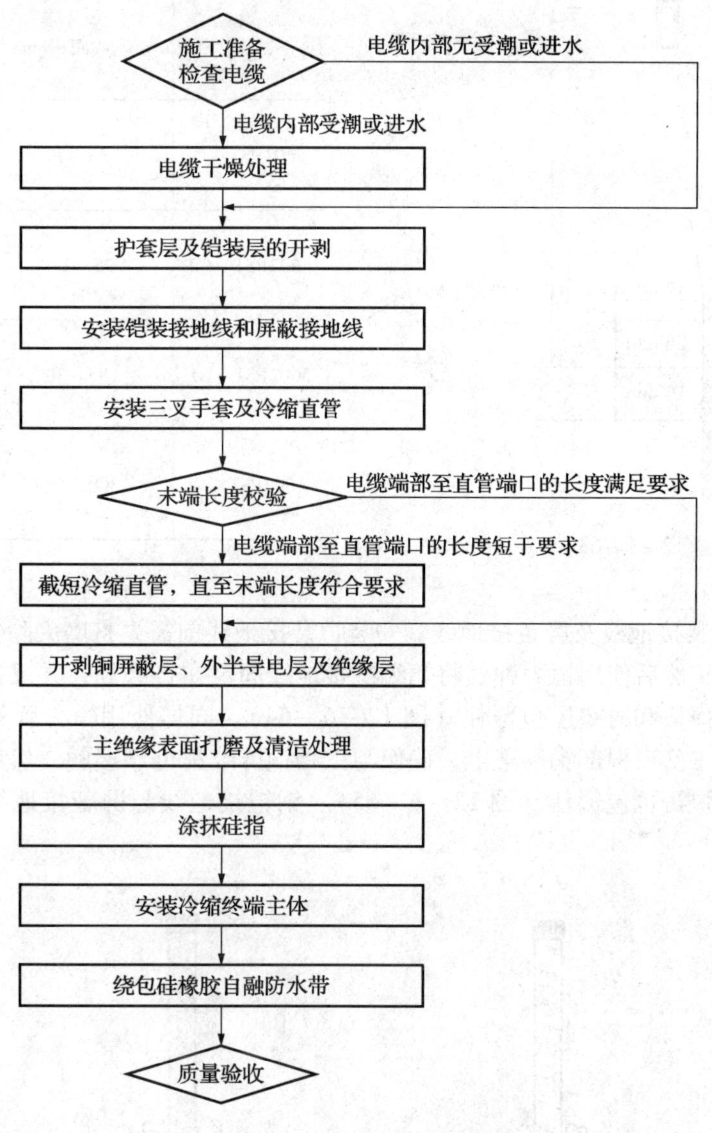

图 12-6-62 安装流程图

3. 安装流程说明及工艺要点

（1）施工准备。施工前应仔细阅读产品安装图纸和说明书，检查工具是否齐备，验收、核对接头材料以及配件是否完整。施工现场做好充分的准备工作与安全措施。检查电缆护套层、线芯层是否受潮或进水，如发现电缆内部受潮进水，应停止安装，干燥处理后方可继续安装。

（2）开剥护套层及铠装层。根据现场设备及场地情况，合理裁截电缆，擦净并校直安装部位的电缆。然后按照图 12-6-63 和表 12-6-21 所示参考尺寸将电缆进行开剥处理，具体开剥尺寸也可按现场实际和安装方式来决定。开剥电缆护套层及铠装层时，注意不得损伤其他内部结构。

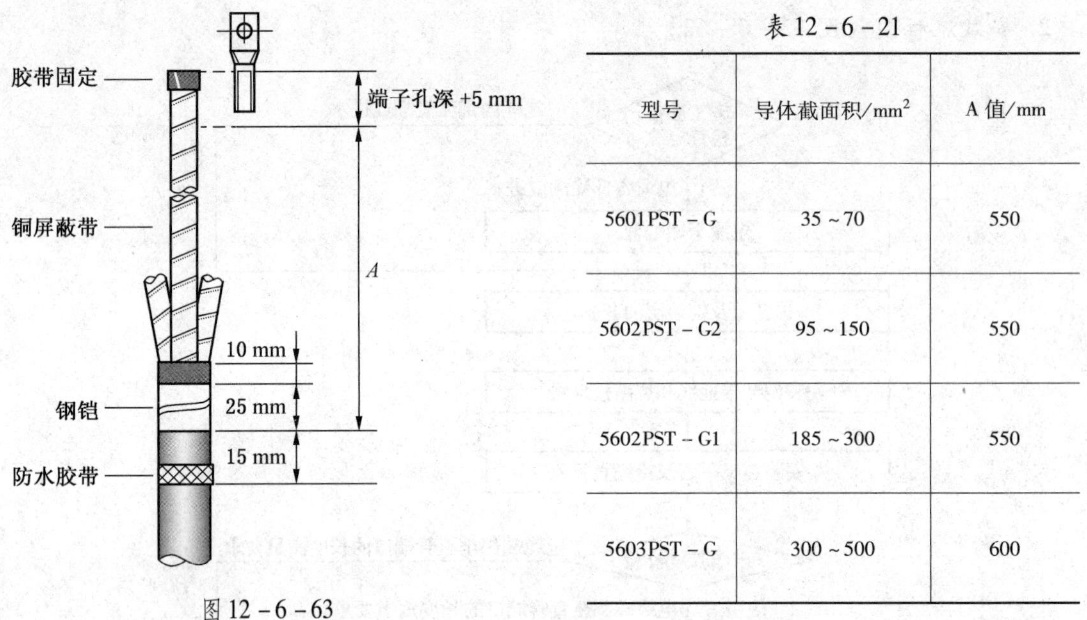

图 12-6-63

表 12-6-21

型号	导体截面积/mm²	A 值/mm
5601PST-G	35~70	550
5602PST-G2	95~150	550
5602PST-G1	185~300	550
5603PST-G	300~500	600

（3）安装铠装接地线及屏蔽接地线。安装铠装接地线前需先打磨去除铠装接触部分的氧化层和防锈漆，然后使用恒力弹簧将铜编织接地线固定在打磨处，并反折一次，再用绝缘胶带将该恒力弹簧和衬垫层包覆住（图 12-6-64）。同样使用恒力弹簧将另一条铜编织线固定在电缆三岔口根部铜屏蔽上，确保与三相铜屏蔽都可靠接触，然后再绕包绝缘胶带将第二个恒力弹簧也包覆住（图 12-6-65）。钢铠接地线与屏蔽接地线之间应相互绝缘。

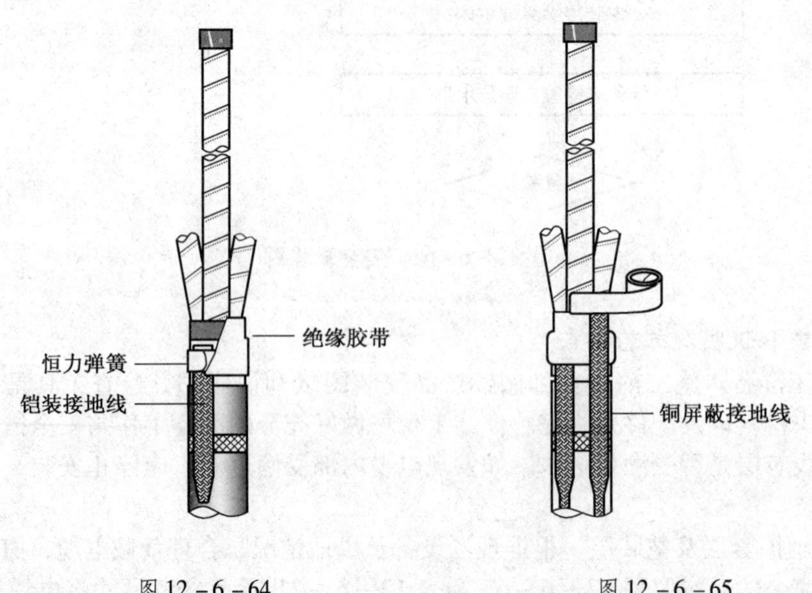

图 12-6-64　　　　图 12-6-65

（4）安装冷缩三叉密封手套及冷缩密封直管。将冷缩三叉密封手套完全套入至电缆分支根部（图 12 – 6 – 66），然后逆时针抽取支撑芯绳使其收缩，先收缩颈部，后按同样方法分别收缩 3 芯“手指”（图 12 – 6 – 67）。安装完三叉手套后，分别套入冷缩直管，与三叉手套“手指”部分至少搭接 15 mm，逆时针抽取芯绳使其收缩，依次完成三相冷缩密封直管的安装（图 12 – 6 – 68）。

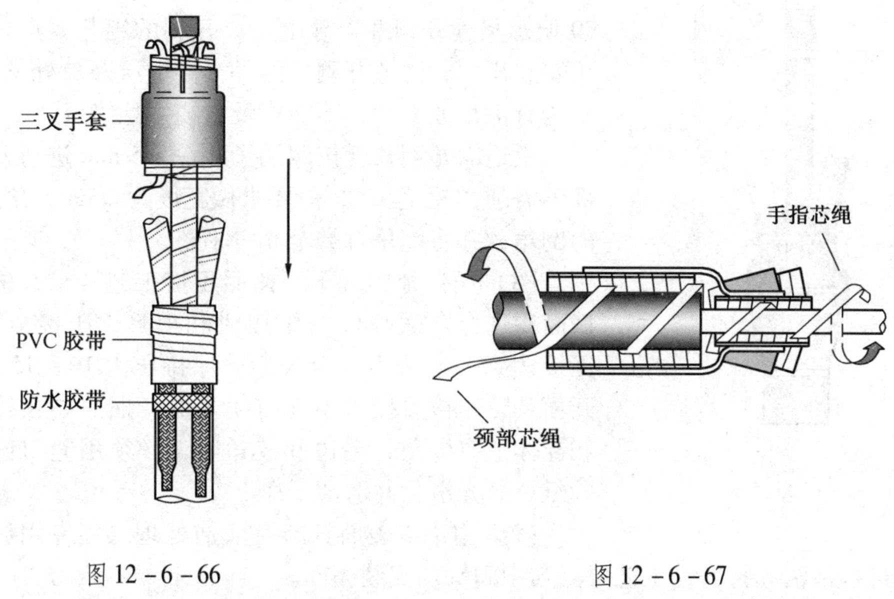

图 12 – 6 – 66　　　　图 12 – 6 – 67

（5）电缆端部至直管长度校验。如图 12 – 6 – 69 所示，校验电缆端部至冷缩直管端口的长度是否满足终端安装要求的长度 L（表 12 – 6 – 22），如果小于 L，则需要截短冷缩直管，如果满足 L，则进行后面步骤的操作。截短冷缩直管时，必须先环切，再轴向切除，且不得伤及铜屏蔽层及其他内部结构。

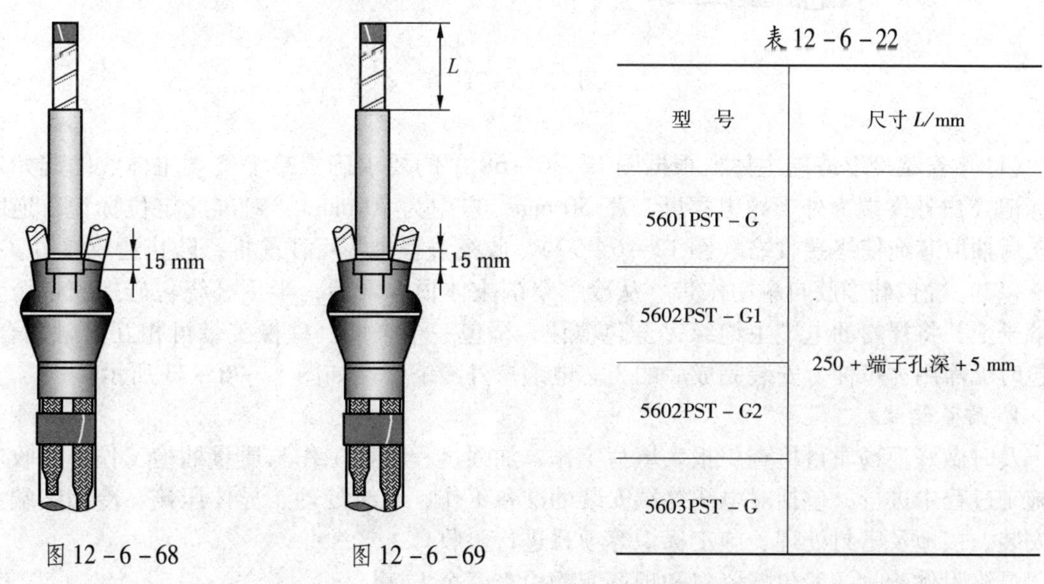

图 12 – 6 – 68　　　　图 12 – 6 – 69

表 12 – 6 – 22

型　号	尺寸 L/mm
5601PST – G	250 + 端子孔深 + 5 mm
5602PST – G1	
5602PST – G2	
5603PST – G	

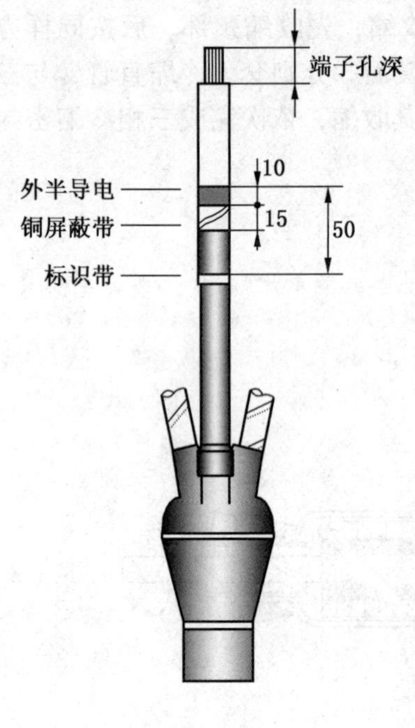

图 12－6－70

（6）金属屏蔽层的开剥。如图 12－6－70 所示，安装完冷缩密封直管后，根据图纸的要求，按照规定尺寸在直管前保留一定长度的铜屏蔽层，其余的去除。铜屏蔽层开剥的工艺要点与中间接头安装相同。

（7）外半导电层及绝缘层的开剥。按照图 12－6－70 所示尺寸开剥外半导电层，开剥的工艺要点与中间接头安装相同，注意开剥后的外半导电层断口处整齐平滑，不能有尖角或毛刺，不能伤及电缆主绝缘层。

主绝缘开剥长度按照端子孔深＋5 mm 进行开剥，端部不需削“铅笔头”，但要求做宽度为 2 mm，角度为 45°的倒角，并将倒角打磨至光滑平整。

（8）压接金属端子。按照压接工艺要求，根据导体截面积选择合适吨位的压接钳和模具，压接金属端子。压接达到一定压力或合模后，保持压力 10～15 s，再松开模具，压接后接管不能有明显的弯曲。如在接线端子和导体上有尖角、毛边和棱角等，必须用锉刀锉去并用砂纸打磨光滑，并清洁干净。

（9）主绝缘表面打磨及清洁处理。用专用清洁剂和绝缘砂纸进行清洁和打磨，工艺要点与中间头的安装相同。

（10）涂抹硅脂填充剂。在外半导电切断口与主绝缘交界位置涂抹硅脂填充台阶，然后将其余剂料均匀完全涂抹在主绝缘表面上（图 12－6－71）。

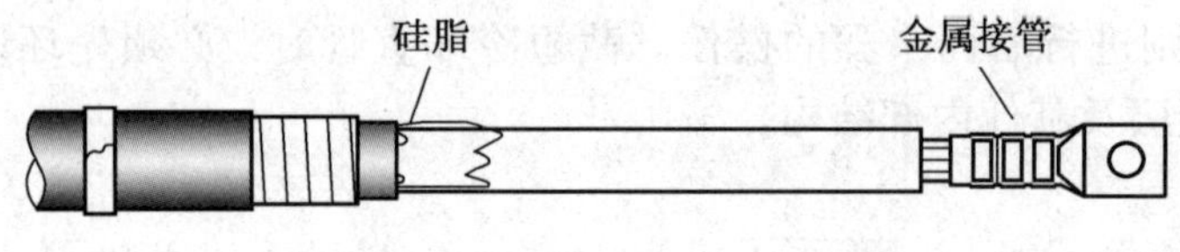

图 12－6－71

（11）安装冷缩终端主体。根据图 12－6－68 中的要求确定冷缩终端主体收缩起始定位标记（户外终端为外半导电层断口下 50 mm，户内为 70 mm），对准此定位标记，逆时针向后抽取芯绳使终端收缩（图 12－6－72）。收缩过程中不可往前推，防止造成卷边。

（12）绕包硅橡胶自融防水带。从冷缩终端主体顶部开始，半重叠绕包硅橡胶带至金属端子上，将裸露的电缆主绝缘完全包覆住，绕包一个来回。硅橡胶带可相互自融黏合，绕包时无需用力拉伸。安装完成后的 3 芯电缆户外冷缩终端如图 12－6－73 所示。

4. 质量验收

及时做好现场质量检查、报表填写工作，加强过程监控工作与质量抽检工作。验收应在施工过程中进行，包括对电缆终端安装的准备工作、绝缘处理、导体压接、冷缩终端主体安装、接地及密封处理、施工标识等项目进行验收。

最终附件验收一般包括资料和现场实物检查两个方面。

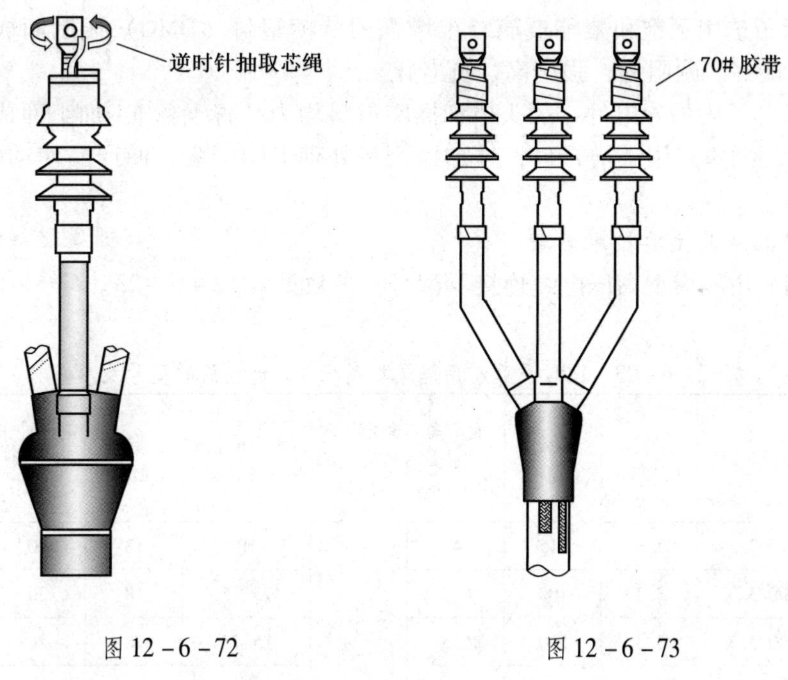

图 12 - 6 - 72　　　　图 12 - 6 - 73

资料包括电缆终端安装记录及质量评定记录、制造厂提供的产品合格证、试验证明及安装图纸等技术文件。

现场实物检查包括电气交接试验、外观检查、终端固定、终端相距等。

七、矿用隔爆型高压电缆连接器

1. 适用范围与用途

LBG 系列矿用隔爆型高压电缆连接器（以下简称连接器）适用含有爆炸性气体（甲烷）、煤尘混合物的煤矿井下，在交流 50 Hz、电压至 10 kV 的供电网络中作电缆间与隔爆型设备的连接装置，应用于移动变电站、电机、采煤机、刮板机、转载机和引进设备开关箱、负荷开关、组合开关等配套使用，作为开关，移变，电机输入、输出或电缆终端间连接耦合装置（本系列连接器是仿制国外产品作替代之用）。

2. 型号及其含义

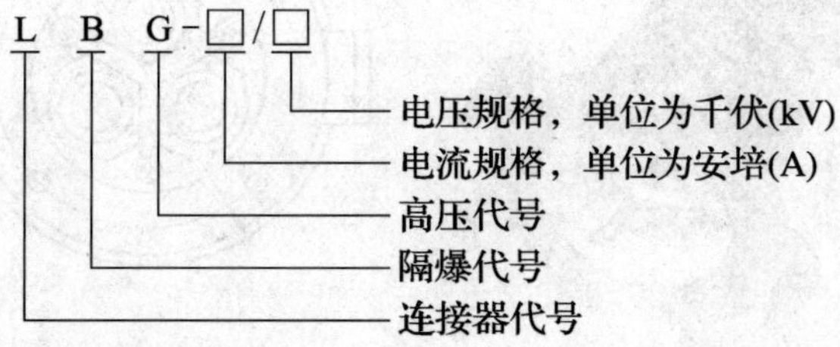

3. 结构特征

（1）连接器壳体采用锡青铜精密铸造而成，该材料特性为：强度高、耐腐朽、不变形、纯度高。

（2）绝缘子选用不饱和聚酯玻璃纤维增强团状模塑料（DMC）压制而成，该材料特点为：绝缘性能好、耐阻燃、强度高、抗老化。

（3）绝缘芯子内的导电件，插头棒和插座材料均为纯青铜棒 T4 加工而成，该材料导电性能好。特别插座采用铣槽开口，外加锰钢热处理卡圈配套，使产品使用时接触良好，使用方便。

4. 包括产品及其主要技术参数

LBG 系列矿用隔爆型高压电缆连接器型号及参数见表 12－6－23。

表 12－6－23　LBG 系列矿用隔爆型高压电缆连接器的型号及参数

序号	型　　号	额定电压/kV	额定电流/A	额定短时耐受电流/kA	额定短时耐受电流时间/s	额定峰值耐受电流/kA	工频耐压值/kV	雷电冲击耐压值/kV	可配用电缆规格
1	LBG－315/3.3	3.3	315	4	2	10	18	20	35～185 mm²
2	LBG－400/3.3	3.3	400	6.3		15.75	18	20	
3	LBG－500/3.3	3.3	500	6.3		15.75	18	20	
4	LBG－315/6	6	315	4		10	23	40	
5	LBG－400/6	6	400	6.3		15.75	23	40	
6	LBG－315/10	10	315	4		10	30	60	
7	LBG－400/10	10	400	6.3		15.75	30	60	
8	LBG－500/10	10	500	6.3		15.75	30	60	

5. 连接器主要应用方式及尺寸

（1）LBG－315、400、500/3.3 矿用隔爆型电缆连接器用于连接 211 型电缆，亦称半接合器。电缆安装后腔体须用环氧树脂浇封（图 12－6－74）。

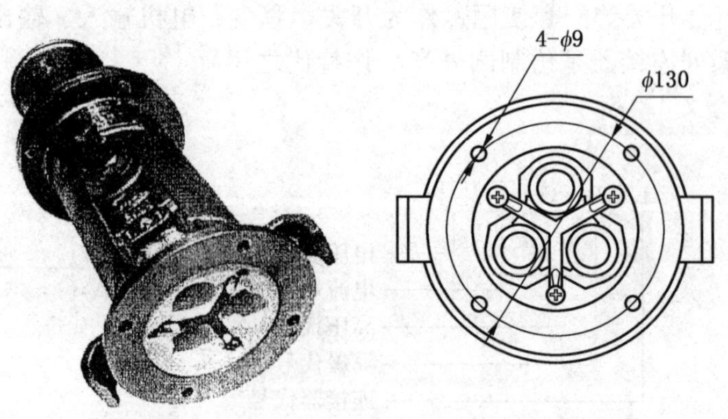

图 12－6－74

（2）LBG－315、400/3.3 矿用隔爆型电缆连接器用于连接电力电缆或把电缆连接在设备上，可与 LC33/3.3 kV 负荷开关、T033/3.3 kV 顺槽开关配套使用（图 12－6－75）。

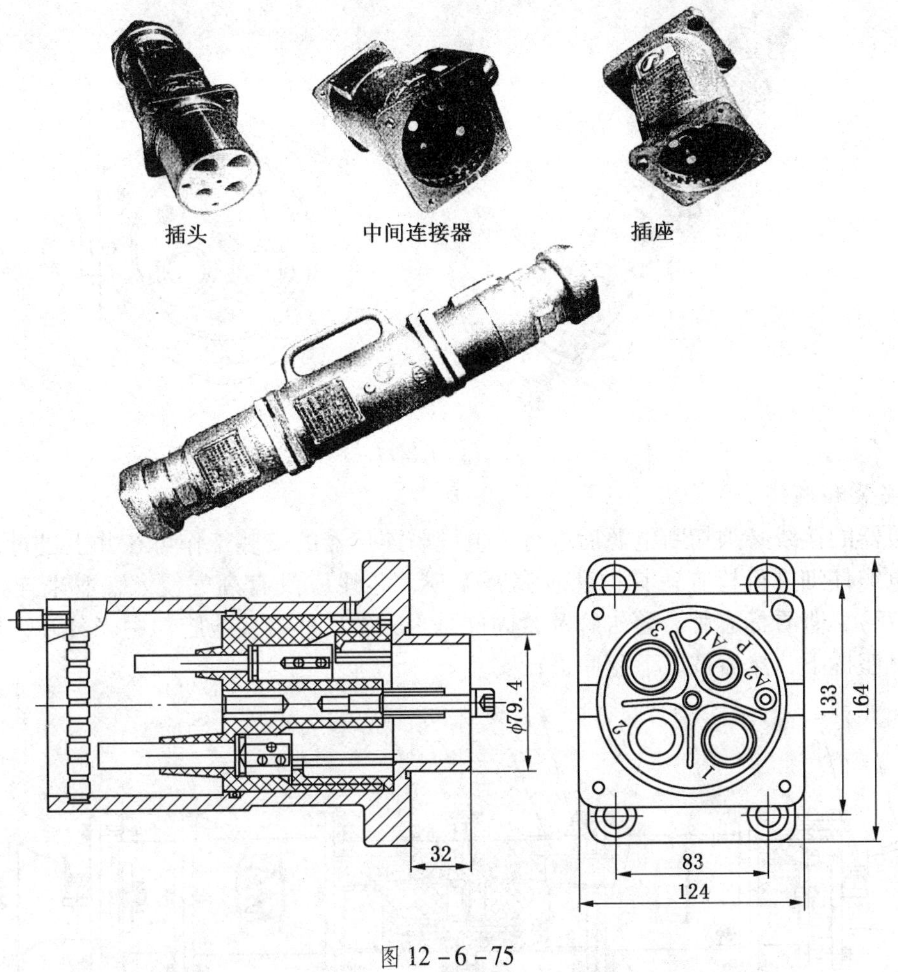

图 12－6－75

（3）LBG－315、400/6 矿用隔爆型高压电缆连接器用于连接电力电缆或把电缆连接在设备上，主要用于连接 631 型电缆。电缆安装后腔体须用环氧树脂浇封（图 12－6－76）。

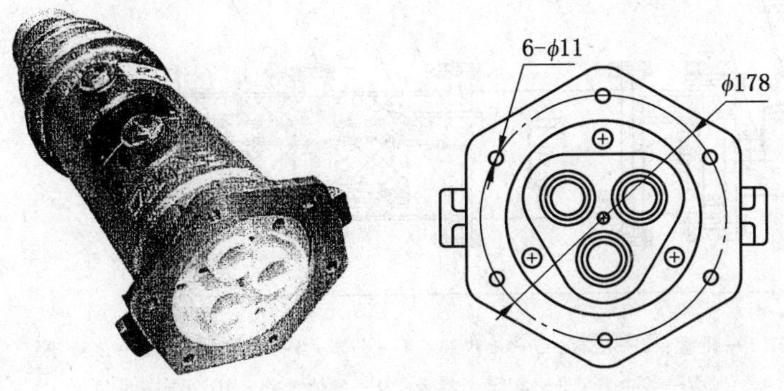

图 12－6－76

(4) LBG－315、400、500/10 矿用隔爆型高压电缆连接器用于连接电力电缆或把电缆连接在设备上，电缆安装后腔体须用环氧树脂浇封（图 12－6－77）。

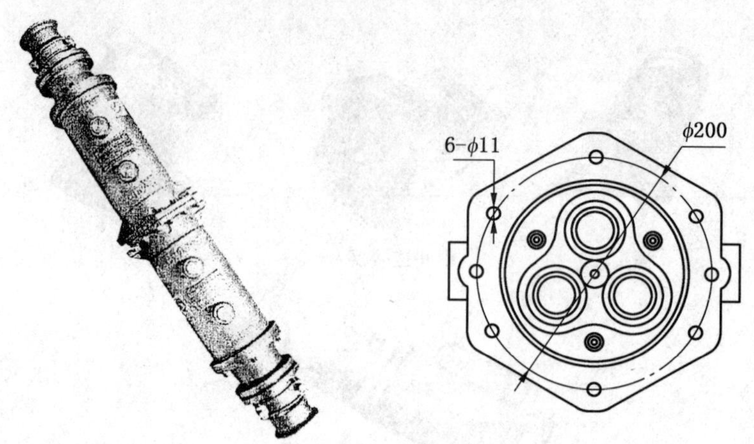

图 12－6－77

6. 安装和调试

连接器的接线必须切断电源后进行，电缆与连接器的安装工作可在井上进行，安装应首先对电缆仔细进行检查，其护套应完整无损，芯线应没有潮气侵入，取来连接器（图 12－6－78），查看标志牌、警告牌及紧固件是否完整，并将接线腔与中壳分开，用专用扳手将静触座拆下，然后按以下程序进行安装。

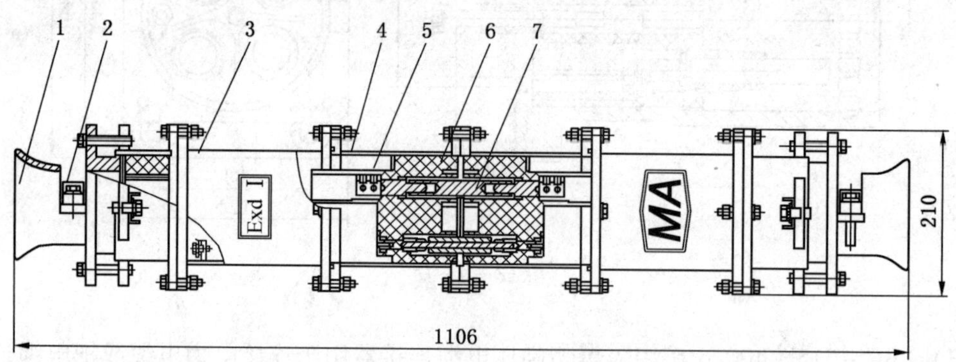

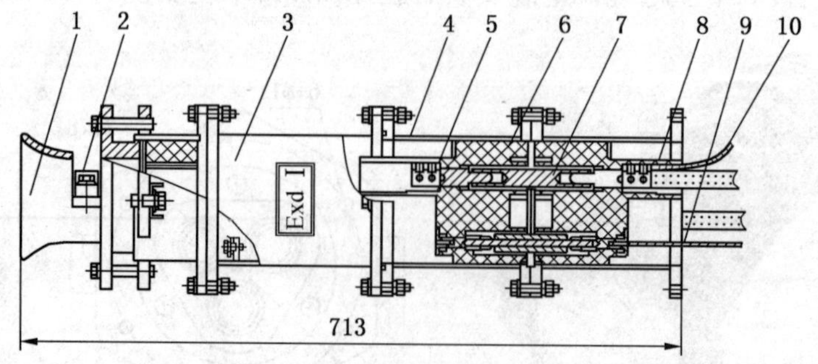

1—压盘；2—压板；3—接线腔；4—壳体；5—主接触子；6—绝缘子；
7—导电杆；8—电缆主芯线；9—接地电缆；10—屏蔽电缆

图 12－6－78

（1）剥切监视屏蔽电缆。首先将监视屏蔽外套剥切开 255 mm 长，注意：不要损坏金属屏蔽层编成的两根小辫，然后在 233 mm 处将第二层（即橡胶绝缘层）剥切开，再将 3 根主芯线外的接地屏蔽绞到一起后编成一根小辫，最后将 3 根小辫分别套上塑料管备用。3 根主芯线由端部量取 35 mm，剥切开，并用木锉和砂纸将其半导体层清除干净。

（2）包缠应力锥。在距电缆端部 178 mm 处，用丁基自粘橡胶带包成 $D=d+12$，$L=40$ mm 的应力锥（图 12－6－79），然后用半导体胶布带缠绕一层，并用 14～16 号熔断丝在靠近电缆根部一侧的应力锥表面上缠绕到根部。除应力锥部分外，用丁基自粘橡胶带缠绕 3 层，3 根主芯线除端部 35 mm 长度范围外，全部用聚乙烯带包缠 1～2 层。

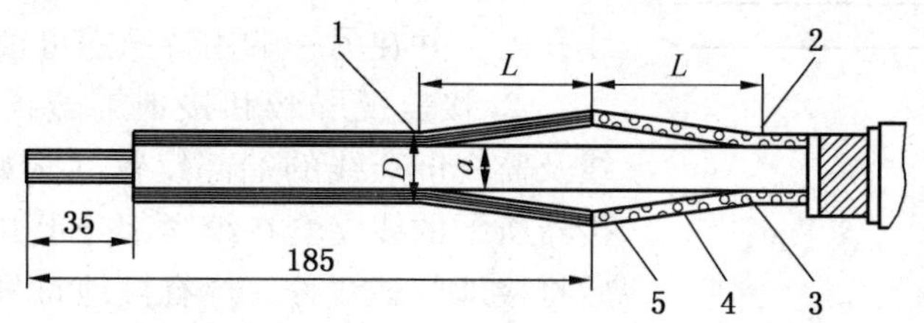

1—包缠 2～3 层丁基自粘橡胶带；2—半导体胶布带；3—14～16 号熔断丝；4—丁基自粘橡胶带；5—包缠 1～2 层聚乙烯带

图 12－6－79

（3）浇注电缆头。首先将橡胶密封圈套入电缆，并将电缆穿入联通节（即压线腔）内，电缆伸出部分为 277 mm 左右，然后在其根部 52 mm 处浇注环氧树脂，浇注环氧树脂的工艺如下（图 12－6－80）。

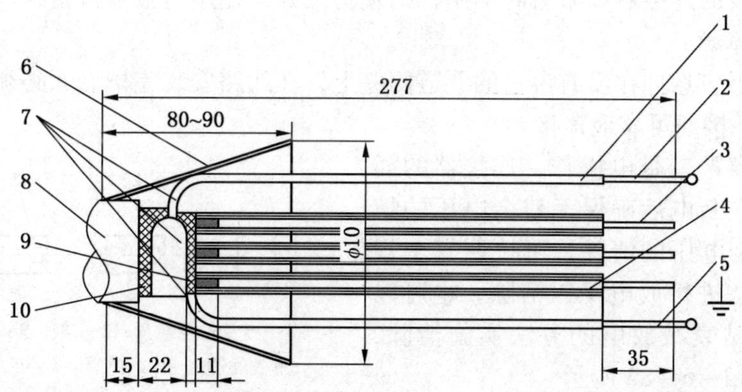

1—塑料管；2—监视屏蔽线；3—主芯线导线；4—主芯线绝缘；5—接地屏蔽线；6—应力锥；7—丁基自粘胶带缠绕层；8—电缆外护套；9—环氧树脂浇注剂；10—塑料或橡胶漏斗

图 12－6－80

① 在电缆头根部套上大小合适的塑料或橡胶漏斗。

② 打开小盖，取出小瓶。

③ 搅拌外瓶中的环氧树脂复合物，使其均匀。

④ 将内瓶中的固化剂注入外瓶，并均匀搅拌 8 ~ 10 min。

⑤ 旋紧瓶盖，剪掉瓶嘴，将环氧树脂注入漏斗内，20 ~ 40 min 后树脂固化，去掉漏斗即可接线，安装。

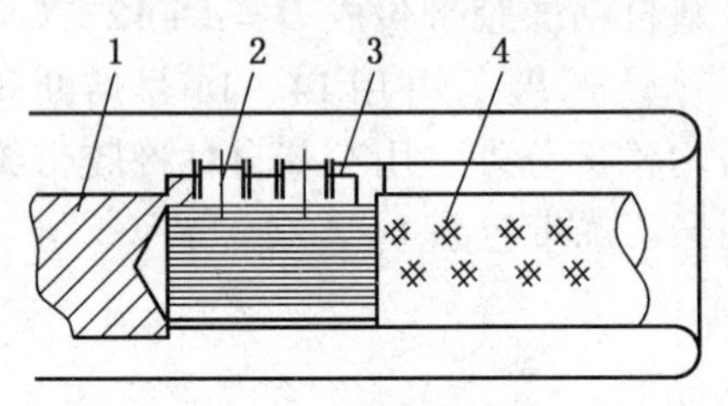

1—触头座；2—内六角螺钉；3—套；4—主芯线

图 12 - 6 - 81

(4) 接线：

① 接电缆主芯：将静触座上的特殊压线螺钉旋松，把已剥好的主芯线头插入电缆的安装孔内，用专用工具将特殊压线螺钉旋紧使主芯线被夹紧压牢（图 12 - 6 - 81）。将接好线的静触座穿入绝缘子上的主芯线孔内，并在另一端用特殊螺母锁紧。

② 接监视屏蔽和接地屏蔽线：将包好接地屏蔽线及监视屏蔽线的端部绞紧（最好能搪锡），用本连接器所配的线夹套在绞紧部分上并用压线钳压紧，然后将接地屏蔽线拧在标有接地符号的触座上，将两根监视屏蔽线分别接到两个剩余的触座上。将接地屏蔽线在适当位置剥开 10 mm 左右的绝缘皮与接线腔内的接地螺栓接好并压紧。

(5) 检查接线腔内三根主芯线的带电部位到其内壁的电气间隙应不小于 60 mm，爬电距离应不小于 90 mm，如不符合要求应重新调整。

(6) 检查隔爆面，当确认完好无损时，将接线腔与中壳连接起来并用螺栓将其紧固，然后将两段连接器的对接法兰面之间加上橡胶密封环，插上作为公共连接件的导电杆，再将两段连接器插接起来，插接时要注意，应将标有接地符号的两个端子连接在一起，切不可将接地端子接到屏蔽端子上。

(7) 接好线的连接器如果暂时不用，则须将敞开一端用封盖盖板密封。

7. 使用与维护

(1) 连接器应悬挂在没有淋水的巷道侧壁上，在线路安装完毕后，必须将连接器两端的外接地与井下接地可靠地连接。

(2) 连接器严禁带电操作，连接器的插拔和拆卸必须在断电后确保无残余电压的情况下进行，残余电压的清除，可按照安全规程用可靠的方法进行放电予以清除，也可以利用移动变电站衰减放电的方法实施清除，具体操作如图 12 - 6 - 82 所示。

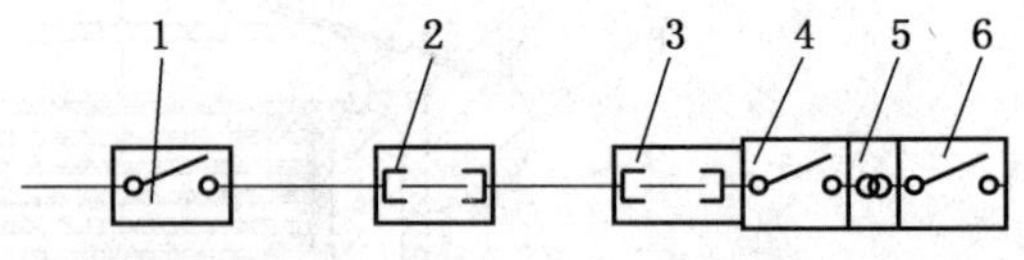

1—高压配电装置；2—连接器；3—连接器（作配电电缆引入装置）；4—高压负荷开关；5—变压器；6—低压馈电开关

图 12 - 6 - 82

① 在负荷开关合闸状态下，拉开高压开关，并加以闭锁或加挂不“不许合闸”警告标志，然后操作连接器，如有低压侧反馈的可能，则应先将低压侧的馈电开关拉开再操作。

② 在负荷开关分闸状态下，拉开高压开关，并加上闭锁或加挂“不许合闸”的标志，先将负荷开关合闸至少 1 min，使残余的电荷放泄完毕后再操作连接器。

(3) 安装时压盘不能压得太紧，以免芯线变形破坏绝缘。

（4）连接器拔开后，如暂时不用，必须用封盖盖板将其密封。以免触摸及潮气侵入。

（5）投入使用前仔细检查，必须在全线插接完成后方可送电。

（6）连接器的定期检查应与电缆同时进行，如发现温度超过 80 ℃时应检查静触座与导电杆及静触座与电缆主线芯之间是否接触不良。

八、橡套电缆的中间接头

本工艺适用于 10 kV 及以下 UZ、U、UC、UCP、UPQ 型矿用橡套软电缆接续或外护套破损修补。

1. 中间接头安装流程说明及工艺要点

（1）施工准备：施工前应仔细阅读产品安装图纸和说明书，检查工具是否齐备，验收、核对接头材料以及配件是否完整。施工现场做好充分的准备工作与安全措施。检查电缆护套层、线芯层是否受潮或进水，如发现电缆内部受潮进水，应停止安装，干燥处理后方可继续安装。

（2）电缆预处理（参照图 12－6－83）：

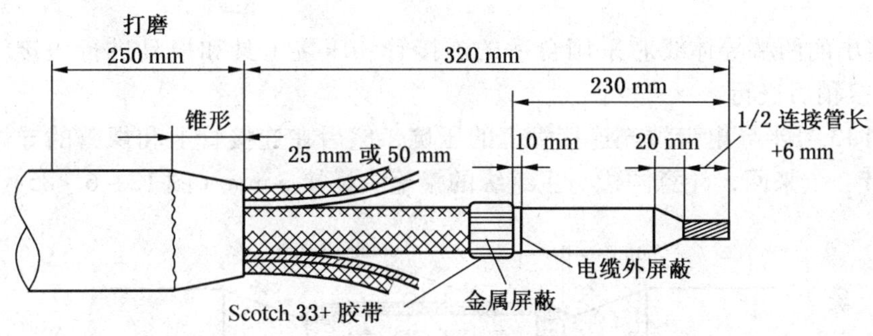

图 12－6－83

① 将电缆置于预定位置，分别把两端电缆锯齐。

② 如图 12－6－83，每端去除电缆护套长度为 320 mm。

③ 对电缆护套口进行倒角处理，削成光滑的锥形。对小于 5 mm 厚度的电缆护套，倒角长度为 25 mm。对大于 5 mm 厚度的电缆护套，倒角长度为 50 mm。

④ 用所配 80 粒砂纸打磨两端护套口后 250 mm 的区域，并且清除干净。

⑤ 去除电缆的填充材料。

⑥ 在距离导体端部为 230 mm 的地方绕包两层 33 + PVC 胶带，将电缆铜屏蔽层箍紧。

⑦ 将屏蔽铜丝反折在 33 + 胶带上，放置平顺。注意：如果电缆铜屏蔽为铜带形式，则沿着 33 + 胶带剪齐再进行下一步；如果为铜网屏蔽，则将铜网留 20 mm 长，再用 33 + 胶带绕包两层；

⑧ 去除电缆的外半导电屏蔽层，仅在金属屏蔽口前保留 10 mm，其余的去除。用 13 号半导电带从屏蔽口 5 mm 开始到主绝缘上 5 mm 拉伸绕包一个来回，固定住电缆外半导电屏蔽层。

⑨ 按照接管长度的一半加 6 mm 长去除端部电缆主绝缘，注意电缆接管长度不要超过 90 mm。

⑩ 用所配电缆清洁剂和砂纸打磨并完全清洁电缆主绝缘。

⑪ 按图 12 - 6 - 83 所示，在主绝缘端部削 20 mm 长的铅笔头，并用 120 粒的砂纸打磨，修平。

（3）导体连接和内屏蔽恢复：

① 连接导体前，确保已将所配冷缩绝缘套管套入电缆的一端，如图 12 - 6 - 84。

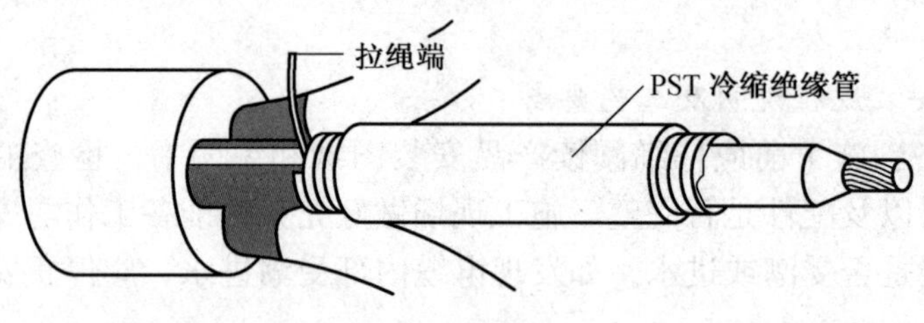

图 12 - 6 - 84

② 将露出的两端导体线芯采用合适的连接管、压接工具和模具进行压接。接地线和控制线的连接稍后进行。

③ 先用 13 号半导电带填充连接管上的压坑，然后在连接管上和裸露的导体上半重叠绕包 13 号带一个来回，注意两边与主绝缘的铅笔头搭接 3 mm（图 12 - 6 - 85）。

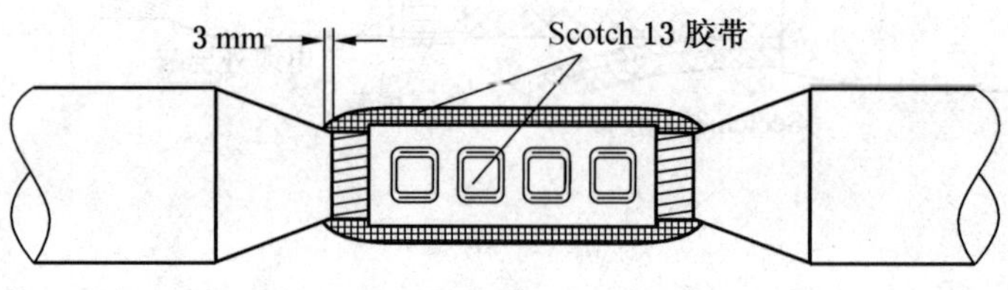

图 12 - 6 - 85

（4）电缆主绝缘和屏蔽层的恢复：

① 半重叠绕包 23 号绝缘胶带，从一端主绝缘铅笔头外 2 mm 开始，绕包至另一端相同位置，依此来回绕包，直到胶带与电缆主绝缘平齐（图 12 - 6 - 86）；

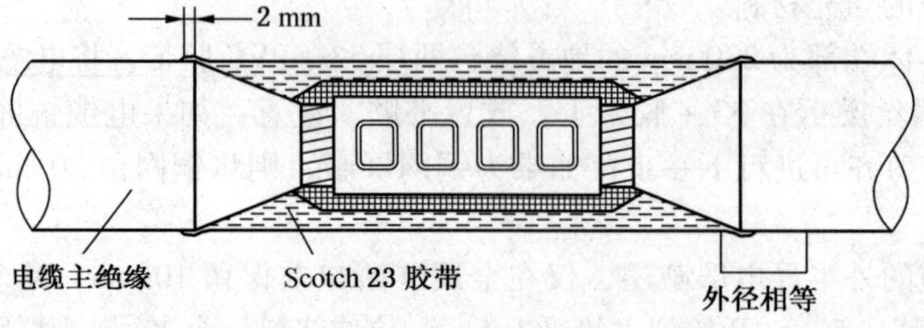

图 12 - 6 - 86

② 把冷缩绝缘管移至接头中间处，然后逆时针抽取支撑芯绳，使其完全收缩（图 12－6－87）；

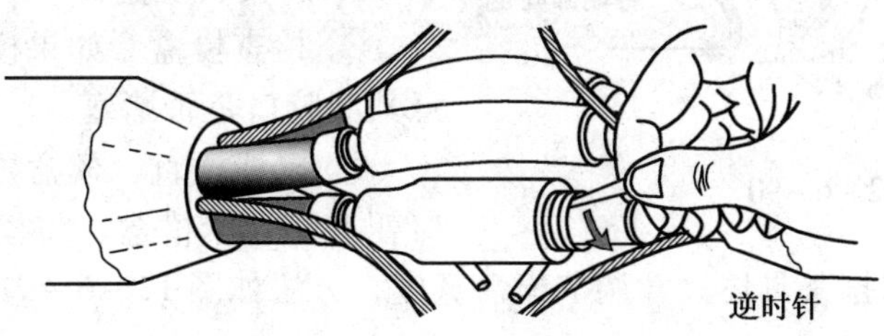

图 12－6－87

③ 从冷缩绝缘管上 2 mm 的位置开始半重叠绕包 23 号绝缘带，包至电缆主绝缘上，并延伸至电缆外屏蔽层端部（图 12－6－88）。电缆两端都依次绕包一个来回；

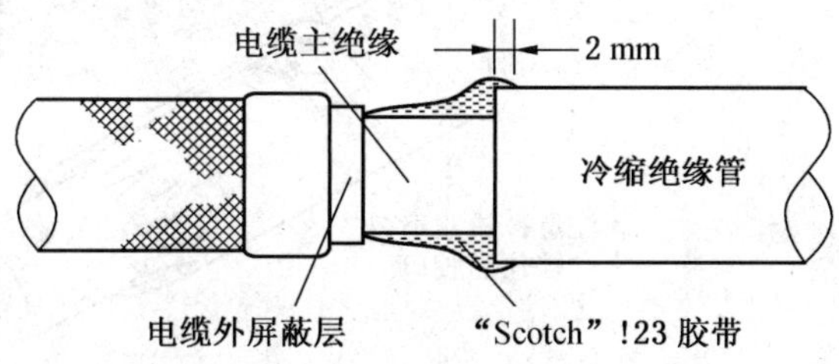

图 12－6－88

④ 半重叠绕包 13 号半导电胶带，从一端电缆铜屏蔽上 12 mm 开始，绕包至另一端电缆相同位置；

⑤ 半重叠绕包 24 号铜网带于整个半导电胶带外，确保两侧铜网带都与电缆的铜屏蔽接触可靠。

（5）接地线的连接：按照合理的方式完成接地线和接地检查线的连接和绝缘。

（6）安装分隔网带：

① 如图 12－6－89 所示，在相应位置上绕包分隔网带，高度比电缆外径或中间头连接部分的外径最大者高出一层网带的高度；

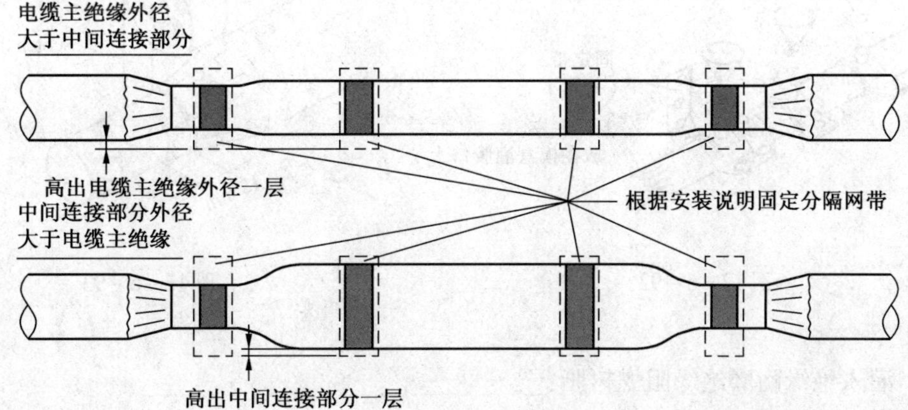

图 12－6－89

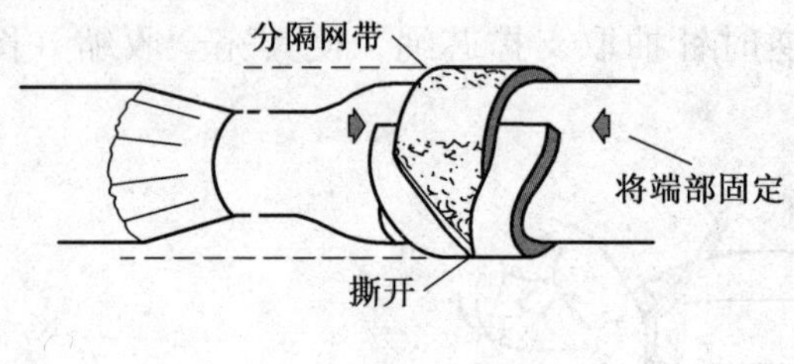

图 12 -6 -90

② 如图 12 -6 -90 所示，撕开网带末端并且将其固定。

(7) 安装模盒：

① 检查模盒，如果模盒曾经使用过，注意其灌胶口是否堵塞；

② 电缆摆直，模盒置于中间位置，灌胶口朝上，卷紧模盒，将模盒边折叠好，如果电缆外径较小，可根据其具体尺寸调节模盒宽度，方法如图 12 -6 -91 所示；

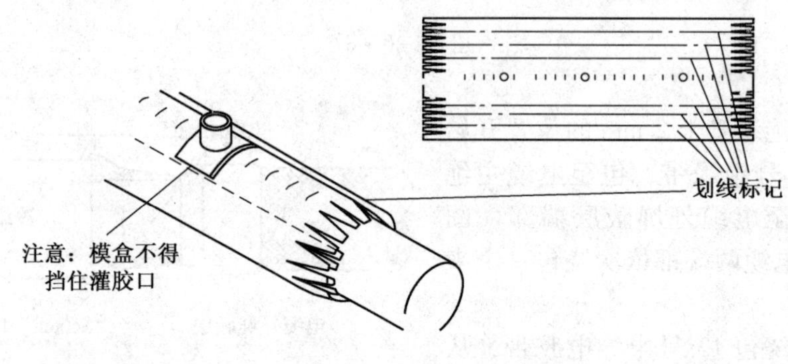

图 12 -6 -91

③ 裁减后再重新放置固定模盒，注意不要让分隔网带堵住灌胶口；

④ 将漏斗底座放在灌胶口上，用弹性固定带扎紧，如图 12 -6 -92 所示；

⑤ 把模盒边缘在电缆上卷紧，从电缆护套上 12 mm 处半重叠绕包 33 + 号胶带把整个模盒的锯齿状边缘包裹住，如图 12 -6 -93 所示。然后在模盒上装上漏斗。

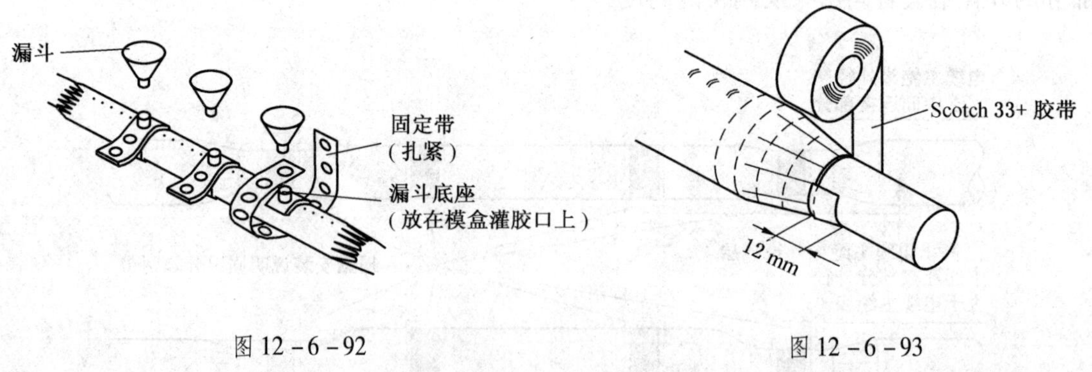

图 12 -6 -92

图 12 -6 -93

(8) 灌入绝缘耐磨绝缘阻燃树脂：

① 先将双组分包装的 2130 树脂分隔条撕开，充分挤压混合胶直至颜色完全均匀（挤压 30 ~ 40 次，不超过 1 min，如图 12 -6 -94 所示）；

② 从包装袋一角剪开一个口子，马上将其从漏斗灌入，一直灌至漏斗成半满状态即

可（图 12－6－95）；

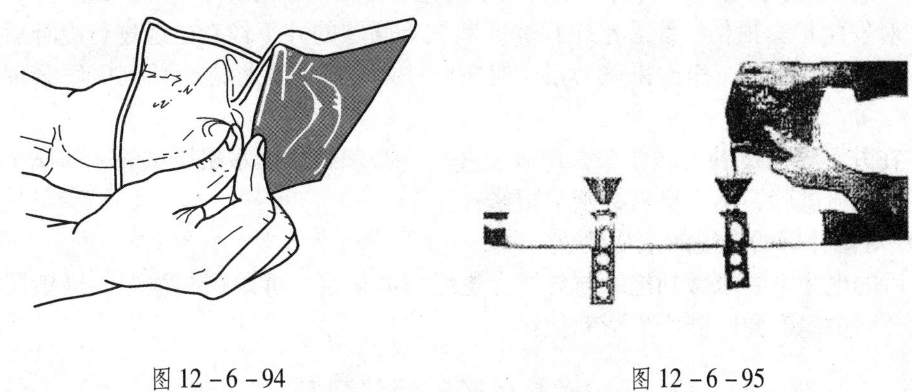

图 12－6－94　　图 12－6－95

③ 检查树脂是否固化，如完全固化，即可拆去模盒和漏斗。接头安装完成以后的情况如图 12－6－96 所示。

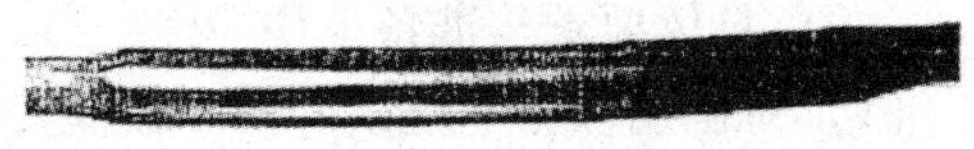

图 12－6－96

2. 橡套电缆外护套破损修补说明

当使用 3M 8096 组件进行橡套电缆外护套破损修补时，可参考中间接头安装工艺要点。2130 型耐磨绝缘阻燃树脂可对所修补电缆护套提供优良的耐磨保护，增强其绝缘性能和弯曲性能。

第七节　矿用橡套电缆的检修与干燥

一、对矿用橡套电缆修补的要求

（一）橡套电缆修补的基本要求

（1）橡套电缆的绝缘和护套一经发现有损伤的现象，必须采用硫化热补工艺或同热补有同等效能的冷补工艺进行修补。在井下处理电缆损伤时，也可采用不延燃自粘胶带进行应急冷包。

（2）采用热补或冷补进行直接连接的电缆，必须是相同型号、相同截面积的电缆。在地面检修时热补或冷补的电缆，必须经浸水耐压试验，并应做载流试验，合格后方可使用。

（3）橡套电缆的热补或冷补接头，必须印有明显标志。线芯不断的可以不作标志。

（4）凡是因长期过载发热造成线芯绝缘粘连的电缆，当剥除护套和分离粘连线芯时，发现绝缘已损坏者，不允许再修补，必须报废。但如因接头连接不良造成发热，使电缆线芯接头处局部粘连时，应将局部粘连部分截掉，不必整段报废。

（5）凡是电缆护套和线芯绝缘已经大部分老化或龟裂者，应整根报废。但若发生在局部端头或中间接头可局部报废。

（6）严禁采用不合格的修补方法。

（二）对井下橡套电缆进行修补时的要求

（1）在井下运行中的橡套电缆，因被挤、压、划、砸等造成绝缘和护套局部损伤时，若其他部位的绝缘性能合格，可对其损坏部位进行冷补或应急冷包（必须是通过技术鉴定的方法）。修补后的电缆，必须使用摇表测量其绝缘电阻，合格后方可投入运行。

（2）对发生护套损伤、线芯绝缘损坏或断线等问题的井下橡套电缆进行冷补后，允许该电缆一直使用到所在工作面采完为止。但在修补处应有明显标志，并到电缆管理小组备案。

（3）在井下做的冷补电缆接头，回收上井后，必须补做浸水耐压试验，如属于线芯断线者还应做载流试验，不合格者必须重新修补。

（三）对修补后的电缆的结构要求

修补后的电缆，要求做到绝缘与导线、绝缘与屏蔽层、屏蔽层与填芯、屏蔽层与护套之间不黏合，电缆弯曲时能产生滑动位移。

二、橡套电缆的硫化热补

（一）具体要求与准备工作

（1）对矿用橡套电缆或矿用屏蔽橡套电缆进行硫化热补时，必须按照原电缆的结构要求进行修复。护套修补必须采用不延燃橡胶带，如 XJF－50 型不延燃橡皮带；线芯绝缘修补采用氯丁绝缘橡胶带，如 XJ－35 型氯丁绝缘橡胶带；屏蔽电缆的屏蔽层修补，屏蔽材料要求分别采用半导电橡胶带（如 XD－30 型）、金属编织带或采用多股金属丝绕包，其过渡电阻应与原屏蔽层的过渡电阻值相同。硫化热补时，主线芯绝缘和外护套必须分层硫化。

（2）修补或连接橡套电缆或橡套屏蔽电缆所用的材料和工具为：不延燃橡胶带、氯丁绝缘橡胶带、半导电橡胶带或半导电布带、玻璃丝带、二甲苯、滑石粉，各种规格的线芯模具、护套胎具、电缆热补器、剪刀、电工刀、克丝钳、木锉、游标卡尺等。

（3）核对电缆的型号、规格、长度，并作好记录，对照原始账卡。

（4）测量电缆绝缘。用摇表测量相间与对地的绝缘电阻，在 10 MΩ 以上者才可进行修补。否则要找出原因，进行处理，再测量绝缘电阻，合格后方可热补。

（5）对于受潮或进水造成的电缆绝缘能力降低，如低于 10 MΩ 者，应进行干燥处理。

（6）寻找电缆的故障部位，确定需要进行热补的位置，并作好记录。

（二）电缆线芯未断时护套与绝缘的修补

（1）当护套损坏处破口较小，纵向长不超过电缆护套周长，横向长不超过电缆护套直径，线芯主绝缘和垫芯没受损伤时，可将损伤部位周围护套削去，用木锉将其切口周围修理平整，然后贴上一块大小相应的胶带，用胶带半幅重叠缠绕两层后封口，进行硫化热补。

（2）当护套破口较大，如纵向长度超过电缆护套周长，横向长度超过电缆护套直径，线芯主绝缘和垫芯没受损伤时，应切掉损伤部位的一段外护套，剖割部位应成斜面圆锥体，如图 12－7－1a 所示。在剖割电缆护套时，不应切伤电缆线芯的绝缘，护套应锉成圆锥形粗糙斜面，涂以胶浆后再用胶带绕包。绕包时用劲以达到紧密一致，然后放入热补器硫化热补。

（3）当护套和线芯绝缘同时损坏，而线芯未断时，应按图 12－7－1b 所示进行剥切护套和绝缘。在端面上涂上生胶液，在生胶带上也涂上生胶液，绕包在切去绝缘的导电线芯上。绕包时注意两端搭接好，绕包的厚度与线芯的绝缘厚度相同，并在外面包上一层玻璃丝带。对于屏蔽电缆线芯外的屏蔽层及接地线芯的半导电橡皮，可直接采用半导电橡皮修补，然后将线芯整理好，按原电缆捻距绞合成型，再绕包一层白布带。

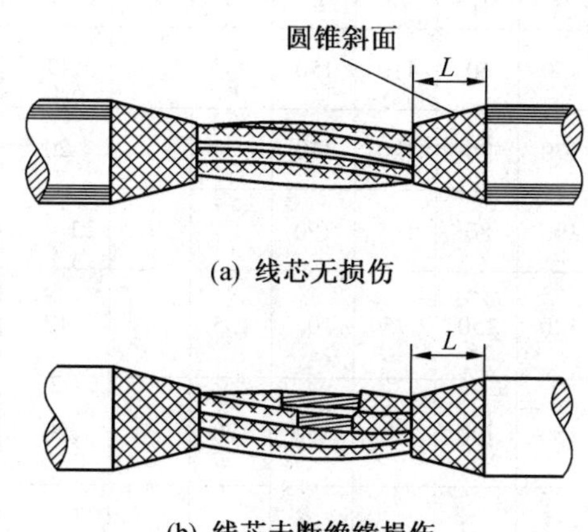

(a) 线芯无损伤

(b) 线芯未断绝缘损伤

电缆外径 D/mm	斜长 L/mm	修补线芯胶带宽度/mm	修补护套胶带宽度/mm
5～10	15～20	8	15～20
11～20	25～30	11	25～30
21～30	30～35	13	35～40
31～50	35～40	16	55～60
51～70	41～50	20	55～60
71～95	51～60	23	55～60

图 12－7－1 护套与线芯绝缘剥切形状

（三）电缆线芯的冷压连接

1. 电缆线芯分级剥切尺寸

型号规格相同的橡套电缆连接与热补，或线芯断线的橡套电缆修补，必须将护套进行剥切和将线芯进行阶梯式的分级剥切，使各线芯的接头位置交错分开。采用冷压连接时线芯的剥切尺寸，见表 12－7－1。

表 12－7－1 采用冷压连接时电缆的剥切尺寸

电缆芯数	主线芯截面积/mm²	线芯插接与搭接 线芯分级剥切长度/mm									线芯分级剥切形式
		l_1	l_2	l_3	l_4	l_5	l_6	l_7	l_8	h	
4芯电缆	2.5～6	50	80	110	140					15	l_1 l_2 l_3 l_4
	10～16	60	90	120	150					17	
	25～35	70	110	150	190					20	
	50～70	80	125	170	215					25～35	

表 12－7－1（续）

电缆芯数	主线芯截面积/mm²	线芯插接与搭接 线芯分级剥切长度/mm									线芯分级剥切形式
		l_1	l_2	l_3	l_4	l_5	l_6	l_7	l_8	h	
6 芯电缆	10～16	60	110	150	60	110	150			17	l_1、l_4 l_2、l_5 l_3、l_6
	25～35	70	120	170	70	120	170			20	
	50～70	80	145	190	80	145	190			25～35	
7 芯电缆	10～16	60	90	120	150	75	105	135		17	l_4 l_1、l_5 l_2、l_6 l_3、l_7
	25～35	70	110	150	190	90	130	170		20	
	50～70	80	125	170	215	100	145	190		25～35	
8 芯电缆	10～16	60	90	120	150	60	90	120	150	17	l_1、l_5 l_2、l_6 l_3、l_7 l_4、l_8
	25～35	70	110	150	190	70	110	150	190	20	
	50～70	80	125	170	215	80	125	170	215	25～35	

注：表中主线芯截面积 50～70 mm²，如线芯插接 $h=25$，搭接 $h=35$，h—线芯端头导体长度。

对于屏蔽电缆应剥去相应的屏蔽层，剥除长度应为绝缘材料最小电气距离的 1.5～2 倍。

2. 线芯冷压连接的准备工作

（1）应准备的材料和工具：铜套管、铜绑线、手动液压钳、压模、100 号纱布、断线卡、克丝钳、电工刀、手锉。

（2）选择合适的铜套管与压模，其规格必须与需连接的电缆线芯截面积之和相适应。如图 12－7－2 及表 12－7－2 所示。

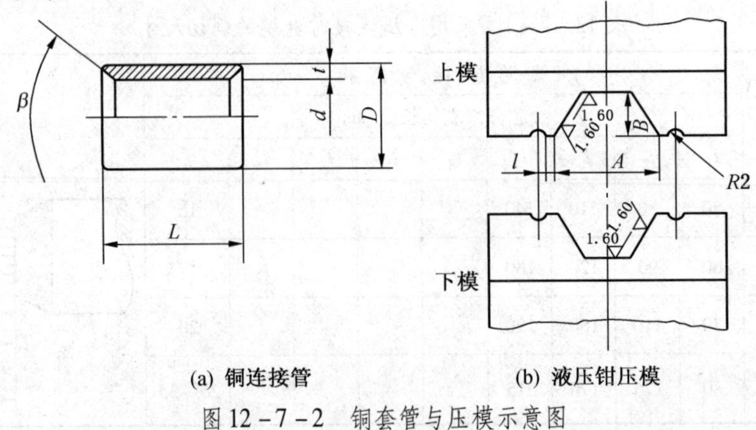

(a) 铜连接管　　(b) 液压钳压模

图 12－7－2　铜套管与压模示意图

表 12-7-2　压模、铜连接管与电缆线芯截面积的配套使用表

压模标志	铜套管规格	适用线芯总截面积/mm^2	连接方式	压模标志	铜套管规格	适用线芯总截面积/mm^2	连接方式
5	5	5 ~ 6.5	插接或搭接，短铜套管用于插接连接；长铜套管用于搭接连接	50	50	48 ~ 51	插接或搭接，短铜套管用于插接连接；长铜套管用于搭接连接
8	8	8 ~ 10		60	60	60 ~ 66	
12	12	12 ~ 14.5		70	70	70 ~ 75	
16	16	16 ~ 18		85	85	85 ~ 86	
20	20	20 ~ 22		100	100	95 ~ 100	
26	26	24 ~ 26		120	120	120	
32	32	30 ~ 32		140	140	140	
40	40	38 ~ 42					

（3）根据电缆截面积选择铜套管与压模的规格，并选择手动液压钳。液压钳有 SYQ - 10 型(整体式)与 SYQ(F) - 16 型(分离式)。分离式操作方便，但质量大一些，适用于截面积大的电缆。

3. 压接前的操作工序

（1）将压模清理干净。

（2）用纱布轻轻地擦掉铜套管内表面的氧化层（镀锡管除外）或污垢。

（3）用克丝钳将线芯线头的铜丝呈伞状散开，如图 12-7-3 所示。用砂纸逐根轻轻打磨除去铜丝表面氧化层（镀锡线芯除外）和锈蚀，最后用克丝钳将铜丝弄直整顺。注意不得去股断丝。

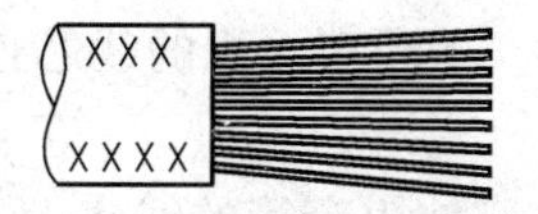
(a) 铜丝散开之前

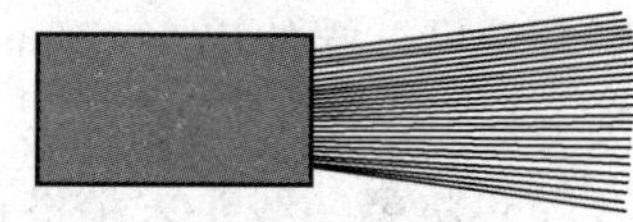
(b) 铜丝散开之后

图 12-7-3　电缆线芯的铜丝呈伞状形

（4）用棉纱擦净线头表面的污垢和潮气。

（5）线芯接头在铜套管内的连接可采用插接法或搭接法。对于线芯截面积为 2.5 ~ 70 mm^2 的 UZ、UC、UCP、UCPQ 型等采掘机用拖曳电缆和线芯截面积为 2.5 ~ 70 mm^2 的 U、UP、UPQ 型等矿用移动橡套软电缆线芯的连接可采用插接法；对于固定敷设的各种矿用橡套电缆的线芯连接可采用搭接法。

① 插接法：

（a）用克丝钳的平口对已处理好的线头根部绝缘胶皮的四周进行夹捏整形，使伞状松散的线头端面呈圆形，并且使其端面直径略大于铜套管的内径。

（b）将铜套管内孔长度的 1/2 套在线头上，并使伸入铜套管内的线头仍然保持松散状态。若有分支接头，应先将分支端的两个线头并在一起先套入铜管内。不同截面积的线芯连接时，应先将铜套管套在截面积较大的线头上。

（c）将需要连接的另一个线头，从另一端轻轻插入铜套管内，使两侧线头末梢在套管

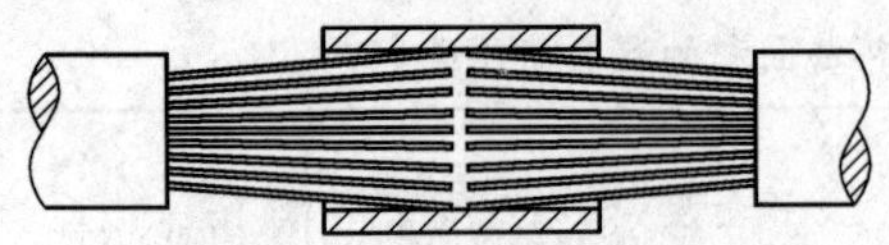

图 12－7－4　两个线头插入铜套管内以后的示意图

中央对齐，如图 12－7－4 所示。

（d）两手各捏着铜套管两侧的线芯，不断地来回捻动着向管内轻轻对插。当两侧线头铜丝在管内相对交叉插接又无相顶碰现象时，再用力晃动两侧线芯继续向管内对插，使两侧线头在管内交叉均匀紧密合拢。

（e）插接后的两侧线头在管内相互交叉合拢长度应大于铜套管长度，并且线头端应稍伸出铜套管约 3～5 mm，如图 12－7－5 所示。

（f）在插接过程中，铜套管内两线头的个别铜丝因顶碰弯曲变形而未全部进入铜套管时，应将其拔出铜套管，弄直后再重新插入铜套管内。

② 搭接法：

（a）将已松散开的两个线头用手指捻圆合拢，如图 12－7－6 所示。

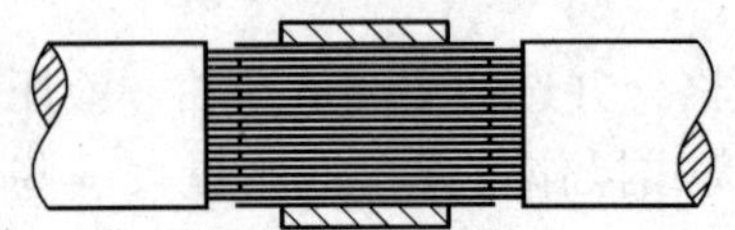

图 12－7－5　两线头在铜套管内插接合拢后的示意图

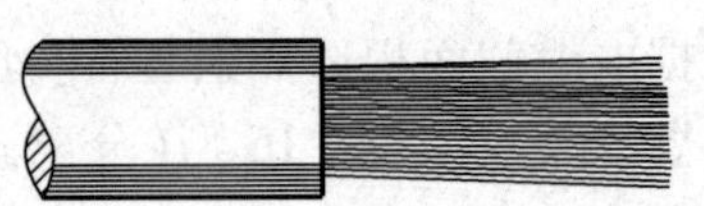

图 12－7－6　将松散开的线头捻圆合拢后的示意图

（b）将铜套管轻轻套在需要连接的一个或两个分支端的连接线头上，并使线头的末梢从铜套管另一端伸出 5～7 mm。不同截面积的线芯连接时，应先将铜套管套在截面积大的线头上。

（c）将另一线头末梢搭在已伸出套管的线头上方，并紧密地插入套管，在插线头过程中需随时左右窜动套管。

（d）两个线头在套管内的搭线长度应大于套管长度，并且两个线头末梢均应伸出套管 3～5 mm，如图 12－7－7 所示。

4. 压接操作方法

（1）两个线头在铜套管内插接或搭接好后，用铜绑线将伸出铜套管两端的线头（插接或搭接）紧紧绑扎 1～2 圈，并使铜绑线线箍从两侧挡住铜套管，使之不能窜动。铜绑线的直径可按表 12－7－3 进行选用。

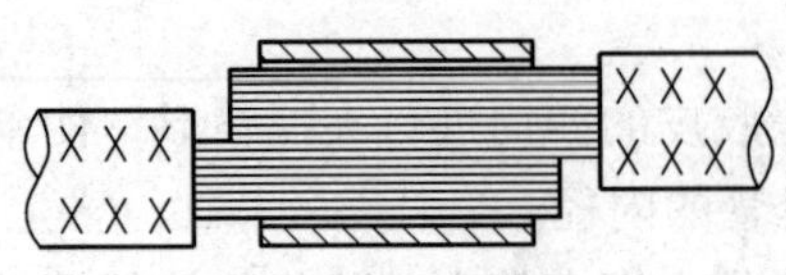

图 12－7－7　采用搭接法时两个线头在铜套管内搭接的示意图

表 12－7－3　铜绑线的直径与电缆线芯截面积的关系

线芯截面积/mm²	绑线直径/mm
2.5～10	0.6
16～35	0.9
50～70	1.2

（2）把压模擦净装在压钳上，并使上下膜相互对齐。

（3）把套好铜套管的线芯接头放入压模模腔的中央。

（4）平稳操作液压钳的手把，直至压模完全合模。如果压模小于铜套管的长度，需按先压中间，后压两侧分段压接的办法来进行压接。但各段要彼此略有重叠，最后使接头整体压成表面平整的六角形，如图 12－7－8 所示。

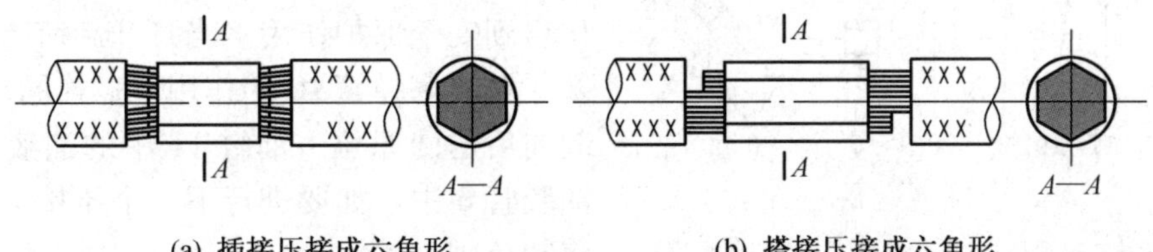

(a) 插接压接成六角形　(b) 搭接压接成六角形

图 12－7－8　接头压接成型后的示意图

（5）对 6 芯及 6 芯以上的橡套电缆的线芯进行冷压连接时，应先分别压接其中小断面的线芯（控制线及地线），并将其接头按规定的要求分别包扎好绝缘层，按原样胶合后，再分别压接其余大截面积（主线芯）线芯接头，如图 12－7－9 所示。

5. 冷压接头的检查处理

（1）检查接头表面，应光滑平整，无裂纹、伤痕、异形等不良现象。

（2）用细平锉和 100 号砂纸将接头的毛刺、尖棱、锐边打圆磨光。

6. SYQ－10 型手动液压钳

（1）用途：SYQ－10 型手动液压钳适用于压接截面积为 2.5～25 mm^2 的矿用橡套软电缆导电线芯。压接型式：六角形围压。连接方法：插接或搭接。

（2）主要技术参数：

① 额定出力：160 kN。

② 额定压力：70 MPa。

③ 压接行程：≥13 mm。

④ 最大操作力：≤450 N。

⑤ 质量：主机 3.2 kg；泵 6 kg。

（3）工作原理。SYQ－10 型手动液压钳外形如图 12－7－10 所示，手动液压钳工作原理如图 12－7－11 所示。使用液压钳时，首先应关闭卸荷阀 4，操纵加压手把 3，带动柱

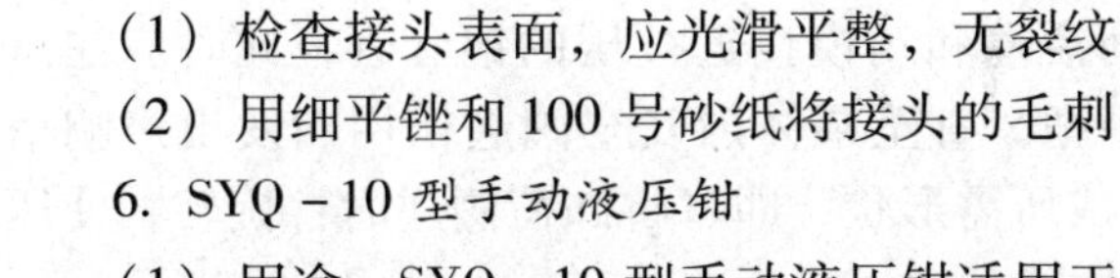

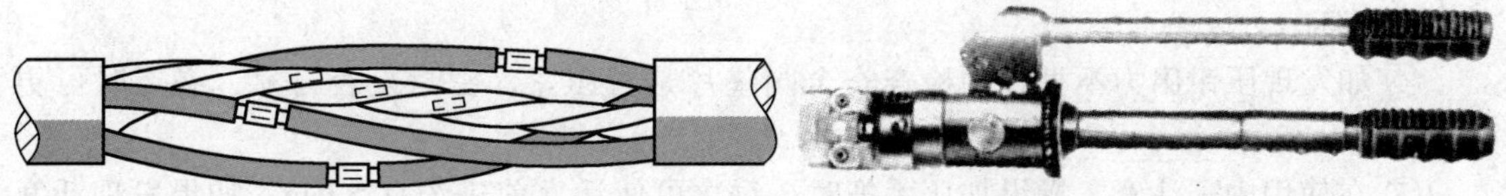

图 12－7－9　6 芯及 6 芯以上橡套电缆线芯冷压连接后的示意图

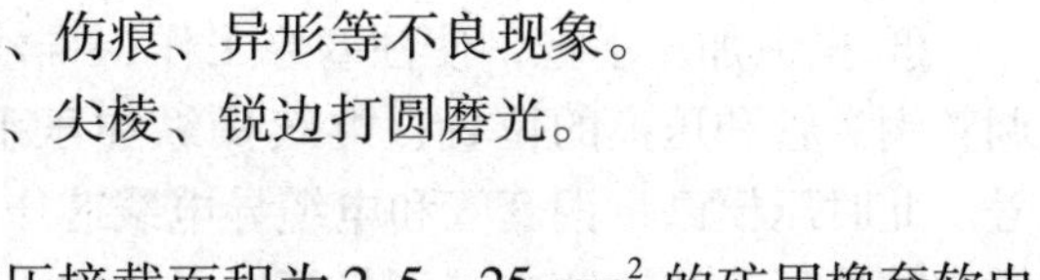

图 12－7－10　SYQ－10 型手动液压钳外形图

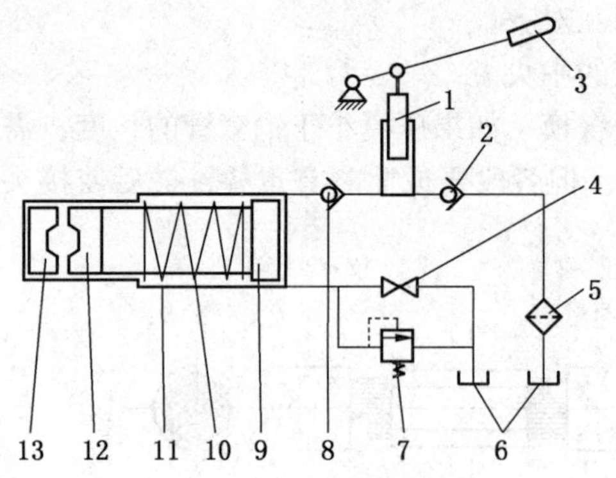

1—柱塞；2—进油阀；3—加压手把；4—卸荷阀；5—滤油网；6—储油胶管；7—安全阀；8—出油阀；9—活塞；10—活塞弹簧；11—油缸；12—动模；13—定模

图 12-7-11 SYQ-10 型手动液压钳工作原理图

塞1上行，将储油胶管6储存的油液经过滤油网5过滤后，吸入柱塞孔。当柱塞1向下压时，柱塞孔内的油通过出油阀8，压向油缸11，推动活塞9连同动模12向前移动。当动模12与定模13合模后，油缸11中的压力值达到安全阀7的调整值70 MPa时，安全阀动作启到安全保护作用。当打开卸荷阀4时，活塞9在活塞弹簧10的作用下，连同动模12一起向后退回原位，油缸11中的油液被排回储油胶管6中。如要进行下一个压接工序，仍须将卸荷阀4关闭。

（4）液压钳操作顺序：

① 逆时针旋动卸荷阀旋钮，待活塞退回原位后，再顺时针旋紧卸荷阀旋钮。

② 抽出活动插销，将钳爪打开。

③ 更换所需规模的压模，将已插接或搭接好的线芯铜套管放入模腔处（压模、铜套管与所适用的电缆线芯见表12-7-2）。

④ 闭上钳爪，插入活动插销。插销必须完全插入，以防损坏。

⑤ 操纵加压手把，使柱塞泵工作，推动活塞和动模接近被压的铜套管，此时应注意调整铜套管和压模的位置；继续操纵加压手把，直至泵体内安全阀起作用而发出声响信号。此时压模已将铜套管和电缆导电线芯压成所需形状，即可将卸荷阀逆时针旋转，使压钳内部液压系统卸荷，继而打开钳爪，取出电缆线芯。

（5）维护与保养：

① 液压钳采用HJ-10机械油，如工作环境温度在-5～-20℃时应采用合成定子油。油液须经120目滤网过滤方可注入液压钳的储油胶管中。此后每三个月补充加油一次，每年全部更换一次。

② 注油时应将液压钳竖起，使固定手把内的加油孔处于上方，用漏斗将油液缓慢地注入储油胶管，注意不使空气混入油液。然后关闭卸荷阀将油液压入油缸，使活塞连同动模下移至合模位置；再打开卸荷阀使活塞上升至原位，油缸中的油则排回储油胶管中，再继续加油，直至油液从注油孔溢出，待气泡消失后，再旋紧加油螺塞。

③ 安全阀在出厂前，已经过试验台校准，压力为70±2 MPa，一般情况下不需再行调整。在特殊情况下，可通过增加安全阀弹簧压力而增加系统压力，但切忌盲目调高压力致使工具损坏。

④ 如发现压钳出力不大，须检查安全阀垫片是否压紧，密封是否可靠，必要时可更换垫片。

⑤ 在使用中需注意，操纵加压手把时，每次可使活塞前进约0.5 mm；如果发现活塞前进缓慢，则要检查进油阀片处是否密封可靠、滤油网是否需清洗、柱塞密封件是否有渗漏、单向阀弹簧是否合适、O形密封胶圈是否损伤或变形。

⑥ 液压钳应避免在潮湿的环境下保存，以防生锈；活动部位应经常注油，用后的各

部件应清洁干净。

7. SYQ(F)－16 型分离式手动液压钳

这种液压钳是由 SYQ－15 型改进而成的。它的压头与液压缸是分开的，只用一根软高压油管连接，因此在狭窄地点能以任意角度进行压接，既灵活又方便。还可以配用供矿用橡套电缆连接用的专用压模，使橡套电缆线芯连接有了新的改进，是一种新的围压方法。

（1）用途：适用于压接截面积为 6～70 mm^2 的矿用橡套软电缆线芯。压接型式：六角形围压。连接方法：插接或搭接。

（2）主要技术参数：

① 额定出力：160 kN。

② 额定压力：70 MPa。

③ 压接行程：≥13 mm。

④ 最大操作力：≤450 N。

⑤ 质量：主机 3.2 kg，泵 6 kg。

（3）工作原理。SYQ(F)－16 型分离式手动液压钳外形如图 12－7－12 所示，分离式手动液压钳工作原理如图 12－7－13 所示。

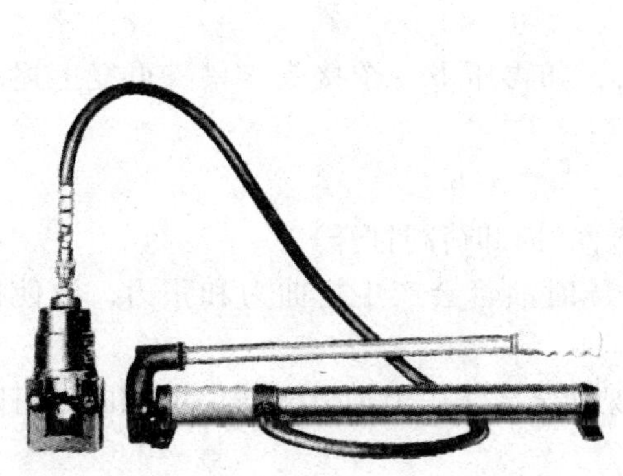

图 12－7－12　SYQ(F)－16 型分离式手动液压钳外形图

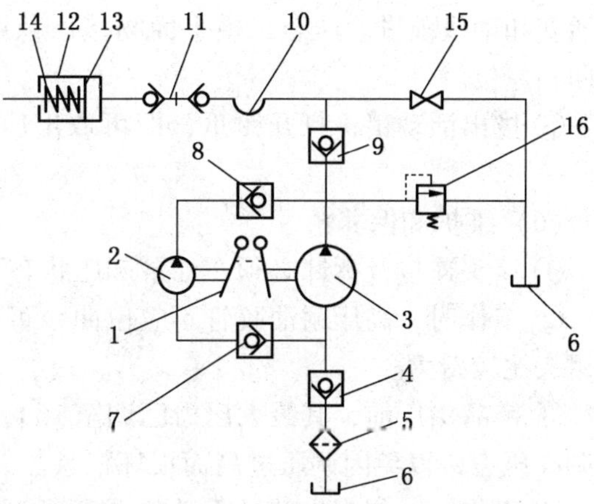

1—加压手把；2—高压泵；3—低压泵；4—进油阀；5—滤油器；6—储油胶囊；7—进油单向阀；8—出油单向阀；9—出油阀；10—输油管；11—快换自封接头；12—油缸；13—活塞；14—弹簧；15—卸荷阀；16—安全阀

图 12－7－13　SYQ(F)－16 型液压钳工作原理图

① 充油：上提加压手把，高低压油泵先后吸满油液；下按加压手把，高压泵、低压泵同时工作，将油液通过出油阀压入输油管，送往油缸。

② 升压：连续按动加压手把，压力不断升高，当系统油压达到 1 MPa 时，出油阀即打开，油进入油缸，推动活塞和动模前移。压向线芯连接管，压力保持 70 MPa，压力升高过

程即为液压钳压接工作过程，直至压接完成为止。

③ 卸荷：压接完毕，打开卸荷阀，油液流回储油胶囊，油缸中压力降为零，弹簧将活塞推回原位；即可取下压模与线芯连接管。

(4) 产品特点：

① 体积小、质量轻，使用省力，携带方便。

② 结构紧凑，操作方便。

③ 橡胶密封件材质优良，设计合理，密封良好，性能可靠。

④ 动力油缸为两级串联油缸，双速动作，压接工作迅速。

⑤ 油泵有安全阀，超负荷时能自我保护。

⑥ 分离式结构，便于在各种环境下工作，尤其适宜在矿井坑道内作业。

⑦ 采用快换接头与钳体连接，装卸方便。

(5) 液压钳操作顺序：

① 将油泵引出胶管端部的快速接头与钳头接通，顺时针旋紧回油阀螺栓。

② 抽出活动销。将钳爪打开，根据待压接的电缆线芯截面积规格，选用相应的压接管及压模（表 12-7-2）。

③ 闭上钳爪、插入活动销。注意一定要安全插入钳爪，否则会使销轴损坏。

④ 缓缓按动加压手把，使高压泵充满油，通过胶管输入执行机构钳头油缸，使其推动活塞和动模前进。压至二模平面吻接，稳压保持 5 min，即可旋松卸荷阀，活塞带动动模回归原位。

⑤ 拔出活动销，打开钳爪，即可取出压接头，如再压下一个接头，只需重复上述动作。

(6) 维护和保养：

① 接头连接及拆卸必须在油泵卸压状态下进行（即卸荷阀打开）。

② 工作时，高压耐油胶管不应扭曲，否则升压时油管会产生扭曲力和张力，致使握持钳头比较费力。

③ 产品出厂前，其最大出力已调至 16 t，确保油泵系统压力为 70 MPa。使用时不可随意调高压力，以免因调压过高而损坏机具。

④ 工作时，如产生动模不动作或爬行现象时，须检查油泵储油胶囊内是否有足够的油液，油缸内是否含有空气。出现上述现象时，应加足液压油，排出气体。加油排气时应将泵与钳头接通，将泵的尾部朝天竖起，拔出塑料尾盖，旋下密封螺钉及密封胶圈，从螺孔加油，关闭卸荷阀螺栓，并往复按动油泵手把，旋松卸荷阀螺栓，将油卸回油囊，待气泡溢出后，再按上述方法排气加油。如此反复数次，排尽气体，再加满油，以密封螺钉压紧密封胶圈，盖好塑料尾盖。液压钳排气与加油结构如图 12-7-14 所示。

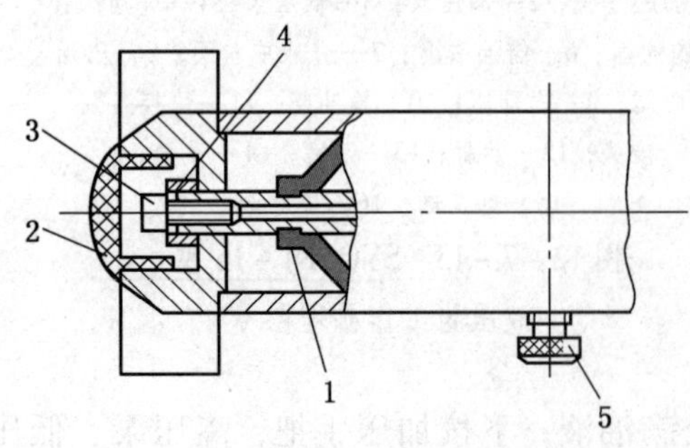

1—储油胶囊；2—塑料尾盖；3—密封螺钉；4—密封胶圈；5—卸荷阀螺栓

图 12-7-14　液压钳排气与加油结构

⑤ 如活塞处渗油须更换密封件时，应先卸

下钳体，取出活塞弹簧，然后按动油泵手把，将活塞推出，卸下活塞槽中损坏的O形橡胶密封圈或聚四氟乙烯垫片，再装上新的。注意聚四氟乙烯垫片应装在非受压一侧，即充油腔一侧。安装时，O形密封圈亦不允许发生扭曲或损伤。

⑥ 工作油应为清洁的HJ－10机械油，如温度在－5～－20℃时，应采用合成定子油。油液须经120目滤油网过滤后方可注入油泵的储油胶囊中。

⑦ 为保证工具动作灵活，防止生锈，应避免在潮湿的环境下放置保管。对摩擦运动部位须经常加油，对发黑表面经常用油棉纱擦抹。

⑧ 注意轻拿轻放，防止碰伤外表面及高压胶管、接头等零件。

（四）电缆线芯连接的绑扎锡焊法与铜套管锡焊法

1. 应急连接方法

当不具备压接条件时，可暂时采用老式的绑扎锡焊法与铜套管锡焊法连接电缆的导电线芯，属于应急方法。首先将电缆按表12－7－4规定的尺寸进行剥切，然后将线芯进行阶梯式分级剥切。线芯剥切长度见表12－7－5。

表12－7－4　剥切长度与电缆截面积、芯数、连接方法的关系

电缆芯数	导线截面积/mm^2	绑线搭接方法						铜套管浇焊方法						线芯分级剥切形式
		线芯分级剥切长度/mm												
		l_1	l_2	l_3	l_4	l_5	l_6	l_1	l_2	l_3	l_4	l_5	l_6	
4芯电缆	≤6							30	50	70	90	—	—	
	10	40	80	120	150	—	—	40	70	100	130	—	—	
	16	40	80	120	160	—	—	40	70	100	130		—	
	≥25	60	100	140	180	—	—	50	80	110	140	—	—	
6芯电缆	16	80	120	160	80	120	160	60	120	180	60	120	180	
	25	80	120	160	80	120	160	60	120	180	60	120	180	
	35	80	120	160	80	120	160	60	120	180	60	120	180	

表12－7－5　线芯剥切长度表

电缆线芯截面积/mm^2	电缆线芯绝缘剥切长度/mm		电缆线芯截面积/mm^2	电缆线芯绝缘剥切长度/mm	
	绑扎锡焊法	铜套管锡焊法		绑扎锡焊法	铜套管锡焊法
6	25	12	35	40	18
10	25	12	50	40	20～22
16	35	15	70	45	22～25
25	35	18			

2. 绑扎锡焊法

将线芯主绝缘剥离后，找到相应连接的线芯，然后将线芯铜丝呈伞状散开，整直除锈，再互相交叉均匀，编织合拢搭接绑扎。

搭接绑扎锡焊法可用于负荷小的临时线路和截面积不大于6 mm^2 的线芯连接。动力电缆只可应急临时使用，随后必须及时更换。

表12－7－6　铜绑线规格表

电缆线芯截面积/mm^2	选用铜绑线直径/mm
≤10	0.7
16、25、35	1.0
≥50	1.5

绑扎时应选用合适的铜绑线（表12－7－6），沿线芯接头处加以辅助绑扎，然后再从接头中间向两头绑扎，直至接头两端与辅助绑线绞合，并将绞合头塞入铜丝股内。

在绑扎接头时，不可去丝去股，应力求缠扎紧固。凡需要锡焊者，中间部分的绑线应保持0.5 mm间距，以便于焊锡渗入。

绑扎完毕，表面涂上焊油，再用电烙铁进行锡焊，使接头全部灌满焊锡，最后用锉与砂布稍加修整，即可包扎绝缘和硫化热补。

3. 铜套管锡焊法

采用铜套管锡焊法连接线芯时，所选用铜套管规格与电缆截面积的关系见表12－7－7。

表12－7－7　铜套管规格与电缆截面积的关系表

铜套管形式	电缆线芯截面积/mm^2	铜套管规格/mm		
		长度 L	厚度 S	开口缝隙 e
L S e d	≤6	20	0.5	1.0
	16	24	0.5	1.5
	16、25、35	30	0.8	1.5
	≥50	40	1.0	2～2.5

注：铜管直径 d 应按电缆线芯直径确定。

线芯接头应先除锈，然后插入铜套管内并用钳子夹紧。在铜套管开口处，涂以焊油或松香，再浇注焊锡。浇注焊锡时，应连续浇注，使之充分渗入接头内。在焊锡未凝固前，应及时用钳子夹紧铜套管，使开口闭合无缝，保证接头内部无空隙。

焊锡冷却后，修整铜套管表面，保证光滑平整，无棱角和毛刺，以免刺破包扎的绝缘带和造成电场不均匀。然后绕包绝缘，硫化热补。

（五）绕包线芯绝缘、屏蔽层及电缆护套

1. 绕包线芯绝缘与屏蔽层

在线芯绝缘剥切好的端面上涂生胶液，在生胶带上也涂上生胶液，然后进行绕包，其厚度应与线芯原绝缘的厚度相同，并注意端面搭接好。绕包好以后，在其外面应包上一层玻璃丝带，即可加热硫化成型。

屏蔽层用半导电橡胶带绕包至与原屏蔽层连接好。

2. 电缆护套连接

将已补好的线芯整理好，按原捻距绞合成型，然后包紧一层白布带。在已剥切好的护套斜面上，涂上用二甲苯与不延燃橡胶带泡成的胶液，在不延燃生胶带上也涂上胶液，从护套斜面开始依次紧紧缠绕在修补段上，两端必须严密搭接好。缠绕的总厚度比原护套的外径大 2 ~ 3 mm 即可。在其外面包一层玻璃丝带，便可进行加热硫化成型。

（六）硫化热补器具

1. 热补器

常见的橡套电缆硫化热补器有：手动电缆热补器（图 12 – 7 – 15）、手动远红外电缆热补器（图 12 – 7 – 16），手动远红外热补器的加热性能与节电特点都优越于手动电缆热补器。它们都应配备温控仪及时间继电器。

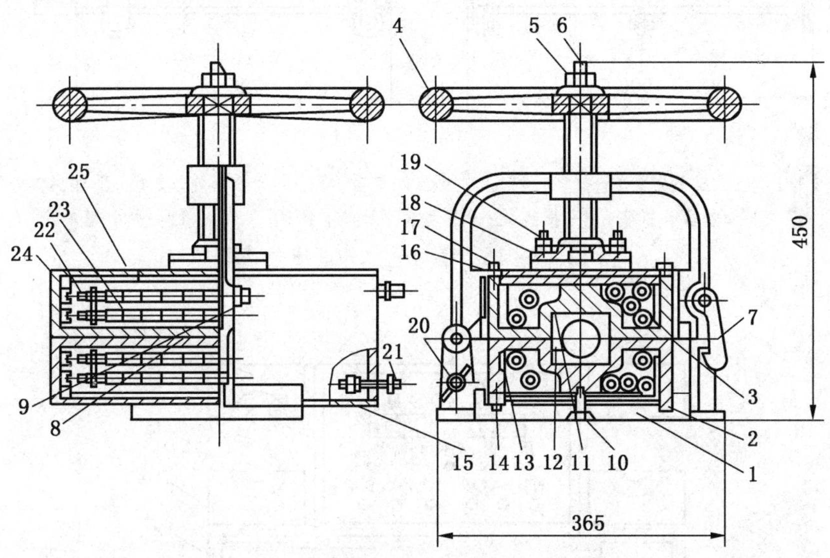

1—底座；2—机座卡子；3—丝杠；4—手轮；5—盖子；6—螺母；7—卡钩；8—机座卡子轴；9—盖子；10—螺钉；11—电缆上模；12—电缆下模；13—上加热外罩；14—下加热外罩；15—下加热外罩底；16—上加热外罩盖；17—螺钉；18—丝杠卡盖；19—螺钉；20—地线螺钉；21—端子；22—螺钉；23—耐热瓷套管；24—螺钉；25—石棉板

图 12 – 7 – 15　手动电缆热补器

橡套电缆热补器配备液压系统的称为液压电缆热补器，如图 12 – 7 – 17 所示。

图 12 – 7 – 17 中，XD_1、XD_2、XD_{20} 为指示灯；XCT、XCT_0 为温控仪；JS_1、JS_2、JS_{10}、JS_{20} 为时间继电器；GK 为电源开关；K_1、K_{10} 为加热器开关；QA、TA 为启动和停止按钮；FA、FA_0 为电磁阀开关。

2. 热补模具

为了提高电缆热补的质量，应根据电缆护套外径的大小，选用合适的热补模具。模具内径过大，会因压不紧而使电缆内部留有空隙；内径过小，电缆会过分受压，使电缆直径变小，护套绝缘层变薄。因此，热补不同规格的电缆，需选用不同规格的模具。热补模具的外形尺寸如图 12 – 7 – 18 所示。

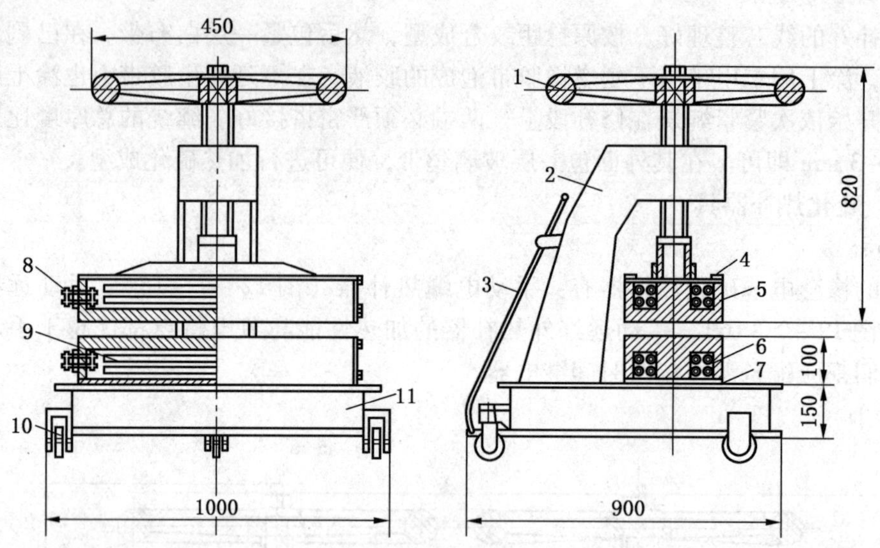

1—手轮；2—机座悬臂；3—拉杆；4—上加热器外罩盖；5—上加热器外罩；6—下加热器外罩；7—下加热器外罩底；8—接线柱；9—远红外加热管；10—小轮；11—热补器底座

图 12－7－16　手动远红外电缆热补器

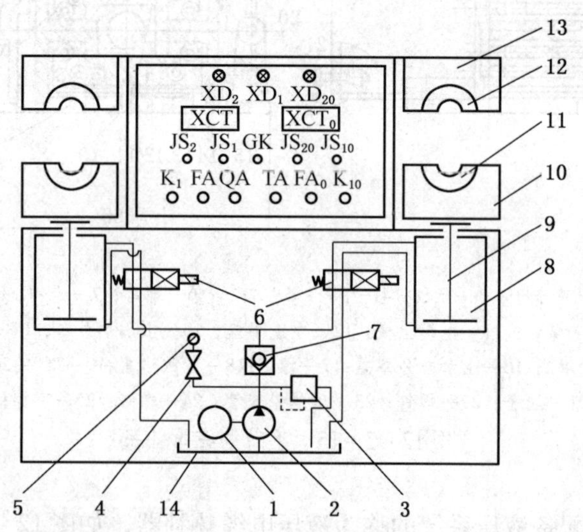

1—电动机；2—油泵；3—安全阀；4—阀门；5—压力表；6—电磁阀；7—单向阀；8—液压缸；9—活塞；10—下加热器；11—电缆下模；12—电缆上模；13—上加热器；14—液体箱

图 12－7－17　液压电缆热补器

因橡套电缆外径的允许公差较大，图 12－7－18 中尺寸仅供参考；实用的模具内径应以不大于电缆实测外径的 1.05 倍为宜。

（七）硫化热补的操作程序

（1）充分做好热补前的准备工作。根据热补电缆的外径尺寸，选用合适的热补模具；

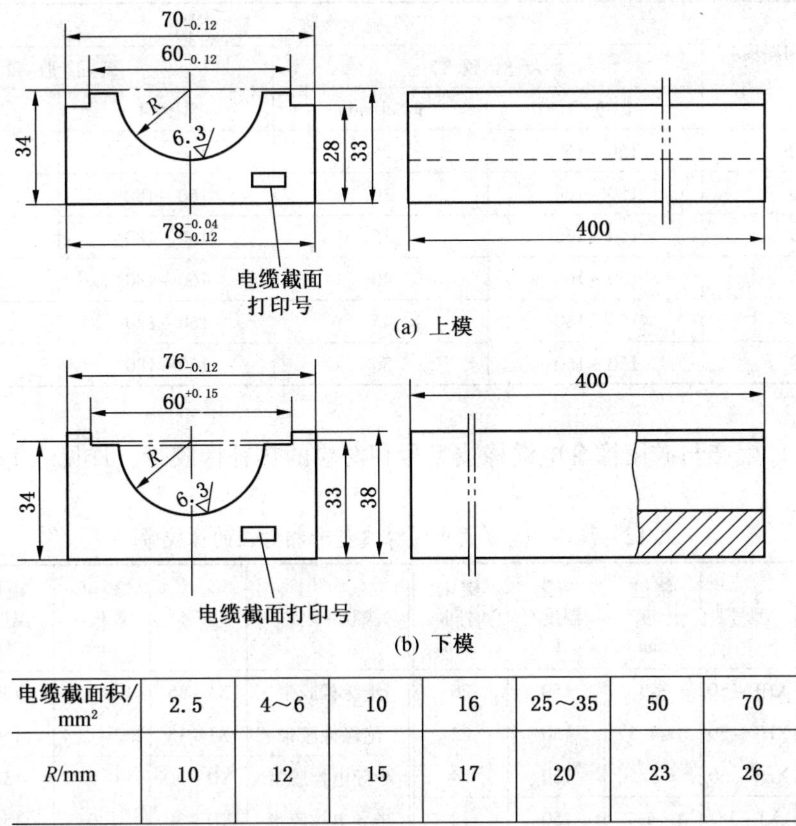

(a) 上模

(b) 下模

电缆截面积/mm²	2.5	4～6	10	16	25～35	50	70
R/mm	10	12	15	17	20	23	26

图 12－7－18　电缆热补模具图

检查热补器；热补时所需工具与材料，应准备齐全；有专人记录热补电缆的编号与热补时间。

（2）将模具放入热补器，为防止胶带粘连模具，可在模具内均匀撒上滑石粉，将电缆放进模具。在热补电缆的护套两端包扎一层玻璃丝带，以防加温老化原护套。

（3）给热补器扣上盖子，并拧动丝杠手轮，使模具压紧电缆。然后合闸送电，使热补器加热。注意记录时间，并随时观察温度上升的数值。

（4）当温度升到 120 ℃时（大约 15 min），热补器表面胶带受热变软，为防止模具内部存留空隙，需再拧动手轮压紧一次。待温度升至 150～160 ℃时，如果采用铝模具，应保持 20～35 min，使生胶带硫化，然后切断热补器电源，让其自然冷却，当温度下降到 60 ℃ 时，旋松手轮，将修补的电缆从热补器中取出；如果使用铜模具，达到要求温度就可切断电源让其自然冷却。

（5）在硫化热补过程中，温度升高不宜过快，否则生胶带会产生蜂窝气孔。热补时间和温度应根据电缆护套的径向厚度和所用生胶带的性质决定。其硫化温度和时间与热补护套径向厚度的关系应参照生产厂的说明书，如无说明书可参见表 12－7－8。

表12-7-8　橡套径向厚度与硫化温度和时间表

修补橡套的径向厚度/mm	硫化条件			
	天然胶带		氯丁胶带	
	温度/℃	时间/min	温度/℃	时间/min
2.0及以下	150~160	25	160~180	30
2.1~3.0	150~160	30	160~180	35
3.1~4.0	150~160	35	160~180	40
4.1~5.0	150~160	40	160~180	45
5.1~6.5	150~160	45	160~180	50
5.6~8.0	150~160	50	160~180	55

有的生产厂生产与矿用橡套电缆橡皮型号相对应的热补橡胶带，详见表12-7-9。

表12-7-9　与矿用电缆橡皮型号相对应的橡胶带

橡胶带名称	型号	绕包厚度/mm	硫化温度/℃	硫化时间/min	橡胶带名称	型号	绕包厚度/mm	硫化温度/℃	硫化时间/min
护套橡胶带	XHF-50	≤3	150	20	绝缘橡胶带	XJ-35	1.8~2	150	16
护套橡胶带	XHF-50	≤4.5	150	22	绝缘橡胶带	XJ-35	2.2~2.4	150	18
护套橡胶带	XHF-50	≤5.5	150	24	半导电橡胶带	XD-30	0.5	150	7
绝缘橡胶带	XJ-35	1~1.2	150	12	半导电橡胶带	XD-30	1.0	150	10
绝缘橡胶带	XJ-35	1.1~1.6	150	14	半导电橡胶带	XD-30	1.5	150	13

(6) 电缆热补完毕，应进行外形修整，剪去飞边，并用木锉锉平。此外，还应做弹性检查，如弹性不足需要再次重新入模硫化，但硫化时间不得超过30 min。

(7) 为了正确控制硫化温度，应当装有温度测量仪表及温度自动控制装置。温度仪表或热电偶的热点应放在适当的位置上，以保证对电缆硫化温度的测量准确可靠。

(8) 如果修补的长度超过模具长度而不能一次进行硫化时，应该分几次进行逐段硫化。在每段硫化之间应有一重叠长度，约为30~40 mm，以保证接合处硫化良好。

三、1140 V金属屏蔽橡套电缆的热补工艺

(一) 修补前的准备

1. 准备工作

准备好修补材料和工具：氯丁护套胶、线芯绝缘胶、透明涤纶胶带、聚酯薄膜带、金属丝编织带或多股镀锡铜丝（ϕ0.2 mm）、胶布或白布带、玻璃纸、二甲苯、滑石粉、各种规格线芯模、护套模、热补器（图12-7-15和图12-7-17）、剪刀、电工钳、割胶刀、游标卡尺。胎具内径与电缆规格的关系见表12-7-10。

表 12-7-10　胎具内径与电缆规格的关系

电缆规格		胎具内径/mm	电缆规格		胎具内径/mm
线芯截面积/mm²	外径/mm		线芯截面积/mm²	外径/mm	
3×2.5+1×1.5	20.6	22	3×16+3×10	38.8	41
3×4+1×2.5	21.8	23	3×25+3×10	42.5	44
3×6+1×4	24.9	26.5	3×35+3×10	45.4	47
3×10+1×6	31.9	34	3×25+3×10/3E+3×2.5st	33	34
3×16+1×10	33.8	36	3×35+3×16/3E+3×2.5st	36	38
3×25+1×10	37.2	39	3×50+3×25/3E+3×2.5st	44	46
3×35+1×10	40.9	43	3×70+3×3.5/3E+3×2.5st	47	48
3×50+1×10	44.9	47	3×95+1×17+3×2×2.5+1×1	63	64.5
3×70+1×10	49.4	52			

线芯焊接所需的材料和工具：银铜焊片（各含量 50%）、硼砂、工业石蜡、工业汽油、脚踏皮老虎、铜吹头、喷气油壶、橡皮管、电工钳、什锦锉等。

2. 外观检查

应检查电缆的型号、规格、结构、总长度、表面破坏情况，并作好记录和标记。

3. 电气性能检查

用 1000 V 或 2500 V 兆欧表分别测量主线芯对屏蔽层、主线芯相间的绝缘电阻值；控制线芯对屏蔽层（用 250 V 或 500 V 兆欧表）的绝缘电阻值。如绝缘电阻值小于规定值（2 MΩ），应进一步用交流耐压试验或浸水交流耐压试验法进行短路击穿。

4. 故障寻找与处理

先割开有明显破损的护套或线芯绝缘，将线芯分别隔开；根据故障性质用仪器找出电缆故障点，然后逐一隔开故障处的护套并排除故障，直到整根电缆故障完全排除，电缆绝缘电阻大于 2 MΩ 以上。

5. 电缆干燥

将电缆进行整体干燥处理，被处理后的电缆绝缘电阻值一般均大于 10 MΩ。

（二）电缆修补过程

1. 线芯的连接

可采用冷压连接法连接。

2. 线芯绝缘的修补

首先将对接好的主线芯两端部的线芯绝缘处割削成 30 mm 长的锥形，并用木锉锉毛，在此部位涂一层胶泥（用二甲苯和氯丁胶泡成胶泥）。再把涂过二甲苯的线芯绝缘胶带从锥部开始紧紧缠绕在线芯外层，锥形两端要严密搭接好。绕包后的线芯直径可比原来尺寸大 1～2 mm，在外层包好一层玻璃纸，再以合适的线芯模子压模后进行热硫化处理。热硫化时温度达 120 ℃后再加压一次，温度升到 160 ℃时保温 20 min（注：对热容量大的热补器可直接断电，对热容量小的热补器可采取几次停送电来实现），然后使其自然冷却到 60 ℃以下起模，出模后应整修毛边。控制线芯绝缘的修补可采用类似的方法。

3. 屏蔽层的修补

用金属编织带或 ϕ0. 12 mm 多股镀锡铜丝紧密缠绕在线芯已修补好的绝缘层上，两端必须牢固地搭接在原金属屏蔽层上，达到原导电性能，并采用局部锡焊，再在焊接处缠包两层透明涤纶胶带或塑料胶粘带。

4. 外护套的修补方法

先将修补好的线芯整理好，将其按一定的捻距和扭向绞好，并紧扎一层胶布或白布带。在修补处两端的外护套用刀削成长 60 ~ 80 mm 的锥形，用锉刀锉毛，再涂上一层胶泥，用涂上二甲苯的氯丁胶带从锥部一端起紧紧缠绕，两端要严密搭接好，缠绕包扎后，使整个修补护套外径比原外径大 2 ~ 3 mm，再包一层玻璃纸或撒上滑石粉，然后以合适的模子压模，进行热硫化处理。当温度上升到 120 ℃ 时再压紧一次热补器，温度上升到 160 ℃时保温 20 min，然后使其自然冷却，当温度降到 60 ℃ 后起模，出模后应修整毛边。电缆修补处的外径一般不超过原尺寸的 5% 。各道工序要严格进行，不同的电缆结构原则上是按原绝缘的标准要求修复。

四、英国橡胶电缆的热补工艺

（一）氯丁橡胶外护套的修理

1. 外护套小面积损伤的修理

把外护套损伤部分用刀子切去，形成洼坑，洼坑周围切成斜边，用溶剂进行清洗。用与外护套厚度相同的修理窄条填满洼坑（修理窄条可用 4 ~ 6 层 R5849 氯丁胶外皮修理带，用少许溶剂加压黏结在一起，并切成 9 mm 宽窄条），用恒温电烙铁把窄条黏合在洼坑的斜边上，如图 12 – 7 – 19 所示。

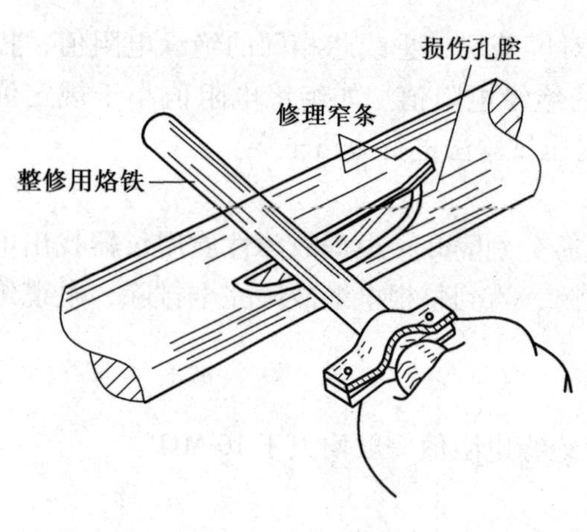

图 12 – 7 – 19 护套小面积损伤的修理

把修补部分涂上滑石粉，用两层涂好滑石粉的 R5952 防水棉带扎紧，用 BTCC 加热带热补器进行热补，即用铜加热带半幅重叠地绕在修补部分上，接上电源，在 20 min 内允许温度上升到 150 ℃，然后在该温度下保持 30 min，冷却以后，取掉铜加热带，温度和时间都应控制好，在修理过的地方不应鼓出来。

2. 大面积或修理线芯后外护套的修理

在损伤处两端先扎上防水带作标记，然后切去所有损坏的外护套，两端的外护套切成至少有 50 mm 长的锥面（铅笔头形状），如图 12 – 7 – 20a 所示，拆下包带，用溶剂清洗两端。

用 R5849 氯丁橡胶外皮修理带包扎在线芯外面，如图 12 – 7 – 20b 所示。修理带的一端切成一个角，从一个锥面开始，把修理带半幅重叠地绕紧，直到另一端的锥面基底处为止，并用电烙铁把修理带烫到锥体上，再依次按交叉方向绕第二层以及其余各层修理带，如图 12 – 7 – 21 所示。每层之间都要用电烙铁加工以求得良好的结合，一直要绕到锥体上做成一个等于原来直径的新外护套。注意修理带端部不要延伸到未损坏的外护套部分上去，直径也不要超过电缆原有直径。

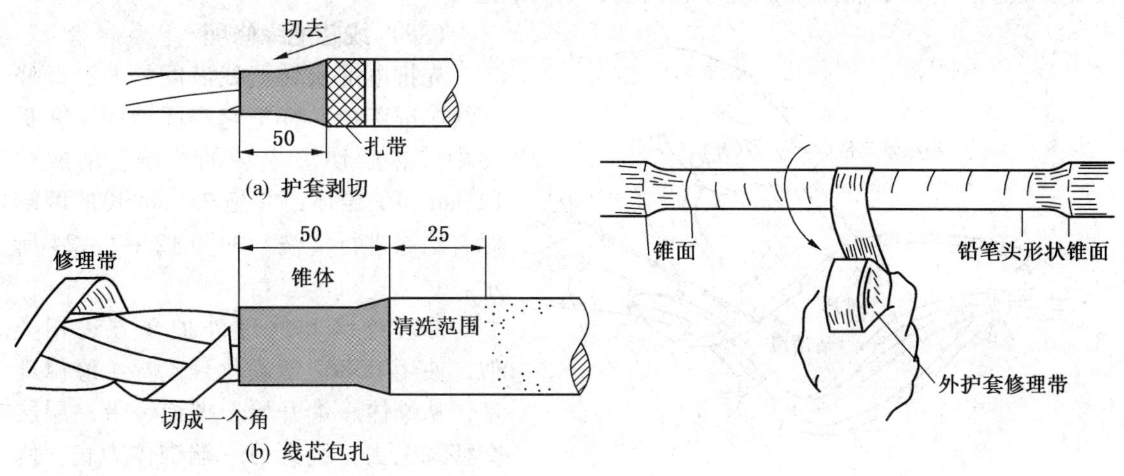

图 12-7-20　把损伤部分切成锥形　　图 12-7-21　包扎修理带

把修补部分涂上滑石粉，用两层涂好滑石粉的 R5952 防水棉带扎紧，在修理部分两边各伸长约 250 mm，用加热带热补器的铜带半幅重叠地缠在修补部分，接上热补器电源，在 20 min 内允许温度上升到 150 ℃，然后在该温度下保持 30 min，冷却后取掉铜加热带。

（二）线芯屏蔽层修理

先把电缆旋转使线芯间松开，用夹板把电缆损坏处两端夹紧，如图 12-7-22 所示。用 0.3 mm 退火铜线在屏蔽层损坏处两边绕 3～4 圈扎紧，并且焊住，切去损坏的屏蔽部分。为了易于剥开，可以用喷灯火焰把尼龙纤维烧掉，但注意不要损坏绝缘。

将宽 12 mm 的 R5859 铜编织带绕到靠每端 40 mm 的屏蔽层上，用大约 25 圈、直径为 0.3 mm 的铜线扎紧（扎紧宽度约 9 mm）焊住，然后把铜编织带一直绕满到另一端，如图 12-7-23 所示。

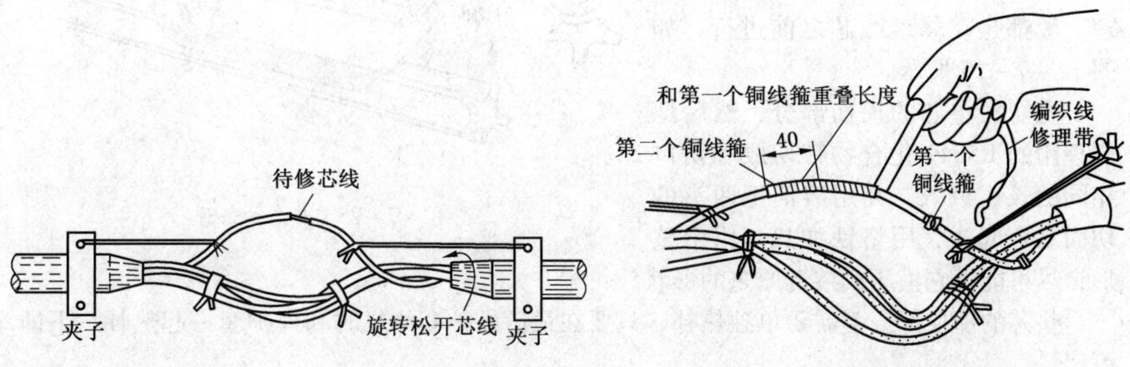

图 12-7-22　线芯松开方法　　图 12-7-23　屏蔽层的修理方法

线芯屏蔽层修好之后，去掉夹板，旋转电缆使线芯重新拧在一起，恢复原状，然后修复外护套。外护套的修复和热补步骤同前，不再叙述。

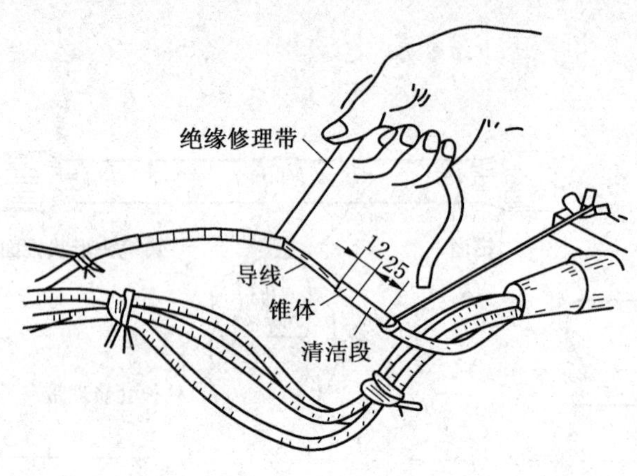

图 12－7－24　线芯绝缘的修理方法

（三）线芯绝缘修理

先把电缆旋转到线芯间松开，像修理线芯屏蔽层一样把它牢固地固定在板夹中，然后切去损坏的绝缘，削成约 12 mm 长的锥体，并把 25 mm 长的两端原有绝缘进行清洗，如图 12－7－24 所示。

修理绝缘和修理外护套方法相类似，使用 R5862 氯磺化聚乙烯绝缘修理带，从锥体一端开始，把绝缘带一层层交替绕上去，绕到另一端锥体为止，修理以后应达到原来的线芯直径。然后用两层稍微重叠的防水带覆盖上，并在两端原来绝缘上延伸 50 mm 左右。

线芯绝缘的热补应单独进行，即把专门的热补线芯用的金属线编织加热带并排地绕在防水带上。把 BTCC 加热带热补器通上电，在 20 min 时间内，允许温度上升到 149 ℃，然后在该温度下保持 20 min，待冷却后取掉线芯加热带。

线芯绝缘修复后，就可按上述的办法修理线芯的屏蔽层和外护套。

（四）包半导电橡胶层的接地线芯修理

把接地线受损处的半导电橡胶层刮去，看导线有无损伤，如有损伤先修复导线。

修接地线和一般线芯一样，把半导电橡胶层切去，将两端做成锥体，将半导电橡胶修理带 R5863 绕在切去橡胶层的线芯上，方法同前一样，然后包上两层防水带，进行热补。热补的工序也和一般线芯完全一样。

（五）垫芯的修理

马鞍形垫芯的修理采用标准垫芯修理用的化合物带 R5849。垫芯的修理一般都是在修理线芯之前进行，如图 12－7－25 所示。

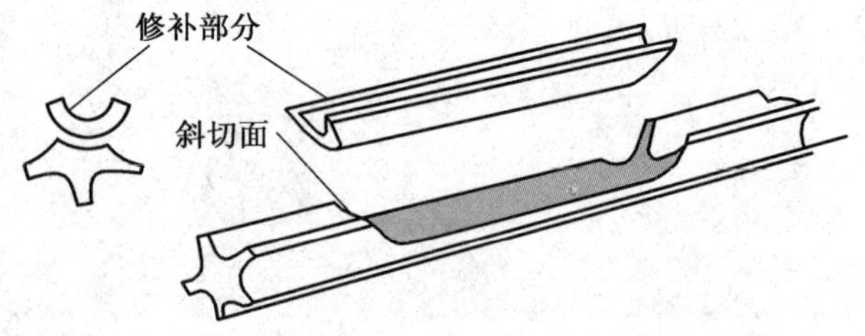

图 12－7－25　垫芯的修理

先切去垫芯的损伤部分，然后把修理用的 R5849 化合物带切成和切口相同的长度放入，并用溶剂把两头的切面黏合起来，用烙铁加热，用手整形，尽可能把它模压成接近原来的形状。

垫芯的新换部分不需要单独热补，只要在最后外护套修复时和外护套一起热补一下即可。

（六）BTCC 加热带热补器

加热带热补器主要部件是一个降压变压器，额定容量有 2. 5/3 kV · A 和 4 kV · A 两种，可做成便携式或固定式。2.5/3 kV · A 的适用于热补直径小于 76 mm 的电缆；4 kV · A 的适用于热补直径为 90 ~ 114 mm 的电缆。热补范围（长度）大约在 750 mm 以上。

每个热补器接线柱都可以连接附加引线，如图 12 - 7 - 26 所示。

电缆直径不超过 65 mm 时用一对引线，不超过 90 mm 时用两对，直径超过 90 mm 时用三对。

加热带用的铜带分两种，一种用于热补外护套，一种用于热补线芯绝缘。热补外护套时，把铜加热带半幅重叠绕在电缆外面，并在修理部位两端各延长 25 mm。热补线芯绝缘时，把线芯加热带并排绕在线芯外面，并在修理部位两端延长 50 mm。

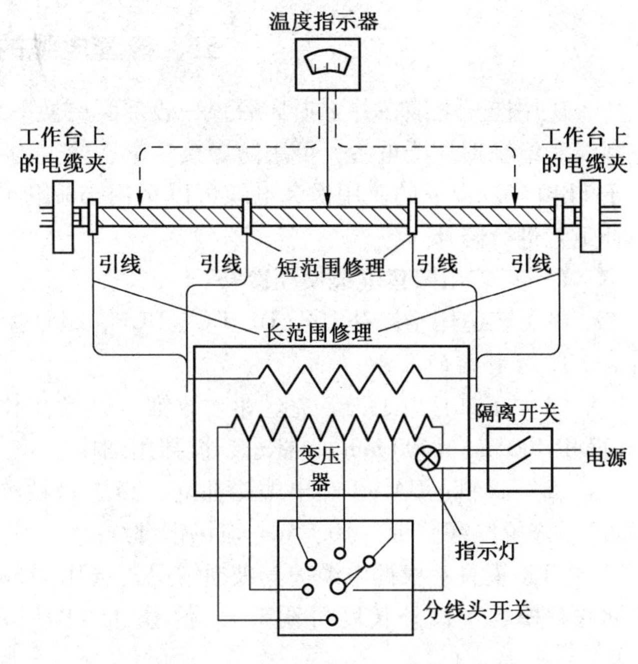

图 12 - 7 - 26　加热带热补器原理图

指示温度用的热电偶，是用直径 0.3 mm 的软铜线捆扎在加热带上，修补范围小于 750 mm 时，热电偶放在中央，如图 12 - 7 - 26 实线所示。修补范围较长时，将两个热电偶放在离两端大约 100 mm 处，如图 12 - 7 - 26 虚线所示。修补电缆用的材料见表 12 - 7 - 11。

表 12 - 7 - 11　BTCC 加热带热补器修补电缆用的材料

名　称	型号	编号	材　质	规格(厚度×宽度)/(mm×mm)	备　注
护套修理带	PCP	R5849	氯丁胶	2×50	夹塑料带成卷
绝缘修理带	CSP	R5862	乙烯丙烯，氯磺化聚乙烯	2×30	成卷
半导电橡胶修理带		R5863		2×30	成卷
编织屏蔽带		R5859	金属丝与尼龙	宽 12	成卷
		R5855	丝编织而成	宽 20	
加热带		R5864	镀锡铜带	0.1×20	成卷
		R5852	编织金属线带	宽 15	
防水带		R5852	上胶棉布等		成卷
铜线			镀锡铜线	ϕ0.3	
滑石粉					
溶剂			石脑油		可用苯代替

五、橡套电缆的冷补

矿用橡套电缆在井下损坏后，一般都要更换下来，运至地面进行热补。对于导电线芯断线和绝缘损坏严重者，可用防爆接线盒连接。为了减少运输量和防爆接线盒的使用，对于1140 V及以下的矿用橡套电缆可以采用与硫化热补有等同效能，并经过技术鉴定的冷补工艺进行修补。

(一) 矿用橡套电缆模压冷补

本工艺适用于修补UZ、U、UC、UCP、UPQ型矿用橡套软电缆。

1. 修补前的准备

(1) 工具：电工刀、克丝钳、改锥、剪刀、木锉、腻子刀、厚度2 mm铁板或玻璃板(面积400 mm×400 mm)、杯子、搅拌用细棒。

(2) 材料：DA－1型电缆冷补剂、高压自粘绝缘胶带、脱模补布（质量较次的黑平布)、涤纶绝缘胶带、ϕ0.7 mm镀锡铜绑线。

(3) 模具：根据电缆护套破损情况，选用局部修补模具（修补面积可调节）或整圆周修补模具（修补长度可调节)。信号电缆作“T”形冷补时，可选用“T”形接头模具。

井下冷补时，因模具兼作电缆保护罩，每次修补后，需经一定时间固化后才能取掉模具，所以可备用各种同规格模具数套，当同一电缆多处破损时，不影响使用。

2. 修补工艺

(1) 电缆修补的护套剥切：

① 局部修补：当电缆护套损坏破口较小，如纵向长度不超过电缆护套周长，横向长度不超过电缆护套直径，线芯主绝缘和垫芯没有受损伤时，用刀将破损处周围削去（沿圆周方向不超过电缆周长的一半)，并将切口周围用木锉锉毛，如图12－7－27所示。

② 整圆周修补：当电缆护套破口较大，超过局部修补范围，或主线芯绝缘损坏，或是一芯以上断线，对护套均需作整圆周修补。这时应按破损长度，剥切整段护套，并将两个端头用刀削成圆锥斜面，然后用木锉锉毛，如图12－7－28所示。斜面剥切尺寸见图12－7－1的表中数据。

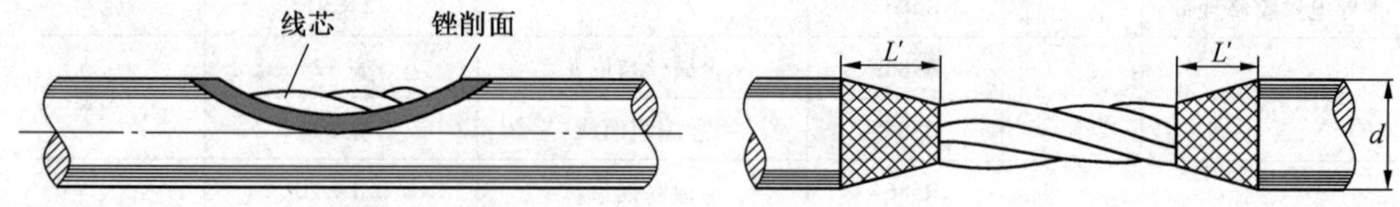

图12－7－27　橡套电缆护套局部剥切示意图　　图12－7－28　电缆护套整圆周修补剥切示意图

(2) 电缆线芯断线的连接。当电缆线芯断线时，不管线芯截面积多大，均可应用冷压连接法及银铜焊接法进行连接。护套与线芯绝缘剥切形状如图12－7－1所示。

(3) 线芯绝缘层的修补：

① 线芯绝缘层的包扎采用高压自粘绝缘橡胶带。

② 如绝缘层局部破损，可不整段切除绝缘层，而是将破损处周围用电工刀刮削干净，将高压自粘胶带均匀拉薄，依次的半幅重叠紧密缠绕，使层间无空气，缠绕厚度为原绝缘层厚度的1.2倍。

③ 当绝缘层严重破损或线芯断线重新连接时，都应整段切除绝缘层，并将切除段两端削成锥形，锥度越小越好（2.5 mm^2 电缆线芯太细，可用电工刀将两个端头刮干净），将高压自粘带半幅重叠紧密绕包，厚度仍为原绝缘厚度的1.2倍。绝缘与原绝缘层连接部分的长度每端均不小于15 mm。

④ 截面积为16 mm^2 及以下的电缆，整圆周修补时，修补处每根线芯均用自粘涤纶胶带半幅重叠缠绕一层，缠绕长度应将剥开橡套处的每根线芯绝缘层全部包住。

⑤"T"形接头每根线芯的包扎方法及厚度与以上相同，只是将包扎好的主干线和分支线的线芯分别合拢，在其交叉处，用高压自粘绝缘胶带缠绕成图12-7-29所示形状。

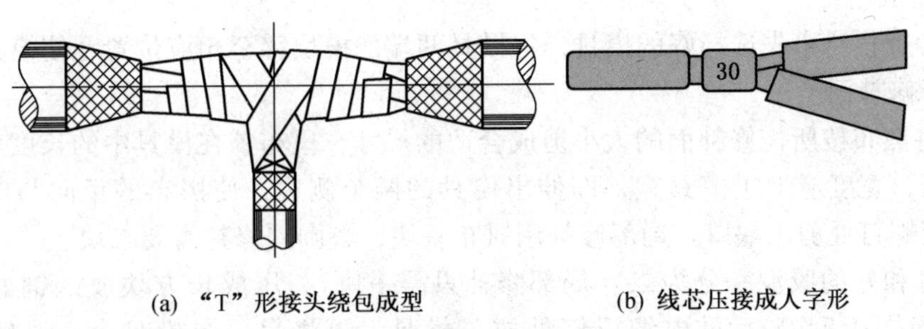

(a)"T"形接头绕包成型　　(b) 线芯压接成人字形

图12-7-29　"T"形接头绕包成型的示意图

（4）屏蔽层的修复：

① 采用半导电自粘橡胶带或欠硫半导电橡胶带修补线芯的半导电屏蔽层，重叠绕包在线芯的绝缘层上，缠绕厚度为0.8~1 mm。

② 修补后屏蔽层的过渡电阻应不大于3 kΩ。

（5）护套层的修补：

① 护套层模压冷补采用DA-1型电缆冷补剂，以套为单位，每套由三种组分组合而成，即甲、乙、丙三个组分，分别为一瓶列克那胶（或其代用品）、一筒黏结剂和一包橡胶粉。每套采用小剂量包装，便于携带和使用。电缆冷补剂用量见表12-7-12。

表12-7-12　模压冷补剂用量表

橡套电缆外径/mm	冷补剂用量/套（以每整圆周修补长度为100 mm计）	橡套电缆外径/mm	冷补剂用量/套（以每整圆周修补长度为100 mm计）
10	0.5	40	3
20	1	50	4
30	2		

② 将修补好的绝缘层和屏蔽层的线芯按原状绞紧，用棉线或白布带撕成的线束将修补过的线芯捆住，以免松开。

③ 按所需修补面的大小参看表 12－7－12 配足电缆冷补剂。为保证胶泥充满压模，防止模具内部因胶量少而压力不足造成裂纹和孔洞，应考虑留有一定余量，胶泥用量以紧模后挤出胶泥为准。

④ 混合胶配置：将需用的甲组分和乙组分倒入杯子内，用搅棒充分搅拌，达到均匀混合，成为混合胶。

⑤ 胶泥配置：将丙组分（即橡胶粉）倒在铁板上，倒入上述混合胶，用腻子刀反复搅拌，充分拌匀，和成胶泥。注意杯中的混合胶不要倒尽，残留少许供涂胶用。

⑥ 护套涂胶；将杯中少许混合胶涂在锉毛的护套待修处周围（指局部修补）或带锥度的两端斜面（指整圆周修补），必须涂两遍，每次涂层要薄而均匀，待第一遍胶挥发至不粘手后再涂第二遍，稍挥发后待用。

⑦ 模压成型：

（a）检查核对事先选择好的模具，将模具两端的模块移至相应位置，使模具中部凹入部分略大于修补面。

（b）将黑布按所需修补面的大小剪成合适的尺寸，里布铺在模具中的长度应大于两模块间的距离，宽度应大于模具宽，即伸出模具的两个侧边，使黑布的径向与电缆轴线平行，并将穿螺钉处剪出缺口。局部修补用衬布一块，整圆周修补需要二块。

（c）将和好的胶泥一分为二（局部修补只需一块），压成长方块放入铺好黑布的模具中，将预先剥切涂胶后的电缆待修处放入模具，再将另一半模具合上，然后拧紧螺钉，先紧两端后紧中间，使多余胶泥从模具中挤出并刮去，合模后形状如图 12－7－30 所示。

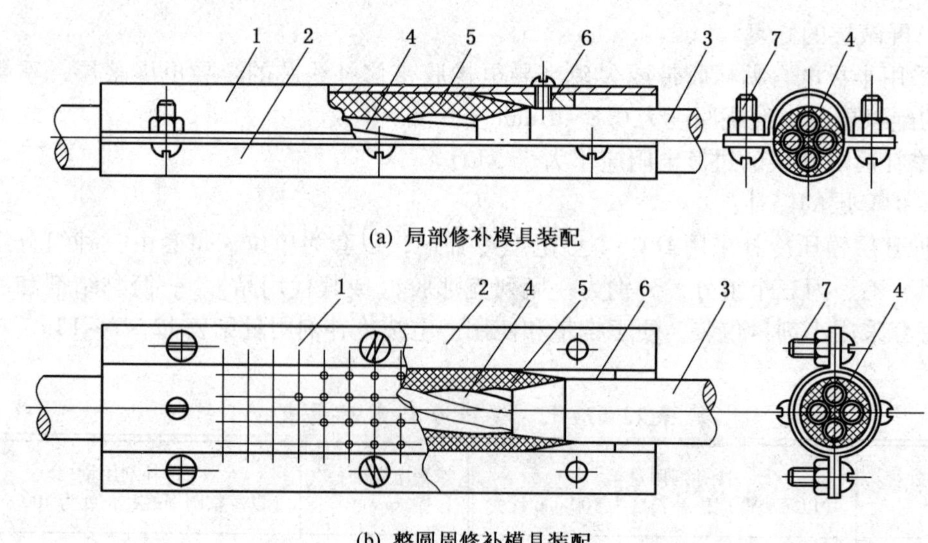

1—上模；2—下模；3—橡套电缆；4—线芯；5—胶泥；6—楔形模块；7—螺栓

图 12－7－30　橡套电缆模压冷补合模结构图

⑧ "T" 形接头冷补时，护套涂胶与模压成型的工序与整圆周修补工序相同，合模后形状如图 12－7－31 所示。

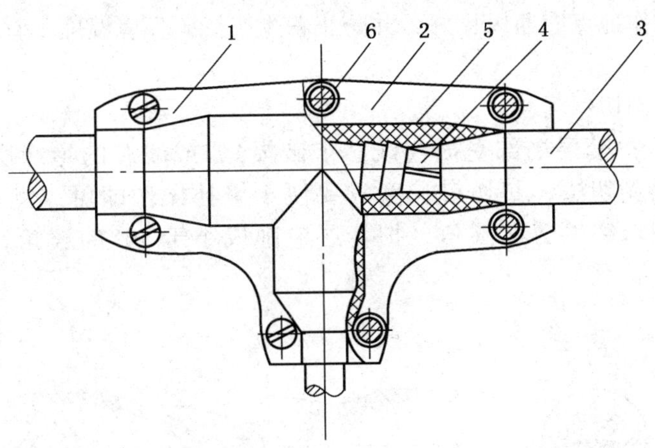

1—上模；2—下模；3—橡套电缆；4—线芯；5—胶泥；6—螺栓

图 12－7－31 "T" 形接头模压冷补示意图

⑨ 紧模后，用摇表测量绝缘电阻，只要绝缘合格，电缆即可带模具送电，投入运行。

⑩ 模具可做临时保护壳，胶泥一般 3 天后逐渐变硬固化，即可取掉模具。然后削去电缆护套毛刺，用木锉修理平滑。

3. 注意事项

(1) 井下橡套软电缆在使用中，因挤压、冲击、刮磨、拉伸、扭曲或炮崩等外因，造成线芯绝缘层、半导电屏蔽层及护套层的破损，可采用本工艺及时在井下就地修补。但已经受潮或长期带病运行的电缆不得在井下修补。

(2) 在地面进行冷补修理或冷补过的电缆，在地面所进行的检查、干燥和试验，对冷补段的与热补相同。

(3) 电缆冷补剂有一定的有效存放期，宜存放在阴凉处，其周围的温度应小于 20 ℃，自出厂日起，有效存放期为一年。

(4) 电缆冷补剂有一定毒性，在地面操作时应有通风设施；在井下修补时应避免迎着风流操作。

(5) 模压后取模时间不得少于 3 天，否则修补处固化不足，受弯曲后将被撕裂或被碰砸而损坏。

(二) 橡套电缆冷浇铸修补

1. 修补前的准备

(1) 工具：电工刀、克丝钳、木锉、剪刀、铁钩（钩线芯用）、冲子（冲 ϕ10 圆孔）。

(2) 材料：JA－7 型电缆冷补双组分聚氨酯胶（包括甲组分、乙组分，简称双组分）、聚乙烯薄片（500 mm×400 mm×1.5 mm 和300 mm×250 mm×1.5 mm两种规格）、聚乙烯漏斗、聚乙烯浇口、自粘性橡胶绝缘带或塑料粘胶带、蘸有三氯乙烷的棉纱布（聚丙烯聚酯复合薄膜袋封装）、棉纱布和150 号砂布。

（3）修补时操作地点应通风良好，并防止粉尘飞扬，环境温度不宜低于12 ℃。

2. 冷补工艺

（1）护套层的剥切：

① 局部剥切：护套层局部受损（线芯未破损），或线芯的绝缘层、屏蔽层局部受损时，可采用局部剥切法，其切口长度只要便于修补操作即可。剥切区可呈椭圆形，如系裂口，应将裂口终端剪成圆角，护套层应削成小于30°的坡角，如图12－7－32所示。

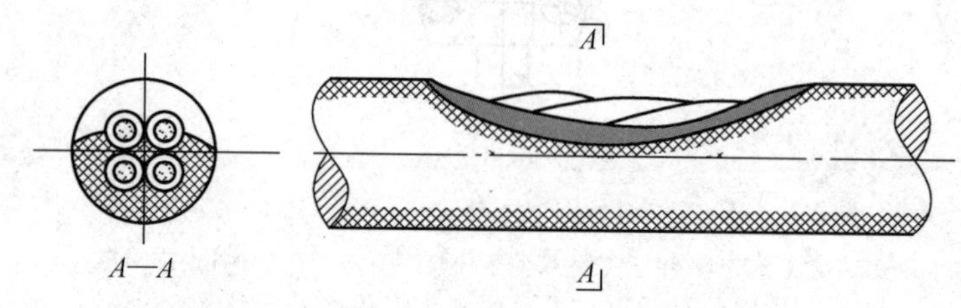

图12－7－32　橡套电缆护套局部剥切示意图

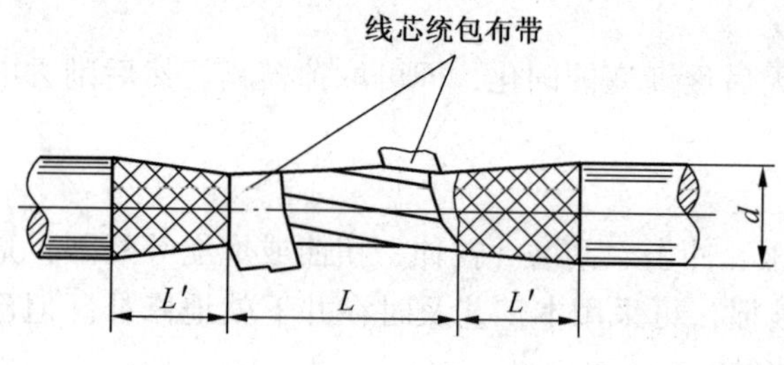

图12－7－33　电缆护套整段剥切示意图

电缆护套局部剥切区的最大弧长不应超过电缆圆周长的1/2，否则应采用整段剥切法剥切护套层。

② 整段剥切：电缆护套剥切段长度 L 应能满足修补线芯绝缘层屏蔽层的修补需要，一般不宜大于500 mm。在剥切段的两端削成锥型，锥形段的长度 L' 应不小于电缆的外径，并且不小于40 mm。然后拆除线芯的统包布带，如图12－7－33所示。

（2）线芯的连接。橡套电缆线芯的连接方法与硫化热补工艺中所述相同。

（3）绝缘层的修补。绝缘层的修补情况如图12－7－34所示。

① 绝缘层局部破损，可不整段切除绝缘层，应将绝缘层裂口的锐角剪成圆角，防止裂口延伸。如绝缘层严重破坏或导电线芯有单丝破断时，应整段切除绝缘层。切除段两端绝缘层削成锥形，锥形长度应不小于导电线芯直径，并且不小于10 mm。

② 用150 号砂布擦拭待修补的绝缘层，使其露出绝缘橡皮本色。如线芯屏蔽层附有石墨粉，应注意不得将石墨粉粘落在绝缘层上。

③ 采用自粘橡胶带包扎电缆的橡皮绝缘层，自粘性橡胶带性能见表12－4－12～表12－4－14。缠绕时将橡胶带均匀拉长（伸长率约100%），依次半幅重叠连续紧密绕包，缠绕方向为：中央—前端—后端—中央；绝缘带与原绝缘层的连接部分长度应不小于绝缘线芯外径的1.5倍，并且不小于15 mm，两端应缠成锥型，缠绕厚度应为原绝缘层厚度的

1.2 倍。

④ 对于额定电压 1140 V 及以下的橡套电缆，采用冷压连接的接头，在绕包绝缘胶带之前，必须用厚 0.05 mm 的高压聚酯薄膜，以半幅重叠法将裸露的接头及导体严密包扎 1 ~ 2 层。但应注意：聚酯薄膜不准缠包在接头两端的线芯绝缘橡皮上；如屏蔽层附有石墨粉，不得将石墨粉粘落在正在缠绕的绝缘带上。

⑤ 不准用聚氯乙烯绝缘带包扎橡皮绝缘层。聚氯乙烯绝缘带只能包扎聚氯乙烯绝缘层。

（4）屏蔽层的修补：

① 采用半导电自粘橡胶带或欠硫半导电橡胶带修补线芯屏蔽层。半导电橡胶带上每隔 100 mm 应印有明显的“导电”字样，以免与绝缘胶带混淆。

② 剥切已损坏的屏蔽层。如果线芯的绝缘层已破损，剥切段长度应满足修补绝缘层的需要。

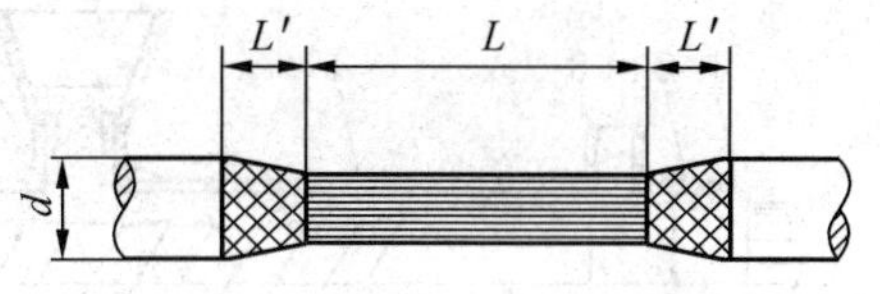

(a) 剥切损坏的绝缘层

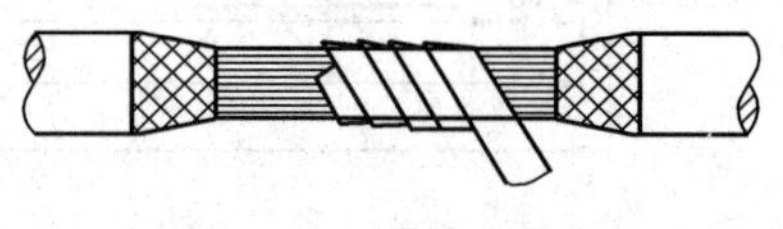

(b) 缠绕绝缘带

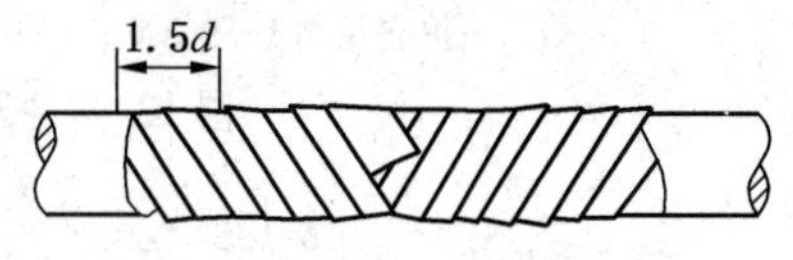

(c) 包扎后的外形图

L—绝缘切除段长度；d—线芯直径；

L'—线芯锥体长度，$L' > d$

图 12-7-34 绝缘层修补情况示意图

③ 将半导电橡胶带以 1/4 幅重叠绕包在绝缘层上，缠绕时均匀拉长，缠绕厚度为 0.8 ~ 1 mm。两端与原屏蔽层搭接。

④ 对金属屏蔽的线芯，应采用相应的金属屏蔽材料进行修补。

（5）护套层的修补：

① 护套层的整体修补。采用双组分聚氨酯胶修补电缆的护套层，护套层材质的品种包括氯丁橡皮、聚氯乙烯及氯磺化聚乙烯，修补用胶质量应符合以下规定：抗张强度 > 10 MPa，断裂伸长率 > 250%，抗撕裂强度 > 3 MPa。与 XHF-50 氯丁橡皮及聚氯乙烯套黏接后的抗剥离强度应大于 3 MPa，并且不延燃性能合格。护套的整段冷浇铸修补如图 12-7-35 所示。

（a）当导电线芯、绝缘层、屏蔽层修补好之后，将线芯按原状绞紧，用涂胶编织带编绕线束，胶面向外缠绕一遍。应将护套层锥角部分与线芯相接处缠满，以免浇铸的胶料流入线束内。

（b）将电缆拉直，水平固定。修补段下面要有一定的空间，最好有专用支架将电缆拉直固定。

（c）用三氯乙烷擦拭锥型段及附近的护套层，待三氯乙烷挥发后再擦一遍（在地面操作时，可采用丙酮或汽油擦拭）。

（d）用自粘橡胶带在修补段两端的护套层上缠成环状凸肩，凸肩的间距决定于修补护套层的长度，其外径应大于原护套，即凸肩厚度一般为 2 ~ 3 mm，最小厚度要保证不低于原电缆护套标称厚度的 1.2 倍。

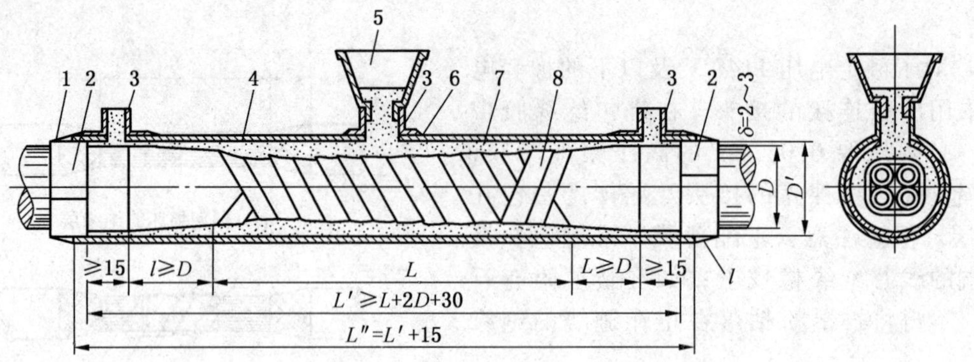

1—塑料黏胶带固定；2—自粘橡胶带缠成凸肩；3—浇口；4—聚乙烯薄片卷制模具；5—浇铸漏斗；6—塑料黏胶带固定；7—浇铸护套层；8—涂胶编织带包扎线束；D—电缆外径；D'—浇铸修补段外径；L—护套层切除段长度；L'—修补段全长；L''—聚乙烯薄片长度；l—锥形段长度

图 12-7-35　护套整段冷浇铸修补示意图

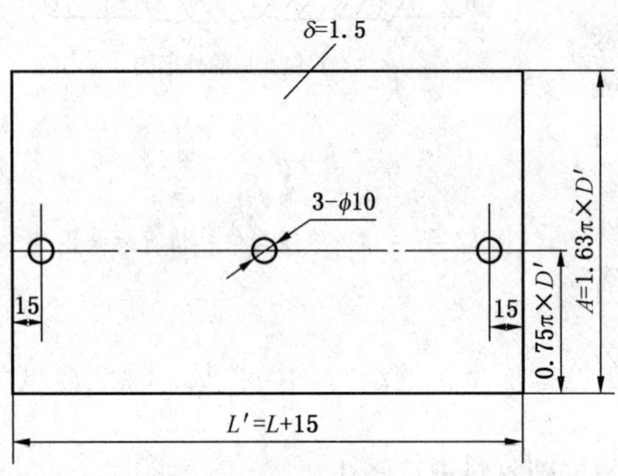

图 12-7-36　卷制浇铸模具用的聚乙烯薄片图

(e) 用厚 1.5 mm 的本色聚乙烯薄片作为浇铸修补模具，裁剪尺寸如图 12-7-36 所示。薄片上冲有 3 个 ϕ10 mm 的圆孔。

(f) 准备好聚乙烯浇口和聚乙烯漏斗，其形状如图 12-7-37 所示。

(g) 将聚乙烯薄片环绕修补段卷成筒状，两端搭在自粘胶带缠制的凸肩上，圆孔向上，用塑料粘胶带在卷筒两端密闭固定。注意：必须保持卷筒和电缆在轴线上的同心度。

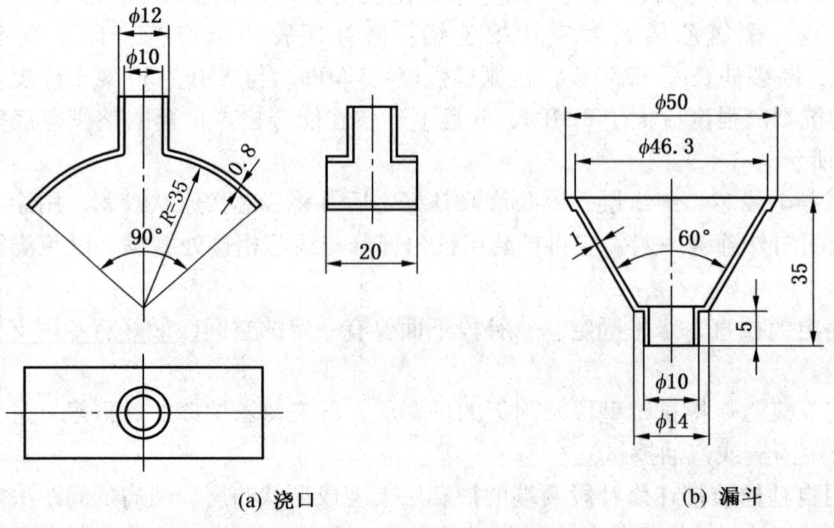

图 12-7-37　聚乙烯薄片卷制的浇口和漏斗图

(h) 将3个聚乙烯浇口安放在卷筒的圆孔上，并用塑料粘胶带固定。在中间的浇口上，安好聚乙烯浇注漏斗。

(i) 取双组分聚氨酯胶（两种组分按配比分别封装在密闭容器内）胶料的需用量见表12－7－13。

表12－7－13 胶料用量表

电缆外径/mm	以甲组分计胶料用量/g		电缆外径/mm	以甲组分计胶料用量/g	
	切除段长100 mm	切除段每增长100 mm		切除段长100 mm	切除段每增长100 mm
32	130	110	55	260	220
39	160	140	63	350	300
47	200	170			

(j) 将两组分胶料混合，操作力求迅速，混合好后从漏斗注入卷制好的模具内，直到胶液自两端的浇口流出为止。如见到气泡残存在模腔上部，应迅速用针在模具上穿刺小孔，放出气泡，使胶液充满。

(k) 一般情况浇铸后2 h就可脱模，经检查无缺陷，而且绝缘电阻合格就可送电投入运行。但此时的机械强度仅达原护套的18%，经过24 h才能达到100%。因此脱模后应包两层冷包带保护，并用夹板固定好，24 h后方可拆除，将外形修成光滑圆整。

(l) 拆下的模具和漏斗等应妥善保管，可重复使用。

② 护套层的局部修补。局部修补与整体修补工艺基本相同，所不同的是：

(a) 根据局部修补面积的大小，一般取用50 g包装的聚氨酯胶，将两种组分混合均匀。静置一定时间待胶料初呈膏状时，用木片、竹片或小抹灰刀等工具，将胶料涂抹在已擦拭好的护套待补处，涂抹的厚度应大于原护套层的厚度。

(b) 用1～1.5 mm厚的聚乙烯片卷包，将涂抹的胶料压实、铺开，以扩大与周围护套层的接触面积。卷包不宜过紧，以免使修补段呈扁圆形。用塑料黏胶带将卷包的聚乙烯片固定。

(c) 静置到规定时间，拆卸卷包的聚乙烯片。检查修补段是否光洁圆整，与原护套层的黏接是否良好。如不存在缺陷，即可送电运行。

③ 采用垂直浇铸法修补护套层：

(a) 将修补段拉直并垂直或稍倾斜固定。修补段上面0.5 m处固定在巷道棚梁或棚腿上，修补段下面应留1～1.5 m空间，使修补段及下部电缆自然悬垂。

(b) 用三氯乙烷擦拭锥型段及附近的橡套层。

(c) 用自粘胶带在修补段下端锥形护套下面边缘处缠成环状凸肩，凸肩的厚度一般为2～4 mm，如图12－7－38所示。

(d) 用厚1～1.5 mm的透明聚乙烯薄片作模具，长度$=L'+40$ mm，宽度$=1.3\times\pi D'$。

(e) 将聚乙烯薄片环包修补段卷成筒状，其薄片下端搭在自粘胶带缠制的凸肩上，用自粘胶带将卷筒下端口密封固定，以防胶液渗出。卷筒上端应高出锥形护套上边缘10 mm以上。

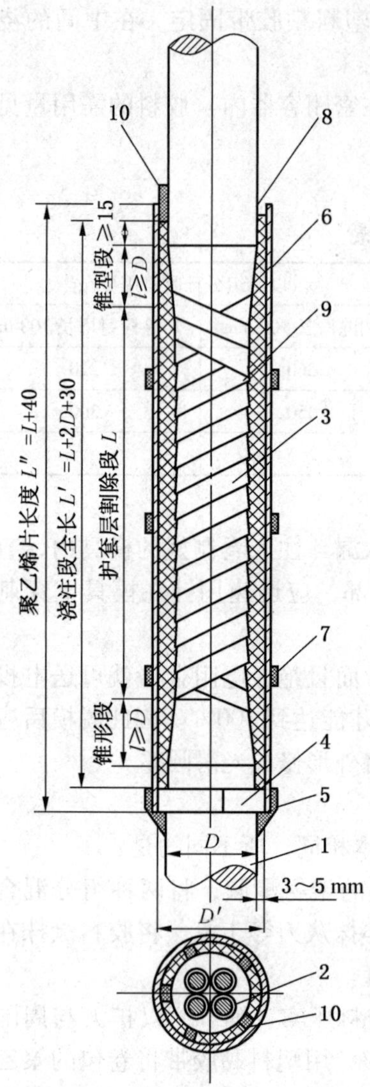

1—橡套电缆；2—线芯；3—用自粘胶带包扎线芯束；4—自粘橡胶带缠成凸肩；5—自粘橡胶带密封定位；6—聚乙烯薄片卷制模具；7—塑料粘胶带固定；8—浇铸口；9—浇铸护套层；10—长方形木楔子（4～5个）；D—电缆外径；D'—浇铸段外径

图 12－7－38　垂直浇铸修补电缆护套示意图

（f）用4块厚3～5 mm、宽3～5 mm、长20～30 mm的长方形木楔，分别从四面楔入卷筒上端口内10 mm左右，使木楔撑在聚乙烯薄片与橡胶护套之间。

（g）用黑绝缘胶布带或塑料胶黏带将卷筒中部、上端缠包密封固定。

（h）透过卷筒仔细观察整段模具内线芯束与卷筒壁的间隙，并从卷筒外面对线芯束进行整形，使卷筒和电缆线束的最小间隙大于该电缆外护套最小厚度，保持卷筒和电缆线束在同一轴线上。

（i）取双组分电缆冷补胶，按使用说明混合均匀，从卷筒上端口注入，直到充满模具内腔为止。

（j）静置到规定时间，待胶料已固化成型，可拆下模具，并检查与原护套是否黏接良好，有无缺陷。一切正常后将表面修成光洁圆整。检查绝缘电阻合格后，便可送电运行。

（三）不延燃自粘冷包胶带应急冷补

1. 修补前的准备

（1）工具和材料：电工刀、克丝钳、剪刀、木锉、砂布、不延燃自粘冷包胶带、补带胶水、高压绝缘橡胶带。

（2）选择环境清洁，能防止粉尘飞扬的地方作为修补地点。

（3）电缆必须脱离电源或有可靠的停电闭锁方可进行修补。

（4）将电缆修补段表面擦拭干净，检查其破损情况。

2. 修补工艺

（1）电缆绝缘层的修补：

① 对破损严重的绝缘层整段切除，两端削成锥形，其长度不小于10 mm。然后用木锉使绝缘层露出绝缘橡皮本色。

② 用高压绝缘胶带或不延燃自粘冷包胶带绕包绝缘层时，应先在已削成锥形段的原绝缘上均匀涂上一层补带胶水，挥发1～2 min后，再将胶带均匀拉长（伸长率100%～150%），依次半幅重叠连续紧密缠绕，缠绕方向为：中间→前端→后端→中间。与原绝缘层的搭接长度应不小于5 mm，并注意屏蔽层如附有石墨粉不可粘落在绝缘带上。

（2）屏蔽层的修补。屏蔽层仍用半导电自粘带修补。

(3) 护套层的修补：

① 将修补后的线芯按原状绞紧，用涂胶的编织带缠绕成线束。

② 将护套两端削成锥形，锥面长不小于电缆外径，一般应大于 40 mm，坡角应小于 30°。

③ 用木锉将锥面打毛、擦拭干净，均匀涂上一层补带胶水，挥发 1 ~ 2 min 后，用不延燃自粘冷包胶带半幅重叠连续紧密缠绕，由中间→前端→后端→中间，这样往复多次，当修补段直径超过电缆直径 2 mm 左右，即可把胶带末端压在中间部位。经测定电缆绝缘电阻合格后方可送电。

④ 本工艺适用于环境温度 0 ~ 40 ℃、湿度 90°以下的场所。

六、橡套电缆的干燥处理

橡套电缆在井下长期运行中，潮气和水分容易渗透，破坏了电缆的绝缘强度，造成漏电或短路事故，严重威胁人身安全并影响正常生产。

保持电缆的绝缘性能，是确保安全供电的主要手段之一。橡套电缆的干燥处理就是将渗透到电缆线芯绝缘、垫芯、护套三者之内的水分与潮气驱逐出去，经常保持或提高电缆绝缘强度。

在橡套电缆的干燥处理方法中，通常有电流干燥法、整体烘干法、热风干燥法、真空电热干燥法及真空远红外线干燥法等，其中后三种方法效果较为显著。热风干燥法简单，已为生产矿井普遍应用。目前有发展前途的是真空远红外线干燥法，并将取代真空电热干燥法。

(一) 热风干燥法

热风干燥法是将橡套电缆的一端接到一个密封容器内，将干燥的压缩空气（可采用空气压缩机排出的气体），压入到电缆护套与线芯中去，迫使潮气或水分排出电缆体外的一种干燥方法。

在现场实际应用中，又可分为线芯不通电的热风干燥和线芯通电的热风干燥两种，现分述如下。

1. 线芯不通电的热风干燥法

(1) 干燥工艺过程及其设备。线芯不通电的热风干燥示意图如图 12 - 7 - 39 所示。首先将电缆接到密封器 12 的接线孔内，其密封方法和防爆密封相似，不允许漏风并能承受一定压力。一次干燥电缆的数量取决于密封器接线孔数量的多少，而一个接线孔只能接一根电缆。如密封器采用防爆四通接线箱改制，则一次可同时干燥三根电缆。

电缆线芯的一端在密封器内，不作任何处理，散放即可；另一端应放置在干燥的地板上，线芯应分开。与此同时，应将电热预热器 9 的线圈送电，于是电热预热器管路温度逐渐上升，当温度达到 120 ~ 130 ℃时，即可进行送风干燥。

电热预热器 9 是为管路中的压风加温的装置，它由一根 1 m 长 ϕ50 mm 的钢管焊成的，两端用法兰盘与风管连接，在其钢管表面用截面积为 2.5 ~ 4 mm^2 的橡皮线缠绕，通以交流 30 ~ 50 V 电源，其电流为 10 ~ 15 A 即可。当压风通过该风管时，即达到了加热的目的。

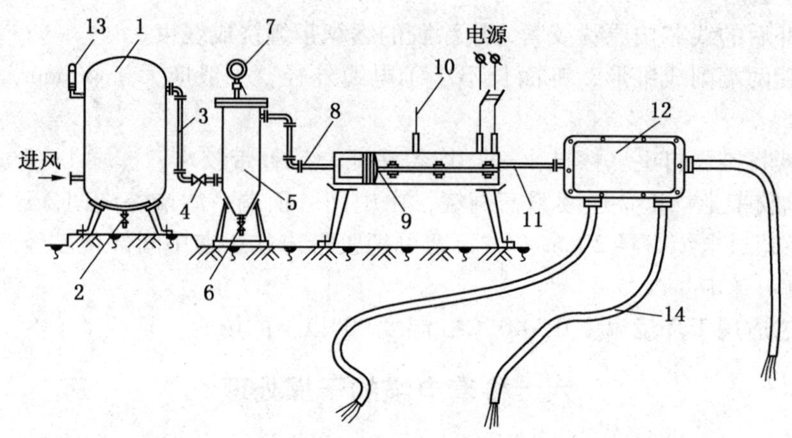

1—风包；2—排污阀；3、8、11—风管；4—风阀；5—过滤器；6—放污阀；7—压力表；9—电热预热器；10—温度计；12—密封器；13—安全阀；14—电缆

图 12-7-39　线芯不通电的热风干燥示意图

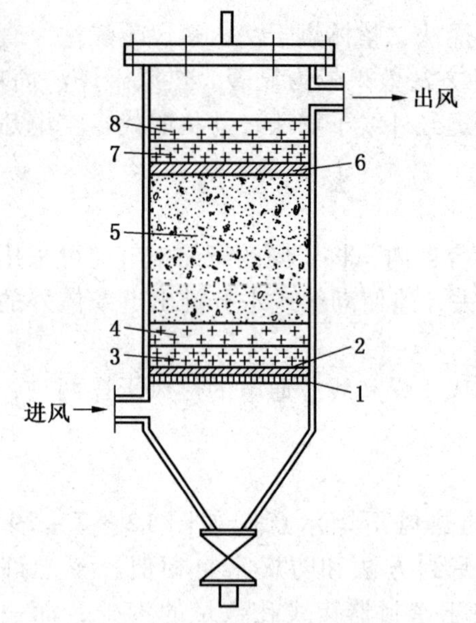

1—底托盘；2、6—工业用毡；3、7—金属细纱网；4、8—金属粗纱网；5—硅胶或氯化钙

图 12-7-40　过滤器结构图

过滤器 5 的作用是防止压风中的杂物、水分或油质等进入电缆内部而降低干燥效果，其结构如图 12-7-40 所示。过滤器应呈圆筒状，其容积不宜过小。将工业用毡在过滤器内部分上下两层铺放，厚度以 3 ~ 5 mm 为宜。它与金属纱网组成过滤层，对压风中的杂物、油质等有较好的过滤效果。金属纱网层由两种网孔组成，一种用 250 目金属细纱网，20 ~ 30 张交叉重叠为一组；另一种选用 64 目金属粗纱网，也用 20 ~ 30 张交叉重叠为一组，均分上下两层。

硅胶或氯化钙是固体颗粒，能吸收压缩气体中的水分，起到干燥效果，应放置在上下过滤层中间，其厚度应不小于 300 mm。

当电热预热器的温度计达到 130 ℃时，将风阀 4 打开，使压缩气体通过风包 1 进入过滤器 5。过滤后的压缩气体通过电热预热器 9 时，其温度可达 50 ℃以上，这样进入密封器后即可干燥电缆。

在过滤器的顶端应安置压力表 7，用以监测压风管路的风压数值。通过实际测定表明，热风干燥电缆的风压不宜过高，但也不宜偏低，一般风压以 0.4 MPa 为宜。如果干燥的电缆较短，或者是旧电缆，其风压为 0.2 ~ 0.3 MPa 亦可。较新的电缆或较长电缆干燥时，其风压也不宜超过 0.4 MPa。

（2）干燥时的注意事项：

① 热风干燥时，应时刻注意电热预热器的温度数值和线圈电流的变化，温度计的指数不宜超过 130 ℃，也不宜低于 100 ℃。

② 当电缆干燥一段时间之后，可用兆欧表在电缆外露端测其绝缘电阻值。如干燥效果较好，绝缘电阻值明显增高时，可连续干燥，直至达到合格；如果经过几个循环，干燥效果缓慢，则可将电缆调头，再进行干燥处理。

③ 在干燥间歇期间，应不断将风包下部的排污阀 2 及过滤器下部的放污阀 6 打开排污，以便提高压风质量。

④ 过滤器的清洗与检查应定期进行。采用矿井空压机的压风作干燥风源时，过滤器应每季度检查清理一次；如自备风源，至少半年清理检查一次。

⑤ 在正常干燥时，如发生电缆护套被压风吹成鼓包或线芯滑石粉大量外流时，应降低风压。此时还应注意观察电缆外露端护套与线芯间压风逸出状况，如果与其他电缆比较，逸出状况不利时，可用木棒轻轻敲击电缆护套，以利压风通过流畅。

⑥ 在干燥处理时，电缆护套的每一破口（或针孔）均会有压气溢出，此时应认真作好标记，以便于干燥后的热补工作。

2. 线芯通电的热风干燥

线芯通电的热风干燥与线芯不通电的热风干燥的不同之处，就在于干燥的电缆线芯通以长期允许负荷电流，使线芯自身温度升高，而在压风管路中不装设电热预热器，干燥效果基本相同。线芯通电的热风干燥示意图如图 12－7－41 所示。

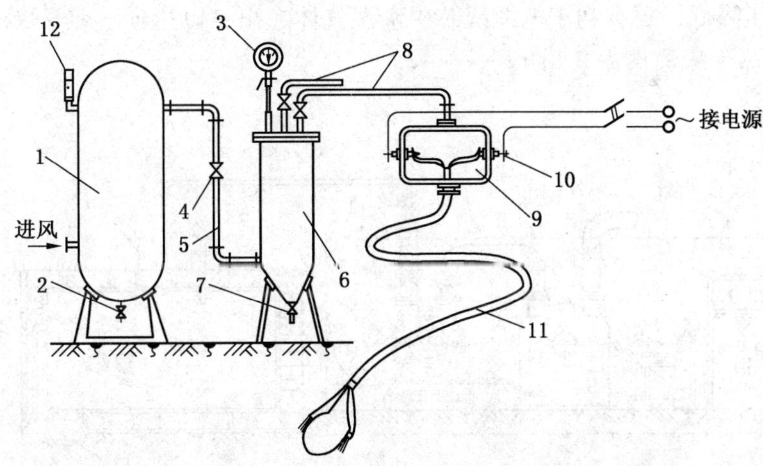

1—风包；2—排污阀；3—压力表；4—风阀；5、8—风管；6—过滤器；
7—放污阀；9—密封器；10—接线柱；11—电缆；12—安全阀

图 12－7－41 橡套电缆线芯通电的热风干燥示意图

干燥时，将电缆线芯两根为一组并接后，再在外露端串联（图 12－7－23），但其连线截面积应不小于线芯截面积。不同规格的橡套电缆的长期允许负荷电流，见表 12－7－14。加热线芯的交流电源电压不宜过高，一般不应超过 40 V。在送电前，电缆外露端的线芯串联部位应用绝缘物体垫起来，以防接地。

表 12-7-14　线芯电流与电缆线芯截面积关系表

电缆线芯截面积/mm^2	长期连续负荷允许载流量/A	干燥时线芯选用电流值/A	电缆线芯截面积/mm^2	长期连续负荷允许载流量/A	干燥时线芯选用电流值/A
10	64	16~53	35	133	130~150
16	85	78~80	50	173	163~190
25	113	105~120	70	215	208~240

干燥的操作方法除上述过程外，其余与线芯不通电的干燥方法相同。不过，此种干燥方法有以下不足之处：

（1）一个密封器如果只有一组接线柱的话，那么只能接一组电源，亦即只能干燥一根电缆。不同截面积的电缆不能在同一密封器同时干燥。

（2）在干燥过程中，应设专人掌握线芯温度，有时因掌握不准，易造成线芯过热现象。

（3）在干燥中测量绝缘电阻时，必须停电并拆开线芯的连接部位。

（二）真空电热干燥法

真空电热干燥法，是将因受潮而绝缘电阻低于 2 MΩ 以下的相同规格电缆，放入真空室内，并将其电缆线芯依次串联起来，然后通电加热，经过一段时间线芯的温度逐渐升高，渗透到电缆内部的潮气和水分也随之蒸发，此时开动真空泵，将真空室内的气体排除室外，室内气压降低，更有利于电缆线芯中潮湿气体逸出，以达到电缆干燥的目的。

1. 真空电热干燥的设备（图 12-7-42）

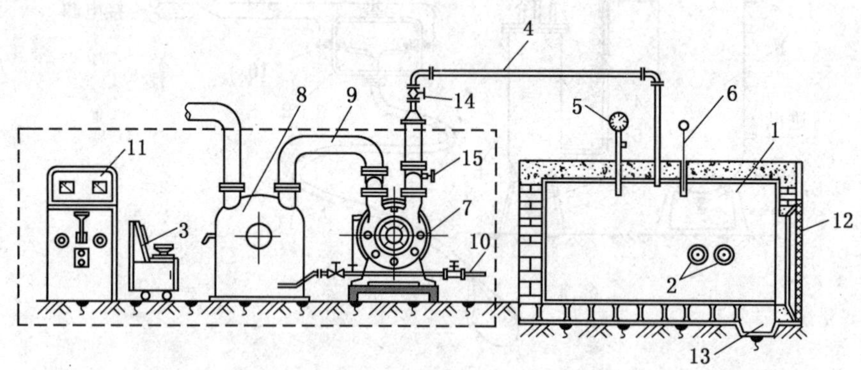

1—真空室；2—穿墙套管；3—升流器；4—抽气管；5—真空表；6—温度计；7—真空泵；8—水气分离器；9—排气管；10—注水管；11—启动器；12—真空室门；13—积水槽；14—排气阀；15—调节阀

图 12-7-42　真空电热干燥工艺设备示意图

（1）真空室：可由砖、料石或耐火砖等不延燃性材料砌成，也可用厚度 5~8 mm 钢板焊制。如用料石或砖等建筑材料砌制时，内壁应采用 3 mm 厚的钢板焊成箱体。箱体与建筑材料之间，为了减少热传导，应充填石棉粉或其他隔热材料。如用钢板焊制时，除了要有足够机械强度防止变形外，也要考虑使用隔热材料包于箱体之外，以减少箱体内部温度外散。

真空室的容积应根据实际使用情况而定，一般以一次能容纳长 300 ~ 400 m 截面积为 70 mm^2 的电缆（大约 3.5 ~ 4 m^3）为宜。门及其他与外界相通的部位都应封堵严实，防止漏气。

真空室的侧壁，装有穿墙套管，内部与被干燥电缆线芯连接，外部与升流变压器连接。升流最大电流值为 50 A；最低电压值为 12 V。

真空室上部装有抽气管，真空表和温度计。室内底板应有一定坡度，并设有积水槽，以便潮气积聚的水流入槽内，便于清除。

（2）真空泵 7 的型式可随意选择，其容量可由一次真空干燥电缆的数量而定。如选用水环式真空泵，水气分离器 8 是与其配套使用的，注水管 10 是专为水环式真空泵和水气分离器注入清水而敷设的。

2. 真空电热干燥的工艺过程

（1）将同一规格的电缆装入真空室内，并将线芯串联起来，接到穿墙套管的接线柱上。线芯串联方法：对于长 300 m 及以上的电缆，先将四根线芯分为两组，每组两根并联后再串联，如图 12－7－43 所示；对于长 300 m 以下的电缆，可将单股线芯直接串联，而地线因截面积较小，不能串入，如图 12－7－44 所示。然后关闭真空室门，接上电源，向电缆送电。电流的大小按电缆截面积的不同而定，可参照表 12－7－14。

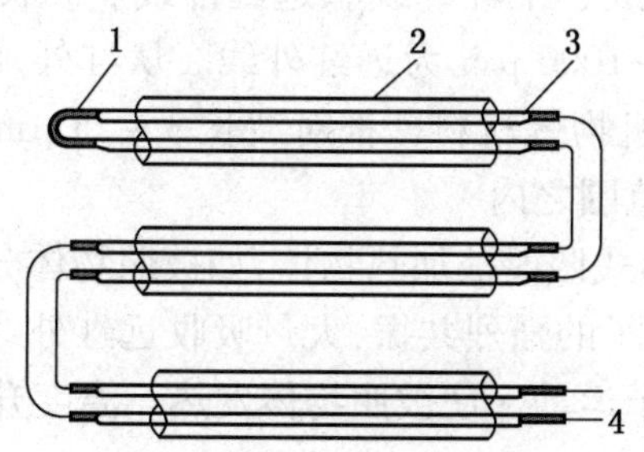

1—两股线芯并联后串联；2—护套；3—线芯；4—穿墙套管的接线柱

图 12－7－43　干燥长 300 m 以上电缆的接线示意图

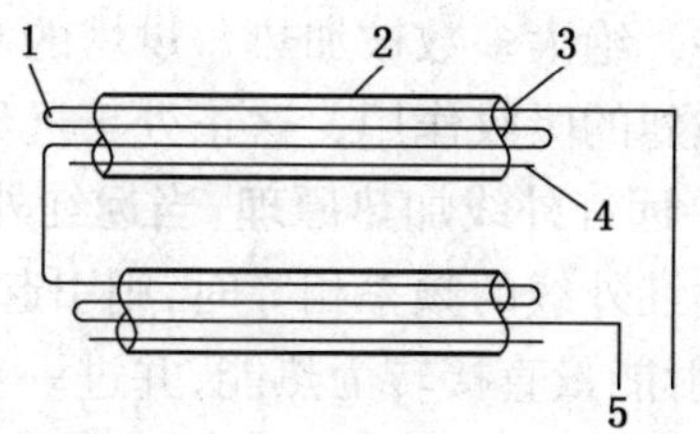

1—单股线芯串联；2—护套；3—线芯；4—地线；5—穿墙套管的接线柱

图 12－7－44　干燥长 300 m 以下电缆接线示意图

（2）当真空室内部温度升到 35 ℃时，启动真空泵。在开泵之前，必须向水环式真空泵内注水，直至水气分离器的溢流管有水流出为止。然后，将排气阀 14 关闭，把调节阀 15 打开，待真空泵运转正常后，再将调节阀关闭，徐徐打开排气阀，开始抽真空。

当真空泵运转 20 ~ 30 min 后，真空度可达 640 ~ 660 mm 汞柱，即可停泵，此时要注意观察真空表指针的变化。经过一段时间真空度将逐渐降低，甚至降到零，这时再次启动真空泵。这样反复运转几次，直到真空度保持一定数值不再下降时为止。然后，切断电源，真空电热干燥便告结束。待真空室的温度逐渐下降至 35 ℃以下时，将电缆取出并测试绝缘电阻值。

在全部干燥过程中，真空室的温度应一直保持在 50 ~ 55 ℃。如超过 55 ℃时，应及时切断线芯电源；当温度降到50 ℃以下时，需重新通电加热。

3. 真空干燥的注意事项

（1）电缆的线芯连接务求紧固，相间裸露部分应进行绝缘包扎，防止碰撞短路。

（2）线芯接通电源后，应徐徐调节变压器并注意观察电流表的指针读数，直至达到规定数值为止。操作不宜过快，防止电流冲击。如在升流过程中，突然发生电流表指针猛然冲击而又返回零位时，应立即断开电源，检查干燥电缆的连接情况，妥善处理。

（3）为了正确控制真空干燥的温度，应当在真空室的适当部位装设温度自动控制装置。温度调节应准确，防止电缆过热，造成老化。

（4）一次真空干燥完毕，在取出电缆之前，应将泵体上的调节阀打开，使真空室恢复正常气压，便于打开真空室的门。

（5）每次工作之前或工作之后，都要清理和检查真空室，内部底板的积水要清除，四壁水珠应擦净，并认真作好记录。

（三）真空远红外线干燥法

1. 远红外线干燥的优越性

应用远红外线对物体进行加热干燥，是20世纪70年代兴起的一门技术，与传统的蒸气、热风和电阻等加热方法相比，具有装置简单、加热速度快、产品质量好、加热效率高和节能效果显著等优点，特别适合对各种有机物、高分子物质和含水物质进行加热干燥处理。

（1）什么是远红外线：红外线划分为近红外线、中红外线和远红外线。波长0.78～1.4 μm为近红外线，1.4～3 μm为中红外线，3～1000 μm为远红外线。从红外加热技术领域来讲，绝大多数被加热、烘烤的高分子和有机物等材料，都对波长3～25 μm的电磁波有很强烈的吸收作用，这正处于远红外线波长范围之内。

（2）远红外线加热原理：当远红外线以辐射形式照射被加热物体，如被照物体分子运动频率和远红外线的频率相等时，则引起被照物体分子的强烈共振，大量吸收远红外线的辐射能量，辐射能量直接转为热能，并进一步激化其分子运动，使被照物体发热、温度升高。

2. ZYG系列真空远红外线干燥机

真空远红外线干燥机是综合真空干燥和远红外线干燥的优点而设计的一种新型的干燥设备，它具有真空干燥和远红外线干燥的双重优点。试验证明，用于电缆、电机干燥，较一般方法有其独特的优点。

（1）使用范围与性能。ZYG系列真空远红外线干燥机主要用于对橡套电缆、电机、变压器及其他电气设备进行低温、快速干燥处理，主要技术性能见表12－7－15。在常压

表12－7－15 ZYG系列真空远红外线干燥机的主要技术性能

技 术 性 能	ZYG－1200型	ZYG－1800型
干燥室尺寸	ϕ1200×1700	ϕ1800×2000
干燥室工作真空度	600 mm汞柱	600 mm汞柱
干燥室干燥温度	55～65 ℃	55～65 ℃
干燥橡套电缆最大长度	35 mm^2 橡套电缆170 m	70 mm^2 橡套电缆300 m

注：Z—真空；Y—远红外线；G—干燥机；1200、1800—干燥室直径。

下对橡套电缆等物料进行干燥处理时，若干燥温度低于 100 ℃，水分不易汽化蒸发，这样不但干燥效率低，而且达不到干燥的要求，但是由于温度过高容易使橡皮老化而缩短其使用寿命，所以最好采用真空远红外线干燥机。

（2）结构特点。ZYG－1200 型与 ZYG－1800 型真空远红外线干燥机，主要由真空干燥室、远红外线辐射器、被干燥物料的承载装置、电气操作台及真空泵等组成。

① 真空干燥室是该机的主体。在室内表层覆以耐火纤维的保温层及铝板射层。真空干燥室有良好的密封性能、保温性能、反射性能。外壳装有真空表、接线盒、放气阀、放水阀、观察窗、真空管道等；真空干燥室内有远红外辐射器、物料干燥拖车、托架、各接线柱、照明灯等。真空度与时间及温度的关系可达到如下要求：真空度达到 600 mm 汞柱（表压）的时间不大于 15 min；真空度由 600 mm 汞柱降到 550 mm 汞柱的时间不小于 2 h；真空干燥室内温度升至 60 ℃的时间不大于 15 min；真空干燥室内温度为 65 ℃的时间不小于 1 h。

② 应根据被干燥的物料选用远红外线辐射器的形状和规格，可选用管状的，也可选用板状的，配用规格见表 12－7－16。干燥橡套电缆时，远红外线辐射功率密度见表 12－7－17。

表 12－7－16　远红外线辐射器规格

名　称	规　格	使用功率/kW	备　注
管状远红外线辐射器	JGQ4 型 ϕ20×1750	1.7	ZYG－1800 型用
管状远红外线辐射器	JGQ4 型 ϕ20×1450	1.7	ZYG－1200 型用
板状远红外线辐射器	BGZ－1 型 205×305×40	1	

表 12－7－17　干燥橡套电缆远红外线辐射功率密度

机　型	辐射器规格	数量	使用功率/kW	辐射功率密度/($kW \cdot m^{-3}$)
ZYG－1800 型	JGQ4 型 ϕ20×1750	9	15.3	5.75
ZYG－1200 型	JGQ4 型 ϕ20×1450	3	3.1	3.1

③ 电气操作台使干燥机达到对真空度的自控和手控、温度自控和保险控制、绝缘度的巡回检测与耗电计量。

④ 真空泵系统主要由 SZ－Z 型水环式真空泵、单向阀及真空管道等组成。

为了便于使用，可采用移动式结构形式，用一公共底盘把真空干燥室和真空泵安装在一起，可不用底脚螺栓固定，只要将其平稳地放置地面，按底盘上表面找好水平，并按照电气操作台使用说明书，将线接好后，便可运行使用。

（3）工艺要求。与温度自控和保险控制的温度调节仪相匹配的热电阻，一定要放置在被干燥物料离辐射最小距离的辐射物面上，即一定要测定的是物料被加热的最高温度点。辐射器的放射涂层到被干燥物料的表面最小距离，不得小于 150 mm。橡皮电缆干燥处理工艺如下：

① 打开真空干燥室门，将接轨与干燥室内的轨道连接好，拉出电缆拖车。将电缆均匀地排列在电缆托轮上后，再将拖车推入室内，并用拖车下面的固定螺栓将拖车固定好。按电气操作台的说明要求，将加热测量的接线接好。把温度调节仪的热电阻放置在电缆之间，与电缆紧密接触并且固定好。

② 关好真空干燥室的门，并对角地将紧固螺栓紧固，使真空干燥室的门密封好。将温度调节仪上的调节指针调整在 55 ~65 ℃之间，将温度保护指针的上限调整到 67 ℃的位置，把真空表自控指针的上限调整到 600 mm 汞柱，下限调整到 580 mm 汞柱。在干燥过程中，若真空度的指针由 600 mm 汞柱降为 580 mm 汞柱的时间大于半小时，则要用真空度的手控部分，每隔半小时强行开动真空泵一次。

③ 保持真空和加热干燥的时间，因电缆规格和渗水量的不同而有差异。可随时通过操作台上的绝缘电阻测量仪表测定出其绝缘水平，达到要求后停止干燥。

松开真空干燥室门的紧固螺栓，打开放气阀使真空干燥室进入空气之后，方能打开室门。拉出拖车，取下电缆，把拖车推入真空干燥室内，搬走接轨，将真空干燥室的门关好，并一定要用紧固螺栓紧固好，以防真空干燥室的门因长期自然下垂而变形。

第八节　电缆故障与寻找方法

一、电缆故障的种类和原因

（一）电缆故障的种类

由于煤矿井下环境差，井下的电缆事故远远多于井上电缆事故，常常造成一个采区、一个水平甚至全矿停电；一处电缆短路，有时还要波及他处绝缘不好的电缆短路，甚至严重影响生产和安全，同时对开关及变压器等造成短路电流冲击，影响设备的使用寿命和安全。

电缆故障大体可以分为绝缘故障、接地故障、短路故障、断线故障、闪络性故障。

1. 绝缘故障

（1）电缆的绝缘水平低，出现漏电现象。

（2）线芯相间或对地绝缘电阻达不到要求。

（3）线芯之间或对地泄漏电流过大。

2. 接地故障

（1）完全接地（也称死接地），检漏继电器动作，即电缆某相线芯接地，如用摇表（或万能表）测量二者之间绝缘电阻为零。

（2）低电阻接地，指一相或几相线芯对地绝缘电阻低于 500 kΩ。

（3）高电阻接地，指一相或几相线芯对地绝缘电阻在 500 kΩ 以上，甚至 1 MΩ 以上。

3. 短路故障

电缆的短路故障，有完全短路、低电阻或高电阻短路，有两相同时接地短路或两相直接短路，有三相短路和接地。

4. 断线故障

电缆一相或几相线芯断开或者一相导电线芯断一部分，常常因短路故障而烧断导线。

5. 闪络性故障

当电缆的电压达到某一定值时，线芯间或线芯对地发生闪络性击穿；当电压降低时击穿停止。在某些情况下，即使再次提高电压值时，击穿亦不出现，经过若干时间后又会发生。这种故障有自动封闭故障点的特点。

（二）电缆故障的原因

电缆发生故障的原因是多方面的，与设计选型、安装施工、使用环境、运行状况、维修管理都有密切关系，具体原因有以下几个方面：

（1）电缆在使用中遇到挤、压、埋、砸、刮、撞、拉、受潮、进水、过负荷等原因，使电缆的绝缘损坏而漏电、接地或短路。煤矿井下巷道支架变形而使破碎顶板下落，或者在采掘作业中岩石破碎掉落，或者整修巷道时没有做好掩护等，都能造成电缆的损伤与破坏；井下工作面的采掘机、输送机等设备有时也会碰伤或拉断电缆；炮采工作面在爆破时也常有崩坏或挤压、撞坏电缆的现象。

（2）在运输过程中，因电机车、矿车掉道或者材料车超宽等造成碰撞、拉坏运输大巷的主要电缆；或者材料车撞倒井巷支架而损坏电缆。特别是电缆吊挂过低，不合要求，出事故的概率更大。

（3）在电缆敷设时，铠装电缆弯曲半径过小，使电缆的铅包产生裂纹，进入潮气或水分，损坏绝缘；超过厂家规定的允许高差，造成电缆漏油损坏绝缘；碰撞损伤电缆，时间久了绝缘性能逐渐恶化，造成事故。

（4）所做电缆接线盒质量不合要求。材料质量低劣，或者受潮而绝缘强度不高；或者密封不好逐渐受潮，运行一定时间后绝缘恶化。

（5）日常维护检修管理不善。将电缆落在地上，甚至长期浸泡在水中；有“鸡爪子”“羊尾巴”、明接头，从而造成漏电、接地或短路事故。

（6）电缆过负荷运行，线芯发热，造成绝缘老化，损伤电缆而引起事故。金属材料支护的巷道，如果电机车架线因故与支架接触，也易造成直流电弧烧坏电缆铠装进而发生事故。

（7）故障过电压和大气过电压等造成电缆事故。

电缆在煤矿的日常生产中占有举足轻重的地位，因此，应认真执行定期检查检修制度，加强日常维护，做好电气预防性试验工作，把事故消灭在萌芽之中，以确保电缆的安全运行。

二、寻找电缆故障点

（一）维修人员直接判断和寻找故障点

运行中的电缆或者新安装的电缆一旦出现故障，应以最快的速度寻找事故点，以便及时处理，减少生产和安全上的损失。首先应确定是哪条电缆出了故障。当维修人员无法查明是过负荷跳闸还是事故跳闸时，可以进行一次试送电来判断跳闸停电的原因。但是在井下，敷设电缆巷道的瓦斯浓度必须在1%以下时才可试送电。

如果属于电缆事故跳闸，应首先用摇表测定电缆线芯之间和对地的绝缘电阻，初步判断故障的性质。绝缘故障，往往是通过检测绝缘电阻和做泄漏试验来发现的，或者通过检漏继电器指针数值进行判断。接地故障可通过检漏继电器跳闸发现。短路故障，常常是因接地短路或者短路后接地，也有少数只短路不接地。

对于在空气中敷设的电缆，包括井下沿巷道敷设的电缆，如果因短路故障造成外皮烧伤，一般通过沿电缆线路查找外观，即可找到故障点。电缆接线盒出现短路故障时，如果检查的及时，可以摸到表面温度较高；电缆某处短路，有时可以看到烧穿的伤痕的穿孔，在短路点还可以嗅到绝缘烧焦的特殊气味。

（二）用万用表寻找橡套电缆故障点

首先将橡套电缆两端的线芯全部开路，如果电缆故障是相间短路，将发生短路的两根线芯的端头与万用表相连接；如果是接地故障，就将发生接地的线芯和地线芯接到万用表上，将万用表的选择开关打到欧姆挡，然后由检修人员对电缆逐段进行弯曲或翻动，当弯曲到某一点，万用表指针有较大摆动时，说明这就是故障点。也可用木棒敲打电缆护套，当敲打到某点，万用表指针有较大摆动时，也就找到了故障点。

这种方法适用于寻找一芯或多芯低阻（几十千欧以下）接地或短路故障，不管是屏蔽电缆还是非屏蔽电缆均可采用。

（三）寻找电缆故障点的初测方法

如果属于单纯的接地故障、局部绝缘损伤或受潮故障、闪络故障、断线故障或者短路而未击穿外表的事故，以及埋地敷设电缆的各种事故，用表面的直观检查则难以发现故障点，只能采用仪器寻找故障点。

在用仪器寻找电缆故障之前，应该弄清故障的初步情况，弄清电缆的型号、规格、数据、长度以及敷设位置和状况等技术资料。

1. 电桥回线法

单臂电桥的原理接线图如图 12－8－1 所示。由 4 个电阻所组成的电桥线路中，在一对角接入微电流计 G，另一对角接入直流电源 E，调节桥路电阻，使通过微电流计 G 的电流等于零。这时 b、d 两点电位相等，则电桥平衡。

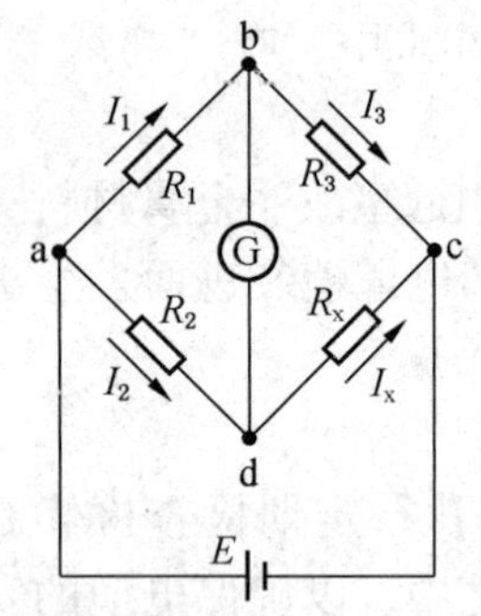

图 12－8－1　电桥原理接线图

从图 12－8－1 中可得出如下关系式：

$$U_{ab}=U_{ad}\quad 故\quad I_1R_1=I_2R_2 \tag{12-8-1}$$

$$U_{bc}=U_{dc}\quad 故\quad I_3R_3=I_xR_x \tag{12-8-2}$$

将式（12－8－1）除以式（12－8－2）得：

$$\frac{I_1R_1}{I_3R_3}=\frac{I_2R_2}{I_xR_x}$$

因为当电桥平衡时，b、d 两点电位相等，通过微电流计 G 的电流等于零，所以 $I_1=I_3$、$I_2=I_x$，故 $\frac{R_1}{R_3}=\frac{R_2}{R_x}$，即

$$R_x=\frac{R_2}{R_1}R_3 \tag{12-8-3}$$

因此，4 个电阻组成的桥式电流处于平衡状态时，相对两个电阻的乘积相等，若其中任何三个电阻为已知值，即可求得第四个电阻值，这是电桥回线法的基本原理。

用电桥回线法测量电力电缆故障位置时，将电缆单位长度的电阻和电容看成是均匀分

布的。如果设电缆长度为L，故障点长度为L_x，如图12－8－2所示，电缆线芯单位长度的电阻为R_3，则

$$R_{cx}=L_xR_0 \qquad R_{ax}=(2L-L_x)R_0$$

当电桥平衡时，利用式（12－8－3）得出

$$L_xR_0=\frac{R_2}{R_1}(2L-L_x)R_0$$

$$L_x=2L\frac{R_2}{R_1+R_2} \tag{12-8-4}$$

式中　L_x——电缆故障点距离，m；

L——电缆实际长度，m；

R_1、R_2——可调电阻器，Ω。

用电桥回线法可测量电缆线芯接地故障和线芯短路故障。如果操作正确，所测故障点的误差可在5 m之内。

用电桥回线法测量电缆接地故障，有多种方法：

（1）双可调电阻测定法（图12－8－2）。在图12－8－2中，R_1、R_2为电桥两臂的可调电阻，应采用1 kΩ以上的；G为微电流计，应采用4.5～6 mm/mA高灵敏度光点指针式；E为干电池或蓄电池，一般低阻故障的电缆有6～12 V电压就足够了。在R_1和R_2上并联一只可调电阻器作微调用，则能获得更准确的测量电阻值。如果电缆对地故障的绝缘电阻较大，则必须提高电源电压，但要注意操作安全。

测量步骤：首先将电缆对地放电，将被测的电缆线芯端清理干净，在被测电缆的另一端将a、c两线短接起来，按图12－8－2接成桥式线路。引线与连接线尽可能短，要求接触紧密良好，引线应直接接在电阻器和电缆的端子上。微电流计引线应采用截面积较大的导线，以减少电阻的误差。

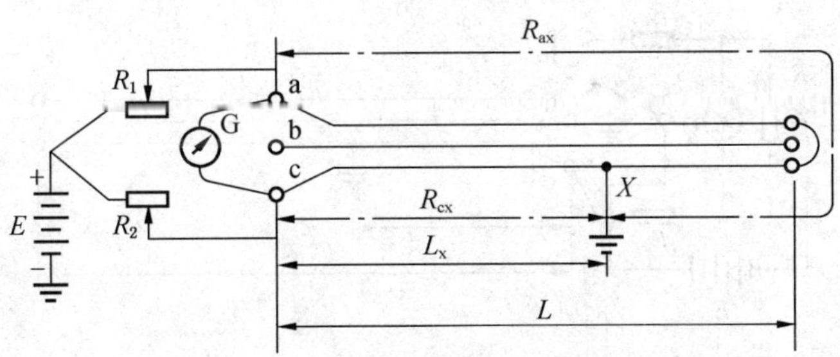

图12－8－2　双可调电阻测定法接线图

经检查接线无误，接触点均紧密牢固，施加直流电压，调节R_1与R_2电阻，使微电流计的指针指到零位，达到电桥平衡。拆除可调电阻器的接线，用电桥测出电阻值，则

$$L_x=2L\frac{R_2}{R_1+R_2}$$

式中　L——电缆的实际长度，m。

测量时可以改变极性复测一次，以减少仪表极性误差，并在电缆故障线芯的另一端再测一次，以作比较。

电缆的端头故障往往较多，用上述方法测量非常简便。例如：当电桥平衡时，如果 R_1 或 R_2 任一臂电阻接近于零时，不必计算就可确定其故障点在端头，很有利于快速处理故障。

（2）单可调电阻测定法（图 12-8-3）。为尽可能减少线路接触电阻的影响，可按图 12-8-3 所示进行接线。用一只 1 kΩ 可调电阻 R_b，将直流电源的另一端直接接地。当调节 R_b 至电桥平衡时，便可计算 L_x 值

$$L_x = 2L\frac{R_c}{1000}$$

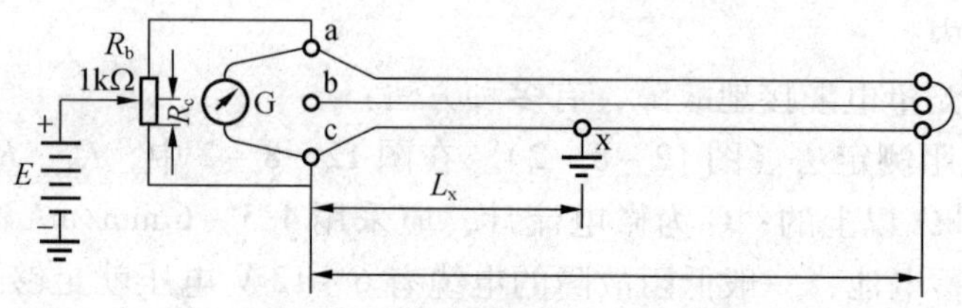

图 12-8-3　单可调电阻测定法接线图

（3）三点测定法（图 12-8-4）。为排除接触电阻引起的误差，可按图 12-8-4 所示进行接线。固定电阻 R_1 与 R_2 的阻值应选用接近电缆线芯的阻值，可采用标准电阻箱。可调电阻 R_g 的阻值为 1 kΩ。

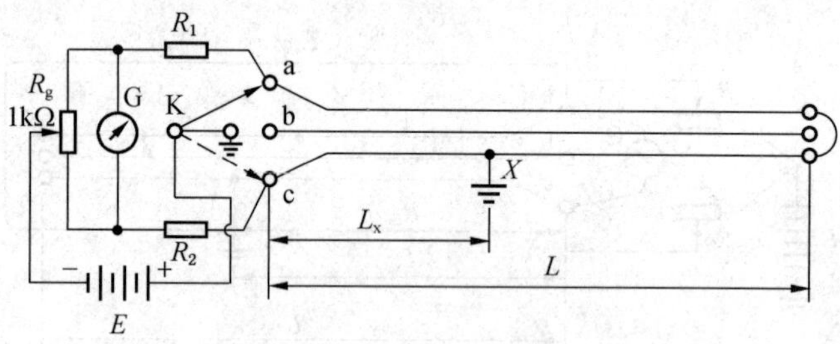

R_1、R_2—电阻；R_g—可调电阻；E—电池；G—微电流计；K—开关

图 12-8-4　电桥回线三点测定法接线图

操作方法：将开关 K 与 a 点接通，调节可调电阻 R_g，使电桥平衡，测得 R 为 R_a 值；再将开关 K 转接 b 点，使电桥平衡，测得 R 为 R_b 值；最后将开关转接 c 点，也使电桥平衡，测得 R 为 R_c 值。根据桥臂互相成比例的原理，列出如下公式：

K 接触 a 点时
$$\frac{1000 - R_a}{R_a} = \frac{R_1}{2L + R_1}$$

K 接触 b 点时 $$\frac{1000-R_b}{R_b}=\frac{2L+R_1}{L_x+R_2}$$

K 接触 c 点时 $$\frac{1000-R_c}{R_c}=\frac{2L-L_x+R_1}{L_x+R_2}$$

合解上述三式即为 $$L_x=2L\frac{R_c-R_b}{R_a-R_b} \tag{12-8-5}$$

如果 a 与 c 线芯互换位置，即为反接法，则

$$L_x=2L\frac{R_a-R_b}{R_c-R_b} \tag{12-8-6}$$

（4）用电桥回线法测定相间短路故障点。当两相线芯短路时，可按图 12－8－5 所示，使电桥达到平衡，并用式（12－8－7）计算出 L_x 值

$$L_x=2LR_x \qquad R_x=\frac{2R_1R_L-R_2R_g}{R_1+R_2} \tag{12-8-7}$$

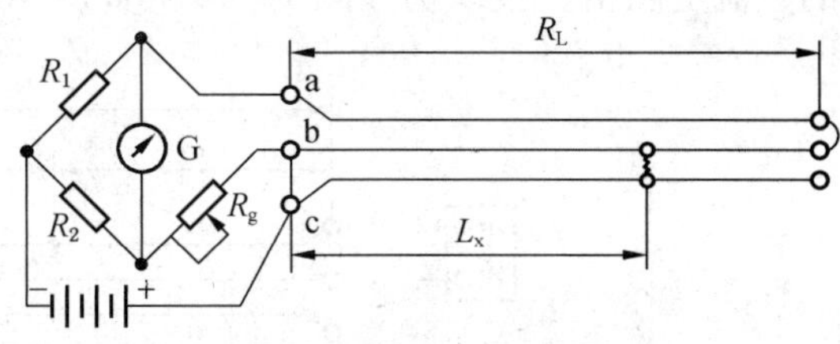

图 12－8－5 电桥回线法测量短路故障

式中 R_1、R_2——固定电阻，Ω；

R_L——电缆完好线芯电阻，Ω；

R_g——可调电阻，Ω。

2. *直流电阻测定法*

直流电阻测定法主要是用双臂电桥测出电缆线芯的直流电阻值，利用直流电阻与电缆实际长度成正比的关系计算电缆的故障位置，适用于电缆线芯间的直接短路故障。其测量方法如下：

（1）两相低阻短路测定法，如图 12－8－6a 所示。先用电桥测出 a 与 b 相之间的直流电阻 R_1，则

$$R_1=2R_x+R$$

式中 R_x——a 相或 b 相线芯端至故障点的一相电阻值，Ω；

R——短路点的接触电阻值，Ω。

再用电桥测出 a′与 b′相线芯之间的直流电阻值 R_2

$$R_2=2R_{(L-L_x)}+R$$

式中 $R_{(L-L_x)}$——a′相或 b′相线芯端至故障点的一相电阻值，Ω。

从以上所测结果，可得

$$R_1+R_2=2(R_x+R_{(L-L_x)})+2R$$

令 R_L 为用电桥测得的整根电缆一相电阻值，如图 12－8－6b 所示。将 b′与 c′连接起来，在 b 与 c 端所测电阻值为 $2R$，单独测 a 相或 b 相电阻值为 R_L，又因 $R_L=R_x+R_{(L-L_x)}$，由此得出电缆短接处的短接电阻值：

$$R=\frac{R_1+R_L-2R_L}{2}$$

因为

$$R_x = \frac{R_1 - R}{2} \qquad R_{(L-L_x)} = \frac{R_2 - R}{2}$$

按比例关系即可得出：

$$L_x = \frac{R_x}{R_x + R_{(L-L_x)}} = \frac{R_x}{R_L} \tag{12-8-8}$$

只要知道电缆实际长度即可计算出故障点正确距离。

以上的测量方法只适用于电缆相间短接和电阻在 1 Ω 以下的故障。如果短接电阻较大，应用大电流烧穿办法降低短接电阻，以适应此法测量。

（2）如果电缆短接电阻较大，又不具备击穿条件降低电阻，可用如下方法测量电缆线芯的直流电阻值，接线仍如图 12－8－6a 所示。

(a) 两端电桥测定法

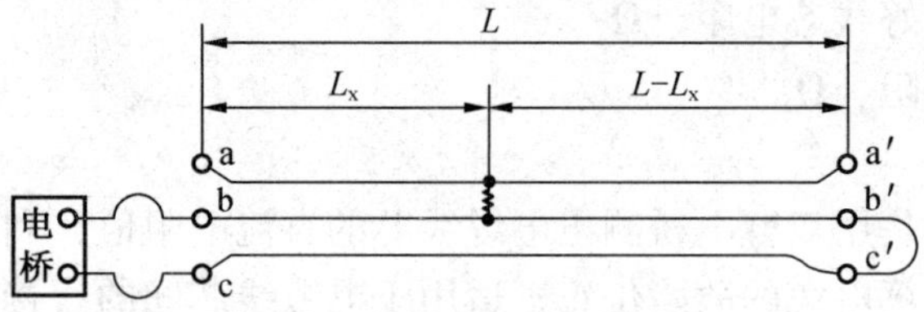

(b) 一端电桥测定法

图 12－8－6 直流电阻测定法

首先在 a 与 b 线芯之间测得直流电阻 R_1，$R_1 = 2R_x + R$，然后，将 a′与 b′线芯短接起来，重复测得 a 与 b 相间的直流电阻 R_2，$R_2 = 2R_x + \frac{2R_x R_{(L-L_x)}}{R + 2R_{(L-L_x)}}$，再拆开 a 与 b 相短接线，在 a′与 b′相线芯端测得直流电阻 R_3，$R_3 = 2R_{(L-L_x)} + R$，将 R_1 和 R_3 代入 R_2 式中求解即得

$$R = \pm\sqrt{R_3(R_1 - R_2)} \quad （取正值）$$

R 为电缆短接处直流电阻值，知道 R 值后，即可算出：

$$R_x = \frac{R_1 - R}{2} \qquad R_{(L-L_x)} = \frac{R_2 - R}{2} \qquad L_x = \frac{R_x}{R_{L_x} + R_{(L-L_x)}} = \frac{R_x}{R_L}$$

3. 脉冲示波器法

脉冲法是利用脉冲信号在电缆传播过程中，遇到故障点因波阻抗不匹配产生电磁波反射的现象，来测试电缆故障点，也称低压脉冲反射法。常用脉冲示波器的测量精度在 0.5% ~2% 。脉冲示波器法适用于测试断线及低电阻接地故障，计算脉冲信号在电缆线路上对故障点反射所需时间，再换算为故障点距离。

设故障点至测试点的距离为 L_x，则入射脉冲在线路上行进了 L_x 距离之后才产生了反射脉冲，当反射脉冲返抵测试点在仪器上显示出来时，它在被测线路上又行走了 L_x 距离，这样，脉冲信号往返行程为 $2L_x$，脉冲信号在电缆线路中的传播速度 V 大约为 160 m/μs，如果发射脉冲送出之后，由故障点 L_x 折返的反射脉冲信号抵达测试仪器时的间隔时间为 t，那么，即可按式（12－8－9）计算出故障点的距离 L_x：

$$2L_x = Vt \qquad L_x = \frac{tV}{2} \tag{12-8-9}$$

式中　L_x——故障点离首端的距离，m；

t——示波器上时间坐标对应反射脉冲的时间，t = 时标脉冲波齿数 × 每齿时间（μs）；

V——脉冲信号在电缆中的传播速度，一般为 160 m/μs。

从式（12－8－9）中可以看出，对于各种具体线路来说（如电缆线路、架空线路、通信线路等），由于脉冲传播速度 V 是一已知常数，因此，只要测出脉冲在线路中往返时间，便能确定其故障点 L_x 的距离。所以，根据公式把时间变换成距离，在测试仪器中出现距离刻度标志，可直接读出读数，脉冲示波器法示波器图形如图 12－8－7 所示。

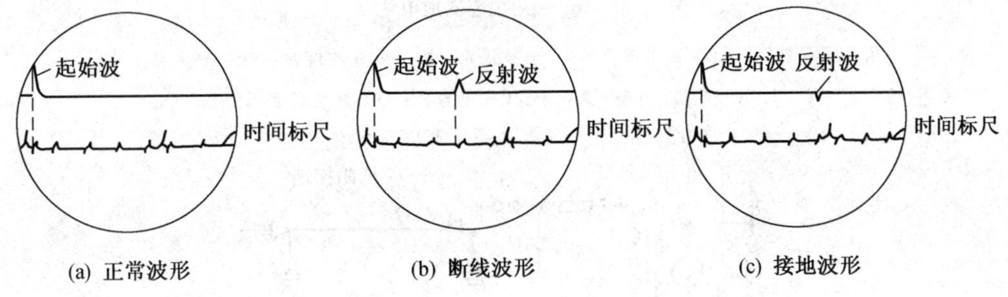

图 12－8－7　脉冲示波器法示波器图形

但是，对于低阻接地或相间短路故障，如果接地电阻值大于 100～150 Ω，由于脉冲信号在线路上的衰减使反射波变弱，不易观察。同时，反射脉冲的行程是负的，容易与电缆上其他许多波阻抗不均匀地点的反射脉冲混淆，使故障点不易辨别。

（四）寻找电缆故障点的精测方法

1. *声测法*

采用声测法寻找电缆低阻接地、低阻漏电、断线和闪络放电等故障点，方法简单，效果良好。可以利用试验电缆的直流耐压设备，通过高压直流电源使绝缘较好的电缆线芯充电，接线原理如图 12－8－8a 所示。最有效的方法是对专用电容器充电，如图 12－8－8b 所示。当充电电压达到一定值时，产生球间隙放电，而故障线芯在绝缘破坏处产生火花放电声音，可以较准确地判断出故障点。声测法也称火花放电听声法，当人耳直接听有困难时，应采用音频放大拾音器，还可用助听器、听诊器和硬木棍等。这种方法不受杂散电流的影响。

（1）声测法寻找低阻接地故障或相间低阻漏电故障。用声测法寻找低阻接地故障点或相间低阻漏电故障点，其接线如图 12－8－8b 与图 12－8－9a 所示，这是最常用的电路。故障点相当于一个间隙，如果是低阻接地或低阻漏电，这个间隙之间的电阻值应在 500 kΩ

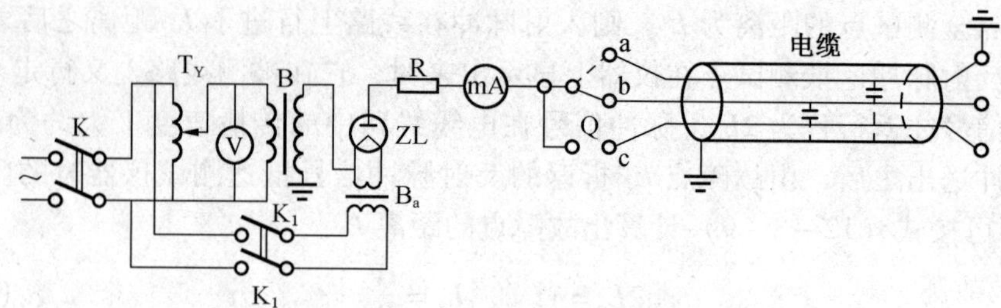

(a) 利用电缆本身的电容放电

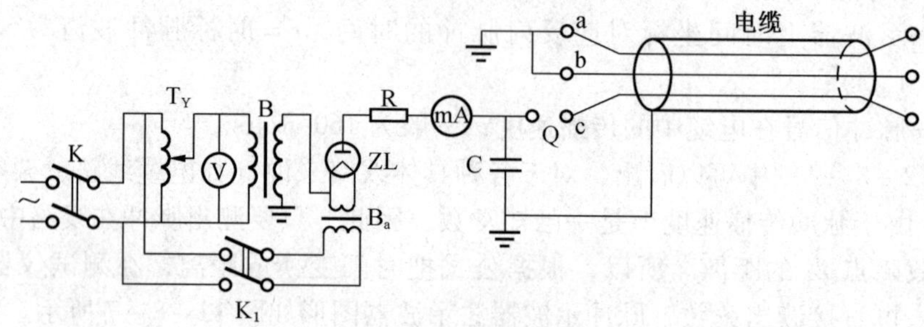

(b) 利用电容器放电

K、K_1—开关；T_Y—调压器；B—试验变压器；B_a—灯丝变压器；ZL—整流管；

R—电阻；mA—毫安表；C—电容器；Q—放电间隙

图 12-8-8　声测法高压整流管接线图

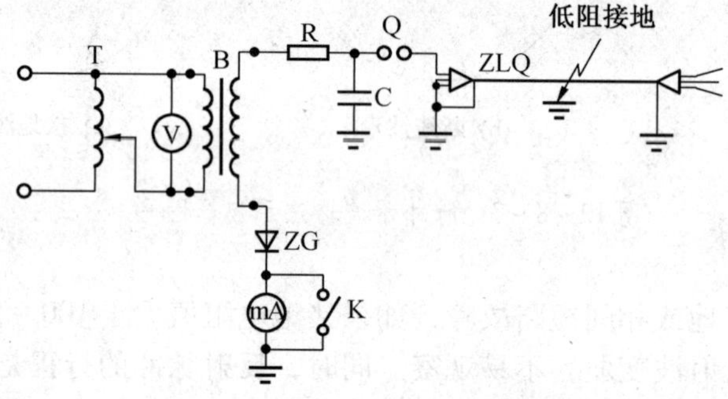

(a) 寻找接地点与漏电点

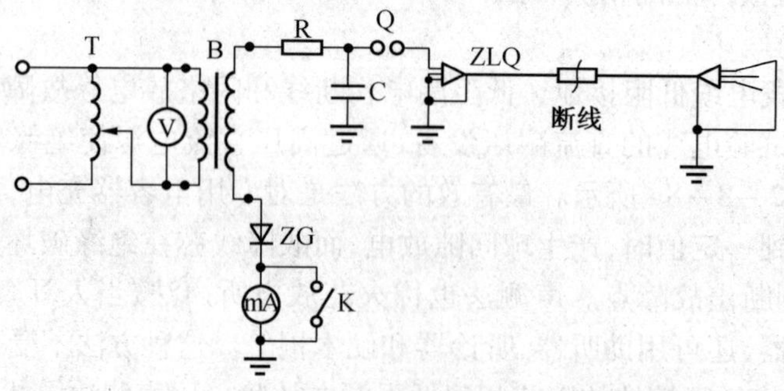

(b) 寻找断线点

B—试验变压器；ZG—分压硅堆；R—电阻；C—电容器；Q—放大间隙

图 12-8-9　声测法高压硅堆接线示意图

以下；当加一个直流高压时，便可使这一间隙击穿放电，并产生一定的火花和放电的声响。这时电容器的端电压因火花放电而急剧下降，当降到一定数值时，火花放电也就停止，于是电容器又重新开始充电，电压充到一定数值时，故障点又被击穿，又开始火花放电。周而复始，响声频频，而且人能清晰地听到，根据火花放电的声响就可找到故障点的位置。

此法离故障点越近“叭叭”的放电声越大。间隙放电能量与放电电流的平方和接地电阻的乘积成正比。为得到足够的放电电流，间隙前应接上较大的电容器（10～20 μF），电容越大，放电声音也越大，易于寻找准确故障点。当电压升至需要放电电压之前，给电容器充电，对于6 kV电缆来说，充电电压可用10～20 kV，对于10 kV电缆来说，充电电压可为20～30 kV。在间隙被击穿放电时，除了试验变压器供给部分放电电流外（一般控制在50～70 mA），电容器也同时放电，则可达到足够能量，使人听到声响；对于埋地电缆可使用拾音棒，也可根据收音机低频放大部分的原理，制成音频放大拾音器。

（2）声测法寻找断线故障。寻找断线故障的接线如图12－8－9b所示，必须将电缆断线相的另一端头与其他线芯连接在一起并直接接地。

有时断线故障因运行时发热面老化，大多数已变为高阻接地故障，可用直流高压将故障点绝缘击穿，变为低阻故障后，再寻找故障点。

（3）声测法寻找闪络性故障。由于闪络故障的接地电阻较大，因此放电电流可不必过大，可省略其电容器，将直流高压直接接在电缆故障线芯上放电。如果响声小，仍需加入电容器，以提高声音，便于寻找故障点。也可先将高阻击穿，变为低阻状态，再查找故障点。

声测法是精测电缆故障点的常用方法，在现场被广泛采用。如果电缆太长，接线盒又多，可先用电桥回线法等初测出近似点后，再精测。

2. *音频感应法*

音频感应法就是向电缆故障线芯回路中输入音频电磁波（3～30 kHz）或者脉冲电磁波，当电磁波沿着线芯到故障点时，方向及声波会发生改变，如图12－8－10所示，电磁波突变的地点即为故障点。

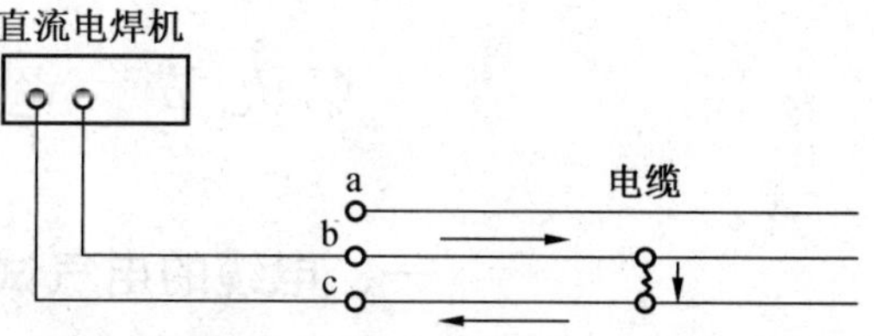

图12－8－10　音频感应法示意图

（1）用直流电焊机的音频寻找故障点。直流电焊机容量较大，音频放射性强，可以在故障点听到电弧声音。埋地敷设的电缆可用不同音频放大器，在地面上能很清楚地听到弧焊机的电弧声音。但是对埋地1.5 m以下的铠装电缆，由于电磁波通过导电体传入地下被吸收，衰减得厉害，地面上不易听到声音。对两点以上短路故障或线芯对铅包短接故障，因电磁波通过接地故障点被分成多股回路方向，有时候电缆全长都能听到同样的声音，则较难辨别故障点的正确位置。

（2）用脉冲电磁波寻找电缆故障点。凡是能够辨别的任何频率的脉冲电磁波，均可以通过音频感应法来探测电缆故障。采用调幅发生器以及手按电键也可以；在现场还可用刀闸开关、调压器、变压器接成冲击合闸试验线路，用刀闸或者接触器断续开合，产生间歇信号，也能用音频接收器清晰地听到声音。

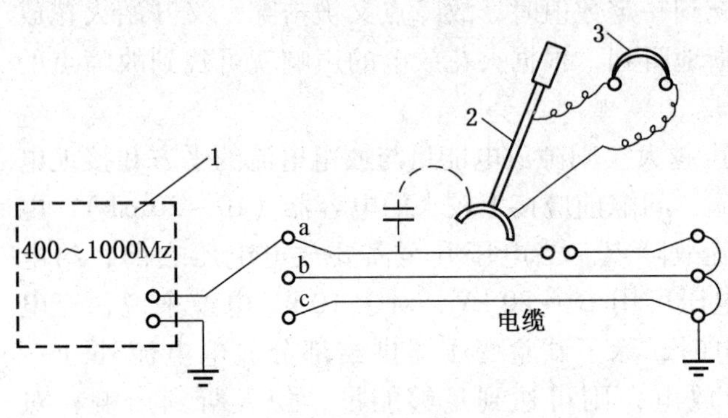

1—音频信号发生器；2—探叉；3—耳机

图 12-8-11 音频电容法示意图

(3) 用音频电容法寻找电缆故障点。音频电容法适用于橡套电缆及塑料电缆的断线故障探测，由音频电源、耳机、探叉所组成，其接线原理如图 12-8-11 所示。音频电源为 400～1000 Hz，可用音频信号发生器或者蜂鸣器。探叉是用铜或铝材制成的半圆形叉头，并带有叉柄；为了增加灵敏度，还可做成两个半圆叉头合为环形，套在电缆上。所用耳机应采用高内阻耳机。

电缆线芯输入音频信号以后，操作人员戴上耳机，手握叉柄使叉头沿电缆滑动，于是电缆线芯与探叉之间形成电容耦合作用，通过耳机清晰地听到音频信号声；当探叉过故障点之后，信号明显减弱或消失，信号突然变化之处，就是所要寻找的故障点。

因电缆线芯是绞合而成，影响强度发生周期性变化，应注意与故障点的变化相区别。

3. 反射波检测仪

国际上已有带电脑的电缆故障寻找仪器，如德国的“反射波检测仪”，可在 40 μs 的时间内，在距仪器 60 km 内的架空电缆和 30 km 内的埋地电缆的故障部位探测到电干扰，确定低阻抗或高阻抗部位以及漏电部位。电缆的故障点因分流而降低电缆的波阻抗，使反射脉冲信号显示在屏幕上。通过比较反射波传播的时间，利用计算机计算出故障点的距离。

第九节 电缆的电气试验

一、电缆的电气试验项目、周期和标准

（一）电缆的电气试验项目和周期

(1) 电缆在敷设前要做检查性试验，除按设计要求检查电缆的型号、规格外，还要用摇表检查一下绝缘状况，合格后才准进行施工。电缆在现场敷设完毕，送电之前必须进行一次电气试验，以验证电缆在敷设后是否合乎运行标准要求。如果发现问题，应及时处理，再经试验，直至合格为止，才准投入运行。

(2) 对于运行中的电缆，应该按《煤矿安全规程》要求的间隔时间进行电气试验。矿用电缆的电气试验，应根据原煤炭部颁发的《煤矿电气试验规程》及《煤矿井下电缆安装、运行、维修、管理工作细则》进行试验。

(3) 油浸纸绝缘电力电缆、橡皮绝缘橡套电缆、聚氯乙烯绝缘电力电缆和交联聚乙烯绝缘电力电缆的试验项目和周期见表 12-9-1。

表 12-9-1　电力电缆的试验项目和周期

电缆类型	试验项目	周期
油浸纸绝缘电力电缆	绝缘电阻测定	1. 新安装和更换接头；2. 运行中一年一次
	直流耐压试验并测泄漏电流	1. 新安装和更换接头；2. 运行中一年一次
	检查相位	1. 新安装和更换接头；2. 更换电缆
橡皮绝缘橡套电缆	绝缘电阻测定	1. 新安装和修补后；2. 运行中一季一次
	交流耐压试验	1. 新安装；2. 地面修补后
	检查相位	1. 新安装；2. 更换接头后
聚氯乙烯绝缘电力电缆	绝缘电阻测定	1. 新安装和更换接头；2. 运行中一年一次
	耐压试验（直流或交流）	1. 新安装和更换接头；2. 运行中一年一次
	检查相位	1. 新安装和更换接头；2. 更换电缆
交联聚乙烯绝缘电力电缆	绝缘电阻测定	1. 新安装和更换接头；2. 运行中一年一次
	直流耐压试验	1. 新安装和更换接头；2. 运行中一年一次
	检查相位	1. 新安装和更换接头；2. 更换电缆

（4）电力电缆一般只做直流耐压试验，而不做交流耐压试验。因为交流试验电压一旦过高或时间过长，有可能使电缆绝缘中的气泡发生游离，使绝缘产生永久性损伤；而直流耐压试验时，绝缘中的气泡产生的容积电荷电场与外加电压相反，降低了电场梯度，不会发生长时间的气体游离，因而对绝缘的破坏性小。

绝缘良好的电缆越长，电容电流越大，需要交流试验设备的容量越大，既笨重又不经济。而直流耐压试验时，通过电缆绝缘的泄漏电流很小，有较小的整流试验设备即可，搬运和使用都很方便。

（5）矿用橡套电缆因移动频繁，数量多，一般情况都集中在地面检修，只做交流耐压试验。聚氯乙烯绝缘低压电缆，也是大多做交流耐压试验。

（二）电缆的电气试验标准

1. 油浸纸绝缘电力电缆的电气试验标准

（1）绝缘电阻标准。电缆的绝缘电阻因电缆型号、长度、接线盒及环境温度等各不相同，因此只能给出每千米的绝缘电阻值，见表 12-9-2。

表 12-9-2　油浸纸绝缘电力电缆的绝缘电阻

名　称	电压等级		
	<0.7 kV	1~3 kV	6~10 kV
黏性油浸纸绝缘电力电缆绝缘电阻，20 ℃时（MΩ·km）	10	50	100
不滴流油浸纸绝缘电力电缆绝缘电阻，滴干纸绝缘电力电缆绝缘电阻，20 ℃时（MΩ·km）	—	100	200
选用的兆欧表规格	1000 V 1000 MΩ	2500 V 2500 MΩ	2500 V 2500 MΩ
良好电缆的吸收比 $K=R60/R15$	≥2	≥2	≥2
各项电缆的不平衡系数	≤2.5	≤2.5	≤2

注：1. 表中绝缘电阻值为换算到长度为 1 km、温度为 20 ℃时的绝缘电阻值。
2. 耐压后的绝缘电阻值与耐压前相比不应有显著下降。

（2）直流耐压试验与泄漏电流试验标准。油浸纸绝缘电缆直流耐压试验标准应按出厂规定进行，当查不到厂家标准时应按表 12－9－3 规定进行试验。

表 12－9－3　油浸纸绝缘电缆直流耐压试验标准

电缆额定电压	试验电压/kV	
	新安装	运行中
1～10 kV	$6U_N$	$5U_N$
35 kV	$5U_N$	$4U_N$
试验时间/min	10	5

注：U_N 为额定电压。

测量泄漏电流时，应在直流耐压过程中 0.25、0.5、0.75、1.0 倍试验电压下，各停留1 min 试取泄漏电流值，其参考值见表 12－9－4。

表 12－9－4　油浸纸绝缘电缆泄漏电流参考值

电缆芯数	工作电压/kV	试验电压/kV	泄漏电流/μA	
			新安装	运行中
3 芯	35	140	85	—
	10	50	50	120
	6	30	30	75
	3	15	20	50
	1	5	20	50

注：本表适用于长度为 250 m 以内（包括 250 m）的电缆；电缆长度超过 250 m 时，其泄漏电流与电缆长度成正比，可适当增加。

泄漏电流值，只作为判断绝缘情况的参考，不作为决定是否投入运行的标准。

在做直流耐压试验时，在 1 倍试验电压下 1 min 的泄漏电流值和耐压试验终了时的泄漏电流值相比，不应有显著增加。

泄漏电流突然变化，随时间增长或随电压升高，不成比例的急骤上升，以及有闪络放电击穿等现象时，应查出原因加以清除。必要时可酌情提高试验电压或延长耐压持续时间。

三相泄漏电流不平衡系数：3 kV 及以下者不大于 2.5，其余一般不应大于 2。但最大一相的泄漏电流，对于 10 kV 及以上者小于 20 μA 时，6 kV 及以下者小于 10 μA 时，不平衡系数可适当放宽。

2. 橡皮绝缘橡套电缆的电气试验标准

（1）绝缘电阻试验。橡皮绝缘橡套电缆的绝缘电阻：高压应大于 50 MΩ（用 2.5 kV 摇表）；低压应大于 2 MΩ（用 1 kV 摇表）。

（2）浸水耐压试验。矿用橡套电缆新安装前和热补后，应在水中浸 1 h 再做耐压试验。其试验电压值有出厂规定的按出厂规定，无出厂规定可查的，参照表 12－9－5。

表 12－9－5　橡皮绝缘电力电缆的耐压试验电压标准

类　别	额定电压/kV	试验电压/kV	试验持续时间/min	
			新装、修补后	运行中
交流	0.127	2.4	5	1
	0.380	2.5		
	0.660	3.0		
	1.14	3.7		
	3	7.5		
	6	15.0		
直流	1	$4U_N$（新装），$3.5U_N$（运行中）	10	5
	3			
	6			

有金属屏蔽层的电缆，其线芯间及线芯与屏蔽接地间应做不浸水耐压试验。

（3）载流试验。两条橡套电缆在热补之后，须做载流试验，电流为额定值的 1.3 倍，持续时间为 30 min。

表 12－9－6　聚氯乙烯绝缘电力电缆绝缘阻值

电缆额定电压/kV	绝缘电阻/MΩ
1	40
3	50
6	60

注：表中数值为换算到长度为 1 km，温度为 20 ℃时的绝缘电阻值。

3. 聚氯乙烯绝缘电力电缆的电气试验标准

（1）绝缘电阻试验，详见表 12－9－6。

（2）交、直流耐压试验。聚氯乙烯绝缘电力电缆新安装后的交、直流耐压试验，详见表 12－9－7。

表 12－9－7　新安装后聚氯乙烯绝缘电力电缆交、直流耐压试验值

电 压 类 别	额定电压/kV	试验电压/kV	试验时间/min
直流	1	2.3	15
	3	7	15
	6	15.0	15
交流	$U_0<3.6$ kV	$2.5U_0+2$	5
	$U_0\geqslant3.6$ kV	$3.5U_0$	5

注：U_0 为相电压。

4. 交联聚乙烯绝缘电力电缆的电气试验项目和周期

（1）绝缘电阻试验，详见表 12－9－8。

（2）直流耐压试验。交联聚乙烯绝缘电力电缆新安装后，应进行线芯对地直流耐压试验，试验电压和时间可参考表 12－9－9。

（3）交流耐压试验与聚氯乙烯绝缘电力电缆试验值相同，参见表 12－9－7。

表 12-9-8 交联聚乙烯绝缘电力电缆绝缘电阻值

额定电压/kV	电缆截面积/mm²		
	16~35	50~95	120~240
	绝缘电阻值/MΩ		
6	1000	750	500
10	2000	1500	1000
35	3500	3000	2500

注：表中数值为换算到长度为 1 km、温度为 20 ℃时的绝缘电阻值。

表 12-9-9 交联聚乙烯绝缘电力电缆直流耐压参考值

电缆额定电压/kV	试验电压/kV	试验时间/min
6	15	15
10	25	15
35	85	15

二、电缆绝缘电阻的测定和找相位

（一）绝缘电阻的测定

1. 概述

（1）测定绝缘电阻，是初步检查电缆绝缘状态的一种简便有效办法。当电缆作耐压试验后，也应立即再测绝缘电阻，以检查由于耐压试验是否引起绝缘损伤和缺陷。

（2）测定电缆绝缘电阻的标准方法是直流比较法。这种方法虽然较准确，但是需有直流电源、微电计分流器和标准电阻等，较为麻烦，故不常用。

（3）为了测量方便，现场主要采用摇表（兆欧表）来测定电缆的绝缘电阻。常用的有 500 V、1000 V、2500 V 摇表。虽然用摇表测量绝缘电阻的精度差些，但仍能达到使用要求，并且携带方便、操作简单，因此被广泛应用。

2. 用摇表测定电缆绝缘电阻的操作方法

（1）首先将安装好的电缆或者运行中已切除电源的电缆，经充分放电后，与其他设备在连接处拆下，将接头擦拭干净，并与设备等保持一定的安全距离。

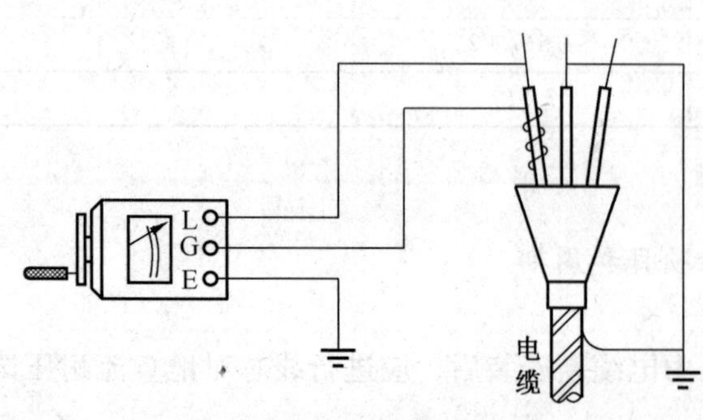

图 12-9-1 绝缘电阻测试接线图

（2）摇表与电缆的接线如图 12-9-1 所示。1 kV 及以下电缆用 1 kV 兆欧表；1 kV 以上的电缆用 2500 V 兆欧表。

摇表正极 E 接地，负极 L 接任何一相线芯，将其余线芯短接并连同铅包或者屏蔽一起接地。如果是 3 芯电缆就应逐相测量，当发现有一相绝缘电阻值偏低时，应将地线与线芯分开，查找是相间绝缘低还是对地绝缘低。煤矿井下潮湿，应使用保护环 G 以消除表面泄漏电流的影响。在接线时要注意，保护环接到被试物上的引线，更接近加压的导电线芯，远离接地部分，这样可以减少保护环对地的表面泄漏电流，以免造成兆欧表内发电机过载及兆欧表的电压降低，影响测量准确度。目前适用于煤矿井下使用的兆欧表有 ZC－7 型、ZC－12 型等。

（3）测量时要先将摇表放平，摇动手把到额定转速，此时指针应指“∞”；再减低转速，用导线短接正负极，指针应指“0”，证明摇表正常。然后按图 12－9－1 所示进行接线。测量时摇表手把的转动速度约 120 r/min，并记录时间读取 15 s 和 60 s 的绝缘电阻值。在测定时间内，摇表转速要稳定。停止遥测前，应先将表线与电缆的连接断开，以免电缆向摇表反充电。测量完毕需将电缆线芯对地放电。

（4）记录环境温度与气候情况。

（二）测定后的分析

1. 电缆绝缘电阻的作用

电缆的绝缘如果有部分或者全部受潮，或者做电缆接线盒的绝缘材料脏污，或者有贯穿性缺陷时，泄漏电流增加，绝缘电阻显著降低。这时的吸收电流虽然也增加了，但是因为泄漏电流的增加，总的吸收现象反而减少了。测量绝缘电阻就是根据泄漏电流的大小，吸收电流变动的情况，来判断绝缘的状态，发现绝缘的缺陷。

若被测电缆较长，充电电流很大，因而摇表开始指示的数值很小，这并不表示绝缘不良，必须经过较长时间摇测才能得到正确的结果。

2. 吸收比

在测定绝缘电阻过程中，所测得不同时间绝缘电阻的比值，称为吸收比。通常取 60 s 和 15 s 的绝缘电阻值的比值。

$$K=\frac{R_{60}}{R_{15}}$$

式中　K——吸收比；

R_{15}——15 s 时的电缆绝缘电阻值，MΩ；

R_{60}——60 s 时的电缆绝缘电阻值，MΩ。

吸收比 K 通常能比较灵敏地反映出被试电缆的绝缘状态。绝缘所含杂质越多，特别是绝缘越潮湿，绝缘电阻下降越大，吸收比就越小。反之绝缘干燥，绝缘电阻增高，吸收比就越大。

油浸纸绝缘电力电缆的吸收比不应小于 2；各相绝缘电阻不平衡系数：工作电压在 3 kV 及以下者不大于 2.5，其余不大于 2。耐压后的绝缘电阻值与耐压前相比，不应有显著下降。

3. 绝缘电阻与电缆长度、温度的关系

由于电缆的绝缘电阻随着长度和温度的不同而不同，为便于同历次试验比较，应将所测得的绝缘电阻值换算到长度 1 km 和温度 20 ℃时的数值，其换算公式如下：

$$R_{20℃}=R_{t\cdot c}\cdot K_t\cdot L$$

式中　$R_{20℃}$——温度为 20 ℃时绝缘电阻值，MΩ；

$R_{t\cdot c}$——在环境温度为 t ℃时所测绝缘电阻值，MΩ；

L——电缆长度，km；

K_t——温度系数，见表 12－9－10。

表 12－9－10　电缆绝缘电阻温度换算系数 K_t

电缆类别	环境温度/℃								
	0	5	10	15	20	25	30	35	40
油浸纸绝缘电力电缆	0.48	0.57	0.70	0.85	1	1.13	1.41	1.68	1.92
天然丁苯橡套绝缘电缆	0.27	0.36	0.51	0.70	1	1.57	2.46	3.86	—
聚氯乙烯绝缘电力电缆	0.17	0.22	0.32	0.52	1	2.60	6.8	18.1	—

值得指出的是，聚氯乙烯塑料是极性较强的物质，所以其绝缘电阻随温度不同而发生十分显著的变化。在最高允许温度时的绝缘电阻要比室温时降低很大。表 12－9－10 所列数值，实际上还与橡皮和聚氯乙烯配方等因素有关，所以只是一个大致的数值。

4. 所测绝缘电阻值的分析

如果没有厂家数据或者是运行中的电缆，其绝缘电阻值应为：

（1）1 kV 以下电缆不小于 50 MΩ。

（2）6～10 kV 电缆不小于 100 MΩ。

（3）运行中高压橡套电缆的绝缘电阻一般应大于 50 MΩ，低压一般应大于 2 MΩ。

所测的绝缘电阻值和吸收比，可与以前的测定结果相比较，从中发现绝缘存在的缺陷。如果测试的绝缘电阻比敷设前的数值有明显降低，也可能是电缆头尾表面泄漏。这时可接入摇表的屏蔽端子到电缆外层，重新测试，以消除表面泄漏造成的误差；如果仍然摇不上去，应考虑电缆受潮、受损伤和有缺陷，或者接线盒有问题，应做泄漏和耐压试验进一步找原因。

（三）电缆找相位

电缆敷设后经电气试验合格，两端相位应一致，特别是并联运行的电缆相位一致更为重要，稍有疏忽，送电时将发生短路事故。检查相位的方法：

（1）比较简单的方法：由电缆的一端在二根线芯上对外壳和地线芯接上两只不同阻值的电阻，另一端用万能表欧姆挡对地测量。

（2）线路较长或并联运行的高压电缆，采用电压互感器找相位；相位相同电压表指零。

三、泄漏电流和直流耐压试验

（一）概述

1. 泄漏电流试验

泄漏电流测定，在本质上与绝缘电阻测定相同，是在绝缘体上加一个直流电压，观察绝缘中泄漏电流的变化。与绝缘电阻测定所不同的是泄漏电流测定时，电压值是逐渐升高的，而且最终试验电压比较高，所以能够发现绝缘电阻测定中所不能发现的绝缘缺陷，尤其是局部缺陷。良好绝缘在一定电压范围内，泄漏电流小，吸收比大；有缺陷的绝缘，泄漏电流大，吸收比小。尤其是有局部缺陷的绝缘，泄漏电流与电压不成比例而迅速增加，甚至发生绝缘击穿现象。因此泄漏电流试验能有效地发现电缆绝缘均匀整体性缺陷，如绝缘老化、受潮等，又能发现临界电压下绝缘的局部缺陷，能起到对电缆水平的摸底作用。

2. 直流耐压试验

（1）耐压试验的功能。电缆的耐压试验是检查电缆绝缘的抗电强度和发现严重局部缺陷的有效办法，是鉴定电缆绝缘水平和判断电缆能否继续运行，从而避免发生事故的重要手段。耐压试验可能将有缺陷的绝缘击穿，也可能在耐压过程中，使局部缺陷有所发展，甚至加重损伤，一般称耐压试验为破坏性试验。因此，对于运行中的无备用的电缆，在耐压试验前应先进行绝缘电阻和泄漏电流试验，如发现绝缘水平上不去，应先处理好，再做耐压试验。耐压试验又分交流耐压试验和直流耐压试验两种。

（2）交流耐压试验的特点。交流耐压试验的试验电压几倍于正常电压，但在试验时作用在绝缘上的电压分布与正常工作时的情况接近，因而能查出在正常工作时的弱点。因高温、电场、振动等因素的作用，使电缆绝缘逐渐陈旧和老化，或因受潮使绝缘水平普遍降低时，采用交流耐压试验能有效地查出这些缺陷。交流耐压试验的特点是对于因挤压、埋砸或个别处受潮等因素造成绝缘的局部性缺陷，更为有效。

（3）直流耐压试验的特点。直流耐压试验，由于不存在电容电流，通过电缆的只有泄漏电流，故没有明显的电压降低。因此不论故障点多远，被试电缆的导电线芯和绝缘表面之间的电位差都是相同的，即使远离接地点的绝缘弱点也能击穿。

直流耐压试验用的试验变压器容量小较轻便，因没有交流耐压时的介质损耗，局部放电也减少，可避免因热击穿而损坏绝缘；可检查出交流耐压不易查出的缺陷。其最大的特点是可以在做直流耐压的试验过程中，观测电缆的泄漏电流，作为对电缆绝缘性能的监视，并由此判断能否升到规定的试验电压。

在直流耐压试验中当电缆存在有发展性的局部缺陷时，则大部分电压加在存在缺陷尚未损坏部分的绝缘上，因而直流耐压试验较易于发现局部缺陷。

（二）试验方法与步骤

1. 试验方法

泄漏电流和直流耐压试验的方法和接线完全相同，因此总是一起做这两个试验，先做泄漏电流试验，接着做直流耐压试验。其电路主要由调压器、试验变压器、电压表、高压整流器（高压硅堆成者高压整流电子管）、微安表、限流电阻、电源刀闸等组成。常见接线图如图 12－9－2、图 12－9－3 所示。其工作原理：电源电压经过调压器 TY 的调节，送到试验变压器 B 的初级线圈，并使次级升压到所需的交流高压，通过高压整流堆 ZG 或者高压整流管 ZL 的整流作用，变成直流高压，再经微安表 μA 及限流电阻 R，将直流高压的负极接到电缆线芯。

如果将被试电缆线芯与试验电压的正极相接，当绝缘中有水分存在时，将会因电渗透性作用使水分移向铅包，结果使缺陷不易被发现，这时击穿电压比负极加压也有所提高。

双管直流耐压试验如图 12－9－4 所示。

对于 35 kV 电缆，试验电压高于 100 kV，由于高压整流管反向电压的限制，或者由于高压硅整流堆串联过多，均压措施复杂，故一般采用双管倍压接线进行直流耐压试验。

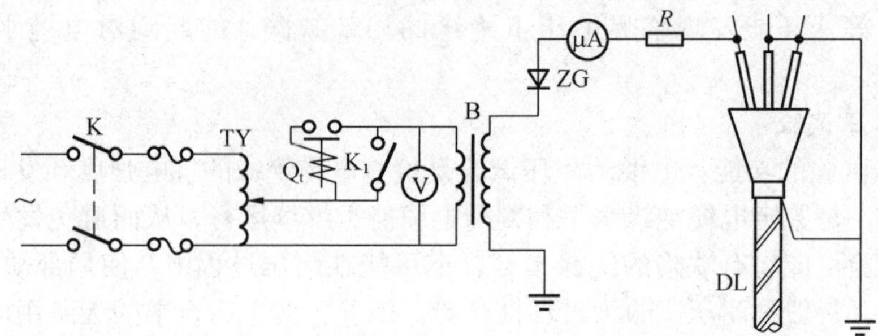

名　称	符号	型 号 规 格	容　量	备　注
调压器	TY	0～250 V	0.5～1 kV·A	
试验变压器	B	220 V/35 kV	0.5 kV·A	高压正极接地
电压表	V	0～250 V		
高压硅堆	ZG	2DL－6J 35 kV	100 mA	两只串联
微安表	μA	0～100 μA		
限流电阻	R	0.5 MΩ	约 1000 W	可自制
电源刀闸	K	250 V		
短路开关	K1	250 V		钮子开关
脱扣线圈	Q	可用 GL－15/5 继电器改制	5 A	常闭
电缆	DL			

图 12－9－2　高压整流堆的泄漏电流和直流耐压试验接线图

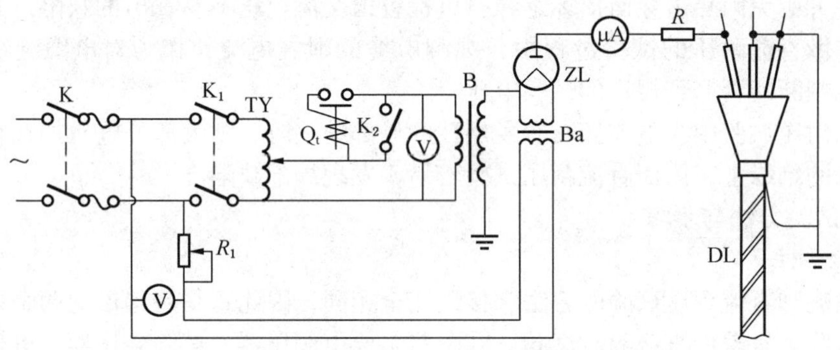

名　称	符号	型 号 规 格	容　量	备　注
调压器	TY	0～250 V	0.5～1 kV·A	
试验变压器	B	220 V/35 kV	0.5 kV·A	高压正极接地
灯丝变压器	Ba	200 V/14 V	200 VA	对地绝缘 35 kV（交流）
电压表	V	0～250 V		
高压整流管	ZL	E1－0.05/140　140 kV	50 μA	
微安表	μA	0～100 μA		改装后使用
限流电阻	R	0.5 MΩ	1000 W	
可变电阻	R_1	100 Ω	100 W	
电源刀闸	K	250 V	10 A	
调压器刀闸	K1	250 V	10 A	
短路刀闸	K2	250 V	3 A	钮子开关
脱扣线圈	Q1	可用 CL15/5 继电器改制	5 A	常闭
电缆	DL			

图 12－9－3　高压整流管直流耐压接线图

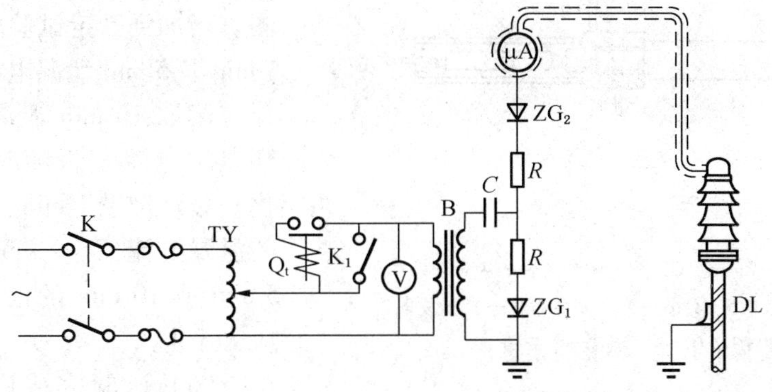

名　称	符号	型 号 规 格	容　量	备　注
调压器	TY	0～250 V	0.5～1 kV·A	
试验变压器	B	220 V/75 kV	1 kV·A	高压一端接地
电压表	V	0～250 V		
高压硅堆	ZC_1 ZC_2	2DL－100，100 kV	45 mA	两只串联
微安表	μA	0～100 μA		改装后使用
限流电阻	R	2 MΩ	约 1 kW	可自制
电源刀闸	K	250 V	10 A	
短路开关	K_1	220 V	3 A	钮子开关
脉冲电容器	C	MY110～0.011	0.01 μF	
脱扣线圈	Q_1	用 CL－15/5 继电器改制	5 A	带 35 kV 接线盒
电缆	DL			

图 12－9－4　用高压硅堆的倍压接线直流耐压接线图

2. 试验步骤

泄漏试验和直流耐压试验不论是临时接线组成的设备还是成套试验设备，其操作步骤基本相同：

（1）在未合闸前，应仔细检查试验设备接线是否正确，接地线是否可靠，最好是两人各检查一次，并事先摇测设备的绝缘电阻是否合格，换算好高低电压表的比值。

（2）检查周围安全措施是否可靠，布置好电缆两端的站岗人员，防止外人闯入高压区内。

（3）对试验设备本身进行空载试验时，操作人员应首先将调压器下调至零点位置上，合上电源刀闸 K，使整流管灯丝预热 1～2 min，随后将电压升到试验额定值做空载试验，看有否异常情况。微安表指示 1 μA 左右，则说明正常，这是属于试验变压器和导线等空试时的表面泄漏电流；若表面泄漏电流较大，应查明原因，经处理后再进行试验。

（4）经过空载试验一切正常之后，将调压器退回到零位，拉开电源刀闸 K，对试验变压器进行放电，然后方可将高压引线接到被试的电缆线芯，进行正式试验。

（5）升压过程中，应在 0.25、0.5、0.75、1.0 倍试验电压下各停留 1 min，待电流稳定后，读取泄漏电流值。如果微安表指针稍有摆动，则可读取其平均值，留下记录，以便

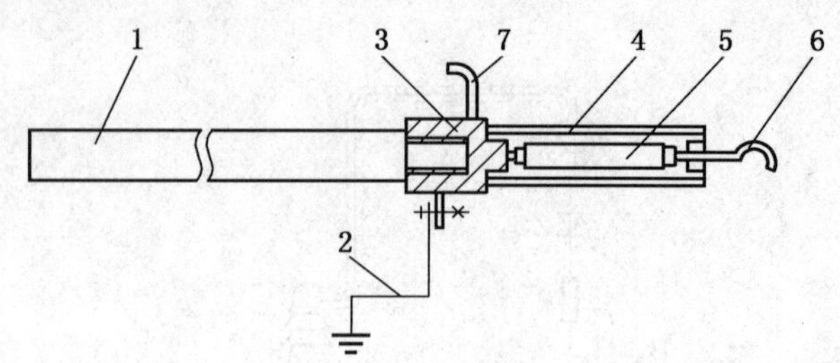

1—绝缘棒；2—地线；3—铜连接件；4—绝缘管；5—放电电阻 0.5 MΩ；6—首次放电钩；7—直接放电钩

图 12－9－5　放电棒示意图

绘制泄漏电流和试验电压的关系曲线图。当加到额定试验电压后，应读取 1 min 及 5 min 泄漏电流值；新安装时还应读取 10 min 泄漏电流值，并观察泄漏电流是否随时间增长而有变化；分别记录 1 min、5 min 或 10 min 的泄漏电流值。1 min 的泄漏电流与 5 min 或 10 min 的泄漏电流值之比，应大于 1。

（6）试验完成后，将调压器调回到零位，拉开各刀闸，并将被试相线芯先经电阻对地放电，再直接接地充分放电，应避免放电电流经微安表使其损坏，最好用特别高压放电棒放电，如图 12－9－5 所示。应注意在被试相线芯未充分放电之前，其余各项的接地线不可拆掉；否则相间电容上的电荷未放掉，对操作人员是不安全的。

（三）试验中的注意事项

1. 试验前的准备工作

在进行试验前，应将设备特别是瓷瓶等表面擦净，相间与对地应有足够的距离，高压连接导线应尽量缩短，以减少杂散电流的干扰，防止增大泄漏电流数值。

做好一切安全措施，操作人员要穿绝缘鞋，站在绝缘垫上。

2. 升压操作

升压速度不宜太快，因为电缆如存在缺陷，升压过程中有击穿或闪络可能。必须注意电压表和微安表，准确地将试验电压升到规定值，一旦出现异常现象应立刻停止加压，立即降压，防止高压硅堆或高压整流管、微安表等损坏。试验电压的监视最好在高压侧直接测量。

如果升压太快，微安表所反映的数值，除泄漏电流外，还有对电缆的充电电流，特别是绝缘好、线路长时，会通过较大的充电电流，会造成读数不准。

3. 泄漏电流值

在做泄漏电流和直流耐压试验时，将电缆额定电压下的泄漏电流值减去不带电缆时测得额定电压下的泄漏电流值，作为电缆本身的泄漏电流是不准确的。因为电缆线芯与地之间是一个很大的电容，在不连接电缆设备本身空试和连接电缆试验时，其高压端的电压值和波形很不一致；而各种杂散电流与电压并非直线关系，在不接电缆时，杂散电流远小于连接电缆时的杂散电流。

4. 泄漏电流不对称系数

三相泄漏电流的不对称系数，额定电压为 3 kV 以下的电缆应不大于 2.5，额定电压为 3 kV 以上的电缆应不大于 2。最大一相的泄漏电流，对于 10 kV 及以上的电缆小于 20 μA 时，6 kV 及以下者小于 10 μA 时，不对称系数可适当放宽。

5. 电源电压

如果电源电压跳动很大，最好选择电源电压稳定的时间进行试验；或者使用稳压器，以免影响测量结果。如属于电焊机、冲床等冲击负荷干扰，应事先联系好避免干扰。

6. 泄漏电流的摆动

在试验时，有时微安表指针不稳定，来回摆动，得不到准确读数。其主要原因如下：

（1）电缆本身存有孔隙性缺陷时，常常造成泄漏电流呈周期性的摆动。因为当电缆有局部孔隙性缺陷时，在一定的直流电压下，间隙被击穿，此时电流突然增大。这时电缆上的电容电荷经击穿的孔隙放电，电缆上的充电电压下降到使孔隙绝缘恢复，电流才减小。此后电缆充电电压又升高，再击穿、再放电，然后绝缘又恢复，于是重复发生上述现象，使微安表指针基本上是有规律地来回摆动。

（2）电缆接线盒绝缘套管表面太脏会引起泄漏电流不稳定，在试验之前需将其擦拭干净。

（3）试验设备本身绝缘不良或整流管老化或灯丝电压不足，也能造成泄漏电流周期性地摆动。

（4）当电源电压不稳定时，泄漏电流忽高忽低有不规则的摆动。当电源电压较高时，对电缆充电，这时电路内除了电缆的泄漏电流外，还包括充电电流，所以微安表指示大些；当电源电压降低时，充电就停止，电流减小，微安表指示值减小。因此电压每变化一次，微安表指针就摆动一次。如电焊机、冲床、电锤等间歇负荷，都可造成电源电压不稳定。

7. 泄漏电流的突增

绝缘良好的电缆，升压时泄漏电流均匀上升，不会随时间延长而增加。当绝缘严重受潮、过于老化或有机械损伤时，泄漏电流会出现突增现象，其值也增大。此时需查明原因，或采取升高电压、延长时间的方法查找缺陷。

8. 微安表的改装与保护

在试验中，当电缆击穿时容易损坏微安表，应采取保护措施。不同情况的泄漏电流可从几微安至 100 μA，为适应大范围读数需要，可对微安表进行改装。但绝缘支架应牢固可靠，以免操作时发生摇摆或倾倒。

（1）微安表扩大量程的改装。为使微安表改接为多种量程，可以利用串并联电阻的办法，把微安表的量程扩大到所需要的范围，接线如图 12-9-6 所示。

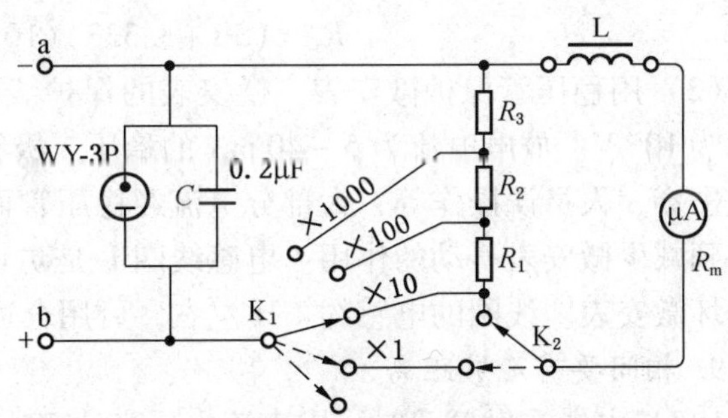

图 12-9-6　微安表分流电阻及稳压管保护接线图

图 12-9-6 中“×1000”“×100”“×10”“×1”即为微安表扩大倍数。计算方法如下：

$$R=\frac{R_m}{N-1}$$

式中　R——所需分流电阻值，Ω；

R_m——微安表内阻，Ω；

N——扩大倍数。

$$R=R_1+R_2+R_3 \tag{12-9-1}$$

扩大微安表量程常取10的倍数，其简化计算如下：

$$R_1=(R_2+R_3)(N-1) \tag{12-9-2}$$

$$R_2=R_3(N-1) \tag{12-9-3}$$

【例】微安表的量程范围为0～100 μA，测得微安表内阻$R_m=3000\ \Omega$，将扩大量程范围到1 mA(×10)、10 mA(×100)、100 mA(×1000)三挡时，求电阻R_1、R_2、R_3各为多少？

解　把分接开关放在“×10”位置（图12-9-6），这时量程扩大10倍，$N=10$，则分流总电阻值为

$$R=\frac{R_m}{N-1}=\frac{3000}{10-1}=333.3\ \Omega$$

代入式（12-9-1）得

$$R_1+R_2+R_3=333.3\ \Omega$$

代入式(12-9-2)得

$$(R_2+R_3)(N-1)+R_2+R_3=333.3\ \Omega$$

$$10(R_2+R_3)=333.3\ \Omega$$

$$R_2+R_3=33.33\ \Omega$$

代入式(12-9-3)得

$$R_3(N-1)+R_3=33.33\ \Omega$$

$$R_3=3.333\ \Omega$$

$$R_2=3.333(10-1)\approx 30\ \Omega$$

$$R_1=(30+3.333)(10-1)\approx 300\ \Omega$$

（2）用稳压管保护微安表。微安表的保护线路如图12-9-6所示，WY-3P是放电电压为105 V、放电电流为5～40 mA的稳压二极管。当泄漏电流超过微安表量程时，例如电缆击穿、人员误操作等，大部分电流经稳压管而旁路，保护微安表不受损坏。电容器C可起到减少微安表抖动的作用。电感线圈L是防止被试电缆突然击穿短路时，由于冲击电流损坏微安表。线圈的电感约1 H左右，可用合适的收音机输出变压器代替。

9. 相间要有足够距离

10 kV电缆在做试验时，因直流电压高达50 kV，在试验一相线芯时，其他两相线芯接地，要求相间要有足够距离。如距离分开得太大，势必损伤电缆线芯绝缘，往往造成周期性放电或短路；距离分开太小，更要造成放电。因此分开三相线芯，弯曲度不要超过线芯中心点的50 mm左右。

10. 关于电晕电流的影响和应采取的措施

在电缆试验中，高压引线升至较高电压时，由于周围空气产生电离，发出“嗞嗞”的声响，这是一种由电离形成的电晕电流。如果不采取屏蔽措施，电晕电流将流经微安表，造成电缆实际泄漏电流值的读数不准确。

（1）高压引线（用在20 kV以下电缆试验）。如果有适当绝缘（80 kV直流）的同轴

软线，可按图 12－9－7 所示将外金属层接地，防止电晕电流进入微安表内。此法的缺点是引入了高压引线的泄漏电流。这种屏蔽引线不适用于电缆故障时的定点试验，因为长时间较大的冲击电流，可能损坏引线绝缘。

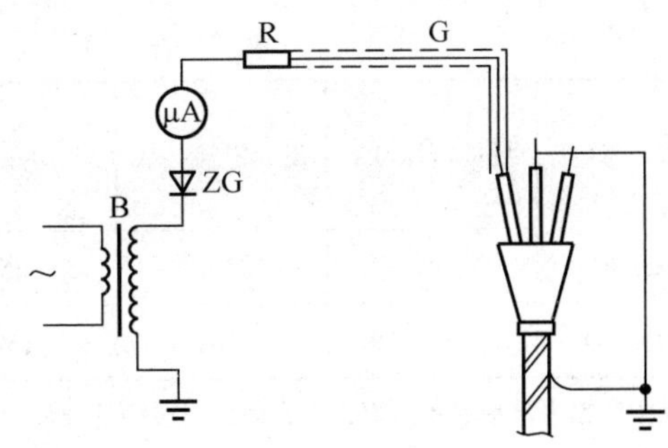

B—试验变压器；ZG—高压硅堆；μA—微安表；R—限流电阻；G—高压侧屏蔽引线

图 12－9－7　10 kV 以下电缆试验的屏蔽

（2）35 kV 电缆试验的高压屏蔽。由于 35 kV 电缆试验电压高，高压侧引线电晕电流大，因而采用同轴屏蔽引线，并且连同微安表一起屏蔽，如图 12－9－8 所示。未加屏蔽时，从图 12－9－8a 中可以看出微安表所示的电流为

$$i_{\mu}=i_{x}+i_{n}$$

式中　i_{μ}——通过微安表的电流，μA；

i_{x}——通过被试电缆的泄漏电流，μA；

i_{n}——电晕引起的泄漏电流，μA。

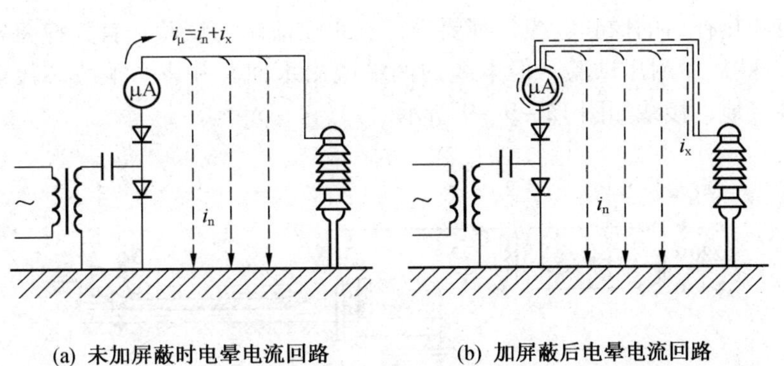

(a) 未加屏蔽时电晕电流回路　　(b) 加屏蔽后电晕电流回路

图 12－9－8　35 kV 电缆试验高压接线图

当采用同轴的引线时，如图 12－9－8b 所示，外层接在高压直流出线端，并与微安表的铝外罩相连，而线芯接至微安表的出线端，这时虽然产生电离，但电晕电流不流经微安表，只流经表外屏蔽罩，可以防止高压侧引线的大部分电晕电流引入泄漏电流内。此时，$i_{\mu}=i_{x}$。

屏蔽线也可以用低压的金属软线，因为线芯和外屏蔽层之间的电压，只是微安表的电压而已，一般仅为十几伏。

11. 高压硅堆

目前所采用的高压硅整流堆有 2DL－6J 或 2DL－100，在环境温度 25 ℃时的技术数据见表 12－9－11。

表 12-9-11　高压硅整流堆的技术数据

型　号	反向电压/kV	反向电流/μA	正向压降/V	正向电流/mA		总长/mm
				50 ℃	100 ℃	
2DJ-6J	35	10	35	100	40	128
2DJ-100	100	10	150	45	18	150

注：表中数据为水平放置数据，垂直使用时应降低原值 70%。

四、矿用橡套电缆检修后的试验

（一）试验项目与要求

矿用橡套电缆，经过检修和干燥后，其修补质量应通过绝缘电阻测定、浸水耐压试验和载流试验，合格之后方可下井。低压橡套电缆敷设好之后，再做绝缘电阻测定，合格后方可投入运行。高压橡套电缆敷设好之后，除做绝缘电阻测定外，还必须做耐压试验。试验项目和标准详见本节“一、电缆的电气试验项目、周期和标准”的“（二）电缆的电气试验标准”。

（二）浸水耐压试验

新安装前和热补后的橡套电缆，都要进行浸水交流耐压试验。首先应将电缆在水池内浸不少于 1 h，然后做耐压试验。但电缆的两端应出水面，并将一根线芯接试验电源，其余线芯均短接接地，接线如图 12-9-9 所示。

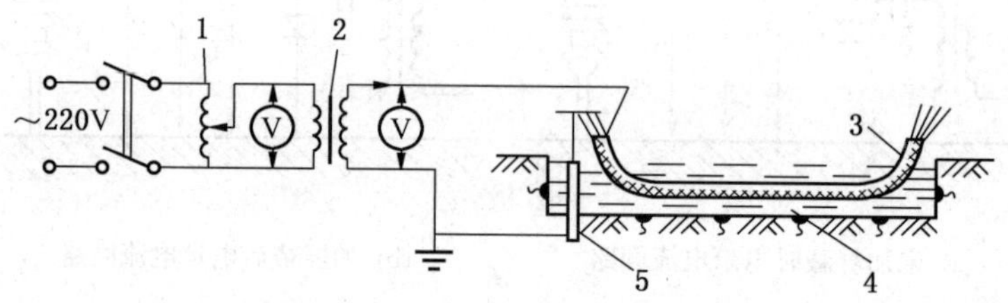

1—调压器；2—变压器；3—电缆；4—水池；5—接地钢管

图 12-9-9　浸水耐压试验接线图

不同电压等级的橡套电缆，其试验电压值也不相同，有出厂规定的按出厂规定，无出厂规定的参照表 12-9-5 进行试验。电缆绝缘不被击穿，即为耐压试验合格。试验后，再用兆欧表测定绝缘电阻值，若与试验前无明显变化即可投入运行。

（三）载流试验

检修后的电缆，还应对线芯做载流试验，以检查线芯接头的质量。试验时应把电缆主线芯串接起来，然后接上试验电源，并观察各部位的温升情况，试验接线方法如图 12-9-10 所示。试验标准是：线芯通以 1.3 倍的长期允许负荷电流，持续时间 30 min，接头处不应发热；若电缆接头处的温度不超过电缆正常表面温度的 3%，应认为合格。

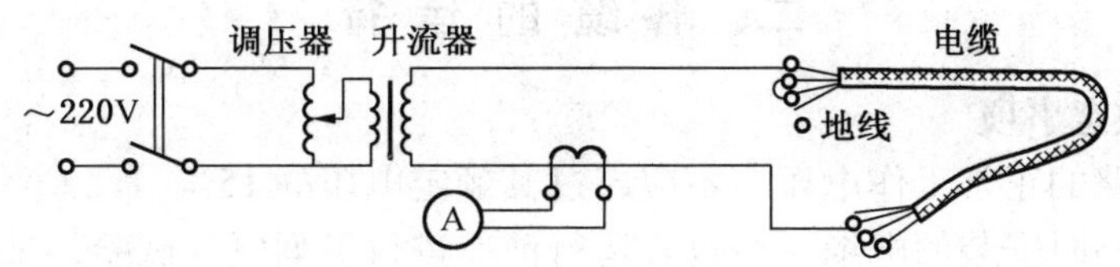

图 12-9-10　电缆载流试验接线图

第十节　电缆的运行与维护

本节所述是某矿的电缆运行与维护的经验，仅供各矿在制订有关电缆运行与维护等方面的规章制度时参考。

一、运行前的交接验收

（一）成立验收小组

电缆线路竣工后的验收，应由设计单位、机电主管部门、安装单位、运行单位和安全监察部门的代表组成的验收小组进行验收。

（二）检查验收的主要内容

（1）对电缆的外观进行检查，应符合设计要求，安全要求与标准化规定。

（2）电缆的敷设、吊挂、固定及弯曲半径等应符合有关规定。

（3）电缆接线盒的安装应符合电缆敷设及接地要求。

（4）每一路电缆、每一个分支点和拐弯处均应悬挂标志牌。高压接线盒也应悬挂标志牌。

（5）电缆与设备的连接必须符合《煤矿安全规程》及《煤矿固定设备完好标准》的要求。

（三）应交接的主要技术资料

验收小组应作详细记录，并由设计与安装部门向运行部门提供下列资料：

（1）电缆的主要特征（型号、截面积、电压等级、总长度、区段长度、中间接线盒）、类型及数量。

（2）电缆接头安装施工记录（日期、温度、湿度、安装人员、绝缘胶及加热温度）。

（3）电缆接头的型号、规格（主要绝缘材料规格）。

（4）制造厂提供的有关产品说明书，各项试验记录、合格证件及安装图纸等技术文件。

（5）电缆、电缆头（含中间接线盒）安装前、后的各种试验报告。

（四）试运行时间

经外观检查及电气试验合格后的电缆，要试送电运行 24 h，无不正常现象时，方可移交，投入运行。

二、电缆的运行

（一）有关注意事项

（1）电缆线路的正常工作电压，不应超过其额定电压的15%。

（2）更换或临时安装的电缆，在投入运行前应进行下列电气试验，试验不合格者不准投入运行：

① 测量电缆各线芯导体的直流电阻值和三相电阻的对称性。

② 测量电缆的终端接线盒及中间接线盒各接地极的接地电阻。

③ 按《煤矿电气试验规程》的规定进行绝缘性能试验。

④ 检查电缆线路的相位。

（二）电缆的负荷与温升

（1）电缆在通电运行中，首先应检查电缆电流是否超过了长期允许载流量。长期允许负荷电流的大小，主要受电缆绝缘材料耐热强度的限制；只有在规定的允许温度下进行，才能不丧失其绝缘性能，保证安全和电缆寿命。

（2）当电缆的运行环境和敷设方法对其长时连续允许负荷电流有影响时，应按电缆允许载流量校正系数进行校正。

（3）电缆要增加新的负荷时，应重新进行设计或计算，重新整定继电器。

（4）电缆表皮温升曲线：图12－10－1和图12－10－2是同一条电缆在不同负荷电流下，实验得出的不同温升曲线。由图可见，当电缆经过一段时间的带负荷运行，温度接近稳定值后，其线芯与表皮温度有了明显的差值。它是随着负荷电流的大小而变化的，线芯温度越低，则温差越小。

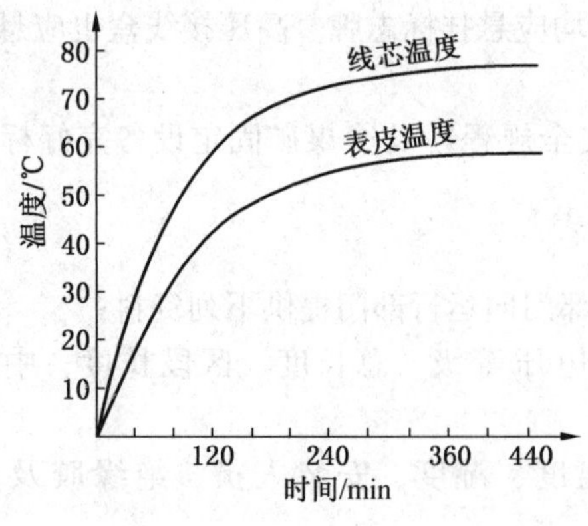

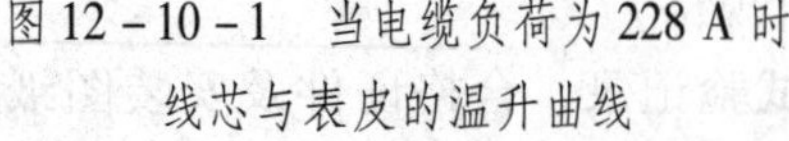
图12－10－1　当电缆负荷为228 A时线芯与表皮的温升曲线

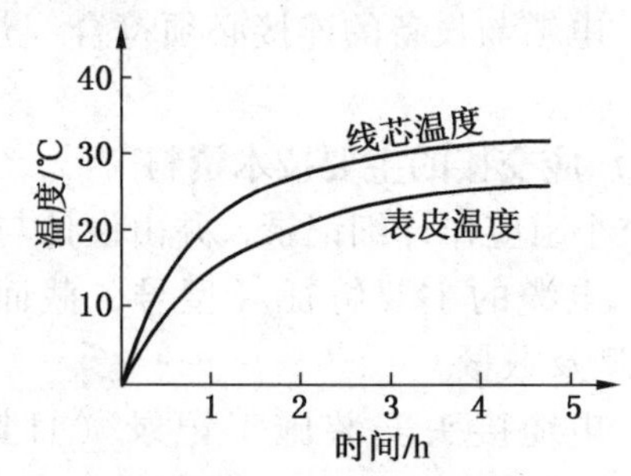

图12－10－2　当电缆负荷为140 A时线芯与表皮的温升曲线

（三）电缆表面允许温度

电缆表面允许温度的测量方法：在井下应选择温度较高的硐室与巷道为测量点。在测量时，将温度计直接贴在电缆外表面上，并用棉球或棉纱盖住酒精球或水银球，用胶布固定。测量时间：普通温度计5～10 min；热敏电阻温度计1 min。

在实际使用中，只能根据运行中电缆表皮的温度，判断线芯温度值。电缆表面允许温度每月应测量一次，应符合表 12－10－1 的要求。

表 12－10－1 电缆线芯与表面允许温度

电 缆 种 类	油浸纸绝缘铅包电力电缆			橡 套 电 缆
额定电压/kV	1～3	6	10	3 及以下
线芯最高温度/℃	80	65	60	65
电缆表面允许温度/℃	50～55	35～40	35	50～55

注：表中数值是指环境温度为 20 ℃时数据。

（四）电缆接线盒运行温度规定

高压电缆接线盒的表面温度与电缆的表面温度差应不大于 12～15 ℃。测量电缆接线盒的表面温度时，应在其全长 1/4 处，以及接线盒两端电缆铠装表面测取温度，选择其中温度最高者为接线盒的表面温度。如果对接线盒的温度有怀疑时，对铠装铝芯灌绝缘胶的可用电流法作温升试验，试验负荷应为该电缆额定负荷的 80% 以上，试验时间为 3 h 以上，并观察接线盒表面与电缆表面温度差，如超过规定应及时处理。

（五）电缆短时过负荷的规定

在紧急事故情况下电缆过负荷运行时，应有请示报告，并经分管机电的矿长或机电总工程师批准后方可执行。而且，电缆的短时允许过负荷应遵守下列规定：

（1）3 kV 及以下的电缆，只允许过负荷 10%，持续时间为 2 h。

（2）6～10 kV 的电缆，只允许过负荷 15%，持续时间为 2 h。

（六）绝缘电阻

运行中电缆线路的绝缘电阻值，应符合规定要求。详见本章第九节。

三、电缆的电气保护

请查阅第二分册第十章井下供电、第十三章井下过流保护、第十四章井下保护接地及第十五章矿井电网的漏电保护有关内容。

四、电缆的防护与防腐

（一）井巷施工时电缆的防护

井下敷设电缆的巷道进行施工（开口掘硐室、分岔巷道、巷道维修、锚喷等）时，应由施工单位用防护器材（木板、木槽、溜槽或半圆形管子等）将电缆掩盖好，经机电部门检查合格后方可施工。施工完毕仍由施工单位将电缆恢复原状，由机电部门验收。

（二）移动设备时电缆的防护

（1）应随时监视掘进工作面机电设备用的电缆，防止电缆遭受撞击、挤压而造成损伤。设备移动时，电缆应有足够的余量，并设专人盘放和看守，防止将电缆挤伤和拖断。

在岩巷中设置的移动电缆，爆破前应切断电源，将电缆拖到 30 m 以外的地方，并掩盖好。在煤巷中设置的移动电缆，爆破前必须妥善进行防护，可用木板、木槽、溜槽或其他防护用具将电缆掩盖好，防止电缆遭到破坏。

（2）电煤钻电缆的防护应做到钻眼时不准将电缆落到输送机和轨道上；停用时必须将电缆撤出工作面，放到安全地带，盘好并掩盖好。

（3）采煤机组运行时应设专人盘放电缆。机组上行或下行时，必须将电缆放到输送机的电缆槽内或放在机组的电缆托架上，爆破前应将电缆掩盖好，防止崩坏。

（4）回采工作面配电点的设备移动，必须在停电后进行；移动完毕后应将电缆重新吊挂好。工作面上、下口爆破时，距爆破点 30 m 以内的电缆必须掩盖好，以防止崩坏。

（5）回柱绞车和移动小绞车的电缆防止被挤伤和拖断。回柱绞车向前移动时电缆必须有足够的余量，并设专人监视电缆和传送信号，禁止将电缆拖在轨道上前进，放稳后应将电缆吊挂好。

（三）立井施工时电缆的防护

在立井井筒内更换罐道、维修风水管路及修护井壁时，对井筒内的电缆必须进行防护。井筒内起吊钢梁、罐道、风管、水管及其他重物时，应由施工单位制定措施，防止施工器材坠入井筒时砸伤电缆或施工工具砸伤电缆。

（四）超宽超长运输时电缆的防护

在井下巷道内运输超宽超长的大型材料或大型设备时，必须制订防止挤伤、撞伤或刮断电缆的安全防护措施。

（五）严防挤压埋砸

在井下堆放坑木、芦苇、荆条、煤块等物料时，严禁对电缆挤压埋砸。

（六）电缆外皮的防腐

（1）井下敷设的裸钢带或裸钢丝铠装电缆应定期进行防腐处理（例如涂防腐漆）。一般在有淋水区域或潮湿区域敷设的电缆一年处理一次，干燥区域二年处理一次，斜井或立井井筒内的电缆 2 ~ 3 年处理一次。

（2）涂刷防腐漆前，应将电缆外皮上的污垢锈斑清除干净，然后再进行涂刷防腐漆。可采用四号沥青、三号沥青与五号沥青配合使用，涂刷温度在 1 ~ 200 ℃之间，也可采用其他防锈漆。

五、电缆的定期巡回检查

（一）检查周期

1. 井下高压铠装电缆的检查周期

（1）对井底车场，主要大巷和配电硐室敷设的电缆，应由专职井下值班电工每周至少巡查一次。

（2）立井和斜井井巷中敷设的电缆，应由专职电工每月至少巡查一次。

（3）采区运输巷道敷设的电缆，应由井下值班电工每周至少巡查一次。

（4）矿总工程师应组织有关人员，对固定敷设电缆的绝缘和外部，每季度至少检查一次。

2. 采区低压橡套电缆的检查周期

（1）采区敷设的低压橡套电缆，应由采区当班维修电工或电钳工，每班对采区内的电缆至少巡查一次。

（2）在按低瓦斯管理的矿井或区域内，采掘区敷设的橡套电缆，防爆电气设备检查员每周至少检查一次。

（3）在按高瓦斯管理的矿井或区域内，采掘区敷设的橡套电缆，防爆电气设备检查员每周至少检查两次。

（4）防爆电气设备检查组组长每月应检查一次防爆电气设备检查员的电缆检查记录。

（5）采掘区的机电区（队）长和机电技术人员，每周应查阅检查记录，每两周组织本区内的维修电工、电钳工组长巡查一次。

（6）矿主管低压的技术人员，每月应查阅采区电缆的巡查记录。

3. 预防性检查

每年在雨季之前，矿务局主管供电的工程师应亲自组织并会同安全监察部门的工程技术人员，对矿区各矿井的高低压电缆进行一次重点检查。

（二）巡查内容

1. 对敷设在井筒内的电缆应检查的项目

（1）电缆应无机械损伤，铠装层应无松散及严重锈蚀。

（2）固定电缆的卡子应无松动、砸刮损坏。

（3）清除电缆卡子与支架上的积垢及杂物。

（4）电缆两端引入及引出部分应无异状，特别注意井筒下部硐室拐弯部分的保护盖应无损伤现象。

（5）检查接线盒的表面温度。

（6）因井筒淋水水垢大或井筒注浆堵水等原因，使电缆表面结垢，质量增加，而压弯压坏的支架，必要时应采取加固支架措施。

（7）淋水较大的井筒内，所敷设的内铠装电缆，在井筒下端至水平巷道的过渡段，应检查外护套有否渗水情况。有时聚氯乙烯外护套被砸伤或电缆卡子卡伤就会出现渗水现象，应在下段最低点采取放水措施，如开一小孔等让水流出。

2. 井下中央变电所至采掘区的电缆应检查的项目

（1）电缆应按规定吊挂好。

（2）在巷道进行维修和锚喷支护处的电缆，应有保护措施。

（3）电缆应无机械损伤。

（4）电缆的表面允许温度应符合表12－10－1中的规定。对过热部分，应及时查明原因，并采取措施。

（5）电缆接线盒的装设应符合悬挂与固定的规定，其表面温度与电缆表面温度差应不大于12～15℃。

（6）通过硐室和墙壁的电缆应有保护管，密封可靠，无挤压破损现象。

（7）电缆的金属铠装层应无锈蚀、裂口、断裂、松散、脱落等现象。

（8）电缆的标志牌应符合要求，无损坏。

（9）电缆与电气设备的连接应符合防爆要求，无不合格接头。

（10）电缆和接线盒表面应无脏污物。

（11）在架线电机车运行的金属支架巷道中，敷设裸铠装电缆时，应检查机车架线可能与金属支架、电缆铠装及轨道构成回路产生隐患，以防造成电缆着火事故。

3. 电缆的巡回检查记录表与通知单

电缆的巡回检查记录表可参考表 12 - 10 - 2，电缆存在问题处理通知单可参考表 12 - 10 - 3。

表 12 - 10 - 2 电缆的巡回检查记录表 使用单位________

序号	电缆编号	敷设地点	型号规格	检查情况	表面温度/℃					处理意见	检查人	检查日期	备注
					环境	电缆	接线盒	接头	测量仪表				

表 12 - 10 - 3 电缆的巡回检查通知单

序号	巡查日期	检查人	电缆敷设地点	电缆编号	电缆的型号规格	存在问题	处理意见	处理单位负责人（签字）	处理结果	备注

注：此表一式五份，一份交机电矿长（机电副总）、一份交处理单位，一份交矿安全监察处（科），一份电缆管理小组留存，一份交矿调度室。

（三）检查结果的处理

（1）检查人员应将检查和处理情况详细记入检查记录簿内，分管电气的工程技术人员应及时审阅检查结果。

（2）检查中发现的问题，应立即处理。对处理不了的问题，应立即向主管人员汇报，限期处理。

（3）检查中发现高压电缆的铠装层有断裂损坏时，应及时绑扎。中间接线盒的地线脱落应及时补上。如果电缆的接头、接线盒或电缆本身的表面温度超过规定时，应立即采取措施，同时制定计划进行处理。

（4）对电缆着火、电缆爆破等恶性事故，应由专人负责进行处理，并在 3 天内查清原因，报矿务局机械动力处备案。

六、处理电缆故障的注意事项

（一）正确判断及时处理

当电缆发生故障后，首先应根据事故的现象和状态，正确判断事故的类别，并立即处理。对不能立即处理的故障，应立即向主管部门和矿调度室汇报，迅速组织有关人员赶赴现场处理。

（二）必须注意的事项

（1）当用普通型携带式电气测量仪表来测量电缆故障时，必须由瓦斯检查员测量使用地点的瓦斯含量，只有瓦斯浓度在1%以下时方可进行测量。

（2）电缆因故障引起火灾时，应立即将电缆两侧的电源切断，用砂子、灭火炸弹、干粉灭火器等灭火器材灭火，并向矿调度室汇报。

（3）不准用试送电的方法来判断电缆故障的性质和故障所在区段。在万不得已的情况下使用时，只有在瓦斯检查员查明故障电缆所在地的瓦斯浓度在1%以下并做好充分的灭火准备后方可进行。对有煤（岩）与瓦斯突出的矿井和瓦斯喷出的巷道区域内的电缆故障，严禁用试送电方法来判断电缆的故障点。

（4）用电缆故障测试仪、万用表结合人工弯曲敲打电缆等方法来寻找电缆的故障点时，必须在故障电缆的电源切断，并与其他电网完全隔离后方可进行。

（5）井下6 kV电缆线路发生系统接地时，如果遇有接地保护失灵，而故障暂不能排除时，接地时间最长不得超过2 h，并应提出相应的安全措施，否则应强行停电处理，以防事故扩大。

参考文献

[1] 顾永辉，范廷瓒．煤矿电工手册第二分册矿井供电(下)［M］．北京：煤炭工业出版，1998.
[2] 李金伴．常用电线电缆选用手册［M］．北京：化学工业出版社，2011.

ISBN 978-7-5020-6898-1
9 787502 068981